JN415192

Principal SI Units Used in Mechanics

Quantity	Unit	Symbol	Formula
Acceleration	Meter per second squared	...	m/s^2
Angular acceleration	Radian per second squared	...	rad/s^2
Angular velocity	Radian per second	...	rad/s
Area	Square meter	...	m^2
Density	Kilogram per cubic meter	...	kg/m^3
Energy	Joule	J	N·m
Force	Newton	N	$kg \cdot m/s^2$
Frequency	Hertz	Hz	s^{-1}
Impulse, linear	Newton-second	...	N·s
Length	Meter	m	(base unit)
Mass	Kilogram	kg	(base unit)
Moment of a force	Newton-meter	...	N·m
Power	Watt	W	J/s
Pressure	Pascal	Pa	N/m^2
Specific weight	Newton per cubic meter	...	N/m^3
Stress	Pascal	Pa	N/m^2
Time	Second	s	(base unit)
Velocity	Meter per second	...	m/s
Volume, solids	Cubic meter	...	m^3
Liquids	Liter	L	$10^{-3}\ m^3$
Work	Joule	J	N·m

SI Prefixes

Prefix	Symbol	Factor
tera	T	10^{12} = 1 000 000 000 000
giga	G	10^{9} = 1 000 000 000
mega	M	10^{6} = 1 000 000
kilo	k	10^{3} = 1 000
hecto	h	10^{2} = 100
deka	da	10^{1} = 10
deci	d	10^{-1} = 0.1
centi	c	10^{-2} = 0.01
milli	m	10^{-3} = 0.001
micro	μ	10^{-6} = 0.000 001
nano	n	10^{-9} = 0.000 000 001
pico	p	10^{-12} = 0.000 000 000 001

Note: The use of the prefixes hecto, deka, deci, and centi is not recommended but they are sometimes encountered.

Conversion Factors Between U.S. Customary and SI Units

Quantity	U.S. Customary Units	SI Equivalent
Acceleration	ft/s^2	$0.3048\ m/s^2$
	$in./s^2$	$0.0254\ m/s^2$
Area	ft^2	$0.0929\ m^2$
	$in.^2$	$645.2\ mm^2$
Energy	ft·lb	1.356 J
Force	kip	4.448 kN
	lb	4.448 N
	oz	0.2780 N
Impulse, linear	lb·s	4.448 N·s
Intensity of distributed force	lb/ft	14.5939 N/m
Length	ft	0.3048 m
	in.	25.40 mm
	mi	1.609 km
Mass	oz mass	28.35 g
	lb mass	0.4536 kg
	slug	14.59 kg
	ton	907.2 kg
Moment of a force; torque	lb·ft	1.356 N·m
	lb·in.	0.1130 N·m
Moment of inertia		
Of an area	$in.^4$	$0.4162 \times 10^6\ mm^4$
Of a mass	$lb{\cdot}ft{\cdot}s^2$	$1.356\ kg{\cdot}m^2$
Power	ft·lb/s	1.356 W
	hp	745.7 W
Pressure; stress	lb/ft^2	47.88 Pa
	$lb/in.^2$ (psi)	6.895 kPa
Specific weight	lb/ft^3	$157.087\ N/m^3$
Velocity	ft/s	0.3048 m/s
	in./s	0.0254 m/s
	mi/h (mph)	0.4470 m/s
	mi/h (mph)	1.609 km/h
Volume, solids	ft^3	$0.02832\ m^3$
	$in.^3$	$16.39\ cm^3$
Liquids	gal	3.785 L
	qt	0.9464 L
Work	ft·lb	1.356 J

Mechanics of Materials

재료역학

1판 수정판

Ansel C. Ugural 지음

윤영한 · 이광주 · 이상순 · 이환우 · 조종두 · 주진원 옮김

WILEY

교문사

청문각이 교문사로 새롭게 태어납니다.

역자 서문

이 책은 New Jersey 공대 기계공학과의 고체역학 연구교수로 있는 Ansel C. Ugural의 《Mechanics of Materials》를 번역한 것이다.

Ugural의 저서에는 저자 약력에 언급되어 있는 바와 같이 재료역학 외에도 탄성론을 비롯한 판-셸의 응력해석, 기계설계 등이 있으며 모든 저서들이 전문서적의 베스트셀러로 선정되고 세계 각국의 언어로 출판될 만큼 국제적으로 아주 좋은 평판을 얻고 있다고 한다. Ugural의 저서가 이와 같이 국제적으로 호평을 받을 수 있었던 까닭은 무엇일까? 한마디로 요약한다면 저자의 해박한 전공지식과 풍부한 실무경험을 바탕으로 한 논리적이고 간결한 해설이라고 할 수 있을 것이다.

특히 《Mechanics of Materials》는 공학교육의 국제화 추세를 반영하여 공학교육인증원(미국의 ABEK, 한국의 ABEEK)에서 요구하고 있는 평가지표로서 수학과 과학 및 공학지식의 활용능력을 비롯한 해석능력과 결과의 분석능력 및 설계능력, 실무도구의 활용능력 등을 자연스럽게 습득하고 함양할 수 있도록 많은 변화를 시도하고 있다. 이중 주목할 만한 것으로서는 직관적인 이해를 도모하기 위해 시각적인 해석법을 도입하고 공학문제의 모델링과 해석능력의 향상을 꾀하기 위하여 주제와 관련된 실제 구조물을 예시하고 실제 상황을 예제와 연습문제로 활용하고 있다. 또한 결과의 분석능력과 설계능력 및 실무도구의 활용능력을 습득시키기 위하여 주제별 사례연구와 유한요소해석 기법을 소개함으로써 역학을 처음 시작하는 학생은 물론 심화학습이 필요한 학생이나 숙련된 엔지니어들도 이 책을 실무 지침서로 활용할 수 있도록 배려하고 있다.

참고로 번역과정에서 전문용어의 우리말 표현은 대한기계학회의 기술용어사전을 참고하였으며 본문은 한국어판이라는 이름에 걸맞도록 원저자의 의도를 왜곡시키지 않는 범위 내에서 우리말의 어법과 어감에 맞도록 의역하였다. 또한 번역과 편집과정에서 오류를 최소화하기 위하여 노력하였으나 사람이 하는 일이라 예기치 않은 오류들이 독자들에 의해 발견될 수도 있을 것이다. 이와 관련하여 독자들의 우호적인 비판과 조언을 기대하는 바이다.

끝으로 이 책이 출판될 수 있도록 협조해주신 교문사 관계자 여러분들께 진심으로 감사드린다.

2019년 11월 역자 일동

윤영한, 한국기술교육대학교 메카트로닉스공학부, yhyoun@koreatech.ac.kr

이광주, 한국기술교육대학교 기계공학부, klee@koreatech.ac.kr

이상순, 한국기술교육대학교 메카트로닉스공학부, sslee@koreatech.ac.kr

이환우, 경남대학교 기계공학부, rhee@kyungnam.ac.kr

조종두, 인하대학교 기계공학과, cdcho@inha.ac.kr

주진원, 충북대학교 기계공학부, jinwon@chungbuk.ac.kr

저자 소개

Ansel C. Ugural은 현재 뉴저지공과대학 기계공학과의 고체역학 연구교수로서 미국과학재단(NSF)의 회원(Fellow)과 위스콘신(메디슨) 대학 공업역학과 교수를 역임한 바 있다. 또한 지난 20년 동안 페어리 디킨슨 대학 기계공학과의 교수와 학과장을 역임했다. 또한 Ugural 교수는 기계 및 토목공학 관련 설계와 연구, 개발 분야의 상임 및 고문자격으로 다양한 현장지도 활동을 수행하고 있다.

Ugural 교수는 위스콘신(메디슨) 대학에서 기계공학 석사와 역학 분야의 박사학위를 취득하고 미국 기계학회와 공업교육학회의 회원으로 활동하고 있으며 공학 분야 인명록(Who's Who in Engineering)에도 등재되어 있다.

Ugural 교수의 대표적인 저서는 다음과 같으며 이외에도 관련 산업계와 전문 저널에 수많은 논문을 발표하였다.

- *Stress in Plates and Shells*, 2nd ed., McGraw-Hill, 1999.
- Advanced Strength and Applied Elasticity, 4th ed., Prentice Hall, 2003 (with S.K. Fenster).
- Mechanics of Materials, McGraw-Hill, 1991.
- Mechanics of Materials, Chinese Edition, McGraw-Hill International, 1994.
- Mechanics of Materials, Korean Edition, Hee Joon Dong and McGraw-Hill International, 1992.
- Mechanical Design: An Integrated Approach, McGraw-Hill, 2004.
- Mechanical Design: Korean Edition, McGraw-Hill International, 2005.
- Mechanical Design: Chines Edition, McGraw-Hill International, 2006.

저자 서문

I 개요

이 책은 학부수준의 **고체역학**(strength of materials)이나 **재료역학**(mechanics of materials) 교육과정으로 저술되었으나 현장 기술자들의 참고서로서도 활용할 수 있도록 배려하였다. 또한 이 책의 전반에 걸쳐 기본 주제와 고체역학의 세 가지 기초개념 및 심화학습과 실무 연습에 필요한 응용문제들을 중점적으로 기술하였다. 이 책은 축하중을 비롯한 비틀림, 굽힘 및 압력을 받고 있는 부재의 해석에 관한 기초개념을 간단명료하고 일관되게 소개하였으며, 그 범위는 정역학(statics)의 이해를 전제로 하고 있으나 주제를 이해하는 데 꼭 필요한 내용은 해당 주제가 언급될 때 복습할 수 있도록 하였다.

학생들의 구조강도의 복합적인 특성을 총체적으로 이해할 수 있도록 하기 위하여 항복과 소성변형, 피로 및 파괴와 같은 설계조건들을 이용하여 다양한 부재의 거동을 논의하였다. 조합하중을 받는 구조물의 거동을 예측하기 위하여 파손조건(failure criteria)을 이용하였으며 상온 및 고온 하중을 받는 등방성 재료는 물론 복합재료와 비탄성재료의 해석도 제시하였다. 또한 평형법과 수치해법 및 에너지법의 적용과정을 소상하게 해설하고 기둥의 안정성 문제에 대한 해석과정도 거론하였다.

재료역학과 설계의 관계를 분명히 하기 위해 **합리적인 설계절차**(rational design procedure)를 소개하고 축하중 부재에 대한 설계절차의 적용과 비틀림을 받는 봉 및 보에의 적용문제를 기술하였으며 예제와 사례연구가 포함된 **유한요소해석개론**(introductory finite element analysis, FEA)을 소개하였다. 유한요소해석은 학생들의 특정 주제에 대한 심화학습 문제로 활용하거나 또는 전문가의 참고를 위한 선택사항으로 취급할 수 있다. 이상과 같은 일관된 방법은 독자들에게 해석과 좀 더 현실적인 장치의 기초설계절차를 수행할 수 있는 능력을 신장시킬 수 있는 기회를 제공하게 될 것이며, 특히 이 책에서는 교과서로서 저자가 부족하다고 생각해왔던 것들을 보완하려고 노력하였다.

이 책에 수록된 자료들은 역학을 이해하는 데 필요한 이론과 수치해석 결과를 비교 검토한 것으로서 양자가 모두 응력해석 시 유용하게 활용될 수 있을 것이다. 특히 기본 방정식과 대표적인 구조 부재의 부하방식을 시각적으로 설명하기 위해 노력하고 해석절차와 공식화 및 전산 프로그래밍에 적합한 수치해법을 강조하였으며, 또한 해석과 설계문제의 공식화에 요구되는 기초개념과 꼭 필요한 경험적인 사실들을 강조하였다. 중요한 원리와 그 응용문제를 수치 대입형 예제로 예시하고, 광범위한 실제문제들을 학생들이 스스로 풀이하도록 제시하였다.

또한 이 책에는 공학현장에서 추출된 수많은 그림과 완전히 풀이된 예제를 비롯하여 각 절에서 논의된 모형의 사례연구 및 연습문제들이 수록되어 있으며 해석과 기초설계 계산에서 얻어진 많은 공식과 도표(부록 B)들이 수록되어 있다. 대부분의 문제들은 수업 중 평가용으로 쉽게 변형할 수 있도록 하였다. 단위체계는 **국제단위계**(International System of Unit, SI단위계)와 **US관용단위계**(US Customary System Unit)를 혼용하였으나 실용적으로는 전자가 후자를 대체하고 있으므로 이 책에서는 SI단위에 비중을 두었다.

별표(*)가 표기된 절과 사례연구 및 문제들은 **특수하거나 다소 어려운** 주제들로서 기초재료역학과정에서는 수업의 흐름을 깨뜨리지 않으면서 제외할 수 있는 선택사항이다. 또한 면적 모멘트와 도심의 특성, 행렬대수, 기계공학실험의 기초적인 내용도 개괄적으로 소개하였으며(부록 A, C 및 D), 짝수 번호 문제의 정답을 책의 말미에 수록하였다.

II 주요 특징

재료역학의 학습목표는 기초개념을 이해하고 실무적인 응용과 문제해석기법을 습득하는 데 있다. 새로 개편된 고체역학 교재의 눈에 띄는 특징을 개괄하면 다음과 같다.

A. 다양한 유형의 예제와 연습문제

실용적이고 새로운 1,275개의 연습문제와 180개의 예제 및 31개의 사례연구를 수록하였다.

일관된 문제해석법: 문제해석과정에 일관성을 부여하기 위하여 예제와 사례연구에 다음

과 같이 표준화된 문제풀이 체계를 도입하였다.

1. 조건(문제의 서술)
2. 문제
3. 가정
4. 풀이
5. 부가설명

[예제 3.8] 충격 마운트의 응력과 변형

조건 단순한 전단 스프링 고무 혹은 충격 마운트는 악기를 지탱하기 위해 설계되었다. 마운트는 2개의 직육면체의 단단한 고무(폭 a, 깊이 b, 높이 h)로 2개의 브라켓에 접착되어 있고 중앙의 강재 판은 하중 P를 지지하고 있다(그림 3.26). 치수는 다음과 같다.

$$a = 1.2 \text{ in.} \qquad b = 2.5 \text{ in.} \qquad h = 6 \text{ in.} \qquad P = 3 \text{ kips} \qquad G = 1.8 \text{ ksi}$$

문제 판의 아래 방향으로 변위를 계산하라.

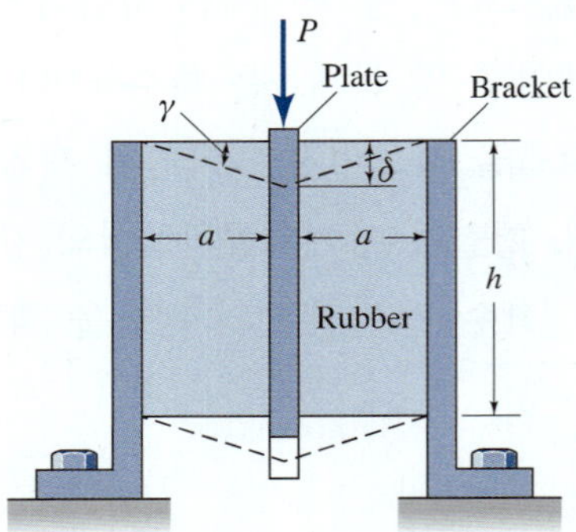

그림 3.26 고무 마운트

가정

1. 변위는 아주 적어서 탄젠트값은 각도 γ로 대체가 가능하다($\delta = a\tan\gamma = a\gamma$).
2. 강재 판과 브라켓은 강체이다.
3. 고무의 전단탄성계수 G는 일정하다.

풀이

전단응력. 고무 블록은 전단력 $V = P/2$를 지탱한다. 고무의 전단응력은 다음과 같다.

$$\tau = \frac{V}{A} = \frac{P}{2bh}$$

독특한 사례연구: 31개의 사례를 통하여 재료역학의 부가적인 응용법을 제시하였다. 학생들이 숙련된 엔지니어로서 갖추어야 할 기술에 새로운 주제들이 어떻게 기여하는지 알 수 있게 하기 위하여 두 가지 주요 유형으로서 **모바일 로더**(mobile loader study)와 **트러스**(truss study)를 여러 장에 걸쳐서 논의하였다. 또한 사례들은 흥미롭게 구성되어 있는데, 산업응용성과 재료선택, 안전성의 고려, 원가요인 및 역사적 주석 등을 특히 강조하였다.

사례연구 2B

기본 트러스의 설계

플라스틱은 최상의 목재와 거의 같은 탄성계수를 갖는다. 폴리스티렌은 화학물질(3.16절 참고)로부터 내마모성과 내부식성을 갖는 재료로 단순한 가열공정으로 다양한 형상으로 제조할 수 있어 널리 사용되는 플라스틱 재료이다. 또한 가격도 저렴하고 제조공정이 용이하고 견고하며 명백히 취성재료이다. 에슈비의 재료선정도표(3.17절 참고)와 표 B.5를 이용하면 특정한 목적에 요구되는 적정한 재료의 형식을 선정하는 데 도움이 된다.

조건 그림 3.19(a)와 같이 핀으로 연결된 평면구조물이 연결점 B에서 수직하중 P를 받고 있다. 부재 AB와 BC의 재료는 폴리스티렌으로 인장 및 압축 시 응력-변형률 선도(상온상태)는 그림 3.19(b)와 같다.

부재의 허용응력을 초과하지 않으면서 **무게가 최소가 되는** 금속재료의 기본 트러스의 설계문제는 **사례연구** 2A에서 논의하였다.

B. 고체역학의 세 가지 주요 개념의 강조

평형, 재료의 거동 및 변형의 기하학: 이 세 가지 해석의 기본원리의 중요성을 강조하였다.

1. **평형조건**. 힘의 평형방정식은 전 부재에 걸쳐서 만족되어야 한다.
2. **재료의 거동**. 응력-변형률 또는 하중-변형 관계(예를 들어, 훅의 법칙)는 부재의 제작에 사용된 재료의 거동에 적용되어야 한다.
3. **변형의 기하학**. 변형의 기하학적 적합조건이 만족되어야 한다. 즉 변형된 부재의 각 부분은 인접부분과 서로 결합될 수 있어야 한다.

[예제 4.4] 수직 케이블의 응력

조건 그림 4.8(a)와 같이 강체 수평봉이 점 A의 힌지와 동일한 길이 $L=0.8$ m와 단면적 $A=140$ mm를 갖는 케이블 BD와 CE로 지지되어 있다.

문제 그림과 같이 작용된 $P=40$ kN의 하중에 의한 각 케이블의 응력을 계산하라.

가정 항복응력은 $\sigma_y = 250$ MPa이고 $E=250$ GPa이라고 한다.

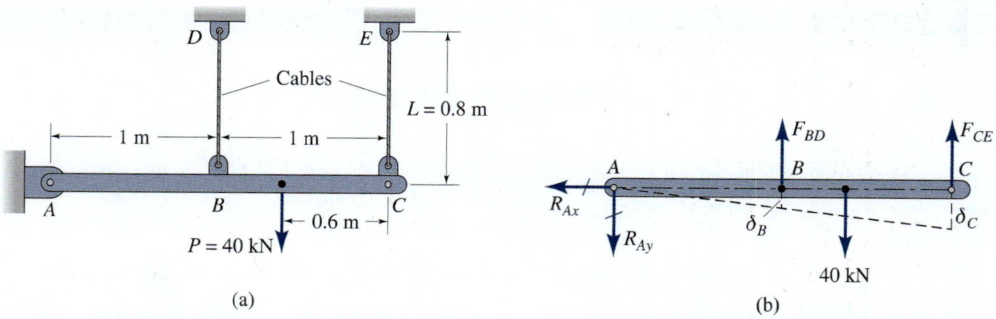

그림 4.8 (a) 봉과 케이블의 조립체 (b) 봉 AC의 자유물체도와 중심선 변위 선도

풀이 그림 4.8(a)에 주어진 봉의 자유물체도에는 4개의 미지력이 나타나 있으며 하중이 작용된 후 봉의 회전위치가 파선으로 표시되어 있다.

평형조건. 그림 4.8(a)에 평형방정식을 적용하면

$$\sum F_x = 0: \quad R_{Ax} = 0$$

$$\sum F_y = 0: \quad -R_{Ay} + F_{BD} + F_{CE} - 40 = 0 \qquad \text{(a)}$$

$$\sum M_A = 0: \quad F_{BD} + 2F_{CE} - 40(1.4) = 0$$

따라서 이 계는 1차 부정정이라는 것을 알 수 있다.

재료의 거동. 부재 BD와 EC의 신장은 다음과 같다.

C. 유용한 시각적 해석

개념을 쉽게 이해할 수 있도록 하기 위하여 대부분 몇 개의 그림이 조합된 **1,240장의 그림**과 **40장의 사진**이 포함되어 있으며 모든 그림에는 설명문이 포함되어 있다.

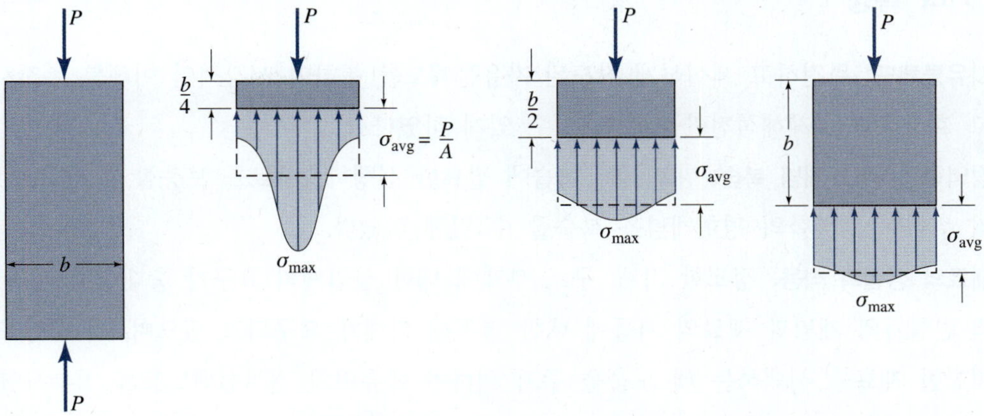

그림 4.17 Saint-Venant의 원리를 확인하기 위한 직사각형 봉의 집중력에 의한 응력분포

D. 장별 핵심 공식과 요약

잘 정리된 장별 주요 방정식을 포함한 실용적인 교수도구들을 각 장마다 게재하였다.

핵심 공식*

수직변형률	$\varepsilon = \delta/L$	3.3절
전단변형률	$\gamma = (\pi/2) - \theta'$	
변형률의 성분	$\varepsilon_x = \dfrac{\Delta u}{\Delta x} \quad \varepsilon_y = \dfrac{\Delta v}{\Delta y}$ $\gamma_{xy} = \dfrac{\Delta u}{\Delta y} + \dfrac{\Delta v}{\Delta x}$	3.4절
연신 백분율	$\dfrac{L_f - L_o}{L_o}(100)$	3.6절
단면적 감소비율	$\dfrac{A_o - A_f}{A_o}(100)$	
훅의 법칙	$\sigma = E\varepsilon \quad \tau = G\gamma$	3.9절
푸아송비	$\nu = -\dfrac{\text{횡방향 변형률}}{\text{축방향 변형률}}$	3.10절

E. 기타 특징

자유물체도: 완전하고 세심하게 작도된 자유물체도를 통하여 시각적인 이해를 촉진시키고 효과적인 문제해석전략을 수립할 수 있게 하였다.

정역학의 주요 개념 복습: 재료역학 학습에 필요한 선행학습자료를 보충할 수 있도록 하기 위하여 정역학의 평형개념을 복습할 수 있게 하였다.

재료의 성질과 적용: 정교한 기계, 구조 부재에 대한 산업체의 요구가 증대됨에 따라 응력-변형률의 개념과 재료의 거동에 대한 명확한 이해가 요구되고 있으며, 특정 용도에 적합한 재료를 선택하는 데 도움을 주기 위하여 애슈비의 재료선택도표를 첨부하였다.

공학설계: 구조강도설계의 합리적인 설계절차와 그 응용을 통하여 설계에서 해석의 비중을 이해할 수 있게 하였다.

유한요소해석: 유한요소해석은 산업체에서 실제문제와 복잡한 설계문제의 해를 구하는 유용한 수단으로 부상되고 있으며, 13장에서 널리 활용되고 있는 유한요소 강성도법(finite element stiffness method)과 변위법(displacement method)을 집중적으로 논의하였다.

유한요소 실습문제용 부록.

III 1판의 약속

A. 본문의 정확성

저자와 함께 모든 예제와 연습문제를 검토한 2명의 전문 교정원을 포함하여 30개 대학 공대교수들이 원고를 검토하였으며 편집부에서 정확한 문법과 구두법을 검토하였다. 또한 저자와 교정원 및 제작자가 정확성을 기하기 위하여 최종본을 검열하였다.

B. 해의 정밀도

완전하게 풀이된 해를 저자가 작성하고 이와 별도로 3명의 교정원이 모든 문제의 최종 해를 검토하였다.

C. 신뢰도

지난 20년 동안 Ansel Ugural은 재료역학과 판-셸(plates-shells)의 응력해석에 관한 베스트셀러를 저술한 바 있으며 최근에는 기계설계 교재도 저술하였다. 또한 이번 새 교재에 수록된 많은 예제와 문제들은 초고를 이용한 대학 강의를 통하여 검정된 것이다.

D. 시간 절약형 보조자료

(강사 지침서 사이트 www.wiley.com/college/ugural에서 입수할 수 있다.)

(a) 저자가 작성하고 강의를 통해 검정되었을 뿐만 아니라 정확성을 기하기 위해 세 차례에 걸쳐 점검하고 교재를 채택한 교수들에게 제공될 완전히 풀이된 해답집.
(b) 강좌에 쉽게 융합시킬 수 있도록 제안된 과제물을 포함한 강의계획서의 시안.
(c) 기존 교재의 각 절이 새 교재의 어디에 언급되어 있는지 쉽게 파악할 수 있게 하는 주요 재료역학 주제에 대한 변환 가이드.
(d) 교재에 수록된 이미지를 토대로 하여 강의용 슬라이드와 퀴즈 및 시험문제를 작성할 수 있도록 하기 위한 모든 도표의 전산화.

IV 미국공학교육인증원(ABET)의 기준 만족

이 교재는 다음과 같은 ABET 기준에 역점을 두어 저술하였다.

기준(a) : 수학과 과학 및 공학 지식을 활용할 수 있는 능력
기준(b) : 자료를 이해하고 분석할 수 있는 능력 및 실험을 계획하고 수행할 수 있는 능력
기준(c) : 경제적, 환경적, 사회적, 정치적, 윤리적, 위생 및 안전, 제조능력, 유지능력과 같은 현실적 제한조건을 반영하여 시스템, 요소, 공정을 설계할 수 있는 능력
기준(e): 공학문제를 인식하여 이를 공식화하고 해결할 수 있는 능력
기준(f) : 직업적 책임과 윤리적 책임에 대한 인식
기준(k) : 공학 실무에 필요한 기술, 방법, 도구를 사용할 수 있는 능력

V 감사의 말씀

이 책의 초고를 교재로 사용했을 때 건설적인 제안과 문제의 해를 검토해준 많은 학생들에게 감사의 뜻을 전하고자 한다. 또한 귀중한 충고와 전망을 아끼지 않은 평론가들에게도 감사드리며, 특히 다음에 열거된 많은 분들에게도 감사의 뜻을 전하고자 한다.

Shaofan Li,
University of California at Berkeley

Ted Conway,
University of Central Florida

John Landes,
University of Tennessee-Knoxwille

Trikram Kundu,
University Arizona

Scott Schiff,
Clemson University

Jason Weiss,
Purdue University

Stanton Apple,
Kansas Technical University

Shive Chaturvedi,
Ohio State University

Erian Armanios,
Georgia Institute of Technology-Atlanta

Greg Miller,
University Washington

Alexander Idesman,
Texas Tech University

Gopal Jayaraman,
Michigan Tech University

Yanyao Jian,
University of Nevada-Reno

Raghu Echanpati,
Kettering University

Mircea Grigoriu,
Cornell University

Yook-Kong Yong,
Rutgers University

Glen Niebur,
University of Notre Dame

Jonathan Awerbuch,
Drexel University

Daniel Adams,
University Utah

M. Zoghi,
University of Dayton

Manohar Arora,
Colorado School of Mines

Asad Esmaeily,
Kansas State University

Kianoosh Hatami,
University of Oklahoma-Norman

Y. Jane Liu,
Tennessee tech University-Cookville

Craig Menzemer,
University of Akron

Levon Minnetyan,
Clarkson University

Qing Jiang,
University of California

Charles Krousgrill,
Prudue University

Tribikram Kundu,
Univeirisity of Arizona

Jiangyu Li,
University of Washington

William Likos,
University of Missouri-Columbia

Dahsin Liu,
Micbigan State University

Pizhong Qiao,
University of Akron

S. Rajan,
Arizona State University

Risa Robinson,
Rochester Institute of Technology

Hani Salim,
University of Missouri-Columbia

George Voyiadjis,
Louisiana State University-Baton Rouge

이 책의 편집과 제작에 도움을 줄 직원을 구해주고 어떤 일이나 헌신적으로 협조해준 Joseph Hayton 신규도서 개발팀장에게 진심으로 감사드리며 제작자 Barbara Russiello를 비롯한 삽화에디터 Sigmund Malinowski, 사진에디터 Ellinor Wagner, 교정자 Helen Walden, 편집부 조수 Lindsay Murdock와 Sandra Kim의 전문적인 도움에도 감사의 뜻을 전하고자 한다. 또한 예제와 사례연구 및 연습문제의 해를 검토해주고 필요한 조언을 아끼지 않은 Akron 대학의 Craig Menzemer와 Pennsylvania 주립대의 Lucas Passemore에게 감사드리며 해답집을 세심하게 검토하고 전산 입력한 대학원 제자 Youngjin Chung 박사에게도 감사의 뜻을 전하고자 한다.

끝으로, 아내 Nora의 지원과 격려에 진심으로 감사하고 이 책의 개발과정에서 컴퓨터 작업에 도움을 준 딸 Aileen과 아들 Errol의 노고에도 감사한다.

ANSEL C. UGURAL
HOLMDEL, NJ

차 례

4장 축하중을 받는 부재

5장 비틀림

6장 보의 전단력과 굽힘 모멘트

7장 보의 응력

8장 응력과 변형률의 변환

9장 조합하중과 파손조건

10장 보의 처짐

11장 기둥의 좌굴

12장 에너지법과 충격

13장 유한요소해석

부록 A 면적의 특성

부록 C 행렬대수

기호

A 면적
b 폭
C 도심
c 중립축으로부터 최외곽까지의 거리, 반경
D 직경
d 직경, 거리, 깊이, 차원
E 탄성계수
e 편심, 체적팽창, 거리
F 하중
f 진동수, 유연도, 형상계수
G 강성계수, 전단탄성계수
g 중력 가속도
h 높이, 보의 깊이
I 관성 모멘트
J 극관성 모멘트
K 응력집중계수, 충격계수
k 스프링 상수, 강성도, 체적탄성계수
L 길이, 경간
M 굽힘모멘트, 우력
m 질량, 스프링 지수
N 사이클 수, 코일 수
n 계수비, 속력
n_s 안전계수
P 하중, 집중하중, 동력
p 압력
Q 면적 1차모멘트, 힘
q 단위길이당 전단력, 전단흐름
R 반력, 힘
r 반경, 회전반경
S 탄성단면계수
s 거리, 선분의 길이
T 토크, 온도
t 두께, 폭, 접선편차, 온도
U 변형에너지
u, v, w 변위성분
V 전단력, 체적
v 속도
W 일, 자중
w 단위길이당 하중
Z 소성단면계수
x, y, z 직교좌표, 거리
α(alpha) 각, 열팽창계수, 전단형상계수
γ(gamma) 전단변형률, 비중
δ, Δ(delta) 변형, 변위
ε(epsilon) 수직변형률
θ(theta) 각, 기울기
κ(kappa) 곡률
μ(mu) 마이크로
ν(nu) 푸아송의 비
ρ(rho) 반경, 곡률반경, 밀도
σ(sigma) 수직응력
τ(tau) 전단응력
ϕ(phi) 각, 비틀림 각
ω(omega) 각속도

개론

1장

▶ 뉴저지와 뉴욕 사이의 허드슨 강에 놓여 있는 조지 워싱턴교. 이 책은 봉과 보, 프레임, 기둥 및 연결부와 같은 각종 구조요소의 힘과 응력 및 변형의 해석을 목적으로 하고 있다. 재료역학의 응용 가능성은 무한하고, 모든 공학 기술 분야에 적용되고 있다.

1.1 재료역학

재료역학(mechanics of materials)은 각종 하중을 받는 고체의 내적 응답거동을 다루는 응용역학의 한 분야로서 흔히 **재료강도학**(strength of materials), **변형성 물체의 역학**(mechanics of deformable bodies) 또는 간단히 **고체역학**(mechanics of solids)이라고도 한다. 여기서 언급된 '고체(solid bodies)'란 축을 비롯한 봉, 보, 판, 셸 및 기둥은 물론 그 조립체로서 기계, 구조물을 포괄하고 있으며 재료의 기계적 성질(mechanical properties of materials)과 응력해석(stress analysis)은 재료역학을 지탱하는 두 기둥이라고 할 수 있다.

재료역학의 해석은 하중을 받고 있는 물체의 평형에 대한 이해를 밑바탕으로 하고 있다. 정역학(statics)은 정지 상태에 있는 이상적인 강체의 외적거동을 취급하는 반면에 재료역학은 외력(힘과 모멘트)과 내력 및 물체의 변형 또는 변위 사이의 관계를 조사하며 응력(stress)과 **변형률**(strain)은 각각 전자와 후자 사이의 관계를 설명할 수 있는 기본량이라고 할 수 있다.

외력이 작용하는 구조물을 완전하게 해석하기 위해서는 1.3절에서 개괄될 세 가지 기본원리로서 '힘의 법칙'과 '변형의 법칙' 및 '기하학적 적합조건'을 이용하여 응력과 변형률 및 변형이 결정되어야 하며 또한 공학설계의 개념이 필요하게 될 것이다. 그러나 여기에서는 첫 번째 원리로서 힘의 평형과 그 응용문제를 먼저 거론하게 될 것이며 여타의 원리에 대해서는 3장에서 학습하게 될 것이다.

평형조건은 1.5절에서, 먼저 하중을 받는 부재의 단면상에 작용하는 내력을 결정하는 문제를 논의한 다음에 복습하게 될 것이다. 또한 문제해석과정을 1.7절에서 개괄적으로 소개하였으며 이어서 이 책에서 사용하게 될 국제단위계와 US관용단위계를 설명하였다. 끝으로 단순 구조물에의 응용문제를 여러 가지 예를 들어 설명하였으며 문제와 장별 요약, 참고문헌을 해당 장 말미에 게재하고 짝수번호 문제의 정답을 권말에 수록하였다.

역사적 발전

재료역학의 발전은 실험과 이론이 조합된 성과라고 할 수 있다. Leonardo da Vinci(1452~1519)와 Galileo Galilei(1564~1642)는 하중을 받는 보의 역학적 거동에 관한 실험을 시도하였다. 그러나 그 거동을 올바르게 파악하기 위해서는 재료의 성질에 관한 정확한 실험결과가 먼저 확립되어야 할 것이다. 한편, Robert Hooke(1615~1703)은 물체에 외력이 작용되면 변형을 초래한다는 사실을 최초로 발표하였으며, Isaac Newton(1642~1727) 경은 고체역학의 근간이 되는 뉴턴역학의 개념을 발표하였다.

Leonard Euler(1707～1783)는 1744년에 기둥의 수학적 이론을 발표하였고 Thomas Young(1773～1829)은 Young계수, 즉 탄성계수를 정의하였다. 1800년도 후반에 출현한 철도는 재료역학 분야의 기초적인 연구를 촉진시키는 계기가 되었으며 Coulomb과 Poisson, Navier, St. Venant 및 Cauchy를 비롯한 많은 과학자와 엔지니어들이 19세기 전반에 걸쳐서 재료역학의 발전을 주도하였다.

수년간에 걸쳐 기초적인 고체역학 문제들이 대부분 해석되었으며 Stephan P. Timoshenko (1878～1972)는 응용역학 분야에 창의적인 많은 업적을 산출하고 재료역학을 비롯한 탄성학, 탄성 안정론에 관한 서적들을 저술하였다. 현대 고체역학의 이론적인 토대가 19세기 말에 정립되었다. 이후 항공기를 비롯한 우주선, 원자력 압력용기의 설계에 관한 문제들이 수많은 응용문제에 대한 연구를 선도하게 되었으며 그 결과 재료역학은 탄성론과 소성론으로 발전하게 되었다.

▶ 금성의 지표샘플을 지구로 반입하는 임무를 수행하기 위한 미래의 행성 착륙선 모형. 엔지니어는 이 로봇이 다양한 환경과 예측할 수 없는 응력하에서 소기의 기능을 다할 수 있도록 설계해야 한다.
Old Dominion University의 D. Wilson 교수 제공.

현재 우리 눈에 불가사의한 것처럼 보이는 것들이 전혀 신비로운 것이 아니라는 것을 믿어 의심치 않는다. 그런 신비한 것들이 우리 눈을 왜곡하겠지만, 우리는 그것으로부터 사물을 다른 관점에서 보는 법을 배우게 될 것이다. 어떤 것이 현재 난해하다는 것은 단지 상식과 이해하고 있는 지식만으로 사물을 관찰하기 때문이다.

W. T. KELVIN(1824~1907)

또한 위와 같은 영역의 연구가 복잡한 문제에 대한 해석의 필요성을 충족시키고 고체역학 이론의 적용과 그 한계를 증명하기 위하여 진행되고 있다. 이와 관련하여 현재 많은 연구결과들이 집적되고 있으나 고체역학은 아직도 그 응용영역을 끊임없이 확장해가고 있는 흥미로운 과목이다.* 고체역학 관련 문헌들은 수없이 많으며 선별된 참고문헌들을 각 장의 말미에 수록하여 다양한 정보를 원하는 독자들이 참고할 수 있도록 하였다.

1.2 이 책의 범위

재료역학은 일반적으로 물체의 부하능력을 세 가지 관점, 즉 **강도**(strength)와 **강성**(stiffness) 및 **안정성**(stability)의 측면에서 검토하는 것을 해석목적으로 한다. 이 세 가지 기준은 각각 부재의 영구변형에 대한 저항능력이나 파괴 및 처짐에 대한 저항능력과 그 평형상태를 견지할 수 있는 능력이라고 한다. **파손**(failure)이란 일반적으로 구조 부재가 소기의 기능을 수행할 수 없는 상태를 지칭하는 것으로, 예컨대 부재에 급격한 변형이 초래되면 비탄성변형이나 과도한 처짐에 의해 정상적인 운전상태에서도 작동불능과 같은 불안정상태를 초래하게 된다.

재료역학 학습의 주요 관심사는 — 1.3절에서 거론될 방법 중의 하나를 적용하여 취득하게 될—구조물의 응력과 변형의 해석이라고 할 수 있으며 이것이 바로 이 책이 지향하는 것이기도 하다. 부재의 응력이나 변형을 얻기 위해서는 하중분석이 가장 중요하며 기계, 구조물이 실가동하중을 기준으로 설계되지 않았다면 결코 안전하다고 할 수 없다. 가끔 힘들고 어려운 일이기는 하지만 적절한 하중을 결정하는 문제는 해석과 설계의 첫 단계라고 할 수 있다. 설계는 응력해석결과에 의존하며 1.4절에서 논의하게 될 것이다.

좀 더 정교한 기계, 구조 부재에 대한 산업체의 요구가 증대됨에 따라 응력-변형률의 개념과 재료의 거동에 대한 명확한 이해와 함께 고도의 창의력이 요구되고 있다. 이 책은 고체역학의 이해에 필요한 개념과 지식을 독자들에게 제공하고 그와 같은 이해를 바탕으로 한 창의적인 작업을 촉진시키게 될 것이다. 또한 기본공식 몇 개를 직접 유도하는 것보다 반복적으로 공식을 활용하게 함으로써 독자들이 스스로 공식을 습득할 수 있게 하였다. 그러나 계산될 양의 특성을 독자들이 시각적으로 나타내는 것이 중요하다. 완벽하게 잘 그려진 자유물체도는 시각적인 이해를 촉진시키게 될 것이며 실제문제를 풀이함으로써 주제를 가장 잘 이해할 수 있다는 사실을 알 수 있게 될 것이다.

---

* 재료역학의 발달사는 참고문헌 1.1과 1.2에 기술되어 있다.

1.3 해석방법

변형성 물체의 하중작용효과를 결정하는 가장 보편적인 방법이라고 할 수 있는 **재료역학이론**을 이 책에서 소개하였으며 또한 **탄성론**도 소개되어 있다. 이 두 이론의 기본적인 차이는 기술된 변형률의 크기와 이용된 단순화의 특징이라고 할 수 있다. 재료역학은 기본문제에 대한 합당한 해를 도출하기 위하여 실험적인 사실과 공학실무 교육에 근거를 둔 가정을 사용한다.

탄성론은 수학적인 관점에서 해석의 각 단계를 엄밀하게 설정하며, 따라서 탄성론은 설정된 가정의 타당성을 검증하게 된다. 또한 이 방법은 구조형상과 하중상태가 단순할 경우 '엄밀해'를 얻을 수 있으나 일반적으로 해석과정이 지극히 복잡하다. 참고로 5.11절에서 탄성론에 의한 비원형 축의 응력해석결과를 검토하고, 또한 7.8절과 7.10절에서 유도된 보의 전단공식의 적용한계를 논의하게 될 것이다.

평형법(method of equilibrium)을 이용하여 구조 부재를 완전하게 해석하려면 힘과 재료의 변형 및 기하학적 형상을 기술하고 관련시킬 수 있는 여러 가지 조건들이 고려되어야 한다. 해석의 기본원리라고 할 수 있는 이 관계식들을 요약하면 다음과 같다.

1. **평형조건**. 힘의 평형방정식은 전 부재에 걸쳐서 만족되어야 한다.
2. **재료의 거동**. 응력-변형률 또는 하중-변형 관계(예를 들어, 훅의 법칙)는 부재의 제작에 사용된 재료의 거동에 적용되어야 한다.
3. **변형의 기하학**. 변형의 기하학적 적합조건이 만족되어야 한다. 즉 변형된 부재의 각 부분은 인접부분과 서로 결합될 수 있어야 한다.

이 원리를 이용하여 얻어진 응력과 변형은 부재의 경계에 부과된 하중조건을 만족해야 한다. 즉 **경계조건**을 만족해야 하며 위와 같은 절차의 적용과정을 거론될 주제와 관련된 문제에서 예시하게 될 것이다. 그러나 항상 이러한 엄밀해석절차가 필요한 것은 아니다.

평형법과는 달리 변형에너지의 개념을 근간으로 한 **에너지법**(energy method)을 이용하여 응력과 변형의 해석을 수행할 수도 있다. 평형법과 에너지법의 역할은 이원성(twofold)이라고 할 수 있다. 이 방법론들은 하중과 부재의 형상이 단순할 경우 만족할 만한 정밀도를 갖는 해석결과를 얻을 수 있으며, 더 복잡한 문제의 해석에서는 **수치해석법**(numerical methods, 13장 참조)의 기저로 활용할 수가 있다.

끝으로 적용 가능성이 불확실하고 사용상의 제한이 존재하는 공식을 활용할 때 세심한 주의가 필요하다는 점에 유의할 필요가 있다. 상대적으로 단순한 공식들은 대부분 단순화된 경계조건과 하중조건, 형상 및 재료의 근사화와 같은 이상화된 조건하에서 유도된 것이므로 설계자와 응력해석자는 이와 같은 제약에 유의해야 한다.

1.4 공학설계

공학설계란 구조물이나 시스템을 구체적으로 형상화시키기 위하여 과학과 공학적 방법을 적용하는 과정이다. **기계요소설계**(mechanical design) 과정의 핵심은 기계, 구조 부재가 파괴되지 않으면서 주어진 하중을 지탱하고, 소기의 기능을 수행할 수 있도록 그 형상과 크기 및 재료를 결정하는 것이라고 할 수 있다. **기계설계**(machine design)는 특정 목적을 달성하기 위하여 새로운 기계나 개선된 기계를 고안하는 것이며, **구조설계**(structural design)란 일반적으로 구조 부재나 구조시스템이 요구되는 공학 분야이다.

설계는 공학의 본질이고 예술이며 또한 목적이기도 하다. 잘된 설계는 기능과 가격 및 안전성을 만족시킨다. 최적설계(optimum design)는 주어진 조건하에서 설계문제에 대한 최상의 해라고 할 수 있다. 최적화의 효율은 최소중량이나 최소체적, 최저가격 및 여타의 어떤 적정기준과 같은 조건에 의해 평가될 수 있다. 선택사항이 많은 설계문제에 직면했을 때 단일 변수문제로 단순화시키기 위하여 설계자는 경험을 토대로 하여 판단할 수 있으며, 이와 같은 경우 최적의 결과를 얻기 위한 해는 **사례연구** 2A에서 알 수 있는 바와 같이 보통 간단명료하다.

설계절차

설계에서 해석의 중요성은 설계절차의 단계별 검토과정에서 가장 잘 알 수 있으며 하중전달부재에 대한 합리적인 강도설계절차를 예시하면 다음과 같다.

1. 예상되는 부재의 파손양식을 평가한다.
2. 작용하중과 응력 및 변형 사이의 관계를 결정한다.
3. 파손을 유발시킬 수 있는 응력이나 변형의 최대허용값을 결정한 다음 이 값을 단계 2에서 얻어진 방정식이나 9.8절과 9.9절에서 논의될 각종 파손이론에 관한 공식과

함께 활용한다.

4. 2.7절에서 개괄된 안전계수를 선정한다.

전술된 절차는 부재에 따라 불필요한 단계도 있을 수 있다. 따라서 각각의 경우에 따라 알맞게 조정되어야 할 것이다.

완벽한 설계결과란 유일한 것이 아니며 많은 인자들이 고려되고 흔히 시행착오적인 과정(1.3절 참조)이 요구되기도 한다. 이 책에서는 강도요건을 각 구성부재에 적용하는 '강도기준설계(design to meet strength requirements)' 개념의 기초적인 내용만 거론하게 될 것이다. 즉 부재의 기하학적 형상과 재료가 이미 선정된 상태에서 작용하중을 결정한 다음 각각의 경우에 가장 적합한 크기의 부재를 선정하는 데 2~7장에 걸쳐 전개될 기본공식들을 사용하게 될 것이다.

응력은 설계에 있어서 하나의 고려사항일 뿐이며 요소설계의 다른 측면은 주어진 하중조건하에서의 처짐과 좌굴을 고려한 구성부재의 사용능력에 대한 예측이라고 할 수 있다. 변형을 결정하는 방법은 이 책의 전반에 걸쳐서 몇 개의 장에서 논의하게 될 것이며 11장에서는 축방향 압축하중을 받는 가늘고 긴 부재의 좌굴거동에 관심을 가지게 될 것이다. 결론적으로 말하자면 해석과 설계는 매우 밀접하게 관련되어 있으며 이 책의 전반에 걸쳐서 기술된 예제와 사례연구 및 연습문제들은 이와 같은 연관성을 예시한 것이다.

1.5 정적 평형의 복습

정역학은 재료역학의 개발과 응용 면에서 공히 중요한 역할을 하고 있다. 따라서 이 절과 6장에서 정역학의 기본원리를 복습하게 될 것이다. 기계, 구조물의 부재를 해석하고 설계할 경우 그 부재에 작용하는 하중분포를 알 수 있어야 한다. 정적 평형조건과 그 기본개념은 내력과 외력을 결정하는 데 필요한 기초이론이라고 할 수 있다. 다음 절에서는 가늘고 긴 부재에 내력이 작용했을 때 발생된 변형과 관련하여 각각의 내력 성분에 특별한 의미를 부여하게 될 것이다.

외력

지지(supports)에 의해 발생된 반력을 포함하여 물체에 작용하는 모든 힘을 **외력**(external forces)이라고 하며, 외력은 표면력(surface forces)과 물체력(body forces)으로 구분할 수 있다. **표면력**은 한 점에 작용될 경우 집중력이 되며, 유한한 면적에 걸쳐서 작용하면 분포력이 된다. **물체력**은 면에 작용하는 것이 아니라 체적요소에 작용하며 중력장이나 자기장에서 유발된다. 지구 표면이나 근방에 놓여 있는 물체에 작용하는 지구의 인력을 그 물체의 무게라고 한다. **내력**(internal forces)이란 물체를 구성하는 질점 사이의 상호작용력이라고 할 수 있다.

구조물에 작용하는 **하중 종류**(loading type)는 작용력의 특성과 하중계의 운동 여부에 따라 몇 가지로 구분할 수 있다. 일단 구조형상이 정의되면 다음 단계는 여러 가지 성분으로 표시된 모든 하중과 우력의 크기 및 방향을 정의하는 것이다. 하중은 시간에 따라 가변적일 수도 있고 또한 일정할 수도 있다. 구조 부재는 정지 상태에 있거나 또는 운동을 할 수도 있으며, 물체에 작용하는 하중은 **집중력**(또는 **우력**)이거나 **분포력**일 수도 있다. 구조 부재의 크기에 비해 상대적으로 미소한 면적에 작용하는 힘은 집중력으로 간주할 수 있다. **선하중**과 집중력은 각각 어떤 선상을 따라 작용하거나 어떤 한 점에 작용하는 것으로 간주되고 있다. 따라서 이 두 종류의 하중은 모두 이상화된 하중이라고 할 수 있겠으나 하중작용점 근방을 제외할 경우 하중을 받고 있는 부재에 대한 엄밀한 해석이 가능하다(4.7절 참조). 완만하고 점진적으로 작용하는 하중을 **정하중**이라 하며 급격하게 작용하는 하중을 **충격하중**이라고 한다. 또한 부하와 제하가 보통 수천 번 이상 반복되는 하중을 **반복하중**이라고 한다. 끝으로, 특별한 언급이 없는 한 이 책에서 물체의 자중은 무시할 수 있으며, 또한 하중은 정하중으로 가정하게 될 것이다.

하중과 내력을 작용점과 작용방식에 따라 세분하면 수직력과 전단력, 굽힘하중, 비틀림하중 및 그 조합하중으로 구분할 수 있으며 기계, 구조 부재에 일반적으로 발생되는 하중 종류는 그렇게 많지가 않다. 좌표방향은 전술된 하중 종류의 방향이 설정되기 전에 지정되어야 한다(1.6절 참조). 1.7절에서 논의된 바와 같이 국제단위계에서 하중은 뉴턴(N)으로 측정되고 있으나 그 값이 미소하기 때문에 실제적으로는 킬로뉴턴(kN)을 많이 사용하고 있으며 US관용단위계에서 힘의 단위는 파운드(lb)나 킬로파운드(kips)를 쓰고 있다.

지지점 반력

구조물의 지지점에서 발생된 표면력을 **반력**이라고 한다. 반력은 구조물에 작용하는 하중효과와 평형을 이루며 이 책에서는 주로 단일 평면상에 있는 하중과 지지에 관심을 가지게 될 것이나 가끔 3차원 하중과 지지도 고려하게 될 것이다. **평면 구조물**의 경우 구속력이

xy평면 내 지지에 의해 발생되며 **비평면 구조물**에서는 동일한 경우를 3개의 서로 직교하는 xy, xz 및 yz평면에서 고려해야 한다.

표 1.1은 구조물에 일반적으로 사용되는 지지 유형과 결합 유형을 예시한 것으로서 편의상 대부분의 2차원 부재(경우 1～5)는 수평상태로 나타내었다. **힌지** 및 **핀지지**는 평면 내 임의의 방향에 대한 부재의 병진운동을 구속시킬 수 있으나 회전은 가능하게 한다. **롤러지지**에서는 수직방향(y)의 병진운동은 구속되지만 수평방향(x)의 병진운동은 가능하며 핀지지에서와 마찬가지로 롤러에서의 회전은 구속되지 않는다. 따라서 핀지지는 표면에 대한 수직력과 접선력을 지탱할 수 있는 반면에 롤러지지는 표면에 수직한 힘만 지탱할 수 있으며 이 두 종류의 지지 유형을 **단순지지**라고 한다.

고정단에서 봉은 병진운동뿐만 아니라 회전운동도 구속된다. 따라서 고정단은 모멘트와 임의의 방향의 힘을 모두 지탱할 수가 있으며 이 힘은 표면에 대하여 수직성분과 수평성분을 가질 수 있다. **가이드지지**(guided support)는 부재의 수평방향 병진운동과 회전을 구속시키며 비평면 구조물(경우 6과 7)에서 지지단의 구속조건은 평면 구조물의 경우와 유사하다. 작용력과 반력을 구분하기 위하여 반력(힘 R 또는 F 및 모멘트 M) 벡터에 횡사선을 표기하였다.

평형조건

물체에 작용하는 힘계의 합력이 0이 되었을 때 물체는 **힘의 평형**상태에 있다고 한다. 다른 관점에서 본 힘의 평형이란 물체에 작용하는 힘의 균형(balance)상태라고 할 수 있다. 뉴턴의 제1법칙에 의하면 질점(가장 단순한 물체)에 작용하는 합력이 0이 되면 질점은 정지하거나 등속운동을 하게 된다. 명칭에서 짐작할 수 있는 바와 같이 정역학(statics)은 기본적으로 정지 상태에 있는 질점이나 물체의 거동을 취급하는 역학이다.

공간상에 있는 물체의 **평형**상태를 고려할 경우 다음과 같은 **정역학적 방정식**들이 만족되어야 한다.

$$\begin{array}{lll} \Sigma F_x = 0 & \Sigma F_y = 0 & \Sigma F_z = 0 \\ \Sigma M_x = 0 & \Sigma M_y = 0 & \Sigma M_z = 0 \end{array} \tag{1.1}$$

다시 말해서 물체에 작용하는 임의의 방향의 모든 힘의 합이 0이 되어야 하고 또한 임의의 축에 대한 모든 모멘트의 합이 0이 되어야 한다는 것을 알 수 있다.

표 1.1 지지점과 결합부의 반력

지지 및 결합 유형	반력
1. 힌지/핀	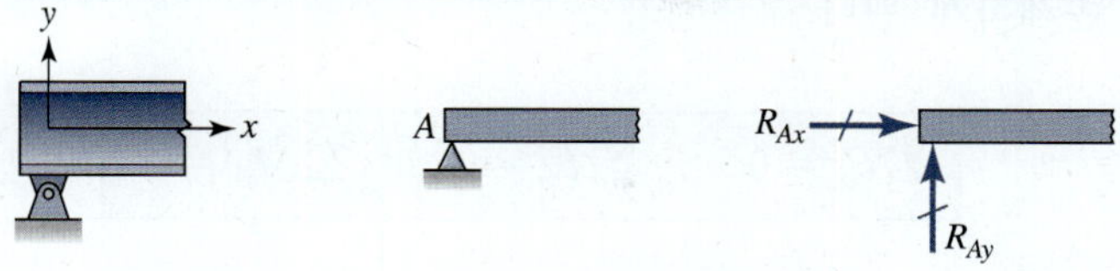
2. 롤러	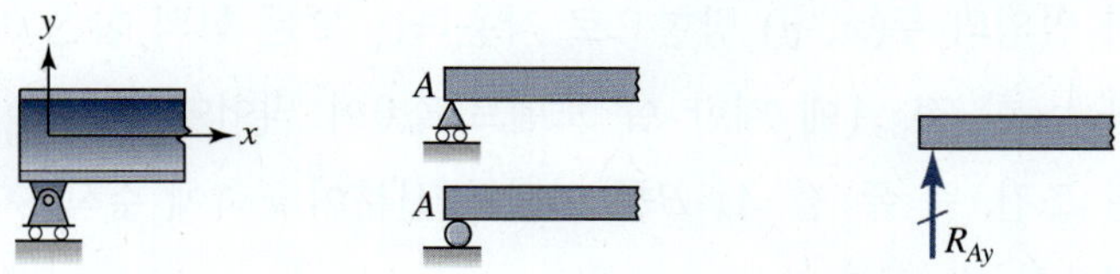
3. 케이블/링크	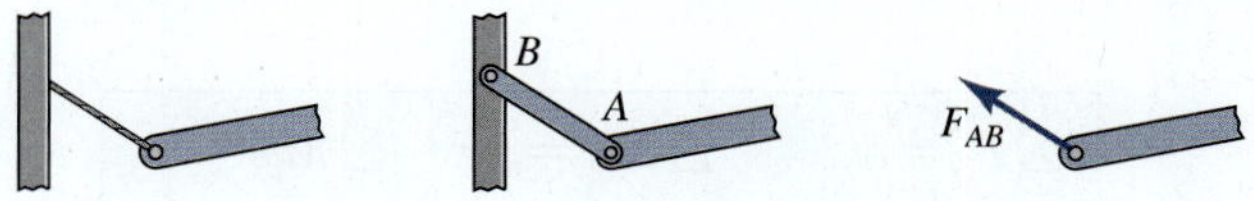
4. 고정	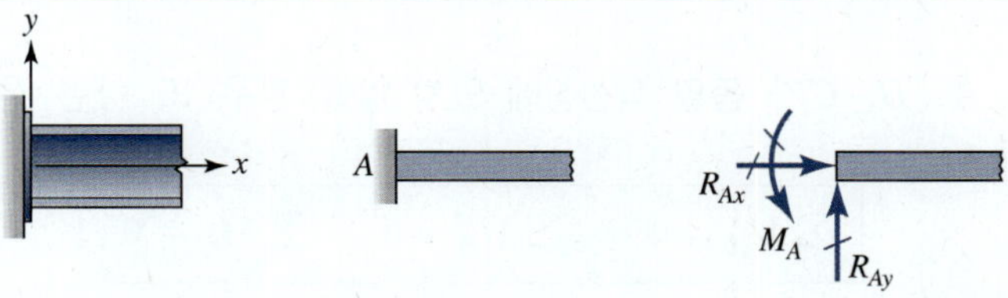
5. 가이드	
6. 볼/소켓 (비평면)	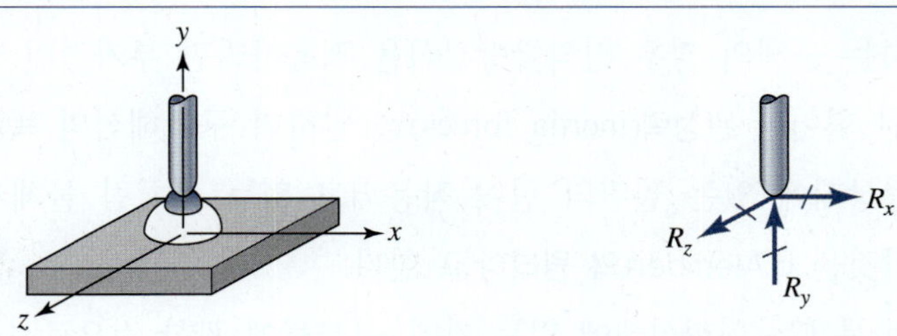
7. 고정(비평면)	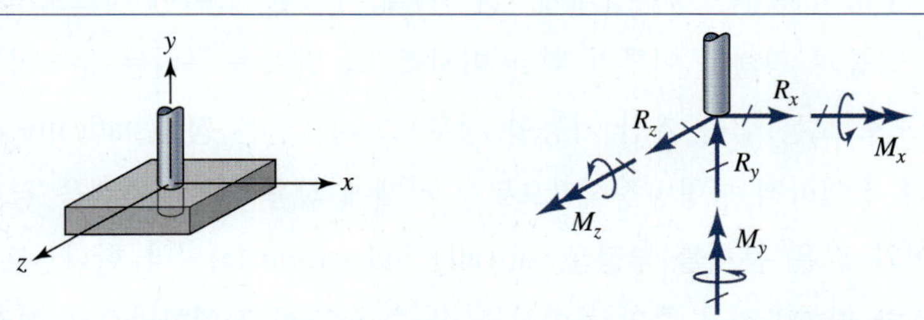

*이 책에서 반력은 나타낸 바와 같이 벡터에 그려진 횡사선으로 식별할 수 있게 하였다.

단일(xy) 평면 내에서 평형상태에 있는 물체에 힘이 작용될 경우 식 (1.1)에서 3개의 방정식 $\Sigma F_z = 0$, $\Sigma M_x = 0$ 및 $\Sigma M_y = 0$은 무용하게 되며 **평면문제**의 경우 독립적인 **평형조건**은 3개만 존재하게 된다.

$$\Sigma F_x = 0 \qquad \Sigma F_y = 0 \qquad \Sigma M_A = 0 \tag{1.2}$$

다시 말해서 임의의 두(x, y) 방향으로 작용하는 모든 힘의 합은 0이 되어야 하며, 또한 임의의 z축 또는 한 점 A에 대한 합 모멘트도 0이 되어야 한다.

어떤 제한된 조건, 즉 두 점 A, B를 연결한 선분이 x축에 수직하지 않는 한 **다른 유형**의 평형조건을 사용할 수 있다.

$$\Sigma F_x = 0 \qquad \Sigma M_A = 0 \qquad \Sigma M_B = 0 \tag{1.3a}$$

또한 세 점 A, B, C가 동일 직선상에 있지 않을 경우 또 다른 유형은 다음과 같다.

$$\Sigma M_A = 0 \qquad \Sigma M_B = 0 \qquad \Sigma M_C = 0 \tag{1.3b}$$

이상과 같이 평형조건의 다른 유형들은 힘의 합을 모멘트의 합으로 대체함으로써 얻어진 방정식들이라는 것을 알 수 있다. 가끔 식 (1.3a)나 (1.3b)를 활용하는 것이 편리할 경우도 있으며 모멘트의 중심점을 적절하게 선택함으로써 대수적인 계산을 단순화시킬 수 있을 것이다.

가속운동을 하는 물체의 경우 정역학방정식을 적용하려면 부가적인 힘이 고려되어야 한다. 이 부가적인 힘이란 **관성력**(inertia forces)을 말하며 구조해석의 목적상 관성력을 고려하는 것은 평형상태에 있는 일련의 힘이 작용되고 있는 것처럼 물체가 거동하도록 하기 위한 것이며 이것을 d'Alembert의 원리라고 한다.

일반적인 공학문제는 평형상태에 있는 기계, 구조물에 관한 것으로서 어떤 힘, 즉 하중이 주어지면 하중과 평형을 이루기 위한 미지력, 즉 반력을 구하는 문제라고 할 수 있다. 평형방정식만으로 모든 힘을 계산 가능할 경우 그 시스템은 **정정**(statically determinate)이라 한다. 그러나 정역학적 평형방정식만으로는 부재에 작용하는 미지력을 결정할 수 없는 문제가 있으며 이와 같은 문제를 **부정정**(statically indeterminate)이라 한다. 부정정 차수란 미지력 수와 필요한 평형방정식 수의 차이라고 할 수 있으며 정역학만으로 결정할 수 있는 것보다 많은 반력을 **과잉력**(redundant)이라 한다. 따라서 과잉력 수는 부정정 차수와 동일하다.

자유물체도

평형조건을 효과적으로 적용하기 위해서는 물체에 작용하는 모든 하중과 반력을 완전하게 파악해야 한다. 따라서 평형문제를 해석하기 위한 1단계 작업은 해석대상계에 대한 자유물체도를 그리는 것이라고 할 수 있다. **자유물체도**(free body diagram)란 해석대상계에 작용하는 기지의 힘과 미지의 힘을 포함한 모든 힘이 표시된 해석대상물체에 대한 스케치라고 할 수 있으며 그 형상은 구조물 전체에 대한 것일 수도 있고 또는 대형 구조물의 일부일 수도 있겠으나 자유물체도를 그리는 **일반적인 절차**는 다음과 같다.

1. 해석할 자유물체를 선정한다.
2. 선정된 물체를 지지점으로부터 분리하고 다른 물체로부터 고립시킨다(내력이 존재할 경우 1.6절에서 논의할 방법을 활용한다).
3. 물체에 작용하는 모든 외력을 나타내고 각 힘의 작용점과 크기 및 방향을 스케치한다.
4. 중요한 점을 표기하고 크기를 표시하되 여타의 상세한 것은 생략한다.

해석될 자유물체를 신중하게 선택(첫째 항목)하는 것이 가장 중요하며 평형문제를 해석할 때 자유물체도를 명확하게 작도하는 습관을 들일 필요가 있다. 예제 1.1～1.3은 자유물체도의 작도와 정역학적 평형방정식의 활용과정을 예시한 것이다.

1.6 내력의 합력

외력에 대한 물체의 응답은 변형과 물체를 구성하는 질점들을 응집시키는 내력계(internal force system, 힘과 우력 또는 모멘트)를 유발시키는 것으로 표출된다. 이 **내력의 합력**(internal force resultants)은 **내부 합하중**(internal resultant loadings)을 뜻한다. 이제 재료역학의 중요한 문제 중의 하나로서 정역학에서 논의된 **단면법**을 이용하여 내력을 조사해보기로 하자. 단면법을 적용하는 단계를 요약하면 다음과 같다.

1. 물체를 고립시킨다. 고립된 물체와 그에 작용하는 모든 외력을 스케치하여 자유물체도를 그린다. 실제로 허용할 수 있는 변형은 부재의 크기에 비해 무시할 수 있으므로 자유물체도는 초기 치수와 같으며 변형은 무시한다.
2. 미지의 외력을 결정하기 위하여 평형방정식을 자유물체도에 적용한다.

3. 해석대상 단면에 가상평면[그림 1.1(a)]을 통과시켜 물체를 절취하고 한쪽 부분을 고립시킨 다음 고립된 부분에 단계 2를 반복한다. 만약 물체 전체가 평형상태에 있다면 그 일부도 평형상태를 유지해야 할 것이다. 즉 내력이 절단면을 통하여 전달되어야 할 것이다[그림 1.1(b)].

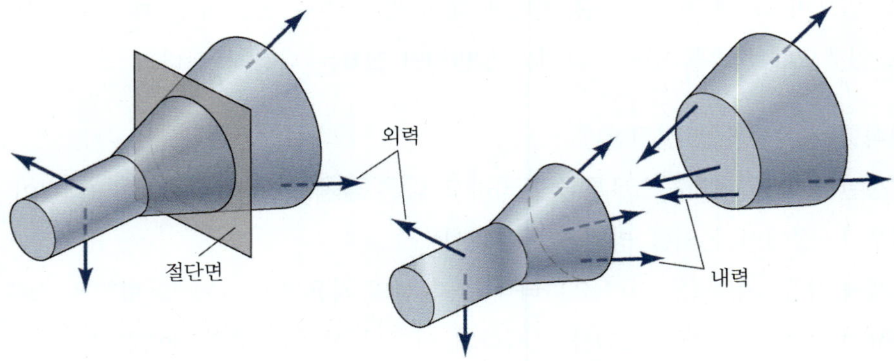

그림 1.1 단면법 (a) 외력을 받는 물체 (b) 단면에 작용하는 내력

전술된 논의로부터 알 수 있는 바와 같이 외력 또는 하중은 내력과 평형을 이루게 된다. 따라서 전자는 후자의 분포에 연속적이라고 할 수 있으나 부재에 발생된 힘의 분포는 물체를 두 부분으로 절취하기 위해 선택된 가상평면에 의존한다. 하중전달부재는 봉을 비롯한 보, 기둥, 판 및 교량과 건물의 프레임(1장의 첫 페이지 사진과 다음에 나타낸 사진 참조)과 같이 다양한 형태로 표현될 수 있다.

내력이 최대응력을 발생시키는 단면을 임계단면(critical section)이라고 한다. 단일하중이 부재에 작용될 때 임계단면과 그 방향은 일반적으로 명백하지만 조합하중이 작용될 경우 절단면의 회전방향은 8.3절과 8.5절에서 논의할 해석법에 따라 결정된다.

내력의 성분

구조요소들은 대부분 가늘고 긴 **세장부재**(slender members)라고 할 수 있다. 세장부재의 통상적인 정의에 의하면 부재의 길이가 단면의 가장 큰 치수에 비해 최소 5배 이상은 되어야 한다. 세장부재 내부의 하중은 일반적으로 단면의 **도심**(centroid) C에 작용하는 힘벡터와 모멘트 또는 우력벡터로 이루어진 정역학적 등가계로 나타낼 수 있다.* 또한 합응력

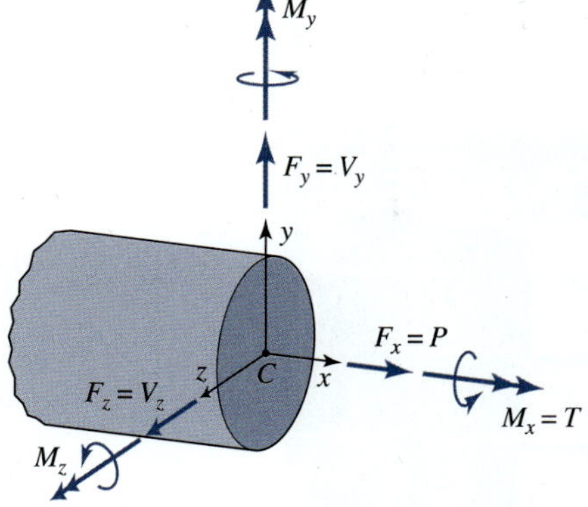

그림 1.2 부재의 단면에 작용하는 3차원 힘과 모멘트

(stress resultants)이라고도 하는 이 내력의 합력은 보통 단면의 수직성분과 접선방향 성분으로 분해할 수 있다.

상술된 내용을 나타내면 그림 1.2와 같으며 이 책에서는 일관되게 그림에 나타낸 **오른손 좌표계**를 사용할 것이다. x축은 부재의 길이방향 축과 일치하고 y축은 상방향의 수직축으로 설정하였으며 z축은 독자를 향하고 있다. 또한 모멘트 성분의 방향은 **오른손 나사법칙**, 즉 회전우력이 표시된 방향으로 오른손 나사를 돌릴 때 벡터방향으로 나사가 이송된다. 편의상 모멘트 성분은 그림 1.2에 나타낸 바와 같이 이중머리 화살표 벡터로 표기하였다.

각각의 내력과 내력 모멘트 성분은 부재에 작용된 하중의 다양한 효과를 나타내며, 이 효과를 설명하면 다음과 같다(그림 1.2).

축하중(axial force) F_x는 부재를 신장(또는 수축)시키려고 하며 보통 문자 F, N 또는 P로 표기한다. 힘이 절단면의 바깥방향을 향할 경우 **축인장**이라 하고 절단면을 향하게 되면 **축압축**이라고 한다.

전단력(shear force) F_y와 F_z는 단면에 나란하게 작용하고 부재의 두 부분을 서로 미끄러지게 하며 문자 V_y, V_z 또는 V로 표기한다.

비틀림 모멘트(twisting moment) 또는 **토크**(torque) M_x는 축을 중심으로 부재를 비틀리게 하며 문자 T로 표기한다.

굽힘 모멘트(bending moment) M_y와 M_z는 부재에 굽힘을 유발시키며 보통 문자 M으로 표기한다.

---

* 단면의 도심은 부록 A의 A.2절에 설명되어 있다.

▶ 건설 중인 빌딩. 이 구조물의 부재를 설계하기 위하여 우선 임계단면에 작용하는 내력의 합력을 결정해야 한다. NJIT의 W. Konon 교수 제공.

4장, 5장, 7장, 9장 및 10장에서 이와 같은 하중 및 모멘트 성분과 응력 및 변형 사이의 관계를 조사하게 될 것이나, 현재 우리의 관심사는 내력 성분의 크기를 계산하는 것이라고 할 수 있다.

구조요소는 상술된 유형의 하중들이 어떤 조합하중으로 작용되거나 또는 네 가지 **하중전달**(force transmission) 유형이 모두 동시에 작용될 수 있으며 해석과정에서 하중전달 유형을 각각 독립적으로 다룰지라도 최종해를 얻기 위하여 각각의 결과를 조합하게 된다. 따라서 단면법은 내력과 그에 상응하는 응력과 변형률을 조사하는 모든 문제의 첫 단계라고 할 수 있다.

실제로 모든 힘이 단일 평면, 예컨대 xy평면 내에서 작용할 경우 문제는 아주 단순해진다. **평면문제**에서는 단면에 작용하는 3개의 성분으로서 축하중 $F_x = P$, 전단력 $F_y = V$ 및 굽힘 모멘트 $M_z = M$만 존재하는 것을 알 수 있다. 이 성분들을 이 책에서와 같이 그림으로 나타내면 그림 1.3과 같다. 절단된 **면** 또는 **평면**의 방향은 **외향법선**이 양의 좌표축 방향을 향하면 **양**(positive)이 되고 음의 좌표축 방향을 향하면 **음**(negative)으로 정의된다. 뉴턴의 제3법칙에 의하면 절단면에 작용하는 축하중, 전단력 및 굽힘 모멘트의 크기는 서로 같고 방향은 반대이다.

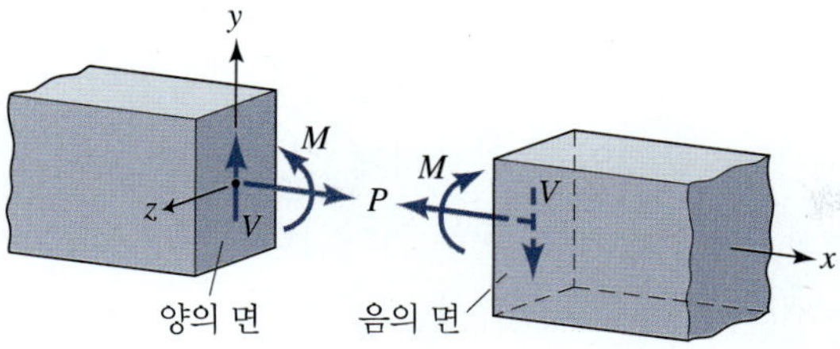

그림 1.3 힘과 모멘트의 2차원 성분

부호약속

여러 가지 해석법에서 일관성을 유지하기 위하여 축하중, 전단력, 비틀림 모멘트 및 굽힘 모멘트에 대해 부호약속을 다음과 같이 설정하였다. **외향법선**과 내력 및 내력 모멘트 벡터 성분이 모두 **양**(또는 음)의 좌표축 방향을 향할 경우 이 힘과 모멘트는 **양**으로 정의한다. 음의 방향 성분이 양의 면(반대의 경우도 동일)에 작용할 경우 그 힘과 모멘트는 음이 된다. 그림 1.2와 1.3은 양의 내력과 내력 모멘트 성분을 나타낸 것이다. 따라서 단면상의 인장력은 양이 되며 양의 비틀림 모멘트 벡터의 부호는 양의 축하중 벡터와 동일한 것을 알 수 있다.

또한 힘과 모멘트에 대한 상기 부호약속은 하중을 받고 있는 부재의 거동과 관련되어 있다. 예컨대 곧은 봉이 그 양단에 양의 축하중을 받으면 신장되며 이러한 부호약속은 응력성분(2.10절 참조)에도 동일하게 적용된다. 끝으로 구조물의 지지점에서 **반력**의 부호는 임의로 가정된다는 점에 주목하라. 즉 평형방정식을 적용하여 계산된 결과에서 양(또는 음)의 부호는 가정이 옳았음(또는 그름)을 의미한다.

전단력에 대한 보의 부호약속. 부호약속의 선택이 자의적일지라도 이 책에서는 6.4절에서 언급하는 바와 같이 공학실무에서 일반적으로 보에 적용하고 있는 방식을 채용하게 될 것이다. 따라서 그림 1.3에 나타낸 방향은 보에 작용하는 음의 전단력을 표시한다. 즉 보에 작용하는 전단력의 부호약속은 그림에 주어져 있는 것과 상반된 부호를 사용하게 될 것이다.

1.7 문제의 공식화와 해

구조해석 문제에 대한 기본 공략법은 문제를 정의(또는 이해)하는 것이다. 문제를 공식화하려면 물리적인 상태를 고려해야 하고 실제 부재와 근사한 이상화 모형이 있어야 한다. 다음의 개요는 문제의 **공식화와 풀이**에 도움이 될 수 있을 것이다.

1. **조건**: 문제를 정의하고 주어진 조건을 간단하게 기술한다.
2. **문제**: 결정해야 할 것이 무엇인지 일관되게 설명한다.
3. **가정**: 설정될 단순화, 이상화 조건들을 열거한다.
4. **풀이**: 미지수를 결정하기 위하여 적절한 방정식을 적용한다.
5. **부가설명**: 결과를 간단하게 검토한다.

상술된 각 단계는 이 책의 전반에 걸쳐서 예제와 사례연구에 적용될 것이다.

문제는 요구되는 정보가 무엇인지 명료하고 정확하게 언급되어야 하며 자유물체도는 중요한 모든 사항들을 알 수 있도록 완성되어야 한다. 또한 가정은 문제를 구체적으로 한정하기 위해 주어진 정보를 자세하게 언급하여야 한다. 예컨대 마찰의 영향을 무시한다거나 또는 특별한 경우 부재의 무게를 무시한다는 것과 같이 부연하여 설명되어야 하며 해석자는 문제를 풀기 위해 어떤 가정들이 설정되어 있는지 이해할 필요가 있다. 풀이는 정역학과 재료역학의 원리를 비롯한 공식, 표, 차트 및 선도에 기반을 두고 수행되어야 한다. 부가설명은 풀이의 핵심적인 특징을 제시하고 전혀 다른 해석을 시도하거나 가정을 느슨하게 하는 등 어떻게 하면 좀 더 나은 결과를 얻을 수 있는지에 대하여 논의한다.

유효숫자

현실적으로 중요한 공학문제에서 0.2% 이상의 **정확도**를 갖는 데이터를 취득하기가 쉽지 않다. 따라서 그와 같은 문제에 대해 0.2% 이상의 정확도를 갖는 답을 쓴다는 것은 결코 옳다고 할 수 없을 것이다. 일반적으로 계산을 전자계산기나 컴퓨터로 수행하므로 수치계산결과를 물리적인 의미가 없는 정확도로 보고할 수 있는 개연성이 있다. 이 책의 전반에 걸쳐서 일관성을 유지하기 위하여 **최종 계산결과**의 보고에 일반적인 공학적 통칙을 준용하였다.

- 1로 시작하는 수는 4자리 유효숫자로 기록한다.
- 여타의 수(2～9로 시작하는)는 3자리 유효숫자로 기록한다.

따라서 14 lb의 힘은 14.00 lb로 표시하고, 52 lb의 힘이라면 52.0 lb로 표시해야 한다. 후속 계산을 지속시킬 경우 **중간결과**(intermediate result)는 정확도를 유지하기 위하여 여러 자리 수로 기록한다. 파이(π)와 삼각함수는 계산기와 컴퓨터의 한계 범위 내에서 다수의 유효숫자(10 이상)로 계산된다.

계산도구

해석을 성공적으로 수행하기 위하여 다양한 계산도구들을 사용할 수 있다. 고성능 공학용 계산기가 이 책에 있는 대부분의 문제를 푸는 데 가장 좋은 도구가 될 수 있다. 스프레드 시트나 이퀘이션솔버(equation solvers)와 같은 범용해석도구는 특정 계산작업에 특유의 장점을 가지고 있다. 이와 같은 유형의 계산용 소프트웨어 패키지로는 MATLAB을 비롯해 TK Solver, MathCAD가 있다. 이와 같은 도구들은 사용자가 완료된 작업을 세부양식으로 저장하고 문서화할 수 있는 장점이 있다. 공학에서 계산의 중요성은 아무리 강조해도 결코 지나치다고 할 수 없을 것이다.

컴퓨터지원제도 및 설계(CAD)용 소프트웨어 패키지는 실제 부재와 동일한 3차원 형상을 생성할 수 있다. 대부분의 CAD 패키지는 여러 종류의 유한요소해석(FEA) 프로그램들과 상호 호환 가능하며 부재의 형상을 응력이나 진동해석뿐만 아니라 유동과 열 해석을 위한 FEA 패키지에 직접 변환할 수도 있다. FEA 기법은 13장에서 논의하게 될 것이다.

상술된 컴퓨터기반 소프트웨어들은 학생들의 장황한 과제물을 수행하는 보조도구로 활용될 수 있겠으나 컴퓨터에서 얻어진 해석결과만으로는 결코 그 신뢰도를 인정할 수 없으며 해석의 기초를 철저하게 이해하는 것이 중요하다.

단위계

공학계산에 사용된 물리량의 단위는 매우 중요하다. 최근 일반적으로 사용되고 있는 단위계로서는 국제단위계(SI)가 있으며, US관용단위계는 미국에서 엔지니어들에 의해 오랫동안 사용되어 왔다. 이 책에서는 여기에 언급된 두 단위계를 모두 활용하게 될 것이나, 국제협약에 따라 SI단위계에 큰 비중을 두었으며 SI와 US관용단위계의 대표적인 기본량들을 표 1.2에 수록하였다.

표 1.2에서 SI단위계의 힘 F는 뉴턴의 제2법칙 $F=ma$를 이용하여 질량 m과 가속도 a를 곱하여 얻어진 유도량이다. 그러나 US관용단위계에서는 상황이 반전되어 질량이 뉴턴의 제2법칙에 따라 $\mathrm{lb \cdot s^2/ft}$와 같이 얻어진 유도량이 되며 가끔 **슬러그**(slug)라고도 한다. **온도**는 켈빈(K)이라고 하는 SI단위로 표시되지만 일반적인 용도로는 °C가 사용되고,

표 1.2 기본단위

양	SI단위		US단위	
	단위명	기호	단위명	기호
길이	미터	m	피트	ft
힘*	뉴턴	N*	파운드	lb
시간	초	s	초	s
질량	킬로그램	kg	슬러그	$lb \cdot s^2/ft$
온도	섭씨 도	°C	화씨 도	°F

*유도단위($kg\ m/s^2$)

두 단위 간의 관계는 다음과 같다. 즉 °C 온도 = °K 온도 − 273.15이다. 또한 온도는 °F와 같이 US단위계로 표시되기도 한다. 세 온도계 간의 환산공식은 다음과 같이 표시된다.

$$t_C = \frac{5}{9}(t_F - 32) \tag{1.4a}$$

$$t_K = \frac{5}{9}(t_F - 32) + 273.15 \tag{1.4b}$$

여기서 t는 온도를 뜻하며 첨자 C, F, K는 각각 섭씨, 화씨 및 켈빈을 표시한다.

문자 g로 표기된 **중력가속도**는 지표 근방에서 다음과 같은 값을 갖는 것으로 가정되며

$$g = 9.81\ \text{m/s}^2 \quad (\text{또는}\ 32.2\ \text{ft/s}^2) \tag{a}$$

뉴턴의 제2법칙에 의하면 SI단위계에서 질량 1 kg인 물체의 **자중** W는 $W = mg = (1\ \text{kg})(9.81\ \text{m/s}^2) = 9.81\ \text{N}$이 된다. US관용단위계에서 **자중**은 파운드(lb)로 표시된다. 힘의 단위는 — 공학해석과 설계에서 힘을 비롯한 모멘트, 토크, 응력(또는 압력), 일(또는 에너지), 동력 및 탄성계수의 계산과 관계되기 때문에 — 특히 중요하다. 흥미롭게도 SI단위에서 뉴턴(N)은 대략 보통 크기 사과의 자중(지구의 중력)과 같다.

부록 B의 표 B.1~B.3에 역학에서 사용되는 단위와 SI단위의 표준 접두사, 환산인자를 수록하였다. 접두사는 매우 크거나 작은 수를 간단하게 표기할 수 있게 하며 또한 점(dot)은 서로 곱해지는 단위들을 구분하는 데 사용된다. 예컨대 N·m를 밀리뉴턴인 mN과 혼동하지 않도록 주의해야 한다. 끝으로 문제풀이를 위해 표시된 방정식의 단위는 항상 대조할 필요가 있으며 합당하게 표기된 방정식이라면 등호를 기준으로 양변의 단위를 모두 생략할 수도 있다.

1.8 간단한 구조물에의 응용

다양한 구조물들이 공업현장에서 사용되고 있다. **구조물**(structure)이란 정적 평형상태에서 작용력을 지탱할 수 있도록 지지된 부재의 조립체라고 할 수 있다. 구조물은 크게 네 가지로 프레임, 트러스, 기계 및 두께가 얇은 박판 구조물로 구분할 수 있다. 두께가 얇은 구조물의 거동은 해석과정에서(8.8절 참조) 설정된 어떤 단순화 가정을 전제로 한다. 대부분의 교량과 건축물에는 봉을 비롯한 보, 프레임, 케이블 및 기둥이 포함되어 있다. 1장의 첫 페이지에 게시된 사진은 기능적으로나 미적으로 가장 우수한 교량 구조물을 예시한 것이다.

각 구조물은 고유의 요구조건을 만족할 수 있도록 설계되며 미국토목학회(ASCE)에서는 가장 일반적인 구조물(참고문헌 1.4와 1.5)의 설계하중을 규정하고 있다. 프레임과 기계는 복수하중(multiforce) 부재로 이루어진 구조물이라고 할 수 있다. **프레임**은 하중을 지탱하는 완전히 구속된 정지 상태의 구조물이다. **기계**(machine)란 하중(또는 동력)을 전달하고 조절하며, 정지 상태에 있거나 또는 이동 가능한 구조물로서 항상 움직이는 부재를 포함한다. 트러스(truss)는 대표적인 구조물의 하나로서 각종 공업현장, 특히 교량과 건축물의 설계에서 실용적이고 경제적인 해결책을 제시해준다.

그림 1.4(a)는 삼각형 **기본 트러스** ABC를 예시한 것으로서 부재는 핀으로 연결되어 있고 절점에서의 마찰은 무시할 수 있는 것으로 가정하였다[그림 1.4(b)].

하중이 트러스의 절점을 통하여 작용될 경우, 트러스 각 부재에는 인장력이나 압축력이 되는 축하중만 작용하게 된다. **2봉 트러스**(V 구조)는 강체 기초 A와 C에 핀으로 연결되어 있다[그림 1.4(c)]. 대형 **평면 트러스**(그림 1.5)는 기본 평면 트러스 ABC에 두 부재를 동시에 부착하여 제작할 수 있다. 기본 트러스로 제작할 수 없는 트러스를 **복합 트러스**(compound truss)라고 한다. 3차원 구조형상이 되도록 여러 개의 직선형 부재의 양단을 서

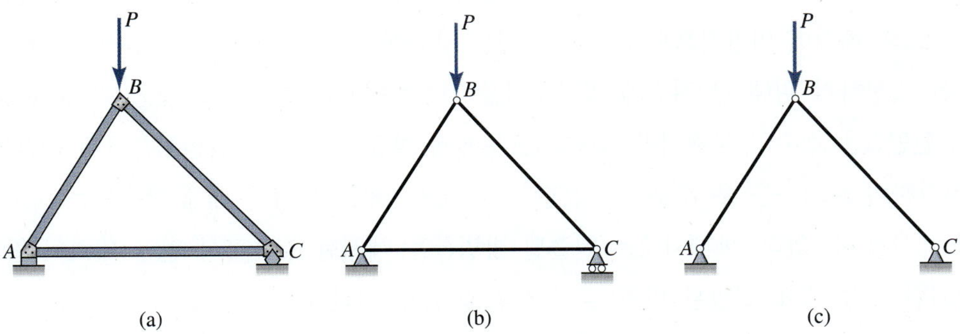

그림 1.4 절점 B에 하중이 작용하는 기본 트러스 (a) 삼각형 (b) 이상화 모델 (c) 2봉

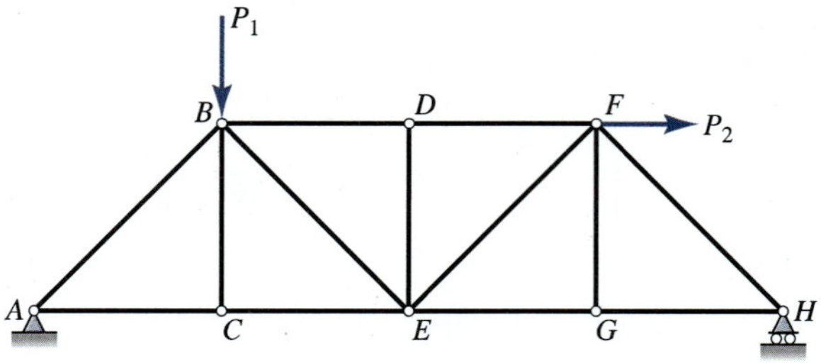

그림 1.5 절점 B와 F에서 하중을 받고 있는 평면 트러스

로 연결하여 제작된 트러스를 **공간 트러스**(space truss)라고 한다. 공간 트러스에서는 각각의 부재가 마찰이 없는 볼소켓 조인트로 연결되므로 이러한 지지점에서는 3방향의 병진운동이 구속되어 3개의 미지력이 발생된다.

구조해석은 구조물이나 그 부재에 발생된 힘과 처짐을 결정하는 것이며 또한 **구조설계**를 수행할 수 있도록 부재력에 대한 여러 가지 하중 종류와 위치의 영향을 조사하는 것이라고 할 수 있다. 복잡한 구조해석에 대한 초기 수요는 여러 가지 **고전적인 방법**(classical method)을 개발하는 모체가 되었고 디지털 컴퓨터가 출현하여 발전됨에 따라 특수해법이 불필요하게 되었으며 고전적인 방법의 전문화가 현대 **매트릭스법**(matrix method)의 개념으로 대체되었다. 대표적인 조립품과 부품에 대한 다수의 문제들을 13장에서 매트릭스법을 이용하여 해석하게 될 것이다.

핀으로 연결된 구조물의 **하중해석**절차(예제 1.1 참조)를 요약하면 다음과 같다. 먼저 구조물 전체를 자유물체화하고 평형방정식을 적용한 다음, 구조물을 분해하여 각 부재를 2력(축하중) 부재나 복수하중 부재로 구분한다. 핀은 그 핀이 결합된 부재의 일부로 가정하며 각 부재에 대한 자유물체도를 그린다. 2력 부재가 같은 부재에 결합되면 크기는 알 수 없으나 기지의 방향을 갖는 크기가 같고 방향이 반대인 힘이 부재 간에 작용하게 된다. 따라서 부재의 자유물체도에 적용된 평형조건을 풀이하여 각 부재에 발생된 내력을 계산한다.

트러스의 해석에 일반적으로 사용되고 있는 방법에는 두 가지가 있다. 먼저 **절점법**은 부재력을 결정하기 위해 각 절점에 평형조건을 적용하여 절점별로 구조물을 해석하는 방법이다. **단면법**은 소수의 부재력만 요구되는 문제에 적합하다. 또한 단면법은 3개 미만의 봉을 절단하여 트러스를 두 부분으로 분할할 수 있을 경우, 특정 부재에 작용하는 축하중을 쉽게 계산할 수 있다. 예제 1.2는 전술된 방법론을 예시한 것으로서 일단 내력의 합력이 결정되면 다음 장에 설명된 바와 같이 응력을 쉽게 계산할 수 있다.

[예제 1.1] 핀 연결된 프레임의 부재력

조건 핀으로 연결된 보 $ABCD$와 CEF 및 봉 BE의 조립체가 점 F에 수직력 $P=6$ kips를 지탱하고 있다[그림 1.6(a)]. 이 조립체는 점 A의 핀과 케이블 DG로 지지되어 있으며 각 부의 치수는 in. 단위이다.

문제

(a) 절점 B, C 및 E에 작용하는 힘의 성분을 구하라.

(b) 점 O를 지나는 단면에 작용하는 내력의 합력과 내력 모멘트의 합력을 구하라.

가정 핀 절점의 마찰력은 무시하기로 한다. 또한 모든 힘은 동일 평면상에 있으며 2차원적이다. 부재의 자중은 작용력에 비해 그 크기가 미소하며 무시할 수 있는 것으로 가정한다.

풀이 그림 1.6과 표 1.1 참조

자유물체: 전체 프레임. 점 A 반력의 두 성분으로 R_{Ax}와 R_{Ay}가 있으며 점 D에 케이블에 의한 힘 T가 있다. 따라서 프레임 전체의 자유물체도를 고려함으로써 반력을 결정할 수 있다[그림 1.6(a)].

$$\sum M_A = -6(125) + T\sin 30°(200) = 0 \qquad T = 7.5 \text{ kips}$$

$$\sum F_x = R_{Ax} - 7.5\sin 30° = 0 \qquad R_{Ax} = 3.75 \text{ kips}$$

$$\sum F_y = R_{Ay} - 7.5\cos 30° - 6 = 0 \qquad R_{Ay} = 12.5 \text{ kips}$$

(a) 이제 프레임을 해체한다. 각 절점에 2개의 부재만 연결되어 있으므로, 각 부재의 절점상에 크기가 같고 방향이 반대인 성분을 나타내었다[그림 1.6(b)]. BE는 **2력 부재**(two force member), 즉 동일 작용선상의 두 점에 크기가 같고 방향이 반대인 힘을 받는 봉이라는 것을 알 수 있다.

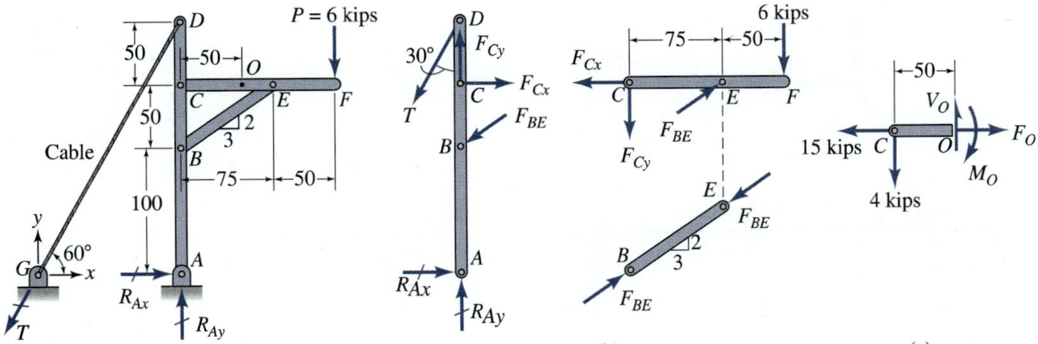

그림 1.6 (a) 조립체 (b, c) 부재와 보 CEF의 CO 부분에 대한 자유물체도

자유물체: 부재 *CEF*

$$\sum M_C = -6(125) + \frac{2}{\sqrt{13}} F_{BE}(75) = 0 \qquad F_{BE} = 18.03\ \text{kips}\,(C)$$

$$\sum M_E = -6(50) + F_{Cy}(75) = 0 \qquad F_{Cy} = 4\ \text{kips}$$

$$\sum F_x = \frac{3}{\sqrt{13}}(18.03) - F_{Cx} = 0 \qquad F_{Cx} = 15\ \text{kips}$$

자유물체: 부재 *ABCD*. 모든 내력의 합력이 결정되었으므로 결과를 검토하기 위해 정역학방정식을 적용하여 부재 $ABCD$가 평형상태에 있는 것을 확인한다.

부가설명 계산된 양의 값은 나타낸 힘 성분의 방향이 옳게 설정된 것임을 표시하며 부재 BE는 압축상태(C)에 있다.

(b) 자유물체: *CO* 부분. 보 CEF를 점 O에서 절단하여 CO 부분의 자유물체도를 선택하면

$$M_O = 4(50) = 200\ \text{kip}\cdot\text{in.} \qquad F_O = 15\ \text{kips} \qquad V_O = 4\ \text{kips}$$

부가설명 점 O에 작용하는 내력의 합력은 그림과 같이 작용하는 우력, 축하중 및 전단력과 같다.

예제 1.2 트러스의 부재력

조건 그림 1.7(a)에 나타낸 트러스는 길이가 각각 L인 7개의 부재로 구성되어 있으며, 절점 B와 C에 $P_1 = 100$ N과 $P_2 = 50$ N의 하중이 각각 작용되고 있다.

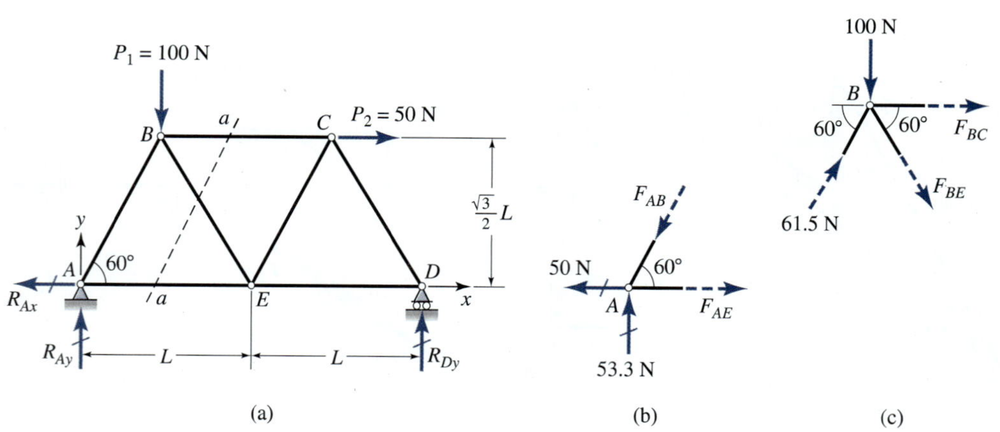

그림 1.7 (a) 7개의 부재로 구성된 트러스 (b, c) 절점 A와 절점 B의 자유물체도

문제

(a) 절점법을 이용하여 축하중 F_{AB}, F_{AE}, F_{BC} 및 F_{BE}를 구하라.

(b) 단면법을 이용하여 축하중 F_{BC}를 구하라.

가정 핀 조인트의 마찰과 부재의 자중은 무시한다.

풀이 지지점 반력은 그림과 같다.

자유물체: 트러스 전체. 지지점 반력은 트러스 전체의 자유물체도에 평형조건을 적용하여 계산할 수 있다[그림 1.7(a)].

$$\sum F_x = 0: \ -R_{Ax} + 50 = 0 \qquad R_{Ax} = 50 \text{ N} \leftarrow$$

$$\sum M_A = 0: \ -100\left(\frac{L}{2}\right) - 50\left(\frac{\sqrt{3}}{2}L\right) + R_{Dy}(2L) = 0 \qquad R_{Dy} = 46.6 \text{ N} \uparrow$$

$$\sum M_D = 0: \ -R_{Ay}(2L) + 100\left(\frac{3}{2}L\right) + 50\left(\frac{\sqrt{3}}{2}L\right) = 0 \qquad R_{Ay} = 53.4 \text{ N} \uparrow$$

참고로 $\sum F_y = 0$이 됨을 확인해보기 바란다.

(a) 절점법. 먼저 절점의 자유물체도를 그린다. 미지력은 보통 인장력일 경우 절점으로부터 멀어지는 방향으로 표시하고 압축력은 절점에 근접하는 방향으로 표시한다. 가끔 힘이 인장력이나 압축력일 경우 분석결과에 따라 표시할 수도 있다. 만약 가정된 방향이 타당할 경우 평형방정식으로부터 계산된 힘은 양이 될 것이며 방향이 옳지 않을 경우 힘은 음이 될 것이다. 절점법에서 정역학방정식은 각 절점에 독립적으로 적용되며 후속 절점의 자유물체도를 설정할 때 어떤 절점으로부터 얻어진 힘의 부호를 취급하는 데 세심한 주의가 요구된다.

자유물체: 절점 A [그림 1.7(b)]

$$\sum F_y = 0: \quad 53.4 - F_{AB}\sin 60° = 0 \qquad F_{AB} = 61.5 \text{ N}$$

$$\sum F_x = 0: \quad -50 + F_{AE} - F_{AB}\cos 60° = 0 \qquad F_{AE} = 80.8 \text{ N}$$

자유물체: 절점 B [그림 1.7(c)]

$$\sum F_y = 0: \quad -100 + 61.5\sin 60° - F_{BE}\sin 60° = 0 \qquad F_{BE} = -54 \text{ N}$$

$$\sum F_x = 0: \quad F_{BC} + 61.5\cos 60° + F_{BE}\cos 60° = 0 \qquad F_{BC} = -3.8 \text{ N}$$

부가설명 음의 부호는 F_{BE}와 F_{BC}의 방향이 그림 1.7(c)에서 가정된 것과 반대라는 것을 뜻하며 부재 BE와 BC는 압축을 받고 있다.

(b) 단면법. $a-a$[그림 1.7(a)] 단면으로 트러스를 가상 절단하면 그림 1.8과 같이, 미지력

F_{AE}, F_{BC} 및 F_{BE}가 표출된다. 점 E를 지나는 두 힘을 소거하기 위하여 점 E에 모멘트 평형조건을 적용하면 다음과 같다.

$$\Sigma M_E = 0:\ -53.3L - F_{BC}\left(\frac{\sqrt{3}\,L}{2}\right) + 100\left(\frac{L}{2}\right) = 0 \qquad F_{BC} = -3.8\ \text{N}$$

이것은 (a)에서 구한 결과와 동일하다.

부가설명 점 E에 대한 모멘트의 합으로부터 요구되는 힘 F_{BC}를 바로 계산할 수 있도록 단면 $a-a$가 적절하게 선택되었다는 것을 알 수 있다.

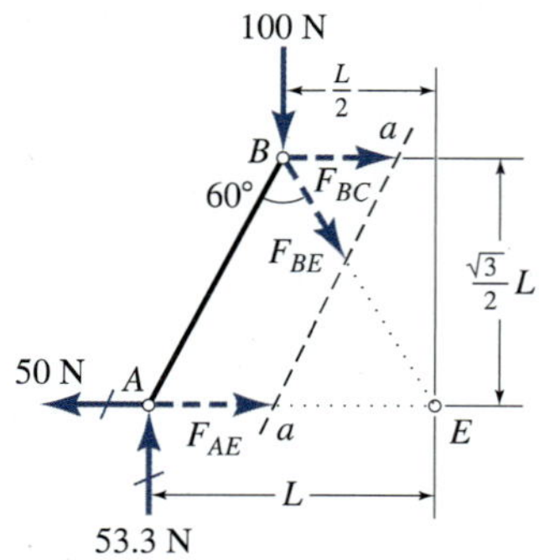

그림 1.8 힘 F_{AE}, F_{BE} 및 F_{BC}를 결정하기 위한 단면법

[예제 1.3] 파이프 조립체의 단면에 작용하는 내력의 합력

조건 서로 수직한 두 관 AB와 BC가 점 B에서 곡관(elbow)으로 연결된 3차원 L형 파이프 조립체가 강체 프레임 C에 결합되어 있다[그림 1.9(a)]. 이 관은 점 A에 수직하중 $P_A = 80$ N과 토크 $T_A = 20$ N · m를 비롯한 자중을 받고 있으며 이 조립체는 모두 호칭경 50 mm를 갖는 강관으로 제작되었다고 한다.

문제 점 O를 지나는 단면에 작용하는 축하중, 전단력 및 모멘트를 계산하라.

가정 파이프 조립체의 자중은 전 길이에 걸쳐 균일분포하며 파이프의 질량은 $2.45\ \text{kg/m}^3$라고 한다(표 B.7 참조).

풀이 그림 1.2와 그림 1.9 및 식 (1.1)을 보라. 파이프 AB와 BO의 자중은

$$W_{AB} = (2.45)(0.5)(9.81) = 12.02\ \text{N} \qquad W_{BO} = (2.45)(0.4)(9.81) = 9.61\ \text{N}$$

자유물체: *ABO* 부분. 미지수가 6개인 3차원 힘계에 대한 평형조건은 6개이다[그림 1.9(b)]. 식 (1.1)의 첫 3개는 파이프에 작용하는 힘과 점 O를 통과하는 단면에 발생된 내력 사이의

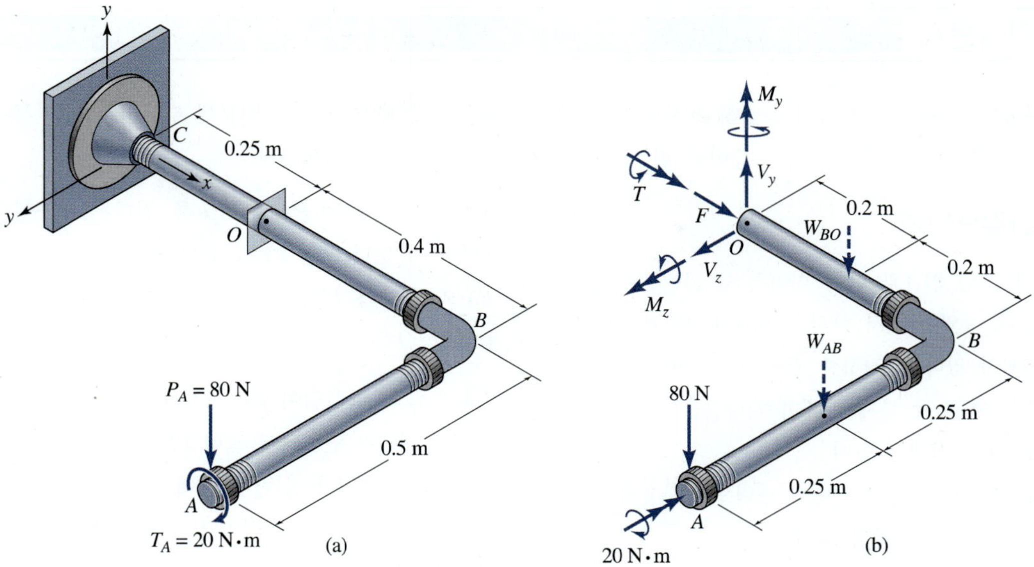

그림 1.9 (a) 파이프 조립체 (b) ABO 부분의 자유물체도

관계를 표시한다.

$$\Sigma F_x = 0: \qquad\qquad F = 0$$

$$\Sigma F_y = 0: \quad V_y - 12.02 - 9.61 - 80 = 0 \qquad V_y = 101.6 \text{ N}$$

$$\Sigma F_z = 0: \qquad\qquad V_z = 0$$

식 (1.1)의 마지막 3개를 이용하면 점 O에 관한 모멘트는

$$\Sigma M_x = 0: \quad T + (12.02)(0.25) + 80(0.5) = 0 \qquad T = -43 \text{ N} \cdot \text{m}$$

$$\Sigma M_y = 0: \qquad\qquad M_y = 0$$

$$\Sigma M_z = 0: \quad M_z - 20 - 80(0.4) - (12.02)(0.4) - (9.61)(0.2) = 0 \quad M_z = 58.7 \text{ N} \cdot \text{m}$$

부가설명 T의 음의 값은 토크벡터가 그림에 나타낸 것과 반대 방향을 향하는 것을 의미한다.

연습문제

다음의 문제들은 그 값이 특별히 제시되지 않는 한 작용하는 힘에 비해 작기 때문에 부재의 무게는 무시하며, 또한 모든 힘은 정적하중이고 핀 연결부에서 마찰을 무시하여 풀이한다.

1.1절~1.8절

1.1 그림 P1.1과 같이 휘어진 빔 ACD는 봉 BC로 점 A와 B에서 힌지로 지지되어 프레임으로 구성되어 있다. 수직하중 $P=150$ kN이 점 D에 작용할 때 각각 부재에 대하여 다음을 구하라.

(a) A와 B에서 반력

(b) 점 O의 지점의 단면에 내력으로 작용하는 축력, 전단력 및 굽힘 모멘트

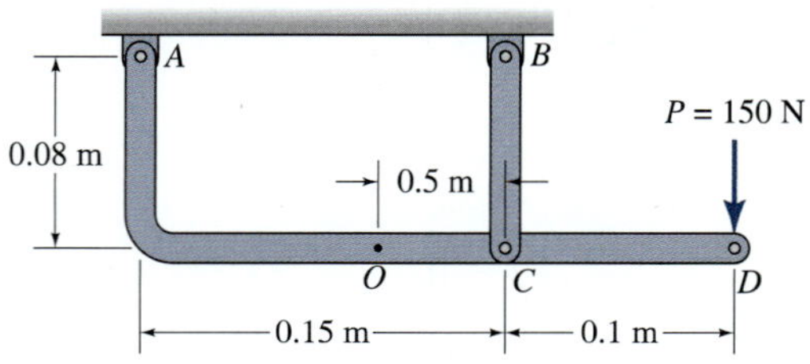

그림 P1.1

1.2 부재 ADB와 BC는 2개의 핀으로 체결되어 점 D에서 수직하중 $P=90$ kips를 견디는 구조물로 만들어져 있다(그림 P1.2). 다음을 구하라.

(a) 지점 A와 C에서 반력

(b) 점 O의 단면에서 내력과 모멘트 합력

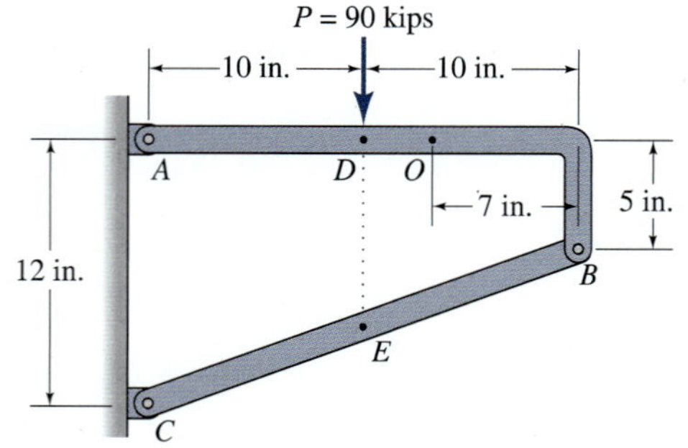

그림 P1.2

1.3 부재 ADB와 BC는 힌지 B에서 체결되어 점 E에서 수직하중 $P=90$ kips를 견디는 구조물로 만들어져 있다(그림 P1.2). 다음을 구하라.

(a) 지점 A와 C에서 반력

(b) 점 O의 단면에서 내력과 모멘트 합력

1.4 그림 P1.4와 같이 엔진시스템이 피스톤에 커넥팅로드 AB가 연결되어 크랭크암 BC가 회전하도록 구성되어 있다. 실린더 내에서 피스톤이 힘 P를 받아 마찰 없이 움직인다. 크랭크암의 토크는 $T=2$ kN · m이다. 그림과 같은 피스톤의 위치에서 다음을 구하라.

(a) 평형상태를 유지하는 데 필요한 힘 P

(b) 봉 AB에 걸린 축력

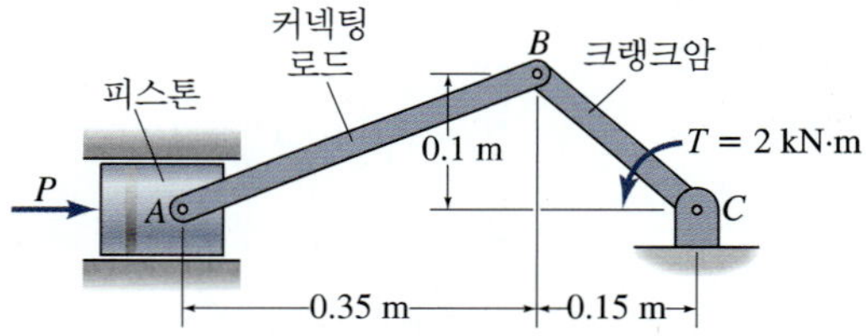

그림 P1.4

1.5 그림 P1.5와 같이 $3a$ 길이의 ABC와 $2a$ 길이의 DEF, BE와 CF 부재가 4개의 핀으로 체결되어 구성된 프레임이 있다. 점 C에서 수직하중 P가 작용할 때 부재 CF와 BE에 걸린 축력을 구하라.

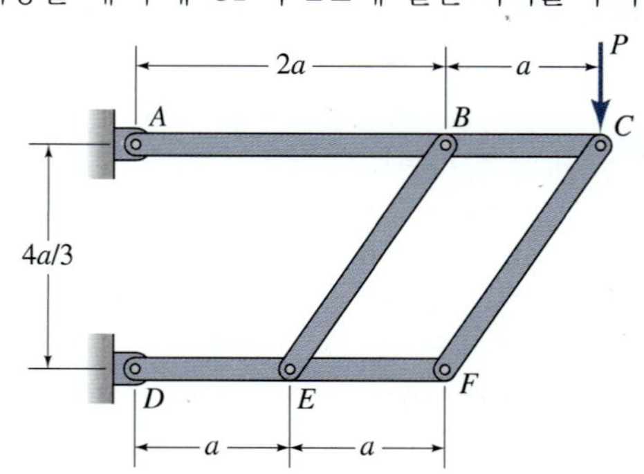

그림 P1.5

1.6 프레임 AB와 길이가 $6a$인 빔 CD는 그림 P1.6과 같이 지지되어 있다. 점 E에 롤러가 두 부재 사이에 자연스럽게 놓여 있다. 구조물이 경사각의 집중하중 P가 점 B에 작용할 때 점 A와 C에서 반력을 구하라.

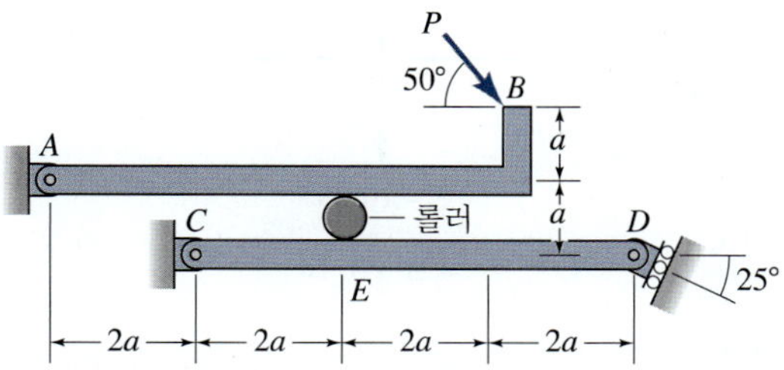

그림 P1.6

1.7 길이 $3a$의 부재 ABC와 ADE 및 부재 BD로 구성된 프레임에 점 E에서 수직하중 W가 작용하고 있다(그림 P1.7). 다음 점의 단면에 작용하는 내력과 모멘트 합력을 구하라.

(a) 점 G

(b) 점 H

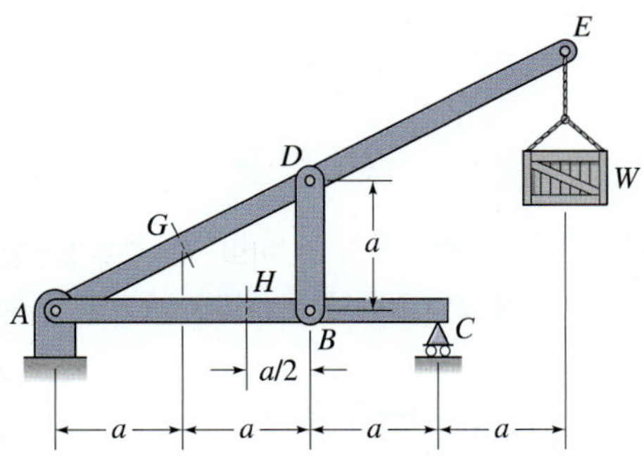

그림 P1.7

1.8 그림 P1.8과 같이 빔 ABC에 봉 BD가 체결되어 만들어진 구조물이 수직하중 $P_1 = 5$ kips와 수평하중 $P_2 = 10$ kips를 받고 있다. 다음을 구하라.

(a) 점 C의 반력

(b) 부재 AD와 BE의 축력

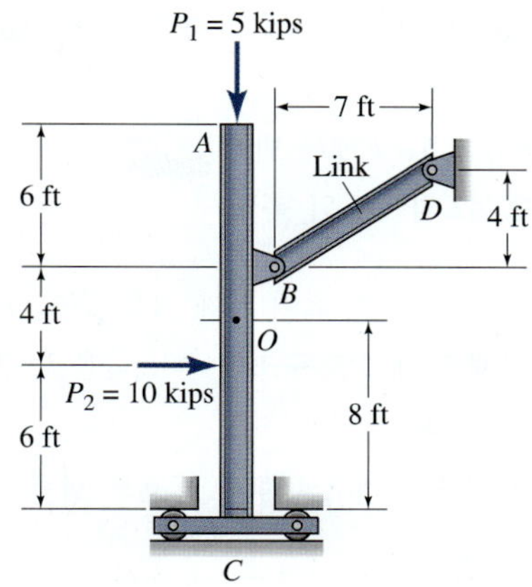

그림 P1.8

1.9 그림 P1.9와 같이 단순보 BCD와 프레임 AC는 핀으로 연결되어 점 D에서 하중 $P = 10$ kips를 받고 있다. 다음을 계산하라.

(a) 지지점 B와 C에서 반력

(b) 점 O의 단면에서 내력과 모멘트 합력

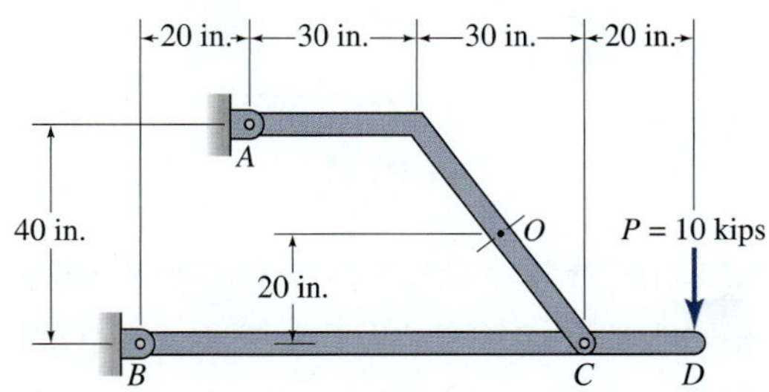

그림 P1.9

1.10 그림 P1.10과 같이 부재 ABC, AD, BE와 DEF는 핀으로 체결된 하나의 구조물이다. 점 A

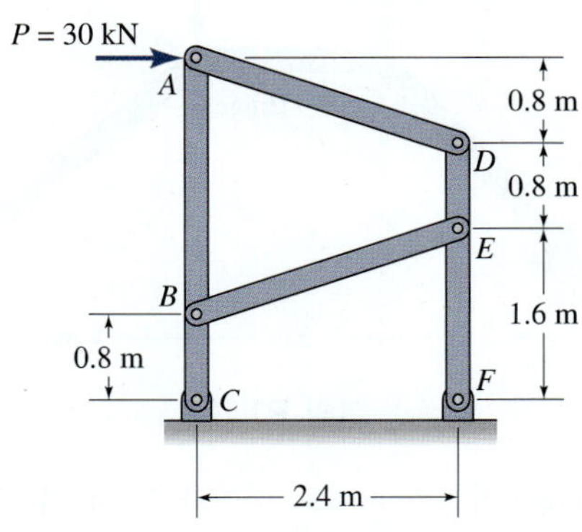

그림 P1.10

에서 수평하중 $P = 30$ kN의 하중을 받고 있을 때 다음을 계산하라.

(a) 지지점 C와 F에서 반력

(b) 부재 AD와 BE의 축력

***1.11** 그림 P1.11과 같이 부재 AB, BC, BD 및 DE는 강체로 체결된 구조물이다. 다음을 구하라.

(a) 지지점 C와 E의 반력

(b) 점 O의 단면에서 내력과 모멘트 합력

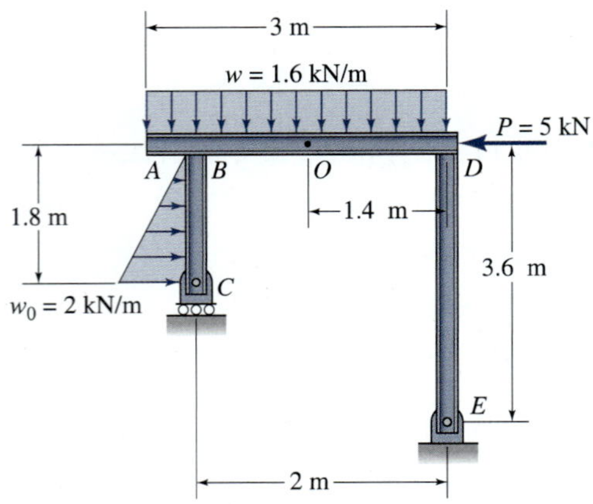

그림 P1.11

1.12 그림 P1.12와 같이 프레임 ABC와 봉 CD는 점 C에서 핀으로 체결되어 있다. 점 B에서 수평하중 $P_1 = 20$ kN과 점 C에서 수직하중 $P_2 = 15$ kN을 받을 때 봉 CD의 축하중을 구하라.

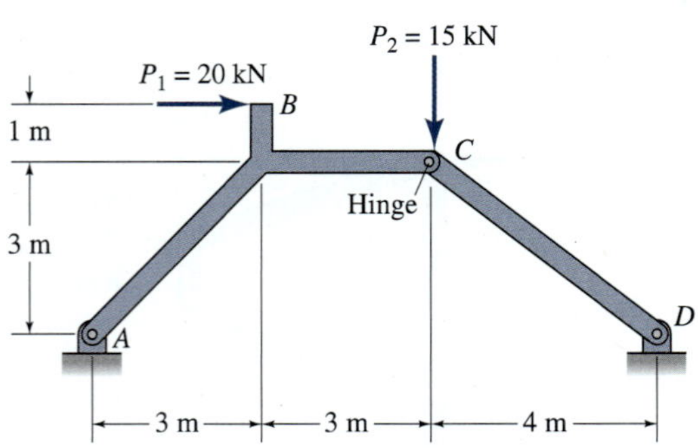

그림 P1.12

1.13 높이가 1.5 m이고 길이가 3.5 m인 트러스 $ABCD$가 지지점 D에서 수직하중 $P = 10$ kN을 받고 있다(그림 P1.13). 각 부재에 걸린 축력을 조인트법을 사용하여 구하라.

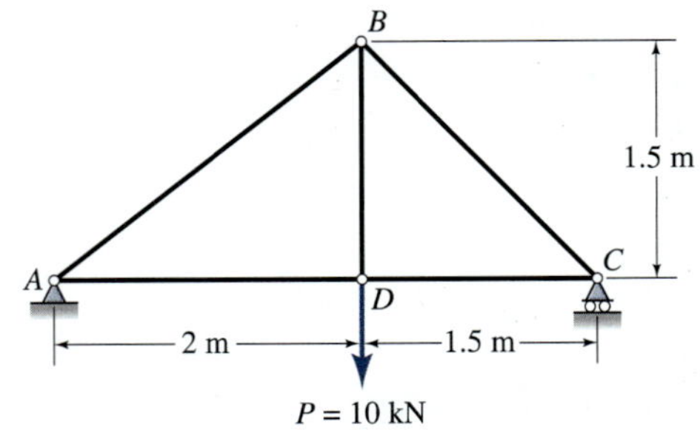

그림 P1.13

1.14 그림 P1.14와 같이 5개의 핀 연결 부재로 체결된 트러스 $ABCD$는 각각 조인트 B와 C에서 수직하중 $P = 9$ kN을 받고 있다. 다음을 구하라.

(a) 지지점 A와 D의 반력

(b) 각 부재에 걸린 축력(조인트법 사용)

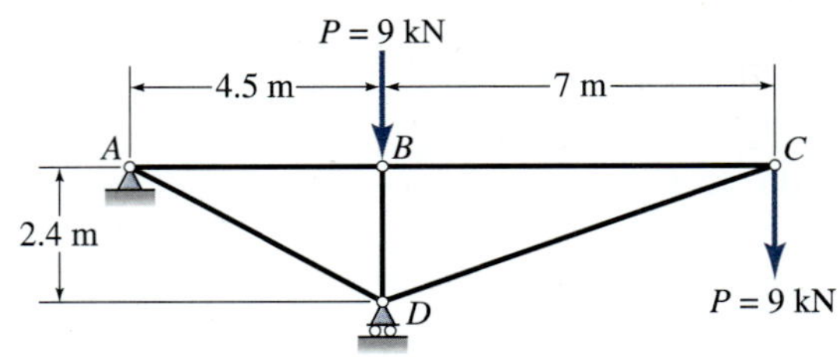

그림 P1.14

1.15 7개의 부재로 구성된 트러스가 조인트 점 B에서 수직하중 $P = 100$ N을 받고 있다(그림 P1.15). 다음을 구하라.

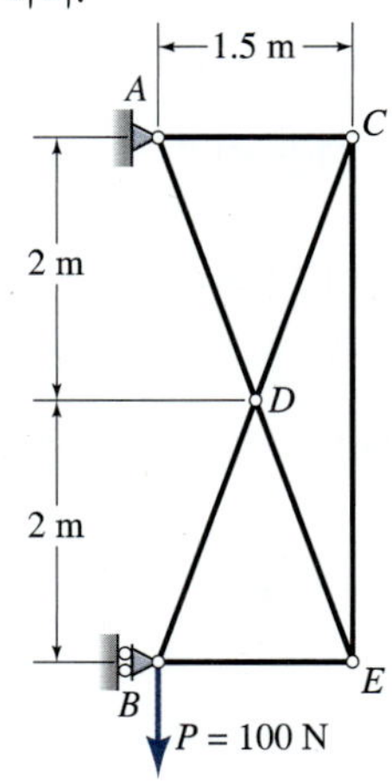

그림 P1.15

(a) 지지점 A와 B의 반력

(b) 트러스 각 부재에 걸린 축력(조인트법 사용)

1.16 그림 P1.16과 같이 높이 H와 길이 L을 갖는 트러스가 P와 $2P$의 하중을 받고 있다. 다음을 구하라.

(a) 지지점 A와 G의 반력

(b) 부재 CE, DE, DF의 축력(단면법 사용)

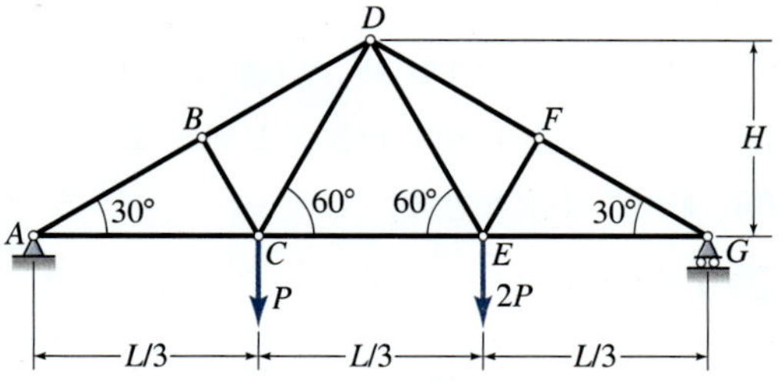

그림 P1.16

1.17 그림 P1.17과 같이 트러스가 11개의 부재로 구성되어 있다. 조인트 B에서 수직하중 $P_1 = 90$ kips와 수평하중 $P_2 = 120$ kips를 받을 때 다음을 구하라.

(a) 지지점 A와 E의 반력

(b) 부재 CD, CG, GF의 축력(단면법 사용)

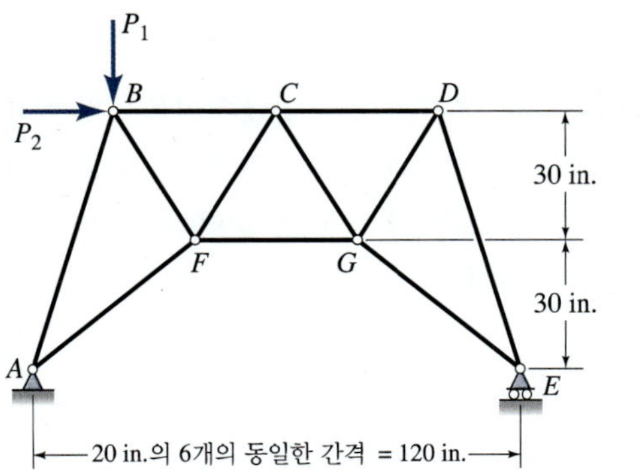

그림 P1.17

1.18 그림 P1.17과 같이 구조물은 11개의 부재로 구성되어 있다. 조인트 점 B에서 수직하중 $P_1 =$ 30 kips와 수직하중 $P_2 = 40$ kips가 작용할 때 단면법으로 부재 BC, CF, FG의 축력을 구하라.

1.19 그림 P1.19와 같이 9개의 핀 연결 부재로 구성된 트러스가 점 B와 C에서 각각 $P_1 = 15$ kN과 $P_2 = 5$ kN의 하중을 받고 있다. 단면법으로 부재 BC, EF, EC의 축력을 구하라.

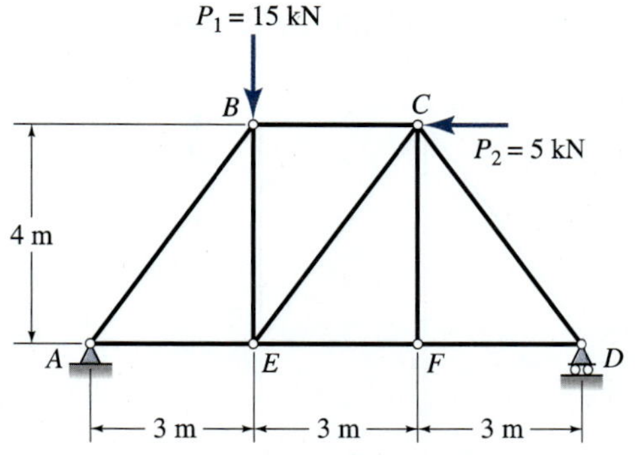

그림 P1.19

***1.20** 그림 P1.20과 같이 높이가 H이고 길이가 L인 트러스가 점 C와 D에서 각각 P_1과 P_2 하중을 받고 있다. $H = 3$ m, $L = 8$ m, $P_1 = 25$ kN, $P_2 =$ 20 kN인 조건에서 다음을 구하라.

(a) 지지점 A와 E에서 반력

(b) 부재 AB, AF, BC, BF의 축력(조인트법 사용)

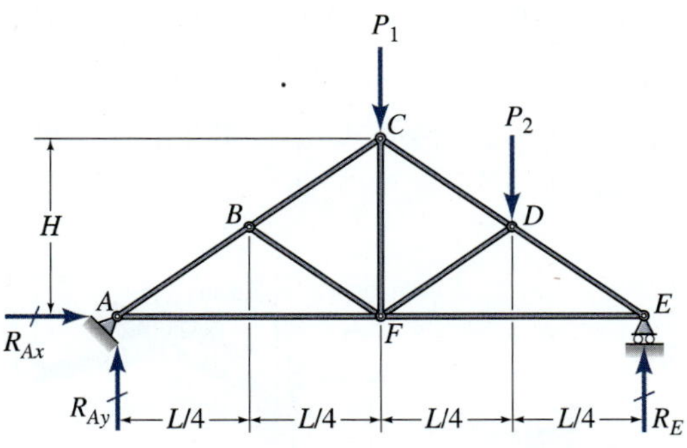

그림 P1.20

1.21 9개의 핀 체결 부재로 구성된 트러스의 점 C와 D에 각각 P_1과 P_2가 작용하고 있다(그림 P1.20). $H = 6$ ft, $L = 16$ ft, $P_1 = 5$ kips, $P_2 =$ 2 kips인 조건에서 부재 CD, DF, FE에 걸린 축력을 구하라.

1.22 높이가 5 m이고 길이가 11.25 m인 트러스가 점 D와 B에서 수직하중 $P_1 = 40$ kN과 수평하중 $P_2 = 20$ kN을 각각 받고 있다(그림 P1.22). 다음을 구하라.

(a) 지지점 C, F에서 반력

(b) 부재 AC, CD, AD, DE의 축력(조인트법 사용)

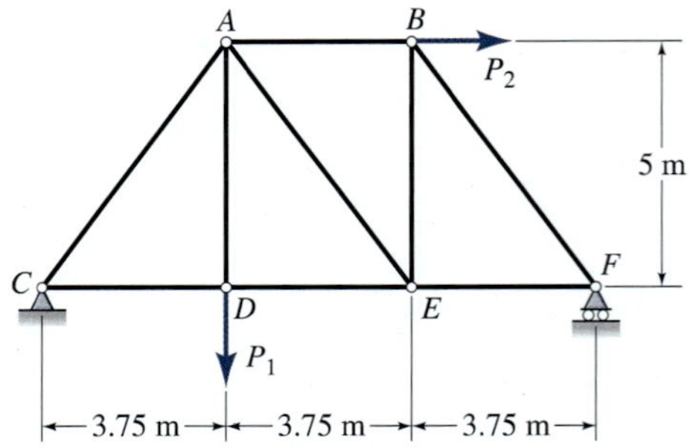

그림 P1.22

1.23 9개의 부재로 구성된 트러스는 높이가 5 m이고 길이가 11.25 m로 점 D와 B에서 수직하중 $P_1 = 20$ kN과 수평하중 $P_2 = 10$ kN을 각각 받고 있다(그림 P1.22). 단면법을 이용하여 부재 AB, DE, AE의 축력을 구하라.

1.24 그림 P1.24와 같이 3개의 수직 암 AB, BC, CD를 갖는 파이프 $ABCD$의 점 E에 윈치로 수직하중 50 lb를 작용하고 있다. 고정점 A의 반력을 구하라.

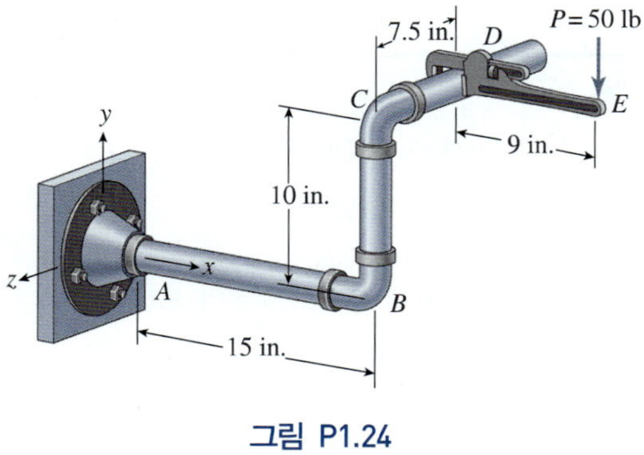

그림 P1.24

1.25 공칭직경이 4 in.인 표준강철 파이프 $ABCD$는 3개의 수직 암 AB, BC, CD로 구성되었다(그림 P1.24). 윈치로 점 E에 수직하중 $P = 50$ lb를 작용할 때 고정된 지지점 A의 반력을 구하라.

가정 파이프의 무게를 고려한다(표 B.7 참고).

***1.26** 그림 P1.26과 같이 중공축 AB의 양 끝단 A와 E는 베어링으로 지지되고 있으며 풀리 B, C, D로 하중을 작용 받고 있다. y방향으로 300 lb와 600 lb의 하중이 작용하고 z방향으로 200 lb와 800 lb의 하중이 작용할 때 다음을 구하라.

(a) 평형을 이루기 위한 비틀림 모멘트 T

(b) 베어링 지점의 반력

가정 베어링은 단순지지로 본다.

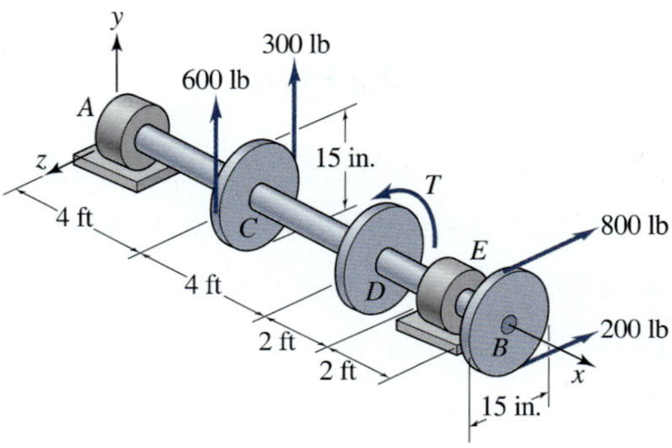

그림 P1.26

1.27 그림 P1.27과 같이 중공축 AB의 양 끝단 A와 B는 베어링으로 지지되고 있으며 풀리 C와 D로 하중을 작용 받고 있다. y방향으로 80 lb, z방향으로 100 lb의 하중이 작용할 때 다음을 구하라.

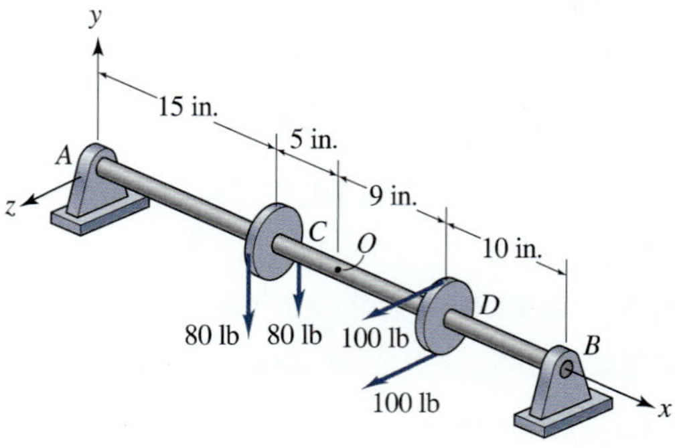

그림 P1.27

(a) 점 A와 B의 반력

(b) 점 O의 단면에 작용하는 내력의 합력

가정 베어링은 단순지지로 본다.

***1.28** 그림 P1.28과 같이 3.2 m 길이의 봉 AB와 케이블 BC로 구성된 구조물이 하중 $W=40$ kN을 받고 있다. 봉은 점 A에 힌지로 연결되어 있다. 지지점 A에서 반력을 구하라.

가정 봉은 좌굴되지 않는다.

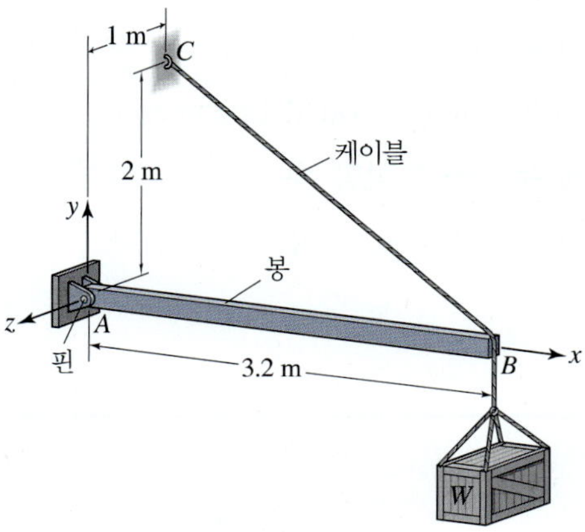

그림 P1.28

1.29 무게가 $W=6$ kN인 표지판이 그림 P1.29와 같이 무게 중심점 G에 작용하고 있다. 표지판의 치수는 4 m × 2 m이며 표지판이 받은 풍압은 $p=2$ kPa이다. 파이프의 점 O의 단면에 작용하는 내력의 합력과 모멘트를 구하라.

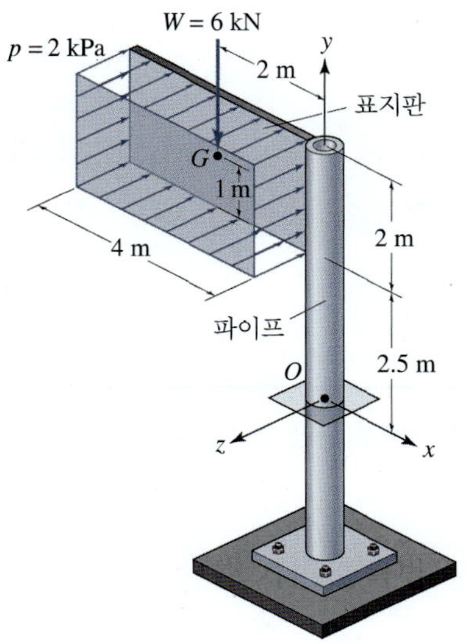

그림 P1.29

1.30 굽은 봉이 xz평면 내에서 베어링으로 점 B, C, D에 지지되어 있고 y방향으로 $P_1=40$ lb, $P_2=60$ lb의 힘을 받고 있다(그림 P1.30). 점 O의 단면에 작용하는 내력의 합력을 구하라.

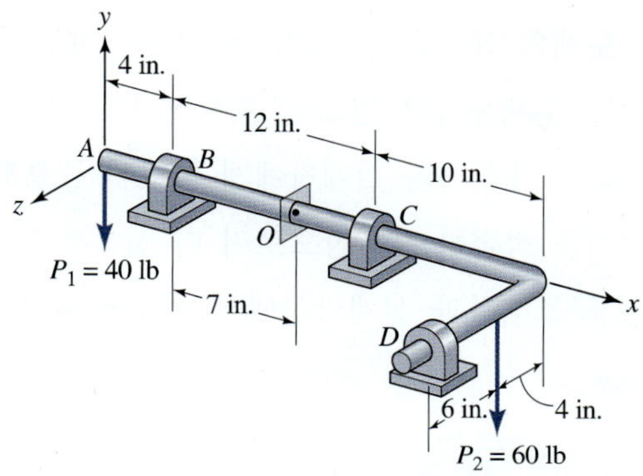

그림 P1.30

1.31 각각 x, z, y와 x방향으로 서로 직각인 4개의 직각 암 AB, BC, CD, DE로 구성된 파이프가 점 A에 고정되어 있다(그림 P1.31). 하중 $P_1=50$ lb, $P_2=100$ lb가 점 E에서 각각 x, z방향으로 작용 시 점 O의 단면에서 내력과 모멘트를 구하라.

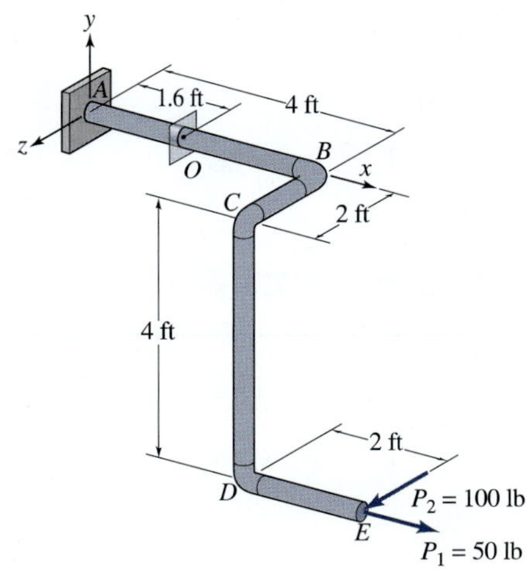

그림 P1.31

요약

1장에서는 정역학과 재료역학의 중요한 기초개념을 소개하고 이 책의 범위와 목적, 하중을 받는 고체의 역사적 연구 등을 논의하였다. 또한 작용하중과 힘을 분류하고 평형조건, 반력의 유형, 자유물체도, 하중전달모드, 해석과 설계의 원리를 소개하였으며 하중을 받는 부재를 가상 절단하는 단면상에 작용하는 내력의 합력과 내력 모멘트의 합력을 조사하고 이 책의 전반에 걸쳐서 사용될 합력의 일반적인 부호약속을 정의하였다.

문제의 해석과 공식화, 계산도구, 채용된 단위를 설명하였으며 또한 현대공학에서 컴퓨터는 문제해석에 필요한 유용한 도구라는 것을 지적하였다. 신속하고 정확한 수치작업의 연습은 해석자와 설계자에게 한없이 중요하다. CAE(Computer Aided Engineering) 소프트웨어를 적절히 사용함으로써 더 신속하고 정확하게 문제를 해석할 수 있으나, 그 해석결과는 구조해석과 설계과정에서 설정된 여러 가지 가정의 정확도에 의존하게 된다.

핵심 공식*

평형방정식

3차원 문제

$\Sigma F_x = 0 \qquad \Sigma F_y = 0 \qquad \Sigma F_z = 0$

$\Sigma M_x = 0 \qquad \Sigma M_y = 0 \qquad \Sigma M_z = 0$

2차원 문제

$\Sigma F_x = 0 \qquad \Sigma F_y = 0 \qquad \Sigma M_A = 0$

다른 형식 1.5절

$\Sigma F_x = 0 \qquad \Sigma M_A = 0 \qquad \Sigma M_B = 0$

또는

$\Sigma M_A = 0 \qquad \Sigma M_B = 0 \qquad \Sigma M_C = 0$

*이 방정식의 유도와 올바른 사용에 관한 정보는 관련된 절을 참조하라.

참고문헌

1.1 S. P. Timoshenko, *History of Strength of Materials*, Dover, New York, 1983.

1.2 L. Todhunter and K. Pearson, *A History of Elasticity and the Strength of Materials*, Vols. I and II, Dover, New York, 1960.

1.3 A. C. Ugural, *Mechanical Design*: *An Integrated Approach*, McGraw-Hill, 2004.

1.4 H. H. West and L. F. Geshwinder, *Fundamentals of Structural Analysis*, 2nd Ed., Wiley, Hoboken, NJ, 2002.

1.5 *Maximum Design Loads for Buildings and Other Structures*, ASCE-7, American Society of Civil Engineers, Reston, VA, 1995.

응력의 개념

2장

▶ 공학자가 설계한 괘도식 트랙터는 여러 가지로 유용하게 활용된다. 이 장에서는 트랙터를 구성하는 두 힘 부재, 볼트, 핀, 리벳, 베어링과 같은 많은 부재에 발생하는 응력에 대해 논의할 것이다.

2.1 서론

응력과 변형률은 재료역학을 이해하는 데 있어 가장 중요한 개념이다. 이 응력과 변형률은 공학자에게 하중을 견디는 부재의 기계적인 거동을 설명할 수 있도록 해준다. 기계나 구조물의 부품에 대한 해석과 설계는 응력과 변형의 계산을 통하여 이루어진다. 이 장에서는 응력의 개념을 다루고 3장에서는 변형률의 개념을 공부할 것이다.

응력에는 두 종류의 주요 성질이 있는데, 이는 수직응력과 전단응력이다. 2.2절과 2.3절에서는 내부 축하중과 이에 해당하는 수직응력을 계산하는 절차를 학습할 것이며 그 후 평균(수직) 지압응력과 평균 전단응력을 공부하게 된다. 2.6절에서는 단순 구조물에서 이들 응력을 계산하기 위한 다양한 개념적인 절차를 적용하게 된다. 2.7절과 2.8절에서는 이들 부품의 부재뿐만 아니라 일차적인 인장에 대한 설계와 짧은 압축 부재에 대해 안전계수를 이용하여 허용응력을 계산하는 방법을 학습한다.

2.9절은 구조해석과 설계에 대한 사례연구이며 마지막으로 일반적인 응력상태의 물체로부터 미소요소를 분리하는 단면법을 사용하게 되고 2장 전체에 대한 간단한 요약이 되어 있다. 이 장에서 소개되는 정의와 절차는 앞으로 복습되는 정역학의 중요한 원리와 함께 모든 형태의 하중조건에 적용가능하다.

2.2 내부 축하중

길이방향으로 **외부하중**을 받고 있는 직선 봉의 단면에서의 내부하중을 생각해보자. 단면법을 이용하면 **내부하중의 합력**을 계산할 수 있다. 축방향하중의 부재로는 트러스, 엔진의 커넥팅로드(connecting rod), 건물의 기둥, 케이블, 고정 봉 등(다음 페이지의 사진 참조)이 있다. 작용하는 축방향 힘 또는 **하중**이 양(positive)의 좌표축방향으로 작용하면 양수이다.

직선 봉에 길이방향으로 여러 지점에 하중이 작용하면 내부의 축하중은 단면별로 변화한다. 도식적인 방법은 어느 위치의 단면에서 최대 축하중이 발생하는지를 계산하는 데 유용하게 사용된다. 봉의 축방향에 따라 축하중의 크기 변화를 그래프로 표시한 것을 **축하중 선도**(axical-force diagram)라고 한다. 봉의 길이와 동일한 크기로 봉에 하중이 주어진 그림 밑에 축하중 선도를 그리면 유용하게 사용할 수 있다.

하중을 받고 있는 봉의 지지점에서의 반력은 일반적으로 제일 먼저 계산된다. 하중조건이 변화하는 위치에서 봉의 단면에 작용하는 내력을 계산하여 축하중 선도가 구성된다. 이

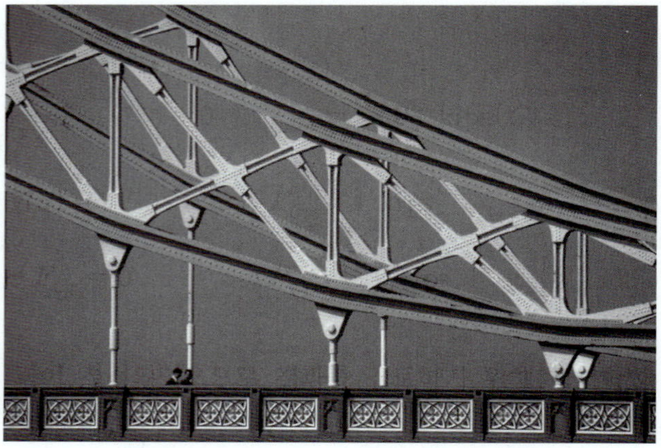

▶ 교량의 한 부분으로 지탱하는 철재 버팀목은 인장하중을 받고 있다.
Michael S. Yamashita/Corbis Images 제공.

들 단면을 하중변화점이라 하며 힘의 **부호약속**에 따라 내부 인장력은 양수(+)로 그려지고 압축력은 음수(−)로 표현된다. 왼쪽 혹은 오른쪽 끝단에서 힘의 합을 구하면서 수평방향으로 봉을 따라 절차에 따라 연속적으로 축하중 선도가 그려진다. 다음 예제는 이 절차에 따라 풀이된 것이다.

[예제 2.1] 계단식 봉에서 내부 축하중

조건 그림 2.1(a)와 같이 3개의 요소로 구성된 봉의 오른쪽 끝단 D는 고정되어 있고 A, B와 C에 각각 $3P$, P와 $6P$의 집중하중이 작용하고 있다.

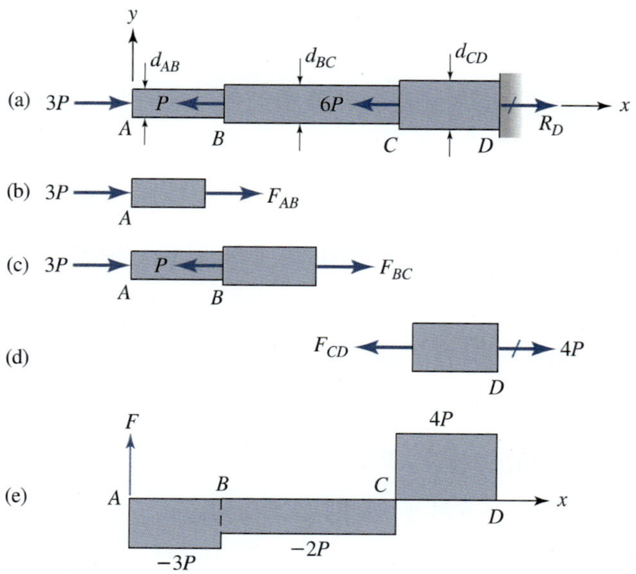

그림 2.1 (a) 세 부분으로 구성된 봉 (b~d) 봉의 구간별 자유물체도 (e) 축하중 선도

문제 1.6절에서 설명한 단면법을 이용하여 각 구간 AB, BC, CD의 하중을 계산하고 축하중 선도로 그려라.

가정 봉 AB, BC와 CD는 B와 C에서 일체형으로 용접되었고 봉의 무게는 무시한다.

풀이 하중변화점은 그림과 같이 A, B, C와 D에 있으며 전체 봉[그림 2.1(a)]에 대한 평형 방정식으로부터 이들 외력에 의한 반력값은 $R_D = 4P$로 계산된다. 내력의 크기변화를 계산하기 위해서는 AB, BC 및 CD 구간에 대해 단면법을 수행한다. 그 과정은 그림 2.1(b), (c)와 (d)에서 보는 바와 같이 자유물체도를 통하여 구한다. 여기서 양수의 내력이 각각의 노출된 단면 위에 표시되며 평형조건 $\sum F_x = 0$을 이용하면 다음과 같이 구해진다.

$$F_{AB} = -3P \qquad F_{BC} = -2P \qquad F_{CD} = 4P$$

위에서 음수부호는 압축력을 의미한다. 그림 2.1(e)와 같이 봉의 왼쪽 끝단에서 시작하여 연속적으로 내력을 합하면 축하중 선도가 그려진다.
점 A의 오른쪽에서 보면 $F_{AB} = -3P$는 아래 방향으로 그려져야 한다. 점 B까지는 아무런 외력이 가해지지 않고 있기에 축하중의 변화는 없다. 점 B의 오른쪽으로 인장력 P로 인해 축하중은 $-2P$로 감소한다. 동일한 방법으로 C에서는 축하중이 $4P$로 증가한다. 이 값은 점 D까지 동일하여 끝단에서의 반력 $4P$와 같은지에 대하여 검증이 가능하다.

부가설명

1. 부재의 각각의 위치에 작용하는 힘을 계산하기 위해서 유용하게 사용되는 단면법을 예시로 보여주었다.
2. 최대 축하중은 봉 CD의 오른편에 위치하며 다음 절의 예제 2.2에서는 부재의 임계단면(critical section)에 대하여 논의한다.

2.3 수직응력

응력에 대한 기본적인 개념은 그림 2.2(a)와 같이 축하중 P가 작용하고 있는 사각 봉을 확장하여 보여줄 수 있다. **각주 봉** 혹은 봉은 길이방향으로 동일한 단면을 갖는 직선부재로 봉 전체가 동일한 재료로 구성된 균질한 봉이다. **수직단면**이란 **봉의 축**으로 정의되는 봉의 길이 축방향에 수직한 단면을 의미한다. 수직응력에 대한 대수학적 표현을 위해 봉의 축으로부터 직각으로 절단한 가상의 단면(단면 $a-a$)을 가정하자. 절단으로 인해 분할된 봉의 자유물체도는 그림 2.2(b)와 같다. 응력은 제거된 단면의 영향을 대체하는 것으로 절

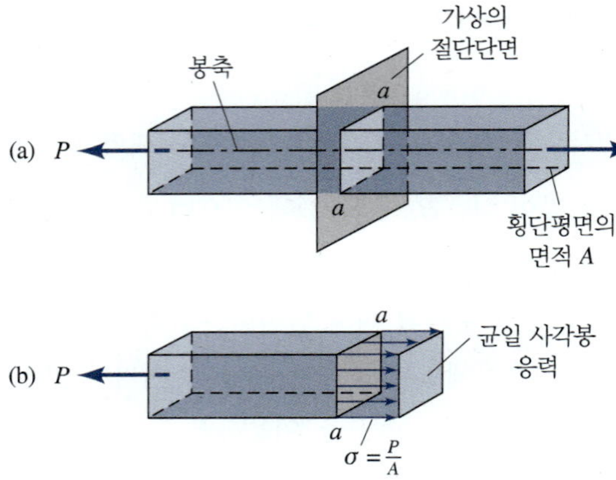

그림 2.2 (a) 인장하에서의 사각 봉 (b) 왼쪽 영역에 대한 자유물체도

단된 단면에서 관찰된다.

평형원리에 의해 각주 봉 응력을 받는 체적에서 축하중은 $A\sigma = P$와 같아야 한다. 여기서 A는 봉의 수직 단면적이다. 봉의 응력분포는 정역학적으로 힘 P와 동등하여야 한다. **수직응력** σ(sigma)는 힘의 세기 또는 단위면적당 힘으로 표현되는데 다음과 같다.

$$\sigma = \frac{P}{A} \tag{2.1}$$

그림과 같이 봉이 늘어날 때 응력은 단축**인장**응력상태이다. 응력의 방향이 반대이면 봉은 압축력을 받으며, 이때 봉은 단축**압축**응력상태이다. 후자의 경우는 길이가 짧은 봉인 **스트러트**(struts)에만 적용가능하다.*

식 (2.1)은 2.10절에서 논의할 단면의 특정 지점에서의 응력이 아닌 단면에 일정하거나 상숫값인 응력을 대표한다. 주어진 물체 내의 한 단면에서 응력이 상수인 조건을 **단순응력**이라 한다. 비균일응력분포에서는 평균응력값으로 처리되어야 한다. 균일응력상태는 다음의 세 가지 조건하에서 발생한다.

1. 봉은 균질한 물질로 만들어졌으며 각주 봉이어야 하며 구멍이나 노치 및 나사산 등이 없어야 한다. 이들은 **응력집중** 현상을 발생시키는데, 4.8절에서 다룰 예정이다. 추가적으로 봉에는 잔류응력이 없어야 하며 온도가 다르게 분포되어서도 안 된다(4.5절 및 4.10절 참조).

---

* 더 자세한 단축압축응력에 대한 논의는 기둥으로 분류되는 11.5절에서 다룬다.

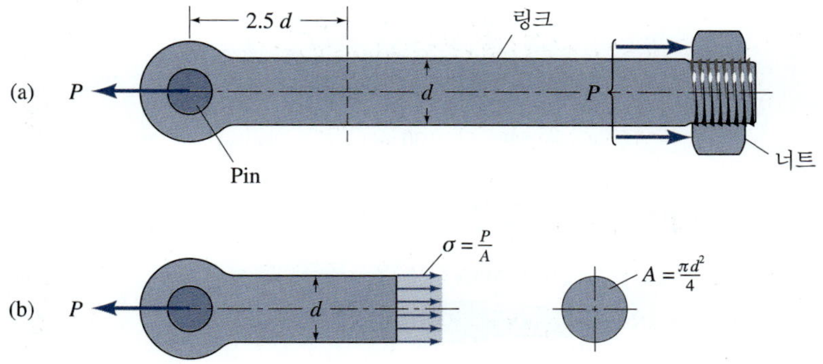

그림 2.3 (a) 너트와 핀을 통하여 하중을 받는 직경 d의 실린더형 인장링크(아이바, eyebar) (b) 절단평면의 응력분포를 나타낸 왼쪽의 자유물체도

2. 예제 2.4와 같이 축하중 P는 단면의 도심(centroid)에 작용하여야 하는데 이를 **중심하중**이라 하며, 하중이 중심에 작용하지 않으면 **편심하중**인데 6장에서 다룰 봉의 굽힘의 경우와 같이 평형방정식을 통해 계산되어야 한다.
3. 고려 중인 단면은 하중을 받고 있는 끝단으로부터 거리가 상당히 떨어져 있어야 한다(4.7절에서 다룰 예정). 예를 들면 참고문헌 2.1에 의해 증명될 수 있는데, 그림 2.3(a)의 링크 끝단으로부터 약 $2.5d$ 떨어진 지점의 단면은 균일한 응력분포를 갖는다. 그림 2.3(b)와 같은 응력분포를 얻기 위해서는 끝단으로부터 단면이 상당히 떨어져야 한다.

식 (2.1)에서 정의한 응력의 단위는 단위면적당 힘으로 SI단위로는 제곱미터당 뉴턴($\mathrm{N/m^2}$) 또는 파스칼(Pa)로 표현된다. 파스칼의 크기가 작기 때문에 메가파스칼(MPa)이 통상 사용된다. US단위로는 제곱인치당 파운드(psi) 또는 제곱인치당 킬로파운드(kip)인 ksi를 응력단위로 사용한다.

여기서 봉의 인장 혹은 압축은 단면에 축방향 응력만 고려하고 봉의 길이방향 응력 이외의 단축응력은 추후 4장에서 다루기로 한다. 2.10절에서는 일반적인 하중상태에서 부재의 응력상태를 논의하고 다른 장에서는 2축 응력, 평면응력, 복합응력상태를 다룬다.

[예제 2.2] 단차가 있는 단면 봉에서 최대수직응력

조건 예제 2.1을 이용하여 그림 2.4(a)와 같이 하중을 받는 3단봉에서 각 봉의 단면별 직경은 각각 $d_{AB} = 25\ \mathrm{mm}$, $d_{BC} = 30\ \mathrm{mm}$와 $d_{CD} = 35\ \mathrm{mm}$이다.

문제 $P = 20\ \mathrm{kN}$일 때 봉에 작용하는 최대응력을 계산하라[그림 2.1(a) 참조].

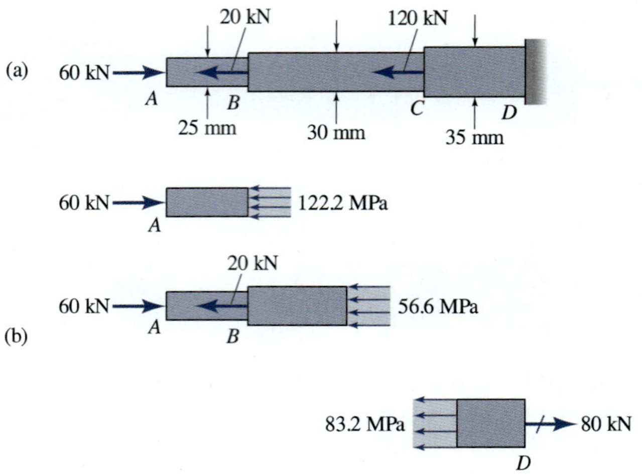

그림 2.4 (a) 세 부분으로 구분된 봉 (b) 봉의 길이방향으로 응력의 변화를 보여주는 자유물체도

가정 봉의 무게는 무시한다.

풀이 그림 2.4와 식 (2.1)을 참고한다.

예제 2.1에서 계산한 바와 같이 각 부분에 대한 내력의 합은

$$F_{AB} = -60 \text{ kN} \qquad F_{BC} = -40 \text{ kN} \qquad F_{CD} = 80 \text{ kN}$$

각 부분의 해당 단면적은 다음과 같다.

$$A_{AB} = \frac{\pi(25)^2}{4} = 491 \text{ mm}^2 \quad A_{BC} = \frac{\pi(30)^2}{4} = 707 \text{ mm}^2 \quad A_{CD} = \frac{\pi(35)^2}{4} = 962 \text{ mm}^2$$

식 (2.1)을 이용하여 응력을 계산하면

$$\sigma_{AB} = \frac{F_{AB}}{A_{AB}} = \frac{-60(10^3)}{491(10^{-6})} = -122.2 \text{ MPa}$$

같은 방법으로 단면 BC와 CD에 대한 응력을 계산하면

$$\sigma_{BC} = \frac{-40(10^3)}{707(10^{-6})} = -56.9 \text{ MPa} \qquad \sigma_{CD} = \frac{80(10^3)}{962(10^{-6})} = 83.2 \text{ MPa}$$

계산 결과로 최대수직응력이 발생하는[그림 2.4(b)] **임계단면**은 AB 부분이다.

부가설명 B와 C 그리고 끝단에서 상당히 떨어진 단면에서는 균일한 응력분포를 갖는다.

[예제 2.3] 왕복식 펌프의 커넥팅로드에서의 수직응력

조건 그림 2.5(a)와 같이 양수용 왕복식 펌프는 플런저(혹은 피스톤), 커넥팅로드, 크랭크샤프트와 커플링으로 구성되어 있다. 크랭크샤프트는 2개의 고정된 베어링에서 회전하며 플런저를 상하방향으로 움직이게 한다. 비틀림 모멘트는 유연한 커플링을 통하여 오른쪽으로부터 전달된다. **하향방향**으로 움직일 때 플런저는 수압에 의해서 발생하는 압축력 F_d를 받고 있다. 플런저와 크랭크가 모두 **상향방향**으로 움직이기 직전의 최하점에서 물기둥을 들어올리기 위해 플런저 안에 있는 한 방향 밸브를 닫는다. 이때 플런저가 움직이기 위해서는 최대하중 F_u가 필요하다. 다음 데이터를 참조하라.

강재의 비중 $\gamma = 0.284\ \text{lb/in.}^3$ (표 B.4 참조)

$d = 5/8\ \text{in.}\qquad L = 350\ \text{ft}\qquad F_d = 180\ \text{lb}\qquad F_u = 2500\ \text{lb}$

문제 플런저에 걸린 하중과 커넥팅로드의 자중을 모두 고려하여 커넥팅로드의 최대응력을 구하라.

(a) 하향방향으로 이동 시

(b) 상향방향으로 이동 시

가정

1. 플런저의 무게는 작용하는 하중에 비해 작으므로 무시한다.

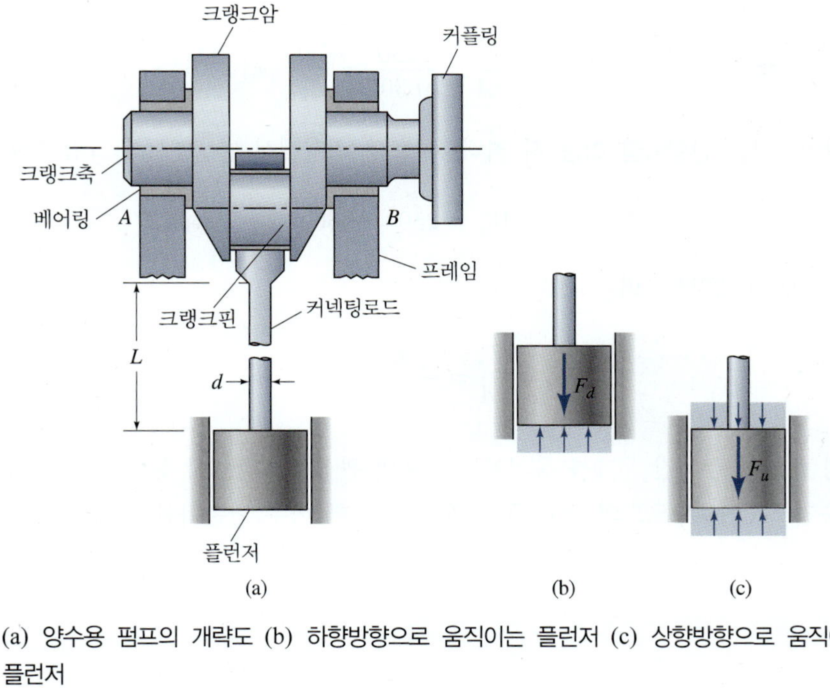

그림 2.5 (a) 양수용 펌프의 개략도 (b) 하향방향으로 움직이는 플런저 (c) 상향방향으로 움직이는 순간의 플런저

2. 베어링 사이의 마찰은 무시한다. 커플링은 크랭크샤프트로 전달되는 외부 모멘트를 제거시킨다.
3. 커넥팅로드는 고장력 ASTM-A442강으로 만들어졌으며 근사적으로 직경 d와 길이 L의 중공축이다.
4. 커넥팅로드는 좌굴 파손형태가 발생하지 않는다.
5. 커넥팅로드와 크랭크암의 비가 커서 근사적으로 크랭크샤프트의 크랭크핀에 동일한 하중이 작용한다.

풀이 커넥팅로드의 단면적 $A = \pi(5/8)^2/4 = 0.307\ \text{in.}^2$이며 커넥팅로드의 **자중**은 인장력을 발생시키는데, **최하단**에서는 $W_l = 0$이고 **최상단**에서는 다음과 같다.

$$W_u = \gamma LA$$

주어진 데이터로부터

$$W_u = (0.284)(350 \times 12)(0.307) = 366\ \text{lb}$$

이 값은 최상단에서 자중으로 인한 인장력을 의미한다.

(a) 플런저가 **하향방향으로 이동** 시[그림 2.5(b)] 커넥팅로드 전체에는 $F_d = 180$ lb의 압축력을 받고 있다. 최대압축력은 **최하단**에서 발생하는데, $P_c = F_d - W_l = 180 - 0 = 180$ lb이다. 그러므로 최대**압축**응력은 다음과 같다.

$$\sigma_c = \frac{P_c}{A} = \frac{180}{0.307} = 586\ \text{psi}$$

(b) 최대인장력은 **상향방향 이동** 시 커넥팅로드의 최상에서 발생하는데[그림 2.5(c)]

$$P_t = F_u + W_u = 2500 + 366 = 2.87\ \text{kips}$$

그러므로 최대**인장**응력은

$$\sigma_t = \frac{P_t}{A} = \frac{2.87}{0.307} = 9.35\ \text{ksi}$$

부가설명 여기서 주어진 문제를 움직이는 부품의 관성력, 회전 시 응력의 변화, 상향방향 이동 시 충격 및 커넥팅로드의 굽힘 등을 모두 무시한 아주 단순화한 문제풀이법이다.

[예제 2.4] 각주 봉에서 균일응력이 되는 축하중 위치

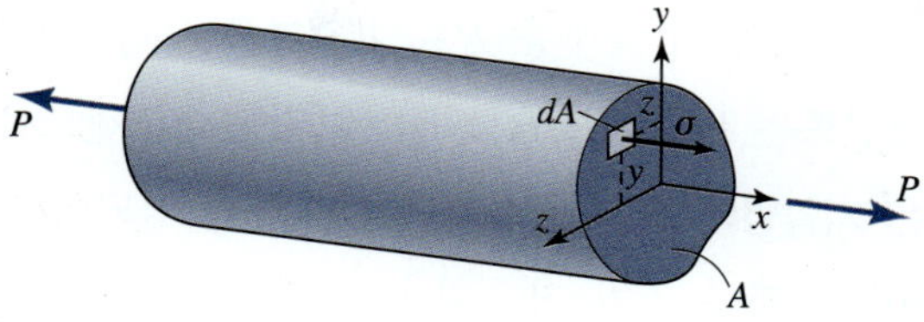

그림 2.6 봉의 단면에 작용하는 축하중 P

조건 그림 2.6과 같이 봉의 단면에 축하중 P가 작용하고 있다.

문제 봉에 작용하는 응력이 균일하기 위해서는 하중이 도심을 반드시 통과하여야 한다는 사실을 증명하라.

가정 단면의 형상이 불규칙적인 형상을 갖는 균질한 물질로 만들어진 봉으로 yz축은 직각단면의 평면상에 존재하며 x축은 봉이 길이방향 축이다.

풀이 그림 2.6에서 단면상에 아주 작은 면적 dA에 작용하는 극미량의 수직하중은 σdA이다. 단면상의 **균일응력**분포 σ는 반드시 내력의 합인 P가 되어야 한다. 그러므로 x방향으로 미소의 힘의 합은

$$P = \int_A \sigma dA = \sigma A \tag{a}$$

내력 P는 반드시 단면의 도심을 통과하여야 한다. 균일응력분포란 동일한 미소의 힘이 y축과 z축에 대해서 모멘트가 발생하지 않아야 하므로

$$M_y = \int_A (\sigma dA) z = \sigma \int_A z dA = 0 \tag{b}$$

$$M_z = -\int_A (\sigma dA) y = -\sigma \int_A y dA = 0$$

앞서 말한 바와 같이 전체 단면적 A에 대해 적분이 수행되어야 하며, 1.6절에서 채택된 부호관련 규칙에 따라 음의 부호는 음의 모멘트를 나타낸다. 도심에 대한 정의 $\int z dA = 0$과 $\int y dA = 0$(부록 A 참고)에 의하면 식 (b)는 성립된다.

부가설명 다음과 같은 일반적인 결론에 도달할 수 있다. 즉 균일응력상태란 길이방향으로 동일한 단면적을 가지며 균질한 봉에 단면의 도심축을 따라 축하중이 작용하는 경우에만 가능하다. 응력의 균일한 분포는 축하중을 받는 부재(참고문헌 2.2)의 경계조건과 연계하여 연속적인 변위가 이루어진다. 이는 4장에서 논의할 예정이다.

2.4 체결부의 지압응력

실제문제에서는 그림 2.7(a)와 같이 축하중 P는 **체결부**를 통하여 U형 링크나 막대의 포크 끝단에 작용한다. 이 조인트는 U형 링크(clevis), 브라켓 및 핀으로 되어 있다. 부재로서 핀에서 발생하는 응력은 **지압영역** 혹은 **접촉평면**을 따라 연결되어 있다. 이 경우에는 영역은 **곡선모양의 지압평면**이다. 하중 P가 작용되면 브라켓과 U형 링크는 지지하고 있는 핀 쪽으로 누르고 있고, 이때 핀 쪽으로 비균일압력 혹은 지압응력이 발생한다[그림 2.7(b)]. 실제의 압력분포를 계산하기는 어렵다.

평균 압력은 힘 P를 사각형의 핀에서 브라켓 혹은 U형 링크로 **투영된 면적** A_p로 나누면 계산된다. 그러므로 **지압응력**은 다음 식으로 표현된다.

$$\sigma_b = \frac{P}{A_p} \tag{2.2}$$

따라서 브라켓에 작용하는 지압응력은 P를 면적 $A_p = t_1 d$로 나눈 값이다. 여기서 t_1은 브라켓의 두께이며 d는 핀의 직경이다. 마찬가지로 U형 링크에 작용하는 지압응력은 힘을 면적 $A_p = 2td$로 나눈 값이다. 여기서 t는 U형 링크의 두께이다.

핀과 같이 볼트 또한 지압평면을 통하여 부재를 연결하기에 응력이 발생한다. 그림 2.8(a)는 A판과 B판이 **볼트** 1개를 통하여 연결되는 단순 **랩 조인트**를 도식한 것이다. 랩

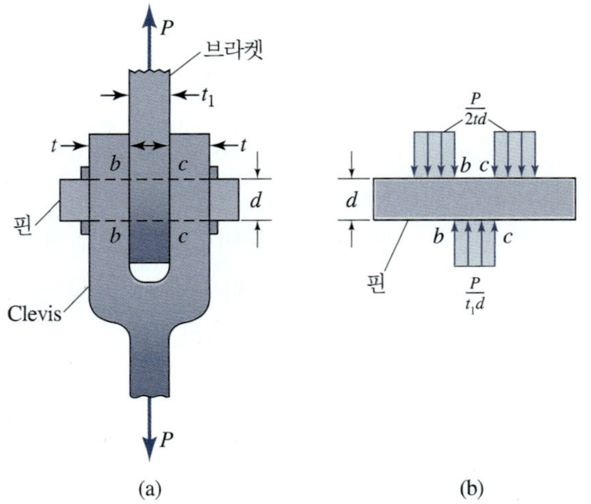

그림 2.7 (a) U형 링크-핀 체결부 (b) 지압상태의 핀

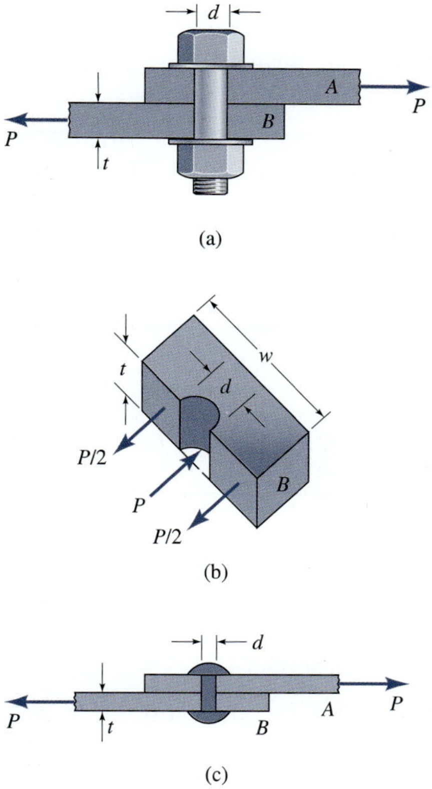

그림 2.8 (a) 볼트체결 조인트 (b) 평판 B의 지압 (c) 리벳체결 조인트

▶ 1930년대 건설된 교량의 한 부분의 체결에는 많은 수량의 리벳과 볼트가 필요하다.
Glenn Beanland/Lonely Planet Images 제공.

조인트는 2장의 평판을 겹쳐서 고정시키는 것으로 볼트는 힘 P를 평판 B에 가하는데, 이 때 반대방향의 동일한 크기의 힘이 평판에 의해 볼트에 가해진다[그림 2.8(b)]. 평판의 평균 지압응력은 힘 P를 평판 위에 투영된 볼트의 사각형면적 $A_p = td$로 나누면 된다. 그림 2.8(a)를 참조하면 구멍이 뚫린 단면이 있는 평판의 평균 수직응력 $\sigma = P/[t(w-d)]$이며 그 외의 단면에서는 $\sigma = P/(wt)$이다.

축하중상태에서 볼트체결[그림 2.8(a)]이나 리벳체결[그림 2.8(c)]은 설계나 해석에서는 동일하게 취급된다. 사진에서 보는 바와 같이 현대 용접기술의 발달로 중대형 구조물에는 리벳의 중요성이 줄어들고 있다. 그러나 현대 리벳기술은 자동차, 가전제품, 전자제품, 사무용품 등 소형부품의 체결에 크게 확장되어 사용되고 있다. 리벳은 설치가 간편하고 또한 가격이 저렴하여 이들 제품의 체결에 볼트 대신 사용되고 있다.

마지막으로 볼트체결이나 리벳체결에서 힘 P는 편심되어 작용되므로(그림 2.8) 판에는 굽힘이 발생한다. 그러나 랩 조인트에서 발생하는 작은 편심은 랩 조인트의 활용능력에 비해 그다지 큰 영향을 미치지 않는다. 통상적인 설계의 절차는 판에 발생하는 굽힘응력을 무시하기 위하여 큰 **안전계수**(2.7절 참조)를 이용하여 보완하는 방법을 택하고 있다.

> **단순한 해석**을 위해 구멍과 리벳 혹은 볼트**직경**은 모두 **동일하다**고 가정한다. 또한 축하중을 받고 있는 구조물이 다수의 리벳이나 볼트로 체결된 경우에도 리벳이나 볼트에 **동일한 크기**로 힘이 분산되었다고 가정한다. 이 가정은 시험적으로 증명된 바 있다. 추가적으로 체결부의 표면에서 발생하는 마찰저항은 없다고 무시한다.

2.5 전단응력

전단응력(shear stress)은 물체의 한 단면에 가한 힘으로 인해 그 인접단면으로 미끄러질 때 발생한다. 예를 들어 그림 2.7의 U형 링크 체결문제에서 핀은 $b-b$와 $c-c$ 두 단면을 통과하려는 전단에 대하여 저항하고 있다. 핀 $b-b$와 $c-c$에 대한 자유물체도는 그림 2.9와 같다. 이 경우 2개의 전단면을 갖고 있어 핀은 **이면전단상태**에 있다. 핀은 전체적으로 평형상태에 있으므로 각 부분들도 평형상태에 있어야 한다. 각 절단면에서 전단력 V는 $P/2$와 같다. 이들 전단력은 전단응력의 합력인데, 전단응력은 핀의 단면상에는 비균일하게 분포되어 있다(그림 2.9).

수직응력과는 달리 전단응력 τ(tau)는 단면에 대하여 균일하지 않다. 전단력 V를 단면적 A로 나누면 그 단면에서 평균 전단 또는 **전단응력**을 계산할 수 있다.

$$\tau_{avg} = \frac{V}{A} \tag{2.3}$$

직접전단에 대한 다른 예제들은 앞 절에서 다룬 볼트와 리벳체결 조인트에 대한 예를 다시 검토하여 보자. 그림 2.8(a)와 같이 두 평판 A와 B는 볼트로 체결되어 있다. 볼트가

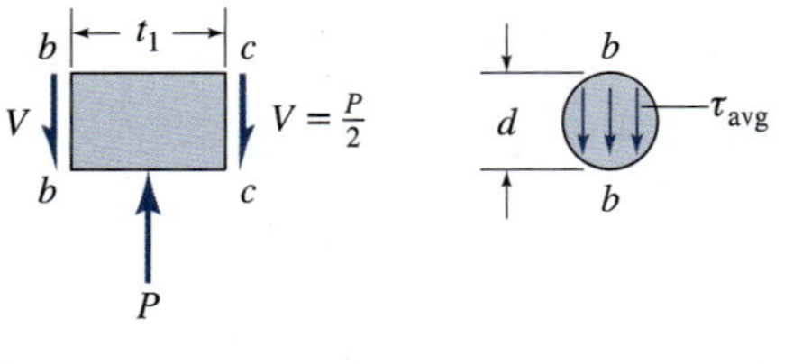

그림 2.9 핀 부분에 대한 그림 2.7의 이면전단상태

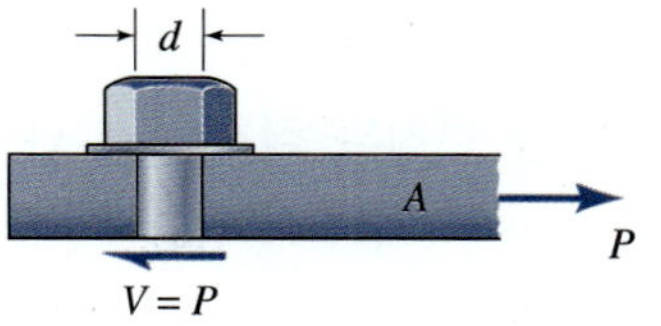

그림 2.10 일면전단이 발생하는 볼트체결[그림 2.8(a)]부의 상단부에 대한 자유물체

전단에 저항하고 있는 단면의 경우는 **일면전단**이다. 그래서 직경이 d인 볼트의 전단응력의 크기는 $\tau_{\text{avg}} = P/A = 4P/\pi d^2$ 이다.

그림 2.9와 2.10의 경우는 적용하중 P로 인해 자료를 **직접적인 방법**으로 절단하는 경우로 **직접전단**의 예이다. 즉 직접전단은 적용하중과 동일한 방향으로 전단이 발생하기 때문이다. 다음 장에서 논의하겠지만 전단응력은 부재가 축하중, 비틀림, 또는 굽힘을 받고 있는 상황에서도 간접적인 방법으로 발생할 수 있다.

여기서 볼트(또는 리벳)체결의 성능을 결정하는 원칙적으로 세 가지 **파손형태**에 대하여 언급할 필요가 있다. 이들 파손형태는 볼트의 **전단파손**, 평판이나 볼트의 **지압파손**과 평판의 **인장파손**이다. 볼트나 리벳체결은 미국강구조협회(AISC)나 미국기계학회(ASME)에서 제정한 코드(code)화된 공식에 따라 설계되고 있다.

직접전단시험

횡하중 또는 직접전단하중은 가정용 가위, 종이 절단기 또는 산업용 금속 절단기 등에서 절단용으로 사용된다. 시편에 직접전단응력이 다양하게 적용된다. 그림 2.11(a)는 **금속판** 시편에 직접전단응력이 적용되는 가장 일반적인 상황을 보여준다. 평판에 구멍이 펀치에 의해 발생한다. 펀치에 작용하는 힘을 P라고 하자. 그림에서 보는 바와 같이 수직방향 힘

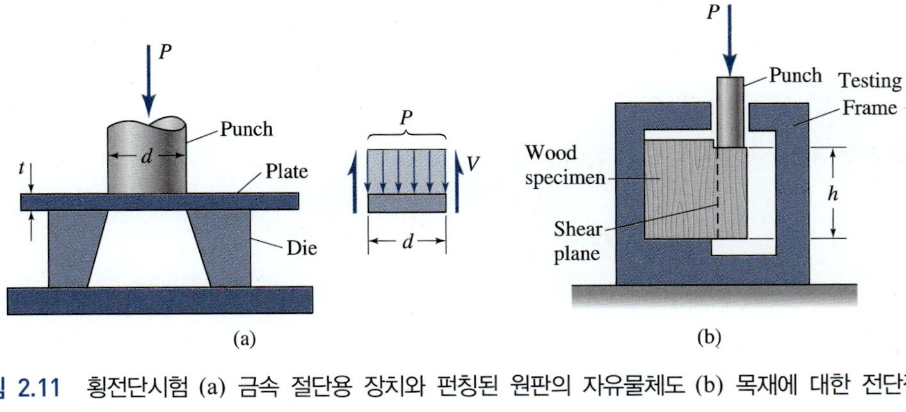

그림 2.11 횡전단시험 (a) 금속 절단용 장치와 펀칭된 원판의 자유물체도 (b) 목재에 대한 전단장치

에 대한 평형조건에서 $V = P$이다. 전단력 V가 작용하고 있는 단면적은 원판의 끝단에 작용하여 $A = \pi td$이며 식 (2.3)에 따라 펀치의 직경 d와 판의 두께 t에 대해서 평균 전단응력은 $P/(\pi td)$이다.

그림 2.11(b)에 보인 바와 같이 사용된 시편을 이용하여 목재의 횡하중 강도를 측정할 수 있다. 하중 P에 의해 전단면 높이 h를 따라 시편에 전단이 발생한다. 시편의 너비(이 책의 종이면에 수직)가 w이면 목재의 평균 전단응력은 P/hw이다. 공학재료의 직접전단 강도에 대한 상세한 계산법은 미국재료시험학회(ASTM)의 표준에 따른다.

예제 2.5 볼트체결 조인트의 응력

조건 그림 2.12(a)와 같이 강재판 3장이 1개의 볼트로 체결되어 축하중 $P = 10$ kips의 힘을 받고 있다. 2장의 강재판을 나머지 하나를 맞대어서 체결하는 방법은 맞대기(butt) 조인트이다.

문제

(a) 볼트의 전단응력을 구하라.

(b) 평판의 지압응력을 구하라.

(c) 평판의 인장응력을 구하라.

가정

1. 볼트체결부의 무게는 무시한다.

2. 볼트는 평판에 자연스럽게 끼워 맞춰져 있다.

풀이 부호를 이용하여 두 판 A를 두께는 t_a이고 너비는 w로 표기하면 중간에 있는 평판 B의 두께는 t_b이고 너비는 w이다.

(a) 볼트의 전단. 그림 2.12(b)에 표현된 바와 같이 볼트에는 이면전단이 발생한다. $V = P/2$와 $A = \pi d^2/4$이므로 식 (2.3)은 다음과 같다.

$$\tau_{\text{avg}} = \frac{V}{A} = \frac{P}{2A} = \frac{10}{2 \cdot \frac{\pi}{4}\left(\frac{5}{8}\right)^2} = 16.3 \text{ ksi}$$

(b) 평판의 지압. 평판 A에 대하여

$$(\sigma_b)_A = \frac{P/2}{dt_a} = \frac{10/2}{\left(\frac{5}{8}\right)\left(\frac{7}{16}\right)} = 18.3 \text{ ksi}$$

마찬가지로 평판 B에 대하여

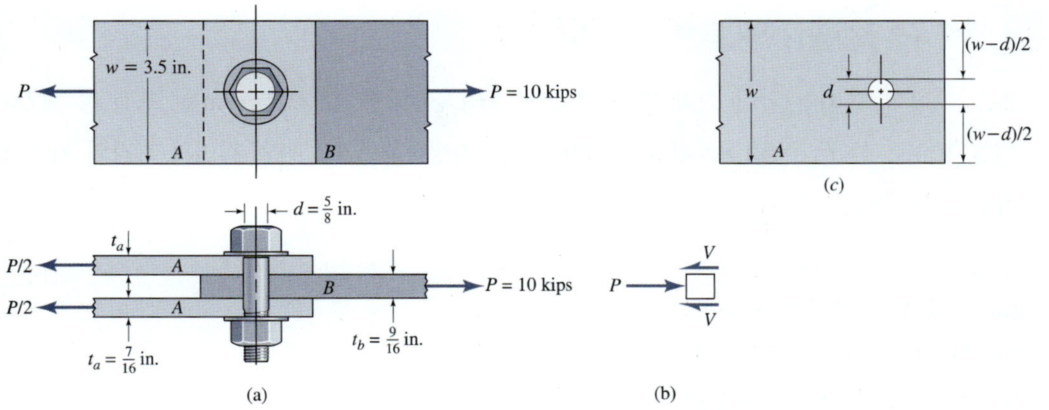

그림 2.12 (a) 3평판으로 구성된 볼트체결 (b) 볼트부의 자유물체도 (c) 평판 A

$$(\sigma_b)_B = \frac{P}{dt_b} = \frac{10}{\left(\frac{5}{8}\right)\left(\frac{9}{16}\right)} = 28.4 \text{ ksi}$$

(c) 평판의 인장. 평판의 실제 너비는 $w_n = w - d$[그림 2.12(c)]이므로

$$(\sigma_t)_A = \frac{P/2}{w_n t_a} = \frac{10/2}{\left(3.5 - \frac{5}{8}\right)\left(\frac{7}{16}\right)} = 3.98 \text{ ksi}$$

$$(\sigma_t)_B = \frac{P}{w_n t_b} = \frac{10}{\left(3.5 - \frac{5}{8}\right)\left(\frac{9}{16}\right)} = 6.18 \text{ ksi}$$

부가설명 평판에 구멍이 없다면 최대인장응력은

$$(\sigma_t)_A = \frac{P/2}{wt_a} = \frac{10/2}{(3.5)\left(\frac{7}{16}\right)} = 3.27 \text{ ksi}$$

$$(\sigma_t)_B = \frac{P}{wt_b} = \frac{10}{(3.5)\left(\frac{9}{16}\right)} = 5.08 \text{ ksi}$$

로 각각 3.98과 6.18 ksi보다 작다.

[예제 2.6] 조절기구의 응력

조건 그림 2.13(a)와 같이 직각 앵글 브라켓 ABC는 직경 $d_r = 15\ \text{mm}$인 조절 봉 AD와 연결되어 두 힘 $P_1 = 40\ \text{kN}$과 $P_2 = 30\ \text{kN}$을 지탱하고 있다. 핀의 직경과 각각의 지지 브라켓의 두께는 각각 $d_p = 25\ \text{mm}$와 $t = 5\ \text{mm}$이다.

문제

(a) 조절 봉의 축응력을 구하라.

(b) 점 B의 핀에서 전단응력을 구하라.

(c) 지지 브라켓에서 지압응력을 구하라.

가정 모든 하중은 2차원의 평면계 위에 있으며 가속도는 무시한다.

풀이 핀과 봉의 단면적은 다음과 같다.

$$A_p = \frac{\pi}{4}d_p^2 = \frac{\pi}{4}(25)^2 = 491\ \text{mm}^2$$

$$A_r = \frac{\pi}{4}d_r^2 = \frac{\pi}{4}(15)^2 = 176.7\ \text{mm}^2$$

자유물체: 직각 앵글 브라켓. B와 C에서의 반력에 대한 성분은 그림 2.13(b)에 나타나 있다. 자유물체도에 대한 힘의 평형조건을 적용하면

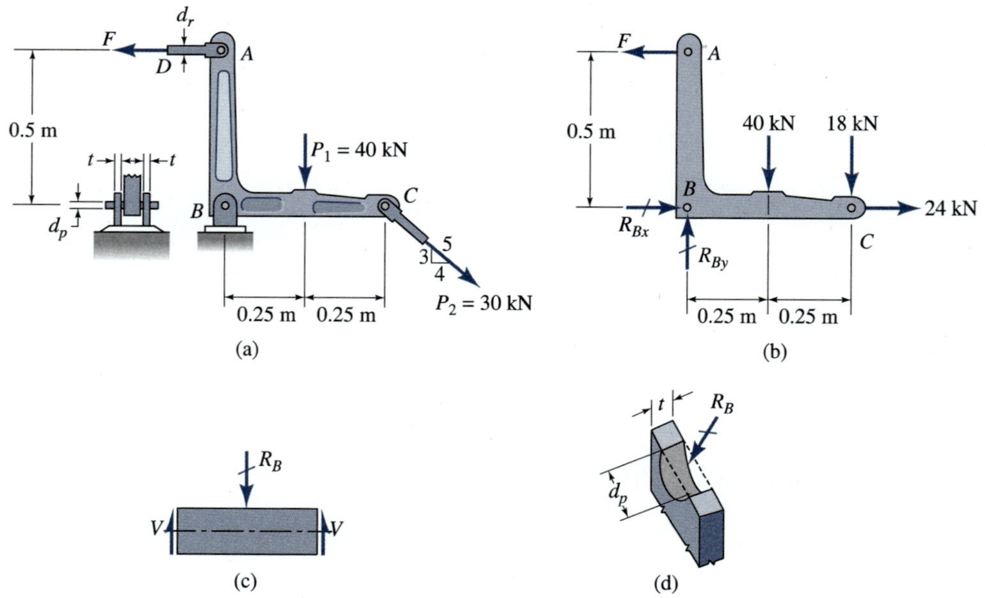

그림 2.13 (a) 하중상태의 브라켓 (b~d) 직각 앵글 브라켓, 핀 부분 및 지지 브라켓에 대한 자유물체도

$$\Sigma M_B = 0: \; F(0.5) - 40(0.25) - 18(0.5) = 0 \qquad F = 38 \text{ kN} \leftarrow$$

$$\Sigma F_x = 0: \; R_{Bx} + 24 - F = 0 \qquad R_{Bx} = 14 \text{ kN} \rightarrow$$

$$\Sigma F_y = 0: \; R_{By} - 40 - 18 = 0 \qquad R_{By} = 58 \text{ kN} \uparrow$$

따라서

$$R_B = \sqrt{R_{Bx}^2 + R_{By}^2} = 59.7 \text{ kN}$$

(a) 조절 봉 AB. 식 (2.1)로부터

$$\sigma = \frac{F}{A_r} = \frac{38 \times 10^3}{176.7(10^{-6})} = 215 \text{ MPa}$$

(b) 핀 B의 전단. 핀은 이중전단[그림 2.13(c)]이므로 식 (2.3)과 $V = R_B/2$로부터

$$\tau_{\text{avg}} = \frac{R_B/2}{A_p} = \frac{59.7(10^3)/2}{491(10^{-6})} = 60.8 \text{ MPa}$$

(c) B의 지압. 투영된 지압면적과 각각의 지지 브라켓[그림 2.13(d)]이 지탱하는 힘은 dt와 $R_B/2$이다. 식 (2.2)로부터

$$\sigma_b = \frac{R_B/2}{dt} = \frac{59.7(10^3)/2}{(0.025)(0.005)} = 239 \text{ MPa}$$

부가설명 이 예제에서는 직각 앵글 브라켓에 대한 굽힘은 고려하지 않았다.

2.6 구조물의 응력

다양한 구조물에서 구성부품과 지지부에 작용하는 하중을 계산하기 위해 필요한 평형조건식의 적용사례는 1.6절에서 논의한 바 있다. 여기서 구조물(예제 2.7)과 기계(예제 2.8)의 연결부나 부재에 작용하는 응력을 계산하고자 한다. 핀으로 연결되는 구조물의 경우는 2.8절 및 2.9절에서 다룰 예정이다. 응력-변형률 관계식(3장)을 학습한 후 하중을 지탱하는 부재의 변형에 대한 계산법은 다음 장들에서 다룰 예정이다.

예제 2.7 2개의 봉으로 구성된 트러스의 응력해석

조건 핀으로 연결된 트러스는 부재 AB와 BC로 되어 있다. 이 트러스에 수직하중 $P = 40$ kN이 점 B 연결부에 작용하고 있다[그림 2.14(a)]. 각 부재의 단면적은 $A_{AB} = 0.004\ m^2$, $A_{BC} = 0.002\ m^2$이다. 핀의 직경 d는 모두 동일하게 20 mm이고 U형 링크의 두께 $t = 10$ mm, 지지 브라켓의 두께 $t_1 = 15$ mm이다.

문제 각 부재에 작용하는 수직응력과 연결부 C에서의 전단응력과 지압응력을 구하라.

가정 핀 연결부에서 마찰력은 무시하며 모든 힘은 2차원 평면계 위에 있다.

풀이 **트러스 전체**에 대한 자유물체도는 그림 2.14(b)에 나타나 있다. 부재 AB와 BC의 끝단에서 축방향의 힘은 점 A와 점 C에서 반력과 같고 이 힘은 F_A, F_C로 각각 표시하였다. 계산의 편리성을 위하여 그 힘을 그대로 사용하는 것보다 경사진 힘의 x와 y방향 성분으로 나누어 사용된다. 따라서 그림과 같이 F_C를 F_{Cx}와 F_{Cy}로 나눈다.

지지반력. 상대적인 치수는 그림 2.14(b)에서 부재 BC상의 작은 삼각형으로 도식된다. 힘과 상대적 치수의 유사성으로부터

$$F_{Cx} = \frac{3}{5}F_C \qquad F_{Cy} = \frac{4}{5}F_C \tag{a}$$

그러므로 $F_{Cx} = 3/4\ F_{Cy}$가 된다. 그림 2.14(b)에서 자유물체도에 대한 평형상태를 적용시키면 다음과 같다.

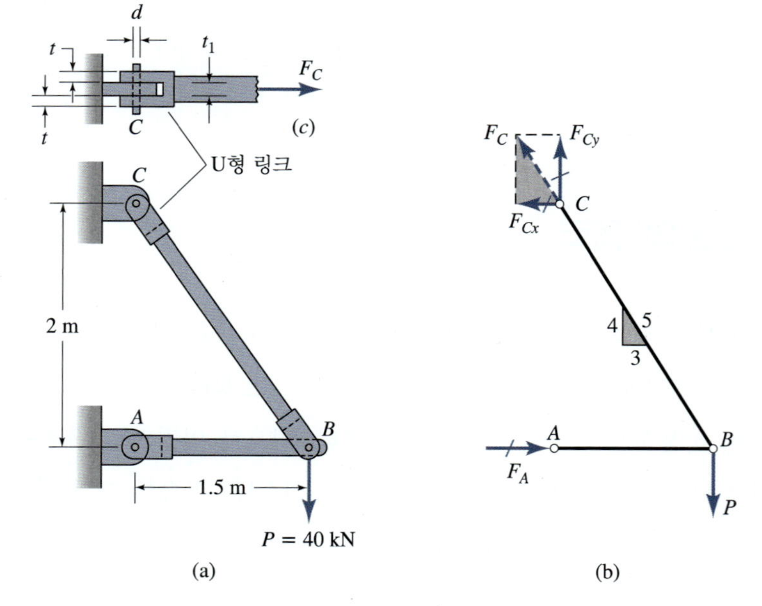

그림 2.14 (a) 단순 트러스 구조물 (b) 자유물체도

$$\sum M_C = 0: \ -P(1.5) + F_A(2) = 0 \qquad F_A = \frac{3}{4}P = 30 \text{ kN} \rightarrow$$

$$\sum F_y = 0: \ F_{Cy} - P = 0 \qquad F_{Cy} = P = 40 \text{ kN} \uparrow$$

$$\sum F_x = 0: \ -F_{Cx} + F_A = 0 \qquad F_{Cx} = F_A = 30 \text{ kN} \leftarrow$$

여기서 다음을 얻을 수 있다.

$$F_C = \frac{5}{4}P = 50 \text{ kN}$$

부가설명 여기서 힘 F_A와 F_C의 방향에 주목할 필요가 있다. 양의 부호는 자유물체도에서 각각의 힘의 방향이 올바르게 가정하였음을 의미한다.

내력. 만약 가상 절단면이 AB, BC 부재의 축에 대하여 수직으로 절단되었다면 부재는 각각 두 부분으로 분리되며 각 부분은 두 힘(two-force) 부재가 된다. 그러므로 각 부재에 걸린 내력은 축하중 $F_A = 30$ kN, $F_C = 50$ kN이 된다.

응력. 각 부재의 수직응력은 다음과 같다.

$$\sigma_{AB} = -\frac{F_A}{A_{AB}} = -\frac{30 \times 10^3}{0.004} = -7.5 \text{ MPa}$$

$$\sigma_{BC} = \frac{F_C}{A_{BC}} = \frac{50 \times 10^3}{0.002} = 25 \text{ MPa}$$

여기서 음의 부호는 압축을 의미하며 그림 2.14(c)에 따라 핀 C에는 이면전단이 발생한다.

$$\tau_C = \frac{\frac{1}{2}F_C}{\pi d^2/4} = \frac{25 \times 10^3}{\pi(0.02)^2/4} = 79.6 \text{ MPa}$$

연결부 C에서 지지 브라켓의 지압응력은 다음과 같이 계산된다.

$$\sigma_b = \frac{F_C}{t_1 d} = \frac{50 \times 10^3}{(0.015)(0.02)} = 166.7 \text{ MPa}$$

연결부 C에서 U형 링크에서의 지압응력은 다음과 같다.

$$\sigma_b = \frac{F_C}{2td} = \frac{50 \times 10^3}{2(0.01)(0.02)} = 125 \text{ MPa}$$

부가설명 다른 연결부에서의 전단응력과 지압응력은 같은 방법으로 구할 수 있다.

예제 2.8 볼트 절단기의 힘과 응력

조건 200 N의 힘 P가 볼트 절단기의 손잡이에 그림 2.15(a)와 같이 작용하고 있다. 치수는 모두 mm 단위이다.

문제

(a) 연결부 A, B, C에서 볼트와 리벳에 발생하는 힘을 구하라.

(b) 단면적이 $2\times10^{-4}\ \mathrm{m}^2$인 링크 부재 AB에 발생하는 수직응력을 구하라.

가정 핀 연결부의 마찰과 부재의 무게는 무시한다. 모든 힘은 2차원 평면계 위에 있다.

풀이 절단기 전체에 대하여 평형상태가 유지되어야 한다. 미지의 힘을 계산하기 위하여 각 부품의 성분으로 구분하자. 볼트와 절삭날 사이의 힘을 Q라고 하면 이들 절삭날과 손잡이에 대한 자유물체도는 그림 2.15(a), (c)와 같다. 부재 AD는 두 힘을 받는 부재이며 힘 F_A의 방향은 이미 알고 있다. 여기서 연결부 B에서 두 부재의 힘 성분은 그림에서 보는 바와 같이 크기는 같고 방향이 반대이다.

(a) 연결부에서 힘. 그림 2.15(b)의 자유물체도로부터 다음을 구할 수 있다.

$$\Sigma F_x = 0: \qquad F_{Bx} = 0$$

$$\Sigma F_y = 0:\ Q - F_A + F_{By} = 0 \qquad F_A = Q + F_{By}$$

$$\Sigma M_B = 0:\ -Q(0.1) + F_A(0.075) = 0 \qquad F_A = \frac{Q}{0.75}$$

그러므로 $Q = 3F_{By}$이다. 그림 2.15(c)의 자유물체도로부터 다음을 구할 수 있다.

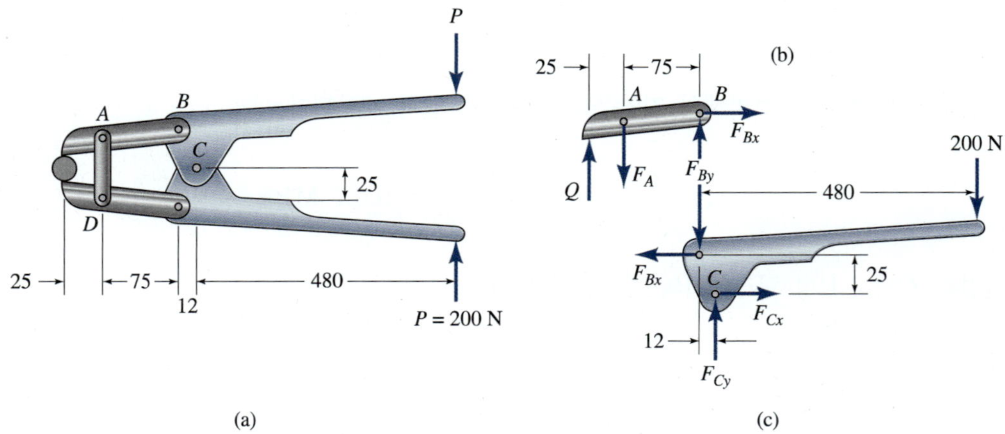

그림 2.15 (a) 볼트 절단기 (b, c) 손잡이와 절삭날(jaw)의 자유물체도

$$\sum F_x = 0: \; -F_{Bx} + F_{Cx} = 0 \qquad F_{Cx} = 0$$

$$\sum F_y = 0: \; -F_{By} + F_{Cy} - 0.2 = 0 \qquad F_{Cy} = \frac{Q}{3} + 0.2$$

$$\sum M_C = 0: \; F_{Bx}(0.025) + F_{By}(0.012) - 0.2(0.48) = 0 \qquad F_{By} = 8 \text{ kN}$$

위 식에서 $Q = 3(8)$ kN $= 24$ kN이 된다. 따라서 연결부 A, B와 C의 리벳에 존재하는 전단력은 $F_A = 32$ kN, $F_B = F_{By} = 8$ kN이며 $F_C = F_{Cy} = 8.2$ kN이다.

(b) 링크 부재 *AD*의 수직응력. 부재 AD의 수직응력은 다음과 같다.

$$\sigma = \frac{F_A}{A} = \frac{32 \times 10^3}{2 \times 10^{-4}} = 160 \text{ MPa}$$

부가설명 핀의 전단응력과 절단기의 연결부에서 발생하는 지압응력은 미리 예제 2.7에서 검토되었다. 여기서 손잡이와 절삭날에는 굽힘응력과 전단응력의 조합으로 되어 있는 데 유의하고, 이는 9장에서 다룰 예정이다.

연습문제

다음의 문제들은 그 값이 특별히 제시되지 않는 한 작용하는 힘에 비해 작기 때문에 부재의 무게는 무시한다. 또한 모든 힘은 2차원 평면계 위에 존재하며 정적하중이며 핀 연결부에서 마찰을 무시하고 문제를 풀이한다.

2.1절~2.6절

2.1 단면적이 A_{AB}, A_{BC}, A_{CE}인 강체 실린더 봉 AB, BC, CE가 B와 C에서 용접되어 일체형으로 되어 있다. 그림 P2.1과 같이 축하중 P, $6P$, $4P$, P, $2P$를 받고 있다. 각 봉에 걸린 수직응력을 계산하라.

조건 $P = 20$ kN

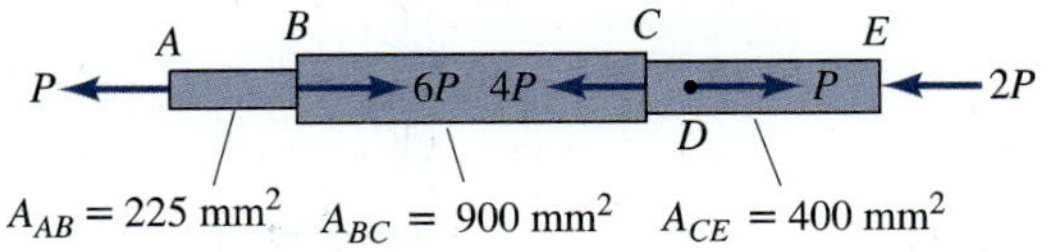

그림 P2.1

2.2 그림 P2.1과 같이 단면적이 A_{AB}, A_{BC}, A_{CE}인 강체 실린더 봉이 축하중을 받고 있다. 봉의 인장허용응력이 100 MPa이고 압축허용응력이 140 MPa일 때 최대의 힘 P를 구하라.

2.3 문제 2.2에서 만약 $4P$의 힘이 C에서 오른쪽으로 작용하고 A의 끝단이 고정되었다고 가정하여 문제 2.2를 다시 풀어라.

2.4 그림 P2.4와 같이 조립품 BC는 직경 1 in.의 중실축 봉 AB와 직경 2 in.의 표준 철제튜브(표 B.7)로 구성되어 있다. 그림과 같은 축하중을 받을

때 각 부분에서 수직응력을 계산하라.

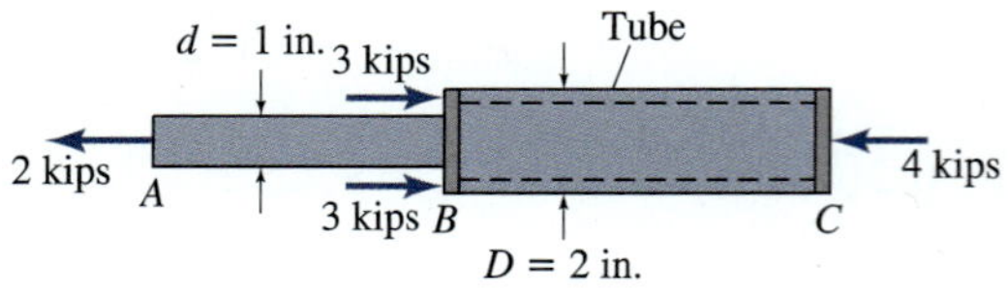

그림 P2.4

2.5 AB 부분에서는 직경이 d_{AB}이고 BC 부분에서는 d_{BC}인 실리더형 봉 ABC가 상단에서 고정되어 있고 다음의 자유단에서 축하중 P를 받고 있다(그림 P2.5). AB 부분에서의 수직응력을 계산하라.

조건 BC의 수직응력이 40 MPa을 넘어서는 안 된다.

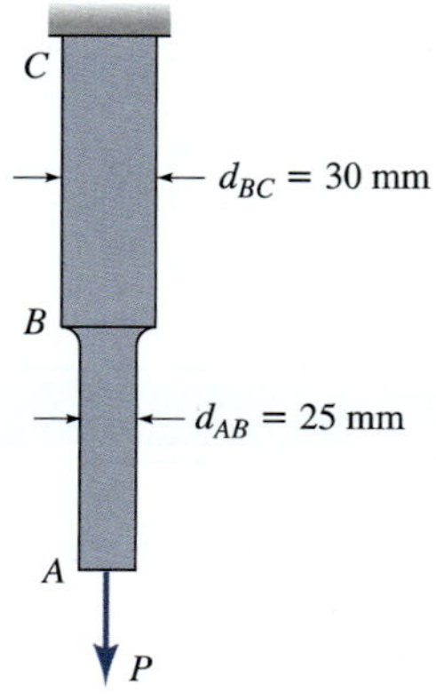

그림 P2.5

2.6 서로 다른 직경 d_{AB}, d_{CD}, d_{DE}를 갖는 축이 그림 P2.6과 같이 축하중을 받고 있다. AB, CD, DE에서 평균 수직응력을 계산하라.

조건 $d_{AB}=2$ in., $d_{CB}=1\frac{1}{4}$ in., $d_{DE}=1$ in.

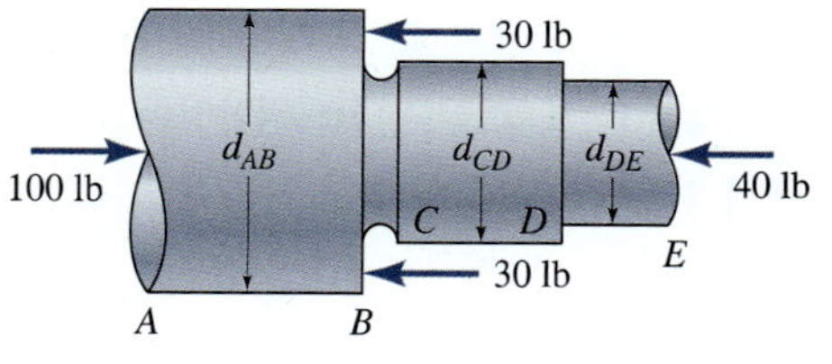

그림 P2.6

2.7 그림 P2.7과 같이 자동차의 무게중심점 G에서 중량 $W=2.8$ kips인 수직하중을 받고 있다. 각각의 타이어와 도로가 접촉하는 면적은 $A_C=25\text{ in.}^2$이다. 만약 자동차가 정지 상태에 있다면 다음을 구하라.

(a) 타이어와 도로 사이의 평균 수직응력

(b) 4개의 타이어가 모두 동일한 크기의 수직응력을 받기 위한 전륜 타이어와 후륜 타이어 사이 접촉 면적비

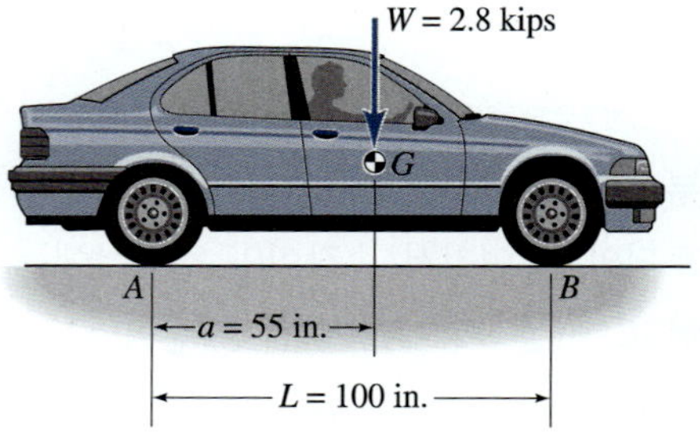

그림 P2.7

2.8 직경 $d=\frac{1}{4}$ in.이고 길이 $L=100$ ft인 2015-T6의 알루미늄 합금 봉이 수직으로 서 있으며 상단은 고정되어 있고 자유단에는 $W=200$ lb를 지탱하고 있다. 봉의 자중을 고려하여 봉에 걸린 최대수직응력을 계산하라. 알루미늄 합금 봉의 비중은 $\gamma=0.101\text{ lb/in.}^3$이다(표 B.4).

2.9 그림 P2.9와 같이 수직봉 CBD는 힌지점 C에서 단면적이 0.8 in.^2인 부재 AB로 지지되어 있다.

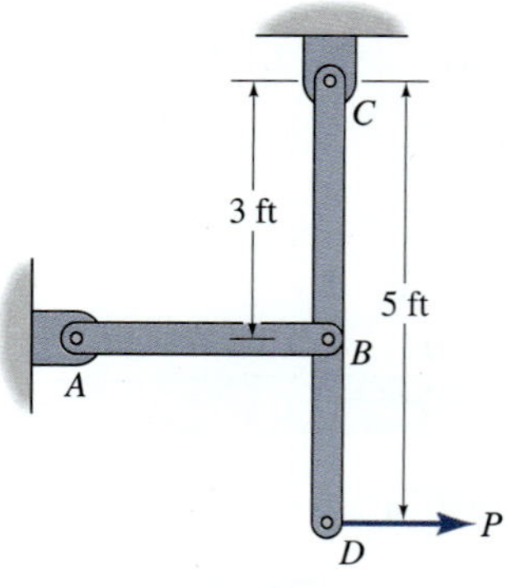

그림 P2.9

부재 AB에 수직응력이 10 ksi를 넘지 않을 최대 하중 P를 구하라.

2.10 그림 P2.10과 같이 피스톤, 커넥팅로드와 크랭크축으로 구성된 엔진시스템이 축하중 $P = 2.4$ kips를 받고 있다. 다음을 계산하라.

(a) 평형상태를 유지하기 위한 토크 T

(b) 부재 AB의 단면적이 0.8 in.^2일 때 AB에 걸린 수직응력

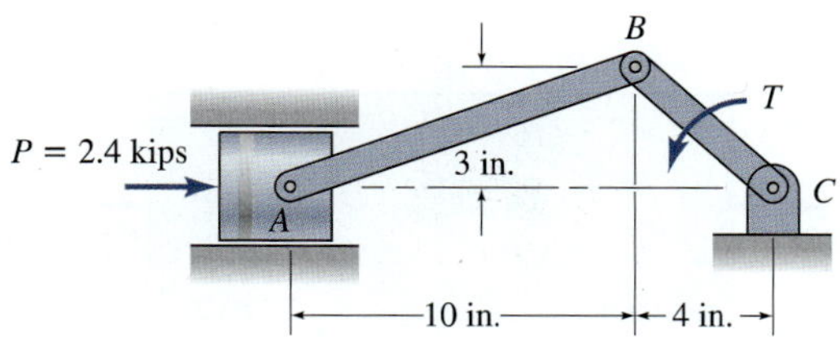

그림 P2.10

2.11 단엽기(monoplane)의 날개 형상이 그림 P2.11에 개략적으로 나타나 있다. 봉 AC의 단면적이 일정한 크기로 20×10^{-5} m^2일 때 봉 AC에 걸린 수직응력을 계산하라.

가정 그림과 같이 공기의 양력은 일정하게 날개축을 따라 분포되어 있다.

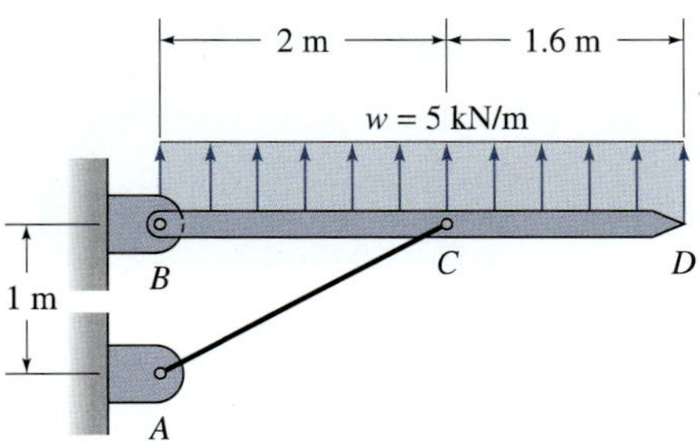

그림 P2.11

2.12 벨-크랭크(bell-crank) 기구부가 그림 P2.12와 같이 점 A에서 하중 $P_1 = 5$ kN과 점 D에서 P_2 하중으로 평형상태를 유지하고 있다. 다음을 계산하라.

(a) 수직응력 140 MPa을 견디기 위한 봉 CD의 직경

(b) 점 B에서 직경 $d = 8$ mm인 핀에 걸린 전단응력

(c) 점 B에서 지지 브라켓에 걸린 지압응력

(d) 점 B에서 크랭크에 걸린 지압응력

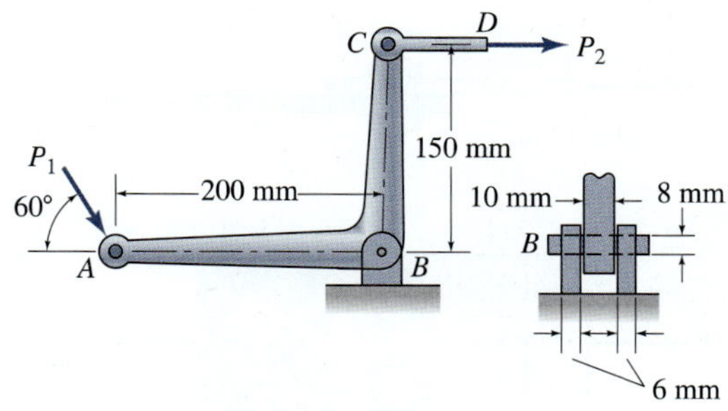

그림 P2.12

2.13 만약 점 A에서 $P_1 = 5$ kN이 수직으로 작용 시 문제 2.12를 다시 계산하라.

2.14 가스압력 $p = 400$ psi의 압력이 직경 $d = \frac{7}{8}$ in.의 강체핀을 통하여 그림 P2.14와 같이 커넥팅로드로 피스톤에 축하중 P가 전달되고 있다. 다음을 계산하라.

(a) 핀-피스톤과 핀-커넥팅로드 사이의 지압응력

(b) 핀에서 평균 전단응력

가정 핀에 작용하는 굽힘응력은 무시한다.

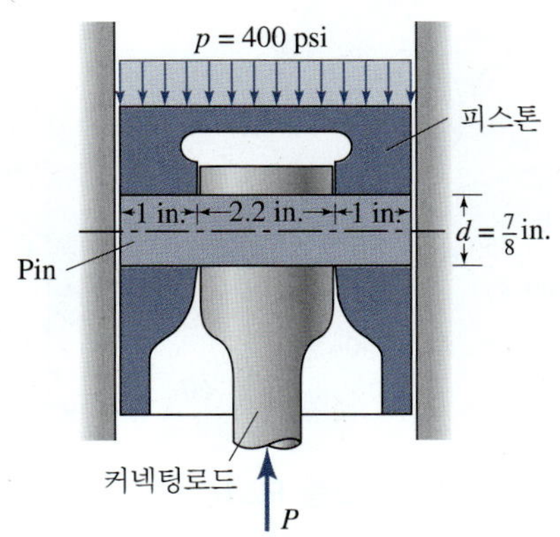

그림 P2.14

2.15 그림 P2.15와 같이 두께가 t인 판재를 볼트 직경 d로 랩(lap) 조인트하여 하중 P를 지지하였다. 다음을 계산하라.

(a) 단면 $a-a$에서 수직응력(판에서)

(b) 볼트의 전단응력

(c) 볼트와 판재 사이의 지압응력

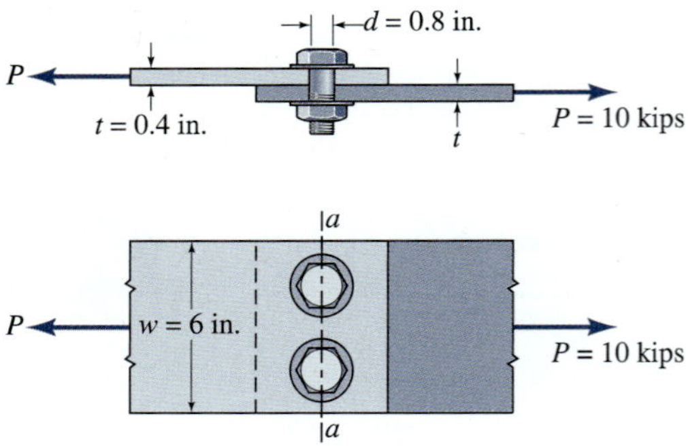

그림 P2.15

2.16 그림 P2.16과 같이 경사진 단축 봉에 압축하중 $P=4$ kN이 작용하고 있다. 모든 치수를 mm 단위로 하여 다음을 계산하라.

(a) 수직단면 EF와 수평단면 CD에 작용하는 수직응력

(b) 수평단면 ABC에 작용하는 전단응력

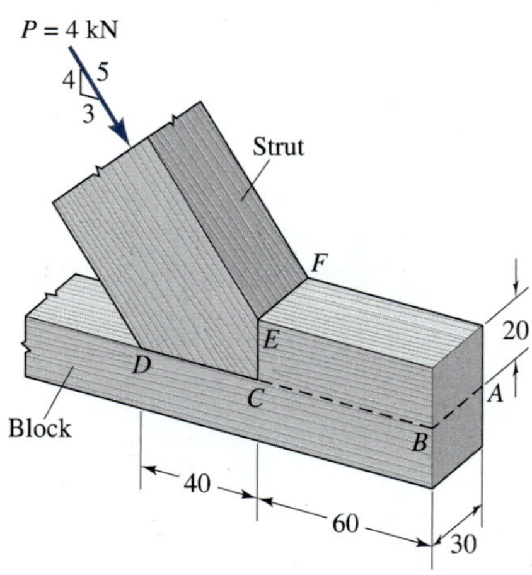

그림 P2.16

2.17 그림 P2.17과 같이 하중 P를 견디기 위해 여러 개의 볼트로 랩 조인트를 하여 판재를 연결하였다. 다음을 계산하라.

(a) 중앙 리벳에 대한 전단응력

(b) $a-a$와 $b-b$ 단면상에서 위쪽 판재에 작용하는 인장응력

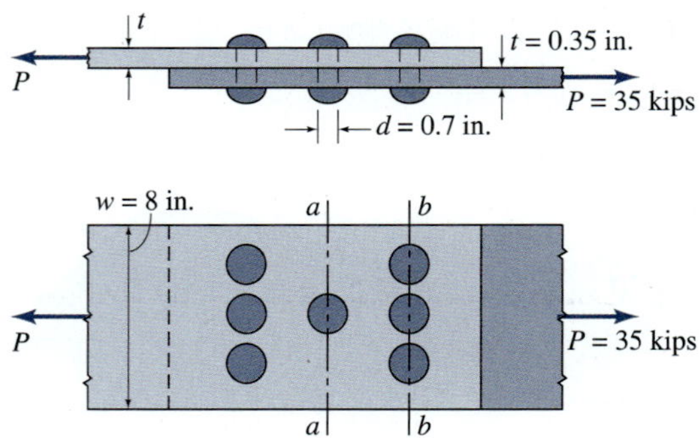

그림 P2.17

2.18 그림 P2.18과 같이 두 판재가 직경 $d=20$ mm인 4개의 볼트로 체결되어 있다. 최대하중 P를 계산하라.

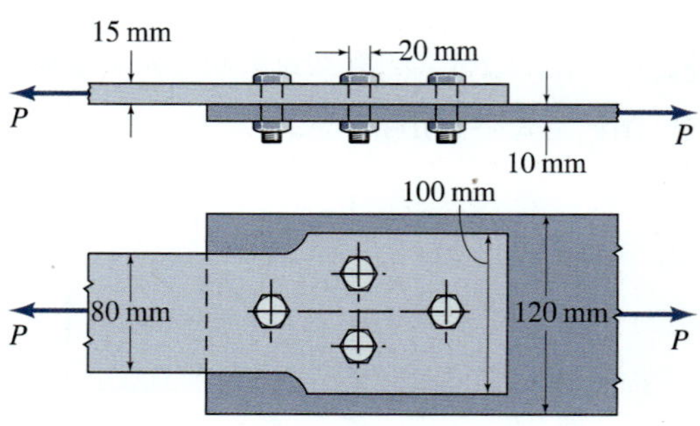

그림 P2.18

***2.19** 그림 P2.19는 비행기의 착륙장치(landing gear)의 기구부를 개략적으로 표현한 것이다. 핀 A와 B에서 전단응력을 계산하라.

조건 각 핀은 직경 $d=25$ mm이다.

가정 핀은 이면전단이 발생한다.

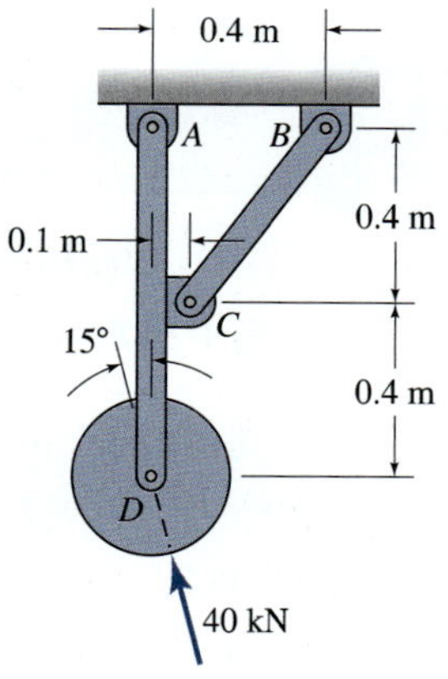

그림 P2.19

2.20 그림 P2.20과 같이 직경 $D=150$ mm인 풀리(pully)는 직경 $d=25$ mm인 축과 너비 5 mm × 높이 5 mm × 길이 25 mm 키(key)로 연결되어 하중을 받고 있다. 키에서 전단응력을 계산하라.

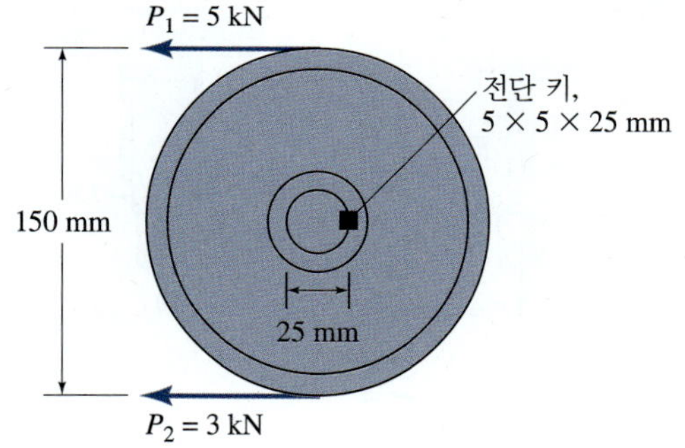

그림 P2.20

2.21 그림 P2.21과 같이 직경 $d=1$ in.인 5개의 리벳으로 랩 조인트를 하여 판재를 연결하였다. 만약 $P=10$ kips일 때 다음을 계산하라.

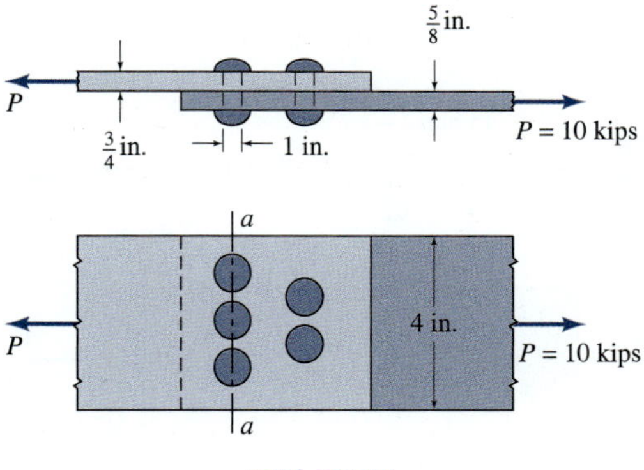

그림 P2.21

(a) 리벳의 최대전단응력

(a) 리벳의 최대전단응력

(b) 최대지압응력

(c) 단면 $a-a$에서 최대인장응력

2.22 그림 P2.22와 같이 직경 $d=1$ in.인 펀치를 이용하여 두께 $t=\dfrac{1}{16}$ in.의 철판에 구멍을 내고 있다. 다음을 계산하라.

(a) 철판의 허용전단응력이 20 ksi일 때 요구되는 하중 P

(b) 이때 펀치에 작용하는 수직응력

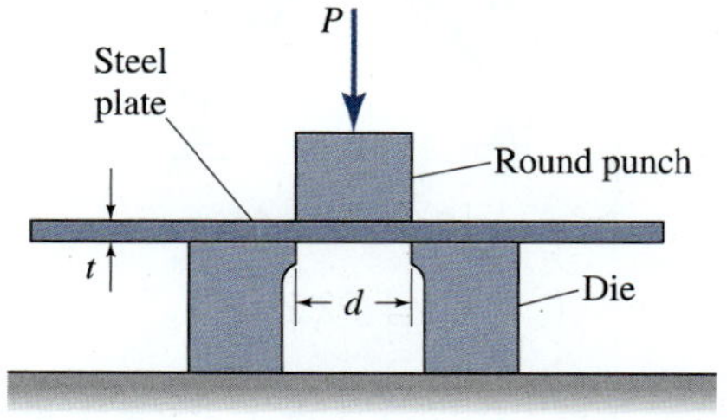

그림 P2.22

2.23 두 판재가 그림 P2.23과 같이 1개의 볼트로 체결되어 있다. 너트를 조여 직경 $d=25$ mm인 볼트의 축에는 60 kN의 인장력이 걸려 있다. 다음을 계산하라.

(a) 볼트 나사산에 작용하는 전단응력

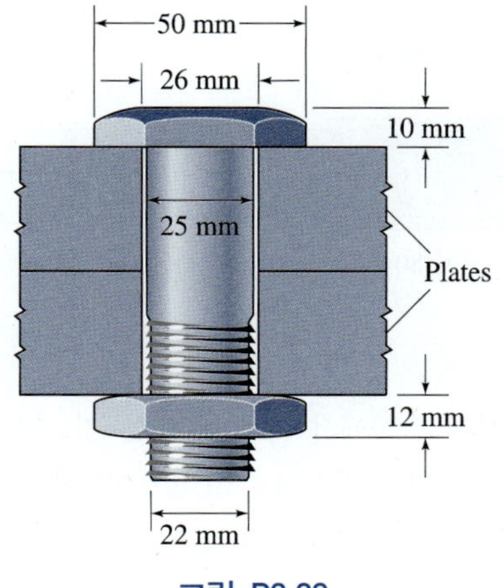

그림 P2.23

(b) 볼트의 머리 부분에 작용하는 전단응력

(c) 볼트의 머리 부분과 판재 사이의 지압응력

(d) 볼트축에 작용하는 수직응력

***2.24** 그림 P2.24와 같은 직경 $d=1$ in.의 프레임은 3개의 핀으로 연결되어 있다. 하중 $P=1.2$ kips 일 때 봉 AC와 AD에 작용하는 수직응력을 계산하라.

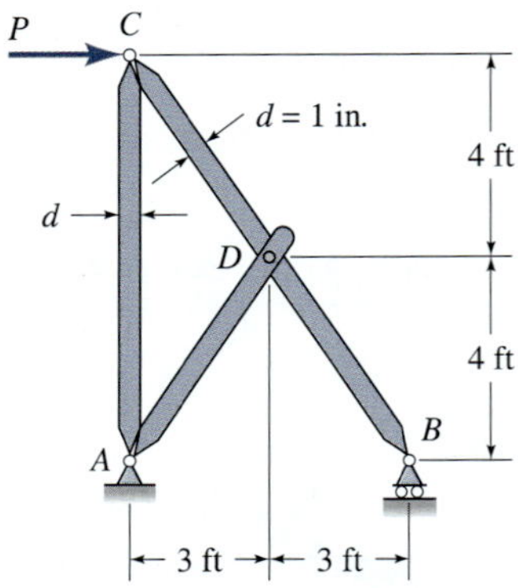

그림 P2.24

2.25 $P=3$ kips가 지점 C에서 왼쪽으로 작용 시 문제 2.24를 다시 계산하라.

2.26 그림 P2.26과 같이 2개의 튜브관이 전단강도 $\tau=2$ MPa을 갖는 접합제로 결합되어 있다. 다음을 계산하라.

(a) 최대하중 P

(b) 최대토크 T

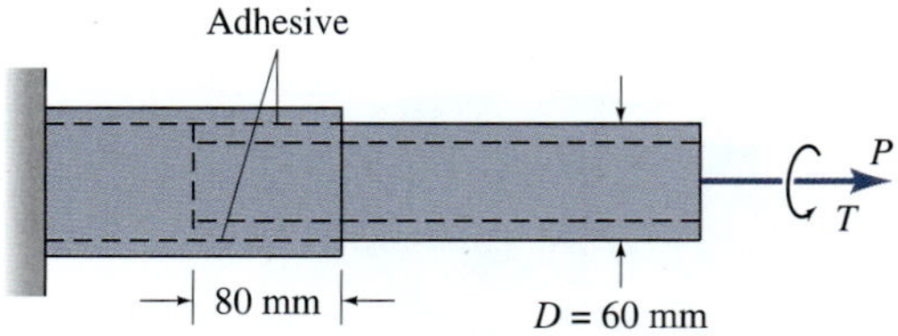

그림 P2.26

2.27 문제 2.26에서 접합제 대신 전단강도 $\tau=70$ MPa을 갖고 직경 $d=10$ mm인 2개의 리벳을 사용하여 체결 시(그림 P2.27) 문제 2.26을 다시 계산하라.

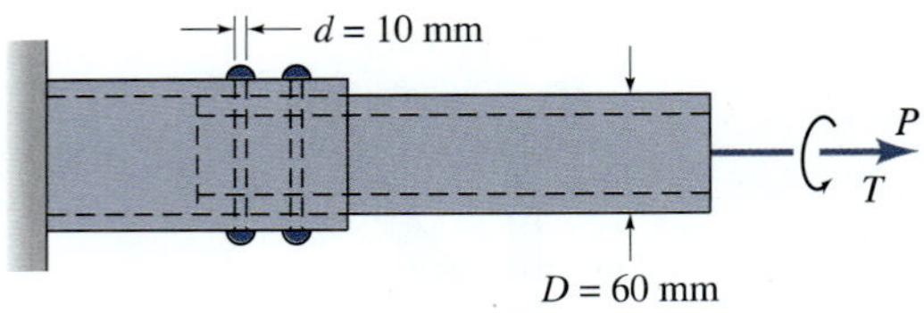

그림 P2.27

2.28 그림 P2.28과 같이 U형 고리부가 하중 $P=4$ kips를 받으면서 볼트로 체결된 클램프와 핀으로 결합되어 있다. 다음을 계산하라.

(a) 점 C에서 힌지와 핀의 전단응력

(b) U형 고리의 최대인장응력

(c) 점 C에서 U형 고리부의 지압응력

(d) 직경 $d=\frac{3}{8}$ in.일 때 볼트의 수직응력

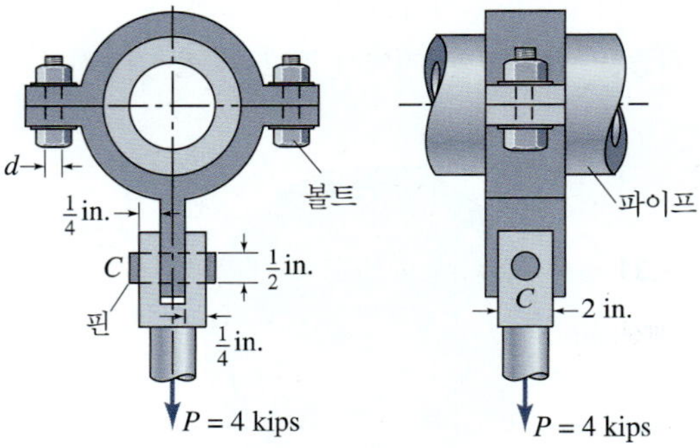

그림 P2.28

2.29 그림 P2.29와 같이 판재가 직경 $d=15$ mm인 4개의 볼트로 맞대기(butt) 조인트로 결합되어 있다. 최대하중 P를 계산하라.

가정 전단강도는 100 Mpa이며 인장강도는 140 Mpa, 그리고 지압강도는 210 Mpa이다.

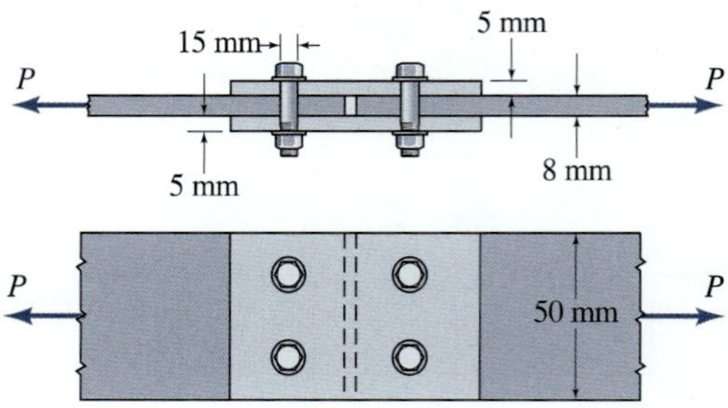

그림 P2.29

***2.30** 그림 P2.30과 같이 핀으로 체결된 구조물이 $P_1 = 5$ kN, $P_2 = 10$ kN의 하중을 받고 있다. $\alpha = 0°$일 때 다음을 계산하라.

(a) 단면적이 15×10^{-5} m^2로 일정한 부재 CE에 걸린 수직응력

(b) D와 E의 직경 10 mm의 핀에 걸린 전단응력 (이면전단)

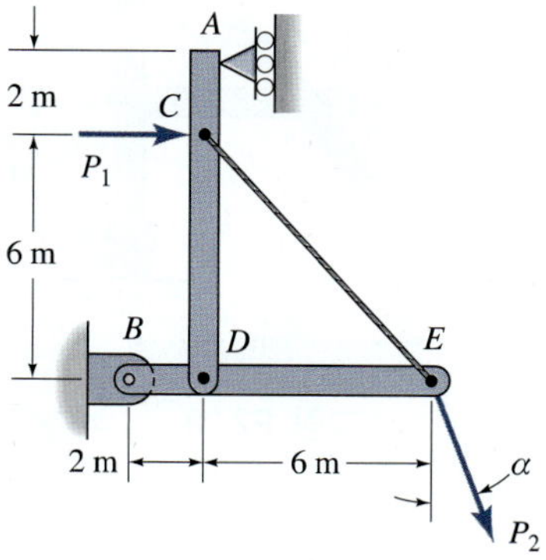

그림 P2.30

2.31 $\alpha = 30°$이며 $P_1 = 0$일 때 문제 2.30을 다시 계산하라.

2.32 그림 P2.32의 구조물에 대하여 다음을 계산하라.

(a) 단면적이 6×10^{-4} m^2인 부재 BD에 걸린 수직응력

(b) A에서 직경 24 mm의 핀이 이면전단을 받을 때 전단응력

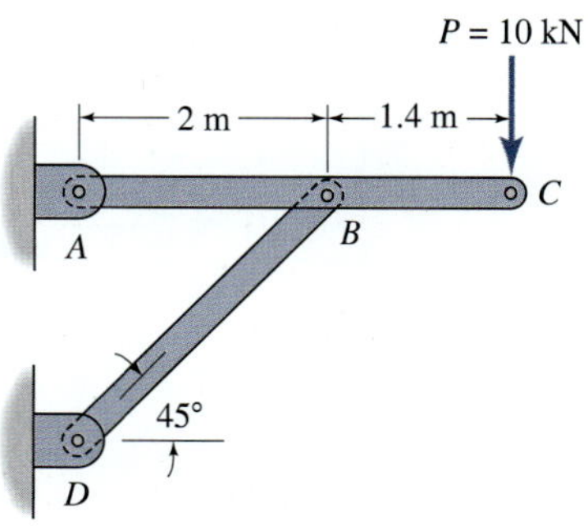

그림 P2.32

***2.33** 그림 P2.33의 구조물에서 지지점 B에서 핀에 걸린 전단응력을 계산하라.

조건 지지점 B에서 핀의 직경은 20 mm이며 일면전단이 발생한다.

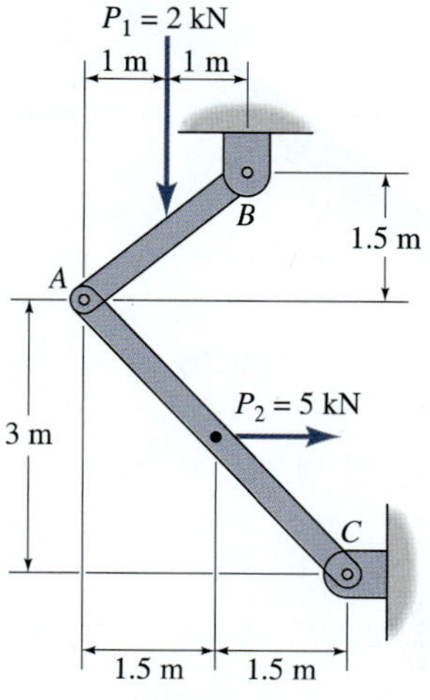

그림 P2.33

2.34 그림 P2.34의 구조물의 힌지 B에서 핀에 작용하는 전단응력을 계산하라. 핀의 직경은 25 mm이며 이면전단이 발생한다.

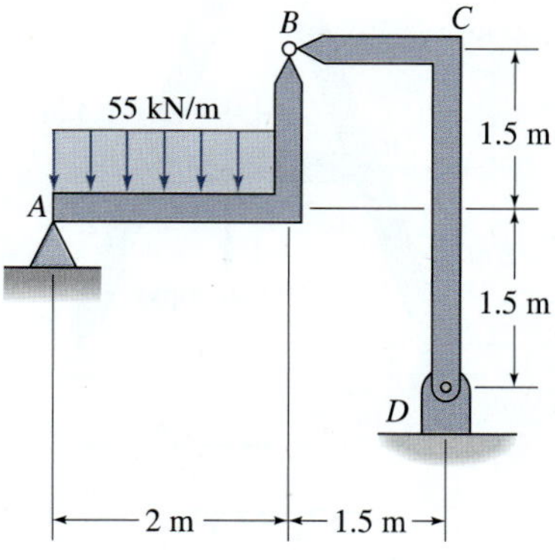

그림 P2.34

2.35 그림 P2.35의 구조물에서 지지점 A에서 직경이 $\frac{3}{4}$ in.이고 일면전단이 발생하는 구조인 핀에 걸린 전단응력을 계산하라.

가정 각도 $\alpha = 0°$이다.

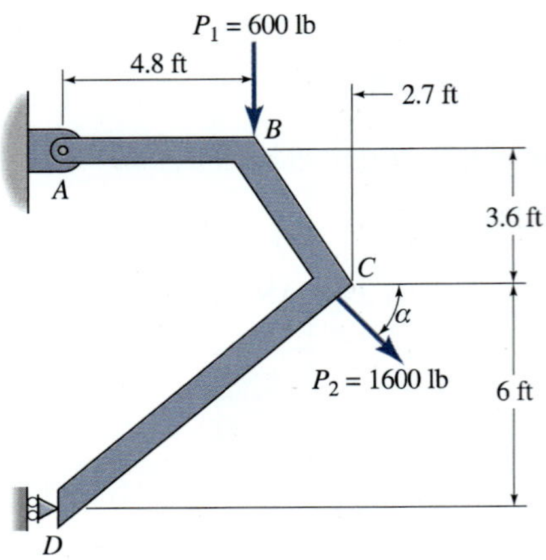

그림 P2.35

2.36 $\alpha = 90°$일 경우를 고려하여 문제 2.35를 풀어라.

***2.37** 그림 P2.37의 프레임 구조에서 힌지 D에서 핀에 걸린 전단응력을 계산하라.

조건 힌지점 D에서 핀의 직경은 25 mm이고 이면전단이 발생한다.

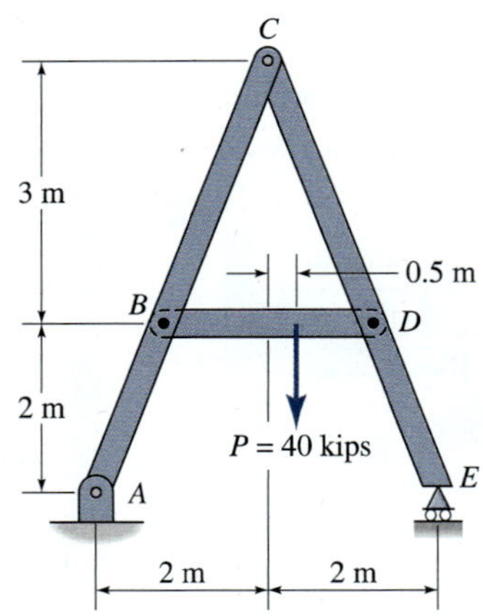

그림 P2.37

***2.38** 그림 P2.38 구조물의 힌지 D에서 핀에 걸린 전단응력을 계산하라.

조건 힌지점 D에서 핀의 직경은 30 mm이고 일면전단이 발생한다.

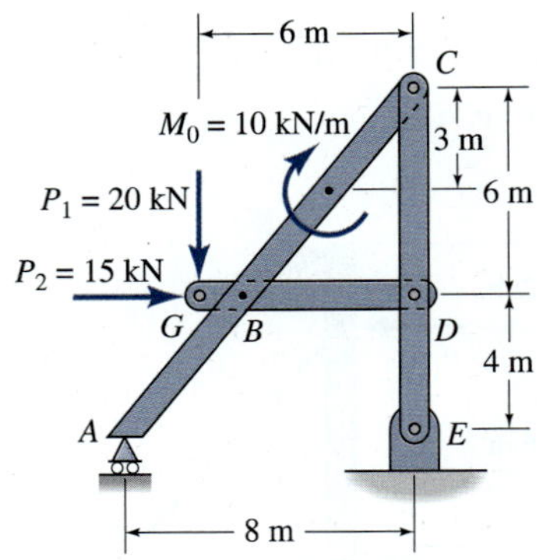

그림 P2.38

2.7 허용응력과 안전계수

구조물을 해석하고 설계하는 데 고려하여야 할 다양한 사항들을 수치적으로 정확하게 결정하는 것은 어렵다. 응력과 변형 해석에 대한 가정 때문에 많은 부분이 불확실하다. 재료의 파손에 대한 현상 또한 불확실성을 더해주고 있다. 그 원인은 가해주는 하중의 형태(아래 사진 참조), 환경적 영향, 재료 성질의 변동, 파손의 진행 완급성, 파손의 순서(손상의 형태), 인간 안정성 및 경제성 등을 고려해주어야 하기 때문이다.

공학자는 강도와 하중에 관계되는 불확실성에 대하여 안전을 보장하기 위하여 안전계수를 사용한다. 이 안전계수를 이용하여 구성부품이 견딜 수 있는 최대하중을 넘어서지 않고 안전하게 하중을 작용할 수 있다는 확실을 갖게 해준다. **안전계수** n_s는 사용가능한 조건하에서 허용되는 하중과 부재가 파손이 될 때까지의 최대하중과의 비로 표현된다.

$$n_s = \frac{\text{파손하중}}{\text{허용하중}} \tag{2.4}$$

허용하중은 **운전하중** 또는 **작업하중**이라고도 한다. 식 (2.4)는 안전계수에 대한 기본개념을 공식으로 표시한 것이다. 이 비는 반드시 1보다 커야 하며, 즉 $n_s > 1$이다. 허용운전하중은 알고 있는 값이므로 원래의 설계 절차에서는 허용하중에 안전계수를 곱하여 **파손하중**을 계산한다. 그 결과 파손에 이르는 최대하중에서도 견딜 수 있도록 구성부품을 설계할 수 있다.

▶ 유압굴삭기. 큰 하중이 작용할 가능성이 있는 기계를 설계하기 위해서는 적절한 안전계수를 선택하는 것이 중요하다.
ⓒpic4you/iStockphoto.

설계의 통상적인 방법으로는 부재의 강도를 기준으로 안전계수를 사용한다. 대부분의 경우 부재 내에는 작용하중과 응력 사이에는 선형적인 관계식이 성립된다. 그러므로 **안전계수**는 다음과 같이 정의될 수도 있다.

$$n_s = \frac{\text{재료강도}}{\text{허용응력}} \tag{2.5}$$

여기서 **재료강도**는 정적 또는 동적 특성값이다. 하중이 정적이라면 재료강도는 3.6절에서 논의될 항복응력이나 극한응력을 사용한다. 피로하중이라면 재료강도는 내구한계값을 사용하게 된다(3.14절 참조). **허용응력**은 적용응력, 작업응력 또는 설계응력이라고도 하는데 요구되는 강도를 지칭한다. 안전계수는 어떠한 형태의 부재나 하중조건(축하중, 굽힘, 전단)에서도 적용이 가능하다. 부재는 1개 이상의 파손형태가 발생할 수 있기에 1개 이상의 안전계수를 사용할 수 있다. 이중 최솟값의 n_s에서 파손이 발생할 가능성이 높으므로 신중하게 선택하여야 한다.

안전계수의 선택

다양한 적용 분야에서 적절한 안전계수를 선정하는 것이 가장 중요한 공학적 임무이다. 예를 들면 참고문헌 2.1에 더 상세한 논의가 되어 있다. 다음은 이 책에서 문제해결을 위해 가이드로 제시한 몇몇 안전계수 값들이다.

1. $n_s = 1.25 \sim 2$를 사용하는 경우는 재료의 특성이 잘 알려져 있거나 신뢰할 수 있는 재료가 제어 가능한 하중을 받고 있는 상태에서 신뢰할 수 있는 수준의 응력을 계산하는 경우에 사용된다.
2. $n_s = 2 \sim 3$을 사용하는 경우는 일반적인 재료로 통상적인 환경 하에서 하중이 작용하는 상태에서 응력을 계산하는 경우에 사용된다.
3. $n_s = 3 \sim 4$를 사용하는 경우는 일반적인 재료를 사용하여 불확실한 환경의 하중조건상태에서 불확실한 응력을 계산하는 경우에 사용된다.

흥미롭게도 우주항공 공학 분야에서는 가능하면 최대한 구조의 무게를 줄이는 것이 필수적이기 때문에 **안전여유**(margin of safety)로서 안전계수에 1을 감한 값을 대신 사용하고 있다.

$$안전여유 = n_s - 1 \tag{2.6}$$

그러나 미지의 다양한 변수의 영향이 있는 원자로 같이 안전이 가장 우선시되는 경우는 안전계수를 5 정도로 사용한다.

다수의 공학관련 학회나 전문기구는 해당 분야의 공학적 설계용 **표준 및 코드**를 발간하고 있다. 대부분의 구조물 및 기계응용 분야에서 적절한 안전계수가 다양한 제작, 생산 코드에 따라 제수되었다(예: ASME 압력용기 코드). 안전계수는 특정한 부품을 해석하고 설계하기 위하여 컴퓨터 프로그램에 내장된 경우도 있다. 대부분 공공시설물, 예를 들면 승강기나 에스컬레이터와 같은 건축물에 대한 코드는 미국에서는 법제화되어 있다. 다음은 특정한 분야에 표준과 코드를 설정한 학회와 전문단체의 리스트이다.*

AA	알루미늄협회
AISC	미국강구조협회
AISI	미국철강연구소
ANSI	미국국립표준연구소
ASCE	미국토목학회
ASM	미국금속학회
ASME	미국기계학회
ASTM	미국재료시험학회
NFPA	국립산림가공협회
ISO	세계표준기구
SAE	미국자동차학회
SESA	실험적응력해석학회
SPE	플라스틱학회
UBC	표준건축코드

결론적으로 해석과 설계에 안전계수를 사용하는 것은 이미 증명된 신뢰성 있는 방법이다. 안전계수의 값은 해석수행자나 설계자가 스스로의 경험과 판단에 의해서 선정하는데 부재를 과도하게 설계하여 불필요한 비용과 크기와 무게가 증대됨에 따른 재료의 손실이 발생하지 않도록 하여야 한다. 역으로 안전계수를 너무 작게 잡아 파손의 가능성이 예상

* 이들 기관의 주소나 발행하는 간행물은 공학 도서관이나 웹 상에서 찾아볼 수 있다. 예를 들면 ANSI 표준의 특정 제목 등은 www.ansi.org를 참고한다.

밖으로 많아지는 잘못을 저지르지 않아야 한다. 안전계수와 가장 가까운 개념은 **신뢰성**이다. 이는 사용 중 부재가 파손되지 않을 확률에 대한 통계학적 기준을 의미한다. 설계의 **신뢰성 방법**에서 최종 목표는 주어진 하중조건에서 계획된 설계수명까지 그 구조물이 파손되지 않고 안전하게 있을 수 있도록 하는 것이다(참고문헌 2.3).

[예제 2.9] 볼트체결부의 하중지탱능력

조건 그림 2.16과 같이 두 강재판이 1개의 볼트로 체결되어 연결되어 축하중 P를 지탱하고 있다.

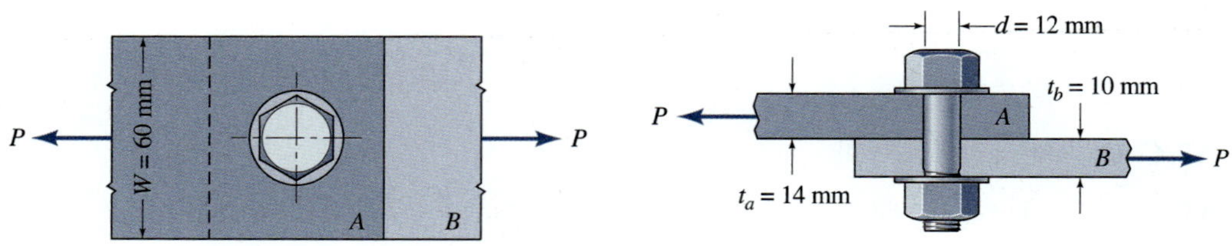

그림 2.16 볼트체결된 두 판의 연결부

문제 체결부가 전단에는 $\tau = 160$ MPa, 지압에는 $\sigma_b = 390$ MPa과 인장에는 $\sigma_t = 210$ MPa의 최대응력에 안전하게 견딜 수 있는 허용하중 P를 계산하라.

가정

1. 안전계수 $n_s = 1.5$를 사용한다.
2. 볼트체결부의 무게는 무시한다.
3. 볼트는 판에 적절하게 끼어 맞추어져 있다.

풀이 전단, 지압 및 인장에 대한 허용응력은 다음과 같다.

$$\tau_{\text{all}} = \frac{160}{1.5} = 106.7 \text{ MPa} \qquad (\sigma_b)_{\text{all}} = \frac{390}{1.5} = 260 \text{ MPa} \qquad (\sigma_t)_{\text{all}} = \frac{210}{1.5} = 140 \text{ MPa}$$

볼트의 전단. 볼트의 단면적이 전단에 저항하고 있으므로

$$P = A\tau_{\text{all}} = \frac{\pi}{4}(12)^2(106.7) = 12.1 \text{ kN}$$

강판의 지압. 두께가 얇은 강판 B의 두께와 볼트 직경으로 만들어지는 단면적에 지압이 저항하고 있다.

$$P = dt_b(\sigma_b)_{\text{all}} = (12 \times 10)(260) = 31.2 \text{ kN}$$

강판의 인장. 두께가 얇은 강판 B의 실제적인 단면적 $(w-d)t_b$에 판의 인장이 저항하고 있다.

$$P=(w-d)t_b(\sigma_t)_{\text{all}}=(60-12)(10)(140)=67.2\ \text{kN}$$

부가설명 위에서 계산한 세 종류의 힘에서 실제 허용하중은 전단응력으로부터 결정되며 그 값은 $P_{\text{all}}=12.1\ \text{kN}$ 이다.

2.8 축하중 봉의 설계

축하중을 받는 각주 봉의 강도설계에는 특별한 주의가 필요하다. 1.4절에서 제시한 논리적인 설계에 대한 개요보다 여기서 제시하는 적용법은 더 단순하다.

1. **파손가능 형태에 대한 평가.** 일반적으로 수직응력이 파손을 발생시키는 주요인자로 생각되어 왔다. 이러한 가정은 파손의 형태와 상관없이 실제로 부재에서 발생하고 있는데 6.4절에서 논의할 예정이다.
2. **하중과 응력과의 관계식의 계산.** 수직응력은 $\sigma=P/A$로 주어진다.
3. **재료강도의 선택.** 재료가 파손 없이 최대 응력값은 $\sigma_{\max}$로 둔다.
4. **안전계수의 선택.** 허용응력 $\sigma_{\text{all}}=\sigma_{\max}/n_s$를 계산하기 위해 최대응력 $\sigma_{\max}$를 안전계수 n_s에 적용한다. 그리하면 요구되는 부재의 단면적은 다음과 같다.

$$A=\frac{P}{\sigma_{\text{all}}} \tag{2.7}$$

이 절차는 각주 봉의 인장이나 길이가 짧은 봉의 압축에 적용될 수 있다. 여기서 식 (2.7)을 사용하여 길이가 긴 부재의 설계에는 11.7절에서 논의할 시행착오법(trial-error method) 계산이 필요하다. 축하중을 받는 부재의 **임계단면**은 단면적이 최소로 되는, 즉 응력이 최대가 되는 위치에서 발생한다. 만약 단면의 변화가 급격한 봉의 문제에서는 응력집중계수를 고려하여 수직응력을 계산(단계 2)하여 위의 절차를 다시 수행하면 된다. 이는 4.8절에서 다시 논의하기로 한다.

다음의 예제들은 식 (2.7)을 응용한 예제들이며 동시에 정역학에 대한 복습이기도 하다.

예제 2.10 볼트로 체결된 조립품의 설계

조건 하중 P는 그림 2.17에서 나타난 것과 같이 볼트로 체결된 조립품의 핀 끝단에 대칭적으로 작용하고 있다. 링크부에서의 최대응력은 30 ksi이며 볼트에서는 50 ksi이다. 그리고 핀에서 최대지압응력과 전단응력은 각각 90 ksi와 70 ksi이다.

문제

(a) 조립품의 하중용량 P를 구하라.

(b) 링크부의 폭 b를 구하라.

(c) 각 볼트의 직경 d를 구하라.

가정 부재의 무게는 무시한다. 하중 P는 각 볼트에 동일한 크기로 분산되어 있고 볼트에 걸린 인장응력만이 설계에 적용된다. 안전계수 $n_s = 2.2$를 사용한다.

풀이 링크부, 볼트에서의 허용응력은 각각

$$(\sigma_{\text{all}})_l = \frac{30}{2.2} = 13.6 \text{ ksi} \qquad (\sigma_{\text{all}})_b = \frac{50}{2.2} = 22.7 \text{ ksi}$$

핀의 허용지압응력과 허용전단응력은

$$(\sigma_b)_{\text{all}} = \frac{90}{2.2} = 40.9 \text{ ksi} \qquad \tau_{\text{all}} = \frac{70}{2.2} = 31.8 \text{ ksi}$$

(a) 최대 작용 가능하중. 핀에서의 전단과 지압응력으로 각각

$$P = \tau_{\text{all}} A_s = 31.8\left[2 \times \frac{\pi}{4}\left(\frac{1}{2}\right)^2\right] = 12.49 \text{ kips}$$

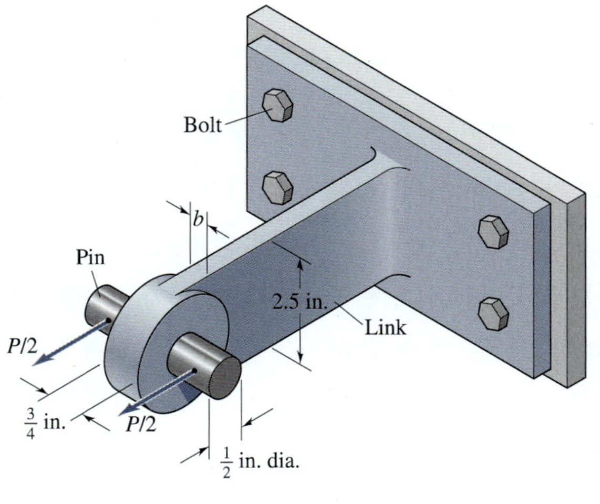

그림 2.17 볼트로 체결된 조립품

$$P = (\sigma_b)_{\text{all}} A_b = 40.9\left(\frac{3}{4}\right)\left(\frac{1}{2}\right) = 15.34 \text{ kips}$$

부가설명 핀의 전단으로 인한 하중 $P = 12.49$ kips가 설계에 적용될 허용하중이다.

(b) 링크부의 폭. 링크부에서 인장응력은

$$P = (\sigma_{\text{all}})_l A \qquad 12.49 = 13.6(2.5b)$$

$$b = 0.367 \text{ in.}$$

부가설명 링크부의 폭 b로 $\frac{3}{8}$ in.의 규격을 사용한다(강판 두께 규격).

(c) 볼트의 직경. 각 볼트가 지탱하는 하중은 $P/4 = 12.49/4 = 3.12$ kips이다. 식 (2.7)을 사용하면

$$(\sigma_{\text{all}})_b = \frac{P/4}{\pi d^2/4} \qquad 22.7 = \frac{4(3.12)}{\pi d^2}$$

$$d = 0.42 \text{ in.}$$

부가설명 직경이 7/16 in.인 4개의 규격볼트를 사용하여야 한다.

[예제 2.11] 호이스트의 설계

조건 알루미늄 정사각단면 봉 AB와 강봉 AC 아이바는 핀으로 연결되어 그림 2.18(a)와 같이 수직하중 $P = 14$ kips를 지탱하는 호이스트이다. 알루미늄과 강재의 최대강도는 각각 40 ksi와 70 ksi이다.

문제 안전계수 $n_s = 2.5$를 근거로 하여 각각 부재의 단면적을 계산하라.

가정 연결부에서 마찰은 무시한다. 힘은 2차원 평면에 작용하며 정적하중이다.

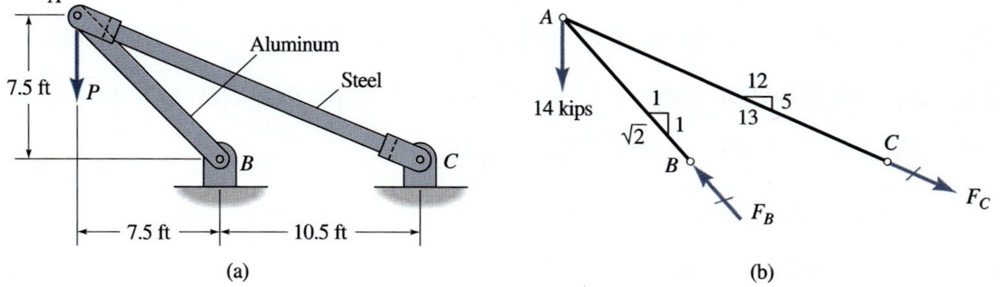

그림 2.18 (a) 호이스트 (b) 구조물 전체에 대한 자유물체도

풀이 AB, AC 부재는 축하중을 받고 있다. 그림 2.18(b)와 같이 자유물체도에 힘의 **평형방정식**을 적용하면 다음과 같다.

$$\Sigma M_B = 0: \qquad 14(7.5) - \frac{5}{13}F_C(10.5) = 0 \qquad F_C = 26 \text{ kips}$$

$$\Sigma M_C = 0: \qquad 14(18) - \frac{1}{\sqrt{2}}F_B(10.5) = 0 \qquad F_B = 33.94 \text{ kips}$$

그 결과는 다음과 같이 확인할 수 있다.

$$\Sigma F_x = 0: \qquad -\frac{1}{\sqrt{2}}(33.94) + \frac{12}{13}(26) = 0$$

식 (2.7)로부터 허용응력은

$$(\sigma_{\text{all}})_{AB} = \frac{40}{2.5} = 16 \text{ ksi} \qquad (\sigma_{\text{all}})_{AC} = \frac{70}{2.5} = 28 \text{ ksi}$$

식 (2.7)을 이용하면 각 부재의 단면적은 다음과 같이 계산된다.

$$A_{AB} = \frac{33.94 \times 10^3}{16} = 2.12 \text{ in.}^2 \qquad A_{AC} = \frac{26}{28} = 0.93 \text{ in.}^2$$

부가설명 규격제품인 $1\frac{1}{2}$ in. $\times 1\frac{1}{2}$ in. 알루미늄 각재와 직경 $1\frac{1}{8}$ in. 규격 강봉 아이바를 선택할 수 있다.

예제 2.12 6개 부재로 구성된 트러스

조건 핀으로 연결된 트러스 구조물이 그림 2.19(a)와 같이 점 C와 E 지점에 각각 $P_1 = 50$ kN과 $P_2 = 20$ kN의 하중을 받고 있다. 최대인장응력은 250 MPa이고 압축응력은 160 MPa이다. 또한 안전계수 $n_s = 1.6$으로 설정한다.

문제 AC, AD, CE 부재의 적합한 단면적을 계산하라.

가정 핀에서 마찰력은 무시한다. 모든 힘은 2차원 평면상태에 있다.

풀이 그림 2.19(a)와 같이 반력 R_{Ax}, R_{Ay}와 R_B를 포함하여 트러스의 하중 선도에 나타나 있다. 평행조건식을 만족하기 위해서는[그림 2.19(a)]

$$\Sigma F_y = 0: \qquad R_{Ay} - 50 - 20 = 0 \qquad R_{Ay} = 70 \text{ kN} \uparrow$$

$$\Sigma M_A = 0: \qquad -50(2) - 20(4) + R_B(2) = 0 \qquad R_B = 90 \text{ kN} \rightarrow$$

$$\Sigma F_x = 0: \qquad -R_{Ax} + R_B = 0 \qquad R_{Ax} = 90 \text{ kN} \leftarrow$$

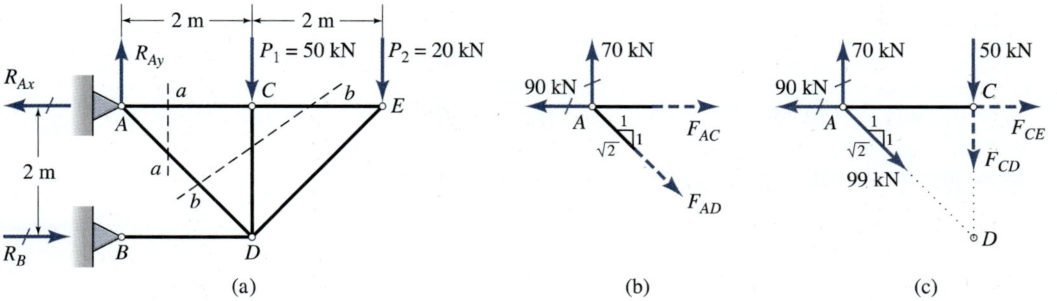

그림 2.19 (a) 트러스 구조물, (b, c) 점 A와 봉 AC에서 자유물체도

부재의 내력. 설계될 부재 내부에 걸리는 힘을 나타내 보이기 위해 $a-a$와 $b-b$를 지나는 가상의 단면을 생각해보자. 그림 2.19(a)의 자유물체도로부터

$$\Sigma F_y = 0: \quad 70 - \frac{1}{\sqrt{2}} F_{AD} = 0 \qquad\qquad F_{AD} = 99 \text{ kN}$$

$$\Sigma F_x = 0: \quad -90 + \frac{1}{\sqrt{2}}(99) + F_{AC} = 0 \qquad\qquad F_{AC} = 20 \text{ kN}$$

여기서 그림 2.19(a)의 자유물체도를 이용하면 다음과 같이 계산된다.

$$\Sigma M_D = 0: \quad 90(2) - 70(2) - F_{CE}(2) = 0 \qquad\qquad F_{CE} = 20 \text{ kN}$$

$$\Sigma F_y = 0: \quad 70 - 50 - \frac{1}{\sqrt{2}}(99) + F_{CD} = 0 \qquad F_{CD} = -50 \text{ kN}$$

여기서 검증해보면

$$\Sigma F_x = 0: \qquad -90 + \frac{1}{\sqrt{2}}(99) + 20 = 0$$

음수의 의미는 F_{CD}의 방향이 그림 2.19(c)에서 가정한 것과 달리 실제로는 반대방향의 힘이 작용함을 뜻한다.

봉의 단면적. 인장과 항복에 대한 허용응력은 다음과 같다.

$$(\sigma_t)_{\text{all}} = \frac{250}{1.6} = 156.3 \text{ MPa} \qquad (\sigma_c)_{\text{all}} = \frac{160}{1.6} = 100 \text{ MPa}$$

식 (2.7)을 적용하면 각 부재의 단면적은 다음과 같다.

$$A_{AC} = A_{CE} = \frac{20 \times 10^3}{156.3} = 128 \text{ mm}^2$$

$$A_{AD} = \frac{99 \times 10^3}{156.3} = 633 \text{ mm}^2$$

그리고

$$A_{CD} = \frac{50 \times 10^3}{100} = 500 \text{ mm}^2$$

부가설명 봉 BD와 DE의 경우도 같은 방법으로 계산할 수 있다.

2.9 사례연구

공학사례연구(engineering case study)는 공학적인 문제해결 활동범위의 일환으로 간주되고 있다. 이러한 사례연구는 공학 교과목의 이수과정에서 연습을 통하여 주요 원리를 학습하고 이해하는 데 도움이 된다. 좋은 사례연구는 필요한 모든 데이터를 사용하여 학생들이 현실에서 발생하는 문제를 해결하는 기회가 된다. 사례연구는 다양한 분야(참고문헌 2.4)에서 제시될 수 있다.

1. 역사적인 공학활동 범주
2. 공학활동 범주의 형태에 대한 도해
3. 해석의 연습
4. 초기개념사례(springboard case): 해결할 문제에 대한 제시안 또는 초기 설계안

명백하게 재료역학 분야에서는 세 번째 해석은 응력과 변형에 대한 해석을 의미한다.

앞에서도 언급한 바와 같이, 설계해석이란 목표로 하는 성능을 만족할 뿐 아니라 최소한의 무게와 경제적인 비용으로 내구성을 확보하여야 한다. 사례연구를 통하여 시스템에 대한 이론과 실제설계 계획과의 차이점에 대한 가교역학을 하고자 한다. 설계과제에 대한 성공 혹은 실패사례를 통하여 습득하는 교훈들은 공학자가 설계과제에 대한 실현가능성에 대한 판단을 하는 데 큰 도움이 될 것이다. 현재 생산 중인 제품(참고문헌 2.3, 2.5, 2.6)에 대한 사례연구가 진행될 예정이다. 일반적으로 **구조해석 분야의 사례연구**는 1.7절에서 논의한 바와 같이 문제의 공식화에서 계산의 단계까지 단계별로 진행된다. 힘에 대한 분석, 부재에 대한 기하학적 연구, 주요 단면에서 예측되는 응력과 변형의 계산 등이 포함된다.

부재에 걸린 하중과 기본기하학적 형상이 문제를 분석하기 전에 우선적으로 공학자에게 제시된다. 응력은 그 결과로 발생하는데, 예를 들어 봉이 어떤 종류의 하중을 받고 있는가에 따라 인장응력, 횡전단응력, 직접전단응력, 비틀림응력, 굽힘응력 또는 접촉응력이 되기

표 2.1 이 책에서 보게 될 사례연구

번호	주제	절(쪽수)
1A	로더 트럭의 링크부 해석	2.9(100)
1B	손잡이의 응력	7.11(419)
1C	로더 암의 변형률	8.11(556)
1D	로더 암의 주응력	8.11(559)
1E	로더 암에서 측정된 변형률	8.12(562)
1F	로더링크 좌굴해석	11.7(783)
2A	기본 트러스의 설계	2.9(104)
2B	기본 트러스의 설계	3.6(143)
2C	기본 트러스의 변위	4.2(202)
2D	기둥역할의 기초 트러스 부재 설계	11.4(749)
2E	에너지법을 이용한 기본 트러스의 변위 구하기	12.8(829)
2F	기본 트러스 구조물의 FEA(유한요소해석)	13.5(882)
3A	기어박스에서의 주축과 구동축의 설계	5.8(288)
3B	자동차 축의 설계	9.10(637)
4	신호등 지지구조물의 설계	7.13(428)
5A	필라멘트를 적층한 압력용기의 설계	8.8(536)
5B	복합재료 압력용기의 설계	8.9(544)
6A	비틀림을 받는 유압실린더의 응력	9.2(583)
6B	압출프레스에서의 유압실린더 설계	9.9(631)
7	다이빙대의 응력해석	12.12(855)

도 한다. 하중을 지탱하는 경우는 발생하는 해당 응력이 균등한 형태로 되는 것이 효과적이다. 그러므로 구조물에 발생하는 하중의 종류와 응력의 형태에 대한 세심한 조사를 통해 부재의 형상이나 방향에 대해 개선안을 얻을 수 있다. 이런 종류의 연구를 통해 설계자나 해석자는 주어진 하중조건 하에서 재료를 최적으로 활용할 수 있는 부재의 형상이나 체적(무게)을 선정 가능하도록 한다.

이 책의 선정된 장에서 소개되는 사례연구들은 실제 현장에서 적용되는 공학문제들이다. 대부분의 경우는 **응력해석**이나 **초기개념설계**를 다루는데, 단순하중 혹은 조합하중상태에 있는 링크부나 들어 올리거나 움직이는 하중이 작용하는 기계나 트러스(표 2.1 참고) 등의 다양한 부품으로 구성된 조립품이 이에 해당된다. 부재에 작용하는 응력과 변형은 다른 인접한 부재로 인해 항상 영향을 받는다. 여기서 공간적 제약조건으로 해석은 제한된 단계만 다룰 예정이다. 수치적 해의 계산은 2차원적 하중조건 문제만 제한하여 취급한다.

다음에 소개되는 구조물인 로더 차량과 트러스는 가장 단순한 형태로 하중과 응력을 계산하기 위한 예제로 제시되었다. 이 책을 통하여 제공되는 사례연구를 통하여 공학설계를 공부하는 데 자극이 되는 동기부여의 기회가 되어 궁극적으로는 상상력과 창조성을 발휘하여 개선된 설계에 기여하기를 기대한다.

사례연구 1A

로더 트럭의 링크부 해석

로더, 굴삭기(89쪽 사진), 불도저, 그레이더와 궤도형 트랙터(59쪽 사진)는 건설현장에서 널리 사용되는 장비이다. 이들 장비는 효과적인 임무수행을 위해 부수적인 부착장치가 장착되어 있다. 프런트(front) 로더, 프런트엔드(front-end) 로더, 바켓(buck) 로더, 스쿱(scoop) 로더 혹은 셔블(shovel)로 알려진 **로더**는 트랙터의 일종이다. 바퀴로 움직이며 이동 가능한 팔에 기울어진 넓은 바켓이 달려 있어 기울이고 물체를 이동시킬 수 있다. **로더 조립품**은 제거 가능하거나 영구적으로 고정되어 있다. 바켓은 다른 기구나 도구로 대체되기도 한다. 캐터필러950G, 볼보L120이나 캐터필러966G와 같은 대형 로더의 경우 단지 전방 바켓만 장착되어 있어 프런트 로더라 한다. 소형의 로더 트랙터는 소형 바켓이 있어 백 로더 종류이다.

로더는 통상 물체를 트럭에 하역하거나 파이프 쌓기 혹은 땅고르기용으로 사용된다. 깊은 바켓은 일반적으로 $3 \sim 6\ m^3$의 체적을 실을 수 있다. 건설현장에서는 도심지에서 도로를 보수하거나 건설자재, 예를 들면 파이프, 강봉, 벽돌을 이동하거나 짧은 거리의 도로를 파는 데도 사용된다. 프런트 로더는 도심지 개발사업이나 토목공사에서 지난 20여 년간 주종을 이루어왔다. 주요 생산업체인 캐터필러, 볼보와 고마츠를 비롯하여 많은 중장비 제작사는 다양한 형태의 로더를 개발 생산해왔다. 하역, 운송 및 굴삭장비에 대한 정보는 www.google.com(검색: loader equipment)이나 제작사의 카탈로그를 참고바란다.

조건 프런트엔드 로더 트럭이 파이프나 목재(그림 2.20)를 하역하기 위해 사용되고 있다. 로더는 전후방향으로 중앙수직평면에서 핀으로 연결된 2개의 동일한 암 링크와 유압실린더로 구성되어 있다. 이들 2개의 시스템에는 그림에서 보는 바와 같이 하중이 동일하게 작용하고 있다. 암 ABD는 각각 점 A와 점 B에서 링크 AE와 BG와 연결되어 있는데 유압실린더 CF에 따라 조정된다.

클램프(clamp)를 통해 파이프를 잡고 견고히 들고 있거나 방출하는 작동 모두가 역시 2개의 유압실린더(그림에서는 안 보임)로 조절된다. 낙하물체로부터 보호구조(FOPS)는 로더 캡 내부에서 운전하는 작업자(그림 2.20과 89쪽 사진 참조)의 안전을 확보하기 위해 용

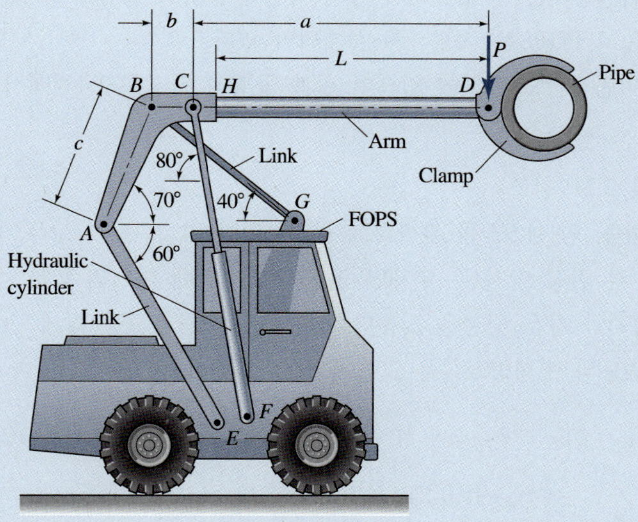

그림 2.20 로더 트럭의 개략도

접힌 측면 지지부를 보강하였다. 만약 로더 트럭이 훅, 블록이나 바켓의 사용이 가능하다면 클램프가 제거 가능하다.

파이프의 무게는 그림 2.20과 같이 수직하중으로 암의 오른쪽 끝단 D에 P가 작용한다. AE 링크부의 재료는 강재이며 허용수직, 전단 및 지압응력은 각각 σ_{all}, τ_{all}, $(\sigma_b)_{\text{all}}$이다. 부재의 단면은 일정하며 직사각형 형상(너비 w, 두께 t)이며 구멍의 직경은 d이다. 그 치수는 다음과 같다.

$P = 10\ \text{kN}$	$a = 2.5\ \text{m}$	$b = 0.15\ \text{m}$	$c = 0.9\ \text{m}$
$d = 20\ \text{mm}$	$t = 25\ \text{mm}$	$w = 65\ \text{mm}$	$L = 2.4\ \text{m}$
$\sigma_{\text{all}} = 150\ \text{MPa}$	$\tau_{\text{all}} = 90\ \text{MPa}$	$(\sigma_b)_{\text{all}} = 250\ \text{MPa}$	

문제 그림에서 나타난 위치에 대하여 다음을 구하라.

(a) 유압실린더와 암 링크로 지탱하는 하중

(b) 핀 A에서 전단응력과 링크 AE에서 수직 및 지압응력

가정

1. 연결지점에서 마찰은 무시한다. 가속도는 미미하고 모든 힘을 평면상에 작용하며 2차원 정적 문제이다.
2. 부재의 무게는 작용하는 하중에 비해 작기에 무시한다.

3. 그림에서 보여준 상태는 부재 BD의 암은 지면과 수평이며 전체 로더가 앞으로나 옆으로 넘어지지 않고 FOPS는 적절하게 설계되어 있다.
4. 각 연결부는 이면전단으로 되어 있으며 핀과 구멍의 직경은 2.4절에서 설명한 바와 같이 동일하다.

풀이 그림 2.20과 2.21 참조

(a) 부재에 걸린 하중. 암 ABD를 분할하고 링크부와 유압실린더가 모두 인장을 받고 있다고 가정하자. 각 점당 단지 두 부재만 연결되어 있기에 미지의 힘은 각각 A, B, C에서 그림 2.21(a)와 같은 방향을 갖는다. 점 B로부터 각 해당 힘에 수직거리를 곱하여 계산하는 모멘트의 평형방정식을 고려하면

$$\Sigma M_B = 0: \quad -F_{CF}\cos 10°(0.15) + F_{AE}\sin 50°(0.9) - 10(2.65) = 0$$

$$F_{AE} = 0.214F_{CF} + 38.437 \qquad \text{(a)}$$

모든 수평성분의 합은 0이라는 평형조건식으로부터

$$\Sigma F_x = 0: \quad F_{AE}\cos 60° + F_{BG}\cos 40° + F_{CF}\sin 10° = 0$$

$$F_{BG} = -25.088 - 0.367F_{CF} \qquad \text{(b)}$$

또한 수직력의 합은 0이라는 조건으로부터

$$\Sigma F_y = 0: \quad -F_{AE}\sin 60° - F_{BG}\sin 40° - F_{CF}\cos 10° - 10 = 0$$

$$F_{CF} = -29.08 \text{ kN(C)}$$

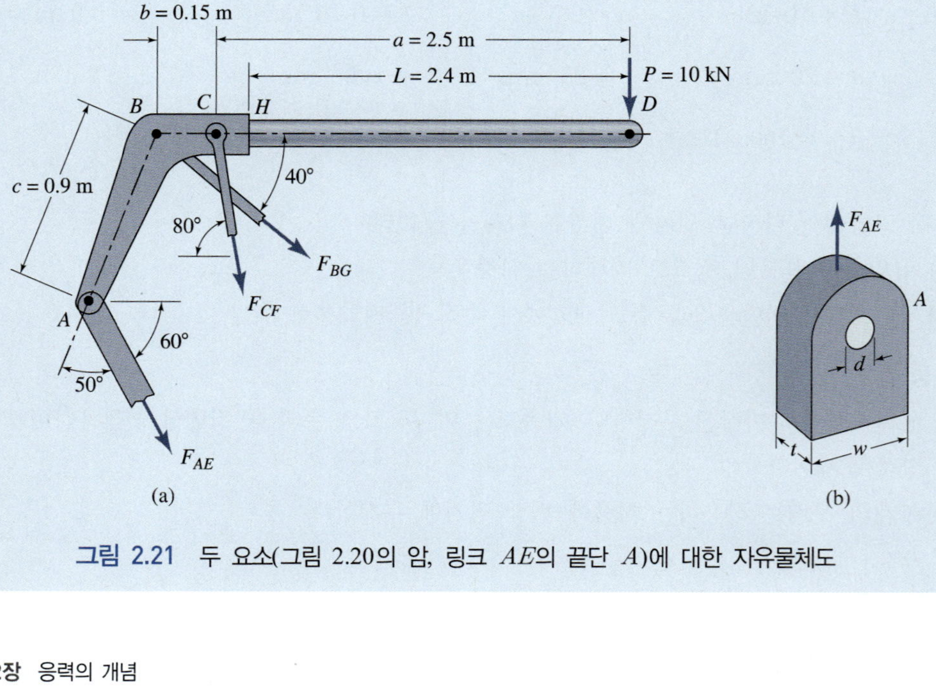

그림 2.21 두 요소(그림 2.20의 암, 링크 AE의 끝단 A)에 대한 자유물체도

이를 식 (a)와 (b)에 대입하면 그 결과는 다음과 같다.

$$F_{AE} = 32.21 \text{ kN} \qquad F_{BG} = -14.42 \text{ kN(C)}$$

부가설명 가정한 바와 같이 F_{AE}는 양수로 나타났다. 음의 부호는 해당 하중의 방향이 초기 가정한 방향과는 반대라는 의미를 갖는다. 여기서 링크 BG와 유압실린더 CF는 압축된 상태이다.

(b) 핀 *A*에서 전단응력. 핀은 이면전단이므로 다음 식과 같이 계산된다.

$$\tau_{AE} = \frac{\frac{1}{2}F_{AE}}{\frac{1}{4}\pi d^2} = \frac{2(32,210)}{\pi(0.02)^2} = 51.3 \text{ MPa}$$

링크 *AE*에서 수직응력. 최대수직응력은 단면적이 최소인 위치에서 계산된다. 구멍이 있는 단면 A(또는 E)가 하중을 받으면[그림 2.21(b)] 그 곳에서 최대수직응력이 발생한다. 따라서

$$\sigma_A = \frac{F_{AE}}{(w-d)t} = \frac{32,210}{(0.065-0.02)(0.025)}$$
$$= 28.6 \text{ MPa}$$

부가설명 구멍 주위에 대한 응력집중에 대한 영향은 4.8절에서 학습할 예정이다.

링크 *AE*의 점 *A*에서 지압응력. 평균적 지압면적은 링크에 핀의 투영면적과 같다. 따라서

$$\sigma_b = \frac{F_{AE}}{dt} = \frac{32,210}{(0.02)(0.025)}$$
$$= 64.4 \text{ MPa}$$

부가설명 결과에서 보는 바와 같이 링크부나 핀에서 발생하는 최대응력은 재료의 허용응력 이내이다. 암은 굽힘과 전단의 조합하중상태이며 이 부재가 받고 있는 응력은 **사례연구 1B**에서 다루기로 한다. 링크 BG의 좌굴은 **사례연구 1F**에서 조사할 예정이다.

*사례연구 2A

기본 트러스의 설계

유용한 트러스의 중요한 특징은 구조가 안정적이어서 어떤 방향으로도 움직임이 없어야 한다는 것이다. 언급한 바와 같이 두 부재가 한 점에서 체결되면 **기본 트러스** 형태이다. 이런 기본 트러스에 안정적인 트러스 형태가 추가되어 다른 형태의 안정적 트러스로 될 수 있다. 이런 트러스의 조합형태를 **단순 트러스**(1.8절)라 한다. 구조물에서 일반적으로 사용되는 **트러스의 형상**은 호우(howe), 핑크(fink), 킹포스트(kingpost), 모노, 인버트, 컷오프, 이중 경사, 프라드(pratt) 경사면판, 힙과 아치형 등 다양하다.

대부분의 트러스는 **목재**로 만들어져 있다. 계산된 응력이 크고 트러스 형상에 큰 강도가 요구되는 경우에는 응력이 규격화된 목재를 사용하여야 한다. 미국 내에서 사용되는 모든 목재 트러스는 반드시 NFPA(2.7절 참조) 규격번호에 따라 제작하여야 한다. 오늘날 대부분의 가벼운 트러스는 트러스판이나 연결판으로 불리는 아연도금된 철판을 이용하여 연결하고 있다. 금속판을 사용하면 공장에서 생산되는 트러스 제품이 일정한 공학적 성질을 갖게 된다. 간혹 트러스는 **강재**로도 제작되는데, 지난 50여 년간 강재산업분야에서는 AISC (2.7절)의 규격에 따라 수많은 철강제품을 개발하여 왔다.

초기의 경량 프레임 트러스는 현장에서 보강용 합판에 못질을 하여 상당한 길이의 트러스를 건설할 수 있었다. 그러나 건설공정이 상당히 길어 1950년경에는 금속 연결판이 트러스 산업에 소개되면서 짧거나 긴 스팬을 효과적으로 사전에 제작할 수 있었다. 최초로 미국에서 개발된 트러스판은 경량 프레임 트러스의 연결기로 사용되고 있다. 이와 같은 효율적인 기술과 기계 사용으로 트러스의 사전제작이 가능하여 이 공법은 급속도로 성장하였다. 트러스에 관한 일반적인 정보는 www.google.com(검색: trusses)에서 찾아볼 수 있다.

조건 축하중 작용 부재 1과 2로 구성된 단순 트러스가 그림 2.22(a)와 같이 브라켓 A와 C에 핀으로 체결되어 있다. 트러스는 핀으로 연결된 점 B에서 풀리를 이용하여 하중 W를 지지하고 있다.

> 1.8절에 기본 트러스에 대한 **정의**가 기술되어 있다. 이와 같은 특정구조물에 대한 **응력해석**은 예제 2.7에 도식화되어 있다.

가정

1. 연결부에서 마찰은 무시한다. 모든 힘은 평면에 정적하중이며 봉의 무게는 하중 W와 비교 시 상대적으로 작아 무시한다.

2. $L_2 = L$인 수평봉 2는 고정되어 있다. 그러나 각도 θ는 지지점 A가 수직선상에서 움직

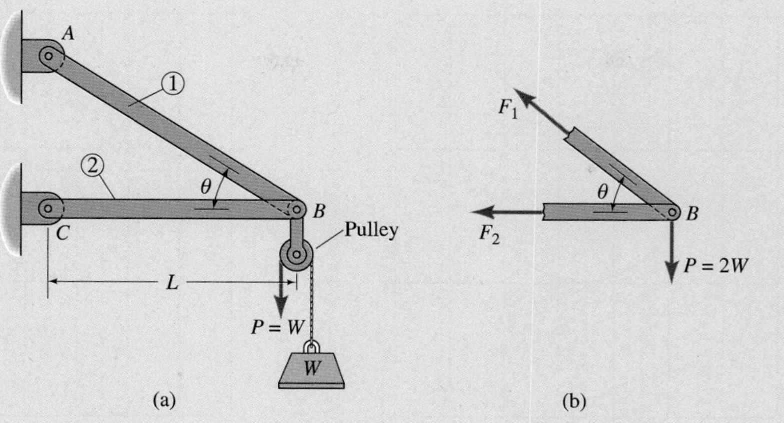

그림 2.22 (a) 2개의 봉 평면 트러스 (b) 점 B에서 자유물체도

일 수 있어 봉 1의 길이 L_1은 A의 새로운 위치에 따라 변화한다.

3. 두 봉은 강재로 만들어져서 허용응력 σ_{all}은 압축과 인장으로 동일한 크기이며 단순화를 위해 좌굴응력을 허용응력과 같다고 본다.

문제 각 부재가 허용응력을 넘지 않는 범위에서 최소의 체적(무게)으로 구성된 봉 1과 2 사이의 각도 θ를 구하라.

풀이 그림 2.22와 2.23 참조

부재에 걸린 힘. 2개의 케이블로부터 점 B에 작용하는 힘 $P=2W$이다. 여기서 미지힘 F_1과 F_2를 양수로 보고 그림 2.22(b)와 같이 가정하면 자유물체에 대한 평형방정식은 다음과 같다.

$$\Sigma F_x = 0: \quad F_2 + F_1 \cos\theta = 0$$

$$\Sigma F_y = 0: \quad F_1 \sin\theta - P = 0$$

이를 풀면

$$F_1 = \frac{P}{\sin\theta} \qquad F_2 = -\frac{P}{\tan\theta}$$

여기서 음의 부호는 F_2가 그림의 방향과 반대로 작용함을 의미한다.

최적화: 봉 1만의 설계. 부재 2가 안전하게 하중에 견디고 있다고 가정하면 봉 1이 최소의 체적이 되는 각도 θ를 계산할 수 있다. 단면적과 봉의 길이는

$$A = \frac{F_1}{\sigma_{\text{all}}} = \frac{P}{\sigma_{\text{all}} \sin\theta} \qquad L_1 = \frac{L}{\cos\theta}$$

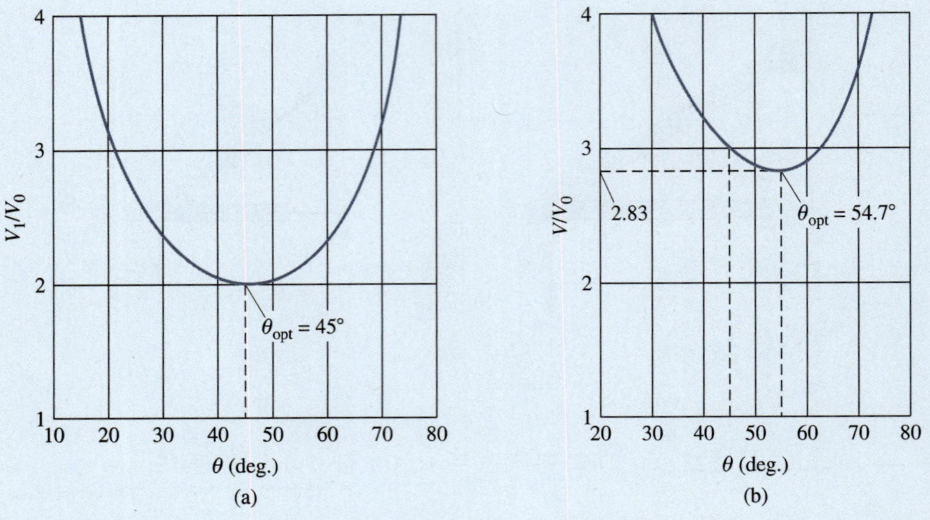

그림 2.23 $V_0 = PL/\sigma_{all}$일 때 그림 2.22와 같이 각도 θ 변화에 따른 트러스 부재의 체적변화 (a) 봉 1 (b) 모든 봉

그 결과 체적 AL은 다음과 같은 형태로 표현되고

$$V_1 = \frac{V_0}{\sin\theta\cos\theta} \tag{c}$$

앞에 기술한 바와 같이

$$V_0 = \frac{PL}{\sigma_{all}} \tag{d}$$

V_0는 허용응력 σ_{all}에서 축하중 P를 전달하는 부재의 체적을 나타낸다.

최소체적은 식 (c)의 분모값이 최대일 때 발생한다. 그러므로 $d(\sin\theta\cos\theta)/d\theta = 0$과 $\sin 2\theta = \cos 2\theta$ 혹은 $\tan\theta = 1$ 조건을 만족하기 위한 각도는 $\theta = 45°$일 때 최적의 값을 갖는다. 각도 θ에 따른 체적 V_1의 변화는 그림 2.23에 나타나 있다. 여기서 $\theta = \theta_{opt} = 45°$일 때 $V_1/V_0 = 2$가 되며 $F_1 = P/\sin 45° = 1.414P$가 된다. 봉 1에 요구되는 체적은 다른 값 θ에서는 크게 된다.

부가설명 그림 2.23(a)와 같이 최적 형상에서 조그만 변화의 편차는 체적에는 큰 영향을 미치지 못한다. 그러나 전달되는 하중이 축방향이 안 되는 단점을 관찰할 수 있다.

최적화: 모든 봉의 설계. 봉 2에 요구되는 단면적과 길이는 다음과 같은 식으로 표현된다.

$$A_2 = \frac{F_2}{\sigma_{all}} = \frac{P}{\sigma_{all}\tan\theta} \qquad L_2 = L$$

두 부재에 대한 체적의 합은 $AL + AL$이므로

$$V = V_0\left(\frac{1}{\sin\theta\cos\theta} + \frac{1}{\tan\theta}\right)$$

모든 체적을 최소화하기 위한 $dV/d\theta = 0$ 조건으로부터 최적의 각도 $\theta_{\text{opt}} = 54.7°$를 구할 수 있다(문제 2.63 참고). 체적 V에 대한 각도 θ의 영향은 그림 2.23(b)에 도표로 나타나 있다. 흥미로운 점은 $\theta = 45°$일 때 $V/V_0 = 3.0$이 된다는 사실이다. 그러므로 $\theta = 45°$를 사용한다면 최소체적보다 약 5% 정도 무게를 증가시킨다.

부가설명 앞에서 단순한 토의내용은 기본 트러스 요소의 최적화에 개략적인 지침으로 사용될 수 있으며 이를 완전한 2차원 형태의 트러스에도 확장 적용할 수 있다. 그러나 설계자는 항상 공학적 기본에 대한 올바른 이해와 재료와 지지조건에 대해 실제적인 적용 시 문제점 등에 항상 주의를 기울여야 한다.

*2.10 일반하중에서의 응력

1장에서 논의한 바와 같이 물체에 작용하는 외력 또는 하중으로 인해 물체의 내부에는 내력이 발생한다. 앞 절에서는 특히 부재와 연결부에 작용하는 축하중과 전단하중에 의해 생기는 중요한 특성인 이러한 내력의 세기 혹은 응력에 대해 학습하였다. 여기서 대부분의 구조물이나 기계부품에서 발생하는 하중조건에서 응력의 상태에 대하여 토의하고자 한다. 특정한 위치에서 가상으로 절단한 미소면적에 작용하는 내력을 보면 크기나 방향이 일반적으로 다양함을 알 수 있다.

그림 2.24(a)와 크게 확대한 그림 2.24(b)에서 물체로부터 분리된 부분에 대한 평형을 고려해보자. 원점 O를 지나고 물체의 내부에 위치한 미소면적 ΔA에 힘 $\Delta\mathbf{F}$가 작용하고 있다. ΔA에 x축은 수직이며 y, z축은 수평인 점 O를 원점으로 하는 좌표계를 고려하자.

일반적으로 $\Delta\mathbf{F}$의 방향이 x, y나 z축을 따라있지 않고 그림과 같이 $\Delta\mathbf{F}$의 성분이 x, y 및 z축에 평행으로 분할된다. 수직응력과 전단응력은 다음과 같이 정의된다.

$$\begin{aligned}
\sigma_{xx} = \sigma_x &= \lim_{\Delta A \to 0}\frac{\Delta F_x}{\Delta A} = \frac{dF_x}{dA} \\
\tau_{xy} &= \lim_{\Delta A \to 0}\frac{\Delta F_y}{\Delta A} = \frac{dF_y}{dA} \\
\tau_{xz} &= \lim_{\Delta A \to 0}\frac{\Delta F_z}{\Delta A} = \frac{dF_z}{dA}
\end{aligned} \tag{2.8}$$

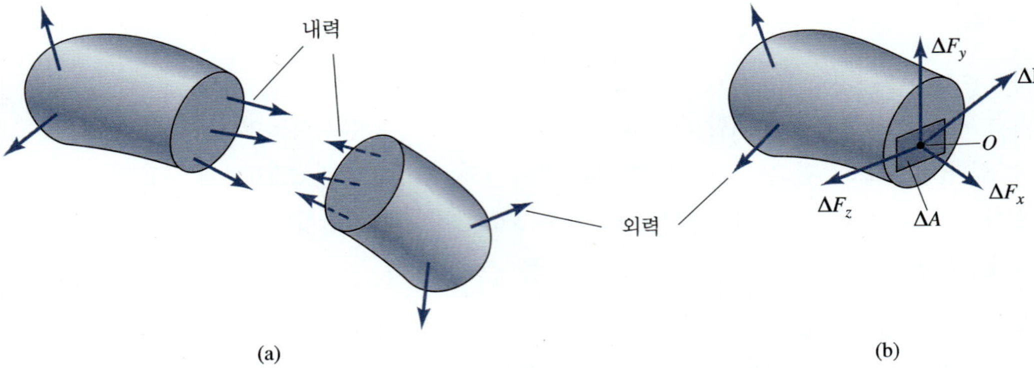

그림 2.24 (a) 외력으로 인해 물체의 가상단면에 작용하는 내력 (b) 점 O를 중심으로 하여 미소면적에 작용하는 내력 $\Delta\mathbf{F}$의 성분

이 관계식은 점 O에서 ΔA가 무한대로 작아질 때 응력성분을 보여주며 앞에서 논의한 바와 같이 한 면에 **수직하게** 작용하는 힘의 세기를 그 점에서 **수직응력**이라 정의된다. 한편 한 면에 **수평한** 힘의 세기는 그 점에서 **전단응력**이다. 그러므로 수직응력과 전단응력의 가장 큰 차이점은 응력의 방향이며 공학도는 수직응력과 전단응력에 대한 개념을 정확하게 이해해야 한다.

앞에서 관찰한 바와 같이 응력의 성분은 2개의 색인으로 구성되어 있다. 수직응력성분에는 두 색인이 동일하며 전단응력에는 서로 혼재되어 있다. 여기서 두 색인은 **이중 아래첨자 표기법**이다. 첫 아래첨자는 응력성분이 작용하는 평면이나 면에 수직인 방향을 나타내며 두 번째 아래첨자는 응력이 작용하는 방향을 나타낸다. 중복되는 아래첨자를 피하기 위하여 이 책에서는 수직응력의 경우 식 (2.8)에서 보는 바와 같이 σ_x로 표기한다. 여기서 평면은 좌표축에 수직인 평면을 의미한다. 예를 들어 x면은 x축에 수직한 면이다.

면적이 원자 단위에서는 불연속이기에 식 (2.8)에서 $\Delta A \rightarrow 0$이 되는 극한은 이상화된 것이다. 여기서 주목할 점은 물체 전체 크기에 비하여 상대적으로 작지만 원자 사이의 거리보다 큰 크기의 면적 위의 **평균응력**이 논의 대상이다. 그래서 응력은 공학적 목적에 맞도록 적절하게 정의되었다. 식 (2.8)로부터 계산되는 응력값은 위치마다 $\Delta\mathbf{F}$가 변화하므로 달라진다. 그러므로 응력성분은 $\Delta\mathbf{F}$에 따라 변화뿐 아니라 점 O에 작용하고 있는 평면의 방향성에 따라서도 달라진다. 그래서 비록 특정한 같은 한 점이라도 평면이 다르면 서로 다른 응력으로 분류된다. 그러므로 한 점에서 응력에 대한 완전한 표현이란 그 점을 지나는 가능한 모든 평면에서 응력에 대한 내력이 필요하다.

응력의 성분

한 점 O를 지나는(그림 2.24) 무한한 수의 평면에서 응력을 결정하기 위해서는 한 점을 지나는 서로 수직인 3축 상의 응력성분만 필요하므로 한 점에서 **응력상태**로 정의되어야 한다. 각 좌표축에 수직인 평면은 미소의 정육면체상의 3면 위에 있다.

여기서 그림 2.25는 물체로부터 분리된 한 요소에 작용하는 **3차원 응력상태**를 보여준다. 응력은 점 O와 점 O'에서 동일하고 각 면에 **균등하게** 분포되어 있다고 가정한다. 응력은 각 면의 중심에서 작용하는 1개의 벡터로 구분된다. 점 O를 지나면서 상대적으로 수직평면상에 작용하는 세 그룹의 응력은 모두 9개의 **응력성분**을 갖는다.

그림 2.25의 dx, dy와 dz의 정육면체에 작용하는 힘의 평형상태를 조사하며 전단응력의 특성을 살펴보자. 명백히 식 (1.1)의 첫 세 식은 만족한다. 점 O를 기준으로 x와 y방향의 힘에 대한 모멘트를 취하면 $\sum M_z = 0$으로부터 다음 식을 얻을 수 있다.

$$(\tau_{xy} dy dz) dx + (-\tau_{yx} dx dz) dy = 0$$

그래서

$$\boxed{\tau_{xy} = \tau_{yx}} \tag{2.9}$$

마찬가지로 $\sum M_x = 0$과 $\sum M_y = 0$으로부터 다음과 같은 결론을 얻을 수 있다.

$$\boxed{\tau_{xz} = \tau_{zx}} \qquad \boxed{\tau_{yz} = \tau_{zy}}$$

여기서 전단응력에서 정의된 아래첨자는 서로 교환가능한 부호이다. 이 의미는 **한 쌍의 동일한 크기의 전단응력이 상호 수직인 평면상에 작용하고 있다는 뜻이다.** 그러므로 앞으로 τ_{xy}와 τ_{yx} 그리고 τ_{xz}와 τ_{zx}, 또한 τ_{yz}와 τ_{zy}는 구분 없이 사용될 것이다. 이는 비록 한 점에서 다른 점으로 응력성분이 변화한다고 하여도 정확하게 증명될 수 있다(참고문헌 2.2).

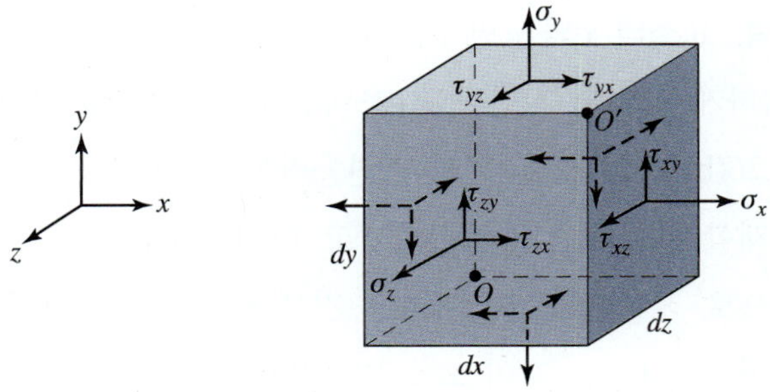

그림 2.25 3차원 상태의 응력

부호약속

1.6절을 다시 상기하면 **양의 면** 또는 평면은 좌표축에서 양의 방향으로 면에 **수직하게 바깥 방향**으로 향할 때이다. 반대 면에서는 음의 면이 된다. 그래서 그림 2.25의 오른편, 윗면과 전면은 각각 양의 x, y와 z면을 갖고 반대 면은 음의 x, y 및 z면을 갖게 된다.

이 부호약속은 응력성분이 어떤 평면에 있어도 동일하게 적용된다. 그림 2.25는 양의 수직응력과 전단응력을 나타낸 것이다. 따라서 **인장응력**은 항상 **양수**이고 **압축응력**은 역시 항상 **음수**이다. **전단응력**은 **양**(음)**의 면**에 작용하는 좌표축의 방향을 따라 양(음)의 방향으로 작용하면 **양수**(음수)가 된다. 1.6절에서 논의된 내력과 모멘트에 대한 부호약속과 더불어 응력에 대한 부호약속은 이 책 전체를 통하여 적용된다.

> 사용되는 **부호약속**은 수직응력과 전단응력 모두에 적용되는데 이는 한 면에 수직 바깥쪽으로 작용하는 방향과 동일면 위의 응력성분의 방향과의 상관관계에 따른다. 수직 바깥방향이고 응력성분 점이 좌표축과 상대적으로 양(혹은 음)의 방향일 때 응력은 양수이다. 응력점이 음의 방향(혹은 반대로)으로 있을 때 양의 방향의 수직점에서 응력은 음수이다.

응력의 일반적 사례

특별한 경우 일반적인 응력상태(그림 2.25)는 다음에 간단히 기술한 바와 같이 단순한 응력상태로 축소될 수 있다. 이들 응력은 실제상황에서 자주 접하게 되며 책을 통하여 구체적으로 고찰을 할 예정이다.

a. **3축 응력.** 8.6절에서 다룰 예정이며 요소에는 σ_x, σ_y와 σ_z가 서로 수직방향에만 작용하는 경우를 3축 응력상태라 한다. 전단응력이 없는 상태($\tau_{xy} = \tau_{xz} = \tau_{yz} = 0$)이므로 요소에 작용하는 응력들은 주응력이다.

b. **2차원 혹은 평면응력.** 요소의 x와 y면에만 응력이 작용하는 경우로 그림 2.26(b)와 같이 x축과 y축에 평행하게 응력이 작용한다. 응력상태는 실제로는 3차원 상태이나 편의성을 위하여 그림 2.26(b)와 같이 2차원적 평면응력상태로 그려서 나타낸다. 두 축방향으로 수직응력만 존재할 때는 2축 응력상태라고 하며, 이때 응력은 두께가 얇은 평판에 서로 수직인 방향으로 작용한다. 더 자세한 것은 8.2절에서 논의할 예정이다.

c. **순수전단.** 예를 들어 τ_{xy}나 τ_{yx} 같이 요소의 평면에 전단응력만 작용하는 경우이다. 통상 순수전단은 단면 위에 작용하거나 비틀림을 받는 원형축에서 축의 길이방향 평면상

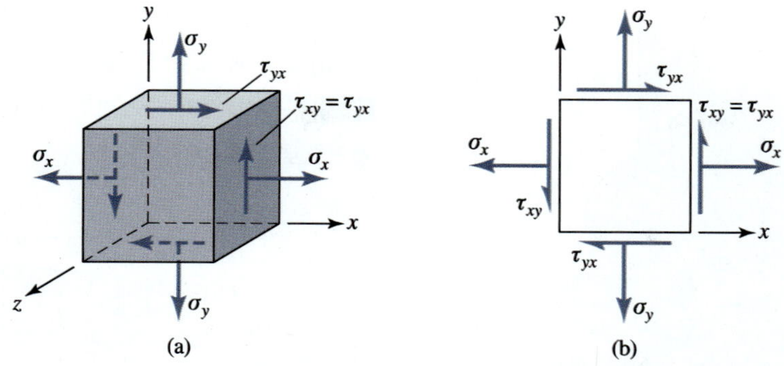

그림 2.26 (a) 3차원 응력의 요소 (b) 평면응력상태의 2차원 표현

에 발생한다(5.4절 참조).

d. **일축응력.** 한 방향으로만 수직응력이 작용하는 경우로 1차원 응력상태로 일축인장응력이나 일축압축응력상태이다.

연습문제

다음의 문제들은 그 값이 특별히 제시되지 않는 한 작용하는 힘에 비해 작기 때문에 부재의 무게는 무시하고 또한 모든 힘은 2차원 평면계 위에 존재하며 정적하중이며 핀 연결부에서 마찰을 무시하고 문제를 풀이한다.

2.7절~2.10절

2.39 그림 P2.39와 같은 벨 크랭크 기구부가 지점 A와 D에서 8 kN과 P의 힘으로 평형상태를 유지하고 있다. 강도가 240 MPa인 재료의 커넥팅로드 CD의 직경이 10 mm일 때 안전계수 n_s를 계산하라.

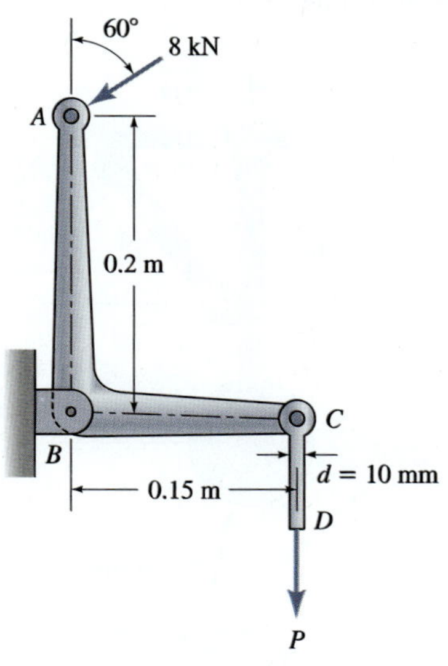

그림 P2.39

***2.40** 그림 P2.40과 같이 직경 d인 연결핀을 이용하여 힘 P를 봉 A에서 고정 프레임 B로 전달하고 있다. 봉은 너비 b와 폭 h인 사각단면으로 되어 있다면 핀의 직경 d와 최대하중 P_{max}를 계산하라.

조건 봉과 핀의 허용인장 및 전단응력은 각각 $\sigma_{all} = 20$ ksi와 $\tau_{all} = 10$ ksi이다. 또한 봉의 너비 $b = 2$ in.이며 폭 $h = 5/8$ in.이다.

가정 봉의 구멍의 치수는 핀의 직경과 같은 d이다.

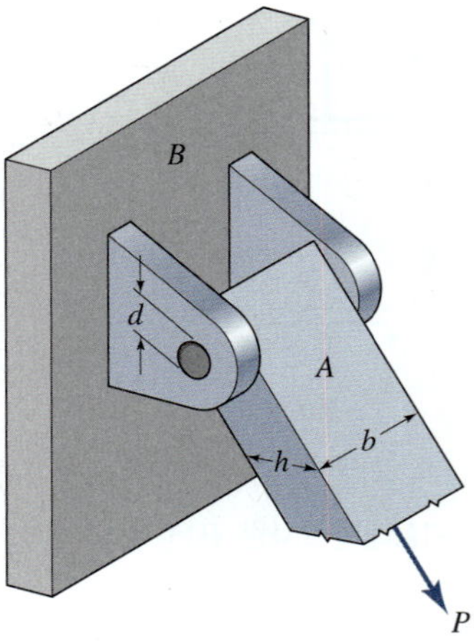

그림 P2.40

2.41 그림 P2.40에서 인장력 P가 작용하고 있다. 다음의 조건에서 폭 h와 최대하중 P_{max}를 구하라.

조건 봉 A 재료의 인장허용응력과 허용지압응력은 각각 $\sigma_{all} = 18$ ksi와 $(\sigma_b)_{all} = 26$ ksi이며 $b = 2\frac{1}{4}$ in.와 $d = 1\frac{1}{2}$ in.이다.

2.42 그림 P2.42의 랜딩기어에서 봉 CB의 직경으로 적당한 d를 계산하라.

조건 하중 $P = 10$ kips이다. 그리고 봉 재료의 인장강도는 20 ksi이다.

가정 안전계수는 4.0이다.

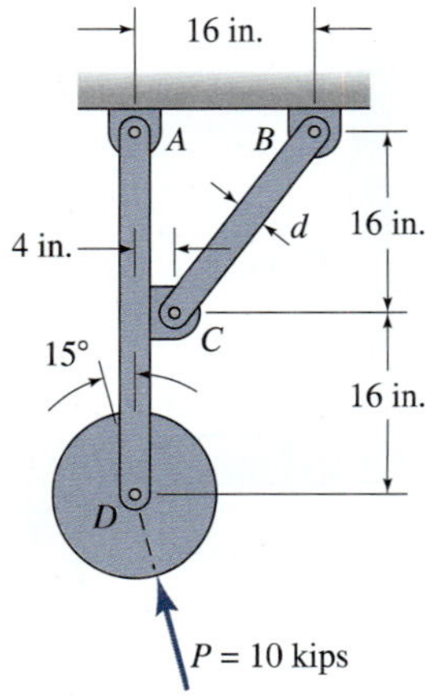

그림 P2.42

2.43 그림 P2.43의 단엽기의 날개의 허용응력이 75 MPa일 때 요구되는 봉 AC의 단면적을 구하라.

가정 양력의 크기는 그림과 같이 날개를 따라 선형적으로 변화한다.

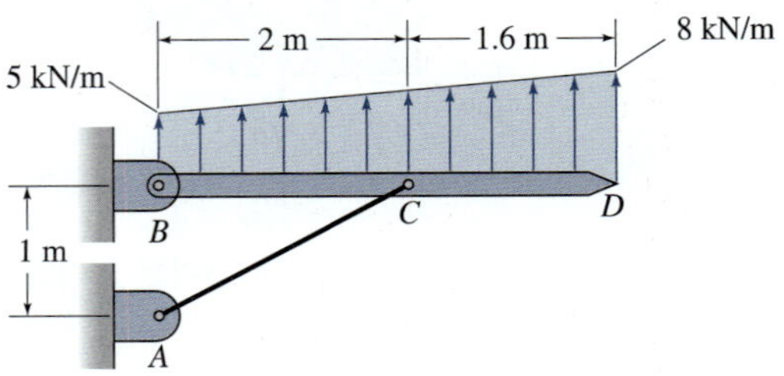

그림 P2.43

2.44 그림 P2.44와 같이 단축압축 봉이 각각 4 in.와 2 in. 직경인 2개의 강재 파이프로 만들어져 있다(표 B.7). 다음을 계산하라.

(a) 축하중 $P_0 = 28$ kips일 때 허용 가능한 축하중 P

(b) 축하중 $P_0 = 15$ kips일 때 허용 가능한 축하중 P

조건 재료의 허용압축응력은 $\sigma_{all} = 12$ ksi이다.

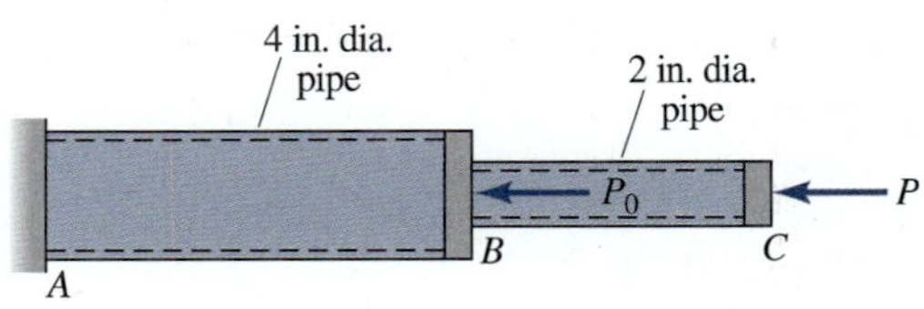

그림 P2.44

2.45 그림 P2.45와 같이 직경 $d = 0.5$ in.인 2개의 볼트를 이용하여 판재를 체결하고 있다. 인장하중 $P = 4$ kips일 때 다음의 경우에 대해 안전계수 n_s를 계산하라.

(a) 볼트의 전단

(b) 볼트와 판재의 지압

(c) 판재의 인장

조건 지압과 전단에 대한 볼트의 파손응력(failure stress)은 각각 $\sigma_b = 90$ ksi와 $\tau_b = 50$ ksi이다. 또한 판재의 인장파손응력은 $\sigma_t = 30$ ksi이다.

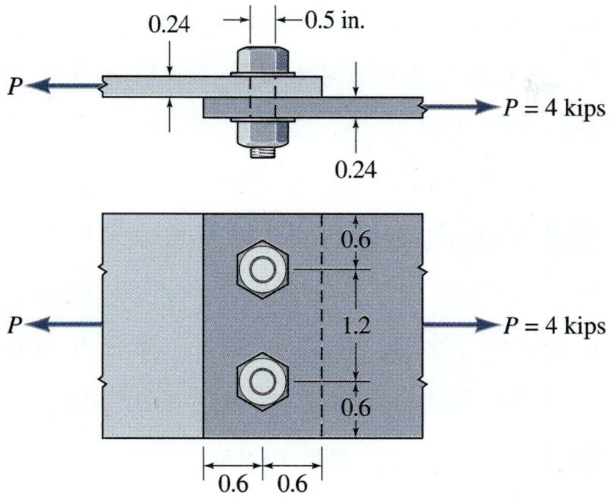

그림 P2.45

2.46 그림 P2.46의 볼트체결부에서 허용 가능한 하중 P_{all}을 계산하라.

조건 봉 재료의 인장과 지압에 대한 재료강도는 210 MPa이며 점 C에서 볼트의 전단재료강도는 140 MPa이다. 치수는 $w=50$ mm이며 $d=12$ mm이다.

가정 안전계수 $n_s=1.6$을 사용한다.

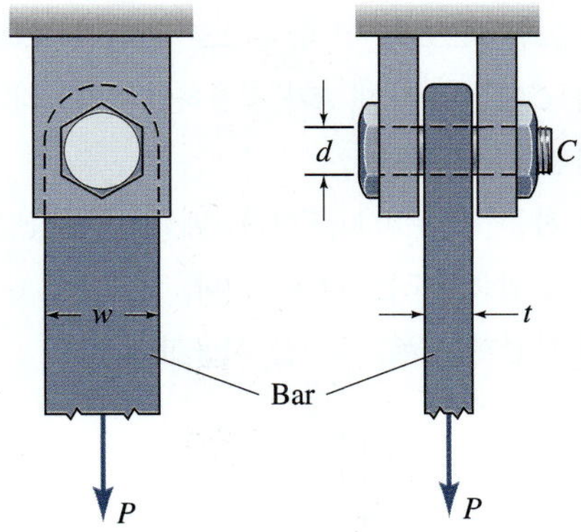

그림 P2.46

2.47 그림 P2.46과 같이 폭 $w=1.25$ in., 두께 $t=0.5$ in.인 봉이 직경 $d=0.55$ in.인 볼트로 체결되어 있다. 봉의 허용인장응력이 $\sigma_{all}=20$ ksi이고 볼트의 허용전단응력이 $\tau_{all}=10$ ksi일 때 허용 가능한 최대하중 P_{all}을 계산하라.

***2.48** 그림 P2.46과 같이 폭 $w=40$ mm이고 두께 $t=5$ mm인 봉이 볼트로 체결되어 힘 P를 견디고 있다. 봉의 최소단면에서 허용인장응력 $(\sigma_t)_{all}=120$ MPa이고 볼트의 허용전단응력 $\tau_{all}=70$ MPa일 때 힘 P를 최대로 하는 핀의 직경 d(mm)를 계산하라.

2.49 그림 P2.46과 같이 점 C에서 체결은 볼트로 결합하였다. 힘 $P=5$ kips이고 볼트의 허용전단응력 $\tau_{all}=12$ ksi일 때 볼트의 최소직경 d를 계산하라.

2.50 그림 P2.50과 같이 두 강재 링크(BC와 DE)가 부재 ACD와 핀으로 연결되어 있으며 점 A에서 힘 P를 받고 있다. 모든 핀의 직경은 $d=10$ mm이며 핀의 전단허용응력은 $\tau=150$ MPa이며 링크의 허용인장응력은 $\sigma=400$ MPa이다. 두 링크의 단면적이 $A=125$ mm^{2}일 때 허용 가능한 힘 P_{all}을 구하라.

가정 각각의 핀에서는 일면전단이 발생한다. 안전계수 $n_s=2.5$를 사용한다.

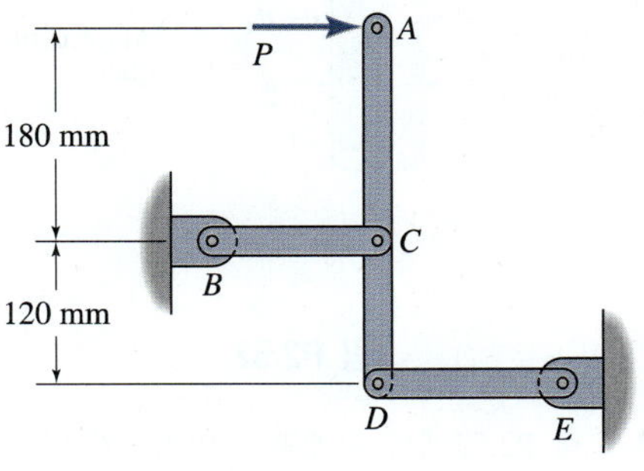

그림 P2.50

2.51 그림 P2.51과 같이 재료의 강도가 80 MPa일 때 구조물의 부재 BC에 요구되는 단면적을 계산하라.

가정 안전계수 $n_s=2.0$을 사용한다.

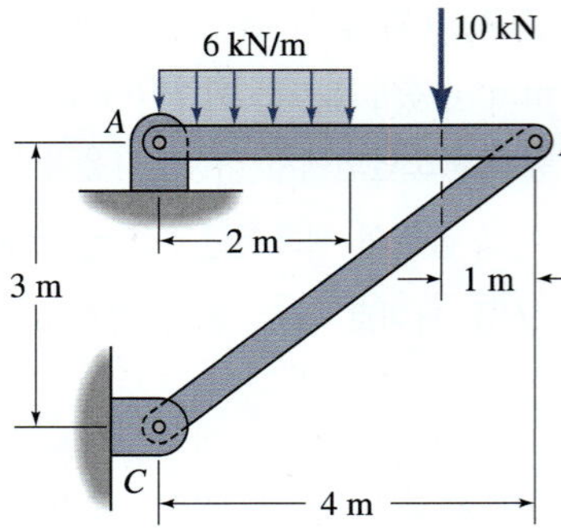

그림 P2.51

2.52 그림 P2.52와 같이 직경 d_a의 강재볼트가 두께가 t_a인 알루미늄 판재를 관통하고 있다. 볼트의 머리 부분은 판재와 직접적으로 접촉하며 볼트로 힘 F를 지탱하고 있다. 볼트 머리 부분의 평균 직경은 D이며 두께는 t_s이다. 볼트로 지탱 가능한 최대힘 F를 구하라.

조건 볼트와 판재의 허용전단응력은 각각 125 Mpa과 70 MPa이며 치수는 $D=40$ mm, $d_s=15$ mm, $t_s=10$ mm이며 $t_a=8$ mm이다.

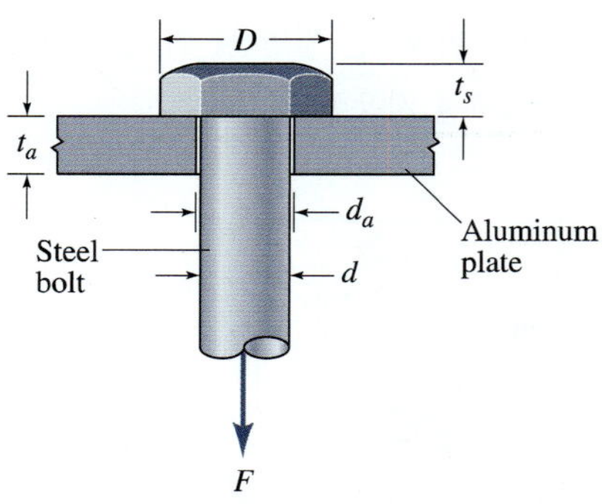

그림 P2.52

2.53 그림 P2.52에서 강재볼트 머리부가 알루미늄 판재와 접촉하여 힘 F를 지탱하고 있다. 다음을 계산하라.

(a) 볼트의 직경 d

(b) 볼트 머리부의 최소두께 t_s

조건 볼트와 판재의 허용전단응력은 각각 $\sigma_s=10$ ksi와 $\tau_s=6$ ksi이며 구멍의 직경 $d_a=9/16$ in.이고 작용하중 $F=5$ kips이다.

2.54 그림 P2.54와 같이 목재 두 판이 볼트, 너트와 2개의 와셔로 체결되어 있다. 와셔의 외경과 내경은 각각 d_o와 d_i이다. 볼트 머리부에서 허용 가능한 최대인장력 F_{all}을 계산하라.

조건 목재부의 허용지압응력과 볼트 머리부의 허용인장응력은 각각 $(\sigma_b)_w=1.8$ ksi이며 $(\sigma_t)_b=15$ ksi이다. 볼트의 머리부는 $d_s=\frac{3}{8}$ in.이며 와셔의 내경과 외경은 $d_i=\frac{1}{2}$ in., $d_o=\frac{3}{4}$ in.이다.

가정 너트를 조이면 볼트 머리부는 축방향 인장하중 F가 발생한다.

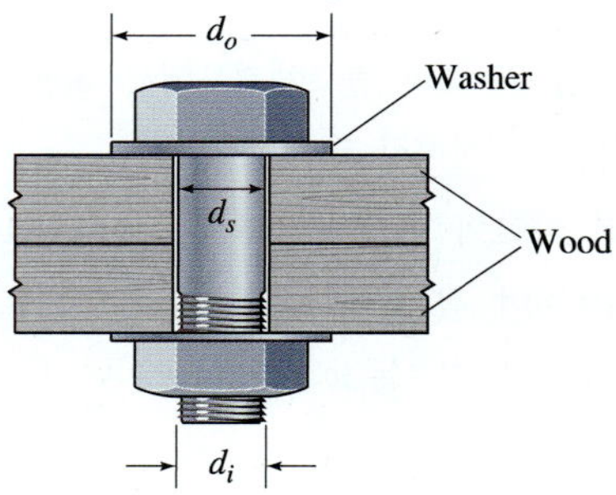

그림 P2.54

2.55 그림 P2.55와 같이 핀으로 연결된 트러스에서 점 C에는 수직힘 P가 작용하고 있다. 각 부재의 단면적을 구하라.

조건 하중 $P=10$ kips이며 재료의 인장강도는 20 ksi, 압축강도는 14 ksi이다.

가정 안전계수 $n_s=2.0$을 사용한다.

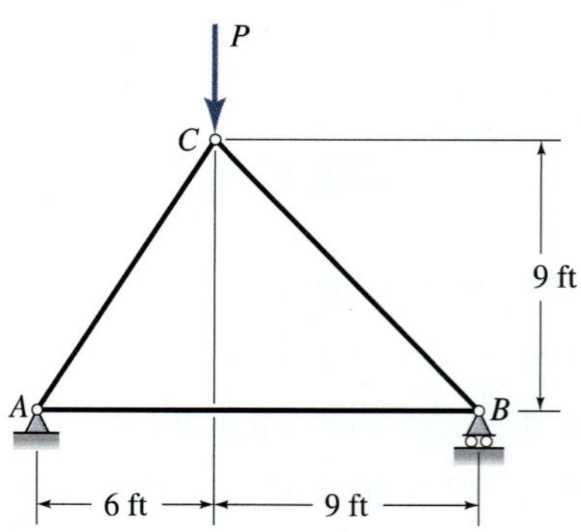

그림 P2.55

2.56 그림 P2.56과 같이 힘 P로 유발되는 토크에 저항할 수 있는 게이트 밸브의 작동축에 있는 핀의 직경을 계산하라.

조건 힘 $P = 400$ N이 작용하고 핀 재료의 전단강도는 90 MPa이다.

가정 안전계수 $n_s = 1.5$를 사용한다.

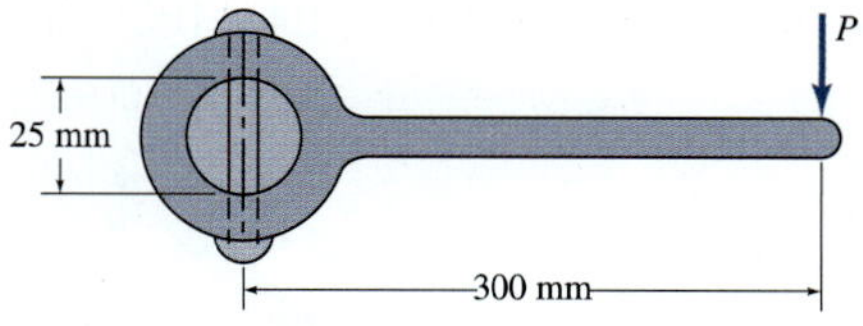

그림 P2.56

2.57 힘 $P = 600$ N일 때 문제 2.56을 다시 계산하라.

2.58 그림 P2.58과 같이 길이가 동일하게 L인 부재로 구성된 트러스는 핀으로 연결되어 있고 힘 P_1과 P_2를 받고 있다. 각 부재의 단면적을 계산하라.

조건 힘 $P_1 = 10$ kN과 $P_2 = 15$ kN이 작용하며 각 부재의 허용인장응력과 허용압축응력은 각각 120 MPa과 80 MPa이다.

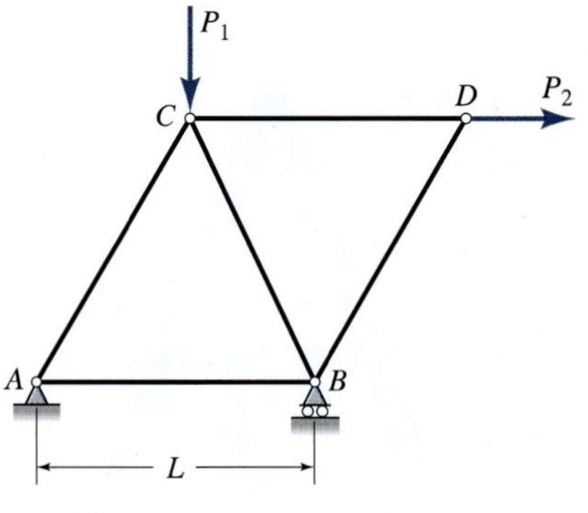

그림 P2.58

2.59 $P_1 = 0$과 $P_2 = 25$ kN인 하중조건에서 문제 2.58을 다시 계산하라.

***2.60** 그림 P2.60의 핀 연결 트러스에서 부재 BE와 CE의 단면적을 구하라.

조건 각 부재의 허용인장응력은 140 MPa이다.

가정 안전계수 $n_s = 1.5$를 사용한다.

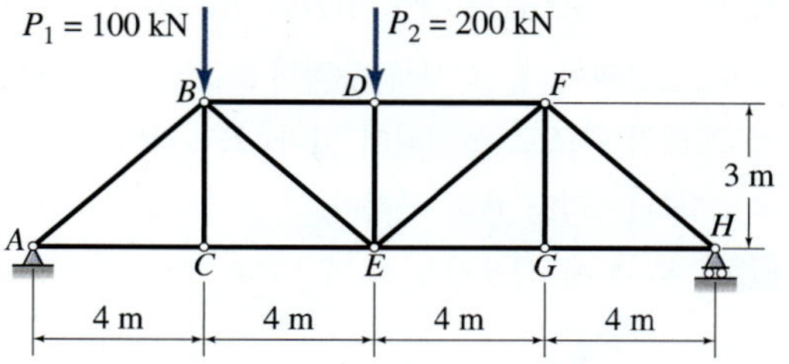

그림 P2.60

2.61 그림 P2.61과 같이 7개의 직경 50 mm인 봉이 핀으로 연결된 트러스에서 다음을 계산하라.

(a) AB, AE, DE 부재에서 수직응력

(b) 점 D 핀의 허용전단응력은 50 MPa이며 이면 전단일 때 핀의 직경을 계산하라.

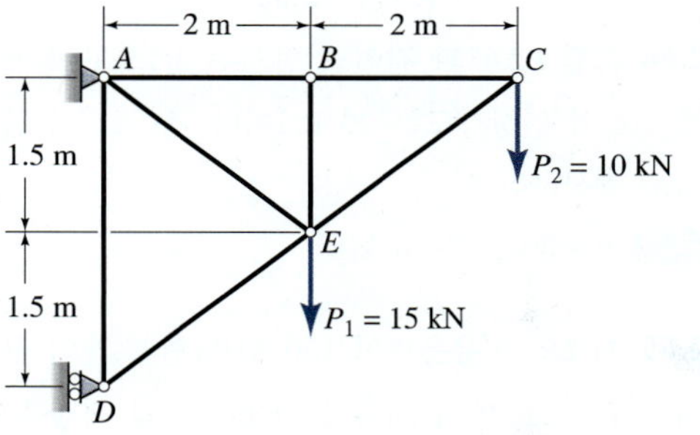

그림 P2.61

2.62 그림 P2.62에서 지지점 D에서 핀의 직경을 계산하라.

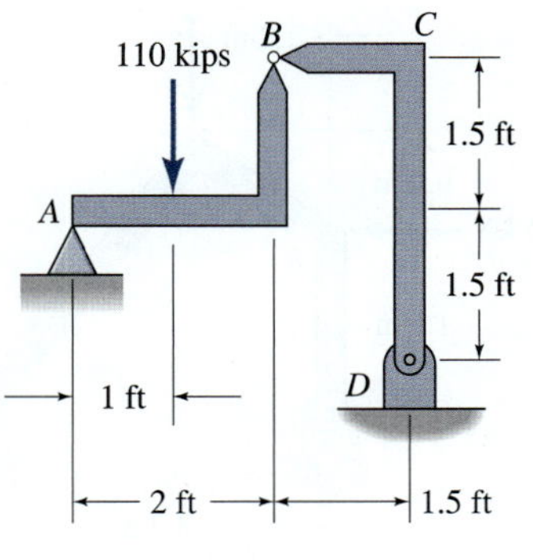

그림 P2.62

가정 핀은 강재로 만들어졌으며 허용응력은 12 ksi로 핀에서는 이면전단이 발생한다.

***2.63** 그림 P2.63과 같이 AB와 BC 두 봉은 핀으로 연결되어 점 C에서 수직하중 P를 지지하도록 프레임 구조로 설계되어 있다. 프레임의 무게를 최소화하는 각도 θ를 구하라.

가정 두 봉에 작용하는 수직응력은 같아야 한다.

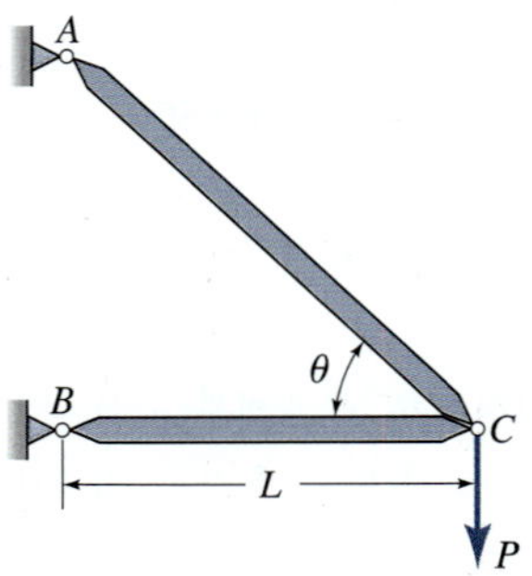

그림 P2.63

2.64 그림 P2.63과 같이 안전계수 3.0으로 설계된 봉 AC의 인장강도는 30 ksi이다. 봉 AC의 단면적을 계산하라.

조건 $\theta = 30°$, $P = 6$ kips

2.65 재료의 허용응력이 150 MPa인 프레임 구조의 그림 P2.65에서 지지점 D에서 핀의 직경을 구하라.

가정 핀에는 일면전단이 발생하고 안전계수는 2.0을 사용한다.

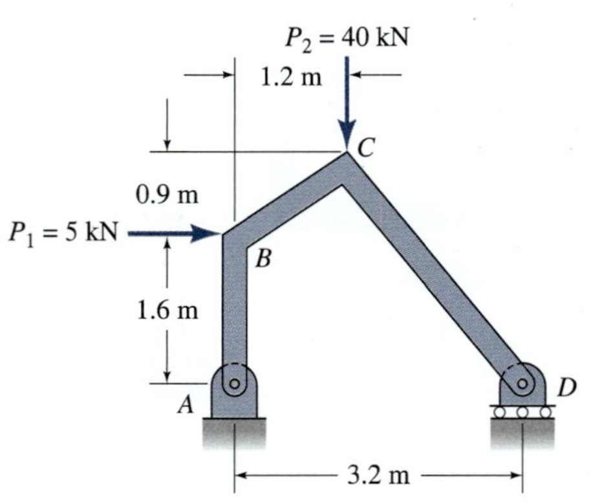

그림 P2.65

2.66 안전계수를 1.5 그리고 P_2의 힘이 점 C에서 수평적으로 오른쪽 방향으로 작용한다고 가정하고 문제 2.65를 다시 계산하라.

2.67 그림 P2.67의 프레임은 연결점 B에서 이면전단이 발생하는 볼트로 봉 BD와 빔 AC가 체결되어 있다. 볼트의 최소직경을 계산하라.

조건 볼트의 허용전단응력은 100 MPa이다.

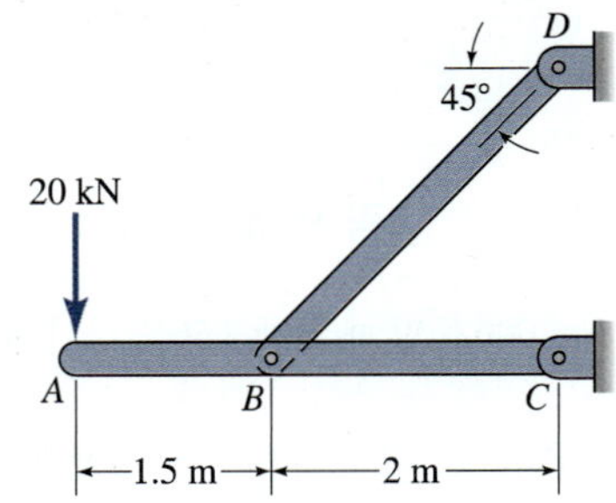

그림 P2.67

***2.68** 그림 P2.68의 프레임에서 힌지점 B의 핀에 필요한 직경을 구하라.

조건 허용전단응력은 6 ksi이다.

가정 핀에서는 이면전단이 발생한다.

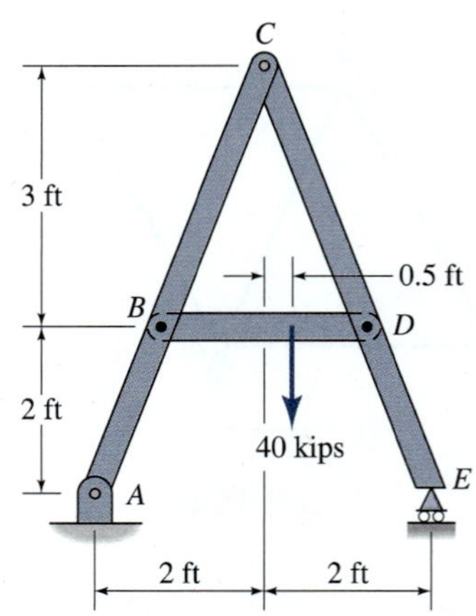

그림 P2.68

***2.69** 그림 P2.69의 프레임의 힌지점 B의 핀에 필요한 직경을 구하라.

조건 허용전단응력은 15 ksi이다.

가정 핀에서는 일면전단이 발생한다.

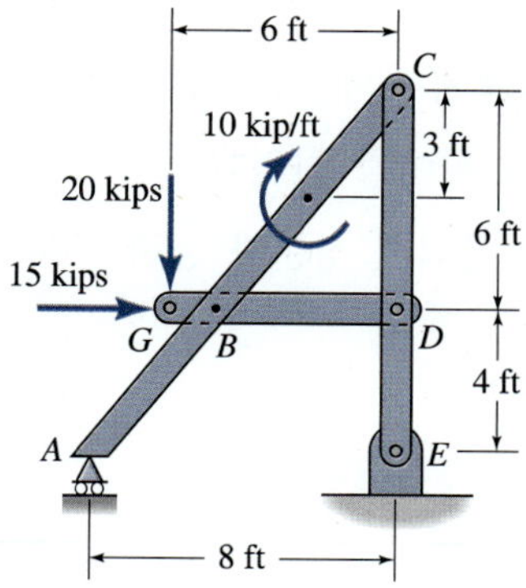

그림 P2.69

2.70 그림 P2.70과 같이 W 12×50 빔의 표준 AISC 체결구조는 4×4×½ in.인 2개의 앵글(표 B.8)과 10 in. 길이의 직경 0.88 in.인 6개의 리벳이 3 in. 간격을 유지하면서 체결되어 있다. 이 구조가 견디는 최대힘을 구하라.

조건 리벳의 허용전단응력은 14 ksi이며 허용지압응력은 45 ksi이다.

가정 이 구조에서는 인장파손은 발생하지 않으며 단지 전단이나 지압파손만 고려한다.

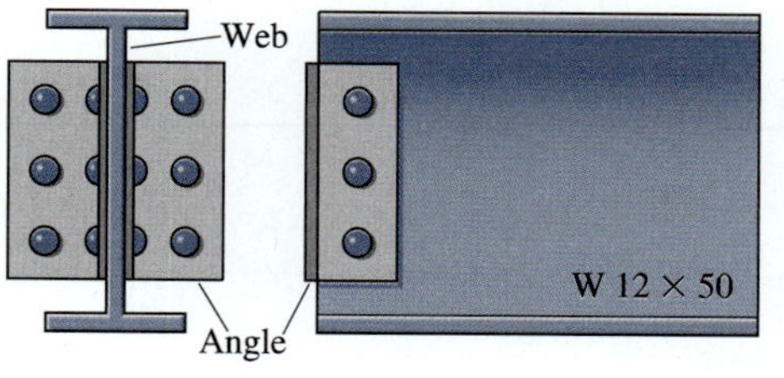

그림 P2.70

요약

이 장에서는 하중에 견디는 부재의 해석과 설계를 위한 접근법에 대한 소개로 응력의 개념을 학습하였다. 자유물체도와 힘의 평형방정식을 이용하면 구조물에 발생하는 미지의 반력과 내력을 계산할 수 있다는 점을 강조한다. 식 (2.1)에서 (2.5)로 응력과 안전계수를 쉽게 이해할 수 있으며 비록 간단한 공식이지만 이들의 의미는 중요하다. 실제 현장의 많은 문제해결에 사용되고 있다. 이미 언급한 바와 같이 부재 내에서 응력을 계산할 때 응력공식을 이용하는 것은 필수적이다.

축방향, 직접전단 및 일반하중상태에서의 응력에 대하여 논의하였다. 중앙에 작용하는 축하중 문제에서 하중이 작용하는 근처와 단면이 급격하게 변화하는 지점을 제외하고는 응력은 일정하다. 그러나 핀, 리벳이나 볼트체결부에서 지압응력이나 전단응력분포는 더 복잡하지만 여기서는 평균응력만을 대상으로 학습하였다. 다양한 하중상태에서 단면에 발생하는 응력분포를 정확하게 계산하는 문제는 이 책의 다음 장들에서 논의할 예정이다.

2.7절은 공학구조물의 설계에 사용되는 개념을 다루었다. 파손하중, 부재의 허용하중, 안전계수가 기술되었고 적절한 안전계수 선정을 위해서는 여러 측면이 고려되어야 하는

데, 이들 중 중요한 요인들을 논의하였다. 그리고 축하중상태에서 부재의 설계에 대한 문제를 설명하였는데, 추가적으로 사례연구를 통하여 부재나 구조시스템의 설계와 해석에 대한 방법을 학습하였으며 심도 있는 이해를 위해 특별한 주제에 대하여 예제들을 통하여 학습하였다. 사례연구 1A와 2A는 응력해석에 제한되어 풀이를 하였다.

결론적으로 다양한 하중상태에서 부재의 한 지점에서 응력의 성분과 응력의 부호약속에 대한 정의를 포함하여 논의하였다.

핵심 공식*

수직응력	$\sigma = \dfrac{P}{A}$	2.3절
지압응력	$\sigma_b = \dfrac{P}{A_p}$	2.4절
전단응력	$\tau_{\text{avg}} = \dfrac{V}{A}$	2.5절
안전계수	$n_s = \dfrac{\text{재료강도}}{\text{허용응력}}$	2.7절
필요단면적	$A = \dfrac{P}{\sigma_{\text{all}}}$	2.8절

*이 방정식의 유도와 올바른 사용에 관한 정보는 관련된 절을 참조하라.

참고문헌

2.1 R. C. Juvinal and K. M. Marshek, *Fundamentals of Machine Component Design*, 3rd ed., Wiley, New York, 2000.

2.2 A. C. Ugural and S. K. Fenster, *Advanced Strength and Applied Elasticity*, 4th ed., Prentice Hall, Upper Saddle River, NJ, 2003.

2.3 A. C. Ugural, *Mechanical Design: An Integrated Approach*, McGraw-Hill, New York, 2004.

2.4 Geza Kardos and C. O. Smith, *On Writing Engineering Cases*, Proceedings of ASEE National Conference on Engineering Case Studies, March 1979.

2.5 *A Case Study in Aircraft Design: The Boeing 727*, AIAA, Reston, VA, 1978.

2.6 *Products in Action*, ANSYS, Inc., Canonsburg, PA (www.ansys.com).

변형률과 재료의 성질

3장

▶ **밀레니엄 교량**은 런던의 템스강에 1996년부터 2000년 사이에 건설되었다. 새로운 교량은 시내와 사우스워크를 연결하는 교량으로 길이는 350 yard이다. 교량은 현수교 형태로 한쪽에 직경이 5 in.인 4개의 케이블이 강화 콘크리트 기초 위의 V형 금속 다각형 구조물 위에 연결되어 하중을 지탱하고 있다. 이들 구조의 변형률을 측정하면(8.12절) 공학자는 응력을 계산할 수 있다. 이 장에서는 변형률의 개념과 재료의 성질에 대해 학습할 예정이다.
Patrick Ward/Alamy Limited 제공.

3.1 서론

2장에서는 구조물이나 기계부품 내부에 관해 관심이 집중되었다면 3장에서는 응력의 중요성 못지않은 변형에 대하여 알아보기로 하자. 응력보다 휨이나 견고함이 부재를 설계할 때 지배적인 요소가 되기도 한다. 변형에 대한 해석은 변형의 세기로 측정되는 변형률의 묘사가 필요하다. 변형률의 또 다른 주요점은 응력을 계산하는 데 필요한 실험적 기법이 포함되어 있기 때문이다. 응력은 일반적으로 측정되지 못하나 변형률은 한정된 길이 내에서 직접 측정 가능한 항목이다.

물체에서 연신, 수축 또는 형상의 변화는 변형의 결과이다(3.2～3.4절). 부재 내의 실제적인 응력분포를 계산하기 위해서는 부재에 어떠한 형태의 변형이 발생하는지를 이해하는 것이 필요하다. 하중이 작용하면서 발생되는 변형이나 혹은 구조물 내의 각 부재가 온도의 변화로 인한 변형일지라도 변형을 분석하면 부정정하중을 계산할 수 있다.

3.5절에서는 공학에서 대부분 사용되는 재료를 분류할 것이다. 재료의 기계적 성질은 1차적으로 3.6～3.8절에서 다룰 인장과 압축시험으로부터 결정된다. 변형률 에너지와 충격하중이나 반복하중으로 인한 파괴에 대한 현상은 3.12～3.14절에서 취급된다. 연성재료의 부재에서 비탄성변형을 소개하고 설계에 사용되는 선정된 재료의 일반적인 특성에 대해 논의하고 이 장을 마무리할 것이다.

3.2 변형

그림 3.1의 점선으로 표시된 위치는 물체가 외부로부터 힘을 받은 결과로 발생하게 된다. A가 A'으로 B가 B'으로 모든 점들이 변형하여 새로운 위치로 이동됨을 알 수 있다. A와 B 같이 두 점의 변형은 각각 AA'과 BB'이며, 이는 강체이동(전이와 회전)과 **변형이동**(변형) 또는 이들의 복합적인 결과이다.

물체의 점들이 상대적으로 위치가 변경되었다면 물체는 변형되었다고 판단된다. 만약 변형이 없다면 변위(displacement) AA'과 BB'은 강체이동의 결과이다. 강체이동 시는 A와 B 사이의 거리는 변함이 없이 $L_o = L$이다. 여기서는 강체이동과 같은 변형은 다루지 않는다. 한 점에서 x, y, z방향으로 변형의 성분을 각각 u, v, w로 정의한다.

이 책에서는 **미소변형**만을 고려하기 때문에 일반적으로 공학적 구조에서 흔히 발견되는 변형의 크기라고 단순화할 수 있다. 미소변형으로 발생하는 변형률은 1과 비교하여 작고

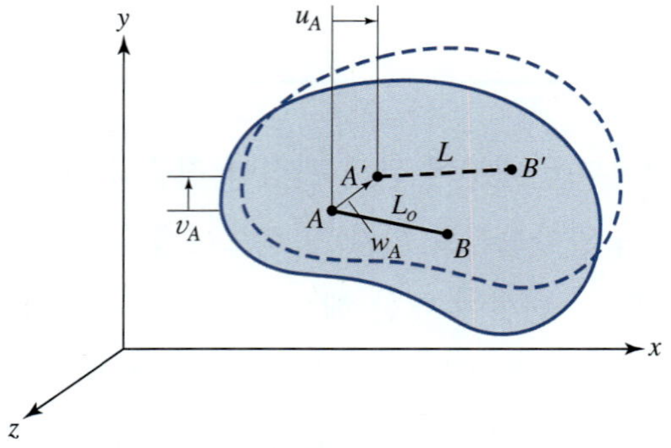

그림 3.1 물체에서 변위와 변형률

이들 곱(고차항)은 무시한다. 여기서 주의할 점은 모든 그림에서 미소변위가 크게 확대되어 나타나는 것은 좀 더 명확히 나타내기 위함이다. 언급한 바와 같이 변형이 작기 때문에 자유물체도를 그릴 때 초기치수를 그대로 사용한다.

미소변형을 가정하고 또한 재료의 선형적 특성 때문에 재료역학의 기본적 개념인 **중첩법의 원리**를 사용할 수 있다. 중첩법은 다음과 같은 조건을 만족할 때 유효하다.

1. 계산되는 변위나 응력 등의 성질은 이를 발생하는 하중에 직접적으로 비례관계에 있다. 예를 들면 식 (2.1)의 표현과 같다.
2. 하중을 적용해도 부재의 크기나 형상은 크게 변화하지 않는다.

부재에 동시 다발적으로 하중이 작동하여 발생하는 부재의 특성(변위, 응력)은 각각의 하중에 대하여 분리적으로 작용한다고 가정하여 각각을 계산한 후 그 결과를 합산해도 된다는 뜻이다. 그러므로 중첩법은 복잡한 하중상태를 둘 혹은 셋 정도의 단순한 하중으로 변환하여 계산 가능하다. 중첩법은 이 책 전반에 걸쳐서 사용된다.

3.3 변형률

변형은 두 선분 길이의 변화 혹은 두 선분 사이의 각도 변화로 설명하였는데 지금은 변형률의 정의에 대하여 논의하자. 재료역학에서 **변형률의 측정**은 실험적인 방법(3.6절과 8.12절)으로 가능하다. 2축과 3축 변형률과 응력-변형 관계식을 포함한 심도 있는 논의는 다음 절에서 진행될 것이다. 변형률과 하중이 작용된 부재의 내부 합력과의 관계를 설명하고 다음 장에서는 평면변형률에 대한 해석이 논의될 것이다.

수직변형률

수직변형률의 개념은 사각단면 봉의 변형을 고려하여 나타내었다[그림 3.2(a)]. 그 부재의 원래 길이는 L이다. 하중을 작용한 후 그림 3.2(b)와 같이 길이는 δ(delta)만큼 늘어났다. 길이에 대한 변화의 단위로 **수직변형률** ε(epsilon)을 정의하면 다음과 같다.

$$\varepsilon = \frac{\delta}{L} \tag{3.1}$$

양(+)의 부호는 연신(elongation)이며 음(−)의 부호는 수축(contraction)이다.

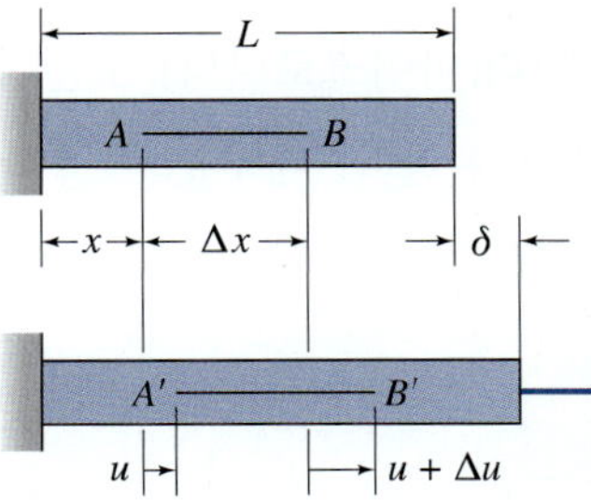

그림 3.2 사각단면 봉의 변형 (a) 하중 전 봉 (b) 하중 받는 봉

전단변형률

전단변형률(shear strain)은 변형하는 동안 물체의 본래의 두 수직선(n과 t) 사이의 **각도변화**에 대한 탄젠트로 표시된다. 도식화를 위해 먼저 사각형판(그림 3.3)의 형상의 변화(뒤틀림)를 포함하는 변형을 고려해보자. 변형 후의 모습은 그림의 점선 부분의 평행사변형의 형태로, 여기서 θ'은 회전하는 두 선의 각도이다. 변형은 극히 작기 때문에 각도의 탄젠트 값은 각도 값이 같다고 보아도 된다. 그러므로 n, t 선상에서 발생하는 **전단변형률** γ_{nt} (gamma)는 라디안(radian)의 단위로 다음 식과 같이 정의된다.

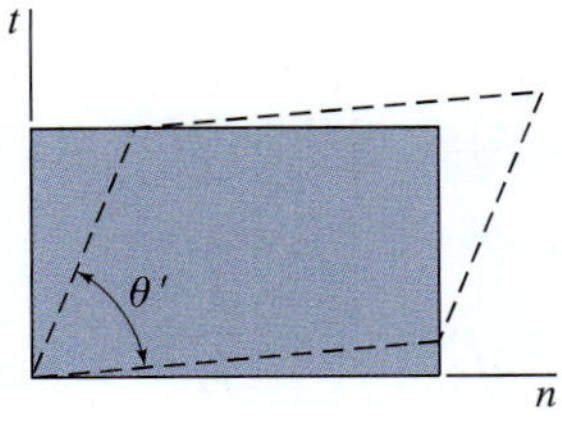

그림 3.3 사각평판의 비틀어진 현상

$$\gamma_{nt} = \frac{\pi}{2} - \theta' \tag{3.2}$$

양의 부호 전단변형률은 그림과 같이 기준선의 직각이 감소하는 경우이고 그 반대는 음의 부호 변형률이다.

여기서 강조할 점은 수직변형률은 특정한 방향에서 계측한 값인 반면 전단변형률은 두 직교선분방향 사이에서 측정한 값이라는 것이다. 균일하게 길이와 각도가 변화하면 식 (3.1)과 (3.2)의 결과는 상당한 정확성을 갖는다고 판단한다. 비균일 변형의 경우는 한 점에서 변형률로 정의된다. 이와 같이 한 점에서의 변형률상태는 다음 절에서 논의할 것이다.

이 책에서는 수직변형률과 전단변형률의 단위는 모두 **무차원의 값**이다. 실제 현장에서는 수직변형률은 미터(마이크로미터) / 미터(마이크로미터) 또는 인치/인치로 표현한다. 전단변형률은 라디안(마이크로라디안)으로 표현한다. 대부분의 공학재료에서는 탄성영역에서 변형률이 0.002(2000 μ)를 초과하는 경우는 드물다.

예제 3.1 프레임에서 수직변형률

조건 그림 3.4와 같이 핀으로 연결된 프레임 $ABCD$는 3개의 봉과 와이어로 구성되어 있다. 연결점 B에서 수평하중 P가 작용하면 연결점 C는 오른쪽으로 10 mm 정도 이동하였다.

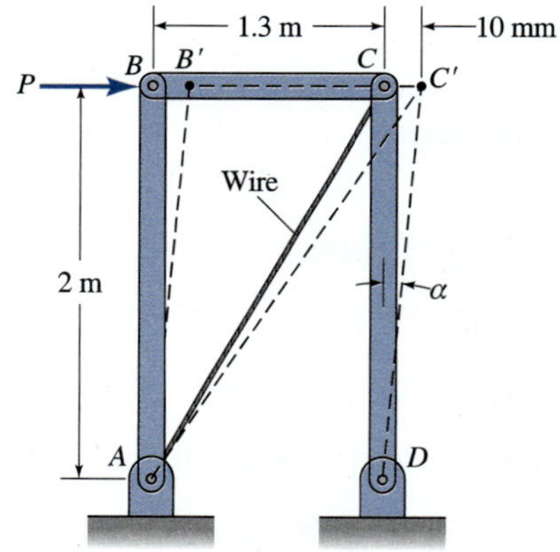

그림 3.4 평면 트러스 프레임의 변위

문제 와이어에 작용하는 수직변형률을 구하라.

가정

1. 와이어의 변형에 비해 각 봉의 변형은 작기에 무시한다. 봉은 강체로 가정한다.
2. 봉 CD의 회전각 α는 극히 작기에 C의 수직좌표는 본래 좌표를 사용하여도 무방하다. $L_{CD} \approx L_{CD}\cos\alpha$로 볼 수 있고 마찬가지로 $L_{AB} \approx L_{AB}\cos\alpha$이다.

풀이 그림 3.4의 점선과 같이 프레임의 형상은 $A'B'C'D'$과 같이 변형된다. 그러므로 와이어의 **최종길이**는 다음과 같은 식으로 계산된다.

$$L_{AC'} = \sqrt{(2)^2 + (1.31)^{2'}} = 2.39084 \text{ m}$$

와이어의 **초기길이**는 다음과 같다.

$$L_{AC} = \sqrt{(2)^2 + (1.3)^2} = 2.38537 \text{ m}$$

그러므로 식 (3.1)로부터

$$\varepsilon_{AC} = \frac{L_{AC'} - L_{AC}}{L_{AC}} = \frac{2.39084 - 2.38537}{2.38537}$$

$$= 0.00229 = 2290 \ \mu$$

참고로 답은 2290마이크로라고 읽는다.

부가설명 변형률 ε_{AC}는 와이어의 길이방향으로 인장변형률이다.

예제 3.2 평판의 전단변형률

조건 그림 3.5(a)와 같이 금속 사각평판의 길이는 L이며 너비는 $L/2$이다. 평판이 모서리면을 따라 응력이 작용하면 그림 3.5(b)와 같은 평행사변형으로 비틀어진다.

문제 AB와 AD 모서리면 사이의 전단변형률을 계산하라.

가정 평판은 균일하게 변형한다.

풀이 좌표계의 원점을 A로 놓으면 **전단변형률**은 양의 x와 y축 방향 사이의 각도변화와 같다. 그러므로

$$\gamma_{xy} = \gamma_1 + \gamma_2$$

여기서 변형량이 작기 때문에 다음과 같다.

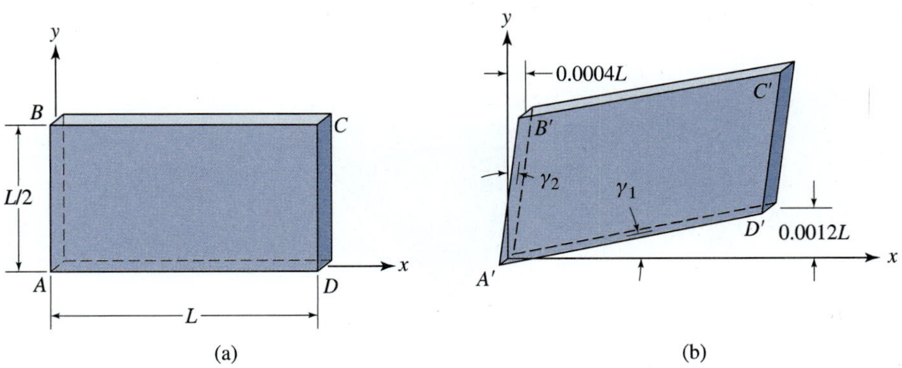

그림 3.5 (a) 초기 평판형상 (b) 변형된 평판형상

$$\gamma_1 \approx \sin\gamma_1 = \frac{0.0012L}{L} = 0.0012$$

$$\gamma_2 \approx \sin\gamma_2 = \frac{0.0004L}{L/2} = 0.0008$$

따라서

$$\gamma_{xy} \approx 0.002 \ \text{rad} = 2000 \ \mu$$

여기서 양의 부호이므로 각도 BAD는 감소한다.

부가설명 평판의 모서리들은 직선을 유지하므로 전단변형률은 모서리면의 길이에 따라 변하지 않는다. 그림 3.5(b)로부터 $(\gamma_{xy})_A = (\gamma_{xy})_C$이다. γ_{xy}는 B와 D에서는 동일한 크기는 갖지만 음의 부호로 $(\gamma_{xy})_B = (\gamma_{xy})_D = -200\ \mu$이다.

[예제 3.3] 한 끝단이 고정된 평판의 변형률

조건 그림 3.6에서 점선은 두께가 얇은 삼각형평판 ABC가 균일하게 변형하여 $A'B'C'$으로 변형된 모습을 보여주고 있다.

문제

(a) 중심선 OC의 수직변형률을 구하라.

(b) 모서리 AC의 수직변형률을 구하라.

(c) 모서리 AC와 BC면 사이의 전단변형률을 구하라.

가정 모서리 AB는 프레임에 견고히 고정되었고 변형된 모서리 $AC' = BC'$은 직선성분이다.

풀이 그림 3.6으로부터 $L_{OC} = b$이고 $L_{AC} = L_{BC} = b\sqrt{2} = 1.41421b$이다.

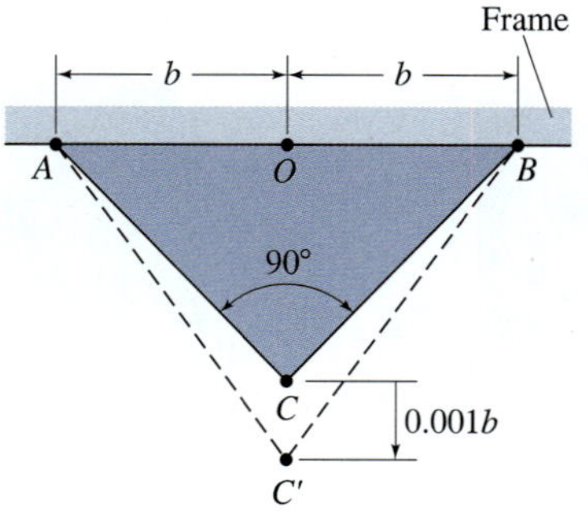

그림 3.6 삼각형평판의 변형

(a) 중심선 OC에 대한 수직변형률. 선분 OC 길이의 변화는 $\Delta b = 0.001b$이므로 식 (3.1)을 적용하면 다음과 같다.

$$\varepsilon_{OC} = \frac{0.001b}{b} = 0.001 = 1000\ \mu$$

(b) 모서리 AC와 BC 선분에 대한 수직변형률. 변형된 모서리 선분의 길이는 다음과 같다.

$$L_{AC'} = L_{BC'} = [b^2 + (1.001b)^2]^{1/2} = 1.41492b$$

그러므로

$$\varepsilon_{AC} = \varepsilon_{BC} = \frac{1.41492b - 1.41421b}{1.41421b} = 502\ \mu$$

(c) 모서리 AC와 선분 BC 사이의 전단변형률. 변형의 결과로 ACB의 각도는 다음과 같이 계산된다.

$$AC'B = 2\tan^{-1}\left(\frac{b}{1.001b}\right) = 89.943°$$

직각으로부터 각도의 변화량은 $90 - 89.943 = 0.057°$이고 상응하는 전단변형률(라디안)은 다음과 같이 계산된다.

$$\gamma = 0.057\left(\frac{\pi}{180}\right) = 995\ \mu$$

부가설명 각 ACB는 감소하므로 전단변형률은 양의 부호를 갖는 값이다.

3.4 변형률의 성분

물체 내의 지점마다 변형률이 다르면 **1차원 변형률**은 그림 3.2(a)에서 선분 AB의 미소거리 Δx에 비례한다. 축하중상태에서 각 선분의 끝점은 변형하여 u와 $u + \Delta u$로 되어 각각 A'과 B'이 된다[그림 3.2(b)]. 이는 연신량 Δu로 인해 발생한 것이다. **한 점에서 수직변형률**의 정의는 다음과 같다.

$$\varepsilon_x = \lim_{\Delta x \to 0} \frac{\Delta u}{\Delta x} = \frac{du}{dx} \tag{3.3}$$

극한을 사용한 이유는 한 점에서 Δx만큼 수축한 것을 변형률로 표현한 것이다.

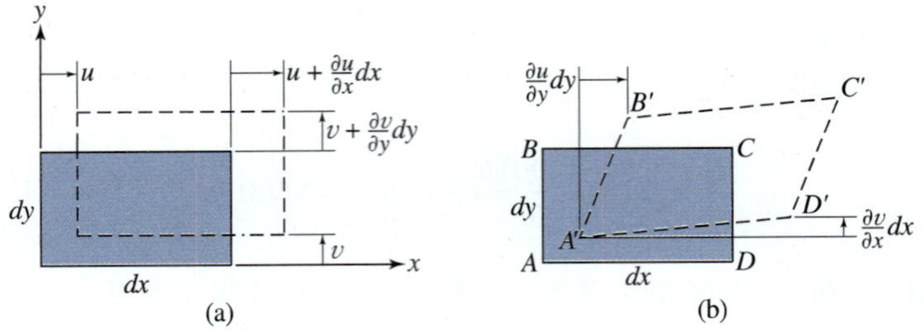

그림 3.7 한 요소의 변형 (a) 선형변형률 (b) 전단변형률

물체 내의 모든 점에 대한 **2차원 변형률**의 경우 힘을 작용하기 전이나 이후에도 점들은 평면 내에 존재하여야 한다. 그래서 두께가 1이며 dx와 dy의 치수를 갖는 요소의 변형은 선형변형률[그림 3.7(a)]과 전단변형률[그림 3.7(b)]을 갖게 된다. 예를 들어 y방향으로 u의 변화비는 du/dy이며 u의 증가분은 $(\partial u/\partial y)dy$이다. 여기서 $\partial u/\partial y$는 미소요소에서 초기 수직선분의 기울기이다. 유사하게 수평성분의 기울어진 각도는 $\partial v/\partial x$이다. 편미분 부호를 사용하는 이유는 u나 v가 x와 y의 함수로 사용되기 때문이다. 식 (3.3)과 (3.2)를 다시 살펴보면 그림 3.7은 **한 점에서 수직변형률과 전단변형률**을 다음과 같은 형태로 표현한다.

$$\varepsilon_x = \frac{\partial u}{\partial x} \qquad \varepsilon_y = \frac{\partial v}{\partial y} \tag{3.4a}$$

$$\gamma_{xy} = \frac{\partial u}{\partial y} + \frac{\partial v}{\partial x} \tag{3.4b}$$

명백히 γ_{xy}는 x와 y축(또는 y와 x축) 사이의 전단변형률을 나타낸다. 여기서 $\gamma_{xy} = \gamma_{yx}$이다(변형률에 대한 부호약속은 3.3절에 나타나 있다).

각 변의 치수가 dx, dy, dz인 직육면체 요소의 변형률도 같은 방법으로 구할 수 있다. 한 점에서 변형률을 알 수 있다면 그 점에서 요소의 크기 증가와 형상변화는 완전히 계산될 수 있다(3.1절 참조). 변형률-변위 관계식은 8.10절에서 더 자세히 논의될 예정이다.

평균변형률. 초기길이가 Δx이고 너비가 Δy인 두께가 얇은 사각형평판을 생각해보자(그림 3.8). 한 점에서의 변형률이 선분 Δx와 Δy에 따라 변화하지 않는다면 평균변형률과 같다. 같은 방법으로 하중을 받기 전이나 받은 후에도 직선을 계속 유지한다면 한 점에서의 전단변형률은 평균변형률과 같다. 식 (3.4a)의 **근사식**은 다음과 같이 평균변형률로 나타낼 수 있다.

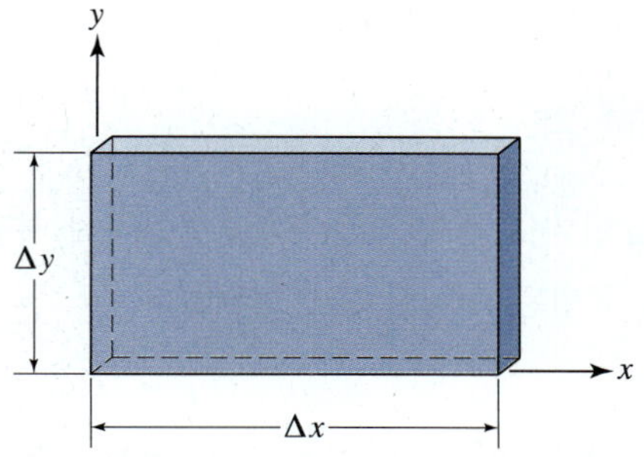

그림 3.8 길이 Δx와 너비 Δy인 사각형평판

$$\varepsilon_x = \frac{\Delta u}{\Delta x} \qquad \varepsilon_y = \frac{\Delta v}{\Delta y} \tag{3.5a}$$

$$\gamma_{xy} = \frac{\Delta u}{\Delta y} + \frac{\Delta v}{\Delta x} \tag{3.5b}$$

u와 v는 각각 한 점에서 x와 y방향으로 변위값이다.

[예제 3.4] 사각형평판에서의 변형률

조건 예제 3.2에서 풀이한 그림 3.5(b)와 같은 변형된 평판을 다시 고려해보자.

문제 식 (3.5b)를 이용하여 전단변형률을 계산하라.

가정 평판의 변형은 균일하다.

풀이 평판의 초기길이를 $\Delta x = L$과 너비 $\Delta y = L/2$로 하면(그림 3.5), 식 (3.5b)는 다음과 같이 쓸 수 있다.

$$\gamma_{xy} = \frac{u_B - u_A}{\Delta y} + \frac{v_D - v_A}{\Delta x}$$

다음과 같이 해당 치수값을 대입하여 계산하면 그 결과는 다음과 같다.

$$\gamma_{xy} = \frac{0.0004L - 0}{L/2} + \frac{0.0012L - 0}{L} = 2000 \ \mu$$

부가설명 2개의 서로 다른 공식으로 계산한 결과는 동일하다. 그러나 다음 예제에서 보는 바와 같이 평판의 일반적인 변형의 경우에는 식 (3.1)이나 (3.2)를 사용하는 것보다 식 (3.5)를 사용하는 것이 더 편리하다.

[예제 3.5] 패널의 변위에 의한 변형률

조건 한 변의 길이가 0.4 m인 정사각형 $ABCD$는 항공기에 사용되는 패널로 하중을 받아서 그림 3.9와 같이 점선으로 표현된 형상으로 변형되었다.

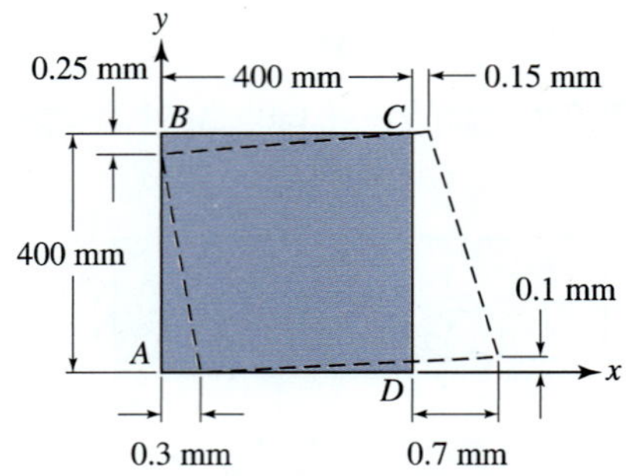

그림 3.9 정사각형평판의 변위

문제 모서리 A에서 평균값으로 2차원 변형률 성분을 계산하라.

가정 패널의 변형은 균일하다.

풀이 얇은 평판의 미소거리를 Δx와 Δy로 놓자.

점 A에서 수직변형률. 정사각형평판이므로 $\Delta x = \Delta y = 400$ mm 이다. 식 (3.5a)를 그림 3.9의 치수에 적용하여 수직변형률을 계산하면 다음과 같다.

$$\varepsilon_x = \frac{u_D - u_A}{\Delta x} = \frac{0.7 - 0.3}{400} = 1000 \ \mu$$

$$\varepsilon_y = \frac{v_B - v_A}{\Delta y} = \frac{-0.25 - 0}{400} = -625 \ \mu$$

점 A에서 전단변형률. 식 (3.5b)를 적용하여 계산하면 전단변형률은 다음과 같다.

$$\gamma_{xy} = \frac{u_B - u_A}{\Delta y} + \frac{v_D - v_A}{\Delta x} = \frac{0 - 0.3}{400} + \frac{0.1 - 0}{400} = -500 \ \mu$$

부가설명 음의 부호는 각도 BAD가 증가함을 나타낸다.

연습문제

3.1절~3.4절

3.1 그림 P3.1과 같이 강체 봉 BDE는 2개의 링크 AB와 CD로 지탱되고 있다. 하중이 작용한 후 점 E는 아래 방향으로 2.4 mm 이동하였고 링크 AB의 수직변형률은 $-500\ \mu$이다. 링크 CD의 축방향 변형률을 계산하라.

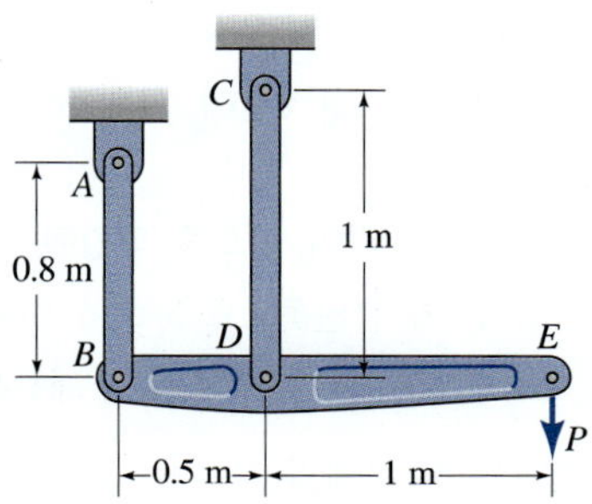

그림 P3.1

3.2 직경 20 mm인 구형 풍선이 압력을 주입받아 직경이 201 mm로 증가하였다. 평균 원주방향 변형률을 계산하라.

3.3 내경이 200 mm이고 외경이 400 mm인 중공 실린더가 내압을 받아 내경은 0.5 mm, 외경은 0.3 mm 증가하였다. 다음을 계산하라.

(a) 원주방향의 최대수직변형률

(b) 반경방향의 평균수직변형률

3.4 그림 P3.4와 같이 길이가 L인 사각봉이 축하중 P를 받고 있다. 부재의 길이방향으로 변형이 다음과 같을 때 최대변형률 ε_{xy}를 계산하라.

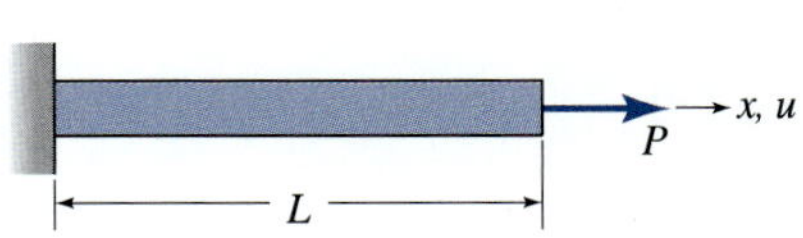

그림 P3.4

(a) $u=(x^2/L)10^{-3}$

(b) $u=L(10^{-3})\sin(\pi x/2L)$

3.5 그림 P3.5와 같이 수평봉 AB는 하중 P를 받고 있다. 끝단 B의 허용수직변형이 $\frac{1}{8}$ in.라면 와이어 CE와 DF에서 발생 가능한 허용수직변형률을 계산하라.

가정 봉 AB는 강체이다.

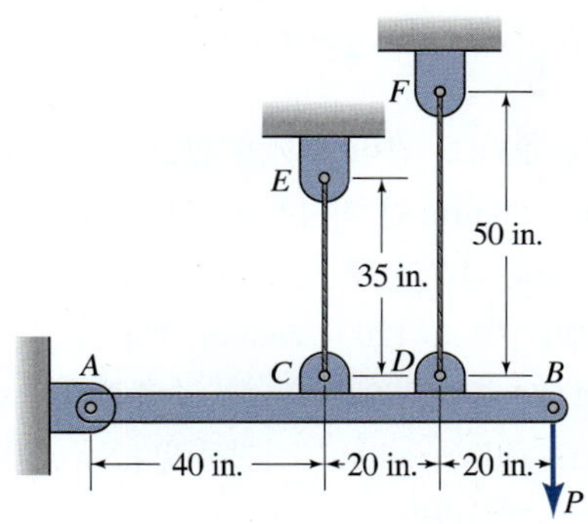

그림 P3.5

3.6 그림 P3.5의 구조에서 수평봉 AB는 2개의 수직 와이어(CE와 DE)와 점 A에서 핀으로 지탱되고 있다. 각각의 와이어의 허용수직변형률이 $\varepsilon_{\text{all}}=1500\ \mu$라면 점 B에서 허용 가능한 수직변위를 계산하라.

가정 봉 AB는 강체이다.

***3.7** 그림 P3.7과 같이 지주 BC와 봉 AB는 수직하중 P를 지탱하기 위한 구조물로 조립되어 있다. 다음을 계산하라.

(a) 지주와 봉에서 수직응력 σ_{AB}와 σ_{BC}

(b) 봉의 연신이 0.05 in.일 때 수직변형률 ε_{AB}

(c) 봉의 수축이 0.025 in.일 때 수직변형률 ε_{BC}

조건 $P = 3.5$ kips이며 부재 AB와 BC의 단면적은 $A_{AB} = 0.25$ in.^{2}와 $A_{BC} = 0.4$ in.^{2}이다.

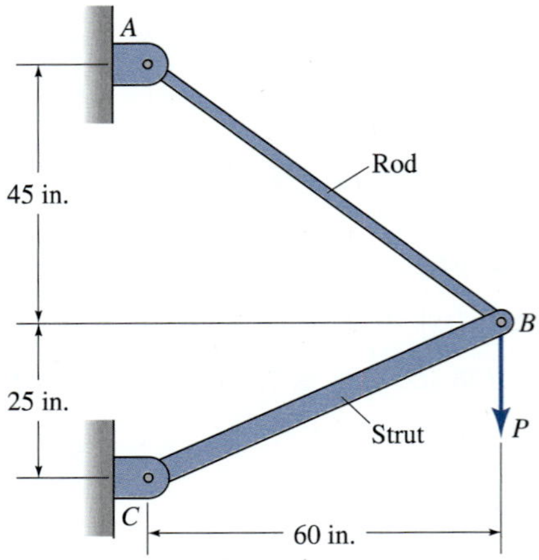

그림 P3.7

3.8 그림 P3.8과 같이 두께가 얇고 길이와 너비가 40 mm × 20 mm인 직사각형평판이 힘을 받아 변형하여 선분 AB와 BC는 길이가 0.005 mm 늘었고 시계방향으로 1200 μradian 회전하였다. 또한 선분 AD와 BC는 0.002 mm 수축하였고 반시계방향으로 400 μradian 회전하였다. xy평면에서 변형률을 계산하라.

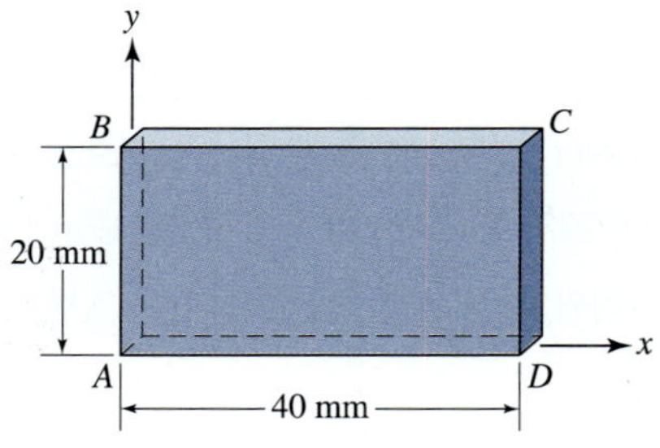

그림 P3.8

3.9 문제 3.8에서 선분 AB와 BC의 연신이 0.001 mm이며 시계방향 회전각도가 1600μ radian일 때 다시 계산하라. 단, 다른 조건은 동일하다.

3.10 길이와 너비가 8 in.×6 in.인 얇은 평판(그림 P3.10)은 2축 인장하중을 받아 변형률 $\varepsilon_x = 600\ \mu$와 $\varepsilon_y = 400\ \mu$로 균일하게 변형되었다. 대각선 AC의 길이변화를 계산하라.

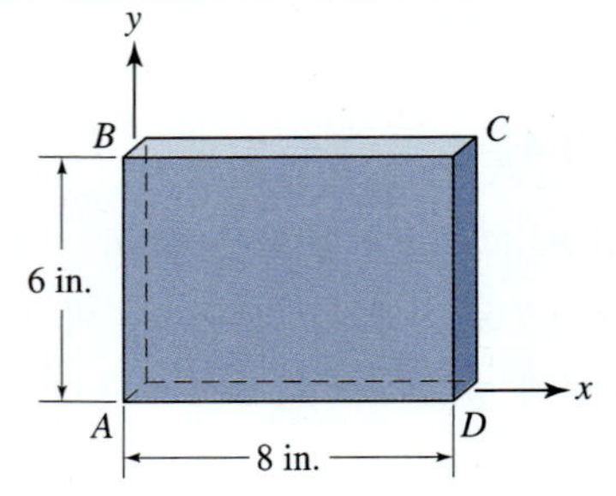

그림 P3.10

3.11 2축 압축하중을 받아 변형률 $\varepsilon_x = -200\ \mu$와 $\varepsilon_y = -100\ \mu$일 때 문제 3.10을 다시 계산하라.

3.12 그림 P3.12와 같이 핀으로 연결된 구조물에서 하중 P로 점 B가 왼쪽으로 3 mm 이동하였다면 부재 AB와 CB의 수직변형률을 계산하라.

가정 축변형은 각 부재의 길이방향으로 균일하다.

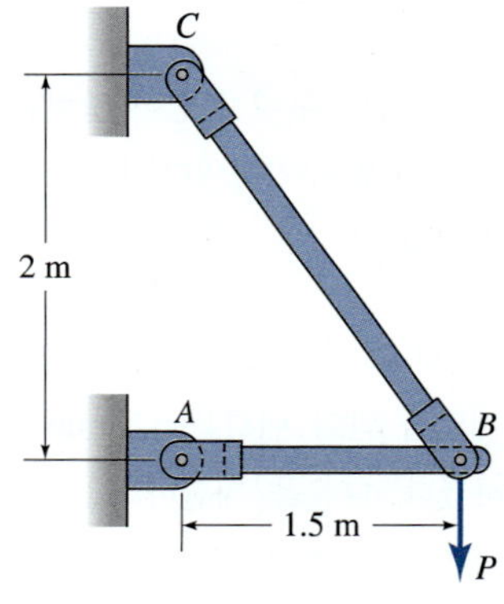

그림 P3.12

3.13 평판 $ABCD$가 전단력 V로 인해 $AB'C'D$로 변형하였다(그림 P3.13). 평판에서 전단변형률을 계산하라.

(a) 임의의 한 점

(b) 가운뎃점

(c) 원점

조건 $b = 200$ mm, $h = 0.5$ mm

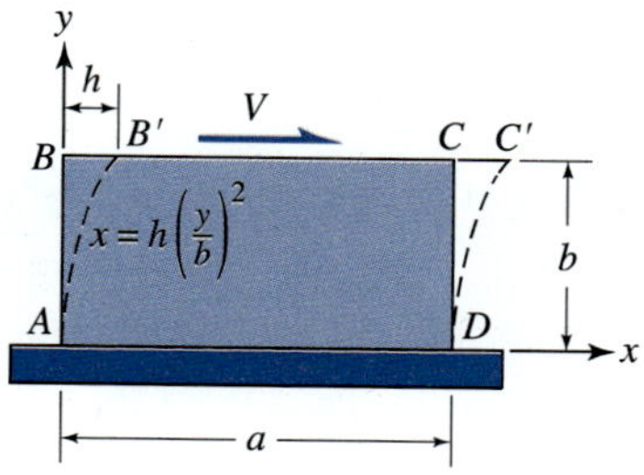

그림 P3.13

3.14 문제 3.13에서 곡선 $AB' = DC'$이 직선일 때 다시 계산하라.

조건 $b = 250$ mm, $h = 0.4$ mm

3.15 그림 P3.15의 점선과 같이 100 mm × 100 mm 정사각형평판이 변형하여 100 mm × 100.2 mm 인 직사각형평판으로 변형하였다. 이들 두 대각선 사이의 양(+)의 전단변형률을 계산하라.

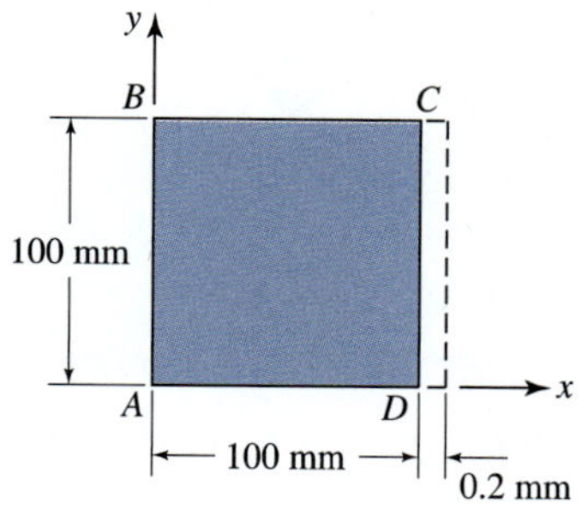

그림 P3.15

3.16 정사각평판이 균일변형률 $\varepsilon_x = -500\ \mu$, $\varepsilon_y = -500\ \mu$, $\gamma_{xy} = 0$을 받고 있음을 알 수 있다. 대각선 사이의 음(−)의 전단변형률을 계산하라.

***3.17** 그림 P3.17과 같이 400 mm × 400 mm 정사각형평판이 변형하여 대각선 BD가 0.2 mm 늘어났고 AC는 0.4 mm 줄어들었는데, 이들 대각선의 각도는 직각으로 남아 있고 선분 AD도 수평을 유지하고 있다. xy평면에서 평균변형률을 계산하라.

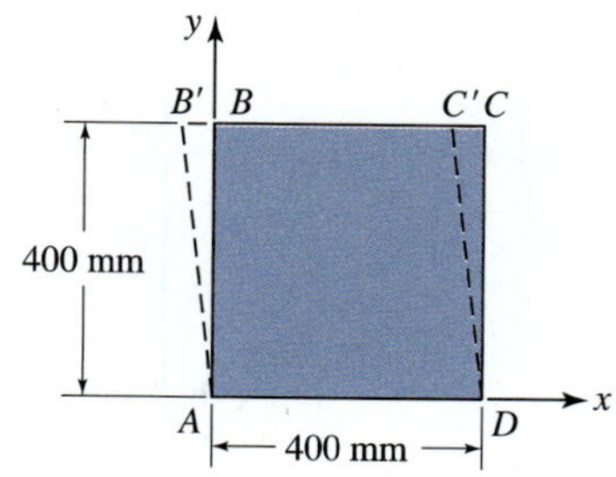

그림 P3.17

3.18 15 in. × 20 in. 사각형 플라스틱 평판이 평판 내의 하중을 받고 있다. 하중을 받은 후 그림 P3.18의 점선과 같이 평판은 $AB'C'D'$으로 변형하였다. 대각선 AC와 BD를 따라 발생하는 수직변형률을 계산하라.

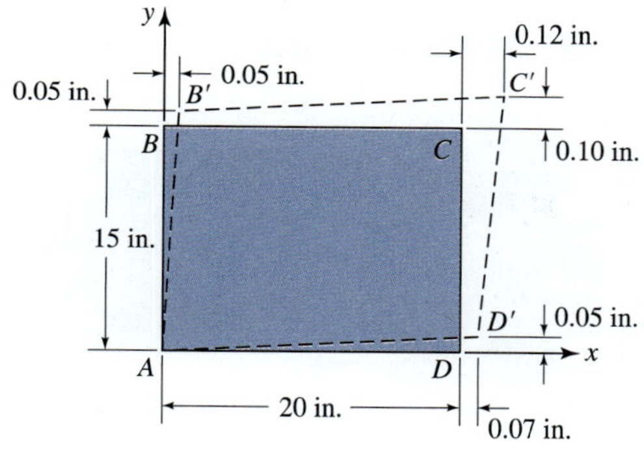

그림 P3.18

3.19 그림 P3.18의 사각형 플라스틱 평판을 다시 고려하자. 하중을 받은 후 그림과 같이 점선 모양으로 변형하였는데 A, B, C, D 꼭짓점에서 전단변형률을 계산하라.

3.20 그림 P3.20과 같이 점선 부분은 핀으로 연결된 구조물 $ABCD$가 힘을 받아 $AB'C'D$로 변형된 모습을 나타낸다. 부재 BC와 AC의 평균 수직변형률을 계산하라.

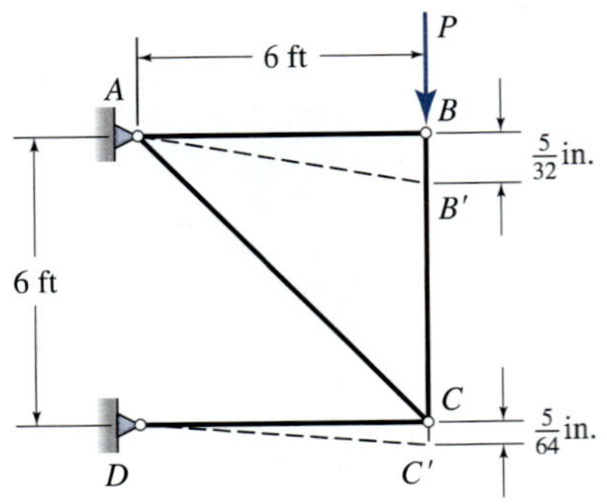

그림 P3.20

3.21 부재 BC가 강체와 같이 수직을 유지하며 3/16 in. 아래로 움직였다면 문제 3.20을 다시 계산하라. 여기서 $BB' = CC' = 3/16$ in.이다.

3.22 자전거의 브레이크 장치는 손브레이크를 작동하면 자전거의 프레임에 부착된 2개의 단단한 고무 블록이 바퀴와 접촉하여 멈추게 된다[그림 P3.22(a)]. 브레이크를 작동 시 고무 블록은 하중 P에 의해 포물선 형태의 변형식($x = ky^2$) 형태로 변형된다면[그림 P3.22(b)] 고무의 전단변형률을 계산하라.

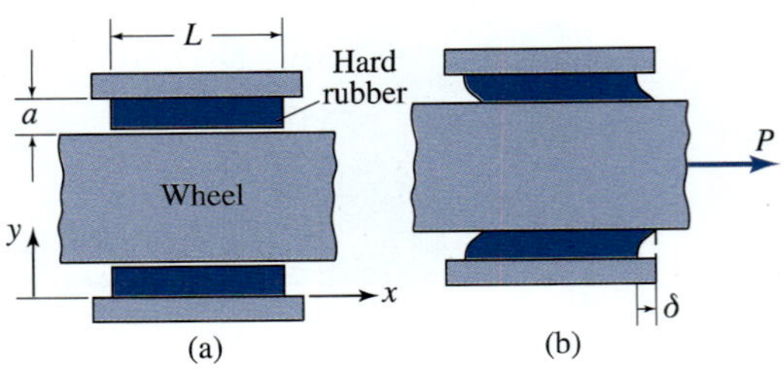

그림 P3.22

***3.23** 그림 P3.23과 같이 두께가 얇은 삼각형평판 ABC는 $A'B'C'$ 형태로 균일하게 변형하였다. 다음을 계산하라.

(a) 응력성분 ε_x, ε_y, γ_{xy}

(b) 선분 AC와 BC 사이의 전단변형률

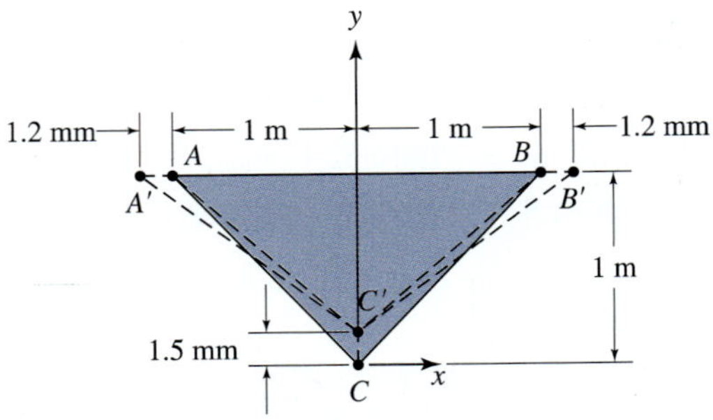

그림 P3.23

3.24 평판 ABC가 균일하게 변형하여 ABC'의 형상으로 변형하였다면 문제 3.23을 다시 계산하라.

3.5 재료

축방향으로 하중을 받는 부재의 1차원 문제 경우 응력 σ, 변형률 ε, 그리고 변위 u 또는 v로 표현되는 세 종류의 미지수에 2개의 공식, 즉 응력-하중, 변형률-변위 관계로 나타낼 수 있다. 앞의 두 공식은 해석의 두 기본 원칙, 평형조건과 기하학적 변형(1.3절 참고)을 만족하는 조건으로부터 구할 수 있다. 불충분한 나머지 공식 하나는 해석의 제3의 원칙인 재료에 따라 달라지는 응력-변형률 관계식이다. 여기서 부재에 하중이 작용하면 그 결과 변위가 발생한다. 그리고 여기서 **재료의 성질**이 관계하게 되는 것이다. 여기서 표 3.1과 같이

표 3.1 전형적인 공학재료

금속재료	
철금속	**비철금속**
주철	알루미늄
주강	구리
일반탄소강	납
합금강	마그네슘
스테인리스강	니켈
특수강	백금
구조용강	은
비금속재료	
흑연	플라스틱
도자기	벽돌
유리	석재
콘크리트	목재

공학재료로 표현되는 공학에서 자주 사용되는 재료의 중요한 특성을 정의하고자 한다.

다음 절에서는 정적하중상태에서 재료 거동에 대한 정보를 제공하는 인장 및 압축시험에 대해 논의하고자 한다. 그리고 반복하중 및 충격하중에 대하여 간단히 개요를 설명할 것이다. 9.8절과 9.9절에는 복합하중에서 재료의 파손을 소개할 것이다. 일반적인 재료의 기계적 성질을 부록 B(참고문헌 3.2~3.6)의 표 B.4와 같이 목록으로 만들었다. www.matweb.com의 웹페이지에서 좀 더 포괄적으로 재료의 정보를 제공하고 있다. 이 웹페이지를 통하여 특정한 재료나 성질을 만족하는 재료를 찾는 데 도움을 줄 것이다(연습문제 3.W).

재료의 기계적 성질은 다양한 하중조건과 환경상태에서 재료가 어떻게 거동하는지를 알려주는 자료이다. 이들 특성은 미국재료시험학회(ASTM)의 표준시험법으로 측정되는 값들이다. 이들 시험법의 한 예를 다음 절에서 논의할 예정이다. 재료 성질에 대한 정확한 이해를 통해 해석자나 설계자는 재료를 선정(3.17절 참조)하거나 크기, 형상 및 구조물이나 기계부품의 제작방법을 선택하게 되는 것이다.

재료가 파괴에 도달하기까지 상당히 크게 비탄성변형률을 갖게 되면 이를 "**연성** 특성을 갖는다"라고 한다. 연성재료로는 구조용강(저탄소강 또는 연강)을 포함하여 다른 금속과의 합금재료, 나일론 등은 상온에서 항복되는 특성을 가지고 있다. 반대의 성질을 **취성**재료라 한다. 취성재료(예를 들면 주물, 콘크리트 등)는 파손에 도달할 때까지 거의 변형이 나타나지 않으며 그 결과 눈에 나타남 없이 갑자기 파손되는 특징이 있다. 부재의 파손은 파괴와 같다. 위에서 논의한 바와 같이 연성재료와 취성재료의 특성을 구분하기는 그렇게 단순하지는 않다. 응력상태, 온도, 하중을 주는 속도 등은 3.13절에서 논의할 연성과 취성의 경계를 정의하는 데 중요한 영향을 미친다.

이 책에서 특별한 언급이 없으면 재료는 균질하고 등방성 재료로 가정한다. **균질함**이란 재료 전체를 통하여 동일한 특성을 말하며 만약 재료의 한 점에서 모든 방향으로 동일한 특성을 가지고 있으면 **등방성** 재료라고 한다. 비등방성, 다른 이름으로 **이방성**은 방향에 종속적인 재료의 특성을 갖는다. 가장 단순한 형태의 재료 특성으로는 서로 직교방향으로 서로 다른 성질을 갖는 것으로 **직교이방성**이라 한다. 웨이브 형태나 압연강판, 합판, 강보강 콘크리트, 섬유강화 플라스틱 등 제작된 많은 재료는 직교이방성 재료이다. 재료의 특성에 대해서는 3.16절에서 상세히 논의할 예정이다.

3.6 응력-변형률 선도

응력-변형률 선도는 가는 막대 시편에 다양한 하중상태로 시험한 결과를 x축은 변형률로 두고 y축에 응력값을 선도로 그린 그래프이다. 통상 공학문제에서 사용되는 재료의 기계적인 특성을 설명하기 위하여 이 선도가 사용된다. 이들 선도의 데이터는 이 절에서 정의된 인장이나 압축시험법으로부터 구해진다. 이러한 시험에 의해 얻어진 재료의 일반적인 수치는 표 B.4에 수록되어 있다.

인장시험

인장시험을 실시하기 위해서는 해당 재료의 **시편**(specimen)을 표준 크기와 치수로 만들어야 한다. 시험 전에 길이방향으로 시편의 끝단으로부터 상당히 떨어진 두 지점에 펀치로 표기를 한다. **인장시험**에서 재료의 시편(그림 3.10)은 재료시험기의 그립에 고정한 후 중앙에 인장하중을 서서히 정적 상태를 유지하며 상온상태에서 가한다. 시편의 끝단은 재료시험기에 맞도록 가공되어서 시편에 가해주는 하중이 축하중이 되도록 한다.

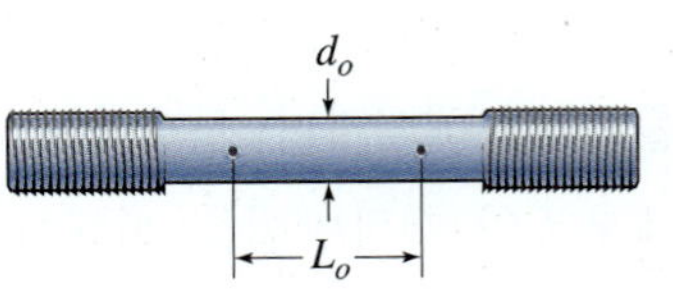

그림 3.10 전형적인 봉형 표준 인장시편

시편의 초기 또는 원래 단면적 A_o와 펀치로 표시된 두 점 사이인 **표점거리** L_o를 측정한다. 금속봉을 사용할 때에는 보통 초기직경은 $d_o = 0.5$ in.이며 표점거리는 $L_o = 2$ in.로 한다. 그림 3.11은 자동조절기능과 데이터 처리기능을 갖춘 **인장시험기**를 보여준다. 시험기는 하중을 계측하며 시편이 파괴될 때까지 일정하게 잡아당길 수 있도록 설계되었다.

연신량 δ는 **연신계**(extensometer)라는 기구를 이용하여 측정한다. 이 계측값은 시편의 평균변형률 ε을 계산하는 데 사용된다. **정적 인장시험 절차**는 시편에 펀치로 표기한 두 점 사이의 연신을 지속적으로 하중을 증가시키면서 측정한다. 이러한 방법으로 x축은 변형률 ε이며 y축은 응력 σ로 재료의 완전한 응력-변형률 선도가 그려진다. 그림 3.12는 하중을 받아 파괴가 된 시편을 보여준다. 시편의 우측에 보이는 것은 연신계로 시편상에 2개의 접점으로 부착되어 있다.

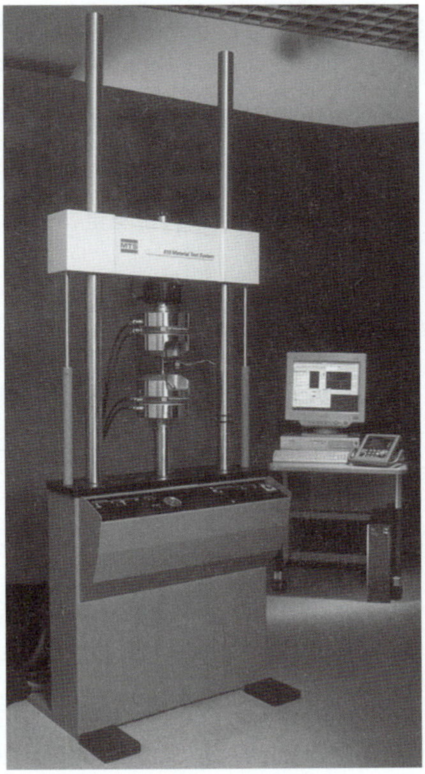

그림 3.11 자동적 데이터 처리 가능한 인장시험기. MTS Systems Corporation 제공.

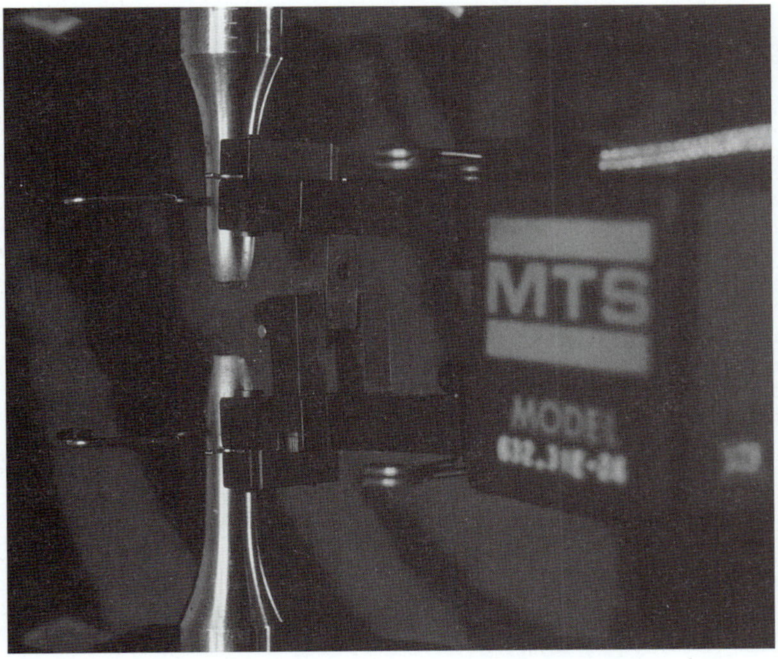

그림 3.12 연신계가 부착된 표준 인장시편. 인장에서 파괴된 시편 형상. MTS Systems Corporation 제공.

전기저항형 **스트레인 게이지**(strain gage)를 이용하여 직접적으로 변형률을 계측하는 방법도 가능하다. 스트레인 게이지는 아주 가는 와이어나 금속 포일로 시험편의 표면에 접착되어 있는데, 8.12절에서 자세히 설명할 예정이다. 재료에 하중을 작용하면 시편과 같은 크기만큼 와이어나 금속 포일이 늘어난다. 길이의 변화는 게이지의 전기저항이 바뀌는데, 이를 측정하여 변형률값으로 변환하면 된다.

연성재료의 인장

연성재료의 특징으로는 상온에서 항복이 발생하고 상당한 변형량을 가질 수 있다는 점이다. 그림 3.13은 전형적인 연성재료인 구조용강이 인장을 받을 때의 응력-변형률 선도를 보여준다. 곡선 $OABCDE$는 공학응력-공학변형률(engineering stress-engineering strain) 관계의 일반적 특성을 나타낸 것이다. 이는 **공칭응력-변형률 선도**라고도 불린다. 곡선 $OABCF$는 **진응력-변형률** 관계 선도이다. 진응력은 하중을 실제 순간적인 봉의 단면적으로 나눈 값으로 계산된다. 한편 **공학응력**은 하중을 초기단면적으로 나눈 값이다. 그러므로 공학변형률은 시편의 표점거리 L_o로 연신량을 나눈 값이다. 그러므로 진응력-진변형률(3.7절 참고) 선도는 부재의 축하중상태에서 소성변형을 이해하는 데 많은 정보를 제공한다. 이 책은 공학응력과 공학변형률로 한정되어 논의하기 때문에 책에서 사용되는 응력-변형률 선도는 공학응력-변형률 선도를 지칭한다.

항복응력. 그림 3.13의 선도에서 OA 영역은 **탄성구역**이다. 응력과 변형률이 **선형적**으로 **탄**

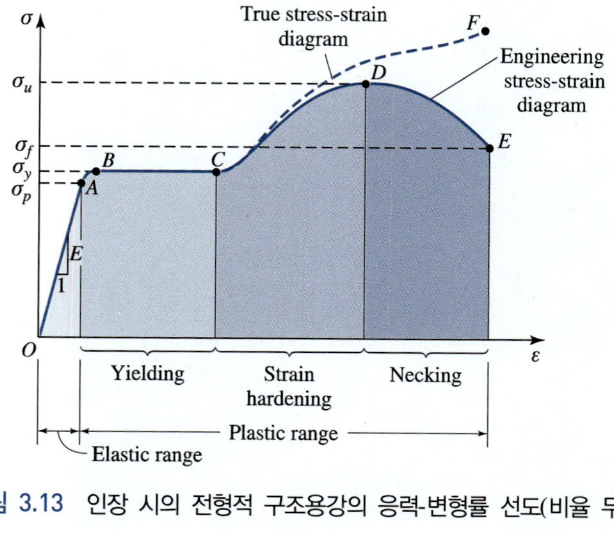

그림 3.13 인장 시의 전형적 구조용강의 응력-변형률 선도(비율 무시)

성변형을 하며 선도의 끝점 A는 **비례한도** σ_p이다. 응력의 증가 없이 해당 변형률이 증가하는 구간의 가장 낮은 응력점(점 B)을 **항복점** 또는 **항복응력** σ_y라 한다. 대부분의 재료에서 비례한도와 항복응력은 같다. 즉 $\sigma_p \simeq \sigma_y$이다.

구간 B와 C 사이는 재료가 적용하중의 증가 없이 변형이 증가하는 **완전소성**영역이다. 일반적으로 이 영역에 대한 연강의 연신량은 비례한도 내의 하중으로 인한 연신량의 10~20배 정도이다. 이 영역에 대한 재료의 거동은 3.15절에서 자세히 논의한다. 비례한도에서 파괴점(E)까지의 응력-변형률 곡선을 **소성영역**이라 한다. 구간 CD의 재료 특성은 변형률이 증가함에 따라 응력도 같이 증가하는데, 이를 **변형률경화** 또는 냉간경화라고 한다.

극한응력과 파괴응력. 변형률 점 C 이후에 발생하는 응력 선도로부터 얻어지는 최댓값을 **극한응력** σ_u(점 D)라 하고 낮은 값은 **파괴응력** σ_f(점 E)이다. 점 E에서 파손은 시편이 2개로 떨어져 분리되는 현상이다. 그림 3.12는 연성재료가 파괴된 형상으로 시편의 축방향과 45° 각도를 이루는, 즉 최대전단응력이 발생하는 평면에서 원추형상으로 파괴가 발생한다. 파손이 발생한 단면을 조사해보면 재료의 결정이 늘어나서 섬유질 구조를 보여줌을 알 수 있다.

그림 3.14의 선도는 일반적인 구조용강의 응력-변형률 선도를 축소하여 나타낸 것이다. 이미 앞에서 논의한 바와 같이 BC구간의 변형률은 OA구간의 변형률보다 약 15배 정도 크다. 또한 CE구간의 변형률은 OA구간의 변형률보다 수배 정도 큼을 알 수 있다. 여기서 주목할 점은 곡선의 초기구간 OA는 변형률이 극히 작아서 직선 같이 보인다는 것이다.

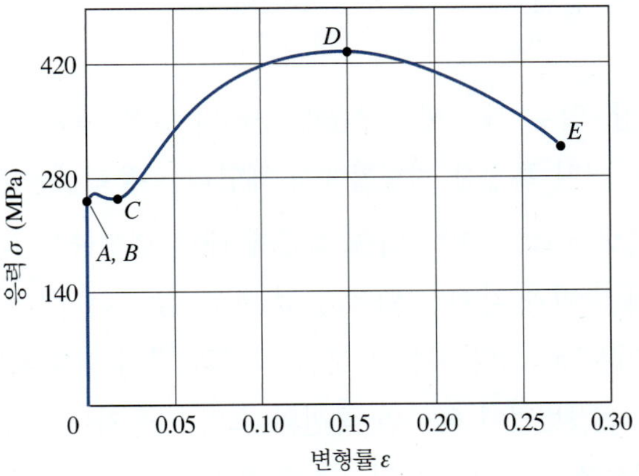

그림 3.14 인장 시의 전형적 구조용강의 응력-변형률 선도(비율 적용)

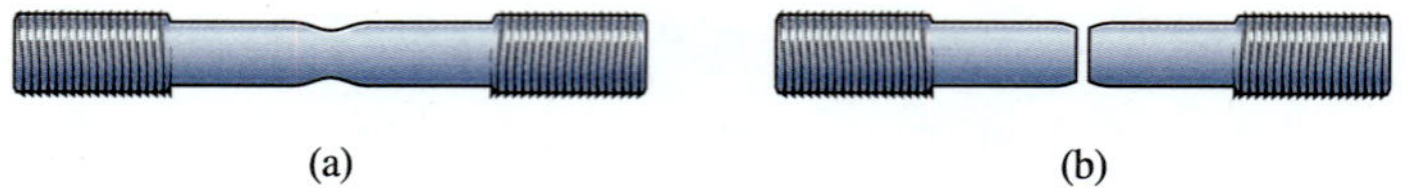

그림 3.15 인장 시 연성재료 시편 (a) 넥킹 (b) 파괴

시편의 형상변화. 극한응력 근처에서 단면적 혹은 횡방향 수축은 확연히 나타나는데, 이는 시편이 DE구간에서 넥킹이 발생하기 때문이다. 그림 3.15는 인장하중을 받고 있는 시편의 기하학적 형상변화를 나타낸 것이다. 넥킹이 발생한 시점이나 넥킹이 발생한 이후의 변형률의 정확한 측정은 곤란하다. 이는 다른 영역과는 달리 넥킹이 발생하는 구간에서는 급격하게 국부적으로 큰 연신이 발생하기 때문이다.

시편의 형상변화를 근거로 정의되는 재료의 연성에 대한 표준 측정식은 다음과 같이 표현된다.

$$\text{연신 백분율} = \frac{L_f - L_o}{L_o}(100) \tag{3.6a}$$

$$\text{단면적 수축 백분율} = \frac{A_o - A_f}{A_o}(100) \tag{3.6b}$$

A_o와 L_o는 각각 시편의 초기 단면적과 표점거리이다. L_f를 측정하기 위하여 파손된 시편은 다시 합하여 측정한다. 같은 방법으로 파괴가 된 영역에서 최종 면적 A_f는 단면적이 최소가 되는 지점에서 측정한다. 여기서 연신은 시편의 길이방향으로 균일하지 않고 넥킹이 많이 발생한 지역에서 연신량의 증가가 집중되어 있다. 그러므로 연신량의 백분율(%)은 표점거리에 따라 다르다. 구조용강의 경우 50 mm 표점거리에 대하여 약 25%의 연신과 50%의 면적 감소는 일반적으로 생기는 일이다.

옵셋 항복응력. 열처리강, 알루미늄, 마그네슘과 구리와 같은 재료는 항복점이 뚜렷하게 구분되지 않는다. 그래서 어떤 특정한 변형률에서 해당되는 응력값을 **통칭** 항복응력 σ_y로 사용한다. 곡선 OAE(그림 3.16)는 마그네슘 합금에 대해 변형률을 축척 N으로 그린 응력-변형률 선도이다. 앞의 방법과 같이 그림에서 점 A와 점 E는 각각 탄성한도(혹은 비례한도)와 파괴점이다. 여기서 $\sigma-\varepsilon$의 처음 부분을 그림과 같이 변형률을 축척 M으로 **확대하여** 다시 그리자. 0.2% **옵셋방법**에 의하면 곡선의 초기 기울기에 수평하게 0.002(즉 0.2%) 변형률을 이동하여 직선을 그린다. 이 직선과 응력-변형률 곡선과 만나는 점 B를 일반적으로 **항복강도**로 통칭되는 항복응력으로 정의한다.

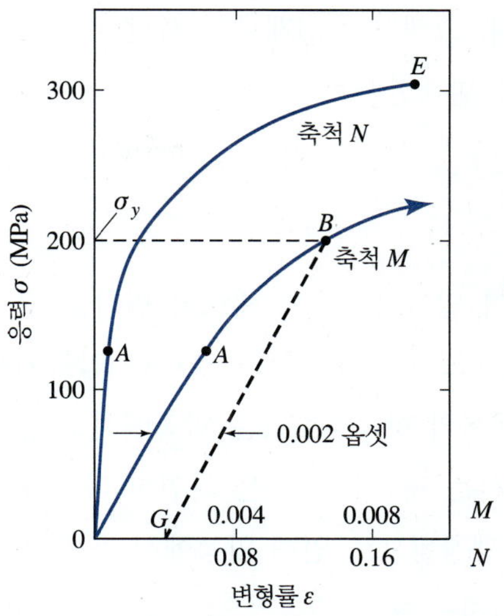

그림 3.16 옵셋방법으로 인장을 받는 마그네슘 합금의 항복강도 계산

인장 시 취성재료

취성재료는 거의 변형이 발생하지 않고 파손에 이르는 특성을 가지고 있다. 예를 들어 주철 같은 전형적인 취성재료가 축하중을 받을 때 그 거동을 그림 3.17(a)에 나타내었다. 선도에서 보는 바와 같이 명백히 구분되는 직선구간이 없다. 파괴는 현저한 신량률의 변화 없이도 발생한다. 또한 극한응력과 파괴응력 사이에는 큰 구분이 없으며 파괴 때 변형률은 연성재료의 변형률과는 달리 훨씬 작은 값이다. 그림 3.17(b)와 같이 취성재료의 파손은

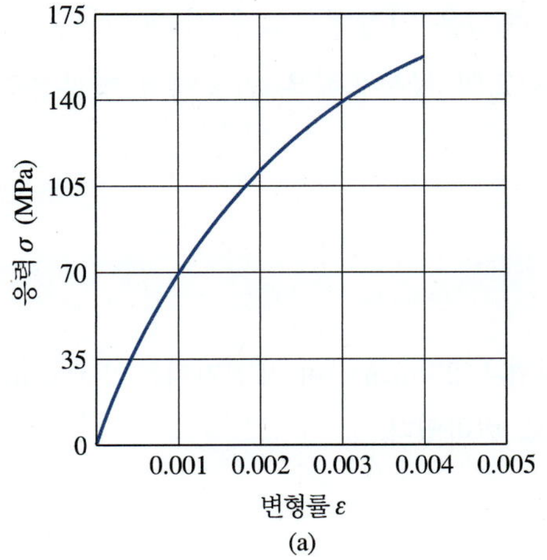

(a)

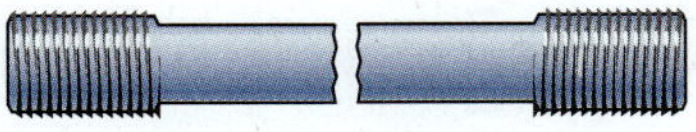
(b)

그림 3.17 주철의 인장 (a) 응력-변형률 선도 (b) 파괴된 형상

인장응력에 의하여 발생한다. 그래서 취성재료는 시편의 축에 수직한 방향, 즉 최대인장응력이 되는 평면에서 파괴가 발생한다.

압축 시 재료

인장에서의 선도를 상사하여 압축하중에서 재료의 변화를 결정할 수 있다. 많은 **연성재료**는 탄성한도 범위에서는 인장이나 압축에서도 유사한 거동을 보인다. 인장에서의 항복응력값은 압축에서도 같은 값이다. 그러나 소성변형영역에서는 재료의 거동은 확연히 다르다. 압축되는 시편은 넥킹 현상 대신 팽창됨으로 인해 압축에서 응력-변형률 곡선은 최댓값에 도달 후 떨어지는 대신 계속적으로 증가하는 형상이다. 대부분의 **취성재료**는 압축 시 극한응력은 인장 시와 비교하여 매우 큰 값을 갖는다. 그러나 압축 시 전체의 응력-변형률 선도는 인장 시의 형태와 동일하다. 그림 3.18과 같이 재료를 압축했을 때 하중이 증가하면 주철 같은 취성재료는 배가 부푸는 형태나 통모양이 된다.

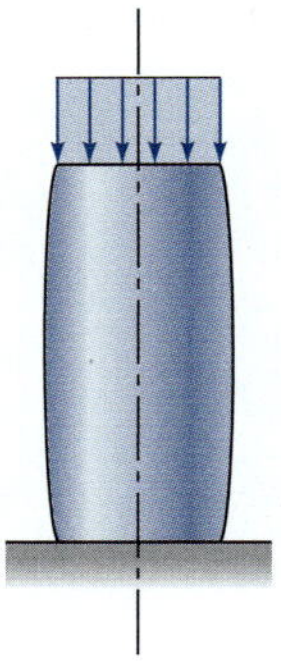

그림 3.18 압축을 받은 주철의 형상

전단 시 재료

마지막으로 5.6절에서 논의될 것으로 또 다른 재료의 특성은 직접전단시험이나 비틀림 시험으로 결정된다. **전단응력-변형률 선도**는 이 시험의 결과로부터 얻을 수 있다. 토크(T) 대비 전단변형률(γ)의 선도는 같은 재료에 대해 그림 3.13 또는 3.16에서 나타나는 바와 같이 유사하다. 그러나 항복응력과 극한응력 같은 특성은 인장에서보다 전단에서는 그 특성값이 절반 정도이다. 예를 들면 전단에서 연성재료의 항복응력은 인장에서 항복응력값의 약 0.6배 정도이다.

예제 3.6 봉의 변형과 탄성계수

조건 알루미늄 합금 2014-T6 인장시편의 초기직경은 25 mm이며 표점거리는 250 mm이다. 42.7 kN의 하중을 받은 후 길이는 250.3 mm로 변하였다.

문제

(a) 봉의 연신 백분율

(b) 봉의 축방향 변형률

가정 재료는 탄성적으로 거동한다.

풀이

(a) 연신 백분율. 식 (3.6a)를 이용하면 다음과 같이 계산된다.

$$\frac{L_f - L_o}{L_o}(100) = \frac{250.3 - 250}{250}(100) = 0.12\%$$

(b) 응력과 변형률. 봉의 수직응력은 다음과 같다.

$$\sigma = \frac{P}{A} = \frac{42.7(10^3)}{\left(\frac{\pi}{4}\right)(0.025)^2} = 87 \text{ MPa}$$

또한 수직변형률은 다음과 같다.

$$\varepsilon = \frac{\delta}{L} = \frac{250.3 - 250}{250} = 1207\ \mu$$

부가설명 계산된 수직응력(87 MPa)은 재료의 항복강도(표 B.4로부터 410 MPa)보다 작은 탄성영역에 있다.

사례연구 2B

기본 트러스의 설계

플라스틱은 최상의 목재와 거의 같은 탄성계수를 갖는다. 폴리스티렌은 화학물질(3.16절 참고)로부터 내마모성과 내부식성을 갖는 재료로 단순한 가열공정으로 다양한 형상으로 제조할 수 있어 널리 사용되는 플라스틱 재료이다. 또한 가격도 저렴하고 제조공정이 용이하고 견고하며 명백히 취성재료이다. 에슈비의 재료선정도표(3.17절 참고)와 표 B.5를 이용하면 특정한 목적에 요구되는 적정한 재료의 형식을 선정하는 데 도움이 된다.

조건 그림 3.19(a)와 같이 핀으로 연결된 평면구조물이 연결점 B에서 수직하중 P를 받고 있다. 부재 AB와 BC의 재료는 폴리스티렌으로 인장 및 압축 시 응력-변형률 선도(상온상태)는 그림 3.19(b)와 같다.

부재의 허용응력을 초과하지 않으면서 **무게가 최소가 되는** 금속재료의 기본 트러스의 설계문제는 **사례연구** 2A에서 논의하였다.

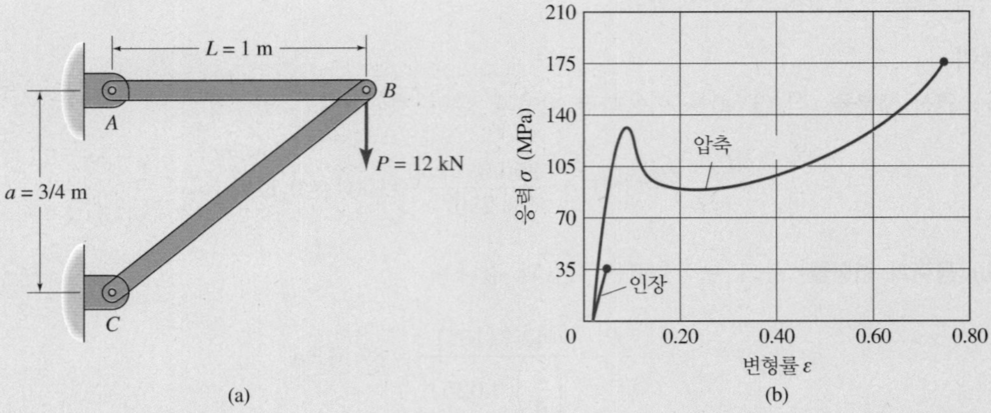

그림 3.19 (a) 단순 평면 트러스 구조 (b) 폴리스티렌의 응력-변형률 선도

문제 파괴에 대비하여 안전계수를 $n_s = 1.4$로 선정할 때 부재의 단면적 A_{AB}와 A_{BC}를 구하라.

가정

1. 연결점에서 마찰은 무시한다.

2. 봉은 $P = 12$ kN일 때 한꺼번에 붕괴한다.

3. 압축을 받는 부재 BC에는 좌굴이 발생하지 않는다.

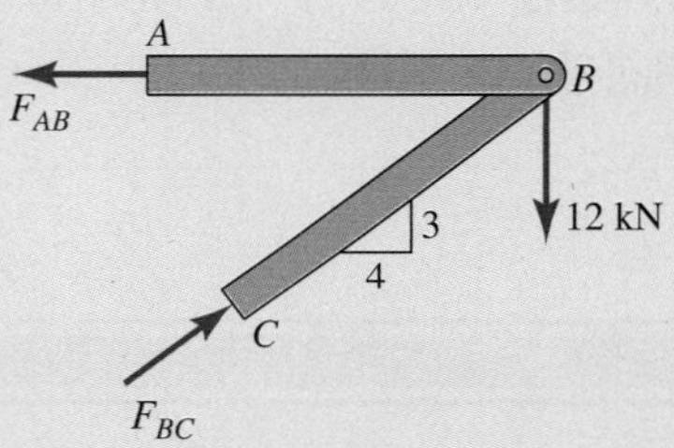

그림 3.20 절점 B의 자유물체도

풀이 그림 3.19, 3.20과 식 (1.2)와 (2.7)을 참고한다.

부재의 하중. 연결점 B(그림 3.20)에서 힘의 평형조건식을 적용하면

$$\Sigma F_y = 0: \quad \frac{3}{5}F_{BC} - 12 = 0 \qquad F_{BC} = 20 \text{ kN}$$

$$\Sigma F_x = 0: \quad -F_{AB} + \frac{4}{5}(20) = 0 \qquad F_{AB} = 16 \text{ kN}$$

봉 *AB*. 그림 3.19(a)로부터 인장을 받는 부재 AB의 파괴응력은 $\sigma_t = 35\,\text{MPa} = 35\,\text{N/mm}^2$이다. 허용인장응력은 $(\sigma_t)_{\text{all}} = \sigma_t/n_s = 25\,\text{N/mm}^2$이다. 식 (2.7)로부터

$$A_{AB} = \frac{F_{AB}}{(\sigma_t)_{\text{all}}} = \frac{16000}{25} = 640\,\text{mm}^2$$

봉 *BC*. 그림 3.19(b)로부터 압축 시 파괴응력은 $\sigma_c = 175\,\text{MPa} = 175\,\text{N/mm}^2$이다. 허용가능한 압축응력은 $(\sigma_c)_{\text{all}} = \sigma_c/n_s = 125\,\text{MPa} = 125\,\text{N/mm}^2$이다. 따라서

$$A_{BC}=\frac{F_{BC}}{(\sigma_c)_{\text{all}}}=\frac{26000}{125}=160\ \text{mm}^2$$

부가설명 탄소성 재료로 만들어진 2개 봉의 평면 트러스는 같은 방법(연습문제 3.76 참고)으로 다루어진다. **사례연구 2D**에서는 압축을 받는 부재 BC의 좌굴에 대해서 논의할 예정이다.

3.7 진응력과 진변형률

앞 절에서 논의한 바와 같이 인장시편의 초기단면적 A_o는 하중 P가 증가할수록 감소한다. 그러므로 공학응력 $\sigma=P/A_o$는 시편의 실제적인 응력을 나타내지 못한다. 진응력은 하중을 변형된 시편의 단면적으로 나눈 값으로 $\sigma=P/A$라고 이미 앞 절에서 정의하였다. 여기서 공학응력은 직접적으로 하중 P에 비례관계가 있으나 진응력은 P가 증가함에 따라 비례관계가 있으며 또한 단면적 A의 감소에 역비례한다. 그러므로 진응력은 파손이 시편에 나타날 때 급격하게 증가하는 경향이 있다.

큰 변형률은 연성재료의 소성영역에서 발생하므로 미소변형에 기초한 공학변형률은 명백하게 부정확하다. 그러므로 편의성을 위해 진변형률이나 로그대수 변형률 ε_t를 사용하는 것이 좋다. 변형률의 증가를 $d\varepsilon_t=dL/L$로 정의하자. 여기서 L은 시편의 현 순간의 길이를 나타내고 dL은 길이 L의 증가 변화량이다. 그러므로 **진변형률**은 다음과 같은 식으로 표현된다.

$$\varepsilon_t=\int_{L_o}^{L}\frac{dL}{L}=\ln\frac{L}{L_o}=\ln(1+\varepsilon) \tag{3.7}$$

여기서 L_o는 초기의 시편 표점거리이고 ε은 공학응력이다. 미소변형률에서는 식 (3.1)과 (3.7)로 거의 같은 결과를 얻을 수 있다.

소성영역에서 재료는 **비압축성**이며 체적은 변함없다고 가정하면 그 결과는

$$A_oL_o=AL \tag{a}$$

이다. 여기서 식의 좌변과 우변은 각각 시편의 초기 상태와 현재 상태의 체적을 나타낸다. 만약 P가 현재의 하중상태라면

$$\sigma_t = \frac{P}{A} = \frac{P}{A_o}\frac{L}{L_o} = \sigma\frac{L}{L_o}$$

이다. 그러나 $\varepsilon = (L - L_o)/L_o$로부터 $L/L_o = 1 + \varepsilon$이 된다. 그러므로 **진응력**은 다음과 같이 정의된다.

$$\sigma_t = \sigma(1 + \varepsilon) \tag{3.8}$$

그림 3.21은 연강의 인장시험에서 응력-변형률 선도를 보여준다. 곡선 $OABCF$는 **진응력-진변형률** 관계를 나타내는 선도이다. 다른 곡선 $OABCDE$는 공학응력-공학변형률을 나타낸다. 곡선 간의 차이는 가공경화영역에서 더 크게 나타난다. 특히 넥킹 지역에서 두 곡선 사이는 큰 격차를 보인다.

통칭(공학)응력과 진응력 사이의 가장 큰 격차는 소성영역인데, 이는 시험편이 인장을 받아 파괴에 도달하기 전 단계에서 단면적의 감소가 급속하게 발생하기 때문이다. 그러므로 진응력과 진변형률 곡선은 축하중을 받는 부재의 소성거동을 연구하는 데 더 유익하여 일반적으로 재료의 연구에 진응력-변형률 곡선을 사용한다. 그러나 현장에서는 시편의 초기 치수를 근거로 계산된 공학응력-변형률 곡선은 구조설계 및 기계설계에 충분한 정보를 제공하고 있다.

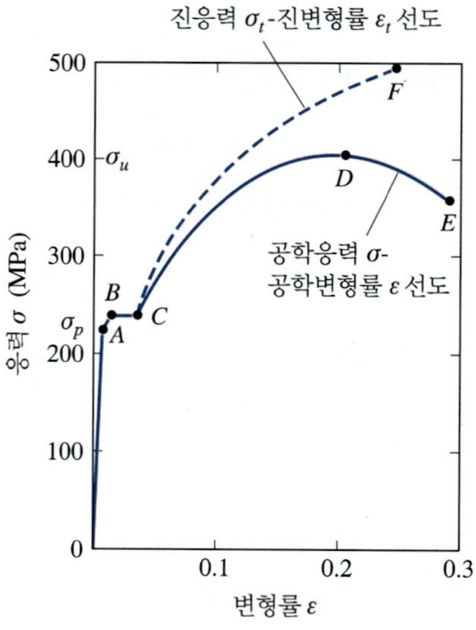

그림 3.21 연강의 인장 응력-변형률 곡선

3.8 탄성과 소성거동

앞 절에서는 인장 또는 압축의 정적인 **하중을 받는** 다양한 재료의 거동에 대하여 논의하였다. 여기서는 하중이 서서히 감소하여 재료에는 **하중이 작용하지 않은** 상태에 대하여 논의하자. 점 E와 F가 각각 **탄성한도** σ_e와 파괴점으로 정의된 그림 3.22의 응력-변형률 곡선에서 탄성변형률을 ε_e로 놓자. 그림 3.22(a)를 살펴보면 점 E 또는 그 이하에서 하중을 제거하면 재료는 거꾸로 원래의 하중곡선을 따라 원점 O에 도달한다. 이와 같이 하중 제거 시 정확하게 원래 크기와 형상으로 되돌아가는 재료의 탄성적 성질을 **탄성**이라 한다. 점 O에서 점 E까지의 응력-변형률 곡선은 직선이 아니므로 재료는 **비선형탄성**이다.

만약 그림 3.22(b)와 같이 점 E 이후의 한 점 A에서 하중을 제거하면 재료는 AB선을 따라 움직인다. 여기서 이 선의 기울기는 원점에서 응력-변형률 곡선의 접선과 **수평하다**. 여기서 ε은 하중을 제거한 후 0(zero)으로 되돌아오지 않아 재료에는 **잔류변형률** 또는 **영구변형률**이 남아 있다. 이에 해당되는 시편의 연신량을 **영구변형**이라 한다.

재료가 탄성한도를 초과하는 범위까지 변형률이 진행된 재료의 성질을 **소성**이라 한다. 응력-변형률 곡선 상에서 탄성영역은 소성영역 다음으로 나타난다[그림 3.22(a)]. 소성영역에서는 재료의 크기나 형상이 완전히 회복되지 않는다. 이 책에서는 우선적으로 탄성재료로 그 내용을 제한하기로 한다.

재하중 시(BA), 하중 제거 시의 경로를 따라 진행되고 계속 하중이 증가할 때는 초기의

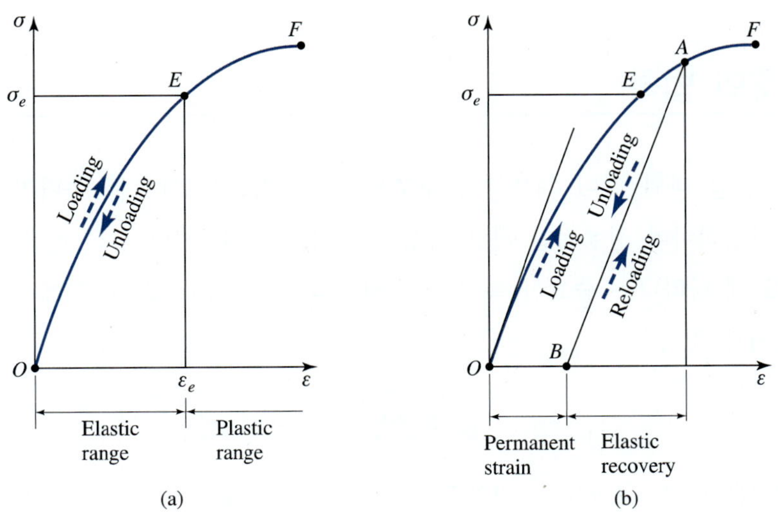

그림 3.22 응력-변형률 선도 (a) 탄성거동 (b) 부분적 탄성거동

응력-변형률 곡선을 따른다. 재하중 시 재료는 선형적으로 탄성 특성을 가진 것 같이 거동한다. 그러므로 비례한도(A)는 이전과 비교 시 더 높아졌지만 재료의 변형이 A에서 F로 이전의 E에서 F까지보다 작아졌기에 연신성은 줄어들었다. 이 절차를 계속하면 재료는 점차 취성화되어 파괴가 발생한다. 여기서 시사하는 바는 금속의 강도와 연성의 특성은 냉간가공의 절차에서 제작의 절차에 따라 현격하게 변화한다는 점이다.

크리프

현재까지는 시험시편이 시간의 경로가 고려되지 않고 단지 정적하중을 받을 때 거동을 살펴보았다. 그러나 특수상황에서 어떤 재료들은 **하중**이 **일정**한 상태에서 **시간**이 경과함에 따라 영구적인 변형이 증가하는 현상을 보인다. 재료가 초기하중상태보다 더 변형하는 것을 **크리프**라 한다. 한편 부재 내에 **변형률**의 크기는 **일정**하지만 응력이 감소한다. 이를 **이완**(relaxation)이라 하는데, 기본적으로 내부 크리프의 작동원리에 따라 응력이 이완된다. 납, 고무, 플라스틱 일부제품은 상온에서도 크리프가 발생한다.

그와 반대로 대부분의 금속재료는 용융점 온도의 35~50%의 온도에서 크리프가 발생한다. 크리프가 진행되는 크리프의 비율은 주어진 재료에서 온도와 응력과 하중의 이력(참고문헌 3.6)에 좌우된다. 유사하게 상승된 **온도**는 가끔 피로강도에 중요한 영향을 미친다. 이들의 주요 이슈는 다음 절에서 심도 있게 논의할 것이다. 어떤 경우라도 크리프로 인해 허용될 수 없는 변형의 발생을 막기 위해 허용응력은 반드시 낮아야 한다.

3.9 훅의 법칙

앞 절에서 언급한 바와 같이 대부분의 구조용으로 사용되는 재료는 응력-변형률 곡선의 초기영역은 탄성적이며 선형적인 재료 특성을 가지고 있다. 이와 같은 **선형탄성론**은 대부분의 공학재료에 나타나는 중요한 특성이다. 선도의 직선구간(그림 3.13)에서 응력은 변형률에 비례관계가 있다.

$$\sigma = E\varepsilon \tag{3.9}$$

이러한 관계식은 R. Hooke(1635~1703)의 이름을 따서 **훅의 법칙**으로 알려져 있다.

상숫값 E는 **탄성계수** 또는 T. Young(1773~1829)을 기념하여 **영의 계수**라 불린다. 변형률은 무차원이므로 탄성계수 E는 응력의 단위와 같다. 여기서 E는 SI단위계에서는 파스칼(또는 이의 배수)이며 US관용단위계에서는 인치제곱당 파운드(또는 킬로 파운드)로 표현된다. 대부분의 연성재료에서 압축에서의 탄성계수는 인장의 경우와 같은 탄성계수를 갖는다. 그러나 주철 같은 취성재료에서는 경우가 다르다.

금속의 경도와 강도는 재료의 구성품, 합금 종류, 기계적 처리나 열처리에 따라 영향을 받는다. 그러나 일반적으로 금속에 있어서 탄성계수는 앞에서 언급한 변화에 거의 영향을 받지 않는다. 예를 들어 그림 3.23과 같이 세 종류의 철강제품의 응력-변형률 선도를 고려해보자. 그림에서 보는 바와 같이 세 금속 사이의 가장 큰 차이는 항복응력, 극한응력과 파괴변형률이다. 그러나 세 종류의 재료는 동일한 탄성계수값을 갖는다. 추가적으로 동일한 재료를 서로 다른 시험온도, 시험속도 등을 달리하여 응력-변형률 선도를 얻고자 실험적으로 실시하였다.

탄성계수는 응력-변형률 선도에서 탄성영역의 기울기로 관찰되는데 재료의 종류에 따라 다르다. 대부분의 강재에서 E는 200과 210 GPa 혹은 29×10^6과 30×10^6 psi 사이에 있으며 인장과 압축 시 동일하다. 응력-변형률 선도에서 비례한도 이후의 기울기는 **접선계수** E_t인데 $E_t = d\sigma/d\varepsilon$로 정의된다. 비례한도를 지난 곡선 상의 어떤 한 점에서 변형률 대 응력비는 **시컨트계수** E_s인 $E_s = \sigma/\varepsilon$로 정의된다. 비례한도 이하에서는 E_t, E_s는 모두 탄성계수 E와 같다(그림 3.24). 이들 성질들은 재료가 인장 혹은 압축상태에서 강성 혹은 변형에 저항하는 특성을 표현하는 데 사용된다.

탄성 특성은 단순히 부재에 전단하중을 작용하여 측정할 수 있다. 식 (3.9)를 참고하면 전단응력-변형률 선도의 선형탄성부분에 대하여 다음과 같은 식을 세울 수 있다.

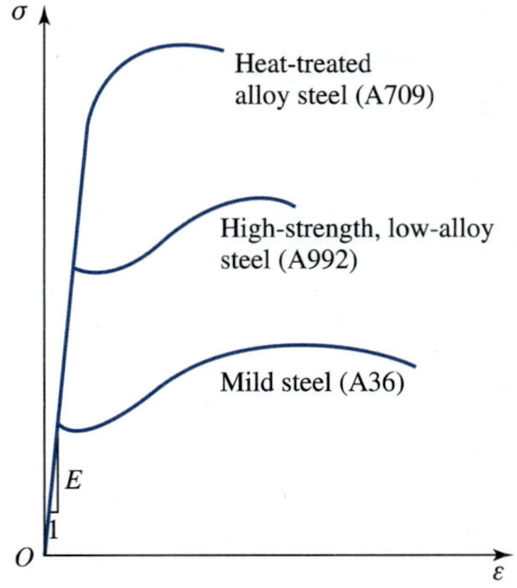

그림 3.23 서로 다른 강재 종류에 대한 응력-변형률 선도

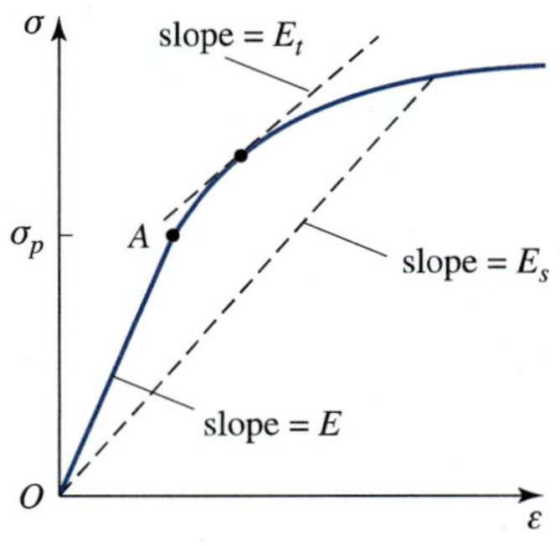

그림 3.24 다양한 탄성계수

$$\tau = G\gamma \tag{3.10}$$

앞 식을 전단응력과 전단변형률에 대한 훅의 법칙이라 한다. 상수 G는 재료의 강성계수(modulus of rigidity) 또는 **전단탄성계수**라 하며 E와 같은 단위인 파스칼(Pa)이나 단위 인치 면적당 파운드(psi)를 사용한다.

[예제 3.7] 구동기 봉의 탄소성변형률

조건 조절 기구에 사용되는 길이 $L = 10$ in.인 사각형 봉은 그림 3.25와 같은 응력-변형률 선도를 갖는 고장력강으로 만들어졌다. 봉은 응력이 $\sigma_0 = 95$ ksi에 도달할 때까지 축방향으로 인장력을 가한 후 하중을 제거하였다.

문제

(a) 탄성계수

(b) 0.2% 옵셋방법을 사용한 항복응력

(c) 영구변형률 ε_{res}

가정 하중이 작용하는 끝단의 근처를 제외하고는 축응력 σ_0는 봉의 전체에 걸쳐 균일하게 분포되어 있다.

풀이 그림 3.25를 참고하면 점 O에서 점 A까지 도표의 초기 직선 부분의 좌표는 근사적으로 $\sigma_p = 60$ ksi, $\varepsilon_p = 0.002 = 2000\ \mu$를 비례한도로 정한다. 극한응력은 점 D인 곡선의 최댓값인 $\sigma_u = 100$ ksi이다. 봉이 최대로 늘어났을 때는 파괴가 되는 지점인 점 F로 최대 변형률값은 $\varepsilon_f = 0.338$이다. 그 때의 파괴응력은 $\sigma_f = 94$ ksi이다.

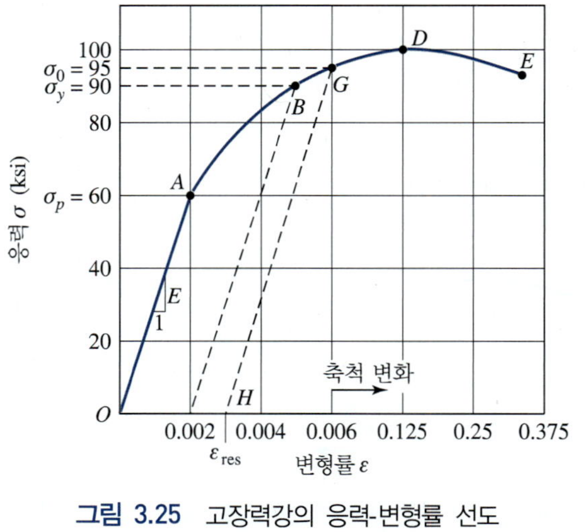

그림 3.25 고장력강의 응력-변형률 선도

(a) 탄성계수. 선 OA의 기울기는 탄성계수로 다음과 같이 계산된다.

$$E = \frac{60 \times 10^3}{0.002} = 30 \times 10^6 \text{ psi}$$

(b) 항복응력. 변형률이 0.002인 지점에서 시작하여 그래프 상에 선 OA와 평행한 점선을 선도와 점 B에서 교차할 때까지 확장시킨다. 그 결과 근사적인 항복응력은 $\sigma_y = 90$ ksi이다.

(c) 영구변형률. 봉에 하중을 가하면 $\varepsilon = 0.006$ 되는 선도의 점 G에 도달할 때까지 가공경화된다. 하중을 제거하면 재료는 선분 GH를 따라 움직이며, 이는 선분 OA와 평행하다. 점 H에 도달하면 하중을 완전히 소거한 상태가 된다. 그러나 영구변형률 OH는 재료에 남아 있어 $\varepsilon_{\text{res}} = 0.0029 = 2900\ \mu$이다. 그리고 봉의 길이 증가는 $\Delta L = 0.0029(10) = 0.029$ in.이다.

부가설명 점 O에서 점 G까지 하중을 증가하면 총 변형률은 $\varepsilon = 0.006$이다. 변형률 $0.006 - 0.0029 = 0.0031 = 3100\ \mu$는 탄성적으로 회복이 된 값이다. 여기서 보에 하중을 제거하면 원래의 형상으로 돌아가고자 하고 이를 **부분적 탄성**이라 한다.

예제 3.8 충격 마운트의 응력과 변형

조건 단순한 **전단 스프링 고무** 혹은 **충격 마운트**는 악기를 지탱하기 위해 설계되었다. 마운트는 2개의 직육면체의 단단한 고무(폭 a, 깊이 b, 높이 h)로 2개의 브라켓에 접착되어 있고 중앙의 강재 판은 하중 P를 지지하고 있다(그림 3.26). 치수는 다음과 같다.

$$a = 1.2 \text{ in.} \qquad b = 2.5 \text{ in.} \qquad h = 6 \text{ in.} \qquad P = 3 \text{ kips} \qquad G = 1.8 \text{ ksi}$$

문제 판의 아래 방향으로 변위를 계산하라.

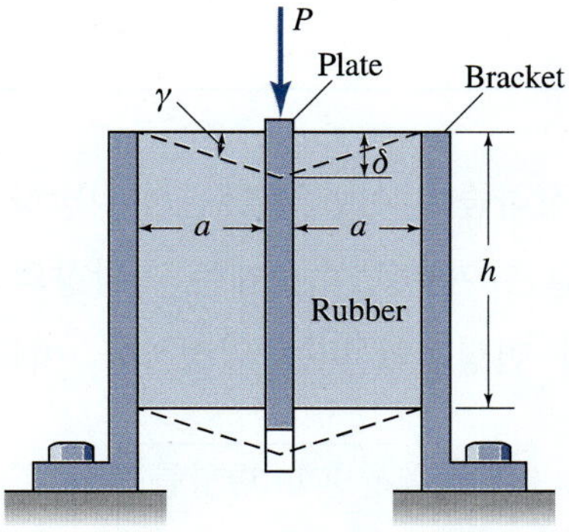

그림 3.26 고무 마운트

가정

1. 변위는 아주 적어서 탄젠트값은 각도 γ로 대체가 가능하다($\delta = a\tan\gamma = a\gamma$).

2. 강재 판과 브라켓은 강체이다.

3. 고무의 전단탄성계수 G는 일정하다.

풀이

전단응력. 고무 블록은 전단력 $V = P/2$를 지탱한다. 고무의 전단응력은 다음과 같다.

$$\tau = \frac{V}{A} = \frac{P}{2bh}$$

주어진 치수를 대입하면

$$\tau = \frac{3(10^3)}{2(2.5)(6)} = 100 \text{ psi}$$

전단변형. 고무 전단의 경우에도 훅의 법칙이 잘 적용되어 식 (3.10)을 그림과 같은 전단변형에도 사용할 수 있다.

판의 변위. 아래 방향으로 변위는 다음과 같다.

$$\delta = a\gamma = \frac{Pa}{2bhG} \tag{3.11}$$

수치를 대입하면

$$\delta = \frac{3(1.2)}{2(2.5)(6)(1.8)} = 0.067 \text{ in.}$$

기계설계에서 고무 스프링이나 완충제는 그 사용하는 범위가 증가하고 있다.

3.10 푸아송비

3.6절에서 축(길이방향)의 인장하중은 시편의 단면적(횡방향 또는 가로방향 수축)을 감소한다는 사실을 설명하였다. 같은 이유로 수축에는 횡방향의 확장이 따른다. 탄성영역에서 횡방향 변형률에 대한 축방향 변형률의 비는 일정하다. 이를 ν(nu)로 정의한다.

$$\nu = -\frac{\text{횡방향 변형률}}{\text{축방향 변형률}} \tag{3.12}$$

푸아송비는 S. D. Poisson(1781～1840)을 따라서 명명되었다. 대부분의 재료(참고자료 3.1)에 대하여 양수이다. 식 (3.12)에서 음의 부호는 축방향 변형률에 대하여 횡방향 변형률이 반대의 부호를 갖기 때문이다.

여기서 이 정의는 단축응력상태에서만 유효하다. 다축응력상태에서 각각의 응력에 의해 영향을 미치는 변형률을 분리하여 해당되는 방향의 것을 다음 절에서 보여주는 것과 같이 합산한다. 실험으로부터 ν의 값은 일반적으로 0.25에서 0.35 정도이다. 강의 경우 푸아송비는 0.3이다. 극단의 값으로는 콘크리트의 경우 ν가 0.1이며 고무제품의 경우는 0.5에 가깝다.

체적의 변화

등방성 재료인 부재에 축방향으로 한 체적에 수직응력 σ_x가 작용한 영향을 살펴보자. 그림 3.27과 같이 원점은 고정된 상태의 정육면체가 인장을 받아 횡방향으로는 수축이 되었다. 여기서 보이는 변형은 크게 확대하여 보여주는 것이다.

그림과 같은 하중조건에서 $\sigma_y = \sigma_z = 0$이고 단지 σ_x만 축방향 응력이다. 그러므로 **횡방향 변형률**은 식 (3.9)와 (3.12)의 관계식으로부터 다음과 같은 결과를 얻는다.

$$\varepsilon_y = \varepsilon_z = -\nu\varepsilon_x = -\nu\frac{\sigma_x}{E} \tag{a}$$

초기의 요소 체적은 $V_o = dxdydz$이다. 변형으로 인해 최종 요소 체적은 다음과 같다.

$$V_f = (1+\varepsilon_x)dx \cdot (1+\varepsilon_y)dy \cdot (1+\varepsilon_z)dz$$

여기서 앞의 공식을 풀어쓰면 ε_x, ε_y, ε_z가 곱으로 나타나는 항들이 포함되는데, 3.2절에서도 언급한 바와 같이 변형률이 단위 1과 비교 시 아주 미소한 값이므로 고차항은 무시할

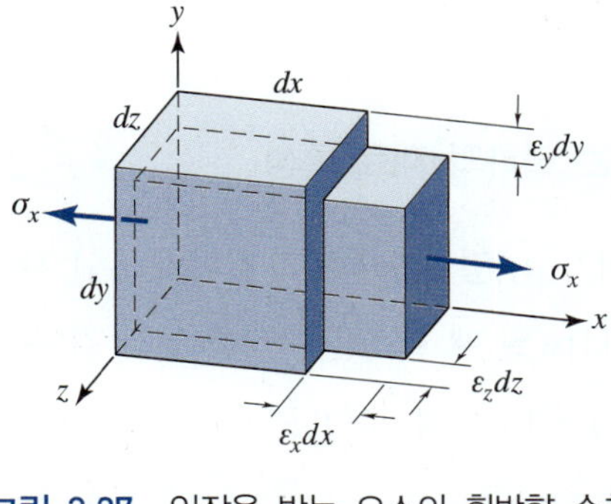

그림 3.27 인장을 받는 요소의 횡방향 수축

수 있다. 여기서 식 (a)를 대입하면

$$V_f = \left[1 + \left(\varepsilon_x + \varepsilon_y + \varepsilon_z\right)\right] dx\, dy\, dz$$
$$= V_o\left(1 + \varepsilon_x - 2\nu\varepsilon_x\right)$$

체적의 변화는 다음과 같이 표현된다.

$$\Delta V = V_f - V_o = V_o \varepsilon_x (1 - 2\nu) \qquad \text{(b)}$$

단위 체적당 변화 혹은 **팽창**은 다음과 같이 정의된다.

$$\boxed{e = \frac{\Delta V}{V_o}} \qquad (3.13)$$

식 (a)와 (b)를 식 (3.13)에 대입하여 계산하면

$$\boxed{e = (1 - 2\nu)\varepsilon_x = \frac{1 - 2\nu}{E}\sigma_x} \qquad (3.14)$$

이고, 여기서 인장하중은 체적을 증가시키나 압축하중은 감소시킨다는 사실을 알게 된다.

부가설명 완전 비압축성 재료($e = 0$)인 경우, 식 (3.14)는 $1 - 2\nu = 0$이 된다. 이론적으로 푸아송비의 최댓값은 $\nu = 0.5$가 되는데, 이는 물리적으로 불가능한 수치이다. 선형탄성 영역에서 대부분의 재료는 체적변화가 있기 때문이다.

$$\boxed{0 < \nu < 0.5}$$

그러나 완전소성영역(3.15절 참고)에서 체적은 거의 일정하게 유지되며, 여기서는 ν를 0.5로 잡아도 된다.

[예제 3.9] 축하중을 받는 블록의 재료 특성

조건 그림 3.28과 같이 너비가 a, 깊이가 b이고 길이가 L인 사각형 블록 강판이 축하중 P를 받고 있다. 하중 P가 10.5 kips일 때 블록을 측정한 결과 길이는 $\delta_x = 2.8 \times 10^{-3}$ in.만큼 늘었고 너비는 $\delta_z = 0.21 \times 10^{-3}$ in.만큼 줄었다. 여기서 초기 치수는 $a = 1$ in., $b = 1/2$ in., $L = 4$ in.이다.

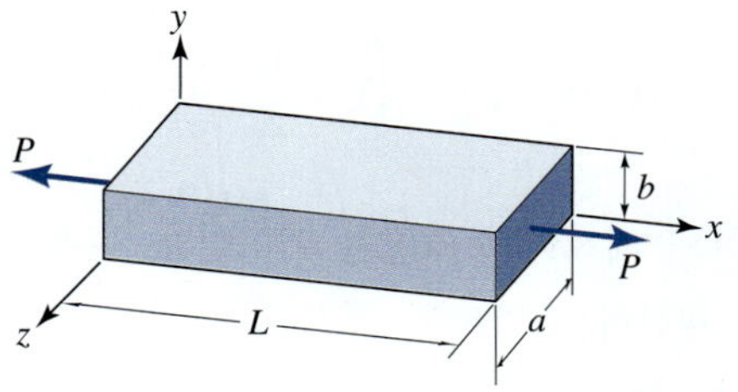

그림 3.28 인장하중 P를 받는 블록

문제

(a) 재료의 탄성계수와 푸아송비

(b) 블록의 체적변화

가정 재료는 탄성적으로 거동한다.

풀이 블록의 단면적은 $A = 1 \times \dfrac{1}{2} = 0.5\ \text{in.}^2$이다. 축응력과 변형률은

$$\sigma_x = \frac{P}{A} = \frac{10.5 \times 10^3}{0.5} = 21\ \text{ksi}$$

$$\varepsilon_x = \frac{\delta_x}{L} = \frac{2.8 \times 10^{-3}}{4} = 700\ \mu$$

(a) 탄성계수와 푸아송비. z방향으로의 횡방향 변형률은

$$\varepsilon_x = \frac{\delta_z}{a} = -\frac{0.21 \times 10^{-3}}{1} = -210\ \mu$$

블록의 깊이는 수축하는데 $\varepsilon_y = \varepsilon_z$이므로 $\delta_x = 210(10^{-6})(0.5) = 0.105 \times 10^{-3}\ \text{in.}$이다. 식 (3.8)과 (3.12)를 이용하면 탄성계수와 푸아송비가 계산된다.

$$E = \frac{\sigma_x}{\varepsilon_x} = \frac{21 \times 10^3}{700 \times 10^{-6}} = 30 \times 10^6\ \text{psi}$$

그리고

$$\nu = -\frac{\varepsilon_y}{\varepsilon_x} = \frac{210\ \mu}{700\ \mu} = 0.3$$

(b) 체적변화. 식 (3.14)를 이용하면

$$e = (1 - 2\nu)\varepsilon_x = (1 - 2 \times 0.3)(700 \times 10^{-6}) = 0.28 \times 10^{-3}$$

여기서

$$V = e\,V_o = (0.28\times10^{-3})\left(1\times\frac{1}{2}\times4\right) = 0.56\times10^{-3}\ \text{in.}^3$$

부가설명 양의 부호는 블록의 체적이 증가함을 의미한다. 다음 절의 예제 3.10~3.12는 다축 하중상태에서 체적변화를 계산하는 과정을 설명한 문제이다.

연습문제

3.5절~3.10절

3.25 그림 P3.25는 구조용강 봉의 응력-변형률 선도이다. 전체의 선도를 변형률 척도 N을 이용하여 그린 것과 변형률 척도 M을 이용하여 확대하여 그린 것이다. 다음을 계산하라.

(a) 재료의 항복과 파괴점에서 변형률값

(b) 50 mm 표점거리를 갖는 봉의 연신 백분율

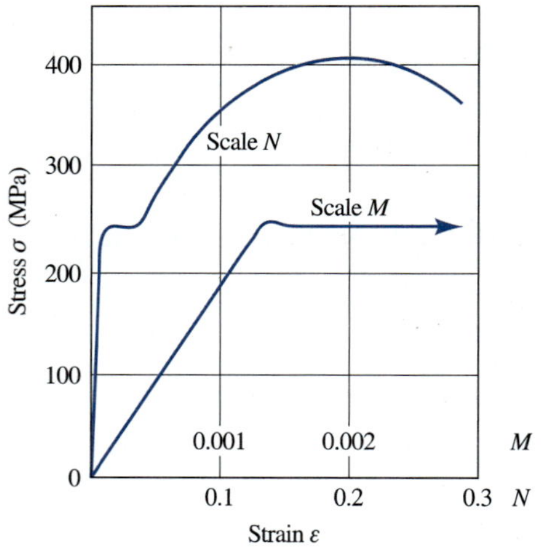

그림 P3.25

***3.W** www.matlab.com의 재료 성질 데이터베이스를 찾아 다음을 밝혀라.

(a) $E = 30\times10^6$ psi(207 GPa)인 강재보다 더 큰 탄성계수를 갖는 재료 3개를 찾아라.

(b) 극한응력 σ_u가 200 ksi(1378 MPa)보다 더 큰 재료 3개를 찾아라.

3.26 10 mm × 10 mm인 정사각형 $ABCD$는 하중을 받기 전에 부재 내에 그려졌다. 하중을 가한 후 정사각형은 그림 P3.26과 같이 마름모꼴로 변형하였다. 다음을 계산하라.

(a) 탄성계수

(b) 푸아송비

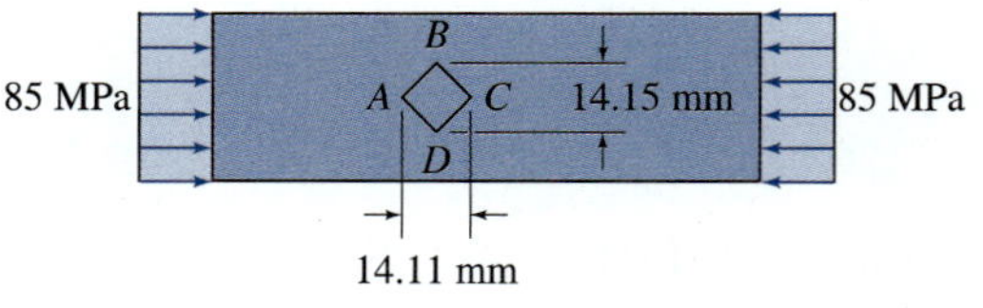

그림 P3.26

3.27 예제 3.8의 그림 3.26과 같이 너비 a = 25 mm, 깊이 b = 50 mm, 높이 h = 150 mm 인 2개의 고무 사각형 블록이 하나로 접합되어 양끝은 강체에 지지되어 있고 중앙은 움직이는 평판에 고정되어 있다. 만약 P = 15 kN 의 힘으로 처짐 δ = 2 mm였다면 전단응력 τ, 전단변형률 γ, 전단탄성계수 G를 계산하라.

***3.28** 그림 P3.28은 진동을 막는 방진장치로 직경

이 a인 강재 봉이 높이가 h인 중공의 고무 실린더와 접합하고 있다. a, b, P, r, h, G의 항으로 다음을 계산하라.

(a) 봉의 중심에서 거리 r만큼 떨어진 위치에서 고무에 걸린 전단응력 τ

(b) 봉의 아래 방향 변위 δ

가정

1. 변위는 미소하여 $dy/dr = \tan\gamma = \gamma$이다. 명백히 y방향으로 변위의 최댓값은 $r=a$에서 발생하고 $r=b$에서는 0이다.
2. 고무에 발생하는 전단은 훅의 법칙을 따른다.
3. 강재 봉과 실린더는 강체이다.

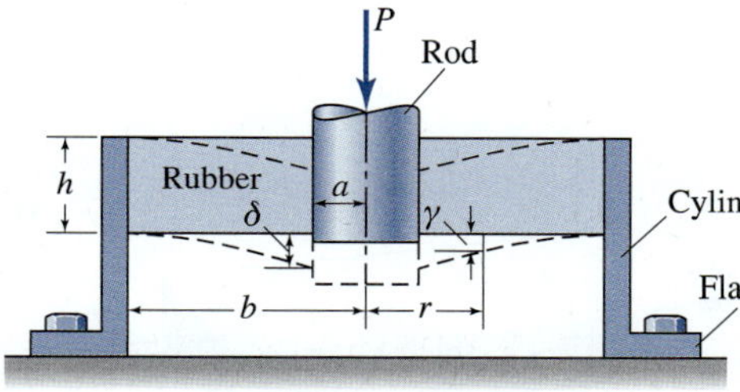

그림 P3.28

3.29 문제 3.22의 자전거 손브레이크에서 단단한 고무 블록의 변형 δ를 P, L, G, a, b(그림 P3.22)를 이용하여 식으로 표현하라. 여기서 b와 G는 각각 너비와 전단탄성계수이고 $a \times b \times L$은 사각형 고무 블록 치수이다.

3.30 길이가 6 ft이고 직경이 2 in.인 봉이 축하중 40 kips를 받아 $\frac{3}{64}$ in.만큼 줄어들었다. 이때 직경이 $0.4(10^{-3})$ in.만큼 증가하였다면 다음을 계산하라.

(a) 푸아송비

(b) 탄성계수

(c) 전단탄성계수

3.31 그림 P3.31과 같이 강재 블록이 축하중 400 kN을 받고 있다. 하중을 받은 후 b와 L은 각각 40.02 mm와 199.7 mm로 변화하였다면 다음을 계산하라.

(a) 푸아송비

(b) 탄성계수

(c) a의 최종 치수

(d) 전단탄성계수

조건 $a = 60$ mm, $b = 40$ mm, $L = 200$ mm

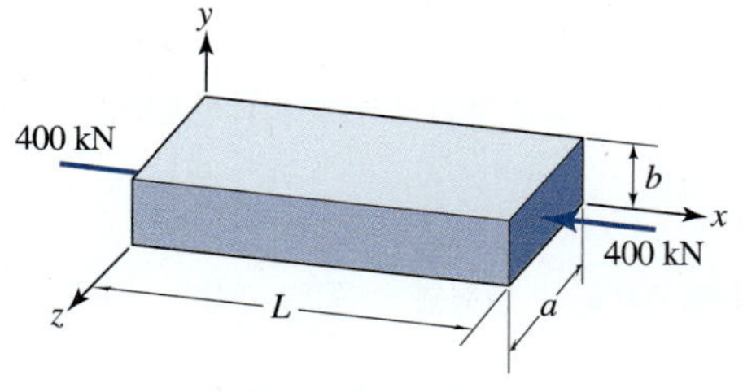

그림 P3.31

3.32 다음의 데이터는 연강시편의 인장시험 시 응력과 변형률을 표로 나타낸 것이다. 그래프를 그리고 다음을 계산하라.

(a) 탄성계수

(b) 항복점

(c) 비례한도

(d) 극한응력

응력, MPa	변형률	응력, MPa	변형률
35	0.0001	245	0.009
70	0.0003	300	0.025
100	0.0005	340	0.05
135	0.0007	380	0.09
170	0.0008	435	0.15
205	0.0010	450	0.25
240	0.0012	440	0.30
255	0.0025	420	0.36
250	0.0050	325	0.40

3.33 다음의 데이터는 표점거리가 50 mm이고 직경 12 mm인 알루미늄 인장시편의 시험결과를 나타낸 표이다. 시편이 파괴 후 최소(넥킹 부분) 직경은 8.8 mm이다. 공학응력-변형률 선도를 그리고 다음을 계산하라.

(a) 탄성계수

(b) 비례한도

(c) 0.2% 옵셋 항복강도

(d) 극한응력

(e) 50 mm 표점거리의 연신 백분율

(f) 단면적의 감소비율

(g) 진극한응력

(h) 310 MPa의 응력크기에서 접선계수와 시컨트 계수

응력, MPa	변형률	응력, MPa	변형률
35	0.0005	284	0.0062
70	0.0010	305	0.02
104	0.0014	319	0.05
139	0.0017	326	0.08
172	0.0024	312	0.12
207	0.0030	291	0.15
242	0.0035	256	0.20
259	0.0039		(Fracture)

3.34 단면의 직경이 d_{AB}와 d_{BC}인 알루미늄 합금 봉이 축하중 P를 받고 있다[그림 P3.34(a)]. 그림 P3.34(b)는 이 재료의 응력-변형률 선도의 초기 부분을 나타낸 것이다. 다음을 계산하라.

(a) 하중이 작용 시 봉의 변형량

(b) 봉의 영구적 변형량

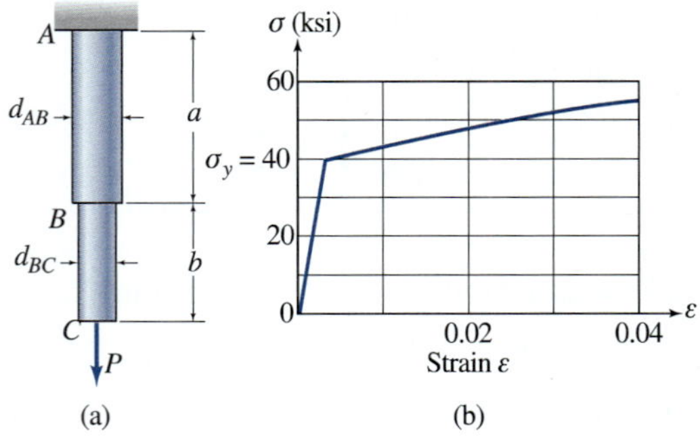

그림 P3.34

조건 $a = 20$ in., $b = 15$ in., $d_{AB} = \frac{7}{8}$ in., $d_{BC} = \frac{5}{8}$ in., $P = 16$ kips, $E = 10 \times 10^6$ psi

가정 봉의 무게는 축하중에 비해 미미하여 무시한다.

3.35 기계 부분인 봉이 축하중 4 kN으로 2.5 mm 늘어날 수 있는 봉의 최소직경 및 최소길이를 구하라.

조건 $E = 200$ GPa, $\sigma_{\text{all}} = 150$ MPa

***3.36** 그림 P3.36과 같은 축하중 4 kips를 받고 있는 블록의 축방향 변형률을 계산하라. 블록은 y와 z방향으로 구속되어 수축은 되지 않는다.

조건 $a = \frac{3}{4}$ in., $b = \frac{3}{8}$ in., $L = 4$ in., $E = 10 \times 10^6$ psi, $\nu = \frac{1}{3}$

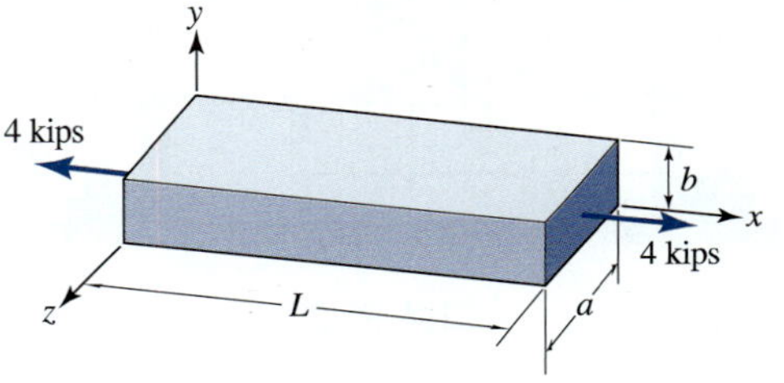

그림 P3.36

3.37 그림 P3.37과 같이 직경 d인 원형 봉이 축방향 인장하중 P를 받고 있다. 직경의 수축량은 Δd일 때 최대 가능한 힘 P를 계산하라.

조건 $d = 1$ in., $\Delta d = 0.5(10^{-3})$, $E = 29 \times 10^6$ psi, $\nu = \frac{1}{3}$

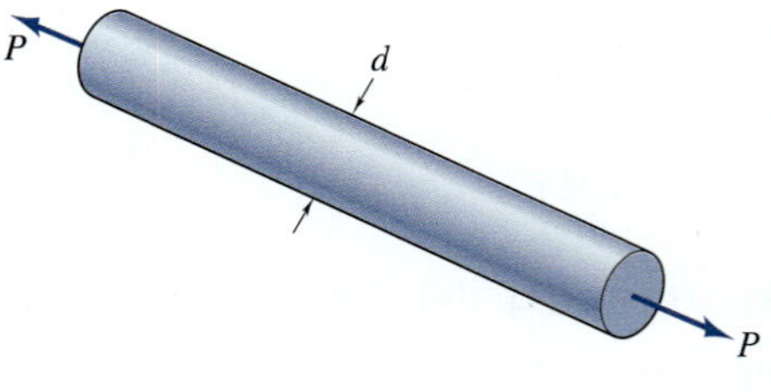

그림 P3.37

3.38 외경 D와 두께 t인 길이가 짧은 동 파이프가 압축기에 놓여 안전계수 n_s를 갖고 항복에 도달할 때까지 압축하중 P를 받고 있다. 최소외경 $D_{\min}$을 구하라.

조건 $t = D/6$, $P = 250$ kips, $n_s = 2$,
$\sigma_y = 75$ ksi(표 B.4 참조)

3.39 길이가 5 ft이고 직경이 $\frac{1}{3}$ in.인 6061-T6 알루미늄 합금 봉이 축하중 8 kips를 받을 때 봉의 최종길이는 얼마인가?

조건 $E = 10 \times 10^6$ psi, $\sigma_y = 38$ ksi(표 B.4 참조)

3.40 그림 P3.40과 같이 직경이 1.5 in.이고 길이가 60 in.인 봉 ABC는 AB 부분은 알루미늄이고 BC 부분은 강재로 구성되어 있다. 하중 P를 작용 시 강재 부분에 부착한 스트레인 게이지로부터 측정한 축방향 변형률은 $\varepsilon_s = 500\ \mu$이다. 다음을 계산하라.

(a) 축하중 P의 크기

(b) 모든 재료가 탄성적으로 거동할 때 봉의 총 변형량

조건 $E_a = 10 \times 10^6$ psi, $E_s = 30 \times 10^6$ psi

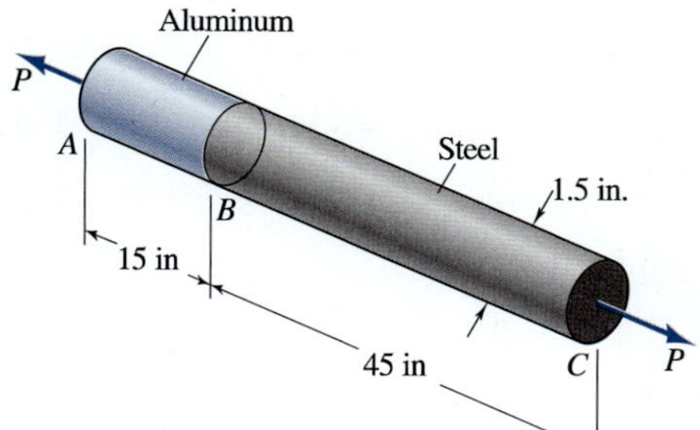

그림 P3.40

3.41 직경 d_o와 표점거리 L_o(그림 P3.41)를 갖는 냉간압연된 황동시편이 축하중 P를 받을 때 표점거리가 δ만큼 변형하였다. 다음을 계산하라.

(a) 탄성계수 E

(b) 시편의 직경 감소량 Δd

조건 $d_o = 0.4$ in., $L_o = 2$ in., $\delta = 6(10^{-3})$,
$P = 5.6$ kips

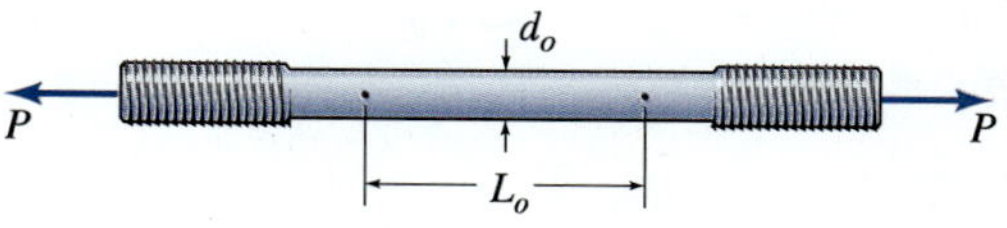

그림 P3.41

***3.42** 그림 P3.42와 같이 사각형판이 단축압축응력 σ를 받아 대각선 선분 AB의 경사각 차이 $\Delta\theta$가 다음의 식과 같음을 증명하라.

$$\Delta\theta = \frac{a}{b}\left[\frac{1+(\nu\sigma/E)}{1-(\sigma/E)} - 1\right] \qquad \text{(P3.42)}$$

여기서 a/b는 초기 기울기이며 $\sigma = 120$ MPa일 때 $\Delta\theta$를 계산하라.

조건 $a = 25$ mm, $b = 50$ mm, $\nu = 0.3$,
$E = 70$ GPa

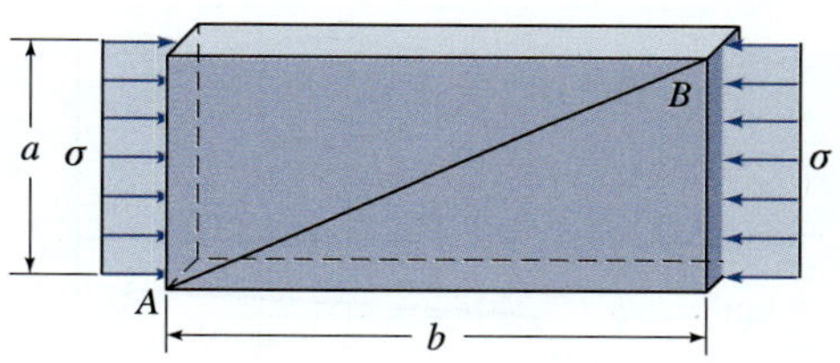

그림 P3.42

3.43 단축인장응력 σ가 작용한다고 가정하여 문제 3.42를 다시 풀어라.

3.44 직경이 $\frac{5}{8}$ in.이고 표점거리가 5 in.인 봉이 서서히 증가하는 인장하중을 받고 있다. 비례한도에서 하중의 크기는 8 kips이며 표점거리는 $14.4(10^{-3})$ in. 증가하였고 직경은 $0.6(10^{-3})$ in. 줄었다. 다음을 계산하라.

(a) 비례한도

(b) 탄성계수

(c) 푸아송비

(d) 전단탄성계수

3.45 직경 50 mm인 6 m 길이의 강재 봉이 인장하중 250π kN을 받고 있다. 다음을 계산하라.

(a) 부재의 길이변화

(b) 부재의 직경변화

조건 $E=210$ GPa, $\sigma_y=230$ MPa, $\nu=0.3$

3.46 그림 P3.46은 고장력강에 대한 인장시험결과의 응력-변형률 선도를 그린 것이다. 시험편은 직경이 0.51 in.이고 표점거리는 2 in.이다. 파괴 후 표점거리의 변형량은 0.4 in.이며 최소직경은 0.36 in.이다. 다음을 계산하라.

(a) 탄성계수

(b) 항복에 이르는 하중 P_y

(c) 시편이 최대로 견디는 극한하중 P_u

(d) 표점거리 2 in.의 연신 백분율 및 면적 감소 백분율

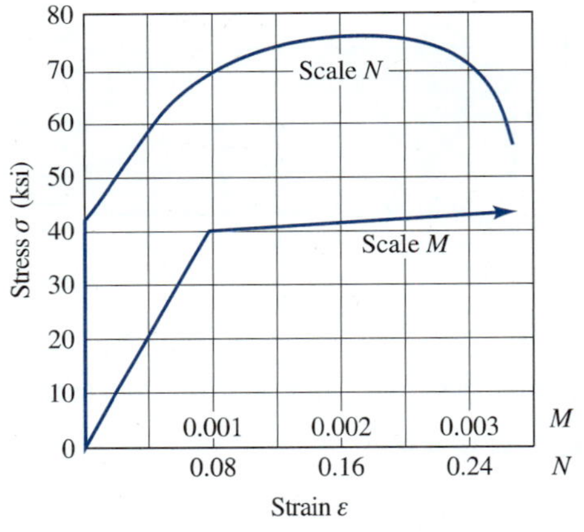

그림 P3.46

***3.47** 대다수 재료의 응력-변형률 선도는 램버그-오스굿 공식의 형태(참고문헌 3.7)로 표현 가능하다.

$$\varepsilon=\frac{\sigma}{E}+k\sigma^n \qquad \text{(P3.47)}$$

여기서 변수 E, k, n은 해당 재료의 선도로부터 구해진다. 그림 P3.47의 선도에서 공식에 적당한 E, k값을 계산하라.

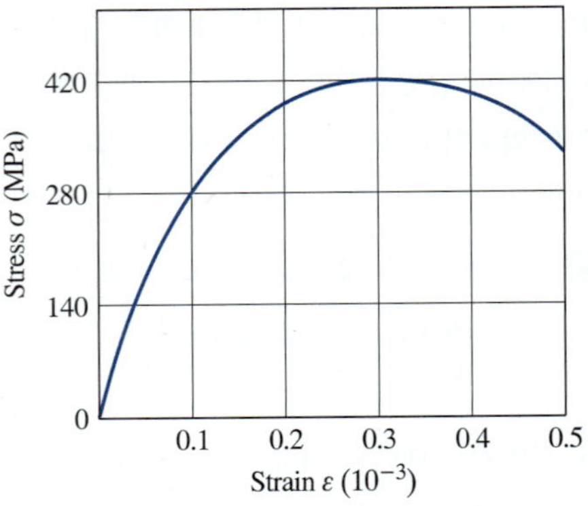

그림 P3.47

3.48 초기직경과 길이가 각각 d_o와 L_o인 ASTM-A36 구조용강 단축 원형 봉이 압축기에 놓여 최종길이 L_f가 될 때까지 압축되고 있다. 봉의 최종직경을 계산하라.

조건 $d_o=30$ mm, $L_o=50$ mm, $L_f=49.7$ mm, $\nu=0.3$

***3.49** 사각 봉이 균일한 인장하중을 받고 있다. 단위 체적당 단면의 변화비가 $-\frac{5}{8}$일 때 재료의 푸아송비를 계산하라.

3.50 그림 P3.50과 같이 직경과 표점거리가 각각 d와 L_o인 2024-T6 알루미늄 합금 시편으로 인장시험을 하였다. 하중 $P=5$ kips에 도달할 때 표점거리 L_o가 $\delta=4.8\times10^{-3}$ in. 증가하였다. 다음을 계산하라.

(a) 직경 d의 감소

(b) 탄성계수 E

(c) 봉의 체적팽창계수 e

조건 $d=\frac{1}{2}$ in., $L_o=2$ in., $\nu=0.33$

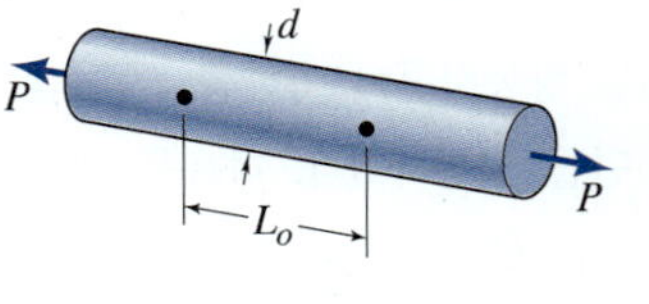

그림 P3.50

3.51 직경 2 in.의 황동 봉($E=15\times10^6$ psi, $\nu=0.3$)은 청동 관에 끼워져 있다. 초기에는 관과 봉의 표면에 압력이 서로 작용함 없이 끼워져 있다. 만약 봉에 축방향으로 압축하중 $P=40$ kips가 작용 시 청동 관의 내경을 계산하라.

3.52 그림 P3.52와 같이 주철 파이프가 축방향 압축하중을 받고 있다. 다음을 계산하라.

(a) 길이의 변화 ΔL

(b) 직경의 변화 ΔD

(c) 두께의 변화 Δt

조건 $D=130$ mm, $t=15$ mm, $L=0.5$ m, $P=200$ kN, $E=70$ GPa, $\nu=0.3$

가정 좌굴은 발생하지 않는다.

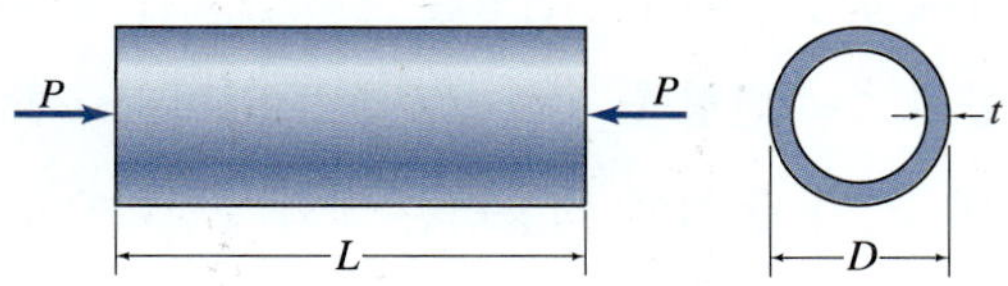

그림 P3.52

3.53 문제 3.52에서 P가 인장하중일 때 다시 계산하라.

조건 $D=130$ mm, $t=15$ mm, $L=0.5$ m, $P=200$ kN, $E=105$ GPa, $\nu=0.3$

3.54 유압실린더의 피스톤이 직경 50 mm, 길이 1.2 m의 알루미늄 봉으로 만들어져 축방향으로 ±200 kN의 하중을 받고 있다. 정상적으로 작용하기 위한 봉의 최대직경과 체적을 계산하라.

조건 $E=70$ GPa, $\nu=0.3$

3.55 문제 3.54에서 피스톤 봉이 정상적으로 작용하기 위한 봉의 최대직경과 체적을 계산하라.

3.56 직경 20 mm의 봉이 인장하중을 받고 있다. 힘 50 kN으로 봉의 길이가 초기길이 100 mm에서 0.2 mm 증가하였다. 다음을 계산하라.

(a) 공학변형률과 진변형률

(b) 탄성계수

***3.57** 직경이 d이고 탄성계수가 E, 푸아송비가 ν인 알루미늄 봉이 그림 P3.57과 같이 내경이 1.002 in.인 중공 튜브에 끼워져 있다. 두 재료 사이에는 접촉은 되지만 서로 간에 압력이 작용하지 않을 때 봉에 작용할 최대하중 P를 계산하라.

조건 $d=1$ in., $E=11\times10^6$ psi, $\nu=0.3$

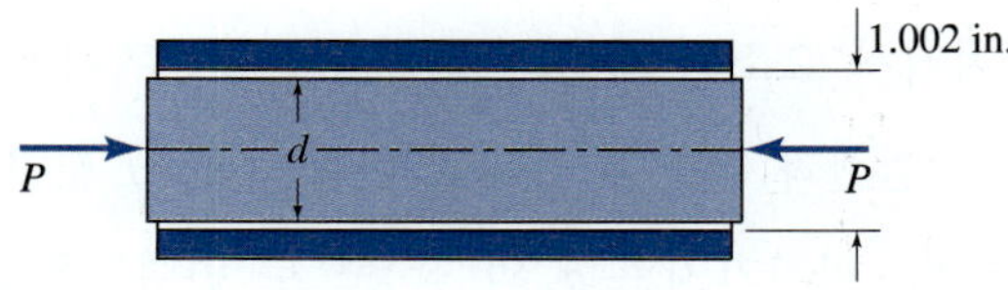

그림 P3.57

3.58 직경이 d이고 길이가 L인 주철 봉이 압축하중 P를 받고 있다. 다음을 계산하라.

(a) 직경의 증가 Δd

(b) 길이의 감소 ΔL

(c) 체적의 변화 ΔV

조건 $d=75$ mm, $L=0.5$ m, $E=80$ GPa, $\nu=0.3$

3.59 직경이 2 in.이고 길이가 4 in.인 원형 봉이 균일한 압축응력 $\sigma_x=7.2$ ksi를 받고 있다. 다음을 계산하라.

(a) 원형 봉의 길이변화

(b) 원형 봉의 체적변화

조건 $E=30\times10^6$ psi, $\nu=\frac{1}{3}$

3.11 일반화된 훅의 법칙

단축응력-변형률 관계식[식 (3.9)]을 많은 공학 적용 시 발생하는 2축 또는 3축 상태의 응력상태로 확장할 수 있다. 공식의 유도는 실험적 증거를 따르고 있다. 즉 수직응력은 전단변형률을 발생하지 않으며 전단응력(τ_{xy})은 오로지 전단변형률(γ_{xy})을 생성한다. 그리고 변형률은 매우 작은 값이므로 다축하중조건에서 중첩법(superposition method)이 적용된다. 이러한 가정은 등방성 재료가 선형탄성 범위 내에서만 가능하다.

평면응력

단위 두께를 갖는 구조용 요소가 2축 상태의 응력을 받고 있다고 가정하자[그림 3.29(a)]. 여기서 요소의 윗면과 왼쪽 면은 그 위치에 고정되었다고 하자. 응력 σ_x의 영향으로 그림의 점선과 같이 직접적인 변형률 σ_x/E뿐만 아니라 y방향의 수축변형률 $-\nu\sigma_x/E$가 발생한다. 마찬가지로 σ_y의 작용으로 변형률은 x방향의 수축변형률 $-\nu\sigma_y/E$뿐만 아니라 y방향 변형률 σ_y/E가 된다. 그러므로 두 응력 σ_x와 σ_y가 동시에 작용하는 x와 y방향으로 변형률은 다음의 식과 같다.

$$\varepsilon_x = \frac{\sigma_x}{E} - \nu\frac{\sigma_y}{E} \tag{3.15a}$$

$$\varepsilon_y = \frac{\sigma_y}{E} - \nu\frac{\sigma_x}{E} \tag{3.15b}$$

순수전단상태의 탄성응력-변형률 관계식 식 (3.10)은 다음과 같다.

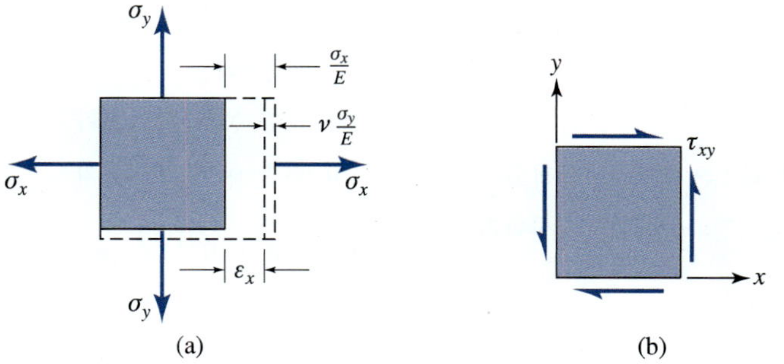

그림 3.29 (a) 2축 응력상태 요소 (b) 순수전단상태 요소

$$\gamma_{xy} = \frac{\tau_{xy}}{G} \tag{3.15c}$$

여기서 τ_{xy}는 해당되는 전단변형률만 발생하게 한다. 식 (3.15)로부터 다음과 같은 응력-변형률 관계식을 얻을 수 있다.

$$\begin{aligned} \sigma_x &= \frac{E}{1-\nu^2}(\varepsilon_x + \nu\varepsilon_y) \\ \sigma_y &= \frac{E}{1-\nu^2}(\varepsilon_y + \nu\varepsilon_x) \\ \tau_{xy} &= G\gamma_{xy} \end{aligned} \tag{3.16}$$

식 (3.15)와 (3.16)은 2차원 응력상태의 훅의 법칙이다.

3차원 응력

동일한 분석법을 통해 변형률의 성분 ε_z, ν_{yz}, γ_{xz}을 응력 및 재료의 특성과 연결할 수 있다. 앞의 절차를 3차원 응력상태(그림 2.25 참조)로 확장시킬 수 있다. 일반화된 훅의 법칙으로 알려진 응력-변형률 관계식은 다음과 같이 표현할 수 있다.

$$\begin{aligned} \varepsilon_x &= \frac{1}{E}[\sigma_x - \nu(\sigma_y + \sigma_z)] \\ \varepsilon_y &= \frac{1}{E}[\sigma_y - \nu(\sigma_x + \sigma_z)] \\ \varepsilon_z &= \frac{1}{E}[\sigma_z - \nu(\sigma_x + \sigma_y)] \\ \gamma_{xy} &= \frac{\tau_{xy}}{G} \qquad \gamma_{yz} = \frac{\tau_{yz}}{G} \qquad \gamma_{xz} = \frac{\tau_{xz}}{G} \end{aligned} \tag{3.17}$$

여기서 응력(변형률)에 대한 양(+)의 부호는 인장(신축)이고 음(−)의 부호는 압축(수축)을 의미한다. 그러므로 한 특정한 수직응력이 압축응력이라면 식 (3.17)에서 해당되는 항의 부호가 바뀌어야 한다.

그림 3.7(b)로부터 요소에서 대각선의 길이변화는 기하학적으로 수직변형률 ε_x와 ε_y뿐만 아니라 전단변형률 γ_{xy}와 관계가 있다. 그러므로 전단탄성계수 G는 탄성계수 E와 푸아송비 ν와 관련이 있다고 볼 수 있다. 8.13절에서 한 점에서 변형률의 변화를 논의할 예정이며 관계식은 다음과 같다.

$$G = \frac{E}{2(1+\nu)} \tag{3.18}$$

그러므로 등방성 재료는 두 종류의 독립적인 탄성상수를 갖는다. 상수 E와 ν는 주어진 재료의 인장시험으로 얻어지고 G는 앞의 공식으로부터 계산 가능하다. 여기서 G는 항상 E보다 작은 값인데, 이는 ν가 양의 상수이기 때문이다.

단위 체적변화

각 면의 길이가 dx, dy, dz인 정육면체를 고려하자. 이때 초기 체적은 $V_o = dx\,dy\,dz$이다. 응력 σ_x, σ_y, σ_z(그림 3.30)로부터 직육면체로 변하는데, 이때 체적은 다음과 같다.

$$V_f = (1+\varepsilon_x)(1+\varepsilon_y)(1+\varepsilon_z)dx\,dy\,dz$$

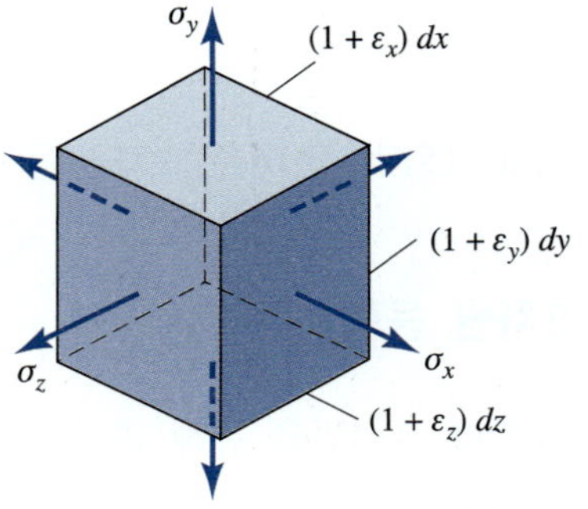

그림 3.30 3축 응력의 요소

한 요소의 체적변화는 $\Delta V = V_f - V_o$이다. 여기서 변형률의 곱은 너무 작기에 무시한다. 그래서 **단위 체적당 변화** 혹은 **팽창**은 다음과 같다.

$$e = \frac{\Delta V}{V_o} = \varepsilon_x + \varepsilon_y + \varepsilon_z \tag{3.19}$$

위의 식에 식 (3.17)을 대입하면

$$e = \frac{1-2\nu}{E}(\sigma_x + \sigma_y + \sigma_z) \tag{3.20}$$

특수한 경우. 물체가 압력 p라는 수압(hydrostatic pressure)을 받고 있는 상태에서 응력은 $-p$이다. 그러므로 식 (3.20)은 다음과 같이 계산된다.

$$e = -\frac{3(1-2\nu)}{E}p \tag{3.21}$$

여기서 새로운 상수를 도입하면

$$k = \frac{E}{3(1-2\nu)} \tag{3.22}$$

식 (3.21)은 다음과 같은 형태로 표현된다.

$$e = -\frac{p}{k} \tag{3.23}$$

상숫값 k는 **체적탄성계수**라 한다. 이 또한 탄성계수 E와 같이 파스칼 또는 psi 단위를 사용한다.

부가설명 수압상태에서만 유일하게 체적이 감소한다. 식 (3.23)에서 팽창계수 e는 음수이기에 체적계수는 양수이다. 이미 3.10절과 같이 식 (3.22)로부터 $1-2\nu>0$ 또는 $\nu<\frac{1}{2}$이다. 역시 대부분의 금속은 $\nu\approx\frac{1}{3}$이고 $k\approx E$이다.

예제 3.10 압력 하에서 블록의 체적변화

조건 예제 3.9의 연속으로 3차원 블록이 균일한 압력을 그림과 같이 받고 있다. 여기서

$$a = 40\ \text{mm} \qquad b = 30\ \text{mm} \qquad L = 100\ \text{mm}$$

$$p = 50\ \text{MPa} \qquad E = 200\ \text{GPa} \qquad \nu = 0.3$$

문제 블록의 체적과 치수변화

풀이 **체적변화.** 여기서 $\sigma_x = \sigma_y = \sigma_z = -p$이며, 주어진 데이터를 식 (3.21)에 대입하면 다음과 같다.

$$e = -\frac{3(50)}{200(10^3)}(1-0.6) = -300\ \mu$$

여기서 블록의 체적변화는 다음과 같다.

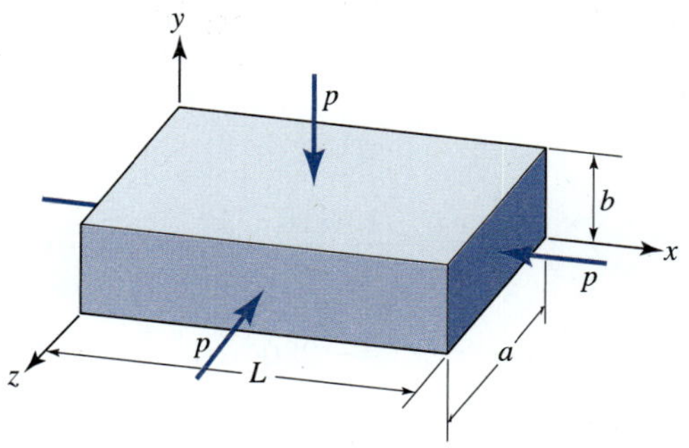

그림 3.31 수압 p를 받는 직육면체 블록

$$\Delta V = e(V_o) = -300\ \mu(40)(30)100 = -36\ \text{mm}^3$$

변형량. 식 (3.17)에 $\varepsilon_x = \varepsilon_y = \varepsilon_z = \varepsilon$을 대입하여 계산하면 $\varepsilon = -p(1-2\nu)/E = -100\times10^{-6}$이 된다. 따라서 x, y, z방향으로 변형은 각각 다음과 같다.

$$\delta_x = (-100\times10^{-6})(100) = -0.01\ \text{mm}$$

$$\delta_y = (-100\times10^{-6})(30) = -0.003\ \text{mm}$$

$$\delta_z = (-100\times10^{-6})(40) = -0.004\ \text{mm}$$

부가설명 음의 부호는 수축을 뜻한다.

예제 3.11 압력을 견디는 블록

조건 알루미늄 블록이 수압을 받고 있다(그림 3.31). 재료의 특성과 초기 치수는 다음과 같다.

$E = 30\times10^6$ psi $\quad \nu = 0.3$

$a = 3.5$ in. $\quad b = 2.5$ in. $\quad L = 5$ in.

문제

(a) 치수의 변화

(b) 블록의 면에 작용하는 압력의 크기

가정 길이의 변화는 $\delta_x = -1.4\times10^{-3}$ in.이다.

풀이

(a) 길이와 다른 모서리의 변화. $\sigma_x = \sigma_y = \sigma_z = -p$를 식 (3.17)에 대입하면

$$\varepsilon_x = \varepsilon_y = \varepsilon_z = -\frac{p}{E}(1-2\nu) \tag{a}$$

그러므로

$$\varepsilon_x = \frac{\delta_x}{L} = \frac{-1.4(10^{-3})}{5} = -280\ \mu$$

$$\varepsilon_y = \varepsilon_z = \varepsilon_x = -280\ \mu$$

이로부터

$$\delta_y = \varepsilon_y(b) = (-280\times10^{-6})(2.5) = -672\times10^{-6} \text{ in.}$$

$$\delta_z = \varepsilon_z(a) = (-280\times10^{-6})(3.5) = -980\times10^{-6} \text{ in.}$$

부가설명 음의 부호는 수축을 의미한다.

(b) 압력. 식 (a)로부터 다음과 같이 계산된다.

$$p = \frac{E\varepsilon_x}{1-2\nu} = \frac{(30\times10^6)(-280\times10^{-6})}{1-0.6} = 21 \text{ ksi}$$

그러므로 압력의 크기는 21 ksi이다.

[예제 3.12] 2축 하중을 받은 원형 봉의 체적변화

조건 그림 3.32에서 짧은 주철 원형 봉이 축방향과 반경방향으로 압축응력 40 MPa과 10 MPa을 각각 받고 있다.

$d = 120$ mm $L = 200$ mm $E = 100$ GPa $\nu = 1/4$

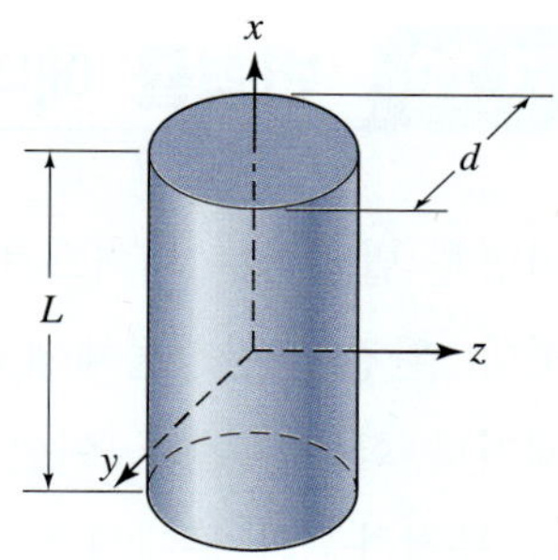

그림 3.32 원형 봉

문제

(a) 길이변화 ΔL과 직경변화 Δd

(b) 원형 봉의 체적변화 ΔV

가정 원형 봉의 변형은 균일하다.

풀이 길이방향이 $\sigma_x = -40$ MPa이며 반경방향이 $\sigma_y = \sigma_z = -10$ MPa이다. 식 (3.17)을 적용하여 해당 축방향과 반경방향에 대한 변형률을 계산하면 다음과 같다.

$$\varepsilon_x = -\frac{1}{E}[\sigma_x - \nu(\sigma+\sigma)]$$

$$= -\frac{10^6}{100\times10^9}\left[40 - \frac{1}{4}(10+10)\right] = -350\ \mu$$

$$\varepsilon_y = \varepsilon_z = \varepsilon = -\frac{1}{E}[\sigma - \nu(\sigma+\sigma_x)]$$

$$= -\frac{1}{100\times10^3}\left[10 - \frac{1}{4}(10+40)\right] = 25\ \mu$$

(a) 직경과 치수의 변화. 길이의 감소와 직경의 증가는

$$\Delta L = \varepsilon_x L = (-350 \times 10^{-6})(200) = -0.07 \text{ mm}$$

$$\Delta d = \varepsilon d = (25 \times 10^{-6})(120) = 0.003 \text{ mm}$$

(b) 체적의 변화. 식 (3.19)로부터

$$e = \varepsilon_x + 2\varepsilon = (-350 + 2 \times 25)10^{-6} = -300 \times 10^{-6}$$

그러므로

$$\Delta V = e V_o = (-300 \times 10^{-6})[\pi(60)^2(200)] = -679 \text{ mm}^3$$

부가설명 음의 부호는 원형 봉의 체적 감소를 의미한다.

3.12 변형률 에너지

변형을 발생하는 외력으로 인한 일은 물체 내에 변형률 에너지(strain energy)로 저장되어 있다. 완전한 탄성물체에서 에너지의 손실이 발생하지 않는다면 저장된 에너지는 하중의 제거로 회복이 된다. 이번 절에서 소개되는 이러한 개념을 **탄성변형률 에너지**라 하고 정적과 동적하중의 문제해결에 유용한 방법으로 적용된다. 특히 9장에서 다룰 파손의 예측과 다음 절과 12장에서 논의 예정인 충격하중을 재료가 받을 때 그 영향에 대한 처리법에 있어 중요한 역할을 탄성변형률 에너지법이 하고 있다.

단축응력

단축하중으로 점진적으로 증가하는 **수직응력** σ_x[그림 3.33(a)]를 받고 있는 요소의 변형률 에너지를 생각해보자. 요소는 초기에 응력이 없는 상태로 가정하고 x면에 작용하는 힘은 $\sigma_x dydz$이며 $\varepsilon_x dx$만큼 요소를 늘어나게 하는데, 여기서 ε_x는 x방향의 변형률이다. 선형적 탄성재료의 경우 $\sigma_x = E\varepsilon_x$[그림 3.33(b)]이다. 변형 중에 요소에 작용하는 평균하중은 $\frac{1}{2}\sigma_x dydz$이다. 그러므로 한 일은 $\frac{1}{2}\sigma_x dydz\varepsilon_x dx$로 이에 해당되는 변형률 에너지 U는 다음과 같이 표현된다.

$$dU = \frac{1}{2}\sigma_x\varepsilon_x(dxdydz) = \frac{1}{2}\sigma_x\varepsilon_x dV \tag{a}$$

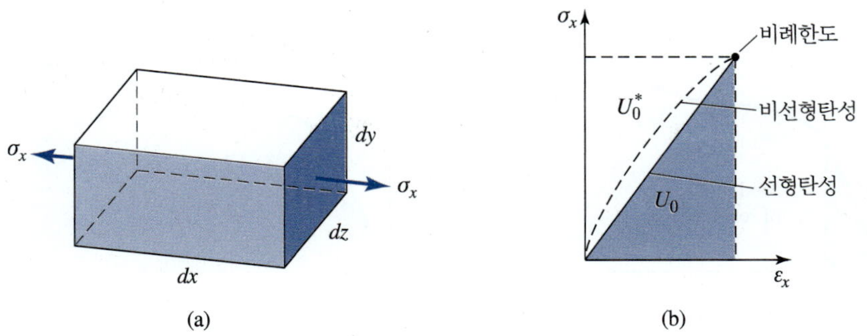

그림 3.33 (a) 인장을 받는 요소 (b) 응력-변형률 선도

여기서 dV는 요소의 체적이다. 일과 에너지의 단위는 SI에서는 줄(J)로 newton-meter (N · m)와 동일하다. US단위에서는 일과 에너지는 foot-pounds(ft · lb)나 inch-pounds (in. · lb) 단위를 주로 사용한다.

단위 체적당 변형률 에너지 dU/dV는 **변형률 에너지 밀도**로 U_0를 기호로 사용하고 다음과 같은 방식으로 식을 쓸 수 있다.

$$U_0 = \frac{E\varepsilon_x^2}{2} \qquad U_0 = \frac{\sigma_x^2}{2E} \tag{3.24}$$

이는 그림 3.33(b)에서 음영으로 표현된 부분이다. 응력-변형률 선도의 윗부분은 대체(complementary) 에너지 밀도라 하며 그림에서 보는 바와 같이 U_0^*로 정의한다. SI단위에서는 변형률-에너지 밀도를 세제곱미터당 줄(J/m^3)이나 파스칼로 표현되며 US단위에서는 세제곱인치당 인치 · 파운드(in. · lb/in.^{3})나 제곱인치당 파운드인 psi를 사용한다. 식을 보면 응력(σ_x)은 제곱이 되어 있어 변형률 에너지는 항상 양수이며 식 (3.24)는 부재에 **인장**과 **압축** 상관없이 적용할 수 있다.

항복응력까지 재료가 응력을 받은 변형률-에너지 밀도를 **탄력계수**라 한다. 이는 응력-변형률 선도[그림 3.34(a)]의 직선 부분 이하의 면적과 같으며 영구적인 변형 없이 재료가 저장 또는 흡수되는 성능으로 측정된다. 예를 들면 연강의 탄력계수는 $\sigma_y^2/2E = (250\times10^6)^2/2(200\times10^9) = 156\ \text{kJ/m}^3$ 또는 22.6 in. · lb/in.^{3}이다(표 B.4 참조). 또 다른 중요한 특성은 전체의 응력-변형률 곡선 다음의 모든 면적[그림 3.34(b)]으로 알려진 **인성계수**이다. 인성은 파괴됨 없이 재료가 에너지를 흡수하는 능력으로 평가된다. 명백하게 재료의 극한강도와 연성에 관계가 있다.

단축수직응력에 대한 변형률 에너지는 식 (3.24)의 변형률-에너지 밀도를 부재의 체적으

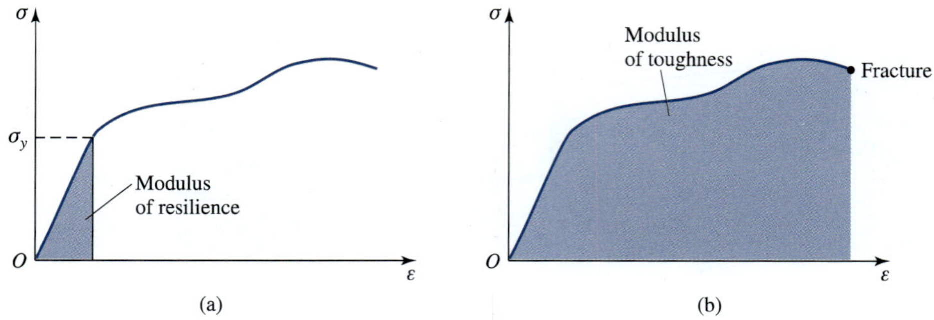

그림 3.34 전형적인 응력-변형률 선도 (a) 탄력계수 (b) 인성계수

로 적분하면 된다.

$$U = \int \frac{\sigma_x^2}{2E} dV \tag{3.25}$$

앞 식은 축하중을 받는 봉이나 순수굽힘의 보에 대한 변형률 에너지를 계산할 때 사용된다.

전단응력

전단응력 τ_{xy}를 받고 있는 요소를 고려해보자(그림 3.35). 힘 $\tau_{xy}dxdy$로 인해 $\gamma_{xy}dy$의 변형이 발생한다. 응력은 0에서 최종값까지 선형적으로 증가하므로 평균하중은 $\frac{1}{2}\tau_{xy}dxdy$이다. 순수전단에서 변형률 에너지 밀도는 다음과 같다.

$$U_0 = \frac{1}{2}\tau_{xy}\gamma_{xy} = \frac{\tau_{xy}^2}{2G} \tag{3.26}$$

이 값은 전단응력-변형률 선도의 면적으로 가시화할 수 있다. 전단응력에 대한 변형률 에너지는 부재의 체적으로 적분하고 다음과 같이 표현된다.

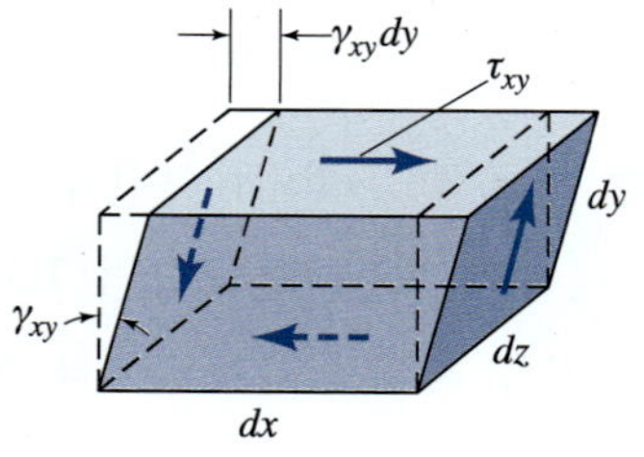

그림 3.35 순수전단을 받는 요소

$$U = \int \frac{\tau_{xy}^2}{2G} dV \tag{3.27}$$

식 (3.27)은 비틀림을 받는 봉이나 보의 전단력의 경우 사용된다.

[예제 3.13] 인장 봉의 변형률 에너지와 항복강도

조건 제조공정상 그림 3.36과 같은 탄성계수 $E = 207$ GPa과 직경 $d = 20$ mm와 $L = 1.2$ m인 원형 강봉은 $U_{\text{app}} = 14$ J의 탄성변형률 에너지가 필요하다.

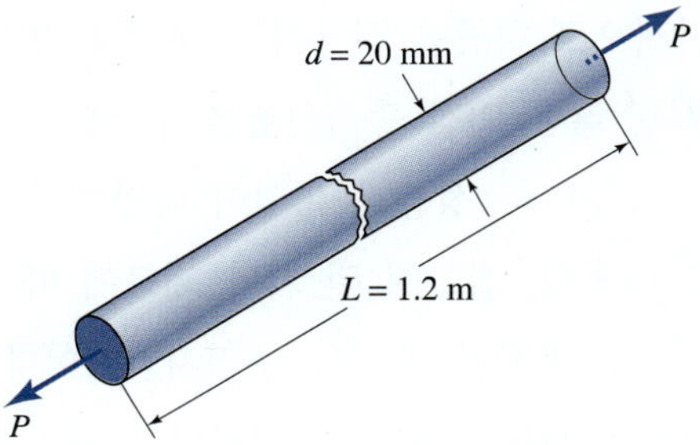

그림 3.36 순수인장의 원형 봉

문제 소성변형에 대비 안전계수 $n_s = 3$으로 설정할 때 필요한 항복강도 σ_y

가정 봉은 균일하게 변형한다.

풀이

봉의 변형률 에너지 밀도. 부재의 체적은

$$V = AL = \frac{\pi}{4}(20)^2(1200) = 377 \times 10^{-6}\ \text{m}^3$$

봉에 필요한 변형률 에너지는

$$U = n_s U_{\text{app}} = 3(14) = 42\ \text{J}$$

그래서 변형률 에너지는 $42/(377 \times 10^{-6}) = 111.4(10^3)\ \text{N/m}^3$와 같다.

봉의 항복응력. 식 (3.24)를 적용하면

$$U_0 = \frac{\sigma_y^2}{2E} \qquad 111.4 = \frac{\sigma_y^2}{2(207)}$$

그러므로

$$\sigma_y = 215\ \text{MPa}$$

부가설명 안전계수를 응력이 아닌 에너지에 적용하였다.

*3.13 충격강도

현재까지 하중은 점진적으로 물체에 힘을 가하는 정적하중의 경우에만 제한하여 왔다. 그러나 어떤 하중은 시간에 따라 변하는 동적하중이다. 동적하중에는 12.11절과 12.12절에서 논의할 충격과 피로하중을 포함한다. 구조나 기계에 하중이 작용하는 시간이 그 구조물의 제일 낮은 공진 주파수의 1/3시간보다 짧게 작용할 경우 이를 **충격하중**(impact load 혹은 shock load)이라 한다. 충격하중의 예로는 교량 위를 빠르게 지나가는 철도차량으로 인해 발생하는 빠르게 이동하는 하중이나 망치를 떨어뜨리는 것과 같은 충격하중 등이 있다.

충격시험은 시편에 순간적으로 하중을 작용하는 것이다. 일반적인 충격시험기는 샤르피 충격시험, 아이조드 충격시험 혹은 인장 충격시험을 수행할 수 있도록 설계되었다. 시험기마다 성능과 특성이 다양하여 시험가능 시편 금속, 플라스틱, 접합제 및 기타 재료에 따라 구별된다. 그림 3.37은 전형적인 진자식 충격시험기이다. 정확한 결과를 얻기 위해서는 표준화된 시험법을 따라 진행되어야 한다. **샤르피 시험**에서는 시편의 길이 중간에 노치(notch)가 있어야 한다. 시편은 끝단에서 지지되고 노치의 맞은편을 진자식 햄머로 충격을 준다. **아이조드 시험**에서는 노치가 있는 시편은 노치 근처를 고정하고 자유단에서 충격을 준다. 위의 두 시험법은 모두 일정한 높이에서 진자를 투하하여 파괴가 발생한 후 진폭의 높이(또는 다이얼의 눈금)를 계산하여 재료가 흡수한 에너지, 재료의 **충격강도** 혹은 **충격인성**을 계산할 수 있다. 노치 주위의 응력상태는 3축 응력이며 시편 전체를 통하여 비균일하게 분포되어 있다. 노치(혹은 홈)가 있으면 시편을 낮은 에너지에서도 파괴시키기 때문에 대부분의 충격시험에서는 노치가 있는 시편을 사용한다.

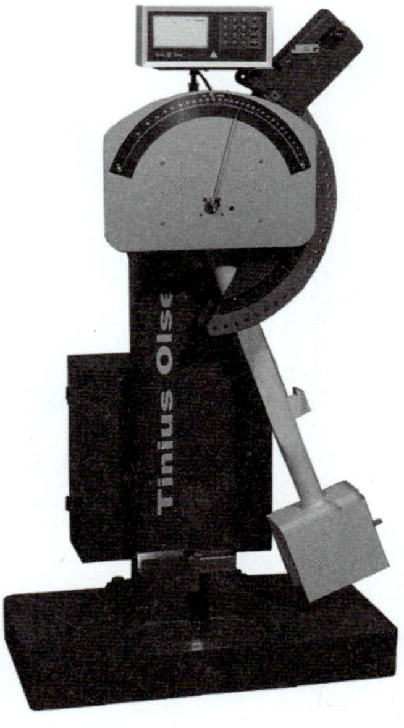

그림 3.37 디지털 표시부와 전동식 복귀장치 및 전기적 브레이크가 있는 충격시험기.
Tinius Olsen, Inc. 제공.

연성-취성 변이

작업 환경이 넓은 온도 변화나 동적하중에서 속도의 변화로 인해 재료의 거동이 연성에서 취성 혹은 취성에서 연성으로 변화(transition)한다. 홈(groove)이나 노치는 취성에서 연성 파괴로 변이하는 데 큰 영향을 미친다. 변이온도는 대략적으로 재료의 특성이 연성에서 취성으로 변화하는 온도를 의미한다. 일반적으로 철금속은 정확하게 정의된 변이온도를 갖고 있으나 일부 비철금속의 경우 그렇지 못하다. 그래서 취성에서 연성파괴가 발생하는 변이의 온도영역 폭은 재료에 따라 서로 다르다.

다양한 온도와 하중조건에서 노치가 있는 봉 시편에 대한 샤르피와 아이조드의 충격시험 결과, 연성재료는 어떤 특정한 조건에서 연성재료가 취성재료 거동 혹은 이와는 반대로 거동한다(그림 3.38). 이를 기초로 파괴나 항복에 이르는 파손에 영향을 미치는 핵심 인자는 다음과 같다.

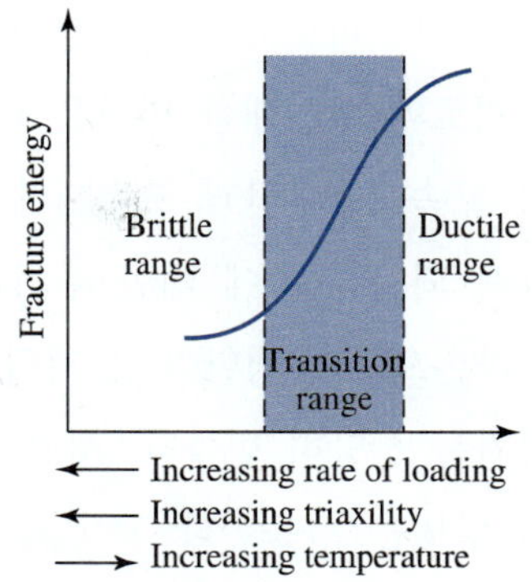

그림 3.38 강재에 대한 전형적인 변이곡선

1. **온도.** 온도가 증가하면(변이온도를 초과 시) 파괴에 저항하는 것보다 항복에 저항하는 것이 낮아 시편은 쉽게 항복한다. 반대로 온도를 낮추면 시편은 항복 없이 파손된다.
2. **하중속도비.** 하중을 가하는 속도가 증가하면 금속의 항복점은 높아진다.
3. **3축성.** 노치 주위에는 3차원 응력상태의 변이에 대한 효과에는 3축성이 있는데 또한 하중속도비의 효과와 동일하다.

다른 인자들로 인해 연성재료가 취성재료의 특성과 같은 파괴가 발생할 수도 있다. 이들 인자 중에는 상온에서 반복하중을 받는 피로(fatigue)와 3.8절에서 논의한 높은 온도에서 장기간의 정적하중을 받는 크리프(creep)와 다양한 열처리법 등이 있다. 주철에서 내부의 기포 등은 유사한 효과를 가져온다.

*3.14 피로

구조물 요소는 일정하게 하중을 받고 있는 때보다 반복적인 하중을 받으면 정적시험의 극한응력값보다 상당히 낮은 응력값에서 파손이 발생한다. 이런 반복하중으로 파괴가 발생하는 현상을 **피로**(fatigue)라 한다. 일반적으로 피로강도는 부분적인 구조적 불연속성, 크기, 기하도형적 배열과 부재의 표면처리 수준 및 주어진 환경 등이 영향을 미친다. 피로크랙은 대부분 노치나 홈의 끝단과 같이 응력집중 지점에서 발생한다. 비록 재료가 통상 연성이라도 피로파손은 취성의 특성을 보이며 대부분 인장응력상태에서 파손이 발생한다.

피로파손에 대한 현상은 1800년대에 처음으로 알려졌다. 현재에는 다양한 형태의 현대식 고속교통수단과 고속기계의 개발로 재료의 피로파손에 대한 중요성이 부각되고 있다. 크랙 되는 부품에 대한 주기적인 검사에도 불구하고 대부분의 철도 및 항공기 사고는 피로파손으로 발생한다. 문제의 복잡성으로 인해 피로에 대비한 논리적인 설계 절차를 개발하기는 상당히 힘들다. 재료 특성의 변화성으로 인해 피로강도를 계산하기 위해서는 통계적 방법을 사용한다.

회전기계, 항공기, 자동차, 터빈과 선박 등은 그 구조물을 사용하는 동안 백만 번 이상 반복하중을 받는다. 일부 보통 사용하는 동적하중의 패턴은 그림 3.39에 나타나 있다. 진동(fluctuating)하중은 그림 3.39(a)와 같이 교차하중(근사적으로 정현파)과 균일한 중간하중이 중첩되어 있는 형태이다. 앞의 경우는 일반적인 엔진밸브 스프링의 하중형태로 조립 시 하중이 미리 걸려 있고 밸브가 열리면 더 압축되고 있다. 그림 3.39(b)와 같이 평균하중이 없는 상태로 역전(reversed)하중은 완전히 상하로 역전되고 반복되고 있다. 반복(repeated)하중에서는[그림 3.39(c)] 최솟값이 0이 된다. 그림 3.39(d)는 맥동(pulsating)하중으로 0에서 최댓값까지 주기적으로 변한다.

재료의 **피로한계**는 파괴될 때까지 응력의 반복횟수나 사이클 수로 측정된다. 실험적으로는 피로시험에서 한 진폭에서 다른 진폭으로 변화하는 하중상태에서 특정한 응력 크기 σ

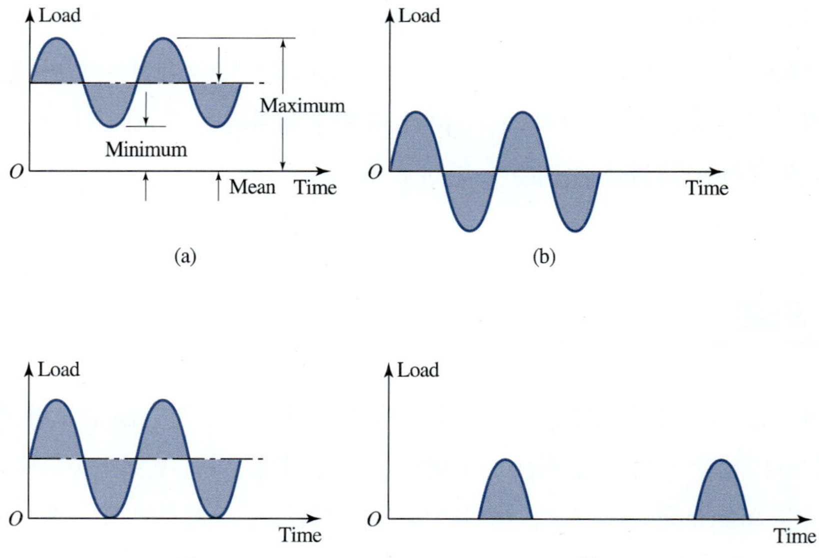

그림 3.39 일반적인 동적하중 (a) 진동하중 (b) 역전하중 (c) 반복하중 (d) 맥동하중

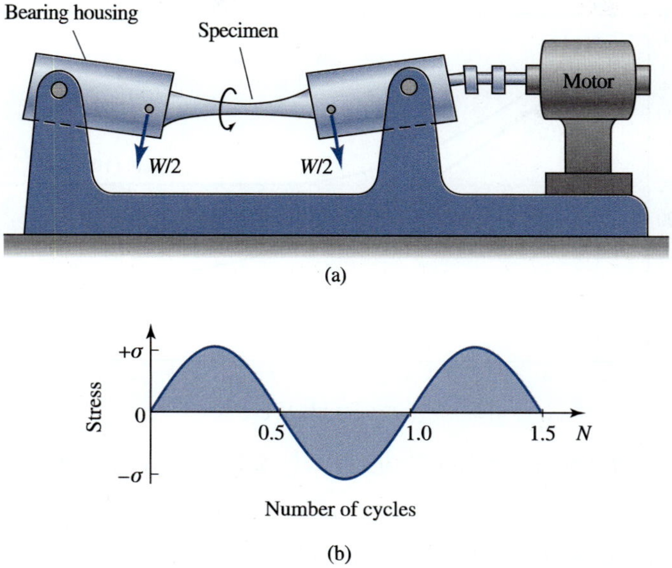

그림 3.40 굽힘피로 (a) R. R. Moore 회전-보 시험 (b) 완전히 역전되는 응력

에서 시편이 파손되는 데 걸린 사이클 수 N으로 계산된다. 굽힘 피로시험이 주로 사용되는데, 예를 들어 보의 시험에서 순수굽힘응력이 발생하는 완전한 역전(인장에서 압축까지) 하중을 줄 수 있다. 또 다른 시험에서는 적용하중을 달리하면 응력의 진폭이 달라져서 다양한 다른 결과를 얻을 수 있다.

표준 R. R. Moore 회전-보 시험에서 시험기는 정교하게 마무리된 다양한 원형 단면의 시편에 순수굽힘 모멘트를 가할 수 있다[그림 3.40(a)]. 시험은 시편에 선정된 추 W를 작용시키는데, 모터가 회전함에 따라 시편도 같이 회전하나 추는 회전하지 않는다. 시편의 바깥표면상의 한 점은 시편이 회전함에 따라 연속적으로 굽힘응력이 최대인장에서 최대압축으로 변화한다. 이는 완전히 역전되는 굽힘으로 그림 3.40(b)와 같이 응력 σ-사이클 N 선도로 나타나 있다. 명백하게 응력의 최댓값은 시편의 중간 부근의 단면이 최소인 지역에서 발생한다. 축응력, 비틀림응력과 굽힘응력을 포함하여 사용되는 다양한 표준 피로시편은 피로에 대한 ASTM 지침서에 설명되어 있다.

피로 선도

피로 데이터는 빈번하게 응력과 사이클 수 N의 형태로 그래프가 그려지는데, 반 지수 척도로 선도를 그린다(즉 σ 대 $\log N$). 그림 3.41은 시편의 재료가 강재와 알루미늄인 2개의 동일한 치수를 갖는 원형 봉 시편이 서로 다른 크기의 굽힘하중을 받는 회전-보 시험에 해

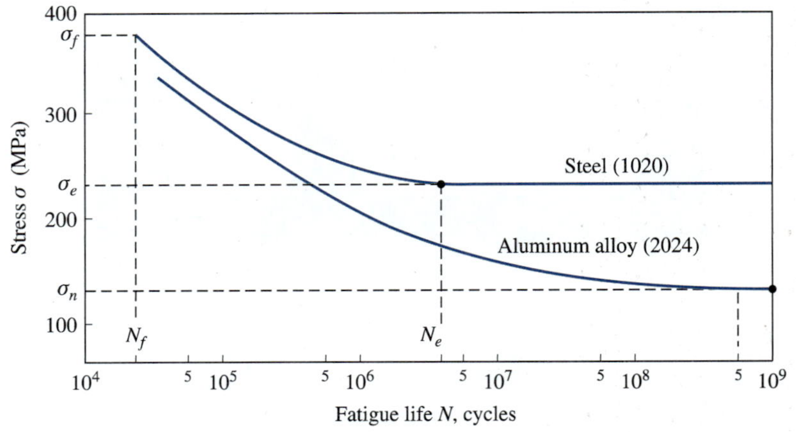

그림 3.41 일반적인 두 재료에 대한 응력-사이클($\sigma-N$) 선도

당하는 일반적인 σ-N 선도를 보여준다. 그림에서 보는 바와 같이 작용하는 최대응력이 클수록 상대적으로 작은 사이클 수에서 파괴가 발생한다.

내구한도와 피로강도

강재와 같은 재료에서는 응력곡선에서 응력이 수평을 이룰 때 **내구한도**(endurance limit) σ_e(그림 3.41)라 한다. 이 점(σ_e, N_e) 이후는 비록 무한대의 사이클 하중을 작용하여도 파괴가 발생하지 않는다. 구조용강에서 내구한도는 거의 극한강도의 약 절반 정도 크기이다. $N = N_f$ 사이클에서 발생하는 파괴는 정적 파괴응력에 의한 것이다. $N < N_f$일 때 하중은 정적으로 간주한다.

한편 알루미늄 합금 같이 대표적인 비철금속에서는 그림 3.41과 같이 σ-N 곡선에서 사이클 수가 증가할수록 지속적으로 파괴응력의 값은 감소한다. 이와 같은 재료에서 $5(10^8)$과 같은 임의의 사이클 수에 해당되는 응력을 **피로강도** σ_n이라 정의한다. 여기서 이해하여야 할 점은 피로 데이터를 해석하기 위하여 다양한 많은 기준들이 제시되고 있다는 점이다.

3.15 영구변형

영구적 또는 **비탄성변형**은 상당한 비율을 갖는 재료의 소성영역에서 발생한다. 이러한 소성변형은 최종 응력상태뿐만 아니라 하중을 주는 초기 절차 때부터 발생하는 응력상태에 달려 있다. 여기서는 구조물에 하중을 파손이 발생하기 전까지 점진적으로 증가하는 방법을 사용한다. 이렇게 하중을 작용시키는 목적은 파손에 이르는 극한 혹은 한계하중까지 가하여 안전계수를 찾고자 하는 것이다. 소성설계의 기본적인 개념으로 이상적인 탄소성 재료로 가정하여 정정 문제와 부정정 문제에 대하여 논의할 것이다.

여기서 강조하고 넘어갈 점은 소성거동은 연성재료에만 적용되며 재료의 피로가 중요한 요인일 경우 비탄성해석은 기계설계에 적용되지 못한다는 것이다. 응력-변형률 선도를 알고 있다면 1.3절에서 논의한 바 있는 해석을 위한 중요 원칙 세 가지는 다양한 하중을 받는 부재에 발생하는 비탄성거동을 설명하기에 충분하다. 소성거동을 예측하기 위하여 많은 이론적 해석법이 개발되었다. 비례한도를 넘어선 진응력과 진변형률 관계식은 상당히 복잡하다(참고문헌 3.1).

이상화된 응력-변형률 선도

연성재료에 대한 인장시험으로 얻어지는 응력-변형률 관계는 그림 3.42(a)와 유사한 근사적인 선도를 자주 사용한다. 재료는 **탄성-완전소성** 혹은 **탄소성**으로 이상적인 응력-변형률 선도를 갖게 된다. 앞에서와 같이 비례한도 및 항복응력은 동일하다. 항복응력과 항복변형률은 각각 σ_y와 ε_y로 표시한다.

선도에서 탄성영역은 직선으로 기울기는 재료의 탄성계수인 E이다. 소성영역은 항복점에서 수평선분으로 표시한다. 이는 일정한 응력상태하에서 상당히 많은 항복이 발생하는 영역이다. 그림 3.42(b)와 같이 연강의 경우는 인장과 압축에서 이와 같은 형태로 보여준다. 다시 한번 강재에서 소성변형률은 항복변형률보다 15배 정도 더 크다는 사실을 상기하기 바란다.

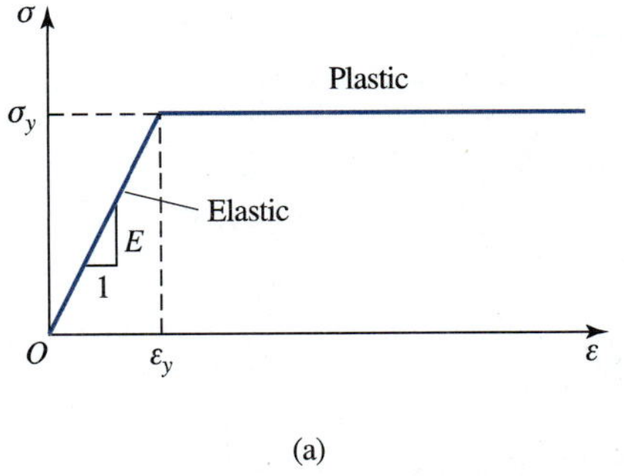

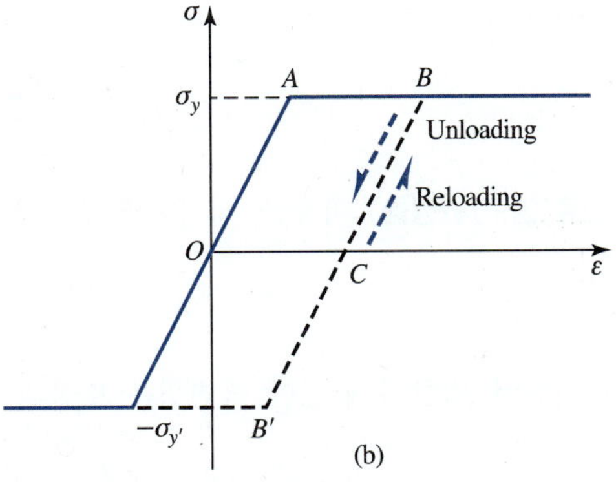

그림 3.42 탄소성 재료의 이상화된 응력-변형률 선도 (a) 인장 (b) 인장과 압축

상당수 재료의 응력-변형률 관계는 탄성-선형적 경화선도 혹은 이중선형(bilinear) 선도로 더 정확하게 표현할 수 있다. 이 선도는 각각 탄성과 소성영역 범위에서 기울기가 서로 다른(E, E_t) 2개의 직선으로 만들어진다(그림 3.9). 그럼에도 불구하고 단순한 계산을 위하여 재료를 탄소성으로 처리하며 가공경화의 영향은 고려하지 않는다. 여기서 그림 3.42에서 σ 대신 τ를, 그리고 ε 대신 γ로 대체하면 전단에 대해서도 적용할 수 있다.

그림 3.42(b)에서 보는 바와 같이 연강의 시편이 점 B의 소성영역까지 응력을 받다가 하중을 풀어 주면 선분 BC를 따라 거동한다. 이 선분은 선도의 초기 경로 OA와 평행하다. 그리고 잔류변형률 OC가 재료에 남아 있다. 다시 인장으로 하중을 주면 재료는 C에서 B까지는 탄성을 유지하지만 그 이후는 소성이 된다. 만약 점 C에서 압축으로 하중을 가하면 재료는 선분 CB'을 따라 탄성적으로 거동하는데, 이 선분은 선분 BC의 연장선이다.

[예제 3.14] 인장을 받는 봉의 영구적 길이변화

조건 길이 $L = 400$ mm이고 단면적 $A = 50$ mm^2인 강재 봉이 축하중을 받아 $\sigma_B = 6$ mm 만큼 늘어난 후 하중을 제거하였다. 재료의 성질은 $E = 200$ GPa, $\sigma_y = 280$ MPa이다.

문제 소성변형

가정 재료는 탄소성체이다.

풀이 응력-변형률 관계는 그림 3.42와 같이 표현된다.

항복 변형률과 응력. 항복이 시작되는 지점에서 계산하면

$$\varepsilon_y = \frac{\sigma_A}{E} = \frac{280(10^6)}{200(10^9)} = 1400\ \mu$$

최대변형률은

$$\varepsilon_{\max} = \frac{\delta_B}{L} = \frac{6}{400} = 15000\ \mu$$

잔류(영구)변형률. 하중을 제거하면 잔류변형률은 다음과 같다.

$$\delta_p = \delta_c = 15000 - 1400 = 13600\ \mu$$

부가설명 비탄성 균일한 축변형은 다음과 같이 계산된다.

$$\delta_p = \varepsilon_p L = 0.0136(400) = 5.44\ \text{mm}$$

3.16 재료의 일반적 특성

다음에 논의되는 주제들은 선정된 몇 가지의 재료를 이해하는 데 도움을 주고자 한다. 통상 공학에서는 네 가지 종류의 재료인 금속, 플라스틱, 세라믹, 복합제가 관심의 대상이다. 각 그룹별 재료들은 유사한 특성(화학적 성분, 원자구조), 제조절차, 적용범위 등에서 유사하다. 공학재료는 아주 다양한데, 이들 중 몇몇을 표 3.1에 수록하였다.

금속

금속은 **합금법**과 다양한 **기계적 처리법 및 열처리법**으로 더욱 강해진다. 대부분의 금속은 연성체이며 전기적 · 열적으로 좋은 도전체이다. 그러나 일부 주철금속은 매우 낮은 연성을 가지고 있다. 주철(cast iron)과 주강(cast steel)은 철합금으로 각각 탄소가 2% 이상과 2% 이하의 함유량으로 구성되어 있다. 주철은 탄소를 포함하여 대부분의 재료로 구성되어 있다. 회주철은 주철재로 가장 널리 사용되고 있다.

강재는 보통 탄소강, 합금강, 고장력강, 주강 및 특수강으로 분류된다. 저탄소강이나 연강은 **구조용강**으로 널리 알려져 있다. 기본 탄소강에 다른 합금을 첨가하면 많은 효과가 나타난다. **스테인리스강**(탄소에 추가적으로)은 기본 합금요소로 최소한 12%의 크롬이 포함되어 있다. 알루미늄과 마그네슘 합금은 무게에 비해 큰 강도를 가지고 있다.

플라스틱

플라스틱은 합성재료로 **고분자**(polymers) 재료로 알려져 있다. 구조용과 많은 다른 용도로 사용 가능하다. 기계적 특성은 취성부터 연성까지 재료로 크게 차이가 있다. 고분자 재료에는 열가소성(thermoplastics) 재료와 열경화성(thermoset) 재료 두 종류로 구분된다. 열가소성 재료로는 아세탈, 아크릴, 나일론, 테프론, 폴리에치렌, 폴리스타이렌, PVC 및 사란이 있다. 열경화성 재료로는 에폭시, 폴리에스터, 폴리우레탄 및 베이클라이트가 있다.

열가소성 재료는 반복적으로 열을 가하면 연화되고 냉각되면 경화된다. 그러므로 단순히 열과 압력으로 다양한 형상을 만들 수 있다. 또한 여기에는 높은 탄성특성재료인 열가소성 **탄성중합체**(elastomers)도 있다. 대표적인 탄성중합체는 고무밴드이다. **열경화성** 재료는 제조공정 중에 구조적 변화를 거치는데, 이 재료는 절단이나 기계가공으로만 형상변화가 가능하다. 대형 탄성변형은 합체하기 빠르고 쉽고 또한 값싼 플라스틱 부품의 설계로 가능해진다. 플라스틱은 내식성과 낮은 마찰계수를 갖는다. 또 마모에 아주 강하다.

공학 플라스틱에 대한 기술적 정보는 www.dupont.com/enggpolymers나 www.ge.com/plastics를 참고하기 바란다.

세라믹

세라믹은 원천적으로는 비금속뿐만 아니라 대부분 산화물, 질화물, 탄화물 등의 금속원소로 구성되어 있다. 규토(silica)나 그래파이트 세라믹이 산업을 주도한다. 유리 또한 금속과 비금속으로 만들어지는 세라믹이다. 그러나 유리와 세라믹은 서로 다른 구조형태를 갖는다.

유리세라믹은 전기, 전자 및 실험실 기구로 널리 사용된다. 세라믹은 높은 경도와 강도를 갖고 있으며 압축에는 강하나 인장에는 약하다. 또 고내열성, 내화학성 및 높은 전기적 절연성과 작은 무게라는 특징을 갖고 있다. 그러므로 세라믹은 기계나 구조용 부품으로 사용되는 공학재료로 그 중요성을 인정받고 있다.

복합재료

복합재료는 2개 이상의 서로 다른 성분으로 만들어진 재료이다. 복합재는 일반적으로 고장력 재료(예를 들면 강재, 유리, 그래파이트, 플라스틱 섬유)가 매트릭스라는 주변재료(레이진, 콘크리트)에 묻혀 있는 상태로 구성된다. 복합재는 상대적으로 다른 균질의 재료와 비교 시 무게당 큰 강성을 갖는다. 복합재는 다양한 구조물, 압력용기, 기계부품으로 널리 사용되는데 다른 장점들이 있다.

복합재는 각각 성분의 재료의 제일 우수한 특성의 합을 나타내고자 설계된 것이다. 예를 들면 그래파이트로 강화된 에폭시에서 강도는 그래파이트 섬유로부터 얻고 에폭시는 그래파이트의 산화를 방지해주는 것이다. 추가적으로 에폭시는 전단응력의 저항을 지탱하고 재료의 강성에 도움을 준다. 여기에서의 논의에는 강화 콘크리트 보와 다중 적층된 부재와 필라멘트가 감겨진 이방성 실린더를 포함한다.

섬유로 강화된 복합재료

3.5절을 보면 방향에 따라 재료의 특성이 변하는 것을 이방성 재료라고 한다. 여기서 간단히 섬유로 강화된 복합재의 이방성 재료는 복합재에서 중요한 분류에 속한다. 여기에는 이런 복합재를 사용하는데, 필요한 다양한 상황들이 존재한다. 예를 들면 고압을 받는 두께가 두꺼운 압력용기, 선박이나 항공기의 창유리, 우주선의 일부 부품, 다른 기계나 구조의

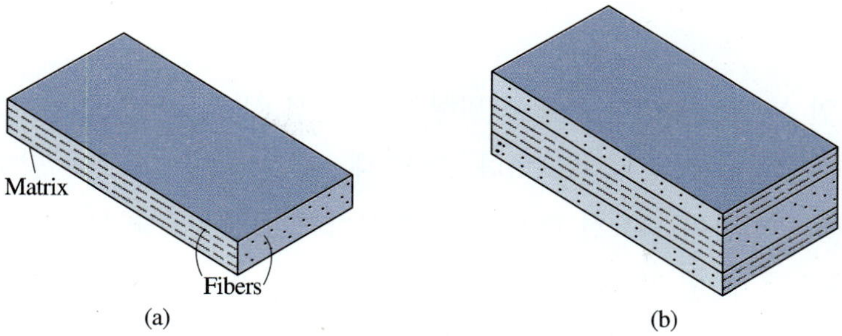

그림 3.43 섬유강화재료 (a) 단층 (b) 3개의 교차층

부품들이 있다. 복합재에 대한 이론 및 적용사례에 대한 공학적 문헌에는 수많은 실제적용의 정보가 있다(참고문헌 3.8과 3.9).

섬유로 강화된 복합재는 강성이 큰 **섬유**를 상대적으로 약한 강화되는 재료 또는 **매트릭스** 금속에 묻힘(불연속적이나 연속적)으로 구성되는 재료이다. 일반적으로 탄소, 유리, 플라스틱, 그래파이트나 금속을 섬유로 채택하고 다양한 레이진을 매트릭스(예를 들면 유리섬유/에폭시 로켓 모터 케이스)로 사용한다. 그림 3.43(a)는 섬유보강된 복합재료의 단면을 보여준다. 섬유의 길이는 섬유강화 복합재의 강도와 강성에 중요한 인자이다.

복합재의 한 층 혹은 한 **판**(lamina)에는 평행하게 놓인 수많은 섬유가 매트릭스에 묻혀 있고 **적층판**(laminate)은 임의의 방향으로 접합된 층이나 판으로 되어 있다. 각각의 층은 판의 두께나 섬유의 방향성과 이방성 특성이 다르다. 적층판에서 섬유의 방향은 통상 30°, 45°, 60° 방향으로 적층판에 하중 작용 시 저항력을 증가시키는 역할을 한다.

직교성 재료는 이방성 재료의 특수한 경우로 모든 적층판에서 섬유의 방향이 동일하면 이를 **직교성**이라 한다. 일반적으로 복합재에서는 가끔 세 층의 직교이방성 재료를 접합하여 사용한다. 그림 3.43(b)에서 중앙의 층과 바깥 두 층에서는 섬유가 각각 축방향과 횡방향으로 향하고 있음을 보여준다.

*3.17 재료의 선정

기계설계에서 재료를 선정하는 것은 아주 중요한 일이다. 재료는 부재가 사용되는 환경을 고려하여 각 구성품에 특별히 요구되는 사항을 만족하도록 신중히 선정되어야 한다. 구성품의 특정한 재료로 선택 시 해당 작업의 형태나 목적뿐만 아니라 부재의 예측되는 파손형태까지 고려하여야 한다. 재료의 선정에서 강도와 강성은 주된 인자들이다. 그러나 재료 선정 시 기능적인 측면과 경제적인 측면을 동시에 고려하는 것이 매우 중요하다.

강도밀도도표

재료의 개별적인 특성은 특별한 적용을 위해 재료 선정 시 적절하지 않다. 그 대신 1개 혹은 여러 개의 복합적인 특성이 필요하다. 강성 대 밀도(E-ρ), 강도 대 밀도(σ-ρ)와 강성 대 강도(E-σ)를 포함하여 중요한 특성에 대한 복합적 특성을 고려한다. 재료 선정 시 다른 복합성도 유용할 수 있으나 앞의 복합성들은 기계요소의 설계에 가장 핵심적인 요소들이다.

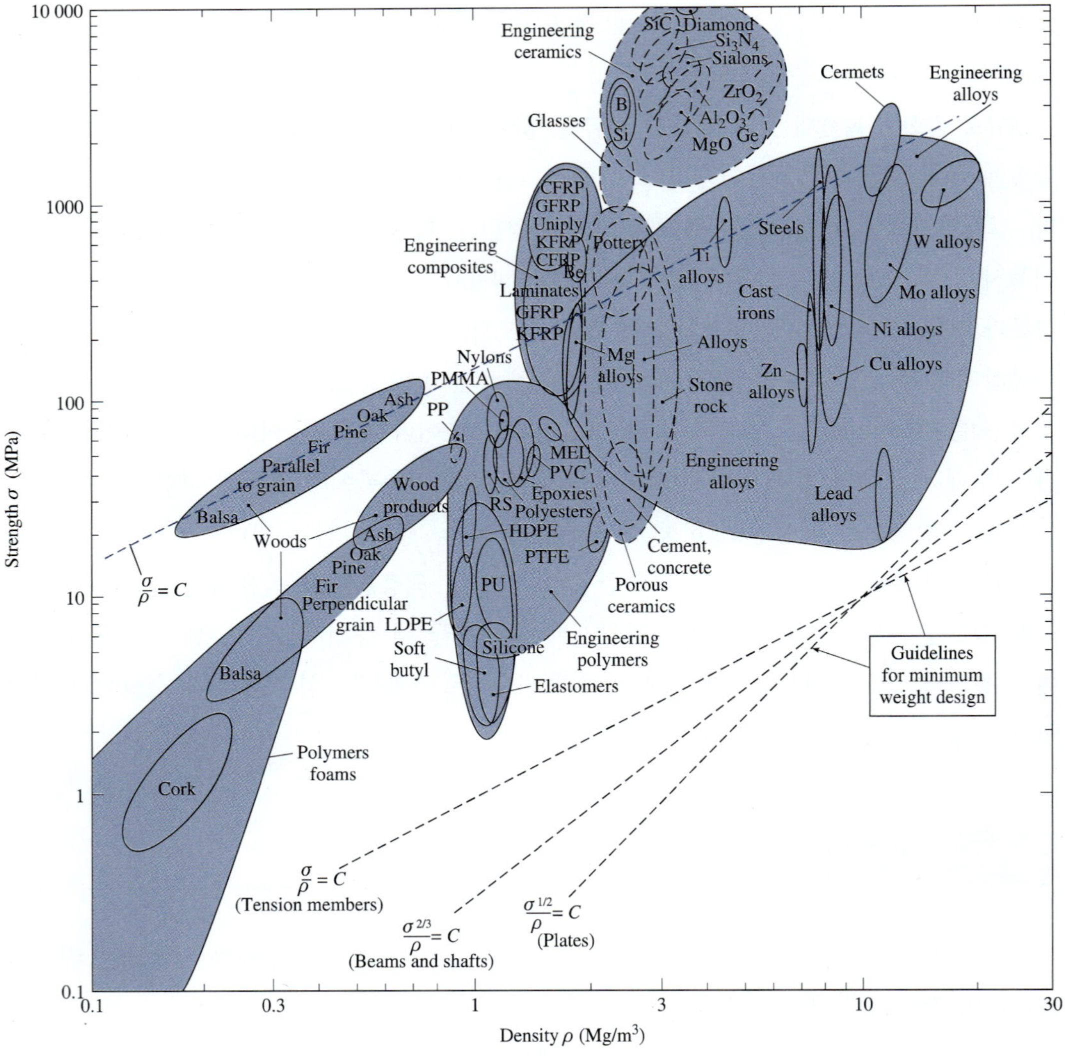

그림 3.44 공학재료에 대해 강도 대 밀도의 도표(참고문헌 3.10). 하나의 군으로 둘러싸인 것은 지정된 등급의 재료들이다.

여기서 **애슈비의 재료선정도표**에 대하여 간단히 논의하자(참고문헌 3.10). 이러한 도표는 실제로 현장의 공학자에게 아주 유용한 참고자료이다. 여기서 주목할 점은 이 애슈비의 도표는 간단한 계산용으로 활용되는 도표이지 최종적 설계를 위한 것은 아니라는 것이다. 선정된 재료의 실제적인 특성들이 실험적 증명과 시험을 통하여 최종설계에 사용되어야 한다. 부록 B의 표 B.5는 재료선정도표에 사용되는 등급과 약어를 수록하였다.

그림 3.44는 여러 재료에 대하여 강도 σ와 밀도 ρ(단위 체적당 무게)의 관계를 표시한 것이다. 강도에 대하여 도면에 표시된 값은 (a) 금속과 플라스틱에 대한 항복강도, (b) 세라믹과 유리에 대한 압축강도, (c) 복합재에 대한 인장강도, (d) 탄성중합체에 대한 전단강도이다. 취성재료는 점선으로 둘러싸인 것이다. 상수에 대한 가이드라인으로 각각 사용되었고 최소 무게의 인장 부재, 보, 축 및 평판은 그림에 표시되어 있다.

$$\sigma/\rho = C \qquad \sigma^{2/3}/\rho = C \qquad \sigma^{1/2}/\rho = C$$

선정된 가이드라인으로부터 가장 멀리 떨어진 재료(상단 좌측)는 우수한 재료이다. 예를 들어 도표에서 색깔로 선분을 표시한 것은 특별한 $\sigma/\rho = C$값을 나타낸 것이다. 도표에서 보는 바와 같이 일부 목재의 강도-무게비는 고장력강과 같은 수준이며 대부분의 금속보다 좋다. 이러한 이유로 목재는 건물건설에 널리 사용되는 재료이다.

[예제 3.15] 낚싯대에 대한 재료 선정

조건 테이퍼가 진 튜브로 낚싯대가 제작되었다.

문제 주어진 무게에 대하여 낚싯대는 최대한 강해야 한다.

가정 재료는 초기설계를 위해 선정한다.

풀이 그림 3.44로부터 주어진 밀도에 비해 가장 강한 재료는 다이아몬드, 실리콘 카바이트와 다른 세라믹들이 있다.

부가설명 이러한 재료를 낚싯대로 사용하기는 어렵고 비싸다. 1.5 $\mathrm{Mg/m^3}$의 밀도에서 800 ~1000 MPa의 강도를 갖는 탄소섬유강화 플라스틱이나 유리섬유강화 플라스틱이 좋다.

연습문제

3.11절~3.17절

3.60 임의의 재료로 만든 봉이 균일한 3축 응력을 받고 있다. 최대 푸아송비를 계산하라.

3.61 그림 P3.61과 같이 사각형 콘크리트 블록이 합력 $P_x = 100$ kN, $P_y = 150$ kN과 $P_z = 50$ kN의 힘을 받고 있다. 다음을 계산하라.

(a) 블록의 길이변화

(b) 초기의 하중들이 작용한 것과 같은 변형이 생기는 y면에 작용하는 1개의 압축하중

조건 $E = 24$ GPa, $\nu = 0.2$

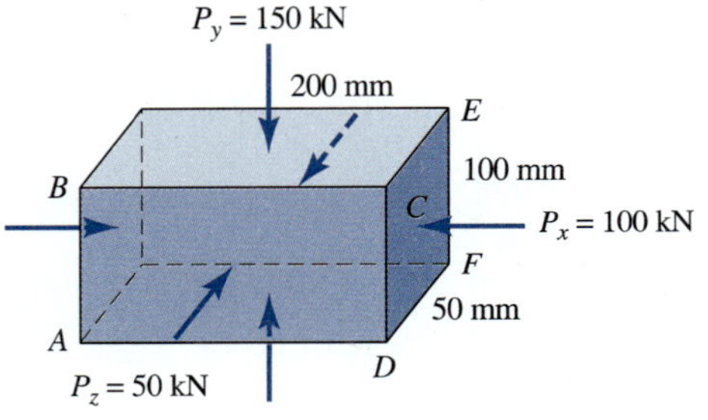

그림 P3.61

3.62 x면에는 응력이 없는 상태에서 문제 3.61을 다시 풀어라.

***3.63** 방진시스템은 그림 P3.63과 같이 직경 d인 고무 실린더가 강재 실린더 안에 강재 봉으로 힘 R을 작용하여 압축되어 있다. 다음에서 요구되는 항목에 대하여 d, R 및 고무에 대한 푸아송비 ν로 표현하라.

(a) 고무와 강재 실린더 간의 작용하는 측면의 압력 P

(b) $d = 60$ mm, $\nu = 0.45$, $R = 4$ kN일 때 고무와 강재 실린더 간의 작용하는 측면의 압력 P

가정

1. 고무와 강재 실린더 사이의 마찰은 무시한다.

2. 강재 실린더와 봉은 강체이다.

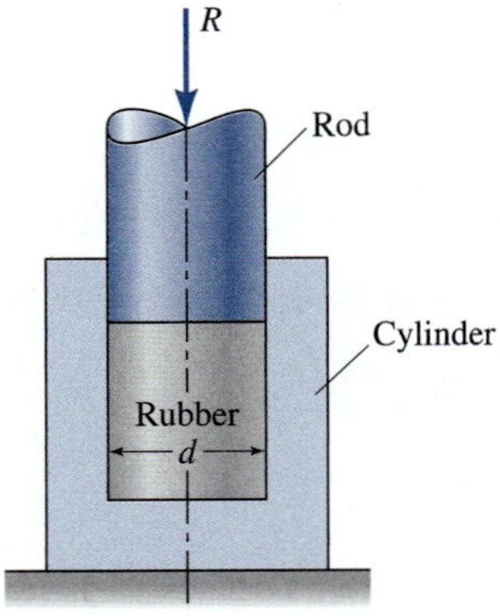

그림 P3.63

***3.64** 그림 P3.64와 같이 사각형 알루미늄판($E = 70$ GPa, $\nu = 0.3$)이 균일한 하중을 받고 있다. x방향으로 길이의 변화가 1.5 mm이고 y방향으로는 2 mm가 되게 하는 w_x와 w_y(단위: kN/m)를 구하라. 이때 $a = 2$ m, $b = 3$ m, $t = 5$ mm이다.

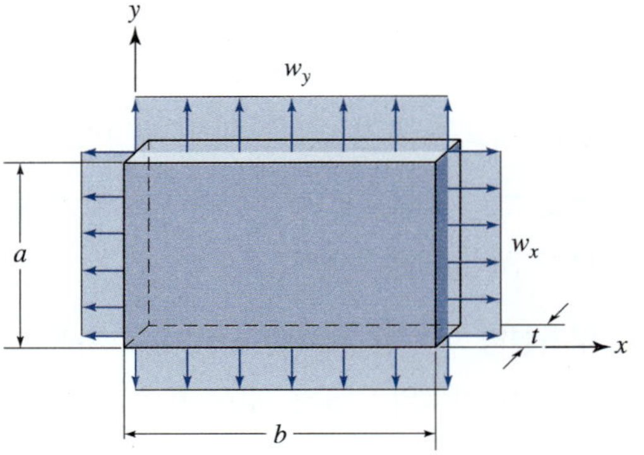

그림 P3.64

3.65 $a = 4$ m, $b = 2$ m, $t = 6$ mm이고 판이 강재($E = 210$ GPa, $\nu = 0.3$)로 만들어졌다면 문제 3.64를 다시 풀어라.

3.66 그림 P3.66과 같이 직경이 d인 중실구가 균일한 압력 p를 받고 있다. 다음을 계산하라.

(a) 구의 원주방향의 감소량

(b) 구의 체적변화 감소량 ΔV

조건 $d = 200$ mm, $p = 120$ MPa, $E = 70$ GPa, $\nu = 0.3$

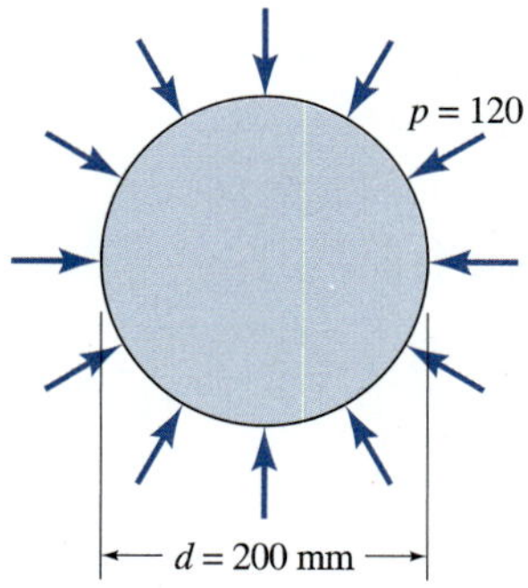

그림 P3.66

3.67 직경이 d이고 길이가 L인 원형 봉이 수압 $\sigma_x = \sigma_y = \sigma_z = -7.2$ ksi를 받고 있다. 다음을 계산하라.

(a) 원형 봉의 길이변화 ΔL

(b) 원형 봉의 체적변화 ΔV

조건 $d = 2$ in., $L = 4$ in., $E = 30 \times 10^6$ psi, $\nu = 1/3$

***3.68** 그림 P3.68과 같이 두께가 t인 강재 판 $ABCD$가 균일한 응력 σ_x와 σ_y를 받고 있다. 다음의 변화를 계산하라.

(a) 모서리 AB의 길이

(b) 모서리 AD의 길이

(c) 대각선 BD의 길이

(d) 두께

조건 $a = 160$ mm, $b = 200$ mm, $t = 5$ mm, $\sigma_x = 120$ MPa, $\sigma_y = 90$ MPa, $E = 200$ GPa, $\nu = 1/3$

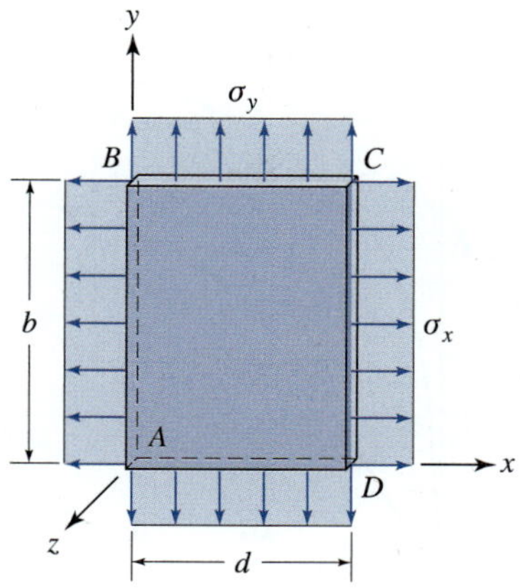

그림 P3.68

3.69 2축 하중으로 균일한 응력분포가 $\sigma_x = 100$ MPa, $\sigma_y = -60$ MPa일 때 문제 3.68을 다시 풀어라.

3.70 그림 P3.70과 같이 구조용강의 응력-변형률 선도를 이용하여 다음을 계산하라.

(a) 탄력(resilience)계수

(b) 근사적 인성(toughness)계수

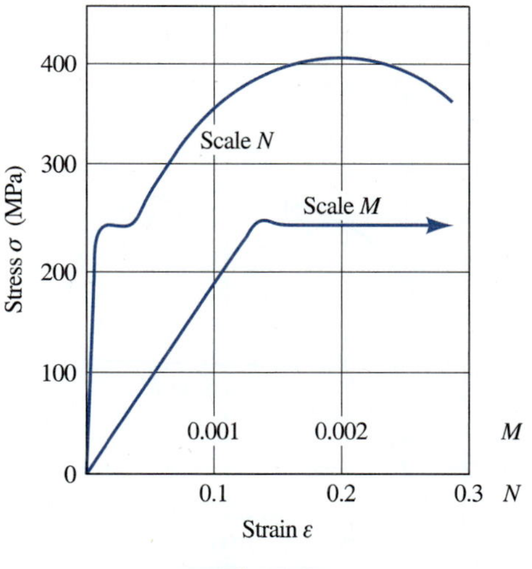

그림 P3.70

3.71 그림 P3.71과 같이 마그네슘 합금의 응력-변형률 선도에서 다음을 근사적으로 계산하라.

(a) 탄성계수

(b) 인성계수

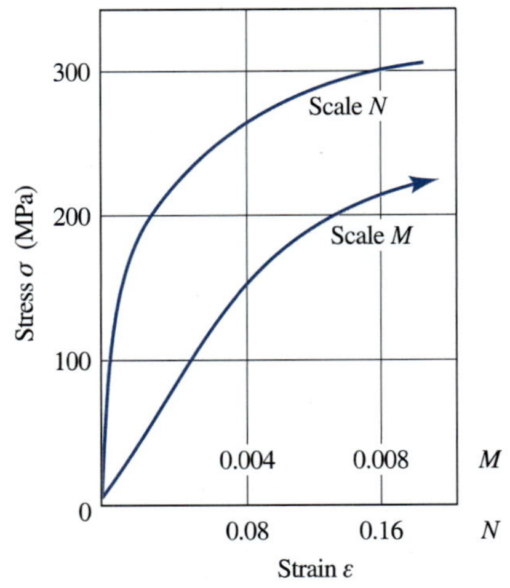

그림 P3.71

3.72 표 B.4를 이용하여 다음의 두 종류 강재에 대한 탄력계수를 계산하라.

(a) ASTM-A242

(b) 냉간압연된 스테인리스 강재(302)

3.73 그림 P3.73과 같이 고장력강의 응력-변형률 선도에서 재료의 특성을 계산하라.

(a) 탄성계수

(b) 근사적 인성계수

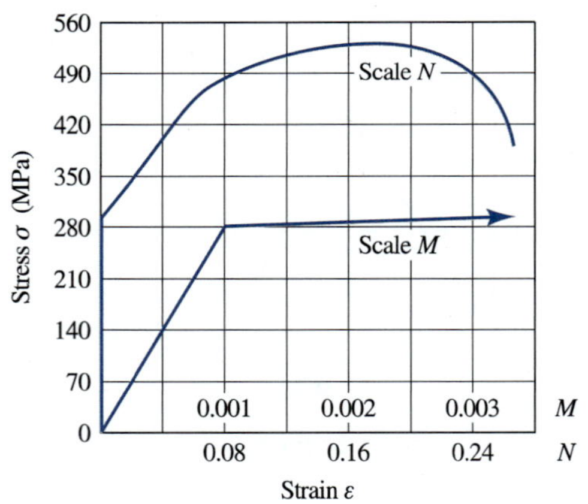

그림 P3.73

3.74 표 B.4를 이용하여 다음 두 재료에 대한 탄력계수를 계산하라.

(a) 알루미늄 합금 2014-T6

(b) 풀림처리된 황동

3.75 단면적 $1\frac{3}{4}$ in.^{2}, 탄성계수 $E = 30 \times 10^6$ psi, 길이 $L = 4$ ft인 기계부품이 축 에너지 하중 1.5 in.·kips에 저항하고 있다. 안전계수 $n_s = 2$로 놓고 다음을 계산하라.

(a) 강재의 요구되는 비례한도

(b) 강재에 대한 탄력계수

3.76 그림 P3.76과 같이 부재 AB와 BC는 탄소성 재료($\sigma_y = 40$ ksi)로 트러스를 구성하고 있다. 만약 $P_u = 50$ kips, $\alpha = 60°$일 때 최소 단면적 A_{AB}와 A_{BC}를 계산하라.

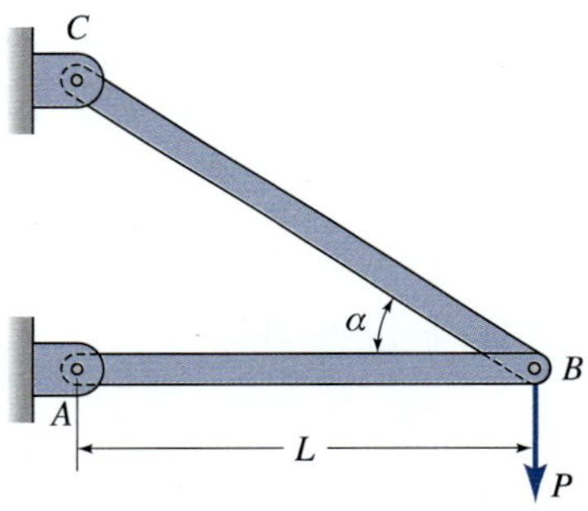

그림 P3.76

3.77 $P_u = 20$ kips이고 $\alpha = 30°$일 때 문제 3.76을 다시 풀어라.

3.78 그림 P3.76과 같이 각 부재가 탄소성($\sigma_y = 38$ ksi)일 때 트러스 ABC가 견딜 수 있는 극한하중 P_u를 계산하라.

조건 $A_{AB} = 2A_{BC} = 1.8$ in.^{2}, $\alpha = 40°$

요약

정적인 하중상태의 하중이 물체에 작용될 때 변형과 변형률의 개념과 다양한 재료에서 응력과 변형률의 관계식과 온도, 충격, 반복하중으로 재료의 거동에 대하여 논의되었다. 설계에서 재료의 선정과 관계된 애슈비의 도표에 대하여 간단히 학습하였다. 수직변형률은 봉의 단위길이당 변형량이다. 전단변형률은 두 수직하는 작은 선분 사이의 직각의 변화로 나타난다. 일반적으로 물체 내부의 한 점에서 변형률과 변위의 변화비율은 3.4절과 같이 상관관계가 있다.

단순한 인장시험에서 응력과 변형률에 대한 그림으로부터 사용되는 자료의 σ-ε 선도를 얻을 수 있다. 항복응력, 극한응력, 파괴응력과 변형률 에너지는 이 선도로부터 계산된다. 선형적인 탄성재료에서 탄성영역에서 곡선의 기울기는 탄성계수 E로 표현된다. 그리고 $\sigma = E\varepsilon$은 훅의 법칙으로 알려져 있고 대부분의 구조용 재료에 적용되는 일반화된 훅의 법칙은 탄성영역 내에서 응력을 계산할 때 사용된다. 탄력계수와 인성계수는 주어진 재료에 대한 응력-변형률 곡선에서 각각 탄성영역까지와 전 영역에 대한 적분값으로 나타난다.

온도의 변화와 충격 및 3축 응력상태가 금속의 특성이 연성에서 취성으로 또는 이와 반대로 변화한다. 비록 응력이 탄성영역 내에 있다 하더라도 아주 많은 반복하중 후에는 부품이 파손되는데, 이를 피로라 한다. 표준 피로시험은 시편이 파괴되는 데 필요한 특정의 최대응력 σ와 완전히 역전되는 하중의 사이클 수 N으로 구성된다. 시험은 다양한 추 무게와 여러 개의 시편을 이용하여 σ-N을 도표화하기 위하여 수행된다. 재료의 내구한도는 무한대의 사이클 반복하중에서 견디는 최대응력값으로 σ-N 곡선으로부터 계산된다. 재료의 탄성과 소성거동은 서로 다른 하중상태에서 부재의 강도를 적절하게 평가하기 위하여 정적시험과 피로시험을 통하여 얻을 수 있다.

핵심 공식*

수직변형률	$\varepsilon = \delta / L$	3.3절
전단변형률	$\gamma = (\pi/2) - \theta'$	
변형률의 성분	$\varepsilon_x = \dfrac{\Delta u}{\Delta x} \qquad \varepsilon_y = \dfrac{\Delta v}{\Delta y}$ $\gamma_{xy} = \dfrac{\Delta u}{\Delta y} + \dfrac{\Delta v}{\Delta x}$	3.4절

연신 백분율	$\frac{L_f - L_o}{L_o}(100)$	3.6절
단면적 감소비율	$\frac{A_o - A_f}{A_o}(100)$	
훅의 법칙	$\sigma = E\varepsilon \quad \tau = G\gamma$	3.9절
푸아송비	$\nu = -\frac{\text{횡방향 변형률}}{\text{축방향 변형률}}$	3.10절
단위 체적변화(축응력)	$e = (1-2\nu)\varepsilon_x = [(1-2\nu/E)]\sigma_x$	
훅의 법칙(2차원 응력)	$\varepsilon_x = \frac{\sigma_x}{E} - \nu\frac{\sigma_y}{E} \quad \varepsilon_y = \frac{\sigma_y}{E} - \nu\frac{\sigma_x}{E} \quad \gamma_{xy} = \frac{\gamma_{xy}}{G}$	3.11절
일반화된 훅의 법칙	$\varepsilon_x = \frac{1}{E}[\sigma_x - \nu(\sigma_y + \sigma_z)]$	
	$\varepsilon_y = \frac{1}{E}[\sigma_y - \nu(\sigma_x + \sigma_z)]$	
	$\varepsilon_z = \frac{1}{E}[\sigma_z - \nu(\sigma_x + \sigma_y)]$	
	$\gamma_{xy} = \tau_{xy}/G \quad \gamma_{yz} = \tau_{yz}/G \quad \gamma_{xz} = \tau_{xz}/G$	
탄성계수의 관계식	$G = E/[2(1+\nu)]$	
단위 체적변화(3차원 응력)	$e = \varepsilon_x + \varepsilon_y + \varepsilon_z = \frac{1-2\nu}{E}(\sigma_x + \sigma_y + \sigma_z)$	
탄성체적계수	$k = E/[3(1-2\nu)]$	
변형률 에너지 밀도(수직응력의 경우)	$U_0 = \sigma_x^2/2E$	3.12절
변형률 에너지(수직응력의 경우)	$U = \int (\sigma_x^2/2E)dV$	
변형률 에너지(전단응력의 경우)	$U = \int (\tau_{xy}^2/2G)dV$	

*이 방정식의 유도와 올바른 사용에 관한 정보는 관련된 절을 참조하라.

참고문헌

3.1 A. C. Ugural and S. K. Fenster, *Advanced Strength and Applied Elasticity*, 4th ed., Prentice Hall, Upper Saddle River, NJ, 2003.

3.2 E. A. Avallone and T. Beaumeister III, Eds., *Mark's Standard Handbook for Mechanical Engineers*, 10th ed., McGraw-Hill, New York, 1996.

3.3 *Annual Book of ASTM*, American Society for Testing of Materials, Philadelphia, PA, 2001.

3.4 *Metals Handbook*, 9th ed., vol. 8, *Mechanical testing*, The American Society for Metals (ASM), Metals Park, OH, 1985.

3.5 *Manual of Steel Construction*, 9th ed., The American Institute of Steel Construction (AISC), Chicago, 1992.

3.6 A. C. Ugural, *Mechanical Design: An Integrated Approach*, McGraw-Hill, New York, 2004.

3.7 W. Ramberg and W. R. Osgood, *Description of Stress-Strain Curves by Three Parameters*, National Advisory Committee of Aeronautics, TN902, Washington, DC, 1943.

3.8 A. C. Ugural, *Stresses in Plates and Shells*, 2nd ed., McGraw-Hill, New York, 1999.

3.9 M. W. Hyer, *Stress Analysis of Fiber-Reinforced Composite Materials*, McGraw-Hill, New York, 1998.

3.10 M. F. Ashby, *Materials Selection in Mechanical Design*, Pergamon Press, Oxford, England, 1992.

축하중을 받는 부재

4장

▶ 태평양과 샌프란시스코만 사이의 해협을 연결하는 금문교(Golden Gate Bridge)의 항공사진. 이 구조물은 시속 115마일의 해류와 강풍에 의한 진동, 많은 교통량을 감당할 수 있도록 설계되었다. 4장에서는 축하중을 받는 구조 부재의 처짐과 응력해석 문제를 논의할 것이다. Kevin Russ/iStockphoto 제공.

4.1 서론

단순인장, 압축을 받는 봉과 같이 축하중을 받는 부재의 수직응력을 2장에서 논의하였다. 여기서의 주요 관심사는 다소 복잡한 축하중에 의한 응력과 변형의 해석이 될 것이다. 축하중을 받는 봉의 변형해석은 앞에서 언급된 절차와 수식들을 근간으로 하고 있으며, 이종재료를 포함하여 외력이나 온도변화를 받는 정정 구조물과 부정정 구조물들을 모두 고찰하게 될 것이다. 또한 방향이 서로 다른 단면상의 응력상태와 인장, 압축을 받는 봉의 국부적인 응력의 효과를 4.6~4.8절에 걸쳐서 소개하게 될 것이다.

축하중을 받는 부재의 응력을 계산하는 것도 중요하지만 변형을 결정하는 것도 필요하다. 예를 들면 후자를 어떤 한도 내에 있게 함으로써 필요한 간극을 유지하게 할 수 있을 것이다. 뿐만 아니라 해석에서 요구되는 것이 힘뿐일지라도(4.6절), 부정정 계를 해석하기 위해서는 변형이 필수적으로 고려되어야 한다.

이 장에서 유도될 방정식들은 선형탄성적인 응력-변형률의 관계를 갖는 재료에 적용하게 될 것이다. 광범위하게 사용되는 중첩법(4.4절)은 비틀림과 굽힘 문제에서도 요긴하게 활용될 것이며 설계에서 연성(ductility)의 영향과 축하중을 받는 봉의 소성거동은 4장의 마지막 두 절에서 논의하였다.

4.2 축하중을 받는 부재의 변형

이번 절에서는 축하중을 받는 세장한 등질성(homogeneous) 부재의 신장, 수축거동을 고찰하게 될 것이며, 여기에서 축응력은 재료의 선형탄성범위의 **비례한도**(proportional limit)를 초과하지 않는 것으로 가정한다. 또한 수직응력과 수직변형률의 정의와 훅의 법칙으로 주어진 양자 간의 관계를 활용할 것이며, 1.3절에서 개괄된 세 가지 해석의 기본원리를 적용하여 변형(deformation)을 유도하게 될 것이다.

균일단면 봉

양단에 도심 축하중 P를 받고 길이 L에 걸쳐 단면적이 일정한 직선형 봉의 변형을 고려해보자[그림 4.1(a)]. 축방향 내력의 합력은 봉의 길이를 따라 하중 P와 같다. 이 예에서 축하중은 봉을 균일하게 신장시키며 이 봉은 인장상태에 놓이게 된다.

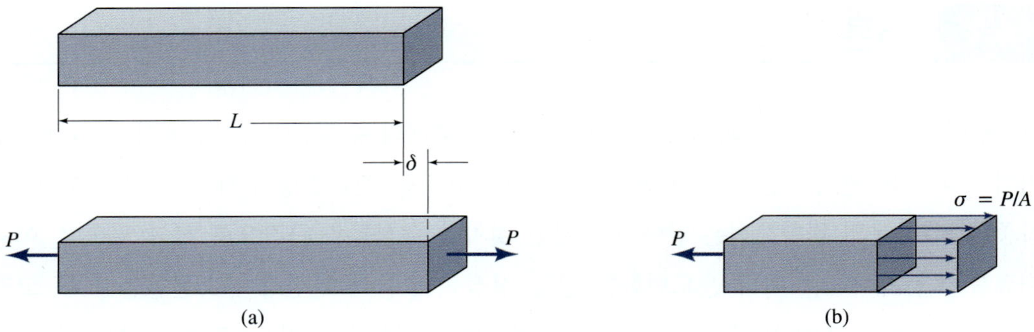

그림 4.1 (a) 인장상태에 있는 균일단면 봉의 신장 (b) 봉의 일부에 대한 자유물체도

변형의 기하학. 그림 4.1(a)는 축하중에 의한 축변형이 유발되기 전과 후의 봉을 나타낸 것이다. 하중에 의해 유발된 봉의 좌단에 대한 우단의 변위가 δ이므로 균일한 축방향의 변형률은 다음과 같다.

$$\varepsilon = \frac{\delta}{L}$$

평형조건. 축하중의 정적 평형방정식을 봉의 일부에 대한 자유물체도[그림 4.1(b)]에 적용하여, 봉의 양단으로부터 충분히 떨어져 있는 단면에 균일분포하는 축응력을 결정하면

$$\sigma = \frac{P}{A}$$

여기서 A는 단면적이다.

재료의 거동. 훅의 법칙을 이용하여 재료의 일축응력과 변형률 사이의 관계를 표시하면

$$\sigma = E\varepsilon$$

여기서 E는 탄성계수이다.

앞의 첫 두 방정식을 셋째 방정식에 대입하면 봉의 **변형** 또는 **처짐** 방정식은 다음과 같이 표시할 수 있다.

$$\delta = \frac{PL}{AE} \tag{4.1}$$

식 중의 AE는 봉의 **축강성**이며 양의 부호는 인장력에 의한 **신장**을 표시하고, 음의 부호는 수축을 표시한다. 방정식상의 P와 A 및 E의 단위는 서로 상쇄되기 때문에 변형 δ는 길이 L의 단위를 갖는다.

다단 균일단면 봉

식 (4.1)은 균일단면 봉이 이종재료로 조합되었거나 단면적의 크기가 구간별로 달라지는 경우에도 적용할 수가 있다(그림 4.2). 일반적으로 축하중을 받고 있는 봉이 구간별로 A_i, E_i 및 P_i가 일정한 부분으로 조합되었을 경우 전술된 관계식을 부재의 각 구간별로 적용할 수 있다. 봉의 한 단부에 대한 다른 단부의 변위는 각 구간별 요소의 단부 변위를 중첩(대수적 합산)하여 결정할 수 있으며, 봉의 전 변형은 다음과 같다.

$$\delta = \sum_{i=1}^{n} \frac{P_i L_i}{A_i E_i} \tag{4.2}$$

여기서 첨자 i는 봉의 각 부분을 표시하며 n은 총 요소의 수이다. 중첩의 원리(principle of superposition)의 기초와 응용, 적용한계 및 그 중요성에 대해서는 3.2절에서 논의하였다. 2.2절에서 언급된 부호약속에 의하면 축인장 내력은 양이 되고 축압축 내력은 음이 된다.

특히 P_i는 봉의 i번째 부분의 **축방향 내력**(internal axial force)이며 일반적으로 단부에

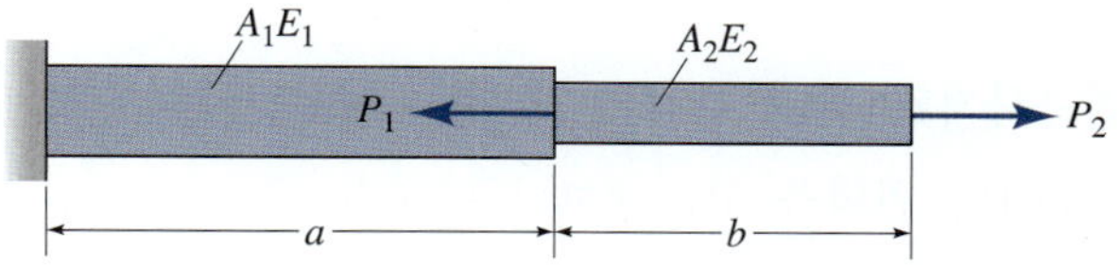

그림 4.2 균일단면 봉으로 이루어진 단붙임 봉

▶ 고층빌딩(건설 중)의 강제 기둥 상부의 연직방향수축은 지붕과 각 층에 의해 지지되는 하중에 의존한다. NJIT의 W. Konon 교수 제공.

작용하는 하중과 다르다는 것을 고려해야 한다. 이 내력은 봉의 일부에 대한 평형조건으로부터 계산할 수 있으며 보통 축하중 선도로 표시할 수 있다. 식 (4.2)의 응용은 수치문제(예제 4.1 참조)의 해를 참조하여 쉽게 설명할 수 있다.

상기 방정식을 통하여 균일단면 봉의 처짐은 작용력과 길이에 비례하고 단면적과 탄성계수에 반비례하는 것을 알 수 있다. 식 (4.1)에서 $f = L/AE$은 단위 하중에 의한 봉의 처짐, 즉 **유연도**(flexibility)라고 하며 또한 **스프링 상수**(spring constant) 또는 **스프링률**(spring rate)이라고도 하는 **강성도**(stiffness)는 봉에 단위 처짐을 유발시키는 데 필요한 힘을 말한다. 즉

$$k = \frac{AE}{L} \tag{4.3}$$

따라서 $f = k^{-1}$이 되며 이러한 변형 특성은 13장에서 논의되는 바와 같이 구조해석에서 매우 중요한 역할을 하게 된다.

비균일단면 봉

좀 더 일반적으로 접근하기 위하여 다양한 크기의 축하중과 더불어 단면적이 점진적으로 변화하는 봉[그림 4.3(a)]의 변형을 고려해보기로 하자.

변형의 기하학. 봉으로부터 절취된 어떤 요소의 자유물체도를 그림 4.3(b)에 나타내었다. 절단면에 작용하는 축방향의 내력 P_x와 요소의 단면적 A_x는 축선의 거리 x에 의존하게 된다. 하중이 작용됨에 따라 이 요소에 발생된 미소변형 $d\delta$는 변형률 ε_x와 길이 dx의 곱과 같다. 즉

$$d\delta = \varepsilon_x dx$$

평형조건. 절단면에 발생된 축응력의 크기는 축하중의 정역학적 평형방정식으로부터 결정된다.

$$\sigma_x = \frac{P_x}{A_x}$$

재료의 거동. 훅의 법칙에 의한 재료의 응력-변형률의 관계는

$$\varepsilon_x = \frac{\sigma_x}{E}$$

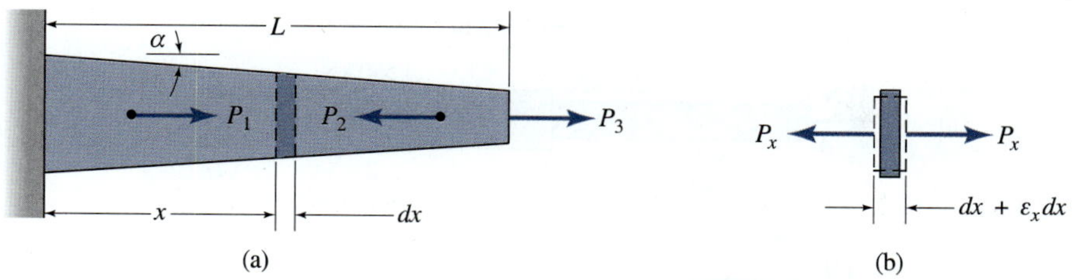

그림 4.3 (a) 단면과 축하중이 변화하는 봉 (b) 요소의 자유물체도

재료의 탄성계수는 일정하며 상술된 결과들을 조합하여 봉의 길이 L에 걸쳐 적분하면 이 봉의 **변형**에 대한 다음의 방정식을 얻을 수 있다.

$$\delta = \int_0^L \frac{P_x dx}{A_x E} \tag{4.4}$$

이 식을 적용하기 위해서는 P_x와 A_x가 축 좌표 x의 함수로 표시되어야 하며 그 응용 예를 자중하에 매달려 있는 원추형 봉에 관한 예제 4.3에 소개하였다.

식 (4.4)는 수직응력이 전 단면상에 균일분포한다는 가정을 토대로 하여 유도되었다. 2.3절로부터 상기 가정이 균일단면 봉에만 유용하다는 사실을 확인하기 바란다. **테이퍼가 진 봉**(tapered bar)의 경우 수직응력 방정식 $\sigma = P/A$는 봉의 측면 테이퍼 각이 $10°$를 초과하지 않는 한 만족할만한 정밀도를 갖는 것으로 알려져 있으며(참고문헌 4.2), 테이퍼 각이 커지면 오차도 증가하게 된다. 또한 단면상의 응력분포는 테이퍼 각이 감소함에 따라 점차 균일해지는 양상을 보이게 된다.

[예제 4.1] 다단합성 봉의 변형

조건 그림 4.4(a)와 같이 강 봉과 알루미늄 봉이 점 B에서 완전하게 부착되어 있으며 재료의 탄성계수는 각각 $E_s = 200\ \text{GPa}$, $E_a = 70\ \text{GPa}$이라고 한다.

문제 그림과 같이 작용된 축하중에 의한 봉의 변형을 계산하라.

가정 두 봉은 모두 탄성적으로 변형하는 것으로 가정한다.

풀이 길이를 따라 변하는 하중 P를 결정하기 위하여 요소의 각 부분에 단면을 통과시켜 가상 절단한 다음 각 단면의 좌측 부분을 자유물체화하였으며[그림 4.4(b)], 이 자유물체는 발생된 내력이 다음과 같을 경우 평형상태에 놓이게 된다.

$$P_{AB} = 140\ \text{kN} \qquad P_{BC} = 400\ \text{kN} \qquad P_{CD} = -150\ \text{kN}$$

축하중 선도를 그림 4.4(c)에 나타내었다.

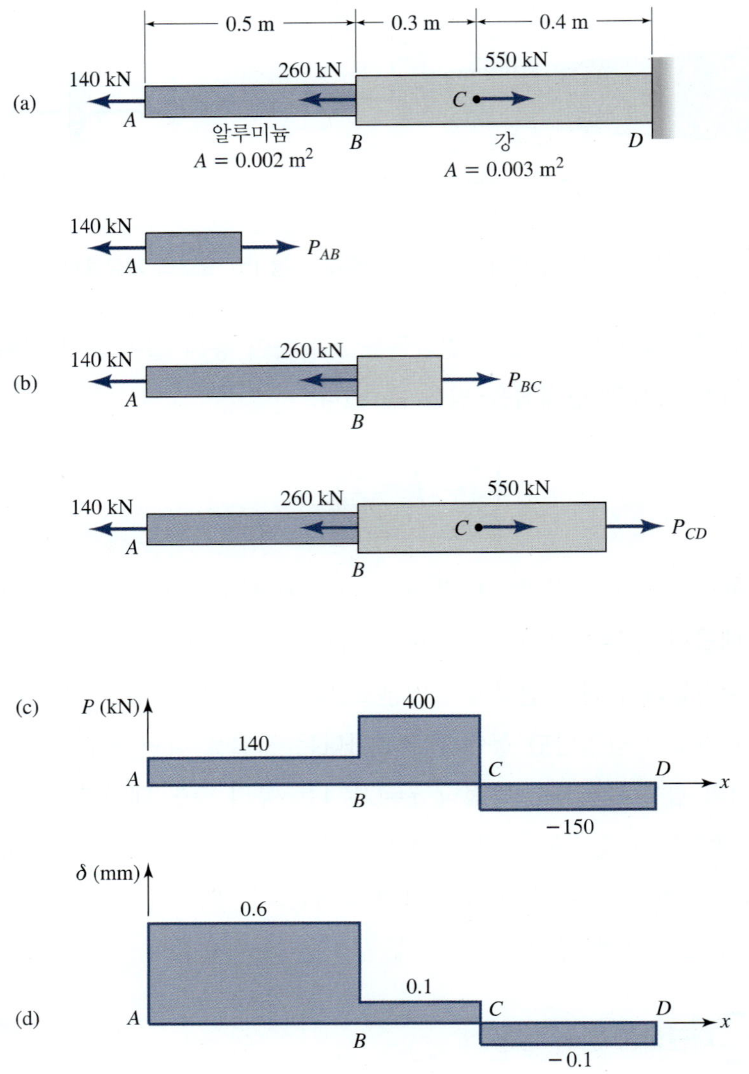

그림 4.4 (a) 두 부분으로 이루어진 봉 (b) 대표적인 세 부분 (c) 축하중 선도 (d) 변위 선도

식 (4.3)을 적용하고, 수치값을 대입하면

$$\delta_A = \Sigma \frac{PL}{AE} = \frac{140 \times 10^3 (0.5)}{0.002 \times (70 \times 10^9)} + \frac{400 \times 10^3 (0.3)}{0.003 \times (200 \times 10^9)} - \frac{150 \times 10^3 (0.4)}{0.003 \times (200 \times 10^9)}$$

$$= (0.5 + 0.2 - 0.1) 10^{-3} \text{ m} = 0.6 \text{ mm}$$

봉의 길이에 따른 변위의 변화를 그림 4.4(d)에 표시하였으며 음의 부호는 CD 부분이 수축됨을 뜻한다.

부가설명 δ_A는 점 D에 대한 점 A의 수평 변위를 표시하거나 봉의 총 신장량을 표시한다. 양의 부호는 봉의 길이가 전체적으로 신장된 것을 뜻한다.

[예제 4.2] 3개의 부재로 이루어진 기구의 변위

조건 그림 4.5(a)에 표시된 바와 같이 강체 봉 BC가 $\frac{5}{8}$ in. 직경의 봉 AB와 $\frac{1}{2}$ in. 직경의 봉 CD에 의해 지지되어 있다. 각 봉은 항복강도가 $\sigma_y = 38$ ksi이고 탄성계수가 $E = 10 \times 10^6$ psi인 알루미늄 합금이라고 한다(표 B.4 참조).

설문 점 E에 작용하는 수직력 $P = 12$ kips에 의해 발생된 점 E의 처짐을 계산하라.

가정 부재의 무게는 작용력에 비해 미소하므로 무시하기로 한다.

풀이 링크의 단면적은

$$A_{AB} = \frac{\pi}{4}\left(\frac{5}{8}\right)^2 = 0.307 \text{ in.}^2$$

$$A_{CD} = \frac{\pi}{4}\left(\frac{1}{2}\right)^2 = 0.196 \text{ in.}^2$$

자유물체: 봉 BEC. 각 링크에 작용하는 인장력은 봉 BC[그림 4.5(b)]의 평형조건으로부터 다음과 같이 결정된다.

$$\Sigma M_c = 0: \ -F_{AB}(24) + 12(16) = 0 \quad F_{AB} = 8 \text{ kips}$$

$$\Sigma F_y = 0: \ -12 + 8 + F_{CD} = 0 \qquad F_{CD} = 4 \text{ kips}$$

B와 C의 처짐. 링크 AC와 BD 하단의 변위는 각각 다음과 같다.

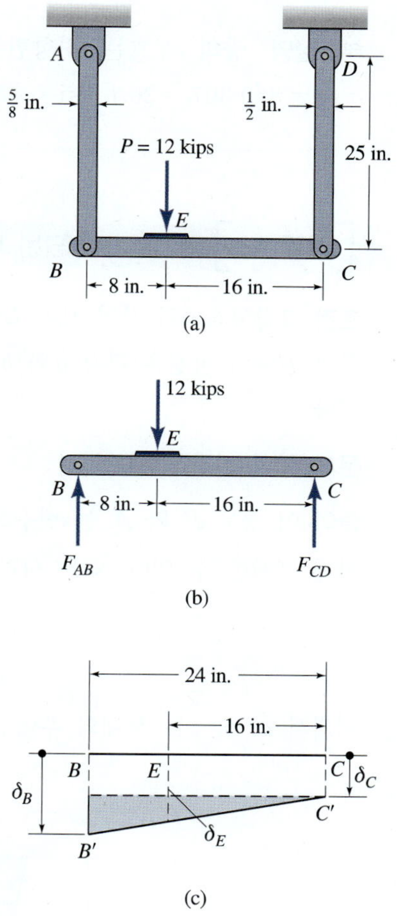

그림 4.5 (a) 3개의 봉으로 이루어진 조립체 (b) 봉 BC의 자유물체도 (c) 봉 BC의 중심선 변위 선도

$$\delta_B = \frac{F_{AB}L_{AB}}{A_{AB}E} = \frac{8(10^3)(25)}{(0.307)(10 \times 10^6)} = 65.1 \times 10^{-3} \text{ in.}$$

$$\delta_C = \frac{F_{CD}L_{CD}}{A_{CD}E} = \frac{4(10^3)(25)}{(0.196)(10 \times 10^6)} = 51 \times 10^{-3} \text{ in.}$$

E의 처짐. 봉의 B, C 및 점 E의 중심선 변위를 표시하는 선도를 그리면 그림 4.5(c)와 같다. 따라서 음영된 삼각형의 비례관계를 이용하면 점 E의 변위는

$$\delta_E = \delta_C + (\delta_B - \delta_C)\left(\frac{16}{24}\right) = \left[51 + (14.1)\left(\frac{2}{3}\right)\right]10^{-3}$$

또는

$$\delta_E = 60.4 \times 10^{-3} \text{ in.}$$

부가설명 양의 부호는 하향변형을 표시한다. 최대 축응력은 링크 AB에서 발생되며 $\sigma_{AB} = 8/0.307 = 26.1$ ksi < 38 ksi이므로 링크는 항복에 의해 파손되지 않는다.

예제 4.3 꼭지부가 절단된 테이퍼가 진 원추의 처짐

조건 그림 4.6(a)와 같이 길이 L인 테이퍼가 진 원형 단면 봉 AB가 자중하에 놓여 있다. A단과 B단의 반경은 각각 a와 b이고 재료의 단위 체적당 무게는 γ이며 탄성계수는 E라고 한다.

문제 봉의 신장을 계산하라.

풀이 이 경우 P_x와 A_x는 변수로서 원점을 원추의 정점 O에 설정할 경우 x의 함수로 적절하게 표시할 수 있다. 닮은 삼각형의 비례관계로부터 $h/a = (h+L)/b$ 또는

$$h = \frac{aL}{b-a} \tag{a}$$

여기서 a, b, c는 부재의 주어진 치수이다. 마찬가지로 x 상단에서의 반경은 다음과 같다.

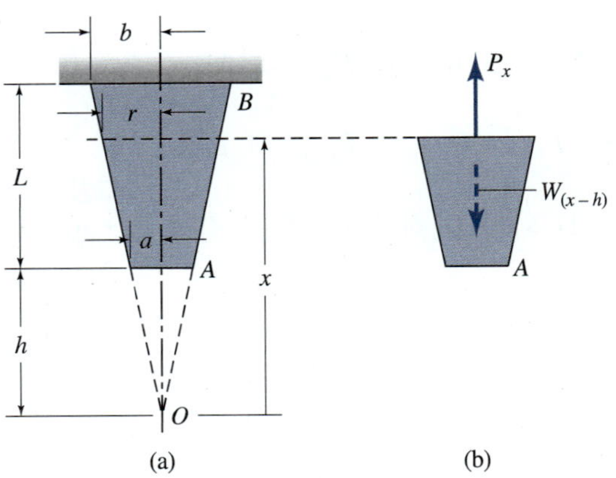

그림 4.6 (a) 꼭지부가 절단된 원추 (b) 절취된 하부의 자유물체도

$$r = \frac{a}{h}x \tag{b}$$

따라서

$$A_x = \pi r^2 = \pi x^2 \left(\frac{a}{h}\right)^2 \tag{c}$$

내력 P_x는 그림 4.6(a)에 표시된 자유물체도로부터 결정할 수 있다. 여기서 분리된 부분은 자중이 다음과 같이 표시되는, 꼭지부가 절단된 원추이다.

$$W_{(x-h)} = \frac{1}{3}\pi r^2 x\gamma - \frac{1}{3}\pi a^2 h\gamma$$

따라서

$$P_x = \frac{1}{3}\pi\gamma(r^2 x - a^2 h) \tag{d}$$

***A*의 처짐.** 식 (b)~(d)를 식 (4.4)에 대입하고 적분을 수행하면

$$\delta_A = \int_h^{h+L} \frac{P_x dx}{A_x E} = \frac{\gamma}{3E}\int_h^{h+L}\left(x - \frac{h^3}{x^2}\right)dx$$

$$= \frac{\gamma}{3E}\left|\frac{x^2}{2} + \frac{h^3}{x}\right|_h^{h+L} = \frac{\gamma L^2(L+3h)}{6E(h+L)}$$

끝으로 위 식에 식 (a)를 고려하면

$$\delta_A = \frac{\gamma L^2(b+2a)}{6bE} \tag{4.5}$$

부가설명 식 (4.5)는 꼭지부가 절단된 원추의 자중에 의한 자유단의 하향변위를 표시하며 $a=b$가 되면 식 (4.5)는 다음과 같이 된다.

$$\delta_A = \frac{WL}{2AE} \tag{e}$$

여기서 W는 원통형 봉의 무게이며 A는 그 단면적이다.

*사례연구 2C

기본 트러스의 변위

조건 그림 4.7(a)와 같이 절점 B에 $P=40$ kN의 하중을 받고 있는 핀 연결 평면 구조물이 있다. 봉 AB, BC의 형상과 재료의 성질은 각각 다음과 같다.

$$A_{AB}=0.004\ \text{m}^2 \qquad L_{AB}=1.5\ \text{m} \qquad E_{AB}=70\ \text{GPa}$$

$$A_{BC}=0.002\ \text{m}^2 \qquad L_{BC}=2.5\ \text{m} \qquad E_{BC}=70\ \text{GPa}$$

금속 및 플라스틱 기본 트러스의 설계는 **사례연구 2A와 사례연구 2B**에서 각각 고찰하였다.

문제

(a) 봉 AB와 BC의 변형을 구하라.

(b) 절점 B의 수평변위 δ_H와 수직변위 δ_V를 구하라.

가정 부재의 무게는 무시한다.

풀이 1.3절의 원리를 이용하여 트러스를 해석한다.

(a) **평형조건.** 부재의 축하중은 절점 B에 작용하는 힘의 평형조건으로부터 결정할 수 있다 (**사례연구** 2A 참조).

$$F_{AB}=-P/\tan\theta \qquad F_{BC}=P/\sin\theta$$

여기서

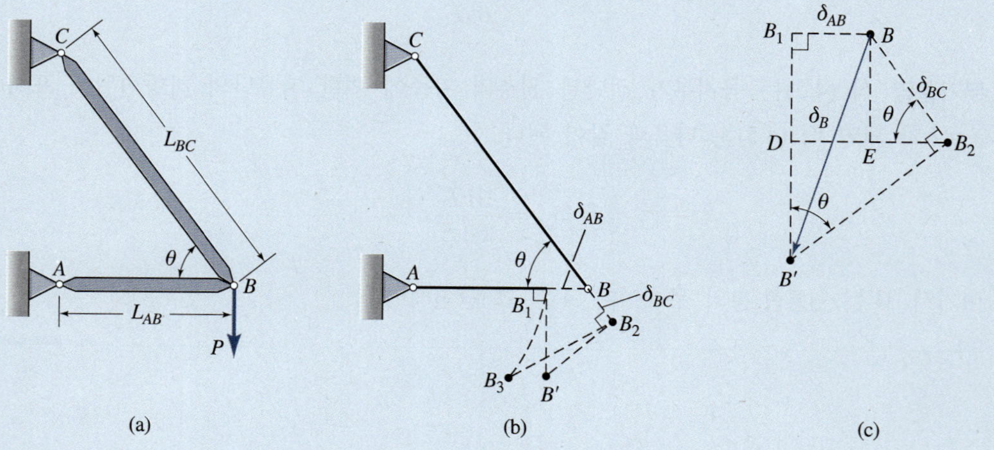

그림 4.7 (a) 두 봉으로 구성된 트러스 (b) 해체된 절점 B (c) 변위 선도

$$\tan\theta = \frac{4}{3} \qquad \sin\theta = \frac{4}{5}$$

따라서

$$F_{AB} = -40\left(\frac{3}{4}\right) = -30 \text{ kN} \qquad F_{BC} = 40\left(\frac{5}{4}\right) = 50 \text{ kN}$$

재료의 거동. 식 (4.1)을 이용하여 봉 AB의 수축과 봉 BC의 신장을 표기하면

$$\delta_{AB} = -\frac{PL_{AB}/\tan\theta}{A_{AB}E_{AB}} \qquad \delta_{BC} = \frac{PL_{BC}/\sin\theta}{A_{BC}E_{BC}} \tag{4.6}$$

수치값을 대입하여 정리하면 다음과 같다.

$$\delta_{AB} = \frac{-30\times 10^3(1.5)}{0.004(70\times 10^9)} = -0.16\times 10^{-3} \text{ m} = -0.16 \text{ mm}$$

$$\delta_{BC} = \frac{50\times 10^3(2.5)}{0.002(70\times 10^9)} = 0.893\times 10^{-3} \text{ m} = 0.893 \text{ mm}$$

(b) 변형의 기하학. 기하학적 적합조건을 만족시키기 위하여 봉 AB와 BC는 변형 후에도 직선상을 유지하고 두 봉은 B에서 체결상태를 유지하여야 한다. 절점 B의 변위를 확인하기 위하여 봉 AB와 BC가 B에서 해체되어 그림 4.7(b)와 같이 각각 AB_1과 CB_2로 길이의 변화를 초래하였다고 가정한 다음 두 봉을 점 A와 점 C를 중심으로 회전시켜 그 끝단이 B_3에서 서로 교차하게 해보자. 생성된 원호는 점 B의 변위가 미소하기 때문에 AB와 BC에 수직한 직선으로 대체할 수 있으며 두 수직선은 절점 B의 최종 위치라고 할 수 있는 점 B'에서 교차하게 될 것이다.

변위 δ_{AB}와 δ_{BC}를 그림 4.7(c)에 확대해서 나타내었다. 이 변위 선도에 의하면 δ_B의 수평성분은 다음과 같으며

$$\delta_H = -\frac{PL_{AB}/\tan\theta}{A_{AB}E_{AB}} \tag{4.7a}$$

수직성분 B_1B'은 $B_1D = BE = \delta_{BC}\sin\theta$와 $DB' = (\delta_{BC}\cos\theta + \delta_{AB})/\tan\theta$의 합으로 표시된다. 즉

$$\delta_V = \delta_{BC}/\sin\theta + \delta_{AB}/\tan\theta \tag{4.7b}$$

식 (4.7)에 주어진 데이터를 대입하면

$$\delta_H = 0.16 \text{ mm} \leftarrow$$

$$\delta_V = 0.893\left(\frac{5}{4}\right) + 0.16\left(\frac{3}{4}\right) = 1.24\ \text{mm}\ \downarrow$$

부가설명 상술된 해석은 두 봉으로 구성된 어떤 유형의 트러스에도 적용할 수 있으며 위와 같은 논의로부터 다음과 같은 결론을 도출할 수 있다. **변위가 미소할 경우 트러스를 구성하는 임의의 어떤 봉의 신장 및 수축은 그 봉의 원래 방향에서 계산된 끝단의 상대변위성분과 같다.** 12장과 13장에서 좀 더 편리한 두 가지 방법을 이용하여 **사례연구 2C**를 재론하게 될 것이다.

연습문제

4.1절~4.2절

4.1 천장에 고정되어 매달려 있는 600 ft 길이의 강철 와이어의 자중으로 인한 변형량을 구하라.

조건 $E = 29 \times 10^6$ psi, 비중 $\gamma = 0.284$ lb/in.^{3}

4.2 그림 P4.2와 같이 단면적이 $A = 100\ \text{mm}^2$인 강철 봉 ABC와 같은 단면적의 황동 봉 CD가 점 C에서 연결되어 있다. 다음을 구하라.

(a) 점 A에 대해 상대적인 점 B의 변형량

(b) 점 A에 대해 상대적인 점 D의 변형량

조건 $E_s = 200$ GPa, $E_b = 105$ GPa (표 B.4 참조)

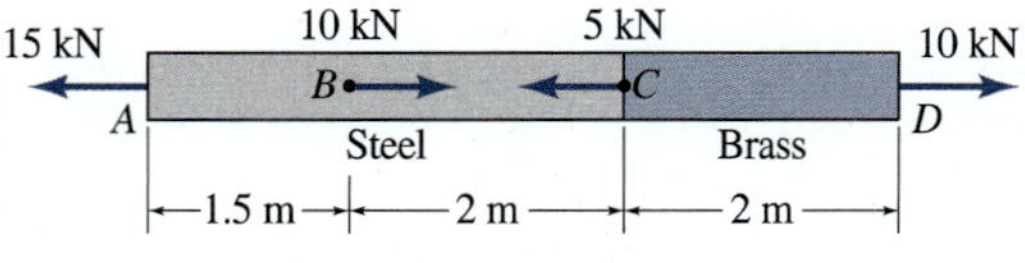

그림 P4.2

4.3 문제 4.2에서 왼쪽 끝단이 고정되어 있고 점 D에서 10 kN의 하중이 왼쪽으로 가해질 때 다시 계산하라.

4.4 단면의 크기가 9/16 in.×2 in.이고 길이가 6 ft인 강철재 사각 봉($E = 30 \times 10^6$ psi)이 인장하중을 받고 있다. 허용 가능한 최대하중 P_{all}을 구하라.

조건 허용신장량 $\delta_{all} = 1/16$ in., 허용수직응력 $\sigma_{all} = 25$ ksi

4.5 그림 P4.5와 같이 두께 t인 테이퍼가 진 사다리꼴 평판이 축하중을 받고 있다.

(a) 변형량 δ를 P, L, a, t, E의 항으로 나타내라.

(b) $P = 50$ kN, $a = 25$ mm, $L = 5$ mm, $t = 10$ mm, $E = 80$ GPa일 때 δ를 구하라.

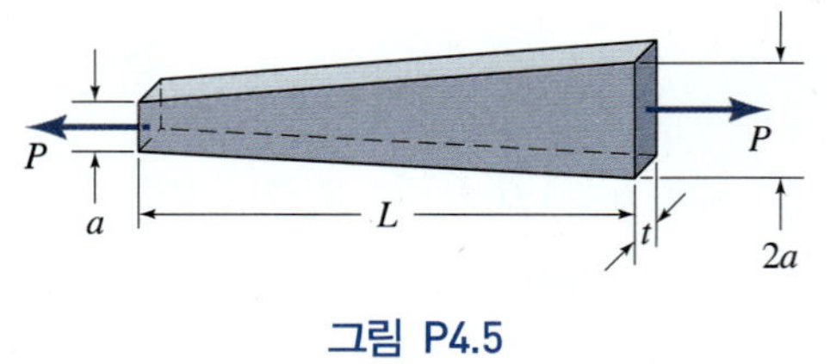

그림 P4.5

4.6 그림 P4.6과 같이 두께 15 mm, 길이 5 m인 부재가 축하중을 받고 있다. 탄성계수가 E=210 GPa일 때 축방향의 총 변형량을 구하라.

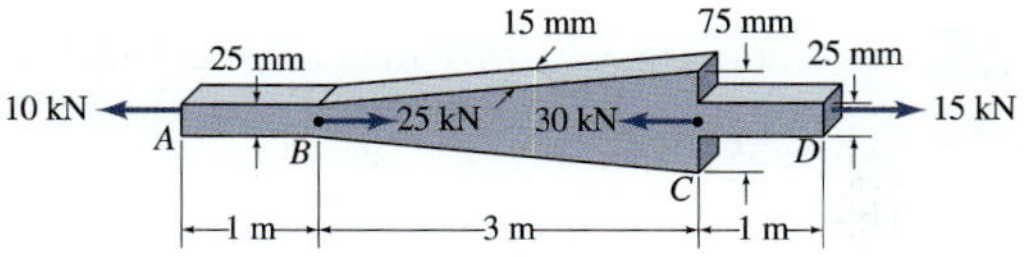

그림 P4.6

4.7 문제 4.6에서 왼쪽 끝단은 고정되어 있고 점 C에서 하중 30 kN이 오른쪽으로 작용할 때 다시 구하라.

***4.8** 그림 P4.8과 같이 봉 ABC는 직경이 d인 두 재료로 접합되어 총 길이는 L이다. 부분 AB는 냉간압연된 510 황동이며 부분 BC는 알루미늄 합금 6061-T6이다. 봉이 압축하중을 받고 있을 때 다음을 구하라.

(a) 두 재료가 동일한 크기로 수축될 때 길이 L_a와 L_b

(b) 총 수축량

조건 $d = 40\text{ mm}$, $L = 0.5\text{ m}$, $P = 100\text{ kN}$, $E_a = 70\text{ GPa}$, $E_b = 110\text{ GPa}$ (표 B.4 참조)

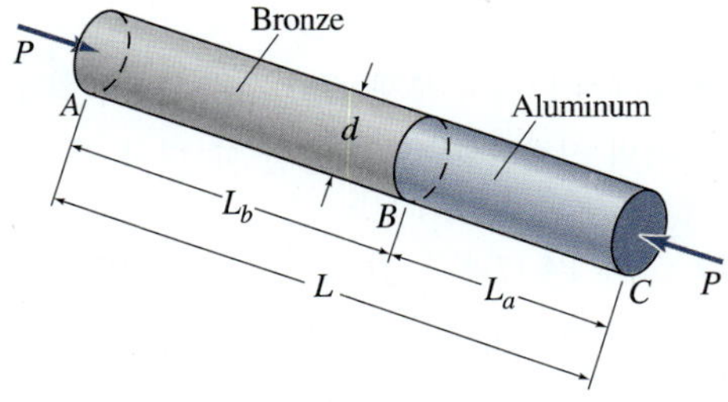

그림 P4.8

4.9 그림 4.6(a)의 예제 4.3에서 추가하중 $\gamma\pi a^2 L$이 자유단에서 인장하중으로 작용할 때 다시 구하라.

4.10 그림 P4.10과 같이 자중을 받고 있는 정사각형단면의 사각 봉의 변형량 δ_A를 길이 L, 단위 체적당 무게 γ, 탄성계수 E로 구하라.

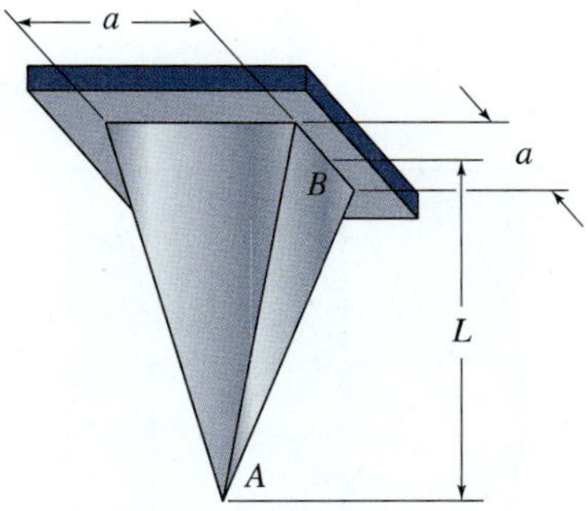

그림 P4.10

4.11 그림 P4.11과 같이 강체빔 AB는 점 A에 힌지되어 있고 점 C에서는 수직 파이프가 지탱하고 있어 수평을 유지하고 있다. 파이프의 외경은 D이며 내경은 d, 길이는 L로 탄성계수 E를 갖는 강철로 만들어졌다. 작용하중 P로 인한 점 B에서의 수직변형 δ_B를 구하라.

조건 $a = 1.5\text{ m}$, $b = 0.4\text{ m}$, $D = 0.11\text{ m}$, $d = 0.1\text{ m}$, $L = 0.7\text{ m}$, $P = 10\text{ kN}$, $E = 210\text{ GPa}$

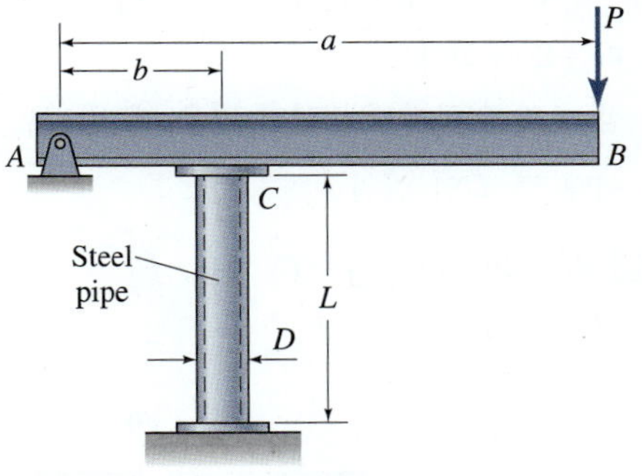

그림 P4.11

4.12 그림 P4.12와 같이 축강성 AE를 갖는 토목공사용 파일이 깊이 L로 지하에 박혀 있으며 수직하중 Q를 견디고 있다. 지하의 저항하는 힘은 포물선 공식 $f(x) = kx^2$의 크기로 변화하는 마찰력이라고 할 때 파일의 수축량 δ를 Q, L, A, E로 나타내라. 여기서 k는 상숫값으로 수직하중의 평형조건으로 계산될 수 있다.

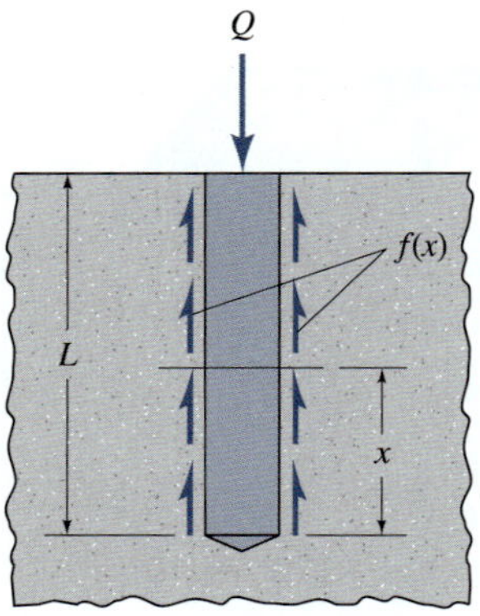

그림 P4.12

4.13 문제 4.12에서 마찰력이 선형적, 즉 $f(x)=kx$의 함수로 변화한다. 만약 $Q=80$ kips, $L=30$ ft, $A=0.75$ in.^{2}, $E=1.45\times10^6$ psi일 때 수축량을 다시 구하라.

4.14 그림 P4.14와 같이 계단식 강철 봉 ABC는 직경 d_1과 d_2를 가지며 하중 P_1과 P_2를 받고 있다. 다음을 구하라.

(a) 점 A의 위치가 움직이지 않을 때 힘 P_1

(b) 이때 점 D의 변위

조건 $d_1=25$ mm, $d_2=75$ mm, $P_2=100$ kN, $E=200$ GPa

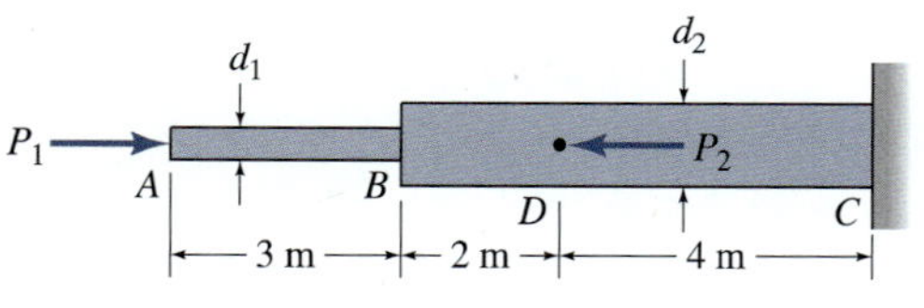

그림 P4.14

4.15 그림 P4.14에서 강철 봉의 총 압축량 $\delta=5$ mm가 되기 위한 P_1의 크기를 구하라.

조건 $d_1=30$ mm, $d_2=60$ mm, $P_2=0$, $E=200$ GPa

4.16 그림 P4.14에서 하중 P_1과 P_2로 인한 자유끝단의 변형 δ를 구하라.

조건 $d_1=20$ mm, $d_2=70$ mm, $E=200$ GPa, $P_1=5$ kN, $P_2=15$ kN

4.17 그림 P4.17과 같이 황동 봉 CE의 단면적은 A_b이다. 하중 Q와 P로 인한 수직변위를 구하라.

(a) 강체 부재 AD의 끝점 A

(b) 점 E

조건 $E=105$ GPa, $A_b=200$ mm^2, $Q=15$ kN, $P=5$ kN, $a=2b$, $L_1=2L_2=0.4$ m

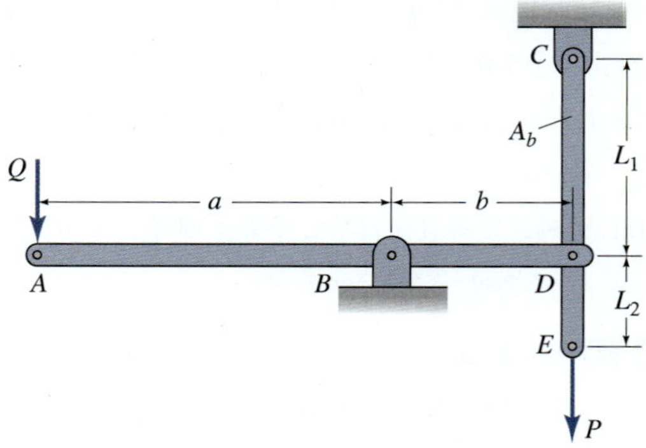

그림 P4.17

4.18 문제 4.17에서 부재 CE의 점 E에서 하중 P가 수직의 상향방향으로 작용할 때 다시 구하라.

4.19 그림 P4.17에서 점 E에서 수직변위가 0이 되기 위한 하중 Q를 a, b, L_1, L_2, A_b, P의 항으로 표현하라.

4.20 그림 P4.20의 질량 m의 봉 AB가 점 A를 중심으로 등각속도 ω rad/s로 회전하고 있다(종이면에 수직). 봉의 단위 체적당 무게가 γ이며 중력가속도가 g, 그리고 탄성계수가 E일 때 봉의 총 변위량을 구하라. 단 $P=m(\omega^2 r)$이다.

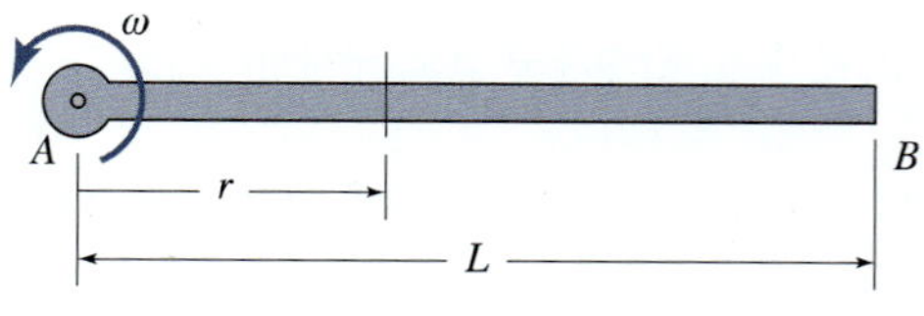

그림 P4.20

4.21 그림 P4.21과 같이 높이가 5 m인 콘크리트 기둥($E = 20$ GPa)이 80 kN의 하중을 지탱하고 있다. 상단부의 단면은 0.3 m × 0.3 m이고 하단부는 0.4 m × 0.4 m일 때 기둥의 총 압축량을 구하라.

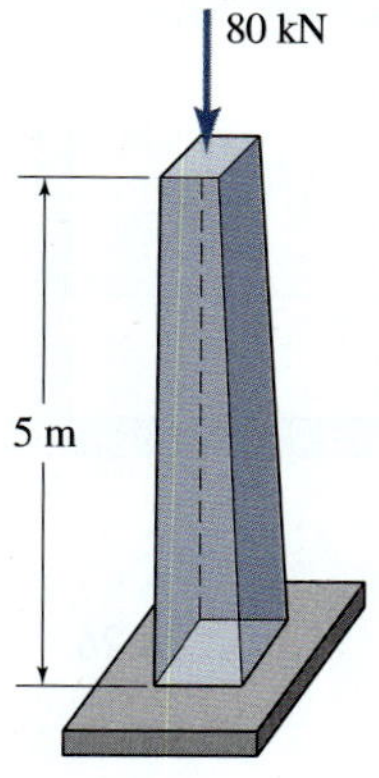

그림 P4.21

4.22 그림 P4.22의 복합재료 봉은 직경 d_1의 알루미늄과 직경 d_2의 강철로 구성되어 있다. 봉이 인장력 P를 받을 때 다음의 조건을 만족하는 직경 d_1을 구하라.

조건 $a = 9$ ft, $b = 6$ ft, $d_2 = 3/4$ in., $P = 5$ kips, $\delta = 1/16$ in.

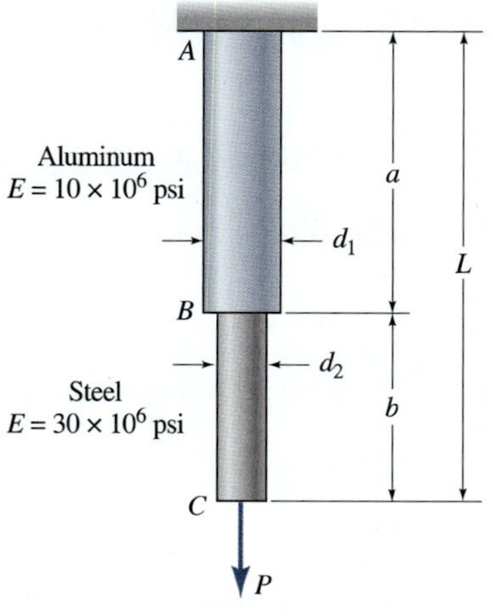

그림 P4.22

4.23 그림 P4.22에서 두 재료가 동일한 변형량을 갖는다면 알루미늄과 강철 봉의 길이 a와 b를 구하라. 또 총 변형량을 구하라.

조건 $d_1 = d_2 = 1$ in., $P = 20$ kips, $L = 3.6$ ft

4.24 그림 P4.24와 같이 수직 복합재료 봉과 강체 수평부재로 구성된 구조물이 하중을 받고 있다. 봉 CB와 BD의 축방향 변형량이 동일하기 위한 강철과 황동 봉의 단면비 A_s/A_b를 구하라.

조건 $E_b = 105$ GPa, $E_s = 210$ GPa, $b = 1.5a$

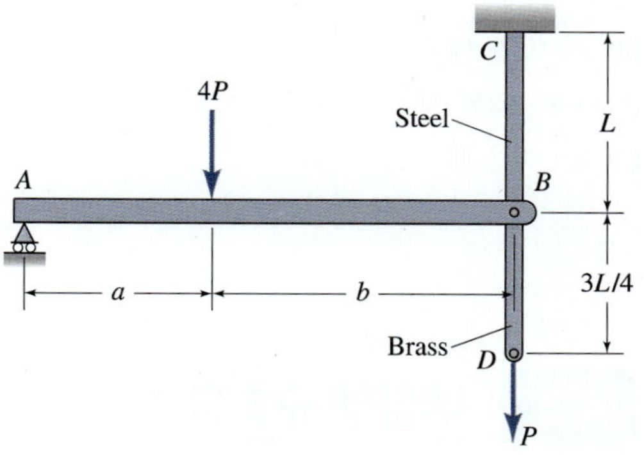

그림 P4.24

4.25 그림 P4.25와 같이 강체 봉 ABC는 2개의 와이어로 지탱되고 있다. 강철 와이어 AD는 단면적 A_s와 탄성계수 E_s를 가지고 알루미늄 합금 와이어 CE는 A_a의 단면적과 E_a의 탄성계수를 갖는다. 하중 P로 발생하는 점 B의 변위를 구하라.

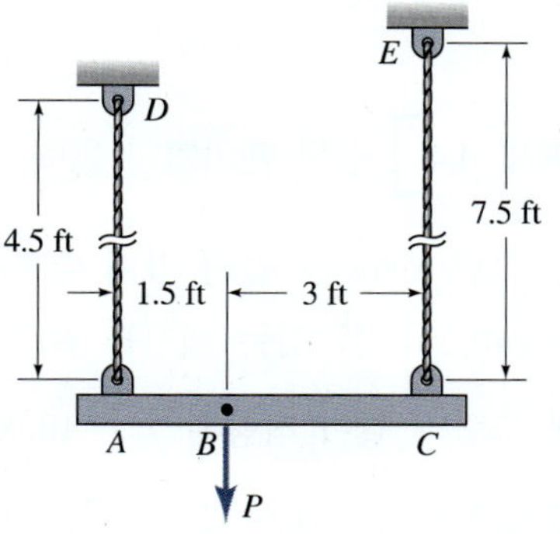

그림 P4.25

조건 $A_s = 0.14$ in.^{2}, $E_s = 30 \times 10^6$ psi, $A_a = 0.28$ in.^{2}, $E_a = 10 \times 10^6$ psi, $P = 6$ kips

***4.26** 그림 P4.26과 같이 2개의 강체 수평부재 AB와 CD는 2개의 봉으로 체결되어 있다. 봉의 길이는 L이며 탄성계수는 E이고 각각 단면적은 A와 $2A$이다. 점 E와 F에 작용하는 2개의 힘 P와 변형식은 다음과 같다.

$$\delta = \frac{PL}{AE}\left[1 - 2\left(\frac{x}{a}\right) + \frac{3}{2}\left(\frac{x}{a}\right)^2\right] \qquad \text{(P4.26)}$$

다음 세 경우에 대하여 구하라.

(a) $x = 0$일 때

(b) $x = a/2$일 때

(c) $x = a$일 때

조건 $E = 200$ GPa, $A = 1000$ mm^2, $a = 1$ m, $L = 4$ m, $P = 100$ kN

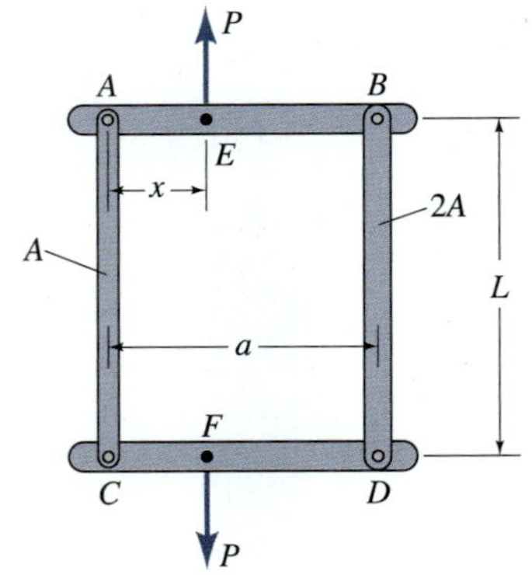

그림 P4.26

4.3 부정정 구조물

지금까지는 구조 부재의 축하중을 평형방정식을 적용하여 항상 결정할 수 있었다. 즉 부재는 한결같이 모두 정정이었다. 그러나 평형방정식만으로는 반력과 내력을 결정할 수 없는 중요한 문제들이 존재하며 이와 같은 **부정정 구조물**의 경우 부재의 변형을 고려함으로써 비로소 미지력을 결정할 수 있게 된다.

재료역학의 세 가지 기본원리(1.3절 참조)가 부정정 부재를 해석하는 필요충분조건이 되며, 다음의 예제는 축하중과 변형을 결정하는 과정을 예시한 것이다.

[예제 4.4] 수직 케이블의 응력

조건 그림 4.8(a)와 같이 강체 수평봉이 점 A의 힌지와 동일한 길이 $L = 0.8$ m와 단면적 $A = 140$ mm를 갖는 케이블 BD와 CE로 지지되어 있다.

문제 그림과 같이 작용된 $P = 40$ kN의 하중에 의한 각 케이블의 응력을 계산하라.

가정 항복응력은 $\sigma_y = 250$ MPa이고 $E = 250$ GPa이라고 한다.

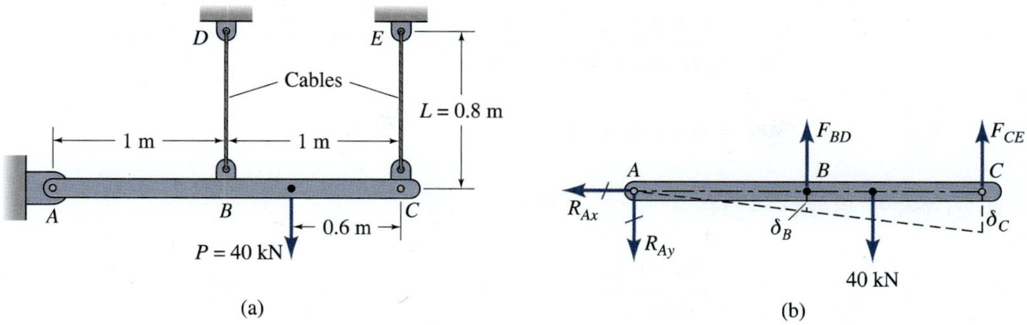

그림 4.8 (a) 봉과 케이블의 조립체 (b) 봉 AC의 자유물체도와 중심선 변위 선도

풀이 그림 4.8(a)에 주어진 봉의 자유물체도에는 4개의 미지력이 나타나 있으며 하중이 작용된 후 봉의 회전위치가 파선으로 표시되어 있다.

평형조건. 그림 4.8(a)에 평형방정식을 적용하면

$$\sum F_x = 0: \quad R_{Ax} = 0$$

$$\sum F_y = 0: \quad -R_{Ay} + F_{BD} + F_{CE} - 40 = 0 \tag{a}$$

$$\sum M_A = 0: \quad F_{BD} + 2F_{CE} - 40(1.4) = 0$$

따라서 이 계는 1차 부정정이라는 것을 알 수 있다.

재료의 거동. 부재 BD와 EC의 신장은 다음과 같다.

$$\delta_B = \frac{F_{BD}L}{AE} \downarrow \qquad \delta_C = \frac{F_{CE}L}{AE} \downarrow \tag{b}$$

변형의 기하학. 기하학적 적합조건은 그림 4.8(b)를 참조하여 결정할 수 있다. 닮은 삼각형의 비례관계로부터

$$\delta_C = 2\delta_B \tag{c}$$

식 (b)를 (c)에 대입하면

$$F_{CE} = 2F_{BD} \tag{d}$$

식 (a)와 (d)를 풀면 $F_{BD} = 11.2$ kN, $F_{CE} = 22.4$ kN, $R_{Ay} = -6.4$ kN이 되며 음의 부호는 R_{Ay}가 상향방향임을 의미한다. 축하중이 결정되었으므로 케이블의 변형을 식 (b)로부터 결정할 수 있다. 즉

$$\delta_B = \frac{(11.2\times10^3)(0.8)}{140\times10^{-6}(200\times10^9)} = 0.32\times10^{-3}\ \text{m} = 0.32\ \text{mm}\ \downarrow$$

$$\delta_C = 0.64\ \text{mm}\ \downarrow$$

또한 부재에 발생된 응력은

$$\sigma_{BD} = \frac{11.2\times10^3}{140\times10^{-6}} = 80\ \text{MPa} \qquad \sigma_{CE} = 160\ \text{MPa}$$

부가설명 계산된 응력이 재료의 항복강도 이하이므로 얻어진 해는 유용하다. 만약 이 응력 중의 하나가 항복강도 이상이 될 경우 해석결과는 결코 유용하다고 할 수 없으며 구조물은 재설계되어야 할 것이다.

예제 4.5 합성 구조물의 해석

조건 길이가 L_c이고 단면적이 A_c이며 탄성계수가 E_c인 구리 봉이 그림 4.9와 같이 알루미늄 관 속에 조립되어 있다. 알루미늄 관의 단면적은 A_a이고 탄성계수는 E_a이며 길이는 L_a라고 한다.

문제

(a) 미소간극 Δ를 닫히게 할 수 있을 만한 크기의 축하중 P에 의한 각 부재의 변형을 계산하라.

(b) 만약 간극이 존재하지 않을 경우 축변형률 ε을 결정하라.

가정 관과 봉의 변형은 모두 탄성적이라고 가정한다.

풀이

(a) 하중 작용 후 알루미늄 관과 구리 봉의 탄성변형 δ_a와 δ_c를 각각 고려해보기로 하자.

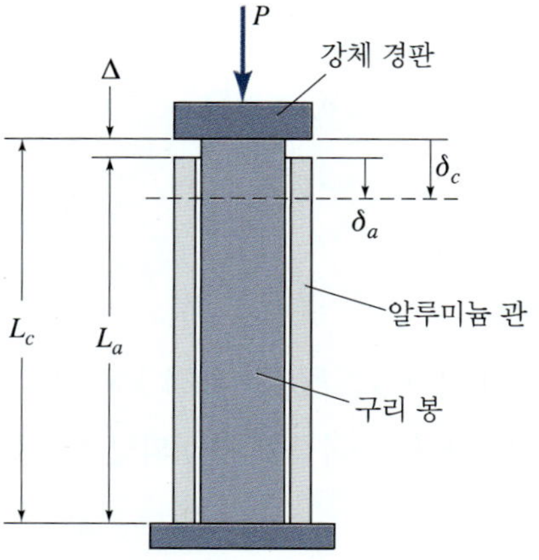

그림 4.9 합성 관-봉의 조립체

평형조건. 알루미늄 관에 하중 P_a가 발생되고 또한 구리 봉에 하중 P_c가 발생될 것이므로, 평형방정식을 이용하여 이 두 하중을 관련시키면

$$P_a + P_c = P \tag{e}$$

그러나 앞 식만으로는 두 미지력 P_a, P_c를 결정할 수 없다는 것을 알 수 있다.

재료의 거동. 식 (4.1)을 적용하여 부재의 축변형을 결정하면 다음과 같다.

$$\delta_a = \frac{P_a L_a}{A_a E_a} \qquad \delta_c = \frac{P_c L_c}{A_c E_c} \tag{f}$$

변형의 기하학. 구리 봉의 변형은 알루미늄 관의 변형과 초기 간극의 합과 같을 것이므로 $\delta_c = \delta_a + \Delta$ 또는

$$\frac{P_c L_c}{A_c E_c} = \frac{P_a L_a}{A_a E_a} + \Delta \tag{g}$$

식 (e)와 (g)를 풀면

$$\begin{aligned} P_a &= \frac{PL_c - A_c E_c \Delta}{L_c + (A_c E_c L_a / A_a E_a)} \\ P_c &= \frac{PL_a + A_a E_a \Delta}{L_a + (A_a E_a L_c / A_c E_c)} \end{aligned} \tag{4.8a}$$

이제 식 (f)를 이용하면 알루미늄 관과 구리 봉의 변형을 계산할 수 있다.

(b) 이 경우 $\Delta = 0$이므로 $L_a = L_c$이며, 따라서 식 (4.8a)와 같이 간단하게 표시되며

$$P_a = \frac{(A_a E_a)P}{A_a E_a + A_c E_c} \qquad P_c = \frac{(A_c E_c)P}{A_a E_a + A_c E_c} \tag{4.8b}$$

부재력이 축강성에 비례하는 것을 알 수 있다.

알루미늄 관의 압축응력 σ_a와 구리 봉의 σ_c는 각각 P_a/A_a 및 P_c/A_c와 같이 결정할 수 있으며, 식 (4.8b)와 훅의 법칙을 이용하여 압축변형률을 구하면 다음과 같다.

$$\varepsilon = \frac{P}{A_a E_a + A_c E_c} \tag{4.9}$$

부가설명 앞 식에서 변형률은 작용력을 부재의 축강성의 합으로 나눈 것과 같다는 것을 알 수 있다. 또한 알루미늄 관의 변형은 식 (4.8)과 식 (f)로부터 구하거나 변형률 ε에 L_a를 곱하여 얻을 수 있으며, δ_c도 동일한 방법으로 결정할 수 있다.

[예제 4.6] 과잉 지지된 단붙임 봉(stepped rod)의 반력

조건 탄성계수가 E인 2개의 균일단면을 갖는 강재 봉 AB가 그림 4.10(a)와 같이 강성벽에 고정되어 점 C에 하중 P를 받고 있다.

문제 지지점 반력을 구하라.

가정 두 단면부가 모두 탄성변형을 하는 것으로 가정한다.

풀이 P에 의해 유발된 A, B단의 반력을 각각 R_A, R_B로 표시하였다.

평형조건. 봉에 대한 유일한 평형방정식은

$$R_A + R_B = P \tag{h}$$

이 식만 가지고는 반력을 결정할 수 없다.

재료의 거동. 그림 4.10(b)에 표시된 자유물체도로부터 $P_{AC} = -R_A$이고 $P_{BC} = R_B$가 되며, 또한 하중-변형 관계식 식 (4.1)을 이용하면

$$\delta_a = -\frac{R_A a}{A_a E} \qquad \delta_b = \frac{R_B b}{A_b E} \tag{i}$$

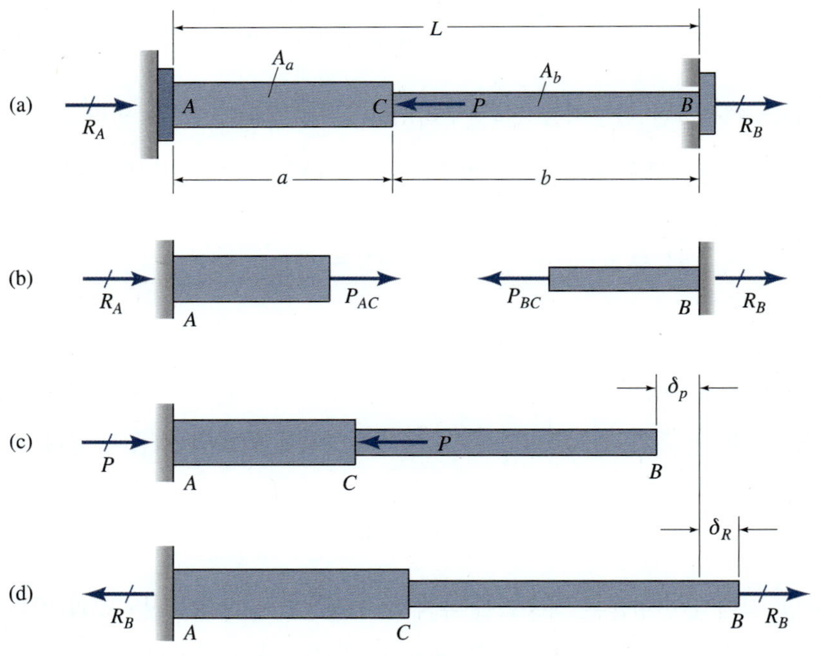

그림 4.10 (a) 축하중 P를 받고 있는 단붙임 봉 (b) 좌단부와 우단부의 자유물체도 (c) 하중 P에 의한 수축 (d) 반력 R_B에 의한 신장

변형의 기하학. 기하학적 고찰에 의하면[그림 4.10(c)와 (d)], 봉의 총 변형은 0이 되어야 하므로

$$\delta_a + \delta_b = 0$$

위 식에 식 (i)를 고려하면

$$\frac{R_A a}{A_a E} = \frac{R_B b}{A_b E} \tag{j}$$

식 (h)와 (j)를 풀면

$$R_A = \frac{P}{1 + (aA_b/bA_a)} \qquad R_B = \frac{P}{1 + (bA_a/aA_b)} \tag{4.10}$$

부가설명 AC 및 BC 요소의 축응력은 각각 R_A/A_a와 R_B/A_b와 같이 계산할 수 있고 식 (4.10)과 식 (i)를 이용하여 점 C의 변위를 결정할 수 있다.

4.4 중첩법

중첩의 원리는 대부분의 부정정 문제를 해석하는 효과적인 방법의 하나라고 할 수 있다. 예를 들어 그림 4.10(c)와 (d)에 표시된 봉으로 교체된 그림 4.10(a)의 봉을 다시 고찰해보기로 하자. 점 B에서 봉은 P와 R_B에 의해 각각 δ_P와 δ_R만큼의 변위를 초래하게 될 것이며 봉의 우단이 고정되기 위해서는 이 변위의 중첩결과가 다음 식을 만족해야 할 것이다.

$$\delta_P + \delta_R = 0$$

식 (4.1)을 적용하고 신장을 양으로 취하면

$$-\frac{Pa}{A_a E} + \left(\frac{R_B a}{A_a E} + \frac{R_B b}{A_b E}\right) = 0 \tag{a}$$

위 식으로부터

$$R_B = \frac{P}{1 + (bA_a/aA_b)}$$

이 결과는 식 (4.10)에 주어진 것과 동일하며 나머지 반력은 정역학적 평형조건 $R_A + R_B = P$를 이용하여 결정할 수 있다.

상술된 **중첩법**(method of superposition)을 요약하면 다음과 같다.

1. 미지력의 하나를 과잉력(redundant)으로 표시한 다음 지지점을 분리하여 부재에서 이완시킨다.
2. 지지점이 분리되어 정정 구조물이 된 부재에 실제하중 P와 과잉력(R_B)을 작용시킨다. 여기서 과잉력은 미지력으로 간주한다.
3. 이들 하중에 의한 변위방정식을 구한 다음 이 결과를 과잉력을 계산하기 위하여 기하학적 적합방정식에 대입한다. 나머지 미지력은 정역학적 평형방정식을 이용하여 결정한다.

고차 부정정 문제에서 중첩의 원리는 해석을 단순화시키기 위한 효과적인 방법으로 활용되고 있다(10.9절 참조). 이 해석법은 과잉반력을 미지수로 취급하기 때문에 흔히 **하중법**(force method)이라고도 한다. 또한 적합조건을 표시하는 식 (a)에 유연도(4.2절에서 논의된)가 포함되어 있으므로 **유연도법**(flexibility method)이라는 명칭을 쓰기도 한다. 일단 과잉반력이 결정되면 응력과 변형의 계산은 통상적인 방식으로 수행된다.

4.5 열변형과 열응력

구속되지 않은 등방성 물체의 온도가 균일하게 증감될 경우 그 결과를 고찰해보기로 하자. 온도변화에 따른 육면체 요소의 변형은 각 변의 길이가 변화할지라도 육면체를 유지할 수 있도록 팽창되거나 수축되며, 수직응력을 수반하지 않은 상태에서 모든 방향으로 수직변형률을 유발하게 된다. 또한 전단변형률이나 전단응력은 존재하지 않는다.

1°의 온도변화에 의한 변형률을 α로 표기하고 **열팽창계수**(coefficient of thermal expansion)라고 한다. 따라서 균일한 온도증분 ΔT에 의한 **열변형률**(thermal strain)은

$$\varepsilon_t = \alpha \Delta T \tag{4.11}$$

열팽창계수는 완만한 온도변화영역에서 근사적으로 일정하며 그 크기는 1/°C이나 1/°F 값으로 표시된다. 일반적인 재료의 열팽창계수값을 부록 B의 표 B.4에 수록하였다.

온도변화에 의한 자유팽창 및 수축은 식 (4.11)을 적용하여 쉽게 계산할 수 있으며 탄성체에서 균일한 온도변화에 의한 **열변형**은

$$\boxed{\delta_t = \alpha(\Delta T)L} \tag{4.12}$$

여기서 L은 물체의 길이이다. 열변형률과 열변형은 온도가 상승하면 양의 값을 가지며 온도가 강하하면 음의 값을 갖는다.

물체의 열팽창이나 수축을 구속함에 따라 유발된 응력을 **열응력**(thermal stress)이라고 한다. 정정 구조물에서 온도가 균일하게 변화할 경우 변형은 자유롭게 발생되지만 응력은 유발되지 않는다. 반면에 부정정 구조물의 경우 온도가 변화되면 부재에 응력을 유발시키게 된다.

열변형이 구속되었을 때 유발된 하중과 응력은 4.3절과 4.4절에서 기술된 방법을 이용하여 계산할 수 있다. 다음의 예제는 이와 같은 방법을 예시한 것이다.

[예제 4.7] 온도가 상승된 배관의 응력

조건 길이가 L이고 단면적이 A인 강관이 두 벽 사이에 고정되었다[그림 4.11(a)]. 사용과정에서 관을 균일하게 가열하여 ΔT만큼 온도가 상승되었다고 한다. 주어진 데이터는 다음과 같다.

$$L = 5 \text{ ft} \quad E = 30 \times 10^6 \text{ psi}$$

$$\alpha = 6.5 \times 10^{-6}/°\text{F} \quad \sigma_y = 36 \text{ ksi} \quad \Delta T = 80\,°\text{F}$$

문제 다음 두 가지 경우에 대한 응력을 계산하라.

(a) 벽이 고정되었을 경우

(b) 벽이 $\delta_w = 0.01$ in.만큼 이동되었을 경우

가정 재료의 응력은 탄성범위 내에 있다고 가정한다.

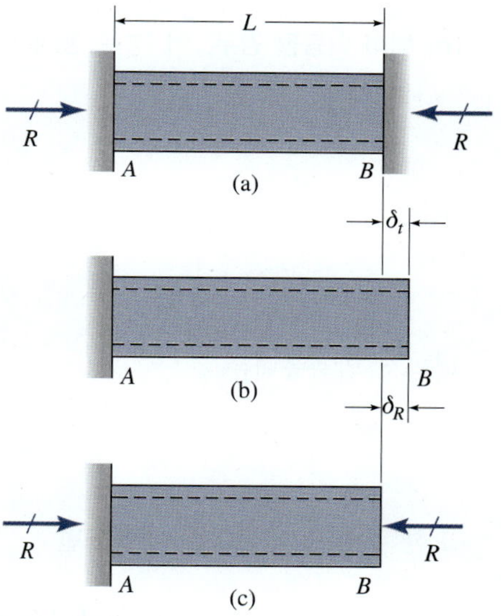

그림 4.11 (a) 양단이 구속된 관 (b) 열팽창 (c) 반력 R에 의한 수축

풀이 온도가 상승되면 봉의 신장이 저지됨에 따라서 지지단으로부터 전달된 크기가 같고 방향이 반대인 축하중 R이 봉에 작용하게 된다[그림 4.11(a)]. 따라서 봉에 작용하는 축하중의 합이 0이 되는 조건이 만족되는 것이고, 반력 R은 미지수이다.

(a) 고정벽의 경우. 만약 B단이 제거될 경우[그림 4.11(b), (c)], 온도변화에 의한 우측단의 우향변위는 δ_t가 되고 R에 의한 좌향변위는 δ_R이 될 것이다. 식 (4.1), (4.12)와 함께 기하학적 적합조건을 고려하면

$$\alpha(\Delta T)L - \frac{RL}{AE} = 0$$

위 식으로부터

$$R = AE\alpha(\Delta T)$$

따라서 봉의 압축응력과 변형률은

$$\sigma = \frac{R}{A} = E\alpha(\Delta T) \qquad \varepsilon = \frac{\sigma}{E} = \alpha\Delta T \tag{4.13}$$

주어진 수치들을 대입하면

$$\sigma = (30)(6.5)(80) = 15.6 \text{ ksi}$$

$$\varepsilon = (6.5 \times 10^{-6})(80) = 520\mu$$

온도변화는 외력이 작용되지 않더라도 부정정 구조물에 응력을 유발시킬 수 있다는 것을 알 수 있으며 또한 응력은 봉의 길이에 **무관함**을 알 수 있다.

(b) 벽이 이동될 경우. 이 경우 봉이 δ_w만큼 신장될 수 있으며 변형의 적합조건은 다음과 같다.

$$\alpha(\Delta T)L - \frac{RL}{AE} = \delta_w$$

또는

$$R = AE\left(\alpha\Delta T - \frac{\delta_w}{L}\right)$$

따라서 압축응력은

$$\sigma = E\left(\alpha\Delta T - \frac{\delta_w}{L}\right) \tag{4.14}$$

또한 주어진 데이터를 대입하면

$$\sigma = 30(10^6)\left[(6.5 \times 10^{-6})(80) - \frac{0.01}{5 \times 12}\right] = 10.6 \text{ ksi}$$

부가설명

1. 계산된 15.6 ksi와 10.6 ksi는 재료의 항복강도 36 ksi보다 훨씬 낮으므로 해석결과는 유용하다.
2. 열응력을 전적으로 예방할 수는 없겠으나 설계자가 어느 정도 조절을 시도할 수는 있을 것이다. 예를 들어 전술된 결과를 비교할 경우 열응력은 지지단 변위를 미소하게 허용함으로써 현저하게 저하시킬 수 있다는 것을 알 수 있다.

[예제 4.8] 가열된 슬리브와 볼트 조립체

조건 직경 30 mm의 청동 봉이 그림 4.12(a)에 표시된 바와 같이 직경 20 mm의 강재 볼트로 체결된 강체 덮개와 슬리브 사이에 고정되어 있다. 주어진 데이터는 다음과 같다.

$$E_s = 200\ \text{GPa} \qquad E_b = 83\ \text{GPa} \qquad \alpha_s = 11.7\times10^{-6}/°\text{C} \qquad \alpha_b = 18.9\times10^{-6}/°\text{C}$$

설문 70°C에서 청동과 강에 발생하는 응력을 계산하라.

가정 20°C에서는 조립체에 변형과 응력이 존재하지 않았다고 한다.

풀이 온도가 $\Delta T = 70 - 20 = 50°\text{C}$만큼 상승된 후 덮개와 슬리브는 크기가 같고 방향이 반대인 힘 P_b를 청동 봉에 작용하게 하고 R_s를 강재 볼트에 각각 작용하게 한다. 덮개를 제거하면[그림 4.12(b)], 청동 봉과 강재 볼트에 δ_{tb}와 δ_{ts}가 각각 발생하게 될 것이다. 그러나 이 두 부재의 순수변형은 동일해야 한다. 따라서 봉은 볼트를 신장시키고 또한 볼트는 최종적인 평형위치에 도달할 때까지 봉을 압축시키게 될 것이다[그림 4.12(c)].

평형조건. 이 계에 대한 유일한 평형방정식은 다음과 같으며,

$$R_b = 2R_s \tag{a}$$

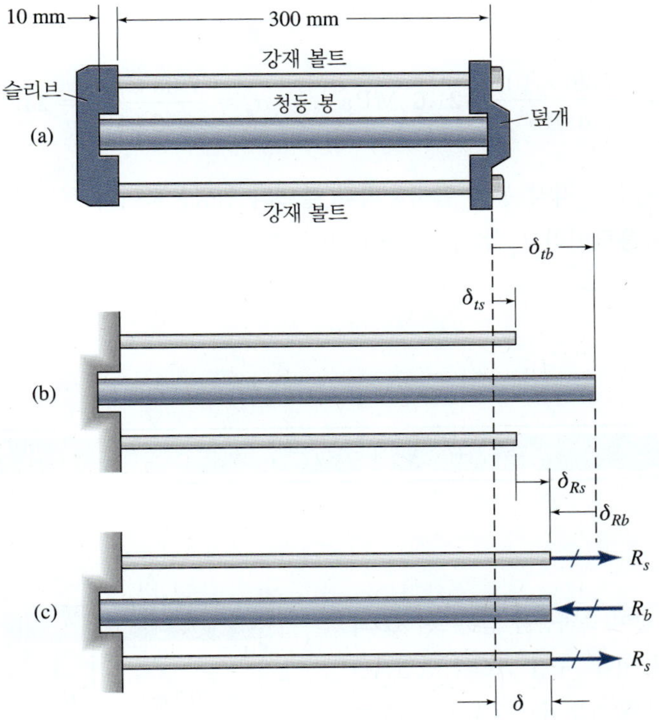

그림 4.12 (a) 슬리브-볼트 조립체 (b) 온도 상승에 의한 팽창 (c) 반력에 의한 변위

위 식에는 2개의 미지반력이 포함되어 있다.

재료의 거동. 식 (4.12)와 (4.1) 및 주어진 데이터를 이용하면

$$\begin{aligned}\delta_{tb} &= 18.9\times10^{-6}(50)(0.31) = 0.293\times10^{-3}\ \text{m}\\ \delta_{ts} &= 11.7\times10^{-6}(50)(0.3) = 0.176\times10^{-3}\ \text{m}\end{aligned} \tag{b}$$

또한

$$\begin{aligned}\delta_{Rb} &= \frac{R_b(0.31)}{\pi(0.015^2)(83\times10^9)} = 5.28(10^{-9})R_b\\ \delta_{Rs} &= \frac{R_s(0.3)}{\pi(0.01^2)(200\times10^9)} = 4.77(10^{-9})R_s\end{aligned} \tag{c}$$

변형의 기하학. 그림을 참조하면 변형 사이에는 다음과 같은 관계가 있다는 것을 알 수 있다.

$$\delta = \delta_{tb} - \delta_{Rb} = \delta_{ts} + \delta_{Rs}$$

식 (b)와 (c)를 위 식에 대입한 다음 그 결과와 식 (a)를 풀면

$$R_b = 15.26\ \text{kN} \qquad R_s = 7.63\ \text{kN}$$

따라서

$$\sigma_b = \frac{15.26\times10^3}{\pi(0.015^2)} = 21.6\ \text{MPa} \qquad \sigma_s = \frac{7.63\times10^3}{\pi(0.01^2)} = 24.3\ \text{MPa}$$

부가설명 상기 치수는 각각 봉의 압축응력과 볼트의 인장응력이며 청동과 강재에 대한 이 수치는 매우 작은 응력이라고 할 수 있다(표 B.4 참조).

연습문제

4.3절~4.5절

4.27 그림 P4.27과 같이 축하중을 받는 봉 AD의 양 끝단이 고정되어 있다. 구간 AC의 단면적은 A_1이고 구간 CD의 단면적은 $A_2 = 2A_1$이다. $P_C = 3P_B$일 때 다음을 구하라. 단 탄성계수는 E이다.

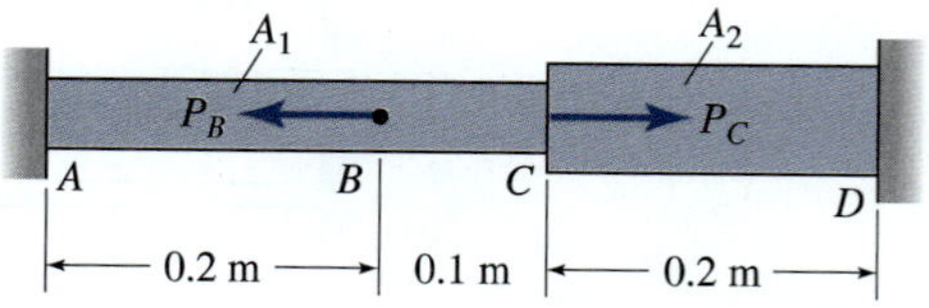

그림 P4.27

(a) 점 A와 D의 반력과 축하중 선도

(b) 점 C에서 변위 δ_C

4.28 동일한 단면적일 때 문제 4.27을 다시 구하라. $A_1 = A_2 = 250\ \text{mm}^2$, $E = 70\ \text{GPa}$, $P_C = 3P_B = 150\ \text{kN}$

4.29 그림 P4.29와 같이 높이가 6 ft이고 직경이 8 in.인 철근 콘크리트 기둥이 80 kips의 압축하중을 받고 있다. 각 재료에 걸린 응력을 구하라.

조건 $A_s = 0.8\ \text{in.}^2$, $E_s = 30 \times 10^6\ \text{psi}$, $E_c = 3.5 \times 10^6\ \text{psi}$

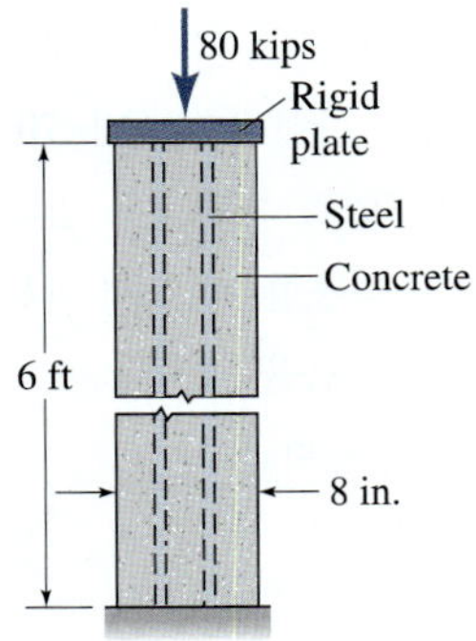

그림 P4.29

4.30 그림 P4.30과 같이 직경이 d인 8개의 철근이 보강된 사각형 콘크리트 블록에 압축하중 P를 받고 있을 때 철근과 콘크리트에 걸린 수직응력을 구하라.

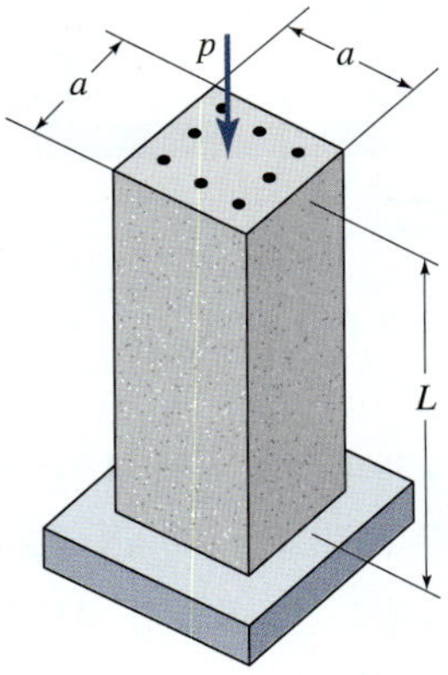

그림 P4.30

조건 $a = 15\ \text{in.}$, $L = 3\ \text{ft}$, $d = 1\ \text{in.}$, $E_s = 29 \times 10^6\ \text{psi}$, $E_c = 4 \times 10^6\ \text{psi}$, $P = 250\ \text{kips}$

4.31 그림 P4.30의 직경이 d인 8개의 철근이 보강된 $a \times a$ 단면을 갖는 사각형 콘크리트 블록에 작용하는 압축하중 P의 1/8을 철근이 받고 있고, 나머지 7/8의 하중을 콘크리트가 받을 수 있는 철근의 직경 d를 구하라.

조건 $a = 400\ \text{mm}$, $E_s = 200\ \text{GPa}$, $E_c = 29\ \text{GPa}$, $P = 1000\ \text{kN}$

4.32 그림 P4.32와 같이 외경이 D이고 내경이 d인 알루미늄 합금 파이프 내부에 콘크리트가 채워져 있다. 강체 뚜껑 위로 가할 수 있는 허용압축하중 P_{all}을 구하라.

조건 $d = 300\ \text{mm}$, $D = 340\ \text{mm}$, $E_a = 70\ \text{GPa}$, $E_c = 15\ \text{GPa}$, $(\sigma_a)_{\text{all}} = 90\ \text{MPa}$, $(\sigma_c)_{\text{all}} = 20\ \text{MPa}$

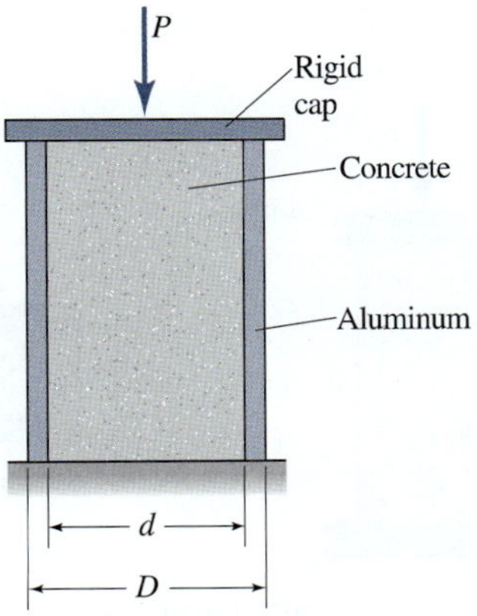

그림 P4.32

***4.33** 그림 P4.33과 같이 양 끝단이 고정되어 있

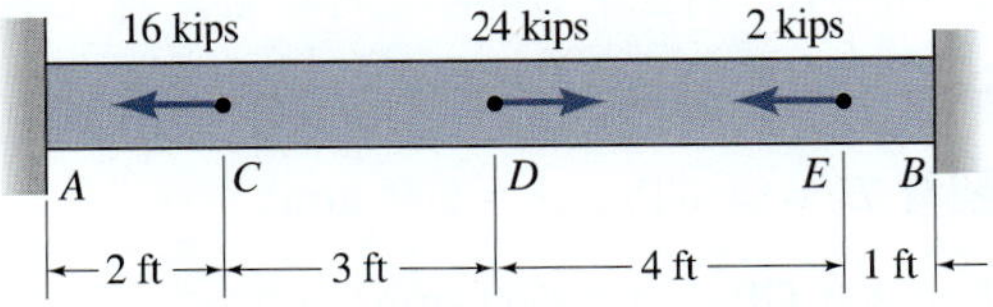

그림 P4.33

는 직경 3/4 in. 봉의 점 A와 B의 반력을 구하라. 또 축하중 선도를 그려라.

4.34 그림 P4.34와 같이 알루미늄 봉과 강철 봉이 강체벽 사이에 지지되어 있다. 온도가 섭씨 20°C에서 50°C로 증가하였을 때 각 봉의 응력을 구하라.

조건 $\alpha_a = 24\times10^{-6}/°C$, $E_a = 70$ GPa, $\alpha_s = 12\times10^{-6}/°C$, $E_s = 200$ GPa

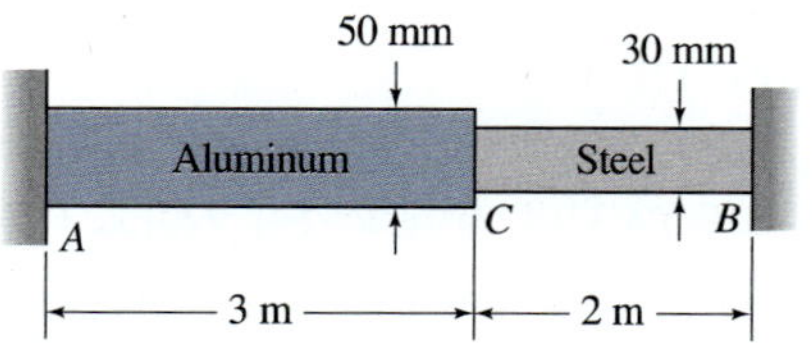

그림 P4.34

4.35 그림 P4.35와 같이 사각형 주철 기둥의 내부는 콘크리트로 채워져 있다. 하중 P가 강체 뚜껑 위로 작용할 때 각 재료에 걸린 응력을 구하라.

조건 $E_{ci} = 70$ GPa, $E_c = 25$ GPa, $P = 400$ kN

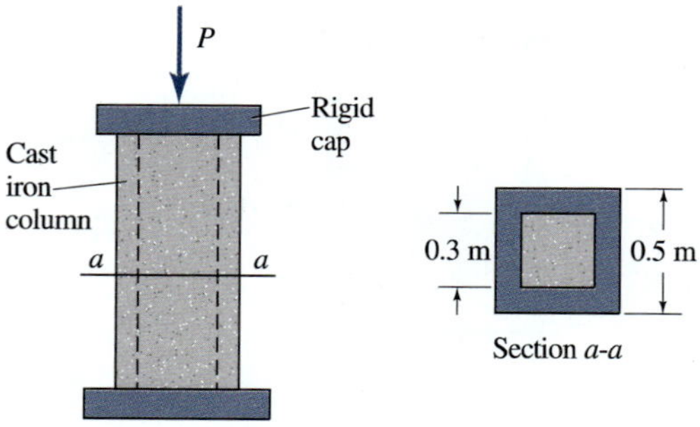

그림 P4.35

***4.36** 그림 P4.36은 황동 튜브와 강철 볼트로 조립된 구조물이다. 볼트는 2 mm의 피치를 갖는 1줄 나사이다. 너트가 반바퀴 조여져 있을 때 볼트와 튜브에 발생하는 수직응력을 구하라.

조건 $E_b = 83$ GPa, $A_b = 900$ mm^2, $E_s = 200$ GPa, $A_s = 500$ mm^2

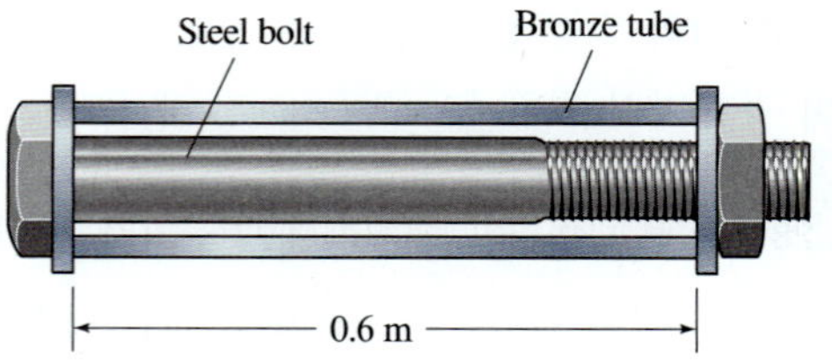

그림 P4.36

4.37 온도가 80 °C로 증가하였을 때 그림 P4.36의 볼트-튜브 조립도에서 볼트와 튜브에 걸린 응력을 구하라. 재료와 치수는 동일하고 문제 4.36과 같이 너트를 반바퀴 조인 상태이다.

조건 $\alpha_b = 18\times10^{-6}/°C$, $\alpha_s = 12\times10^{-6}/°C$

4.38 그림 P4.38과 같이 강체 부재 AB는 단면적이 400 mm^{2}이며 탄성계수 E가 70 GPa인 알루미늄 봉 AD와 BE로 지탱되고 있다. 점 C에 하중 $P = 15$ kN이 작용할 때 부재 AB가 수평을 유지하는 조건에서 다음을 구하라.

(a) 봉 BE의 인장응력

(b) 점 C의 수직변위

(c) x값

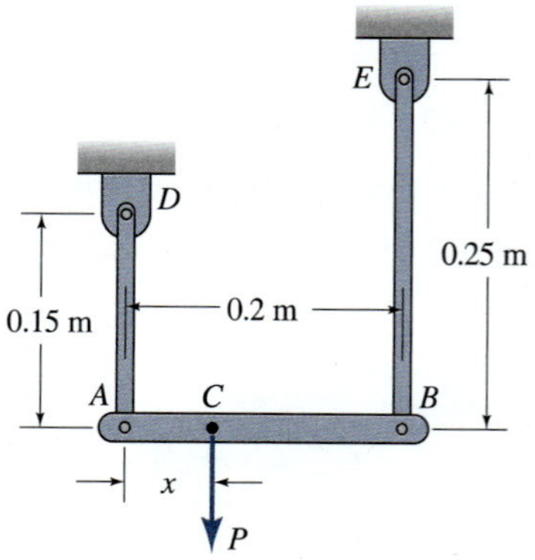

그림 P4.38

4.39 그림 P4.38의 강체 부재 AB는 $x = 150$ mm에서 작용하는 하중 $P = 100$ kN에도 수평을 유지하고 있다. 강재로 만들어진 봉 AD와 BE의 허용응력 $\sigma_{all} = 150$ MPa이고 $E = 200$ GPa일 때 봉의 최소단면적을 구하라.

4.40 그림 P4.40과 같이 황동 파이프 BC와 알루미늄 파이프 CA는 그 중간에 강체 판재 C로 체결되어 있으며 파이프의 양 끝단은 고정되어 있다. 각 파이프의 축응력 σ_a와 σ_b를 구하라.

조건 $P=40$ kN, $E_b=105$ GPa, $E_a=72$ GPa, $A_b=500$ mm^2, $A_a=5000$ mm^2

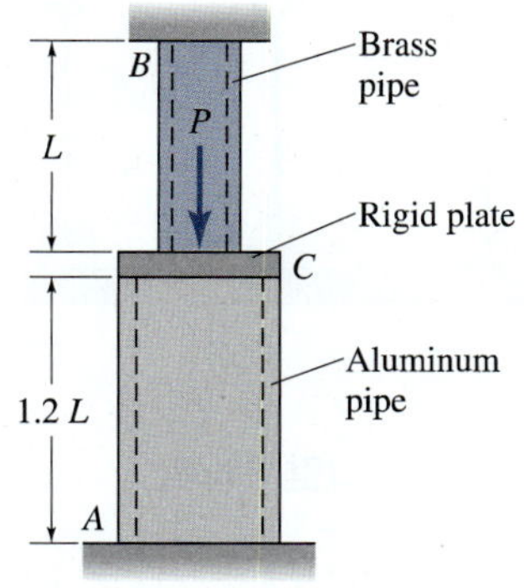

그림 P4.40

***4.41** 그림 P4.40을 참고하여 문제 4.40에서 하중 대신 온도 상승 ΔT가 작용한다면 다음을 구하라.

(a) 황동 및 알루미늄 봉에 작용하는 수직응력 σ_a와 σ_b

(b) 점 C의 변형

조건 $P=0$, $\Delta T=45°\text{C}$, $L=1$ m, $E_b=105$ GPa, $E_a=72$ GPa, $A_b=500$ mm^2, $A_a=5000$ mm^2, $\alpha_b=20.9\times10^{-6}/°\text{C}$, $\alpha_a=23.9\times10^{-6}/°\text{C}$

4.42 그림 P4.42와 같이 강철 봉과 황동 봉의 끝단은 고정되어 있고 서로 마주보는 양 끝단은 직경 d의 핀으로 체결되어 있다. 온도가 ΔT만큼 낮아졌을 때 핀의 전단응력을 구하라.

조건 $d=7/8$ in., $a=3$ ft, $b=4$ ft, $\Delta T=40°\text{C}$, $A_s=1$ in.^{2}, $A_b=1.5$ in.^{2}, $E_s=29\times10^6$ psi, $E_b=15\times10^6$ psi, $\alpha_s=6.5\times10^{-6}/°\text{F}$, $\alpha_b=11.3\times10^{-6}/°\text{F}$

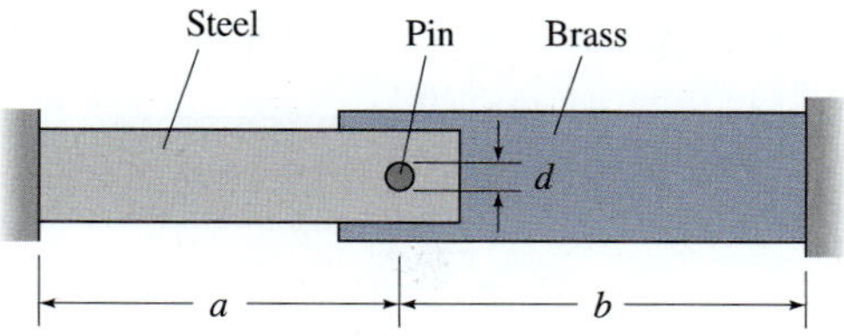

그림 P4.42

***4.43** 그림 P4.43과 같이 축편심하중 $Q=12$ kips가 두께 1/2 in., 너비 1 in., 길이 2 in.인 황동과 강철 블록 위에 작용하고 있다. 강체 받침판 AB가 수평을 유지할 때 다음을 구하라.

(a) x값

(b) 각 재료의 수직응력

조건 $E_b=15\times10^6$ psi, $E_s=30\times10^6$ psi

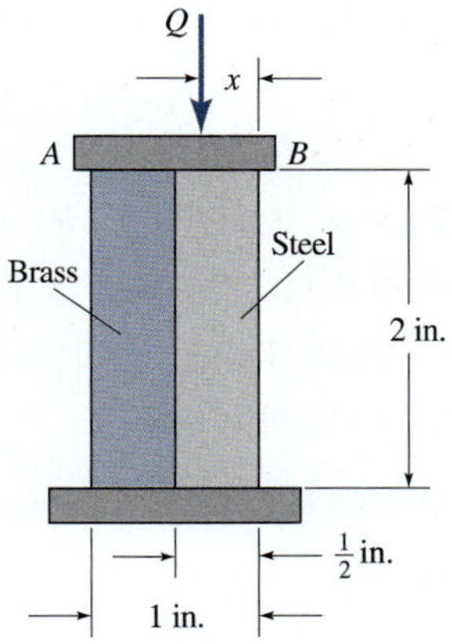

그림 P4.43

4.44 그림 P4.44와 같이 알루미늄 봉과 마그네슘 봉은 20°C의 온도에서 $\Delta=0.4$ mm의 간격을 갖는다. 다음을 구하라.

(a) 온도를 120°C로 증가할 때 각 봉의 압축응력

(b) 마그네슘 봉의 길이변화

조건 $E_a=70$ GPa, $E_m=45$ GPa, $\alpha_a=23\times10^{-6}/°\text{C}$, $\alpha_m=26\times10^{-6}/°\text{C}$, $A_a=500$ mm^2, $A_m=1200$ mm^2

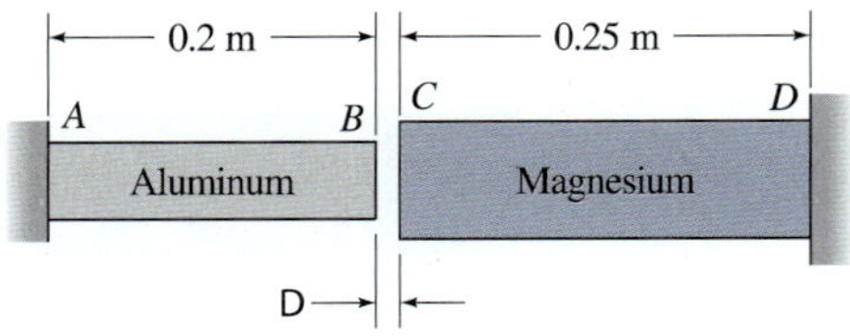

그림 P4.44

4.45 봉의 간격이 $\Delta = 0$인 경우 문제 4.44를 다시 구하라.

4.46 직경 $1\frac{5}{8}$ in.의 길이 9 ft인 강철 봉이 같은 직경의 길이 6 ft의 황동 봉과 끝단이 연결되어 있다. 각 봉이 양 끝단에 압축하중 20 kips와 온도 증가 90°F를 동시에 받고 있을 때 모든 봉의 길이 변화를 구하라.

조건 $E_s = 30 \times 10^6$ psi, $E_b = 15 \times 10^6$ psi,

$\alpha_s = 6.5 \times 10^{-6}/°\text{F}$, $\alpha_b = 11 \times 10^{-6}/°\text{F}$

4.47 그림 P4.47과 같이 길이가 150 mm인 계단식 황동 봉이 강철 링크에 끼워져 있다. 초기에 축하중이 없는 상태에서 온도가 40°C 증가되었을 때 봉에 걸린 수직응력을 구하라.

조건 $E_b = 105$ GPa, $E_s = 200$ GPa,

$\alpha_a = 20 \times 10^{-6}/°\text{C}$, $\alpha_s = 12 \times 10^{-6}/°\text{C}$,

$A_1 = 500\ \text{mm}^2$, $A_2 = 400\ \text{mm}^2$,

$A_3 = A_4 = 450\ \text{mm}^2$

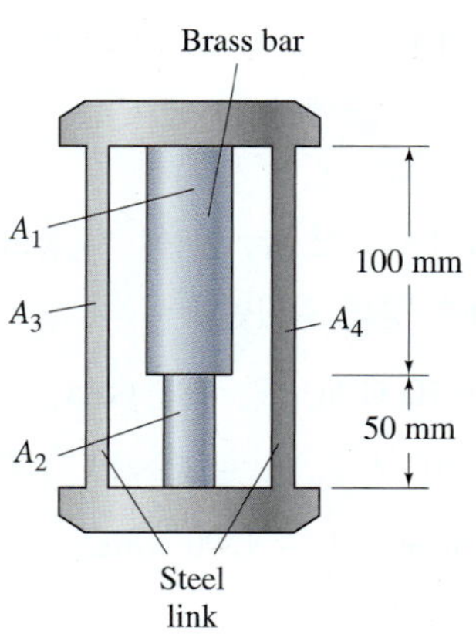

그림 P4.47

4.48 그림 P4.48과 같이 3개의 같은 와이어가 강체 봉 ABC를 지탱하고 있으며 점 D에서는 하중 P가 작용하고 있다. $x = L/2$일 때 인장력 T_A, T_B, T_C를 구하라.

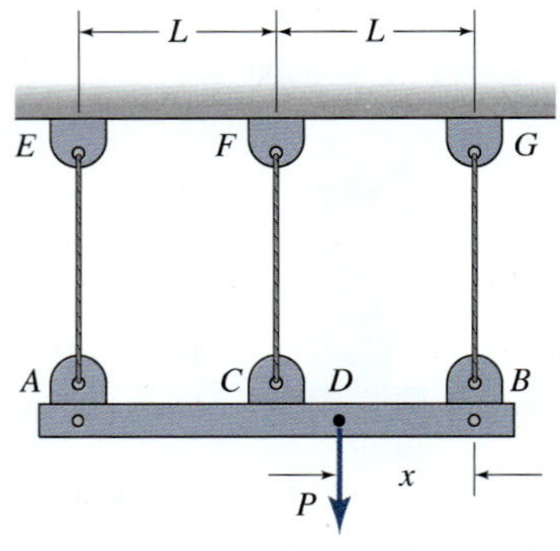

그림 P4.48

4.49 직경 d인 와이어 3개 중 AE와 BG는 알루미늄으로 만들어졌으며 CF는 강철로 만들어졌다(그림 P4.48). 하중 P가 강체 봉 ABC의 중앙($x = L$)에 작용할 때 최대 가용한 하중 P를 구하라. 단 $(\sigma_s)_{\text{all}} = 18$ ksi, $(\sigma_a)_{\text{all}} = 12$ ksi이다.

조건 $d = 1/8$ in., $E_s = 30 \times 10^6$ psi,

$E_a = 10 \times 10^6$ psi

4.50 직경 40 mm인 3 m 길이의 황동 봉의 한끝은 고정되어 있다. 실온(20°C)에서 강체벽과 봉의 자유단 사이에는 0.5 mm의 간격이 있다. 온도가 40°C로 증가할 때 다음을 구하라.

(a) 봉의 총 변형률

(b) 봉의 직경

조건 $E = 70$ GPa, $\alpha = 18 \times 10^{-6}/°\text{C}$, $\nu = 0.3$

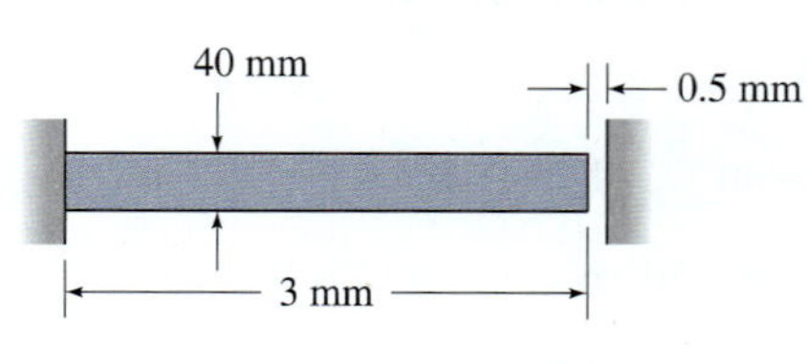

그림 P4.50

***4.51** 그림 P4.51과 같이 황동 봉 AE와 알루미늄 봉 CF는 각각 500 mm^2의 단면적을 갖고 있다. 강체 부재 $ABCD$의 점 D에 하중 40 kN이 작용 시 점 D에서의 변위를 구하라.

조건 $E_b = 105$ GPa, $E_a = 70$ GPa

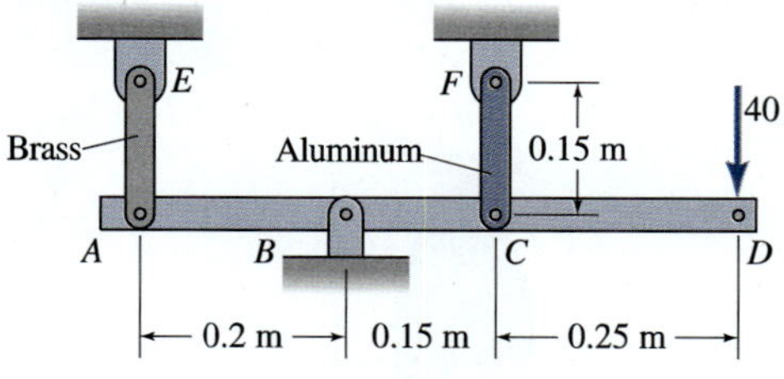

그림 P4.51

4.52 실온에서 내부 반경이 499.8 mm인 강철 링에 반경 500 mm인 강체 실린더가 억지로 끼워 맞춰져 있다.

(a) 링의 온도를 얼마나 올려야 실린더가 끼워지겠는가?

(b) 실온에서 링의 응력을 구하라.

조건 $E = 210$ GPa, $\alpha = 12 \times 10^{-6}/°C$

4.53 그림 P4.53과 같이 일정한 두께 t로 테이퍼가 진 부재의 양 끝단이 고정되어 있다. 하중 P가 중간에 작용할 때 고정벽에 작용하는 반력을 P, a, b의 항으로 표현하라.

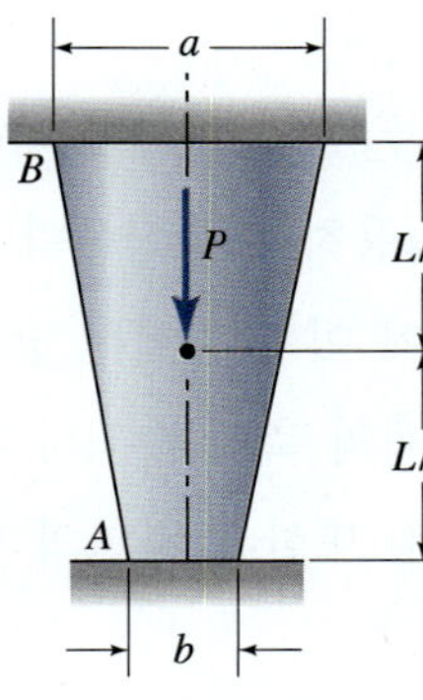

그림 P4.53

4.54 그림 P4.54와 같이 길이 $2L$이고 직경이 $D = L$, $d = L/4$인 원뿔 탄성부재는 T_1 온도에서 고정벽에 저항 없이 접촉하고 있다. 온도를 T_2로 증가시킬 때 봉의 최대응력을 E, α, T_1, T_2의 항으로 표현하라.

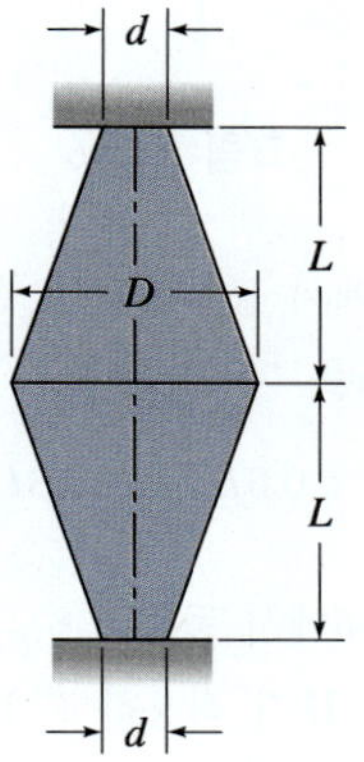

그림 P4.54

4.55 그림 P4.55와 같이 계단식 봉에서 온도가 50°C 강하할 때 벽은 0.4 mm 근접 이동하였다. 이때 점 A와 B에서 벽의 반력을 구하라.

조건 $P = 100$ kN, $a = 0.2$ m, $A_a = 1500$ mm^2, $E_a = 70$ GPa, $\alpha_a = 23 \times 10^{-6}/°C$, $b = 0.3$ m, $A_b = 500$ mm^2, $E_b = 200$ GPa, $\alpha_b = 18 \times 10^{-6}/°C$

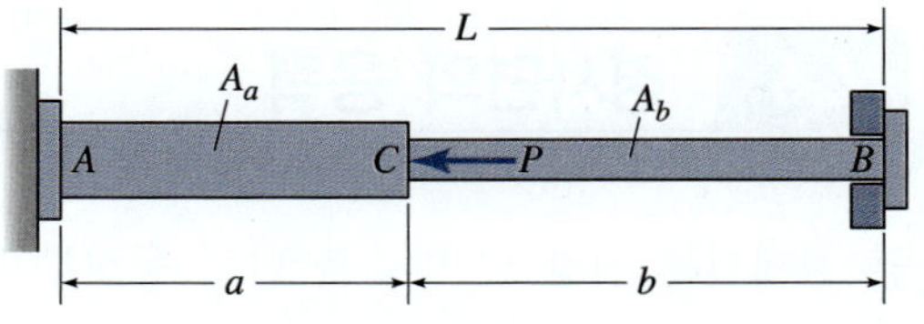

그림 P4.55

***4.56** 그림 P4.56과 같이 3개의 동일한 단면적 A, 물성치 E, α로 구성된 구조물 전체에 온도 ΔT가 증가할 때 봉 AC에 걸린 응력을 구하라.

조건 $W = 0$, $a = 0.6L$, $h = 0.8L$

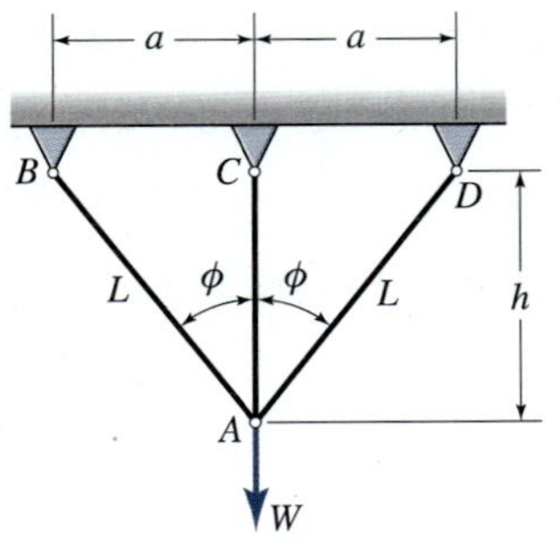

그림 P4.56

4.57 문제 4.56에서 봉 AC에만 온도가 ΔT 증가할 때 문제 4.56을 다시 풀어라.

조건 $W=0$, $a=0.6L$, $h=0.8L$

***4.58** 그림 P4.56에서 동일한 축강성 AE의 3개의 강철 봉에 하중 W가 작용하고 있다.

(a) 봉 $AB=AD$, AC에 걸린 하중은 각각 다음과 같다.

$$F_{AB}=F_{AD}=\frac{W\cos^2\phi}{1+2\cos^3\phi}$$

$$F_{AC}=\frac{W}{1+2\cos^3\phi} \qquad \text{(P4.58)}$$

(b) $W=100$ kN, $a=0.6L$, $h=0.8L$에서 응력이 160 MPa을 넘지 않을 단면적 A를 구하라.

***4.59** 그림 P4.59와 같이 직경이 $d=L/4$, $D=L$인 압축실린더가 온도 T_1에서 고정벽에 저항 없이 접촉하고 있다. 온도가 T_2로 증가하였을 때 부재의 최대응력을 E, α, T_1, T_2의 항으로 표현하라.

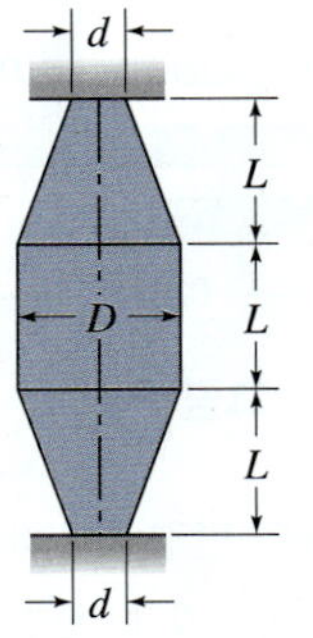

그림 P4.59

4.6 경사면의 응력

앞 절에서는 인장 및 압축을 받는 등질부재의 단면에 작용하는 수직응력에 대하여 논의하였다. 참고로 양단으로부터 충분히 떨어져 있는 단면 A에 작용하는 수직응력 $\sigma=P/A$는 균일분포하며, 또한 단면 A는 길이방향 축에 수직하기 때문에 이 단면에는 당연히 전단응력이 존재하지 않는다는 것을 알 수 있었다. 이 절에서는 부재의 축에 수직하지 않은 단면에 수직응력과 전단응력이 축하중으로부터 유발될 수 있으며, 또한 경사면의 방향에 따른 응력의 변화도 논의하게 될 것이다.

이제 중심 축하중을 받고 있는 균일단면 봉을 고려한 다음[그림 4.13(a)], 법선 x'이 축방향과 θ를 이루는 **경사면**(inclined plane) $b-b$에 작용하는 응력분포를 검토해보기로 하

자. 여기서 x'의 위치를 지정하는 각 θ는 x축으로부터 반시계방향으로 측정되었을 때 양으로 가정하였다. 단면 $b-b$의 좌측으로 분리된 봉에 작용하는 합력 P는 그림 4.13(b)와 같이 수직력 성분과 전단력 성분으로 분해할 수 있다.

$$P_{x'} = P\cos\theta \qquad P_{y'} = -P\sin\theta \qquad \text{(a)}$$

이 힘과 관련하여, 면 $A_{x'} = A/\cos\theta$에 균일분포하는 응력을 그림 4.13(c)에 표시하였으며 경사면에 작용하는 **수직응력**과 **전단응력**을 구하면 다음과 같이 표시할 수 있다.

$$\sigma_{x'} = \frac{P_{x'}}{A_{x'}} = \sigma_x \cos^2\theta \qquad (4.15a)$$

$$\tau_{x'y'} = \frac{P_{y'}}{A_{x'}} = -\sigma_x \sin\theta\cos\theta \qquad (4.15b)$$

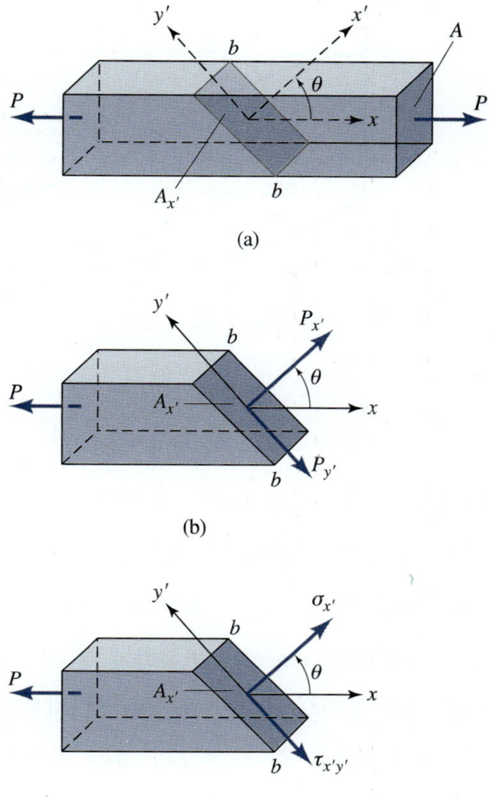

그림 4.13 경사면에 작용하는 힘과 응력이 나타낸 균일단면 인장 봉

여기서 음의 부호는 2.10절에서 기술된 전단응력의 부호약속과 일치한다. 즉 양의 x'면에 작용하는 $\tau_{x'y'}$은 음의 y'방향으로 작용하므로 음이 된다.

어떤 좌표계로부터 다른 좌표계로 응력을 결정하는 상기 과정을 **응력의 변환**(stress transformation)이라고 한다. 식 (4.15)는 P를 음의 값으로 지정하여 축압축 문제에도 적용할 수 있으며, 이 경우 각 힘의 부호나 응력의 방향은 그림 4.13(b) 및 (c)와 반대가 된다. 일축응력은 8장에서 논의될 **평면응력**(plane stress)이라고 하는 더 일반적인 응력상태의 특수한 경우라고 할 수 있다.

식 (4.15)는 다양한 각도로 경사면을 절취하였을 때 면의 방향에 따른 응력의 변화를 표시하고 있다. 예상된 바와 같이 $\sigma_{x'}$은 θ가 0° 또는 180°일 때 최대($\sigma_{\max}$)가 되며, $\tau_{x'y'}$은 θ가 45°와 135°일 때 최대($\tau_{\max}$)가 된다. 또한 $\tau_{\max} = \pm\sigma_{\max}/2$가 되며, 이와 같은 **최대응력**의 크기는 다음과 같다.

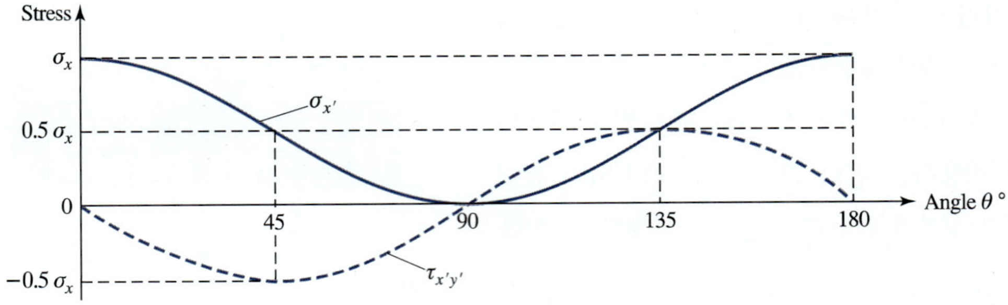

그림 4.14 그림 4.13(a)에 나타낸 봉의 경사면에 대한 응력의 변화

$$\sigma_{\max} = \sigma_x = \frac{P}{A} \qquad \tau_{\max} = \frac{1}{2}\sigma_x = \frac{P}{2A} \tag{4.16}$$

단면을 $\theta = 0°$에서 180° 사이의 각으로 절취했을 때 응력의 변화 양상을 그림 4.14에 나타내었다. 이 결과에 의하면 수직응력은 전단응력이 0이 되는 면에서 최대 또는 최소가 되는 것을 알 수 있다. 또한 $\theta > 90°$가 되면 식 (4.15b)에서 $\tau_{x'y'}$의 부호가 변한다. 즉 전단응력의 **방향**(sense)이 **변화**하게 된다. 그러나 식 (4.15b)로부터 결정되는 임의의 각 θ에 대한 전단응력의 **크기**는 $\theta + 90°$의 경우와 같으며, 이것은 2.10절에서 얻어진 일반적인 결론과 일치한다. 즉 서로 직교하는 평면상에 작용하는 전단응력의 크기는 같다.

인장하중을 받는 봉의 축에 45° 방향으로 절취된 단면상에 작용하는 응력상태를 표시하는 **응력요소**(stress element)를 그림 4.15에 나타내었다. 면($\theta = 45°$)상의 수직응력과 전단응력은 식 (4.15)에서 얻어진 것처럼 $\sigma' = 0.5\sigma_x$이고 $\tau_{\max} = -0.5\sigma_x$이다. 마찬가지로 $\theta = -45°$, $-135°$ 및 135° 단면상의 응력도 결정할 수 있다. 이 특수한 경우에서 수직응력 σ'은 모든 면에서 동일하며, 직교하는 두 면상에 작용하는 전단응력 $\tau_{\max}$는 이미 언급된 바와 같이 크기는 같으나 방향은 두 면이 교차하는 모서리를 향하거나 멀어지게 된다. 좀 더 구체적인 내용은 Mohr **원**으로 알려져 있는 도식적인 방법으로 평면응력의 변환방정식을 나타낸 다음 8.5절에서 논의하게 될 것이다.

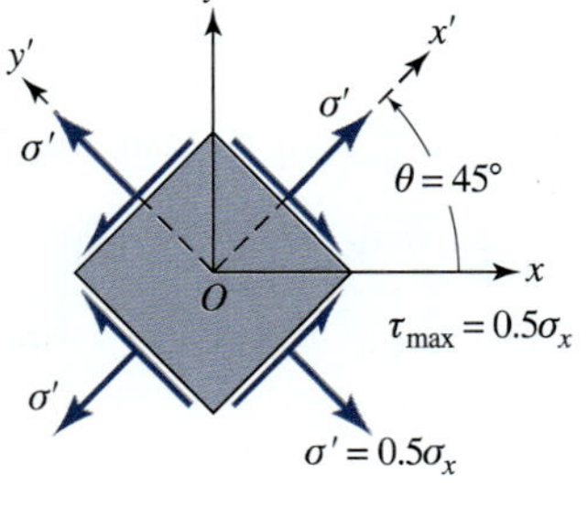

그림 4.15 그림 4.13(a)에 나타낸 봉에 대한 최대전단응력 면

예제 4.9 압축하중을 받고 있는 봉의 경사면에 작용하는 응력

조건 단면적이 $A = 1.2\ \text{in.}^2$인 균일단면 봉이 압축하중 $P = -15$ kips를 받고 있다.

문제 $\theta = 20°$인 경사면에 작용하는 응력을 구하라. 또한 응력요소의 인접면에 작용하는 응력을 계산하여 $\theta = 20°$에 대한 **응력상태**를 결정하고 그 결과를 나타내라.

가정 재료는 등질성을 가지며 선형탄성적으로 거동한다.

풀이 단면의 수직응력은 다음과 같다.

$$\sigma_x = \frac{P}{A} = \frac{-15(10^3)}{1.2} = -12.5\ \text{ksi}$$

이 값과 $\theta = 20°$를 식 (4.15)에 대입하면

$$\sigma_{x'} = \sigma_x \cos^2\theta = -12.5(\cos 20°)^2 = -11.04\ \text{ksi}$$

$$\tau_{x'y'} = -\sigma_x \sin\theta\cos\theta = 12.5(\sin 20°)(\cos 20°) = 4.02\,\text{ksi}$$

부가설명 인접된 y'면에 작용하는 수직응력과 전단응력은 각각 $\theta = 90° = 110°$를 식 (4.15)에 대입하여 계산된 값인 -1.46 ksi와 -4.02 ksi이다. $\sigma_{x'}$과 $\tau_{x'y'}$의 크기는 요소의 맞은편 면에 작용하는 응력과 동일하며 설정된 응력의 부호약속에 따라 이 결과를 나타내면 그림 4.16과 같다.

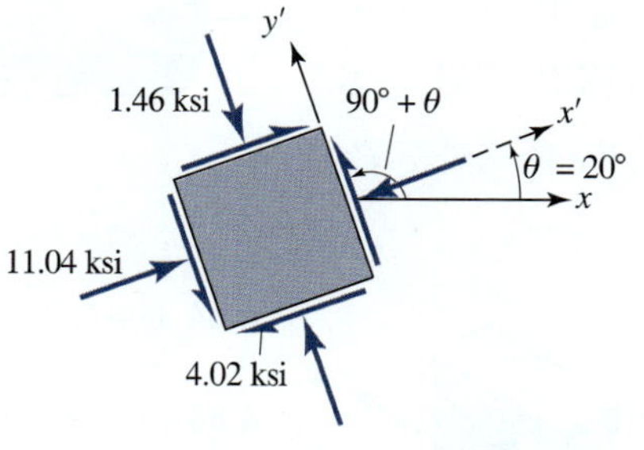

그림 4.16 응력요소

연습문제

4.6절

4.60 그림 P4.60과 같이 직경이 d인 원형 봉이 압축하중 P를 받고 있을 때 봉에 작용하는 최대수직 및 전단응력의 크기를 구하라.

조건 $d=1\frac{5}{8}$ in., $P=20$ kips

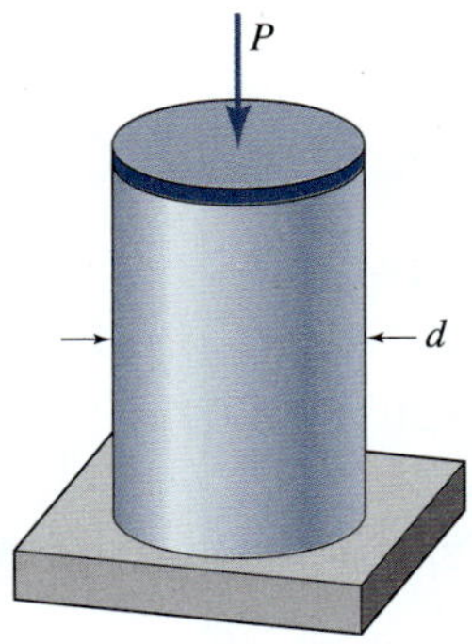

그림 P4.60

4.61 그림 P4.61과 같이 사각형단면을 갖는 2개의 금속 부품이 경사면을 이루면서 용접되어 있다. 경사면에서 허용수직응력 P_{all}과 허용전단응력 τ_{all}을 넘지 않은 범위에서 최대 허용 가능한 축하중 P_{all}을 구하라.

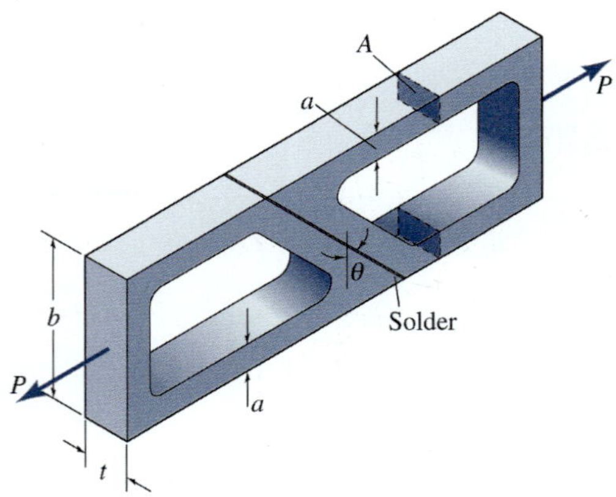

그림 P4.61

조건 $a=\frac{5}{16}$ in., $b=3$ in., $t=\frac{7}{8}$ in., $\theta=50°$, $\sigma_{all}=4.2$ ksi, $\tau_{all}=1.7$ ksi

4.62 문제 4.61에서 $\sigma_{all}=2$ ksi, $\tau_{all}=1.3$ ksi, $\theta=60°$일 때 다시 풀어라.

4.63 그림 P4.63과 같이 내부 반경 r과 두께 t인 실린더가 길이방향(x)에 따라 각도 ϕ를 이루면서 나선형으로 용접되어 있다. 실린더에는 양쪽 끝단의 강체판을 통하여 압축하중 P가 작용하고 있을 때 용접면에 동시에 작용하는 수직응력과 전단응력을 구하라.

조건 $r=50$ mm, $t=5$ mm, $\phi=40°$, $P=10$ kN

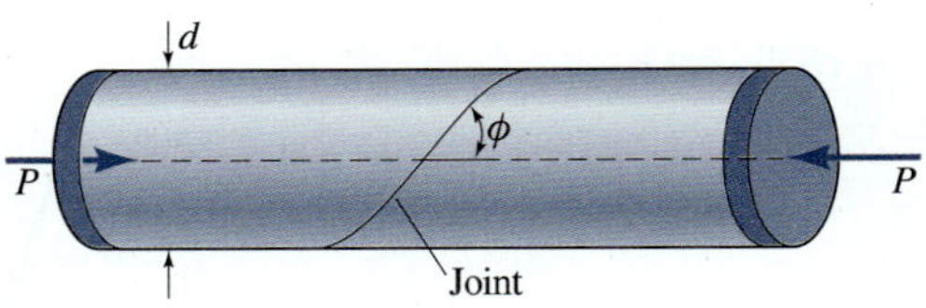

그림 P4.63

4.64 $\phi=55°$일 때 문제 4.63을 다시 구하라.

4.65 그림 P4.65와 같이 $a\times b$인 사각형 블록이 접합되어 있다. 접합면에서 인장허용응력과 허용전단응력은 각각 σ_{all}, τ_{all}일 때 접합각도 θ와 하중 P

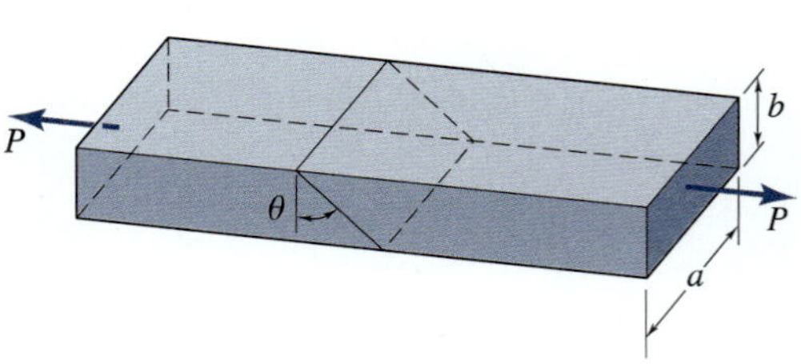

그림 P4.65

를 구하라. 단 접합부에 응력은 동시에 인장과 전단의 한계에 도달할 수 있다.

조건 $a=100$ mm, $b=50$ mm, $\sigma_{all}=10$ MPa, $\tau_{all}=5$ MPa

4.66 그림 P4.65의 축하중을 받은 블록의 경사면의 각도 $\theta=35°$에서 50 MPa의 인장응력이 발생한다(그림 P4.66). $\theta=60°$에서 수직응력과 전단응력을 구하라. 또한 경사면을 스케치하고 그 해당 응력값을 그림 위에 표기하라.

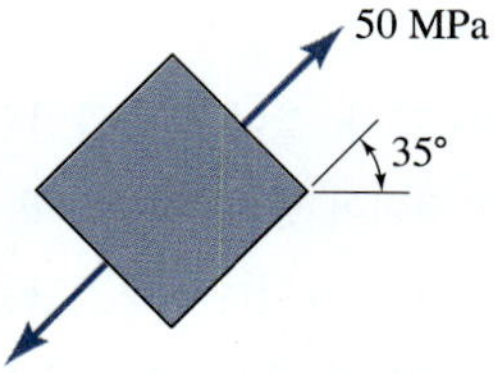

그림 P4.66

4.67 그림 P4.67과 같이 사각형 목재 블록이 너비 b와 깊이 h이며 나무결의 각도는 θ이다. 목재는 압축하중 P를 받고 있다. 나무결의 각도에서 인장허용응력과 허용전단응력이 각각 σ_{all}, τ_{all}일 때 최대허용하중 P를 구하라. 단 목재 블록의 허용전단응력은 8 MPa이다.

조건 $b=100$ mm, $h=180$ mm, $\theta=60°$, $\sigma_{all}=12$ MPa, $\tau_{all}=5$ MPa

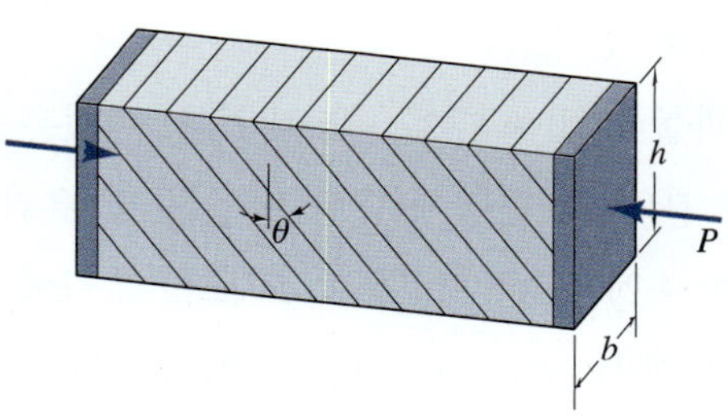

그림 P4.67

4.68 그림 P4.68과 같이 강재 인장 링크가 용접되어 축하중 P를 받고 있다. 용접면에서 인장응력과 전단응력은 각각 σ_{all}, τ_{all}을 넘어서는 안 된다. 이때 링크의 최소두께 t를 구하라.

조건 $P=75$ kips , $\phi=50°$, $a=4$ in., $\sigma_{all}=10$ ksi , $\tau_{all}=6$ ksi

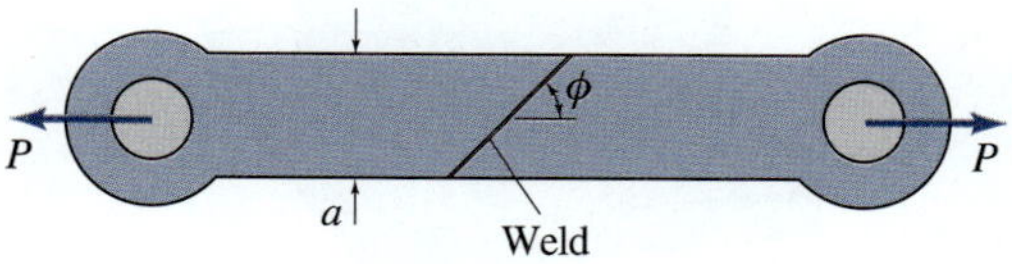

그림 P4.68

4.69 그림 P4.69와 같이 인장하중 P를 받을 때 각도 θ의 경사면에 작용하는 수직 및 전단응력을 구하라.

조건 $a=12$ mm, $b=25$ mm, $\theta=30°$, $P=100$ kN

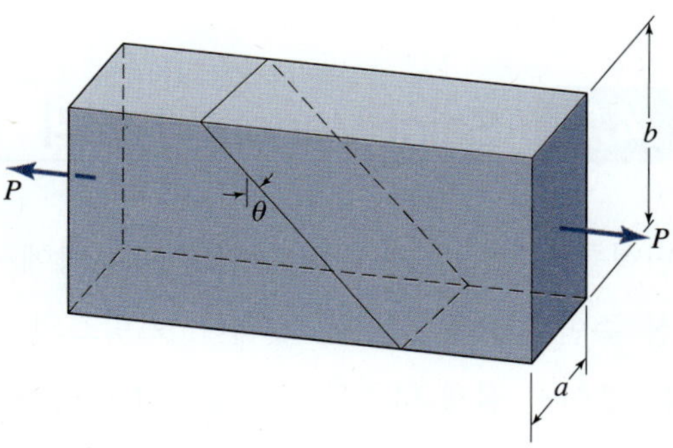

그림 P4.69

4.70 문제 4.69에서 $\theta=30°$에서 $20°$로 바뀌고 $P=-50$ kN일 때 앞의 문제를 다시 구하라.

4.71 그림 P4.71의 사각 봉의 경사면에서 수직 및 전단응력은 각각 σ, τ이다. 축하중 P와 경사각도 θ를 구하라.

조건 $a=30$ mm, $b=40$ mm, $\sigma=16$ MPa, $\tau=8$ MPa

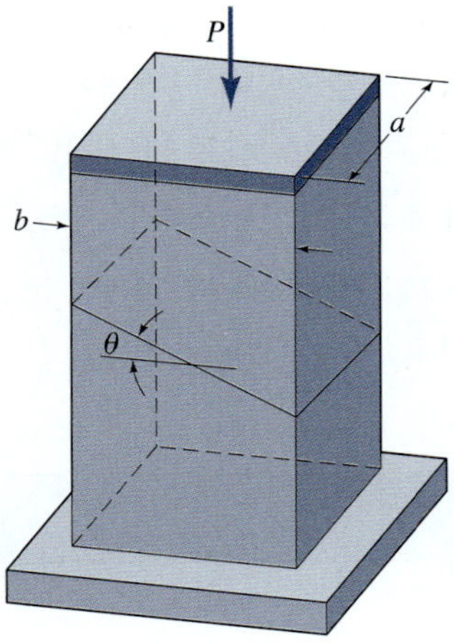

그림 P4.71

***4.72** 그림 P4.72와 같이 플라스틱 평판의 양 끝단은 고정되어 있고 전체적으로 ΔT의 온도 상승으로 경사면에서의 압축응력은 12 MPa이다. 다음을 구하라.

(a) 경사면에서 전단응력 τ

(b) 최대전단응력 τ_{max}와 그때의 수직응력 σ'

조건 $E = 6$ GPa, $\alpha = 100 \times 10^{-6}/°C$, $\Delta T = 50°C$

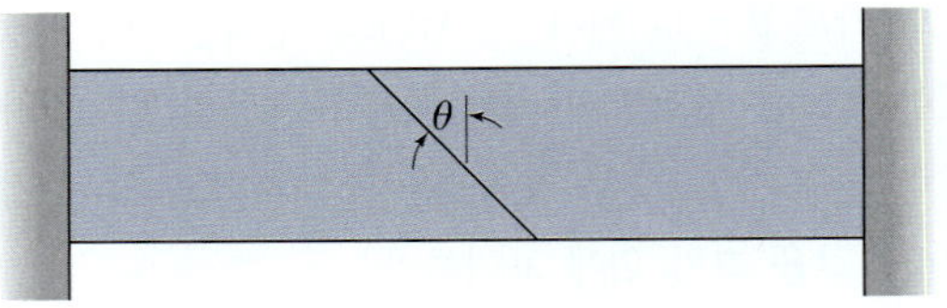

그림 P4.72

***4.73** 그림 P4.72와 같이 냉간압연된 황동 봉(표 B.4 참조)이 고정되어 있다. 경사각 $\theta = 50°$에서 허용압축응력은 -18 ksi이며 허용전단응력은 9 ksi이다. 최대 허용 가능한 온도 상승 ΔT를 구하라.

4.7 Saint-Venant의 원리

변형률은 집중력과 반력의 작용점 근방에서 최대가 된다. 따라서 대응하는 응력 또한 그 점 주변에서 최대가 될 것이다. 프랑스의 수학자이자 기술자인 Saint-Venant(1797~1886)는 주어진 실제 하중분포를 정역학적 등가계로 대체할 경우 부재 전체의 응력분포는 하중 작용점 근방에서만 변화한다는 사실을 관찰하였다. 이것을 **Saint-Venant의 원리**라고 하며 공학설계에서 매우 유용한 원리 중의 하나로 알려져 있다.

Saint-Venant의 원리를 확인할 수 있는 해석결과를 그림 4.17에 나타내었다. 이것은 집중하중을 받고 있는 폭 b이고 두께 t인 직사각형 봉의 세 단면에 대한 탄성론 및 유한요소해석에 의한 응력분포를 예시한 것이다(참고문헌 4.2). 또한 **평균**응력 P/bt를 그림에 함께 나타내었다. 이 결과에 의하면 하중 작용점 근방에서 평균응력보다 큰 최대응력(σ_{max})이 발생하며 봉의 수직 중심축을 따라 판 끝으로부터 멀어지면 점차 그 크기가 감소하다가 봉의 폭과 같은 거리에 이르게 되면 응력분포가 거의 균일해지는 것을 알 수 있다.

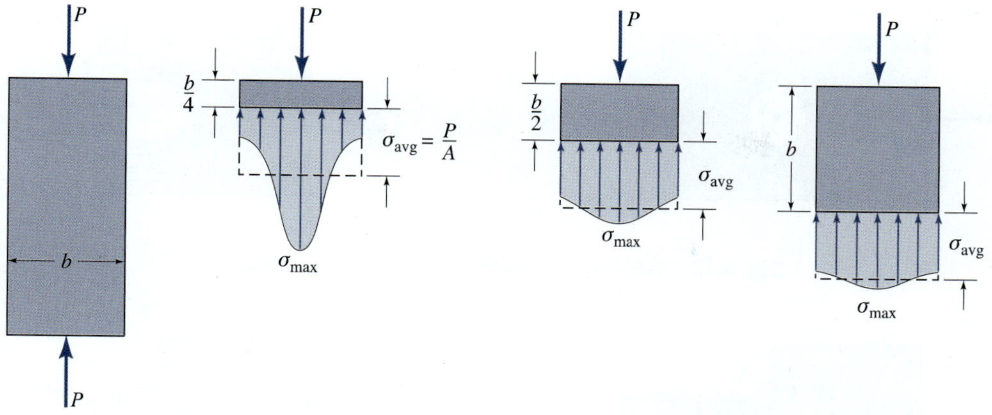

그림 4.17 Saint-Venant의 원리를 확인하기 위한 직사각형 봉의 집중력에 의한 응력분포

응용

Saint-Venant의 원리는 예외 없이 보를 비롯한 축, 판 및 셸(shell)과 같은 거의 모든 하중 전달부재에 적용되고 있다. 따라서 재료역학의 기본 방정식들을 이용할 경우 문제의 단면이 집중력이나 기하학적 불연속점으로부터 **최소한 b만큼 떨어져 있는** 한 높은 정밀도를 갖는 응력분포를 얻을 수 있다. 여기서 b는 부재의 최대 횡 치수를 표시하며, 이 거리 내에서 응력은 다음 절에서 알 수 있는 바와 같이 하중과 경계조건 및 응력집중 요인의 형상 등에 의존하게 된다.

응력집중효과가 국부적인 영역에 국한될 경우, 봉의 신장($\delta = PL/AE$)이나 기타 변위 관련 방정식들은 응력집중요인이 존재할지라도 정확한 해석결과를 얻게 한다. 좀 더 구체적인 예로서, 인장 봉의 그립 부분에서 관찰되는 불균일한 응력분포를 고려해보기로 하자. 만약 그립 부분에서 멀리 떨어져 있는 영역의 응력이 요구될 경우 그립 부분의 응력변화는 주요 관심부의 응력분포에 큰 영향을 미치지 않을 것이므로 고려할 필요가 없다.

4.8 응력집중

축하중을 받는 부재의 단면적이 점진적으로 변화할 경우 균일단면을 근거로 하여 유도된 식 (2.1)을 적용하더라도 충분한 정밀도를 갖는 해석결과를 얻을 수 있다. 그러나 형상이 급격하게 변화하는 곳이 존재할 경우 이 방정식은 불연속부 근방에 발생하는 국부적인 응력을 예측할 수가 없으며, 이러한 **국부적인 극대응력**(peak stress)의 발생거동을 **응력집중**

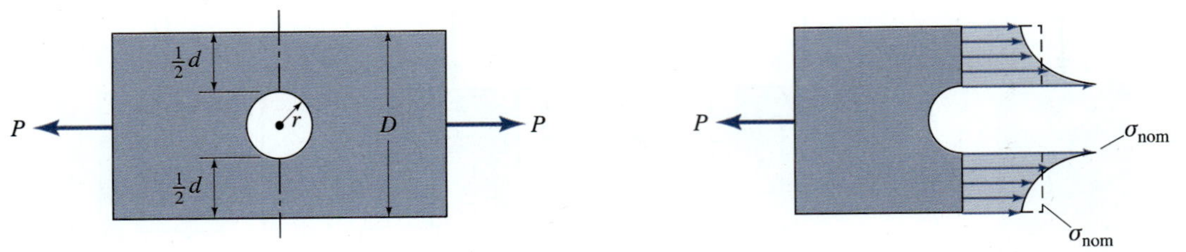

그림 4.18 축하중을 받는 평판의 원공 근방에서의 응력분포

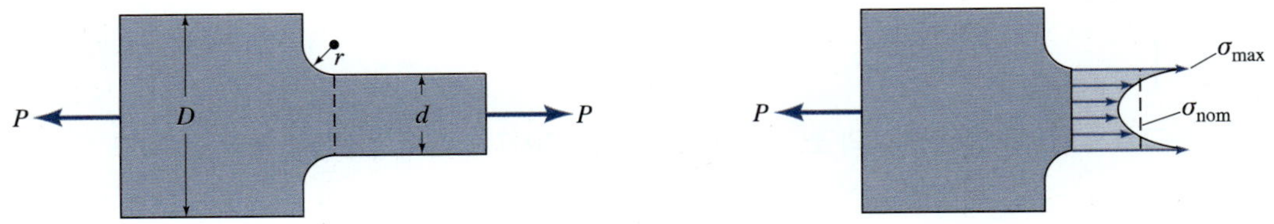

그림 4.19 축하중을 받는 평판의 필렛 근방에서의 응력분포

(stress concentration)이라고 한다. 또한 이와 같은 현상은 파괴에 의한 재료의 파손기점이 되는 응력집중요인(stress raisers, 예를 들어 홀, 노치, 필렛 및 나사)의 주변에서 발생된다. 어떤 경우 탄성론을 이용하여 불연속부 근방의 응력과 변형을 해석하기도 하지만 유한요소법이나 실험기법이 일반적으로 활용되고 있다(참고문헌 4.3). 응력집중은 취성재료의 피로파손과 정적파손의 주요 원인이 되는 것으로 알려져 있다.

축하중을 받는 평판의 두 가지 응력집중 사례를 그림 4.18과 4.19에 예시하였다. **원공**(circular hole)의 중심을 통과하는 단면의 응력분포패턴은 그림 4.18에 나타낸 것과 같으며, 마찬가지로 판 폭이 상이한 두 부분이 **필렛**으로 연결된 봉의 경우 응력분포는 그림 4.19에 나타낸 것과 같다.

전술된 두 가지 사례에서 최대응력 σ_{max}는 모두 봉의 폭이 가장 좁은 부분에서 발생되며 그 크기는 평균응력 또는 **공칭응력**(nominal stress) σ_{nom}보다 현저하게 크다는 것을 알 수 있다. 단면에 발생된 평균응력 또는 공칭응력에 대한 최대응력의 비를 **응력집중계수**(stress concentration factor)라고 하며, 문자 K로 표시하였다. 따라서 **최대수직응력**은

$$\sigma_{max} = K\sigma_{nom} = K\frac{P}{A} \tag{4.17}$$

여기서 A는 일반적으로 감소된 단면에서의 **순수면적**(net area)을 표시한다.

그림 4.20은 **원공**을 갖는 봉의 응력집중계수 K 선도를 예시한 것이다. 이 결과에 의하면 원공의 직경 d가 봉의 폭 D에 비해 미소할 경우, 응력집중계수는 3이 되는 것을 알

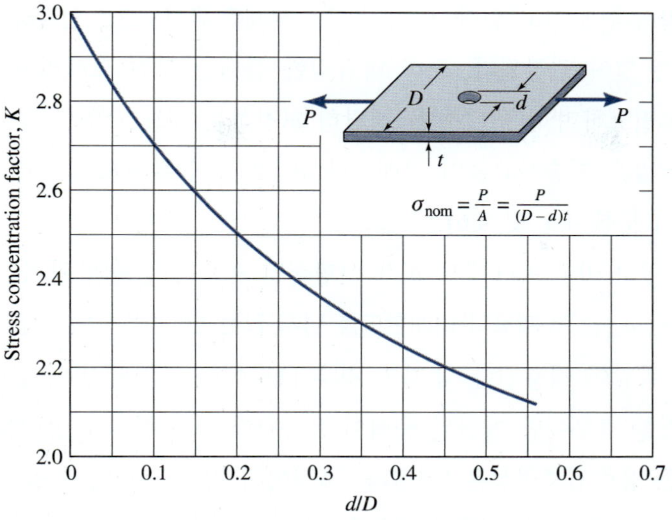

그림 4.20 축인장상태에서 원공을 갖는 평판의 응력집중계수 K(참고문헌 4.4 및 4.5)

수 있다. 또한 d/D비가 증대되면 K가 감소되어 응력집중효과가 경미해진다. 4.7절에서 형상이 급격하게 변화되는 곳으로부터 봉의 폭에 상당하는 거리만큼 떨어져 있는 단면의 응력분포는 사실상 거의 균일하고 그 크기는 σ_{nom}과 같다.

실제적으로 중요한 두 가지 다른 경우에 대한 응력집중계수가 그림 4.21에 주어져 있다. 여기서 부재의 단(step) 또는 **숄더**(shoulder)에서 높이(또는 직경)의 차이를 완만하게 변화시키기 위하여 반경 r의 **필렛**이 사용되었으며, 반경 $r=(D-d)/2$를 갖는 90° 원호를 **완전필렛**(full fillet)이라고 한다. 이 그림에서 모든 곡선은 r/d의 감소와 더불어 응력집중계

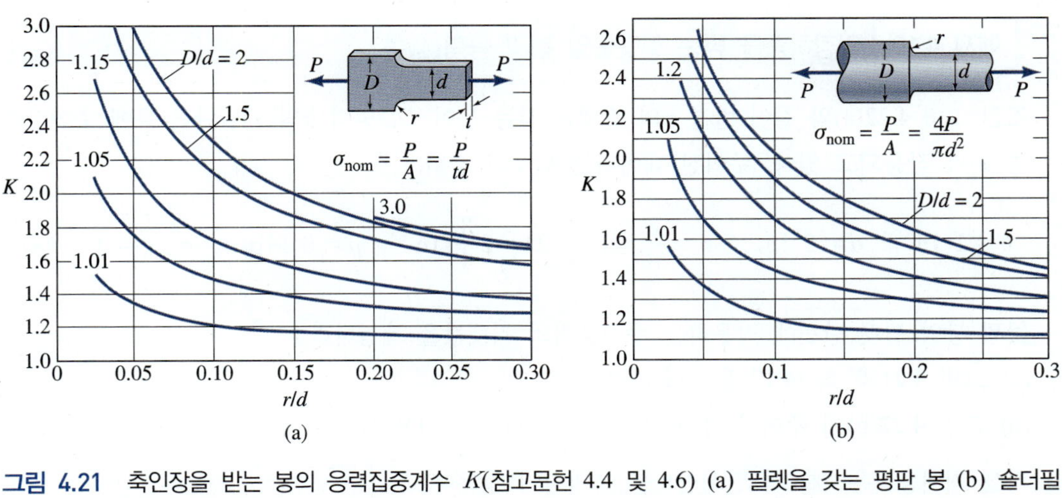

그림 4.21 축인장을 받는 봉의 응력집중계수 K(참고문헌 4.4 및 4.6) (a) 필렛을 갖는 평판 봉 (b) 숄더필렛을 갖는 환 봉

수가 감소하는 양상을 보이고 있다. 따라서 **구조 부재를 유선형으로 연결하고 단면이 점진적으로 변화되도록** 하는 것이 권장된다. 또한 바람직한 설계는 각진 모서리마다 완만한 필렛을 부여하는 지혜가 필요하며 원공 주변을 적당히 보강하는 것도 유익할 것이다. 참고로 응력집중계수에 관한 많은 기술자료들이 그래프나 표 및 공식 유형으로 정리되어 집적되어 있다(예를 들어 참고문헌 4.5 및 4.6).

식 (4.17)은 그림 4.20과 4.21에서 K가 선형적인 응력-변형률의 관계를 근거로 하고 있기 때문에, 계산된 $\sigma_{\max}$가 **재료의 비례한도를 넘지 않는 한** 유용하며 축인장에 대한 결과는 축압축의 경우와 똑같이 적용된다. 후자의 경우 11장에서 논의된 바와 같이 좌굴하중에 비해 작용력이 미소할 경우에만 계산된 응력이 유용하다. 비틀림이나 굽힘을 받는 각종 부재의 불연속에 의한 응력집중현상은 5.9절과 7.6절에서 각각 논의하게 될 것이며 항복점 이상의 응력 하에서 원공을 갖는 봉의 거동은 다음 절에서 고찰하게 될 것이다.

여기에서 논의된 내용은 **정하중**과 관련된 상황을 설명한 것이며, 동하중에는 적용되지 않는다. 3.14절에서 언급된 바와 같이 균열은 최대응력이 작용하는 점에서 시작되며 하중이 반복됨에 따라 점진적으로 재료 전체로 성장하게 된다. 따라서 응력집중은 **반복하중**을 받는 부재의 파손을 유발하는 균열의 발생 기점이 되기도 한다. 반복하중에 대한 응력집중계수는 상술된 그림에 주어진 정하중에 대한 수치보다 일반적으로 더 낮다. 또한 동하중의 다른 유형으로서 **충격하중**(impact loading)도 응력집중효과가 고려되어야 하며 3.13절에서 노치와 홈(groove)이 재료의 충격강도를 저하시킨다는 사실을 잘 생각해보면 알 수 있다. 좀 더 자세한 내용을 찾고자 할 경우 참고문헌 4.4와 같은 기계설계 교재를 참고하기 바란다.

예제 4.10 인장하중을 받는 필렛붙임 봉의 응력

조건 그림 4.22(a)와 같이 반경 r의 필렛을 갖는 높이 D, 면적 b의 균일단면 봉에 축인장하중 P가 작용되고 있다. 주어진 데이터는 다음과 같다.

$$b = 1\ \text{in.} \quad d = 2\ \text{in.} \quad r = \frac{3}{8}\ \text{in.} \quad D = 2\frac{3}{4}\ \text{in.} \quad p = 6\ \text{kips} \quad \sigma_{\min} = 1.3\ \text{ksi}$$

문제 봉의 필렛 단면에 작용하는 수직응력의 최댓값을 계산하라.

(a) 그림 4.21과 식 (4.17)을 이용하라.

(b) 그림 4.22(b)에 주어진 개략적인 응력 프리즘을 이용하라.

가정 최대응력은 재료의 탄성한도를 초과하지 않는다.

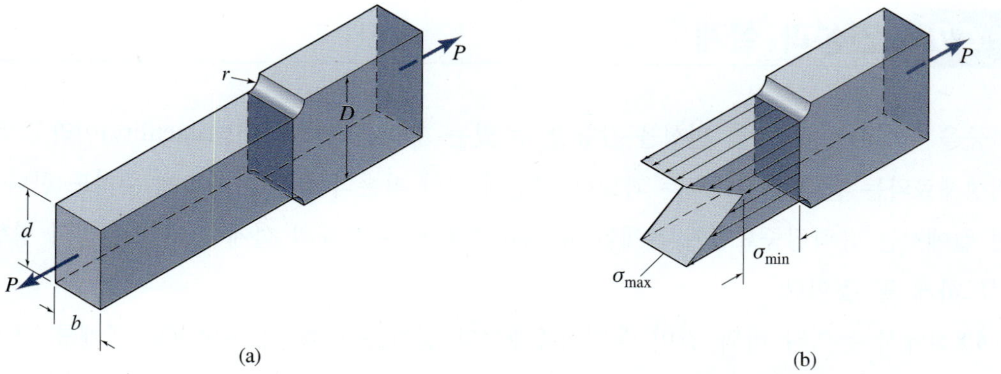

그림 4.22 (a) 인장을 받는 필렛붙임 봉 (b) 필렛 단면의 응력집중

풀이

(a) 그림 4.21을 이용한 응력. 주어진 치수로부터

$$\frac{D}{d}=\frac{2\frac{3}{4}}{2}=1.375 \qquad \frac{r}{d}=\frac{\frac{3}{8}}{2}=0.1875$$

따라서 그림 4.21(a)에 의하면 $K=1.67$이 된다. 필렛 단면에 작용하는 응력분포는 그림 4.19(b)에 나타낸 것과 같으며 공칭응력은

$$\sigma_{\text{nom}}=\frac{P}{A_{\text{net}}}=\frac{6(10^3)}{2(1)}=3\ \text{ksi}$$

따라서 $\sigma_{\text{nom}}=1.67(3)=5.01\ \text{ksi}$가 된다.

(b) 그림 4.22(b)를 이용한 응력. 정적 평형을 유지하기 위하여 응력 프리즘[그림 4.22(b)]의 체적은 $\sigma_{\text{nom}}A=P$가 되어야 한다. 이 응력 프리즘은 직사각형 프리즘의 체적에서 삼각형 프리즘의 체적만큼이 제거되어 있다. 그러므로

$$P=\sigma_{\max}(b\times d)-\frac{1}{2}[(\sigma_{\max}-\sigma_{\min})(b\times d)]$$

주어진 데이터값을 대입하면

$$6=\sigma_{\max}(1\times 2)-\frac{1}{2}[(\sigma_{\max}-1.3)(1\times 2)]$$

또는

$$\sigma_{\max}=7.3\ \text{ksi}$$

부가설명 필렛에서 국부적인 큰 응력집중현상이 발생되고 있는 것을 알 수 있다.

*4.9 연성과 설계

하중을 지탱하는 동안 큰 변형을 감당할 수 있는 재료의 능력을 **연성**(ductility)이라고 하며 취성재료와는 달리 연성재료는 과도한 변형에 의한 파손의 징후를 예고해 주기도 한다. 이번 절에서는 응력집중요인이 존재할 때 축하중을 받는 부재의 설계에 대한 연성의 영향을 검토하게 될 것이다.

4.8절에서 논의된 바와 같이 응력집중계수의 결정은 선형 응력-변형률 관계를 근거로 하고 있다. 그러나 항복점을 상회하여 점진적으로 부하되는 탄소성 재료의 경우 불연속점 근방에서 응력이 재분포되어 이 계수는 1에 근접할 때까지 감소하게 된다. 비탄성거동을 예시하기 위하여 원공을 포함하는 연강 봉이 점증하는 하중 P를 받고 있는 경우를 고려해보자(그림 4.23).

$\sigma_{\max}$가 항복응력 σ_y에 도달하였을 때 재료의 응력분포는 곡선 mn과 같은 형상이 되며 항복은 A에서 유발될 것이다. 따라서 일부 섬유에는 소성영역의 응력이 작용하게 되겠지만 나머지 대부분은 탄성거동을 지속하게 될 것이므로 부재는 부가적인 하중을 지탱할 수 있게 된다. 응력분포곡선 이하의 면적은 하중 P와 같고 이 면적은 하중 P가 증가할 때 증가하게 되며 재료에 **제한된 소성흐름**(contained plastic flow)을 유발시키게 된다. P가 증가함에 따라 응력분포곡선은 선분 mp와 같은 형상이 되었다가 최종적으로는 mq가 될 것이다. 따라서 급격한 기하학적 형상의 변화효과가 상실되어 $\sigma_{\max} = \sigma_{\text{avg}}$ 또는 $K = 1$이 되며 국부적인 단면수축현상(necking)을 초래하기 전에 순수단면(net section)상에 균일한 응력분포가 존재하게 된다. 이것을 **완전소성상태**(fully plastic condition)라 하고 이 상태가 유발되는 순간에 대응하는 하중을 **소성하중**(plastic load)이라고 한다.

전술된 논의에서 응력집중계수는 정하중을 받는 연성재료의 설계에 거의 영향을 미치지 않는다는 것을 알 수 있었다. 그러나 반복하중이나 충격하중의 경우 연성재료일지라도 최

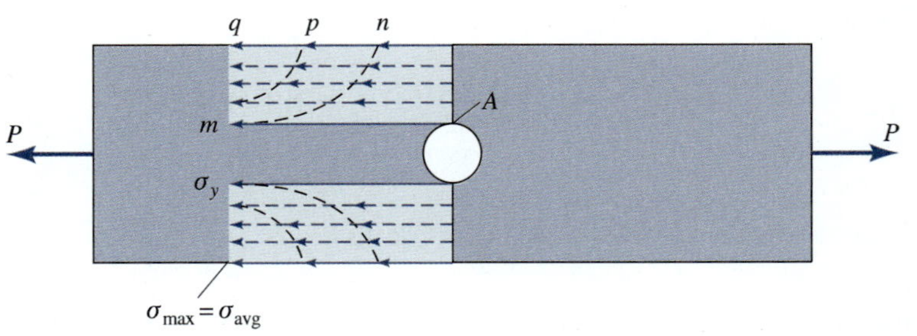

그림 4.23 연강 평판 봉의 응력 재분포

대 응력점에서 파생된 균열성장의 결과로 파손을 초래할 수가 있다. 따라서 동하중의 경우에서는 재료가 연성거동을 하든 또는 취성거동을 하든 상관없이 응력집중요인의 존재를 결코 무시해서는 안될 것이다.

축과 보의 강도에 대한 연성의 영향은 축하중을 받는 봉의 경우와 유사하다. 즉 국부적인 비탄성변형은 위와 같은 부재들이 큰 응력집중을 감당할 수 있게 한다. 흥미롭게도 재료의 연성은 만족할만한 설계결과를 산출하는 과정에서 해석에 어떤 보완(forgiveness) 요소를 도입하는 것으로 생각할 수 있다. 예를 들어 리벳은 단순 리벳이음과 같은 하중을 지탱할 수 있으며 트러스 구조용 앵글은 순수단면상의 응력의 불균일성이 무시되더라도 순수단면을 사용하여 선택할 수가 있다. 그러나 연성재료에 다수의 원공이 과도하게 가공된 판(perforated plates)이나 단면은 파손 전에 큰 변형을 초래하지 않는다는 점을 유의할 필요가 있다.

*4.10 소성변형과 잔류응력

부재의 어떤 부분에서 응력이 재료의 항복강도를 상회할 경우 **소성변형**(plastic deformation)이 발생되고 앞에서 얻어진 대부분의 결과들은 그 유용성을 상실하게 된다. 외력이 제거된 후 구조 부재에 잔재하는 응력을 **잔류응력**(residual stress)이라고 한다. 이 유형의 응력은 거의가 — 용접과 같은 제조공정이나 하중으로부터 야기될 수 있는 — 불균일 소성변형이 원인이라고 할 수 있다. 잔류응력의 존재는 무익할 수도 있고 적절하게 활용할 경우 매우 유용할 수도 있다.

3.15절에서 연성재료의 비탄성거동을 두 직선으로 이루어진 응력-변형률의 선도(그림 4.24)를 갖는 이상화된 **탄소성** 재료(elastoplastic materials)로 간주함으로써 간단하게 표현

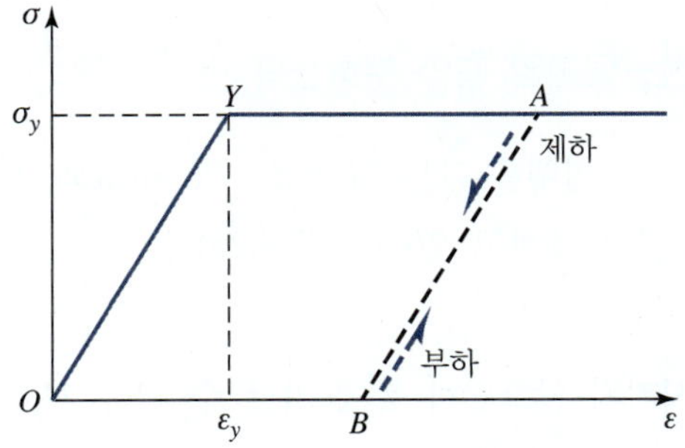

그림 4.24 탄소성 재료의 인장 응력-변형률 선도

할 수 있었다. 여기서 σ_y와 ε_y는 각각 항복응력과 항복변형률을 표시하며, Y는 재료의 항복시점을 뜻한다. 선분 OB는 부하곡선의 초기 부분 OY에 나란한 선분 AB를 따르는 부하와 제하로부터 야기된 소성변형률을 표시한다.

잔류응력의 크기와 분포는 부하에 의한 응력과 제하에 의한 **역방향**(reverse or rebound) **응력**을 중첩함으로써 결정할 수 있다(후자에 대응하는 변형률을 역방향 변형률이라고 한다). 역방향 응력패턴이나 제하는 **완전탄성**(fully elastic)적인 것으로 가정되며, 훅의 법칙을 이용하여 구할 수 있다. 즉 그림 4.24에 선분 AB로 나타낸 바와 같이 σ와 ε 사이의 선형적인 관계는 여전히 유용하다. 그러나 이 중첩법은 계산된 잔류응력이 항복강도를 초과할 경우 적용할 수 없다는 것을 유념해야 한다.

소성비틀림과 소성굽힘에 의한 재료의 비균일 변형은 5.10절과 7.18절에서 논의하게 될 것이며 여기에서는 탄성범위를 상회하는 축하중을 받는 **부정정** 구조물에만 주목할 것이다. 이 경우 구조물의 어떤 부재는 서로 다른 변형을 일으키게 되며 하중이 제거된 후에도 이 부재에는 응력이 잔류하게 된다.

단면적이 A이고 연성재료로 가공된 정정 봉이 항복을 시작하는 순간에 대응하는 축하중 또는 **항복하중**(yield load) P_y는 $\sigma_y A$가 되며 또한 이것은 봉의 **소성한도**(plastic limit) 또는 **극한하중**(ultimate load) P_u와 같다. 그러나 부정정 구조물의 경우 어떤 한 부재가 항복을 일으킨 후에도 다른 나머지 부재들이 항복한계(yield limit)에 도달할 때까지 부가적인 하중을 지탱할 수 있다. 그 결과 **비제한적 소성흐름**(unrestricted or uncontained plastic flow)이 초래되고 한계하중(limit load) P_u에 도달하게 된다. 따라서 극한하중이란 모든 부재에서 항복이 시작되는 순간에 대응하는 하중이라고 할 수 있다.

다음 예제는 소성변형과 잔류응력이 어떻게 발생되고 축하중을 받는 구조물에서 한계하중이 어떻게 결정되는지를 예시한 것이다.

[예제 4.11] 인장을 받는 단붙임 축의 부하능력

조건 반경 $r = 3$ mm의 숄더필렛을 갖는 직경 $d = 20$ mm와 $D = 40$ mm의 단붙임 강재 원형 봉이 축인장하중 P를 지탱하고 있다(그림 4.25).

설문

(a) 강재에 항복을 유발시키지 않으면서 봉에 가할 수 있는 P_y의 최댓값을 계산하라.

(b) 봉이 지탱할 수 있는 P_u의 최댓값을 계산하라.

가정 강재는 항복강도 $\sigma_y = 250$ MPa을 갖는 탄소성 재료로 이상화하였다.

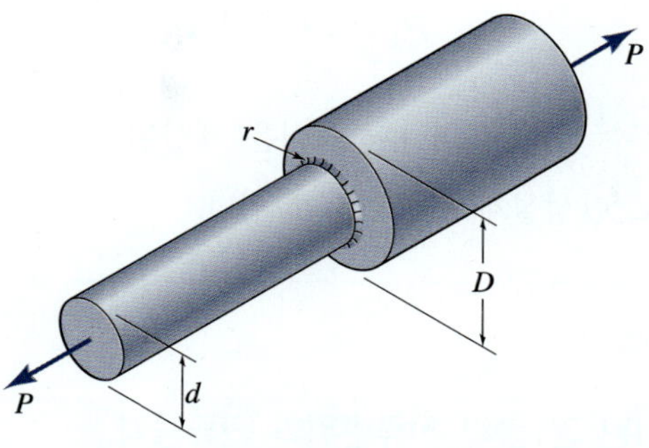

그림 4.25 필렛 봉

풀이

(a) 항복하중. 재료가 탄성적으로 거동할 때 식 (4.17)을 적용할 수 있다. 그림 4.21(b)로부터 응력집중계수를 구하기 위하여 형상비를 계산하면

$$\frac{D}{d}=\frac{40}{20}=2 \qquad \frac{r}{d}=\frac{3}{20}=0.15$$

이므로 그림 4.21(b)에서 응력집중계수는 $K=1.8$이 된다. 항복을 유발시키지 않으면서 부가할 수 있는 최대하중은 $\sigma_{\max}=\sigma_y$일 때의 하중이므로 식 (4.17)로부터

$$\sigma_y = K\frac{P_y}{A}=K\frac{P_y}{\pi d^2/4}$$

주어진 수치를 대입하면

$$250(10^6)=1.8\frac{4P_y}{\pi(0.02)^2}$$

위 식을 풀면

$$P_y = 43.63\ \text{kN}$$

(b) 극한하중. 봉이 지탱할 최대하중은 최소 단면적을 갖는 봉의 모든 단면에 균일한 항복을 유발시키게 된다. 따라서 $K=1.0$이 되며 극한하중을 계산하면 다음과 같다.

$$\sigma_y = \frac{P_u}{A}=\frac{P_u}{\pi d^2/4}$$

주어진 수치를 대입하면

$$250(10^6)=\frac{4P_u}{\pi(0.02)^2}$$

또는

$$P_u = 78.54 \text{ kN}$$

부가설명 항복을 감당할 수 있는 봉의 부하능력은 계산된 P_y와 P_u를 비교함으로써 확인할 수 있다. $P_u > P_y$이므로 탄성설계는 안전측이 된다.

[예제 4.12] 과잉 지지된 강 봉의 잔류변위와 잔류응력

조건 그림 4.26(a)에 표시되고, 예제 4.6에서 논의된 단붙임 강 봉의 양단이 트러스트 베어링으로 지지되어 있으며 점 C에 하중 P를 받고 있다. 주어진 수치 데이터는 다음과 같다.

$$a = 0.6 \text{ m} \quad b = 0.9 \text{ m}$$

$$A_a = 2A_b = 800 \text{ mm}^2 \quad E = 210 \text{ GPa}$$

$$\sigma_y = 420 \text{ MPa}$$

문제

(a) 작용력의 함수로 단 연결부(C)의 변위 δ_b를 계산하라.

(b) 하중이 0에서 480 kN까지 증가된 다음 다시 0까지 제하될 경우 AC부의 잔류응력을 계산하라.

가정 강재는 탄성계수가 E이고 항복강도가 σ_y인 탄소성 재료로 이상화하였다.

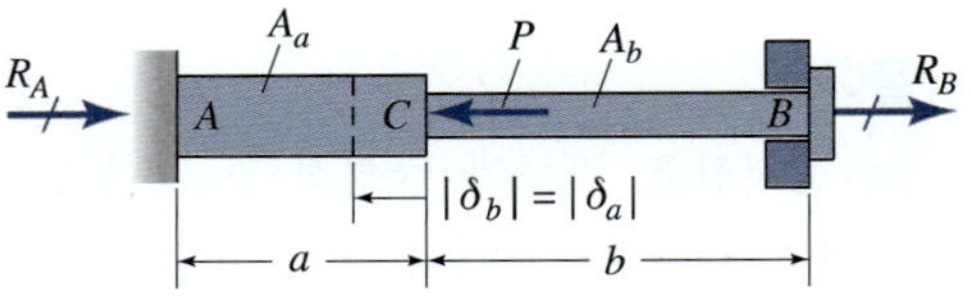

(a)

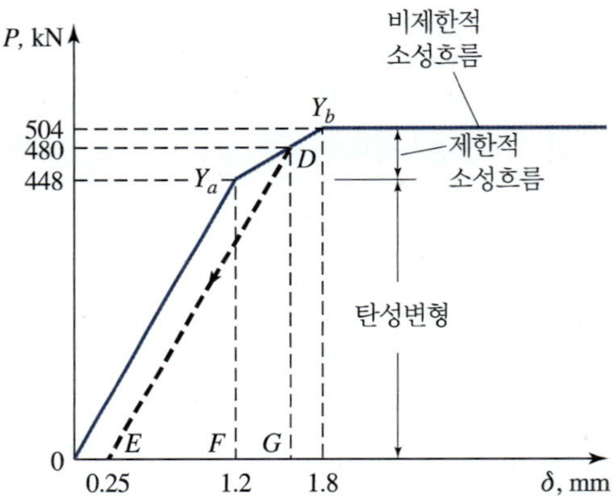

(b)

그림 4.26 (a) 부정정 단붙임 봉의 소성해석 (b) 축하중-변위 선도

풀이 식 (4.10)에 수치 데이터를 대입하면 봉 AC부와 CB부의 축하중을 구할 수 있다.

$$R_A = \frac{P}{1 + (0.6 \times 400/0.9 \times 800)} = \frac{3P}{4} \qquad R_B = \frac{P}{4}$$

따라서 수직응력은

$$\sigma_a = -\frac{3P}{4(800 \times 10^{-6})} = -937.5P$$

$$\sigma_b = -\frac{P}{4(400 \times 10^{-6})} = 625P$$

여기서 음의 부호는 압축을 표시한다.

(a) C의 변위. $|\sigma_a| = |\sigma_b|$이므로 항복이 시작되는 하중 P_y는 $|\sigma_a| = 420$ MPa로부터 결정된다. 이 하중에서 AC는 바로 항복을 일으키게 되며 또한 변형률은 $\varepsilon_y = \sigma_y/E$가 된다. 따라서

$$P_y = \frac{\sigma_y}{937.5} = 448 \text{ kN} \qquad |\delta_b| = |\delta_a| = \varepsilon_y a = 1.2 \text{ mm} \tag{a}$$

하중 P가 좀 더 증가하게 되면 봉 AC는 소성거동을 하게 되며 응력은 균일하게 σ_y가 된다. 따라서 봉 AC는 $R_a = \sigma_y A_a = 336$ kN의 압축하중을 감당하게 된다. 한편 항복이 시작될 때 봉 CB는 $R_B = \sigma_y A_b = 168$ kN의 인장하중을 지탱하게 되며 변형률은 $\varepsilon_y = \sigma_y/E$에 이르게 된다. 따라서

$$P_u = R_A + R_B = 504 \text{ kN} \qquad \delta_b = \varepsilon_y b = 1.8 \text{ mm} \tag{b}$$

이 하중이 단붙임 봉의 극한하중이 된다.

봉의 하중-변위 선도를 그림 4.26(b)에 표시하였으며 식 (a)와 (b)에 주어진 수치는 각각 봉 AC와 CB에서 항복이 시작되는 순간에 대응하는 점 Y_a와 Y_b로 타점되었다. 이 결과로부터 3단계 부하(three stages of loading) 과정, 즉 (1) 선형탄성응답영역, (2) 봉 AC는 항복을 일으키고 CB는 탄성변형거동을 지속하게 되는 제한적 소성흐름영역, (3) Y_b 상부의 비제한적 소성흐름상태가 존재함을 알 수 있다. 마지막 단계는 구조물의 한계하중에 해당한다.

(b) AC부의 잔류응력. 하중 $P = 480$ kN은 그림 4.26(b)의 점 D를 표시하며 선분 DE는 $448/1.2 = 373.3$의 기울기를 갖는 탄성제하과정을 표시한다. 또한 점 E는 잔류변형 또는 영구변형을 표시하고 있다. 봉 CB가 탄성적으로 거동할 경우 봉 CB의 신장은

$$\delta'_{OG} = \frac{(P - R_A)b}{A_b E} = \frac{(480 - 336)10^3(900)}{400 \times 10^{-6}(210 \times 10^9)} = 1.54 \text{ mm}$$

그림에서 선분 EG는 제하과정 중 봉의 변형을 표시한다. 따라서 삼각형 EDG로부터

$$\delta'_{EG} = -\frac{480}{373.3} = -1.29 \text{ mm}$$

따라서 봉의 잔류변형은

$$\delta_{OE} = 1.54 - 1.29 = 0.25 \text{ mm}$$

봉 AC의 제하에 의한 역방향 변형률은 $\varepsilon'_a = \delta'_{EG}/a = -1.29/600 = -2.15 \times 10^{-3}$이며, 이에 대응하는 역방향 응력은 $\sigma'_a = \varepsilon'_a/E = -451.5$ MPa이다. 이 봉은 $\sigma_a = 420$ MPa에

서 소성영역에 도달하게 될 것이므로 잔류응력은 다음과 같이 결정할 수 있다.

$$(\sigma_a)_{\mathrm{res}} = \sigma_a - \sigma'_{xa} = 420 - 451.5 = -31.5\ \mathrm{MPa}$$

부가설명 봉의 CB부에 대해서도 동일한 방법으로 해석할 수 있다.

[예제 4.13] 3개의 봉으로 이루어진 조립체의 잔류응력

조건 단면적이 1.2 in.^{2}인 강재 봉이 그림 4.27(a)와 같이 2개의 알루미늄 봉 사이에 설치되어 있으며 알루미늄 봉의 단면적은 모두 0.8 in.^{2}라고 한다. 봉의 양단의 한쪽은 강체 지지단에 부착되고 다른 한쪽은 강성판에 부착되어 있으며 주어진 수치 데이터는 다음과 같다.

$$E_s = 30 \times 10^6\ \mathrm{psi} \qquad (\sigma_s)_y = 35\ \mathrm{ksi} \qquad E_a = 10 \times 10^6\ \mathrm{psi} \qquad (\sigma_a)_y = 45\ \mathrm{ksi}$$

문제 작용력 P가 0에서부터 P_u까지 증가되었다가 제거될 경우 잔류응력을 계산하라.

가정 재료는 탄소성거동을 하는 것으로 가정한다.

풀이

재료의 거동. 극한하중 P_u에서 두 재료는 모두 항복을 초래한다. 두 재료 중의 어떤 한 재료가 항복을 일으킬지라도 다른 재료가 여전히 탄성범위 내에 있기 때문에 파손을 초래하지 않는다. 따라서

$$P_a = 0.8(45 \times 10^3) = 36\ \mathrm{kips}$$

$$P_s = 1.2(35 \times 10^3) = 42\ \mathrm{kips}$$

그리고

$$P_u = 2(36) + 42 = 114\ \mathrm{kips}$$

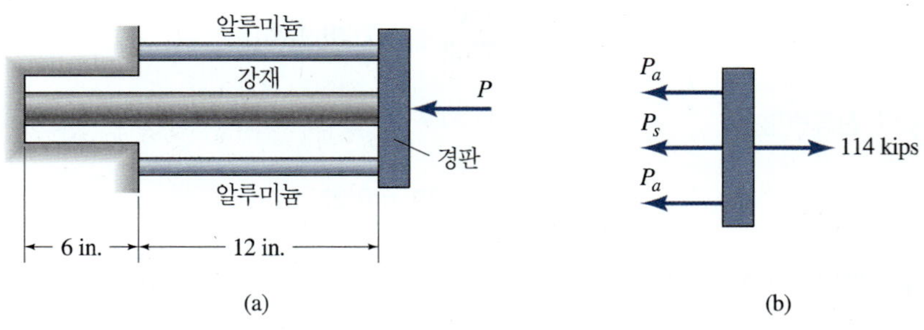

그림 4.27 (a) 부정정 3봉 구조물의 소성해석 (b) 경판의 자유물체도

합산하중과 크기가 같고 방향이 반대인 하중을 가하면[그림 4.27(b)] 각 부재에 역방향 탄성거동이 유발된다.

변형의 기하학. 기하학적 형상으로부터 $\delta_a = \delta_s$가 되며

$$\frac{P_a'(12)}{0.8(10)} = \frac{P_a'(18)}{1.2(30)} \quad \text{또는} \quad P_s' = 3P_a s' \tag{c}$$

평형조건. 그림 4.27(b)에 나타낸 자유물체도를 참고하면

$$2P_a' + P_s' = 114 \text{ kips} \tag{d}$$

식 (c)와 (d)를 풀면

$$P_a' = 22.8 \text{ kips} \qquad P_s' = 68.4 \text{ kips}$$

P_u에서의 초기하중과 P_u의 제하에 의한 탄성 역방향하중(elastic rebound force)을 중첩해보면 잔류하중을 얻을 수 있다.

$$(P_a)_{\text{res}} = 22.8 - 36 = -13.2 \text{ kips}$$

$$(P_s)_{\text{res}} = 68.4 - 42 = 26.4 \text{ kips}$$

이에 상당하는 잔류응력은

$$(\sigma_a)_{\text{res}} = \frac{13.2 \times 10^3}{0.8} = -16.5 \text{ ksi}$$

$$(\sigma_s)_{\text{res}} = \frac{26.4 \times 10^3}{1.2} = 22 \text{ ksi}$$

부가설명 위와 같은 프리스트레스(prestress)가 부가된 다음 극한하중이 $P_u = 114$ kips를 상회하지 않는 한 구조물은 탄성거동을 하게 된다.

연습문제

4.7절~4.10절

4.74 그림 P4.74와 같이 축의 직경이 D와 d이며 그 연결부인 필렛의 반경이 r인 봉에서 허용수직응력 $\sigma_{\max} = 150$ MPa일 때 최대 허용 가능한 축하중 P를 구하라.

조건 $d = 40$ mm, $D = 60$ mm, $r = 5$ mm

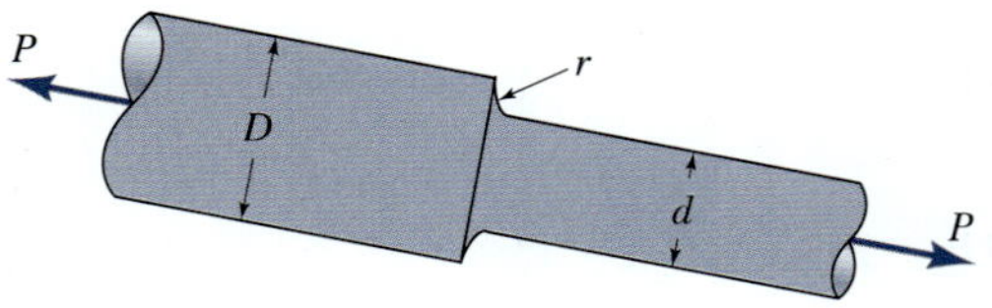

그림 P4.74

4.75 그림 P4.75와 같이 폭이 D이고 두께가 t인 사각형 강판의 중앙에 직경 d의 구멍이 뚫어져 있고 필렛의 반경은 r로 되어서 축하중 P를 받고 있다. 구멍과 필렛에서 최대응력을 구하라.

조건 $d = 20$ mm, $D = 120$ mm, $r = 10$ mm, $t = 12$ mm, $P = 15$ kN

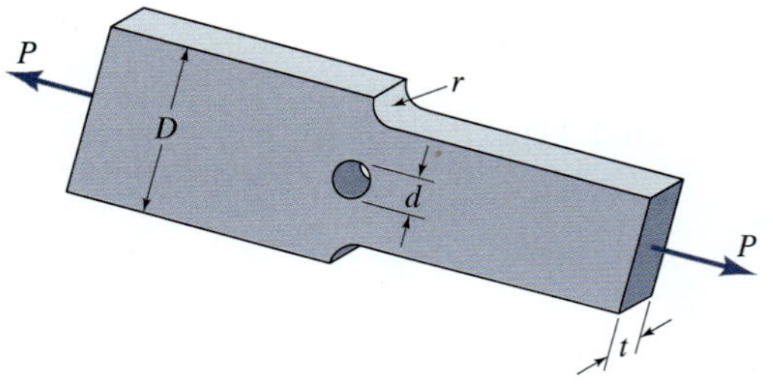

그림 P4.75

4.76 그림 P4.76과 같이 직경 d의 구멍이 중앙에 뚫어져 있는 너비 D와 두께 t인 사각형 판에 작용하는 축하중 P로 인해 발생하는 최대응력을 구하라.

조건 $D = 200$ mm, $d = 25$ mm, $t = 10$ mm, $P = 150$ kN

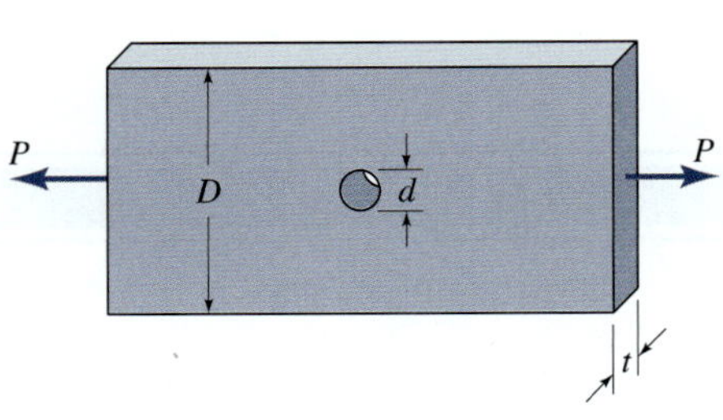

그림 P4.76

4.77 그림 P4.77은 두께가 t인 연강으로 만들어진 기계부품이다. 허용응력을 σ_{all}로 제한할 때 최대 허용 가능한 축하중 P를 구하라.

조건 $d = 12$ mm, $d_f = 40$ mm, $D = 60$ mm, $t = 8$ mm, $r = 10$ mm, $\sigma_{all} = 120$ MPa

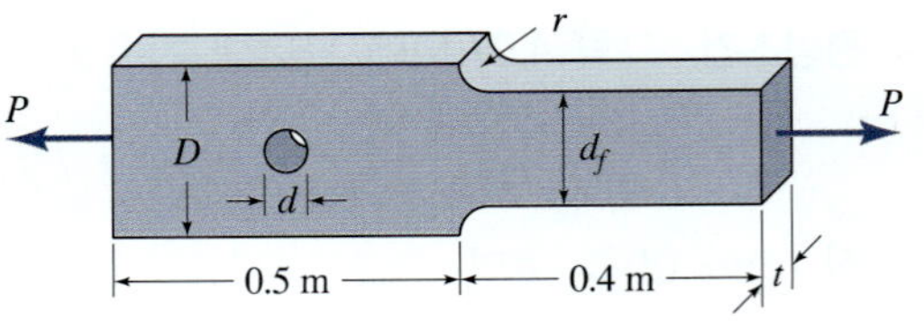

그림 P4.77

4.78 그림 P4.77에서 축하중 P로 인해 기계 부재가 $\delta = 0.5$ mm 늘어났다. 축하중 변형으로 인한 응력집중을 무시하고 부재에 걸린 최대 축응력을 구하라.

조건 $d = 12$ mm, $d_f = 40$ mm, $D = 60$ mm, $t = 15$ mm, $r = 10$ mm, $E = 200$ GPa

***4.79** 계단식 판재가 축하중을 받고 있는 그림 P4.77의 문제를 다시 고려하면, 하중을 지탱하는 능력의 감소 없이 뚫을 수 있는 구멍의 최대크기 d_{max}를 구하라.

조건 $d_f = 40$ mm, $D = 60$ mm, $t = 4$ mm

4.80 그림 P4.77의 강판에서 축하중 P가 다음과 같을 때 최대응력을 구하라.

(a) $P = 75$ kN

(b) $P = 40$ kN(단 구멍은 없는 상태)

조건 $d = 12$ mm, $d_f = 40$ mm, $D = 60$ mm, $t = 10$ mm, $r = 10$ mm

4.81 그림 P4.81과 같이 축하중 P를 받고 있는 강판의 필렛 반경 r과 너비 d를 구하라. 최대허용응력은 19.5 ksi이며 단면이 축소된 부분에서는 허용응력은 12 ksi이다.

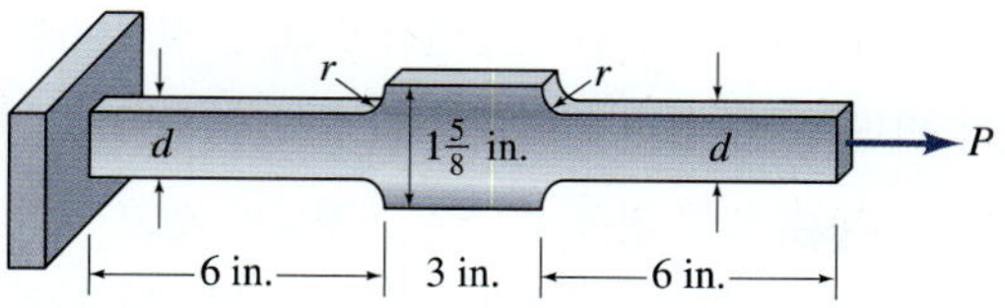

그림 P4.81

4.82 그림 P4.81에서 두께 $\frac{3}{4}$ in.의 필렛 강봉($\sigma_y = 36$ ksi)이 $r/d = 0.15$인 조건에서 영구변형이 발생하지 않을 최대축하중 P를 구하라.

***4.83** 그림 P4.81에서와 같이 축하중 P로 인해 두께 $\frac{3}{16}$ in.의 판재가 총 변형 $\delta = 8 \times 10^{-3}$ in. 발생하였다. 최대수직응력을 구하라.

조건 $r = \frac{5}{32}$ in., $d = 1\frac{5}{16}$ in., $E = 30 \times 10^6$ psi

가정 변형으로 발생하는 응력집중은 무시한다.

4.84 그림 P4.84와 같이 항복응력 σ_y, 탄성계수 E를 갖는 강재의 필렛 링크가 하중 P를 지탱하고 있다. 다음을 구하라.

(a) 최대수직응력

(b) 총 변형량

조건 $d = 1$ in., $D = 1\frac{1}{2}$ in., $r = \frac{1}{4}$ in., $t = \frac{1}{2}$ in., $P = 15$ kips, $\sigma_y = 80$ ksi, $E = 29 \times 10^6$ psi

가정 변형으로 발생하는 응력집중은 무시한다.

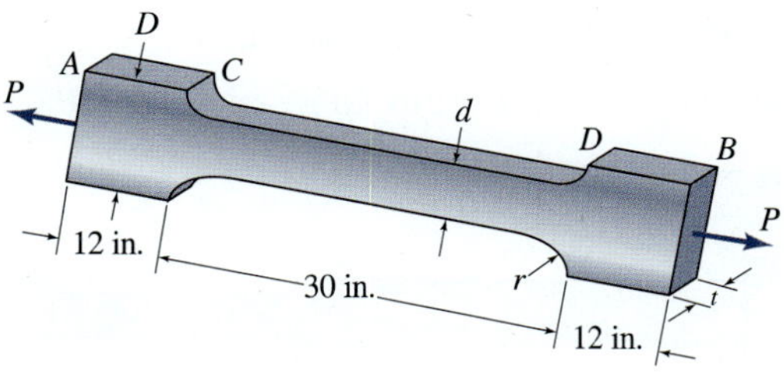

그림 P4.84

4.85 문제 4.84에서 구조용강이 축하중 P에 대해 σ_y를 가진 채 탄소성적으로 거동한다면 다음을 구하라.

(a) 항복에 도달하지 않는 최대 축하중 P_y

(b) 봉이 지탱할 수 있는 최대 축하중 P_u

조건 $d = 1$ in., $D = 1\frac{1}{2}$ in., $r = \frac{1}{4}$ in., $t = \frac{1}{2}$ in., $\sigma_y = 35$ ksi

***4.86** 그림 P4.86의 계단형 강재 봉 ABC는 축하중을 받아 15 mm 변형되었다가 하중을 제거하였다. 다음을 구하라.

(a) 최대 P값

(b) AB 부분과 BC 부분의 소성변형

조건 $d_1 = 60$ mm, $d_2 = 50$ mm, $E = 200$ GPa, $\sigma_y = 250$ MPa

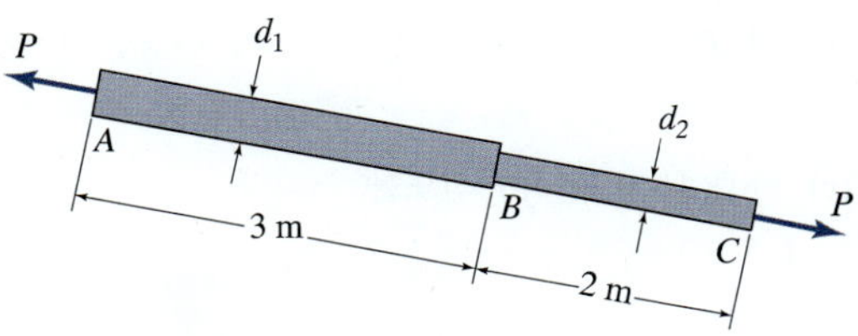

그림 P4.86

4.87 $d_1 = 30$ mm, $d_2 = 20$ mm, $\sigma_y = 300$ MPa일 때 문제 4.86을 다시 구하라.

4.88 그림 P4.88과 같은 구조물에서 문제 4.56을 고려하여 극한하중 W_u를 구하라. 여기서 각 부재는 연강으로 항복응력은 $\sigma_y = 250$ MPa이며 단면

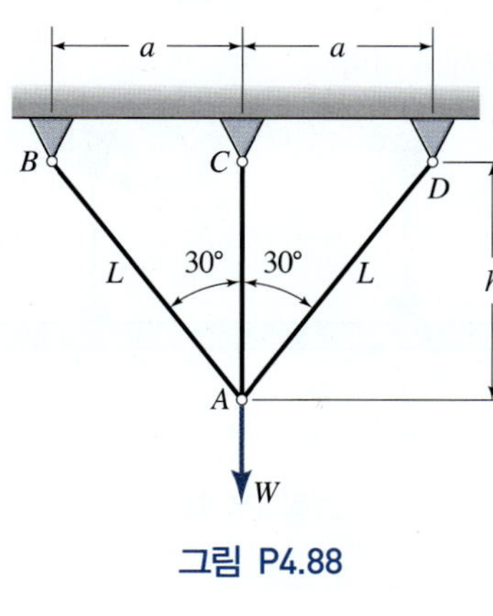

그림 P4.88

적은 $A=400\ \text{mm}^2$로 모두가 동일하다[식 (P4.58)을 이용하라].

4.89 예제 4.13에서 하중 $P=100$ kips가 작용된 후 제거되었을 때 각 부재에 걸린 잔류응력을 구하라.

4.90 $A_a=600\ \text{mm}^2$, $A_b=900\ \text{mm}^2$이며 $a=b=1$ m일 때 예제 4.12(a)를 다시 구하라.

***4.91** 그림 P4.91과 같이 강체 봉 AB가 하중을 받고 있다. 강철 와이어 AC와 EF는 동일하며($E=30\times10^6$ psi, $\sigma_y=36$ ksi) 각 단면적은 0.9 in.^{2}이고 길이는 3 ft이다.

(a) 점 B에서 항복하중 P_y와 그 때 변형량 δ_y를 구하라.

(b) 점 B에서 극한하중 P_u와 그 때 변형량 δ_u를 구하라.

(c) 하중(P)-변형(δ_B) 선도를 그려라.

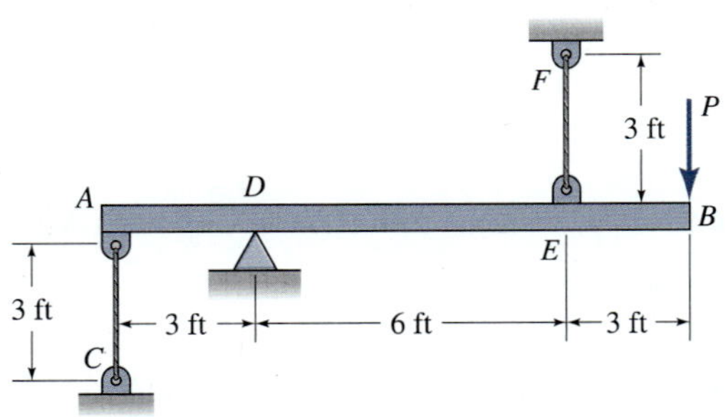

그림 P4.91

***4.92** 그림 P4.92와 같은 구조물일 때 문제 4.91의 문제를 다시 구하라.

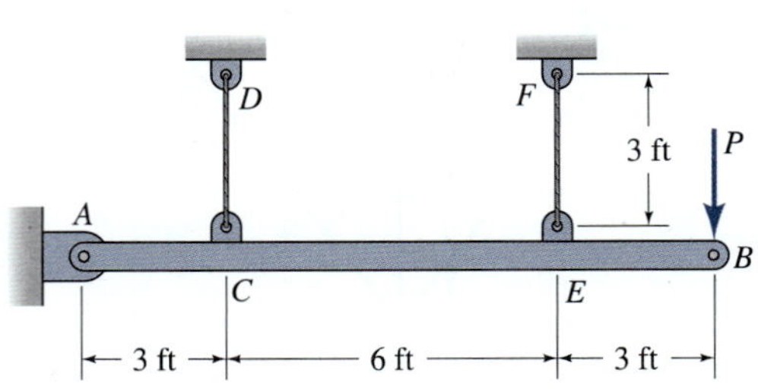

그림 P4.92

4.93 그림 P4.93과 같이 단면적이 A_r인 실린더 봉이 단면적 A_t이고 길이가 같은 튜브에 끼워져 있다. 봉과 튜브의 왼쪽 끝단은 고정되어 있고 다른 한쪽은 강체판으로 연결되어 축하중 P를 받고 있다. 최대변형을 계산하고 봉과 튜브 결합체의 하중-변형 선도를 그려라.

조건 $A_r=45\ \text{mm}^2$, $A_t=60\ \text{mm}^2$, $E_r=200$ GPa, $E_t=100$ GPa, $(\sigma_r)_y=250$ MPa, $(\sigma_t)_y=310$ MPa, $L=0.5$ m

가정 봉과 튜브는 탄소성 재료의 특성을 갖는다.

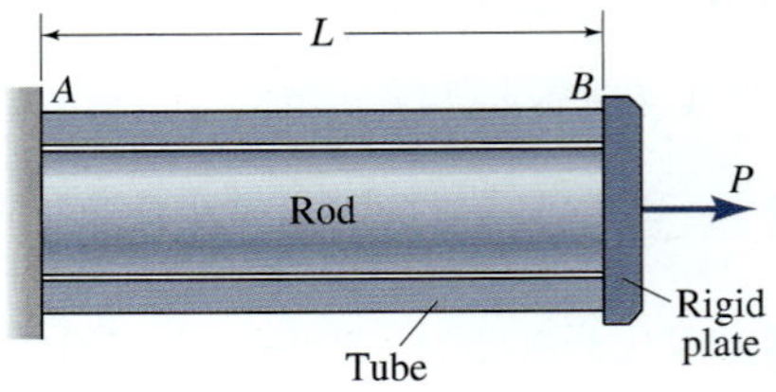

그림 P4.93

4.94 그림 P4.93의 봉과 튜브 결합체에서 하중 P가 0에서 25 kN으로 증가한 후 다시 0으로 감소하였다. 이때 결합체의 최대 변형량 δ_{max}를 구하라.

***4.95** 그림 P4.95와 같이 탄소성체인 계단형 봉 ABC의 양 끝단은 고정되어 있다. 25°C의 온도에서는 응력이 없는 상태이다. 온도가 115°C로 증가했을 때 다음을 구하라.

(a) CB 부분의 응력

(b) 점 C의 변형

조건 $A_a=500\ \text{mm}^2$, $A_b=400\ \text{mm}^2$, $a=2b=0.8$ m, $E=210$ GPa, $\sigma_y=240$ MPa, $\alpha=11.6\times10^{-6}/°\text{C}$

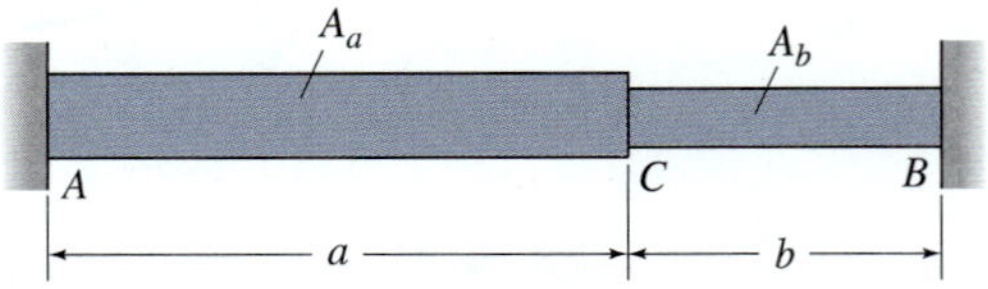

그림 P4.95

요약

4장에서는 축하중을 받는 각종 기계, 구조 부재의 거동을 집중적으로 조명하였다. 온도변화와 축하중에 의한 탄성변형과 응력을 고려하고 부재의 단면은 중실, 중공 및 두께가 얇고 열린 단면 형상 등을 망라하였다. 또한 거론된 주제로는 경사면의 응력, 응력집중, 설계에서 연성의 중요성, 그리고 비탄성변형에 의한 잔류응력 등을 포괄하였다.

단면의 급격한 변화로 유발된 큰 국부적인 응력을 비롯한 집중력과 반력에 의한 큰 응력의 발생거동을 응력집중이라고 한다. Saint-Venant의 원리는 부재에 응력집중을 유발하는 하중 작용점과 지지점 근방을 제외한 영역에서 균일한 응력분포의 가정을 가능하게 한다. 위험단면에서 계산된 평균응력에 대한 불연속점 근방에서 발생된 최대응력의 비를 응력집중계수 K라고 한다.

정하중을 받는 연성재료의 응력집중은 설계에서 보통 무시된다. 그러나 재료가 취성재료이거나 피로하중을 받게 될 경우에는 응력집중이 중요하게 된다. 어떤 부재의 응력이 항복강도를 초과하였을 때, 작용력이 점차 증가하면 연성재료로 제작된 봉에 영구변형이 발생된다. 해석은 그림 4.24와 같은 σ-ε 선도로 특성화된 탄소성 재료에 대하여 수행하였다.

핵심 공식*

균일단면 봉의 변형	$\delta = PL/AE$	
다단 균일단면 봉의 변형	$\delta = \sum_{i=1}^{n} P_i L_i / A_i E_i$	4.1절
비균일 단면 봉	$\delta = \int_0^L P_x dx / A_x E$	
열변형률	$\varepsilon_t = \alpha \Delta T$	4.5절
열변형	$\delta_t = \alpha(\Delta T)L$	
수직응력과 전단응력	$\sigma_{x'} = \sigma_x \cos^2\theta$ $\tau_{x'y'} = \sigma_x \sin\theta\cos\theta$	4.6절
최대수직응력	$\sigma_{\max} = K\sigma_{\text{nom}} = K\dfrac{P}{A}$	4.8절

*이 방정식의 유도와 올바른 사용에 관한 정보는 관련된 절을 참조하라.

참고문헌

4.1 H. H. West and L. F. Geshwinder, *Fundamentals of Structural Analysis*, 2nd ed., Wiley, Hoboken, NJ, 2002.

4.2 A. C. Ugural and S. K. Fenster, *Advanced Strength and Applied Elasticity*, 4th ed., Prentice Hall, Upper Saddle River, NJ, 2003.

4.3 J. M. Daily and F. E. Riley, *Experimental Stress Analysis*, McGraw-Hill, New York, Chapter 4, 1978.

4.4 A. C. Ugural, *Mechanical Design: An Integrated Approach*, McGraw-Hill, New York, 2004.

4.5 W. E. Pilkey, *Peterson's Stress Concentration Factors*, 2nd ed., Wiley, Hoboken, 1997.

4.6 R. E. Peterson, *Stress Concentration Factors*, Wiley, Hoboken, NJ, 1989.

비틀림

5장

▶ 이 사진에서 나타난, 재생 가능한 앞바다의 바람을 동력화하기 위해서 엔지니어들은 강하고 효율이 높은 설계와 고급 전자공학기술을 갖춘 풍력 발전 터빈을 개발할 필요가 있다. 회전 날개에 부착되어 있는 관 모양의 축은 동력을 생산하는 풍력 터빈을 가동시킨다. 이 장은 축에서 발생하는 비틀림 각과 비틀림 응력을 다루고 있다. Jochem D. Wijnands / Getty Images, Inc. 제공.

5.1 서론

앞의 장들에서는 고체역학의 일반적인 개념 이외에 축하중을 받는 부재의 거동에 대한 내용을 다루었다. 이 장에서는 비틀림을 받는 각주 봉(prismatic bars)의 응력과 변형에 대해서 설명한다. 일반적으로 비틀림 부재들은 축과 같이 가늘며 횡단면은 원형이다. 축은 증기터빈에서 발전기까지 동력을 전달하거나 엔진에서 외부 모터 프로펠러로 동력을 전달하는 데 주로 사용되고 있다. 다른 한편으로 비틀림 부재는 자동차의 토션 바-스프링(torsion bar-spring) 시스템에서와 같이 회전강성을 제공하는 스프링으로 사용될 수 있다.

원형 단면을 갖는 비틀림 봉의 응력과 변형에 대한 방정식들은 1.3절에서 설명한 원리를 적용하여 유도된다. 이러한 식들은 다음 절에서 기술한 가정에 기초를 둔다. 물론 원형 단면이 아닌 가느다란 봉들의 비틀림도 여러 공학적 응용에서 마주치게 된다. **임의의 형상을** 갖는 중실 봉과 얇은 벽을 갖는 관들은 5.11절과 5.12절에서 설명된다.

여기에서 봉들은 **모든** 구속으로부터 자유롭다고 간주한다. 따라서 지지점이나 토크를 전달하는 장치 부근에서의 복잡한 응력형태는 다루지 않는다. Saint-Venant의 원리에 따라 실제 응력분포는 축의 구속점이나 기하학적 불연속점 부근을 제외하고는 모든 부분에서 비틀림 식으로 주어진 것과 매우 근사하다. 축하중을 받는 부재 문제와 비틀림을 받는 부재 문제를 해석하는 과정 사이에 유사성이 있음을 알게 될 것이다. 축하중 문제에서 다루는 축하중과 그로 인한 인장 또는 압축은, 비틀림 문제에서 다루는 토크와 그로 인한 회전과 유사성이 있음을 알게 된다.

5.2 원형 축의 변형

비틀림 문제는 먼저 비틀림을 받는 원형 봉에서 발생하는 **변형의 기하학**을 검토함으로써 편리하게 취급될 수 있다. 이로부터 변형률 패턴이 구해지고 다음에 **재료 거동**과 관계되는 응력-변형률 관계식이 얻어진다. 최종적으로 다음 절에서 보이게 될 **평형조건들**이 적용된다. 이러한 세 가지 해석 원리가 원형 부재나 축에서 발생하는 응력과 회전각을 구하는 데 사용된다. 비틀림 상태에 있는 가늘고 균질한 원형 봉의 **작은 변형**과 연관된 **기본 가정**들을 살펴보자.

변형의 기하학

그림 5.1(a)는 횡단면의 도심과 일치하는 길이 방향의 축(x축)에 대해서 크기가 같고 방향이 반대인 토크 T가 양단에 작용하고 있는 원형 봉을 보여준다. 이러한 상태에 있는 봉을 **순수비틀림**(pure torsion)상태에 있다고 말한다. 형상과 하중이 대칭이라는 사실은 변형에 대한 다음 지식들을 제공한다. 중앙부를 가로질러 2개의 동일한 부재로 절단한 봉들을 생각하자. 각 봉들의 평형조건으로부터 중앙단면들은 끝단면에서와 같은 크기의 **내부토크** T를 받아야 한다. 그러므로 이들은 동일하게 변형된다.

따라서 봉의 **횡단면**은 그림에 나타난 것처럼 축에 대하여 **동일하게 회전**한다고 결론지을 수 있다. 비틀림이 발생한 후 횡단면들은 각 단면에서 비틀림 전의 형상을 유지한다.

> **1.** 봉의 축에 수직인 **평면형상의 횡단면**은 토크가 주어진 후에도 **평면으로 남는다**. 즉 주어진 평면에 있는 점들은 비틀림 후에도 그 평면에 남아 있게 된다. 더욱이 횡단면의 팽창이나 수축은 일어나지 않으며 봉이 줄어들거나 늘어나는 일은 발생하지 않는다. 그러므로 모든 **수직응력**들은 0이다.

다시 말해 축방향에 수직으로 위치하고 있는 여러 횡단면들의 회전각은 다르지만 각 횡단면은 강체 평판처럼 회전하고 그림 5.1(b)에 나타난 것처럼 원형으로 남아 있다.

한쪽 끝단이 고정되어 있는 균질의 원형 봉을 살펴보자. 다른 쪽 끝단에서 작용하는 토크로 인해 봉에 비틀림이 발생한다[그림 5.2(a)]. 축선 AB는 나선 AB'으로 변형되며, 각 BOB'은 전체 **비틀림 각** ϕ를 나타낸다. 미소길이 요소 dx에서 좌측단을 기준으로 하여(말하자면 $m = m'$) 우측단이 미소 비틀림 각 $d\phi$만큼 회전한 결과가 그림 5.2(b)에 나타나 있다. 처음에 봉의 축과 평행인 직선 mn은 거의 직선인 선 mn'으로 변형되며, $\gamma_{\max}$의 크

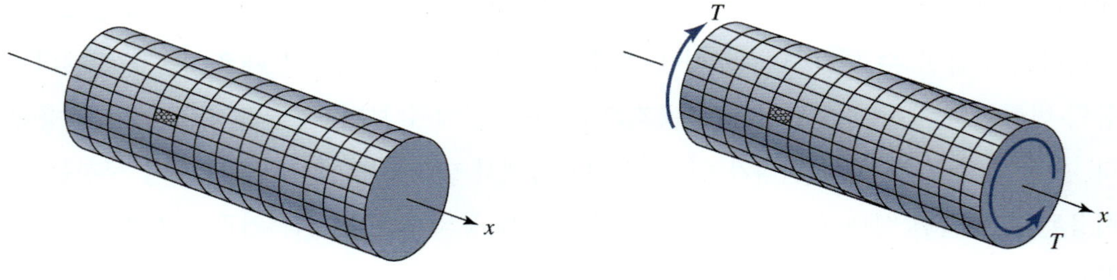

그림 5.1 비틀림을 받는 원형 봉의 변형 (a) 하중이 가해지기 전 형상 (b) 하중이 가해진 후 형상

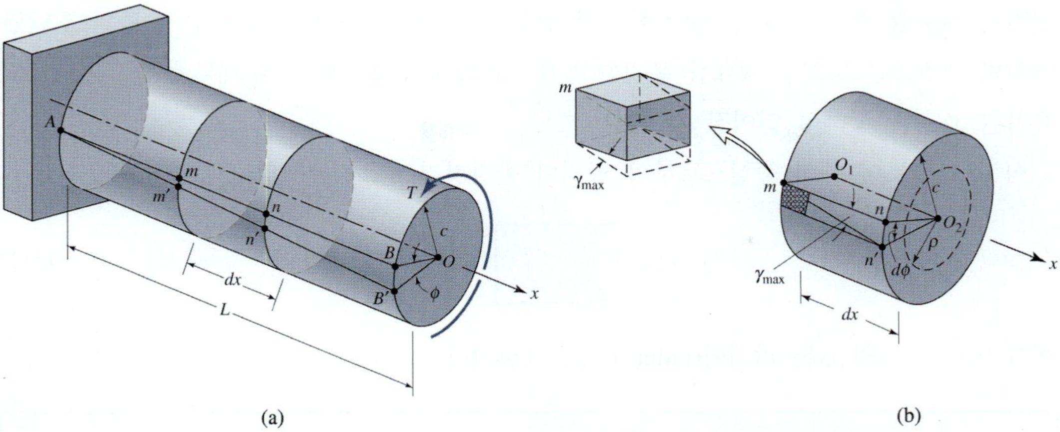

그림 5.2 (a) 비틀림을 받는 원형 축에서 변형률의 변화 (b) 축 단면

기는 각 nmn'으로 주어짐을 유의하라. 평면 mnO_1O_2는 비틀림으로 인해 $mn'O_1O_2$로 움직임을 알 수 있다. 다시 말하면 반경 O_1m의 방향이 고정되었다면 처음에 O_2n인 반경은 O_2n'으로 되고 직선으로 남는다.

횡단면에서의 전단변형률 분포

비틀림 변형은 전단변형률 개념을 가장 잘 보여준다. 축의 요소들에는 그림 5.1의 빗금친 요소에서 발생하는 종류의 변형이 일어난다. 유사하게 하중이 작용하기 전 봉의 표면 위의 점 m에 있던 작은 정사각형 요소는 하중이 작용한 후에는 그림 5.2(b)에 나타난 것처럼 마름모 형태로 변형된다. 그림에서 점선으로 표시된 것처럼 사각형 코너에서의 각은 더 이상 90°가 아니다.

2.2절에서 전단변형률 $\gamma_{\max}$는 점 m에서 각의 감소와 같음을 보여주었다. 그림에서 길이 nn'은 각 $d\phi$로 정의되는 반경 c의 작은 호의 길이와 같다. 따라서 바깥쪽 표면에서 $nn' = c d\phi$가 된다. 각이 매우 작을 때 전단변형률은 $\tan\gamma_{\max} = \gamma_{\max}$로 근사화된다. 그러므로

$$\gamma_{\max} = \frac{c d\phi}{dx}$$

순수비틀림상태에서 모든 횡단면에는 동일한 크기의 토크가 작용하므로 **최대전단변형률**은 다음과 같이 표현될 수 있다[그림 5.2(a)].

$$\gamma_{\max} = \frac{c\phi}{L} \tag{5.1}$$

여기서 비틀림 각 ϕ는 축의 길이를 따라 일정하다. 비틀림이 발생하는 동안 축의 횡단면에서의 반경들은 일직선 형태를 유지하고 형상변화가 없으므로 축의 내부에서의 변형률도 유사한 과정을 통하여 얻어질 수 있다.

식 (5.1)로부터 봉의 중심으로부터 임의의 반경거리 ρ(rho)에서의 **전단변형률**은

$$\gamma = \frac{\rho\phi}{L} \tag{5.2}$$

이다. 여기서 γ와 ϕ는 라디안(radian)으로 표현된다. 그러므로

2. 원형 축에서의 전단변형률의 크기는 축의 중심으로부터 반경거리에 선형적으로 변한다.

식 (5.1)과 (5.2)로부터 ϕ를 제거하면

$$\gamma = \frac{\rho}{c}\gamma_{\max} \tag{5.3}$$

가 된다. 식 (5.3)에 의하면 횡단면에서의 전단변형률은 중심에서 0이고 반경거리에 따라 선형적으로 변하여 바깥 표면에서 최대가 된다.

재료의 거동

앞에서 기술한 방정식들은 원형 봉의 기하학적 조건만을 고려하여 유도하였으며 탄성 및 비탄성 재료 거동에 모두 적용될 수 있다(5.6절과 5.10절 참조). **탄성의 경우**에서는 다음 조건이 추가로 적용된다. 재료는 균질이고 훅의 법칙을 따른다. 즉 전단응력은 전단변형률 γ에 비례한다. 전단변형률은 중심으로부터 선형적으로 변하기 때문에

3. 전단응력은 원형 축의 중심으로부터 선형적으로 변한다.

식 (3.10)과 식 (5.1)로부터

$$\tau_{\max} = G\gamma_{\max} = G\frac{c\phi}{L} \tag{5.4}$$

가 얻어진다. 여기에서 G는 전단탄성계수(shear modulus of elasticity)를 가리킨다. 토크의 크기는 봉에서의 전단응력이 재료의 항복강도 또는 비례한도 이하를 유지하는 범위이다.

그러므로 각 γ_{max}의 크기는 항복 비틀림 각보다 작아야 한다.

끝으로 비원형 봉은 토크를 받게 되면 원형 봉과는 전혀 다르게 거동하게 된다는 점을 명심해야 한다. 비원형 횡단면이 비틀림을 받게 되면 초기평면들이 평면을 유지하지 못하고 뒤틀리게 되는데 자세한 내용은 5.11절에서 다루게 된다.

5.3 비틀림 공식

이 절에서는 작용하는 토크와 이에 따른 응력과의 관계를 다루도록 하겠다. 재료가 **선형탄성거동**을 하면, 훅의 법칙($\tau = G\gamma$)이 적용되고 응력은 변형률에 비례하게 된다. 앞 절에서 설명한 것처럼 전단응력은 원형 봉의 횡단면 중심으로부터 거리와 함께 **선형적으로 변한다**. 이들은 그림 5.3(a)에서 보듯이 접선방향을 향하고 있으며, **횡단면에 놓여 있다.** 토크의 부호는 1.6절에서 기술한 것처럼 오른손 법칙을 따른다. 응력의 방향은 횡단면에서 내부토크 T의 방향에 따라 달라진다. 축하중을 받는 봉의 경우와 달리 응력은 일정하지 않다.

최대전단응력은 점 O로부터 가정 먼 지점에서 발생하며 이를 τ_{max}로 표시한다. 그림 5.3(a)에서 나타난 바와 같이 점 O로부터 임의의 거리 ρ에서의 응력은 삼각형의 비례관계로부터 다음과 같이 표현된다.

$$\tau = \frac{\rho}{c}\tau_{max} \tag{5.5}$$

위 식은 반경 c를 갖는 중실 원형 축의 기하학에 의하여 횡단면에서의 응력변화를 나타내

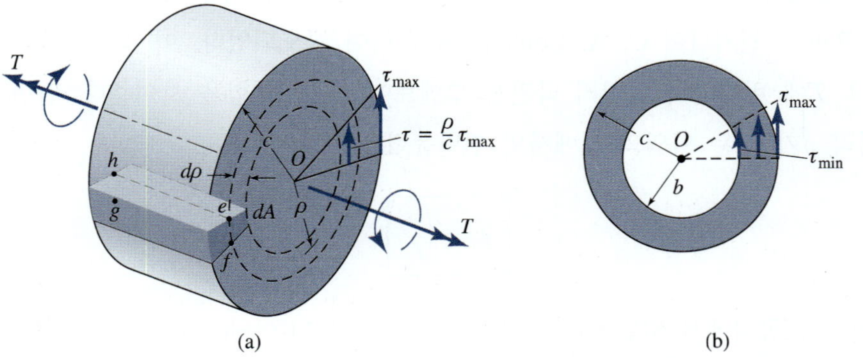

그림 5.3 전단응력의 분포 (a) 비틀림을 받고 있는 원형 축 (b) 비틀림을 받고 있는 중공의 원형 축의 횡단면

고 있다. 그림 5.3(b)는 내부반경 b와 외부반경 c를 갖는 중공의 축에서의 응력분포를 보여준다. 중공의 축에 식 (5.5)를 적용하면 $\tau_{min} = (b/c)\tau_{max}$가 얻어진다.

단면에 작용하는 응력들은 **평형조건**을 만족해야 한다. 즉 그림 5.3(a)에서 회전 대칭응력 분포의 합력은 작용토크와 정적으로 평형이어야 한다. 면적요소 dA에 작용하는 전단력은 τdA이고 중심축에 대한 이러한 힘의 모멘트는 $(\tau dA)\rho$이다. 작용토크 T는 횡단면의 전체 면적 A에 대해서 이러한 면적요소 모멘트를 합한 결과와 같아야 한다.

$$T = \int_A (\tau dA)\rho = \int_A \left(\frac{\rho}{c}\tau_{max} dA\right)\rho$$

τ_{max}/c가 일정하기 때문에

$$T = \frac{\tau_{max}}{c}\int_A \rho^2 dA \tag{a}$$

여기서 $\int_A \rho^2 dA$는 횡단면적의 **극관성 모멘트**(polar moment of inertia) J이다(부록 A 참조). 그림 5.3(a)를 참고하면 반경이 c이고 직경이 d인 원에 대하여 $dA = 2\pi\rho d\rho$이다. 따라서

$$J = \int_A \rho^2 dA = \frac{\pi c^4}{2} = \frac{\pi d^4}{32} \tag{5.6}$$

원형 면적에 대하여 J의 항으로 표시하면 식 (a)는 다음과 같이 나타낼 수 있다.

$$\tau_{max} = \frac{Tc}{J} \tag{5.7}$$

이것을 **비틀림 공식**(torsion formula)이라고 하며 원형 축에 적용할 수 있다. 이 식은 1775년경에 프랑스 엔지니어 C. A. Coulomb에 의하여 유도되었다. 이 식은 최대전단응력이 작용토크 T에 비례하며 단면의 극관성 모멘트에는 반비례함을 보여준다. 단면 중심으로부터 거리 ρ가 되는 임의의 점에서의 전단응력은

$$\tau = \frac{T\rho}{J} \tag{5.8}$$

이다. 비틀림 공식에서 SI단위가 사용된다면 T는 뉴턴-미터(N · m)이고, c나 ρ는 미터(m), 그리고 J는 미터의 네제곱(m^4)이 된다. 따라서 전단응력 τ는 파스칼(Pa)로 나타나게 된다. 마찬가지로 US관용단위의 경우 T는 파운드-인치(lb · in.)이고 c나 ρ는 인치

(in.)이며 J는 인치의 네제곱(in.^{4})이므로 전단응력의 단위는 psi이다. $\tau = T/(J/c)$로 표시되었을 때 식 (5.7)은 축하중을 받는 봉에서의 응력 $\sigma = P/A$와 유사하다.

비틀림 공식은 훅의 법칙에 기초를 두고 있다. 따라서 응력이 전단비례한도를 넘지 않을 때에만 적용된다. 그럼에도 불구하고 식 (5.7)은 가끔 실험으로부터 얻어진 극한토크 T_u(5.10절에서 취급됨)를 T 대신 넣음으로써 τ_r(fictitious shearing stress at rupture)을 계산하는 데 사용된다.

$$\tau_r = \frac{T_u c}{J} \tag{5.9}$$

이 응력은 **비틀림 파단계수**(modulus of rupture in torsion)라고 하며 비틀림 하중을 받는 여러 재료들의 정적저항(static resistance)을 비교하는 데 사용된다.

중공의 원형 축

중공의 원형 튜브 또는 실린더의 비틀림 해석은 중실 축에서 사용된 가정에 똑같이 기초를 두고 있으므로 식 (5.7)과 (5.8) 모두 이용할 수 있다. 이 경우에 반경거리 ρ는 b에서 c까지의 범위[그림 5.3(b)]이며 극관성 모멘트는 다음과 같다.

$$J = \frac{\pi}{2}(c^4 - b^4) \tag{5.10}$$

여기서 b와 c는 각각 원형 튜브의 내부반경과 외부반경을 표시한다. **얇은 벽을 갖는 원형 부재**(thin-walled circular members)의 경우에 식 (5.6)은 다음과 같이 근사화될 수 있다.

$$J = r^2 \int dA = 2\pi r^3 t \tag{5.11}$$

여기에서 r은 평균 반경이고 t는 튜브의 두께이다(예제 5.13 참조). 두께에 대한 내부반경의 비율이 10 정도보다 크다면(즉 $r/t \geq 10$), 실린더는 일반적으로 **얇은 벽**으로 분류되며 실린더에서의 응력의 변화는 무시할 수 있다.

비틀림 공식은 순수비틀림을 받는 균일 봉으로부터 유도되었으나 이는 **불균일 단면 봉** 또는 양단이 아닌 임의의 부분에서 토크를 받는 봉에 대해서도 적용할 수 있다. 이 경우에 관심 있는 단면에서의 전단응력은 극관성 모멘트와 그 단면에서의 내부토크를 각각 나타내는 J와 T를 식 (5.7)에 적용함으로써 구해진다. 축하중을 받는 봉의 경우와 마찬가지로 내부토크의 값은 단면법(method of sections)을 적용함으로써 구해진다.

5.4 축방향과 횡방향의 전단응력

앞 절에서 봉의 축에 수직인 면에 작용하는 전단응력[식 (5.7)과 (5.8)]에 대해서 살펴보았다. 전단응력의 방향은 횡단면에 작용하는 토크의 방향과 일치한다[그림 5.3(a)]. 이들 응력은 봉의 축방향 면에서 발생하는 같은 크기의 전단응력을 동반하게 된다. 이러한 결론은 2.10절에서 기술된 것처럼 동일한 크기의 전단응력들이 항상 상호수직면에 존재한다는 사실로부터 도출된다.

그림 5.4(a)와 같은 응력상태를 살펴보자. 여기서 τ는 봉에서 떨어져 나간 요소 $efgh$에 유일하게 작용하는 응력성분이다. 말하자면 이 요소는 **순수전단응력**상태에 있다. 여기서 $\tau = \tau_{xz} = \tau_{zx}$는 접선방향과 축방향으로 작용하는 전단응력을 가리킨다. 그러므로 내부토크로 인해 횡단면에서 반경을 따라 **횡전단응력**(transverse shear stress)이 발생할 뿐만 아니라 종방향 평면을 따라 **축방향전단응력**(axial shear stress)이 발생한다. 상호수직면 위에서 이러한 응력의 변화는 그림 5.4(b)에 나타나 있는데, 그림에서 봉의 일부분이 설명을 위해서 따로 떨어져 있다. 그러므로 재료가 횡방향보다도 축방향으로 전단력에 약하다면(예를 들어 나무), 비틀림 봉의 파손은 축면을 따라 종방향으로 일어난다.

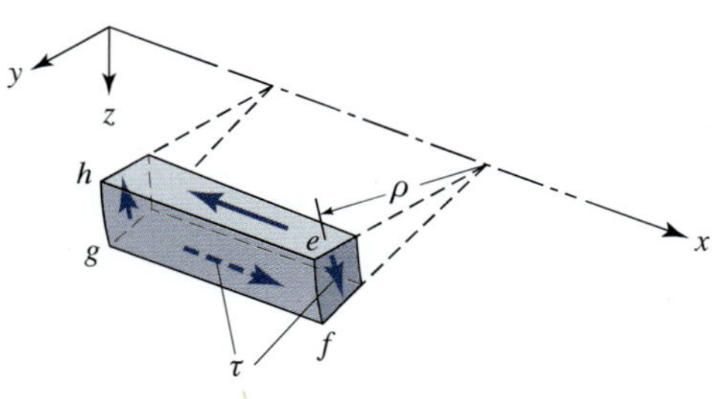

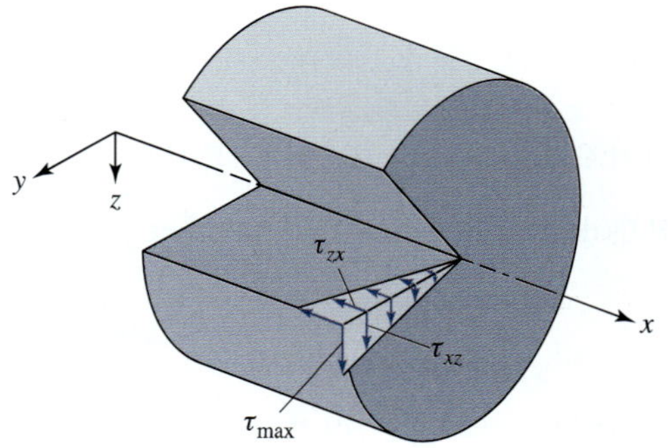

그림 5.4 그림 5.3에 보인 축의 횡방향 면과 축방향 면에서의 전단응력 (a) 순수전단상태의 축 요소 (b) 순수전단상태에 있는 축 단편

최대비틀림 응력의 절댓값

임의의 봉 단면에서 가장 큰 전단응력은 바깥쪽 면에서 발생한다. 최대비틀림 응력의 절댓값을 구하기 위해서 Tc/J가 최대가 되는 위치를 알아야 한다. 봉의 길이를 따라 여러 위치에서 토크들이 작용하면 **내부토크**는 단면을 따라 변하게 된다.

봉의 축을 따라 토크가 변하는 모양을 보여주는 그래프를 **토크 선도**(torque diagram)라고 한다. 이러한 선도는 봉의 길이에 따라 위치 x에 대한 내부토크 T의 도면을 보여준다. **부호약속**으로 토크 T의 벡터가 양방향 좌표축을 향하면 양이다. 실제적으로 축의 길이를 따라 토크가 변하는 경우는 많지 않으므로 보통의 경우에 토크 선도는 사용되지 않는다.

[예제 5.1] 비틀림을 받는 단붙임 축에서의 응력

조건 그림 5.5(a)에 나타나 있는 것처럼 2개의 원형 봉으로 구성된 축이 풀리에 작용하는 토크를 받고 평형상태에 있다.

문제 이 축에서의 최대전단응력을 계산하라.

가정 구하려는 응력은 풀리로부터 어느 정도 떨어진 점에서 발생한다고 가정한다.

풀이

평형조건. 먼저 이런 상황을 이상화한다[그림 5.5(b)]. 축에 대한 유일한 평형방정식 $\sum T = 0$을 취하면 다음과 같다.

$$T_B = 36 + 14 = 50 \text{ kN} \cdot \text{m}$$

자유물체도. 축 AB에 작용하는 토크를 T_{AB}로 하고 A와 B 사이의 임의의 점을 관통하는 횡단면을 생각해보자. 축의 일부에 대한 자유물체도를 그림 5.5(c)에 나타내었다. 마찬가지로 그림 5.5(d)에서 횡단면은 축 BC를 통과하며 T_{BC}는 이 단면에서의 저항토크이다. 각 축에 작용하는 내부토크들이 각각 $T_{AB} = 36 \text{ kN} \cdot \text{m}$와 $T_{BC} = -14 \text{ kN} \cdot \text{m}$이면 이들 자유물체도는 평형상태에 있게 된다.

최대전단응력. 최대전단응력의 위치가 명확하지 않기 때문에 비틀림 공식을 이용하여 양 단면에서의 응력을 구하여야 한다. 축 AB에 대하여,

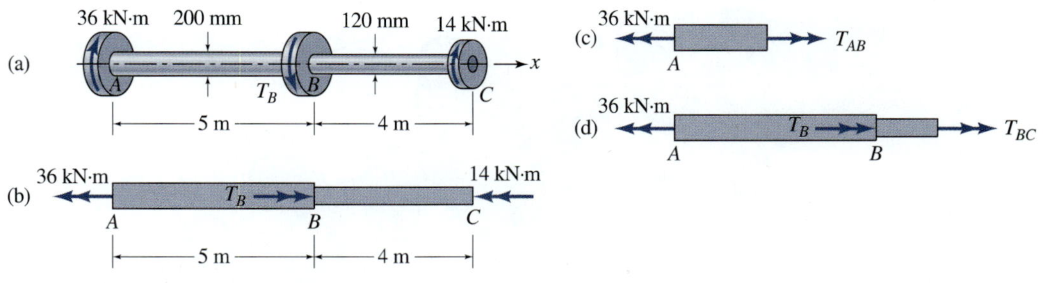

그림 5.5 (a) 3개의 토크를 받고 있는 단붙임 봉 (b) 봉 전체에 대한 자유물체도 (c, d) 봉의 두 부분에 대한 자유물체도

$$\tau_{\max} = \frac{Tc}{J} = \frac{2T}{\pi c^3} = \frac{2(36 \times 10^3)}{\pi(0.1^3)} = 22.9 \text{ MPa}$$

한편 축 BC에 대하여

$$\tau_{\max} = \frac{2(14 \times 10^3)}{\pi(0.06^3)} = 41.3 \text{ MPa}$$

부가설명 따라서 최대전단응력은 41.3 MPa이다.

[예제 5.2] 구동 축의 토크 전달 능력

조건 그림 5.6에 나타나 있는 것처럼 일정한 속도로 회전하는 전기모터가 **구동 축** $ABCE$의 축 AB 위의 A에서 커플링을 통하여 토크 T를 가하고 있다. **커플링**은 볼트에 의하여 두 축을 연결하는 데 사용된다. B와 C에 있는 기어들은 각각 T_B와 T_C와 같은 크기의 토크를 요구하는 기계를 돌린다. 축은 외경 D와 내경 d를 갖는 중공 축이다. 커플링의 플랜지는 반경 R의 볼트 원을 갖는 N개의 볼트에 의해 결합된다. 데이터는 다음과 같다.

$$d = 45 \text{ mm} \qquad D = 60 \text{ mm} \qquad T_B = \frac{3}{4}T \qquad T_C = \frac{1}{4}T$$

$$N = 6 \qquad R = 75 \text{ mm} \qquad \tau_{\text{all}} = 200 \text{ MPa}$$

문제

(a) 안전계수 $n_s = 1.4$를 사용하여 축에 가할 수 있는 최대허용토크 T_{all}을 구하라.

(b) 볼트가 축과 똑같은 토크 용량을 제공할 수 있도록 볼트 직경 d_b를 계산하라.

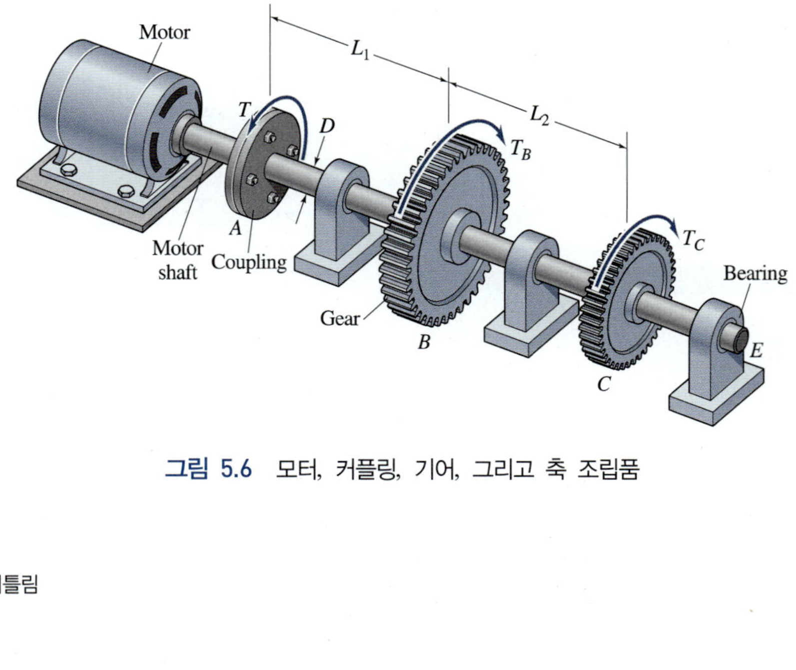

그림 5.6 모터, 커플링, 기어, 그리고 축 조립품

가정 축과 커플링(볼트 포함)은 허용전단강도 τ_{all}을 갖는 냉간압연강으로 제작된다. 베어링에서의 마찰은 무시된다. 모든 자중은 무시된다. 커플링 볼트에서의 전단응력은 균일하다.

풀이 토크는 축 AB에서 가장 크고 $T_{AB} = T$이다. 축의 극관성 모멘트는

$$J = \frac{\pi}{32}(D^4 - d^4) = \frac{\pi}{32}[(60)^4 - (45)^4] = 86.98 \times 10^4 \ \text{mm}^4$$

(a) 축의 토크 용량. 식 (5.7)을 적용하면

$$\tau_{\text{all}} = \frac{T_{AB}(D/2)}{J} \qquad 200 \times 10^6 \geq \frac{(0.03)T}{86.98(10^{-8})}$$

위 식으로부터 $T = 5.80\ \text{kN}\cdot\text{m}$가 된다. 따라서 최대허용토크는

$$T_{\text{all}} = \frac{T}{n_s} = \frac{5.80}{1.4} = 4.14\ \text{kN}\cdot\text{m}$$

(b) 볼트의 설계. 그림 5.7의 커플링을 살펴보면 토크 평형을 위한 조건은

$$T - N(FR) = 0 \qquad F = \frac{T}{RN}$$

이다. 여기서 F는 각 볼트에서의 전단력, R은 볼트 원 반경, 그리고 N은 볼트의 개수이다. 각 볼트에서의 평균전단응력은

$$\tau_{\text{all}} = \frac{F}{A} = \frac{T_{\text{all}}/RN}{\pi d_b^2/4} = \frac{4T_{\text{all}}}{\pi d_b^2 RN}$$

계산하면 요구되는 볼트 직경은 다음 형태로 표현된다.

$$d_b = \sqrt{\frac{4T_{\text{all}}}{\pi RN\tau_{\text{all}}}} \tag{5.12}$$

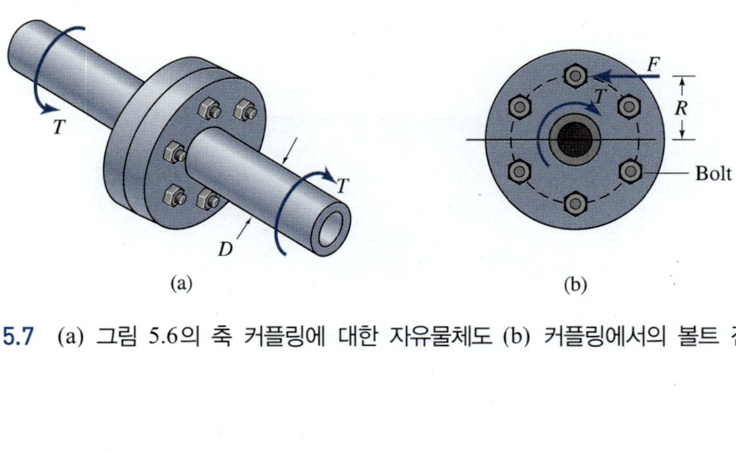

그림 5.7 (a) 그림 5.6의 축 커플링에 대한 자유물체도 (b) 커플링에서의 볼트 전단력

주어진 데이터를 대입하면

$$d_b = \sqrt{\frac{4(4140)}{\pi(0.075)(6)(200\times10^6)}} = 7.65\times10^{-3}\ \text{m} = 7.65\ \text{mm}$$

부가설명 8 mm 직경의 볼트 6개가 축 커플링에 사용되어야 한다. 조립품에서의 변형은 예제 5.5에서 기술된다.

5.5 경사면의 응력

지금까지 봉의 축과 평행이거나 수직인 평면에서의 전단응력, 즉 비틀림 공식에 대해서 논의하였다. 축의 평면 요소에서 발생하는 이러한 응력상태가 그림 5.8에 나타나 있다. 동일 점에서 응력의 또 다른 표시는 경사진 면 위의 바깥방향 법선(x')이 x축과 θ각을 이루는 미소한 쐐기에서 얻어질 수 있다.

내부 축요소[그림 5.9(a)]로부터 잘라낸 쐐기의 2차원 형상을 생각해보자[그림 5.9(b)]. 요소의 앞면과 뒷면은 응력이 나타나지 않는다. 4.6절에서 논의한 바와 같이 독립된 물체를 평형상태로 유지하기 위하여 **경사진 면**에 작용하여야 할 응력 $\sigma_{x'}$과 $\tau_{x'y'}$을 여기서 해석한다. 경사면의 면적을 ΔA로 표시하면 수직면과 수평면의 면적은 각각 $A_x = \Delta A\cos\theta$와 $A_y = \Delta A\sin\theta$가 된다. 응력과 응력이 작용하는 면의 면적을 곱하면 그림 5.9(b)에 보여진 것처럼 쐐기의 모든 면에 작용하는 힘이 나타난다. 따라서 x'방향과 y'방향에서의 평형방정식은 다음과 같이 표현된다.

$$\sigma_{x'}(\Delta A) - \tau(\Delta A\cos\theta)\sin\theta - \tau(\Delta A\sin\theta)\cos\theta = 0$$

$$\tau_{x'y'}(\Delta A) - \tau(\Delta A\cos\theta)\cos\theta + \tau(\Delta A\sin\theta)\sin\theta = 0$$

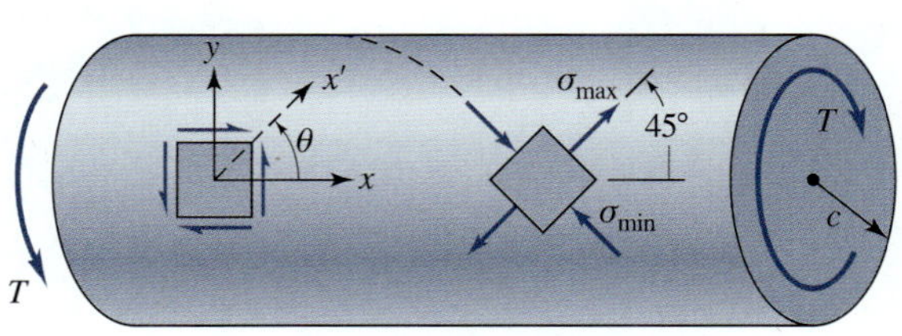

그림 5.8 토크를 받는 축의 면 요소에 작용하는 응력

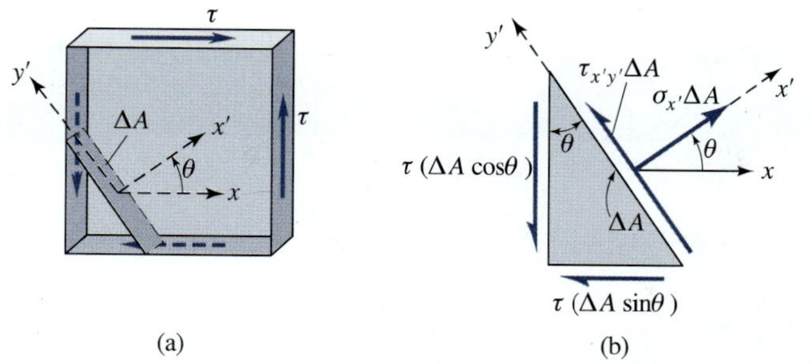

그림 5.9 경사면 위에서의 응력해석 (a) 순수전단상태에 있는 요소 (b) 요소로부터 잘라낸 쐐기에 대한 자유물체도

또는

$$\sigma_{x'} = 2\tau \sin\theta \cos\theta \tag{5.13a}$$

$$\tau_{x'y'} = \tau(\cos^2\theta - \sin^2\theta) \tag{5.13b}$$

위 식에 $2\sin\theta\cos\theta = \sin 2\theta$와 $\cos^2\theta - \sin^2\theta = \cos 2\theta$를 대입하면 응력**변환식**은 다음과 같이 표현된다.

$$\boxed{\sigma_{x'} = \tau \sin 2\theta} \tag{5.14a}$$

$$\boxed{\tau_{x'y'} = \tau \cos 2\theta} \tag{5.14b}$$

식 (5.13)과 (5.14)는 x와 y평면에서 작용하는 전단응력을 사용하여 경사진 면에서의 응력을 표현하고 있는데 θ는 그림 5.9에 나타나 있는 것처럼 경사면의 방향을 정의한다.

그림 5.10은 경사면의 방향에 따른 $\sigma_{x'}$과 $\tau_{x'y'}$의 변화를 보여준다. $\theta = 45°$일 때 $\sigma_{\max} = \tau$ 및 $\tau_{x'y'} = 0$이고 $\theta = 135°$일 때 $\sigma_{\min} = -\tau$ 및 $\tau_{x'y'} = 0$이다. 따라서 **최대수직응력**

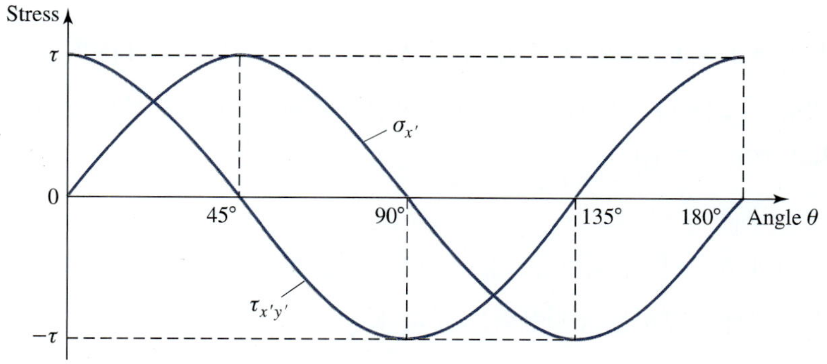

그림 5.10 경사면의 각 θ에 따른 수직응력 $\sigma_{x'}$과 전단응력 $\tau_{x'y'}$의 그래프

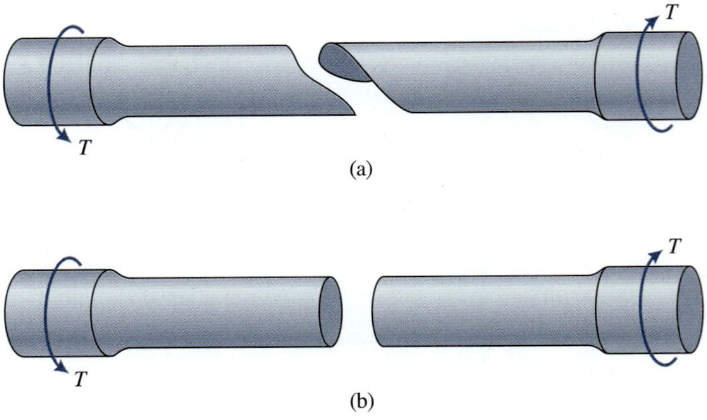

그림 5.11 비틀림 파손 (a) 취성재료로 된 축 (b) 연성재료로 된 축

은 Tc/J이고 최소수직응력은 $-Tc/J$인데 그림 5.8에 보이는 방향으로 작용한다. 더욱이 어느 전단응력도 τ보다 크게 발달하지 않는다.

다음 절에서 설명할 비틀림 시험에 의하면 취성재료로 된 봉은 시편의 축방향과 45°를 이루는 면을 따라 파손되는 경향을 보인다. 그러므로 주철과 같이 전단보다는 인장에 약한 취성재료에서는 파손이 그림 5.8[그림 5.11(a) 참조]에서 점선으로 표시된 나선을 따라 인장력에 의해서 일어난다. 보통의 분필도 이와 같은 거동을 한다. 전단강도에 약한 재료로 만들어진 축(예를 들어 연강)은 축방향과 수직인 선을 따라 파단된다[그림 5.11(b)]. 이러한 설명은 3.6절에서 기술한 인장파손의 경우와 일치한다. 또한 실험에 의하면 얇은 벽의 중공 축은 최대압축방향으로 좌굴되거나 구겨지며 최대인장방향으로 찢어짐이 발생함을 알 수 있다.

예제 5.3 나선형 접합선을 따라 용접된 비틀림 튜브의 응력해석

조건 외경 $D = 2c = 6$ in.의 튜브가 두께 $t = \frac{1}{4}$ in.의 강판을 사용하여 축방향에 대해 $\phi = 50°$ 방향을 갖는 나선형 접합선을 따라 용접을 통해 제작된다. 튜브 끝단에는 토크가 작용하고 있다[그림 5.12(a)].

문제

(a) 용접 부위의 허용인장응력이 $(\sigma_w)_{\text{all}} = 15$ ksi일 때 최대허용토크 T_{all}을 계산하라.

(b) 용접 부위에서 발생하는 전단응력을 구하라.

가정 구하려는 응력들은 튜브의 끝단으로부터 어느 정도 떨어져 있는 위치에 있는 튜브 표면

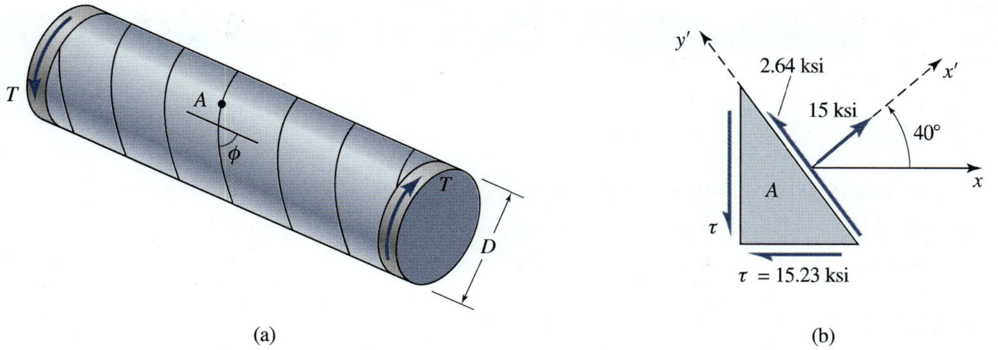

그림 5.12 (a) 나선형 접합선을 갖는 파이프 (b) 응력 요소

위의 점 A에서의 값이다. 평균반경은 $r > 10t$이므로 튜브는 얇은 벽을 갖는 실린더로 볼 수 있다. 튜브는 항복이나 좌굴에 의해 파손되지 않는다.

풀이 튜브의 평균반경은 $r = c - (t/2) = 2.875$ in.이므로 극관성 모멘트는

$$J = 2\pi r^3 t = 2\pi (2.875)^3 (1/4) = 37.328 \text{ in.}^4$$

최대비틀림 응력은

$$\tau = \frac{Tc}{J} = \frac{T(3)}{37.875} = 0.08T$$

(a) 허용토크. 식 (5.14a)를 적용하면 용접 부위에서의 인장응력은 다음과 같이 표현된다.

$$\sigma_{x'} = \tau \sin 2\theta = 0.08T \sin 2(40°)$$
$$= 0.0788T \leq 15 \text{ ksi}$$

따라서 $T_{\text{all}} = 190.4$ kip · in.이고 $\tau = 0.08(190.4) = 15.23$ ksi이다.

(b) 용접 부위에서의 전단응력. 응력상태가 그림 5.12(b)에 나타나 있다. x'이 용접부에 수직인 축으로 택해지는데 x축에 대해서 반시계방향으로 $\theta = 40°$ 회전되어 있다. 식 (5.14b)로부터 용접 부위에서의 전단응력 $\tau_{x'y'}$은

$$\tau_{x'y'} = \tau \cos 2\theta = (0.08)(190.4)\cos 2(40°)$$
$$= 2.64 \text{ ksi}$$

부가설명 해가 그림 5.12(b)에 나타나 있다.

연습문제

5.1절~5.5절

5.1 그림 P5.1에서와 같이 외부반경이 c인 중공 실린더의 한쪽 끝단은 고정되어 있고 다른 쪽 끝단에는 토크 T가 작용하고 있다. 전단응력이 τ_{all}을 넘지 않으려면 내부반경 b의 크기는 얼마가 되어야 하는가?

조건 $c = 30\ \text{mm}$, $T_{\text{all}} = 2\ \text{kN}\cdot\text{m}$, $\tau_{\text{all}} = 80\ \text{MPa}$

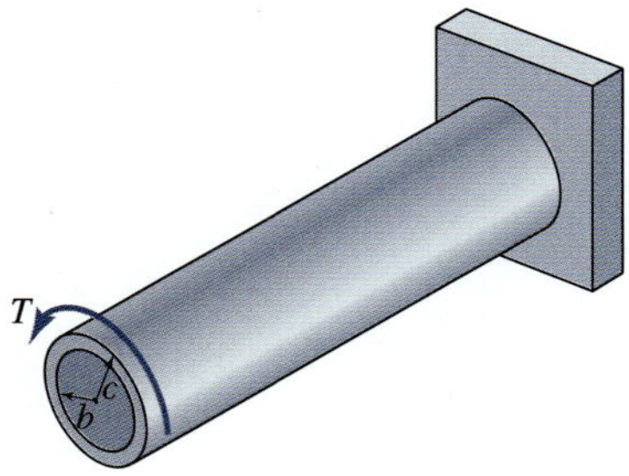

그림 P5.1

5.2 직경이 $d = 2$ in.인 중실 축을 동일 재료로 된 중공 축으로 대체하려고 한다. 두 축은 동일한 최대전단응력과 동일한 토크 T를 지탱한다(그림 P5.2). 중공 축의 두께가 $t = D/25$일 때 외경 D를 구하라.

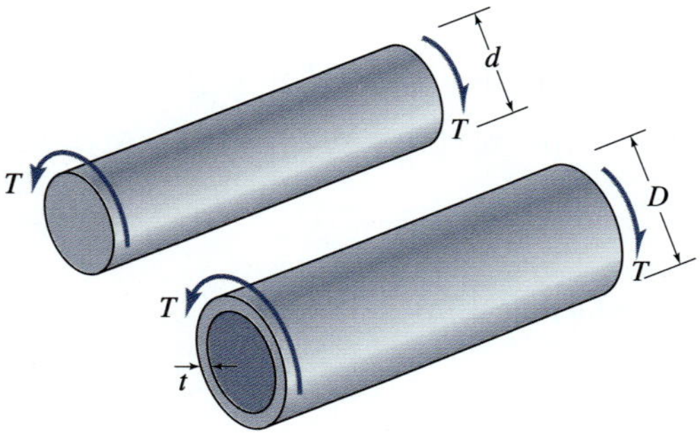

그림 P5.2

5.3 직경이 d인 중실 축과 외경이 D, 두께가 $t = D/4$인 중공 축이 동일한 최대전단응력상태에서 동일한 토크를 전달하고 있다(그림 P5.2). 길이가 같은 두 축의 무게를 비교하라.

5.4 그림 P5.4에서와 같이 원형 축이 토크들을 받고 있다. 축에서 발생하는 전단응력의 최댓값과 발생위치를 구하라.

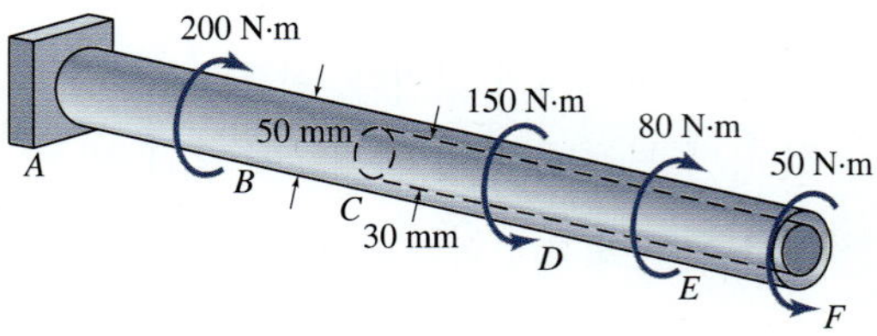

그림 P5.4

5.5 중실의 단붙임 축에 고정된 4개의 풀리가 그림 P5.5에서처럼 토크를 전달하고 있다. 축의 각 부분에서 발생하는 최대전단응력을 구하라.

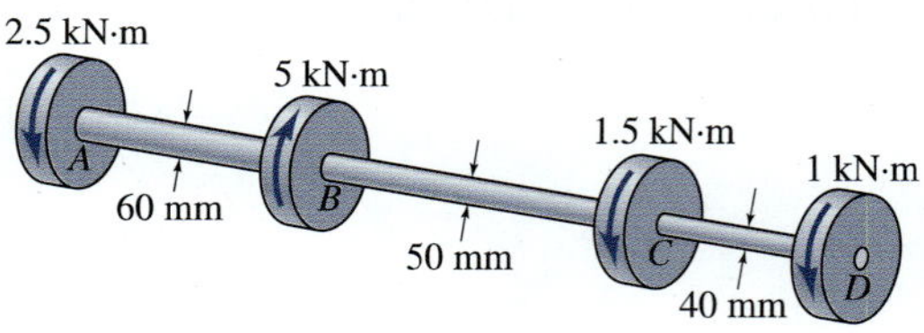

그림 P5.5

5.6 문제 5.5에서 중실 축을 내경 20 mm를 갖는 중공 축으로 바꾸어 다시 구하라.

5.7 그림 P5.7에서와 같이 단붙임 축 ABC의 왼쪽 끝단은 고정되어 있고 B와 C에서 토크 T_B와 T_C가 작용하고 있다. 축에서 발생하는 최대전단응력을 구하라.

조건 $d_1 = 2\ \text{in.}$, $d_2 = 1\frac{3}{4}\ \text{in.}$, $T_B = 30\ \text{kip}\cdot\text{in.}$, $T_C = 12\ \text{kip}\cdot\text{in.}$

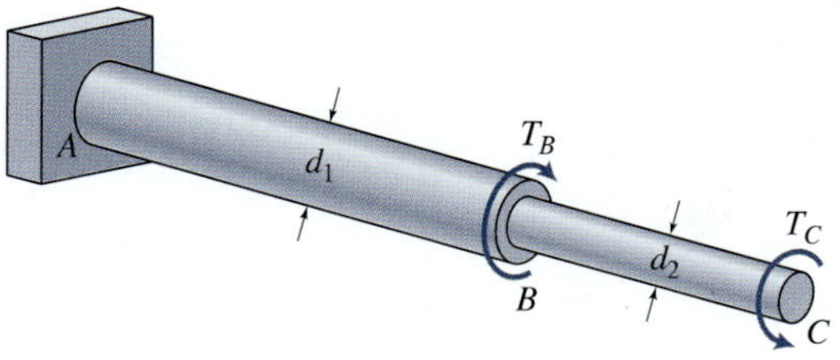

그림 P5.7

5.8 끝단 A에서 고정된 단붙임 축 ABC의 B와 C에 토크 T_B와 T_C가 작용하고 있다(그림 P5.7). 축에서 발생하는 최대전단응력을 구하라.

조건 $d_1 = 60\ \text{mm}$, $d_2 = 50\ \text{mm}$, $T_B = 3\ \text{kN} \cdot \text{m}$, $T_C = 2\ \text{kN} \cdot \text{m}$

5.9 그림 P5.7에서 축의 각 부분에 발생하는 전단응력의 크기가 허용전단강도 τ_{all}이 될 때 B와 C에서 작용하고 있는 토크 T_B와 T_C의 크기를 구하라.

5.10 그림 P5.7에서와 같이 B와 C에서 토크 T_B와 T_C가 작용하고 있다. 다음을 구하라.

(a) BC 부분에서의 허용인장응력이 σ_{all}일 때의 최대허용토크 T_{all}

(b) BC 부분에서의 허용압축응력

조건 $d_1 = 100\ \text{mm}$, $d_2 = 50\ \text{mm}$, $T_B = 12\ \text{kN} \cdot \text{m}$, $\sigma_{\text{all}} = 140\ \text{MPa}$

5.11 직경 d의 중실 축이 극한인장강도 σ_u, 극한압축강도 σ_u', 그리고 극한전단강도 τ_u를 갖는 주철로 제작된다. 축에 가할 수 있는 가장 큰 토크를 구하라.

조건 $d = 50\ \text{mm}$, $\sigma_u = 170\ \text{MPa}$, $\sigma_u' = 650\ \text{MPa}$, $\tau_u = 240\ \text{MPa}$

5.12 두께 t를 갖는 평판을 실린더 형태로 형상을 취한 후 축방향에 대해 각도 ϕ를 갖는 나선형의 접합선을 따라 용접하면 그림 P5.12와 같은 두께 t의 중공 축이 제작된다. 용접부에서 허용인장응력과 허용전단응력이 각각 σ_{all}과 τ_{all}이라면, 축에 가할 수 있는 최대토크를 구하라.

조건 $D = 120\ \text{mm}$, $t = 5\ \text{mm}$, $\phi = 60°$, $\sigma_{\text{all}} = 100\ \text{MPa}$, $\tau_{\text{all}} = 55\ \text{MPa}$

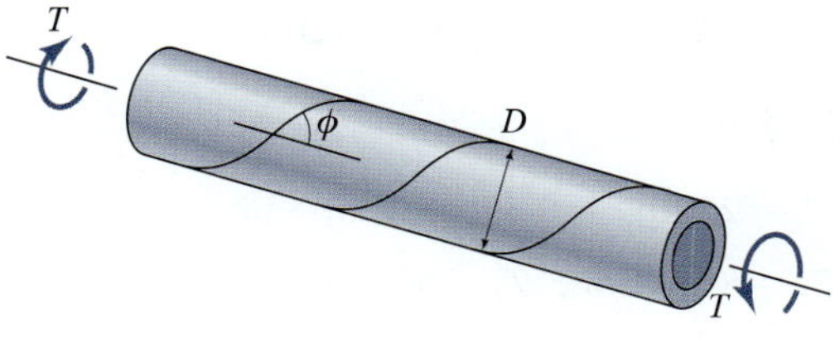

그림 P5.12

5.13 그림 P5.12에서 축방향에 대한 나선형의 접합선의 각도를 $\phi = 40°$라고 가정하여 문제 5.12를 다시 구하라.

5.14 전단탄성계수 G와 직경 d를 갖는 중실 축이 토크 T를 받고 있다. 축에서 발생하는 최대전단변형률을 구하라.

조건 $d = 2\ \text{in.}$, $T = 20\ \text{kip} \cdot \text{in.}$, $G = 12 \times 10^6\ \text{psi}$

5.15 그림 P5.15에서와 같이 외경 D와 내경 d를 갖는 중공 축에 토크 T가 작용하고 있다. 각도 ϕ 방향을 갖는 스트레인 게이지로부터 $\gamma = 1155\ \mu$가 얻어졌다. 재료의 전단탄성계수를 구하라.

조건 $D = 100\ \text{mm}$, $d = 80\ \text{mm}$, $T = 10\ \text{kN} \cdot \text{m}$, $\phi = 60°$

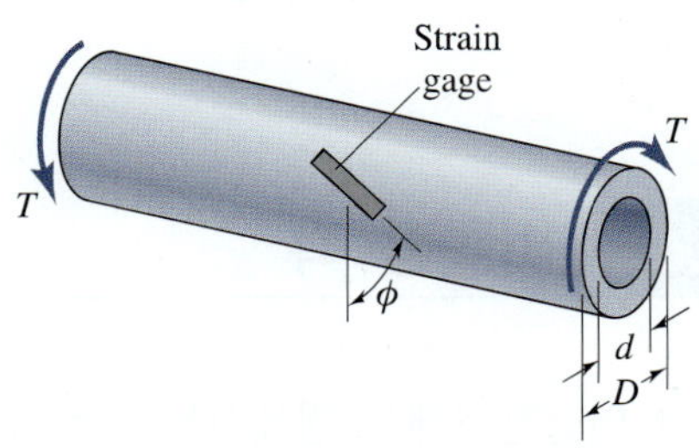

그림 P5.15

5.16 그림 P5.15에서 $\phi = 25°$일 때 문제 5.15를 다시 계산해보라.

5.17 그림 P5.17과 같은 조립체에서 A에 있는 전기모터로부터 축 $ABCD$의 AB 부분이 토크 T_A를 받고 있다. 토크 T_B, T_C, T_D가 각각 기어 B와 C, 그리고 풀리 D를 통하여 전달되고 있다. 축의 AB 부분, BC 부분, 그리고 CD 부분에서 발생하는 최대전단응력들을 구하라.

조건 $d_{AB}=2$ in., $d_{BC}=1\frac{3}{4}$ in., $d_{CD}=1\frac{1}{2}$ in., $T_A=25$ kip · in., $T_B=12$ kip · in., $T_C=8$ kip · in., $T_D=5$ kip · in.

가정 축은 중실 축이며, 베어링에서의 마찰은 무시한다.

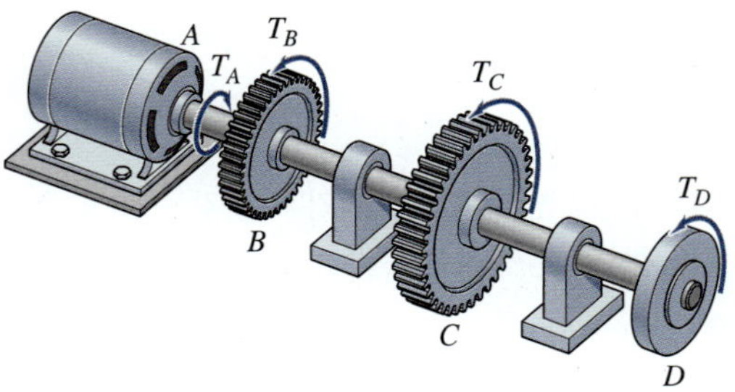

그림 P5.17

5.18 그림 P5.17에서와 같이 조립체가 A에 있는 전기모터로부터 토크 T_A를 받고 있다. 축은 허용전단응력 τ_{all}을 갖는 강철로 되어 있다. 축의 각 부분에 요구되는 직경 d_{AB}, d_{BC}, 그리고 d_{CD}를 구하라.

조건 $T_A=3$ kN · m, $T_B=1.4$ kN · m, $T_C=1.0$ kN · m, $T_D=0.6$ kN · m, $\tau_{all}=80$ MPa

5.19 축 $ABCD$(그림 P5.17)가 외경 d와 내경 $d/2$를 갖는 중공 축일 경우에 대해서 문제 5.18을 다시 구하라.

***5.20** 서로 교차하는 2개의 축이 그림 P5.20에서처럼 베벨기어(bevel gear)에 의해 연결되어 있다. 축 A에 가할 수 있는 최대허용토크 T_A를 계산하라.

조건 $\alpha=71°$, $d_A=15$ mm, $d_B=20$ mm

가정 기어들은 허용전단응력 $\tau_{all}=120$ MPa을 갖는 열처리된 강철로 제작된다.

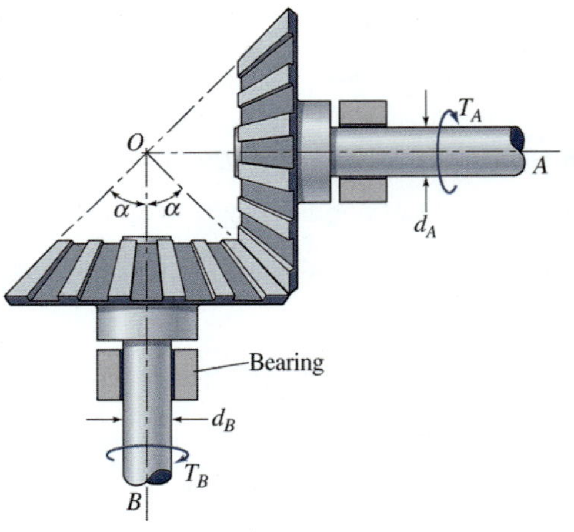

그림 P5.20

5.6 비틀림 각

앞에서 언급한 3개의 절에서는 비틀림 응력에 대해서 고찰하였다. 지금부터는 비틀림 원형 축의 변형을 다루기로 한다. 여기에서 전체 봉은 탄성상태에 있다고 가정한다. 축의 비틀림을 예측하는 일은 중요하다. 축은 과도하게 변형되지 않아야 한다. 또한 부재의 회전각은 부정정 문제를 다룰 때도 필요하다.

대부분의 구조재료에서 비틀림의 양은 작으므로 축은 5.2절에서 설명한 바와 같이 거동한다. 그러나 고무와 같이 비틀림이 큰 재료의 경우에는 기본 가정들이 재고되어야 한다. 비틀림 각을 얻는 데 필요한 관계식은 이미 앞에서 얻어졌다.

균일한 원형 축

변형의 기하학. 길이가 L이고 균일한 원형 단면을 갖는 봉의 한 끝단은 고정되어 있고 다른 끝단에는 토크 T가 작용하는 경우에 발생하는 변형을 고찰해보자(그림 5.13). 5.2절에서 설명한 것처럼 반경 c는 직선으로 남아 있고 새로운 지점까지 각 ϕ만큼 회전한다. 최대전단변형률과 비틀림 각 ϕ는 다음과 같은 관계를 갖는다.

$$\gamma_{\max} = c\frac{\phi}{L} \tag{5.1}$$

여기서 ϕ/L은 **단위길이당 비틀림 각** 또는 비틀림률로서 순수비틀림하에서 봉의 길이에 따라 일정하다.

평형조건. 비틀림 식 $\tau_{\max} = Tc/J$는 축에서 토크들의 평형을 고려하여 얻어졌음을 명심하자.

재료의 거동. 재료가 탄성범위에 있으면 항복응력은 초과되지 않으며 훅의 법칙이 적용된다. 식 $\tau_{\max} = G\gamma_{\max}$를 앞의 비틀림 식에 대입한 후 정리하면

$$\gamma_{\max} = \frac{\tau_{\max}}{G} = \frac{Tc}{GJ} \tag{a}$$

가 얻어진다. 축의 **비틀림 각**은 식 (5.1)과 식 (a)로부터 다음과 같이 표현된다.

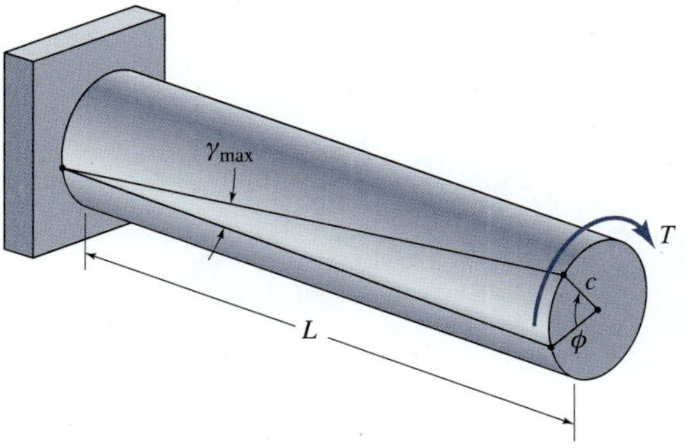

그림 5.13 순수전단상태에서 원형 축의 변위

$$\boxed{\phi = \frac{TL}{GJ}} \tag{5.15}$$

여기에서 ϕ는 라디안(radian)이다. **ϕ의 방향은 토크 T의 것과 같다.** 그러므로 양의 토크는 양의 비틀림 각을 발생시킨다. 식 (5.15)로부터 비틀림 각은 토크 T와 길이 L에 비례하며 **비틀림 강성**(torsional rigidity)이라 불리는 GJ에는 반비례함을 알 수 있다. 이는 실험결과와 일치하는 것으로서 식의 유도에 사용된 가정들을 정당화한다.

비틀림을 받는 원형 봉의 **스프링률** 또는 강성(stiffness)은 다음과 같이 표현된다.

$$k = \frac{T}{\phi} = \frac{GJ}{L} \tag{5.16}$$

SI단위가 사용된다면, k의 단위는 $\mathrm{kN \cdot m/rad}$이고, US관용단위의 경우에 $\mathrm{lb \cdot in./rad}$이다. k의 역은 **비틀림 유연성**(torsional flexibility)으로 $f_t = k^{-1}$이다.

여러 단편들로 이루어져 있는 원형 축

축이 여러 단편들로 이루어져 있고 각 단편 공히 일정한 G, J 및 T의 값을 가질 때(그림 5.14), 식 (5.15)는 각 단편에 대해서 따로 적용될 수 있다. 그래서 각 단편에 대해서 **내부 토크**를 구한 후 비틀림 각(또한 최대전단응력)을 계산할 필요가 있다. 일반적으로 **전체 비틀림 각**은 다음과 같이 각 단편의 비틀림 각을 더함으로써 얻어진다.

$$\boxed{\phi = \sum_{i=1}^{n} \frac{T_i L_i}{G_i J_i}} \tag{5.17}$$

여기서 아래첨자 i는 축의 여러 단편을 나타내는 지표이며 n은 전체 단편의 수인데, 각

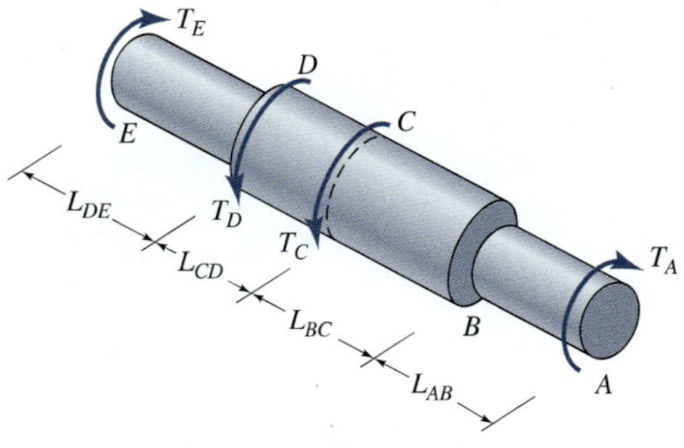

그림 5.14 여러 단편들로 이루어져 있는 원형 축

단편은 G_i, J_i, L_i 및 T_i에 대해서 일정한 값들을 갖는다. 위의 비틀림 각은 축의 한쪽 끝단이 고정되어 있는 상태에서 다른 쪽 끝단이 회전한 각을 나타낸다.

부호약속. 식 (5.17)을 사용할 때 내부토크와 비틀림 각에 대해서 **오른손 나사법칙**(1.6절 참조)이 적용된다. 즉 토크에 의해 표시된 방향으로 비틀릴 때 오른손 나사가 표시된 벡터의 방향으로 나아가면 토크와 비틀림 각은 양으로 간주된다. 따라서 그림 5.15는 축 위에 작용하는 **양**의 토크와 양의 비틀림 각을 보여준다. 다음에 다루게 될 예제에서 이러한 부호약속 사용법을 기술하겠다.

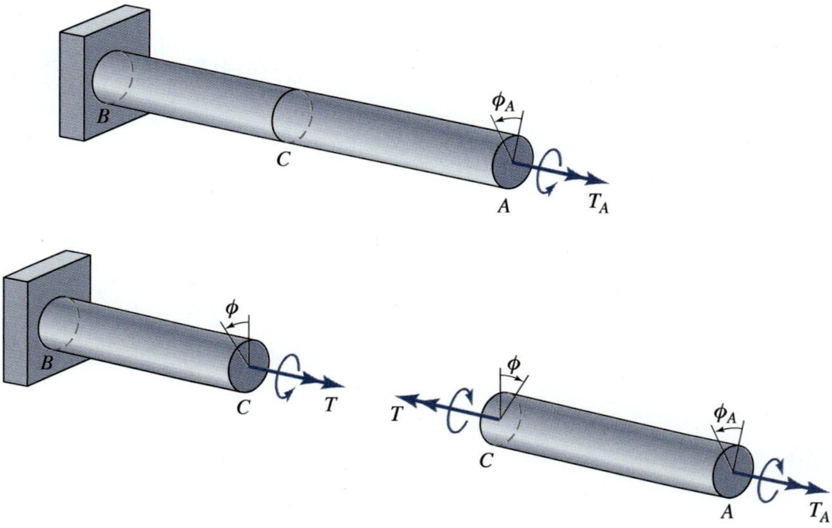

그림 5.15 양의 T와 ϕ에 대한 부호약속

단면적이 연속적으로 변하는 원형 축

그림 5.16(a)에 나타난 것처럼 때때로 토크나 단면적 또는 두 가지 모두가 축의 길이를 따라 연속적으로 변한다. 이러한 경우에 축의 한 끝단으로부터 거리 x에 위치하고 있는 횡단면에 작용하는 토크 T_x는 평형조건으로부터 얻어질 수 있다[그림 5.16(b)]. 그러므로 테이퍼가 작고 완만하다고 가정하면 임의의 횡단면에서의 최대전단응력은 비틀림 공식을 적용하여 구할 수 있다. 식 (5.15)를 두께 dx를 갖는 디스크 요소에 적용해볼 수 있다. 요소에 대한 미소 회전각 $d\phi$는 다음과 같이 표현된다.

$$d\phi = \frac{T_x dx}{GJ_x}$$

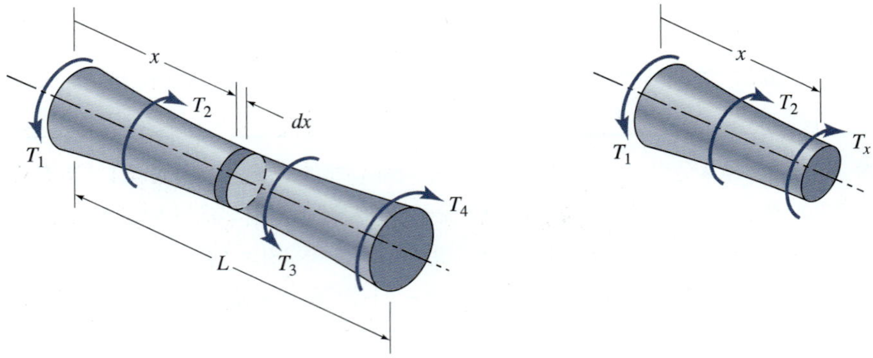

그림 5.16 (a) 변하는 횡단면을 갖는 축과 집중된 토크들 (b) 길이 x를 갖는 한 부분에 대한 자유물체도

위의 표현을 적분하면 단면적이 변하는 원형 축에 대한 **전체 비틀림 각** ϕ가 구해진다.

$$\phi = \int_0^L \frac{T_x dx}{G J_x} \tag{5.18}$$

명백히 이러한 식은 T_x나 J_x의 값이 축의 길이를 따라 변화할 때 적당하다. 또한 여기에서 유도한 식들은 중공의 원형 축과 중실의 원형 축에 모두 적용된다. 식 (5.18)과 축하중을 받는 봉의 변형에 대한 식 (4.4)의 유사성을 관찰하라.

비틀림 시험

실험실에서는 두 종류의 전단응력을 측정한다. 2.5절에서 보았던 것처럼 때때로 횡전단시험 또는 직접전단시험이 전단강도를 측정하기 위해서 실행된다. 이러한 전단응력의 예로는 리벳, 볼트, 보의 경우를 들 수 있다. 한편 **비틀림 전단시험**은 순수비틀림상태에 있는 축의 기본적인 재료 성질을 평가하기 위해서 실행된다.

일반적인 **비틀림 시험**에서 중실의 원형 단면을 갖는 시편이 비틀림 시험기로부터 토크를 받는다. 토크를 정해진 양만큼 점차적으로 증가시켜가면서 시편의 게이지 길이(L)에 대해서 발생하는 비틀림 각 ϕ를 비틀림계를 사용하여 측정한다. 측정결과는 T-ϕ 곡선으로 기록된다. 그림 5.17은 비틀림 시험기에서 파손이 발생할 때까지 시험된 시편을 보여준다.

식 (5.15)에 의하면 선형범위에서 선도의 기울기 T/ϕ는 GJ/L의 값을 나타낸다. 이것으로부터 전단탄성계수 G의 크기를 간단히 계산할 수 있다. 또한 T-ϕ 곡선은 **전단응력-전단변형률 선도** 또는 τ-γ 곡선을 그리는 데 사용된다. 3.6절에서 축하중을 받는 부재의 경우와 유사하게 τ-γ 곡선을 사용하여 비틀림과 연관된 역학적 특성값들을 얻을 수 있다.

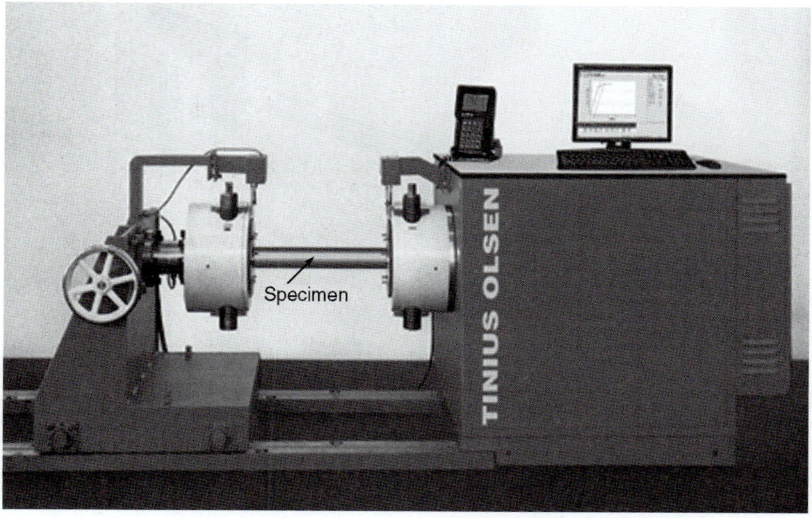

그림 5.17 토크값을 직접 디지털로 판독할 수 있는 비틀림 시험기와 데이터 시스템. Tinius Olsen, Inc. 제공.

[예제 5.4] 여러 가지 토크를 받고 있는 중공 축의 비틀림 해석

조건 그림 5.18(a)에 나타난 것처럼 구조용강으로 제작된 중공의 축 $ABCDE$(외경 D와 내경 d)가 B에서 베어링에 의해 지지되어 있고 A, C, D에서 각각 토크 T_1, T_2 그리고 T_3를 받고 있다. 축은 E에서 기어박스에 부착되어 있다.

주어진 데이터

$d = 1.5$ in.	$D = 2$ in.	$L_1 = 15$ in.	$T_3 = 5$ kip · in.
$T_1 = 8$ kip · in.	$T_2 = 20$ kip · in.	$L_2 = 12$ in.	
$G = 11.2 \times 10^6$ psi	$\tau_y = 21$ ksi(표 B.4 참조)	$L_3 = 20$ in.	

문제

(a) 끝단 A에서 비틀림 각 ϕ를 계산하라.

(b) 항복강도를 기준으로 한 안전계수 n_s를 구하라.

가정

1. 베어링의 마찰은 무시한다. 축의 자중은 생략한다.

2. 기어박스에 있는 기어들은 일시적으로 위치가 고정되어 있다. 그러나 하중은 정적으로 가해진다.

풀이 축의 세 부분 AC, CD, DE는 균일한 단면을 갖고 각 부분에 일정한 내부토크가 작용하므로 식 (5.17)이 적용될 수 있다. 축의 극관성 모멘트는

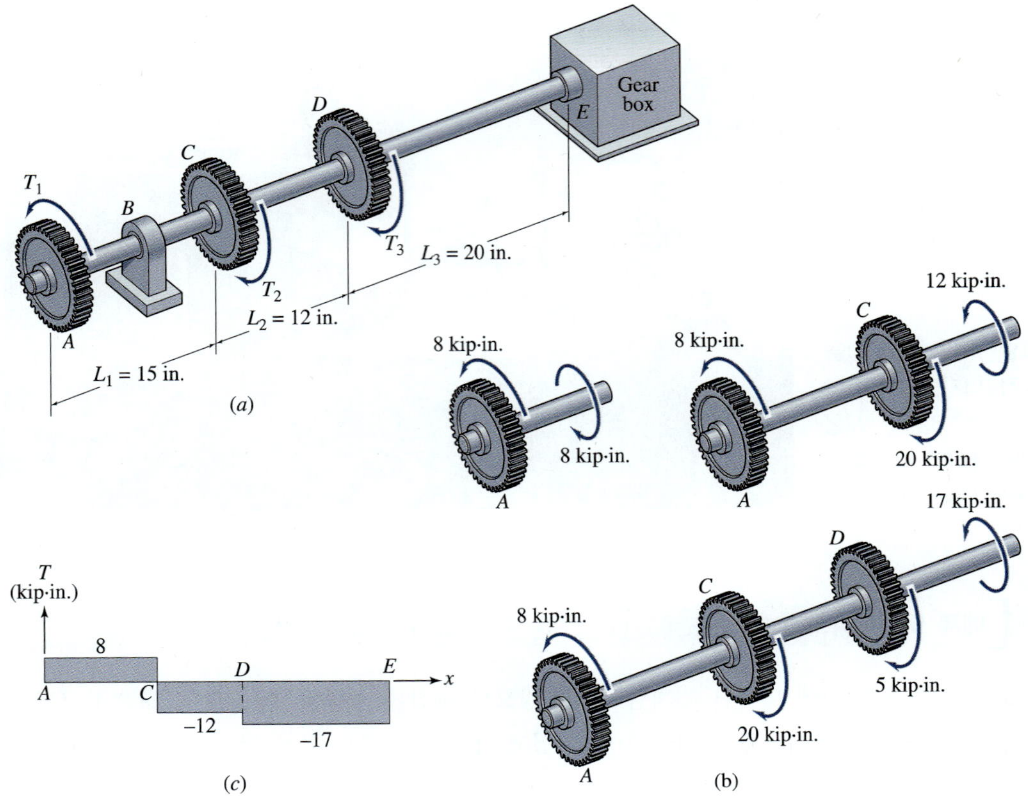

그림 5.18 (a) 기어, 축, 박스 조립품 (b) 세 부분에 대한 자유물체도 (c) 토크 선도

$$J=\frac{\pi}{32}(D^4-d^4)=\frac{\pi}{32}(2^4-1.5^4)=1.07379\ \text{in.}^4$$

평형조건. 축의 세 부분에 대한 자유물체도가 그림 5.18(b)에 나타나 있다. 부호약속(그림 5.15 참조)에 따라서

$$T_{AC}=8\ \text{kip}\cdot\text{in.}\qquad T_{CD}=-12\ \text{kip}\cdot\text{in.}\qquad T_{DE}=-17\ \text{kip}\cdot\text{in.}$$

이러한 결과는 그림 5.18(c)의 토크 선도에 나타나 있다.

(a) 비틀림 각. 전단탄성계수 G는 축 전체에 대하여 일정한 값을 갖는다. 식 (5.17)을 적용하면

$$\phi_A=\Sigma\frac{TL}{GJ}=\frac{1}{GJ}(T_{AC}L_1+T_{CD}L_2+T_{DE}L_3)$$

$$=\frac{10^3}{11.2(10^6)(1.07379)}[(8)(15)+(-12)(12)+(-17)(20)]$$

$$=0.00998-0.01197-0.02827$$

또는

$$\phi_A = -0.0303\ \text{rad} = -1.74$$

부가설명 음의 값은 기어가 축의 끝단에서 작용하는 토크의 방향과 반대되는 방향으로 회전한다는 것을 의미한다.

(b) 최대전단응력. J는 축 전체에 대해서 일정하므로 최대응력은 토크의 크기가 최대[그림 5.18(c)]인 DE 부분에서 발생한다. 비틀림 공식을 적용하면

$$\tau_{\max} = \frac{T_{DE}\left(\frac{D}{2}\right)}{J} = \frac{(17)(1)}{1.07379} = 15.83\ \text{ksi}$$

그러므로

$$n_s = \frac{\tau_y}{\tau_{\max}} = \frac{21}{15.83} = 1.3$$

부가설명 이 예제에서 고려 중인 상황에 대해서 1.25～2 정도의 안전계수가 선택되어야 한다(2.7절 참조).

[예제 5.5] 단붙임 축(stepped shaft)의 회전

조건 예제 5.2에서 다룬 그림 5.6의 축을 다시 살펴보자. 축은 강철로 제작되고 전단탄성계수 G를 갖는다.

주어진 데이터

$$d = 60\ \text{mm} \qquad D_{AB} = 120\ \text{mm} \qquad D_{BC} = 100\ \text{mm}$$
$$L_1 = L_{AB} = 5\ \text{m} \qquad L_2 = L_{BC} = 4\ \text{m} \qquad G = 80\ \text{GPa}$$

문제 축 A점에 있는 커플링과 점 C에 있는 풀리 사이의 상대적인 비틀림 각을 구하라.

가정 축은 전처럼 내경 d의 중공이다. 그러나 AB 부분과 BC 부분에서 각각 외경 D_{AB}와 D_{BC}를 갖는다.

풀이 예제 5.2로부터 축의 각 단면에 전달되는 최대토크는 다음과 같다.

$$T_{AB} = 4.14\ \text{kN}\cdot\text{m} \qquad T_{BC} = \frac{1}{4}(4.14) = 1.035\ \text{kN}\cdot\text{m}$$

전체 비틀림 각은 식 (5.18)을 적용함으로써 구한다. 즉

$$\phi_{AC} = \Sigma \frac{TL}{GJ} = \frac{10^3}{(80 \times 10^9)\frac{\pi}{2}} \left[\frac{4.14(5)}{(0.06)^4 - (0.03)^4} + \frac{1.035(4)}{(0.05)^4 - (0.03)^4} \right]$$

위로부터

$$\phi_{AC} = 0.0075 \ \text{rad} = 0.43°$$

부가설명 양의 값은 A에 대한 C의 회전이 반시계방향임을 의미한다.

예제 5.6 중실 축과 중공 축의 토크 전달능력

조건 중공 축과 중실 축(그림 5.19)이 같은 재료로 만들어졌다. 둘은 모두 동일한 길이 L과 동일한 횡단면적 A를 가지고 있으며 토크 T를 받고 있다.

문제

(a) 허용응력이 τ_{all}이라고 할 때 각 축에 적용할 수 있는 최대토크 비율을 구하라.

(b) 허용비틀림 각이 ϕ_{all}일 때 각 축에 적용할 수 있는 최대토크 비율을 구하라.

가정 재료는 선형탄성거동을 한다.

풀이 두 축의 면적이 동일하기 때문에 $\pi(c^2 - b^2) = \pi a^2$ 또는 $a^2 = c^2 - b^2$이다.

(a) 응력을 기준으로 한 토크 비율. 중공 축에 의해 전달될 수 있는 최대토크는 $T = J\tau_{\text{all}}/c$로부터 다음과 같이 표현된다.

$$T_h = \frac{\pi}{2c}(c^4 - b^4)\tau_{\text{all}}$$

마찬가지로 중실 축에 대해서도 최대토크를 얻는다.

$$T_s = \frac{\pi}{2}a^3\tau_{\text{all}}$$

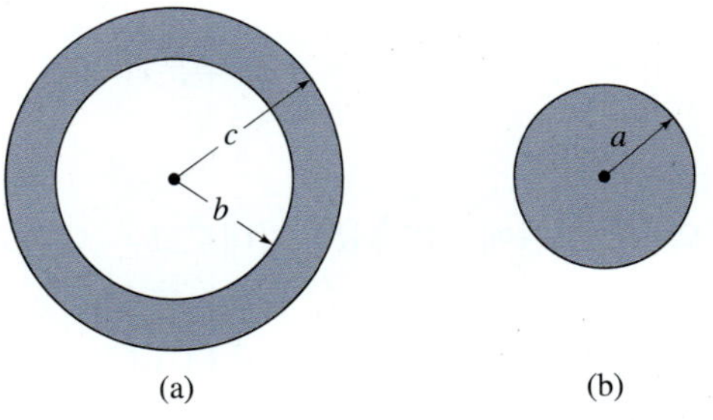

그림 5.19 동일한 횡단면적을 갖는 (a) 중공 축과 (b) 중실 축

그러므로 토크의 비율은 다음과 같다.

$$\frac{T_h}{T_s} = \frac{c^4 - b^4}{ca^3} = \frac{c^4 - b^4}{c(c^2 - b^2)^{3/2}} \tag{5.19a}$$

만약 $c = 1.25b$이면 식 (5.19a)는 다음 값을 갖는다.

$$\frac{T_h}{T_s} = 2.73 \tag{b}$$

(b) 변형을 기준으로 한 토크 비율. 이 경우에 중공 축에 의해 전달될 수 있는 최대토크는 $T = GJ\phi_{\text{all}}/L$로부터 다음과 같이 구한다.

$$T_h = \frac{\pi}{2L}(c^4 - b^4)G\phi_{\text{all}}$$

중실 축에 대해서는

$$T_s = \frac{\pi}{2L}a^4 G\phi_{\text{all}}$$

그러므로

$$\frac{T_h}{T_s} = \frac{c^4 - b^4}{a^4} = \frac{c^2 + b^2}{c^2 - b^2} \tag{5.19b}$$

만약 $c = 1.25b$이면 식 (5.19b)는 다음 값을 갖는다.

$$\frac{T_h}{T_s} = 4.56 \tag{c}$$

부가설명 (b)와 (c)의 결과 값은 중공 축이 중실 축보다 더 큰 토크를 전달할 수 있음을 보여준다. 주어진 재료의 양은 축이 **중공** 횡단면을 가질 때 비틀림에서 매우 **효율적**으로 사용되어지는 것을 알 수 있다. 그러나 제작상의 어려움으로 인해 정확한 치수의 중공 단면을 제작하는 것은 비실용적이다. 이런 이유로 무게가 중요한 요인이 되는 분야가 아니라면 중실 축이 자주 사용된다.

5.7 부정정 축

비틀림을 받는 부정정 축과 같은 문제의 해석에 사용되는 방법들은 축하중을 받는 부정정 부재에 적용했던 것들과 같다. 유일한 차이점이라면 적합조건이 축변형보다는 비틀림 각과 관계한다는 것이다.

부정정 비틀림 문제의 해는 1.3절에서 언급한 기본과정을 따라서 얻어진다. 이것은 내부토크와 작용토크 사이의 평형을 수립하고 토크-각 변형 관계식[식 (5.15)]을 만족하는 것으로 이루어진다. 얻어진 내부토크 값을 이용하여 응력과 비틀림 각은 각각 식 (5.7)과 (5.15)로부터 계산된다.

이들 원리와 식들의 적용은 다음 예제에서 기술된다.

예제 5.7 양단이 고정된 축의 반력

조건 전단탄성계수 G를 갖는 원형 축이 그림 5.20(a)에서와 같이 양단이 강체벽에 고정되어 있다. 봉의 왼쪽 단편은 극관성 모멘트 J_a를 가지고 있으며 오른쪽 부분은 극관성 모멘트 J_b를 갖는다. 데이터는 다음과 같이 주어진다.

$$J_a = 1.5\pi \text{ in.}^4 \qquad J_b = 0.5\pi \text{ in.}^4 \qquad a = 9 \text{ in.} \qquad b = 6 \text{ in.} \qquad T = 12 \text{ kip} \cdot \text{in.}$$

문제 단면의 불연속점 C에서의 토크 T에 따른 반력을 구하라.

가정 변위는 탄성범위에 있다.

풀이 1.3절에서 언급한 절차를 축의 자유물체도에 적용한다[그림 5.20(b)]. 여기서 T_A와 T_B는 양단에서의 반력토크를 의미한다.

평형조건. 적용 가능한 유일한 평형조건은 축방향에 대한 모멘트의 합이다.

$$T_A + T_B = T \tag{a}$$

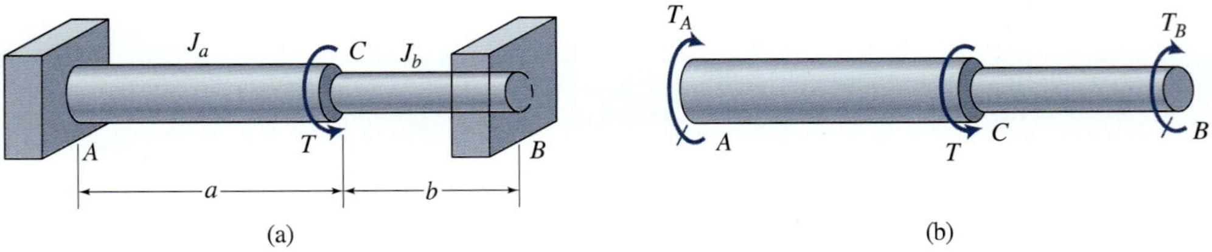

그림 5.20 (a) 토크를 받고 있는 양단 고정 축 (b) 축 전체에 대한 자유물체도

따라서 문제는 부정정이다.

재료의 거동. 점 C에서의 비틀림 각은 각각 축의 왼쪽 및 오른쪽 단편의 항으로 표시된다.

$$\phi_a = \frac{T_A a}{GJ_a} \qquad \phi_b = \frac{T_B b}{GJ_b} \tag{b}$$

변형의 기하학. 각 부분에는 동일한 비틀림 각이 발생하므로

$$\phi_a = \phi_b$$

또는

$$\frac{T_A a}{J_a} = \frac{T_B b}{J_b} \tag{c}$$

식 (a)와 (c)를 연립하여 풀면 다음을 얻을 수 있다.

$$T_A = \frac{T}{1+(aJ_b/bJ_a)} \qquad T_B = \frac{T}{1+(bJ_a/aJ_b)} \tag{5.20}$$

축이 일정한 단면을 가지면 위 식은 다음과 같이 된다.

$$T_A = \frac{Tb}{L} \qquad T_B = \frac{Ta}{L}$$

주어진 데이터를 식 (5.20)에 대입하면 다음을 얻는다.

$$T_A = \frac{12\times10^3}{1+(9\times0.5\pi/6\times1.5\pi)} = 8 \text{ kip}\cdot\text{in.}$$

$$T_B = \frac{12\times10^3}{1+(6\times1.5\pi/9\times0.5\pi)} = 4 \text{ kip}\cdot\text{in.}$$

부가설명 점 C에서의 회전각과 각 단편에서의 전단응력은 각각 식 (b)와 식 (5.7)로부터 구할 수 있다.

예제 5.8 복합 축의 해석

조건 강철과 황동으로 되어 있는 복합원형 축이 그림 5.21에서 보듯이 접합면 b에서 안전하게 접합되어 있으며 토크 T를 받고 있다. 외축과 내축의 전단탄성계수는 각각 G_b와 G_s이다.

문제 황동과 강철에서의 최대전단응력에 대한 식을 유도하라. 고정단 B에 대한 자유단 A의 비틀림 각 ϕ_A는 얼마인가?

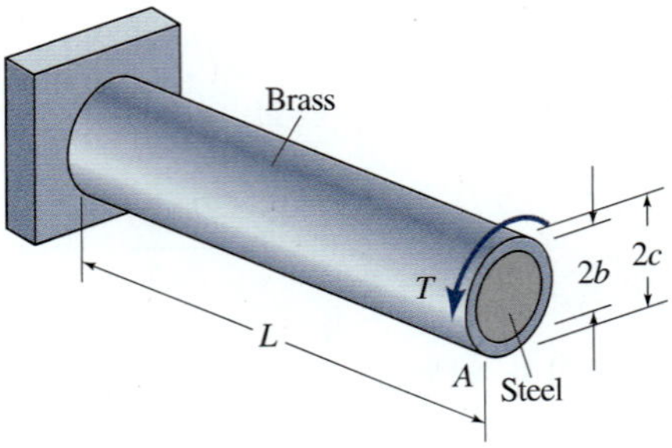

그림 5.21 부정정 복합 축

가정 축의 무게는 무시한다.

풀이 T_s와 T_b를 각각 강철 봉과 황동 관에 발생하는 토크라고 하자. 해석의 원리를 그림 5.21에 적용한다.

평형조건. 하중에 대한 평형조건으로부터 다음을 얻는다.

$$T_b + T_s = T \tag{d}$$

T_s와 T_b는 식 (d) 단독으로 결정될 수 없기 때문에 이 축은 부정정이다.

재료의 거동. 식 (5.15)를 적용함으로써 자유단에서 황동 관과 강철 봉에 대한 비틀림 각인 ϕ_b와 ϕ_s에 대한 식을 얻는다.

$$\phi_b = \frac{T_b L}{G_b J_b} \qquad \phi_s = \frac{T_s L}{G_s J_s} \tag{e}$$

여기서 극관성 모멘트는 $J_b = \pi(c^4 - b^4)/2$와 $J_s = \pi b^4/2$이다.

변형의 기하학. 자유단 A에서 복합 축에 대한 변형의 연속으로부터 다음의 관계식을 얻는다.

$$\phi_A = \phi_b = \phi_s \tag{f}$$

식 (d), (e)와 (f)로부터 각 부재에 작용하는 토크가 이들 각각의 강성에 비례함을 보여주는 관계식을 얻는다.

$$T_b = \frac{(G_b J_b)T}{G_b J_b + G_s J_s} \qquad T_s = \frac{(G_s J_s)T}{G_b J_b + G_s J_s} \tag{5.21}$$

식 (5.21)을 (5.7)에 대입함으로써 황동 관과 강철 봉에서의 최대전단응력을 얻는다. 즉

$$\tau_b = \frac{(cG_b)T}{G_b J_b + G_s J_s} \qquad \tau_s = \frac{(bG_s)T}{G_b J_b + G_s J_s} \tag{5.22}$$

자유단의 비틀림은 식 (5.21), (e)와 함께 식 (f)로부터 다음과 같이 표현된다.

$$\phi_A = \frac{TL}{G_b J_b + G_s J_s} \tag{5.23}$$

부가설명 따라서 단위길이당 비틀림 각 ϕ_A/L은 작용토크를 축의 두 부재가 갖는 강성의 합으로 나눈 것과 같다.

연습문제

5.6절~5.7절

5.21 그림 P5.21에서와 같이 전단탄성계수 G를 갖는 알루미늄 축 AF가 B, D, E, F에서 작용하는 토크들을 받고 있다. 다음을 구하라.

(a) C에서의 비틀림 각

(b) F에서의 비틀림 각

조건 $a = 100$ mm, $G = 28$ GPa

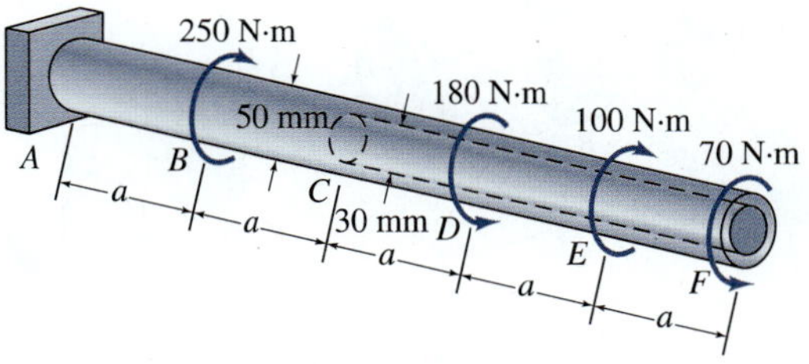

그림 P5.21

5.22 그림 P5.22에서와 같이 전단탄성계수 G를 갖는 중실 강철 축에 결합되어 있는 풀리 A, B, C, D가 토크들을 전달하고 있다. 다음을 구하라.

(a) 풀리 A와 D 사이의 상대적인 비틀림 각 (단위: °)

(b) 풀리 A와 C 사이의 상대적인 비틀림 각 (단위: °)

조건 $L_1 = 0.5$ m, $L_2 = 1.5$ m, $L_3 = 1$ m, $G = 80$ GPa

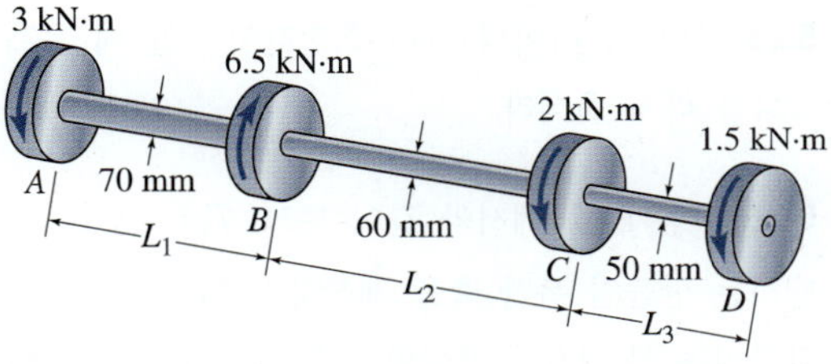

그림 P5.22

5.23 그림 P5.23에서와 같이 황동으로 된 봉 AB가 알루미늄 봉 BC에 접합되어 있다. C에서의 비틀림 각을 구하라. 황동과 알루미늄의 전단탄성계수는 각각 G_b와 G_a이다.

조건 $T_B = 2T_C = 40$ kip · in.,
$d_1 = 2d_2 = 4$ in., $L_1 = 2L_2 = 16$ in.,
$G_b = 6 \times 10^6$ psi, $G_a = 4 \times 10^6$ psi

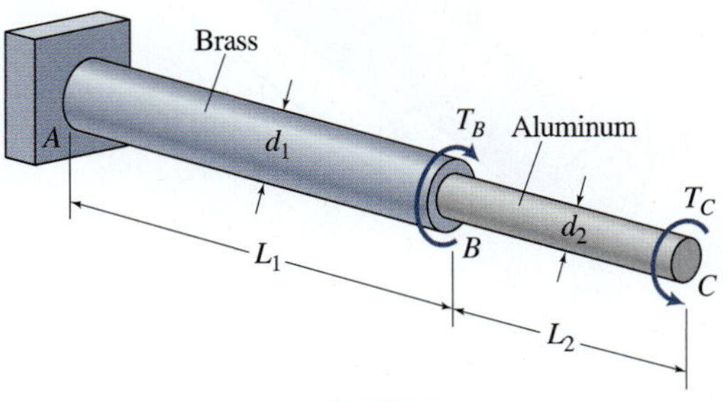

그림 P5.23

5.24 그림 P5.24에서와 같이 평형상태에 있는 알루미늄($G=28$ GPa) 축에서의 토크 T_A, T_B, T_C를 구하라. AB 부분에서 최대전단응력은 80 GPa이고 C에 대한 A의 회전각은 시계방향으로 0.02 rad이다.

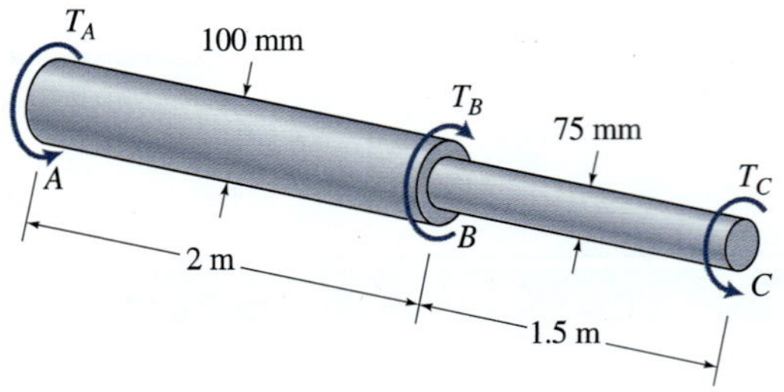

그림 P5.24

5.25 A와 C 사이의 상대 회전각이 0일 때 문제 5.24를 다시 풀어라.

5.26 그림 P5.26에서와 같이 토크 T_1과 T_2를 지탱하는 단붙임 복합 축을 제작하기 위하여 중실의 알루미늄 봉 AB를 중실의 청동 봉 BC에 접합한다. 자유단에서의 비틀림 각이 3.5°를 넘지 않을 때의 허용토크 T_{all}을 구하라.

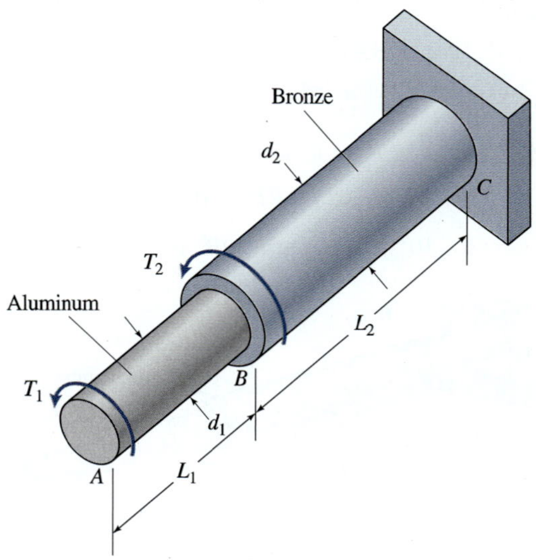

그림 P5.26

조건1 알루미늄 봉 AB에 대하여 $d_1=60$ mm, $L_1=0.4$ m, $G_a=28$ GPa, $T_1=T$, $(\sigma_a)_{all}=205$ MPa, $(\tau_a)_{all}=110$ MPa

조건2 청동 봉 BC에 대하여 $d_2=75$ mm, $L_2=0.6$ m, $G_b=41$ GPa, $T_2=3T$, $(\sigma_b)_{all}=260$ MPa, $(\tau_b)_{all}=140$ MPa

5.27 그림 P5.27에서와 같이 전단탄성계수 G를 갖는 중실의 단붙임 축에 결합되어 있는 3개의 풀리가 토크를 전달한다. 다음을 구하라.

(a) 축에서의 최대전단응력 τ_{max}

(b) B와 C 사이의 비틀림 각 ϕ_{BC}

(c) B와 D 사이의 비틀림 각 ϕ_{BD}

조건 $d_1=1\frac{1}{4}$ in., $d_2=1$ in., $L_1=20$ in., $L_2=25$ in., $G=4.1\times10^6$ psi, $T_B=4.5$ kip·in., $T_C=8$ kip·in., $T_D=3.5$ kip·in.

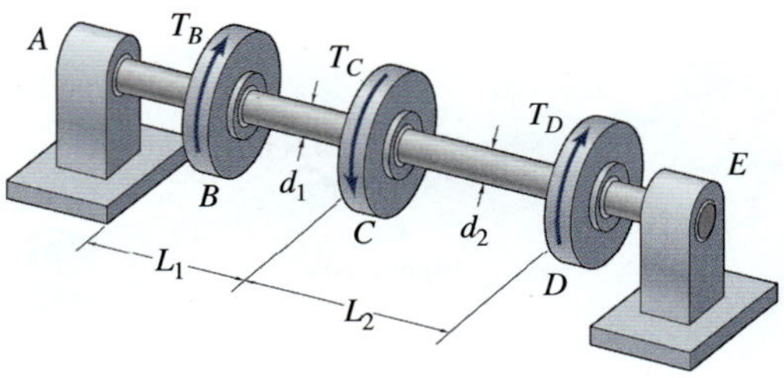

그림 P5.27

5.28 직경 d, 전단탄성계수 G를 갖는 중실의 강철 축의 양쪽 끝단에 작용하는 토크 T로 인해 축에는 단위길이당 비틀림 각 ϕ/L이 발생한다. 다음을 구하라.

(a) 최대인장응력

(b) 작용토크의 크기

조건 $d=1$ in., $\phi/L=0.02$ rad/ft, $G=12\times10^6$ psi

***5.29** 그림 P5.29에서와 같이 디스크가 직경이 $1\frac{1}{2}$ in.이고 길이가 20 in.인 강철 축($G=12\times10^6$ psi)에 붙어 있다. 원하는 비틀림 진동의 고유 진동수를 얻기 위해 토크 $T=10$ kip·in.에서 디스크가 2° 회전하도록 축의 강성(stiffness)을 명시하고 있다. 이런 요구사항을 충족하기 위해서 1 in. 직경의 구멍을 얼마의 깊이(x)로 파내야 하는지 구하라.

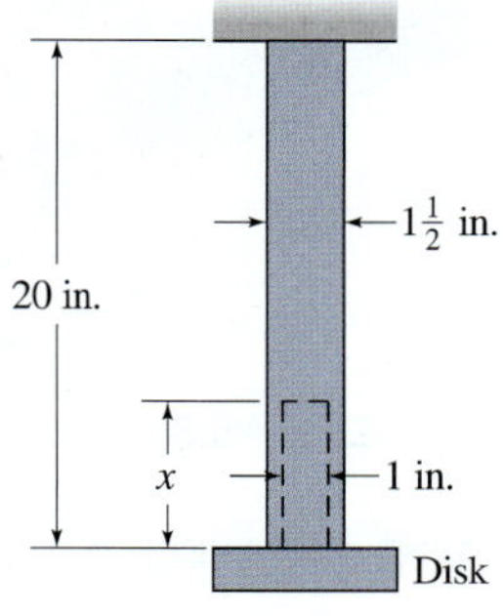

그림 P5.29

5.30 접촉 길이당 마찰 토크 10 N·m/m를 부과하는 구멍에서 직경 d와 전단탄성계수 G를 갖는 강철 봉이 일정한 속력으로 회전하고 있다(그림 P5.30). 다음을 구하라.

(a) 축에서 발생하는 전단응력이 120 MPa을 넘지 않도록 하기 위한 최대 접촉 길이 L

(b) A와 B 사이의 상대 비틀림 각

조건 $d=5$ mm, $G=80$ GPa

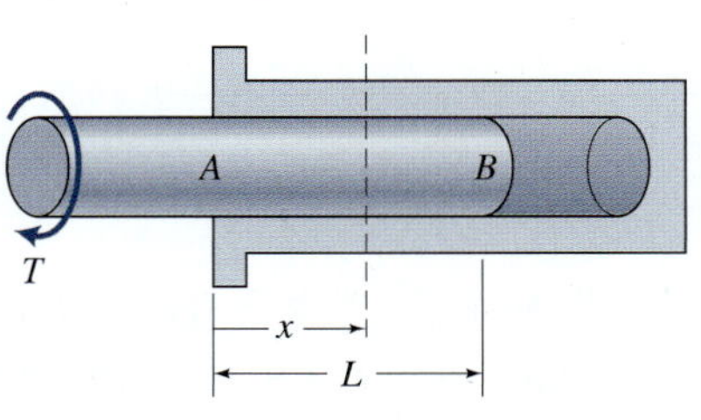

그림 P5.30

***5.31** 그림 P5.31에서와 같이 테이퍼를 갖는 둥근 알루미늄 봉의 양쪽 끝단에서 토크 T가 작용하고 있는데, 봉의 전단탄성계수는 G이고 길이는 L이다. 비틀림 각 ϕ를 구하라.

조건 $d_a=25$ mm, $d_b=75$ mm, $L=2$ m, $T=80$ N·m, $G=28$ GPa

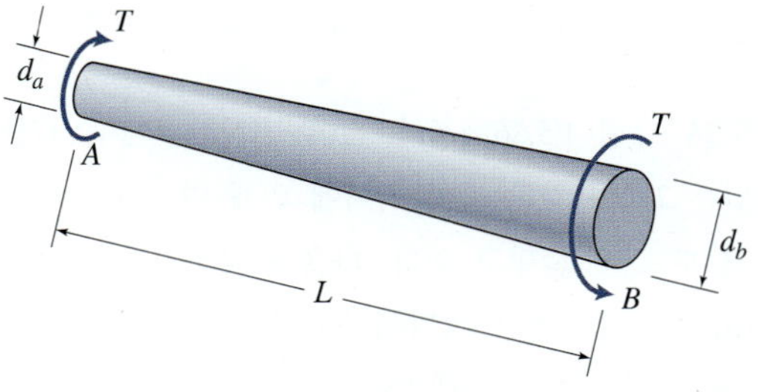

그림 P5.31

5.32 전단탄성계수 $G=80$ GPa을 갖는 200 mm 직경의 강철 드릴 파이프가 땅속 깊이 400 m에 이른 상태에서 파이프 상단이 90° 회전한다면 비틀린 파이프에서 발생하는 최대전단응력을 구하라.

5.33 최대전단응력과 총 비틀림 각을 각각 14 ksi와 0.05 rad으로 제한할 때 길이가 6 ft이고 직경이 2 in.인 중실의 강철 축($G=11.5\times10^6$ psi)이 전달할 수 있는 최대허용토크를 구하라.

5.34 그림 P5.34에서와 같이 직경이 d이고 길이가 L인 원형 축에 강도 $t(x)$를 갖는 분포 토크가 작용하고 있다. 분포 토크는 자유단에서 0이고 고정단에서 최댓값 T_0를 갖는다.

(a) 자유단에서 발생하는 총 비틀림 각 ϕ_A에 대한 식을 t_0, d, L, 그리고 전단탄성계수 G에 의하여 표현하라.

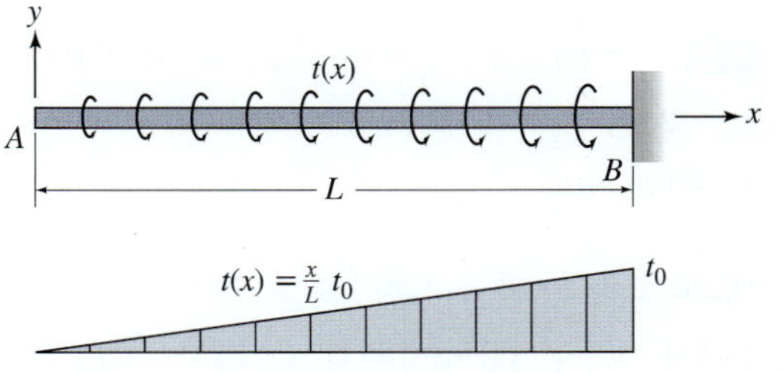

그림 P5.34

(b) $t_0 = 500\ \text{N} \cdot \text{m/m}$, $G = 28\ \text{GPa}$, $L = 2\ \text{m}$, $d = 50\ \text{mm}$일 때 ϕ_A의 값을 구하라(단위: °).

5.35 분포 토크가 $t(x) = t_0 = 200\ \text{N} \cdot \text{m/m}$로 일정한 값을 가질 때 문제 5.34를 다시 풀어라.

5.36 그림 P5.36에서와 같이 전단탄성계수 G를 갖는 2개의 강철 축이 기어에 의해 연결된 상태에서 토크 T를 받고 있다. 다음을 구하라.

(a) D에서의 회전각(단위: °)

(b) 각 축에서의 최대전단응력

조건 $d_1 = 40\ \text{mm}$, $d_2 = 30\ \text{mm}$, $T = 400\ \text{N} \cdot \text{m}$, $G = 80\ \text{GPa}$, $L_1 = 1\ \text{m}$, $L_2 = 1.5\ \text{m}$, $r_B = 150\ \text{mm}$, $r_C = 100\ \text{mm}$

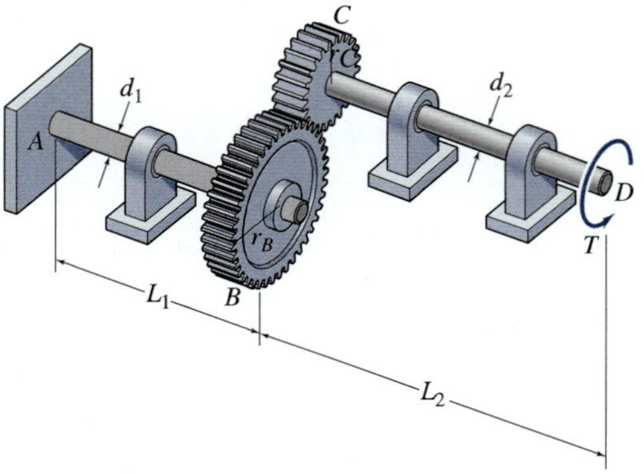

그림 P5.36

5.37 그림 P5.36에 나타난 기어와 축 시스템의 D에서 비틀림 각을 2° 발생시킬 수 있는 토크 T를 구하라. 축은 전단탄성계수 G를 갖는 청동으로 되어 있다.

조건 $d_1 = 60\ \text{mm}$, $d_2 = 50\ \text{mm}$, $G = 40\ \text{GPa}$, $L_1 = 2\ \text{m}$, $L_2 = 2.5\ \text{m}$, $r_B = 180\ \text{mm}$, $r_C = 120\ \text{mm}$

***5.38** 그림 P5.38에서 강철로 된 코어와 황동 튜브에서 허용전단응력이 각각 $(\tau_s)_{\text{all}}$과 $(\tau_b)_{\text{all}}$이고 자유단에서 비틀림 각이 3°로 제한될 때 복합 축에 가할 수 있는 최대토크 T의 값을 구하라.

조건 $c = 50\ \text{mm}$, $b = 30\ \text{mm}$, $L = 2\ \text{m}$

강철에 대하여 $(\tau_b)_{\text{all}} = 60\ \text{MPa}$, $G_b = 40\ \text{GPa}$

황동에 대하여 $(\tau_s)_{\text{all}} = 80\ \text{MPa}$, $G_s = 80\ \text{GPa}$

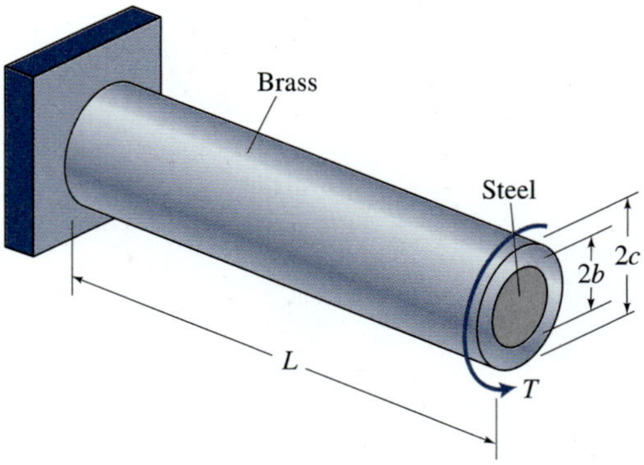

그림 P5.38

5.39 그림 P5.38에 나타낸 복합 축은 $G_s = 80\ \text{GPa}$과 $G_b = 40\ \text{GPa}$을 갖는다. 황동 튜브가 강철 코어보다 1.2배의 토크를 지탱할 때 튜브의 내경에 대한 외경의 비를 계산하라.

5.40 그림 P5.40에서와 같이 강철로 된 중실 축의 양 끝단 A와 B가 고정되어 있다. 허용전단응력이 $\tau_{\text{all}} = 12\ \text{ksi}$일 때 C에 가할 수 있는 허용토크 T를 구하라.

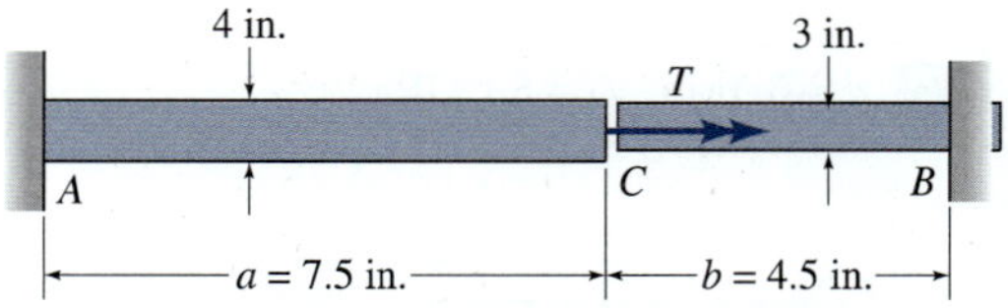

그림 P5.40

5.41 그림 P5.40에 나타낸 둥근 축은 양 끝단이 강체벽에 고정되어 있고 C에서 토크 T를 받고 있다. AC 부분은 전단탄성계수 G_a인 알루미늄으로 제작되고, CB 부분은 전단탄성계수 G_b인 황동으로 제작된다. 각 부분에서 발생하는 최대전단응력을 계산하라.

조건 $T = 100$ kip · in., $G_a = 4 \times 10^6$ psi, $G_b = 6 \times 10^6$ psi

5.42 AB 부분이 전단탄성계수 $G = 6 \times 10^6$ psi인 청동으로 제작된 경우일 때 문제 5.41을 다시 풀어라.

***5.43** 그림 P5.43에서와 같이 양 끝단이 고정된 중실의 둥근 축이 토크를 받고 있다.

(a) 작용하는 토크들(T_D, T_C)과 치수들(a, b, c, L)을 사용하여 반력을 구하라.

(b) $T_C > T_D$라고 가정하고 봉의 길이에 따른 토크의 변화를 스케치하라.

(c) $d = 75$ mm, $a = 300$ mm, $b = 200$ mm, $c = 100$ mm, $T_C = 2T_D = 6$ kN · m일 때 축에서 발생하는 최대전단응력을 구하라.

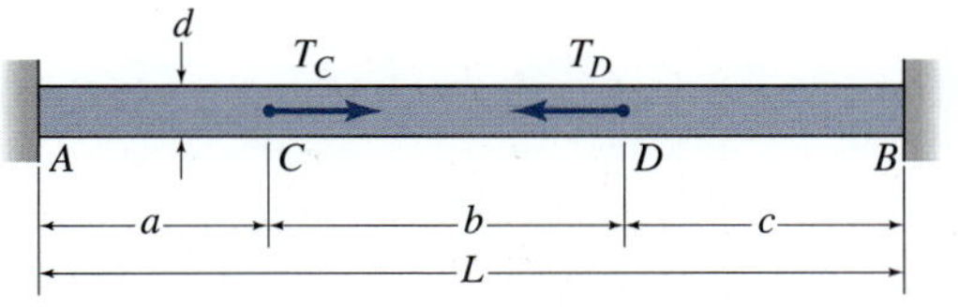

그림 P5.43

5.44 그림 P5.43에서 토크 T_D가 반대방향으로 작용할 때 문제 5.43을 다시 풀어라.

5.45 그림 P5.45에 나타낸 모터는 토크 $T_A = 1200$ lb · in.를 발생시키고 D에 있는 기어에 토크 $T_D = 900$ lb · in.를 전달한다. 축 AD의 상대 비틀림 각은 0.8°이다. 축은 전단탄성계수 G인 강철로 제작된다. B와 C에서의 마찰 토크 T_B와 T_C를 구하라.

조건 $d = 1\frac{1}{4}$ in., $L_1 = L_2 = L_3 = 1$ ft, $G = 11.4 \times 10^6$ psi

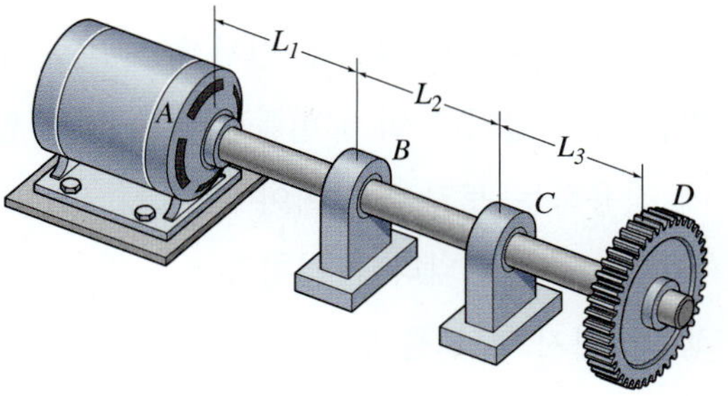

그림 P5.45

5.46 양단이 고정된 중실의 원형 축(그림 P5.46)이 균일분포 토크 $t(x) = t_0$ N · m/m를 받고 있다. 다음을 구하라.

(a) 벽에서의 반력들

(b) 축에서의 최대전단응력

조건 $d = 30$ mm, $L = 4$ m, $t_0 = 60$ kN · m/m

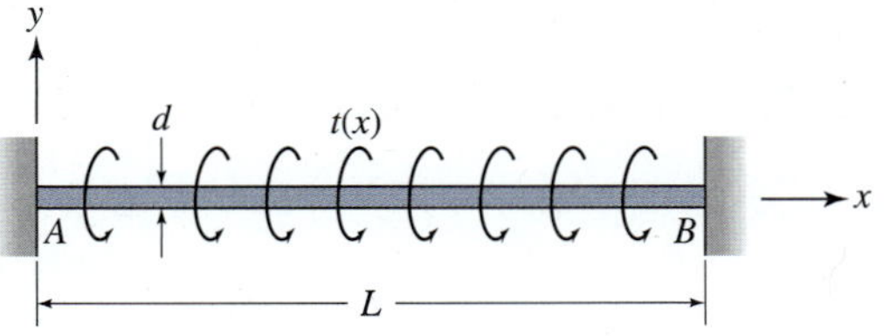

그림 P5.46

5.47 토크의 강도가 축의 길이를 따라 $t(x) = (x/L)t_0$ N · m/m로 주어진 경우 문제 5.46을 다시 풀어라.

5.8 원형 축의 설계

원형 축의 가장 일반적인 응용 중의 하나는 특정한 회전속도로 동력을 전달하는 것이다. 그러한 축을 설계하는 데 있어서 재료와 횡단면의 치수들은 축이 회전할 때에 허용전단응력을 넘지 않거나 임계 비틀림 각을 넘지 않도록 선택된다. 그러므로 설계자는 동력전달축에 작용하는 토크를 알아야 한다.

그림 5.22에 나타난 것처럼 일정한 각속도로 토크 T를 풀리에 전달하는 모터구동축을 생각해보자. 토크를 받고 있는 축의 회전과 연관된 동력 P는 동역학의 기본이론에서 다음과 같이 표현된다.

$$P = T\omega \qquad (\omega = \text{rad/s}) \tag{5.24a}$$

일반적으로 각속도는 단위시간당 회전 수 또는 회전 **주파수** f로 주어진다. 주파수의 단위는 헤르츠(Hz)이다. 1헤르츠는 1초당 1회전(s^{-1})을 나타낸다. 1회전은 2π rad이므로 $\omega = 2\pi f$이다. 따라서 동력은 다음과 같이 표현될 수 있다.

$$P = 2\pi f T \qquad (f = \text{Hz} = \text{s}^{-1}) \tag{5.24b}$$

축의 속도는 또는 분당 회전수(rpm)로 주어지는데, 문자 n으로 나타낸다. 따라서 $n = 60f$를 위 식에 대입하면 **동력**은 다음과 같이 표현된다.

$$P = \frac{2\pi n T}{60} \tag{5.24c}$$

축에 의해 전달되는 동력을 측정할 때 산업체에서 자주 사용하는 **SI단위**는 킬로와트(kW)

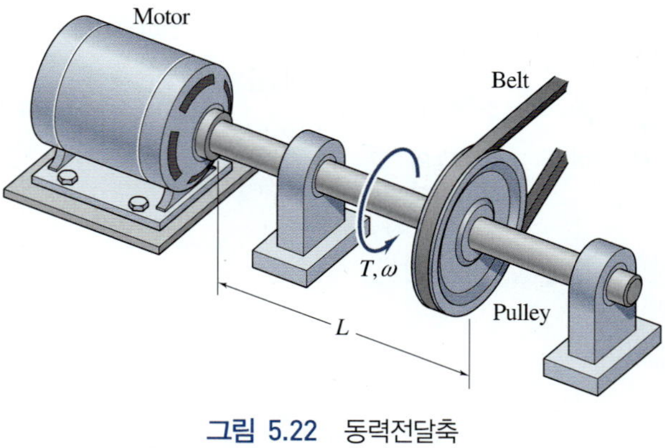

그림 5.22 동력전달축

이다. 1 watt는 단위초당 뉴턴-미터의 일을 하는 것이다(또는 단위초당 줄, J/s). 단위시간당 한 일 $2\pi fT$ 또는 $2\pi nT/60$은 전송되는 동력과 동일하므로 kW(1000)가 된다. 그러므로 **토크**는

$$T = \frac{159P}{f} = \frac{9550P}{n} \tag{5.25}$$

여기서 P = 동력(kW), T = 토크(N · m), n = 속도(rpm)이다. US관용단위계에서 동력은 6600 in. · lb/s와 등가인 마력(hp)으로 나타내고 토크는 lb · in., 속도는 분당회전수 rpm으로 표시한다. $2\pi fT = \text{hp}(6600)(60)$이므로 토크는 다음과 같이 표현된다.

$$T = \frac{1050P}{f} = \frac{63000P}{n} \tag{5.26}$$

여기서 P = 동력(hp), T = 토크(lb · in.), n = 속도(rpm)이다. 1마력은 약 745.7 watt이다. 식 (5.25)와 (5.26)은 축에 공급되는 kW 또는 마력을 회전 중에 축에 나타나는 일정 토크로 전환해준다.

일단 전달될 토크가 결정되면 필요한 강도를 유지하도록 하는 원형 축의 설계가 1.4절에서 기술한 과정을 적용함으로써 완성될 수 있다.

1. 발생 가능한 파손형태를 평가한다. 보통의 경우 전단응력은 파손과 밀접한 관계를 가지고 있다고 가정한다. 일부 재료에서는 축선과 45°인 평면에서 발생하는 최대인장응력 및 최대압축응력이 파손을 유발할 수도 있음을 명심하라.
2. 작용토크와 응력과의 관계식을 구한다. 중요한 전단응력값은 $\tau_{max} = Tc/J$로 주어진다. 축에 대한 정확한 해석과정에서는 9.8~9.10절에서 설명할 파손기준을 기술하는 식들이 자주 사용된다.
3. 사용 가능한 최대응력값을 구한다. 파손 없이 사용할 수 있는 최대전단응력 τ_{max}값은 항복전단응력 τ_y 또는 극한전단응력 τ_u이다.
4. 안전계수를 선정한다. 안전계수 n_s가 허용응력 $\tau_{all} = \tau_y/n_s$ 또는 $\tau_{all} = \tau_u/n_s$를 계산하기 위하여 τ_{max}에 적용된다. 따라서 **요구되는** 축의 **매개변수** J/c는 다음과 같다.

$$\frac{J}{c} = \frac{T}{\tau_{all}} \tag{5.27}$$

주어진 허용응력에 대하여 식 (5.27)은 오직 비틀림을 받는 중실 및 중공 축을 설계하는 데 사용될 수 있다.

예제 5.9 프로펠러 축의 설계

조건 극한강도가 $\sigma_u = 210\ \text{MPa}$인 회주철 축이 안전계수 $n_s = 1.2$를 가지고 $T = 500\ \text{N}\cdot\text{m}$의 토크를 전달한다.

문제 요구되는 축의 직경 d를 구하라.

가정 축은 순수전단상태에 있다.

풀이 최대인장응력 σ_u는 대각선면에서 일어나며 그 크기는 축의 표면에서의 최대전단응력 $\tau_{\max}$와 같다(그림 5.8). 그러므로 식 (5.27)은 다음과 같이 된다.

$$\frac{J}{d/2} = \frac{\pi d^3}{16} = \frac{T n_s}{\sigma_u} \tag{a}$$

주어진 값들을 대입하면

$$\frac{\pi d^3}{16} = \frac{500(12)}{210(10^6)}$$

위 식으로부터 $d = 24.4 \times 10^{-3}\ \text{m} = 24.4\ \text{mm}$이다.

부가설명 $25\ \text{mm}$ 축이 사용되어야 한다.

사례연구 3A

기어박스에서의 주축과 구동축의 설계

축(회전하는 가는 봉)들은 기계설비에서 다양한 방법으로 사용되고 있다. 기계 형상에 따라 축들은 베어링에 의해 단순지지 형태, 외팔 보 형태 또는 돌출 형태로 지지된다. 커플링은 축을 동력축(모터축이라고 부름, **사례연구 3B**에서 다루게 됨)이나 하중에 연결한다. 두 축을 연결하기 위해 커플링을 선택할 때 고려해야 할 매개변수로는 축들 사이의 각, 전달되는 동력, 진동, 그리고 충격하중 등을 들 수 있다.

기어들은 토크, 회전운동, 동력을 한 축에서 다른 축으로 전달하기 위해서 사용된다. 그것들의 역사는 오래되었다. 기원전 2600년경에 중국에서는 원시적인 기어세트가 사용되었

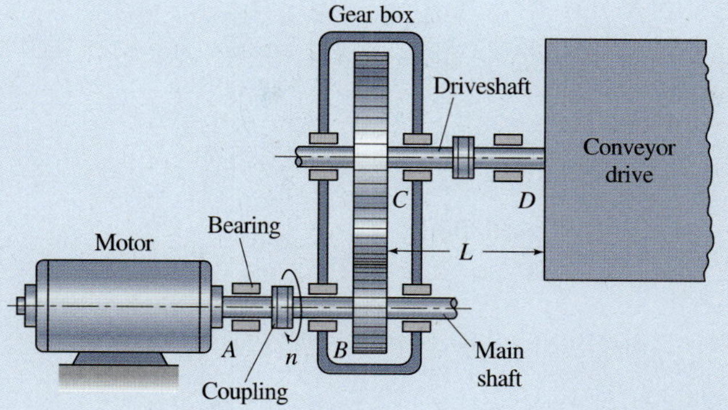

그림 5.23 모터, 기어박스, 그리고 컨베이어 구동장치의 배치 형상

는데 나무로 만들었을 가능성이 크다. 15세기에는 레오나르도 다빈치가 많은 기어형상을 스케치하였다. 오늘날에는 소음이 없고 마찰손실이 적은 다양한 종류의 기어들이 개발되어 사용되고 있다. 동력을 전달하는 다른 수단(예를 들면, 벨트와 체인)과 비교할 때 기어는 내구성이 좋다. 기어들은 98% 정도의 높은 전달 효율을 갖는다(참고문헌 5.1 참조). 기어 이외의 형상과 크기는 미국기어제작자협회(American Gear Manufacturers Association, AGMA)에 의해서 표준화되어 있다.

처짐을 최소화하기 위해서 축의 재료들은 강재를 사용하여 가공한다. 강인성, 충격저항, 그리고 높은 강도가 요구되면 합금 강재가 사용된다. 두꺼운 튜브가 단순하고 작은 축을 만드는 데 이용될 수 있다. 강재 이외에도 고강도의 주철이 자동차 크랭크축과 같이 형을 떠서 제작되는 축을 만들 때 사용된다. 때때로 황동이나 스테인리스강은 해양이나 부식 환경이 있는 곳에 사용된다. 기어박스나 기어 덮개는 주철이나 알루미늄으로 제작되어 프레임 위에 단단히 고정된다.

조건 그림 5.23에 나타낸 것처럼 전기모터가 500 rpm으로 700 hp의 동력을 **주축** AB, 1대 2의 비율을 갖는 기어박스(또는 속력감속기라고도 부름), 그리고 **구동축**을 통하여 컨베이어 구동장치에 전달한다. 요구사항은 다음과 같다.

1. 주축과 구동축은 전단항복강도 $\tau_y = 30$ ksi, 전단탄성계수 $G = 11.5 \times 10^6$ psi를 갖는 고강도 강재(ASTM-A242)로 제작된다(표 B.4 참조).
2. 구동축의 길이 $L = 20$ in.에서의 비틀림 각은 $\phi_{\text{all}} = 2°$를 초과하지 않는다.
3. 안전계수 $n_s = 1.7$이 사용된다.

문제 주축과 구동축에 요구되는 최소직경들을 구하라.

가정

1. 베어링에서 마찰은 무시된다.

2. 굽힘응력의 영향은 무시된다.

3. 구동의 시작과 끝에서 발생할 수 있는 충격의 영향은 생략된다.

풀이

주축 AB. 토크는 식 (5.26)으로부터 다음과 같이 주어진다.

$$T_{AB}=\frac{63000(700)}{500}=88.2\ \text{kip}\cdot\text{in.}$$

식 (5.27)을 사용하여 허용전단응력을 만족하는 데 필요한 축의 치수는

$$\frac{\pi}{2}c_{AB}^3=\frac{T_{AB}}{\tau_y/n_s}=\frac{88.2\times10^3(1.7)}{30\times10^3}$$

위 식으로부터 $c_{AB}=1.471$ in.의 반경이 구해진다.

부가설명 주축의 최소허용직경은 3 in.이어야 한다.

구동축 CD. 축 CD의 속도는 축 AB의 절반이기 때문에 구동축에서의 토크는 주축의 두 배이다. 즉

$$T_{CD}=88.2(2)=176.4\ \text{kip}\cdot\text{in.}$$

식 (5.27)을 사용하여 **허용전단응력**을 만족하는 데 필요한 축의 치수는

$$\frac{\pi}{2}c_{CD}^3=\frac{176.4\times10^3}{30\times10^3/1.7}$$

위 식으로부터 $c_{CD}=1.853$ in.이다.

허용비틀림변형을 실현하도록 요구되는 축의 치수는 식 (5.15)로부터 다음과 같이 얻어진다.

$$\boxed{\frac{\phi_{\text{all}}}{L}=\frac{T}{GJ}} \tag{5.28}$$

주어진 값들을 대입하면

$$\frac{2(\pi/180°)}{20}=\frac{(176.4\times10^3)2}{(11.5\times10^6)\pi c_{CD}^4}$$

위 식으로부터 $c_{CD}=1.538$ in.이다.

부가설명 구동축의 최소허용직경은 $1.853\times2=3.706$ in.이어야 한다. 실용적으로는 $3\frac{3}{4}$ in. 축이 사용된다. 복합하중을 고려한 모터축의 설계는 9.10절에서 다룬다.

5.9 응력집중

축의 횡단면이 균일하지 않고 연속적으로 변하는 경우에도 균일한 단면축으로부터 유도되었던 비틀림 공식은 정확한 결과를 가져다준다. 그러나 축의 횡단면 형상이 갑작스럽게 변하는 상황에서는 높은 응력집중이 불연속점 부근에서 일어날 것이다. 이들 국부응력(local stress)은 4.8절에서 기술한 것과 유사한 방법을 적용함으로써 구할 수 있다. 단붙임 축의 필렛(fillet)에서의 최대전단응력은 **응력집중계수**(stress concentration factor) K를 사용하여 다음과 같이 표시된다.

$$\tau_{\max} = K\tau_{\text{nom}} = K\frac{Tc}{J} \tag{5.29}$$

여기서 공칭응력(nominal stress) 또는 평균응력(average stress)은 더 작은 직경의 축에서 얻어진 것이다. 위 식은 $\tau_{\max}$의 값이 비례한도를 초과하지 않을 경우에 단붙임 축에서 국부 최대전단응력을 구하는 데 사용될 수 있다.

응력집중계수 K는 축의 큰 직경 D와 작은 직경 d의 비율 및 필렛의 반경 r과 작은 직경의 비율에 따라 달라진다. 원형 축의 필렛과 홈에 대해서 주어진 r/d 및 D/d 비율에 대응하는 응력집중계수 K는 각각 그림 5.24와 5.25로부터 얻을 수 있다. 그들은 재료의 선형탄성거동에 기초한 값들이다. 명백히 r이 매우 작아지면 K의 값은 매우 커진다. 대조적으로 r이 커지면 K의 값은 1에 접근하고 응력집중의 영향은 사라진다. 따라서 모든 그래프는 축 직경의 변화가 발생하는 부위에서 둥근 코너의 중요성을 보여준다.

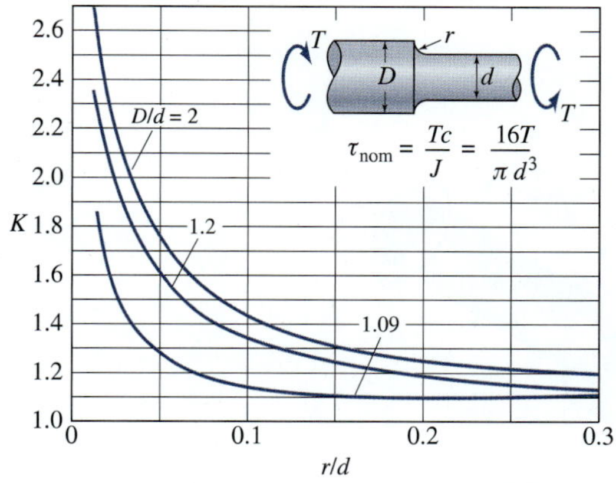

그림 5.24 필렛을 지닌 축에 대한 비틀림 상태에서의 응력집중계수 K

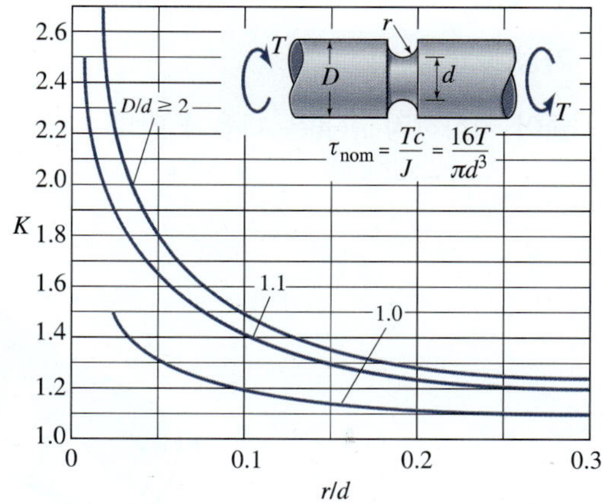

그림 5.25 홈을 지닌 축에 대한 비틀림 상태에서의 응력집중계수 K

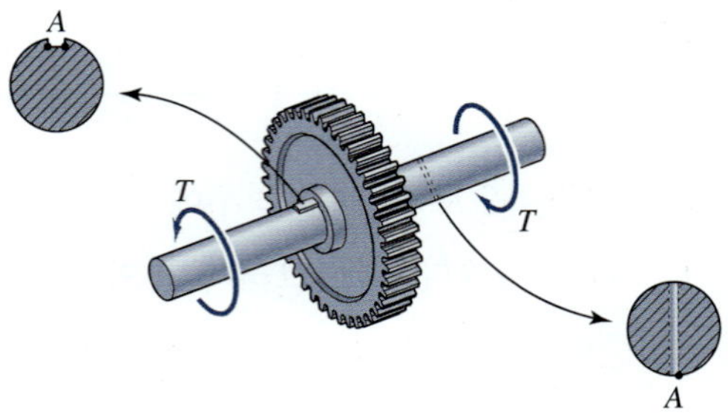

그림 5.26 키홈과 홀을 가지고 있는 축

또한 매우 중요한 것은 축에서 볼 수 있는 키홈(keyway)과 작은 오일홀(oil hole)이다(그림 5.26). 두 단면 모두 응력집중효과는 점 A에서 현저하게 나타난다. 따라서 대부분의 비틀림 파손이 이들 점에서부터 시작된다는 사실은 놀라운 일이 아니다. 4장에서 지적한 것처럼 응력집중은 정적하중상태에 있는 취성재료에 중요하게 작용하고 동적하중을 받는 경우에는 모든 상황에 큰 영향을 미친다.

[예제 5.10] 필렛을 갖는 축에 의하여 전달되는 동력

조건 그림 5.27에서 보는 것처럼 반경 r의 필렛을 지닌 단붙임 알루미늄 합금(2014-T6) 축이 직경 D와 d를 갖는 원형 부분으로 구성되어 있다. 주어진 값은 다음과 같다.

$$D = 4 \text{ in.} \qquad d = 2 \text{ in.} \qquad r = \frac{1}{8} \text{ in.} \qquad \tau_y = 32 \text{ ksi} \quad (\text{표 B.4 참조})$$

문제 항복에 의한 파손을 기준으로 한 안전계수 $n_s = 1.8$을 사용하여 $f = 10$ rps로 회전하고 있는 축이 지탱할 수 있는 최대토크와 동력을 구하라.

가정 토크는 일정하다.

풀이 기하하적 비율은 다음과 같다.

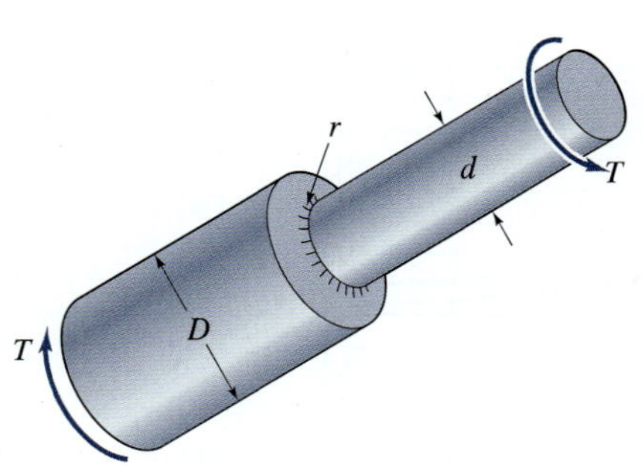

그림 5.27 $f = 10$ rps의 속력으로 토크 T를 전달하고 있는 필렛을 지닌 축

$$\frac{D}{d}=2 \qquad \frac{r}{d}=\frac{1}{16}=0.0625$$

따라서 그림 5.24로부터 $K=1.62$이다. $J/c=\pi c^3/2$와 주어진 수치들을 식 (5.29)에 대입함으로써 요구되는 토크의 크기를 다음과 같이 얻는다.

$$T=\frac{\pi c^3}{2K}\frac{\tau_y}{n_s}=\frac{\pi(1)^3(32\times10^3)}{2(1.62)(1.8)}=17.24\ \text{kip}\cdot\text{in.}$$

식 (5.26)으로부터

$$P=\frac{Tf}{1050}=\frac{17240(10)}{1050}=164.2\ \text{hp}$$

부가설명 위 결과들은 10 rps로 회전하는 단붙임 축에 의해 전달되는 최대토크와 그에 연관된 동력을 나타낸다.

연습문제

5.8절~5.9절

5.48 2개의 트랜스미션 축들(한 축은 외경이 100 mm이고 내경이 60 mm인 중공의 튜브, 다른 축은 직경이 100 mm인 중실 축임)이 200 kW를 전달하고 있다. 두 축이 $f=6$ Hz에서 작동할 때 각 축에서 발생하는 최대전단응력을 구하라.

5.49 최대전단응력이 $\tau_{\text{all}}=12$ ksi로 제한된다고 가정할 때 $n=1500$ rpm의 속력으로 300 hp을 전달하는 알루미늄 축을 설계하라. 안전계수는 $n_s=1.5$로 가정한다.

5.50 6 ft 길이를 갖는 알루미늄 축($G=4\times10^6$ psi)의 비틀림 각이 3°를 넘지 않을 때 문제 5.49를 다시 구하라.

5.51 그림 P5.51과 같이 복합 축의 양단이 A와 C에 있는 강체 지지대에 붙어 있다. 각 재료가 동시에 한계응력값에 도달한다면 두 재료의 직경 d_a와 d_s의 크기는 얼마인지 계산하라.

조건 $G_a=28$ GPa, $G_s=80$ GPa, $(\tau_a)_{\text{all}}=40$ MPa, $(\tau_s)_{\text{all}}=100$ MPa

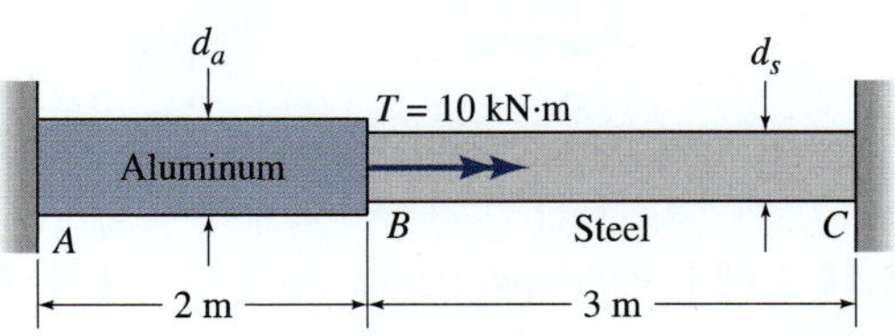

그림 P5.51

5.52 5.8절에 있는 그림 5.22에서 보여준 축은 전단항복응력 250 MPa을 초과함이 없이 또는 길이 L의 비틀림이 3°를 초과함이 없이 $f=15$ Hz에

서 400 kW를 전달한다. 축은 전단탄성계수 G인 강철로 제작된다. 안전계수 n_s를 적용하여 축의 직경을 구하라.

조건 $G = 80$ GPa, $L = 2$ m, $n_s = 1.4$

가정 베어링에서 마찰은 무시한다.

***5.53** 그림 P5.53에서와 같이 고속터빈이 $f = 100$ Hz로 회전하면서 헬리컬 기어세트에 의해 12.5 Hz로 250 kW 발전기를 구동한다. **주축** AB와 **구동축** CD는 허용전단응력 τ_{all}과 전단탄성계수 G를 갖는 강철로 제작된다. 두 축의 직경 d_{AB}와 d_{CD}를 구하라. 구동축 길이 L의 비틀림 각은 ϕ_{all}을 넘지 않아야 한다.

조건 $L = 0.6$ m, $\tau_{\text{all}} = 120$ MPa, $G = 80$ GPa, $\phi_{\text{all}} = 3°$

가정 베어링에서 마찰은 생략된다. 어느 정도의 충격이 터빈 발전기에서 발생하지만 풀이과정에서 무시한다.

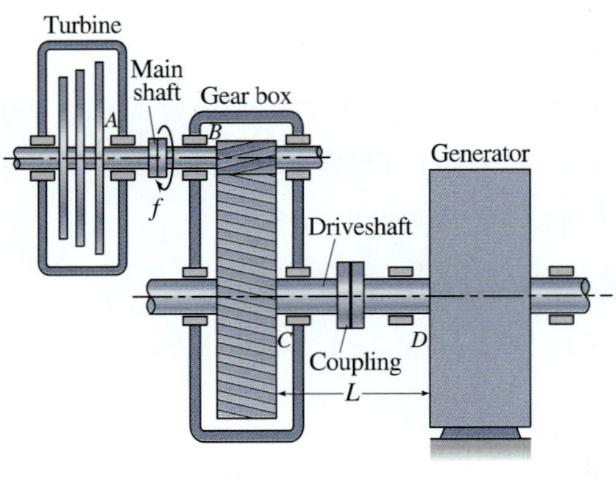

그림 P5.53

5.54 모터가 5000 rpm으로 8 hp을 길이 L의 구동축에 전달한다(그림 P5.54). 축은 전단탄성계수 G와 허용전단응력 τ_{all}을 갖는 황동으로 제작된다. 다음을 구하라.

(a) 요구되는 축의 직경 d

(b) 축의 비틀림 각 ϕ

조건 $L = 0.5$ m, $G = 39$ GPa, $\tau_{\text{all}} = 70$ MPa

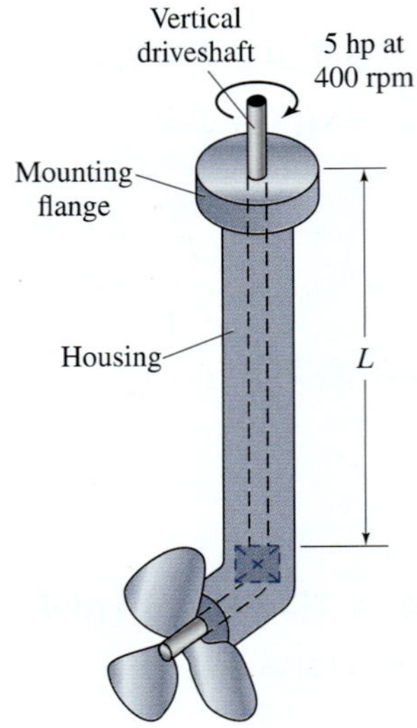

그림 P5.54

***5.55** 그림 P5.55에서와 같이 전기모터가 일정한 속력으로 토크 T를 축 $ABCD$에 가하고 있다. B와 D에 있는 풀리는 각각 토크 T_B와 T_D를 전달하고 있다. A와 E 사이의 비틀림 각은 $\phi_{\text{all}} = 2°$를 넘지 않는다. 축은 전단탄성계수 G와 허용전단응력 τ_{all}을 갖는 강철로 제작된다. 요구되는 축 직경 d의 최솟값을 구하라.

조건 $L_1 = 0.3$ m, $L_2 = 0.6$ m, $L_3 = 0.2$ m, $T = 1.2$ kN · m, $T_B = 500$ N · m, $T_D = 700$ N · m, $G = 79$ GPa, $\tau_{\text{all}} = 80$ MPa

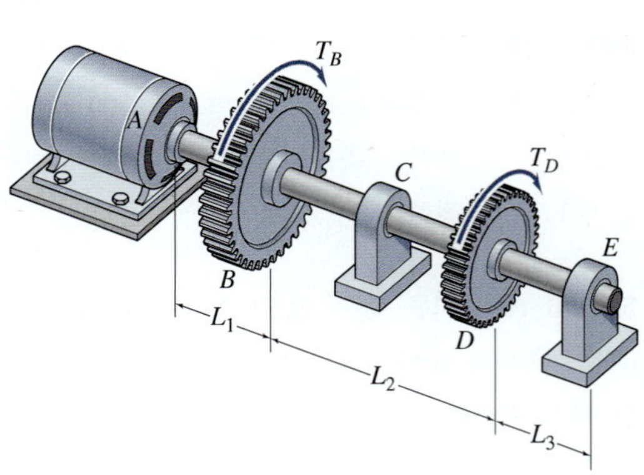

그림 P5.55

5.56 전기모터가 직경 d를 갖는 중실 축 AE를 통하여 속력 n으로 기어 B에 4 hp을 전달하고 기어 E에 3 hp을 전달한다(그림 P5.55). 다음을 구하라.

(a) 축의 AB 부분에서의 최대전단응력

(b) 축의 BD 부분에서의 최대전단응력

조건 $d = 3/4$ in., $n = 1500$ rpm

가정 베어링 C와 D에서의 마찰은 무시한다.

5.57 그림 P5.55에서 중실 축 AE가 2200 rpm의 속력으로 5 kW를 기어 B에, 3.5 kW를 기어 D에 전달한다. 축은 직경 d, 허용전단강도 τ_{all}, 그리고 전단탄성계수 G를 갖는 강철 봉으로 제작된다. 다음을 구하라.

(a) 요구되는 최소직경 d_{min}

(b) 두 기어 사이의 비틀림 각 ϕ_{BD}

조건 $G = 79$ GPa, $\tau_{all} = 50$ MPa, $L_2 = 0.4$ m

가정 베어링 C와 E에서의 마찰은 무시한다.

***5.58** 그림 P5.58은 2개의 차동 톱니바퀴(앞쪽의 차축에 1개, 뒤쪽의 차축에 1개)를 사용한 바퀴 구동 개념을 보여준다. 뒤쪽의 구동축은 외경 D와 허용전단응력 τ_{all}을 갖는 강철 튜브로 되어 있고, 1000 rpm에서 250 hp을 뒤쪽 차동 톱니바퀴에 전달한다. 뒤쪽의 구동축에 대해 허용 가능한 최대 내경 d를 구하라.

조건 $D = 3$ in., $\tau_{all} = 8$ ksi

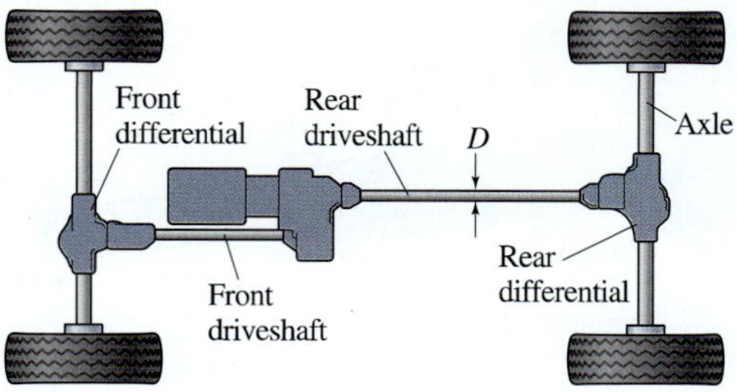

그림 P5.58

5.59 그림 P5.59에서 허용전단응력이 $\tau_{all} = 50$ MPa이고 A와 C 사이의 비틀림 각이 $\phi_{AC} = 0.02$ rad을 넘지 않을 때 축 AB 부분에 대해 요구되는 직경 d_1을 구하라.

조건 $G = 40$ GPa, $T_B = 2.5$ kN · m, $T_C = 1.5$ kN · m, $L_1 = 3$ m, $L_2 = 1$ m, $d_2 = 30$ mm

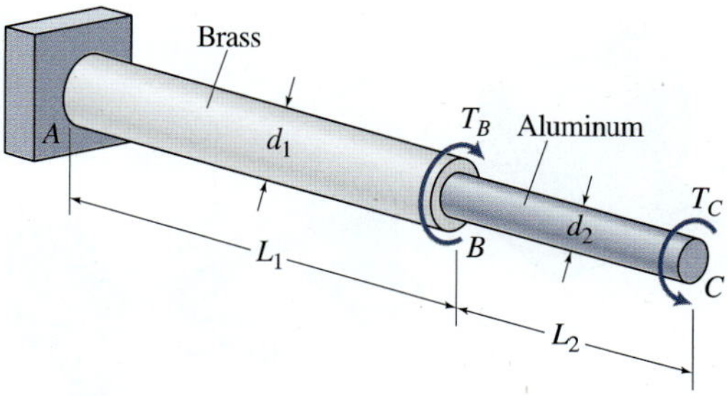

그림 P5.59

5.60 B에 가해지는 토크가 $T_B = 3$ kN · m인 경우 문제 5.59를 다시 구하라.

5.61 그림 P5.61의 모터는 600 rpm에서 95 hp을 전달한다. 기어 B와 C는 각각 55 hp, 40 hp을 구동 중인 공작기계에 전달한다. 축은 허용전단응력이 $\tau_{all} = 10$ ksi, 전단탄성계수가 $G = 11.5 \times 10^6$ psi인 강철로 제작된다. 다음을 구하라.

(a) 축의 AB 부분과 BC 부분에 요구되는 직경

(b) 축의 양단 A와 C 사이의 비틀림 각(단위: °)

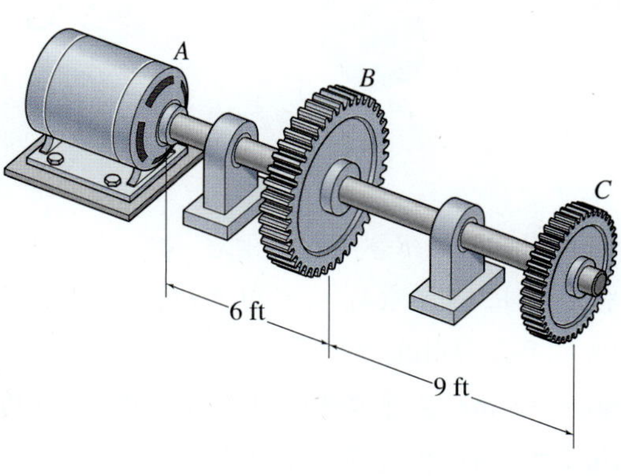

그림 P5.61

5.62 전단응력이 τ_{all}을 넘지 않는 범위에서 강철 축을 통해 속력 n으로 전달할 수 있는 최대동력(단위: kW)을 구하라(그림 P5.62). 또한 A와 D 사이의 비틀림 각 ϕ_{AD}를 구하라.

조건 $a=3$ m, $d=50$ mm, $n=600$ rpm, $G=80$ GPa, $\tau_{all}=56$ MPa

가정 베어링 B와 C에서 마찰은 무시된다.

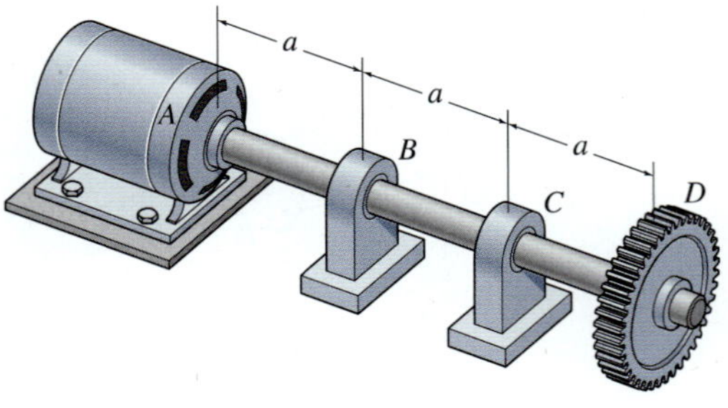

그림 P5.62

5.63 각 축에서 발생하는 최대전단응력이 τ_{max}를 넘지 않을 때 축 AB의 직경 d_1을 구하라(그림 P5.63). 안전계수는 n_s이다.

조건 $d_2=60$ mm, $r_B=150$ mm, $r_C=100$ mm, $\tau_{max}=90$ MPa, $n_s=1.5$

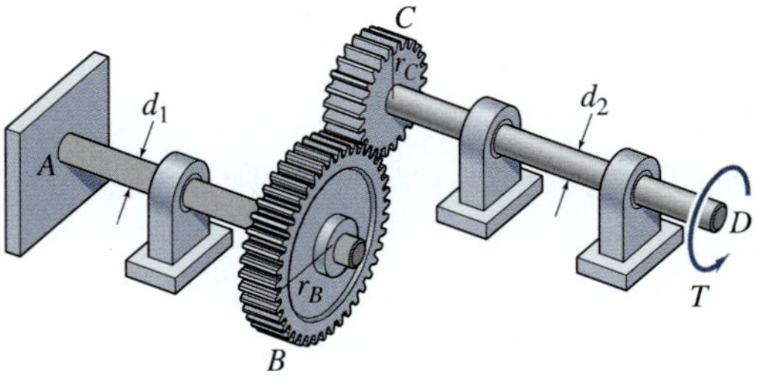

그림 P5.63

5.64 직경 D와 d를 갖는 단붙임 축이 토크 T를 받고 있다(그림 P5.64). 축은 반경 r의 필렛을 갖는다. 다음을 구하라.

(a) $r=2$ mm일 때 축에서 발생하는 최대전단응력

(b) $r=6$ mm일 때 축에서 발생하는 최대전단응력

조건 $D=80$ mm, $d=60$ mm, $T=1.2$ kN · m

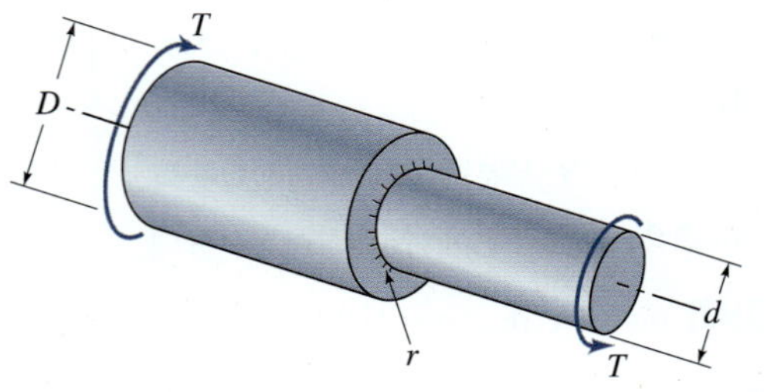

그림 P5.64

5.65 직경 D와 d를 갖는 중실의 단붙임 축이 100 kW를 전달한다(그림 P5.64). 두 축의 연결 부분은 반경 r의 필렛을 갖는다. 축이 허용전단강도 τ_{all}을 갖는 황동으로 제작될 때 요구되는 속력 n을 구하라.

조건 $D=60$ mm, $d=50$ mm, $r=10$ mm, $\tau_{all}=40$ MPa

5.66 단붙임 강철 축이 엔진으로부터 발전기로 150 rpm에서 200 hp을 전달한다. 허용전단응력이 14 ksi일 때 4 in. 직경의 축과 5 in. 직경의 축이 결합되는 부위에서의 필렛 반경 r을 구하라.

5.67 단붙임 축의 허용전단응력이 8 ksi일 때(그림 P5.64), 240 rpm의 속력으로 전달할 수 있는 최대동력(단위: hp)을 구하라.

조건 $D=4$ in., $d=2$ in., $r=3/16$ in.

***5.68** 그림 P5.68의 원형 축은 C와 D에서 토크를 받고 있다. 황동과 강철의 전단탄성계수는 각각

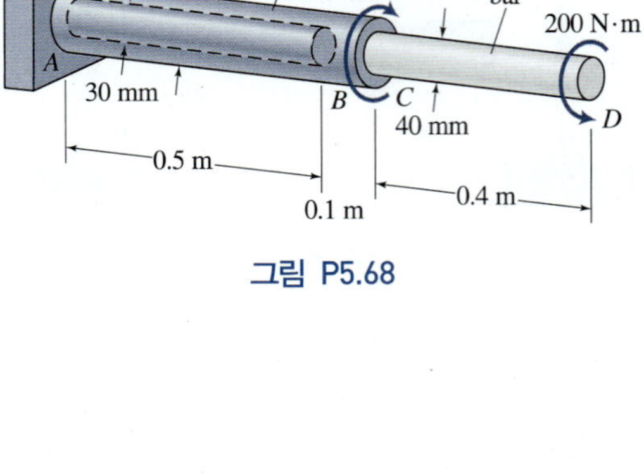

그림 P5.68

$G_b = 40$ GPa과 $G_s = 80$ GPa이다. C에서의 응력 집중계수가 $K = 1.5$일 때 다음을 구하라.

(a) D에서의 비틀림 각 ϕ_D

(b) 축에서 발생하는 최대전단응력

5.69 전단탄성계수 G를 갖는 단붙임 축이 그림 P5.69에서처럼 토크를 받고 있다. 자유단 A에서 발생하는 비틀림 각이 1°이고 두 축의 결합부에서의 응력집중계수가 $K = 1.2$일 때 B에서 발생하는 최대전단응력을 구하라.

조건 $d_2 = 2d_1 = 3$ in., $L_2 = 2L_1 = 7.2$ ft, $T_B = 3T_A$, $G = 4 \times 10^6$ psi

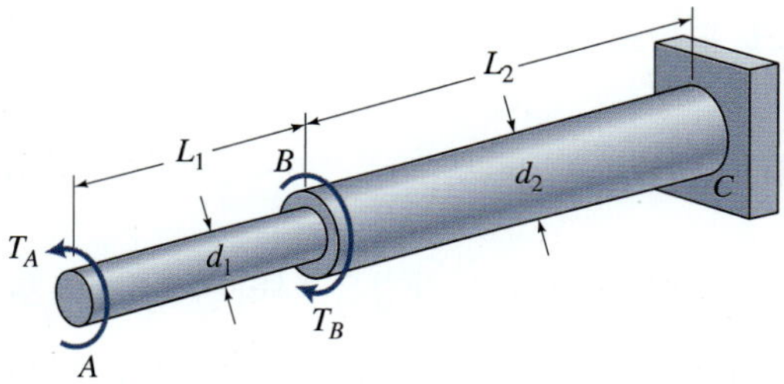

그림 P5.69

5.70 그림 P5.70에서와 같이 반경 r의 홈이 있는 원형 축(직경은 D와 d)에 토크 T가 작용하고 있다. 다음을 구하라.

(a) 축 재료에 요구되는 최소전단항복강도 τ_y

(b) $n = 800$ rpm의 속력으로 축이 전달할 수 있는 동력

조건 $D = 40$ mm, $d = 35$ mm, $r = 2$ mm, $T = 60$ N·m

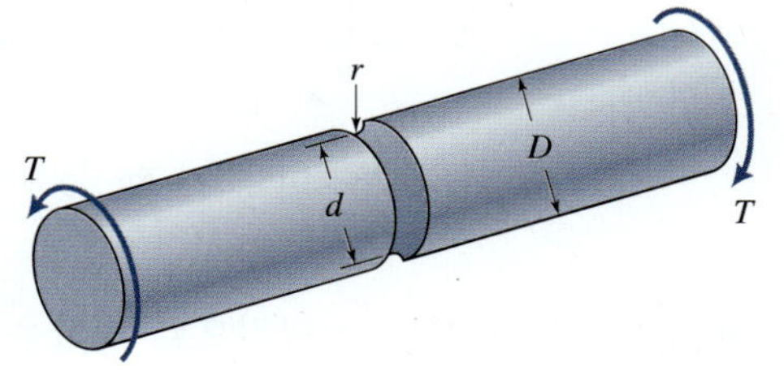

그림 P5.70

5.71 그림 P5.70에서와 같이 홈이 있는 원형 축(직경은 D와 d)이 허용전단응력 τ_{all}을 갖는 열처리된 강철로 제작된다. $f = 20$ Hz의 속력으로 축이 전달할 수 있는 동력(단위: hp)과 최대토크를 구하라.

조건 $D = 1\frac{1}{4}$ in., $d = \frac{5}{8}$ in., $r = \frac{1}{8}$ in., $\tau_{all} = 40$ ksi

5.72 그림 P5.70에서와 같이 직경 D와 d를 갖는 원형 축이 토크 T를 지탱하고 있다. 축은 허용전단응력 τ_{all}을 갖는 강철로 제작된다. 토크를 전달할 수 있는 가장 작은 크기의 홈 반경 r을 구하라.

조건 $D = 75$ mm, $d = 30$ mm, $T = 180$ N·m, $\tau_{all} = 50$ MPa

*5.10 원형 축의 비탄성 비틀림

이 절에서는 소성범위에서 응력을 받는 연성재료로 된 원형 봉의 비틀림에 대해서 다루게 된다(재료는 탄소성인 것으로 이상화한다). 그러한 축에 대해서 비틀림 상태에서의 원형 봉의 작은 변형과 연관되는 처음 두 기본적인 가정(5.2절 참조)을 계속 적용한다. 즉 원형 횡단면들은 평면을 유지하고 그들의 반경은 직선 상태로 남아 있다. 예전처럼 이것은 변형

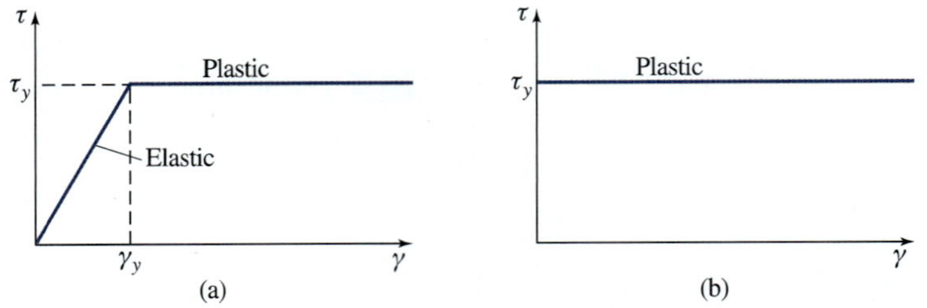

그림 5.28 이상화된 전단응력-변형률 선도 (a) 탄소성 재료 (b) 소성 재료

률이 축 중심으로부터 선형적으로 변함을 의미한다. 탄소성 재료의 전단응력-변형률 그래프가 그림 5.28에 나타나 있다. 이러한 선도를 활용하여 앞에서처럼 논의를 진행할 수 있으며 토크 T를 받고 있는 축의 단면에 발생하는 응력분포를 구할 수 있다.

5.3절과 5.6절에서 주어진 **관계식**들은 봉의 전단변형률이 항복변형률을 넘지 않는 한 적용할 수 있다. 축 전체[그림 5.3(a)]에 대한 토크 평형조건으로부터

$$T = \int_A \rho\tau\, dA = 2\pi \int_A \tau\rho^2 d\rho \tag{5.30}$$

여기서 ρ와 c는 각각 축 단면의 중심 O로부터의 임의의 거리와 반경을 나타낸다. 작용토크의 증가와 함께 경계에서 항복이 일어나서 점차 안으로 이동함을 예측할 수 있다. 단면에 작용하는 응력분포는 그림 5.29(a), (b), (c)에서 보는 것처럼 나타날 것이다.

항복토크

항복이 시작될 때[그림 5.29(a)] 식 (5.30)으로부터 토크 T_y는

$$T_y = \frac{\pi c^3}{2}\tau_y = \frac{J}{c}\tau_y \tag{5.31}$$

여기서 $J = \pi c^4/2$는 중실 축의 극관성 모멘트이다. 식 (5.31)은 **최대탄성토크** 또는 **항복토크**라고 할 수 있다. 즉 이것은 변형이 완전히 탄성상태로 남아 있을 수 있는 최대토크를 나타낸다.

탄성-소성토크

비틀림이 더 가해질 때 봉에서 비탄성 또는 **소성부분**이 반경 ρ_0를 갖는 탄성중심 둘레에 나타난다[그림 5.29(b)]. 식 (5.30)을 적용하면 탄성중심에 의해 저항하는 토크는

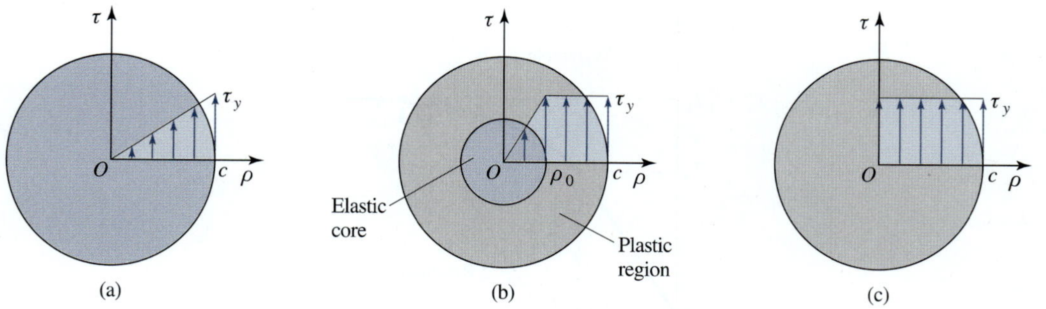

그림 5.29 토크가 증가되어 갈 때 축에서 발생하는 응력분포 (a) 항복의 시작 (b) 부분적인 소성 (c) 완전소성

$$T_1 = \frac{\pi \rho_0^3}{2}\tau_y \tag{5.32a}$$

바깥부분은 일정한 크기의 항복응력 τ_y를 받게 되고 토크에 저항한다.

$$T_2 = 2\pi \int_{\rho_0}^{c} \tau_y \rho^2 d\rho = \frac{2\pi}{3}(c^3 - \rho_0^3)\tau_y \tag{5.32b}$$

T_1과 T_2의 합인 **탄성-소성토크** 또는 **전체토크** T는 다음과 같이 쓸 수 있다.

$$T = \frac{\pi c^3}{6}\left(4 - \frac{\rho_0^3}{c^3}\right)\tau_y = \frac{4}{3}T_y\left(1 - \frac{1}{4}\frac{\rho_0^3}{c^3}\right) \tag{5.33}$$

극한토크

만일 비틀림이 매우 크면 항복 부위가 봉의 중심까지 확대되며 ρ는 0이 될 것이다[그림 5.29(c)]. 그것에 해당하는 토크 T_u는 소성 또는 **극한토크**이며 위의 식으로부터 그 값은

$$T_u = \frac{2}{3}\pi c^3 \tau_y = \frac{4}{3}T_y \tag{5.34}$$

τ_y가 최외각 부위에 도달한 후에는 오직 토크를 받아들이는 용량의 $1/3$만 지니고 있음을 알 수 있다.

탄성중심[그림 5.29(b)]의 반경은 $\gamma = \gamma_y$로 놓고 거리 ρ에 해당되는 값 ρ_0에 대해서 풀면 되는데, 식 (5.2)로부터 다음과 같이 얻어진다.

$$\rho_0 = \frac{L\gamma_y}{\phi} \tag{a}$$

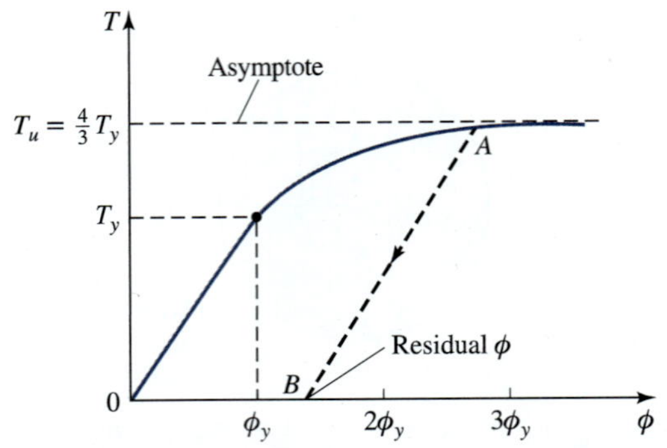

그림 5.30 원형 축에 대한 토크-비틀림 각 관계

여기에서 L은 봉의 길이이다. 만일 항복이 시작할 때(즉 $\rho_0 = c$)의 비틀림 각을 ϕ_y로 표기하면 위 식으로부터

$$c = \frac{L\gamma_y}{\phi_y} \tag{b}$$

이다. 식 (a)와 (b)로부터

$$\frac{\rho_0}{c} = \frac{\phi_y}{\phi} \tag{5.35}$$

이므로, 따라서 식 (5.33)은 다음과 같이 쓸 수 있다.

$$T_u = \frac{4}{3} T_y \left(1 - \frac{1}{4} \frac{\phi_y^3}{\phi^3}\right) \tag{5.36}$$

위의 식은 $\phi > \phi_y$일 때 유효하다. $\phi < \phi_y$일 때는 식 (5.15)가 적용된다.

그림 5.30에서 보여주듯이 식 (5.15)와 (5.36)을 그래프로 나타내보면 항복토크 T_y에 도달한 후에 T와 ϕ는 비선형 관계에 있음을 알 수 있다. T가 T_u에 접근함에 따라 비틀림 각은 무한정으로 커진다. 그러나 T_u의 값은 매우 빠르게 접근된다(예로 만일 $\phi = 3\phi_y$이면 $T_u = 1.32\, T_y$).

잔류응력

만일 축에 탄성한도를 지나도록 하중이 가해진 후(그림 5.30에서 점 A) 작용토크가 제거되면 회복되는 과정은 훅의 법칙을 따른다고 가정한다. 축의 한 부위가 일단 항복점에 이르면 잔류응력과 잔류 회전각(ϕ_B)이 존재할 것이다. 이 과정과 이와 같은 관계식의 적용에 대해서는 다음 예제에서 기술된다. 부정정 비탄성 비틀림 문제는 4.10절에서 보여준 바와 같이 축하중 문제와 유사하게 다루어진다.

[예제 5.11] 축의 소성변형 및 잔류응력

조건 직경이 d이고 길이가 L인 중실의 강재 축이 그림 5.31에서 보는 것처럼 토크 T를 받고 있다. 주어진 값들은 다음과 같다.

$$d = 60 \text{ mm} \qquad L = 1.5 \text{ m} \qquad T = 8 \text{ kN} \cdot \text{m}$$

문제

(a) 탄성중심(elastic core)의 반경을 구하라.

(b) 축의 비틀림 각을 구하라.

(c) 하중 제거 시에 존재하는 잔류응력과 잔류 비틀림 각을 구하라.

가정 사용된 강재의 전단항복응력은 $\tau_y = 150\text{ MPa}$이고 전단탄성계수는 $G = 80\text{ GPa}$이다.

풀이 주어진 데이터로부터 $c = 30$ mm, $J = \pi(0.03)^4/2 = 1272 \times 10^{-9}\ \text{m}^4$이다.

(a) 탄성중심의 반경. 식 (5.31)을 이용하면 항복토크는

$$T_y = \frac{J\tau_y}{c} = \frac{1272 \times 10^{-9}(150 \times 10^6)}{0.03} = 6.36 \text{ kN} \cdot \text{m}$$

T와 T_y값을 식 (5.33)에 대입하면

$$\left(\frac{\rho_0}{c}\right)^3 = 4 - \frac{3T}{T_y} = 4 - \frac{3(8 \times 10^3)}{6.36 \times 10^3} = 0.226$$

위의 식으로부터 $\rho_0 = 0.609(0.03) = 18.3$ mm이다. 하중이 가해진 축의 탄성-소성응력분포는 그림 5.32(a)에서와 같다.

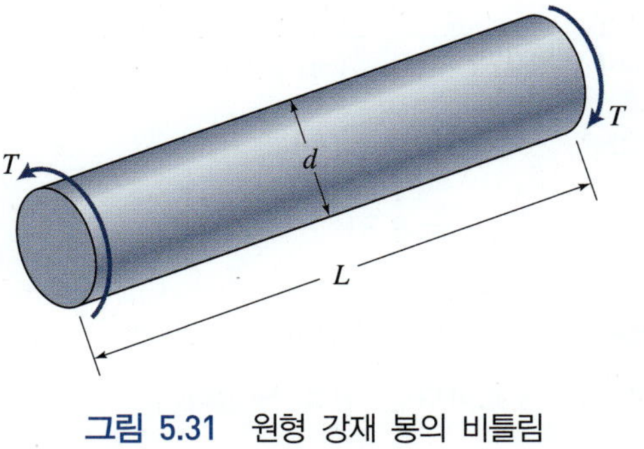

그림 5.31 원형 강재 봉의 비틀림

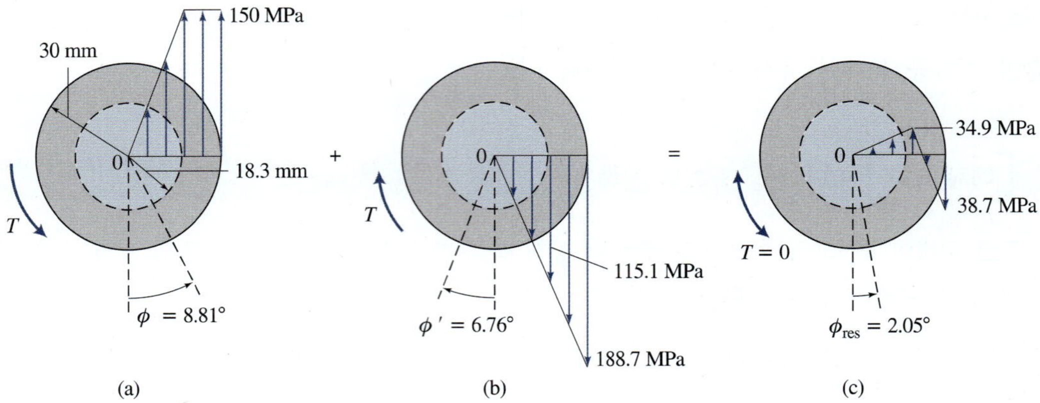

그림 5.32 (a) 부분소성응력 (b) 탄성회복응력 (c) 잔류응력

(b) 항복 비틀림 각. 식 (5.15)로부터 항복이 시작할 때의 비틀림 각은

$$\phi_y = \frac{T_y L}{GJ} = \frac{6.36 \times 10^3 (1.5)}{1272 \times 10^{-9} (80 \times 10^9)} = 0.0938 \ \text{rad}$$

ϕ_y에 대한 수치를 식 (5.35)에 대입하면

$$\phi = \frac{c\phi_y}{\rho_0} = \frac{30(0.0938)}{18.3} = 0.1538 \ \text{rad} = 8.81$$

(c) 잔류응력. 토크를 제거하면 그림 5.32(b)에서와 같은 탄성응력이 생긴다. 또한 식 (5.7)로부터

$$\tau'_{\max} = \frac{Tc}{J} = \frac{8 \times 10^3 (30 \times 10^{-3})}{1272(10^{-9})} = 188.7 \ \text{MPa}$$

두 응력분포를 중첩하면 그림 5.32(c)와 같은 잔류응력을 얻을 수 있다.

영구 비틀림. 식 (5.15)로부터 탄성회복 회전각은

$$\phi' = \frac{TL}{GJ} = \frac{8 \times 10^3 (1.5)}{1272 \times 10^{-9} (80 \times 10^9)} = 0.1179 \ \text{rad} = 6.76$$

그러므로 잔류 비틀림 각은

$$\phi_{\text{res}} = 8.81° - 6.76° = 2.05°$$

부가설명 $\tau'_{\max}$는 항복강도 τ_y를 초과하지만 $2\tau_y$를 초과하지 않기 때문에 이러한 응력이 선형적으로 분포한다는 가정은 유효하다는 점을 명심하자.

*5.11 비원형 중실 봉의 비틀림

비틀림 하중상태에서 발생하는 응력과 변위에 대해 5.3절과 5.6절에서 유도된 방정식들은 원형 횡단면을 갖는 축에 대해서만 적용된다. 균일한 비원형 단면의 봉이 비틀리면 횡단면의 초기 평면은 평면상태를 유지하지 못하고 뒤틀리게 된다. 그러므로 5.2절에서 기술한 처음 두 가정들은 더 이상 적절하지 않다. 그림 5.33은 직사각형 단면을 갖는 축에서 발생하는 뒤틀림의 특성을 보여준다. 수학적인 방법으로 해를 구하는 것은 매우 복잡하고 이 책의 범위를 넘어서는 일이다. 탄성론을 적용하여 해를 편리하게 구할 수 없는 상황에서는 지배방정식들이 실험적인 방법과 연계하여 사용된다. 이런 목적을 위해서는 유한요소해석이 또한 매우 효율적이다.

비틀림을 받는 사각형 봉의 횡단면 코너에 있는 요소는 전혀 뒤틀리지 않기 때문에 코너에서의 전단응력은 0이다(그림 5.34). 바깥 표면에서는 응력이 작용하지 않기 때문에 이

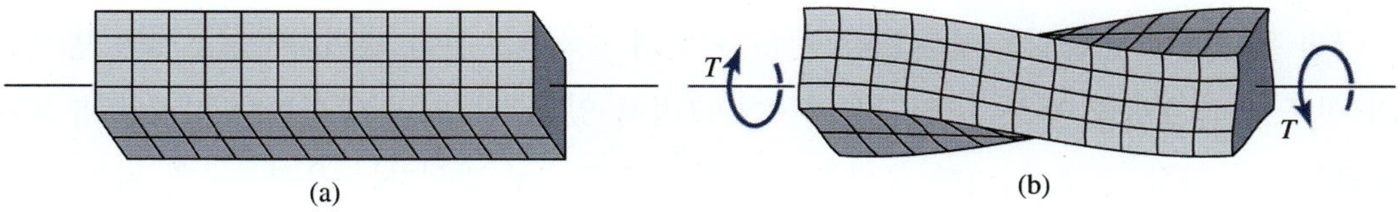

그림 5.33 직사각형 단면 봉 (a) 토크 T를 받기 전의 상태 (b) 토크 T가 작용한 후의 상태

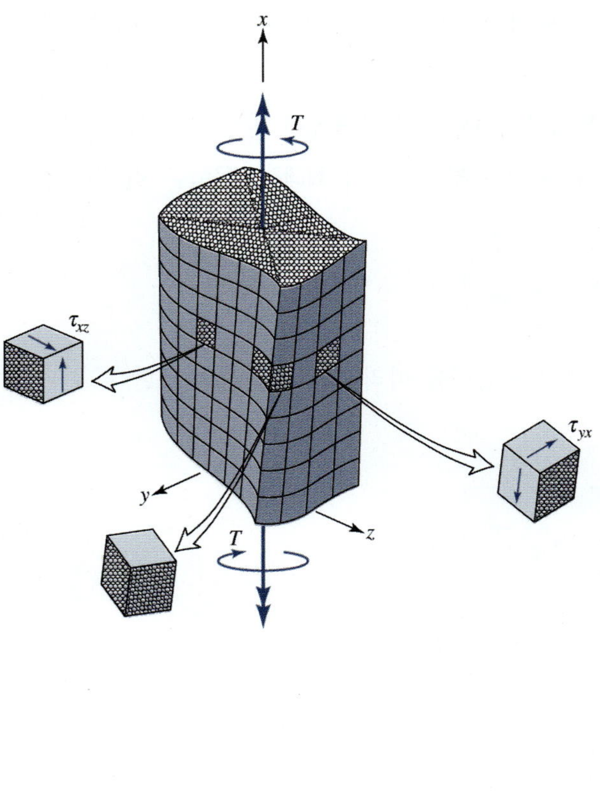

그림 5.34 비틀림을 받는 직사각형 봉에서의 응력과 변형. 초기 평면상태에 있던 횡단면들이 뒤틀려 있음을 주목하라.

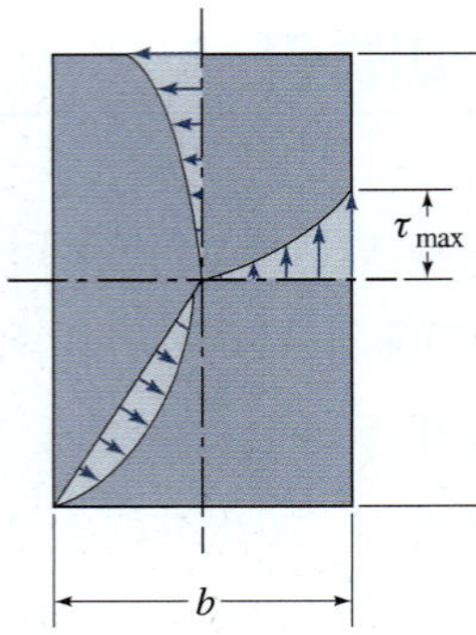

그림 5.35 비틀림을 받고 있는 직사각형($a \times b$) 단면의 부재에 나타나는 전단응력분포

러한 상황이 가능하다. 경계에 있는 다른 점들에 대해서도 유사하게 고려해볼 수 있다. 축의 가장 바깥쪽에서 잘라낸 3개의 정육면체 위에 작용하는 전단응력이 그림에 나타나 있는데 응력이 작용하지 않는 면은 어둡게 칠해져 있다. 경계 가까이에서 잘려진 면에서의 전단응력 τ_{xy}와 τ_{xz}는 경계와 평행하게 작용한다.

그림 5.35에는 비틀림을 받는 직사각형 단면의 중심으로부터 뻗어나가는 3개의 방사상의 선을 따라 분포되어 있는 전단응력들이 그려져 있다. 각 면의 중심선을 따라서 분포된 전단응력이 가장 크다. 이러한 응력분포와 원형 단면에서 발생하는 응력분포의 차이에 주목하자. 원형 단면의 경우 가장 멀리 있는 점에서 응력이 최대가 되는 반면 직사각형 단면의 경우에는 가장 먼 지점에서 응력이 0이다. 원형이 아닌 단면을 갖는 부재들에 대한 비틀림 응력과 변위가 참고문헌 5.4와 같은 공학편람에 나와 있다. 다음에 탄성해석결과 몇 가지를 단순하게 소개하고 있다.

표 5.1은 토크 T에 의해 순수비틀림을 받는 비원형 횡단면에서 발생하는 최대전단응력과 비틀림 각에 대한 정밀해를 보여준다. **사각형 부재**에서의 최대전단응력은 다음과 같다.

$$\tau_{\max} = \frac{T}{\alpha a b^2} \tag{5.37}$$

그림 5.35에 나타난 것처럼 폭이 더 큰 면의 중심선을 따라 최대응력이 발생한다. 한편 비틀림 각은 다음과 같이 표현된다.

$$\phi = \frac{T}{\beta a b^3 G} \tag{5.38}$$

표 5.1 비틀림을 받는 비원형 횡단면의 응력과 변형

Cross Section		Maximum Shear Stress	Angle of Twist
Ellipse(for circle, $a=b$) 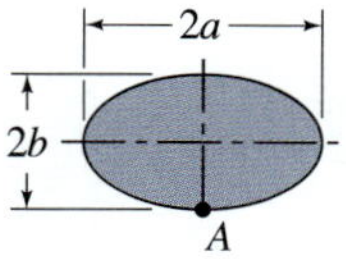		$\tau_A = \dfrac{2T}{\pi ab^2}$	$\phi = \dfrac{(a^2+b^2)TL}{\pi a^3 b^3 G}$
Equilateral triangle 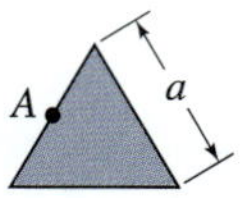		$\tau_A = \dfrac{20T}{a^3}$	$\phi = \dfrac{46.2TL}{a^4 G}$
Rectangle 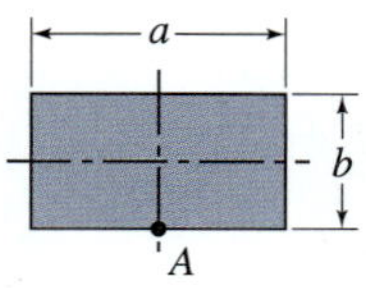		$\tau_A = \dfrac{T}{\alpha ab^2}$	$\phi = \dfrac{TL}{\beta abG}$
	a/b	α	β
	1.0	0.208	0.141
	1.5	0.231	0.196
	2.0	0.246	0.229
	2.5	0.256	0.249
	3.0	0.267	0.263
	4.0	0.282	0.281
	5.0	0.292	0.291
	10.0	0.312	0.312
	∞	0.333	0.333

a와 b는 각각 직사각형 횡단면의 긴 변과 짧은 변의 길이를 가리킨다. 계수 α와 β는 직사각형 단면의 변 길이 a와 b의 비율에 따라 달라진다. **얇은 단면**($a \gg b$)일 경우 α와 β의 값들은 1/3에 접근한다. 표에 나열된 모든 방정식들은 축 재료가 탄성거동을 할 때만 유효하다는 것을 명심해야 한다.

예제 5.12 단붙임 직사각형 봉의 해석

조건 그림 5.36과 같이 직사각형 강재 봉의 한 끝단은 고정되어 있으며 다른 끝단에는 토크 T가 작용하고 있다. AB 부분과 BC 부분의 폭은 b이고 깊이는 각각 a_1과 a_2이다. 주어진 데이터는 다음과 같다.

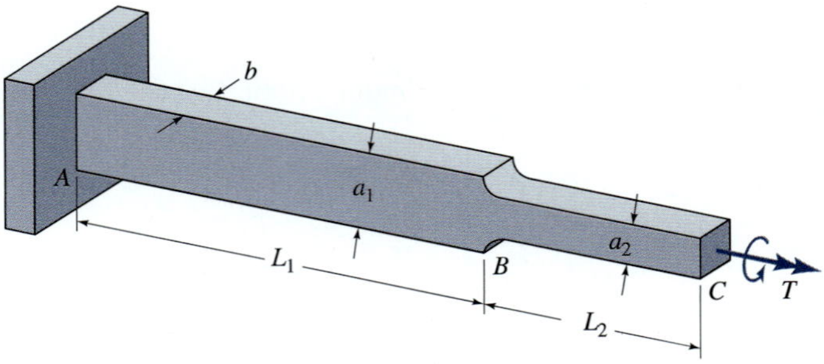

그림 5.36 일정하지 않은 횡단면을 갖는 직사각형 봉의 비틀림

$$a_1 = 2 \text{ in.} \qquad a_2 = 1.5 \text{ in.} \qquad b = 1 \text{ in.}$$

$$L_1 = 30 \text{ in.} \qquad L_2 = 20 \text{ in.} \qquad G = 12 \times 10^6 \text{ psi}$$

문제

(a) 최대허용토크를 구하라.

(b) 끝점 C에서의 비틀림 각을 구하라.

(c) 봉의 단면이 한 변이 b인 정사각형일 때 허용토크를 구하라.

가정 사용된 부재의 허용전단응력은 $\tau_{\text{all}} = 10$ ksi이고 단위길이당 허용비틀림 각은 $(\phi/L)_{\text{all}} = 0.05°/\text{in.}$이다.

풀이

(a) 축의 토크용량. 표 5.1로부터 비틀림 계수의 값들은

$$AB \text{ 부분 } \left(\frac{a_1}{b} = 2\right): \qquad \alpha_1 = 0.246 \quad \text{그리고} \quad \beta_1 = 0.229$$

$$BC \text{ 부분 } \left(\frac{a_2}{b} = 1.5\right): \qquad \alpha_2 = 0.231 \quad \text{그리고} \quad \beta_2 = 0.196$$

BC 부분의 깊이가 작기 때문에 BC 부분이 토크용량을 결정한다. 허용전단응력을 기준으로 한 허용토크는 $\tau_{\max} = T/\alpha ab^2$을 사용하여 정한다. 그러므로

$$T = \alpha_2 a_2 b^2 \tau_{\max} = 0.231(1.5)(1)^2(10) = 3.47 \text{ kip} \cdot \text{in.}$$

단위길이당 허용비틀림 각에 해당하는 허용토크는 $\phi/L = T/\beta ab^3 G$를 사용하여 다음과 같이 구한다.

$$T = \beta_2 a_2 b^3 G(\phi/L)_{\text{all}} = 0.23(1.5)(1)^3(12 \times 10^6)\left(\frac{0.05\pi}{180}\right) = 3.61 \text{ kip} \cdot \text{in.}$$

부가설명 위 두 가지 토크 중에서 작은 값이 허용토크 $T_{\text{all}} = 3.47$ kip · in.가 된다.

(b) 허용비틀림 각. 자유단에서의 비틀림 각은 봉의 두 부분에서 발생하는 비틀림 각의 합이다.

$$\phi_C = \frac{T_{\text{all}}}{b^3 G}\left(\frac{L_1}{\beta_1 a_1} + \frac{L_2}{\beta_2 a_2}\right)$$

$$= \frac{3.47 \times 10^3}{(1)^3 (12 \times 10^6)}\left[\frac{30}{0.229(2)} + \frac{20}{0.196(1.5)}\right]$$

또는

$$\phi_C = 0.0385 \ \text{rad} = 2.2°$$

부가설명 단위길이당 허용비틀림 각을 기준으로 한 허용토크가 사용된다면 $\phi_C = 0.05(30 + 20) = 2.5°$가 된다.

(c) 봉의 단면이 정사각형인 경우.

$$a = b = 1 \ \text{in.} \qquad \frac{a}{b} = 1.00 \qquad \alpha = 0.208 \qquad (\text{표 5.1 참조})$$

최대전단응력은 다음 식으로 표현된다.

$$\tau_{\max} = \frac{T_{\text{all}}}{\alpha b^3} \qquad 10 = \frac{T_{\text{all}}}{0.208(1)^3}$$

위 식으로부터 $T_{\text{all}} = 2.08 \ \text{kip} \cdot \text{in.}$이다.

*5.12 얇은 벽의 중공부재

이 절에서는 임의의 횡단면형상을 갖는 얇은 벽의 중공부재(thin-walled hollow members) 또는 관의 비틀림에 대하여 논의하겠다. 그러한 부재는 일반적으로 경량의 항공기나 우주선 구조물에 사용된다. 이러한 경우에 정밀해는 상당히 복잡하고 1.3절에서 언급한 모든 원리들을 이행하고 탄성론의 적용을 요구한다. 그러나 비틀림 관에 발생하는 전단응력분포에 대한 근사해는 **평형조건**만을 기초로 하여 쉽게 구할 수 있다.

가정

임의의 형상과 변화하는 벽 두께 t를 가지며 끝단에서 토크 T를 받는 중공원통부재를 고찰해보자. 다양한 부재에 적용할 수 있는 식을 유도하기 위해서 다음과 같이 간단한 가정을 세운다.

1. 부재는 각기둥이다. 횡단면은 축선을 따라 변하지 않으며 '닫혀' 있다.
2. 벽의 두께는 횡단면의 치수들에 비해 작다.
3. 끝단은 횡단면이 뒤틀리거나 평면 밖으로 변형되는 것에 대해 어떤 제한도 받지 않는다.

관의 미소길이 성분 dx를 그림 5.37(a)에 나타내었다. 토크에 의하여 생긴 전단응력 τ는 횡단면 주위를 따라 변할 수 있지만 가정 2에 기초하여 관의 미소두께를 가로질러서는 균일한 것으로 간주한다.

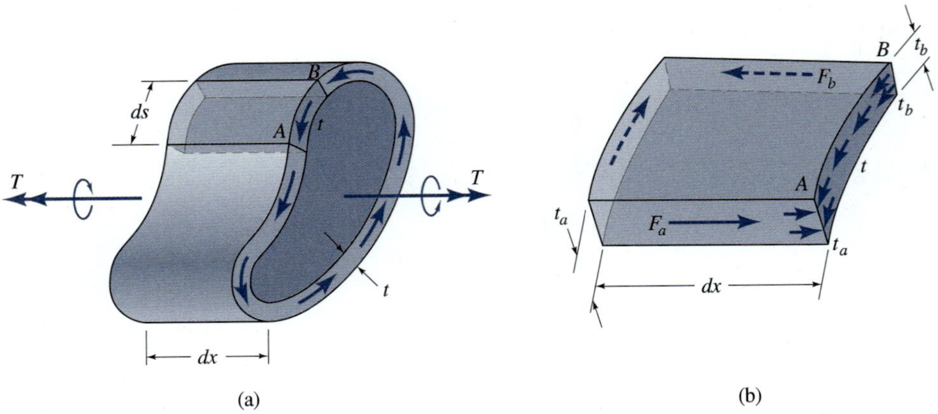

그림 5.37 (a) 순수비틀림을 받고 있는 얇은 벽을 가진 관에서의 전단응력 (b) 벽 요소의 자유물체도

전단흐름

관 성분으로부터 잘라낸 요소의 자유물체도를 그림 5.37(b)에 확대하여 도시하였다. 상호 수직한 평면상에 있는 전단응력은 요소의 코너에서 같아야 한다(2.10절 참조). 따라서 τ_a와 τ_b는 그림에서 보듯이 코너 A와 B에서의 응력을 나타낸다. 종방향 평면에 있는 내력 F_a와 F_b는 다음과 같이 나타낼 수 있다.

$$F_a = \tau_a t_a \, dx \qquad F_b = \tau_b t_b \, dx$$

여기서 t_a와 t_b는 각각 점 A와 B에서의 관 두께이다. 종방향 힘들의 평형으로부터 $F_a = F_b$ 또는

$$\tau_a t_a = \tau_b t_b \tag{a}$$

이는 2개의 임의의 점에서 종방향 응력과 벽 두께의 곱은 같아야 한다는 것을 의미한다. 즉

$$q = \tau t = \text{일정} \tag{5.39}$$

여기서 q는 단위길이당 힘의 차원을 가지며 관 주위를 따라 단위길이당의 저항력을 나타낸다. 이런 이유로 q를 **전단흐름**이라고 한다.

전단응력

전단흐름은 관의 횡단면에 작용하는 전단응력에 대한 개념을 앞서서 제시해준다. 지금 관 횡단면에서 길이 요소 ds를 고려함으로써 작용토크 T의 항으로 전단흐름 q를 구해보자 (그림 5.38). 임의의 점 O에 대하여 이 요소에 작용하는 힘 qds의 모멘트는 $(qds)r$이다. 여기서 r은 점 O로부터 힘의 작용선까지의 수직 거리이다. 그러한 모든 모멘트의 합은 전체 내부토크가 된다. 즉

$$T = q\oint^{L_m} r\,ds \tag{b}$$

여기서 적분은 그림에서 점선으로 표시하였듯이 관 횡단면의 **중앙**선 또는 중심선을 따라 실행한다. 그림 5.38에서 삼각형의 음영면적 dA는 $rds/2$임을 주목하자. 따라서 A_m을 **중앙선으로 둘러싸인 면적**이라고 하면 식 (b)는 $T = 2A_m q$가 된다. 이러한 표현으로부터 **전단흐름**은 다음과 같이 된다.

$$q = \frac{T}{2A_m} \tag{5.40}$$

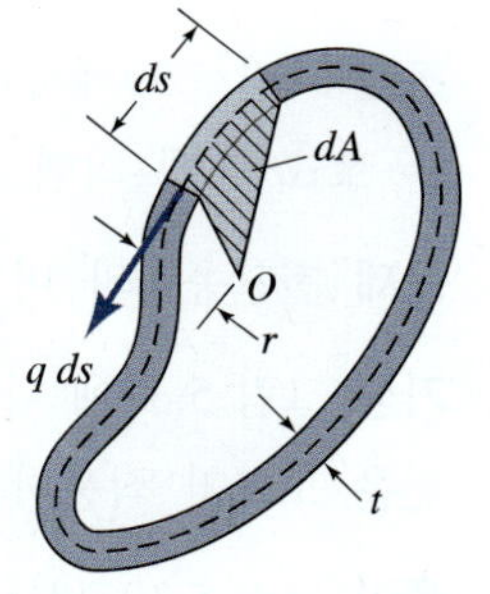

그림 5.38 얇은 벽을 가진 관의 횡단면

식 (5.39)와 (5.40)으로부터 관의 임의의 점에서 **전단응력**을 구해보면 다음과 같다.

$$\tau = \frac{q}{t} = \frac{T}{2A_m t} \tag{5.41}$$

여기서 t는 임의의 점에서의 벽 두께이다. 식 (5.41)은 두께가 갑자기 변하지 않는 얇은 벽을 가진 관의 선형탄성거동에만 한정되어 적용된다. 비탄성범위에서 식 (5.41)은 오직 두께 t가 일정한 경우에만 유효하다. 비틀림을 받는 관이 매우 얇은 벽을 가진다면 좌굴(buckling)이 발생할 수 있음을 유의하여야 한다.

비틀림 각

비틀림 각에 대한 관계식을 유도하기 위하여 부재에 대한 전단변형률에너지 $U = \int (\tau^2/2G)dV$ (3.12절 참조)와 단위거리에 대한 작용토크에 의한 일 $W = \frac{1}{2}T(\phi/L)$을 고려해보자. 여기서 $\tau = T/2tA_m$이고, 단위거리당 부피 $dV = tds$이다. 그러므로 $W = U$라고 놓음으로써 얇은 벽을 가진 축에 대한 **비틀림 각**은 다음과 같이 구해진다.

$$\phi = \frac{TL}{4A_m^2 G} \oint^{L_m} \frac{ds}{t} \tag{5.42}$$

여기서 L과 G는 각각 관이 길이와 전단탄성계수를 나타낸다. 식 (5.41)과 (5.42)를 때때로 Bredt 식(Bredt's formulas)이라고 한다.

앞에서 기술한 관계식의 유효성과 응용은 다음의 두 전형적인 관들에 대한 비틀림 문제의 해석과정에서 설명된다.

[예제 5.13] 비틀림을 받고 있는 얇은 벽을 가진 관의 해석

조건 그림 5.39에서와 같이 일정한 두께 t와 반경 r을 갖는 얇은 원형 관이 양단에서 작용하는 토크 T에 의해 비틀어진다.

문제 전단응력과 비틀림 각의 근사해와 정밀해를 구하라.

가정 그림 5.39에 나타난 끝단 조건들은 실제적으로는 거의 발생하지 않기 때문에 응력과 회전은 토크가 작용하는 점으로부터 약간 이동된 횡단면에서 계산된다.

풀이 그림 5.39로부터 길이 $L_m = \phi ds = 2\pi r$의 관 횡단면 중심선에 의하여 둘러싸인 면적은 $A_m = \pi r^2$이다. $c = r + t/2$이고 $b = r - t/2$이므로 전단응력과 비틀림 각에 대한 근사해는

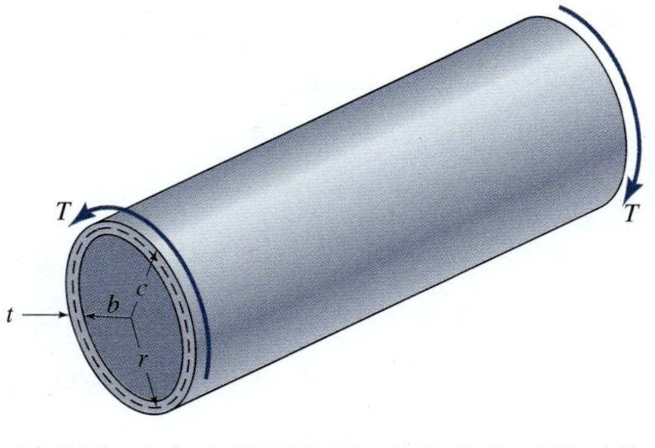

그림 5.39 순수전단상태에 있는 얇은 벽을 가진 파이프

식 (5.41)과 (5.42)로부터

$$\tau_a = \frac{T}{2\pi r^2 t} \tag{5.43}$$

$$\phi_a = \frac{TL}{2\pi G r^3 t} \tag{5.44}$$

극관성 모멘트는 다음과 같이 표현된다.

$$J = \frac{\pi}{2}(c^4 - b^4) = \frac{\pi r t}{2}(4r^2 + t^2)$$

최대전단응력과 비틀림 각에 대한 정밀해는 다음과 같다.

$$\tau_e = \frac{Tc}{J} = \frac{T(2r+t)}{\pi r t(4r^2 + t^2)} \tag{5.45}$$

$$\phi_e = \frac{TL}{GJ} = \frac{2TL}{\pi G r t(4r^2 + t^2)} \tag{5.46}$$

근사해와 정밀해의 비율. 두 해석을 통해 얻어진 응력과 비틀림 각의 차이를 알아보기 위하여 다음 비율을 고려해보자.

$$\frac{\tau_a}{\tau_e} = \frac{4\alpha^2 + 1}{2\alpha(2\alpha + 1)} \qquad \frac{\phi_a}{\phi_e} = \frac{4\alpha^2 + 1}{4\alpha^2} \tag{5.47}$$

여기서 $\alpha = r/t$이다.

부가설명 예를 들어 $\alpha = 10$이면 위 식의 값들은 각각 0.955와 1.003이다. $r \geq 10t$인 얇은 벽을 가진 관인 경우에 근사해는 매우 정확하다는 것을 알 수 있다.

예제 5.14 얇은 벽을 가진 직사각형 관의 비틀림 해석

조건 얇은 벽을 가진 황동 관($G = 39$ GPa)의 단면이 그림 5.40과 같이 직사각형이다. 주어진 치수는 다음과 같다.

$$t_1 = t_3 = 6 \text{ mm} \qquad t_4 = 2t_2 = 4 \text{ mm} \qquad a = 194 \text{ mm} \qquad b = 97 \text{ mm}$$

문제

(a) 관이 $T = 5$ kN · m의 토크를 받을 때 각 벽에서 발생하는 전단응력을 구하라.

(b) 허용전단응력 $\tau_{\text{all}} = 50$ MPa을 유발하는 토크의 크기를 구하라. 이 토크에 의해 0.5 m의 관 길이에 발생하는 비틀림 각을 계산하라.

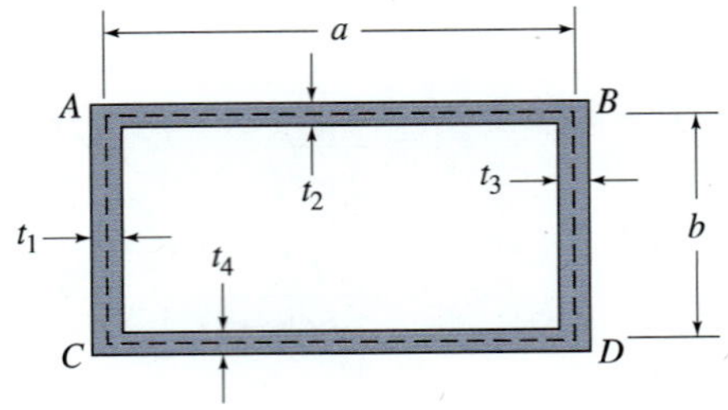

그림 5.40 변하는 두께의 얇은 벽을 갖는 관의 횡단면

가정 응력과 회전은 토크 T가 작용하는 끝단으로부터 약간 이동된 횡단면에서 계산된다.

풀이 관 단면 중심선에 의해 둘러싸인 면적은 $A_m = 0.194 \times 0.097 = 18.818 \times 10^{-3}\ \text{m}^2$이다.

(a) 각 벽에서의 전단응력. 관 단면에서의 전단흐름은 식 (5.40)으로부터

$$q = \frac{T}{2A_m} = \frac{5 \times 10^3}{2(18.818 \times 10^{-3})} = 132.85\ \text{kN} \cdot \text{m}$$

계속해서 $t_1 = t_3 = 6\ \text{mm},\ t_2 = 2\ \text{mm},\ t_4 = 4\ \text{mm}$를 식 (5.41)에 대입하면 다음을 얻는다.

$$\tau_{AC} = \tau_{BD} = \frac{q}{t_1} = \frac{132.85 \times 10^3}{6 \times 10^{-3}} = 22.1\ \text{MPa}$$

$$\tau_{AB} = \frac{q}{t_2} = 66.4\ \text{MPa}$$

그리고

$$\tau_{CD} = \frac{q}{t_A} = 33.2\ \text{MPa}$$

명백히 주어진 벽에서의 응력은 주어진 토크에 대해여 오직 두께에만 의존한다.

(b) 관의 토크와 비틀림 용량. 허용응력은 가장 얇은 벽에서 발생한다. 그러므로 전단흐름은 다음과 같다.

$$q = \tau_{AB} t_2 = 50 \times 10^6 (2 \times 10^{-3}) = 100\ \text{kN/m}$$

가장 큰 허용토크는 식 (5.40)으로부터 다음과 같이 얻어진다.

$$T = 2qA_m = 2(100 \times 10^3)(18.818 \times 10^{-3}) = 3.76\ \text{kN} \cdot \text{m}$$

식 (5.42)로부터 비틀림 각은

$$\phi = \frac{3.76 \times 10^3 (0.5)}{4(18.818 \times 10^{-3})^2 (39 \times 10^9)} \left(\frac{2 \times 97}{6} + \frac{194}{2} + \frac{194}{4} \right)$$

위 식으로부터 $\phi = 6.05 \times 10^{-3}$ rad $= 0.35°$ 이다.

부가설명 직사각형(또는 다른 형상) 관의 코너에서 나타나는 응력집중은 근사해에서는 무시된다는 점을 유의하라.

연습문제

5.10절~5.12절

5.73 전단항복강도 τ_y, 전단탄성계수 G, 직경 d, 길이 L을 갖는 원형의 탄소성 축이 최대전단변형률 9000 μ에 도달할 때까지 비틀린다(그림 P5.73). 다음을 구하라.

(a) 비틀림 각의 크기

(b) 토크 T의 값

조건 $d = 60$ mm, $L = 0.5$ m, $G = 70$ GPa, $\tau_y = 180$ MPa

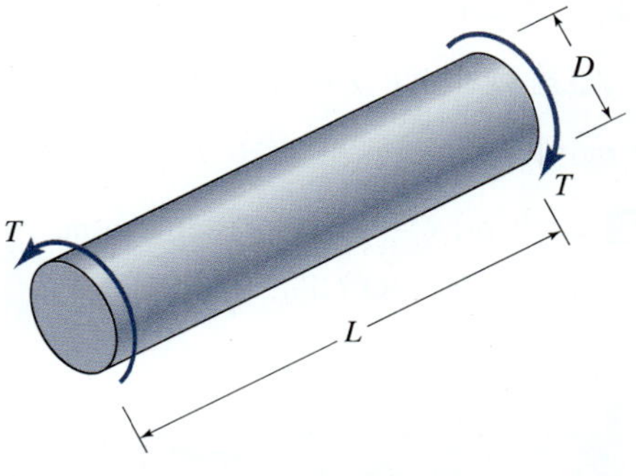

그림 P5.73

5.74 그림 P5.73에서와 같이 직경 d와 길이 L을 갖는 원형 축이 토크 T를 받고 있다. 축은 알루미늄 합금(6061-T6)으로 제작된다(표 B.4 참조). 축은 탄소성 거동을 한다고 가정한다. 다음을 구하라.

(a) 탄성중심의 반경 ρ_0

(b) 비틀림 각 ϕ

조건 $d = 2$ in., $L = 3.6$ ft, $T = 40$ kip · in.

***5.75** 그림 P5.75에서와 같이 길이 2 m와 직경 40 mm를 갖는 원형 축에 비틀림이 발생하여 직경 10 mm의 탄성중심만 남게 된다. 하중을 제거했을 때 다음을 구하라.

(a) 잔류전단응력

(b) 잔류 비틀림 각

가정 축은 $\tau_y = 140$ MPa, $G = 80$ GPa을 갖는 탄소성 재료로 제작된다.

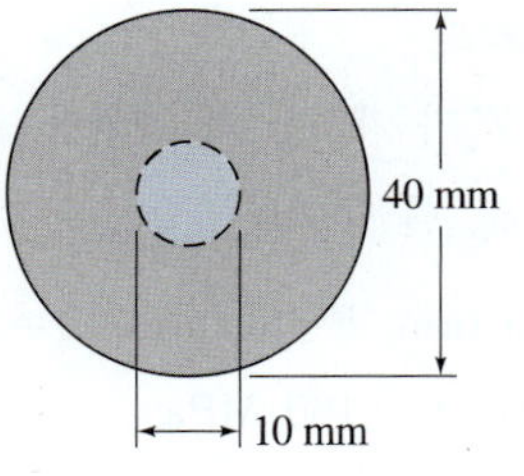

그림 P5.75

5.76 외부반경 c와 내부반경 b를 갖는 중공 축이 탄소성 재료로 제작된다(그림 P5.76).

(a) 축의 **항복토크**와 **극한토크**가 각각 다음과 같음을 보여라.

$$T_y = \frac{\tau_y J}{c} = \frac{\tau_y}{c}(J_o - J_i) \quad \text{(P5.76a)}$$

$$T_u = \frac{2}{3}\pi\tau_y(c^3 - b^3) = \frac{4}{3}\tau_y\left(\frac{J_o}{c} - \frac{J_i}{b}\right) \quad \text{(P5.76b)}$$

축의 극관성 모멘트는 $J = \pi(c^4 - b^4)/2 = J_o - J_i$ 이다.

(b) $c = 2b$인 경우 T_y에 대한 T_u의 비를 구하라.

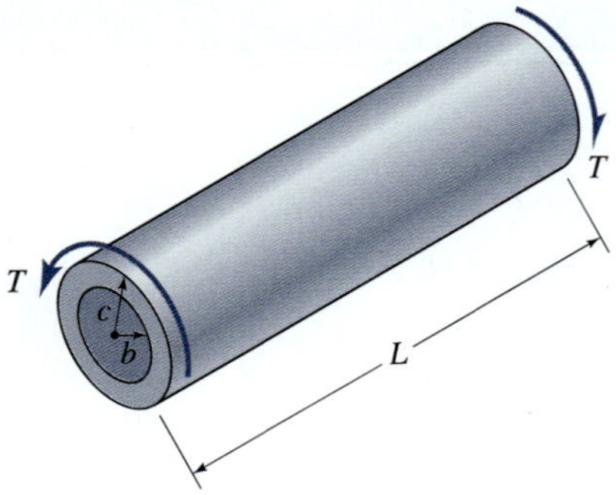

그림 P5.76

***5.77** 전단탄성계수 G와 전단항복응력 τ_y를 갖는 중공의 원형 강철 튜브의 양 끝단에서 작용하는 토크 T가 점차 커지고 있다. 그림 P5.76에서와 같이 튜브는 외경 $2c$와 내경 $2b$를 갖는다. 다음을 구하라.

(a) 항복토크 T_y와 항복 비틀림 각 ϕ_y

(b) 극한토크 T_u와 극한 비틀림 각 ϕ_u

(a)와 (b)에서 얻어진 결과를 이용하여 T-ϕ 선도를 그려라.

(c) 축에서 T_u가 제거될 때 잔류응력 τ_{res}와 잔류 회전각 ϕ_{res}를 구하라.

조건 $c = 40$ mm, $b = 30$ mm, $L = 2$ m, $G = 80$ GPa, $\tau_y = 160$ MPa

5.78 외부반경 c, 내부반경 b, 길이 L인 중공의 원형 축이 알루미늄 합금(2014-T6)으로 제작된다. 토크 T를 받고 있는 알루미늄 합금의 전단항복강도는 τ_y이고 전단탄성계수는 G이다(그림 P5.76). 다음을 구하라.

(a) 축의 항복토크 T_y

(b) 축의 극한토크 T_u

(c) 극한 비틀림 각 ϕ_u와 하중이 제거될 때 남게 되는 잔류 비틀림 각 ϕ_{res}

조건 $b = 1\frac{1}{4}$ in., $c = 2$ in., $L = 5$ ft, $G = 4.1 \times 10^6$ psi, $\tau_y = 32$ ksi (표 B.4 참조)

5.79 반경 c의 중실 축[그림 P5.79(a)]이 그림 P5.79(b)의 τ-γ 선도를 갖는 변형 경화재로 제작된다. 탄성중심의 반경이 ρ_0일 때 토크 T를 구하라.

조건 $c = 15$ mm, $\rho_0 = 10$ mm

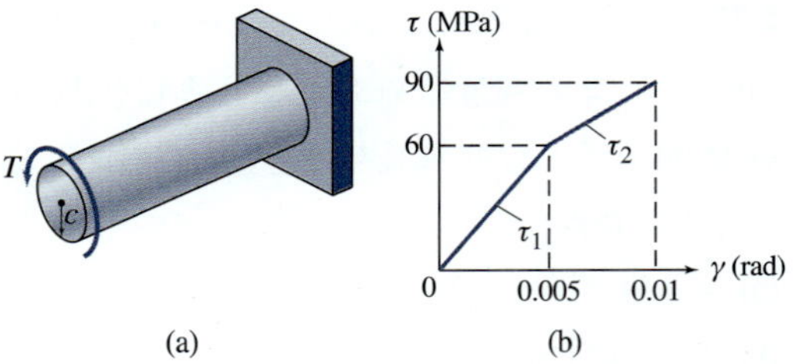

그림 P5.79

***5.80** 그림 P5.80에서와 같이 양단이 고정된 축이 전단탄성계수가 G이고 전단항복응력이 τ_y인 탄소성 재료로 제작된다. C에서의 비틀림 각이 $\phi_C = 0.2$ rad이라고 가정할 때 토크 T를 구하라.

조건 $a = 2$ m, $b = 1.5$ m, $d_1 = 100$ mm, $d_2 = 60$ mm, $G = 80$ GPa, $\tau_y = 240$ MPa

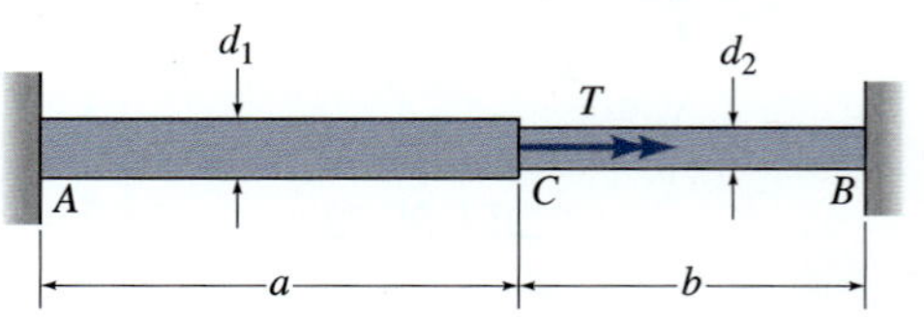

그림 P5.80

5.81 $d_1 = d_2 = 80$ mm이고 $a = 2b = 2.2$ m일 때 문제 5.80을 다시 구하라.

5.82 그림 P5.80의 축에 대해서 극한하중(T_u)을 구하라.

조건 $d_1 = 2d_2 = 2$ in., $a = 3$ ft, $b = 3$ ft, $\tau_y = 22$ ksi

5.83 그림 P5.83에서와 같이 폭 b, 깊이 a, 길이 L인 직사각형 단면의 부재의 한쪽 끝단은 고정되어 있고 다른 쪽 끝단에는 토크 T가 작용하고 있다. 다음을 구하라.

(a) 부재에서 발생하는 최대전단응력

(b) A에서의 비틀림 각 ϕ_A

조건 $a = 75$ mm, $b = 30$ mm, $L = 0.5$ m, $T = 600$ N · m, $G = 39$ GPa

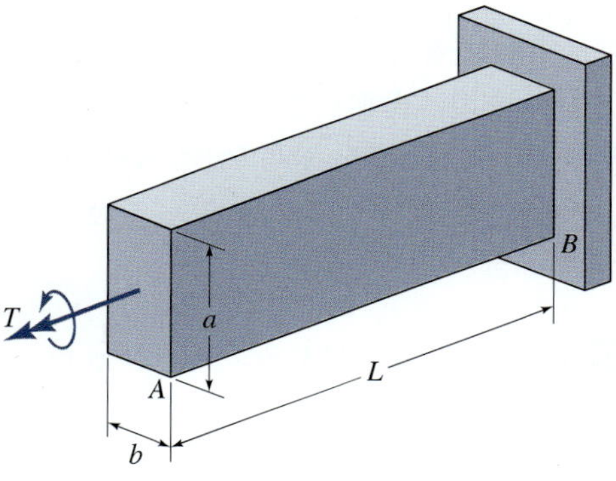

그림 P5.83

5.84 토크 T가 허용전단강도 τ_{all}을 갖는 강철 부재(그림 P5.83)에 작용하고 있다. 다음을 구하라.

(a) $a = 2b$일 때 요구되는 b의 치수

(b) $a = b$일 때 요구되는 b의 치수

조건 $T = 2.5$ kip · in., $\tau_{all} = 8$ ksi

5.85 그림 P5.85에서와 같이 원형 단면, 정사각형 단면, 직사각형 단면의 축들의 끝단에 토크가 작용하고 있다. 축의 단면적 크기는 A이고 동일한 허용전단강도 τ_{all}을 갖는다. 축들에 가할 수 있는 가장 큰 토크들의 비 T_c/T_s와 T_c/T_r을 구하라.

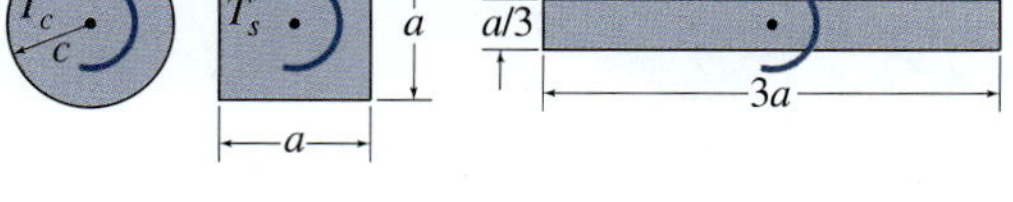

그림 P5.85

5.86 그림 P5.86에서와 같이 길이가 L이고 한 변이 a인 정삼각형 단면을 갖는 구조용강 부재(ASTM-A36)의 한쪽 끝단은 고정되어 있고 다른 쪽 끝단에는 토크가 작용하고 있다. 부재에 의해 지탱될 수 있는 가장 큰 토크 T를 구하라. 부재의 비틀림각은 $\phi_{all} = 5°$를 초과하지 않는다. 항복에 의한 파손에 대해서 안전계수 $n_s = 2.5$가 사용된다.

조건 $a = 40$ mm, $L = 3$ m, $G = 79$ GPa, $\tau_{all} = 145$ MPa (표 B.4 참조)

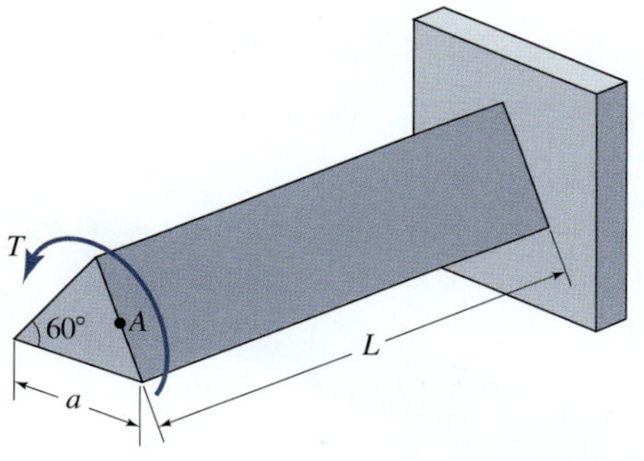

그림 P5.86

5.87 그림 P5.87에서와 같이 장축 a와 단축 b를 갖는 타원형 단면의 축(길이는 L)이 전단탄성계수 G를 갖는 알루미늄 합금으로 제작되었고 끝단에서 토크 T를 받고 있다. 다음을 구하라.

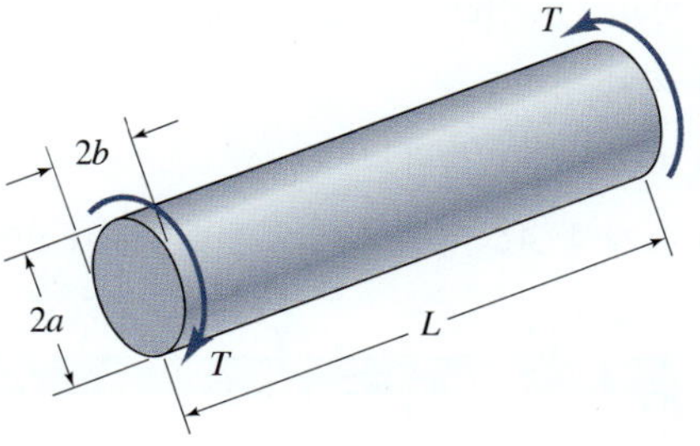

그림 P5.87

(a) 전단허용응력이 τ_{all}일 때 축에 의하여 전달될 수 있는 가장 큰 허용토크

(b) 축의 비틀림 각 ϕ

(c) 속력 f로 축이 전달할 수 있는 동력(단위: kW)

조건 $a = 30$ mm, $b = 15$ mm, $L = 2.5$ m, $f = 20$ Hz, $G = 26$ GPa, $\tau_{all} = 60$ MPa

5.88 그림 P5.88에서와 같이 길이가 L이고 한 변이 a인 정삼각형 단면을 갖는 고강도 강철 부재(ASTM-A242)에 토크 T_1, T_2, T_3가 작용하고 있다. 다음을 구하라.

(a) 부재에서 발생하는 최대전단응력 τ_{max}

(b) 부재 양 끝단 사이의 상대 회전각

조건 $G = 79$ GPa(표 B.4 참조), $a = 25$ mm, $L_1 = 0.6$ m, $L_2 = 1.4$ m, $T_1 = 75$ N · m, $T_2 = 50$ N · m, $T_3 = 25$ N · m

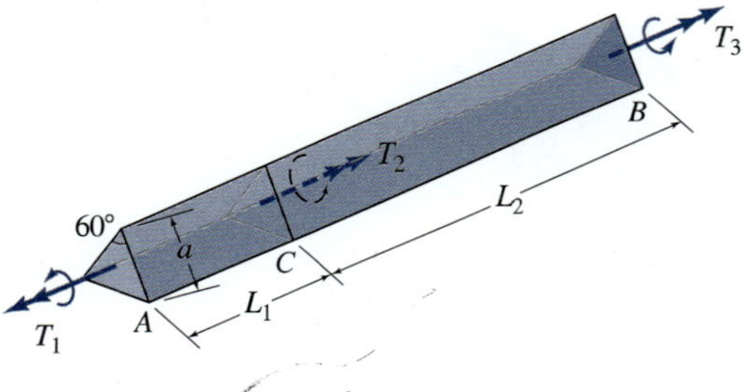

그림 P5.88

5.89 그림 P5.89에서와 같이 길이가 L이고 한 변이 a인 정사각형 단면을 갖는 회주철 부재(ASTM-A48)의 양쪽 끝단은 고정되어 있고 C에는 토크 T가 작용하고 있다. 다음을 구하라.

(a) 지지 반력들

(b) C에서의 비틀림 각 ϕ_C

(c) 부재의 AC 부분에서 발생하는 최대전단응력

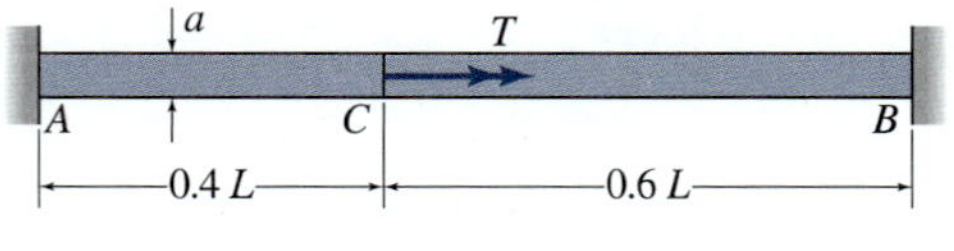

그림 P5.89

조건 $G = 28$ GPa(표 B.4 참조), $a = 50$ mm, $L = 1.5$ m, $T = 100$ N · m

5.90 그림 P5.89에서와 같이 장축 a와 단축 b를 갖는 타원형 단면의 청동 부재(길이는 L)의 양쪽 끝단은 고정되어 있고 C에는 토크 T가 작용하고 있다. 다음을 구하라.

(a) 지지 반력들

(b) C에서의 비틀림 각 ϕ_C

(c) 부재의 CB 부분에서 발생하는 최대전단응력

조건 $G = 41$ GPa(표 B.4 참조), $a = 20$ mm, $b = 10$ mm, $L = 3$ m, $T = 150$ N · m

5.91 그림 P5.89에서와 같이 길이가 L이고 한 변이 a인 정사각형 단면을 갖는 부재의 양쪽 끝단이 고정되어 있다. 부재는 전단항복강도 τ_{all}을 갖는 구조용강으로 제작된다. 항복파손에 대한 안전계수 n_s를 반영하여 C에서 가할 수 있는 가장 큰 토크 T를 구하라.

조건 $\tau_y = 21$ ksi(표 B.4 참조), $a = 1\frac{1}{2}$ in., $L = 5$ ft, $n_s = 1.4$

5.92 그림 P5.92에서와 같이 균일한 얇은 벽을 갖는 직사각형 단면의 축(길이 L, 평균 폭 a, 평균 깊이 b)의 한쪽 끝단은 고정되어 있고 다른 쪽 끝단에는 토크 T가 작용하고 있다. 축은 전단탄성계수 G를 갖는 판금으로 제작된다. 전단응력과 단위

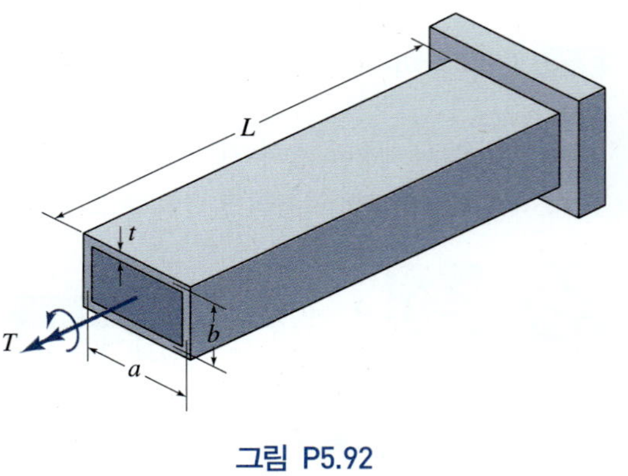

그림 P5.92

길이당 비틀림 각이 각각 $\tau_{all} = 40$ MPa과 $\phi_{all} = 0.03$ rad/m를 초과하지 않기 위한 최소 벽 두께 t를 구하라.

조건 $a = 2b = 100$ mm, $T = 1.4$ kN·m, $G = 28$ GPa

가정 모서리 부분에서의 응력집중은 무시한다.

5.93 축의 단면이 균일한 두께 t를 갖는 정사각형($a = b = 80$ mm)일 때 문제 5.92를 다시 구하라.

***5.94** 그림 P5.92에서와 같이 길이가 L이고 균일한 얇은 벽(두께 t)을 갖는 정사각형 단면($a \times a$)의 황동 튜브(전단탄성계수 G)에 토크가 작용하고 있다. 허용전단응력과 튜브의 비틀림 각은 각각 τ_{all}과 ϕ_{all}이다. 속력 n으로 튜브가 전달할 수 있는 가장 큰 토크와 동력을 구하라.

조건 $a = 1$ in., $t = \frac{1}{4}$ in., $L = 9$ ft, $G = 5.6 \times 10^6$ psi, $n = 200$ rpm, $\tau_{all} = 6$ ksi, $\phi_{all} = 15°$

5.95~5.96 그림 P5.95와 그림 P5.96과 같은 단면을 갖는 알루미늄 축(전단탄성계수 G)들에 토크 T가 가해지고 있다. 응력집중을 무시하고 각 단면에 대해 다음을 구하라.

(a) 최대전단응력

(b) 2 m 길이의 축에서 발생하는 비틀림 각

조건 $T = 2$ kN·m, $G = 28$ GPa

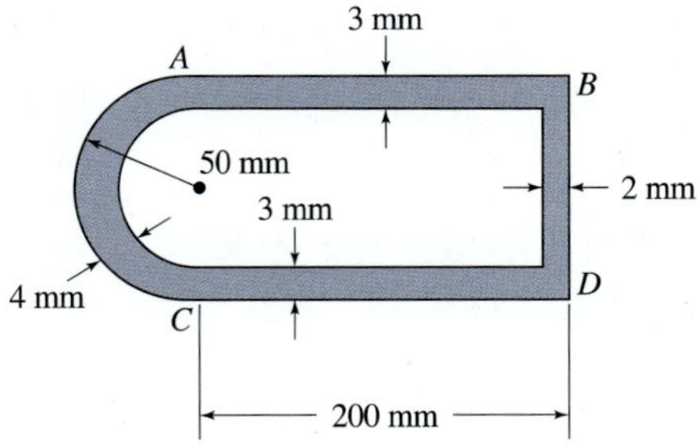

그림 P5.95

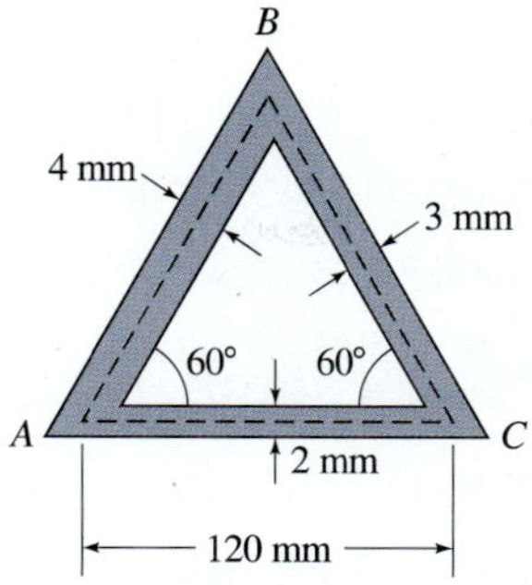

그림 P5.96

5.97 그림 P5.95는 황동($G = 39$ GPa)으로 제작되는 얇은 벽을 갖는 부재의 단면적을 근사화하고 있다. 단위길이당 비틀림 각이 0.4°/m를 초과하지 않는다면 최대허용토크 T_{all}과 그에 상응하는 최대 전단응력 τ_{all}을 구하라.

5.98~5.99 그림 P5.98과 그림 P5.99와 같은 단면적을 갖는 알루미늄 축(전단탄성계수 G)들에 토크 T가 작용한다. 응력집중을 무시하고 각 단면에 대해 다음을 구하라.

(a) 최대전단응력

(b) 3 m 길이의 축에서 발생하는 비틀림 각

조건 $T = 1.5$ kN·m, $G = 28$ GPa

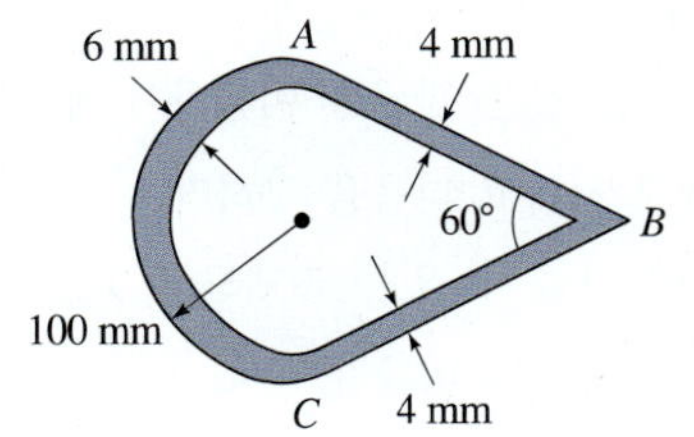

그림 P5.98

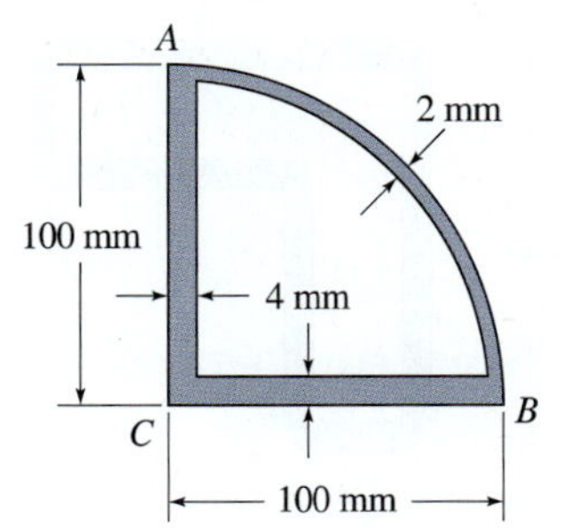

그림 P5.99

5.100 그림 P5.98은 알루미늄 합금($G=28$ GPa)으로 제작된 비행기의 동체 단면적을 근사화하고 있다. 단위길이당 비틀림 각이 0.4°/m를 초과하지 않는다면 최대허용토크 T_{all}과 그에 상응하는 최대 전단응력 τ_{all}을 구하라.

***5.101** 그림 P5.101에서와 같이 한 변이 a인 정삼각형 단면을 갖는 구조용 알루미늄 튜브는 두께 t가 균일하며 토크 T를 지탱하고 있다. 모서리에서 떨어져 있는 점 A에서의 전단응력을 구하라.

조건 $a=3.5$ in., $t=5/16$ in., $T=6$ kip · in.

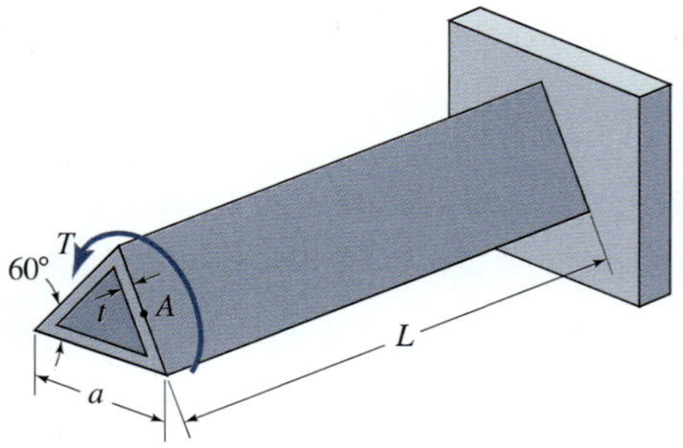

그림 P5.101

5.102 길이 L의 얇은 벽을 갖는 튜브(그림 P5.102)가 두께 t, 전단탄성계수 G, 그리고 허용전단응력 τ_{all}을 갖는 판금을 이용하여 제작된다. 응력집중을 무시하고 다음을 구하라.

(a) 튜브에 가할 수 있는 최대토크 T_{max}

(b) 그에 상응하는 비틀림 각 ϕ_{max}

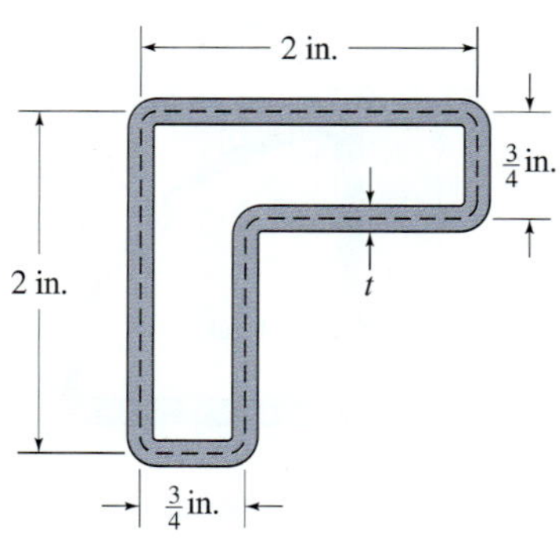

그림 P5.102

조건 $t=1/16$ in., $L=15$ in., $\tau_{all}=10$ ksi, $G=11.5\times10^6$ psi

5.103 그림 P5.103과 같은 단면적을 갖는 중공의 튜브가 두께 t를 갖는 판금으로부터 제작된다. 다음을 구하라.

(a) 튜브에 요구되는 최소 두께 t_{min}

(b) 길이가 L인 튜브에 발생하는 비틀림 각

조건 $a=50$ mm, $r=25$ mm, $L=2.5$ m, $T=1.5$ kN · m, $G=79$ GPa, $\tau_{all}=60$ MPa

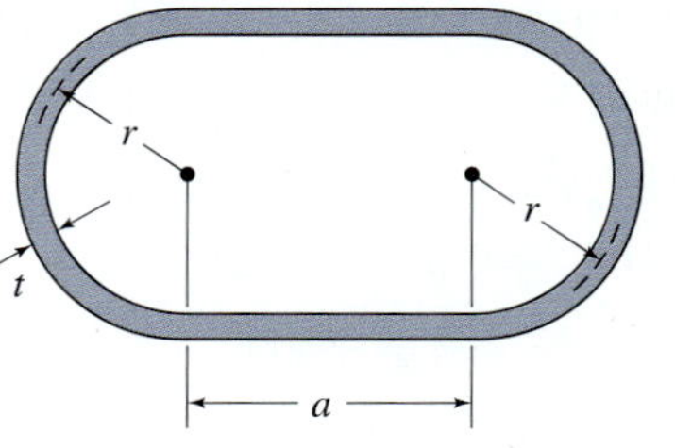

그림 P5.103

5.104 그림 P5.103과 같은 단면적을 갖는 중공의 튜브(두께 t)에 토크 T가 작용한다. 재료는 전단탄성계수 G를 갖는다. 다음을 구하라.

(a) 튜브에서 발생하는 최대전단응력 τ_{max}

(b) 길이가 L인 튜브에 발생하는 비틀림 각

조건 $a=2$ in., $r=1$ in., $L=5$ ft, $t=\frac{1}{4}$ in., $T=10$ kip · in., $G=11.5\times10^6$ psi

5.105 그림 P5.105에서와 같이 길이 L의 강철 앵글(L6×4×$\frac{3}{4}$ in.)에 토크가 작용하고 있다. 전단 항복파손에 대한 안전계수 n_s를 반영하여 다음을 구하라.

(a) 앵글에 가할 수 있는 가장 큰 토크 T_{all}

(b) 최대비틀림 각 ϕ_{max}

조건 $L=4$ ft, $n_s=1.5$, $G=11.5\times10^6$ psi, $\tau_y=21$ ksi(표 B.4 참조), $t=3/4$ in., $A=6.94$ in.^{2}(표 B.12 참조)

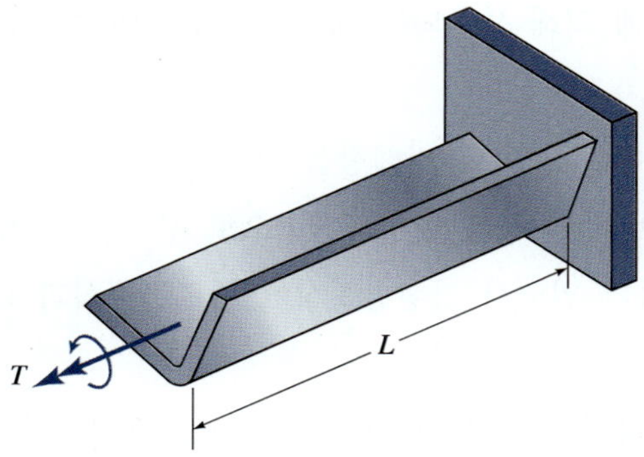

그림 P5.105

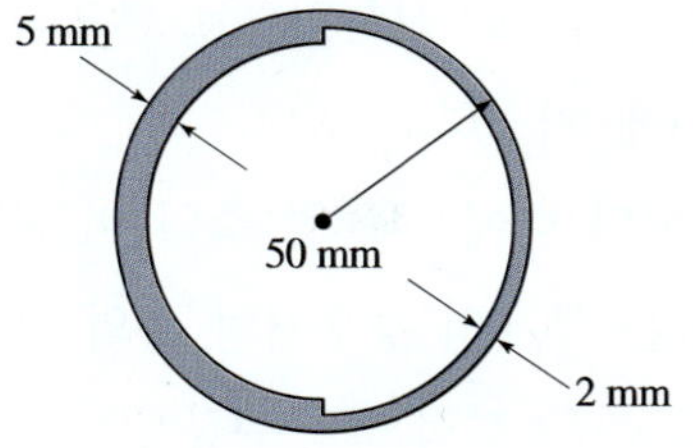

그림 P5.106

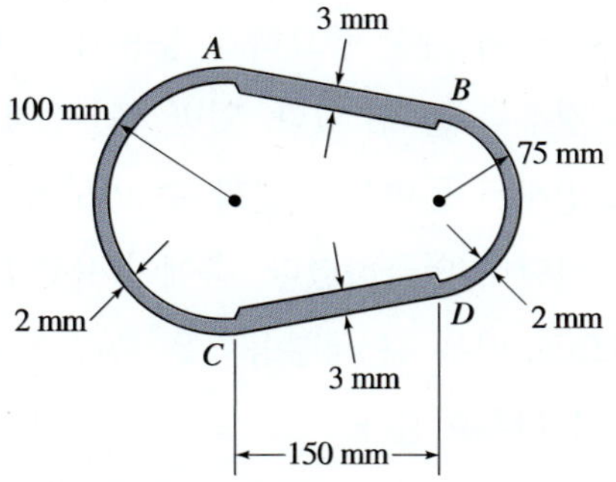

그림 P5.107

5.106~5.107 그림 P5.106과 그림 P5.107과 같은 단면적을 갖는 구조용강 축(ASTM-A36)이 토크 T를 받고 있다. 재료의 전단탄성계수는 G이다. 각 단면 형상에 대하여 다음을 구하라.

(a) 최대전단응력

(b) 1.2 m 길이의 축에서 발생하는 비틀림 각

조건 $T = 4$ kN · m, $G = 79$ GPa(표 B.4 참조)

가정 모서리에서의 응력집중은 무시된다.

5.108 전단탄성계수 $G = 28$ GPa을 갖는 알루미늄 합금으로 된 비행기 구조물의 단면적이 그림 P5.107에 근사적으로 표현되어 있다. 단위길이당 최대 허용비틀림 각이 0.4°/m일 때 최대허용토크 T_{all}과 그에 상응하는 최대전단응력 τ_{all}을 계산하라.

요약

이 장에서는 주로 균질한 선형탄성 재료로 제작된 원형 축이 토크를 받을 때 발생하는 응력과 변형에 대해서 다루었다. 원형 축의 비탄성 비틀림과 중공 및 중실의 횡단면을 갖는 비원형 봉의 탄성거동도 또한 기술되었다. 정적으로 정정인 부재와 부정정 부재의 해석과 설계가 취급되었다.

대칭성으로 인해서 끝단에서 작용하는 토크에 의해 비틀림을 받는 원형 부재에서 모든 횡단면은 뒤틀림 없이 평면으로 남게 됨을 설명하였다. 축의 비틀림 각이 작으면 봉의 길이와 반경은 변하지 않음을 알 수 있었다. 비틀림 공식은 횡단면상의 총 토크는 횡단면의

축선을 중심으로 선형적으로 분포되어 전단응력에 의해 산출되는 내부토크와 같아야 한다는 조건에 기초하고 있다.

탄성범위 내에서 원형 축의 비틀림 각은 작용하는 토크에 비례함을 알 수 있었다. 축하중을 받는 부재의 경우처럼 축의 지지점에서의 반력이 정적 평형조건만으로 구해질 수 없으면 그 축은 정적으로 부정정이다. 반력을 구하기 위해서 평형방정식에 재료관계식과 회전과 연관된 적합조건식이 추가되어야 한다.

원형 축이 가장 중요하게 응용되는 예로는 하나의 설비로부터 다른 설비로 동력을 전달하는 경우를 들 수 있다. 일반적인 설계문제는 허용전단응력을 초과함이 없이 명시된 속력으로 명시된 동력을 전달할 수 있도록 축의 직경을 결정하는 것이다. 강성에 대한 축의 설계도 간단히 언급하였다. 축에서 응력집중은 횡단면이 갑자기 변하는 점에서 발생한다. 실제적으로 매우 큰 국부응력은 축하중 부재에서 이미 설명했던 것처럼 응력집중계수를 사용하여 다루어진다.

마지막 3개의 절은 축 해석에 관련된 특별 주제에 대해서 다루고 있다. 비틀림을 받고 있는 원형 봉에서 발생하는 비탄성 변형과 잔류응력이 다루어졌다. 해석을 수행하기 위해서 축에 대한 변형조건과 평형조건이 충족되어야 한다. 원형 봉에 대한 이론과 방정식들은 비원형 봉에 대해서는 사용될 수 없다. 직사각형 횡단면을 갖는 탄성 봉의 경우에 최대전단응력은 폭이 더 큰 면의 중심선을 따라 발생한다. 변하는 두께의 얇은 벽을 갖는 비원형 중공탄성부재에서 발생하는 전단응력은 벽 횡단면을 따라 크기가 달라진다.

핵심 공식*

전단변형률	$\gamma = \dfrac{\rho\phi}{L} = \dfrac{\rho}{c}\gamma_{\max}$	5.2절
전단응력	$\tau = \dfrac{\rho}{c}\tau_{\max}$	
비틀림 공식	$\tau_{\max} = \dfrac{Tc}{J}$ $\tau = \dfrac{T\rho}{J}$	5.3절
응력변환식	$\sigma_{x'} = \tau \sin 2\theta$ $\tau_{x'y'} = \tau \cos 2\theta$	5.5절

비틀림 각		
원형	$\phi = TL/GJ$	
여러 단편들로 이루어져 있는 원형 축	$\phi = \sum_{i=1}^{n} T_i L_i / G_i J_i$	5.6절
단면적이 연속적으로 변하는 원형 축	$\phi = \int_0^L T_x dx / GJ_x$	
동력	$P = \dfrac{2\pi n T}{60} \quad (n = \text{rpm})$	
토크	$T = \dfrac{159P}{f} = \dfrac{9550P}{n} \quad (T = \text{N} \cdot \text{m})$	5.8절
	$T = \dfrac{1050P}{f} = \dfrac{63000P}{n} \quad (T = \text{lb} \cdot \text{in.})$	
요구되는 축 매개변수	$\dfrac{J}{c} = \dfrac{T}{\tau_{\text{all}}}$	
최대전단응력	$\tau_{\max} = K\tau_{\text{nom}} = K\dfrac{Tc}{J}$	5.9절
항복토크	$T_y = \dfrac{\pi c^3}{2}\tau_y = \dfrac{J}{c}\tau_y$	
총 토크	$T = \dfrac{\pi c^3}{6}\left(4 - \dfrac{\rho_0^3}{c^3}\right)\tau_y = \dfrac{4}{3}T_y\left(1 - \dfrac{1}{4}\dfrac{\rho_0^3}{c^3}\right)T_y$	5.10절
극한토크	$T_u = \dfrac{2}{3}\pi c^3 \tau_y = \dfrac{4}{3}T_y$	
직사각형 봉		
최대전단응력	$\tau_{\max} = \dfrac{T}{\alpha a b^2}$	5.11절
비틀림 각	$\phi = \dfrac{T}{\beta a^3 G}$	

얇은 벽을 갖는 중공부재

전단흐름	$q = T/2A_m$	
전단응력	$\tau = q/t = T/2A_m t$	5.12절
비틀림 각	$\phi = \dfrac{TL}{4A_m^2 G}\oint^{L_m}\dfrac{ds}{t}$	

*이 방정식의 유도와 올바른 사용에 관한 정보는 관련된 절을 참조하라.

참고문헌

5.1 A. C. Ugural, *Mechanical Design: An Integrated Approach*, McGraw-Hill, New York, 2004.

5.2 W. E. Pilkey, *Peterson's Stress Concentration Factors*, 2nd ed., Wiley, Hoboken, 1997.

5.3 A. C. Ugural and S. K. Fenster, *Advanced Strength and Applied Elasticity*, 4th ed., Prentice Hall, Upper Saddle River, NJ, 2003.

5.4 W. C. Young and R. G. Budynas, *Roark's Formulas for Stress and Strain*, 6th ed., McGraw-Hill, New York, 1989.

보의 전단력과 굽힘 모멘트 6장

▶ 보는 다리(사진)뿐 아니라 다른 여러 구조물에서 사용되는 중요한 부재이다. 이 장에서는 보에 가해지는 외부하중으로 인하여 생기는 보 내부의 전단력과 굽힘 모멘트에 대해 학습한다.
Paul Raftery / Alamy Limited 제공.

6.1 서론

보에 존재하는 힘과 모멘트 분포를 해석하는 것이 이 장의 주목적이다. 이러한 힘의 내부적인 반력을 결정하는 데 있어 보는 하중을 가하지 않았을 때 **똑바르고**, 너무 얇지 않으며, 가해준 하중에 **안정적**이라는 가정을 전제로 한다. 이어지는 두 절에서의 내용은 정역학 교재에도 포함되어 있으나 복습 차원에서 다시 다룬다. 굽힘 모멘트와 전단력으로 인해 발생하는 보 안에서의 응력은 이 책의 7장과 9장에서 다루게 된다.

이 장에서는 해석의 간단함을 위해 보의 형상은 지면에 대칭이며 하중도 이 면 내에서만 작용되는 2차원적인 문제만을 다룬다. 따라서 보의 변형도 **굽힘 평면**이라고 불리는 이 면 내에서 발생한다고 가정한다. 이러한 2차원적인 상태에서 보의 축에 수직한 방향으로 가해지는 하중은 내부적으로 전단력 V와 굽힘 모멘트 M을 발생시킨다. 간편한 예시를 위해서 횡방향으로 놓여 있는 보의 경우를 주로 다루게 된다. 여기서는 보의 전단력과 굽힘 모멘트가 정적으로 결정되는 문제만을 다루게 된다.

보는 몇 가지 종류의 지지부와 여러 하중조건을 가질 수 있으므로(6.2절), 이를 학습하는 데 있어 지지력들과 하중들에 대한 부호 통일과 일반화가 가장 중요하다. 6.3절에서는 반력들을 계산하는 방법이 복습되어 있다. 이어지는 절에서는 보의 부호약속이 정의되었고 내부 전단력과 굽힘 모멘트 및 그들의 관계를 찾기 위한 과정이 설명되어 있다. 이어서 보를 따라서 분포하는 전단력과 굽힘 모멘트에 대한 그래프식의 표현이 도입되어 있다. 이 장의 마지막에서는 다양하게 하중을 받고 있는 보에서의 전단력과 굽힘 모멘트를 구하기 위하여 불연속 함수가 도입되어 사용된다.

6.2 보의 분류

긴 막대가 그 축에 대해 횡방향으로 하중을 받고 있을 때 이를 **보**라 한다. 이러한 굽힘 요소는 구조물과 기계에서 널리 사용되며, 그 예로는 건물의 바닥을 지지하는 주 구조물, 자동차의 판스프링, 비행기의 날개 및 브래킷 등이 있다. 일부의 보는 비틀림 하중 및 축방향과 조합하여 횡방향 하중을 전달하기도 한다. 그러나 이 장에서는 똑바르고 가는 보에 횡방향 하중만이 가해지는 경우, 즉 **평면 부재**와 그 하중으로 인한 반응에 대해서만 다룬다. 다른 언급이 없으면 보의 **자중**은 무시될 수 있다고 가정한다.

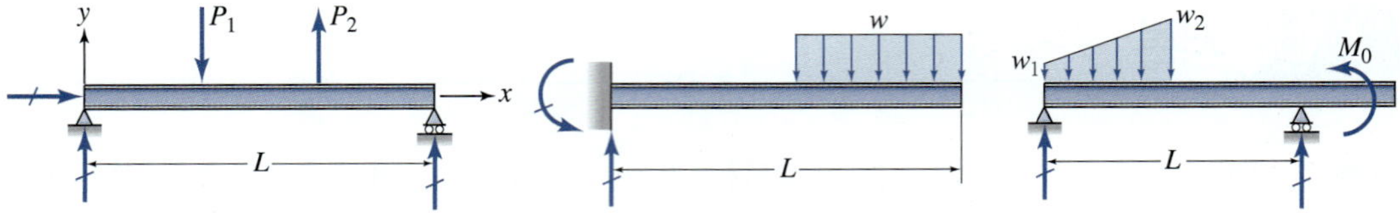

그림 6.1 일반적인 형태의 보 (a) 단순지지 보 (b) 외팔 보 (c) 돌출 보

보는 보통 지지되어 있는 방법에 따라 분류된다. 그림 6.1은 일반적으로 사용되는 몇 가지 보를 보여주고 있다. 횡방향으로 놓여 있는 똑바른 보에 대해 그 횡방향을 x축으로 놓았고, 연직 위 방향을 y축으로, 지면의 법선방향을 z축으로 놓았다. 그림 6.1(a)에서와 같이 한쪽 끝은 핀 지지로, 다른 쪽 끝은 롤러 지지로 되어 있는 보를 **단순지지 보** 혹은 **단순 보**라 한다. 한쪽 끝이 박혀 있거나 고정되어 있고, 다른 쪽 끝은 자유롭게 놓여 있는 보[그림 6.1(b)]를 **외팔 보**라 한다. 보가 지지 없이 공중에 떠 있다면, 이 보는 돌출되어 있다고 한다. 따라서 그림 6.1(c)는 **돌출 보**로 분류된다. 모든 보에서 지지점 사이의 거리 L을 **스팬**(span)이라고 한다. **연속 보**에서는 다양한 길이를 가진 여러 개의 스팬이 있을 수 있다.

보는 그 단면 형상에 따라 분류되기도 한다. 예를 들어, I형 보나 T형 보는 각각 I자와 T자의 모양을 갖는 단면을 가진다. 강이나 알루미늄, 목재 보는 규격 크기로 제작된다. 규격의 치수나 상수값들은 공학 핸드북들에 수록되어 있다. 표 B.7에서 표 B.12(부록 B)는 강으로 만들어진 보 단면에 대한 일반적인 자료를 보여주고 있다. 여기에는 넓은 플랜지 형상(W-beam), I 형상(S-beam), C 형상(채널형이라고도 한다) 및 L 형상 또는 앵글 단면을 포함한다. 보의 얇고 수직한 부분을 **웹**(web)이라고 하고, 얇고 수평한 부분을 **플랜지**(flange)라고 한다.

외부에서 가해지는 힘이나 **하중**은 그림 6.1의 전형적인 선도에서 보여주는 것 같이 다양한 형태로 보에 전달될 수 있다. 앞의 1.5절에서 기술한 바와 같이 외부에서 가해준 하중과 이로 인해 발생하는 **지지반력**을 구별하기 위하여 **반력** R과 **모멘트** M **벡터**에는 화살표의 중간에 / 표시를 한다. 집중하중은 P_1 또는 P_2와 같은 힘으로 표시하고 짝 하중은 M과 같은 모멘트로 표시한다. 균일하게 분포된 하중(균일분포하중)에서는 단위길이에 대한 세기를 w로 표시하고 선형적으로 변하는 하중(선형분포하중)에서는 그 세기가 w_1에서 w_2까지 선형적으로 분포한다고 표시한다. 외부에서 가해지는 힘과 모멘트는 그 방향이 양의 좌표축 방향(6.5절 참조)과 일치하면 양의 값으로 한다. 그림 6.1의 예를 들면, P_1, w, w_1, w_2는 음의 방향이 되고, P_2와 M_0는 양의 방향이 된다.

6.3 보의 반력 계산

보의 단면에 가해지는 힘과 모멘트를 결정하기 위하여 첫 번째 하여야 할 일은 외부하중에 대한 반력을 구하는 것이다. 모든 힘들이 정해진 한 평면에서 가해진다면, 식 (1.2)와 같은 3개의 정적인 평형방정식이 이용될 수 있다. 그림 6.1의 보들은 정정(statically determinate) 보를 소개한 것이다. 즉 반력들이 평형방정식 조건만으로 결정될 수 있다. 그러나 평형방정식 조건만으로는 반력이 결정될 수 없는 보가 있는데, 이를 부정정(statically indeterminate) 보라고 한다. 이러한 보는 굽힘에 의한 처짐을 고려함으로써 반력을 결정할 수 있으며 이 장의 내용을 넘어가므로 10장과 12장에서 다루게 된다.

그림 6.2의 예에서와 같이 경우에 따라서는 2개 이상의 보가 **힌지**나 핀 조인트로 연결되어 **조합 보**(combined beam)라고 하는 연속적인 구조를 형성할 때가 있다. 힌지는 수평성분과 수직성분을 가지는 힘만을 전달할 수 있으며, 모멘트는 전달할 수 없다. 그러므로 연속적인 보의 많은 경우에 하나나 여러 개의 힌지를 도입함으로써 이 시스템을 정적으로 결정할 수 있는 보로 만들 수 있다. 즉 전체 구조를 힌지로 나누어진 몇 개의 부분 구조로 나누고, 각각의 보에 대하여 **평형방정식**을 적용함으로써 반력들을 구할 수 있다.

이 장에 주어진 몇 개의 예제에서는 여러 가지 보 문제에 대한 평형조건이나 정역학 방정식을 응용하는 방법이 제시되어 있으며 이를 통하여 보 해석에서 중요한 부분이 되는 반력 결정 과정을 복습할 수 있도록 하였다. 모든 예제에서 보 자체의 무게는 작용되는 하중에 비해서 작기 때문에 무시될 수 있다고 **가정**하였다. 또한 보의 변형은 대단히 작기 때문에(3.2절 참조) 평형방정식이 이용될 때 이 변형은 무시되었다. 분포하중에 대한 보의 반력은 그 분포하중의 중심에 가해지는 동등한 하중으로 대신하고 정역학 방정식을 이용함으로써 편리하게 계산될 수 있다는 점을 알아두면 좋겠다.

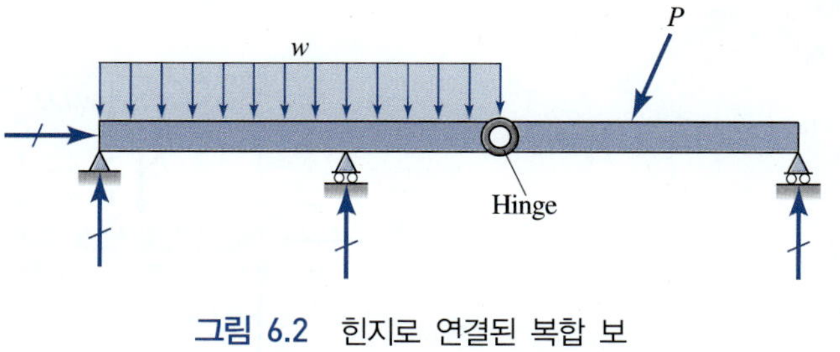

그림 6.2 힌지로 연결된 복합 보

[예제 6.1] 비행기 날개의 고정단 반력

조건 한쪽 끝 A는 고정되어 있고 다른 쪽 끝 B는 자유롭게 놓인 비행기 날개[그림 6.3(a)]에 선형적으로 변하는 비행 동분포하중과 엔진의 무게에 의한 2개의 집중하중 P_e 및 엔진 토크에 의한 2개의 모멘트 M_e가 가해지고 있다. $L = 6\ \mathrm{m}$, $P_e = 1\ \mathrm{kN}$, $M_e = 50\ \mathrm{N \cdot m}$, 그리고 $w_0 = 14\ \mathrm{kN}$으로 하라.

문제 날개 끝 A에서의 반력 R_A와 M_A를 구하라.

가정

1. 날개는 테이퍼를 가진 외팔 보로 모델링한다.
2. 비행 동하중은 정적하중으로 가정하고 고정단에서 최댓값 w_0를 갖고 날개 길이를 따라 선형적으로 변하는 분포하중으로[그림 6.3(b)] 가정한다.
3. 날개에 작용하는 관성하중은 무시한다.

풀이

보의 상당하중. 보에 작용되는 하중이 그림 6.3에 도식적으로 주어져 있다. 분포하중의 합력 크기는 하중곡선(여기서는 삼각형)의 면적, $w_0L/2$와 동등하며 그 작용점은 면적중심을 지난다는 것을 유의하라.

반력. 날개 전체의 자유물체도를 그림과 같이 그려보면 **평형방정식**을 이용하여 다음과 같이 반력을 구할 수 있다.

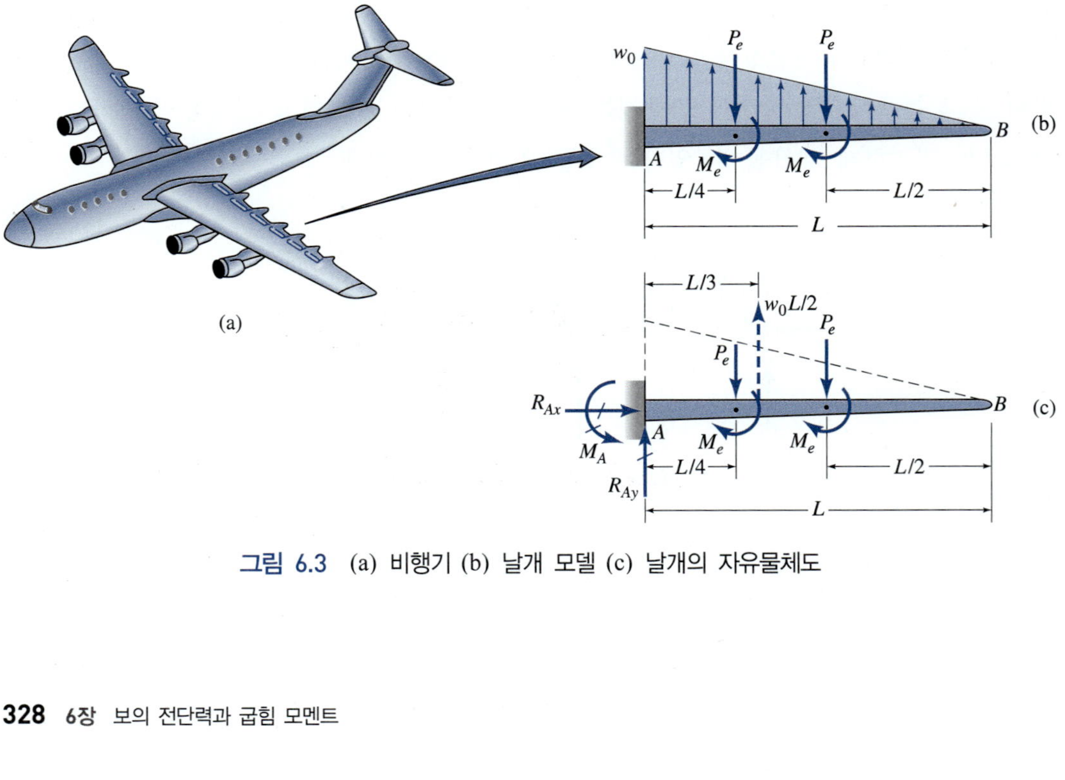

그림 6.3 (a) 비행기 (b) 날개 모델 (c) 날개의 자유물체도

$\Sigma F_x = 0$: $\qquad R_{Ax} = 0$

$$\Sigma M_A = 0:\ \frac{1}{2}w_0 L\left(\frac{L}{3}\right) - P_e\left(\frac{L}{2}\right) - 2M_e - P_e\left(\frac{L}{4}\right) + M_A = 0 \qquad M_A = \frac{3}{4}P_e L - \frac{1}{6}w_0 L^2 + 2M_e$$

$$\Sigma F_y = 0:\quad R_{Ay} - 2P_e + \frac{1}{2}w_0 L = 0 \qquad R_{Ay} = 2P_e - \frac{1}{2}wL$$

주어진 값들을 대입해보면 반력은 다음과 같다.

$$R_{Ax} = 0 \quad M_A = -79400\ \text{N} \cdot \text{in.} = 79.4\ \text{kN} \cdot \text{m} \curvearrowright \quad R_{Ay} = -40000\ \text{N} = 40\ \text{kN} \downarrow$$

부가설명 그림 6.3(c)에서 수직력 R_{Ay}와 모멘트 M_A는 외부에서 가해준 하중과 반대방향을 가진다.

[예제 6.2] 돌출부를 가지고 있는 보의 반력

조건 돌출부 AB를 가지고 있는 보 ABC가 수직하중 $P = 15$ kN과 균일한 분포하중 $w = 10$ kN/m[그림 6.4(a)]를 받고 있다. 보는 점 B에서 롤러로 점 C에서 핀으로 지지되어 있다.

문제 지지부의 반력을 구하라.

풀이 분포하중의 합력 크기는 하중곡선(여기서는 사각형)의 면적 wL과 동등하며 그 작용점은 면적중심을 지난다.

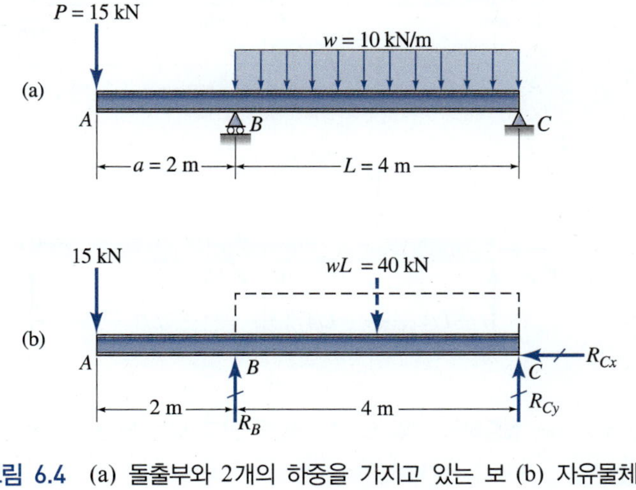

그림 6.4 (a) 돌출부와 2개의 하중을 가지고 있는 보 (b) 자유물체도

보 전체의 평형조건을 고려하여 반력 R_B와 반력 R_C를 구한다. 그 다음에 적절한 자유물체도[그림 6.4(b)]에 대하여 **평형방정식**을 부가시키면 다음과 같은 반력을 얻을 수 있다.

$$\Sigma F_x = 0: \qquad R_{Cx} = 0$$

$$\Sigma M_B = 0: \quad 15(2) - 40(2) + R_{Cy}(4) = 0 \qquad R_{Cy} = 12.5 \text{ kN} \uparrow$$

$$\Sigma M_C = 15(6) - R_B(4) + 40(2) = 0 \qquad R_B = 42.5 \text{ kN} \uparrow$$

평형조건이 만족하는지를 검토하면

$$\Sigma F_y = 0: \quad -15 + 42.5 - 40 + 12.5 = 0$$

부가설명 수직력 R_B와 R_C는 그림 6.4(b)에서 표시된 것과 같은 방향으로 작용된다.

[예제 6.3] 두 하중이 가해지는 단순 보의 반력

조건 그림 6.5(a)와 같이 단순지지 보 AB가 수직력 P와 모멘트 M_0를 전달하고 있다.

문제 보의 점 A와 B에서 반력을 구하라.

풀이 보의 자유물체도[그림 6.5(b)]에서 반력은 R_{Ax}, R_{Ay}와 R_B로 표시한다. 이 자유물체도에 **평형방정식**을 적용하면 다음과 같은 반력이 결정된다.

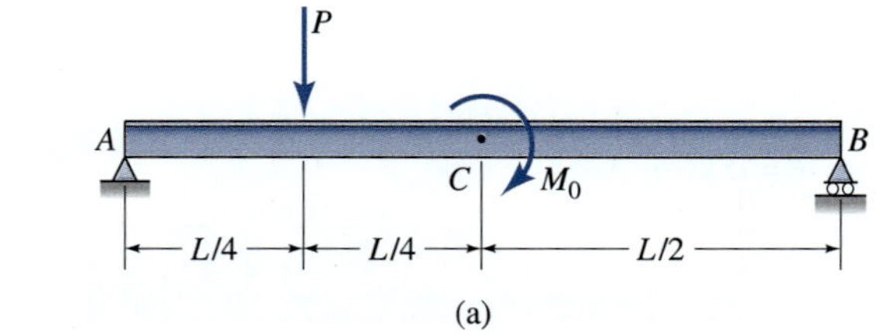

(a)

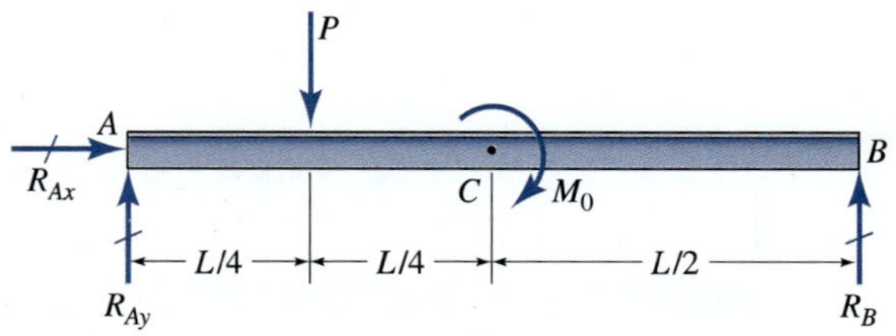

(b)

그림 6.5 (a) 집중하중 P와 모멘트 M_0를 받고 있는 단순 보 (b) 자유물체도

$$\sum F_x = 0: \qquad\qquad\qquad\qquad R_{Ax} = 0$$

$$\sum M_A = 0: \quad R_B(L) - M_0 - P\left(\frac{L}{4}\right) = 0 \qquad R_B = \frac{P}{4} + \frac{M_0}{L} \uparrow$$

$$\sum M_B = 0: \quad -R_{Ay}(L) + P\left(\frac{3L}{4}\right) - M_0 = 0 \qquad R_{Ay} = \frac{3P}{4} - \frac{M_0}{L} \uparrow$$

평형조건이 만족하는지를 검토하면

$$\sum F_y = 0: \quad \frac{3P}{4} + \frac{M_0}{L} - P + \frac{P}{4} + \frac{M_0}{L} = 0$$

부가설명 반력은 그림 6.5(b)에 표시된 방향으로 작용된다.

[예제 6.4] 조합 보의 반력

조건 보 AHB는 그림 6.6(a)와 같이 외팔 보 AH와 이것과 힌지로 연결된 보 HB로 구성되어 있다. 보 AH의 중간에 집중하중 $P = 10$ kN이 가해지고 있다. 보 HB에는 점 H에서 $w_1 = 2$ kN/m, 점 B에서 $w_2 = 4$ kN인 세기를 가지는 분포하중이 이 두 점 사이에서 선형적으로 분포하고 있다.

문제 보의 지지부 반력을 구하라.

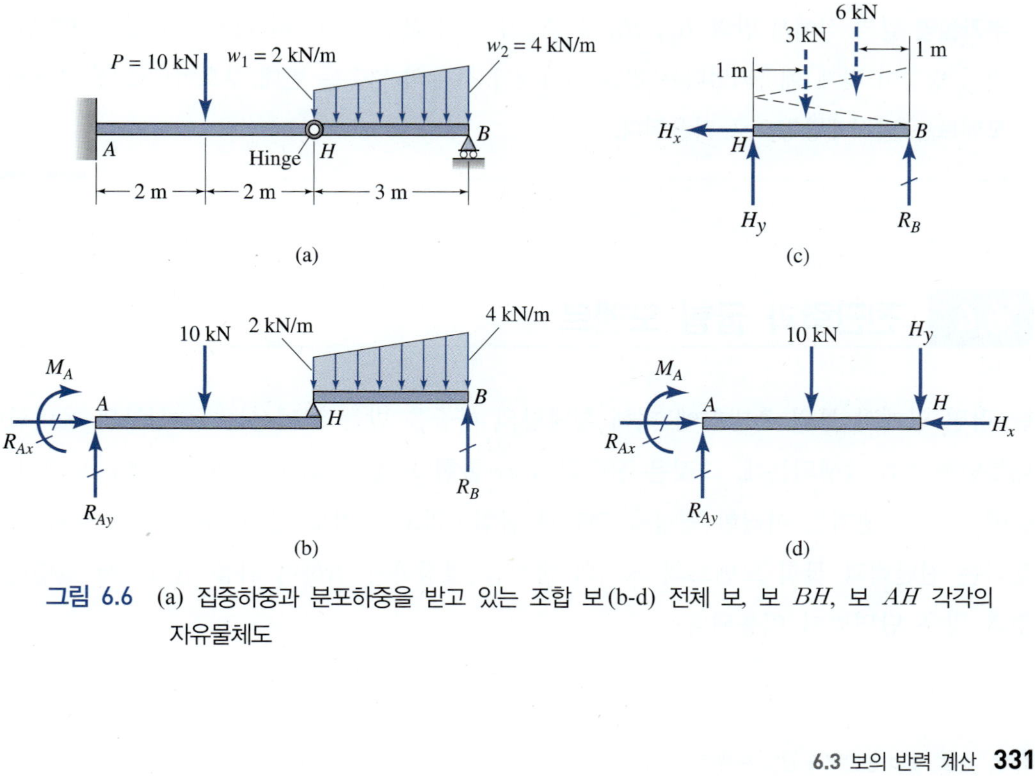

그림 6.6 (a) 집중하중과 분포하중을 받고 있는 조합 보(b-d) 전체 보, 보 BH, 보 AH 각각의 자유물체도

풀이 이 조합 보의 자유물체도 또는 하중도가 그림 6.6(b)에 나타나 있다. 지지부의 미지 반력은 4개이므로 자유물체도로는 결정될 수 없다는 것에 유의하라. 그러나 이 힘들은 각각의 보[그림 6.6(c)와 (d)]에 대한 자유물체도를 분리해서 생각함으로써 구해질 수 있다. 이런 경우 6개의 미지수가 있으며, 이를 결정하기 위한 6개의 평형방정식이 이용될 수 있다.

먼저 평행사변형의 분포하중은 점선으로 나눠진 것처럼[그림 6.6(c)] 2개의 삼각형 분포하중으로 나누어 생각할 수 있다. 이것은 2개의 집중하중 $(2\times3)/2=3$ kN과 $(4\times3)/2=6$ kN이 그림에서 벡터로 표시된 것과 같이 분포하중 삼각형의 중심을 지나는 것과 동등하다고 대체할 수 있다. **평형방정식**을 적용하면 다음과 같은 반력을 결정할 수 있다.

$$\sum F_x=0: \qquad\qquad H_x=0$$

$$\sum M_H=0: \quad R_B(3)-6(2)-3(1)=0 \qquad R_B=5\ \text{kN}\uparrow$$

$$\sum F_y=0: \quad H_y-3-6+R_B=0 \qquad H_y=4\ \text{kN}\uparrow$$

반력인 H_x와 H_y는 보 AH에서는 반대방향으로 작용된다. 따라서 그림 6.6(d)의 자유물체도를 사용하여 나머지 반력을 결정할 수 있다.

$$\sum F_x=0: \qquad\qquad R_{Ax}=0$$

$$\sum F_y=0: \quad R_{Ay}-10-4=0 \qquad R_{Ay}=14\ \text{kN}\uparrow$$

$$\sum M_A=0: \quad -M_A-10(2)-4(4)=0 \qquad M_A=-36\ \text{kN}\cdot\text{m}=36\ \text{kN}\cdot\text{m}\circlearrowleft$$

부가설명 앞의 식에서 반력 H_y, R_B 및 R_A가 양의 값으로 계산된 것은 그림에서 표현된 반력의 방향이 맞게 예측되었다는 것을 나타낸다. M_A의 경우는 반대 부호이므로 점 A에서의 모멘트는 반시계방향으로 작용된다.

6.4 전단력과 굽힘 모멘트

한 평면 안에서 보의 축방향에 대해 횡방향의 하중을 받는 보에서는 두 성분의 응력합이 내부반력으로 발생되는데, 그것은 전단력 V와 굽힘 모멘트 M이다(1.6절 참조). 보에서 하중에 의해서 생기는 이러한 영향을 전단과 굽힘이라고 하기도 한다. 보의 한 단면에서 발생하는 전단력과 굽힘 모멘트의 크기와 방향을 결정하기 위하여 다음 단락에서 설명하는 것과 같은 단면법이 이용된다.

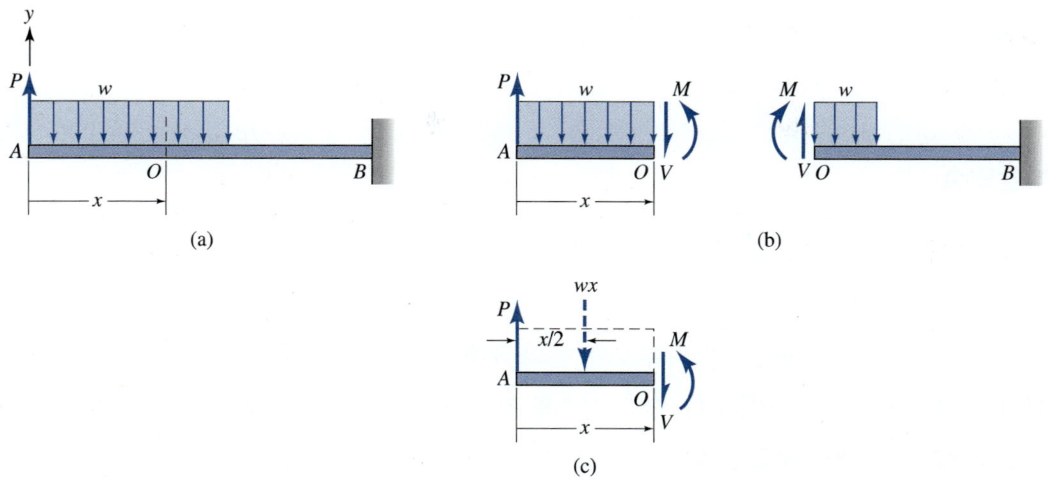

그림 6.7 전단력 V와 굽힘 모멘트 M (a) 외팔 보 (b) AO 부분과 BO 부분에 대한 자유물체도 (c) 집중하중 P와 wx가 가해지는 AO 부분의 자유물체도

먼저 그림 6.7(a)와 같이 균일한 하중과 집중하중이 동시에 가해지는 외팔 보를 생각해 보자. 보의 자유단에서 x의 거리만큼 떨어져 있는 단면 O에서 보를 자른다고 하면, 나누어진 2개의 자유물체가 평형을 유지하기 위해서는 그 단면에 방향이 반대이고 크기가 같은 힘과 모멘트를 가해야 한다[그림 6.7(b)].

다음에 보의 왼쪽 부분에 가해지는 분포하중은 그림 6.7(c)와 같이 $x/2$의 위치에 작용하는 동등한 집중하중 wx로 대신할 수 있다. 이 자유물체에 평형조건 $\Sigma F_y = 0$과 $\Sigma M_0 = 0$을 적용하면 다음과 같은 식을 얻는다.

$$V = P - wx \qquad M = Px - \frac{1}{2}wx^2$$

이 식은 전단력 V가 단면의 어느 쪽 부분에서든 해당부분에 작용하는 횡방향의 힘의 합과 같다는 것을 의미한다. 마찬가지로 굽힘 모멘트 M은 대상으로 하는 단면의 어느 보 부분에서든 해당부분에 작용하는 힘에 의한 모멘트들의 산술적 합과 같다. 따라서 V나 M을 구하기 위하여 오른쪽 부분을 사용하느냐 왼쪽 부분을 사용하느냐는 중요하지 않고 계산이 간단해지도록 선택하면 된다. 이와 같은 사실은 보에서 하중이 변하거나 하중이 바뀌는 점의 단면 사이 각각의 모든 구간에 대한 자유물체도를 그리지 않고도 전단력과 굽힘 모멘트를 결정할 수 있다는 것을 말해준다.

그러므로 응력합에 대한 방정식은 자유물체도와 평형조건들을 사용하여 유도될 수 있다. 예제 6.5는 이 과정을 좀 더 보여준다. 하중의 변화로 인해 보를 따라서 발생하는 V와 M

의 변화는 수식으로 표현될 수도 있고 전단력 선도와 굽힘 모멘트 선도에 의해 나타낼 수도 있다.

부호약속

앞의 1.6절에서 지적한 대로 내력과 모멘트에 대해 적용하는 부호는 그 부재의 변형과 관련시켜 적용하도록 약속한다. 이를 보여주기 위하여 2개의 단면으로 분리된 보의 한 조각[그림 6.8(a)]에서 작용하는 양의 부호와 음의 부호 각각을 갖는 전단력 V와 굽힘 모멘트 M에 대해 그림으로 나타내었다. **양의 부호를 갖는 전단력**은 오른쪽 면에 비해 왼쪽 면을 들어 올리려고 하고 **양의 부호를 갖는 굽힘 모멘트**는 보 조각을 위로 오목한 형태, 즉 '물을 담는 형태'[그림 6.8(b)]로 굽히려 한다. 또 다르게 표현하면 양의 부호를 갖는 모멘트는 보 조각의 윗부분을 압축하고 아랫부분은 늘리려 한다고 할 수 있다.

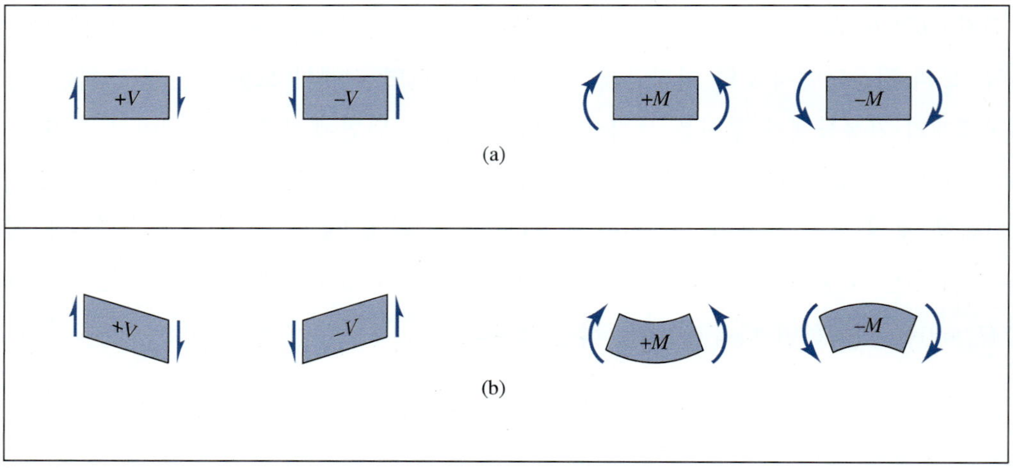

그림 6.8 보의 부호약속 (a) 양과 음의 전단력과 굽힘 모멘트 정의 (b) 전단과 굽힘에 의한 보 조각의 (크게 과장된) 변형

[예제 6.5] 돌출부를 가진 보의 전단과 굽힘

조건 그림 6.9(a)에서 보여주고 있는 보는 A와 B에서 단순지지되어 있다. 보의 C와 B 사이에는 $w = 10$ kN/m의 균일분포하중이 가해지고 있고, 돌출부의 끝에는 $P = 5$ kN의 집중하중이 가해지고 있다.

문제 보의 CD 부분의 한 단면 O에서 발생되는 전단력 식과 굽힘 모멘트 식을 구하라. 오른쪽 지지부로부터 1.6 m 떨어진 점 O에서의 V와 M을 계산하라.

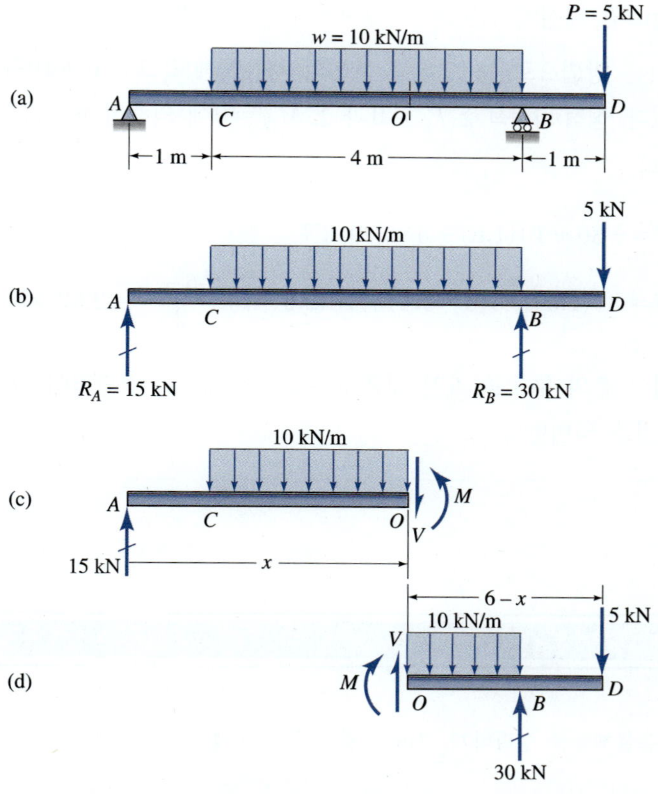

그림 6.9 (a) 두 종류의 하중을 받고 있는 돌출부를 가진 보 (b-d) 전체, AO 부분, DO 부분에 대한 각각의 자유물체도

풀이 그림 6.9(b)와 같은 자유물체도에 대해 **평형방정식**을 적용해 계산된 반력은 $R_A = 15$ kN과 $R_B = 30$ kN이다. 보를 따라서 하중이 변하는 점을 A, B, C, D로 하였다.

***A*와 *B* 사이.** 분포하중이 가해지고 있는 C와 B 사이의 임의의 단면 O에서 보를 잘라냈다고 생각한다[그림 6.9(c)]. 알지 못하는 응력 합력 V와 M이 우선 양의 값을 갖는 것으로 표시되어 있다는 것을 유의하라. 그림 6.9(c)의 자유물체도를 이용하면 $1 < x < 5$에서 다음과 같은 식을 얻을 수 있다.

$$\Sigma F_y = 0: \quad 15 - 10(x-1) - V = 0$$

$$\Sigma M_O = 0: \quad -15x + 10(x-1)\frac{x-1}{2} + M = 0$$

이것을 풀면 다음과 같은 값을 얻을 수 있다.

$$V = -10x + 25 \qquad M = -5x^2 + 25x - 5 \tag{a}$$

AC와 BC 사이의 간격에서도 같은 방법으로 V와 M에 대한 식을 얻을 수 있다. 식 (a)에

의하여 $x = 3.4$ m인 지점에서는 $V = -9$ kN이고 $M = 22.2$ kN·m로 계산된다.

***D*와 *C* 사이.** 다른 방법으로 보 오른쪽 부분의 자유물체도[그림 6.9(d)]를 이용하여도 V와 M을 구할 수 있다. 정적 방정식 $\Sigma F_y = 0$과 $\Sigma M_O = 0$에 의하면 $x = 3.4$ m에서 다음과 같은 값이 주어진다.

$$V = -30 + 10(1.6) + 5 = -9 \text{ kN}$$

$$M = 30(1.6) - 5(6 - 3.4) - 10(2.6 - 1)\frac{2.6 - 1}{2} = 22.2 \text{ kN} \cdot \text{m}$$

부가설명 전단력이 음의 부호를 가진 것은 $x = 3.4$ m에서의 전단력이 그림에서와 반대방향으로 작용되는 것을 의미한다.

연습문제

다음 문제들에서 자유물체도를 정확하게 그리는 것이 풀이의 중요한 부분이다.

6.1절~6.4절

6.1 외팔 보가 그림 P6.1과 같이 강도 $w = 2$ kip/ft의 균일한 분포하중과 $P = 4$ kips의 집중하중을 받고 있다. 고정지지부 A로부터 7 ft 떨어진 단면 O에서의 전단력 V와 굽힘 모멘트 M을 구하라.

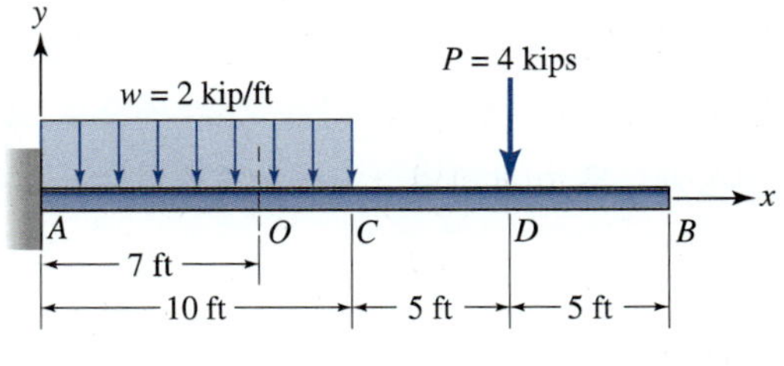

그림 P6.1

6.2 단순 보가 그림 P6.2와 같이 강도 $w = 2$ kN/m의 균일한 분포하중과 $P = 10$ kN의 집중하중을 받고 있을 때 다음을 구하라.

(a) 보의 AC 부분 임의 단면에서의 전단력과 굽힘 모멘트 식

(b) 보의 중간에서의 V와 M의 값

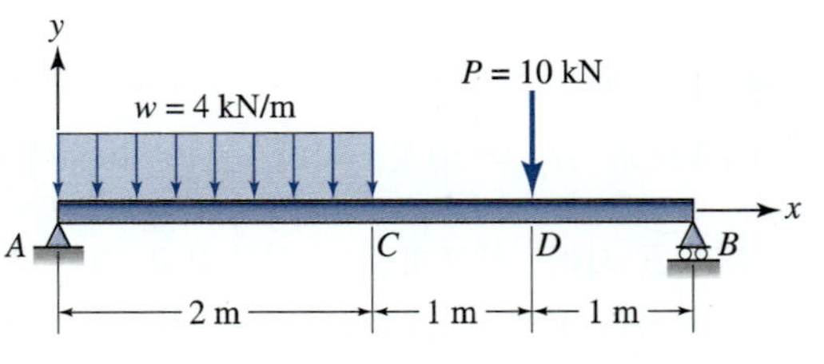

그림 P6.2

6.3 보 $ABCD$가 돌출부 AB와 CD에서 각각 위쪽 방향 집중하중 P와 아래쪽 방향 집중하중 P를 받고 있다(그림 P6.3). 보의 중앙에서 전단력 V와

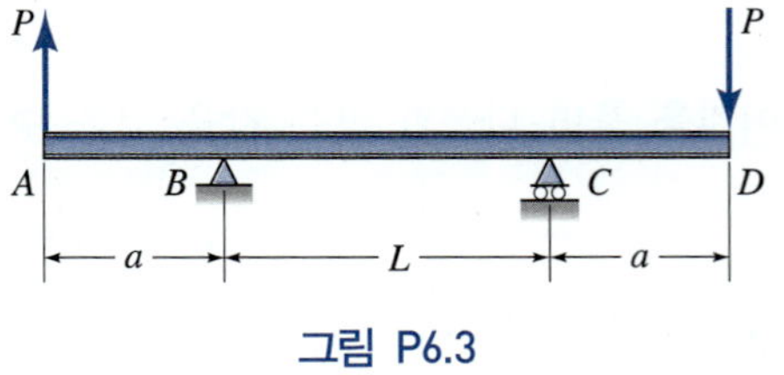

그림 P6.3

굽힘 모멘트 M을 구하라.

6.4 그림 P6.4와 같이 보 AB와 점 C에서 연결된 브라켓 CFE로 구성되어 있는 구조물이 있다. 보의 CD구간 임의의 지점에서 전단력 V와 굽힘 모멘트 M의 표현식을 구하라. 또한 단면 D에서의 V와 M값을 구하라.

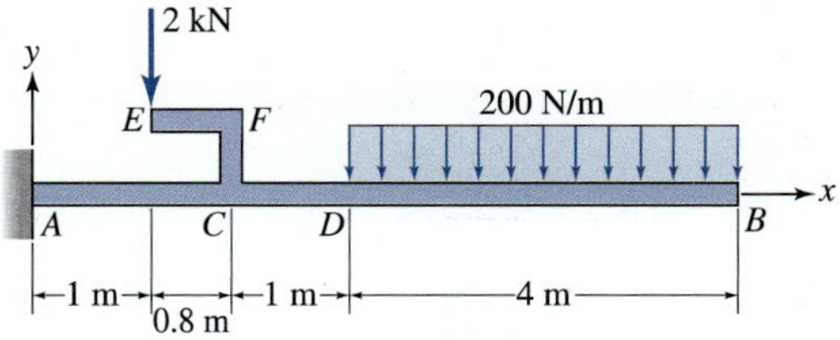

그림 P6.4

6.5 단순 보 AB가 그림 P6.5와 같이 A에서 C까지에서는 균일한 분포하중을, C에서 B까지는 선형적으로 변하는 분포하중을 받고 있을 때 다음을 구하라.

(a) AC구간에서의 전단력 V와 굽힘 모멘트 M의 식

(b) 중앙에 위치한 점 C에서의 V와 M값

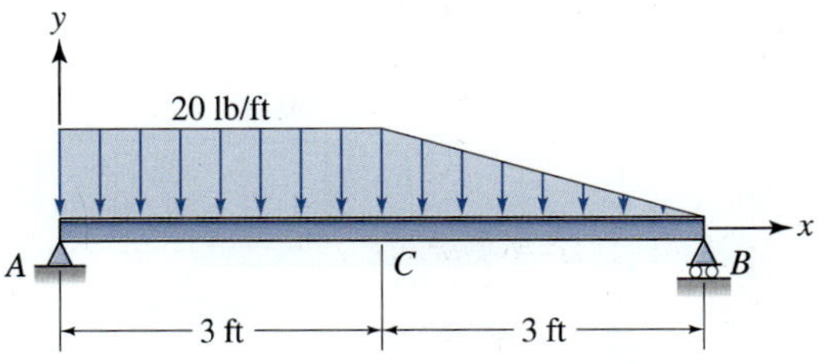

그림 P6.5

6.6 B와 C에서 단순지지되어 있는 보 ABC가 돌출부 A에 집중하중 $P=2$ kips와 점 C에서 모멘트 $M=10$ kip · ft를 받고 있다. 오른쪽 지지부 C로부터 6 ft 떨어진 곳에 위치한 단면 O에서의 전단력 V와 굽힘 모멘트 M을 구하라.

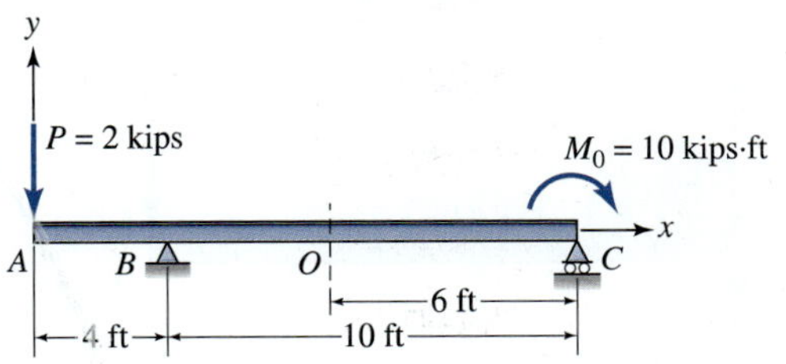

그림 P6.6

6.7 외팔 보 AB가 그림 P6.7과 같이 삼각형 하중을 지지하고 있다. 분포하중의 세기가 A의 0에서부터 B의 w_0까지 선형적으로 변할 때 다음을 구하라.

(a) 보의 스팬을 따라서 변하는 임의의 단면에서의 전단력 V와 굽힘 모멘트 M의 식

(b) 가운데 점에서의 V와 M의 값

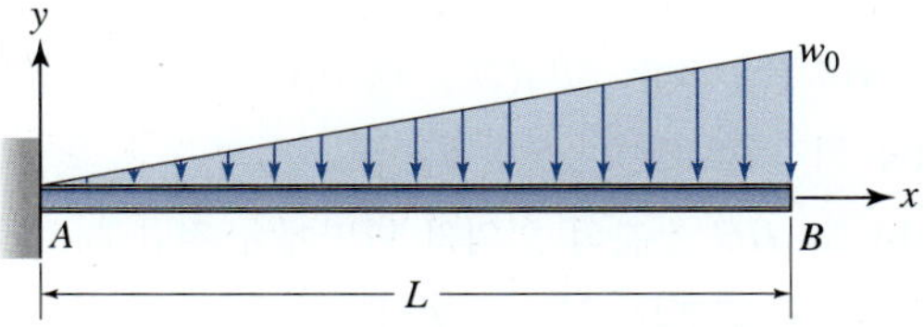

그림 P6.7

6.8 단순 보 AB가 그림 P6.8과 같이 A에서 10 kN/m이고 B에서 30 kN/m인 사다리꼴형의 분포하중을 받고 있을 때 다음을 구하라.

(a) 보의 스팬을 따라서 변하는 임의의 단면에서의 전단력 V와 굽힘 모멘트 M의 식

(b) 왼쪽 지지부에서 4 m 떨어진 지점에서의 V와 M의 값

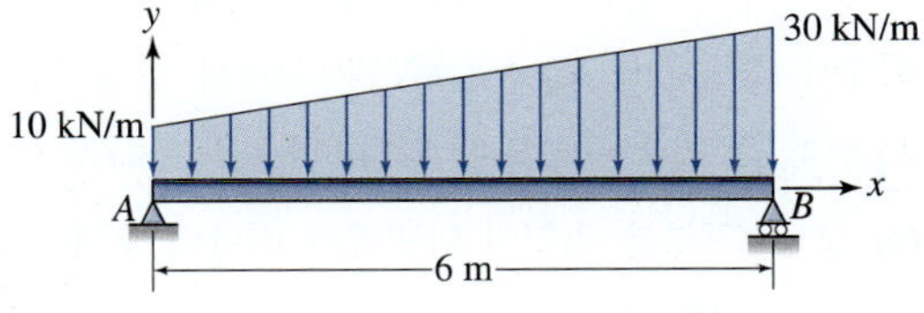

그림 P6.8

***6.9** 두 부분 AH와 HB가 핀 H로 연결된 보 $AHBC$가 세기 $w=600$ lb/ft의 균일한 분포하중을 받고 있다(그림 P6.9). 다음을 구하라.

(a) 점 A, B, C에서의 지지부 반력 R_A, R_B 및 R_C

(b) 보의 AH구간 임의의 단면에 대한 전단력 V와 굽힘 모멘트 M의 식

(c) 왼쪽 지지부 A로부터 3 ft 떨어진 단면에서의 V와 M의 값

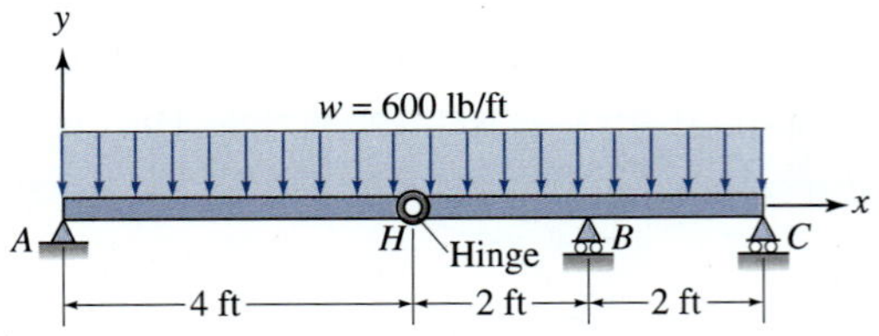

그림 P6.9

6.10 균일한 분포하중을 받고 있는 보 AHB가 A에서는 단순지지, B에서는 힌지, B에서는 고정의 변위조건을 갖고 있다(그림 P6.10). 다음을 구하라.

(a) 지지부의 반력 R_A, R_B 및 M_B

(b) 보 HB 부분의 임의의 단면에서 전단력 V와 굽힘 모멘트 M의 표현식

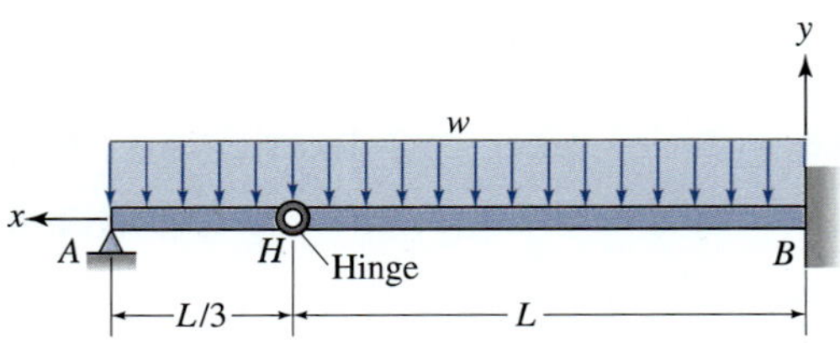

그림 P6.10

6.11 보 $ABCDE$가 그림 P6.11과 같이 B와 E에서 단순지지되어 있다. 가해지는 하중은 구간 A와 B 사이에서 세기 $w = 500$ N/m의 균일분포하중, C에서 집중하중 $P_1 = 3$ kN과 D에서 집중하중 $P_2 = 4$ kN으로 구성되어 있다. 다음을 구하라.

(a) 보 BC 부분 임의의 단면에서 전단력 V와 굽힘 모멘트 M의 표현식

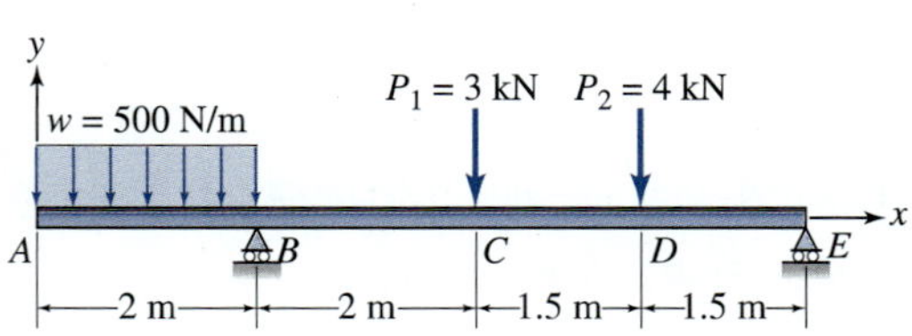

그림 P6.11

(b) 보의 BC 부분의 중앙에서의 V와 M값

6.12~6.13 그림 P6.12와 그림 P6.13의 보에서 구간 CB 사이 임의의 단면 O에서 전단력 V와 굽힘 모멘트 M의 표현식, 그리고 각 보의 중앙에서 V와 M의 값을 구하라.

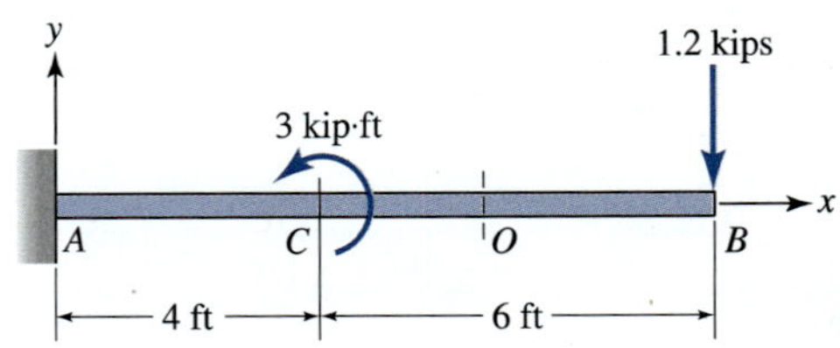

그림 P6.12

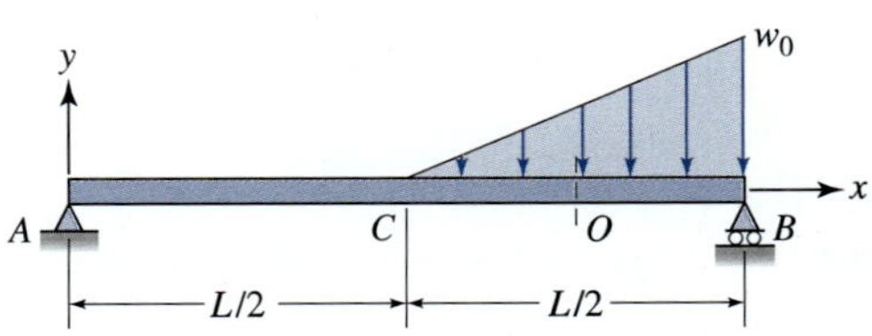

그림 P6.13

6.14~6.15 그림 P6.14와 그림 P6.15의 보에서 구간 CB 사이 임의의 단면 O에서 전단력 V와 굽힘 모멘트 M의 표현식, 그리고 각 보의 중앙에서 V와 M의 값을 구하라.

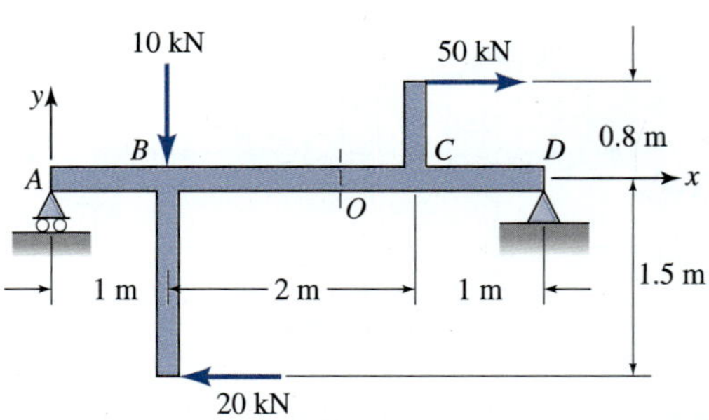

그림 P6.14

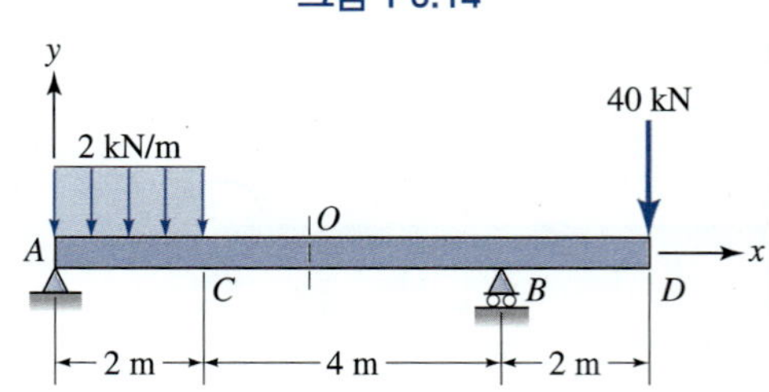

그림 P6.15

6.16~6.17 그림 P6.16과 그림 P6.17의 보에서 구간 CB 사이 임의의 단면 O에서 전단력 V와 굽힘 모멘트 M의 표현식, 그리고 각 보의 중앙에서 V와 M의 값을 구하라.

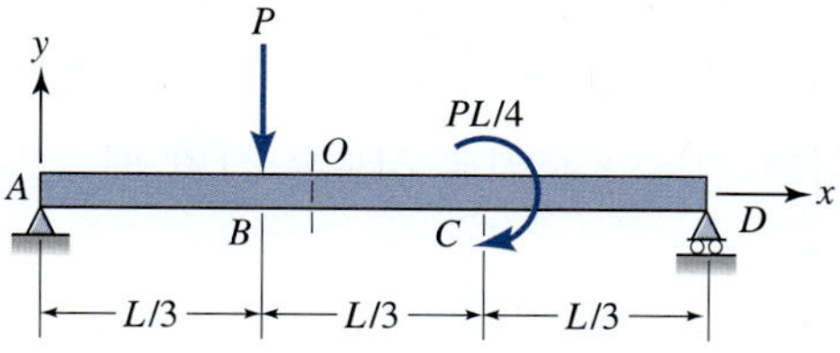

그림 P6.16

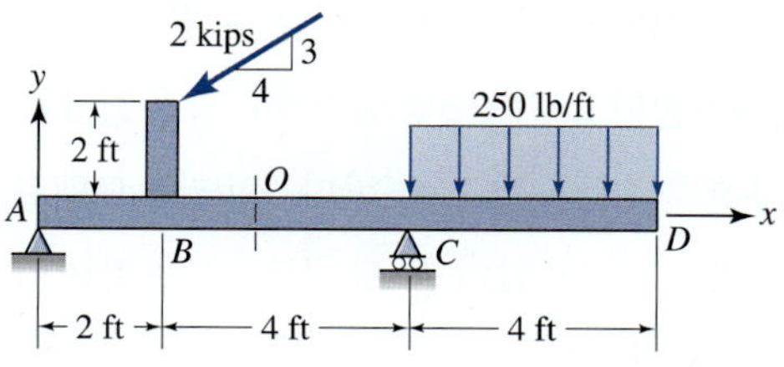

그림 P6.17

***6.18~*6.19** 그림 P6.18과 그림 P6.19의 보에서 구간 CB 사이 임의의 단면 O에서 전단력 V와 굽힘 모멘트 M의 표현식, 그리고 각 보의 중앙에서 V와 M의 값을 구하라.

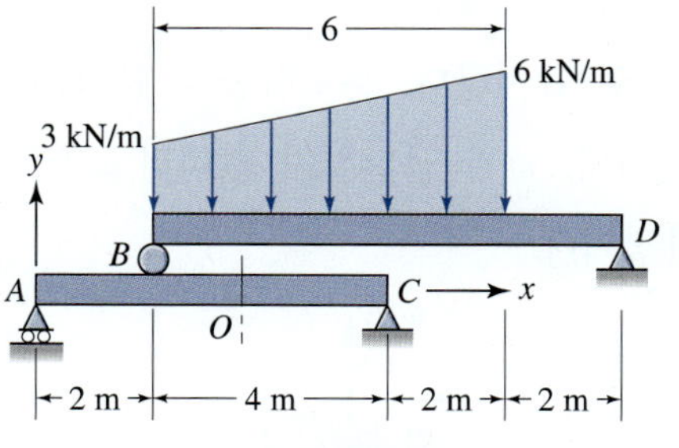

그림 P6.18

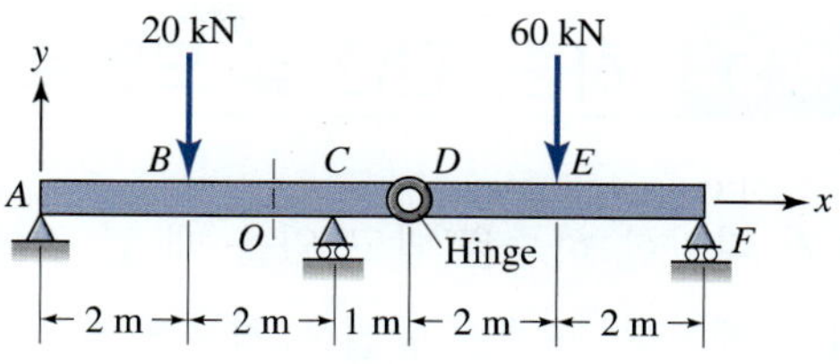

그림 P6.19

6.20 그림 P6.20과 같은 보 $ABCD$가 BC 부분에서 세기 $w = 4$ MN/m의 균일한 분포하중을 받고 있다. 이 보는 보에 대해 세기 w의 균일한 분포하중을 받고 있는 기초에 받쳐져 있다. 보의 구간 CB 사이 임의의 단면 O에서 전단력 V와 굽힘 모멘트 M의 표현식, 그리고 각 보의 중앙에서 V와 M의 값을 구하라.

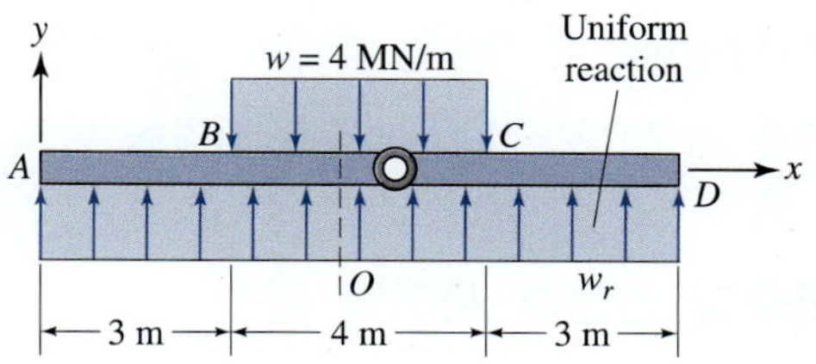

그림 P6.20

6.5 하중, 전단 및 모멘트 사이의 관계

보가 다양한 하중을 받고 있을 때 앞 절에서 보여준 보를 절단하고 그 단면에서 내부전단과 모멘트를 구하는 방법은 경우에 따라서는 매우 복잡한 일이 될 수 있다. 이 절에서 유도되는 하중, 전단 및 굽힘 모멘트 관계를 이용하는 것은 또 하나의 편리한 다른 방법이 될 수 있다. 이런 관계식은 6.6절에서 학습할 전단력 선도와 모멘트 선도를 그릴 때 그 중요성이 확실해진다.

외부하중에 대한 부호약속. 그림 6.8에서 보여준 내부의 전단력과 굽힘 모멘트에 대한 부호약속을 참조하라. 보에 작용하는 외부의 하중[그림 6.10(a)]에 대해서도 같은 방법의 부호약속을 적용한다. 따라서 분포하중과 집중하중이 위 방향으로($+y$방향으로) 작용될 때 양의 부호를 갖고, 아래 방향으로 작용될 때 음의 부호를 갖는 것으로 한다. **외부의 모멘트는 반시계방향으로** 작용될 때 양의 값을 갖는 것으로 한다. 다시 말하면 모멘트는 xy 평면의 z축을 기준으로 하는 오른손 법칙을 따르는 것으로 한다.

하중과 전단력 사이의 관계

그림 6.10(a)와 같은 보에서 분포하중을 받고 있는 구역 중 길이 dx로 잘라낸 작은 요소에 대해 자유물체도를 생각해보자. 단위길이에 대한 분포하중 w와 전단력 및 굽힘 모멘트는 그림 6.10(b)와 같이 양의 방향으로 표시된 것에 주목하라. x의 위치가 $x+dx$로 변화할 때, V와 M이 변화된 양은 각각 dV와 dM인 것으로 표시한다. 분포하중의 합력은 그림 6.10(b)의 점선으로 표시된 것과 같이 $w\,dx$로 대신한다. w가 균일하지 않더라도 아주 작은 길이 dx에서는 충분히 받아들여질 수 있는 가정이다.

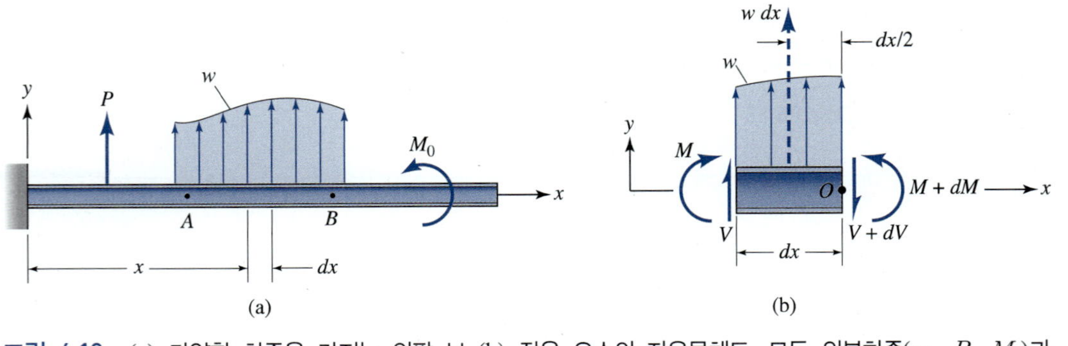

그림 6.10 (a) 다양한 하중을 가지는 외팔 보 (b) 작은 요소의 자유물체도, 모든 외부하중(w, P, M_0)과 내력 합력(V, M)은 양의 값을 갖도록 표시하였다.

그림 6.10(b)의 한 요소에 작용하는 수직방향 힘들의 **평형조건**으로부터 다음과 같은 식이 얻어진다.

$$\sum F_y = 0: \quad V - (V + dV) + w dx = 0$$

이것으로부터 다음과 같은 **전단력과 하중과의 관계**가 얻어진다.

$$\frac{dV}{dx} = w \tag{6.1}$$

이 관계는 보의 어떠한 단면에서도 **전단력 변화곡선의 기울기**는 분포하중의 세기 w와 같다는 것을 말해준다.

특별한 경우로 보의 어떤 부분에 분포하중이 **없는** 경우($w = 0$)에는 다음과 같은 관계를 얻는다.

$$\frac{dV}{dx} = 0$$

이로부터 그 부분에서 전단력은 일정하다는 것을 알 수 있다. 다른 경우로 분포하중이 보의 어떤 부분에 걸쳐 **일정하게** 작용되는 경우에는 다음 식에 의해서

$$\frac{dV}{dx} = \text{일정}$$

이므로 전단력은 그 부분에서 선형적으로 변하게 된다는 것을 알 수 있다.

식 (6.1)을 축방향의 좌표 x에 대해 A와 B 사이에서 적분하면

$$V_B - V_A = \int_A^B w\,dx \tag{6.2a}$$

또는

$$V_B - V_A = \text{하중 선도에서 } A\text{와 } B \text{ 사이의 면적} \tag{6.2b}$$

식 (6.1)은 집중하중이 가해지는 지점에서는 **사용될 수 없다**는 것을 유의하라. 마찬가지로 집중하중에 대해서는 하중세기 w가 정의되지 않기 때문에 A와 B 사이에 집중하중이 가해질 경우 식 (6.2)는 **사용될 수 없다**.

전단력과 모멘트 사이의 관계

평형이 이루어지기 위해서는 그림 6.10(b)에서 점 O에 대한 모멘트 합이 0이 되어야 한다.

$$\sum M_O = 0: \quad (M + dM) - M - Vdx - wdx\frac{dx}{2} = 0$$

2차미분이 1차미분에 비해 아주 작아서 무시될 수 있다고 가정하면, 위의 식은 다음과 같이 **모멘트와 전단력 관계**로 간단히 쓸 수 있다.

$$\boxed{\frac{dM}{dx} = V} \tag{6.3}$$

식 (6.3)은 모멘트 변화곡선의 기울기가 V와 같다는 것을 말해준다. 그러므로 전단력은 보의 길이를 따라서 존재하는 굽힘 모멘트의 변화와 관련된다. 식 (6.3)은 보에서 집중하중이 가해지지 않는 부분에서만 적용됨을 유의하라. 식 (6.3)을 A와 B 사이에서 정적분하면 다음과 같은 식을 얻는다.

$$\boxed{M_B - M_A = \int_A^B Vdx} \tag{6.4a}$$

또는

$$\boxed{M_B - M_A = \text{전단력 선도에서 } A\text{와 } B \text{ 사이의 면적}} \tag{6.4b}$$

식 (6.1)과 (6.3)의 미분방정식에서 보면 전단력 곡선과 모멘트 곡선은 하중곡선을 각각 한 번과 두 번 미분한 형태라는 것을 알 수 있다. 식 (6.3)은 집중하중이 가해진 점에서는 유효하지 않다는 것을 유의하라. 식 (6.4)의 표현은 A와 B 사이에서 집중하중이 가해질 때라도 사용될 수는 있으나 A와 B 사이에서 우력이 작용될 경우에는 그 관계가 유효하지 않다.

6.6 전단력 선도와 굽힘 모멘트 선도

앞의 두 절에서 알게 된 바와 같이 전단력과 굽힘 모멘트는 일반적으로 보의 길이를 따라서 변화한다. 보를 설계할 때에는 이와 같은 변화를 그래프 형태로 보여주는 것이 유용할 때가 있다. 전단력 선도, 줄여서 전단 선도는 전단력이 보의 수평방향(x방향)을 따라 그려져 있는 그래프이다. 마찬가지로 굽힘 모멘트가 x방향을 따라 그려져 있는 그래프를 굽힘 모멘트 선도 혹은 간단히 모멘트 선도라고 한다.

보에서의 전단력 V와 굽힘 모멘트 M의 부호는 6.4절에서 설명하고 그림 6.8에서 표시한 부호약속을 따른다. 그림에서 보여준 것과 같은 양의 (또는 음의) 모멘트 방향은 대부분의 기술서적에서 채용하고 있는 방향이라는 것을 참고하라. 그러나 전단력의 방향은 일부 서적에서 여기서 적용된 것과 반대방향, 즉 양의 전단력이 아래 방향으로 향하도록 적용하고 있다. 이것은 두 부호약속에 대한 전단력 선도가 이를 지배하는 식들과 합치하게 하기 위함이다(참고문헌 6.1에서 6.3). 설계의 목적에서 볼 때 보통 전단의 방향은 중요하지 않다는 것을 함께 언급하고자 한다.

전단력 선도와 모멘트 선도는 보의 자유물체도나 하중 선도 바로 밑에 그리는 것이 편리하다. 일반적으로 최댓값과 다른 중요한 수치를 선도에 포함하여 표시한다. 전단력 선도와 모멘트 선도를 그리기 위해서 여기에서는 평형법과 그래프법에 대해 설명한다. 두 방법은 모두 컴퓨터 계산에 적합한 방법이다.

평형법

직접 접근법이라고도 알려진 평형법에서는 먼저 반력을 계산하고(6.4절에서 설명한 바와 같이) 전단력 V와 굽힘 모멘트 M을 표현하는 식을 구한 다음 그 식으로부터 선도를 그리는 과정을 따른다. 양의 V와 M은 절단된 단면에 표시된다. 이 방법에서는 계산된 모든 V와 M이 직접 값으로 그려질 수 있다.

보의 길이를 따라서 하중이 균일하게 분포하지 않거나 혹은 잘 정의된 식으로 변화하지 않는다면 그 보를 하중 변화점을 경계로 하는 몇 개의 간격으로 분리할 필요가 있다. 각 간격에 대해서 원점을 선택하고 좌표축을 보여주는 양의 방향과 가로좌표(x)의 한계를 표시한다. 하중이 변하는 지점에 해당하는 단면이나 최댓값 혹은 최솟값을 갖는 지점의 단면에 전단력 값과 모멘트 값을 표시하여 전단력 선도와 굽힘 모멘트 선도를 완성한다. 전단력이나 모멘트가 0이 되는 단면의 위치도 표시해야 한다. 예제 6.6에서 예제 6.9는 이 방법이 적용되는 예를 보여준다.

그래프법

중첩 접근법이라고도 하는 그래프법은 앞 절에서 구해진 관계식을 이용하며 하중곡선으로부터 전단력 선도를 그리고 전단력 선도로부터 굽힘 모멘트 선도를 그리는 방법이다. 이러한 반그래프 과정은 평형법에 비해 더 효과적인 기술이 될 수 있다. 이 방법은 정성적이고 정량적인 전단력 선도와 모멘트 선도를 신속하게 그릴 수 있도록 한다. 전단력 선도와 모멘트 선도를 완성하기 위한 그래프법은 다음 과정을 따른다.

1. 전체 보의 자유물체도나 하중 선도로부터 **반력들**을 결정한다.
2. 하중 변화점의 전단력을 결정하고 계속하여 보의 왼쪽 끝으로부터 수직 외력을 중첩시키거나 식 (6.2)를 이용한다. 식 (6.1)로부터 선도의 모양을 구해서 **전단력 선도**를 그린다. 전단력이 0이 되는 지점을 구해서 표시한다.
3. 하중 변화점과 전단력이 0이 되는 지점의 모멘트를 결정하고 계속하여 보의 왼쪽 끝으로부터 외부 모멘트를 중첩하거나 식 (6.4)를 이용하는데 둘 중에 더 적당한 방법을 사용한다. 선도의 모양을 식 (6.3)으로부터 구해서 **모멘트 선도**를 그린다.

표 6.1은 자주 나타나는 하중의 경우에 대해서 중첩 접근법을 적용한 예를 보여주고 있다. 각각의 경우는 심도 있게 학습되어야 한다. 전단력 선도와 모멘트 선도는 각각 하중 선도와 전단력 선도의 **기울기 변화 정보**로부터 구해질 수 있다는 것을 주시하라. 이 방법은 예제 6.9부터 예제 6.11에서 적용된다.

표 6.1 전단력과 모멘트 선도의 형태

	Loading	Shear Diagram $\frac{dV}{dx} = w$	Moment Diagram $\frac{dM}{dx} = V$
A	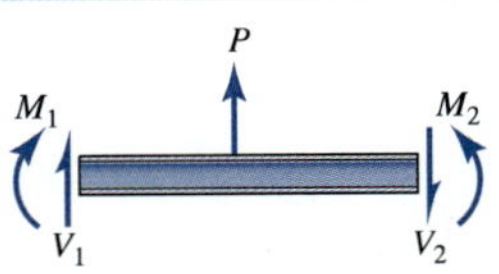	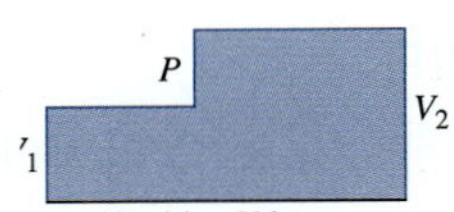 Positive *V*-jump	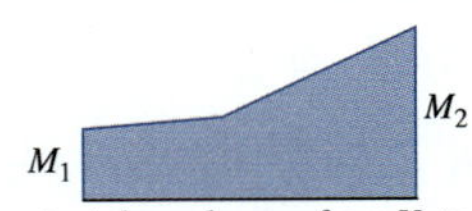 Constant slope changes from V_1 to V_2
B	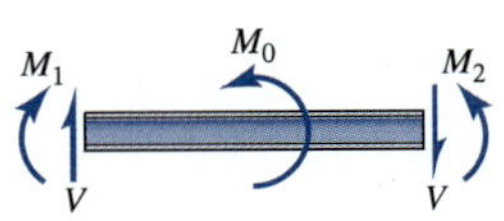	 Zero slope	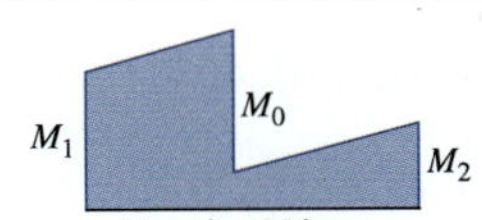 Negative *M*-jump
C	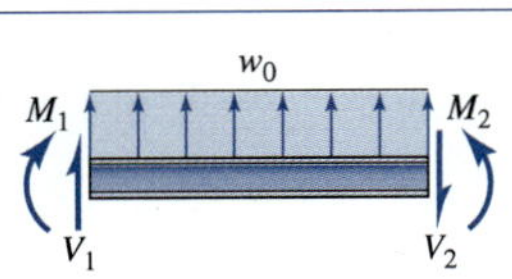	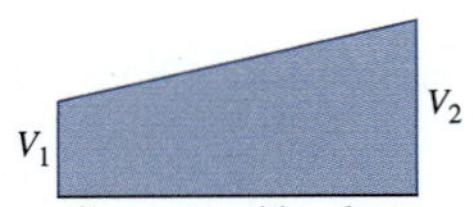 Constant positive slope	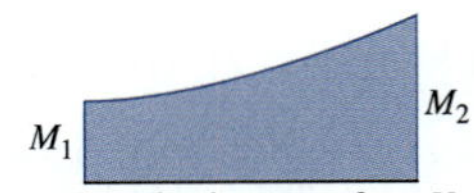 Positive slope that increases from V_1 to V_2
D	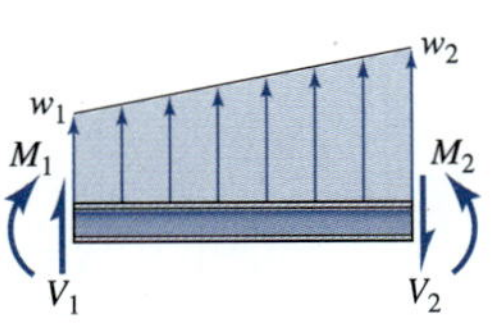	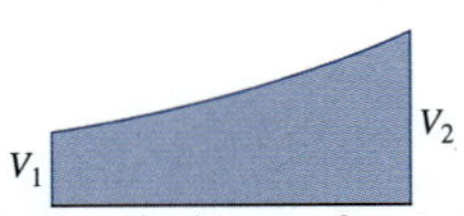 Positive slope that increases from w_1 to w_2	 Positive slope that increases from V_1 to V_2
E	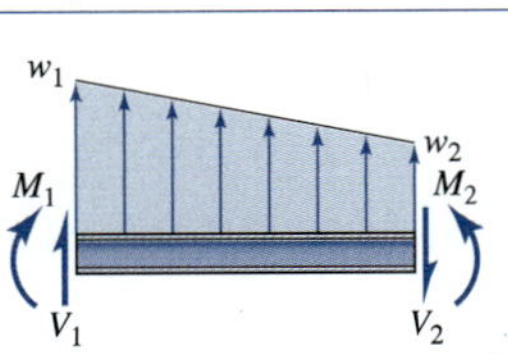	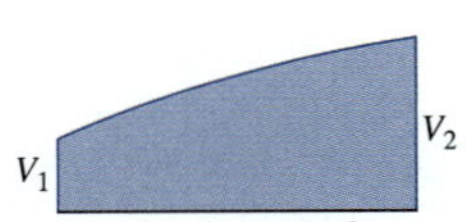 Positive slope that decreases from w_1 to w_2	 Positive slope that increases from V_1 to V_2

예제 6.6 집중하중이 가해지는 단순 보의 전단력 선도와 모멘트 선도

조건 단순지지된 보가 그림 6.11(a)와 같이 집중하중을 받고 있다.

문제 평형법을 이용하여 전단력 선도와 모멘트 선도를 완성하라.

풀이 전체 보의 자유물체도[그림 6.11(b)]로부터 계산된 지지부의 반력은 다음과 같다.

$$R_A = \frac{Pb}{L} \uparrow \qquad R_B = \frac{Pa}{L} \uparrow$$

***A*에서 *C*구간.** 가해진 하중 P의 왼쪽의 한 지점에서 보를 자르고 전단력 V와 굽힘 모멘트 M이 양의 방향[그림 6.11(c)]이라고 가정한다. $0 < x < a$ 영역에서의 평형조건 $\sum F_y = 0$과 $\sum M_O = 0$으로부터 다음과 같은 식을 얻는다.

$$V_1 = \frac{Pb}{L} \qquad M_1 = \frac{Pb}{L}x$$

위의 식은 그림 6.11(e)와 (f)의 왼쪽 부분에 선도로 나타내었다.

***C*에서 *B*구간.** 다음에 하중 P의 오른쪽 부분의 자유물체도[그림 6.11(d)]를 그린다. $a < x < L$ 영역에서의 정적 평형식 $\sum F_y = 0$과 $\sum M_O = 0$으로부터 다음과 같은 식을 얻는다.

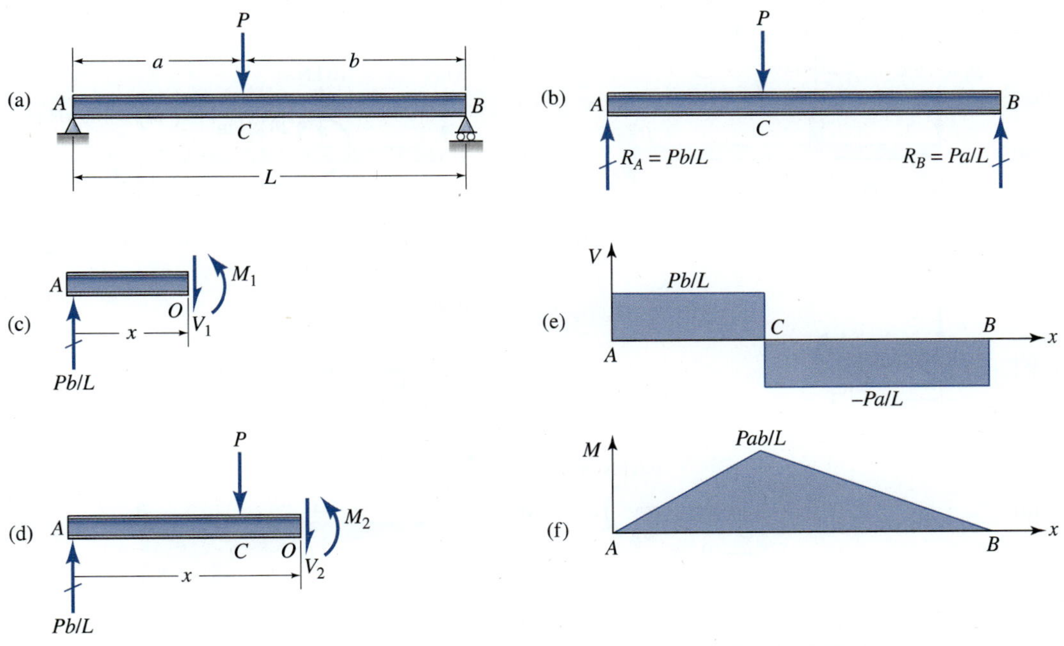

그림 6.11 평형 접근법 (a) 하중 P를 받고 있는 단순지지 보 (b) 전체 보의 자유물체도 (c, d) 두 가지 AO 부분에 대한 자유물체도 (e) 전단력 선도 (f) 모멘트 선도

$$V_2 = \frac{Pb}{L} - P = -\frac{Pa}{L}$$

$$M_2 = \frac{Pb}{L}x - P(x-a)$$

위의 식은 그림 6.11(e)와 (f)의 오른쪽 부분에 선도로 나타내었다.

부가설명 그림 6.11(e)와 (f)로부터 집중하중 사이에서는 전단력이 일정하고 굽힘 모멘트는 선형적으로 변한다는 것을 알 수 있다. 그러나 P가 가해지는 점 C에서는 전단력 선도에서는 불연속이 존재하고 모멘트 선도에서는 그에 상당한 기울기의 변화가 있다는 것을 알 수 있다. 그러므로 하중 P를 중심으로 양쪽 모두에서 단면을 고려하는 것이 필요하다.

예제 6.7 다양한 하중이 가해진 외팔 보의 전단력 선도와 모멘트 선도

조건 외팔 보 ABC가 A에서 $P_1 = 6$ kN 의 하중과 점 C에서 확장된 브래킷 CDE에 의해 $P_2 = 10$ kN 의 하중을 받고 있다[그림 6.12(a)].

문제 직접법에 의해서 전단력 선도와 모멘트 선도를 그려라.

풀이 브래킷 끝에서 가해지는 10 kN 의 하중은 점 C에서의 그와 동등한 힘-우력 시스템으로

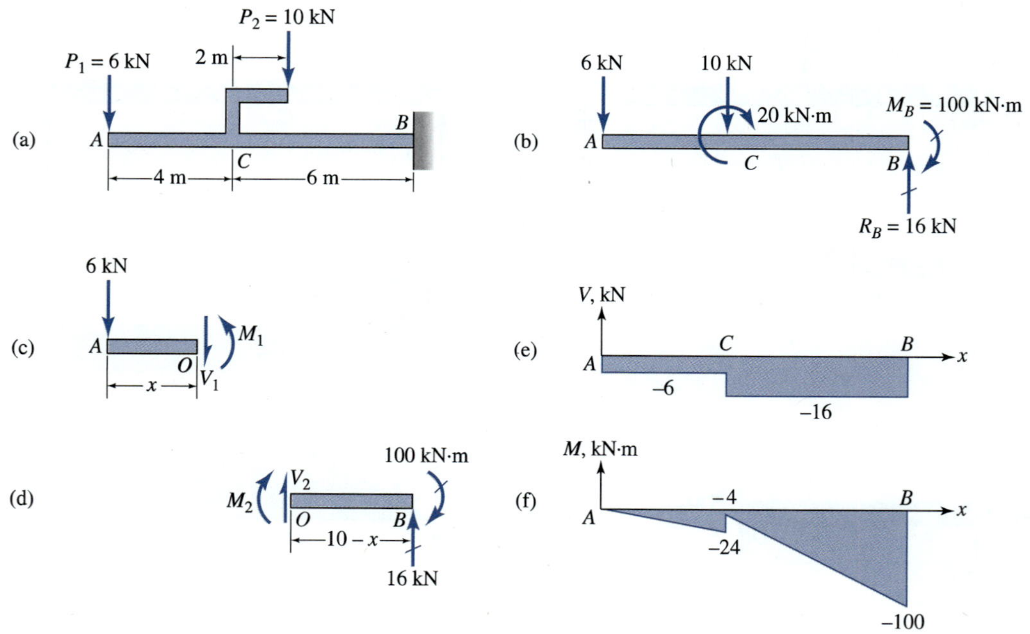

그림 6.12 평형 접근법 (a) 두 가지 하중을 받고 있는 외팔 보 (b) 전체 보의 자유물체도 (c, d) AO 부분과 BO 부분의 자유물체도 (e) 전단력 선도 (f) 모멘트 선도

대신한다. 점 B에서의 반력들은 전체 보의 자유물체도[그림 6.12(b)]에 대한 **평형조건**을 적용하여 다음과 같이 구한다.

$$R_B = 16 \text{ kN} \uparrow \qquad M_B = 100 \text{ kN} \cdot \text{m} \circlearrowright$$

***A*에서 *C*구간.** 먼저 보 왼쪽 부분의 내력과 모멘트를 결정한다[그림 6.12(c)]. $0 < x < 4$ 영역에서의 **평형방정식** $\sum F_y = 0$과 $\sum M_O = 0$으로부터 다음 식을 얻는다.

$$V_1 = -6 \qquad M_1 = -6x \tag{a}$$

***C*에서 *B*구간.** 다음에 보 오른쪽 부분의 자유물체[그림 6.12(d)]를 생각해보자. 그러면 **정적 평형식** $\sum F_y = 0$과 $\sum M_O = 0$으로부터 다음 식을 얻는다. 다음의 식은 $4 < x < 10$ 범위에서 유효하다.

$$V_2 = -16 \qquad M_2 = 16(10 - x) - 100 \tag{b}$$

부가설명 식 (a)와 (b)를 사용하면 전단력 선도[그림 6.12(e)]와 모멘트 선도[그림 6.12(f)]를 그릴 수 있다. 점 C에서 가해지는 모멘트 우력 20 kN · m는 모멘트 선도에서는 갑작스런 변화를 일으키나 전단력 선도에서는 변화를 보이지 않는다.

[예제 6.8] 역기 바의 전단력 선도와 모멘트 선도

조건 역기 바 또는 바벨이 그림 6.13과 같이 스탠드 위에 지지되어 있다. 그림에서 $a = 0.15$ m, $L = 1.3$ m, 그리고 중량 $P = 1$ kN으로 하라.

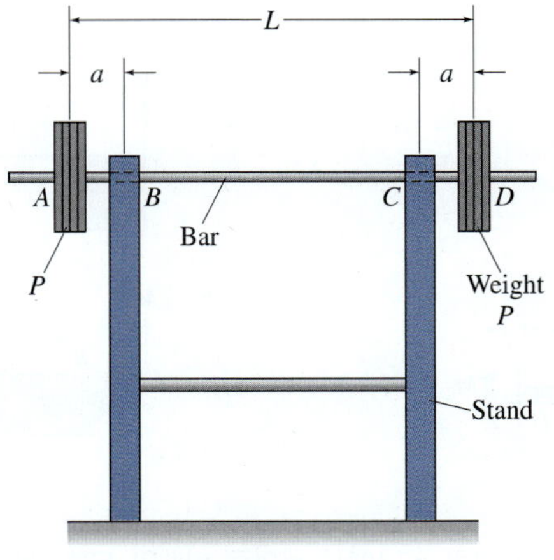

그림 6.13 바벨과 그 받침대

문제 평형법을 이용하여 전단력 선도와 모멘트 선도를 그려라.

가정 역기 바의 무게는 무시한다.

풀이 역기 바를 그림 6.14(a)와 같이 양끝에 돌출부를 갖고 A와 D에서 집중하중 P를 받고 있는 보 $ABCD$로 단순화한다. 자유물체도[그림 6.14(b)]에 대한 평형조건으로부터 반력 $R=P$가 계산된다. 하중 변화점은 표시된 것과 같이 A, B, C, D로 한다.

왼쪽으로부터 두 번째까지의 보 일부에 대한 자유물체도를 각각 그림 6.14(c)와 (d)에서 보여주고 있다. 여기서 아직 알지 못하는 V와 M은 양의 방향으로 표시하였다. 정적 평형식 $\sum F_y = 0$과 $\sum M_O = 0$으로부터 왼쪽 부분($0 < x < a$)의 전단력과 모멘트는 다음과 같다.

$$V_1 =- P \qquad M_1 =- P_x$$

같은 방법으로 $a < x < L-a$ 범위에서는 다음과 같은 값을 얻는다.

$$V_2 = 0 \qquad M_2 =- P_a$$

중간점에 대해 대칭하므로 앞에서 구한 값들로 그림 6.14(e)와 (f) 같은 전단력 선도와 모멘트 선도를 완성할 수 있다. 주어진 조건의 값들을 대입하면 가장 큰 전단력과 모멘트는 다음과 같이 된다. 중요한 값들은 선도에 표시하였다.

$$V_{\max} = P = 1\ \text{kN} \qquad M_{\max} = Pa = 150\ \text{N}\cdot\text{m}$$

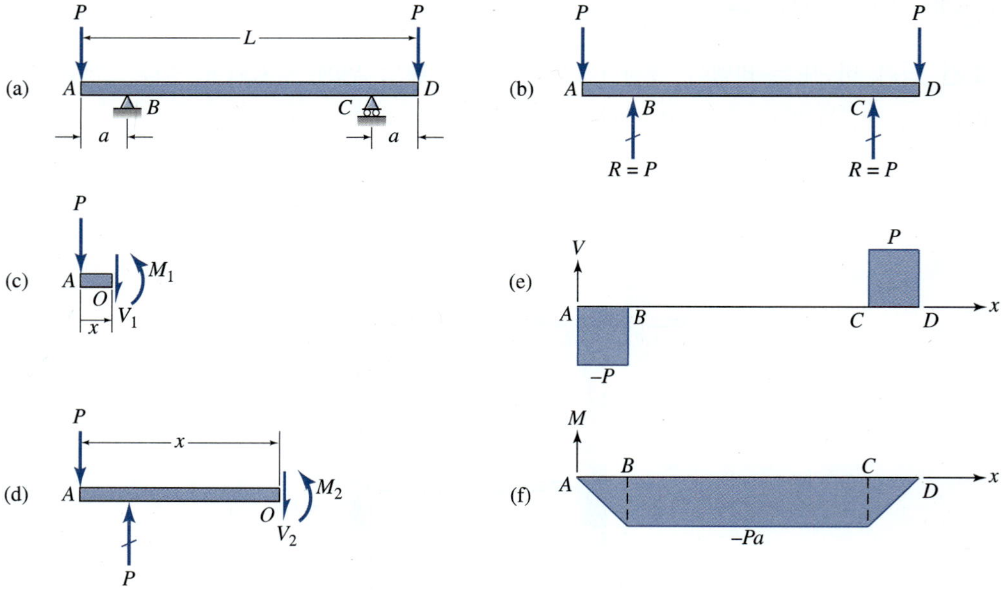

그림 6.14 평형 접근법 (a) 그림 6.13에서 보여준 바벨의 모델 (b) 전체 바벨의 자유물체도 (c, d) 두 가지 AO 부분에 대한 자유물체도 (e) 전단력 선도 (f) 모멘트 선도

부가설명 CD 부분에는 전단력이 없으며, $-Pa$만큼의 일정한 모멘트만이 존재한다는 것을 유의하라. 이와 같은 굽힘 모멘트의 상태를 **순수 굽힘**이라고 한다. AC와 BD 부분에서는 굽힘 모멘트 M_1이 일정하지 않으며 전단력이 존재하므로 균일하지 않은 굽힘 상태에 있다.

[예제 6.9] 균일분포하중이 가해지는 단순지지 보의 전단력 선도와 모멘트 선도

조건 단순지지 보 AB가 그림 6.15(a)와 같이 균일한 분포하중 w를 받고 있다.

문제 다음과 같은 방법을 이용하여 전단력 선도와 모멘트 선도를 그려라.

(a) 평형법

(b) 그래프법

풀이 전체 보에 대하여 평형조건을 부가하면 $R_A = R_B = wL/2$의 반력을 얻는다[그림 6.15(b)].

(a) 직접법(평형법). 보의 임의의 위치 x에서 보를 자르고 자유물체도를 그린다. 이때 V와 M은 노출된 단면에서 양의 방향을 갖도록 한다[그림 6.15(c)]. 작용되는 하중이 연속적이므로

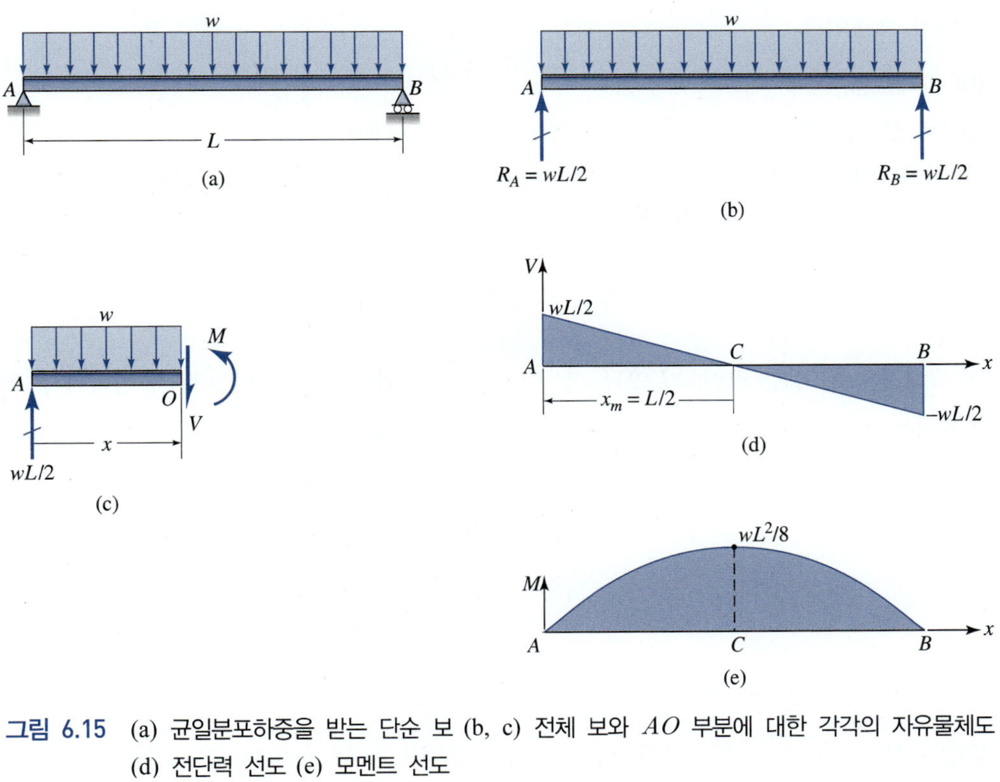

그림 6.15 (a) 균일분포하중을 받는 단순 보 (b, c) 전체 보와 AO 부분에 대한 각각의 자유물체도 (d) 전단력 선도 (e) 모멘트 선도

보의 길이를 따라 어떤 단면을 자르더라도 관계없다. **정적 평형식** $\sum F_y = 0$과 $\sum M_O = 0$으로부터 다음의 반력을 얻는다.

$$V = \frac{1}{2}wL - wx \tag{c}$$

$$M = \frac{1}{2}wLx - \frac{1}{2}wx^2 \tag{d}$$

이 식은 전단력 선도는 기울어진 직선으로 표현되고 모멘트 선도는 포물선(2차식)이라는 것을 말해준다. 이 표현식으로부터 그려진 선도는 그림 6.15(d)와 (e)에 나타나 있다.

부가설명 전단력 선도는 수평 좌표축을 통과하며 이 지점은 전단력이 0이 되는, 즉 $V = 0 = dM/dx$를 만족하는 지점이라는 것을 주목하라. 따라서 이 점은 식 (c)를 이용하면 다음과 같이 되고

$$V = \frac{1}{2}wL - wx_m = 0$$

이 식을 만족시키는 지점은 $x_m = L/2$가 되며 이 위치에서 **최대 모멘트**가 발생한다. 그러므로 식 (d)에서 최대 모멘트는 $M_{\max} = wL^2/8$이 된다. 모멘트 선도는 보의 중심점(점 C)에 대해서 대칭이다.

(b) 그래프법.

전단력 선도[그림 6.15(d)]. 점 A에서 반력은 위로 향해야 하므로 점 A의 바로 오른쪽에 있는 지점에서의 전단력은 $V = wL/2$가 된다. 그 다음에 전단력은 $dV/dx = -w$의 비율로 감소하게 된다. 따라서 다음과 같은 관계를 얻는다.

$$V_B - V_A = -wL \qquad V_B = -\frac{1}{2}wL$$

점 B에서의 위 방향 반력($wL/2$)은 앞에서 구한 V_B와 일치하며 이것은 이 해석이 올바른지 검토하는 데 사용될 수 있다. 전단력이 0이 되는 지점은 선도의 기하학적인 형상으로부터 결정할 수 있다.

$$\text{기울기} = w = \frac{\frac{1}{2}wL}{x_m}$$

이로부터 $x_m = \frac{1}{2}L$이 되며, 이것은 직접법의 결과와 같다.

모멘트 선도[그림 6.15(e)]. 왼쪽 지지부에서의 모멘트는 $M_A = 0$이 된다. 전단력, 즉 모멘트

선도의 기울기는 $wL/2$에서부터 가운데 점 0까지 균일하게 감소한다. 최대 모멘트는 전단력 선도의 양의 부분 적분합이므로 다음과 같이 되며, 이는 (a) 직접법에서의 결과와 같다.

$$M_{\max} = \frac{1}{2}\frac{wL}{2}\frac{L}{2} = \frac{1}{8}wL^2$$

부가설명 위의 결과는 점 A에서 가운데 점까지 모멘트가 증가함을 나타낸다. 마찬가지로 $x = L/2$에서 $x = L$까지 모멘트는 $wL^2/8$만큼 감소하여 점 B에서 모멘트는 0이 된다.

예제 6.10 균일분포하중을 받는 돌출 보의 전단력 선도와 모멘트 선도

조건 그림 6.16(a)에서와 같이 한 보가 A와 B에서 단순지지되어 있다. 보에는 AB의 중간에 집중하중 $P = 20$ kN이 작용되고 보 전체에 걸쳐서 $w = 4$ kN/m의 균일분포하중이 작용되고 있다.

문제 그래프법을 이용하여 전단력 선도와 모멘트 선도를 완성하라.

풀이 전체 보에 작용하는 힘들의 평형조건[그림 6.16(b)]으로부터 반력들이 계산된다.

$$R_A = 25 \text{ kN} \uparrow \qquad R_B = 35 \text{ kN} \uparrow$$

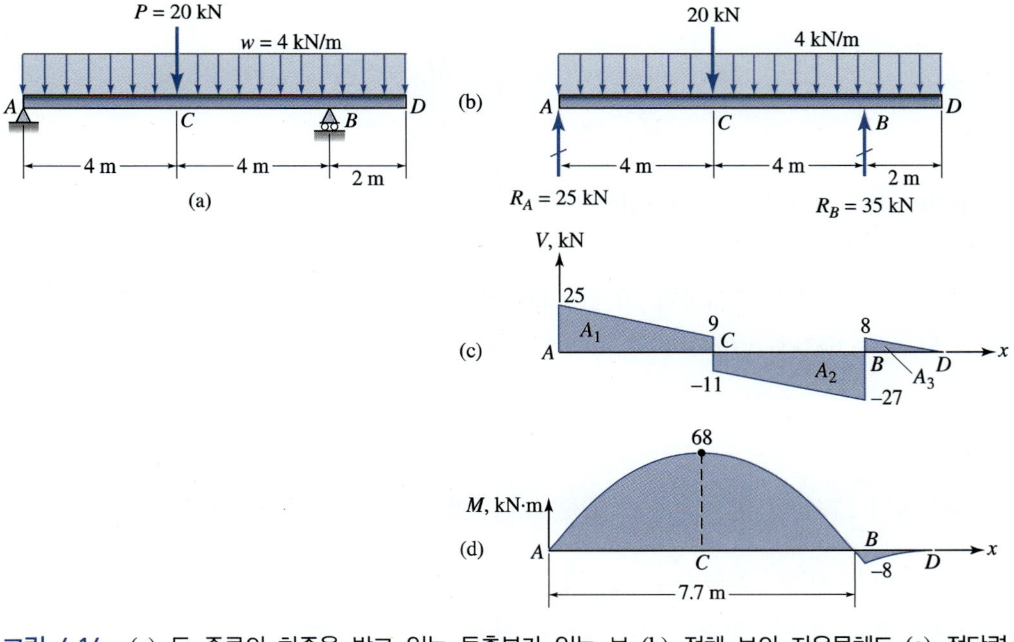

그림 6.16 (a) 두 종류의 하중을 받고 있는 돌출부가 있는 보 (b) 전체 보의 자유물체도 (c) 전단력 선도 (d) 모멘트 선도

전단력 선도[그림 6.16(c)]. 보의 왼쪽 끝 A의 바로 근처에서는 $V_A = R_A$이므로 25 kN이 양의 값을 갖도록 그려진다. 집중하중들 사이에서 전단력 선도의 기울기는 $-w$이다. 식 (6.2)로부터 다음 전단력을 얻을 수 있다.

$$V_C - V_A = -(4)(4) = -16 \qquad V_C = 9 \text{ kN}$$

여기서 V_C는 점 C의 바로 왼쪽 부분의 전단력 값이다. 점 C에서 20 kN의 집중하중은 전단력 값을 $V_C = -11$ kN으로 낮춘다. 점 B 근처에서는 다음 식을 만족한다.

$$V_B - V_C = -(4)(4) = -16 \qquad V_B = -27 \text{ kN}$$

점 B에서 35 kN의 위 방향 반력으로 인하여 전단력은 $V_B = 8$ kN으로 올라간다. 그 다음에는 다음 조건으로 풀이가 올바르다는 것이 검토되었다.

$$V_D - V_B = -(4)(2) = -8 \qquad V_D = 0$$

전단력 선도에서 보면 최대 전단력은 -27 kN이고 그것은 지지점 B의 바로 왼쪽에서 발생한다는 것을 알 수 있다.

모멘트 선도[그림 6.16(d)]. 보의 양쪽 끝에서 굽힘 모멘트는 0이다. 전단력 선도에서 각 부분의 면적은 $A_1 = 68$ kN · m, $A_2 = -76$ kN · m, $A_3 = 8$ kN · m로 계산된다. 따라서 식 (6.4)에 의하면 다음과 같은 모멘트 사이의 관계를 얻는다.

$$M_C - M_A = 68 \qquad M_C = 68 \text{ kN} \cdot \text{m}$$
$$M_B - M_C = -76 \qquad M_B = -8 \text{ kN} \cdot \text{m}$$
$$M_D - M_B = 8 \qquad M_D = 0$$

부가설명 A와 C 사이에서 전단력이 양의 값을 가지고 감소하므로 모멘트의 기울기도 양의 값을 가지고 감소함을 유의하라. 마찬가지로 C에서 B 사이에서는 모멘트의 기울기는 음의 값을 가지고 절댓값이 증가하며, B에서 D 사이에서는 양의 값을 가지고 감소한다. 최대 모멘트 $M_{max} = 68$ kN · m이다.

[예제 6.11] 다양한 하중을 받는 돌출 보의 전단력 선도와 모멘트 선도

조건 그림 6.17(a)에서 보여주는 보 $CADBE$는 2개의 돌출부 CA와 BE를 가진다. A에서 최대세기 $w_0 = 8$ kN/m를 갖는 삼각형 하중이 CA 부분에 가해지고, D에 집중하중 $P_1 = 20$ kN과 E에 집중하중 $P_2 = 6$ kN이 가해진다.

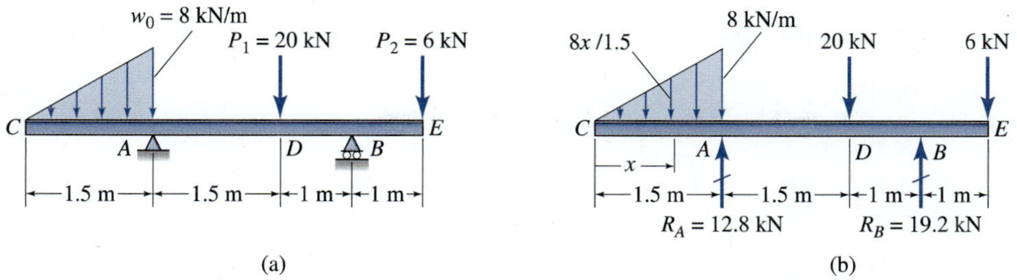

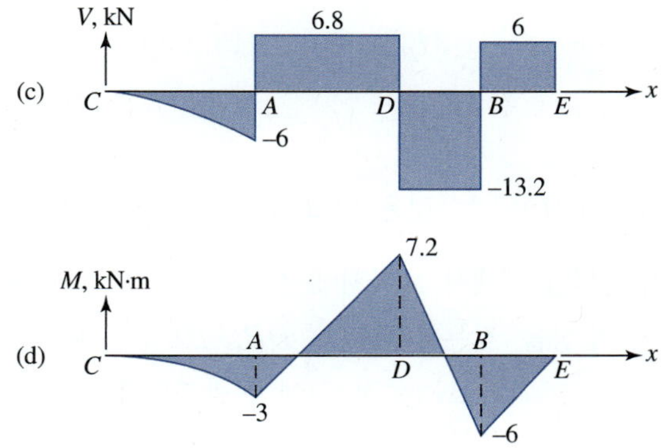

그림 6.17 중첩 접근법 (a) 세 가지 하중이 작용되는 돌출 보 (b) 전체 보의 자유물체도 (c) 전단력 선도 (d) 모멘트 선도

문제 중첩 접근법을 이용하여 전단력 선도와 모멘트 선도를 그려라.

풀이 전체 보에 대한 자유물체도[그림 6.17(b)]에 평형조건을 적용하면 반력들은 다음과 같이 된다.

$$R_A = 12.8 \text{ kN} \uparrow \qquad R_B = 19.2 \text{ kN} \uparrow$$

전단력 선도[그림 6.17(c)]. C의 바로 오른쪽의 전단력 V_C는 0이다. 다음에 식 (6.2)를 이용하면 다음과 같이 된다.

$$V_A - V_C = -\frac{1}{2}(8)(1.5) = -6 \qquad V_A = -6 \text{ kN}$$

점 A의 바로 오른쪽에는 반력으로 인하여 아래 방향의 전단력이 발생한다. C에서 A까지는 음의 분포하중이 선형적으로 증가하므로 전단력 곡선은 포물선이 되고 그 기울기는 음의 값을 가지고 절댓값이 증가한다. 보의 AD, DB, BE구간에서는 전단력 선도의 기울기가 0이다. 즉 전단력이 변하지 않는다.

부가설명 점 A에서 12.8 kN의 위 방향 반력은 전단력을 6.8 kN으로 증가시킨다. 그 다음에 전단력은 점 D까지 일정하게 유지되며, 점 D에서 전단력은 20 kN의 아래 방향 외력으로 인하여 -13.2 kN으로 감소한다. 같은 방법으로 계산하면 점 B에서 전단력은 6 kN으로 증가한다. 점 E까지는 전단력의 변화가 없고, 점 E에서 6 kN의 아래 방향 외력으로 인하여 전단력은 0이 된다. 최대 전단력 $V_{\max} = -13.2$ kN은 BD구간에서 발생한다.

모멘트 선도[그림 6.17(d)]. 끝점 C에서 굽힘 모멘트 $M_C = 0$이다. 식 (6.4)를 이용하면 다음의 관계가 얻어진다.

$$M_A - M_C = -\int_0^{1.5}\left(\frac{1}{2}\frac{8x}{1.5}\right)dx \qquad M_A = -3\ \text{kN}\cdot\text{m}$$

$$M_D - M_A = 6.8(1.5) \qquad M_D = 7.2\ \text{kN}\cdot\text{m}$$

$$M_B - M_D = -13.2(1) \qquad M_B = -6\ \text{kN}\cdot\text{m}$$

$$M_E - M_B = 6(1) \qquad M_E = 0$$

M_E가 0이라는 것은 알고 있으므로 위의 계산은 맞는다는 것이 확인되었다.

부가설명 C에서 A까지에서 모멘트 선도는 C에서 기울기가 0이 되고 아래로 오목한 3차식의 형상을 갖는다. AD, DB, BE구간에서는 모멘트 선도가 직선이 된다. 최대 모멘트 $M_{\max} = 7.2\ \text{kN}$은 점 D에서 발생된다.

연습문제

다음의 전단력 선도와 모멘트 선도를 대략 치수에 맞게 그려라. 최댓값과 최솟값을 포함하여 모든 중요한 수치를 기입하라.

6.5절~6.6절

6.21~6.22 그림 P6.12와 그림 P6.13과 같은 보에서 전단력 V의 선도와 굽힘 모멘트 M의 선도를 그려라(그래프법을 이용하라).

6.23~6.24 그림 P6.14와 그림 P6.15와 같은 보에서 전단력 V의 선도와 굽힘 모멘트 M의 선도를 완성하라(중첩법을 이용하라).

6.25~6.26 그림 P6.16과 그림 P6.17과 같은 보에서의 전단력 V의 선도와 굽힘 모멘트 M의 선도를 그려라(그래프법을 이용하라).

***6.27~*6.28** 그림 P6.18과 그림 P6.19와 같은 보에서의 전단력 V의 선도와 굽힘 모멘트 M의 선도를 그려라(중첩법을 이용하라).

6.29 그림 P6.20과 같은 보에서의 전단력 V의 선도와 굽힘 모멘트 M의 선도를 완성하라(그래프법을 이용하라).

6.30 단순지지 보가 그림 P6.30과 같이 C에서 위 방향의 집중하중 P와 D에서 아래 방향의 집중하중 P를 받고 있다. 전단력 V의 선도와 굽힘 모멘

트 M의 선도를 그려라(중첩법을 이용하라).

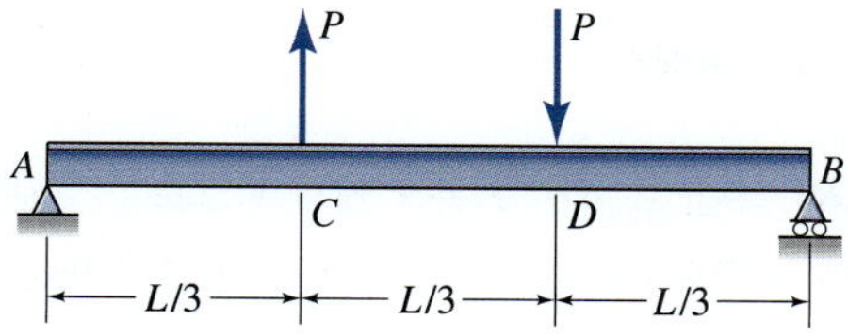

그림 P6.30

6.31 단순지지 보가 구간 AB와 구간 CD에서 세기 w의 균일분포하중을 받고 있다(그림 P6.31). 전단력 V의 선도와 굽힘 모멘트 M의 선도를 그려라(그래프법을 이용하라).

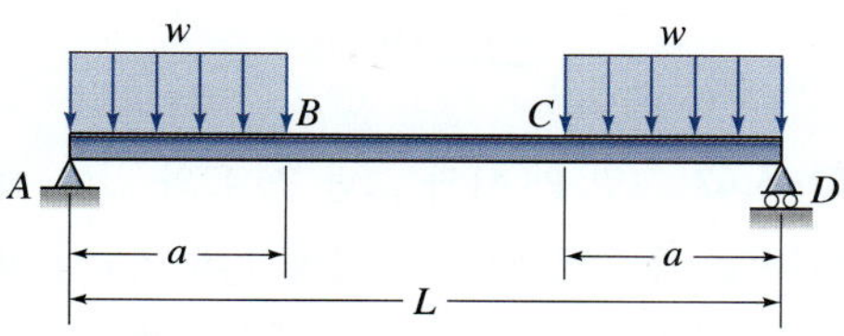

그림 P6.31

6.32 보 $ABCD$가 그림 P6.32와 같이 A와 B에서 단순지지되어 있고 CD 부분에서 세기 w의 균일한 분포하중을 받고 있다. 중첩법을 이용하여 전단력 V의 선도와 굽힘 모멘트 M의 선도를 그려라.

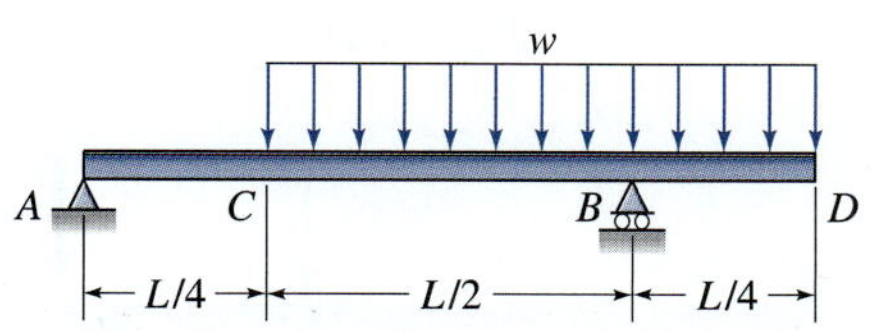

그림 P6.32

6.33 외팔 보가 그림 P6.33과 같이 A에서 0이고 B에서 w_0인 삼각형 분포하중을 받고 있다. 그래프법을 이용하여 전단력 V의 선도와 굽힘 모멘트 M의 선도를 그려라.

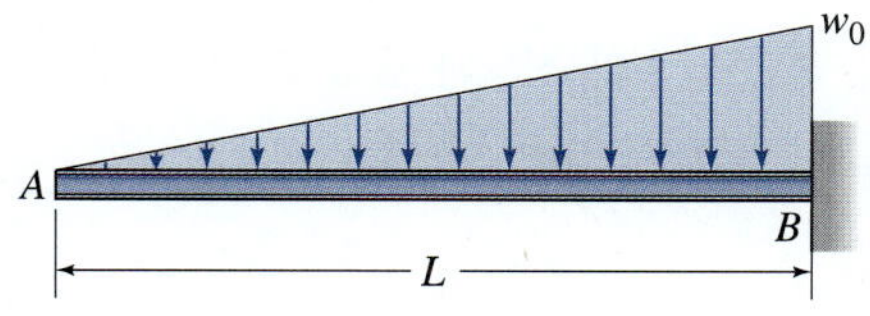

그림 P6.33

6.34 그림 P6.34와 같은 단순지지 보 AB가 보의 C에서 연장된 브래킷 CDE의 끝에서 작용하는 하중 P를 받고 있다. 그래프법을 이용하여 전단력 V의 선도와 굽힘 모멘트 M의 선도를 그려라.

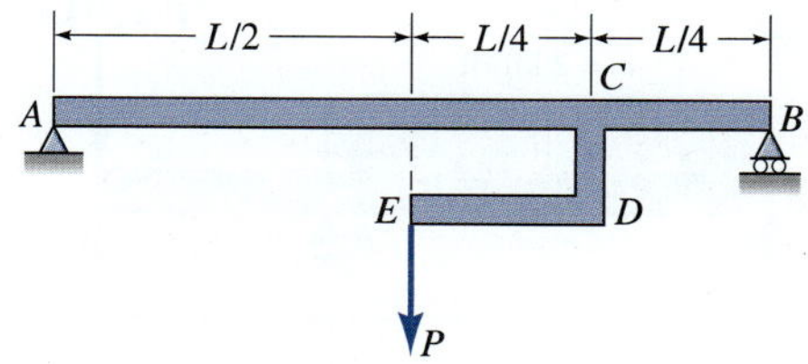

그림 P6.34

6.35 보 $ABCD$가 그림 P6.35와 같이 C에서 집중하중 $2P$와 돌출부 BD에서 집중하중 P를 받고 있다. 중첩법을 이용하여 전단력 V의 선도와 굽힘 모멘트 M의 선도를 그려라.

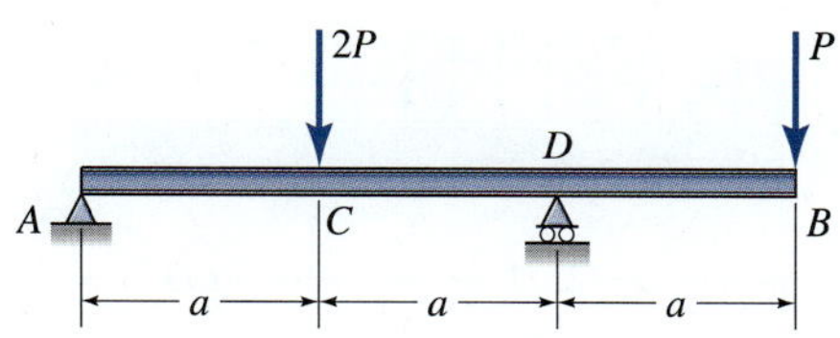

그림 P6.35

6.36 그림 P6.36과 같은 외팔 보 ABC가 AB 부분에서는 아래쪽 방향으로 균일한 분포하중 $2w$를, BC 부분에서는 위쪽 방향으로 균일한 분포하중 w를 받고 있다. 그래프법을 이용하여 전단력 V의

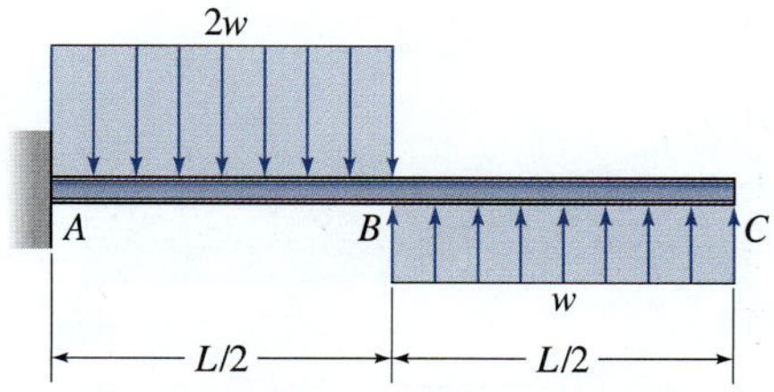

그림 P6.36

선도와 굽힘 모멘트 M의 선도를 그려라.

6.37 보 ABC가 AB 부분에서 세기 $w = 2\ \text{kip/ft}$의 균일한 분포하중과 돌출부의 끝에서 집중하중 $P = 20\ \text{kips}$를 받고 있다(그림 P6.37). 중첩법을 이용하여 전단력 V의 선도와 굽힘 모멘트 M의 선도를 완성하라.

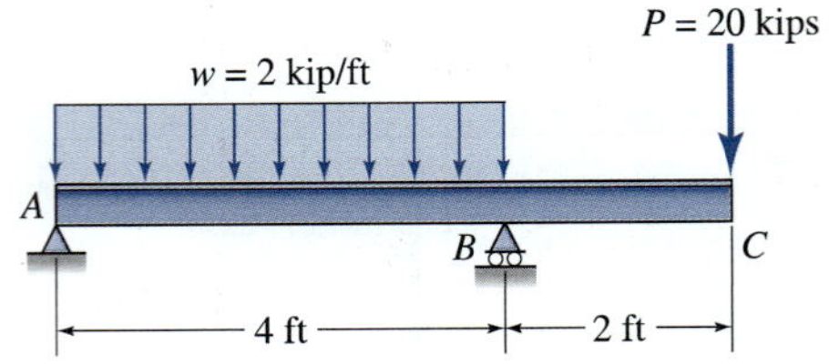

그림 P6.37

6.38 그림 P6.38과 같은 단순 보 ACB가 AC 부분에서 세기 w의 균일한 분포하중을 받고 있다. 그래프법을 이용하여 전단력 V의 선도와 굽힘 모멘트 M의 선도를 그려라.

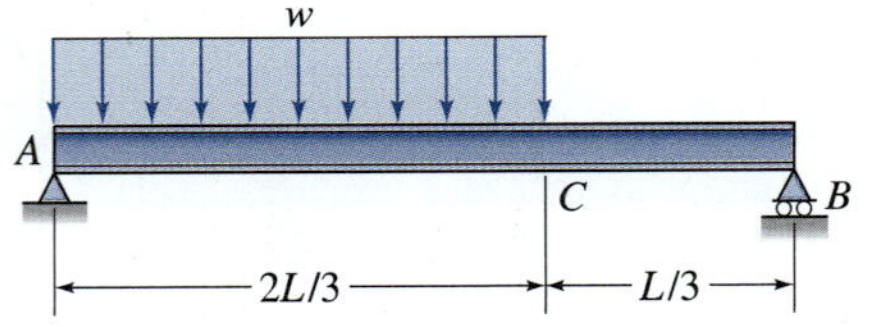

그림 P6.38

***6.39** 단순 보 ACB가 AC 부분에서는 아래쪽 방향의 삼각형 형태 분포하중을, CB 부분에서는 위쪽 방향의 삼각형 형태 분포하중을 받고 있다(그림 P6.39). 각각은 점 C에서 0의 값을 가지고 지지부에서 최댓값 w_0를 갖는 선형적인 분포를 보인다. 중첩법을 이용하여 전단력 V의 선도와 굽힘 모멘트 M의 선도를 그려라.

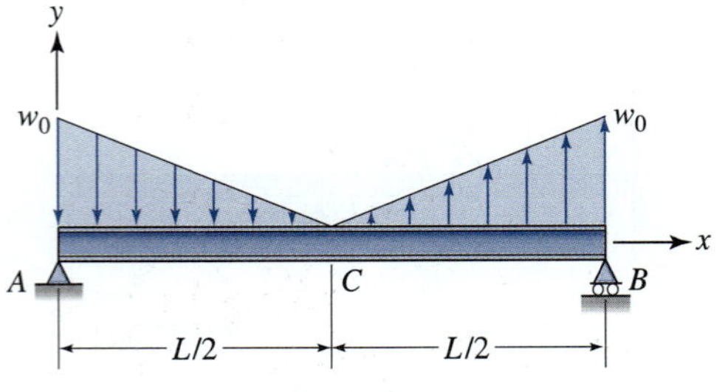

그림 P6.39

***6.40** 복합 보 $ABCD$는 C에서 핀으로 연결된 두 부분 AC와 CD로 이루어져 있으며 그림 P6.40과 같은 하중을 받는다. 그래프법을 이용하여 전단력 V의 선도와 굽힘 모멘트 M의 선도를 완성하라.

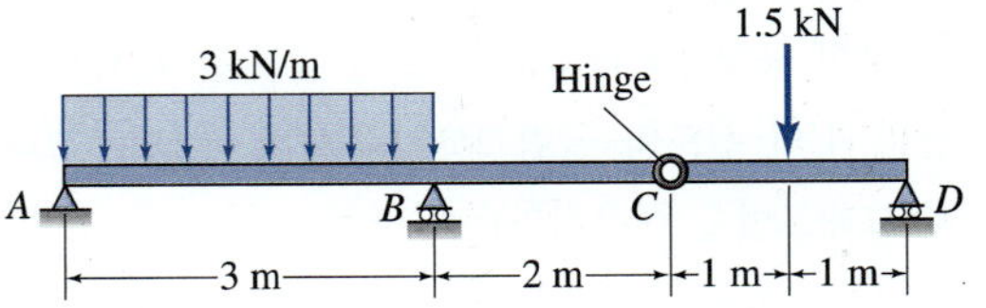

그림 P6.40

6.41~6.42 그림 P6.41과 그림 P6.42와 같이 하중과 지지를 받는 보에서의 전단력 V의 선도와 굽힘 모멘트 M의 선도를 그려라(중첩을 이용하라).

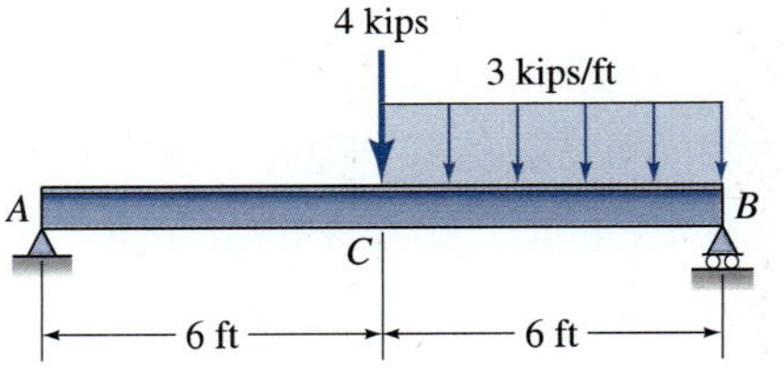

그림 P6.41

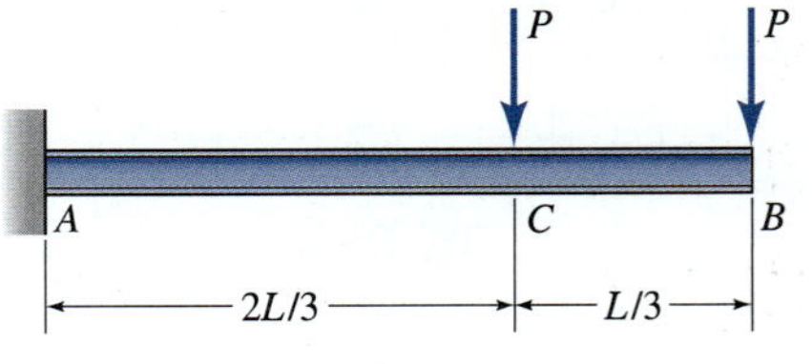

그림 P6.42

6.43~6.44 그림 P6.43과 그림 P6.44와 같은 보에서의 전단력 V의 선도와 굽힘 모멘트 M의 선도를 그려라(그래프법을 이용하라).

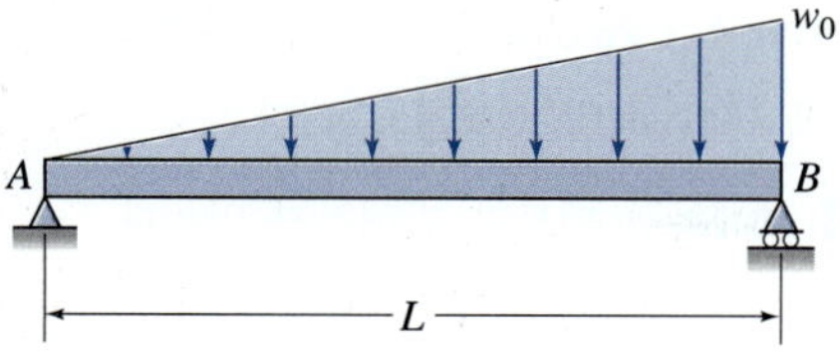

그림 P6.43

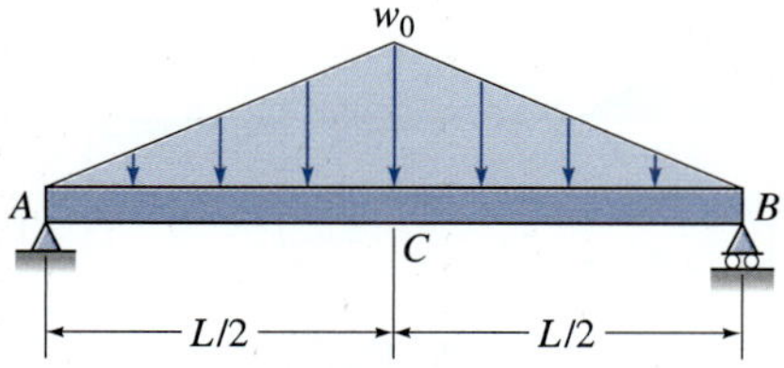

그림 P6.44

6.45~6.46 그림 P6.45와 그림 P6.46과 같이 하중과 지지를 받는 보에서의 전단력 V의 선도와 굽힘 모멘트 M의 선도를 그려라(중첩법을 이용하라).

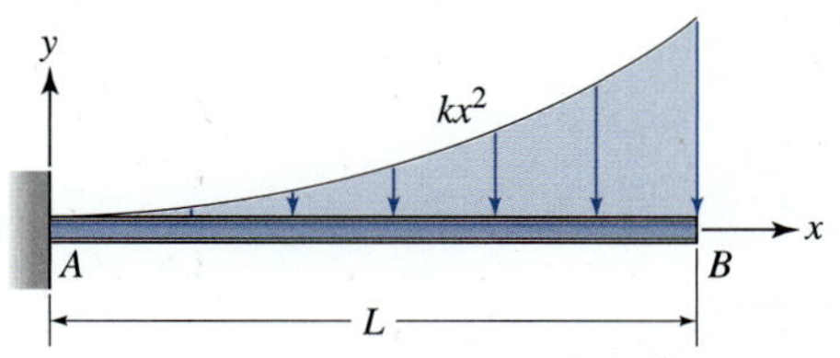

그림 P6.45

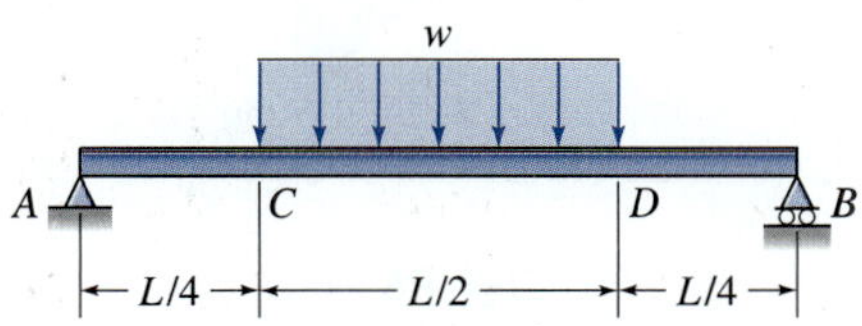

그림 P6.46

6.47~6.48 그림 P6.47과 그림 P6.48과 같은 보에서의 전단력 V의 선도와 굽힘 모멘트 M의 선도를 그려라(그래프법을 이용하라).

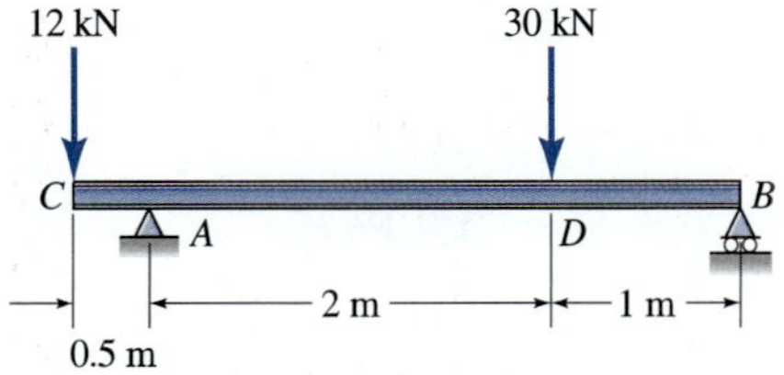

그림 P6.47

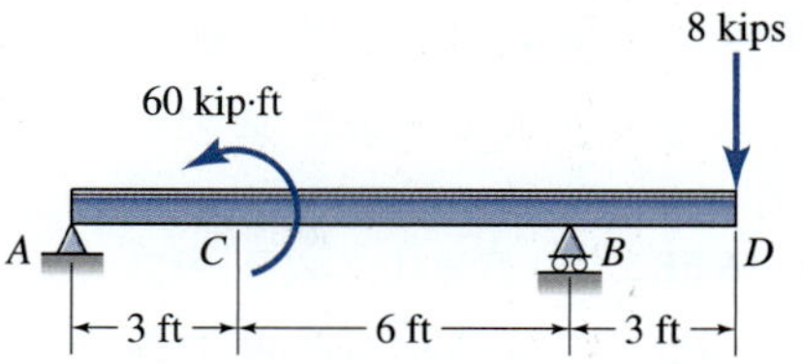

그림 P6.48

6.49 단순 보 $ACDEB$가 그림 P6.49와 같이 C에서 6 kN의 집중하중을, E에서 6 kN의 집중하중을, D에서는 2 kN · m의 모멘트를 받고 있다. 중첩법을 이용하여 전단력 V의 선도와 굽힘 모멘트 M의 선도를 그려라.

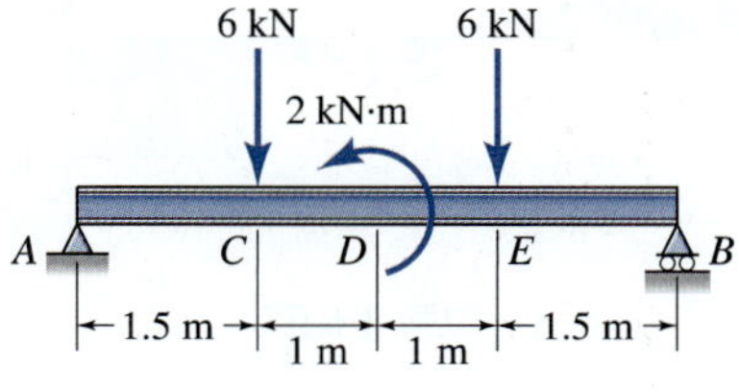

그림 P6.49

6.50~6.51 평형법을 이용하여 문제 6.41과 6.42를 다시 구하라.

6.52~6.53 직접 접근법을 이용하여 문제 6.43과 6.44를 다시 구하라.

6.54~6.55 평형법을 이용하여 문제 6.45와 6.46을 다시 구하라.

***6.56** 동력전달축이 그림 P6.56과 같이 지지되어 하중을 받고 있다. 다음을 완성하라.

(a) 축의 토크 T 선도

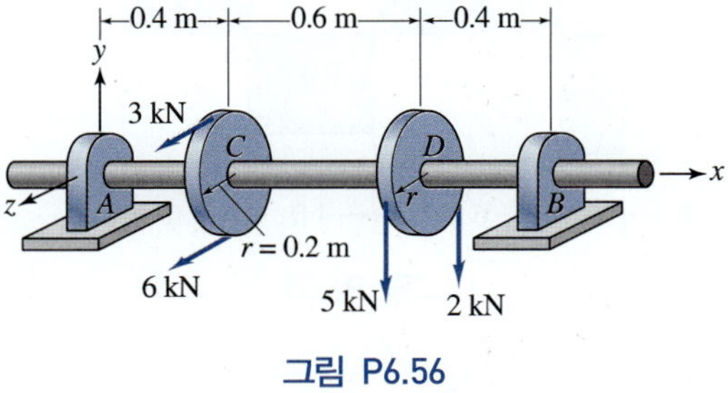

그림 P6.56

(b) 축의 xy평면에 대한 굽힘 모멘트 M_z 선도

(c) 축의 xz평면에 대한 굽힘 모멘트 M_y 선도

6.57~*6.58 A와 B에서 지지를 받고 있는 보에 대한 전단력 선도가 각각 그림 P6.57과 그림 P6.58과 같다. 보의 하중을 결정하고 굽힘 모멘트 M의 선도를 그려라.

가정 보에는 모멘트가 가해지지 않는다.

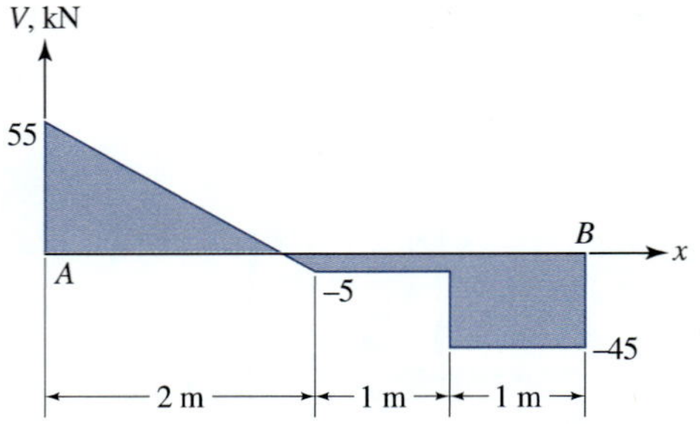

그림 P6.57

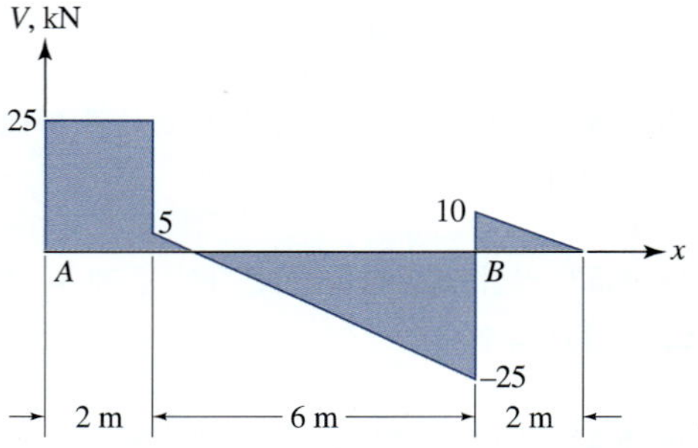

그림 P6.58

6.59~6.60 A와 B에서 지지를 받고 있는 보에 대한 전단력 선도와 굽힘 모멘트 선도가 각각 그림 P6.59와 그림 P6.60과 같다. 보의 하중을 결정하고 굽힘 모멘트 M의 선도를 그려라.

가정 보에는 모멘트가 가해지지 않는다.

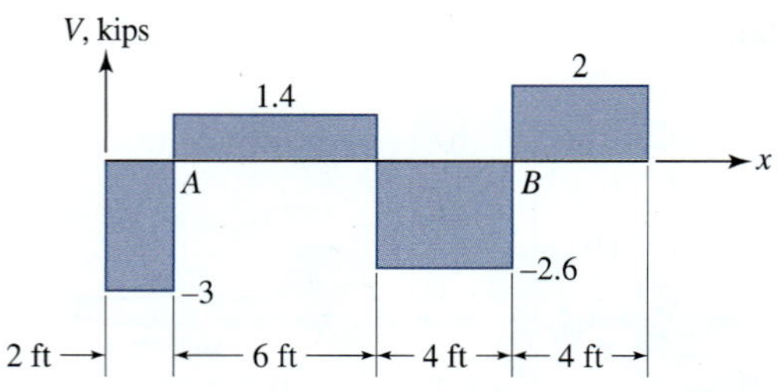

그림 P6.59

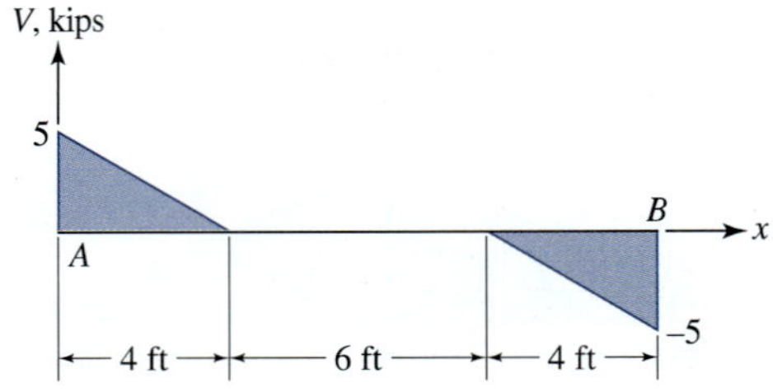

그림 P6.60

***6.61~*6.62** A와 B에서 지지를 받고 있는 보에 대한 전단력 선도가 각각 그림 P6.61과 그림 P6.62와 같다. 보의 하중을 결정하고 굽힘 모멘트 M의 선도를 그려라.

가정 보에는 모멘트가 가해지지 않는다.

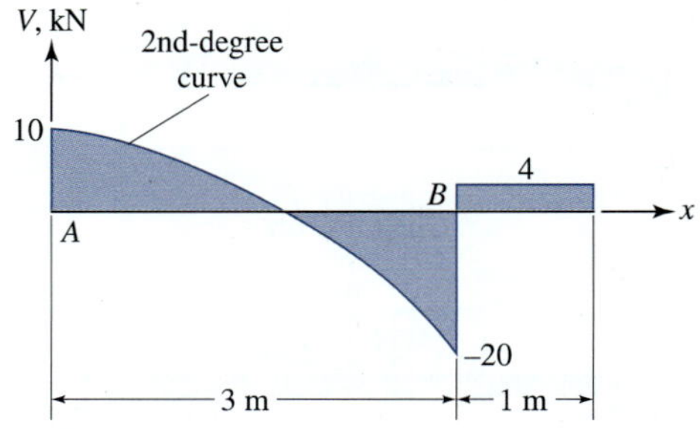

그림 P6.61

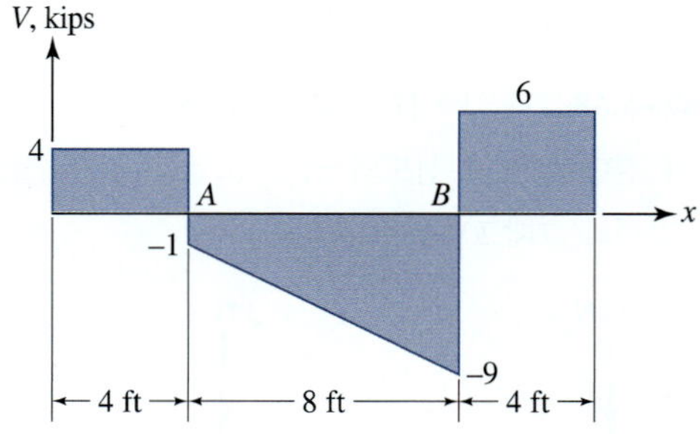

그림 P6.62

*6.7 불연속 함수

앞 절에서 설명한 평형법을 이용한 전단력 및 모멘트 계산은 여러 가지 하중이 존재할 때에는 매우 복잡해진다. 불연속 함수를 사용하면 이러한 종류의 문제를 간단하게 해석할 수 있는 경우가 있다. 이러한 함수는 보의 길이에 따라서 변화하는 전단력과 굽힘 모멘트를 표현하는 데 효과적으로 이용될 수 있다. 불연속 함수는 10장 보의 처짐과 회전각을 결정하는 데에 더 많이 응용된다. 그러나 불연속 함수는 보통의 함수와는 크게 다르기 때문에 사용하는 데 신중한 주의가 필요하다.

이 절에서는 보 전체에 걸쳐 유효한 하중세기 $w(x)$, 내부적인 전단력 $V(x)$ 및 내부적인 굽힘 모멘트 $M(x)$를 표현하기 위하여 불연속 함수를 정의하고 사용하려 한다. 보는 집중하중과 집중 모멘트 또는 불연속적인 분포하중 등을 전달할 수 있다. 여기서는 Macaulay 함수와 특이 함수(singularity function)라 불리는 두 가지 함수에 대하여 설명한다. 두 가지 모두 **불연속 함수**라고 부르며 꺾은 괄호(Macaulay 기호)로 표시한다. x에 대한 불연속 함수를 $\langle x-a\rangle^n$으로 표시한다. 여기서 n은 정수이며 a는 함수가 '시작'되거나 '행동'하는 x의 값을 표시한다. 이러한 기호는 특별히 수학적으로 중요한 것은 아니며, 단순히 간단하게 표시하기 위하여 사용된다. 불연속 함수의 단위는 x^n의 단위와 같다는 것은 당연하다. 예를 들면 $\langle x-a\rangle^2$는 x^2의 단위를 갖는다.

Macaulay 함수

분포하중은 Macaulay 함수를 사용하여 표현할 수 있다. 이 함수는 다음과 같은 일반적인 형태로 정의된다.

$$\langle x-a\rangle^n = \begin{cases} 0 & x < a \\ (x-a)^n & x \geq a \end{cases} \quad \text{for} \quad n \geq 0 \quad (n=0,\ 1,\ 2,\ \cdots) \tag{6.5}$$

간단하게 설명하면, 꺽은 괄호의 표현은 x가 a에 도달할 때까지는 아무 값을 갖지 않는다는 것을 의미한다. 다시 말해 x가 a보다 작을 때에는 아무 값도 갖지 않고 a점부터는 $(x-a)^n$의 함숫값을 갖는다.

불연속 함수의 세 가지 예를 그림 6.18에 보였다. 함수 $\langle x-a\rangle^0$은 $x=a$에서 불연속하고 계단의 형태를 가진다는 것을 유의하라. 그러므로 이 함수를 **계단함수**라고 부른다. 식 (6.5)에 따르면 다음과 같은 식이 성립한다는 것을 어렵지 않게 알 수 있다.

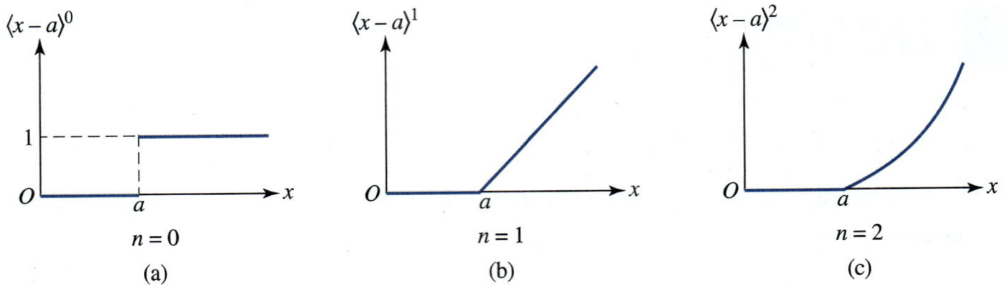

그림 6.18 불연속 함수 $\langle x-a\rangle^n$의 그래프

$$\langle x-a\rangle^0=\begin{cases}0 & x<a\text{일 때}\\ 1 & x\geq a\text{일 때}\end{cases}$$
$$\langle x-a\rangle^1=\begin{cases}0 & x<a\text{일 때}\\ x-a & x\geq a\text{일 때}\end{cases} \tag{6.6}$$

Macaulay 함수에 대한 **적분법칙**은 다음과 같이 일반적인 함수의 적분법칙과 같다.

$$\int\langle x-a\rangle^n dx=\frac{\langle x-a\rangle^{n+1}}{n+1}\quad \text{for}\quad n\geq 0 \tag{6.7}$$

불연속 함수는 표 6.2의 3～8에서 보는 바와 같이 균일분포하중($n=0$), 삼각형 분포하중($n=1$) 그리고 포물선 소간(parabolic spandrel) 분포하중을 표현할 수 있다. 물론 이러한 불연속 함수의 표현은 이 이외의 다른 형태의 분포하중에까지 확장할 수 있다. 분포하중의 식이 정해지면 전단력은 $V(x)=\int w(x)\,dx$ 적분을 이용하여, 모멘트는 $M(x)=\int V(x)\,dx$ 적분을 이용하여 구할 수 있다.

특이 함수

집중하중 P는 ε이 작은 값으로 갈 때($\epsilon\rightarrow 0$) 분포하중 $w=P/\epsilon$이라고 생각할 수 있다[그림 6.19(a)]. 하중 선도의 면적은 집중하중 P의 크기와 같다. 따라서 **작용되는 힘**을 표현하는 특이 함수는 다음과 같다.

$$w(x)=P\langle x-a\rangle^{-1}=\begin{cases}0 & x\neq a\text{일 때}\\ P & x=a\text{일 때}\end{cases} \tag{6.8}$$

여기서 w의 단위, 즉 길이에 대한 힘의 단위가 유지되도록 $n=-1$이 적용된다.

표 6.2 불연속 함수로 표현된 기본적인 하중세기

Case	Load on Beam	Equivalent Distributed Load
1	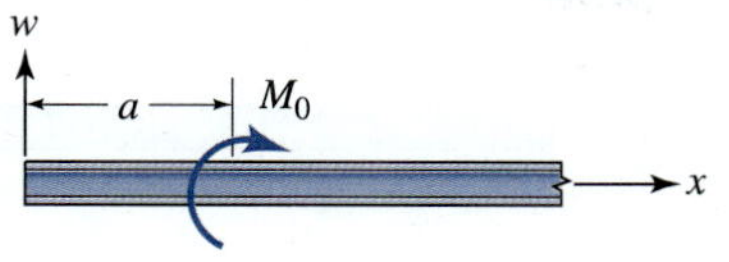	$w(x) = M_0\langle x-a\rangle^{-2}$
2		$w(x) = P\langle x-a\rangle^{-1}$
3	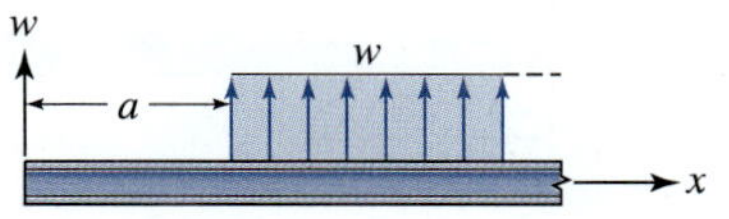	$w(x) = w\langle x-a\rangle^{0}$
4	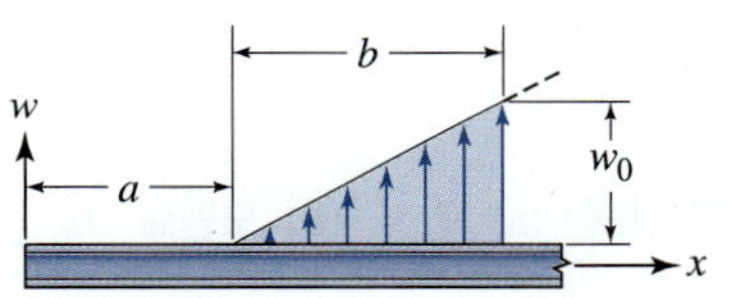	$w(x) = \frac{w_0}{b}\langle x-a\rangle^{1}$
5	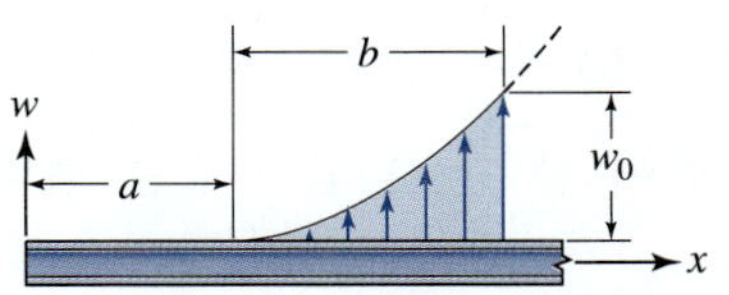	$w(x) = \frac{w_0}{b^2}\langle x-a\rangle^{2}$
6	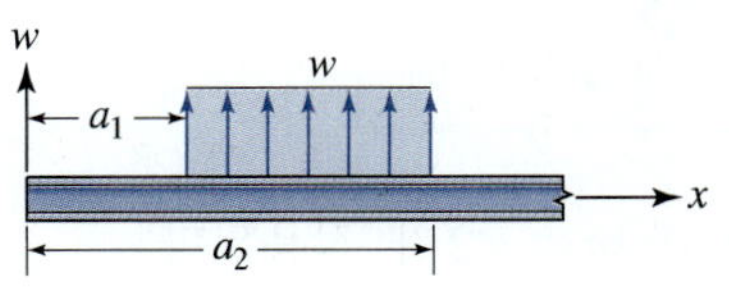	$w(x) = w\langle x-a_1\rangle^{0} - w\langle x-a_2\rangle^{0}$
7	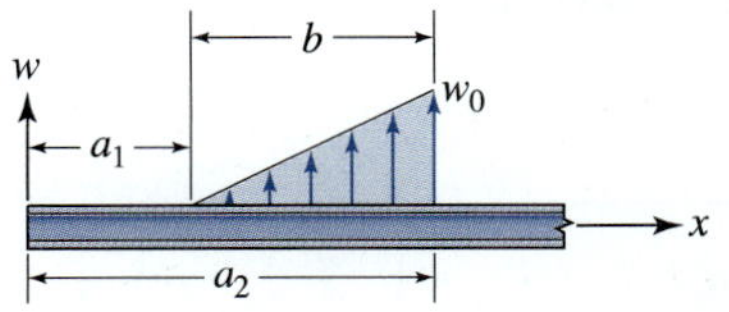	$w(x) = \frac{w_0}{b}\langle x-a_1\rangle^{1} - \frac{w_0}{b}\langle x-a_2\rangle^{1} - w_0\langle x-a_2\rangle^{0}$
8	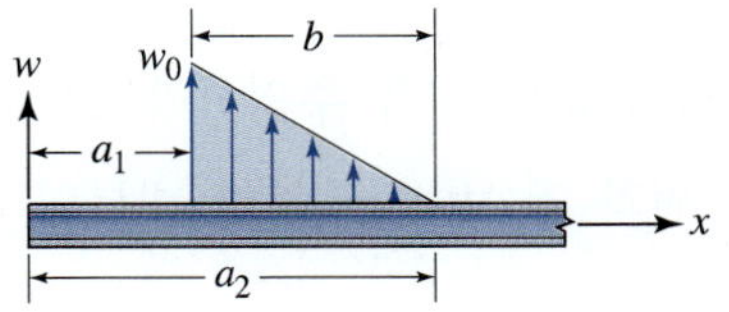	$w(x) = w_0\langle x-a_1\rangle^{0} - \frac{w_0}{b}\langle x-a_1\rangle^{1} + \frac{w_0}{b}\langle x-a_2\rangle^{1}$

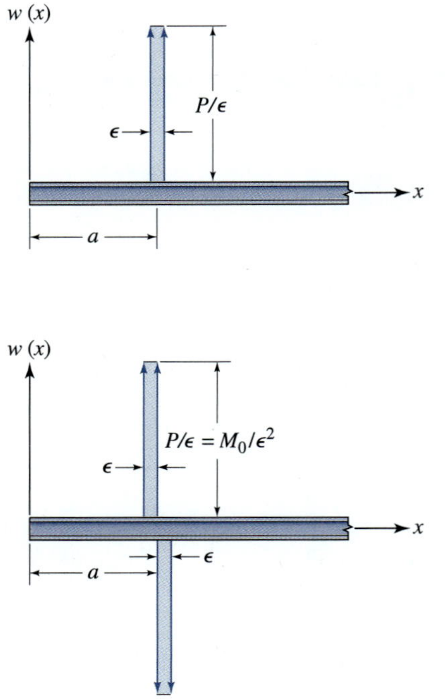

그림 6.19 집중된 하중에 대한 분포하중의 표현 (a) 힘 P (b) 모멘트 M_0

마찬가지로 우력 M_0는 ϵ이 작은 값으로 갈 때($\epsilon \to 0$) 두 분포하중의 짝힘이라고 생각할 수 있다. 그러므로 **작용되는 모멘트**를 표현하는 특이 함수는 다음과 같은 형태가 된다.

$$w(x) = M_0 \langle x-a \rangle^{-2} = \begin{cases} 0 & x \neq a\text{일 때} \\ M_0 & x = a\text{일 때} \end{cases} \tag{6.9}$$

여기서 w의 단위가 길이에 대한 힘의 단위가 되도록 $n=-2$가 적용된다.

식 (6.8)과 (6.9)로 표현된 특이 함수의 **적분법칙**은 일반적인 함수의 적분법칙과 다르게 다음과 같이 된다.

$$\int \langle x-a \rangle^n dx = \langle x-a \rangle^{n+1} \qquad \text{for} \qquad n<0 \ (n=-1,\ -2,\ \cdots) \tag{6.10}$$

위의 적분법칙에서 n이 1씩 증가되지만 상수의 변화가 없는 점을 주의하라. 표 6.2의 1과 2에서의 분포하중은 식 (6.10)을 적용하여 각각 한 번과 두 번 적분하면 내부의 전단력과 굽힘 모멘트가 된다.

식 (6.5)부터 (6.10)까지를 사용하면 보에 존재하는 외부의 하중과 내력을 x의 함수로 표현할 수 있다. 이러한 물질량의 부호약속은 그림 6.8과 6.10에 주어져 있다. 여러 조합된 하중은 표 6.2에서 주어진 기본하중을 중첩하여 적용하면 된다. 여러 가지 하중과 지지부를 갖는 보들에 대하여 불연속 함수를 적용한 예를 다음의 예제를 통하여 보도록 한다.

예제 6.12 여러 하중을 갖는 보에서의 하중, 전단과 모멘트 표현식

조건 단순지지 보 AB가 그림 6.20과 같이 모멘트 M_0와 집중하중 P를 받고 있다.

문제 다음의 두 가지 방법을 이용하여 보의 $V(x)$와 $M(x)$를 결정하라.

(a) 반력과 외력을 포함하는 $w(x)$의 표현식으로부터 시작하라.

(b) 외력만을 포함하는 $w(x)$의 표현식으로부터 시작하라.

풀이

(a) 반력을 포함하는 상당분포하중. 보의 자유물체도(그림 6.20)에 평형방정식을 적용하면 다음과 같이 된다.

$$\sum M_A = 0: \quad R_B(3a) - M_0 - P(2a) = 0 \qquad R_B = \frac{2P}{3} + \frac{M_0}{3a}$$
$$\sum F_y = 0: \quad R_A - P + \frac{2P}{3} + \frac{M_0}{3a} = 0 \qquad R_A = \frac{P}{3} - \frac{M_0}{3a} \tag{a}$$

식 (6.8)과 (6.9)를 사용하거나 표 6.2의 1과 2를 참고로 하면

$$w(x) = R_A\langle x-0\rangle^{-1} + M_0\langle x-a\rangle^{-2} - P\langle x-2a\rangle^{-1} + R_B\langle x-3a\rangle^{-1} \tag{b}$$

여기서 우변 첫째 항의 꺽은 괄호는 $\langle x\rangle^{-1}$로 쓸 수도 있다.

부가설명 식 (b)의 마지막 항은 점 B를 제외한 모든 x에서 0이다. 이러한 항은 $V(x)$와 $M(x)$를 계산하는 데 아무런 영향을 미치지 않으며 생략해도 된다. $w(x)$에 외력과 반력의 항이 모두 포함되었기 때문에 적분상수는 필요하지 않다는 것을 유의하라.

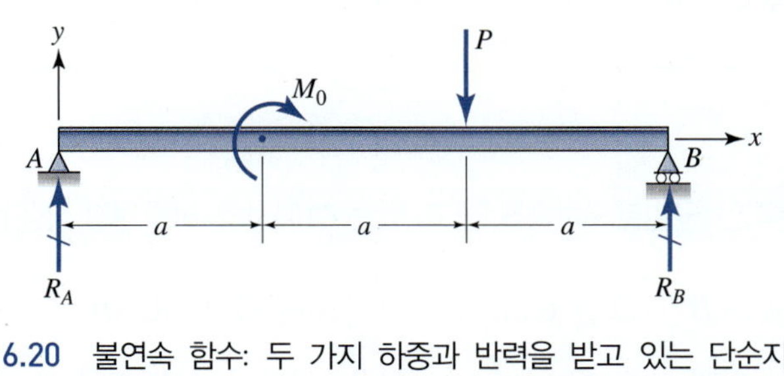

그림 6.20 불연속 함수: 두 가지 하중과 반력을 받고 있는 단순지지 보

전단력과 모멘트 식. 식 (a)에서 표현된 R_A를 식 (b)에 대입한 후에 두 번 연속 적분하면 다음과 같은 식을 얻을 수 있다.

$$V(x) = \left(\frac{P}{3} - \frac{M_0}{3a}\right)\langle x\rangle^0 + M_0\langle x-a\rangle^{-1} - P\langle x-2a\rangle^0$$
$$M(x) = \left(\frac{P}{3} - \frac{M_0}{3a}\right)\langle x\rangle^1 + M_0\langle x-a\rangle^0 - P\langle x-2a\rangle^1 \qquad \text{(c)}$$

(b) 외력만을 포함하는 상당분포하중. 하중 식을 표현하기 위하여 식 (6.8)과 (6.10)을 바로 이용하거나 표 6.2의 Case 1과 Case 2를 참조할 수 있다. 그 하중 식은 다음과 같이 된다.

$$w(x) = M_0\langle x-a\rangle^{-2} - P\langle x-2a\rangle^{-1}$$

전단력과 모멘트 식. 앞의 식을 두 번 적분하면 다음과 같이 된다.

$$V(x) = M_0\langle x-a\rangle^{-1} - P\langle x-2a\rangle^0 + C_1 \qquad \text{(d)}$$

$$M(x) = M_0\langle x-a\rangle^0 - P\langle x-2a\rangle^1 + C_1x + C_2 \qquad \text{(e)}$$

이와 같이 단순한 보에서는 $M(0)=0$과 $M(3a)=0$의 경계조건을 갖는다. 이것을 식 (e)에 대입하면 다음과 같이 된다.

$$M(0) = C_2 = 0 \qquad M(3a) = M_0 - Pa + 3C_1a = 0$$

이로부터 C_1은 다음과 같이 된다.

$$C_1 = \frac{P}{3} - \frac{1}{3}M_0 = \left(\frac{P}{3} - \frac{1}{3}M_0\right)\langle x\rangle^0$$

이 값을 식 (d)와 (e)에 대입하면 식 (c)와 동일한 식을 얻는다.

부가설명 위의 두 방법은 $V(x)$와 $M(x)$에서 똑같은 결과를 낸다. 그 방법들은 세부적인 것에서만 차이가 있을 뿐이며 어떤 방법으로 접근을 할 것인가 하는 것은 개인적인 선택 문제이다. 두 번째 방법 (b) 항목의 불연속 함수가 컴퓨터 계산을 하기에 적합하다.

[예제 6.13] 부분적인 균일분포하중을 받고 있는 보에서의 하중세기, 전단력 및 모멘트 표현식

조건 단순지지된 보 AB가 그림 6.21(a)와 같이 하중을 받고 있다.

문제 지지점 A에서 거리 x에 대한 함수로 하중, 전단력, 모멘트를 표현하라. 보의 전단력과

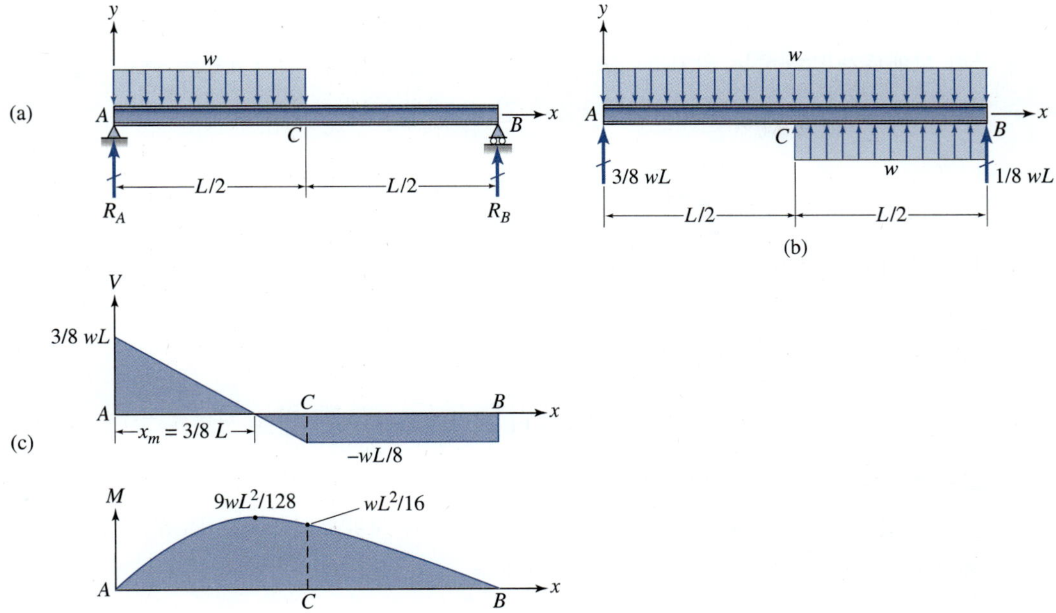

그림 6.21 불연속 함수 (a) w 세기의 부분적인 하중을 갖는 단순 보 (b) 상당하중 선도 (c) 전단력 선도와 모멘트 선도

모멘트 선도를 그려라.

풀이 보의 전체 자유물체도[그림 6.21(a)]에 대한 **평형조건**으로부터 다음과 같은 반력을 얻을 수 있다.

$$\sum M_A = 0: \quad -\frac{wL}{2}\left(\frac{L}{4}\right) + R_B L = 0 \qquad R_B = \frac{1}{8}wL$$

$$\sum F_y = 0: \quad R_A - \frac{wL}{2} + \frac{wL}{8} = 0 \qquad R_A = \frac{3}{8}wL$$

분포하중. 주어진 분포하중은 그림 6.21(b)의 상당하중 2개로 대신할 수 있다. 그 후 이 그림 또는 표 6.2의 Case 2와 Case 6을 참조하면 다음과 같은 분포하중을 얻을 수 있다.

$$w(x) = \frac{3}{8}wL\langle x-0\rangle^{-1} - w\langle x-0\rangle^{0} + w\langle x-L/2\rangle^{0} - \frac{1}{8}wL\langle x-L\rangle^{-1} \tag{f}$$

전단력과 모멘트 식. 식 (f)를 두 번 적분하면 다음과 같다.

$$V(x) = \frac{3}{8}wL\langle x\rangle^{0} - w\langle x\rangle^{1} + w\langle x-L/2\rangle^{-1} - \frac{1}{8}wL\langle x-L\rangle^{0} \tag{g}$$

$$M(x) = \frac{3}{8}wL\langle x\rangle^{1} - \frac{1}{2}w\langle x\rangle^{2} + \frac{1}{2}w\langle x-L/2\rangle^{2} - \frac{1}{8}wL\langle x-L\rangle^{1} \tag{h}$$

전단력과 모멘트 선도. 모멘트 M은 전단력 $V=0$일 때 최댓값 혹은 최솟값을 가지므로, 최대 굽힘 모멘트가 발생하는 위치를 구하기 위하여 식 (g)에서 $V(x)=0$으로 놓고 x를 구할 수 있다. 이 값은 $x<L/2$ 범위에서 다음과 같이 된다.

$$\frac{3}{8}wL-wx_m=0 \quad \text{또는} \quad x_m=3L/8$$

이 값을 식 (h)에 대입하면 다음과 같은 결과를 얻는다.

$$M_{\max}=\frac{3}{8}wL\left(\frac{3L}{8}\right)-\frac{1}{2}w\left(\frac{3L}{8}\right)=\frac{9}{128}wL^2$$

식 (g)와 (h)를 이용하여 보의 왼쪽 끝으로부터 전단력 선도와 모멘트 선도를 그릴 수 있다.

부가설명 불연속 함수는 전단력과 모멘트를 계산하고 선도를 그리기 위한 컴퓨터 프로그램에 특별히 적합한 방법이 될 수 있다. 그려진 전단력 선도와 모멘트 선도를 검토하기 위하여 식 (6.1)에서 (6.4)까지의 관계식을 사용할 수 있다.

[예제 6.14] 다양한 하중을 받고 있는 외팔 보의 상당하중 표현식

조건 고정단과 자유단을 가지고 있는 보 AB가 그림 6.22(a)와 같이 하중을 받고 있다. 주어진 치수와 하중의 크기는 다음과 같다.

$$a=1.4 \text{ m} \qquad w_1=2 \text{ kN/m} \qquad w_2=3 \text{ kN/m} \qquad M_0=5 \text{ kN}\cdot\text{m}$$

문제 지지점 A로부터의 거리 x에 대한 함수로 상당하중을 표현하라.

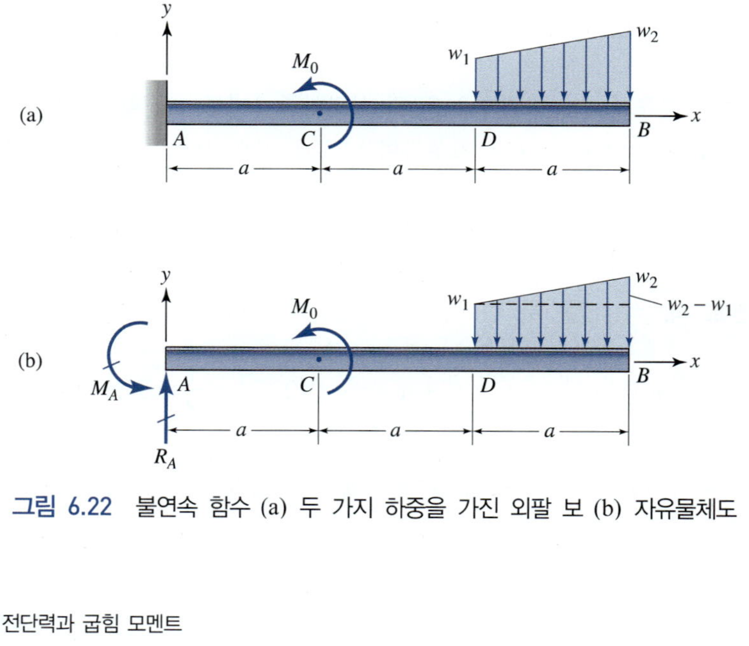

그림 6.22 불연속 함수 (a) 두 가지 하중을 가진 외팔 보 (b) 자유물체도

풀이 보의 자유물체도[그림 6.22(b)]에서 보여준 바와 같이 사다리꼴의 하중은 삼각형의 하중과 균일하중으로 분리해서 생각할 수 있다.

반력. 그림 6.22(b)에 평형조건을 적용하면 다음과 같이 반력을 얻을 수 있다.

$$\begin{aligned} R_A &= \frac{a}{2}(w_1 + w_2) = \frac{1.4}{2}(2+3) = 3.5 \text{ kN} \\ M_A &= -M_0 + \frac{a^2}{6}(7w_1 + 8w_2) = -5 + \frac{1.4^2}{6}(14+24) = 7.41 \text{ kN} \cdot \text{m} \end{aligned} \tag{i}$$

상당분포하중. 표 6.2의 Case 1, 2, 6, 7을 사용하면 하중 식을 다음과 같이 쓸 수 있다.

$$\begin{aligned} w(x) = {} & R_A\langle x-0\rangle^{-1} - M_A\langle x-0\rangle^{-2} - M_0\langle x-a\rangle^{-2} - w_1\langle x-2a\rangle^0 + w_1\langle x-3a\rangle^0 \\ & - \frac{w_2-w_1}{a}\langle x-2a\rangle^1 + \frac{w_2-w_1}{a}\langle x-3a\rangle^1 + (w_2-w_1)\langle x-3a\rangle^0 \end{aligned}$$

예제 6.12에서 언급한 바와 같이 $\langle x-3a\rangle$를 포함하는 항은 끝점 B에서만 유효하다. 그것은 아무런 물리적인 의미가 없으며 $V(x)$와 $M(x)$를 계산하는 데 영향을 주지 않으므로 무시될 수 있다. 그러면 앞의 표현식은 다음과 같이 된다.

$$\begin{aligned} w(x) &= R_A\langle x\rangle^{-1} - M_A\langle x\rangle^{-2} - M_0\langle x-a\rangle^{-2} - w_1\langle x-a\rangle^0 - \frac{w_2-w_1}{a}\langle x-2a\rangle^1 \\ &= 3.5\langle x\rangle^{-1} - 7.4\langle x\rangle^{-2} - 5\langle x-1.4\rangle^{-2} - 2\langle x-2.8\rangle^0 - \frac{1}{1.4}\langle x-2.8\rangle^1 \end{aligned} \tag{j}$$

부가설명 x와 $w(x)$는 각각 m와 kN/m의 단위를 갖는다는 것을 알 수 있다. 이와 같은 사실을 잊는다면 앞의 식은 잘못 표현된 것으로 보일 수 있다.

연습문제

다음의 문제들은 불연속 함수를 이용하여 풀어라.

6.7절

6.63 외팔 보 AB가 그림 P6.63과 같이 집중하중 P와 모멘트 M을 받고 있다. 이 보의 등가 분포하중의 세기 $w(x)$와 전단력 $V(x)$ 및 굽힘 모멘트 $M(x)$의 식을 구하라. 전단력 선도와 굽힘 모멘트 선도를 그려라.

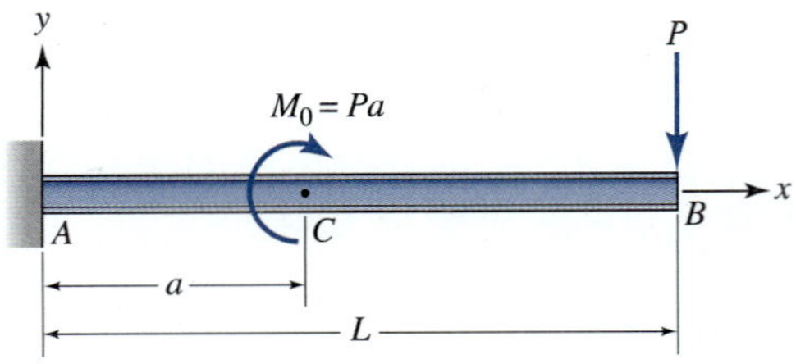

그림 P6.63

6.64 외팔 보 AB가 b의 길이를 갖고 있는 CB 부분에서 세기 w의 균일한 분포하중을 받고 있다(그림 P6.64). 이 보의 등가 분포하중의 세기 $w(x)$와 전단력 $V(x)$ 및 굽힘 모멘트 $M(x)$의 식을 구하라. $a=b$인 경우의 전단력 선도와 굽힘 모멘트 선도를 그려라.

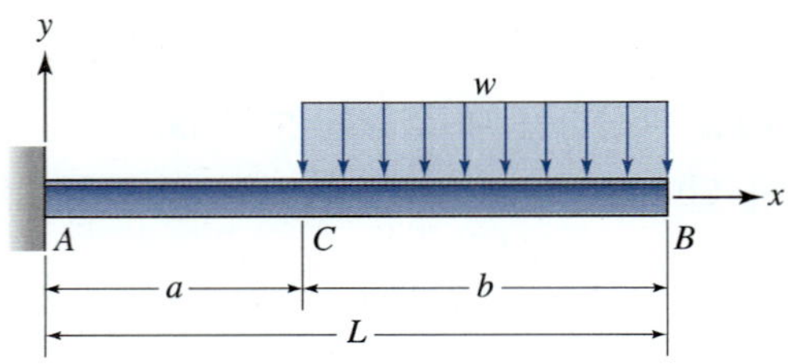

그림 P6.64

6.65 단순 보 AB가 그림 P6.65와 같이 C, D, E에서 집중하중 P를 받고 있다. 다음을 구하라.

(a) 보의 등가 분포하중, 전단력 및 굽힘 모멘트 식

(b) 보의 굽힘 모멘트 최댓값

조건 $a=1$ m, $P=10$ kN

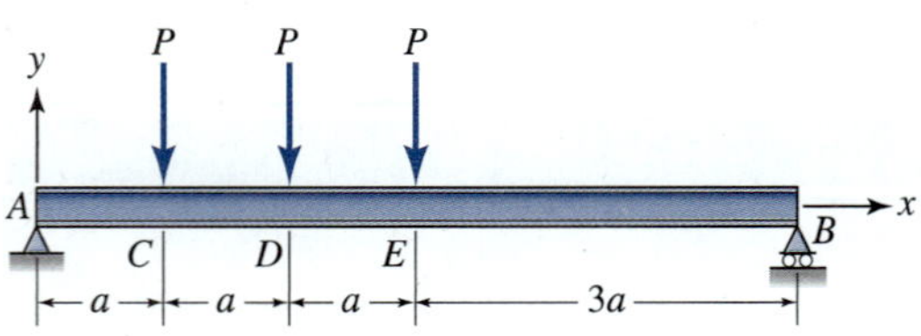

그림 P6.65

6.66 단순 보 AB가 스팬의 CD 부분에서 작용하는 최대 세기 w_0의 삼각형 하중을 받고 있다(그림 P6.66). 이 보의 등가 분포하중의 세기 $w(x)$와 전단력 $V(x)$ 및 굽힘 모멘트 $M(x)$를 나타내는 식을 구하라.

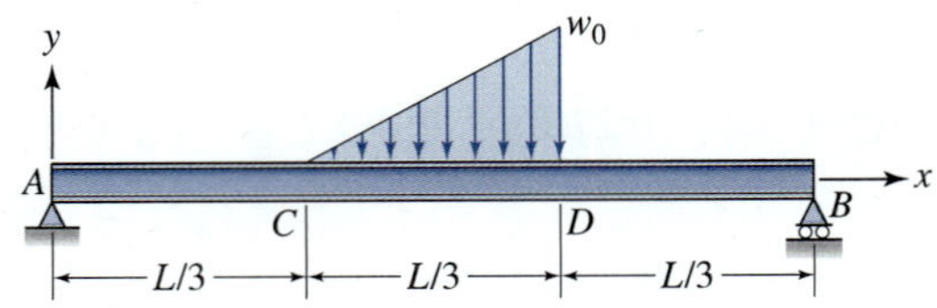

그림 P6.66

6.67 A와 B에서 단순지지되어 있고, C에서 A까지 돌출되어 있는 보 CAB가 그림 P6.67과 같은 하중을 지지하고 있다. 이 보의 등가 분포하중의 세기 $w(x)$와 전단력 $V(x)$ 및 굽힘 모멘트 $M(x)$를 나타내는 식을 구하라.

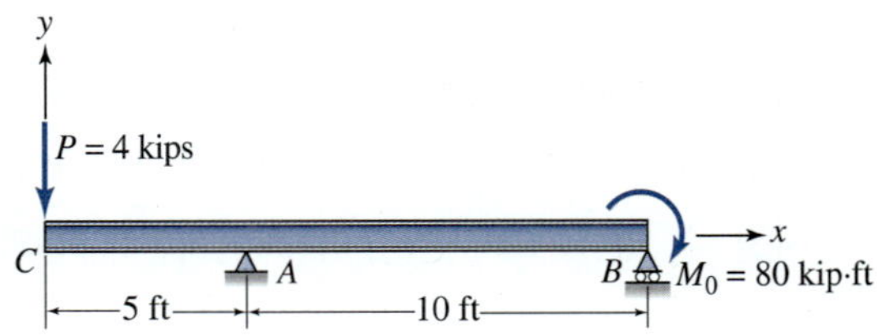

그림 P6.67

6.68 A와 B에서 단순지지되어 있고, B에서 C까지 돌출부를 갖고 있는 보 ABC가 A에서 B까지 균일한 분포하중을 받고 있고, C에서 집중하중을 받고 있다(그림 P6.68). 다음을 구하라.

(a) 보의 $w(x)$, $V(x)$와 $M(x)$를 정의하는 표현식

(b) 보의 $M(x)$의 최댓값

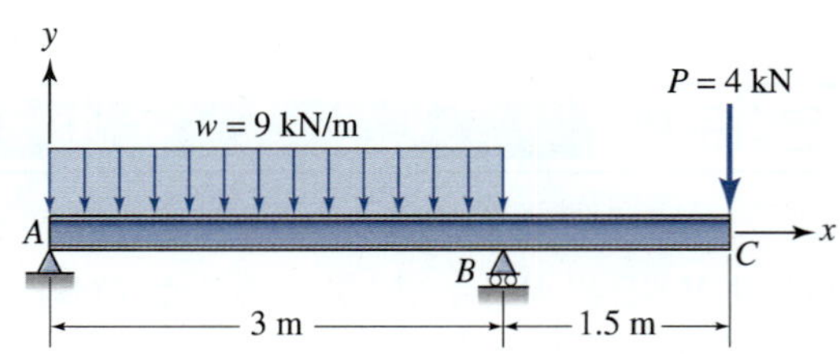

그림 P6.68

6.69 보 AB가 점 C에서 연장된 브래킷 DEC의 끝에서 작용되는 집중하중 P를 받고 있다(그림 P6.69). 다음을 구하라.

(a) $w(x)$, $V(x)$와 $M(x)$를 정의하는 표현식

(b) 점 C의 바로 오른쪽 지점에서의 M의 값

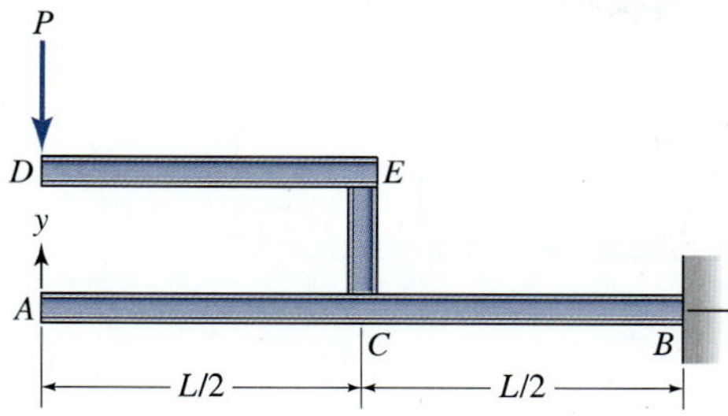

그림 P6.69

***6.70** 2개의 같은 돌출부를 갖고 있는 보가 그림 P6.70과 같이 A와 B 사이에서 균일한 분포하중을 받고 있고, 양끝의 자유단에서 집중하중을 받고 있다.

(a) 보에 작용하는 분포하중, 전단력 및 모멘트의 표현식을 써라.

(b) 전단력 선도와 모멘트 선도를 그려라.

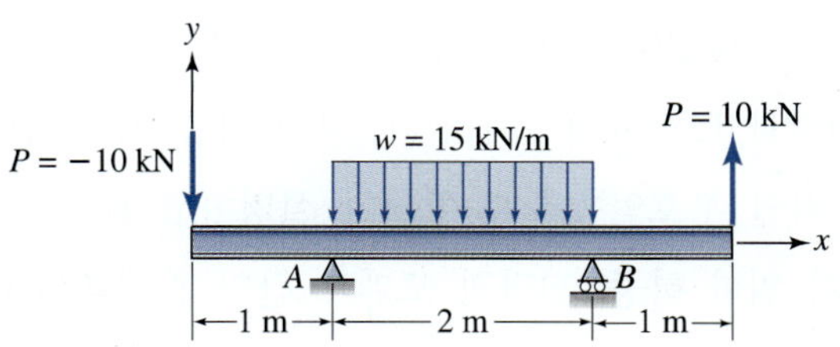

그림 P6.70

6.71 BD의 돌출부를 갖고 있는 보 ABD가 그림 P6.71과 같이 모멘트 M_0와 집중하중 P를 받고 있다. $w(x)$, $V(x)$와 $M(x)$를 정의하는 표현식을 구하라.

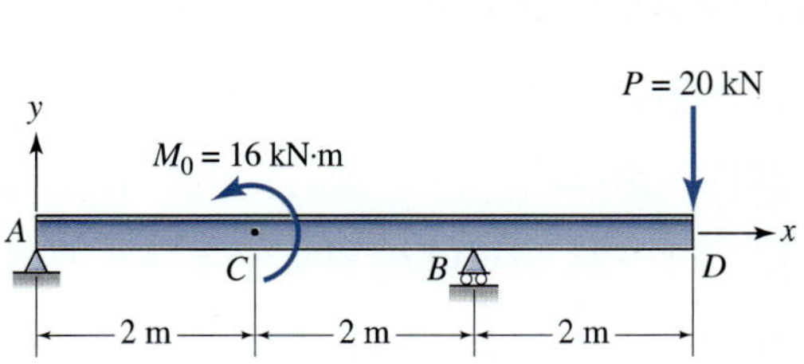

그림 P6.71

6.72~6.73 외팔 보 AB가 보 길이의 왼쪽 반에서 작용하는 최대 세기 w_0의 삼각형 하중을 지지하고 있다(그림 P6.72 및 그림 P6.73). 다음을 구하라.

(a) $w(x)$, $V(x)$와 $M(x)$를 정의하는 표현식

(b) 문항 (a)의 $M(x)$ 식을 이용한 점 B에서의 굽힘 모멘트. 이 답을 전체 보의 자유물체도와 평형조건을 적용하여 구한 값과 비교 검토하라.

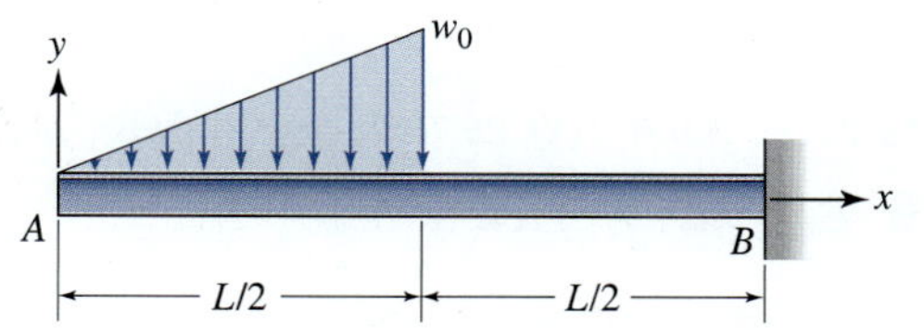

그림 P6.72

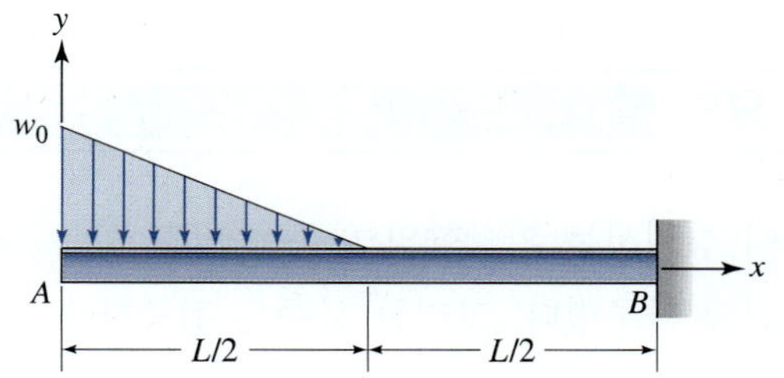

그림 P6.73

***6.74** A와 B에서 단순지지되어 있고 B에서 C까지 돌출부를 갖고 있는 보 ABC가 최대 세기 w_0의 삼각형 하중을 지지하고 있다(그림 P6.74). 다음을 구하라.

(a) 보에 작용하는 분포하중, 전단력 및 모멘트의 표현식

(b) 지지부 사이의 최대 굽힘 모멘트

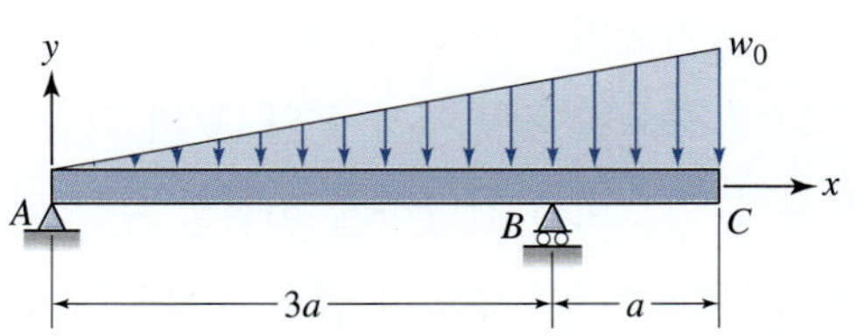

그림 P6.74

6.75 외팔 보 AB가 길이 $2a$의 BC 부분에서 변화하는 분포하중을 지지하고 있다. 보에 작용하는 분포하중, 전단력 및 모멘트 표현식을 구하라.

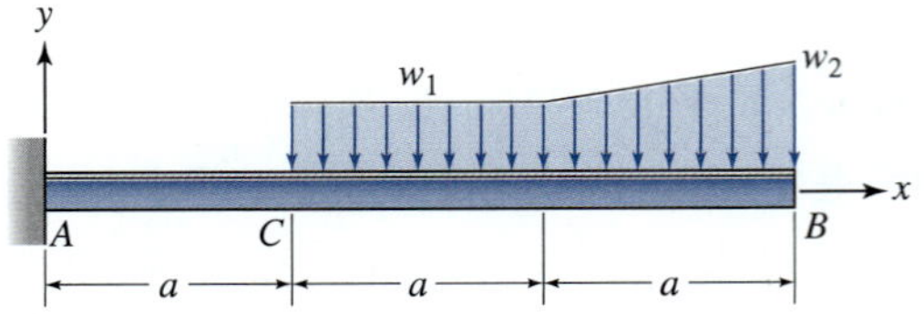

그림 P6.75

***6.76** 보 AB가 그림 P6.76과 같이 지지되어 하중을 받고 있을 때 다음을 구하라.

(a) 보에 작용하는 $w(x)$, $V(x)$, $M(x)$ 표현식

(b) 보의 모멘트 최댓값

조건 $a=2$ ft, $P=4$ kips, $w=1.5$ kip/ft

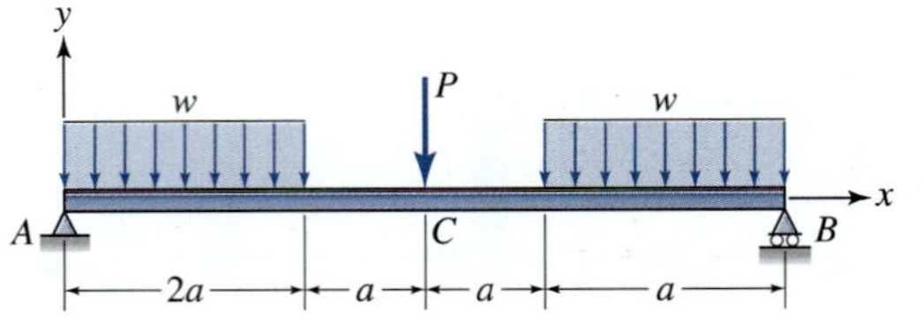

그림 P6.76

요약

이 장에서는 횡방향의 하중을 받고 있는 보에서의 전단력(V)과 굽힘 모멘트(M)의 해석에 관해 다루었다. 그러한 하중은 집중하중과 분포하중 모두를 포함하며, 보를 지지하고 있는 상태에 따라 보가 분류된다. 여기서는 정정 보(statically determinate beam)만을 다루었고 부정정 보(statically indeterminate beam)는 10장과 12장에서 다뤄진다. 보의 하중, 내부 전단력과 굽힘 모멘트의 부호에 대해서는 일반적인 부호약속을 받아들여 설명하였다.

전단력 선도와 굽힘 모멘트 선도를 구성하기 위한 하중, 전단과 모멘트 간의 관계를 6.5절에서 유도하였다. 이에 따라 전단력 선도의 기울기 dV/dx는 w와 같고 모멘트 선도의 기울기 dM/dx는 V와 같다는 것을 설명하였다. V가 0이 되는 지점에서 모멘트는 최댓값이나 최솟값과 같은 극값을 갖는다는 것은 명백하다. 모멘트는 힌지로 연결된 하나의 보나 2개의 보에서 0의 값을 갖는다. 힌지를 통과하여 전단력은 변하지 않는다. 따라서 이 지점에 집중하중이 가해지지 않으면 모멘트 선도의 기울기도 연속적인 값을 갖는다.

보의 중요한 단면에서 V와 M의 가장 큰 값을 결정하는 것은 전단력 선도와 모멘트 선도를 그림으로써 간단하게 해결할 수 있다. 이 전단력 선도와 모멘트 선도는 각각 보를 따라서 변화하는 전단력과 굽힘 모멘트를 표시한다. 이 선도를 그려내기 위해서 첫째로 보의 정적인 평형식을 하중 선도에 적용함으로써 지지부의 반력을 결정한다. 다음에 평형법이나 그래프법을 이용하여 전단력 선도와 모멘트 선도를 그린다. 평형법에서는 V와 M을 직접 식으로 표현하거나, 보 일부에 대한 불연속 함수나 어느 선택된 지점에서의 V와 M의 특정한 값을 이용하여 V와 M 각각을 식으로 표현한다.

핵심 공식*

전단력과 하중 관계 $dV/dx = w$

$$V_B - V_A = \int_A^B w\,dx = \text{하중 선도에서 } A\text{와 } B \text{ 사이의 면적}$$

모멘트와 전단력 관계 $dM/dx = V$ 6.5절

$$M_B - M_A = \int_A^B V\,dx$$

$$= \text{전단력 선도에서 } A\text{와 } B \text{ 사이의 면적}$$

Macaulay 함수

$$\langle x-a\rangle^n = \begin{cases} 0 & x < a\text{일 때} \\ (x-a)^n & x \geq a\text{일 때} \end{cases} \quad \text{for} \quad n \geq 0 \ (n=0,\ 1,\ 2,\ \cdots)$$

계단함수

$$\langle x-a\rangle^0 = \begin{cases} 0 & x < a\text{일 때} \\ 1 & x \geq a\text{일 때} \end{cases}$$

$$\langle x-a\rangle^1 = \begin{cases} 0 & x < a\text{일 때} \\ x-a & x \geq a\text{일 때} \end{cases}$$

적분법칙

$$\int \langle x-a\rangle^n dx = \frac{\langle x-a\rangle^{n+1}}{n+1} \quad \text{for} \quad n \geq 0$$

6.7절

특이 함수

가해준 힘

$$w(x) = P\langle x-a\rangle^{-1} = \begin{cases} 0 & x \neq a\text{일 때} \\ P & x = a\text{일 때} \end{cases}$$

가해준 모멘트

$$w(x) = M_0\langle x-a\rangle^{-2} = \begin{cases} 0 & x \neq a\text{일 때} \\ M_0 & x = a\text{일 때} \end{cases}$$

적분법칙

$$\int \langle x-a\rangle^n dx = \langle x-a\rangle^{n+1} \quad \text{for} \quad n \leq 0 \ (n=-1,\ -2,\ \cdots)$$

---

*이 방정식의 유도와 올바른 사용에 관한 정보는 관련된 절을 참조하라.

참고문헌

6.1 S. H. Carandall, N. C. Dahl, and T. J. Lardner, *An Introduction to the Mechanics of Solids*, 2nd ed. with SI units, McGraw-Hill, New York, 1978.

6.2 E. P. Popov, *Introduction to Mechanics of Solids*, Prentice Hall, Upper Saddle River, NJ, 1968.

6.3 A. C. Ugural, *Mechanics of Materials*, McGraw-Hill, New York, 1991.

6.4 W. D. Pilkey, "Clebsch's Method for Beam Deflections," *Journal of Engineering Education*, January 1964, pp. 170-174.

보의 응력

7장

▶ 보는 건물과 교량의 윗면과 바닥면의 하중과 같이 축의 횡방향으로 작용하는 힘을 지탱하는 부재이다(사진 참고). 이 장에서는 전단력과 굽힘모멘트와 관련된 응력과 변형률을 공부하고 또한 보의 해석과 설계에서 실제상황에서 중요한 여러 가지 주제를 논의한다.
Kelly-Mooney Photography / Corbis Images 제공.

7.1 서론

이 장의 PART A, B에서 굽힘 모멘트와 전단 힘을 받는 보의 응력에 대하여 다룬다. 이러한 응력분석에서는 일반적으로 보의 형상이 가늘고 좁은 경우를 고려하는데, 이러한 형상의 보는 **보통의 비율 형태의 보**로 간주된다. **가는 형태의 보**는 축방향 길이가 단면의 가장 큰 길이와 비교하여 최소 다섯 배 이상인 경우를 말한다. **폭이 좁은 보**의 폭은 깊이에 비하여 작다. 여기서 응력은 보의 폭 방향으로 일정한 것으로 가정한다(7.5절). 또한 보를 구성하는 재료는 균질하고 등방성인 경우를 고려한다. 그 외에 이 장에서는 굽힘 시 응력의 집중문제와 보의 설계에 대하여 설명한다. PART C에서는 2개의 재료로 구성된 보, 비대칭 굽힘, 벽이 얇은 개방형 단면의 전단중심, 보의 소성 굽힘, 곡선 보 등이 포함된다.

이 장에서 고려하는 보는 xy평면에 대하여 긴 대칭축을 가진다(7.16절, 7.17절 제외). 이것은 y축이 단면의 대칭축임을 말한다(그림 7.1). 모든 하중은 xy평면에서 작용하는 경우를 고려한다. 전에 언급되었듯이 보의 무게는 고려되지 않는다. 단면의 도심 C를 관통하는 x축은 장축 혹은 **보의 축**이라고 말한다. 굽힘에 의한 변형은 동일한 xy평면에서 일어나는데, 이 평면을 굽힘평면이라고 한다. 복합적인 하중에 의하여 생성된 응력에 대하여는 9장에서 다루고 10장에서는 지지점, 응용하중 등 여러 상태에서 보의 처짐해석 방법을 제시한다.

여기서는 5장에서 뒤틀림(torsion)의 학습에 사용된 것과 유사한 방법을 따르기로 한다.

> 고체역학 문제의 세 가지 요소(**평형조건, 재료 거동, 그리고 변형 모양**)를 고려하여 굽힘–응력 관계의 식을 유도한다. 어느 정도까지는 얻게 되는 결과가 비틀린 막대의 경우와 매우 유사하다. 축하중을 받는 막대와 뒤틀린 구조요소의 경우에서와 같이 응력과 변형률의 특이한 분포형상은 지지점, 하중점, 불균일한 구조물의 형태로부터 가까운 범위에서 얻어진다.

Saint–Venant의 원리에 따르면 특이한 분포는 보의 단면높이값과 비교하여 비슷한 거리만큼 멀어지면 그 의미를 상실한다. 예를 들어 외팔 보(그림 7.1)의 단면높이값(h)보다 멀리 벽에서 떨어져 있는 영역에서 작용하는 응력을 구하기 위하여 외팔 보가 벽에서 받는 난해한 영향들을 수직력(R)과 모멘트(M)로 간략히 표현할 수 있다.

축방향을 따라서 같은 크기의 굽힘 모멘트를 전달하는 보를 순수굽힘 상태에 있다고 말한다. 이의 의미는 전단력이 없다는 것이다(그림 6.8). 순수굽힘을 받는 구조요소를 만들 수 있는 하중의 한 형태는 예제 6.8의 모멘트 선도[그림 6.14(f)]가 될 수 있다. 이런 경우

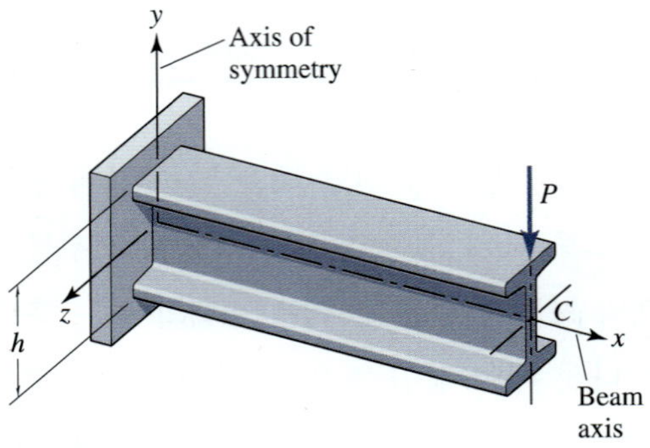

그림 7.1 대칭면에서 가해진 하중을 받는 외팔 보

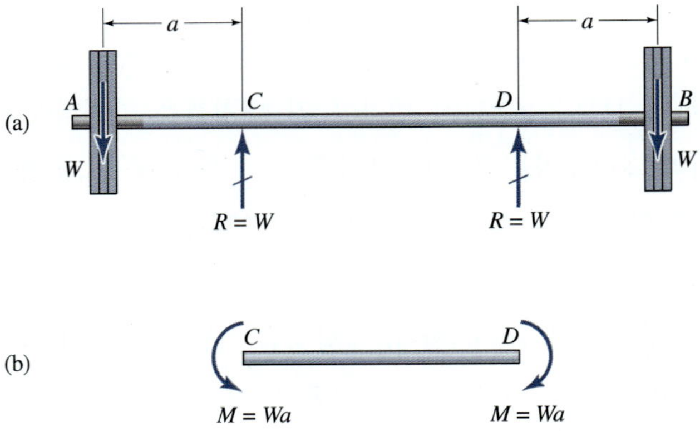

그림 7.2 대칭하중을 받는 막대 (a) 자유물체도 (b) 순수굽힘을 받는 중앙부분

에 순수굽힘은 스탠드에 올려져 있는 스탠드(지지점) 너머 양끝의 하중(사하중)에 의하여 스탠드 구간에서 생성된다. 역기의 중심을 찌르는 중공 축에 장착된 양끝 하중이 스탠드 지지점으로부터 각각 같은 거리 a만큼 떨어져 있다[그림 7.2(a)]. 스탠드 지지점에서 반력은 하중과 크기는 같고 방향은 반대이어야 한다. 두 반력 R 사이의 구간 CD에는 전단력이 없고 오직 일정한 굽힘 모멘트 $M = Pa$가 작용한다. 이것이 순수굽힘이다[그림 7.2(b)]. 구간 AC와 DB는 일정하지 않은 굽힘, 즉 **불균일굽힘** 상태가 되는데 이는 길이방향을 따라서 굽힘 모멘트가 변동하고 전단력이 존재하기 때문이다. 이 장에서는 순수굽힘과 불균일굽힘인 경우 여러 보에서 생성되는 응력을 학습한다.

PART A 순수굽힘

7.2 순수굽힘에서 보의 변형

이제 보의 변형 모양을 순수굽힘을 통하여 학습한다. 굽힘과 전단 하에 있는 보의 거동에 대한 가정들을 서술한다. 일반적 형태의 보 단면의 폭은 단면의 높이에 비하여 작고 한 평면(xy)에서 평면하중이 작용하기 때문에 보의 굽힘은 2차원 문제로 해결할 수 있다.

변형의 기하학

여기서 순수굽힘에 따라 변형된 모양을 결정하고자 하는 보는 수직대칭축(y)이 있는 단면이 축방향으로 일정한 경우이다[그림 7.3(a)와 (b)]. 하중이 가해지기 전 보의 길이방향 축(x축)은 직선이다. 좌표 원점은 보의 좌측단에 임의로 설정한다. 양단에서 멀리 떨어져 있는 곳에 위치하고 x축에 수직인 평면 ab와 cd로 구획된 작은 구간을 고려한다. 양단의 대칭면에 작용하는 모멘트 M을 받고 있는 보의 축은 같은 평면(xy) 내에서 곡선 모양으로 변형한다. 이 변형된 곡선을 보의 **처짐 곡선** 혹은 **탄성 곡선**이라고 한다.

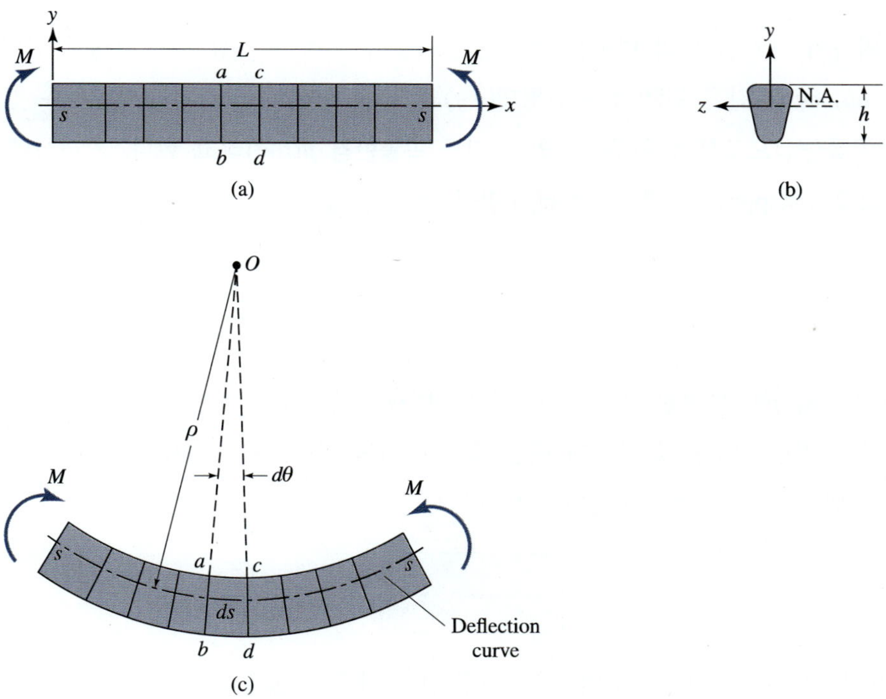

그림 7.3 순수굽힘 (a) 변형 전 (b) 단면 (c) 변형 후

그림 7.3(c)에 그려진 굽힘변형의 결과로 보의 최상단에 위치한 면은 압축상태에 있어 짧아지는 반면 최하단의 면은 인장상태가 되어 늘어난다. 보의 상단과 하단면 사이의 임의 위치에서는 곡선의 모양으로 변형이 되어도 원래의 길이가 변하지 않는 면이 존재하게 된다. 이 면은 그림에서 파선으로 표현된 ss 선인데 보의 **중립면**이라고 한다. 보의 굽힘평면(xy)과 중립면이 만나는 선을 **중립축**(NA, Neutral Axis)이라고 한다. '중립면'과 '중립축'은 모두 굽힘을 받는 부재에서 변형률 혹은 응력이 없는 곳을 말한다.

보에서 중립축의 위치에 대하여는 7.5절에서 찾아볼 수 있는데, 여기에는 1.3절 정역학과 변형에서 설명한 변형체 해석에 대한 두 가지 원리를 적용하게 된다.

순수굽힘에서 1개 보의 모든 구간은 동일하게 변형되므로 보의 축은 **원주의 일부**로 구부려진다[그림 7.3(c)]. 원에서 모든 지름축은 곧 대칭축이므로 ab, cd와 같은 모든 선분은 순수굽힘하에서 직선상태로 유지된다. 이것은 실험을 통하여 정확히 확인할 수 있다. 따라서 하중을 받기 전에 보의 축에 수직이었던 **평면**은 하중을 받은 후에도 축에 수직인 **평면으로 유지**된다고 할 수 있다. 보의 이웃한 조각이 추가 조건 없이 서로 변형된 상태로 조립이 될 수 있어야 한다는 기하학적 적합조건은 이런 형태의 변형으로 만족된다.

곡률

굽힘에 의하여 야기된 보의 변형은 중립면의 곡률에 의하여 측정된다. 처짐 곡선의 **곡률중심** O는 ab, cd와 같은 단면과 굽힘평면(xy)의 교점을 이어 그려서 결정할 수 있다[그림 7.3(c)]. 곡률중심으로부터 원주까지의 거리를 **곡률반경** ρ(rho)라고 한다. 기하학에서 처짐 곡선의 **곡률** κ(kappa)는 y축으로부터 x만큼 떨어져 있는 위치에서 곡률반경의 역수로 정의된다.

$$\kappa = \frac{1}{\rho} \tag{a}$$

또한 그림 7.3(c)에 보여진 미소각 $d\theta$에 해당하는 원주의 길이는 $ds = \rho d\theta$로 계산된다. 보의 작은 처짐량(대부분의 경우에 해당)에 대하여 곡선을 따라서 처짐 곡선 ds는 수평투영길이 dx와 같다고 놓을 수 있다. 따라서

$$\kappa = \frac{1}{\rho} = \frac{d\theta}{dx} \tag{7.1}$$

균일한 보의 순수굽힘에서 ρ와 κ는 일정하다. 나중에 설명하게 될 비균일굽힘 상태의 보에서는 곡률중심, 곡률반경, 곡률은 보의 축을 따라 매 위치에서 다를 수 있다. **곡률 부호**

는 좌표축의 설정방법에 따라 달라진다. 그림 7.3에 나타낸 좌표설정의 경우에 오목한 부분이 위를 향하면 양의 값이 되고 오목한 부분이 아래를 향하면 음의 값이 된다. 곡률의 더 자세한 설명은 10.2절을 참조하라.

7.3 보 이론의 가정

보편적으로 가늘고 긴 모양의 보는 7.2절에 기술된 순수굽힘을 받는 대칭 보의 거동과 동일한 특성을 보인다고 가정된다. 여기서 보편적인 보에는 비대칭 단면 보, 임의 하중을 받는 보, 비탄성 비균질재료의 보 등이 모두 포함된다. 이러한 가정은 나비아의 가설(Navier's hypothesis)이라고 알려져 있으며 **굽힘에 대한 상세이론**의 기초가 된다. 그러므로 수직변형률과 수직응력을 결정하는 수식전개는 보가 순수굽힘에 의하여 변형되는 과정으로 이루어진다. 비균일굽힘(굽힘 모멘트가 축의 방향으로 변하는) 경우에 임의의 단면에는 수직응력과 전단응력이 작용하는데, 이 전단응력은 7.7절에서 설명한다.

그림 7.4(a), (b)와 같이 y축에 대하여 대칭인 단면을 가진 보가 횡방향으로 하중을 받는 경우를 분석한다. x방향에 수직인 보를 통과하는 평면 ab를 생각한다. y방향으로 일어나는 점 A의 변위성분을 v로 놓자. 굽힘이 일어난 후 점 A'에서 보의 축은 처짐량 v와 회

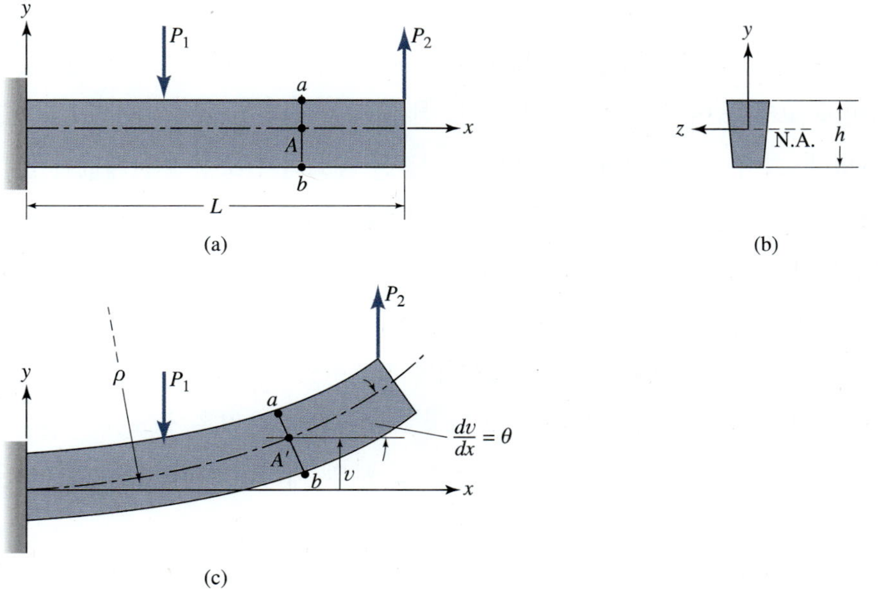

그림 7.4 횡하중을 받는 보 (a) 변형 전 (b) 단면 (c) 변형 후

전각 θ가 되었다[그림 7.4(c)]. 처짐 곡선의 기울기는 미적분학에서 공부한 일차미분값 dv/dx이다.

가늘고 긴 모양의 보에 대한 상세이론의 **기본가정**들은 변형의 기하학에서 관찰된다. 그림 7.4에서 다음과 같이 이 가정들을 정리할 수 있다.

1. 보의 축 처짐량은 보의 단면폭에 비하여 작다. 또한 처짐 곡선의 회전각은 매우 작아서 근사적으로 기울기 $\theta = dv/dx$와 같다. 만약 보의 모양이 하중을 받기 전에 약간 휘어 있어서 굽힘평면 내에서 곡률을 가지고 있다면 이 곡률반경은 보의 단면높이와 비교하여 크다($\rho \geq 10h$).
2. 처음 보의 축에 수직인 평면은 굽힘 발생 후에도 평면이고 축에 수직을 유지한다(예를 들어 ab). 다시 말하자면 전단변형률 γ_{xy}은 무시할 수 있다. 그러므로 보의 처짐은 주로 축방향 수직변형률, 즉 굽힘변형률 ε_x에 의하여 결정된다.
3. 횡방향 수직변형률 ε_y과 기타 변형률(ε_z, γ_{zx}, γ_{yz})이 ε_x에 미치는 영향도 무시될 수 있다(7.4절 참조).
4. 수직, 즉 굽힘응력 σ_x의 형성은 전단응력 τ_{xy}에 따른 변형에 영향을 받지 않는다. 중립면에 수직인 응력 σ_y는 σ_x에 비해 작아서 생략될 수 있다. 그러나 이것은 큰 집중횡하중이 작용하고 있는 근처에서는 맞지 않는다.

앞에 서술된 가정들은 순수굽힘 상태에서 직사각형단면의 좁은 모양의 탄성보에서 정확한 해석이며 고전판 이론과 유사성이 있다. 더 자세한 사항은 참고문헌 7.1과 7.2에서 찾아볼 수 있다. 그러나 실제상황에서 위의 가정들은 재료의 탄소성에 관계없이 높은 수준의 정확도를 보인다. 대부분의 공학응용에서는 변형과 응력의 특성에 대하여 적용하는 단순화과정에 대하여 적절한 정당성을 찾아볼 수 있다. 단순화과정을 통하여 간략하고도 직접적인 방법으로 처짐 곡선의 식을 유도할 수 있게 된다. 이해를 돕기 위하여 해석해야 할 작은 처짐의 크기를 도표에서는 매우 과장되게 표현하였다.

단면의 높이가 크고 길이가 짧은 보($L/h < 5$)에서 전단응력은 중요한 역할을 한다. 이 경우 위의 가정 중 2~4항이 유효하지 않으므로 보의 해석을 하려면 탄성학 이론을 이용하여야 한다.

실제의 문제에서 식을 적절하게 적용하기 위하여 주목할 마지막 사항으로서 보의 길이 대 단면높이의 비는 작은 단면형상의 금속소재 보의 경우 10 이상, 상대적으로 얇은 웹의 보에서는 15 이상, 사각단면의 나무소재 보의 경우 24 이상이 되어야 한다(참고문헌 7.3). 또한 보의 처짐 곡선에서 기울기는 보통 50°, 즉 0.087 rad보다 작으므로 $(0.087)^2 = 0.0076 \ll 1$이다. 따라서 본문에서 유도되는 수식을 이용하면 일반적인 보를 대상으로 비교적 정확한 계산을 할 수 있다.

7.4 보의 수직변형률

보의 굽힘 문제에서 직관을 얻어 변형률 분포를 결정하기 위하여 **변형된 모양**을 검토한다. 하중 전에는 직선인 보가 곡선 형태로 변형이 일어나므로 곡률의 정의를 이용한다. 앞 절에서 기본적인 가정들을 살펴보면 식을 유도할 수 있다.

축방향 변형률

임의의 보 단면에서 길이방향의 변형률 ε_x은 축변형률 혹은 굽힘변형률이라고 한다. 이 수직변형률을 결정하기 위하여 그림 7.3에 보여진 순수굽힘에서 대칭보를 생각한다. 그림 7.5(a)에는 축방향으로 dx만큼 떨어진 2개의 단면 ab와 cd 사이 구간을 잘라내어 보의 요소로 그렸다. 이 요소의 각 단면에는 양의 방향으로 굽힘 모멘트 M이 작용한다. 2개의 모

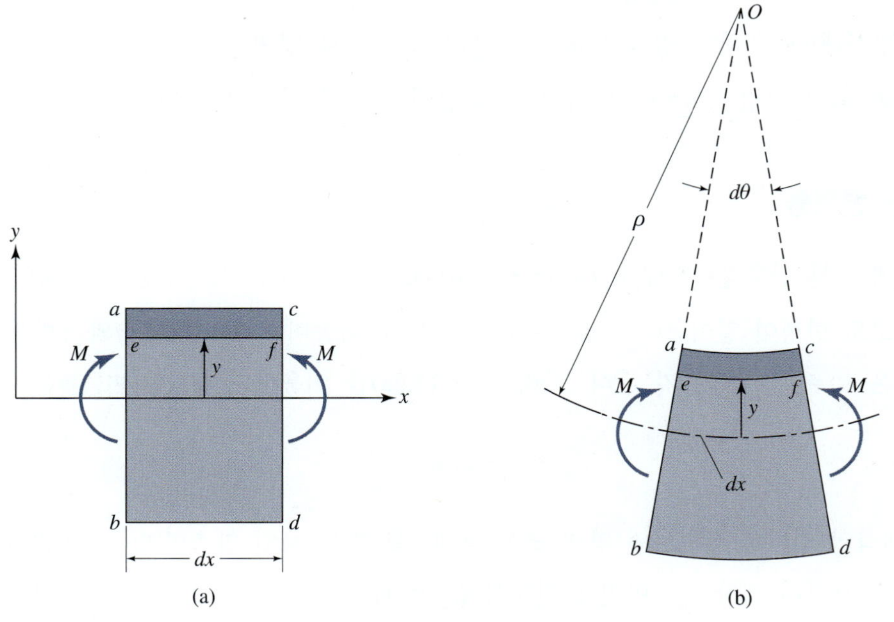

그림 7.5 순수굽힘인 경우 그림 7.3(a)의 보의 일부인 요소의 형상 (a) 변형 전 (b) 변형 후

멘트 M의 작용하에서 보는 xy평면에서 변형되어 보의 축은 곡률반경 ρ의 원주 일부로 구부러진다[그림 7.5(b)]. 이 요소의 단면 ab와 cd는 평면으로 남는다. 단면들은 xy평면에 수직인 각 면의 축 주위로 상대적으로 회전한다.

앞의 절에서 언급했듯이 두 면 ab와 cd 사이의 최초 간격 dx는 중립축 상에서 변하지 않는다. 즉 $\rho d\theta = dx$이다. 그러나 중립축에서 수직방향으로 y만큼 떨어져 있는 다른 길이방향 선분 ef는 수축되어 변형이 일어난 후 길이가 $dx' = (\rho - y)d\theta$가 된다. 선분 ef의 최초 길이는 dx이므로 줄어든 길이는

$$dx' - dx = (\rho - y)d\theta - \rho d\theta = -yd\theta$$

길이방향 **수직변형률**은 앞의 수축량을 원래 길이로 나누어 구할 수 있다.

$$\varepsilon_x = -\frac{y}{\rho} = -\kappa y \tag{7.2a}$$

이는 보에서 수직변형률 ε_x은 **중립면으로부터 떨어진 거리 y에 정비례한다**고 말할 수 있다. 이러한 현상은 비틀림 문제에서 구한 결과와 유추적으로 동일하다(5.2절). 비틀림 문제에서 전단변형률은 원형 부재의 축을 중심으로 반경 거리와 정비례 관계에 있다. 그러나 보에서 수직변형률은 중립면으로부터 정비례하는 점이 다르다. 식 (7.2)의 유도과정에서 재료상수는 포함되지 않았으므로 이 관계식은 **탄성**은 물론 **비탄성**인 경우에도 유효하다.

변형률 ε_x의 **부호약속**은 3장에서 수직변형률에 사용된 것과 동일하다. 따라서 선분이 중립축 위(아래)에 위치해 있다면 y는 양(음)수가 되므로 양의 곡률인 경우 ε_x은 음(양)의 변형률이 되고 그림 7.5(b)에 나타낸 바와 같이 길이가 단축(인장)될 것이다.

횡방향 변형률

3.10절에서 본 단축응력상태 $\sigma_x(\sigma_y = \sigma_z = 0)$에서 구조요소는 축방향은 물론 y와 z의 횡방향으로도 변형이 일어난다는 것을 상기해보자. 푸아송비 ν로 인하여 y와 z방향의 수직변형률은 $\varepsilon_y = \varepsilon_z = -\nu\varepsilon_x$가 된다. 따라서 식 (7.2a)를 이용하면 **횡방향 변형률**은

$$\varepsilon_y = \varepsilon_z = \nu\kappa y = \frac{\nu y}{\rho} \tag{7.2b}$$

이 관계식의 의미를 살펴보면 양의 굽힘 모멘트를 받는 보의 압축영역($y > 0$)은 y와 z방향으로는 오히려 팽창하는 반면에 인장영역($y < 0$)은 수축한다. 보의 횡방향 변형을 보여주기 위하여 그림 7.6(a)에는 보의 일부를 과장하여 그렸다.

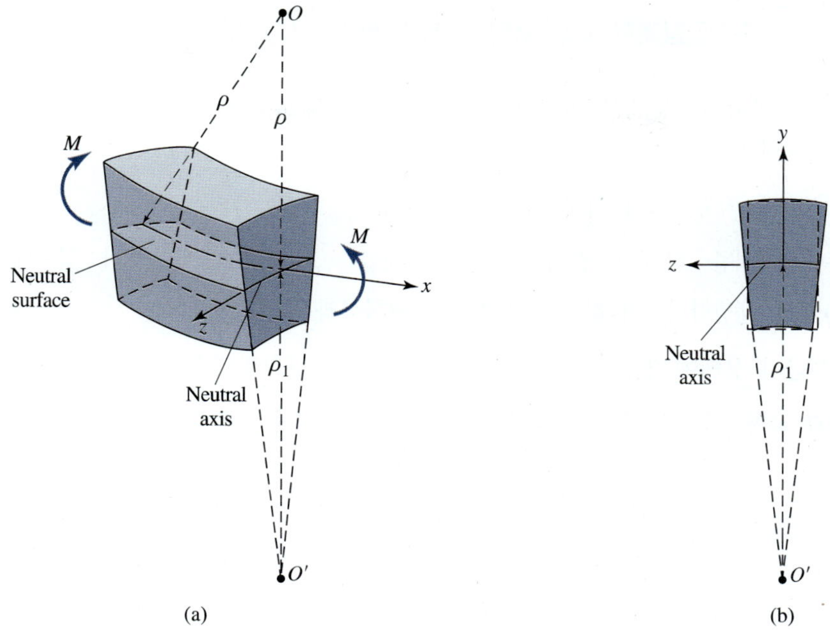

그림 7.6 순수굽힘을 받는 사각단면 보의 일부 (a) 말안장형 곡률 (b) 변형된 단면

단면의 변형 전후 모양은 그림 7.6(b)에서 파선과 실선으로 각각 그렸다. 푸아송의 효과로 중립축은 반경 ρ_1인 큰 원주의 일부가 되면서 결과적으로 중립면은 서로 반대편 방향으로 굴곡이 생긴다. 결과적으로 보의 윗면은 말안장 모양이 된다. $\varepsilon_y = \nu y/\rho$와 $\varepsilon_x = -y/\rho$를 비교해보면 **횡방향 곡률반경**은 다음과 같다.

$$\rho_1 = -\frac{\rho}{\nu} \qquad \kappa_1 = -\nu\kappa \tag{7.3a}$$

이의 역수는 단면의 곡률을 나타내며 이를 **말안장형 곡률**(anticlastic curvature)이라고 한다.

$$\kappa_1 = \frac{1}{\rho_1} \tag{7.3b}$$

일반 사각단면 고무지우개를 엄지와 집게손가락 사이에 끼워 굽히면 말안장 모양의 곡률을 쉽게 확인해볼 수 있다. 7.3절의 가정 중 3항에 따르면 단면에서 발생하는 변형이 수직변형률 ε_x의 분포에 미치는 영향은 생략될 수 있다. 다행히 말안장 모양의 곡률의 영향은 미미해서 보 이론에 의한 계산결과는 대부분 실제상황에서 탄성 이론의 계산결과와 잘 일치하고 있다.

[예제 7.1] 순수굽힘에서 외팔 보의 곡률과 변형

조건 굽힘 모멘트 M이 길이 $L = 8$ ft, 단면높이 $h = 5$ in.[그림 7.7(a)]의 강철소재 외팔 보의 자유단에 작용한다.

문제 곡률반경, 곡률, 보의 최대처짐량을 구하라.

가정 주어진 하중 하에서 길이방향 수직변형률 $\varepsilon_x = 1200\,\mu$가 보의 밑면($y = -h_1 = -3$ in.)에서 발생한다. 이 값은 강철의 소성변형률과 같은 크기이다.

풀이 순수굽힘 상태에 있는 보의 탄성 곡선은 원호이다[그림 7.7(b)].

곡률반경과 곡률. 주어진 수치를 식 (7.2)에 대입하면 다음과 같다.

$$\rho = -\frac{y}{\varepsilon_x} = -\frac{-3}{0.0012} = 2500 \text{ in.} = 208 \text{ ft}$$

그리고

$$\kappa = \frac{1}{\rho} = 0.0048 \text{ ft}^{-1}$$

최대변형량. 그림 7.7(b)를 참조하면 다음을 얻을 수 있다.

$$\sin\theta = \frac{L}{2\rho} \qquad v_{max} = \rho(1 - \cos\theta)$$

주어진 수치를 대입하면 $\theta = 0.0192$ rad이 되고 보의 중간지점에서 발생하는 최대처짐량은

$$v_{max} = 2500(1 - 0.999815) = 0.461 \text{ in.}$$

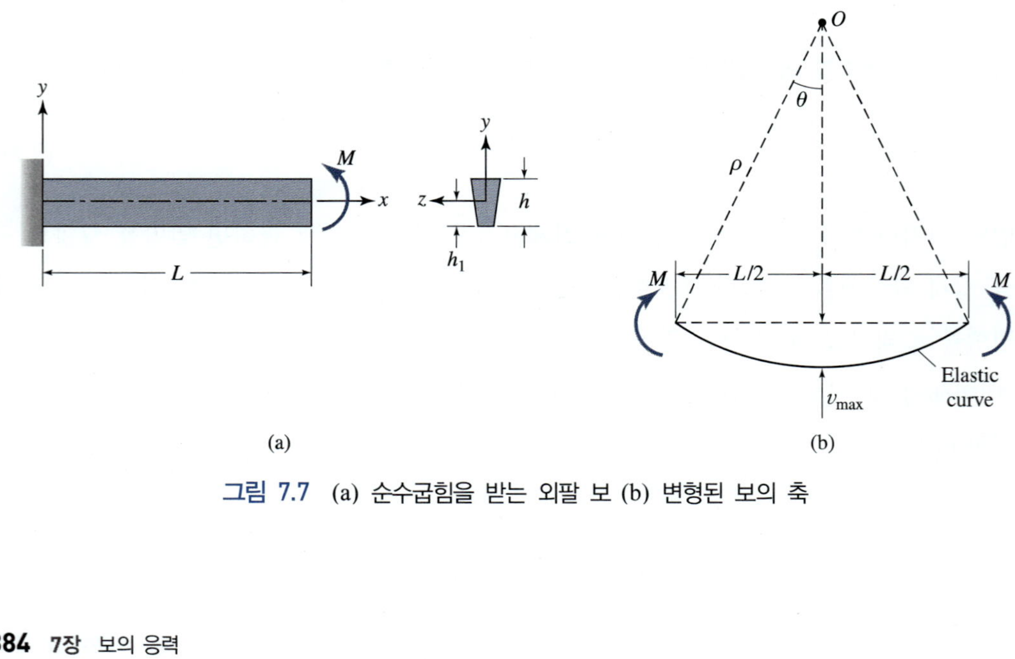

그림 7.7 (a) 순수굽힘을 받는 외팔 보 (b) 변형된 보의 축

부가설명 흥미로운 것으로

$$\frac{h}{v_{\max}} = \frac{5}{0.461} = 10.8 \qquad \frac{L}{v_{\max}} = \frac{96}{0.461} = 208$$

살펴본 가늘고 긴 보를 보면, 상대적으로 큰 변형량이 발생한 경우에도 처짐량은 보의 높이나 지지간격에 비하여 매우 작다. 그림 7.7(b)에서 보여진 변형량은 명백히 매우 과장된 것이다.

7.5 보의 수직응력

보의 단면에 수직으로 작용하는 응력을 굽힘 혹은 **굴곡응력**이라고 한다. 그림 7.4에 나타낸 바와 같이 보가 횡하중으로 굽게 될 때 각 단면에는 굽힘 모멘트 M과 전단력 V가 작용한다. 전자는 수직응력의 결과이고 후자는 전단응력의 결과이다.

7.3절의 가정 4항에 근거하여 당분간 전단응력을 무시하기로 한다. 보에서 전단응력의 근사 계산은 7.7절에서 언급할 것이다. 수직변형률과 수직응력의 관계식 (7.2)와 (7.7)은 순수굽힘을 받고 있는 가늘고 긴 보에 대해 특수한 경우 엄밀해를 제공한다. 횡방향으로 하중을 받는 가늘고 긴 보의 경우에 앞의 식에 의한 결과는 양단 주위의 해답이 요구되지 않는다면 훨씬 고난이도의 탄성학에 의하여 얻어진 것과 크게 다르지 않다.

수직응력(전단응력은 물론)은 좁은 보의 폭을 따라서 일정하다. 공식은 보의 폭이 보의 높이에 비하여 커짐에 따라서 점차 정확도를 상실한다.

수직응력 σ_x의 분포를 평형조건과 식 (7.2a)에 의하여 결정되는 ε_x을 재료의 응력-변형률 관계식과 함께 사용하면 결정할 수 있다. 여기서 우리의 관심은 선형탄성 **재료 거동**에 국한되어 있다. 따라서 훅의 법칙에 따르면

$$\sigma_x = E\varepsilon_x = -E\kappa y \tag{7.4}$$

위 식을 보면, 탄성보에 대하여 굴곡응력은 중립축으로부터 거리 y에 정비례한다[그림 7.8(a)]. 양(반시계방향)의 굽힘 모멘트 M이 그림에 보여진 보의 단면에 작용할 때 응력은 중립축의 위 영역에서 압축이고 z축의 아래 영역에서 인장이다. 이 모멘트는 단면법과 **평형조건**으로부터 구할 수 있다.

그림 7.8(a)에 지적되어 있듯이 단면에 분포되어 있는 응력에 따른 힘의 총합은 없어야

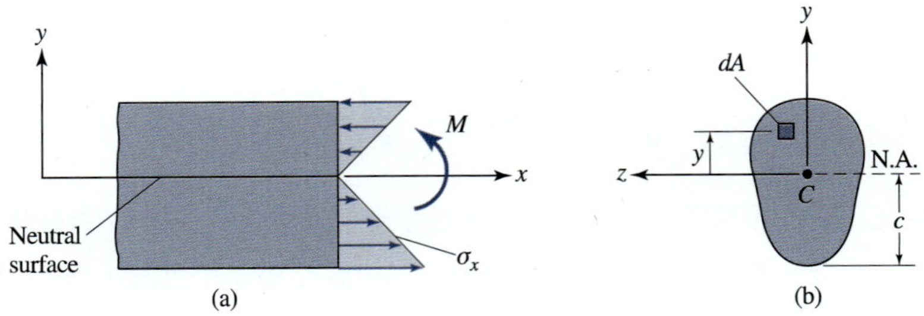

그림 7.8 보에 분포되어 있는 굽힘응력 σ_x

하고 굽힘 모멘트 M은 중립축에 대하여 응력분포에 의한 모멘트 결과와 같아야 한다. 중립축으로부터 y만큼 떨어진 단면 dA[그림 7.8(b)]를 고려하여 앞의 계산을 식으로 표현하면 다음과 같다.

$$\int \sigma_x dA = 0 \tag{a}$$

$$\int (-\sigma_x dA) y = M \tag{b}$$

여기서 A는 단면적이다. 두 번째 표현에서 음의 부호가 있는 이유는 **양의 굽힘 모멘트** M이 **양의** y위치에서 **압축**(음수) **응력**을 만들기 때문이다. 식 (7.4)를 위 식에 대입하면 다음을 얻을 수 있다.

$$E\kappa \int y dA = 0 \tag{c}$$

$$E\kappa \int y^2 dA = M \tag{d}$$

앞에서 κ와 E는 상수이므로 식 (c)는 z축에 대하여 단면의 일차 모멘트가 0이라는 뜻이다($\int y\, dA = 0$). 이 조건이 만족되려면 **중립축** z**는 단면의 중심** C**를 통과해야 한다.** y축에 대하여 단면적의 대칭성으로부터 y와 z축이 **주도심축**(principal centroidal axes)이 된다.

도심축에 대한 단면의 **관성 모멘트** I는 다음과 같이 정의된다.

$$I = \int y^2 dA \tag{7.5}$$

따라서 식 (d)를 다시 정리하면

$$\boxed{M = \kappa E I = \frac{EI}{\rho}} \tag{7.6}$$

여기서 EI는 보의 **굴곡강도**(flexural ridigity)라고 한다. 앞의 **모멘트-곡률** 관계식은 10장에서 보의 처짐량을 계산할 때 이용된다. 7.4절에서 설명되었듯이 식 (7.6)은 양의 굽힘 모멘트에서 곡률이 양수가 된다.

굴곡수식

보에서 수직응력의 식은 식 (7.4)와 (7.6)을 병합하면 다음과 같이 표현된다.

$$\sigma_x = -\frac{My}{I} \tag{7.7}$$

이 식을 탄성**굴곡수식**이라고 하며 이 수식으로부터 응력은 중립축으로부터의 거리 y에 정비례한다는 것을 알 수 있다. 또한 응력은 단면에 작용하는 굽힘 모멘트 M에 비례하는 반면 단면의 관성 모멘트 I에는 반비례함을 알 수 있다. 일반적으로 응력의 부호를 주어진 굽힘 모멘트의 방향으로부터 쉽게 판단할 수 있으므로 식 (7.7)에서 부호를 생략하고 표현한다. 관성 모멘트는 길이의 네제곱으로 굴곡수식에서 모멘트 단위가 뉴턴-미터(N · m), y는 길이 단위이면 결국 응력의 단위는 파스칼(Pa)이 된다. 한편 M의 단위가 lb · in., y는 in., I는 in.^{4}이므로 응력은 lb/in.^{2}가 된다.

최대응력 σ_{max}는 보의 **가장 바깥쪽** 위치에서 일어난다. 주어진 단면에서 M과 I는 일정하므로 식 (7.7)의 결과는 그림 7.8(b)와 같다.

$$\sigma_{max} = \frac{Mc}{I} \tag{7.8}$$

여기서 $|y_{max}| = c$일 때 단면이 z축에 대하여 **대칭**이면(즉 그림 7.9에 보인 바와 같이 단면이 이중 대칭) 위의 수식들에 의하여 다음과 같은 식을 얻을 수 있다.

$$\sigma_{max} = \frac{M}{S} \tag{7.9}$$

$S = I/c$는 보의 탄성 **단면계수**라고 한다. 단면계수의 단위는 길이의 세제곱이다. 주어진 단면적 A에 대하여 S를 크게 하려면 단면적의 많은 부분을 가능한 한 중립축에서 **멀리** 떨어져 있는 곳에 위치시키면 된다. 이런 이유로 I형 보, 그리고 광폭 플랜지 보 등과 같이 S/A값이 큰 단면형상을 이용하여 고효율을 추구한다.

여러 면적의 유용한 수치가 부록 B의 표 B.6에 수록되어 있다. 폭이 b, 높이가 h[그림

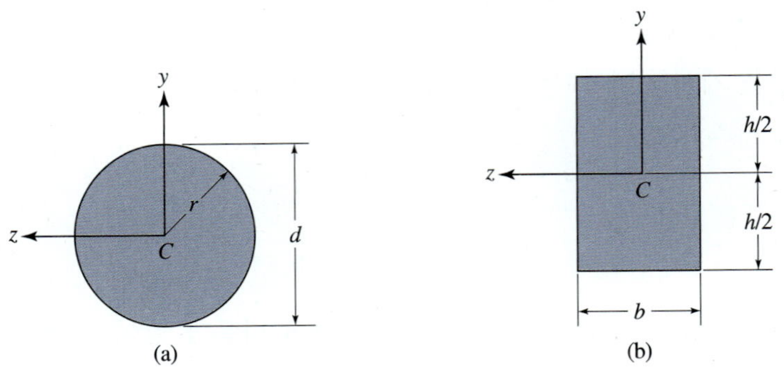

그림 7.9 이중대칭단면의 형상

7.9(a)]인 **사각단면**의 보에 대하여 관성 모멘트와 단면계수는

$$I_z = \frac{bh^3}{12} \qquad S = \frac{bh^2}{6} \tag{7.10a}$$

반경 r, 직경 d[그림 7.9(b)]인 **원형단면**의 경우엔

$$I = \frac{\pi r^4}{4} = \frac{\pi d^4}{64} \qquad S = \frac{\pi r^3}{4} = \frac{\pi d^3}{32} \tag{7.10b}$$

표 B.7~B.13(부록 B)으로부터 공장에서 생산되는 형상의 단면수치들을 찾아볼 수 있다. 표에 나열되지 않은 단면이라면 부록 A에 수록된 방법을 통하여 관성 모멘트와 중립축의 위치 등을 결정해야 한다.

간단한 계산을 위하여 식 (7.8)은 현장에서 많이 사용된다. 이 표현은 축방향으로 하중을 받는 부재의 수직응력($\sigma = P/A$)과 유사성이 많다. 실험적으로 결정된 **극한 굽힘 모멘트** M_u(7.18절 참조)를 식 (7.8)로부터 계산하면 가장 먼 위치에서 응력은 **굽힘파단계수**(modulus of rupture in bending)라고 말한다.

$$\sigma_r = \frac{M_u}{S} \tag{7.11}$$

이것은 재료의 비례한계를 벗어나기 때문에 가상의 응력이지만 재료의 굽힘강도 수준을 검토할 목적으로 자주 이용된다.

[예제 7.2] 단순지지 보에서 수직응력과 변형률

조건 간단한 주조를 통하여 만들어진 사각단면 보($E = 175$ GPa)가 $w = 5$ kN/m의 하중을 지탱하고 있다[그림 7.10(a)].

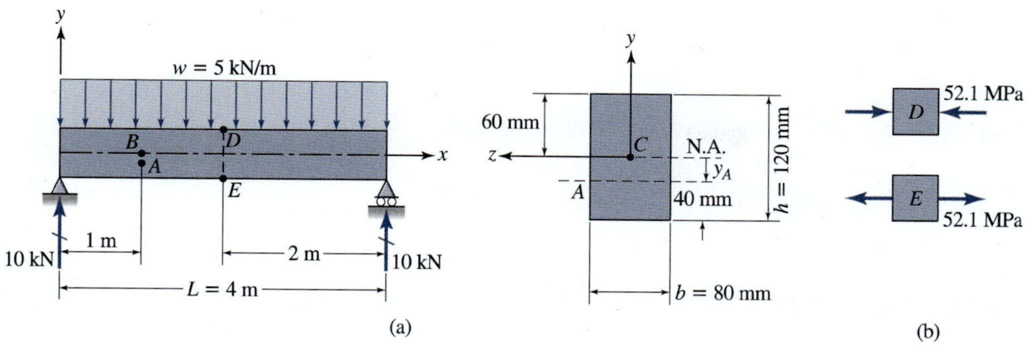

그림 7.10 (a) 균일하중을 받는 단순 보 (b) 지지점 D, E에서의 응력

문제

(a) 중간지점에서 최대인장과 압축응력

(b) 점 A에서 수직응력과 변형률

(c) 점 B에서 보의 곡률반경

가정 재료는 탄성영역에 있다.

풀이 중립축 z는 도심 C를 관통하므로

$$I = \frac{bh^3}{12} = \frac{0.08(0.12)^3}{12} = 11.52 \times 10^{-6}\ \text{m}^4$$

따라서 단면적의 단면계수는

$$S = \frac{I}{c} = \frac{11.54 \times 10^{-6}}{0.06} = 192 \times 10^{-6}\ \text{m}^3$$

(a) 가장 큰 응력. 중간지점에서 굽힘 모멘트의 크기는 $M = 5(4)^2/8 = 10\ \text{kN} \cdot \text{m}$로 양수이므로 최대인장 및 압축응력은 하단과 상단 위치에서 각각 발생한다.

$$\sigma_{\max} = \frac{M}{S} = \frac{10 \times 10^3}{192 \times 10^{-6}} = \pm 52.1\ \text{MPa}$$

이 응력은 그림 7.10(b)에 나타낸 D와 E에 위치한 미소영역에서 작용한다.

(b) A점에서 응력과 변형률. 점 A를 지나는 단면에서 굽힘 모멘트는 $M = 10(1) - 5(1)^2/2 = 7.5\ \text{kN} \cdot \text{m}$이므로

$$\sigma_A = -\frac{My_A}{I} = -\frac{7.5 \times 10^3(-0.02)}{11.52 \times 10^{-6}} = 13\ \text{MPa}$$

따라서 점 A에서 수직변형률은

$$\varepsilon_A = \frac{\sigma_A}{E} = \frac{13 \times 10^6}{175 \times 10^9} = 74.3\ \mu$$

(c) 곡률반경. 이는 쉽게 식 (7.2a)로부터 유도된다.

$$\rho = -\frac{y_A}{\varepsilon_A} = -\frac{-0.02}{74.3 \times 10^{-6}} = 269\ \text{m}$$

부가설명 다른 방법으로서 식 (7.6)으로부터 위의 결과를 도출할 수 있다. 명백히 곡률은 보의 중간지점을 향하여 축을 따라서 증가한다. 중간지점에서 곡률 $\rho_{\min} = (175 \times 10^9)(11.52 \times 10^{-6})/10 \times 10^3 = 202\ \text{m}$이다. 크기를 보면 $\rho_{\min}$은 보의 구간보다 몇 배 더 크기 때문에 보의 처짐 곡선은 매우 평평한 형상이다.

예제 7.3 초과구간이 있는 보의 굽힘응력

조건 T 형상의 단면을 가진 초과구간의 보가 그림 7.11(a)에 나타낸 바와 같이 하중을 받고 있다.

문제 최대인장 및 압축굽힘응력을 구하라.

가정 선형탄성 재료이다. 최대응력은 소성강도보다 작다.

풀이 면적을 각 면적의 도심을 알고 있는 2개의 사각형 면적 A_1, A_2로 나누자[그림 7.11(b)]. y축이 대칭축이므로 $z = 0$이 되고 식 (A.3b)를 이용하면

$$\bar{y} = \frac{A_1\bar{y}_1 + A_2\bar{y}_2}{A_1 + A_2} = \frac{20(60)70 + 60(20)30}{20(60) + 60(20)} = 50\ \text{mm}$$

이제 평행축 식 (A.9a)를 응용하여 전체 단면의 도심에 대한 관성 모멘트 $I_z = I$를 계산할 수 있다.

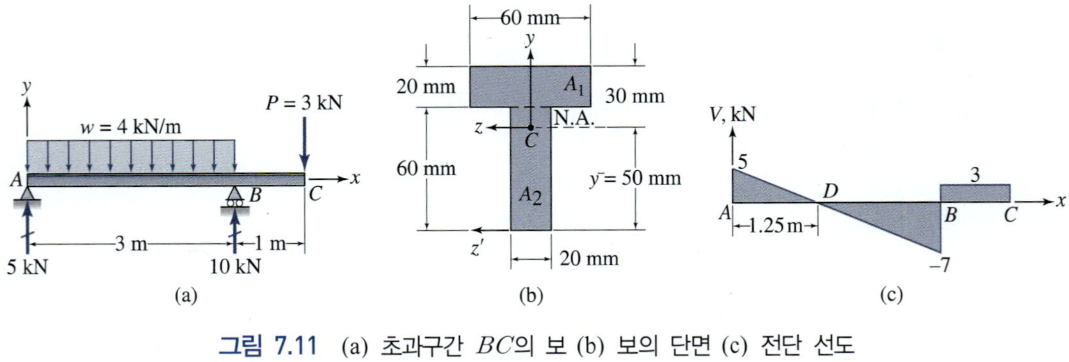

그림 7.11 (a) 초과구간 BC의 보 (b) 보의 단면 (c) 전단 선도

$$I = \Sigma\left(\frac{bh^3}{12} + Ad^2\right)$$

$$= \frac{1}{12}(60)(20)^3 + 20(60)(20)^2 + \frac{1}{12}(20)(60)^3 + 20(60)(20)^2$$

$$= 136 \times 10^4 \ \text{mm}^4$$

전단 선도[그림 7.11(c)]를 작성하기 위하여 6.6절에서 설명한 방법을 이용하였다. 전단이 없는 면, 즉 최대 모멘트의 단면은 $x = 1.25$ m와 $x = 3$ m에 있다. 전단 선도의 면적을 계산하면 쉽게 이 위치에 있는 면에 작용하는 굽힘 모멘트 $M_D = 3.125$ kN · m, $M_B = -3$ kN · m를 얻을 수 있다.

한 단면에서 **가장 큰 응력**은 중립면에서 가장 멀리 떨어진 위치에서 발생한다. $x = 1.25$ m에서 양의 모멘트가 작용하므로 보의 위쪽 영역엔 압축응력이 작용하고 아래 영역에선 인장응력이 작용한다. 따라서 $\sigma = -My/I$로부터 굴곡응력은

$$\sigma_c = -\frac{3.125 \times 10^3 (0.03)}{136 \times 10^{-8}} = -68.9 \ \text{MPa}$$

$$\sigma_t = -\frac{3.125 \times 10^3 (-0.05)}{136 \times 10^{-8}} = 114.9 \ \text{MPa}$$

비슷한 방법으로 $x = 3$ m에서 가장 큰 응력을 계산하면

$$\sigma_t = -\frac{-3 \times 10^3 (0.03)}{136 \times 10^{-8}} = 66.2 \ \text{MPa}$$

$$\sigma_c = -\frac{-3 \times 10^3 (-0.05)}{136 \times 10^{-8}} = -110.3 \ \text{MPa}$$

부가설명 위에서 얻은 결과를 비교하면 최대인장응력은 114.9 MPa이고 보의 단면 D에서 보의 최하단면에 일어난다. 최대압축응력은 −110.3 MPa이고 단면 B의 보의 최하단면에서 발생하는데 이 굽힘 모멘트는 최댓값이 아니다. 결론적으로 단축 대칭인 단면[그림 7.11(c)]의 보에서 임계 굽힘응력을 결정하려면 전단이 없는 면과 전단이 불연속인 면에서 응력을 각각 구해보아야 한다. 이는 특별히 인장과 압축강도가 서로 다른 재료의 경우에 중요하다.

7.6 굽힘의 응력집중

축방향으로 단면이 점진적으로 달라지는 보의 경우에 일정한 단면의 보에 대하여 도출한 굴곡수식은 여전히 만족할 만한 해답을 제공한다. 한편 축방향으로 보의 단면이 빠르게 바뀌면 식 (7.8)을 이용하면 보통 너무 낮은 응력 결과가 나온다. 예를 들어 단면높이가 D이고 폭이 b인 판자가 그림 7.12에 보여진 바와 같이 반경 r의 홈을 가지고 있을 때 홈이 있어 단면이 작아진 부분에서 실제 응력의 값은 굽힘이론에 의하여 예측된 응력보다 크다. 응력의 집중현상은 3.13절, 4.8절, 5.9절에서 언급하였지만 어떤 부재가 동하중상태에 있거나 재료가 취성일 때 매우 중요한 문제가 될 수 있다.

굽힘에서 응력집중현상은 축하중 부재 혹은 비틀림 부재에서 앞서 다룬 것과 비슷하다. 보의 노치, 구멍 혹은 필렛에서 가장 높은 굽힘응력은 다음의 형태로 표현할 수 있다.

$$\sigma_{\max} = K\sigma_{\text{nom}} = K\frac{Mc}{I} \tag{7.12}$$

여기서 K는 **응력집중계수**인데 이것은 부재의 형상에 따라서 달라질 수 있다. 공칭응력 혹은 평균응력 σ_{nom}은 좁아진 단면이 기준이다. 그림 7.13과 7.14는 두 가지 흥미로운 경우에 대하여 계수 K의 값을 보여준다. 이 경우들은 폭이 갑자기 변하는 부분이 있는 판부재와 양쪽에 홈이 있는 판부재이다. 주어진 그림에서 K값의 변화를 살펴보면 실제상황에서 가능한 한 크게 만드는 반경 r의 홈이거나 필렛을 사용하는 것 등이 얼마나 중요한지 잘 설명하고 있다.

Saint-Venant의 원리에 따라서 응력집중의 영향은 노치 주변의 작은 범위에 국한되므로 노치의 깊이보다 먼 거리에서 응력집중현상은 무시될 수 있고 응력을 구하는 일반수식이

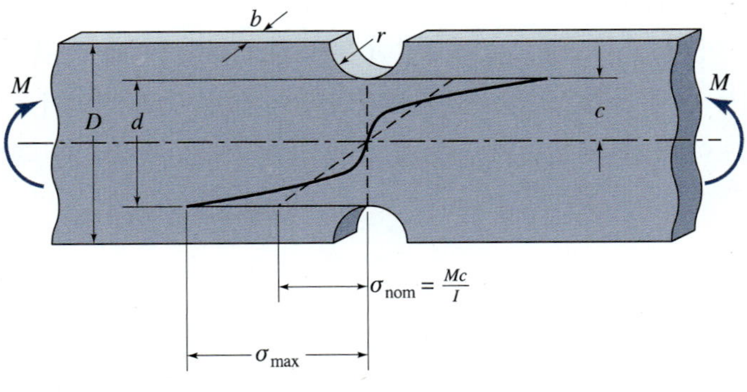

그림 7.12 순수굽힘을 받는 보의 홈이 패인 근방의 응력분포

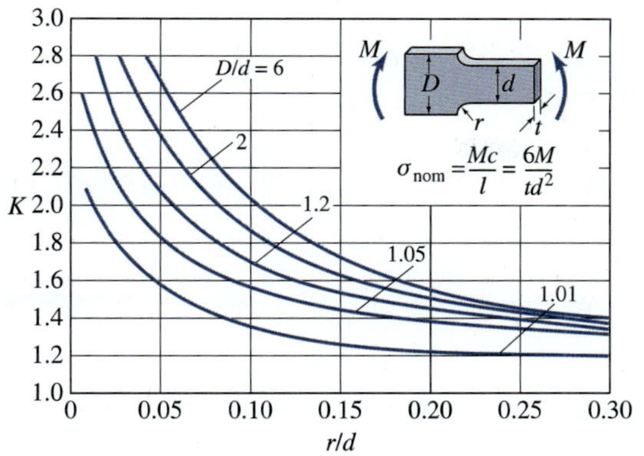

그림 7.13 굽힘을 받는 필렛 처리된 판부재의 응력 집중계수 K(참고문헌 7.5~7.7)

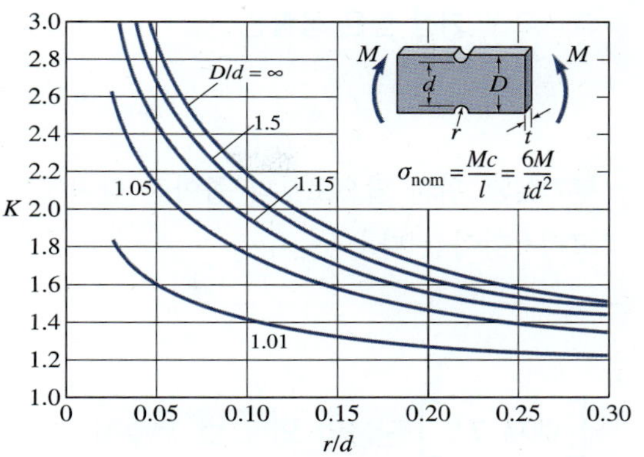

그림 7.14 굽힘을 받는 홈이 파진 판부재의 응력 집중계수 K(참고문헌 7.5~7.7)

유효하다. 마지막으로 축하중과 비틀림의 경우처럼 계수 K의 값은 응력과 변형률 사이의 선형관계식을 이용하여 결정된다.

예제 7.4 홈이 파진 보에서 최대응력

조건 2개의 홈이 파진 두께 b의 판부재가 양단에서 $M = 300$ N · m의 굽힘 모멘트를 받고 있다(그림 7.12). 보의 치수는 다음과 같다.

$$b = 10 \text{ mm} \qquad D = 90 \text{ mm} \qquad d = 60 \text{ mm} \qquad r = 6 \text{ mm}$$

문제 가장 큰 응력의 값을 구하라.

가정 모든 응력은 재료의 탄성한계 이내에 있다.

풀이 주어진 값이 따라서

$$\frac{r}{d} = 0.1 \qquad \frac{D}{d} = 1.5$$

그림 7.14로부터 $K = 2.1$을 읽는다. 중립축에 대한 임계단면의 관성 모멘트는 $I = bd^3/12$, 그리고 $c = d/2$이다. **공칭응력**은

$$\sigma_{\text{nom}} = \frac{Mc}{I} = \frac{6M}{bd^2}$$

$$= \frac{6(300)}{0.01(0.06)^2} = 50 \text{ MPa}$$

그러므로 **가장 높은 응력**은

$$\sigma_{max} = 2.1(50) = 105 \text{ MPa}$$

부가설명 위의 답으로부터 좁아진 단면에서 국부적으로 응력이 커지는데 이는 매우 주요한 고려사항이 된다.

[예제 7.5] 단붙임 외팔 보 용수철의 설계

조건 필렛 처리된 외팔 보 용수철 혹은 보를 허용응력이 $\sigma_{all} = 50$ ksi인 열처리 강철로 만들었다. 이 보는 그림 7.15에 보여진 바와 같이 자유단에서 $M = 3.6$ kip · in.의 굽힘 모멘트를 받고 있다. 보의 치수는 다음과 같다.

$$b = 0.5 \text{ in.} \qquad D = 2.5 \text{ in.} \qquad d = 1.25 \text{ in.}$$

문제 허용 가능한 필렛의 최소반경 r을 구하라.

가정 가장 큰 응력은 재료의 소성강도를 초과하지 않는다.

풀이 **공칭응력**을 구하면

$$\sigma_{nom} = \frac{6M}{bd^2} = \frac{6(3.6)}{0.5(1.25)^2} = 27.65 \text{ ksi}$$

식 (7.12)를 사용하면

$$\sigma_{max} = K\sigma_{nom}: \qquad 50 = K(27.65)$$

여기서 $K = 1.8$이다.

$$\frac{D}{d} = \frac{2.5}{1.25} = 2$$

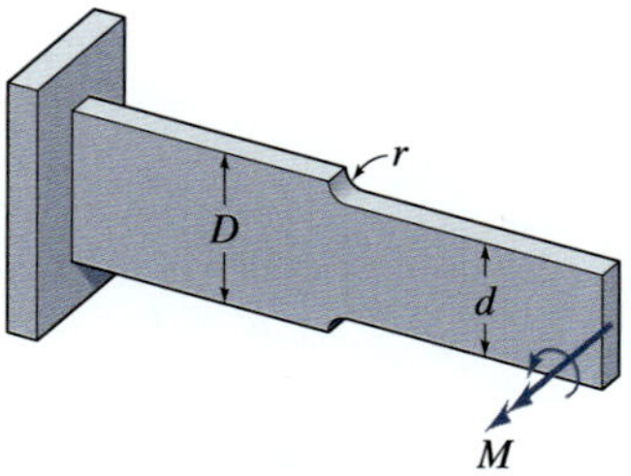

그림 7.15 순수굽힘 하에서 필렛 처리된 보의 응력집중

그리고 $K = 1.8$과 일치하는 값을 그림 7.13의 곡선으로부터 읽으면

$$\frac{r}{d} = 0.11$$

이다. 따라서 $r = 0.11(1.25) = 0.172$ in.이다.

부가설명 현장 적용 시 최소 0.2 in. 이상의 필렛반경이 사용될 수 있다.

연습문제

7.1절~7.6절

7.1 직경이 d이고 탄성계수가 E인 구리 와이어가 반경 r인 실패에 감겨 있다. $d = 1/32$ in., $r = 6$ in., $E = 17 \times 10^6$ psi일 때 와이어의 최대응력과 굽힘응력을 구하라.

7.2 탄성계수 E, 폭 b, 깊이 h, 길이 L인 알루미늄 막대가 끝에서 굽힘 모멘트 M에 의하여 영향을 받는다. 그 결과 중간지점에서의 처짐이 δ(그림 P7.2)만큼 발생하였다. $E = 70$ GPa, $b = 10$ mm, $h = 30$ mm, $L = 2$ m, $\delta = 10$ mm일 때 막대에서의 최대인장응력과 굽힘응력을 구하라.

가정 처짐 곡률은 거의 없다고 가정한다. 따라서 그림에 있는 굽혀진 막대에서 끝과 끝 사이의 거리와 굽혀지기 전 초기 끝과 끝 사이의 길이는 같다.

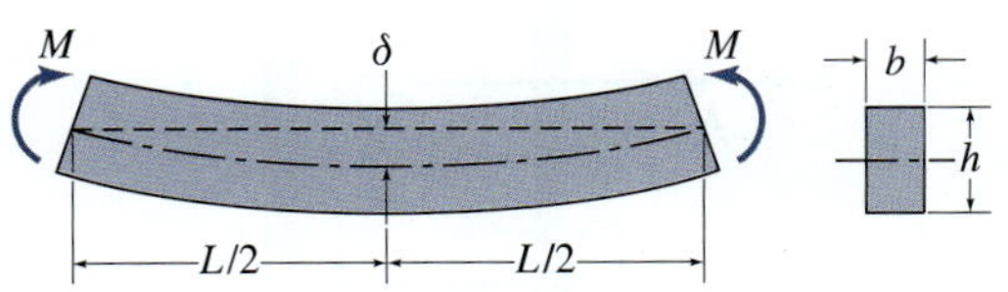

그림 P7.2

7.3 그림 P7.3과 같은 순수굽힘이 작용하는 강철보가 탄성계수가 E이며 허용응력이 σ_{all}일 때, 두 경우에 대하여 곡률반경 ρ에 상응하는 최대 모멘트 M을 구하라.

(a) 직경이 d인 원형단면인 경우

(b) 밑변이 b이며 정삼각형단면인 경우

조건 $d = 12$ mm, $b = 15$ mm, $E = 200$ GPa

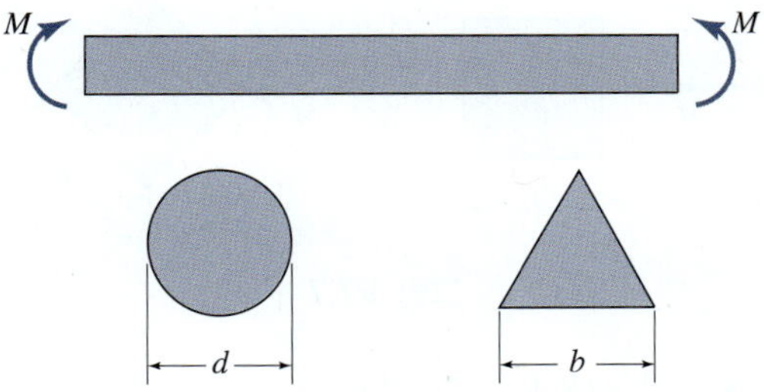

그림 P7.3

7.4 원형단면 보와 정삼각형단면 보의 최대응력과 굽힘응력이 같을 때 두 단면에 대한 면적의 비를 구하라.

7.5 탄성계수가 E이고 반경이 r인 반원단면 강철 막대에 굽힘 모멘트 M_z가 작용한다. $M_z = -1.5$ kip · in., $E = 30 \times 10^6$ psi, $r = 1$ in.일 때 다음을 구하라.

(a) 막대에 작용하는 최대응력과 압축응력

(b) 막대의 곡률반경

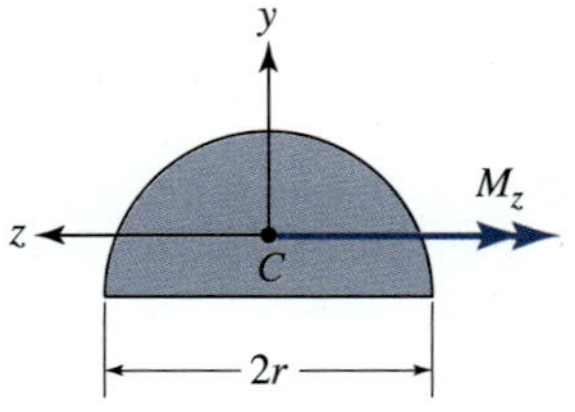

그림 P7.5

7.6 탄성계수가 E이고 반경이 r인 반원단면적 황동 막대(그림 P7.5)의 원통이 직경 D만큼 굽혀질 때 막대의 굽힘 모멘트 M_z를 구하라.

조건 $E=15\times10^6$ psi, $r=1$ in., $D=36$ ft

7.7 그림 P7.7과 같이 사각단면 바의 b에 z축 방향으로 모멘트가 작용하고 있다. 탄성계수는 E, 정사각단면의 한 변의 길이는 b, 모멘트가 M일 때 막대의 최대응력과 곡률반경을 구하라.

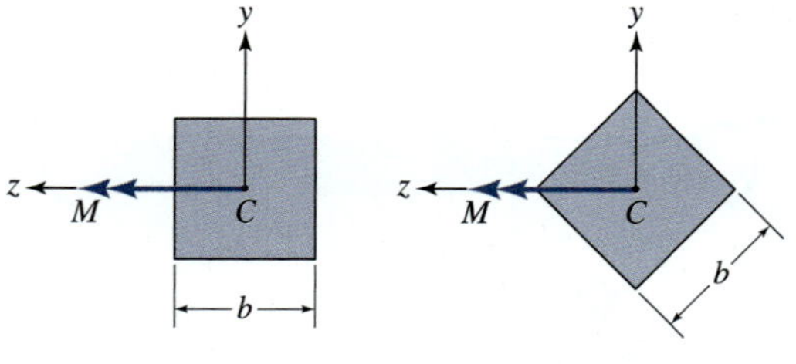

그림 P7.7

7.8 그림 P7.8에서 단면적이 사각형인 알루미늄 막대는 z축 방향으로 굽힘 모멘트가 M만큼 작용한다.

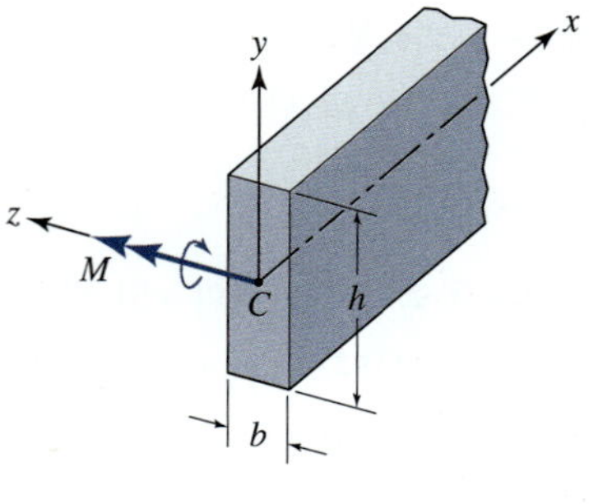

그림 P7.8

$b=25$ mm, $h=75$ mm, $M=5$ kN · m, $E=72$ GPa, $\nu=0.29$일 때 다음을 구하라.

(a) 보의 곡률반경 ρ

(b) 보의 횡방향 단면의 곡률반경 ρ_1

7.9 그림 P7.9에서와 같이 S 8×23 rolled-steel I형보(표 B.7 참조)는 z축 방향으로 모멘트 M이 작용된다. $E=29\times10^6$ psi, $\nu=0.3$, $M=400$ kip · in. 일 때 다음을 구하라.

(a) 보의 곡률반경 ρ

(b) 보의 횡단면의 곡률반경 ρ_1

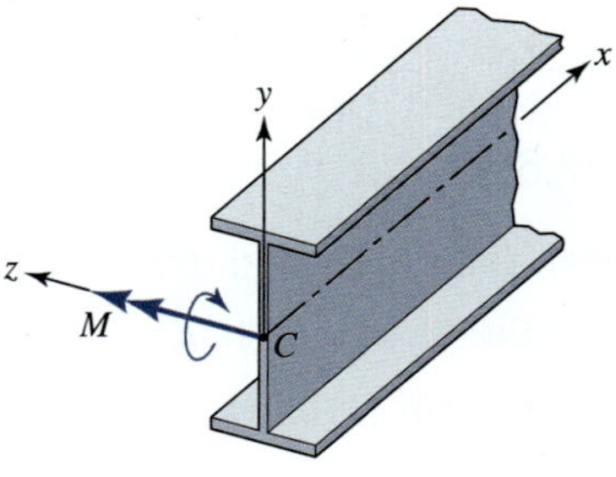

그림 P7.9

7.10 알루미늄 합금으로 만들어진 허용응력 σ_{all}의 사각 튜브에 그림 P7.10과 같이 z축 방향으로 굽힘 모멘트 M이 작용되고 있다. 다음을 구하라.

(a) 굽힘 모멘트

(b) 보의 곡률반경 ρ

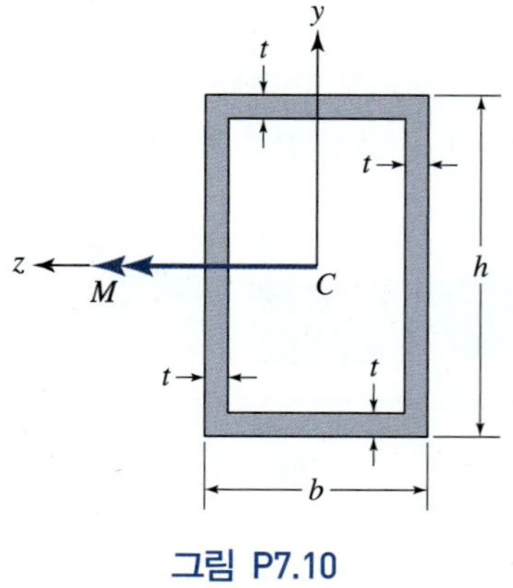

그림 P7.10

7.11 속이 빈 원형단면 알루미늄 보에 z축 방향으로 굽힘 모멘트 M이 작용되고 있다. $M = 400\ \text{N} \cdot \text{m}$, $D = 50\ \text{mm}$, $d = 30\ \text{mm}$, $E = 70\ \text{GPa}$, $\nu = 0.29$일 때 다음을 구하라.

(a) A에서의 수직응력

(b) B에서의 수직응력

(c) 보 횡단면의 곡률반경 ρ

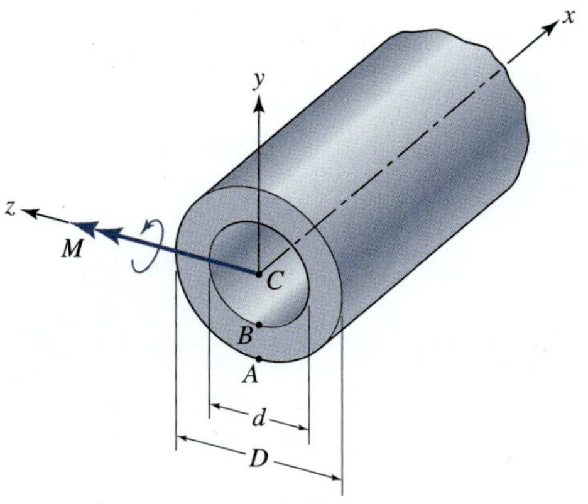

그림 P7.11

7.12 그림 P7.11에서와 같이 원형단면 알루미늄 합금 6061-T6 보에 굽힘응력 σ_{all}이 작용한다. $D = 2\ \text{in.}$, $d = 1.5\ \text{in.}$, $n_s = 1.9$일 때 다음을 구하라.

(a) 안전계수 n_s가 적용된 z축 방향으로 작용하는 최대 굽힘 모멘트 M

(b) 보의 곡률반경 ρ

7.13 단순지지된 길이 L의 S 150×26 steel I형 보(표 B.9 참조)에 분포하중이 w만큼 작용하고 있다. 다음을 구하라.

(a) w의 최댓값

(b) I형 단면을 대신할 높이 152 mm의 사각단면의 폭

(c) 두 단면의 면적 비교

조건 $L = 10\ \text{in.}$, $\sigma_{\text{all}} = 120\ \text{MPa}$

7.14 그림 P7.14에서와 같이 단순지지된 수로 AB가 중간지점에서 집중하중 P를 받는다. 최대인장응력(σ_t)과 최대압축응력(σ_c)을 구하라.

조건 $L = 10\ \text{ft}$, $b = 14\ \text{in.}$, $h = 6\ \text{in.}$, $t = 0.5\ \text{in.}$, $P = 5\ \text{kips}$

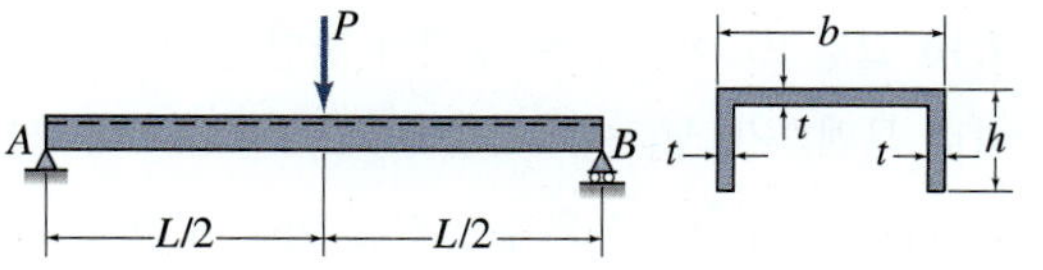

그림 P7.14

7.15 단면이 수로 형상인 단순 보 AB가 그림 P7.14와 같이 중간지점에서 집중하중 P를 받는다. 수직응력 σ_{all}을 적용하여 최대허용하중 P를 구하라.

조건 $L = 2\ \text{m}$, $b = 400\ \text{mm}$, $h = 150\ \text{mm}$, $t = 25\ \text{mm}$, $\sigma_{\text{all}} = 50\ \text{MPa}$

7.16 그림 P7.16과 같이 비대칭 W형 보에 굽힘 모멘트가 M_z만큼 작용한다. 보의 아래 부분과 위 부분의 굽힘응력비가 8/5일 때 아래 부분의 플랜지의 폭 b를 구하라.

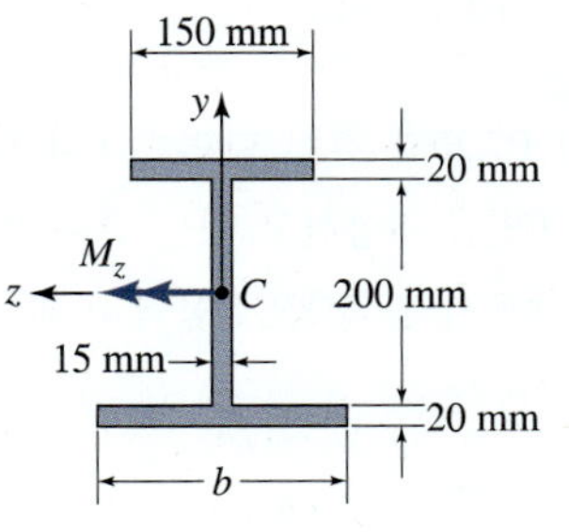

그림 P7.16

7.17 그림 P7.17과 같이 직경이 D인 원형단면 막

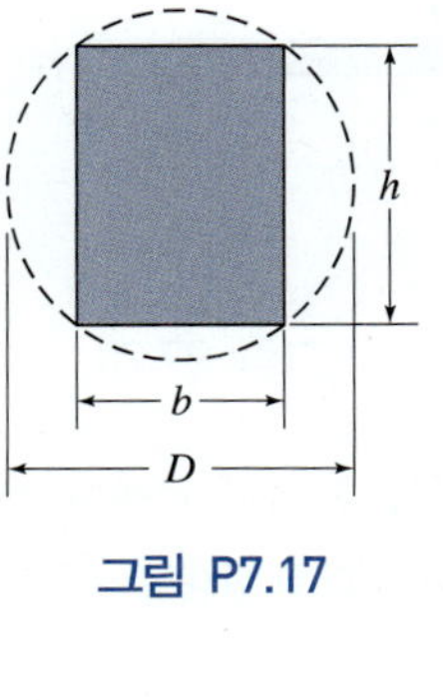

그림 P7.17

대를 다듬어 폭이 b이고 높이가 h인 사각단면 보를 만들었다. 순수굽힘에서 최대 모멘트 M이 작용할 때 h/b의 비를 구하라.

7.18 그림 P7.18과 같은 형태의 단면을 가진 보에 굽힘 모멘트가 $M_z = 20$ kN · m만큼 작용한다. 보의 하부 플랜지에 작용하는 전체 힘을 구하라.

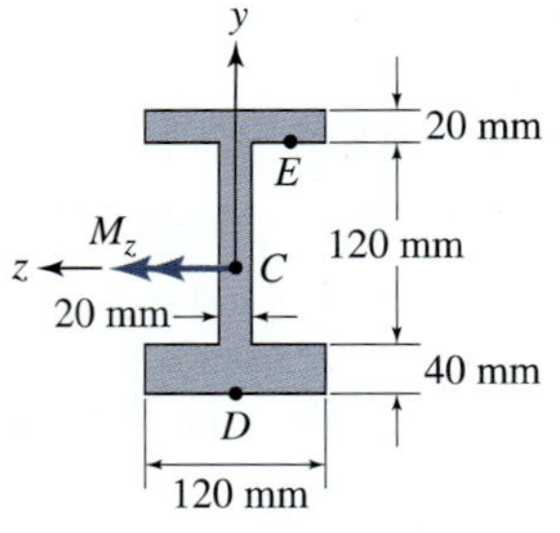

그림 P7.18

7.19 그림 P7.18과 같은 단면을 가진 보에 굽힘응력이 M_z만큼 작용한다. 플랜지의 상부에 작용하는 전체 힘을 구하라.

조건 $M_z = 10$ kN · m

7.20 그림 P7.20과 같이 단면이 T의 형태이고 집중하중이 P만큼 작용하고 있는 단순 보 AB가 있다. 이 부재에서의 최대인장응력 σ_t와 최대압축응력 σ_c를 구하라.

조건 $P = 6$ kN, $L = 3$ m, $a = 1$ m, $b = 75$ mm, $b_1 = 25$ mm, $h = 100$ mm, $h_1 = 75$ mm

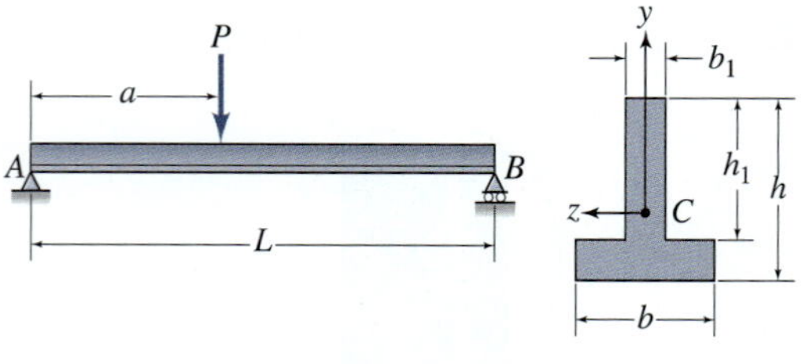

그림 P7.20

7.21 그림 P7.20과 같이 하중이 작용하고 지지되어 있는, 단면이 T의 형태를 가진 보가 있다. 인장 · 압축 허용굽힘응력이 σ_{all}일 때 최대허용하중 P를 구하라.

조건 $L = 8$ ft, $a = 2$ ft, $b = 3$ in., $b_1 = 1$ in., $h = 4$ in., $h_1 = 3$ in., $\sigma_{all} = 15$ ksi

7.22 그림 P7.22와 같이 W 6×16 강철 보(표 B.8 참조)에 하중이 작용한다. 지점 A에서 3.6 ft 떨어진 지점의 단면에서 다음 요구사항들을 구하라.

(a) 보 단면에서 바닥을 기준으로 1 in. 높이에서의 굽힘응력

(b) 보의 단면에서 최대굽힘응력

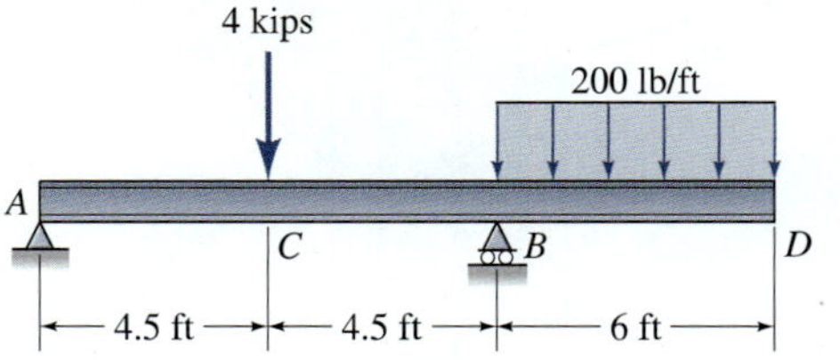

그림 P7.22

7.23 S 6×12.5 강철 보(표 B.9 참조)의 조건을 적용하여 문제 7.22를 다시 구하라.

7.24 그림 P7.22와 같이 W 8×35 강철 보(표 B.8 참조)에 하중이 작용한다. C에서 오른쪽 방향으로 4.2 ft 떨어진 단면에서 다음을 구하라.

(a) 보의 최상부에서 아래로 3/4 in. 위치에서의 굴곡응력

(b) 단면에서의 최대굽힘응력

7.25 그림 P7.25와 같이 사각단면의 폭 b가 80 mm이고 높이 h가 120 mm인 보에 하중이 작용한다. 보의 최대굽힘응력의 위치와 크기를 구하라.

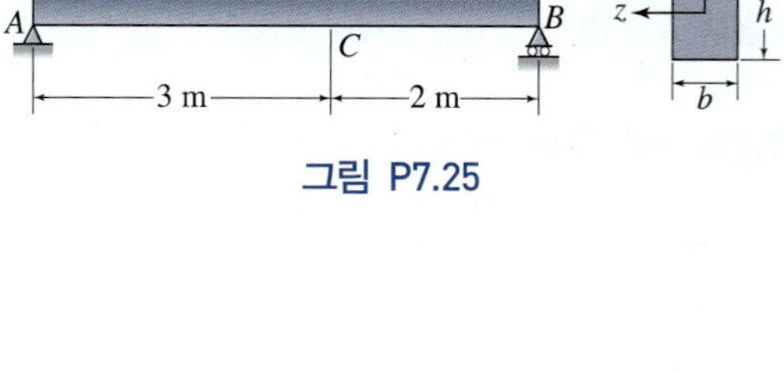

그림 P7.25

7.26 그림 P7.25에서 C에서 4 kN의 집중하중이 아래 방향으로 추가적으로 작용한다. 문제 7.25를 다시 구하라.

7.27 그림 P7.25에서와 같이 하중이 작용하며 단면의 형상은 그림 P7.27과 같은 보가 있다. 다음을 구하라.

(a) 지점 E에서의 굽힘응력

(b) 지점 D에서의 굽힘응력

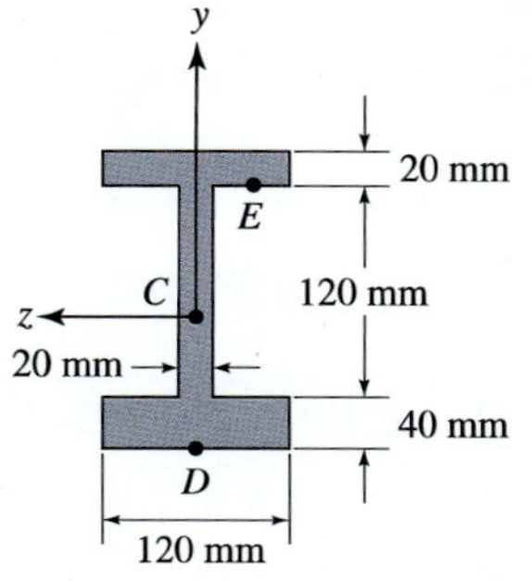

그림 P7.27

7.28 그림 P7.28과 같이 지면에 놓여 있는 S 380×64의 강철 보(표 B.9 참조)에 연직방향으로 2개의 수직하중이 작용한다. 보에서의 최대굽힘응력을 구하라.

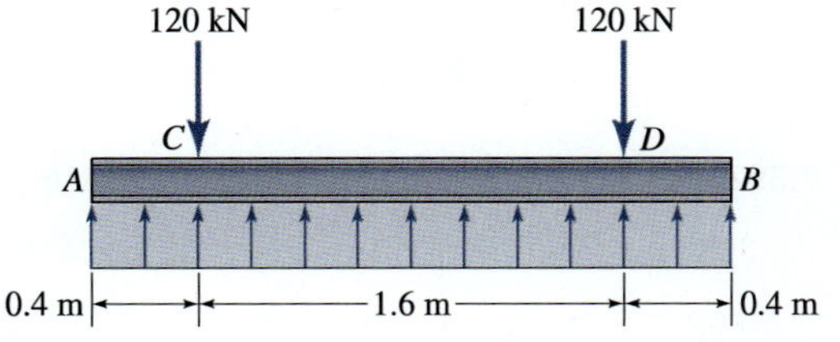

그림 P7.28

7.29 그림 P7.29의 단면 형상과 같이 W 410×60 폭의 넓은 플랜지(표 B.8 참조)가 2개의 240×10 mm 강철 덮개로 보강되어 있다. 또한 이 10 m의 단순지지 보는 하중이 w로 균일하게 분포되어 작용되고 있다. 허용굽힘응력이 120 MPa일 경우 w의 최댓값을 구하라.

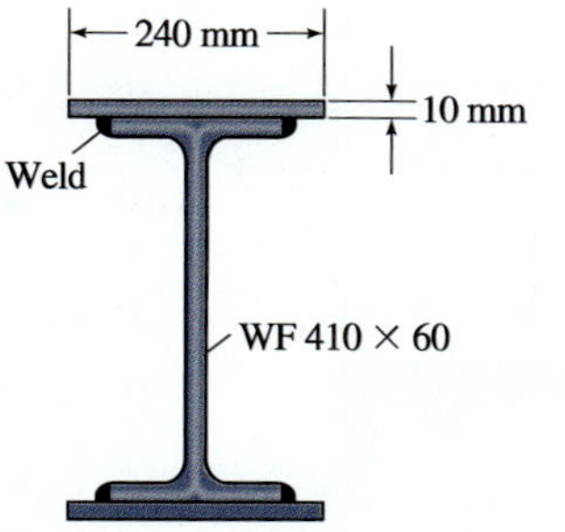

그림 P7.29

7.30 문제 7.29에서 w의 크기를 0으로 두고, 왼쪽 지지대에서 3 m 떨어진 지점에서 집중하중 P가 작용될 때의 경우를 구하라.

***7.31** 그림 P7.31과 같이 하중이 작용하는 돌출보가 있다. 허용인장응력이 $(\sigma_t)_{all}$이고 허용압축응력이 $(\sigma_c)_{all}$일 경우 하중 w의 최댓값을 구하라.

조건 $(\sigma_t)_{all}=7$ ksi, $(\sigma_c)_{all}=18$ ksi

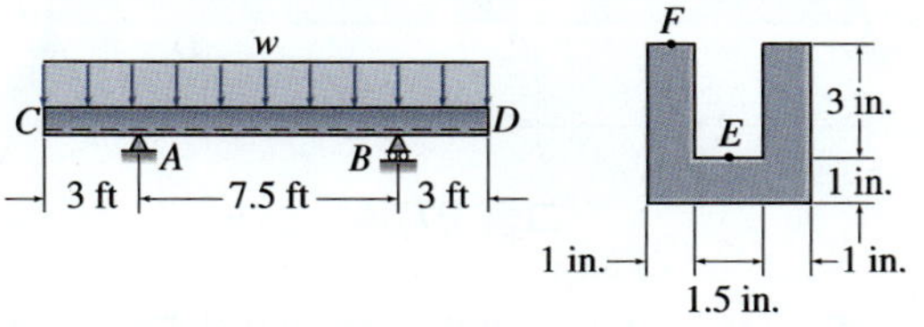

그림 P7.31

7.32 그림 P7.31에 나와 있는 보 하중에서 $w=$ 800 kips/ft일 때 A의 오른쪽 3 ft 구간에서 다음을 구하라.

(a) 지점 E의 굽힘응력

(b) 지점 F의 굽힘응력

7.33 $L=15$ ft인 장방향의 단순지지 보가 2개의 C 10×20 강판이 겹겹이 볼트로 체결된 구조로 되어 있다. 허용굽힘응력이 22 ksi라고 할 때 다음 두 경우에 적용될 수 있는 중앙의 집중하중 P를 구하라.

(a) 구조가 수평이다[그림 P7.33(a)].

(b) 구조가 수직이다[그림 P7.33(b)].

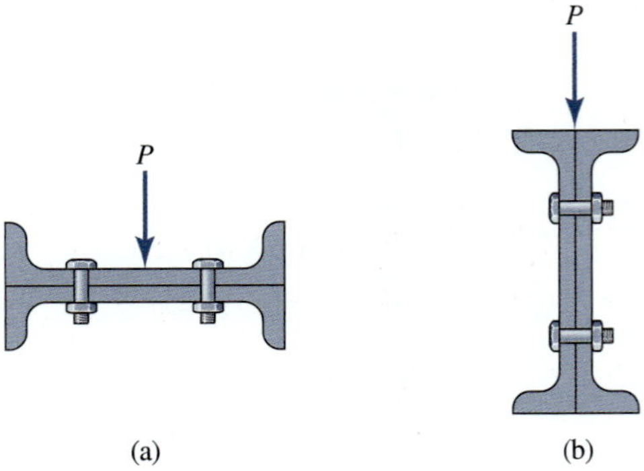

그림 P7.33

7.34 S 200×34 강철 보(표 B.9 참조)에 그림 P7.34와 같은 하중이 주어진다. 다음을 구하라.

(a) 구간 C와 보의 꼭대기에서 10 mm 아래의 지점에서의 굽힘응력

(b) 보에서의 최대굽힘응력

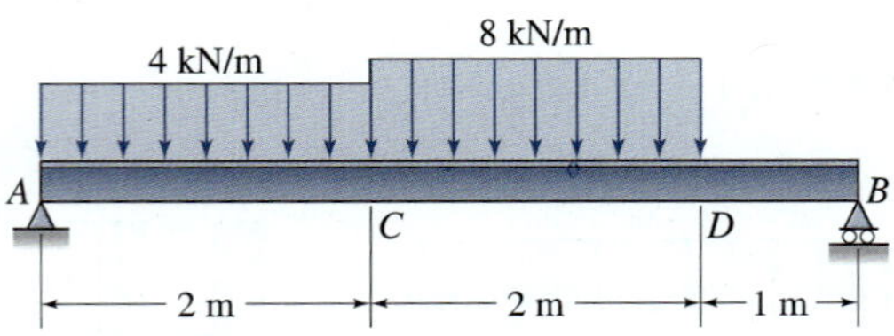

그림 P7.34

7.35 문제 7.34에서 지점 A를 자유상태로, 지점 B를 고정된 상태로 바꿔 다시 계산하라.

7.36 단순사각형 보에 지점 C(그림 7.14)에 위아래 각각에 수직으로 12 mm 깊이의 U형 홈이 있으며, 그림 P7.36에 보이는 것과 같이 하중이 가해진다. 다음 두 가지 경우에 보에서 최대굽힘응력의 위치와 값을 구하라.

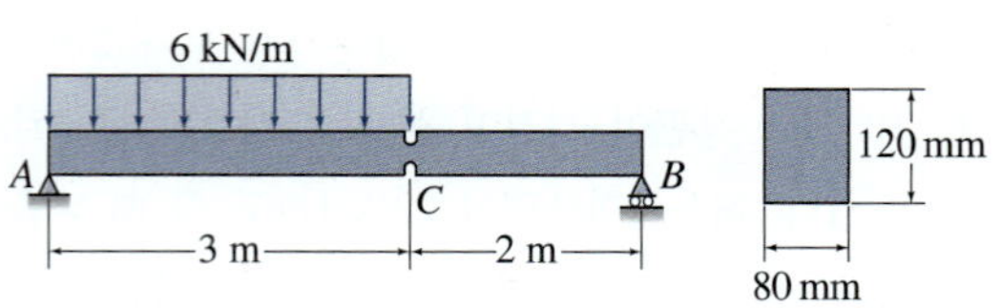

그림 P7.36

(a) 홈의 반경이 $r=5$ mm

(b) 홈의 반경이 $r=10$ mm

7.37 사각형 단순지지 보에 그림 P7.37과 같이 가운데에 15 mm의 U형으로 2개의 홈이 있으며 균일하중이 작용한다(그림 7.14). 수직응력의 한계가 $\sigma_{all}=127$ MPa일 때 홈의 가장 작은 반경 값을 구하라.

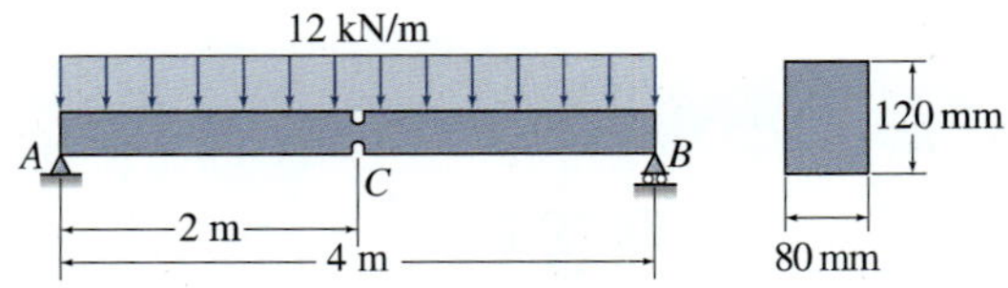

그림 P7.37

7.38 외팔 보 스프링이 그림 P7.38에 나와 있다. 다음 두 가지 경우의 굽힘응력을 구하라.

(a) 필렛 반경이 $r=3/16$ in.

(b) 필렛 반경이 $r=3/4$ in.

조건 $b=1/2$ in., $P=80$ lb

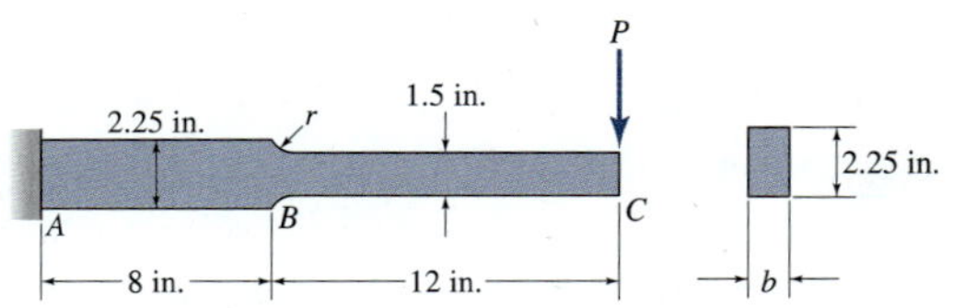

그림 P7.38

7.39 외팔 보 스프링이 그림 P7.38에서 필렛 반경 $r=3/8$ in., 너비 $b=5/8$ in., $\sigma_{all}=20$ ksi의 허용응력을 감당할 수 있는 가장 큰 허용응력 P를 구하라.

7.40 $n_s=1.5$의 안전계수를 바탕으로 그림 P7.38의 보에서 최소허용너비 b를 구하라.

조건 $P=90$ kips, $\sigma_{all}=18$ ksi, $r=5/16$ in.

PART B 전단과 굽힘

7.7 보의 전단응력

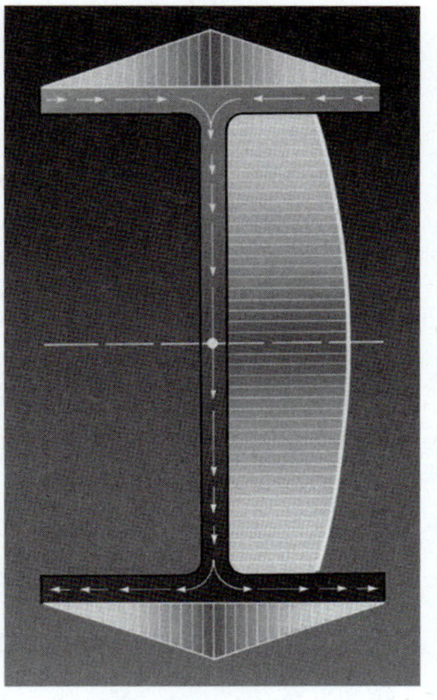

넓은 플랜지 보의 전단흐름. PART B는 전단응력의 분포, 전단 및 굽힘 응력의 크기 비교, 보의 설계 등을 다룬다. A. C. Ugural 교수 제공.

균일하지 않은 굽힘을 받는 보에서는 굽힘 모멘트 M 이외에 횡방향 혹은 수직방향의 전단력 V가 단면에 작용한다. 굽힘 모멘트와 관계있는 수직응력은 7.5절에서 보인 바와 같이 굴곡수식으로 결정된다. 이 절과 다음 3개 절에서는 전단력 V에 따른 전단응력을 분석한다. 수직응력분포로부터 구한 힘의 크기는 단면에 작용하는 전단력과 같아야 한다. 수직응력분포는 **전단응력**(shearing stress or shear stress)이라고 한다.

5.3절과 7.5절로부터 비틀림 및 굴곡수식을 유도할 때 동일한 방법이 사용된 것을 상기한다. 이 방법은 다음과 같이 요약된다. 우선 단면에서 예상되는 변형률 분포를 가정한 다음, 훅의 법칙을 적용하여 변형률을 응력으로 표현하고, 마지막으로 평형조건을 사용하여 소기의 응력수식을 세운다. 전단응력분포를 결정할 때는 이 방법에서 전반부의 두 단계는 사용할 수 없는데, 7.3절의 가정 2에 따라서 전단변형률을 무시할 수 있기 때문이다.

> 그러나 전단응력의 관계식을 굴곡수식에 의하여 주어진 수직응력분포에 의한 보의 축방향을 따라서 수평방향 힘의 **평형조건**으로부터 얻을 수 있다. 전단수식은 7.1절에 정의된 보통 형상의 보에 대하여 수긍할 만큼 정확한 결과를 제공한다.

단면상 임의의 점에서 **수직방향** 전단응력 τ_{xy}는 동일한 위치에서 **수평방향** 전단응력 τ_{yx}와 같다(2.10절 참조). 따라서 수평방향 전단응력은 반드시 횡방향하중을 받고 있는 모든 보에서 존재해야 한다. 그림 7.16(a)에 보여진 접착되지 않은 판재로 구성된 단순지지 보를 고려하면 명확해진다. 횡방향하중 P가 앞의 여러 판자로 구성된 비접착 복합 보에 작용하면 각 판자들은 따로 미끌어지므로 결과적인 형상은 그림 7.16(b)와 같이 된다. 한 몸체의 보가 이러한 변형행태를 보이지 않는다는 사실은 수직방향(횡방향) 평면에서는 물론 수평방향(길이방향) 평면에서 전단응력이 존재해야 한다는 것을 말한다.

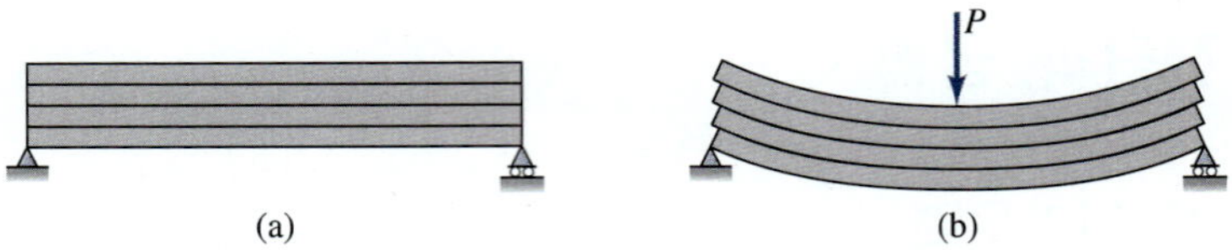

그림 7.16 굽힘을 받는 접착하지 않은 4개의 판자

전단응력의 결정

집중하중과 분포하중을 받고 있는 수직 대칭면을 가진 외팔 보를 고려한다[그림 7.17(a)]. 자유단에서 x만큼 떨어진 곳에 길이 dx의 조각은 보의 축에 수직인 두 면에서 잘라낸 보의 일부이다. 이 조각의 자유물체도가 그림 7.17(b)에 주어져 있다. 이 조각에 표시된 모든 내력과 모멘트는 양의 방향을 나타낸다. **전단응력 τ_{xy}는 전단력 V와 평행하게 작용한다**고 가정할 수 있다. 전단력 V는 구간 dx에서 일정한 반면 굽힘 모멘트 M은 변한다. 오른편 수직면에서 모멘트는 $M+dM$으로 표현하였다. 굽힘 모멘트에 의해 발생한 두 면의 수직응력 σ_x도 그림에 나타나 있다.

그림 7.17(b)의 조각으로부터 요소 $mnm'n'$을 잘라내자[그림 7.17(c)]. 중립면에 가까운 이 자유물체도의 위치는 거리 y_1이다. 이 위치의 바닥면에는 보의 이 높이에서 존재하는 수평방향의 전단응력 τ_{yx}(미지의 크기)이 작용한다. 조각의 끝단이 수직방향 전단응력과 수직응력을 받고 있는 반면 이 조각의 윗면은 보의 윗면으로 응력이 없는 상태이다. 7.5절에서 이미 지적했듯이(수직응력은 물론) **전단응력**의 분포는 보의 **폭방향으로 일정하다고** 가정한다[그림 7.17(d)와 (e)]. 엄밀하게 정확하지는 않지만 이 가정은 보의 단면폭이 높이에 비하여 작은 보에 대하여 어느 정도 정확하다고 간주된다. 보의 폭방향으로 응력분포의 변화량은 참고문헌 7.4에서 확인할 수 있다. 모든 전단응력은 그림 7.17(e)에서 양의 방향으로 그려져 있다.

면적 bdx에 분포된 수평방향의 전단응력 τ_{yx}는 보 조각에 작용하는 **수평방향 힘의 평형조건**으로부터 결정된다. 여기서 b는 중립축으로부터 y_1만큼 떨어진 위치에서 보의 폭이다. 식 (7.7)로부터 단면의 음영처리된 면적 A^*에서 좌측면 mm'에 분포한 수직력은

$$\int_{-b/2}^{b/2}\int_{y_1}^{h_1}\sigma_x\,dydz=-\int_{A^*}\frac{My}{I}dA$$

비슷한 방법으로 우측면 nn'의 수직력을 표현하면

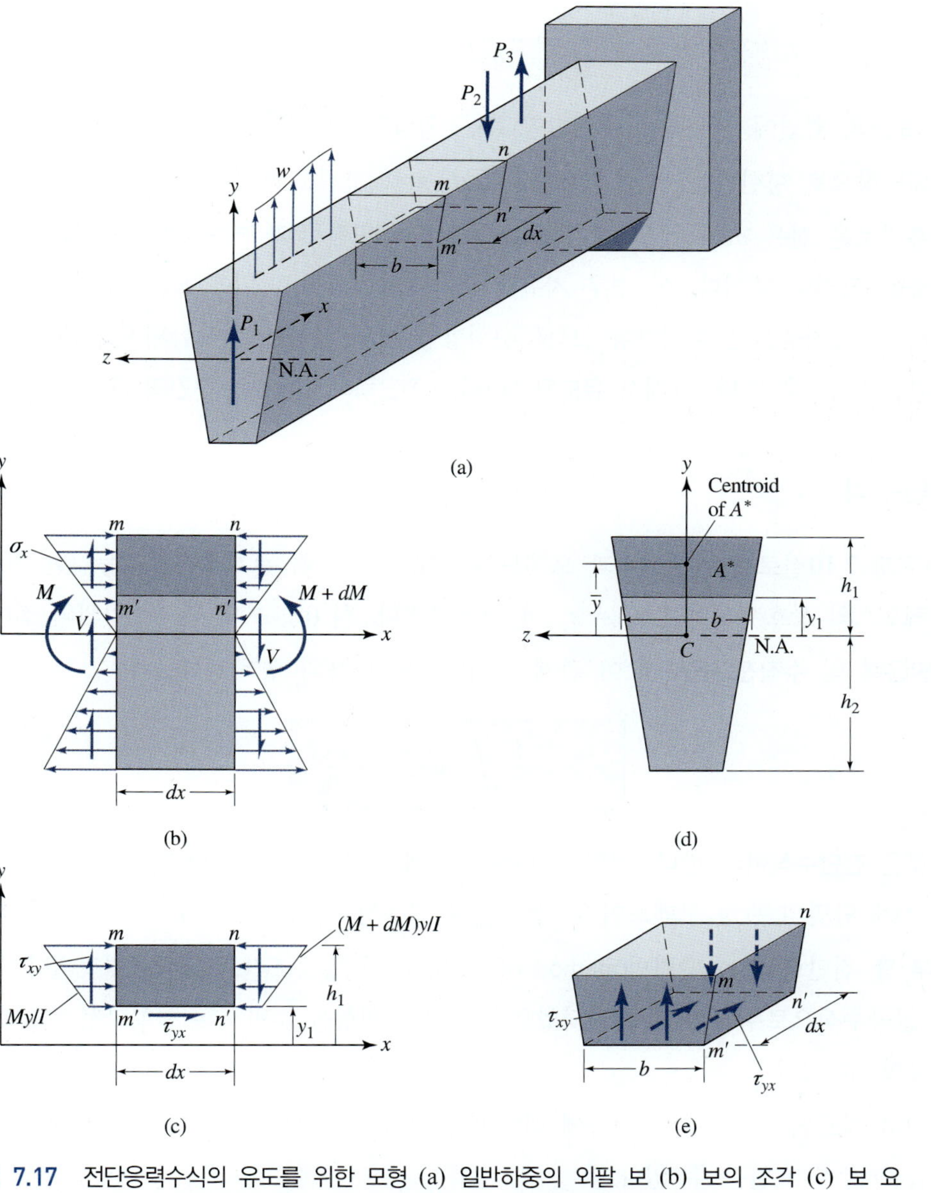

그림 7.17 전단응력수식의 유도를 위한 모형 (a) 일반하중의 외팔 보 (b) 보의 조각 (c) 보 요소의 수직 및 전단응력 (d) 단면 (e) 보 요소의 전단응력분포

$$-\int_{A^*}\frac{(M+dM)y}{I}dA$$

그림 7.7(c)와 (d)를 참조하면 평형조건 $\Sigma F_x = 0$이므로

$$\int_{A^*}\frac{My}{I}dA-\int_{A^*}\frac{(M+dM)y}{I}dA+\tau_{yx}b\,dx=0$$

$$\tau_{yx} = \frac{1}{Ib}\int_{A^*} \frac{My}{dx}\, y\, dA \qquad \text{(a)}$$

보 요소의 옆면에 작용하는 수직방향 혹은 횡방향 전단응력 τ_{xy}이 수직방향 전단력 V와 반대방향으로 향한다는 것을 관찰하면 $\sum F_y = 0$ 조건도 만족된다.

흥미로운 점은 $mnm'n'$[그림 7.17(a)]보다도 **전단력** V**가 변동하는** 전단분포하중 조건의 요소를 고려할 때이다. 이 경우 자유물체도[그림 7.17(b)] 위에 $w(x)$와 $V+dV$가 있다. 그러나 이 하중들은 수직방향이므로 수평방향 힘의 합산에는 포함되지 않게 되어 동일한 결과를 얻을 수 있다. 그래서 **유도된 식 (a)는 전단력이 변동하는 구간의 경우에서도 유효**하다.

전단수식

6.5절과 2.10절로부터 전단력과 모멘트는 $dM/dx = V$의 관계가 있고 동일한 전단응력이 응력요소의 상호수직평면 $\tau_{yx} = \tau_{xy}$에 작용하였다. 식 (a), 보의 면 내 임의의 점에서 **수평전단응력** 및 **수직전단응력**에 이 관계를 대입하면 다음의 형태로 표현된다.

$$\tau_{xy} = \frac{V}{Ib}\int_{A^*} y\, dA = \frac{VQ}{Ib} \qquad (7.13)$$

이것을 **전단수식**이라 한다. 여기서 V는 단면에 작용하는 총 전단력이고 I는 중립축에 대한 **전체** 단면의 관성 모멘트이며 b는 τ_{xy}가 결정된 위치에 해당하는 보의 폭을 나타낸다. 내부 총 전단력 V는 단면법(method of sections)과 평형조건으로부터 결정된다. 식 (7.13)이 굴곡수식으로부터 바로 유도되었으므로 작은 변형을 수반하는 선형탄성 재료의 보에만 적용할 수 있다.

Q로 대표되는 적분은 중립축에 대하여 음영처리된 단면적 A^*의 **일차 모멘트**이다. 이는 다음과 같이 표현될 수 있다.

$$Q = \int_{A^*} y\, dA = A^*\bar{y} \qquad (7.14)$$

$\bar{y}$는 중립축으로부터 A^*의 중심까지 거리로 정의되었다(A.2절 참조). 기하학적 측면에서 대부분의 단면의 경우에 $A^*\bar{y}$는 Q를 계산하기에 편리하다.

전단흐름

보의 축방향을 따라서 단위길이당 보의 폭에 작용하는 전단력은 식 (7.13)의 τ_{xu}를 폭 b [그림 7.17(d)]와 곱해서 결정된다. 이 크기(단위 N/m 또는 lb/in.)를 q로 표기하고 **전단흐름**이라고 한다.

$$q = \frac{VQ}{I} \tag{7.15}$$

식 (7.15)는 2개 이상의 재료로 구성된 **조립 보**의 단면연결에 대한 연구에서 유용하게 사용된다.

벽이 얇은 부재의 전단

식 (7.13)과 (7.15)는 접촉표면 $c-c$가 수직이라도 $cdef$[그림 7.18(a)]와 벽이 얇은 보와 같은 일부분과 나머지 부분 사이의 전단응력과 전단흐름을 구하는 데 사용된다. 과정은 전과 동일하면 되는데, 그림에 음영처리한 면적 A^*의 중립축에 대한 Q의 계산도 포함된다. 조각 $cdef$에 작용하는 **밀거나 당기는 힘** 때문에 이 조각은 전체 보에 상대적으로 미끄러지려고 한다. 전단응력 τ_{zx} 수직평면, 즉 '절단면'에 작용하며 종이면에 수직한 방향이다. 따라서 전단응력 τ_{xz}는 수평하게 작용한다. $\tau_{xz}=\tau_{zx}$[그림 7.18(b)]. 이 응력의 방향에 대한 결정은 7.10절에서 자세히 설명될 것이다. τ_{xz}는 플랜지의 횡방향 단면 내 임의 위치에서 수평전단응력의 평균값을 말한다.

식 (7.13)과 (7.15)를 통하여 절단면 $c-c$[그림 7.18(c)와 (d)]가 기울어져 있는 벽이 얇은

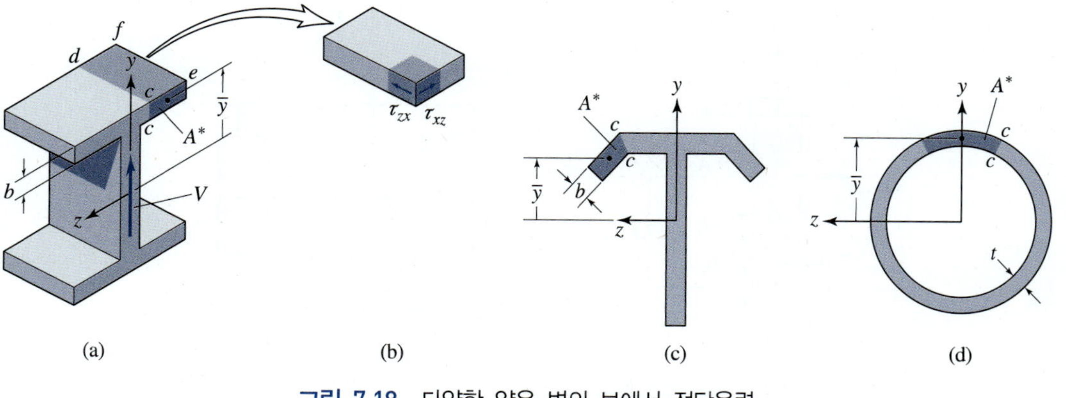

그림 7.18 다양한 얇은 벽의 보에서 전단응력

부재에서 전단응력과 전단흐름을 결정할 수 있다. 이러한 경우에 대하여 전단응력요소는 그림 7.18(b)와 유사하게 분리되어 도식화될 수 있다. 그러나 기울어진 절단평면의 사용은 단면이 작은 두께를 포함하지 않는다면 가급적 피해야 한다. 그림 7.18(d)를 참조하여 A^*와 단면 사이의 미끄러짐은 튜브의 양쪽 벽에 의하여 저지된다($b = 2t$).

[예제 7.6] 조립 보의 전단 설계

조건 4개의 목재판자를 못질하여 그림 7.19(a)와 같은 보를 만든다(단위는 mm). 각 못의 허용전단력은 $F_n = 16$ kN 이고 보의 수직전단력은 $V = 4$ kN 이다.

문제

(a) 윗부분을 위하여 필요한 못 사이의 간격 s_1

(b) 아랫부분을 위하여 필요한 못 사이의 간격 s_2

(c) 판자들이 못 대신 접착이 되었을 때 접합부분 $a-a$와 $b-b$의 전단응력

가정 못과 접착제는 접합 위치에서 전단흐름에 충분히 버틸 수 있도록 각각 알맞은 크기와 강도를 가지고 있다.

풀이 전체 단면의 관성 모멘트를 계산하면 $I = 9.1 \times 10^6$ mm^{4}이다. 3개의 플랜지와 웹에 의하여 전달되는 수평방향 전단력은 전단흐름수식으로 계산된다.

(a) 윗부분의 못. 이 경우에 Q_1은 중립축에 대한 윗 플랜지의 일차단면 모멘트이다. 그림 7.19(a)를 참조하면

$$Q_1 = A_1^* \bar{y}_1 = 100(20)(42.9) = 85.8 \times 10^3 \text{ mm}^3 \tag{b}$$

선 $a-a$를 따라서 이 부분의 전단흐름은

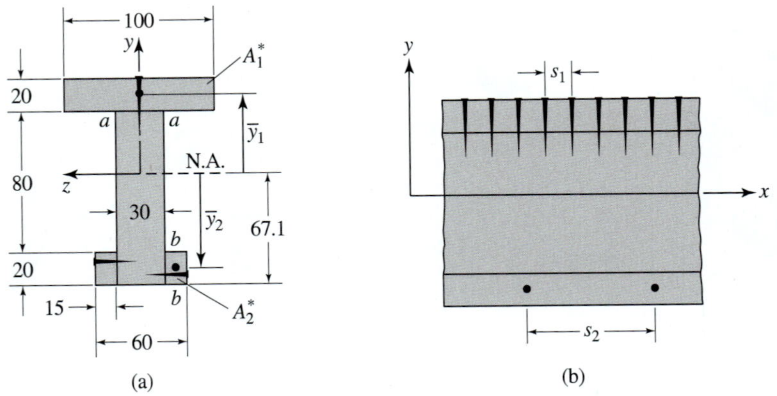

그림 7.19 (a) 조립 보의 단면 (b) 보의 일부구간

$$q_1 = \frac{VQ_1}{I} = \frac{4000(85.8 \times 10^3)}{9.1 \times 10^6} = 37.7 \text{ N/mm}$$

이것은 못으로 고정된 부위에 의하여 지지된다. 단위길이당 못의 내하중용량(F_n/S_1)은 전단흐름 q_1과 같으므로

$$s_1 = \frac{F_n}{q_1} = \frac{1600}{37.7} = 42.4 \text{ mm}$$

부가설명 이 값은 현실적인 의미로서 40 mm이며 위쪽 플랜지에서 못의 최대허용간격을 나타낸다.

(b) 아랫부분의 못. 이 부위는 선 $b-b$를 따라서 절단되며 접촉표면은 수직이다. 그림 7.19(a)에 보여진 치수에 대하여 고려하면

$$Q_2 = A_2^* \bar{y}_2 = 20(15)(57.1) = 17.1 \times 10^3 \text{ mm}^3 \tag{c}$$

그러면

$$q_2 = \frac{VQ_2}{I} = \frac{4000(17.1 \times 10^3)}{9.1 \times 10^6} = 7.52 \text{ N/mm}$$

$$s_2 = \frac{F_n}{q_2} = \frac{1600}{7.52} = 212.8 \text{ mm}$$

부가설명 제작 시 편의상 못은 아마도 210 mm 간격으로 적용될 것이다. 이것은 양쪽 아래 플랜지에 적용된다.

(c) 접착연결. 접착연결된 폭은 $a-a$와 $b-b$에서 각각 $b_1 = 0.03$ m, $b_2 = 0.02$ m이다. 식 (b), (c)를 전단수식 (7.13)에 대입하면

$$(\tau_{xy})_a = \frac{VQ_1}{Ib_1} = \frac{4000(85.8 \times 10^{-6})}{9.1 \times 10^{-6}(0.03)} = 1.26 \text{ MPa}$$

$$(\tau_{xy})_b = \frac{VQ_2}{Ib_2} = \frac{4000(17.1 \times 10^{-6})}{9.1 \times 10^{-6}(0.02)} = 376 \text{ kPa}$$

부가설명 따라서 요구되는 접착제 전단강도는 1.26 MPa이다.

다음 두 절에서 공통적으로 사용되는 단면적 예시처럼 z축으로부터 임의로 떨어진 거리의 전단응력은 유사한 방법으로 구해진다.

7.8 사각단면 보의 전단응력분포

횡방향으로 하중을 받는 보의 임의의 위치에서 전단응력은 전단수식 $\tau = VQ/Ib$로 결정된다. 보의 높이방향으로 응력의 변화는 Q/b의 변화에 따르는데, 이는 V와 I가 주어진 단면에서 일정한 값이기 때문이다. 해석 시 보의 폭방향으로 전단응력은 일정하다고 가정한다.

단면의 높이 h, 폭 b인 직사각형단면 보가 수직전단력 V를 전달하는 경우를 고려하자[그림 7.20(a)]. 중립축으로부터 거리 y_1의 위치에서 전단응력은

$$\tau_{xy} = \frac{VQ}{Ib} = \frac{V}{Ib}\int_{-b/2}^{b/2}\int_{y_1}^{h/2} y\,dy\,dz$$

또는

$$\tau_{xy} = \frac{V}{2I}\left(\frac{h^2}{4} - y_1^2\right) \quad (7.16)$$

앞에서부터 사각단면 보의 횡방향 단면에 분포된 전단응력은 포물선 모양임을 알 수 있다[그림 7.20(b)]. 전단응력은 단면의 윗면과 아랫면($y_1 = \pm h/2$)에서 각각 0이고 중립축($y_1 = 0$)에서 최댓값은 다음과 같다.

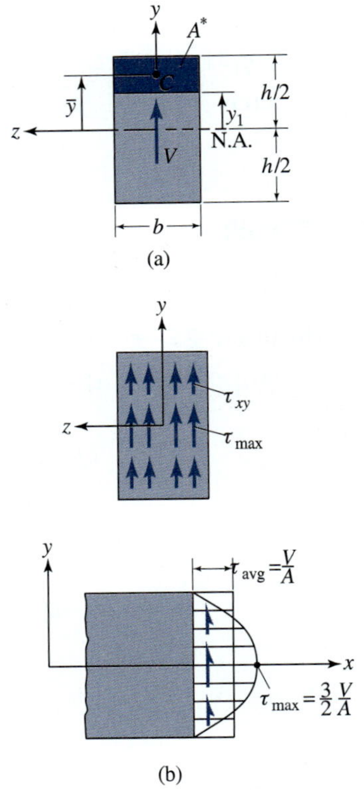

그림 7.20 사각단면을 가진 보의 전단응력

$$\tau_{max} = \frac{Vh^2}{8I} = \frac{Vh^2}{8bh^3/12} = \frac{3}{2}\frac{V}{A} \quad (7.17)$$

여기서 $A = bh$로 보의 단면적이다.

다른 방법으로 식 (7.17)로 주어진 결과는 보의 중립축에 대하여 단면적 반의 일차 모멘트 Q를 계산하면 다음과 같이 구할 수 있다.

$$\tau_{max} = \frac{V}{Ib}A^*\bar{y} = \frac{V(bh/2)(h/4)}{Ib} = \frac{3}{2}\frac{V}{A}$$

그림 7.20(b)에 점선으로 표시한 바와 같이 최대전단응력은 평균전단응력 $\tau_{avg} = V/A$에 비하여 50% 더 크다.

주의할 점은 최대전단응력은 항상 중립축 z에서 일어나지는 않는다. 예를 들어 삼각형단면과 같이 서로 평행하지 않는 옆면을 가진 단면에 대하여 Q/b의 최댓값, 즉 $\tau_{\max}$는 중간 높이($h/2$)에서 발생하는 반면 z축은 밑면으로부터 $h/3$의 위치에 있다(문제 7.66 참조).

전단수식의 사용에 대한 제한

폭이 좁은 보($b \leq 0.5h$)에 대하여 식 (7.16)은 탄성 이론에 의한 방법(참고문헌 7.4의 124절)에 의하여 얻어진 '정확한' 응력분포와 비교하여 작은 오차를 보인다. **정사각형단면**($b=h$)에 대하여 탄성학 방법에 의하여 계산된 최대전단응력은 식 (7.17)에 의한 결과와 비교하여 약 13% 더 크다. 만약 $b=4h$인 경우라면 오차는 거의 100%에 육박한다. 따라서 여기서 유도된 전단응력식들은 폭이 좁은 보에 국한하여 사용되어야 한다. 식 (7.17)은 단일 혹은 복합 폭이 좁은 사각단면 형태의 보에 실제로 자주 사용되므로 현실적으로 유용하다고 할 수 있다.

[예제 7.7] 박스형 보의 응력해석

조건 박스형 보가 그림 7.21(a)와 같이 하중을 받고 있다. 중립축에 대한 관성 모멘트 I는 $10.5\times10^{6}\ \text{m}^4$이다[그림 7.21(b)].

문제

(a) 점 E에서 전단응력 및 굽힘응력

(b) 최대전단응력과 굽힘응력

가정 가장 큰 응력은 재료의 탄성영역 내에 있다.

풀이 정역학으로부터 반력을 결정한 뒤 전단 및 굽힘 모멘트 선도를 그림 7.21(c)와 같이 작성하였다. 중립축 상부의 단면적을 3개의 직사각형으로 분해한다[그림 7.21(d)].

(a) E에서 응력. 점 E를 통한 횡단면에서 $V_E=-3$ kN, $M_E=4.5$ kN·m이다. 그림 7.21(d)를 참고하면

$$Q_1 = A_1^*\bar{y}_1 = 0.08(0.04)(0.0367) = 117.4\times10^{-6}\ \text{m}^3$$

그러면

$$\tau_E = \frac{V_E Q_1}{Ib} = \frac{-3000(117.4\times10^{-6})}{10.5\times10^{-6}(2\times0.02)} = -839\ \text{kPa}$$

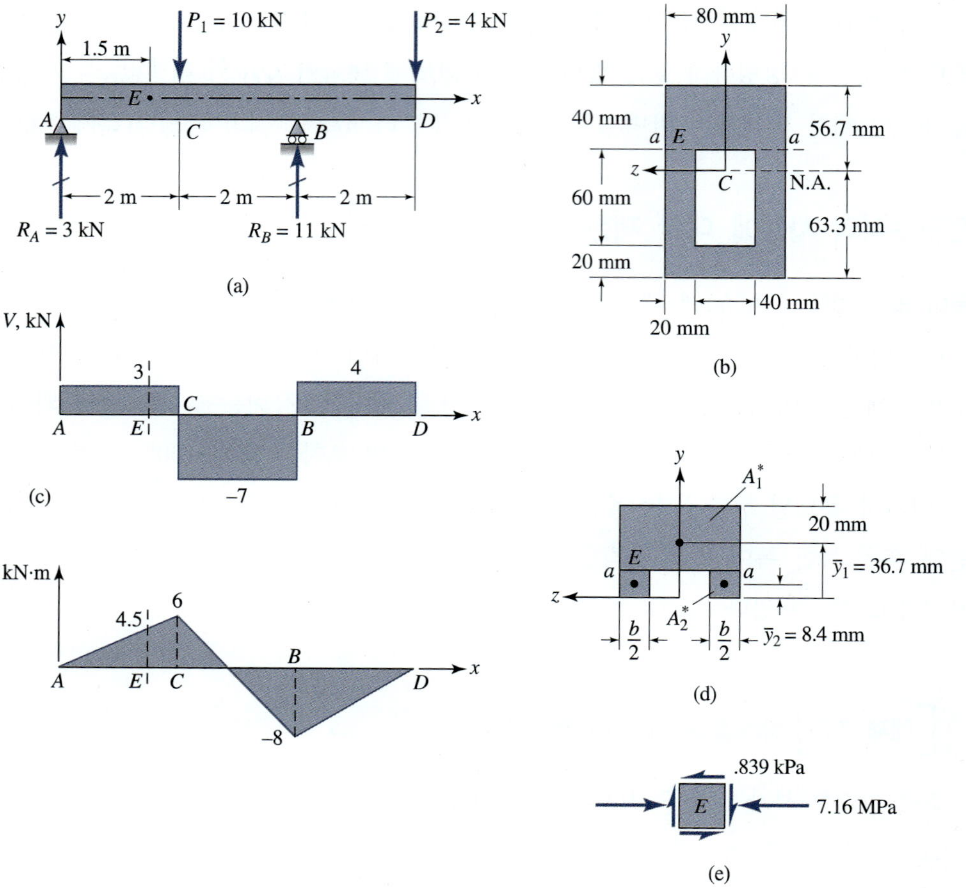

그림 7.21 (a) 초과구간을 가진 보와 2개의 하중 (b) 보의 단면 (c) 전단 및 모멘트 선도 (d) 단면의 윗부분 (e) 점 E에서 응력요소

$$\sigma_E = -\frac{M_E c_E}{I} = -\frac{4500(0.0567-0.04)}{10.5\times10^{-6}} = -7.16\ \text{MPa}$$

점 E에서 응력의 상태는 그림 7.21(e)에 보였다.

(b) 가장 큰 응력. 보에서 최대전단력과 굽힘 모멘트는 $V_{CB} = 7\ \text{kN}$, $M_B = -8\ \text{kN}\cdot\text{m}$[그림 7.21(c)]이다. 그림 7.21(d)를 참조하면

$$Q_{\max} = A_1^*\bar{y}_1 + 2A_2^*\bar{y}_2 = 117.4\times10^{-6} + 2(0.0167)(0.02)(0.0084)$$
$$= 123\times10^{-6}\ \text{m}^3$$

그러므로

$$\tau_{max} = \frac{V_{BC}Q_{max}}{Ib} = \frac{7000(123\times10^{-6})}{10.5\times10^{-6}(2\times0.02)} = 2.05\ \text{MPa}$$

$$\sigma_{max} = \frac{M_Bc}{I} = \frac{8000(-0.0633)}{10.5\times10^{-6}} = -48.2\ \text{MPa}$$

여기서 음의 부호는 압축을 의미한다.

부가설명 τ_{max}는 구간 BC의 중립축에서 일어나는 반면 σ_{max}는 지지점 B에서 보의 최하단에 작용한다. Q의 계산에서 $a-a$와 같은 횡선분의 위 혹은 아래 면적을 고려하는 것은 어떤 선택을 하든 마찬가지이다[그림 7.21(b)]. 예를 들어 Q_{max}를 중립축의 아랫부분 면적을 기준으로 계산하면 전과 동일함을 알 수 있다.

$$0.08(0.0633)(0.0633/2) - 0.04(0.0433)(0.0433/2) = 123\times10^{6}\ \text{m}^3$$

7.9 원형단면 보의 전단응력

반경 c인 원형단면을 갖는 외팔 보의 자유단에 집중하중 P가 작용하는 경우를 생각한다[그림 7.22(a)]. 이 보에서 전단력 V는 일정하고 하중의 크기 $P=V$이다. 원형단면 보에 대하여 모든 전단응력은 y축에 평행하게 작용한다는 가정은 더 이상 적용할 수 없게 된다. 예를 들어 단면적의 경계상의 a 혹은 b와 같은 점에서 전단응력 τ는 경계선과 평행해야

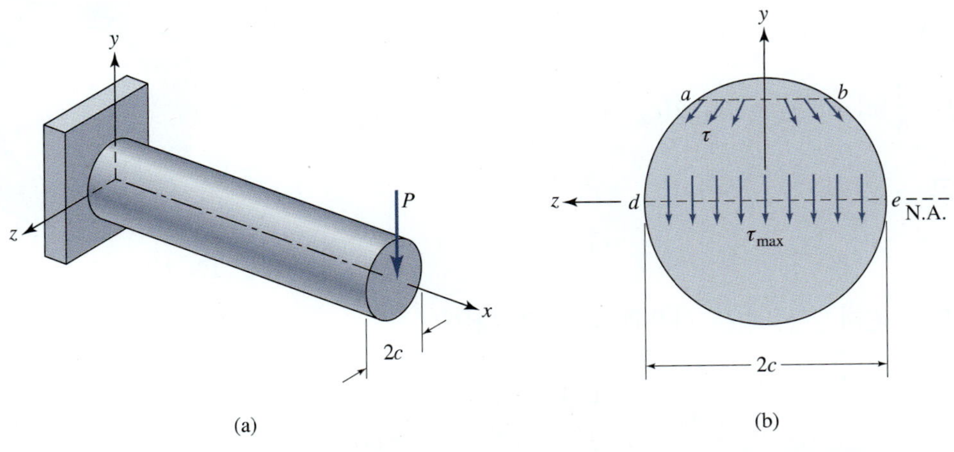

그림 7.22 원형단면을 가진 외팔 보 (a) 하중 P를 받는 외팔 보 (b) 원형단면상 전단응력분포

한다. 이는 전단응력이 보의 자유표면에 없고 어떤 전단응력성분도 경계선에 수직으로 작용할 수 없기 때문이다. 따라서 단면적상 ab선분에서 전단응력은 y축과 평행하지 않고 전단수식 $\tau = VQ/Ib$로 결정될 수 없다.

중립축 z를 따라서 **최대전단응력**이 발생하고 y축과 평행하다. 이 응력은 보의 폭(선분 de)상에서 일정하고 참값(참고문헌 7.4의 122절)에 비교하여 약 5% 이내의 오차범위에 있다. 따라서 전단응력수식은 중립축상의 전단응력을 계산할 때 정확성을 가지고 사용될 수 있다. 반경 c의 원형단면에 대한 면적특성(표 B.6 참조)으로부터

$$I = \frac{\pi c^4}{4} \qquad Q = A^* \bar{y} = \frac{\pi c^2}{2}\left(\frac{4c}{3\pi}\right) = \frac{2c^3}{3} \tag{a}$$

그리고 $b = 2c$이다. 따라서 최대전단응력은

$$\tau_{\max} = \frac{VQ}{Ib} = \frac{4V}{3\pi c^2} = \frac{4V}{3A} \tag{7.18}$$

여기서 A는 보의 단면적이다. 위의 식으로부터 원형 보의 최대전단응력은 평균전단응력 $\tau_{\text{avg}} = V/I$의 $4/3$배이다. 그림 7.22(b)에서 전단응력의 방향은 아래를 향하며 이는 전단력 V의 방향과 일치한다.

중공원형 보

앞의 식 유도과정에서 언급된 동일한 가정 위에서 식 (7.18)은 속이 빈 원형 튜브(그림 7.23)에도 사용될 수 있다. 그러나 식 (A.3)에 의한 경우에서

$$Q = \frac{2}{3}(c_2^3 - c_1^3) \qquad b = 2(c_2 - c_1) \qquad A = \pi(c_2^2 - c_1^2)$$

그리고

$$I = \frac{\pi}{4}(c_2^4 - c_1^4)$$

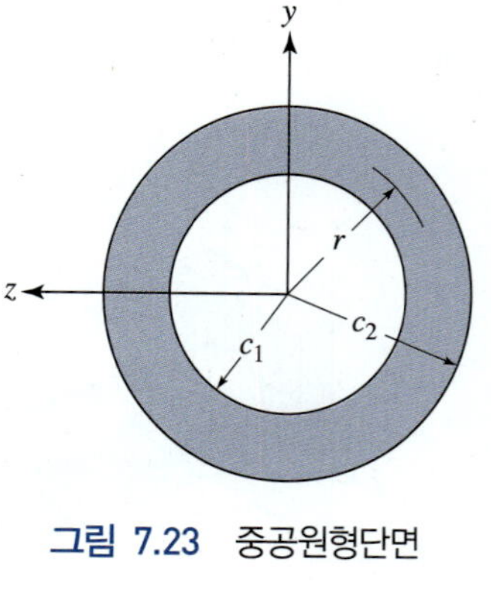

그림 7.23 중공원형단면

그러므로 최대전단응력은 다음과 같이 표현된다.

$$\tau_{\max} = \frac{VQ}{Ib} = \frac{4V}{3A}\frac{c_2^2 + c_2c_1 + c_1^2}{c_2^2 + c_1^2} \tag{7.19}$$

$c_1 = 0$에 대하여 이 식은 다시 속이 꽉 찬 원형단면 보에 대한 식 (7.18)로 된다. **벽이 얇**

은 **튜브**의 특별한 경우에서 $r/t \geq 10$의 r과 t는 각각 평균반경과 두께이다. 이론적 한계 경우로 $c_2 = c_1 = r$로 놓으면 앞의 수식으로부터 $\tau_{\max} = 2V/A$가 된다.

7.10 플랜지 보의 전단응력분포

플랜지를 가진 보(W형 보, I형 보)의 전단응력분포는 식 (7.13)을 응용하여 결정될 수 있다. 사각단면 보에 앞에서 적용했던 동일한 절차를 여기서도 사용한다. 전과 같이 전단응력은 수직대칭축(y)에 평행하게 작용한다는 것과 보의 폭에서 일정하다는 것을 가정한다. 그러나 모양 때문에 전단응력의 분포는 사각단면 보의 경우보다 훨씬 복잡하다.

웹의 전단응력

수직전단력 V가 작용하는 플랜지 보를 생각한다[그림 7.24(a)]. 우선 보의 웹(web)의 ef 위치에 작용하는 전단응력을 구한다. 일차 모멘트 Q를 계산하기 위한 면적은 ef와 단면의 윗단 사이의 면적(그림에 음영처리됨)이 된다. 이것은 각각 다음의 플랜지와 웹의 면적으로 구성된다.

$$A_f^* = b(c - c_1) \qquad A_w^* = t_w(c_1 - y_1) \tag{b}$$

z축에서 면적의 중점까지 거리는 다음과 같다.

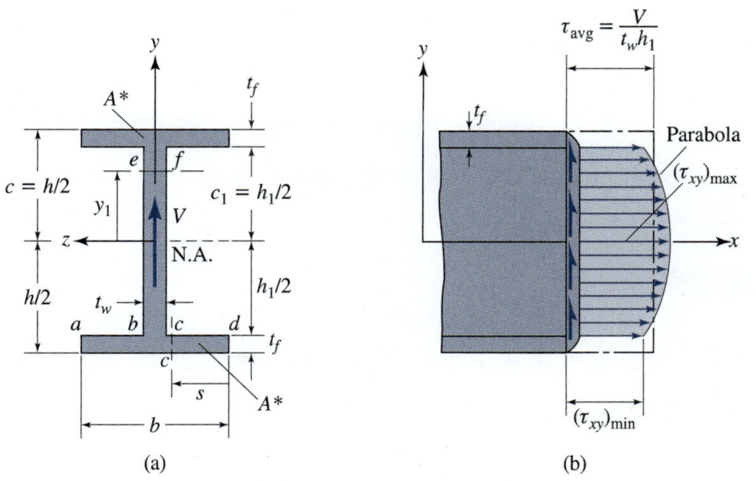

그림 7.24 (a) 폭이 넓은 플랜지 보의 전단력 (b) 단면에서 전단응력분포

$$\bar{y}_f = c_1 + \frac{c - c_1}{2} \qquad \bar{y}_w = y_1 + \frac{c_1 - y_1}{2} \tag{c}$$

전단응력 τ_{xy}는 웹 두께 상에서 일정한 것으로 간주한다. 그러면 $0 \leq y_1 \leq c_1$에 대한 다음의 식이 된다.

$$\tau_{xy} = \frac{VQ}{Ib} = \frac{V}{It_w}(A_f^* \bar{y}_f + A_w^* \bar{y}_w) \tag{7.20}$$

식 (b), (c)를 대입하고 간략히 만들면 식 (7.20)은 보의 **웹에서 전단응력**에 대한 다음의 식이 된다.

$$\tau_{xy} = \frac{V}{2It_w}[b(c^2 - c_1^2) + t_w(c_1^2 - y_1^2)] \tag{7.21}$$

중립축에 대하여 전체 단면적의 관성 모멘트는 다음과 같다.

$$I = \frac{b(2c)^3}{12} - \frac{(b - t_w)(2c)^3}{12} = \frac{2}{3}(bc^3 - bc_1^3 + t_w c_1^3) \tag{7.22}$$

식 (7.21)로부터 τ_{xy}는 웹의 높이를 따라서 **포물선 모양 형태로 변한다**[그림 7.24(b)]. **최대전단응력**은 중립축($y_1 = 0$)에서 일어나고 웹에서 **최소전단응력**은 플랜지와 만나는 지점($y_1 = \pm c_1$)에서 일어난다. 따라서 식 (7.21)로부터 다음의 식을 얻게 된다.

$$\begin{aligned} (\tau_{xy})_{\max} &= \frac{V}{2It_w}(bc^2 - bc_1^2 + t_w c_1^2) \\ (\tau_{xy})_{\min} &= \frac{Vb}{2It_w}(c^2 - c_1^2) \end{aligned} \tag{7.23}$$

주의할 점은 $t_w \ll b$일 때 이 응력의 값들은 별로 변하지 않는다는 것이다. 예제 7.8에서 최대응력과 최소응력의 값을 평범한 I형 보의 단면에 대하여 계산하여 비교할 것이다.

플랜지의 전단응력

보의 플랜지에서 전단응력에 대한 표현을 앞에서 기술된 것과 유사하게 쓸 수 있다. 그러므로 $c_1 \leq y_1 \leq c$에 대한 다음의 식이 된다.

$$\tau_{xy} = \frac{V}{Ib}\left[b(c - y_1)\left(y_1 + \frac{c - y_1}{2}\right)\right]$$

간략히 만들면 다음과 같다.

$$\tau_{xy} = \frac{V}{2I}(c^2 - y_1^2) \tag{7.24}$$

이 식은 그림 7.24(b)와 같이 응력의 **포물선 분포**를 나타낸다.

그림 7.24(b)를 다시 참조하면 얇은 플랜지에 대하여 응력은 웹의 전단에 비교하여 매우 작다. 따라서 보에서 근사적으로 **최대** 혹은 **평균전단응력**은 전단력 V를 웹의 면적(ht_w)으로 나누어 얻을 수 있다.

$$\tau_{\text{avg}} = \frac{V}{A_{\text{web}}} \tag{7.25}$$

그림에서 일점쇄선으로 표시한 이것은 설계작업에서 자주 이용된다.

플랜지의 $c-c$[그림 7.24(a)]를 따라서 수평전단응력 τ_{xz}의 크기는 7.7절에서 지적한 바와 같이 식 (7.13)을 사용하여 얻을 수 있다. 선 $c-c$는 자유단으로부터 s만큼 떨어진 곳에 위치한다. 면적 $A^* = st_f$의 z축에 대한 일차 모멘트는 $Q = st_f(c - t_f/2)$이다. 그러면 $c-c$에서 전단응력은

$$\tau_{xz} = \frac{VQ}{It_f} = \frac{V}{I}\left(c - \frac{t_f}{2}\right)s \tag{7.26}$$

식 (7.26)은 플랜지상의 전단응력분포가 s를 따라서 선형임을 의미한다. **최대전단응력**은 $s = b/2$에서 일어난다.

$$(\tau_{xz})_{\max} = \frac{V}{2I}\left(c - \frac{t_f}{2}\right)b \tag{7.27}$$

전단응력수식의 제약

이 절에서 유도된 전단응력 방정식들은 웹에서 전단응력을 계산하기 위하여 사용하면 매우 정확하다. 그러나 플랜지와 웹의 이음위치[그림 7.24(a)]에서 단면적의 급작스런 변화가 있다. 따라서 응력집중현상이 있기 때문에 전단응력이 플랜지의 폭을 따라서 일정하다는 가정은 가능하지 않다. 더욱이 $y_1 = h_1/2$에 대하여 식 (7.24)에 주어진 응력분포는 사실이 아니다. 관찰에 따르면 플랜지의 안쪽 표면(ab와 cd)은 전단응력이 없어야 한다($\tau_{xy} = 0$). 이는 이 면들은 외력이 작용하지 않는 면이기 때문이다. 그러나 접점 부위 cd를 따라서 전단응력은 최소 $(\tau_{xy})_{\min}$이다. 앞의 모순은 여기서 세부이론으로 해결될 수 없으나 탄성학 이

론 혹은 유한요소해석(FEA)을 적용하여 정확한 해답을 구할 수 있다. 웹은 거의 모든 전단력을 지지하므로 플랜지에서 수직전단응력은 미미하다. 웹과 플랜지의 이음부분에서 전단응력 τ_{xy}의 분포는 아주 복잡하며 보에서 응력집중을 완화시킬 목적으로 필렛 등을 시공한다.

전단흐름

수직방향과 수평방향 전단응력의 변화, 즉 전체 단면적상의 **전단흐름**은 그림 7.25와 같이 도식화할 수 있다. 수평방향 전단응력 τ_{xz}의 방향은 수직방향 전단응력 τ_{xy}의 방향으로부터 쉽게 유추될 수 있다. 웹에서 후자는 전단력 V의 방향과 동일하다. 주의할 점은 플랜지에서 수직방향 전단응력 τ_{xy}은 수평방향 전단응력 τ_{xz}에 비하여 작으며 그림에서는 생략하였다.

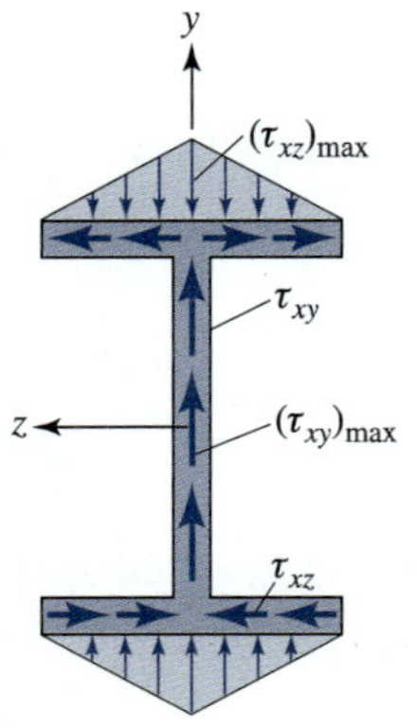

그림 7.25 플랜지 보에서 전단흐름

[예제 7.8] 플랜지 보의 전단응력

조건 넓은 플랜지 보가 그림 7.26(a)에서와 같이 자유단에서 수직아래방향으로 작용하는 집중하중 $P = 60$ kN을 받고 있다. 단면적의 치수(mm)는 그림 7.26(b)에 주어져 있다.

문제

(a) 웹에 작용하는 최대, 최소전단응력

(b) 플랜지에 작용하는 최대수직전단응력

(c) 플랜지에 작용하는 최대수평전단응력

(d) 보에 작용하는 평균수직전단응력

가정 보는 웹과 플랜지의 연결 부위에 필렛 처리가 되어 응력집중이 완화되었다.

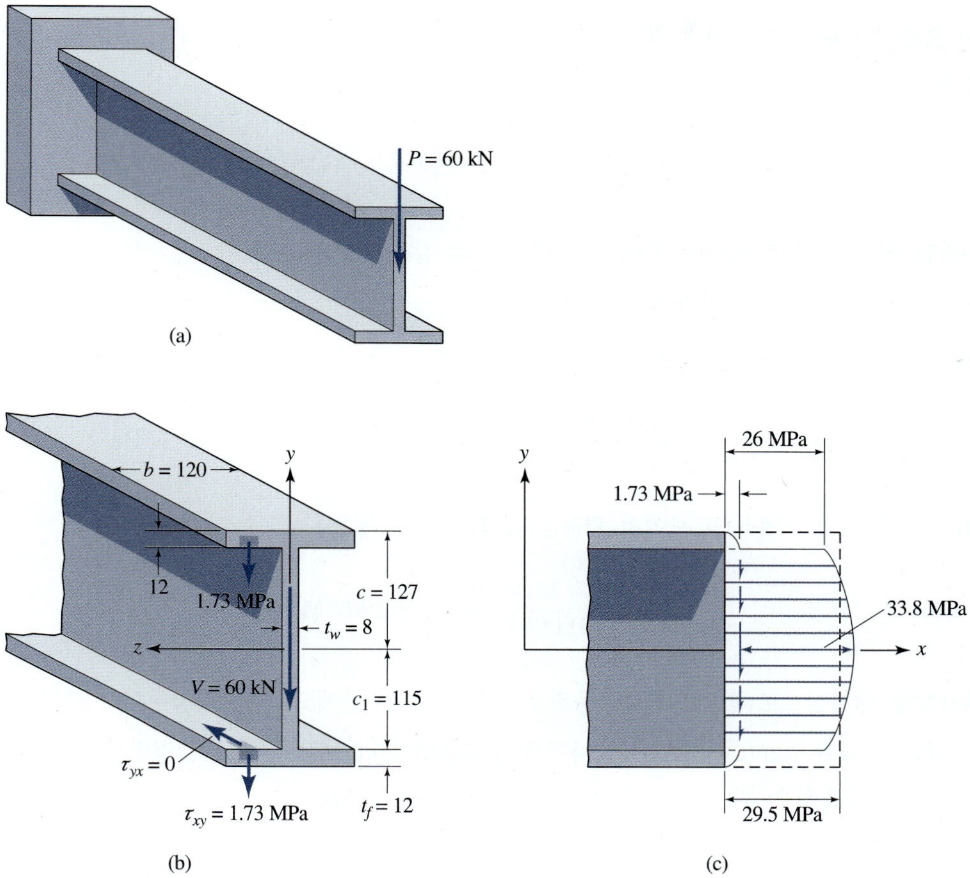

그림 7.26 (a) 수직하중 P를 받는 외팔 보 (b) 단면의 전단력 및 전단응력 (c) 단면의 전단응력분포

풀이 주어진 자료를 식 (7.22)에 대입하면 다음을 얻는다.

$$I = \frac{2}{3}[120(127)^3 - 120(115)^3 + 8(115)^3] = 50.3 \times 10^6 \ \text{mm}^4$$

(a) 웹의 응력은 식 (7.23)으로부터 다음과 같다.

$$(\tau_{xy})_{\max} = \frac{60 \times 10^3}{2(50.3 \times 10^{-6})(0.008)}[0.12(0.127)^2 - 0.12(0.115)^2 + 0.008(0.115)^2]$$

$$= 33.8 \text{ MPa}$$

$$(\tau_{xy})_{\min} = \frac{60 \times 10^3}{2(50.3 \times 10^{-6})(0.008)}[0.12(0.127)^2 - 0.12(0.115)^2]$$

$$= 26 \text{ MPa}$$

(b) **플랜지의 수직전단응력**의 최댓값은 $y_1 = \pm 0.115$ m에서 일어난다. 식 (7.24)에 의하여 다음을 얻는다.

$$(\tau_{xy})_{\max} = \frac{60 \times 10^3}{2(50.3 \times 10^{-6})}[(0.127)^2 - (0.115)^2] = 1.73 \text{ MPa}$$

주의할 점은 그림 7.26(a)에 보여진 d 혹은 e와 같은 요소에 대하여 $\tau_{xy} \neq \tau_{yx}$이다. 그러므로 경계조건은 ab에서 만족되지 않는다.

(c) 식 (7.27)을 사용하면 **플랜지의 수평전단응력**을 구할 수 있다.

$$(\tau_{xz})_{\max} = \frac{60 \times 10^3}{2(50.3 \times 10^{-6})}(0.127 - 0.006)(0.12) = 8.69 \text{ MPa}$$

(d) 식 (7.25)를 적용하면 보에서 **평균전단응력**을 구한다.

$$\tau_{\text{avg}} = \frac{60 \times 10^3}{(0.008)(0.254)} = 29.5 \text{ MPa}$$

부가설명 대칭성으로 얻어진 모든 응력은 단면의 하부 반에도 적용 가능하다. 수직응력 τ_{xy}의 결과는 그림 7.26(c)에 보였다. 여기서 평균응력 29.5 MPa은 (a)의 정확한 식으로 구한 최대응력 33.8 MPa과 비교하면 약 13% 정도 차이가 있다.

7.11 전단과 굽힘응력의 비교

보의 변형거동은 7.3절에 언급한 가정을 통하여 설명하였다. 전단영향은 무시되었고 가는 보에 가해지는 횡방향하중은 굽힘으로 적용된다. 이것은 보의 굴곡과 전단응력 크기를 비교하여 정당화될 수 있다.

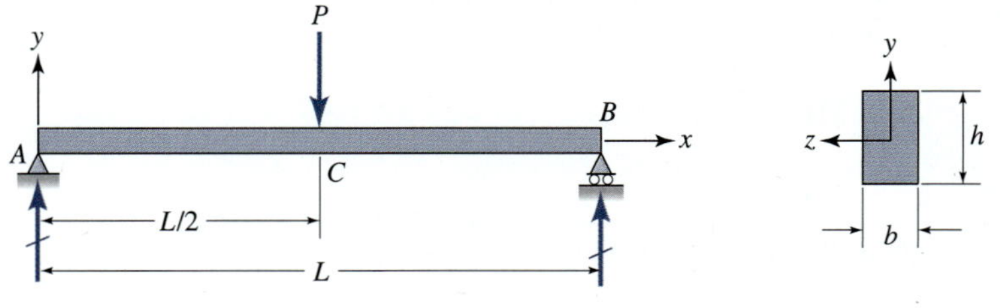

그림 7.27 집중 중앙하중을 받는 단순지지 보

예를 들어 그림 7.27에 나타낸 바와 같이 중앙에 하중을 받는 단순지지 사각단면 보의 굽힘을 생각해보라. 전단 및 모멘트 선도(그림 6.11)를 살펴보면 중앙에서 발생하는 최대 굽힘 모멘트는 $PL/4$이고 전단력은 각 지지점과 하중 P 사이에서 $P/2$의 일정한 값을 가지고 있다. 따라서 식 (7.17)을 사용하면 다음과 같다.

$$\tau_{\max} = \frac{3}{2}\frac{V}{A} = \frac{3}{2}\frac{P/2}{bh} = \frac{3}{4}\frac{P}{bh} \tag{a}$$

그리고 식 (7.8)로부터 굽힘응력은 다음과 같다.

$$\sigma_{\max} = \frac{Mc}{I} = \frac{(PL/4)(h/2)}{bh^3/12} = \frac{3}{2}\frac{PL}{bh^2} \tag{b}$$

최대굽힘응력에 대한 최대전단응력의 비율은 보의 세장비를 측정하는 기준이 된다.

$$\frac{\tau_{\max}}{\sigma_{\max}} = \frac{1}{2}\left(\frac{h}{L}\right) \tag{c}$$

예를 들어 만약 $L = 10h$이면 위의 식은 $1/20$이다. 가는 보의 경우 $h \ll L$이고, 따라서 전단응력 τ_{xy}는 굽힘응력 σ_x에 비하여 매우 작다.

> **가해진 하중은 가는 보에서 굽힘응력에 의하여 주로 대응된다.** 굽힘응력과 비교하여 전단응력이 중요할 것 같은 경우는 **매우 짧은 보**일 때 뿐이다.

대부분의 경우에 앞의 결론은 다양한 단면의 형상을 가진 보에 적용될 수 있다. 물론 식 (c)의 비례인자는 서로 다른 단면형상의 보에 대하여, 그리고 서로 다른 종류의 하중에 대하여 상이할 것이다(문제 7.72와 문제 7.73 참조). 마지막으로 주의할 점은 전단응력이 굽힘응력에 비하여 매우 크게 되는 경우로 보가 지지점 근처에서 하중을 받을 때 가능성이 있다.

사례연구 1B

손잡이의 응력

조건 유압으로 제어되는 손잡이의 부분이 그림 7.28에 나타나 있다. 모양과 하중은 **사례연구 1A**와 동일하다. 손잡이는 철재 튜브로 되어 있고 극한인장 및 전단응력은 각각 $\sigma_u = 450$ MPa과 $\tau_u = 290$ MPa이다. 부재의 수치는

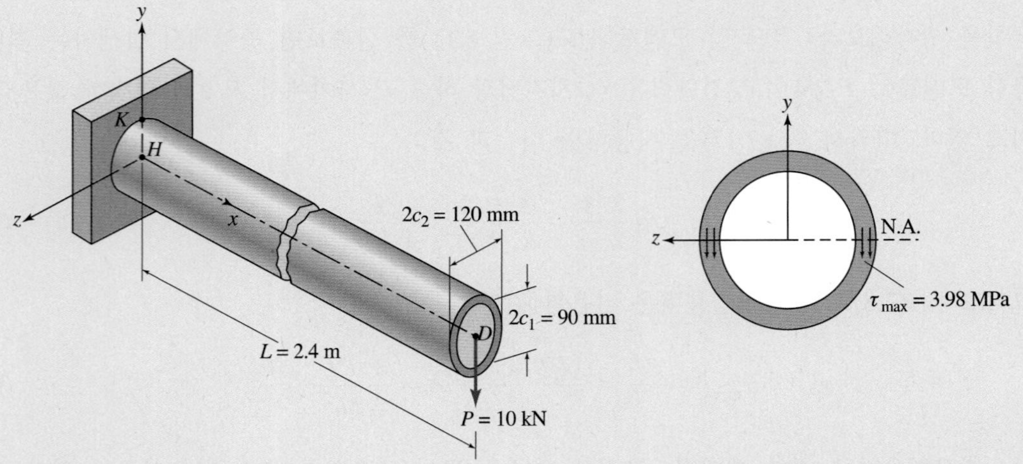

그림 7.28 (a) 외팔 보로 그린 손잡이 부분 (b) 단면에서 응력분포

$$c_2 = 60 \text{ mm} \qquad c_1 = 45 \text{ mm} \qquad L = 2.4 \text{ m}$$

문제 최대응력과 안전계수

가정 가장 가능성이 높은 파손 위치는 고정단면의 H이다. 응력분포에서 전단의 영향은 무시한다. 손잡이의 부분 HD는 외팔 보로 모델링된다.

풀이 그림 2.20, 그림 2.21, 그림 7.28을 참조하라.

임계점의 위치는 K이고 최대 모멘트와 전단력은 다음과 같다,

$$M = PL = 10(2.4) = 24 \text{ N} \cdot \text{m} \qquad V = P = 10 \text{ kN}$$

단면적 특징은 다음과 같다.

$$A = \pi(c_2^2 - c_1^2) = \pi(60^2 - 45^2) = 4948 \times 10^3 \text{ mm}^2$$

$$I = \frac{\pi}{4}(c_2^4 - c_1^4) = \frac{\pi}{4}(60^4 - 45^4) = 6.958 \times 10^6 \text{ mm}^4$$

굽힘에 의한 **최대인장응력**은 점 K에서 일어난다. 식 (7.8)로부터 다음을 얻을 수 있다.

$$\sigma_{max} = \frac{Mc_2}{I} = \frac{24(10^3)(0.06)}{6.958(10^{-6})} = 207 \text{ MPa}$$

한편 전단응력은 점 K에서 $\tau = 0$이다. **최대전단응력**은 중립축 z에서 일어나고 y축에 평행하다[그림 7.28(b)]. 식 (7.19)를 사용하면 다음의 식을 얻을 수 있다.

$$\tau_{\max} = \frac{4V}{3A}\frac{c_2^2 + c_1c_2 + c_1^2}{c_2^2 + c_1^2} = \frac{4(10\times10^3)}{3(4.948\times10^{-3})} = \frac{60^2 + (60)(45) + (45)^2}{60^2 + 45^2}$$

$$= 3.98 \text{ MPa}$$

이것은 주어진 재료를 고려할 때 매우 작은 응력이다. 굽힘응력은 중립축에서 없다($\sigma_H = 0$). 그러므로 **안전계수**는 다음과 같다.

$$n_s = \frac{450}{207} = 2.17$$

손잡이는 평균 재료로 만들어졌고 보통 환경에서 사용되며 알고 있는 힘을 전달하므로 앞의 결과는 만족스럽다.

부가설명 부하를 싣는 연결 부위 응력은 재료의 극한강도보다 매우 낮다(**사례연구 1A** 참조). 손잡이의 여러 위치에서 응력과 변형을 구하기 위한 더 완전한 해석은 유한요소해석에 의하여 수행될 수 있다.

예제 7.9 러그너트렌치(Lug Nut Wrench)의 응력

조건 한 작업자가 렌치에 힘 F를 가하여 **전천후차량**(ATV)의 러그볼트 위에 러그너트를 조인다[그림 7.29(a)]. 직경 d, 길이 L의 렌치 모델은 그림 7.29(b)에 나타나 있다. 렌치는 인장소성강도 σ_y, 전단소성강도 τ_y인 고강도 ASTM-A242 강철로 만들어졌다. 데이터 수치는 다음과 같다.

$$d = 20 \text{ mm} \qquad L = 300 \text{ mm} \qquad F_h = 500 \text{ N}$$

$$\sigma_y = 345 \text{ MPa} \qquad \tau_y = 210 \text{ MPa} \quad (\text{표 B.4 참조})$$

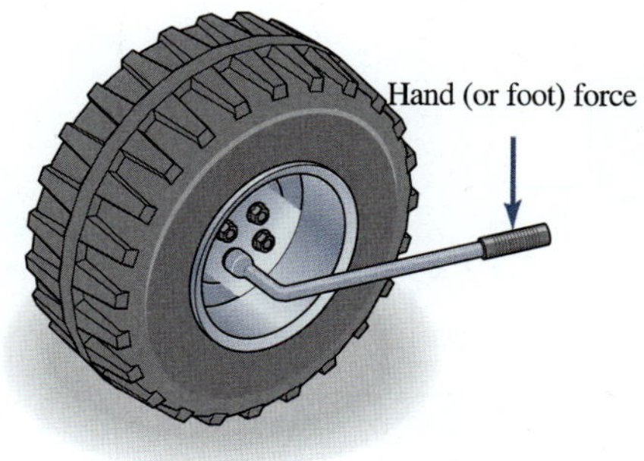

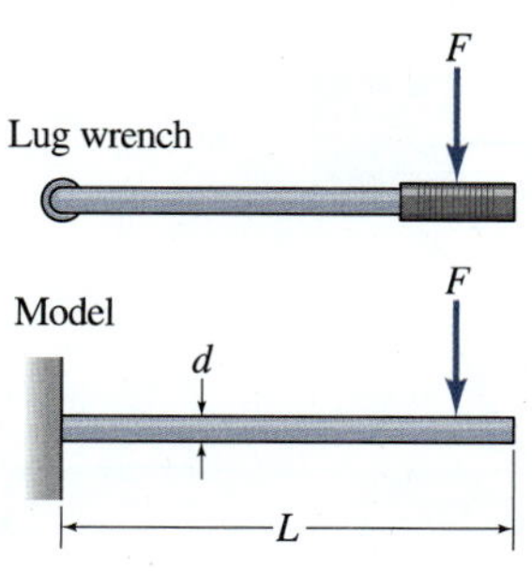

그림 7.29 (a) ATV의 러그너트를 조이는 러그너트렌치 (b) 러그렌치 도식과 보의 모델

문제 렌치의 최대굽힘응력과 최대전단응력

가정 힘 F는 수직평면(xy)의 렌치 축에 수직으로 작용한다.

풀이 렌치의 원형단면적 특징은 다음과 같다.

$$c=\frac{d}{2}=\frac{20}{2}=10 \text{ mm}$$

$$A=\frac{\pi}{4}d^2=\frac{\pi}{4}(20)^2=314.159 \text{ mm}^2$$

$$I=\frac{\pi}{64}d^4=\frac{\pi}{64}(20)^4=7.854\times 10^3 \text{ mm}^4$$

최대인장응력은 좌단의 윗면 응력요소 A에서 작용하는 반면 최대전단응력은 렌치의 장축을 따라서 중립축의 응력요소 B에서 일어난다(그림 7.30). 좌단의 굽힘 모멘트 M과 임의 단면에서 작용하는 전단력 V는

$$M=FL=500(0.3)=150 \text{ N}\cdot\text{m} \qquad V=F=500 \text{ N}$$

그러므로 식 (7.8)과 (7.18)을 사용하면 A와 B에서 응력은 각각 다음과 같다.

$$\sigma_{max}=\frac{Mc}{I} \qquad \tau_{max}=\frac{4V}{3A}$$

주어진 수치를 위의 방정식에 대입하면 렌치의 **최대응력**을 다음과 같이 얻는다.

$$\sigma_{max}=\frac{150(0.01)}{7.854(10^{-9})}=191 \text{ MPa}$$

$$\tau_{max}=\frac{4(500)}{3(314.159\times 10^{-6})}=2.12 \text{ MPa}$$

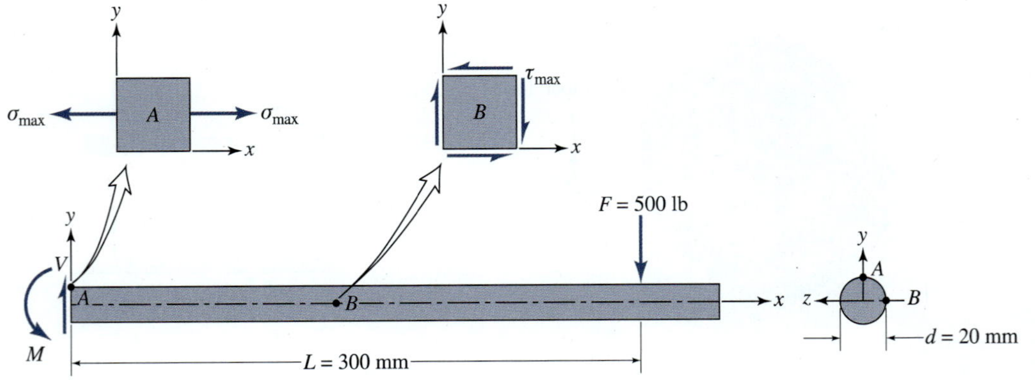

그림 7.30 러그렌치의 표면에서 A와 B의 응력요소

굽힘 시 소성에 대한 안전계수는

$$n_s = \frac{\sigma_y}{\sigma_{\max}} = \frac{345}{191} = 1.81$$

최대전단응력 2.12 MPa은 강철의 전단소성강도와 비교하여 매우 작다.

부가설명 작업자가 강하게 조여진 너트를 풀기 위하여 밟고 올라서면 렌치는 영구적으로 변형될 가능성이 있다. 이런 경우에 렌치는 길이 L을 줄이고 직경 d를 늘이는 방법으로 재설계를 하거나 높은 소성강도를 가진 냉간압연강을 사용하여야 한다.

*7.12 균일한 보의 설계

이 절에서는 강성을 가질 수 있는 균일한 보의 탄성설계를 본다. 굴곡과 전단에서 허용응력을 초과하지 않고 주어진 하중을 안전하게 견딜 수 있는 보의 치수를 선정한다. 부재의 설계는 최대 굽힘 모멘트와 전단력이 발생하는 단면에서 형성된 최대수직 및 전단응력에 의하여 결정된다. 전단 및 굽힘 모멘트 선도는 관심 단면적을 찾는 데 효과적이다. 종종 보의 설계는 7.18절에 설명될 소성 모멘트 용량에 기준을 두기도 하며 이를 한계설계(limit design)라고 한다(참고문헌 7.2).

과적된 짧은 보에서 설계는 항상 전단에 의하여 결정된다. 앞의 절에서 논의된 바와 같이 가는 보에서는 굴곡응력이 지배적이다. 전단은 강철 보의 경우보다 목재인 경우에 더 주요하다. 목재는 나무결에 평행한 방향으로 낮은 전단강성을 가진다. 1.4절에 소개된 설계의 절차를 일반 형태의 보에 적용하면 다음과 같다.

1. 가능한 파손모드를 파악하라. 파손은 소성 혹은 파괴로 판단되며 굴곡응력은 구조손상과 가장 밀접한 관계가 있다고 가정한다.
2. 하중과 응력 간의 관계식을 결정하라. 굽힘응력의 주요 수치는 $\sigma = M_{\max}/S$이다.
3. 응력의 최대사용수치를 결정하라. 파손을 피하기 위하여 σ의 최대사용수치 $\sigma_{\max}$는 소성강도 σ_y 혹은 극한강도 σ_u이다.
4. 안전계수를 선택하라. 안전계수 n_s는 $\sigma_{\max}$에 적용되어 허용응력을 결정한다($\sigma_{\text{all}} =$

$\sigma_{\max}/n_s$). 보의 요구되는 **단면계수**는 다음과 같다.

$$S = \frac{M_{\max}}{\sigma_{\text{all}}} \tag{7.28}$$

허용응력이 인장과 압축에서 동일한 경우 이중대칭단면이 적당하다. 그러나 σ_{all}이 인장과 압축에서 다를 경우 일대칭단면(예를 들면 T형 보)을 선택하면 최대인장 및 압축응력이 일어나는 위치가 각각 $\sigma_{\text{all}}s$와 거의 동일한 비율이 된다.

좋은 공학설계는 최소중량의 보를 디자인하므로 재료를 절감하게 된다. 일반적으로 요구되는 S에 대하여 몇 개의 서로 다른 보의 크기가 가능하다. 보의 특성에 대한 표로부터 단위길이당 가장 가벼운 보(즉 최소단면적)를 선택하는 것이 공통적인 경우이다.

다음에 임시로 선택된 보의 **전단저항**을 확인해보자. Q, I, b, $V_{\max}$에 대한 적당한 데이터를 식 (7.13)에 대입하면 보에 발생하는 최대전단응력은 다음과 같다.

$$\tau_{\max} = \frac{V_{\max}Q}{Ib} \tag{7.29}$$

만일 $\tau_{\max}$로 계산된 값이 허용전단응력 τ_{all}보다 작으면 보의 설계는 적당하게 된다. 그렇지 않으면 더 강한 보의 설계를 위하여 과정이 반복되어야 한다.

[예제 7.10] 강도기준 보의 선정

조건 단순지지된 넓은 플랜지 강철 보를 그림 7.31(a)에 나타난 하중을 지탱할 수 있도록 설계해야 한다. 허용굽힘응력과 전단응력은 각각 24 ksi와 14 ksi이다.

문제 보를 설계하라.

가정 지점 A, B, C에서 응력집중의 효과는 무시될 수 있다.

풀이 전단 선도와 굽힘-모멘트 선도[그림 7.31(b)와 (c)]에 대하여 $M_{\max} = 73.8\ \text{kip}\cdot\text{ft}$, $V_{\max} = 16.5\ \text{kips}$이다. 식 (7.28)을 사용하면

$$S = \frac{73.8 \times 12}{24} = 36.9\ \text{in.}^3$$

표 B.8을 사용하여 S의 값보다 큰 단면계수를 가진 가장 가벼운 부재를 선택하면 무게가

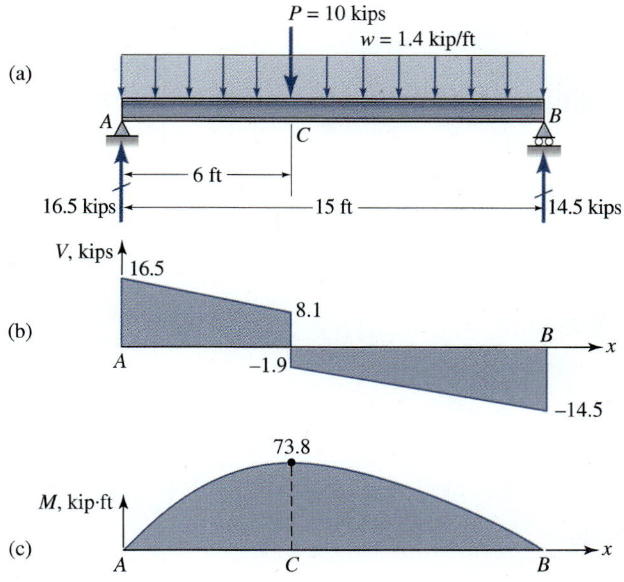

그림 7.31 (a) 2개 하중의 단순 보 (b) 전단 선도 (c) 모멘트 선도

35 lb/ft인 12 in. W형 보($S = 45.6$ in.^{3})이다. 일반적인 경우로 보의 무게($35 \times 15 =$ 525 lb)는 가해진 하중(31 kips)에 비하여 매우 작으므로 무시된다.

표 B.8로부터 W 35×15 단면의 웹 면적은 $12.5 \times 0.3 = 3.75$ in.^{2}로 식 (7.25)에 대입하면

$$\tau_{avg} = \frac{16.5 \times 10^3}{3.75} = 4.4 \text{ ksi}$$

부가설명 이 응력은 허용한계 14 ksi보다 훨씬 작으므로 보는 만족한 것으로 판단된다.

[예제 7.11] 굽힘강도와 전단강도에 대한 보의 설계

조건 사각단면($b \times h$)의 단순지지 보가 중앙에 하중 P를 받고 있다(그림 7.27). 전단응력과 굽힘응력이 동시에 τ_{all}과 σ_{all}에 도달한다. 안전계수 n_s를 사용하라.

문제 보의 임계지지간격 L

가정 지지점과 하중점에서 응력집중의 영향은 무시될 수 있다.

풀이 7.11절의 식 (a)와 (b)로부터 허용응력을 구하면

$$\tau_{all} = \frac{\tau_{max}}{n_s} = \frac{3}{4}\frac{P}{bhn_s} \qquad \text{또는} \qquad P = \frac{3}{4}bhn_s\tau_{all}$$

그리고

$$\sigma_{\text{all}} = \frac{\sigma_{\max}}{n_s} = \frac{3}{4}\frac{PL}{bh^2 n_s} \qquad \text{또는} \qquad P = \frac{2bh^2 n_s}{3L}\sigma_{\text{all}}$$

그러므로

$$\frac{4}{3}bhn_s\tau_{\text{all}} = \frac{2bh^2 n_s}{3L}\sigma_{\text{all}}$$

위의 결과로부터 **임계길이**는 다음과 같다.

$$L = \frac{h}{2}\frac{\sigma_{\text{all}}}{\tau_{\text{all}}} \tag{7.30}$$

부가설명 만약 길이가 앞에서 나온 것보다 크다면 굽힘이 디자인을 지배하고 더 짧은 경우에는 전단이 지배한다.

*7.13 일정한 강도를 갖는 보의 설계

보의 모든 요소가 요구되는 허용수치만큼 응력을 받고 전체적으로 균등하다면 보의 소재는 명백히 가장 효과적인 방식으로 사용되고 있는 것이다. 주어진 재료에 대하여 이런 설계는 최소무게를 가진다. 폭 b가 일정한 경우엔 단면의 높이변화 $h(x)$를 보의 모든 위치에서 $\sigma = \sigma_{\text{all}}$이 되도록 결정해야 한다. 임의의 단면에서 요구되는 **단면계수**는 다음과 같다.

$$S = \frac{M}{\sigma_{\text{all}}} \tag{7.31}$$

여기서 M은 **임의의** 단면에서 굽힘 모멘트이다. 이러한 관점에서 설계된 단면이 일정치 않거나 기울어진 보를 **일정강도의 보**(beams of constant strength)라고 한다. 주의할 점은 모멘트가 작고 집중하중이 작용하는 보의 위치에서 전단이 지배적이라는 것이다(7.12절). 결과적으로 보의 이상적인 모양은 식 (7.31)만으로 결정될 수 없다.

균일한 강도의 보에 대한 예는 판스프링과 단조 및 주물기계부품에서 찾아볼 수 있다. 구조 부재의 경우 가공 및 설계제약으로 인하여 일정강도의 보를 만드는 것이 비현실적인 요인이 된다. 이런 이유로 용접커버플레이트가 브릿지 거더와 같이 모멘트가 크게 작용하는 단면균일 보에서 부분적으로 사용된다.

기울어진 보(tapered beams)의 면 사이의 각도가 작을 경우(10° 이내) 굴곡수식은 거의 오차가 없다(참고문헌 7.2). 한편 전단수식 (7.13)으로 얻어진 결과는 단면이 균일하지 않은 보의 경우에 충분한 정확성을 갖추지 못할 수 있다. 이 수식의 변형된 식이 종종 설계목적으로 사용된다. 사각형(wedge)에서 정확한 응력분포는 탄성학 이론을 사용하여 얻을 수 있다.

[예제 7.12] 전응력 보의 설계

조건 자유단에서 집중하중 P를 받는 일정강도와 폭의 외팔 보(그림 7.32)이다.

문제 보의 단면높이를 구하라.

가정 양단에서 응력집중효과는 무시될 수 있다.

풀이 A로부터 거리 x에서 $M = Px$, $S = bh^2/6$이다. 따라서 식 (7.31)로부터

$$\frac{bh^2}{6} = \frac{Px}{\sigma_{\text{all}}} \tag{a}$$

유사한 방법으로 고정단($x = L$, $h = h_0$)에서

$$\frac{bh_0^2}{6} = \frac{PL}{\sigma_{\text{all}}} \tag{b}$$

식 (a)를 (b)로 나누면 **보의 단면높이**는

$$h = h_0\sqrt{\frac{x}{L}} \tag{7.32}$$

부가설명 따라서 보의 단면높이는 자유단으로부터 포물선 모양으로 변한다. 식 (7.32)의 $x = 0$으로부터 보는 자유단에서 전단응력을 지지해야 한다. 그림 7.32에 점선으로 그려진 바와 같이 A 근처에서 보의 단면은 전단력에 저항할 수 있도록 설계되어야 한다.

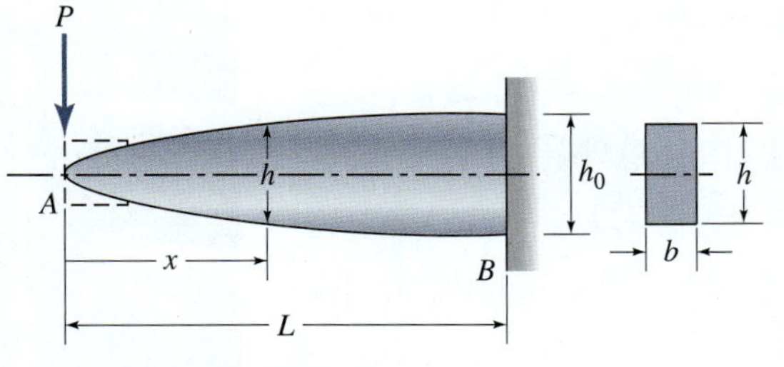

그림 7.32 일정강도의 보

사례연구 4

신호등 지지구조물의 설계

마차시대에서도 대도시에서 교통은 매우 복잡하였다. 경찰관은 복잡한 교차로에서 교통을 정리하는 일을 해야 했다. 세계 최초의 신호등은 자동차 출현 이전에 설치되었다. 1868년 런던의 한 교차로에 설치되었던 적색신호등과 녹색신호등은 회전하는 등불이었다. 철도는 이때 이미 자동제어를 사용하고 있었다. 자동차시대에 와서 디트로이트 시는 1920년경까지 총 15개의 새로운 자동신호등을 설치하였다.

이때 미국의 가렛 모르간은 교통의 흐름을 제어할 필요가 있다고 생각하였다. 이외 다수의 사람들이 이르게는 1918년부터 교통신호에 대한 미국특허를 등록하였다. 그러나 모르간의 특허가 제너럴일렉트릭회사에 채택되어 현대의 4방향 교통신호등의 기초개념을 제공하게 되었다. 1968년의 비엔나 전시회에서 채택된 신호등은 다음과 같다.

- 수직신호등
- 수평신호등
- 화살표교통신호등
- 특수교통신호등
- 차량도로와 차선제어신호
- 입체교차신호
- 기존교통규제도구

3, 4개 경우를 표시하는 형식의 수직신호등(사진)이 가장 흔하게 사용되는데 비엔나 전시회에서 채택되었다. 또한 대다수 국가에서 신호등은 수직으로 정렬되며 적색등이 항상 상단에 위치되어 색맹인들을 돕는다. 표준의 3단계 교통신호등에서 녹색등은 통과, 황색등은 정지(정지하지 않으면 위험), 적색등은 정지를 의미한다. 4단계 교통신호등에서 추가되는 단계(적색+황색)는 갈 준비를 하라는 의미이다. 교통신호등과 관련된 정보는 www.google.com (검색어: traffic light)에서 얻을 수 있다.

▶ 수직교통신호등. iStockphoto 제공.

조건 무게 $W = 50$ lb인 교통신호등이 소성강도 $\sigma_y = 36$ ksi의 철제 보에 의하여 지탱되고 있다

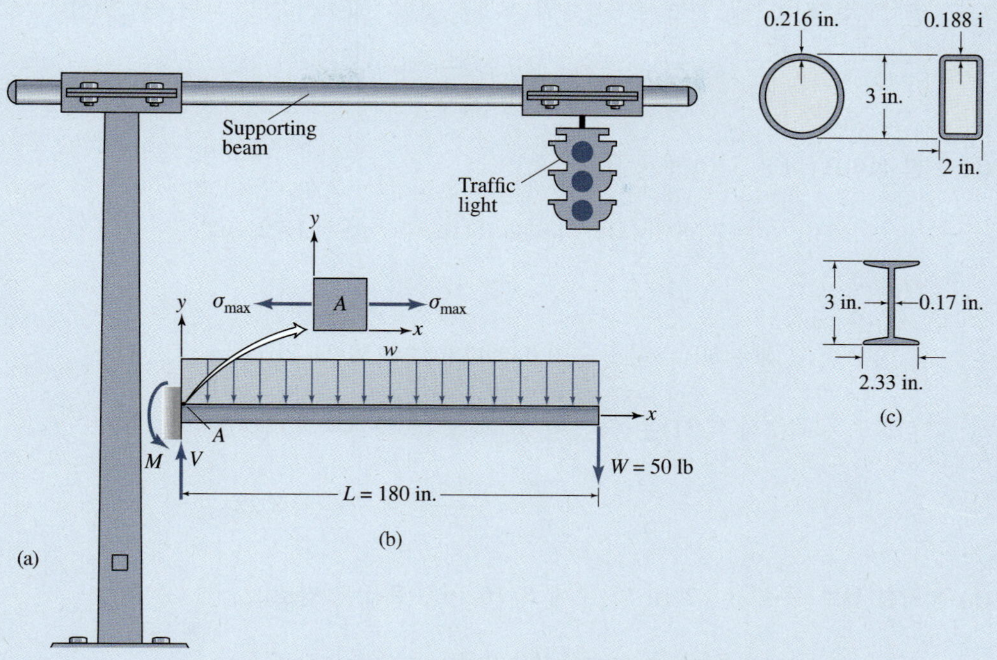

그림 7.33 (a) 구조 모델 (b) 보의 자유물체도 (c) 표준적인 보의 단면

[그림 7.33(a)]. 길이가 $L = 180$ in.인 보는 일정한 단면을 가지고 있는 균일 보로 고려될 수 있으며 그림 7.33(b)에 나타나 있다.

문제 동일한 단면높이의 보 형상 중 다음과 같은 경우에 소성에 대한 보의 안전계수 n_s[그림 7.33(c)]

(a) 원형 파이프

(b) 사각형 튜브

(c) S 3×7.5 단면

가정

1. 교통신호등의 무게 W는 물론 단위길이당 보의 무게 w를 고려하되 풍하중은 무시하라.
2. 보의 좌측단은 경사진 강체 파이프에 고정된 것으로 간주한다. 고정방법에 따른 응력집중은 무시하라.
3. 하중 및 지지조건을 기준으로 축방향을 따라서 임의의 위치에서, 보는 내력 전단하중 V와 굽힘 모멘트 M을 받는다. 보의 단면높이에 대한 길이의 비는 $180/3 = 30$이므로 굽힘응력에 미치는 전단의 영향은 7.3절에 따라서 무시된다.

풀이 그림 7.33(b)로부터 최대굽힘응력은 보의 좌단 최상부 표면에 위치한 점 A에서 일어난다. 따라서 A가 바로 계산할 지점이다. 교통신호등의 무게 W와 보의 단위길이당 무게

w는 수직평면에(전단력 V는 물론) 굽힘 모멘트 M을 발생시킨다. 보의 좌단에서

$$M = WL + \frac{1}{2}wL^2 \tag{c}$$

(a) 원형 파이프 (직경 3 in., 표 B.7 참조)

$$w = 7.58 \text{ lb/ft} = 0.632 \text{ lb/in.} \qquad S = 1.72 \text{ in.}^3$$

식 (c)는

$$M = 50(180) + \frac{1}{2}(0.632)(180)^2 = 19.24 \text{ kip} \cdot \text{in.}$$

그러므로 굴곡수식 (7.31)은

$$\sigma_{\text{all}} = \frac{M}{S} \qquad \frac{36}{n_s} = \frac{19.24}{1.72} \qquad n_s = 3.22$$

(b) 사각형 튜브 (규격 3×2 in.와 두께 3/16 in., 표 B.7 참조)

$$w = 5.59 \text{ lb/ft} = 0.466 \text{ lb/in.} \qquad S = 0.977 \text{ in.}^3$$

식 (c)로부터

$$M = 50(180) + \frac{1}{2}(0.466)(180)^2 = 16.55 \text{ kip} \cdot \text{in.}$$

그러므로

$$\sigma_{\text{all}} = \frac{M}{S} \qquad \frac{36}{n_s} = \frac{16.55}{0.977} \qquad n_s = 2.12$$

(c) I형 보(단면 S 3×7.5, 높이 3 in., 표 B.7 참조)

$$w = \rho A = (0.284)(1.67) = 0.474 \text{ lb/in.} \qquad S = 1.68 \text{ in.}^3$$

식 (c)로부터

$$M = 50(180) + \frac{1}{2}(0.474)(180)^2 = 16.68 \text{ kip} \cdot \text{in.}$$

그러므로

$$\sigma_{\text{all}} = \frac{M}{S} \qquad \frac{36}{n_s} = \frac{16.88}{1.68} \qquad n_s = 3.63$$

부가설명 결과로부터 I형 보(또는 원형 파이프)는 굽힘하중에 대하여 매우 효율적이다. 사

각형 튜브가 가장 약하게 보인듯하다. 그러나 2.7절에 언급한 바와 같이 보는 일반환경에서 사용되는 평균재료로 만들어져 있고 알려진 하중을 받고 있으므로 안전계수 $n_s = 2.12$는 만족할 만하다고 할 수 있다. 명백히 안전계수는 또한 보를 구성하는 재료의 선택에 따라서 바뀐다.

연습문제

7.7절~7.13절

7.41 그림 P7.41에서 보이는 바와 같이 속이 빈 알루미늄 박스 보에 사각단면이 전단응력 V를 받는다. 다음을 구하라.

(a) 보의 구조에서 최대전단응력 τ_{max}

(b) 보의 구조에서 최소전단응력 τ_{min}

조건 $b = 100$ mm, $h = 140$ mm, $t = 10$ mm, $t_1 = 15$ mm, $V = 200$ kN

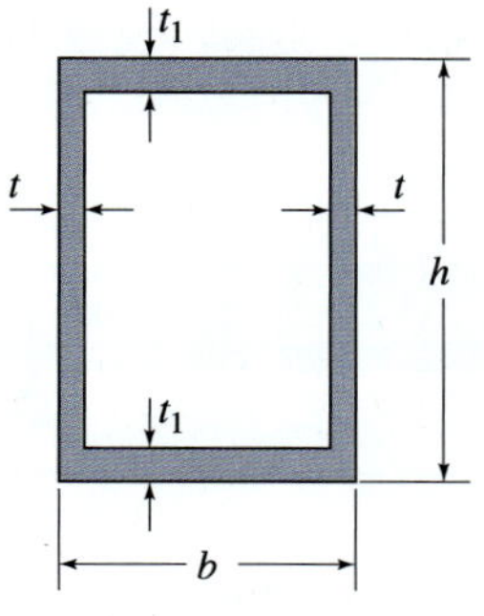

그림 P7.41

7.42 그림 P7.42에서와 같이 속이 빈 사각형 강 박스 보에 단면이 전단응력 V를 받는다. 다음을 구하라.

(a) 보의 구조에서 최대전단응력 τ_{max}

(b) 보의 구조에서 최소전단응력 τ_{min}

조건 $a = 8$ in., $t = 1/2$ in., $V = 20$ kips

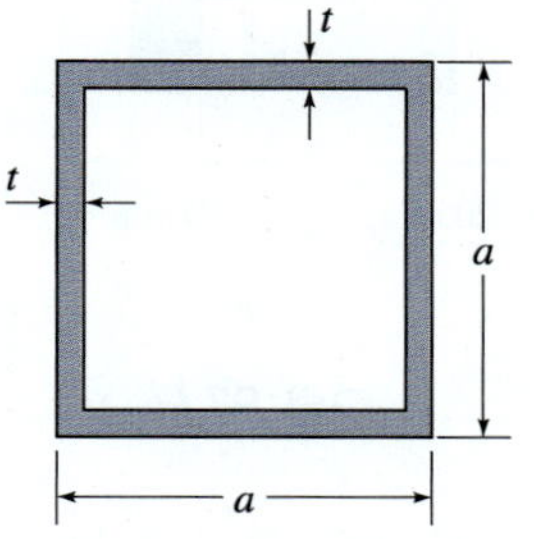

그림 P7.42

7.43 그림 P7.43에서와 같이 두 부분이 걸쳐진 단순 보에 $w = 1.2$ kip/ft의 하중이 가해진다. 다음을 구하라.

(a) B와 3/4 in.의 왼쪽에서 1.5 ft 지점의 전단응력

(b) 보의 최대전단응력

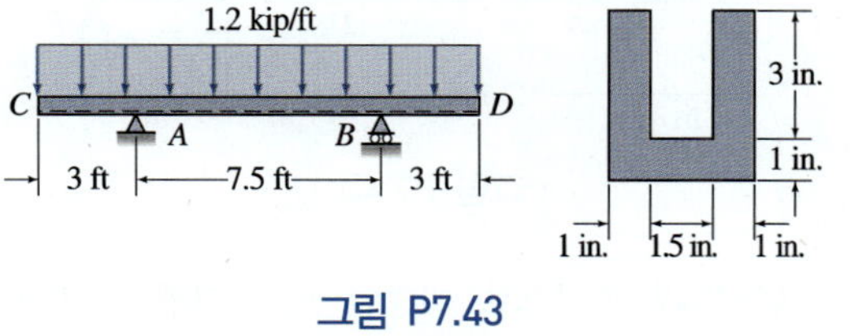

그림 P7.43

7.44 그림 P7.44(a), (b)와 같이 수직, 수평으로 위치한 구조의 경우를 I형 보에 적용할 경우 가장 큰 전단력 V_1 대 최대전단력 V_2의 비율을 구하라.

가정 7.16절에서 논의한 바와 같이 수직전단응력 V_2가 지점 S를 통과하는 작용의 결과로는 단지 보의 굽힘만 발생하게 된다.

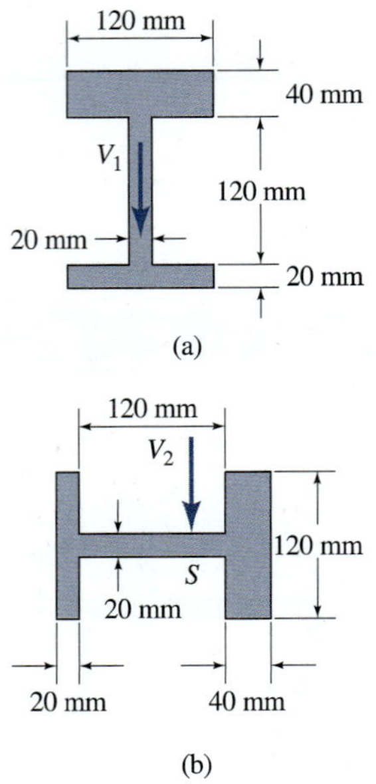

그림 P7.44

7.45 그림 P7.44(a)에서와 같은 단면의 보에 그림 P7.45에서와 같은 하중이 가해진다. 다음을 구하라.

(a) 지점 E와 보의 꼭대기 부분으로부터 40 mm 지점의 전단응력

(b) 보에서의 최대전단응력

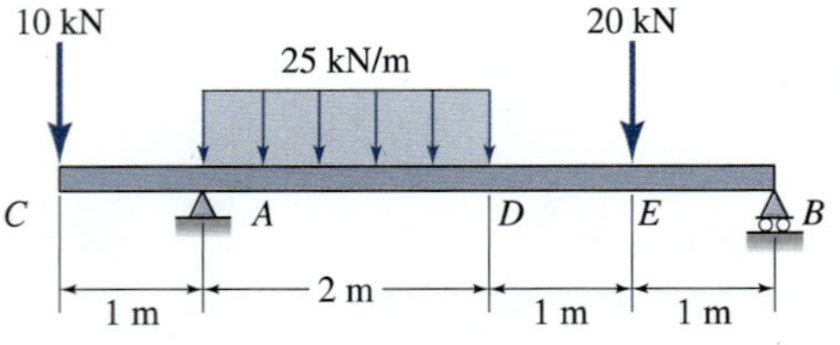

그림 P7.45

7.46~7.47 수직으로 대칭인 보가 그림 P7.46과 P7.47에서와 같이 균일한 두께 t의 단면을 가진다. 보에 전단력 V가 작용했을 때 다음을 구하라.

(a) 단면 $a-a$와 $b-b$의 전단응력

(b) 보에서의 최대전단응력

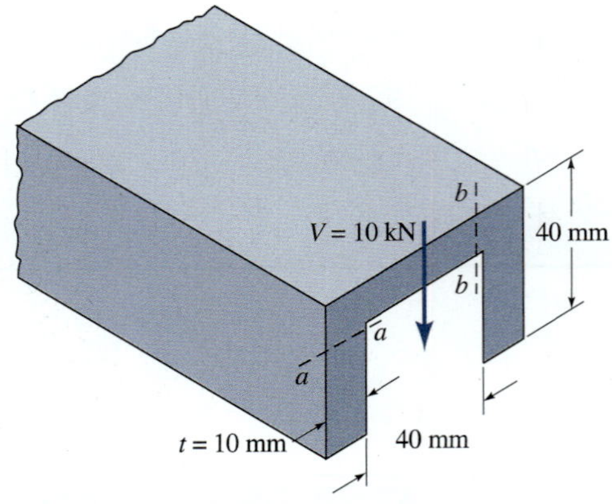

그림 P7.46

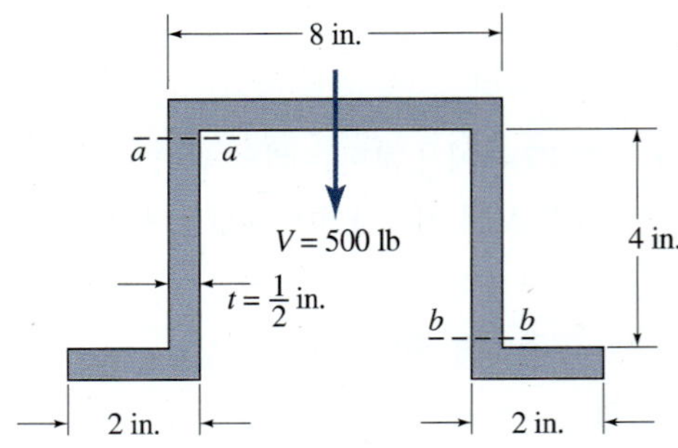

그림 P7.47

7.48 한 곳의 지지점을 가지는 T형 보가 그림 P7.48에서와 같이 고정되고 하중을 받는다. 다음을 구하라.

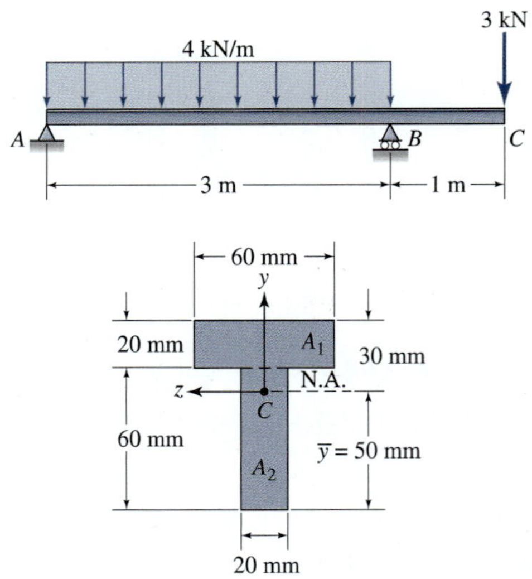

그림 P7.48

(a) 지지점 A로부터 2 m 지점과 보의 꼭대기로부터 25 mm 지점에서의 전단응력

(b) 가장 큰 전단응력

7.49~*7.51 그림 P7.49 ~ P7.51에서와 같이 균일한 두께 $t = 10$ mm의 수직으로 대칭인 보에 전단력 $V = 20$ kN이 작용한다. 다음을 구하라(단위 mm).

(a) 표시 단면의 전단응력

(b) 보의 최대전단응력

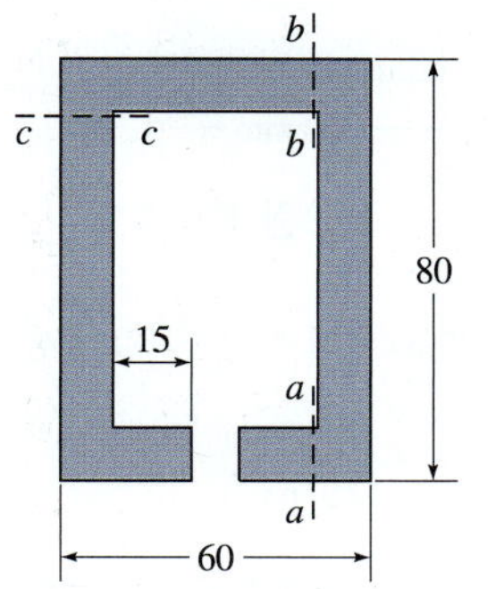

그림 P7.49

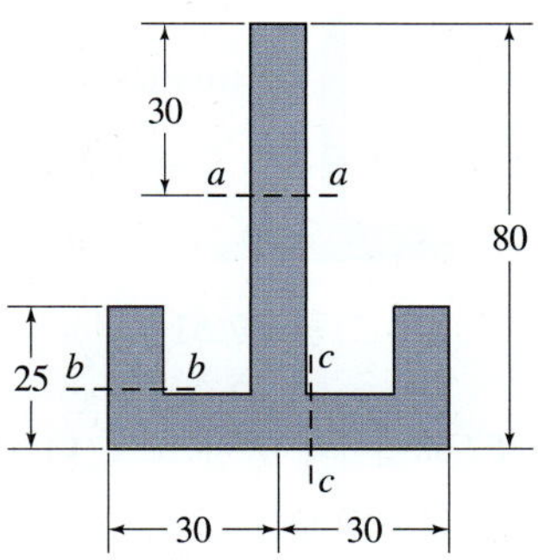

그림 P7.50

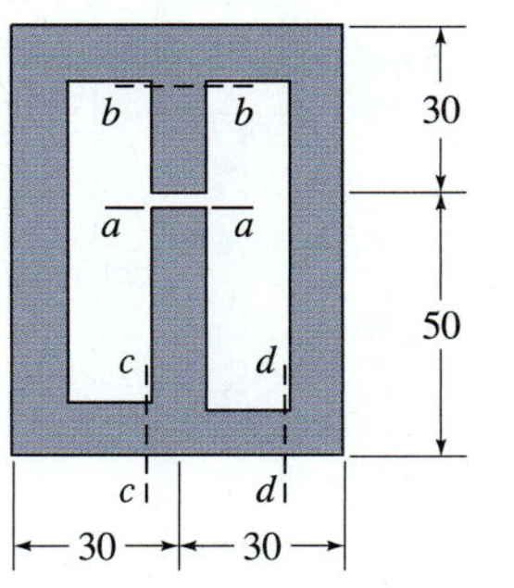

그림 P7.51

7.52 그림 P7.49와 같은 단면의 보가 그림 P7.52에서와 같은 하중을 받고 있다. 단면 C와 보의 바닥 부분으로부터 10 mm 부분의 전단응력을 구하라.

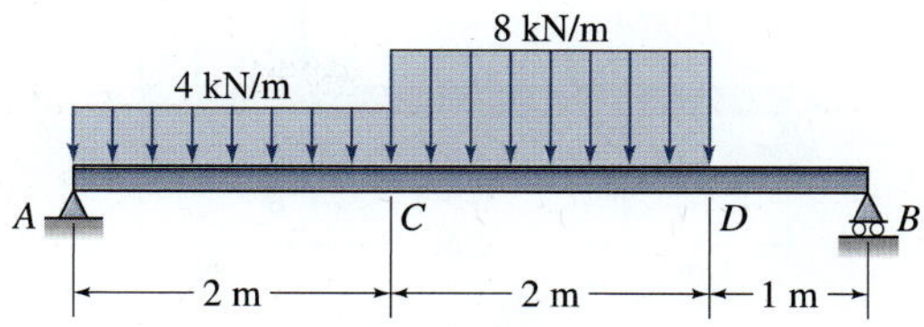

그림 P7.52

7.53 그림 P7.53에서와 같이 보가 못과 함께 4개의 나무판으로 구성되어 있다. 2개의 판 크기는 20 × 100 mm이며 나머지 2개는 25 × 100 mm이다. 다음을 구하라.

(a) 못 사이의 전단력

(b) 보의 꼭대기로부터 40 mm 지점의 전단응력

조건 못 사이의 세로 거리는 $s = 100$ mm이며, 보의 수직방향 허용전단력은 $V = 3$ kN이다.

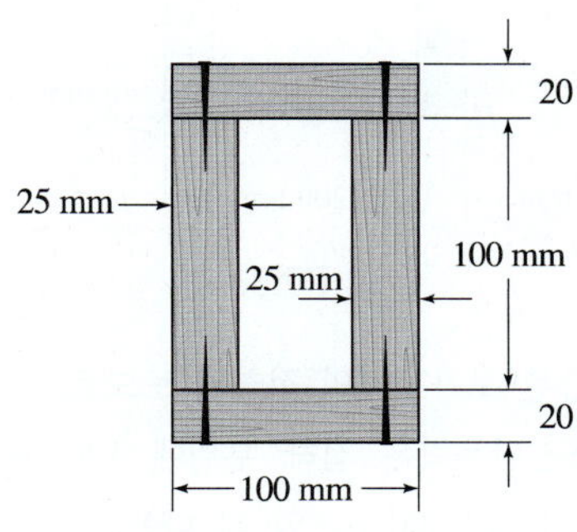

그림 P7.53

7.54 문제 7.53의 횡단면의 보를 90° 회전시켰을 때 문제 7.53을 구하라.

7.55 문제 7.53에서 $V = 2$ kN이고 못 사이의 허용전단력이 250 N일 때 최대로 허용할 수 있는 못 사이의 세로 거리를 구하라.

7.56 문제 7.55의 횡단면의 보를 90° 회전시켰을 때 문제 7.55를 구하라.

7.57 그림 P7.53에서 나타낸 횡단면의 보가 그림 P7.57과 같을 때 보의 최대전단응력을 구하라.

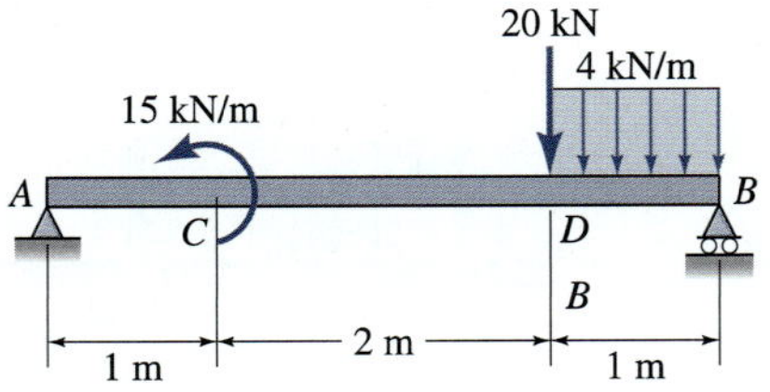

그림 P7.57

7.58 그림 P7.58에서와 같이 4개의 판을 접착제로 붙임으로써 조립된 보에 작용하는 수직전단력이 $V = 45$ kN일 때 다음을 구하라.

(a) 보의 최대전단응력

(b) 연결부분 E의 전단응력

(c) 연결부분 F의 전단응력

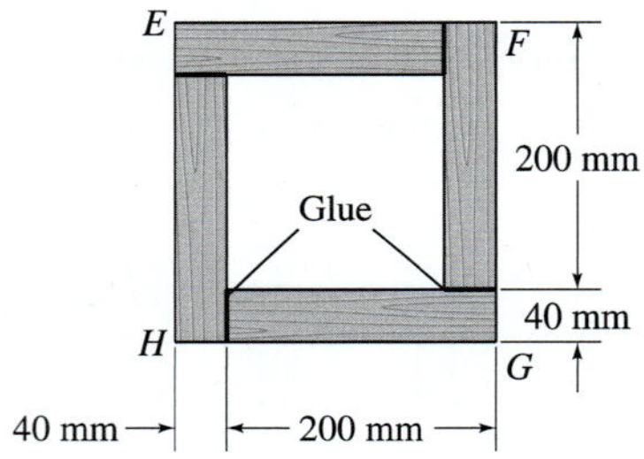

그림 P7.58

***7.59** 적층된 보가 3개의 접착된 보드로 구성되어 있다. 허용전단응력은 접착 부위에 120 psi이며, 목재 부분에서는 500 psi일 때 다음을 구하라.

(a) P에 가장 크게 허용하는 값

(b) 보에 최대 휨 응력

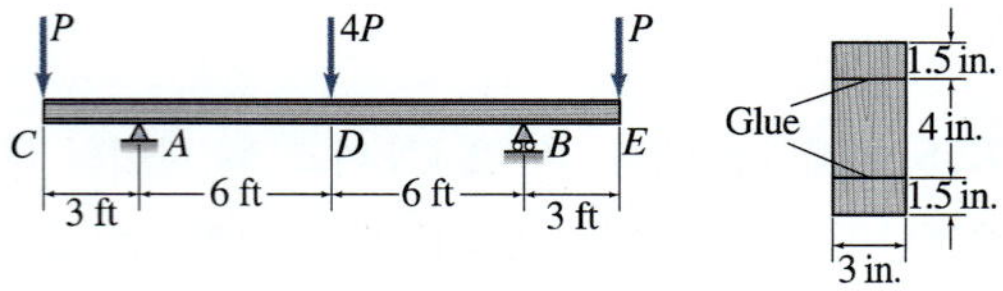

그림 P7.59

7.60 그림 P7.60에서와 같이 20×100 mm인 강판 2개를 용접해 보를 구성하였다. 각 용접에 단위 길이당 허용할 수 있는 전단력이 200 kN/m일 때 다음을 구하라.

(a) 보에 최대 허용할 수 있는 수직전단력

(b) 보에 생기는 최대전단응력

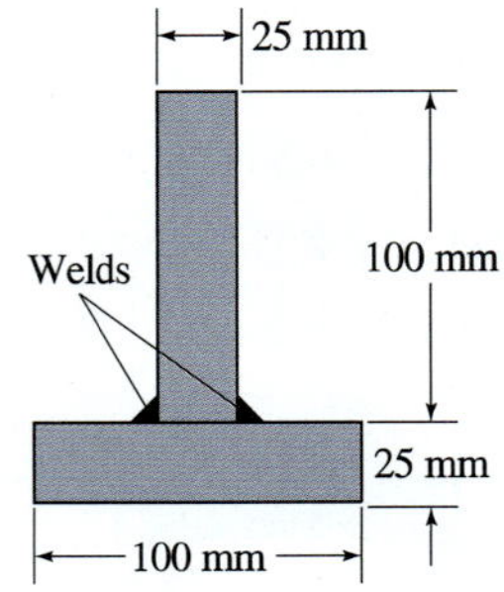

그림 P7.60

7.61 그림 P7.61에서와 같은 보에서 문제 7.60을 구하라.

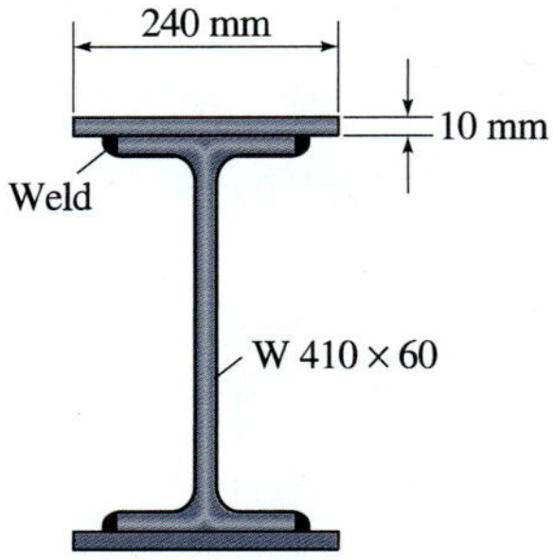

그림 P7.61

7.62 그림 P7.62에서와 같이 보를 대칭적으로 조립한 보일 때 문제 7.60을 구하라.

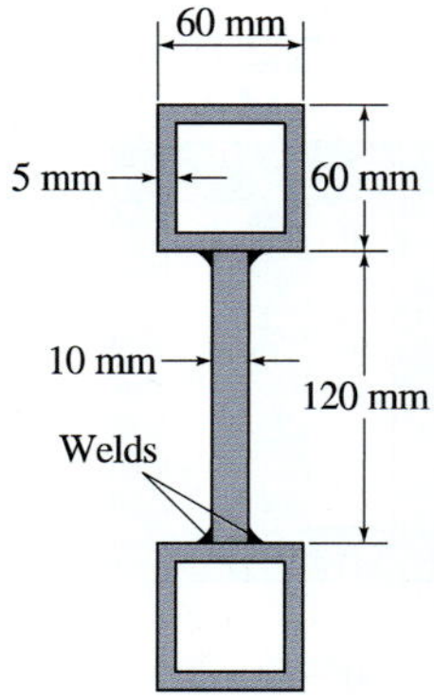

그림 P7.62

***7.63** 그림 P7.63에서와 같이 2개의 돌출부가 있는 보가 강도 w의 등분포하중을 지탱하고 있다. 인장과 압축응력은 6 psi, 10 psi이며, 각각 1, 2 ksi를 초과하지 않는 전단응력을 받고 있을 때 하중 w의 최대허용값을 구하라.

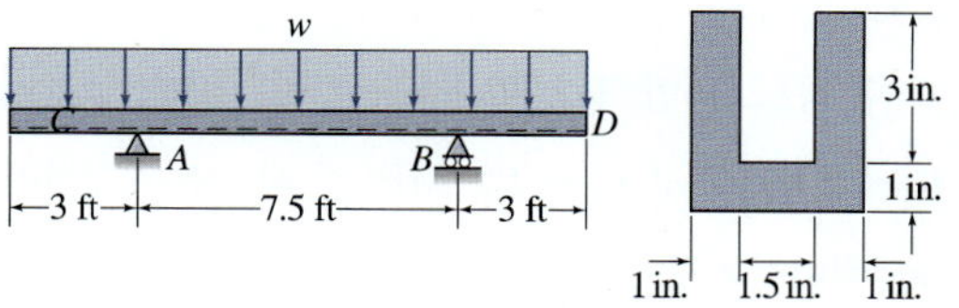

그림 P7.63

7.64~7.66 횡단면이 원형 봉, 원형 관, 삼각형인 보의 최대전단응력은 다음과 같이 표시된다.

$$\tau_{max} = k\frac{V}{A} \qquad \text{(P7.64)}$$

여기에서 A는 보의 단면적, k는 수치 인자 또는 전단계수를 나타낸다.

(a) τ_{max}가 일어난 지점

(b) k의 값

(c) $c=2$ in., $b=h=4$ in., $r=1$ in., $t=0.1$ in., 그리고 $\tau_{max}=9$ ksi일 때 각각의 단면이 감당하는 최대수직전단응력 V

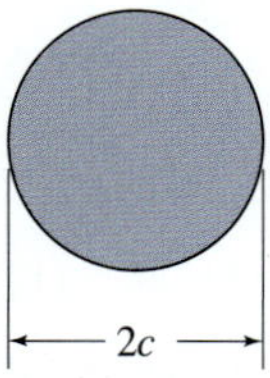

그림 P7.64

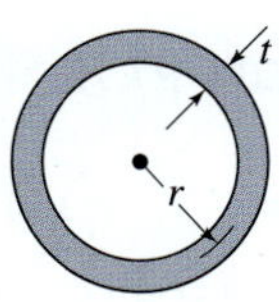

그림 P7.65

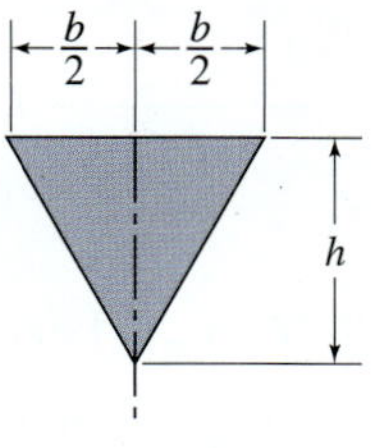

그림 P7.66

***7.67** 그림 P7.67에서와 같이 속이 빈 보가 지지하고 있을 때 P의 최댓값을 구하라.

조건 $\sigma_{all}=5$ MPa, $\tau_{all}=1.2$ MPa

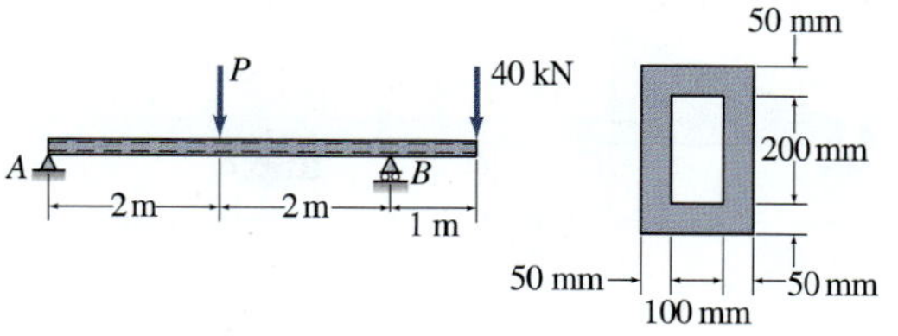

그림 P7.67

7.68 그림 P7.68과 같은 단면적을 가진 외팔 보에서 다음을 구하라.

(a) 보의 최대 휨 응력

(b) 보의 최대전단응력

조건 $P=800$ N, $M=200$ N · m

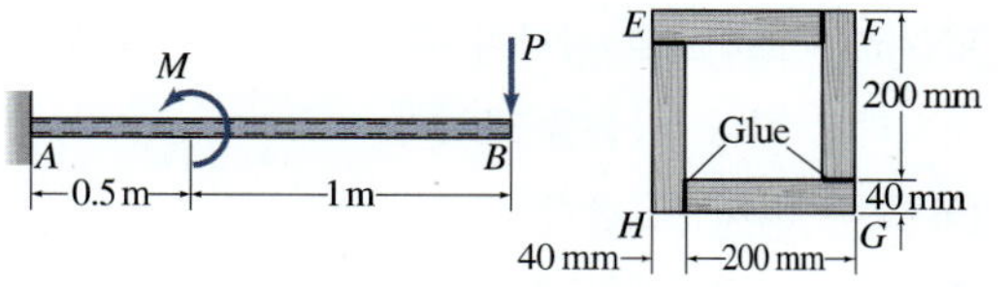

그림 P7.68

7.69 그림 P7.69와 같이 폭은 6 in., 높이는 12 in. 정방형 보의 W pound의 분포하중과 2W pound의 집중하중을 지탱하고 있다. $\sigma_{all}=1800$ psi, $\tau_{all}=120$ psi일 때 최댓값 W를 구하라.

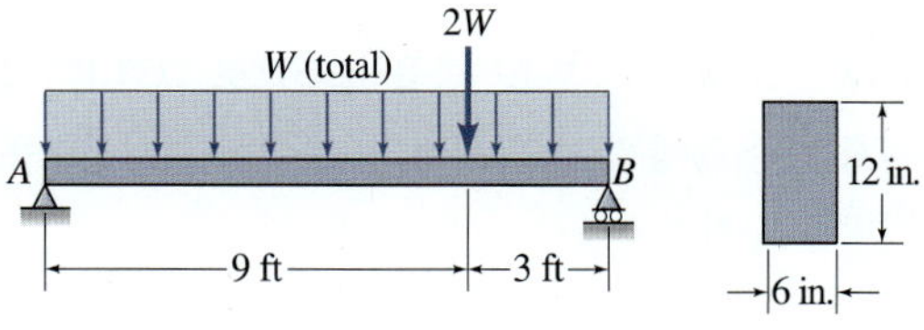

그림 P7.69

7.70 볼트로 조립된 보의 단면에 그림 P7.70과 같은 하중을 받고 있다. $abcd$는 판이며, 각 볼트의 허용전단응력은 60 MPa일 때 다음을 구하라.

(a) 단면 B의 최대 휨 응력

(b) 보를 따라 15 mm 간격으로 사용되는 볼트의 치수

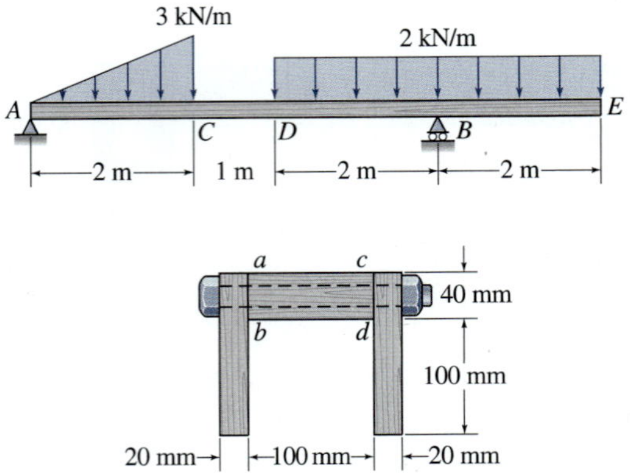

그림 P7.70

7.71 그림 P7.71에서와 같이 가변하중 $w = kx^3$ kN/m를 조건으로 삼각형 횡단면의 외팔 보를 결정하려고 한다. 다음을 구하라.

(a) 보의 최대 휨 응력

(b) 보의 중립축에서 최대전단응력

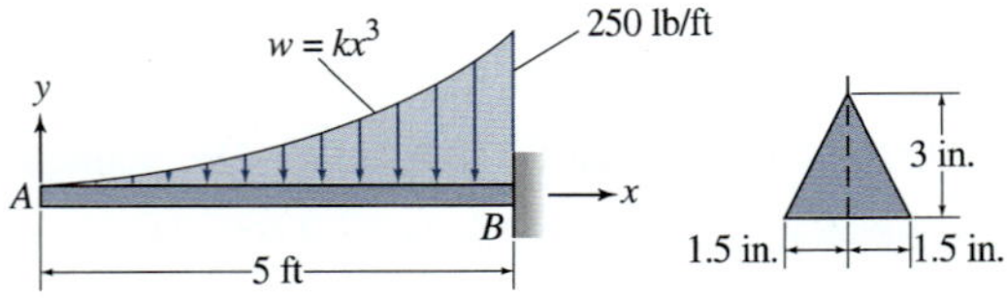

그림 P7.71

7.72 강도 w의 등분포하중을 조건으로 그림 P7.72에서 단순 장방형 보의 최대 휨 응력에 최대전단응력비를 구하라.

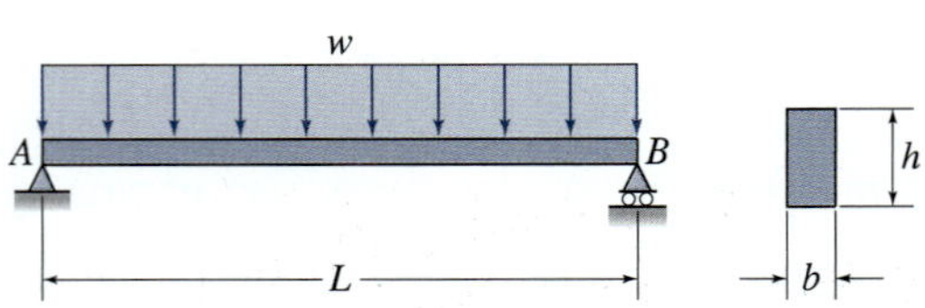

그림 P7.72

7.73 그림 P7.73에서 집중하중 P를 지지하는 원형 횡단면인 단순 보의 최대 휨 응력에 최대전단응력비를 구하라.

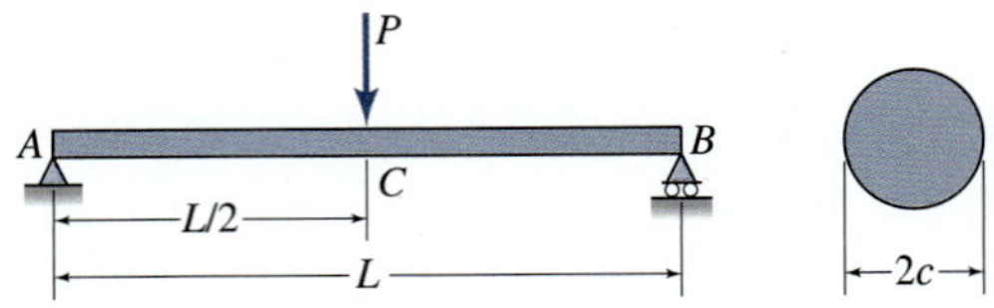

그림 P7.73

7.74 간단한 나무로 만든 보가 그림 P7.74에서와 같이 강도 w인 등분포하중을 받고 있다. $\sigma_{all} =$ 8.4 MPa 그리고 $\tau_{all} = 1.2$ MPa일 때 다음을 구하라.

(a) 최대허용길이 L

(b) 최대허용분포하중 W

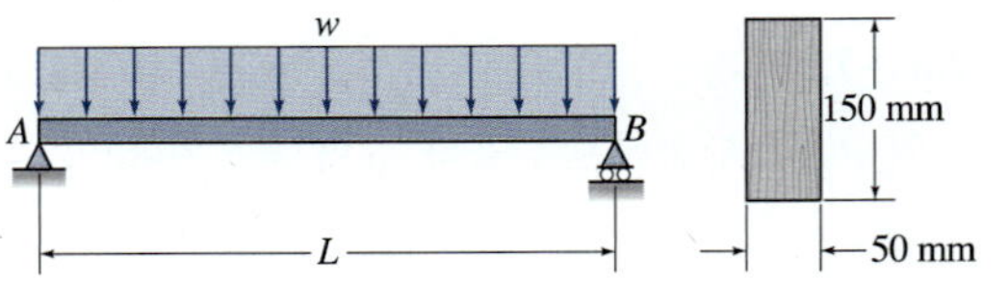

그림 P7.74

7.75 외팔 보가 그림 P7.75와 같이 등분포하중을 받고 있다. $\sigma_{all} = 8.4$ MPa, $\tau_{all} = 1.2$ MPa일 때 다음을 구하라.

(a) 최대허용길이 L

(b) 최대허용분포하중 W

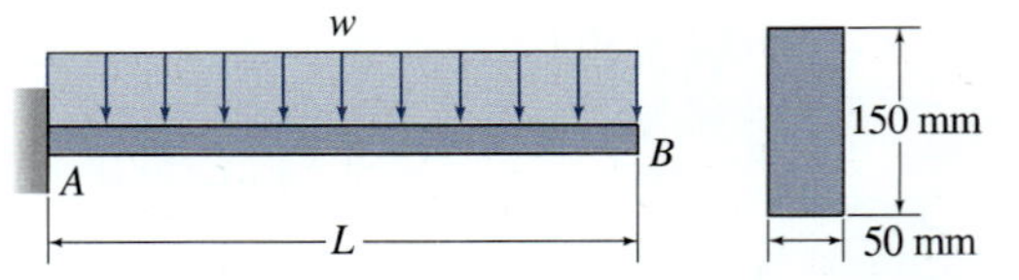

그림 P7.75

7.76 $\sigma_{all} = 1800$ psi, $\tau_{all} = 150$ psi일 때 그림 P7.76에서와 같은 나무로 만든 보의 횡단면을 설계하라.

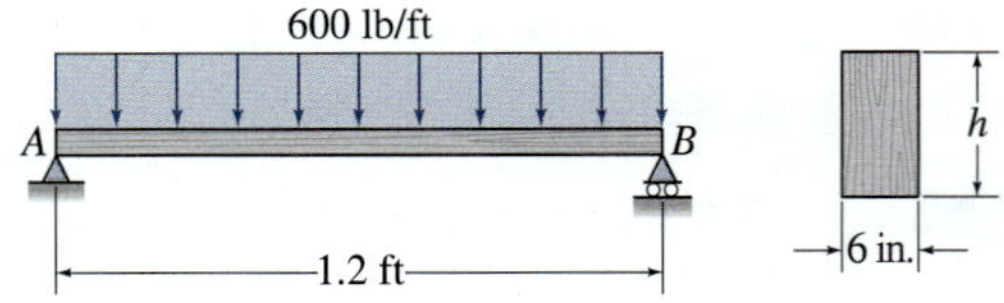

그림 P7.76

7.77 $\sigma_{all} = 10$ MPa, $\tau_{all} = 600$ kPa, $b = 150$ mm 일 때 그림 P7.77에서와 같이 장방형 보에 필요한 높이 h를 구하라.

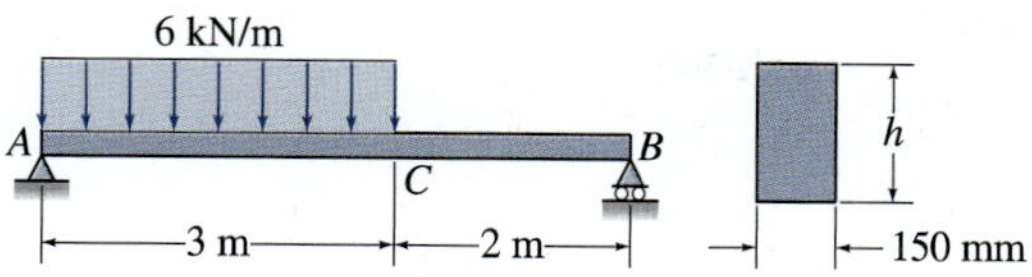

그림 P7.77

7.78 $\sigma_{all} = 140$ MPa, $\tau_{all} = 80$ MPa일 때 그림 P7.78과 같은 하중을 지지하기 위해 사용되어야 할 와이드 플랜지 단면을 고르라(표 B.8 참조).

조건 $P = 16$ kN, $M = 2$ kN · m

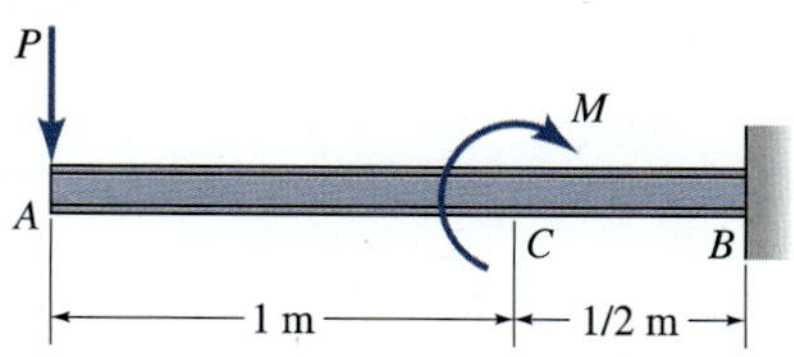

그림 P7.78

7.79 S형 보에서 문제 7.78을 구하라(표 B.9 참조).

7.80 $\sigma_{all} = 18$ kpsi 일 때 그림 P7.80과 같이 강철 보에 하중이 걸린다면 최소폭 b를 구하라.

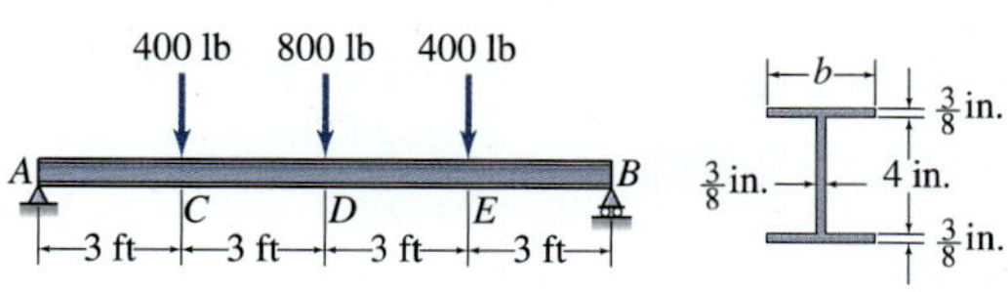

그림 P7.80

***7.81** $\sigma_{all} = 9$ MPa, $\tau_{all} = 1.1$ MPa로 주어질 때 P7.81에서와 같은 하중이 걸리는 단면의 장방형의 나무 보를 설계하라.

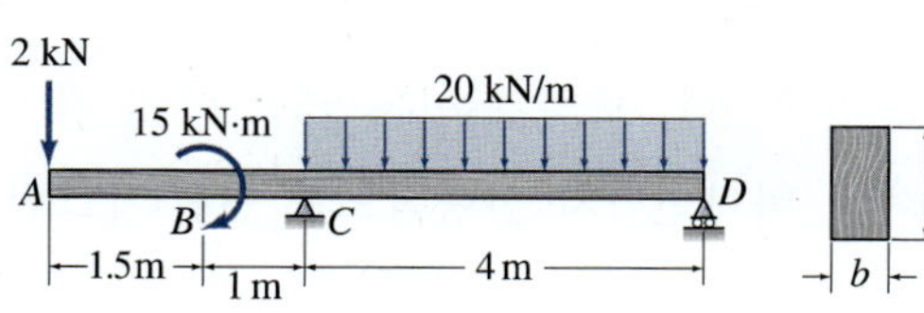

그림 P7.81

가정 보의 높이는 폭의 2배이다($h = 2b$).

7.82 폭이 b이며 일정한 힘을 받는 장방형 외팔 보가 강도 w의 균일분포하중을 지탱하도록 설계하라.

가정 휨에 따른 수직응력만 고려하라. 허용응력은 σ_{all}이다.

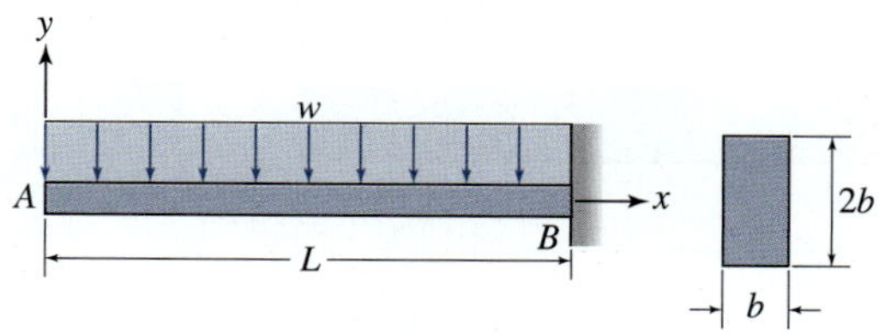

그림 P7.82

***7.83** 그림 P7.83에서와 같이 강도 w의 등분포하중을 지지하기 위해 일정한 강도와 폭(b)의 단순지지 장방형 보를 설계하라.

가정 휨에 따른 수직응력만 고려하라. 허용응력은 σ_{all}이다.

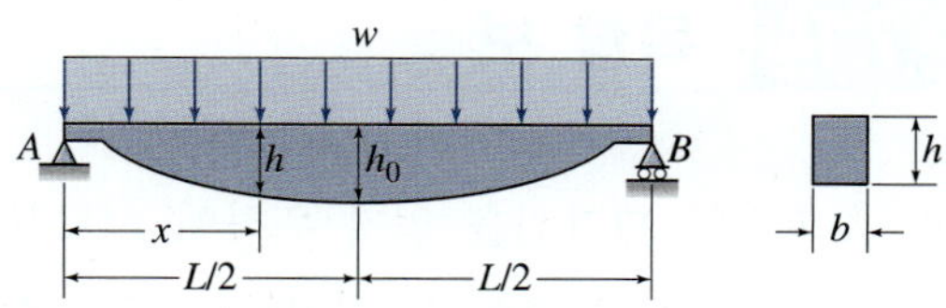

그림 P7.83

***7.84** 그림 P7.84에 그려진 아래쪽으로 삼각형 모양의 하중이 작용하고 있다. 일정한 강도와 폭(b)의 단순지지 장방형 보를 설계하라.

가정 휨에 따른 수직응력만 고려하라. 허용응력은 σ_{all}이다.

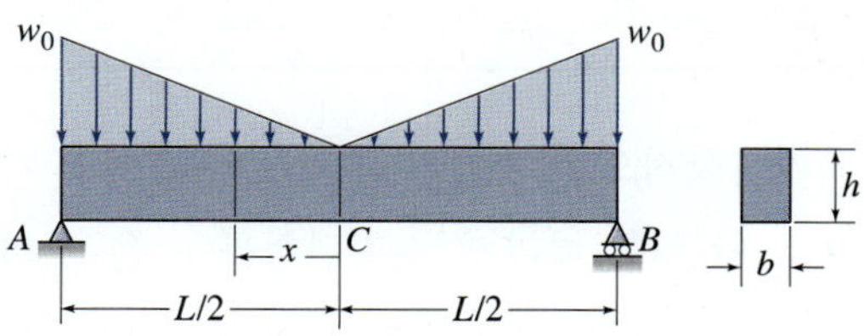

그림 P7.84

7.85 그림 P7.85와 같이 자유단에 집중하중 P를 지탱하고 있다. 일정한 높이 h, 가변 폭 b를 가진 직사각형 횡단면에 균등하중이 작용하는 외팔 보를 설계하라.

가정 휨에 따른 수직응력만 고려하라. 허용응력은 σ_{all}이다.

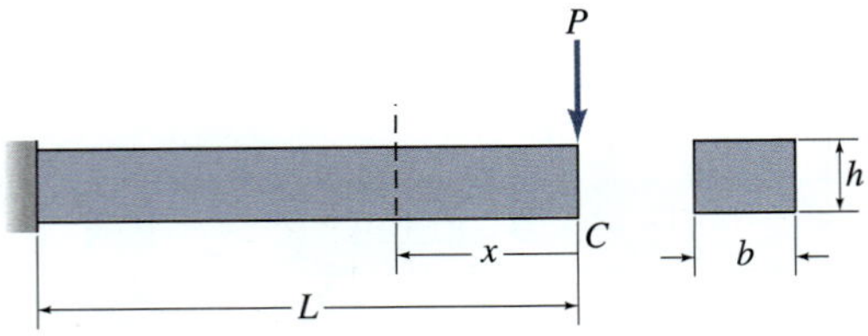

그림 P7.85

7.86 폭이 b이고 일정한 강도를 갖는 외팔 보를 설계하라. 선형적으로 변하는 하중은 자유단에 0, 고정단에 w_0이다.

가정 휨에 따른 수직응력만 고려하라. 허용응력은 σ_{all}이다.

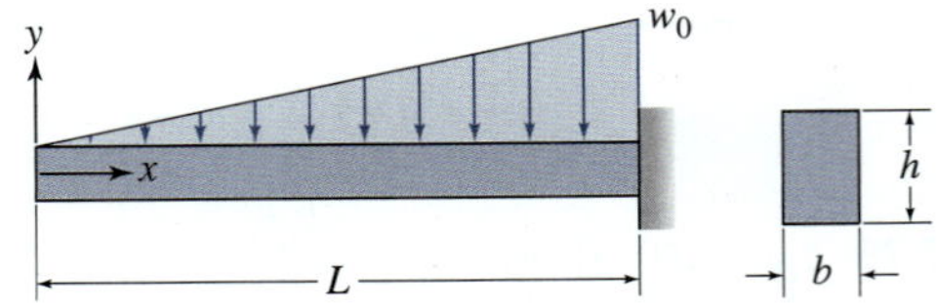

그림 P7.86

PART C 특별 주제

*7.14 복합 보

더 효과적인 디자인을 얻기 위하여 서로 다른 탄성계수를 가진 2개 이상의 재료로 보를 구성하는 경우가 흔하다. 이러한 보를 **복합 보**라고 한다. 보강콘크리트 보와 다수의 판을 서로 접합하여 만들어진 복합층의 보는 이러한 구조의 예를 보여준다. 단일 보에 대한 굽힘이론의 가정(7.3절)은 여러 재료로 구성된 보에도 적용된다.

> 2개의 서로 다른 재료로 구성된 대칭단면의 보를 해석하기 위하여 **변환단면방법**(transformed-section method)을 사용한다(그림 7.34). 이 기술은 각 재료의 단면을 **동등한** 다른 재료의 단면으로 변환하는 기법인데 각 재료에 작용하는 힘의 크기는 동일하다. 그리고 굴곡수식은 변환된 단면에 적용된다. 좀 더 복잡한 경우들도 같은 방법으로 처리될 수 있다.

기하학적으로 변형의 적합성은 7.3절의 가정 2로 만족된다. 보의 단면은 굽힘 중에 평면으로 남는다. 따라서 수직변형률 ε_x은 보의 상부에서 바닥면까지 선형적으로 변한다[그림 7.34(b)]. 복합 보의 중립축 위치는 단면의 중심에 있지 않다.

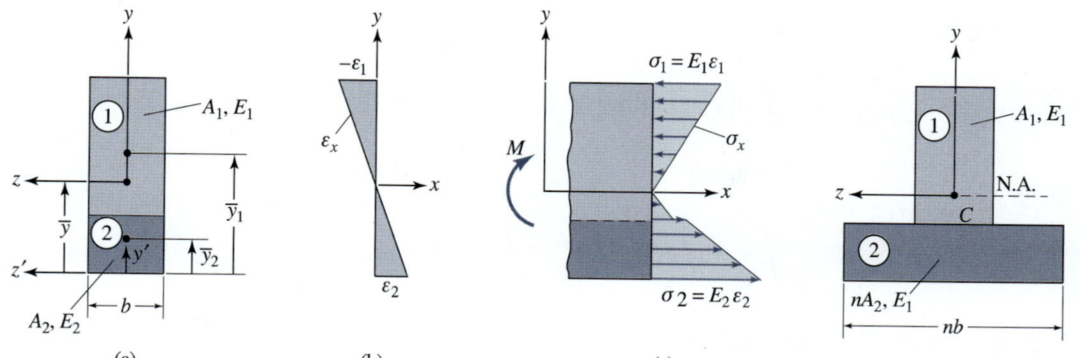

그림 7.34 두 가지 재료의 보 (a) 복합 단면 (b) 변형률의 변화 (c) 응력 분포 (d) 변환된 단면

보의 2개 재료는 모두 훅의 법칙을 따른다고 가정한다. 그리고 이 재료들의 탄성계수는 각각 E_1과 E_2로 표시한다. 응력-변형률관계[식 (7.4)]를 따르면

$$\sigma_{x1} = E_1\varepsilon_x = -E_1\kappa y \tag{7.33a}$$

$$\sigma_{x2} = E_2\varepsilon_x = -E_2\kappa y \tag{7.33b}$$

앞은 그림 7.34(c)에 도식되어 있으며 여기서 $E_2 > E_1$으로 가정한다.

$$\boxed{n = \frac{E_2}{E_1}} \tag{7.34}$$

여기서 n은 **계수비** 혹은 **변환인자**라고 한다. 식 (7.34)에서 $n > 1$이지만 이러한 선택은 임의이므로 $n < 1$인 경우에도 동등하게 적용될 수 있다.

복합 보의 단면[그림 7.34(a)]에 관해서 7.5절의 **평형방정식** a와 b는 다음과 같이 된다.

$$\int_{A_1} \sigma_{x1}\, dA + \int_{A_2} \sigma_{x2}\, dA = 0 \tag{a}$$

$$-\int_{A_1} \sigma_{x1}\, y\, dA - \int_{A_2} \sigma_{x2}\, y\, dA = M \tag{b}$$

여기서 A_1과 A_2는 각각 재료 1과 2의 단면적을 표시한다. 식 (7.33)과 (7.34)에 주어진 바와 같이 σ_{x1}, σ_{x2}, n을 식 (a)에 대입하면

$$\int_{A_1} y\,dA + n\int_{A_2} y\,dA = 0 \tag{c}$$

단면의 바닥면을 기준[그림 7.34(a)]으로 정하면 $y = y' - \overline{y}$를 고려하여 식 (c)로부터 다음

을 얻게 된다.

$$\int_{A_1}(y'-\bar{y})dA+n\int_{A_2}(y'-\bar{y})dA=0$$

또한

$$\int_{A_i}y'dA=\bar{y}_iA_i \qquad \int_{A_i}\bar{y}dA=\bar{y}_iA_i$$

이므로 다음과 같이 정리된다.

$$A_1\bar{y}_1-A_1\bar{y}+nA_2\bar{y}_2-nA_2\bar{y}=0$$

위의 식은 식 (c)와 동등한 형태가 된다.

$$\bar{y}=\frac{A_1\bar{y}_1+nA_2\bar{y}_2}{A_1+nA_2} \tag{7.35}$$

이 식을 사용하면 면적 A_2의 폭을 n으로 곱하고 A_1의 크기는 그대로 유지함으로써 2개의 재료로 구성된 보의 **중립축**의 위치를 쉽게 결정할 수 있다. 따라서 그림 7.34(d)에 나타낸 바와 같이 변환된 단면은 단지 재료 1로만 구성된다. 식 (7.35)와 (A.3)은 동일하다는 점을 주목하라.

같은 방법으로 식 (7.33a)와 (7.34)와 함께 조건 (b)의 결과로 다음과 같이 된다.

$$M=\kappa E_1\left(\int_{A_1}y^2dA+n\int_{A_2}y^2dA\right)$$

또는

$$M=\kappa E_1(I_1+nI_2) \tag{7.36}$$

여기서 I_1과 I_2는 각각 단면적 1과 2의 중립축에 대하여 관성 모멘트를 나타낸다. 다음의 결과를 중립축에 대한 **전체 변환된 면적**의 관성 모멘트로 정의하면 편리하다.

$$I_t=I_1+nI_2 \tag{7.37}$$

식 (7.6)으로부터 보의 곡률은

$$\kappa=\frac{1}{\rho}=\frac{M}{E_1I_t} \tag{7.38}$$

복합 보에 대하여 **굴곡수식**은 이제 위의 식을 식 (7.33)에 대입함으로써 다시 쓸 수 있다.

$$\boxed{\sigma_{x1} = -\frac{My}{I_t}} \qquad \boxed{\sigma_{x2} = -\frac{nMy}{I_t}} \tag{7.39}$$

여기서 σ_{x1}과 σ_{x2}는 각각 재료 1과 2의 응력이다. $E_1 = E_2 = E$일 경우 식 (7.39)는 예상하는 대로 단일재료의 경우의 굴곡수식으로 된다.

[예제 7.13] 강철로 보강된 목재 보의 수직응력

조건 폭 50 mm, 단면높이 110 mm인 목재 보($E_w = 10$ GPa)의 밑면에 그림 7.35(a)와 같이 단면 25×10 mm인 철판($E_s = 200$ GPa)이 단단히 부착되어 있다. 보는 단면의 수평축 주위로 3 kN·m 크기의 굽힘 모멘트를 받고 있다.

문제 목재로 변환된 단면을 사용하여 두 재료에서 일어나는 최대응력을 구하라.

가정 복합 보는 목재 보로 변환된다.

풀이 계수비 $n = E_s/E_w = 20$이다. 변환된 단면의 중립축 주위로 관성 모멘트와 중심[그림 7.35(b)]은

$$\bar{y} = \frac{50(110)(65) + 10(500)(5)}{50(110) + 10(500)} = 36.4 \text{ mm}$$

$$I_2 = \frac{1}{12}(50)(110)^3 + 50(100)(28.6)^2 + \frac{1}{12}(500)(10)^3 + 500(10)(31.4)^2$$

$$= 15 \times 10^6 \text{ mm}^4$$

따라서 **목재와 철재에서 최대응력**은

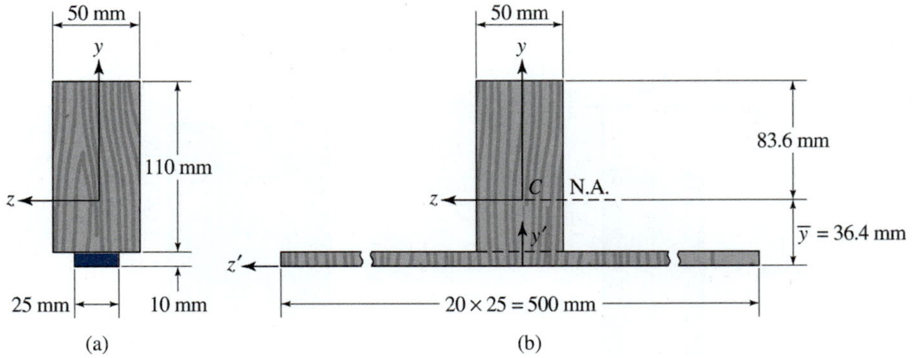

그림 7.35 (a) 복합 단면 (b) 등가 목재 단면

$$(\sigma_w)_{\max} = \frac{Mc}{I_t} = \frac{3\times 10^3(0.0836)}{1.5\times 10^{-6}} = 16.7\ \text{MPa}$$

$$(\sigma_s)_{\max} = \frac{nMc}{I_t} = \frac{20(3\times 10^3)(0.0364)}{1.5\times 10^{-6}} = 145.6\ \text{MPa}$$

두 부분의 **접합에서**

$$(\sigma_w)_{\min} = \frac{My}{I_t} = \frac{3\times 10^3(0.0264)}{1.5\times 10^{-6}} = 5.3\ \text{MPa}$$

$$(\sigma_s)_{\min} = n(\sigma_w)_{\min} = 20(5.3) = 106\ \text{MPa}$$

부가설명 다른 위치에서 응력은 비슷한 방법으로 얻어질 수 있다.

예제 7.14 복합 보의 모멘트 용량

조건 그림 7.36(a)에 나타낸 바와 같이 복합 보가 황동($E_b = 15\times 10^6$ psi)을 철판($E_s = 30\times 10^6$ psi)의 양 옆면에 부착하여 만들어졌다. 황동과 철의 허용응력은 각각 12, 20 ksi 이다.

문제 보에 허용되는 최대 모멘트를 구하라.

가정 복합 단면은 황동의 단면으로 변환된다.

풀이 철은 황동으로 변환되는 경우를 가정한다. 계수비는 $n = E_s/E_b = 2$이고 변환된 철의 단면 폭은 $(3/4)2 = 1\frac{1}{2}$ in.이고, 등가 단면은 그림 7.36(b)에 나타내었다. 도심에 대한 관성 모멘트는

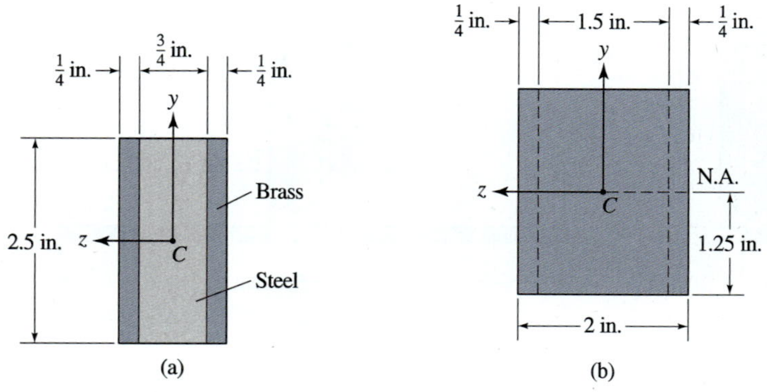

그림 7.36 (a) 복합 단면 (b) 등가 황동 단면

$$I_t = \frac{bh^3}{12} = \frac{1}{12}(2)(2.5)^3 = 2.604 \text{ in.}^4$$

변환된 철 단면에 대하여 허용응력은 $20/n = 10$ ksi이다. 그리고 이 값은 황동의 12 ksi보다 작다. 그러므로 철의 응력에 의하여 결정된다. 굴곡수식으로부터 **가장 큰 모멘트**는

$$M_{\max} = \frac{\sigma_{\max} I_t}{c} = \frac{10 \times 10^3 (2.604)}{1.25} = 20.83 \text{ kip} \cdot \text{in.}$$

부가설명 모멘트의 값이 허용범위와 같은 경우 식 (7.39)를 사용하여 임의의 위치에서 응력을 계산할 수 있다.

샌드위치 보

샌드위치 보의 구성은 항공기 부품[그림 7.37(a)]과 같이 강성과 함께 높은 비강성이 요구되는 부품에 흔히 응용된다. 보통 **샌드위치 보**는 플라스틱폼과 같이 상대적으로 두꺼운 저밀도 **중심 보**(core beam)를 사이에 두고 고밀도의 **외측면**으로 구성된다. 샌드위치 패널은 다소 I형 보와 같은 특징이 있다. 외측면은 굽힘응력을 지지하는 플랜지와 같으며 코어는 I형 보의 웹과 일치한다. 웹은 전단을 지탱하고 면이 좌굴되거나 주름지는 것을 억제하는 역할을 한다.

샌드위치 보는 2개의 재료로 구성된 보에 사용된 것과 유사한 방식으로 굴곡해석이 수행된다. 샌드위치 보의 굽힘에 대한 **근사이론**은 외측면이 모든 인장 및 압축응력을 지지한

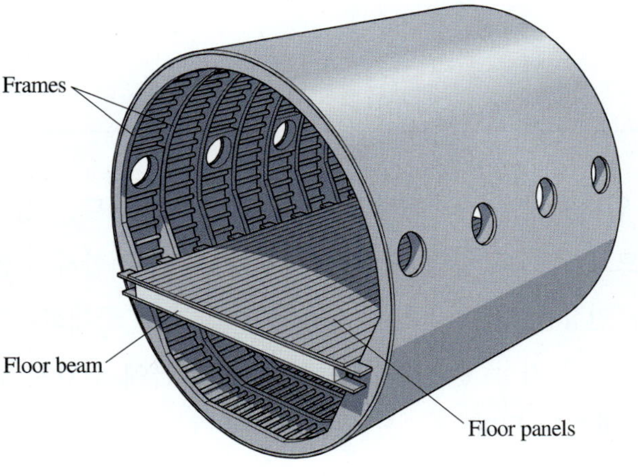

(a)

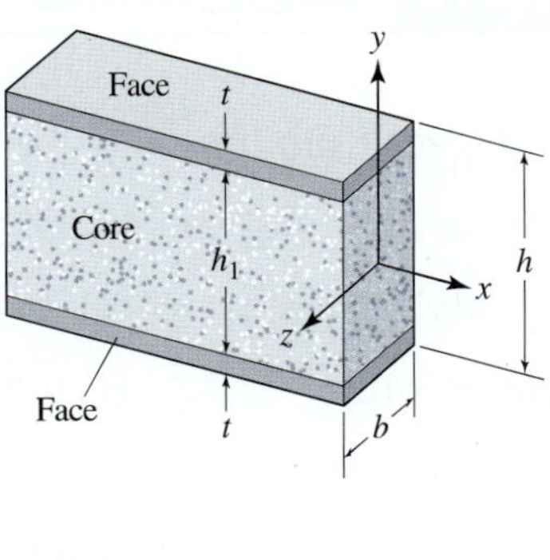

(b)

그림 7.37 (a) 대표적인 항공기 구조 (b) 샌드위치 보의 모델

다는 가정에 기초를 두고 있다. 따라서 그림 7.37(b)에 대하여 보의 최외측 모서리의 **수직 응력**은

$$\sigma_x = \frac{Mh}{2I_f} \tag{7.40}$$

여기서 $h = h_1 + 2t$가 보의 단면높이가 된다. h_1과 $2t$는 코어의 높이와 외측면의 두께를 각각 표시한다. 중립축 z에 대하여 외측면의 관성 모멘트는 다음과 같이 주어진다.

$$I_f = \frac{b}{12}(h^3 - h_1^3) \tag{7.41}$$

여기서 b는 보의 단면폭이다.

샌드위치 구조의 많은 경우에 외측면은 얇고(즉 $h/t > 5$) 코어가 모든 전단응력을 지지한다고 가정할 수 있다. 따라서 **평균전단응력**과 코어에서 **전단변형률**은 각각 다음과 같다.

$$\tau = \frac{V}{bh_1} \tag{7.42a}$$

$$\gamma = \frac{\tau}{G} = \frac{V}{bh_1 G} \tag{7.42b}$$

여기서 V는 전단력이고 G는 코어부분 재료의 전단계수이다. 만일 코어부분의 재료가 등방성이라면 G는 식 (3.18)로부터 얻을 수 있다. 샌드위치 구조의 외측면 재료 특성은 보통 제공된다. 샌드위치 보와 다른 형식의 복합구성에 대한 자세한 사항은 전문서적, 예를 들면 참고문헌 7.8과 7.9를 참조하라.

*7.15 보강콘크리트 보

순수굽힘을 받는 보는 동시에 인장과 압축응력을 지지해야 한다. 그러나 콘크리트는 상대적으로 작은 인장강도를 가지고 있으므로 스스로 굽힘 모멘트를 지탱하기에 적합하지 않다. 이와 관련하여 철근이 콘크리트가 인장을 받는 위치에 사용된다. 효과를 극대화하기 위하여 이러한 철근은 보의 중립축으로부터 가장 멀리 위치시킴으로써 철근에 인가된 힘에 따른 모멘트가 중립축에 대하여 최댓값이 된다.

앞의 절에서 설명한 변환된 단면법을 사용하면 보강된 콘크리트 보를 해석할 때 매우 만족스러운 결과를 얻을 수 있다. 우선 변환된 콘크리트 단면의 중립축을 설정하고 변환된

콘크리트 단면의 관성 모멘트를 계산한 뒤 철근과 콘크리트에서 최대응력을 계산한다. 구체적인 절차는 다음의 예제 풀이과정에 설명되어 있다.

예제 7.15 보강콘크리트 보의 해석

조건 총 단면적이 A_s인 2개의 철근으로 보강된 폭 b, 높이 d의 콘크리트 보를 생각한다[그림 7.38(a)]. 철근은 부식 및 화재로부터 보호하기 위하여 여유거리 a만큼 면에서 떨어져 있다. 콘크리트 대비 철의 계수비는 $n = E_s/E_c$이다.

$$b = 200 \text{ mm} \qquad d = 350 \text{ mm} \qquad A_s = 800 \text{ mm}^2$$

$$a = 50 \text{ mm} \qquad M = 50 \text{ kN} \cdot \text{m} \qquad n = 8$$

문제 양의 굽힘 모멘트 M에 의하여 인가된 재료의 최대응력을 구하라.

가정

1. 콘크리트는 인장을 견디지 못한다.

2. 콘크리트에서 압축응력은 중립축으로부터 선형으로 변하며 철은 일정한 응력을 받는다.

풀이 중립축 위의 거리 kd에 위치한 단면적만 변환된 단면에 포함된다[그림 7.38(b)]. 철근 nA_s의 변환된 면적은 중립축으로부터 도심까지 단일위치에 있다.

중립축에 대하여 변환된 단면의 일차 모멘트가 0이기 때문에 $\sum Q_z = 0$,

$$b(kd)\left(\frac{kd}{s}\right) - nA_s(d - kd) = 0$$

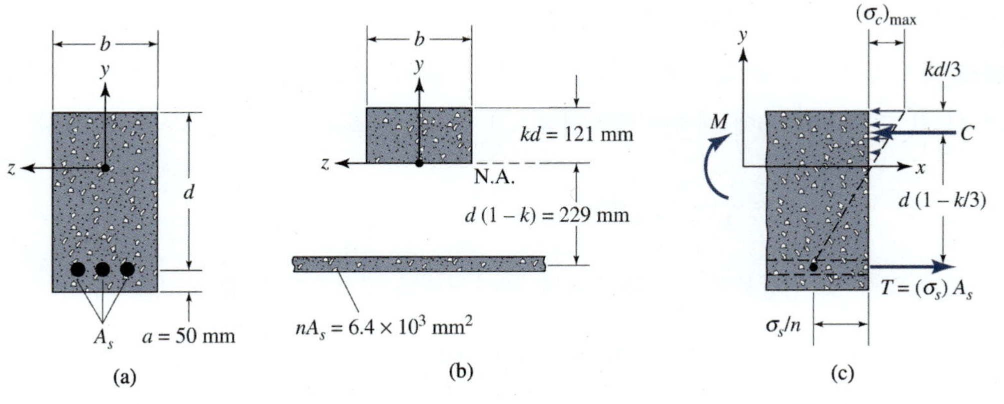

그림 7.38 (a) 보강된 콘크리트 단면 (b) 등가 콘크리트 단면 (c) 콘크리트의 압축응력과 철근에서 인장력의 총력

즉

$$(kd)^2 + (kd)\frac{2n}{b}A_s - \frac{2n}{b}dA_s = 0 \tag{7.43a}$$

중립축은 kd에 대한 포물선식의 해를 구함으로써 결정된다. 주어진 데이터를 대입하면 식 (7.43a)는 다음과 같다.

$$(kd)^2 + 64(kd) + (22.4\times 10^3) = 0$$

위 식에서

$$kd = 121 \text{ mm 이므로} \quad 350 - kd = 229 \text{ mm} \tag{a}$$

중립축에 대하여 **변환된 단면적**의 관성 모멘트는

$$\begin{aligned} I_t &= \frac{1}{12}(b)(kd)^3 + (b\cdot kd)\left(\frac{1}{2}kd\right)^2 + 0 + nA_s[d(1-k)]^2 \\ &= \frac{1}{12}(0.2)(0.121)^3 + 0.2(0.121)(0.0605)^2 + 0 + 6.4\times 10^{-3}(0.229)^2 \\ &= 453.7\times 10^{-6} \text{ m}^4 \end{aligned} \tag{7.34b}$$

그러므로

$$\begin{aligned} (\sigma_c)_{\max} &= \frac{Mc}{I_t} = \frac{50\times 10^3(0.121)}{453.7\times 10^{-6}} = 13.3 \text{ MPa} \\ \sigma_s &= \frac{nMc}{I_t} = \frac{8(50\times 10^3)(0.229)}{453.7\times 10^{-6}} = 201.9 \text{ MPa} \end{aligned} \tag{b}$$

보에서 응력의 분포는 그림 7.38(c)와 같다.

별해 다른 방법으로 $(\sigma_c)_{\max}$와 σ_s를 보의 부분 자유물체도로부터 결정한다(참고문헌 7.10). 그러므로 그림 7.38(c)에 대하여 정적평형조건 $\sum F_x = 0$으로부터 $C = T$이다. 여기서

$$C = \frac{1}{2}(\sigma_c)_{\max}(bkd) \qquad \text{그리고} \qquad T = \sigma_s(A_s) \tag{c}$$

는 각각 압축 및 인장응력의 결과를 나타낸다. 모멘트 평형조건 $\sum M_z = 0$으로부터

$$M = Cd(1-k/3) = Td(1-k/3) \tag{d}$$

식 (c)와 (d)를 풀면

$$(\sigma_c)_{\max} = \frac{2M}{bd^2k(1-k/3)} \qquad \sigma_s = \frac{M}{A_s d(1-k/3)} \tag{7.44}$$

부가설명 주어진 데이터와 식 (a)를 참고로 앞에 유도된 식들은 식 (b)와 동일한 응력을 산출한다.

*7.16 비대칭굽힘

앞의 절에서 굽힘해석은 최소한 하나 이상의 대칭면을 갖고 이 대칭면에 작용하는 하중의 경우에 국한되었다. 여기서는 단면적이 대칭이 아니거나 하중이 대칭면에 작용하지 않는 경우에 일어나는 선형탄성 보의 **비대칭굽힘**을 고려한다. 이러한 경우는 반대칭으로도 불리며 그림 7.39에 나타나 있다. 적용된 모멘트 M의 평면은 수직축 y와 α의 각도를 만든다. y와 z축은 단면의 **도심주축**으로 가정하고 굽힘의 기술적인 이론(7.3절)이 유효하다고 가정한다.

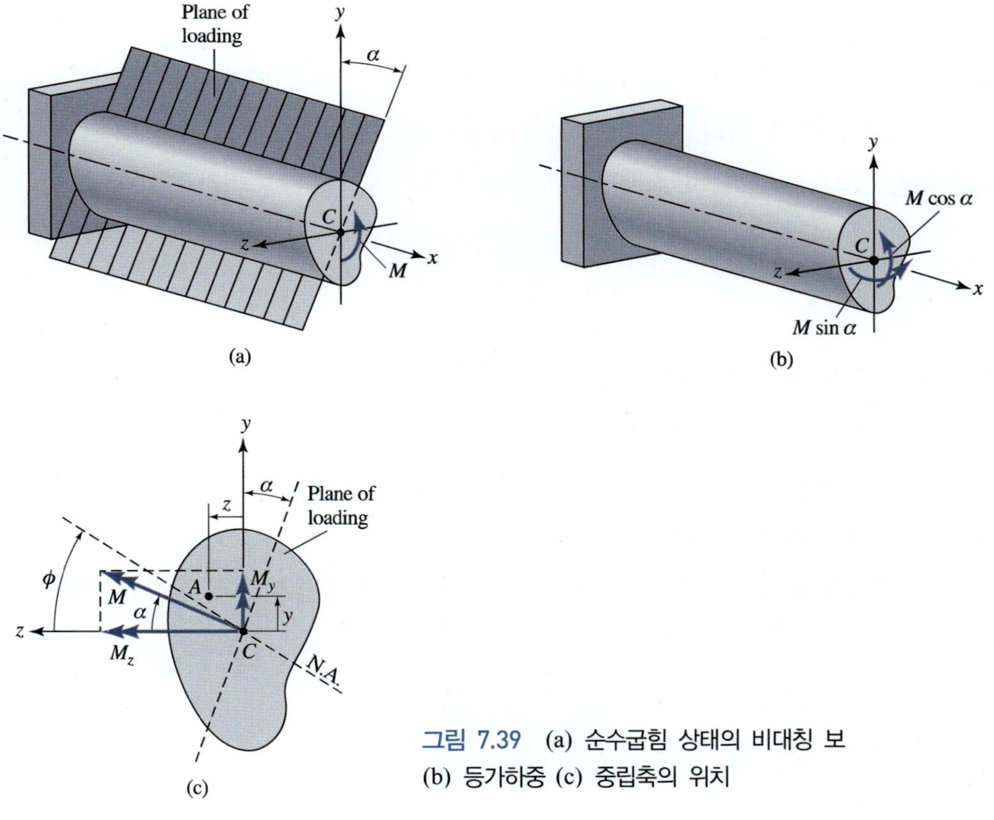

그림 7.39 (a) 순수굽힘 상태의 비대칭 보 (b) 등가하중 (c) 중립축의 위치

굴곡응력에 대한 표현을 유도하기 위하여 가해진 모멘트를 y와 z축을 따라서 M_y와 M_z의 성분으로 분해한다. 그러므로

$$M_y = M\sin\alpha \qquad M_z = M\cos\alpha \tag{a}$$

모멘트는 그림 7.39(b)에 도식된 바와 같이 작용한다. 앞에 설명된 바를 다르게 표현하면 그림 7.39(c)로 설명할 수 있다. 여기서 굽힘 모멘트는 쌍촉화살로 벡터성분을 표시하였다. 모멘트 성분 M_y와 M_z는 벡터화살이 y와 z의 양의 방향과 일치할 때 양의 값으로 정의된다. 1.6절로부터 벡터의 오른손 법칙으로부터 모멘트의 작용방향(회전방향)을 가늠할 수 있다. 총 모멘트 벡터 M은 수평 z축과 각 α를 만든다. 벡터는 그림에 파선으로 보인 바와 같이 하중평면과 수직이다.

보의 굽힘 모멘트가 횡방향 **사력**(skew force)에 의하여 만들어질 때 다음의 절차를 사용하면 편리하다(참고문헌 7.2). 우선 힘을 2개의 성분으로 분해하는데 각각 도심의 주평면에 있다. 다음으로 각각의 축에 대하여 성분으로 야기되는 모멘트 M_y와 M_z를 구한다. 명백히 하중은 보의 길이방향에 대하여 뒤틀림이 없다면(7.17절 참조) 단면의 도심 C를 통하여 작용하여야 한다. 순수굽힘에 대하여 집중하중에 따른 전단응력은 무시될 수 있다고 가정한다.

굽힘 모멘트 M_y와 M_z가 주축 주위로 작용하기 때문에 이에 따른 굽힘응력은 굴곡수식 (7.7)로부터 계산될 수 있다. 단면[그림 7.39(c)]에서 좌표 y와 z에 위치한 점 A에서 **수직응력은 중첩 원리**(principle of superposition)를 응용하여 얻을 수 있다.

$$\sigma_x = -\frac{M_z y}{I_z} + \frac{M_y z}{I_y} \tag{7.45}$$

여기서 I_y와 I_z는 각각 도심의 주축 y와 z에 대한 단면의 관성 모멘트이다. 우변의 처음 항의 부호는 식 (7.7)과 일치한다. 반면에 둘째 항은 양의 모멘트 M_y의 작용방향과 수직응력 간의 부호관계를 고려하여 얻은 것이다. 대부분의 문제에서 보에 작용하는 실제조건으로부터 위 수식의 각 항 부호를 쉽게 결정할 수 있다.

단면의 **중립축**에 대한 식은 식 (7.45)의 $\sigma_x = 0$으로부터 결정된다. 결정된 식은 다음과 같다.

$$y = \frac{M_y I_z}{M_z I_y} z \tag{7.46}$$

z축[그림 7.39(c)]과 중립축이 만드는 각 ϕ는 다음의 관계로 주어진다.

$$\tan\phi = \frac{y}{z} = \frac{M_y I_z}{M_z I_y} \tag{7.47a}$$

식 (b)를 M_y와 M_z에 대입하면 식 (7.47a)는 다음과 같다.

$$\tan\phi = \frac{I_z}{I_y}\tan\alpha \tag{7.47b}$$

가장 큰 굽힘응력은 중립축으로부터 가장 먼 위치에서 발생한다. I_y와 I_z가 모두 양수이므로 ϕ와 α는 모두 동일한 부호를 갖는다. 이 각들은(z축으로부터 측정되었음) 시계방향으로 양수이다.

식 (7.47)로부터 $I_z > I_y$이면 $\phi > \alpha$이고, $I_z < I_y$이면 $\phi < \alpha$이다. 따라서 중립축은 항상 주어진 모멘트 벡터 M과 최소 관성 모멘트의 주축 사이에 위치한다. 명백히 $I_z = I_y$가 아니라면 중립축은 하중평면에 수직하지 않다. 위의 식들은 굽힘이 단면의 주축을 나타내는 축에 대하여 일어나는 경우의 보에 적용될 수 있는 것을 주목해야 한다.

'정역학' 이론을 되새기면 임의 형태의 단면에 대하여 주축의 방향은 부록 A.4절에 수록된 방법으로 결정된다. 그러나 면적이 대칭축을 가지고 있는 경우엔 주축은 쉽게 결정되는데, 이것은 주축이 대칭축과 대칭축에 수직한 방향으로 존재하기 때문이다. 또한 중립축의 방향은 보의 응력에 큰 영향을 미치게 되고 특히 주축의 관성 모멘트비값이 큰 경우에는 더욱 영향이 크다는 사실을 주목해야 한다. 이런 특징들은 다음의 예제를 공부하면서 설명되어 있다.

예제 7.16 2개 방향으로 단순 보의 굽힘

조건 사각단면의 길이가 $L = 2$ m인 단순지지 보가 $P = 10$ kN의 사력을 지지한다. 여기서 사력은 그림 7.40에 보인 바와 같이 y축과 $\alpha = 30°$만큼 각을 이루며 작용한다.

문제

(a) 보의 최대굽힘응력

(b) 중립축의 방향

가정 양 끝단과 하중이 가해지는 지점의 응력집중효과는 생략할 수 있다.

풀이 단면의 도심에서 주축관성 모멘트는 다음과 같다.

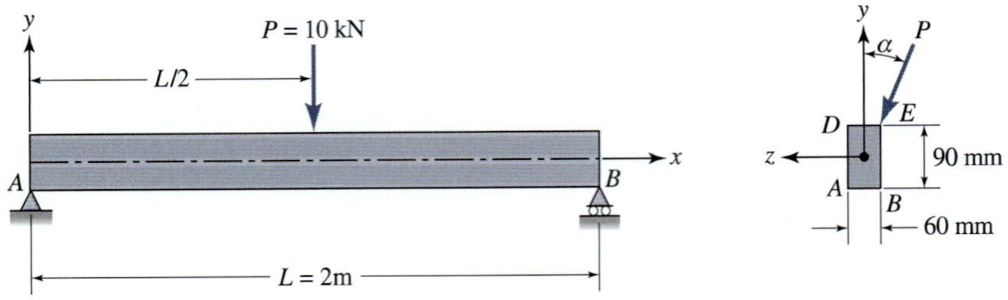

그림 7.40 사력을 받는 이중대칭 보

$$I_z = \frac{1}{12}(0.06)(0.09)^3 = 3.64 \times 10^{-6}\ \text{m}^4$$

$$I_y = \frac{1}{12}(0.09)(0.06)^3 = 1.62 \times 10^{-6}\ \text{m}^4$$

(a) 하중성분은 음의 y방향으로 $P\cos\alpha$, 양의 z방향으로 $P\sin\alpha$이다. 그러므로 최대굽힘 모멘트는 중앙의 단면에서 일어나며 크기는 다음과 같다.

$$M_z = \frac{1}{4}PL\cos\alpha \qquad M_y = \frac{1}{4}PL\sin\alpha \tag{b}$$

데이터를 대입하면[그림 7.41(a)]

$$M_z = \frac{1}{4}(10)(2)\cos 30° = 4.3\ \text{kN}\cdot\text{m}$$

$$M_y = \frac{1}{4}(10)(2)\sin 30° = 2.5\ \text{kN}\cdot\text{m}$$

식 (7.45)로부터

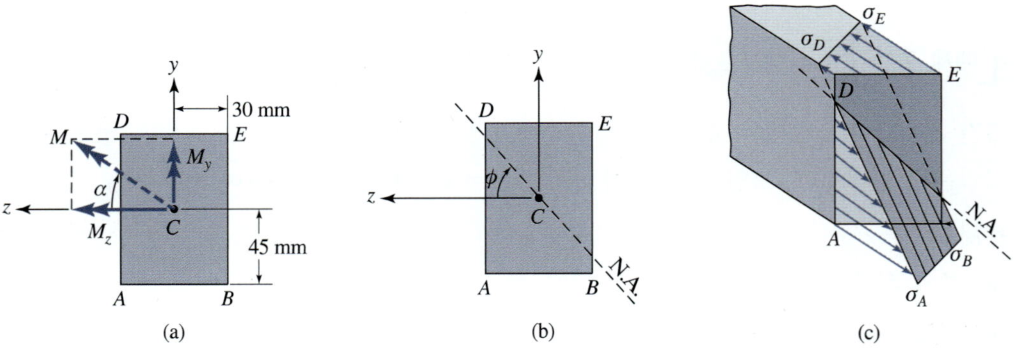

그림 7.41 (a) 그림 7.40에 보여진 보의 등가 모멘트 (b) 중립축의 방향 (c) 단면의 응력분포

$$\sigma_A = -\frac{M_z y}{I_z} + \frac{M_y z}{I_y} = \frac{4300(-0.045)}{3.64\times 10^{-6}} + \frac{2500(0.03)}{1.62\times 10^{-6}}$$

$$= 53.2 + 46.3 = 99.5 \text{ MPa}$$

$$\sigma_B = 53.2 - 46.3 = 6.9 \text{ MPa}$$

$$\sigma_D = -53.2 + 46.3 = -6.9 \text{ MPa}$$

$$\sigma_E = -53.2 - 46.3 = -99.5 \text{ MPa}$$

음의 부호는 압축을 의미한다.

부가설명 그러므로 최대수직응력은 99.5 MPa이다.

(b) 중립면이 수평면[그림 7.41(b)]과 만드는 각 ϕ는 식 (7.45)로부터 계산된다.

$$\tan\phi = \frac{I_z}{I_y}\tan\alpha = \frac{3.64}{1.62}\tan 30° = 1.297$$

$$\phi = 52.4°$$

중앙에서 단면에 작용하는 응력분포는 그림 7.41(c)에 나타나 있다.

부가설명 중첩 원리를 고려하면 분포는 선형이다. 점 A와 E에 발생하는 보의 최대응력은 중립축으로부터 가장 먼 위치에서 일어난다.

예제 7.17 비대칭으로 하중을 받는 Z형 보의 응력

조건 $M = 6$ kN · m의 굽힘 모멘트가 양의 방향으로 Z형 단면[그림 7.42(a)]을 갖는 강철보에 수직평면에서 작용한다. 치수는 mm 단위이다. y와 z축에 대하여 관성 모멘트는

$$I_y = 6.93\times 10^6 \text{ mm}^4 \qquad I_z = 24.03\times 10^6 \text{ mm}^4 \qquad I_{yz} = 9.45\times 10^6 \text{ m}^4$$

문제

(a) 점 A에서 굽힘응력

(b) 중립축의 방향

가정 모서리에서 응력집중효과는 무시할 수 있다.

풀이 주축의 관성 모멘트와 방향은 예제 A.6에 기술된 바와 같이 식 (A.13)과 (A.14) 혹은 Mohr 원을 이용하여 결정할 수 있다. Mohr 원의 방법[그림 9.42(b)]을 따르면

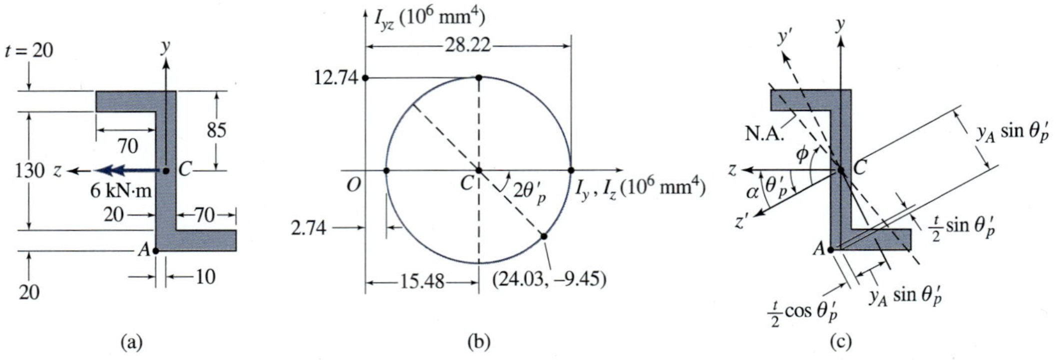

그림 7.42 (a) Z형 보의 단면 (b) 관성 모멘트의 Mohr 원 (c) 중립축의 방향

$$I_1 = 28.22 \times 10^6 \text{ mm}^4$$

$$I_2 = 2.74 \times 10^6 \text{ mm}^4$$

$$\theta_p{}' = 23.9°$$

주축 y'과 z'의 방향은 그림 7.42(c)에 나타나 있다. $I_1 = I_{z'}$, $I_2 = I_{y'}$ 임을 주목하라.

(a) 하중을 분해하여 y'과 z'축에 평행한 성분을 다음과 같이 구하라.

$$M_{y'} = M_z \sin\theta_p{}' = 6000 \sin 23.9° = 2431 \text{ N} \cdot \text{m}$$

$$M_{z'} = M_z \cos\theta_p{}' = 6000 \cos 23.9° = 5486 \text{ N} \cdot \text{m}$$

또한 점 A의 좌표 $y_A{}'$, $z_A{}'$는[그림 7.42(c)]

$$y_A{}' = -y_A \cos\theta_p{}' + (t/2)\sin\theta_p{}'$$
$$= -0.085 \cos 23.9° + 0.01 \sin 23.9° = -73.7 \text{ mm} \tag{c}$$

$$z_A{}' = y_A \sin\theta_p{}' + (t/2)\cos\theta_p{}'$$
$$= 0.085 \sin 23.9° + 0.01 \cos 23.9° = 43.6 \text{ mm} \tag{d}$$

점 A에서 응력을 식 (7.45)로부터 계산하면

$$\sigma_A = -\frac{M_{z'} y_A{}'}{I_{z'}} + \frac{M_{y'} z_A{}'}{I_{y'}} = -\frac{5486(-0.0737)}{28.22 \times 10^{-6}} + \frac{2431(0.0436)}{2.74 \times 10^{-6}}$$
$$= 14.32 + 38.68 = 53 \text{ MPa}$$

(b) 식 (7.47b)를 적용하면 **중립축** 위 위치각 ϕ를 얻는다.

$$\tan\phi = \frac{I_{z'}}{I_{y'}} \tan\theta_p{}' = \frac{22.82}{2.74} \tan 23.9° = 4.564$$

여기서 그림 7.42(c)와 같이 $\phi = 77.6°$ 이다.

부가설명 원한다면 보의 단면에서 다른 점에 발생하는 응력을 앞의 예제와 같이 결정할 수 있다.

*7.17 전단중심

임의의 단면형상에 대하여 이 단면에 분포하는 횡방향 전단응력의 총력이 지나는 한 점이 단면평면 내에 항상 존재하는데, 이 점을 **전단중심**(shear center)이라고 한다. 순수굽힘 모멘트만 작용하게 하려면 보에 작용하는 횡하중은 반드시 이 전단중심을 지나야 한다. 그러나 하중이 전단중심을 통과하지 않는다면 굽힘과 비틀림 작용이 동시에 존재한다. 이런 경우에 굴곡응력 및 횡방향 전단응력 이외에 비틀림 현상에 의한 전단응력도 가산되어야 한다.

1개의 대칭축을 가진 단면의 전단중심은 이 축 상에 있다. 2개의 대칭축을 갖는 단면에 대하여는 전단중심이 이 두 축의 교점과 일치한다. 즉 이 교점은 도심이다. 주목할 것은 속이 꽉 찬 단면과 **폐곡선 단면**(closed hollow section)에 대하여 전단중심은 대개 도심 근처에 있다. 이런 단면들은 높은 비틀림 강성을 가진다. 따라서 비틀림의 영향은 횡하중이 도심이나 이 근처에서 작용하는 경우 일반적으로 무시된다.

얇은 벽의 개곡선 단면

여기서는 I형 보, Z형 보, 채널, 앵글 등과 같이 얇은 벽의 개곡선 단면(open sections)에 대하여 살펴보자. 전단응력이 벽의 두께방향으로 **일정하고** 보의 표면에 접선방향으로 작용한다고 가정한다. 그림 7.43(a)에 보여진 대표적인 단면의 전단중심 S를 결정하기 위하여 7.7절에 기술된 전단응력을 우선 계산한다.

$$\tau_{xy} = \frac{V_y Q_z}{I_z b} \tag{7.48}$$

여기서 $Q_z = \int_{A^*} y\,dA$ 이며 A^*는 τ_{xy}가 계산된 위치를 경계로 하는 일부 면적이다. y와 z 축은 단면의 도심주축이 된다.

임의의 점 A에 대하여 전단응력의 총 내력 모멘트 M_x는 다음에 계산된다. 점 A를 중심으로 전단력 V_y의 하중에 따른 외력 모멘트는 $V_y e_z$와 같다. A와 전단중심 사이의 거리

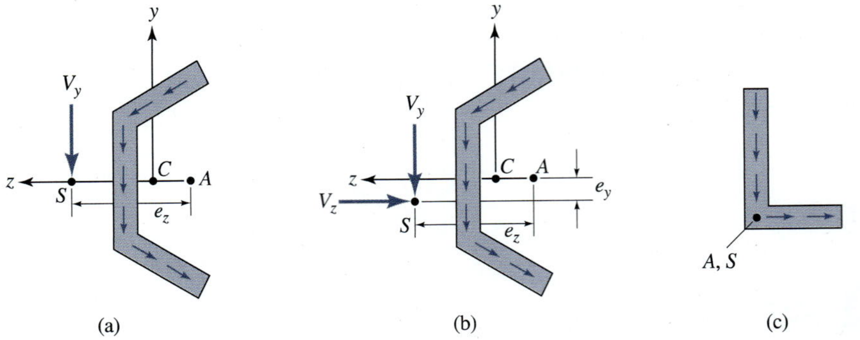

그림 7.43 앵글단면의 전단중심

는 $\Sigma M_A = V_y e_z = M_x$로부터 계산된다. 따라서

$$e_z = \frac{M_x}{V_y} \tag{7.49}$$

전단력 V_y가 점 A의 좌측까지 거리 e_z 위치에 작용한다면 부재는 비틀림 없이 수직평면 상에서 굽는다.

만일 횡하중 P가 방향에 상관없이 전단중심 S를 통하여 작용한다면 y축 성분(V_y)과 z축 성분(V_z)으로 분해될 수 있다. z축 방향의 전단력에 대하여 작용선은 앞에 기술된 바와 유사한 방법으로 위치를 정할 수 있다. 주목할 점은 이 경우 전단응력수식이 다음의 형식이 된다는 것이다.

$$\tau_{xz} = \frac{V_z Q_y}{I_y b} \tag{7.50}$$

여기서 $Q_z = \int_{A^*} xz\,dA$이다. 개별적으로 작용하는 V_y와 V_z에 따른 전단응력은 중첩시킴으로써 원래의 사력 P에 의한 전단응력을 결정할 수 있게 된다.

M_x를 결정하려면 그림 7.43(c)에 보여진 바와 같이 점 A를 면밀히 선택함으로써 쉽게 계산할 수 있다. 여기서 점 A를 중심으로 전단응력의 모멘트 M은 0이다. 점 A는 전단중심 S와 일치한다. 2개의 만나는 사각형 요소로 구성된 단면에 대하여 전단중심은 교점에 위치한다. 많은 항공기 부품에 대하여 전단중심의 위치는 특히 중요하다. 이에 관한 추가 지식을 원하는 독자는 참고문헌 7.9와 같은 몇 개의 출판물을 참조하기 바란다.

[예제 7.18] 채널 단면의 전단중심

조건 일정한 두께 t의 채널 단면은 그림 7.44(a)에 보여진 바와 같이 수직전단력 V_y에 의하여 외팔 보에 하중을 받고 있다.

문제 단면의 전단응력과 전단중심 S를 구하라.

가정 점 A, B, C에서 응력집중의 영향은 무시할 수 있다.

풀이 E로부터 s만큼 떨어진 곳에 위치한 플랜지 DE에서 전단응력을 우선 구하라[그림 7.44(a)]. E에서 전단응력은 없다. z축 주위로 면적 st의 일차 모멘트는 $Q_z = stc$이다. 식 (7.48)로부터 다음을 얻는다.

$$\tau_{xy} = V_y \frac{SC}{I_z}$$

$s = b$에서 최댓값

$$\tau_D = V_y \frac{bc}{I_z}$$

단면의 대칭성으로부터 $\tau_A = \tau_D$이다. 7.10절에 언급된 I형 보의 경우에서처럼 웹 상에서 응력은 포물선 모양으로 분포한다. **최대전단응력**은 중립축에서 발생한다(PART C, 문제 7.128 참조).

$$\tau_{\max} = \frac{3V_y(4b+h)}{2th(6b+h)} \tag{7.51}$$

전체 채널 단면 상의 전단응력분포는 그림 7.44(b)에 나타냈다.

전단응력이 플랜지 길이방향으로 변함에 따라서 식 (7.48)을 사용하면

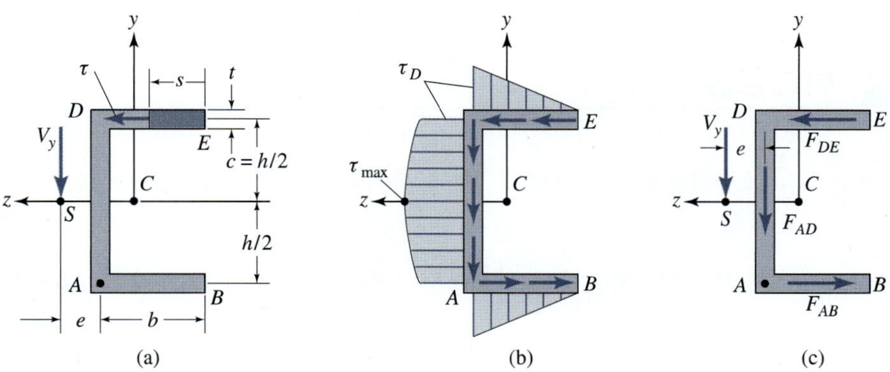

그림 7.44 (a) 채널 보의 단면 (b) 전단 분포 (c) 전단중심 S의 위치

$$F_{AB} = F_{DE} = \frac{1}{2}\tau_D bt = V_y \frac{b^2ct}{2I_z} \tag{a}$$

플랜지에 의하여 전달되는 수직전단력은 무시할만큼 작다(예제 7.8 참조). 따라서 $F_{AD} = V_y$로 정리할 수 있다[그림 7.44(b)].

다음으로 점 A에서 식 (7.49)를 적용하면 $M_x = 2F_{DE}c = Pe$이다. 식 (a)를 이 관계식에 대입하면

$$e = \frac{b^2c^2t}{I_z} = \frac{b^2h^2t}{4I_z} \tag{b}$$

여기서 채널 단면의 관성 모멘트 I_z는

$$I_z = \frac{1}{12}th^3 + 2\left(\frac{1}{12}bt^3 + \frac{1}{12}bth^2\right) \tag{c}$$

그러면 t^3를 포함하는 항은 매우 작으므로 무시하면 식 (c)는 다음과 같이 된다.

$$I_z = \frac{1}{12}th^3 + \frac{1}{12}bth^2 \tag{d}$$

그리고 **전단중심**의 위치는

$$e = \frac{3b^2}{6b+h} = \frac{b}{2+(h/3b)} \tag{7.52}$$

부가설명 주목할 점은 비의 값 $h/3b$에 따라서 e가 t에 의존하지 않고 $0 \sim b/2$ 사이에 있다는 것이다.

*7.18 비탄성굽힘

이제 탄소성 보의 소성굽힘을 생각하자. 7.3절에 주어진 굽힘이론의 기본가정은 소재가 비탄성적으로 거동하는 경우에도 유효하다. 보의 축에 수직한 단면평면은 굽힘 중에도 평면으로 있다. 따라서 보의 상단에서 하단까지 변형률은 선형분포를 유지하고 식 (7.2a)를 적용하면

$$\varepsilon_x = -\frac{y}{\rho}$$

여기서 ρ는 처짐 곡선의 곡률반경을 나타낸다. 그러나 응력의 크기는 응력-변형률 관계에

따르고 소재의 종류에 따라 변한다. 탄성굴곡수식은 훅의 법칙을 따르기 때문에 응력이 비례한계를 벗어나면 더 이상 적용할 수 없다.

소성 모멘트

양의 굽힘 모멘트 M을 받는 순수굽힘의 **사각형 보**를 해석한다[그림 7.45(a)]. 보는 탄소성 재료로 만들어진 경우를 가정하고 재료의 응력-변형률 선도는 그림 7.45(b)에 나타나 있다. 미지의 중립축에서 변형률은 0이다. 소성이 시작될 때 굽힘 모멘트 M_y는 굴곡수식으로부터 구할 수 있다.

$$M_y = \frac{I}{c}\sigma_y = S\sigma_y = \frac{1}{6}bh^2\sigma_y \tag{7.53}$$

이것은 **소성 모멘트**라고 한다. 여기서 S는 폭 b, 높이 h인 단면의 탄성계수이다. M_y와 일치하는 응력분포는 그림 7.46(a)에 그려져 있다.

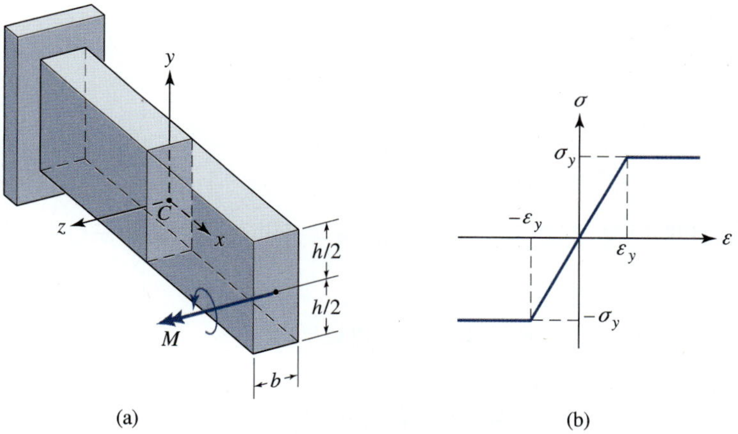

그림 7.45 (a) 순수굽힘 상태에서 탄소성 사각단면 보의 비탄성굽힘 (b) 탄소성 재료의 응력-변형률 선도

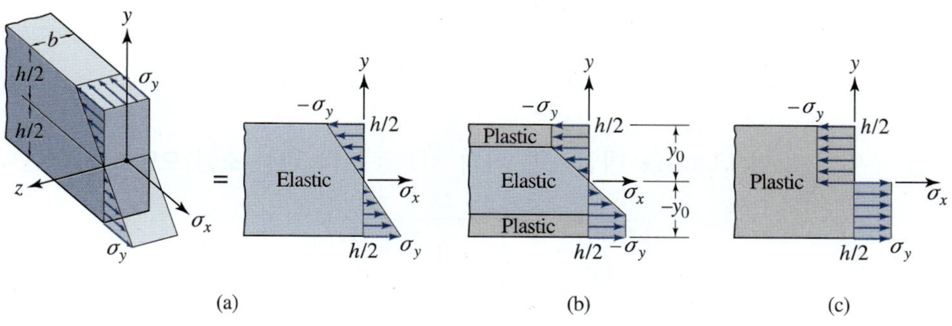

그림 7.46 굽힘 모멘트의 증가에 따른 사각단면 보의 응력분포 (a) 탄성 (b) 부분소성 (c) 완전소성

탄성-소성 모멘트

굽힘 모멘트가 증가함에 따라서 소성영역이 부재 내에서 증가한다. 중립면에서 탄성중심(elastic core)이 끝나는 위치까지 거리를 y_0라고 한다[그림 7.46(a)].

그림 7.46(b)를 살펴보면 굽힘응력이 다음과 같이 변한다.

$$\sigma_x = -\frac{y}{y_0}\sigma_y \qquad (-y_0 \le y \le y_0) \tag{a}$$

또한 $\sigma_x = -\sigma_y$, 범위 $y_0 \le y \le h/2$와 $\sigma_x = \sigma_y$, 범위 $-y_0 \le y \le -h/2$이다. 순수굽힘 상태에 있는 보에서 중립축의 위치는 평형조건을 사용하면 결정할 수 있다.

$$\Sigma F_x = \int \sigma_x dA = 0 \tag{b}$$

또는

$$\int_{-h/2}^{-y_0} \sigma_y b\, dy + \int_{-y_0}^{y_0} -\frac{y}{y_0}\sigma_y b\, dy + \int_{y_0}^{h/2} -\sigma_y b\, dy = 0$$

처음과 세 번째 적분을 소거하면

$$\frac{\sigma_y}{y_0}\int yb\, dy = 0$$

이것은 응력의 전체 탄성 분포 경우에서처럼 사각단면의 중립축과 도심축이 일치한다는 것을 의미한다.

유사하게 중립축 주위로 모멘트의 평형상태로부터

$$\Sigma M_z = -\int \sigma_x y\, dA = M \tag{c}$$

또는

$$-\int_{-h/2}^{-y_0} \sigma_y yb\, dy + \int_{-y_0}^{y_0} \frac{y}{y_0}\sigma_y yb\, dy + \int_{y_0}^{h/2} \sigma_y yb\, dy = M$$

적분을 수행하고 식 (7.53)을 대입하면 위의 식으로부터 **탄성-소성 모멘트**를 얻는다.

$$M = \frac{3}{2}M_y\left[1 - \frac{1}{3}\left(\frac{y_0}{h/2}\right)^2\right] \tag{7.54}$$

완전소성 모멘트

$y_0 = h/2$의 경우에 위의 식은 식 (7.53)과 $M = M_y$가 된다. y_0가 0으로 접근함에 따라서 굽힘 모멘트는 극한값에 도달한다.

$$M_p = M_u = \frac{3}{2}M_y = \frac{1}{4}bh^2\sigma_y \tag{7.55}$$

그림 7.46(c)의 응력분포와 일치하는 굽힘 모멘트의 값은 **완전소성 모멘트** 혹은 **극한 모멘트**(ultimate moment)라고 한다.

1개의 대칭면을 가진 보. 사각형 대신에 1개의 대칭면(y)이 있는(그림 7.47) 단면의 형상을 가정하면 식 (b)는 다음과 같이 된다.

$$(-\sigma_y A_1) + (\sigma_y A_2) = 0 \qquad \text{또는} \qquad A_1 = A_2$$

그러므로 완전소성굽힘의 중립축(z')은 단면을 2개의 동일한 면적으로 나눈다. 주목할 점은 이 축이 일반적으로 단면의 도심축(z)에 대한 중립축과 다른 위치에 있다는 것이다.

형상인자

앞의 해석을 응용하면 다른 단면형상에 대하여 유사한 관계식을 유도할 수 있다(예를 들어 그림 7.47). 일반적으로 **임의의 단면**에 대하여 보의 완전소성 모멘트는 다음 형식으로 쓸 수 있다.

$$M_p = \sigma_y Z \tag{7.56}$$

여기서 Z는 **완전소성단면계수**(plastic section modulus)라고 한다. 소성 모멘트에 대한 완전소성 모멘트의 비값은 단면적의 기하학적 형상에 의존하고, 이를 **형상인자**(shape factor)라고 한다.

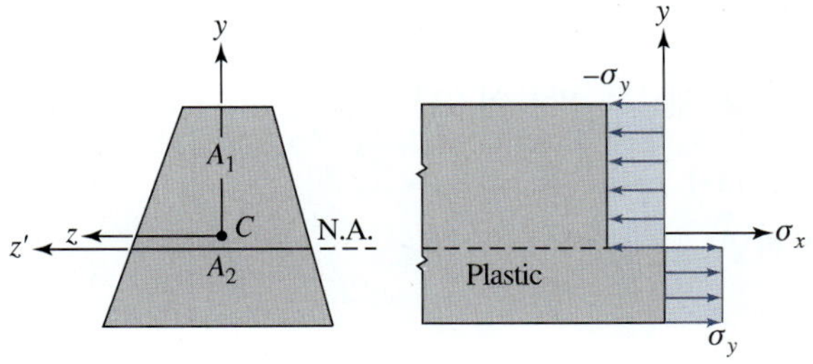

그림 7.47 사다리꼴 단면의 완전소성 보

$$f = \frac{M_p}{M_y} = \frac{Z}{S} \tag{7.57}$$

사각형단면 보의 경우 $S = bh^2/6$, 그리고 $Z = bh^2/4$가 된다. 따라서 식 (7.55)에 주어진 결과를 확인하면 $f = 3/2$가 된다. 완전소성계수는 중립축의 위와 아래 부분 면적의(중립축에 대한) **일차면적 모멘트** 합이다.

$$Z = \frac{bh}{2}\left(\frac{h}{4} + \frac{h}{4}\right) = \frac{1}{4}bh^2 \tag{d}$$

같은 방법으로 다른 단면의 완전소성계수도 예제 7.20과 같이 쉽게 계산된다.*

잔류응력

보가 비탄성으로 굽혀질 때 소성변형이 일어나서 보는 하중을 제거한 후에도 처음 형상으로 돌아가지 않는다. 이 보에는 **잔류응력**(residual stresses)이 존재한다(예제 7.19). 이 응력은 축하중과 비틀림에 대하여 각각 4.10절과 5.10절에 기술된 것과 동일한 방법으로 중첩의 원리를 적용하여 결정할 수 있다. 하중을 없애는 단계는 식 (7.7)을 응용하여 완전탄성상태에 있는 부재를 가정함으로써 해결할 수 있다.

예제 7.19 사각형단면 보의 잔류응력

조건 40 mm×100 mm인 사각단면 보가 굽힘 모멘트 $M = 20$ kN · m를 받고 있다. 재료상수는 $\sigma_y = 240$ MPa, $E = 200$ GPa이다.

문제

(a) 탄성중심의 두께

(b) 중립면의 곡률반경

(c) 굽힘 모멘트의 제거 후 잔류응력

가정 보는 탄성-완전소성 재료로 만들어졌다.

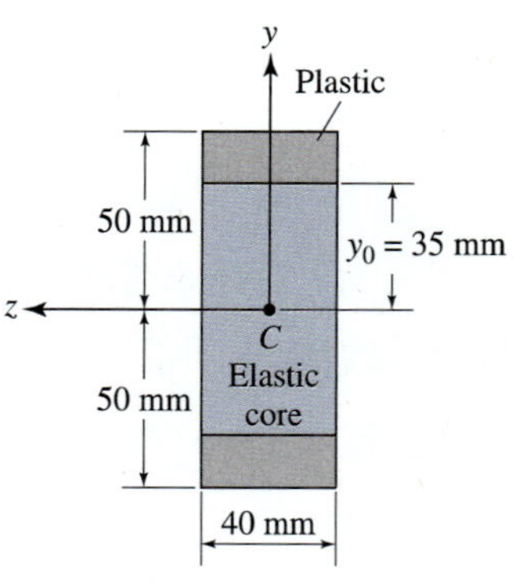

그림 7.48 탄성중심의 두께 $(2y_0)$ 결정

풀이 $h = 0.1$ m, $b = 0.04$ m일 때

(a) 식 (7.53)을 적용하면

---

* 강철구조 매뉴얼은 넓은 플랜지 보의 표준형상에 대한 Z값을 나열하고 있다(참고문헌 7.11).

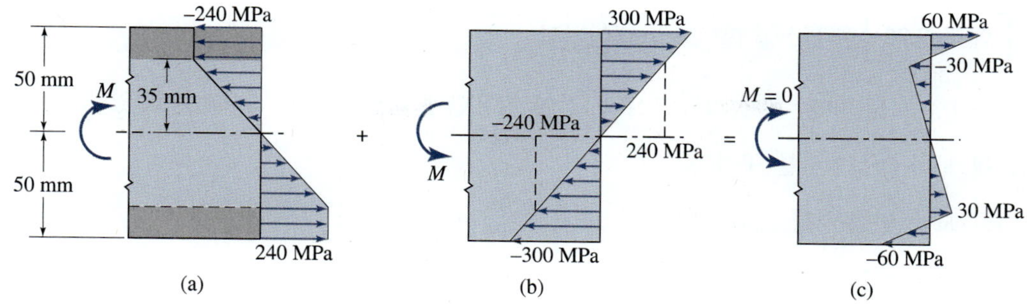

그림 7.49 사각단면 보의 응력분포 (a) 탄성-소성 (b) 탄성회복 (c) 잔류응력

$$M_y = \frac{1}{6}bh^2\sigma_y = \frac{1}{6}(0.04)(0.1)^2(240\times10^6) = 16\ \text{kN}\cdot\text{m}$$

식 (7.54)는

$$20 = \frac{3}{2}(16)\left(1 - \frac{4}{3}\frac{y_0^2}{0.01}\right)$$

이 결과로부터

$$y_0 = 35\times10^{-3}\ \text{m} = 35\ \text{mm} \qquad \text{그리고} \qquad 2y_0 = 70\ \text{mm}$$

(b) $y = y_0$에서 보의 양의 방향(위쪽) 반에 작용하는 소성변형률 ε_y는

$$\varepsilon_y = -\frac{\sigma_y}{E} = -\frac{240\times10^6}{200\times10^9} = -1200\ \mu$$

그러면 $\varepsilon_x = \varepsilon_y$에 대하여 식 (7.2a)는

$$\rho = -\frac{y_0}{\varepsilon_y} = \frac{35\times10^{-3}}{1.2\times10^{-3}} = 29.2\ \text{m}$$

(c) 모멘트 $M = 20\ \text{kN}\cdot\text{m}$에 의한 응력분포는 그림 7.49(a)에 보여져 있다. 모멘트 M을 제거하면 탄성응력을 일으키고 식 (7.8)이 적용된다[그림 7.49(b)].

$$\sigma'_{\max} = \frac{Mc}{I} = \frac{20\times10^3(0.05)}{0.04(0.1)^3/12} = 300\ \text{MPa}$$

부가설명 2개의 응력분포를 중첩시키면 잔류응력[그림 7.49(c)]이 보에 남게 된다.

[예제 7.20] 완전소성 I형 보의 형상인자

조건 I형 보의 외팔 보가 그림 7.50과 같이 자유단에 굽힘 모멘트 M을 받고 있다.

문제 보의 형상인자를 구하라.

가정 보는 탄성-소성 재료로 만들어졌다.

풀이 탄성단면계수는

$$S=\frac{I}{c}=\frac{1}{6h}(bh^3-b_1h_1^3)$$

그리고

$$M_y=S\sigma_y=\frac{1}{6h}(bh^3-b_1h_1^3)\sigma_y \tag{7.58}$$

완전소성계수는 중립축 위의 웹과 플랜지의 일차 모멘트를 취하고 2를 곱하여 계산할 수 있다.

$$Z=\frac{1}{4}(bh^2-b_1h_1^2) \tag{7.59}$$

그리고

$$M_p=Z\sigma_y=\frac{1}{4}(bh^2-b_1h_1^2)\sigma_y \tag{7.60}$$

식 (7.58)과 (7.60)을 식 (7.57)에 대입하면

$$f=\frac{M_p}{M_y}=\frac{3}{2}\,\frac{1-(b_1h_1^2/bh^2)}{1-(b_1h_1^3/bh^3)} \tag{7.61}$$

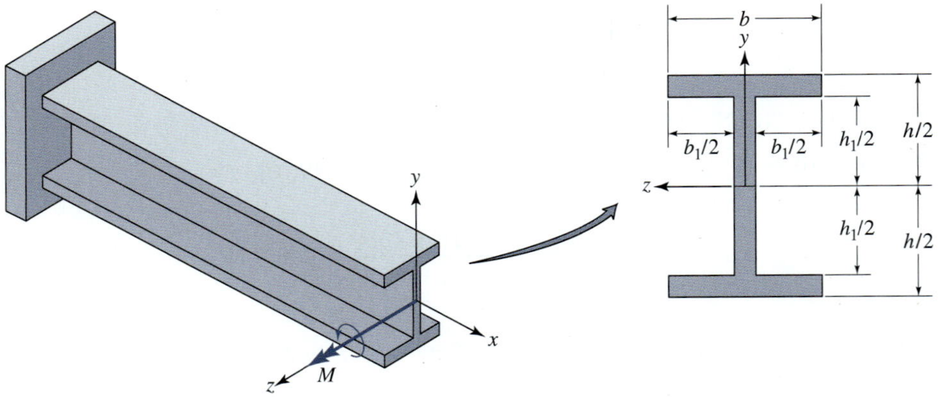

그림 7.50 탄소성 플랜지 보의 순수굽힘

부가설명 전술한 내용은 $f \le 3/2$임을 나타낸다. 사각단면($h_1 = 0$) 보에 대하여 $f = 3/2$가 된다. 따라서 만일 사각단면 보와 I형 보가 비탄성적으로 설계된다면 사각단면 보가 완전소성 파손에 도달할 때까지 더 큰 저항성을 보일 것이다.

모멘트-곡률의 상관관계

7.2절에서 논의한 바와 같이 곡률 κ를 결정하는 방법은 단지 기하학적인 정보에만 기초하며, 모든 종류의 소재로 구성된 보에 대하여 유효하다. 따라서 식 (7.1)은 $\theta = dv/dx$, $\kappa = d^2v/dx^2$와 함께 미소변형의 경우라면 완전소성해석에서 사용될 수 있다. 선형탄성 재료의 보에 대하여 식 (7.6)으로부터 $\kappa = M/EI$이다.

비탄성 보의 경우에 굽힘 모멘트의 관점에서 곡률의 표현은 $\kappa = M/EI$로 유도된다[식 (7.64) 참조]. 이때 식 (7.1)을 두 번 연속하여 적분하고 경계조건을 감안하면 비탄성 처짐량을 계산할 수 있다. 모멘트-면적 방법(10.10절)의 일반적인 모양은 **곡률-면적 방법**인 이 목적으로 매우 효율적으로 사용될 수 있다. 그러나 변위와 적용하중 사이의 비선형 관계로 인하여 계산은 대부분 매우 복잡해진다. 따라서 중첩법은 비탄성 처짐을 계산할 때 사용될 수 없다.

사각형단면. 이제 순수굽힘 하에 있는 탄소성 사각단면 보의 모멘트-곡률 관계를 생각한다(그림 7.51). 7.4절에 기술된 바와 같이 굽힘 모멘트 M을 가하면 곡률반경 ρ의 역수인 곡률이 발생한다. 보의 탄소성 경계[그림 7.46(b)]에서 소성변형률은 $\varepsilon_x = \varepsilon_y$이다. 그러므로 식 (7.1)로부터 다음을 얻는다.

$$\kappa = \frac{1}{\rho} = -\frac{\varepsilon_y}{y_0} \qquad \kappa_y = \frac{1}{\rho_y} = -\frac{\varepsilon_y}{h/2} \tag{7.62}$$

여기서 κ와 κ_y는 각각 소성이 발생하는 때와 이후의 보의 곡률과 일치한다. 식 (7.62)로부터

$$\frac{\kappa_y}{\kappa} = \frac{\rho}{\rho_y} = \frac{y_0}{h/2} \tag{7.63}$$

식 (7.63)과 (7.55)를 식 (7.54)에 대입하면 요구되는 모멘트-곡률 관계를 얻는다.

$$M = \frac{3}{2}M_y\left[1 - \frac{1}{3}\left(\frac{\kappa_y}{\kappa}\right)^2\right] = M_p\left[1 - \frac{1}{3}\left(\frac{\kappa_y}{\kappa}\right)^2\right] \tag{7.64}$$

주목할 점은 식 (7.64)가 단지 굽힘 모멘트가 M_y보다 크게 되는 경우에만 유효하다는 것이다. $M < M_y$에 대하여 식 (7.58)은 가능하다. 곡률에 따른 M의 변화는 그림 7.51에 나타냈다.

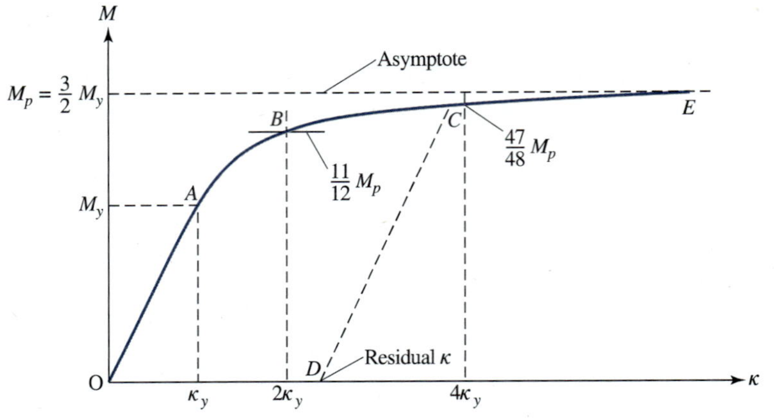

그림 7.51 사각단면을 가진 보에 대한 모멘트-곡률 관계

M은 점근값 $\frac{3}{2}M_y$에 빠르게 접근함을 알 수 있는데, 이 점근값은 완전소성 모멘트 M_p이다. $\kappa = 2\kappa_y$ 혹은 $y_0 = h/4$일 때 M_p의 11/12는 이미 도달한 상태이다. 명백히 곡선의 A, B, E 위치는 그림 7.46에 나타난 응력분포와 일치한다. 예를 들어 점 C에서 하중을 제거하면 탄성회복이 선 CD를 따라서 일어나고 점 D가 잔류곡률로 남게 되는 값이다.

여러 가지 단면. 세 가지 하중단계를 설명하기 위하여 원, 사각형, 넓은 플랜지 보의 단면형상에 대하여 무단위 모멘트를 무단위 곡률에 대하여 그림 7.52에 나타냈다. 각 경우에 선형 탄성반응이 시작단계에 존재한다. 이후 곡선부분이 따르는데, 이는 부재가 부분 탄성, 부분 소성상태에 있음을 의미한다. 이를 소성흐름이 포함된 영역이라고 한다. 마지막으로 부재는 굽힘 모멘트가 증가하지 않는 상태에서 계속적으로 소성이 진행된다. 단면이 전체

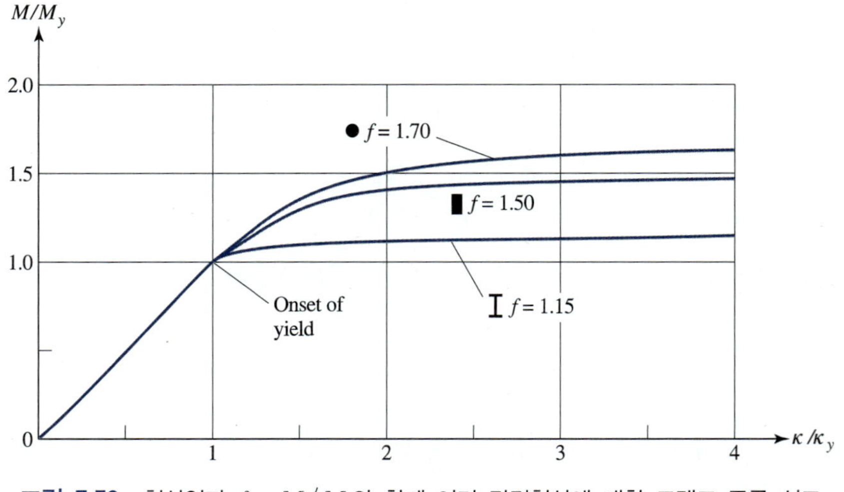

그림 7.52 형상인자 $f = M_p/M_y$와 함께 여러 단면형상에 대한 모멘트-곡률 선도

소성상태에 접근함에 따라서 점근선을 향하여 각 곡선의 빠른 상승을 주목하라. 이 단계에서 자유로운 소성흐름이 발생하여 일치하는 모멘트는 완전소성 모멘트 M_p가 된다. 따라서 단면은 급작스럽게 꺾이게 되는데, 이를 **완전소성힌지**(plastic hinge)라고 한다.

지금까지 기술한 완전소성굽힘은 전단력의 영향을 무시하고 있다. 이 영향은 일반적인 형상의 보(7.3절 참조)에서는 무시할 수 있는 양이다. 따라서 완전소성굽힘의 기술적 이론에서 그림 7.46의 굽힘-응력분포와 모멘트-곡률 관계식 (7.64)는 전단이 존재할 때 모멘트가 보의 축방향을 따라서 변하는 경우에 여전히 유효하다.

*7.19 곡선 보

지금까지 굽힘에 따른 응력 해석은 직선 부재에 국한되었다. 그러나 기중기 후크, C형 크램프, 펀치-프레스 구조, 사슬링크, 분할고리 등과 같은 많은 부품이 굽혀진 상태로 보와 같은 하중을 받는다. 이 절에서는 하중이 없는 상태에서 곡률이 있는 보 혹은 막대의 굽힘에 의한 응력을 해석한다. 이 방법은 E. 윙클러(1835~1888)에 의한 것이다. 직선 보 이론의 모든 가정은 **윙클러의 이론**에 적용되는데, 해당되지 않는 경우는 보가 무하중상태에서 곡률이 있다는 것이다.

양끝에 짝힘 M[그림 7.53(a)]에 의한 순수굽힘을 받는 수직대칭축(y)을 가진 균일 단면적을 가진 **곡선 보**를 고려한다. 주목할 점은 양의 y방향은 중립축으로부터 곡률중심 O

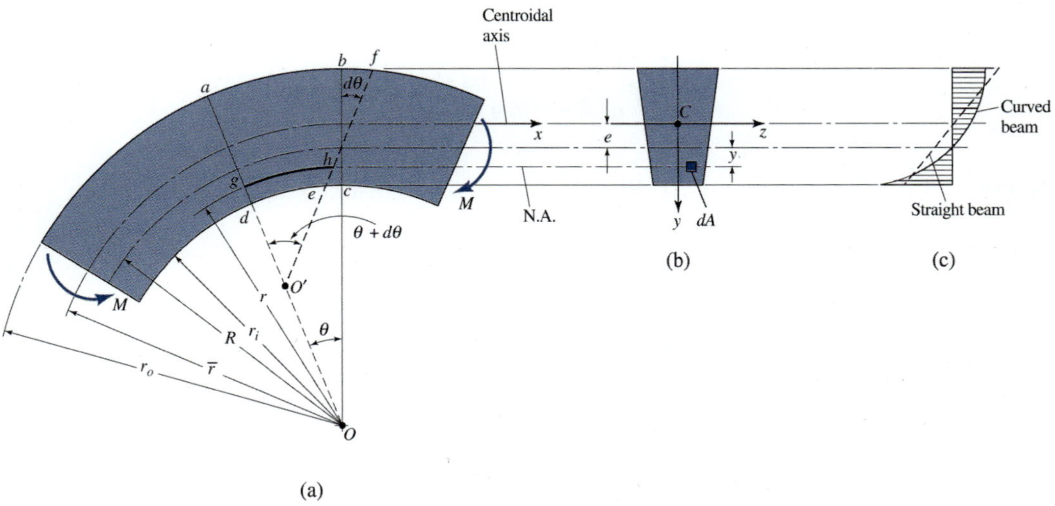

그림 7.53 순수굽힘을 받는 곡선 보

를 향하여 측정된다는 것이다[그림 7.53(b)]. 최외곽의 밖과 안쪽 원주 위치는 각각 곡률중심으로부터 r_o와 r_i에 있다. 도심축의 곡률반경은 $\bar{r}$로 표시하였다. 보의 응력분포 유도는 고체역학의 세 원리와 최초 단면의 평면은 굽힘 이후에도 평면으로 남는다는 가정에 기초한다. 이것은 보의 요소 $abcd$와 관계하여 선 ef로 나타냈으며, 이 보의 요소는 각 θ로 정의한다.

중립축의 위치

그림 7.53(a)로부터 보의 임의 위치에 있는 곡선 gh의 처음 길이는 곡률반경 O로부터 떨어진 거리 r에 의존한다. 그러므로 보의 요소가 작은 각 $d\theta$에서 회전하면서 보의 곡선길이 변형은 선형원칙을 따른다고 할 수 있다. 그러나 접선방향의 변형률, 즉 수직변형률 ε은 선형관계를 따르지 않는다. 호 gh의 수축량은 $-(R-r)d\theta$와 같다. 여기서 R은 O로부터 중립축(아직 미지수)까지 거리이고 중립축의 처음 길이는 $r\theta$이다. 그래서 이 호의 수직변형률은 $\varepsilon=-(R-r)d\theta/r\theta$로 계산된다. 편의를 위하여 $\lambda=d\theta/\theta$로 한다. 이 값은 어떤 요소에 대하여도 일정한 상수이다.

접선방향 응력으로도 불리는 수직응력은 단면적 dA에 작용하며 훅의 법칙 $\sigma=E\varepsilon$으로부터 계산될 수 있다. 그러므로

$$\sigma=-E\lambda\frac{R-r}{r} \tag{a}$$

평형조건, $\sum F_x=0$과 $\sum M=0$은 각각

$$\int \sigma dA=0 \tag{b}$$

$$-\int \sigma(R-r)dA=M \tag{c}$$

식 (a)로부터 σ를 식 (b)에 대입하면

$$\int_A -E\lambda\left(\frac{R-r}{r}\right)dA=0 \tag{d}$$

$E\lambda$와 R은 일정한 상수이므로 적분기호 밖으로 빼어내면 다음을 얻는다.

$$E\lambda\left(R\int_A\frac{dA}{r}-\int_A dA\right)=0$$

중립축의 반경 R은 다음의 식으로 표현된다.

$$R = \frac{A}{\displaystyle\int_A \frac{dA}{r}} \tag{7.65}$$

여기서 A는 보의 단면적이다. 앞의 식에서 적분은 다양한 단면형상(예제 7.1과 문제 7.170 ~7.172)에 대하여 적용될 수 있다. 참고로 표 7.1은 흔히 만나는 경우를 나열한 것이다.

표 7.1 여러 단면형상의 성질

단면	중립면의 반경
A. 사각형 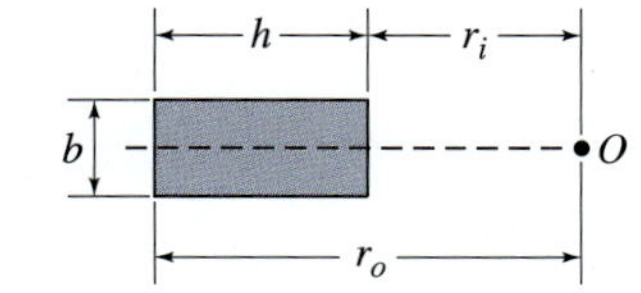	$R = \dfrac{A}{\ln\dfrac{r_o}{r_i}}$ $A = bh$
B. 원 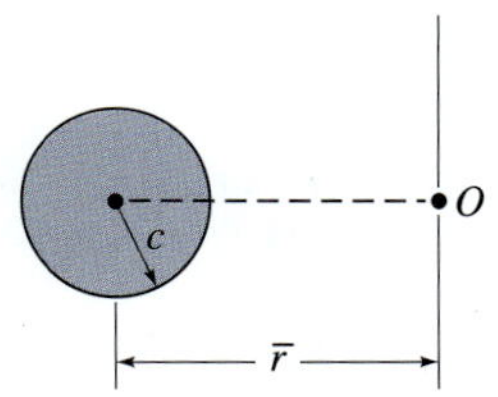	$R = \dfrac{A}{2\pi\left(\bar{r} + \sqrt{\bar{r}^2 - c^2}\right)}$ $A = \pi c^2$
C. 타원 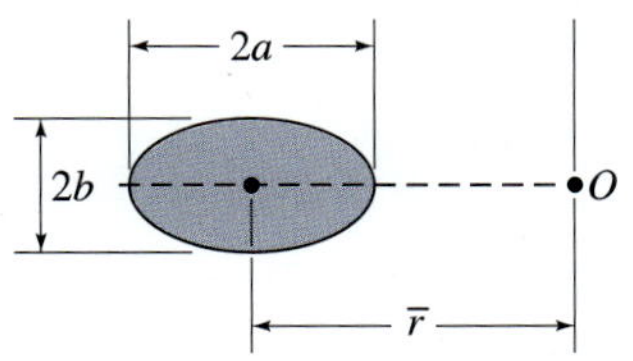	$R = \dfrac{A}{\dfrac{2\pi b}{a}\left(\bar{r} - \sqrt{\bar{r}^2 - a^2}\right)}$ $A = \pi ab$
D. 삼각형 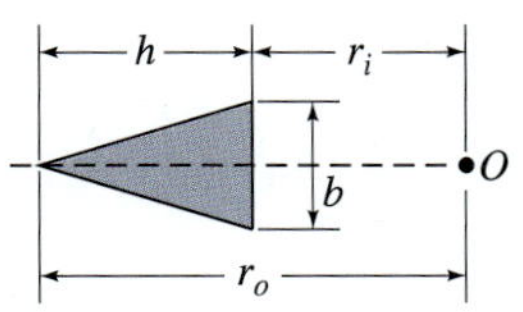	$R = \dfrac{A}{\dfrac{br_o}{h}\left(\ln\dfrac{r_o}{r_i}\right) - b}$ $A = \dfrac{1}{2}bh$
E. 사다리꼴 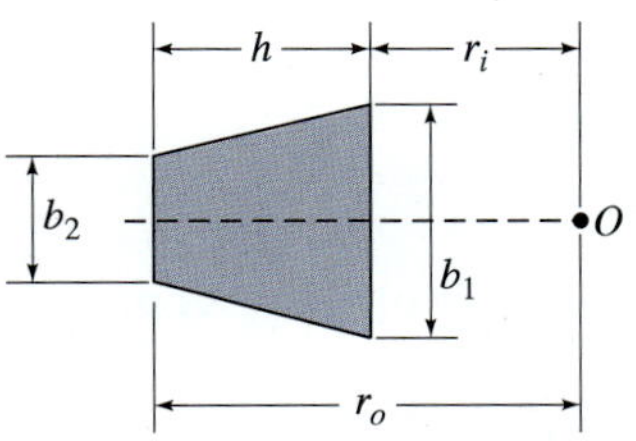	$R = \dfrac{A}{\dfrac{1}{h}\left[(b_1 r_o - b_2 r_i)\ln\dfrac{r_o}{r_i} - h(b_1 - b_2)\right]}$ $A = \dfrac{1}{2}(b_1 + b_2)h$

단면의 **도심과 중립축** 간의 **거리** e는 다음으로 주어진다.

$$e = \bar{r} - R \tag{7.66}$$

그러므로 결론적으로 곡률을 가진 부재에서 중립축은 도심축과 일치하지 않는다. 이는 직선탄성 보의 경우에서 일치했던 점과 다르다.

수직응력

중립축의 위치가 구해지면 응력분포에 대한 방정식은 식 (a)를 (c)에 대입함으로써 얻어진다. 결과로

$$M = E\lambda \int_A \frac{(R-r)^2}{r} dA$$

식을 전개하면

$$M = E\lambda \left(R^2 \int_A \frac{dA}{r} - 2R \int_A dA + \int_A r\, dA \right)$$

이 식에서 첫 적분은 식 (7.65)로 얻어진 바와 같이 A/R과 동등하며 둘째 적분은 단면적 A와 같다. 정의에 의하여 셋째 적분은 $\bar{r}$가 도심축의 반경으로 놓으며 $\bar{r}A$가 된다. 따라서

$$M = E\lambda A(\bar{r} - R) = E\lambda A e$$

이제 식 (a)로부터 E를 위의 식에 대입하고 얻어진 식으로부터 σ를 구한다.

곡률이 있는 보에서 곡률반경으로부터 거리 r 위치에 작용하는 **수직응력**은 다음과 같다.

$$\sigma = -\frac{M(R-r)}{Aer} \tag{7.67}$$

여기서 e는 식 (7.66)에 의하여 정의된다. $y = R - r$ 혹은 $r = R - y$[그림 7.53(a)]를 식 (7.67)에 대입하면

$$\sigma = -\frac{M_y}{Ae(R-y)} \tag{7.68}$$

식 (7.67) 혹은 (7.68)은 **곡선 보의 수식**이다. 두 식에 따르면 곡선 보의 응력분포가 **쌍곡선** 형태가 된다. 굽힘 모멘트에 적용되는 **부호약속**은 그림 7.53에 보여진 대로 보의 오목한 부분으로 향하면 양수이다. 식 (7.67) 혹은 (7.68)에 의하여 얻어진 양의 값이 인장응력을 의

미한다.

이 결과는 그림 7.53(c)에서 직선 보의 수식으로부터 얻어진 것과 비교되어 있다. 선형과 쌍곡선 형태의 응력분포가 $r_o/r_i = 1.1$에 대하여 거의 유사하다(참고문헌 7.4 참조). 그래서 약간의 곡률을 가진 보인 경우에 대하여 굴곡수식은 믿을 만한 결과를 제공하며 간단한 계산으로 해결된다. 보의 곡률이 증가하면($r_o/r_i > 1.3$), 오목한 방향에 작용하는 응력이 굴곡수식으로 주어진 것보다 빠르게 증가한다.

[예제 7.21] 프레임에서 가장 큰 응력 구하기

조건 그림 7.54에 보여진 바와 같이 평균반경 $\bar{r}$의 사각단면 부재가 양끝 모멘트 M을 받고 있다. 데이터는 다음과 같다.

$$M = 10 \text{ kip}\cdot\text{in.} \qquad b = 1.25 \text{ in.}$$
$$h = 2 \text{ in.} \qquad \bar{r} = 5 \text{ in.}$$

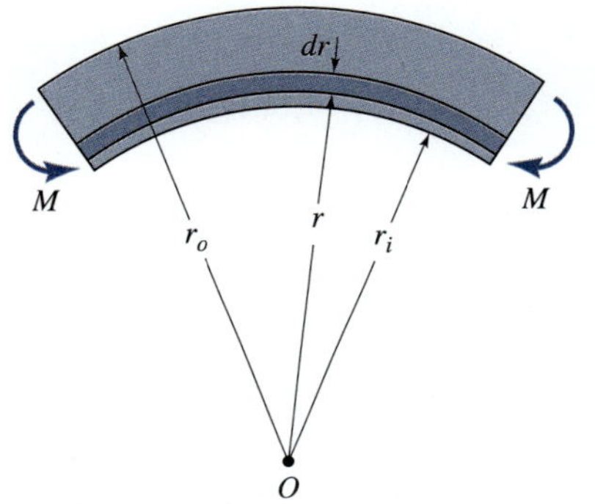

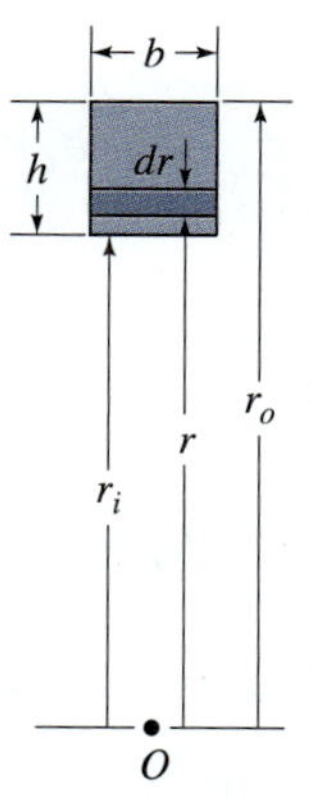

그림 7.54 순수굽힘을 받는 사각단면의 곡선 보

문제 부재의 응력을 구하라.

(a) 굴곡수식을 사용하라.

(b) 곡선 보의 수식을 사용하라.

가정 응력이 계산된 단면은 하중 M이 가해진 양단으로부터 떨어져 있다.

풀이 아래첨자 i와 o는 각각 내측과 외측을 의미한다.

(a) $c = h/2$인 경우 굴곡수식 (7.8)로부터

$$\sigma_o = -\sigma_i = \frac{Mc}{I} = \frac{10(1)}{\frac{1}{12}(1.25)(2)^3} = 12 \text{ ksi}$$

이것은 직선 보일 때 나오는 결과이다.

(b) 그림 7.54를 참조하여 중립축의 반경 R의 식을 우선 유도한다. $A = bh$이고 $dA = b/dr$이다. r_o와 r_i 범위에 대하여 식 (7.65)를 적분하면 결과는

$$R = \frac{A}{\int_A \frac{dA}{r}} = \frac{bh}{\int_{r_i}^{r_o} \frac{b\,dr}{r}} = \frac{h}{\int_{r_i}^{r_o} \frac{dr}{r}}$$

또는

$$R=\frac{h}{\ln\frac{r_o}{r_i}} \tag{7.69}$$

주어진 수치값을 사용하면

$$A=bh=(1.25)(2)=2.5\ \text{in.}^2$$

$$r_i=\bar{r}-\frac{1}{2}h=5-1=4\ \text{in.}$$

$$r_o=\bar{r}+\frac{1}{2}h=5+1=6\ \text{in.}$$

식 (7.69)와 (7.66)은 각각

$$R=\frac{h}{\ln\frac{r_o}{r_i}}=\frac{2}{\ln\frac{6}{4}}=4.9326\ \text{in.}$$

$$e=\bar{r}-R=5-4.9326=0.0674\ \text{in.}$$

중립축의 반경 R은 5개의 유효숫자로 계산되어야 함을 유의하라.
가장 큰 인장응력과 압축응력은 식 (7.67)을 사용하여 다음과 같이 얻을 수 있다.

$$\sigma_i=-\frac{M(R-r_i)}{Aer_i}=-\frac{10(4.9326-4)}{(2.5)(0.0674)(4)}=-13.84\ \text{ksi}$$

$$\sigma_o=-\frac{M(R-r_o)}{Aer_o}=-\frac{10(4.9326-6)}{(2.5)(0.0674)(6)}=10.56\ \text{ksi}$$

음수 부호는 압축응력을 의미한다.

부가설명 굴곡수식으로 (a)에서 구한 최대응력 12 ksi는 (b)에서 구한 최대응력 13.84 ksi보다 정확한 값에서 7% 오차를 보인다.

중첩법

일반적으로 곡선 보는 다음의 예제에서 보인 바와 같이 단면적에 모멘트는 물론 축방향 힘이 동시에 존재한다. 식 (7.67)에 주어진 수직응력은 단면적 A의 도심을 통과하는 축방향 힘 P에 따른 응력에 더해지면 된다. 이런 단순한 경우의 중첩법에 대하여 곡률중심 O에서 거리 r의 위치에서 작용하는 총 응력은 다음과 같이 표현된다.

$$\sigma = \frac{P}{A} - \frac{M(R-r)}{Aer} \tag{7.70}$$

음의 부호는 압축하중 P와 관련된다. 물론 이 절에서 개발된 이론은 곡선 보의 탄성응력 분포에만 적용된다. 다양한 혼합하중을 받는 직선 부재의 응력은 9장에서 자세히 설명한다.

[예제 7.22] 기중기 후크의 응력해석

조건 간단한 사각단면의 후크가 그림 7.55(a)에 나타낸 바와 같이 하중을 받고 있다. 다음 수치가 주어진다.

$$P = 5\ \text{kN} \qquad \bar{r} = 60\ \text{mm} \qquad b = 30\ \text{mm} \qquad h = 40\ \text{mm}$$

문제 부재의 임계응력을 구하라.

가정 최대응력은 단면 $A-B$에서 일어난다.

풀이 주어진 조건에 대하여[그림 7.55(b)]

$$A = bh = (30)(40) = 1200\ \text{mm}^2$$

$$r_i = \bar{r} - h = 60 - 20 = 40\ \text{mm}$$

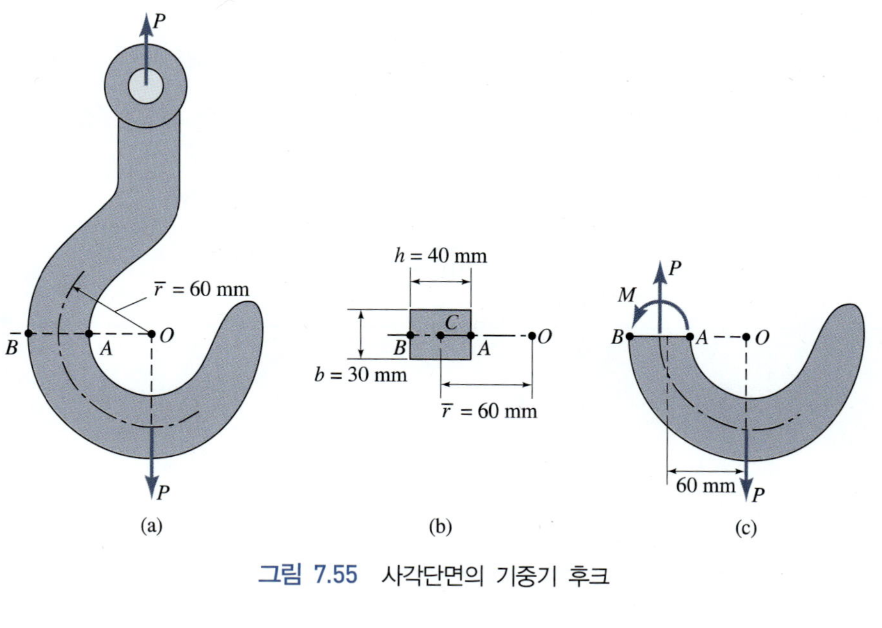

그림 7.55 사각단면의 기중기 후크

$$r_o = \bar{r} + h = 60 + 20 = 80 \text{ mm}$$

식 (7.69)와 (7.66)으로부터 다음을 얻는다.

$$R = \frac{h}{\ln\frac{r_o}{r_i}} = \frac{40}{\ln 2} = 77.7078 \text{ mm}$$

$$e = \bar{r} - R = 60 - 57.7078 = 2.2922 \text{ mm}$$

평형상태에서 주어진 힘 P를 유지하려면 단면의 도심에 축방향 인장력 P와 모멘트 $M = -P\bar{r}$이 있어야 한다[그림 7.55(c)]. 그래서 식 (7.70)을 사용하면 단면 $A-B$의 **내측 모서리($r = r_i$)에서 응력**은 다음과 같다.

$$\sigma_A = \frac{P}{A} - \frac{(-P\bar{r})(R - r_i)}{Aer_i} = \frac{P}{A}\left[1 + \frac{\bar{r}(R - r_i)}{er_i}\right] \tag{7.71a}$$

$$= \frac{5 \times 10^3}{1.2(10^{-3})}\left[1 + \frac{60(57.7078 - 40)}{(2.2922)(40)}\right] = 52.45 \text{ MPa}$$

같은 방법으로 **외측 모서리($r = r_o$)에서 응력**은 다음과 같다.

$$\sigma_B = \frac{P}{A} - \frac{(-P\bar{r})(R - r_o)}{Aer_o} = \frac{P}{A}\left[1 + \frac{\bar{r}(R - r_o)}{er_o}\right] \tag{7.71b}$$

$$= \frac{5 \times 10^3}{1.2(10^{-3})}\left[1 + \frac{60(57.7078 - 80)}{(2.2922)(80)}\right] = -26.23 \text{ MPa}$$

σ_B의 음의 부호는 압축응력을 의미한다. 최대인장응력은 A에서 일어나고 52.45 MPa이다.

부가설명 다음과 같은 축방향 힘에 의한 응력은 단면의 두 점 A와 B에서 결합된 응력과 비교하면 매우 작다.

$$\frac{P}{A} = \frac{5(10^3)}{(1.2 \times 10^{-3})} = 4.167 \text{ MPa}$$

연습문제

7.14절~7.19절

7.87~7.89 그림 P7.87~P7.89의 합성 보는 강철 보와 황동 보로 고정되어 만들어졌고, 굽힘 모멘트 $M_z = 200$ N·m가 작용하며, 단위는 mm이다. 황동과 강철의 최대굽힘응력을 구하라.

조건 $E_s = 200$ GPa, $E_b = 100$ GPa

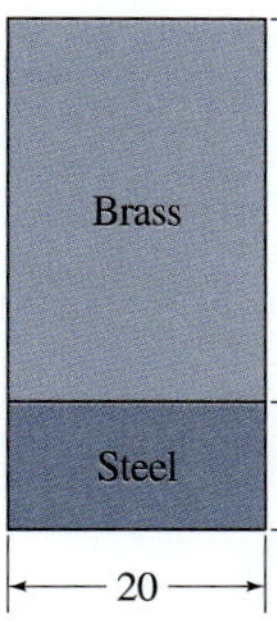

그림 P7.87

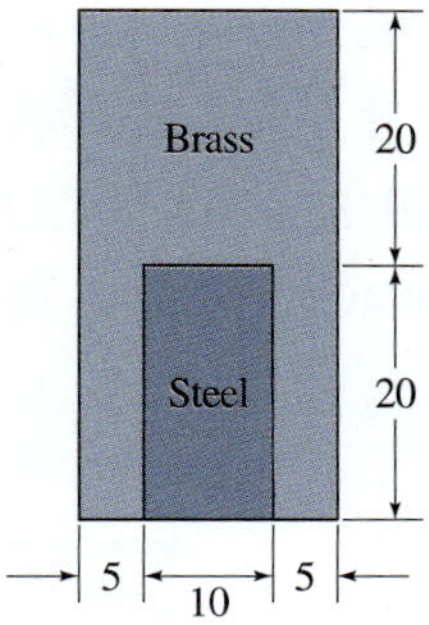

그림 P7.88

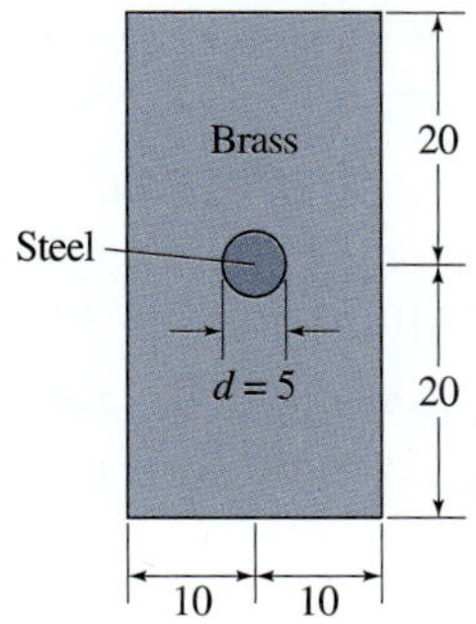

그림 P7.89

7.90~7.92 그림 P7.87~P7.89와 같은 단면의 합성 보에서 최대허용 굽힘 모멘트를 구하라.

조건 $(\sigma_b)_{\text{all}} = 120$ MPa, $(\sigma_s)_{\text{all}} = 140$ MPa, $E_b = 100$ GPa, $E_s = 200$ GPa

7.93 길이 5 ft의 가로 6 in., 세로 10 in.인 목재 외팔 보의 상하면이 가로 6 in., 세로 1/8 in.의 강철 판으로 보강되어 있다. 보는 그림 P7.93처럼 전체 길이에 150 lb/ft 의 균일하중을 지지하고 있다. 각 재질의 최대굽힘응력을 구하라.

조건 $E_w = 1.5 \times 10^6$ psi, $E_s = 30 \times 10^6$ psi

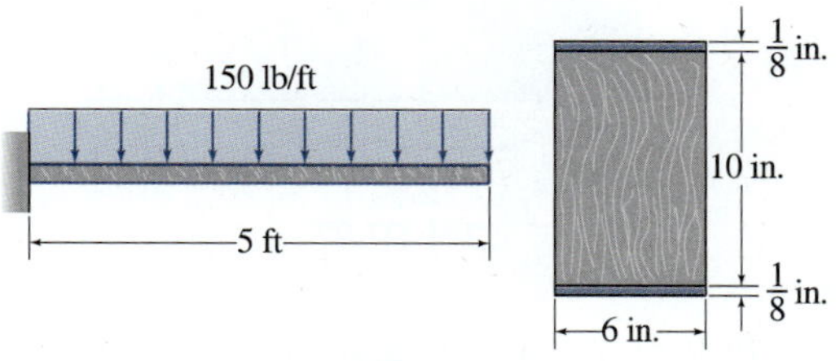

그림 P7.93

7.94 보가 단순지지되어 있을 때 문제 7.93을 다시 구하라.

7.95 목재 외팔 보의 양측에 세로 10 in., 가로 1/8 in.의 강철 판이 보강되어 있다. 문제 7.93을 다시 구하라.

***7.96** 알루미늄 판과 강철 판이 그림 P7.96의 합성 보를 만들기 위해 고정되어 있다. 보의 단면에서 b를 구하라.

조건 $(\sigma_a)_{\text{all}} = 80$ MPa, $(\sigma_s)_{\text{all}} = 240$ MPa, $E_a = 70$ GPa, $E_s = 210$ GPa

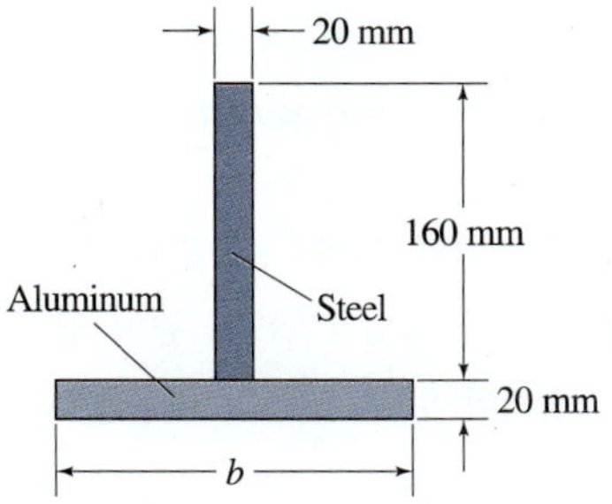

그림 P7.96

7.97 그림 P7.97의 단면을 가진 합성 보에서 수평

z축에 대한 허용굽힘 모멘트 M을 구하라.

조건 $(\sigma_b)_{\text{all}} = 17$ ksi, $(\sigma_s)_{\text{all}} = 20$ ksi, $E_b = 15 \times 10^6$ psi, $E_s = 30 \times 10^6$ psi

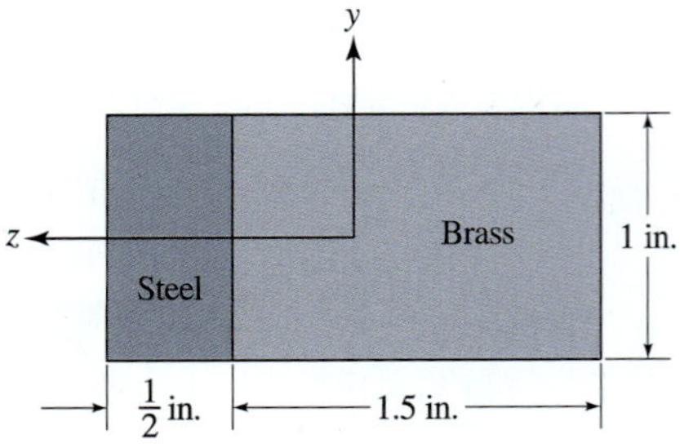

그림 P7.97

***7.98** 길이 $L = 4$ ft인 외팔 보에 $w = 3$ kip/ft의 균일한 분포하중이 작용하고 있다. 그림 P7.98에서와 같이 보의 단면은 목재 테두리와 알루미늄 판의 속이 빈 상자이다. 알루미늄 판 두께 t를 구하라.

조건 $E_w = 1.6 \times 10^6$ psi, $E_a = 10 \times 10^6$ psi, $(\sigma_w)_{\text{all}} = 1.2$ ksi, $(\sigma_a)_{\text{all}} = 20$ ksi

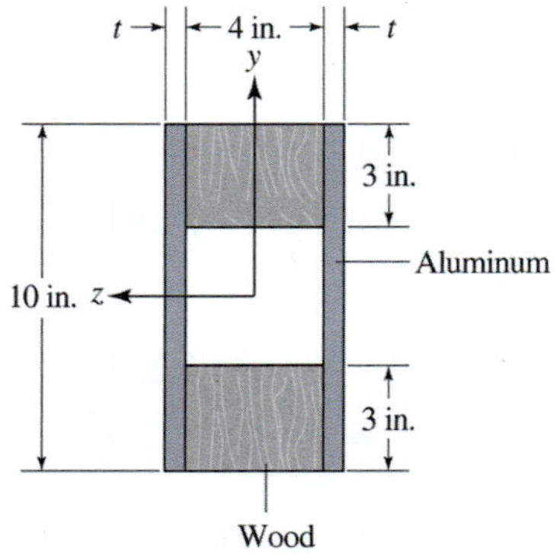

그림 P7.98

***7.99** 외경이 d인 원형 청동관과 직경이 $d/3$인 알루미늄 코어가 그림 P7.99와 같이 단면 합성 보 형태로 고정되어 있다. 황동의 허용응력은 σ_b일 때 보가 지지할 수 있는 최대 굽힘 모멘트 M을 구하라.

조건 $E_a = 70$ GPa, $E_b = 110$ GPa, $\sigma_b = 520$ MPa, $d = 75$ mm

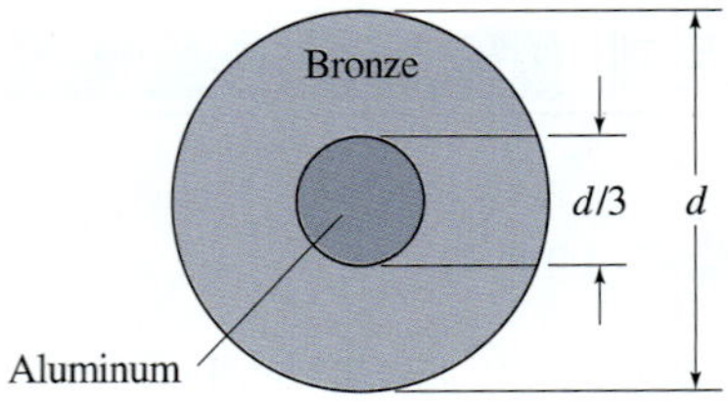

그림 P7.99

7.100 그림 P7.100은 두 가지 금속 조각(알루미늄과 동)으로 구성된 보의 단면이다. z축 방향으로 굽힘 모멘트 M이 작용할 때 다음을 구하라.

(a) 알루미늄 조각의 최대응력

(b) 동 조각의 최대응력

조건 $E_c = 105$ GPa, $E_a = 75$ GPa, $M = 40$ kN · m

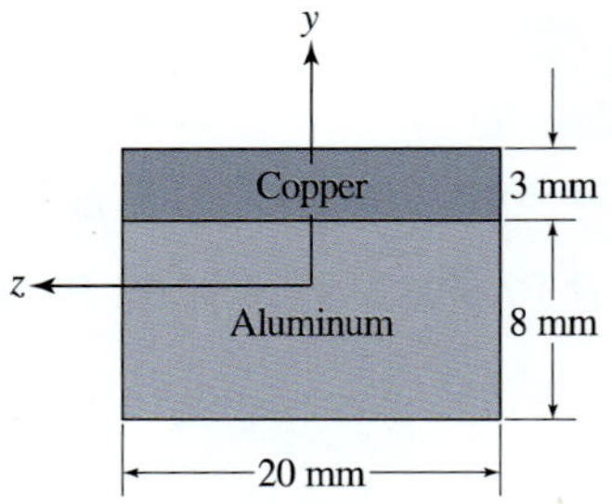

그림 P7.100

7.101 그림 P7.101에서와 같은 단면의 강화된 콘크리트 보에 z축에 대해 굽힘 모멘트 M이 작용한다. 다음을 구하라.

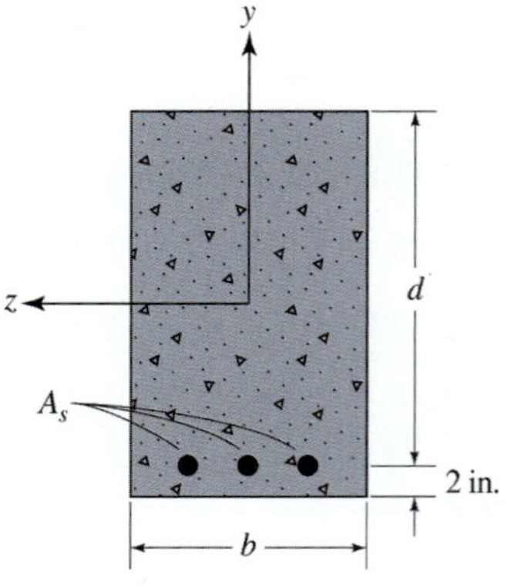

그림 P7.101

(a) 강철의 응력

(b) 콘크리트의 최대응력

조건 $E_c = 3.75 \times 10^6$ psi, $E_s = 30 \times 10^6$ psi, $M = 5$ kip · in., $b = 10$ in., $d = 16$ in., $A_s = 4$ in.^{2}

***7.102** 그림 P7.102와 같은 하중을 받는 단순지지된 강화콘크리트 보의 최대허용값 P를 구하라.

조건 $(\sigma_c)_{all} = 8.4$ MPa, $(\sigma_s)_{all} = 140$ MPa, $n = 8$

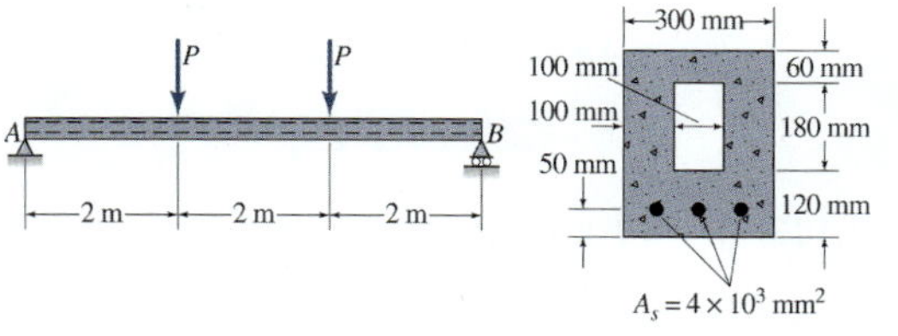

그림 P7.102

7.103 그림 P7.103의 강화콘크리트 보에서 $(\sigma_c)_{all} = 10$ MPa, $(\sigma_s)_{all} = 140$ MPa일 때 보의 z축에 대해 작용하는 굽힘 모멘트 M을 구하라.

조건 $b = 400$ mm, $d = 600$ mm, $A_s = 2500$ mm^2, $n = 8$

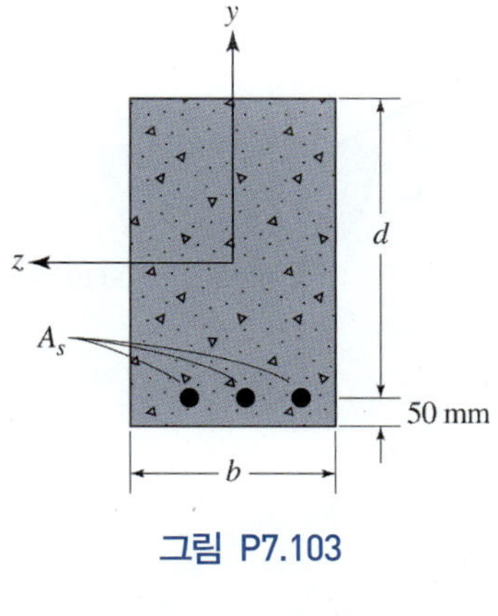

그림 P7.103

7.104 그림 P7.103과 같은 단면의 보는 z축에 대해 모멘트 $M_z = 40$ kN · m를 지지할 수 있다. $(\sigma_s)_{all} = 150$ MPa, $(\sigma_c)_{all} = 7.5$ MPa, $d = 500$ mm, $n = 10$일 때 다음을 구하라.

(a) 면적 b의 최소허용값

(b) 면적 A_s의 최소허용값

7.105 그림 P7.105와 같이 외팔 보에 작용하는 굽힘응력이 최소일 때 α의 값을 구하라.

조건 $b = 6$ in., $h = 9$ in.

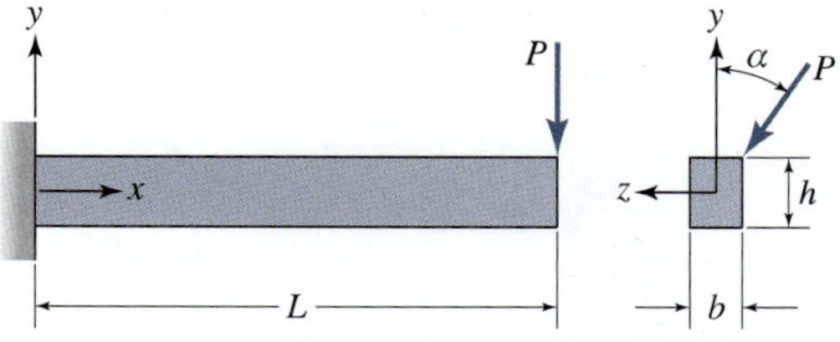

그림 P7.105

7.106 외팔 보에 그림 P7.105와 같은 하중이 작용한다. 다음을 구하라.

(a) 면에 수직으로 작용하는 최대응력

(b) 중심축의 방향

조건 $L = 2$ m, $h = 2b = 100$ mm, $\alpha = 20°$, $P = 500$ N

7.107~7.109 그림 P7.107~P7.109의 단면처럼 보의 수평축에 각도 α방향으로 모멘트 M이 적용된다. 점 A, B, D에서 응력을 구하라.

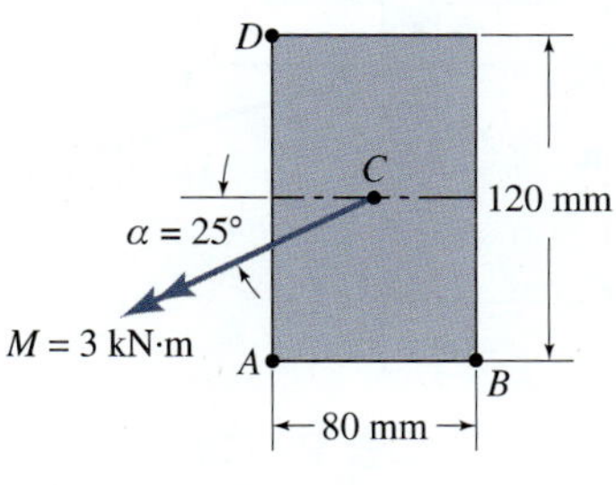

그림 P7.107

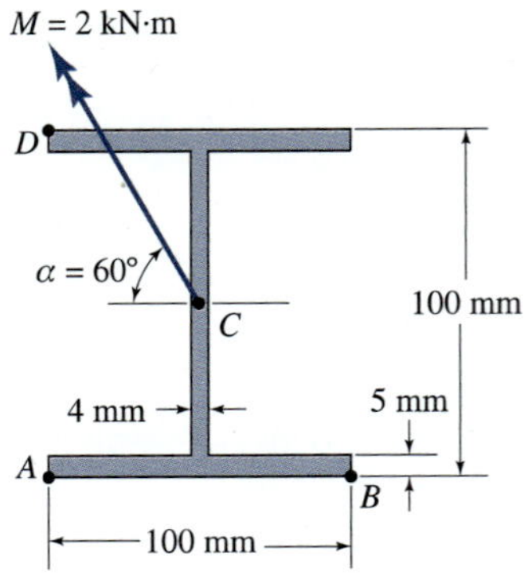

그림 P7.108

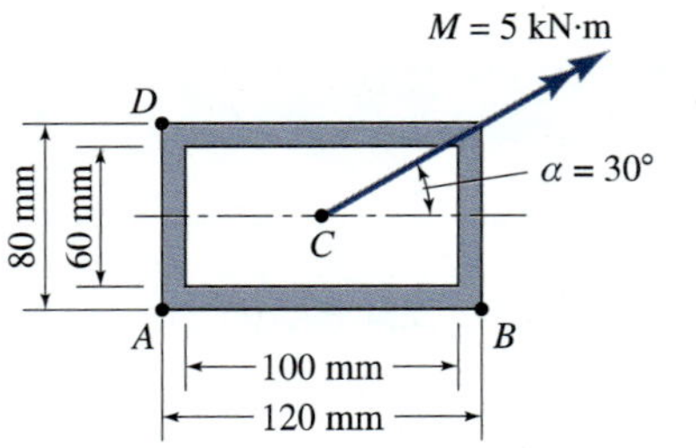

그림 P7.109

***7.110~7.112** 그림 P7.110~P7.112의 단면처럼 보가 수평축에 각도 α방향으로 모멘트 M을 받는다. 다음을 구하라.

(a) 중심축의 방향

(b) 최대굽힘응력

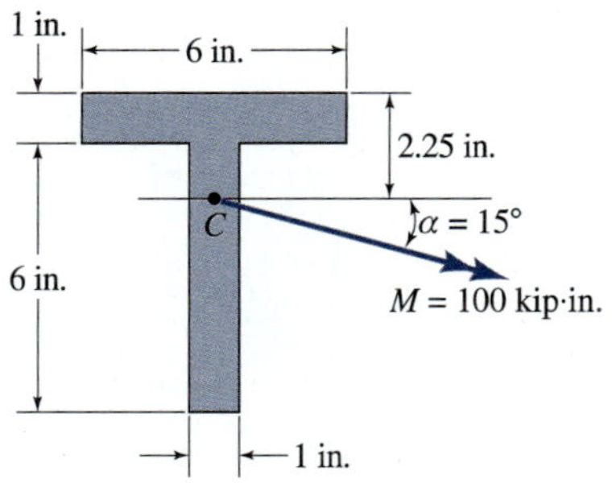

그림 P7.110

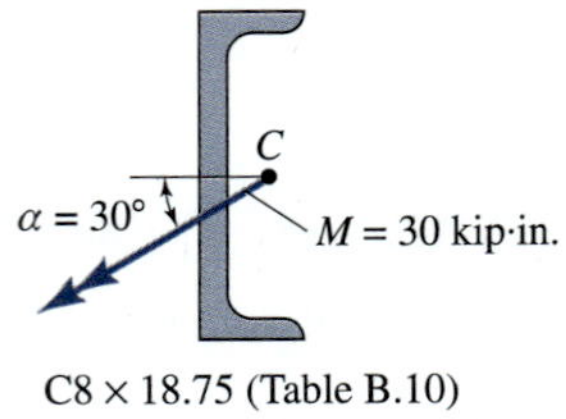

그림 P7.111

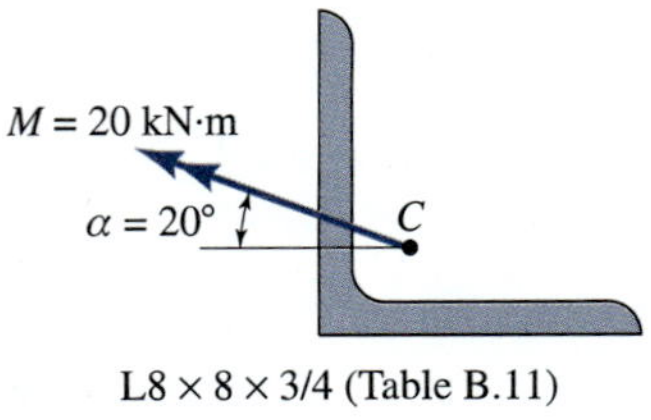

그림 P7.112

7.113 $M=10$ kip · in. 의 C 4×5.4 채널일 때 문제 7.111을 다시 구하라(표 B.10 참조).

7.114 $M=15$ kip · in. 의 L 5×3×1/4 각도일 때 문제 7.112를 다시 구하라(표 B.12 참조).

7.115~*7.117 그림 P7.115~P7.117의 단면처럼 보는 수평축에 각도 α방향으로 모멘트 M을 받는다. $M=2$ kN · m, $\alpha=15°$일 때 다음을 구하라.

(a) 중심축의 방향

(b) 최대굽힘응력

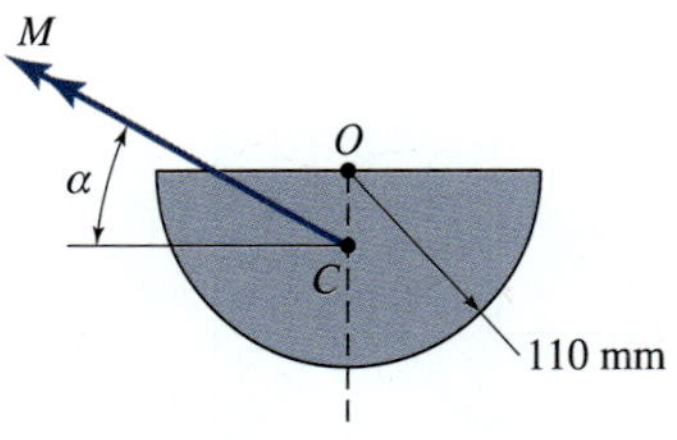

그림 P7.115

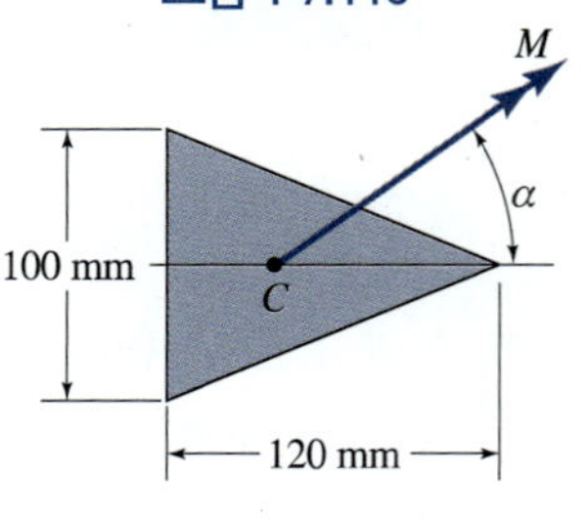

그림 P7.116

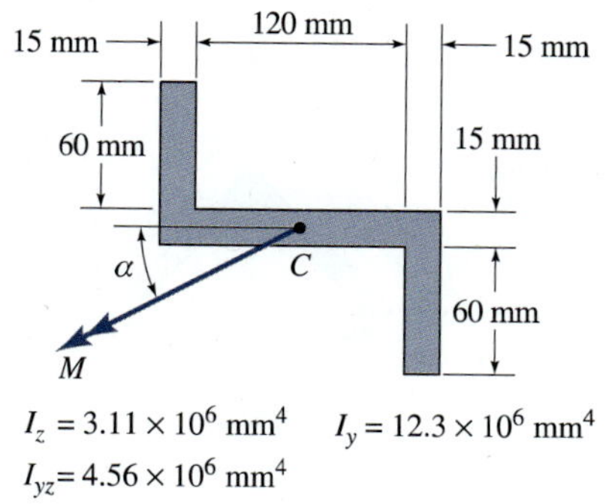

그림 P7.117

7.118~7.120 그림 P7.115~P7.117에서 보 단면적에 대해 $\sigma_{\text{all}} = 100$ MPa이고 $\alpha = 0°$일 때 가장 크게 허용 가능한 모멘트값 M을 구하라.

7.121~7.123 그림 P7.115~P7.117에서 보 단면적에 대해 $\sigma_{\text{all}} = 80$ MPa이고 $\alpha = 30°$일 때 가장 크게 허용 가능한 모멘트값 M을 구하라.

***7.124** 그림 P7.124에서 보는 것처럼 길이 L m인 단순지지 보는 다음의 값과 같은 균일한 두께 t의 단면적 Z를 가진다.

$$I_y = \frac{2tc^3}{3} \qquad I_z = \frac{8tc^3}{3} \qquad I_{yz} = -tc^3$$

만약 이것이 미드스팬에 있는 하중 P와 $c = 10t$로 주어진다면 보에서의 최대굽힘응력을 구하라.

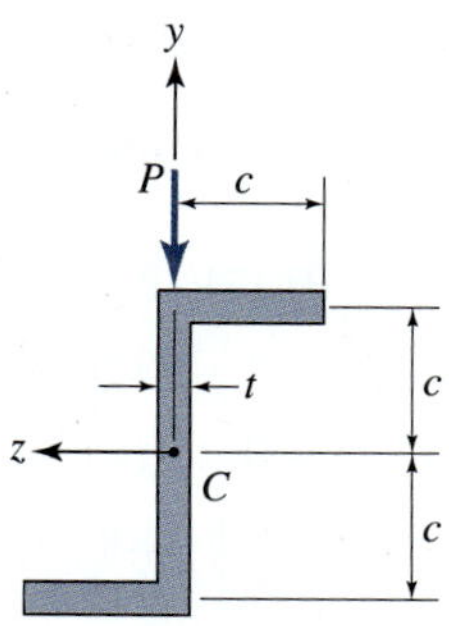

그림 P7.124

***7.125** 단순히 대칭 단면적을 가진 보는 수평축에 대해 각도 α를 형성하는 평면에서의 모멘트 M을 지닌다(그림 P7.125). $M = 2$ kN · m이고 $\alpha = 25°$일 때 다음을 구하라.

(a) 지점 A에서의 응력

(b) 지점 B에서의 응력

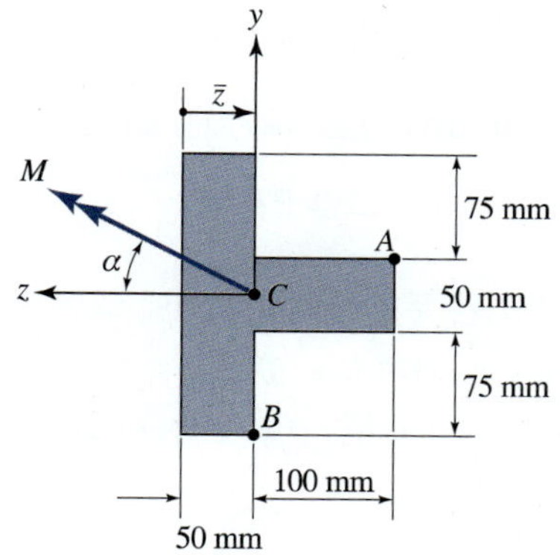

그림 P7.125

***7.126~7.127** 그림 P7.126과 P7.127에서와 같이 강철 보의 단면적이 수평축에 평행하는 그것의 벡터에 대해 굽힘 모멘트 M을 받고 있다. 다음을 구하라.

(a) 중립축이 수평축에 대해 형성하는 각도 θ

(b) 보에서의 최대인장응력

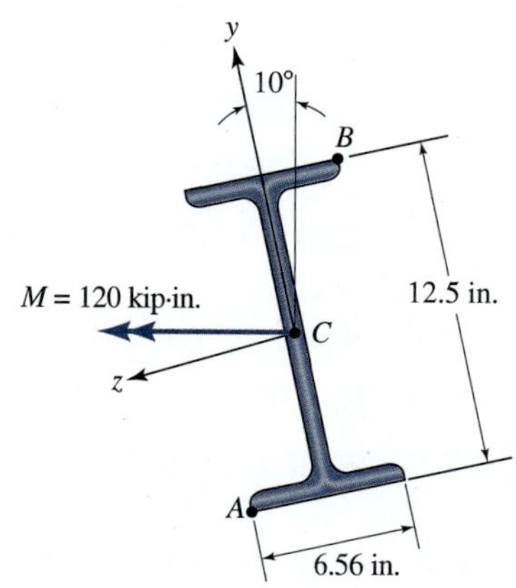

W 12 × 35 section (Table B.8)

그림 P7.126

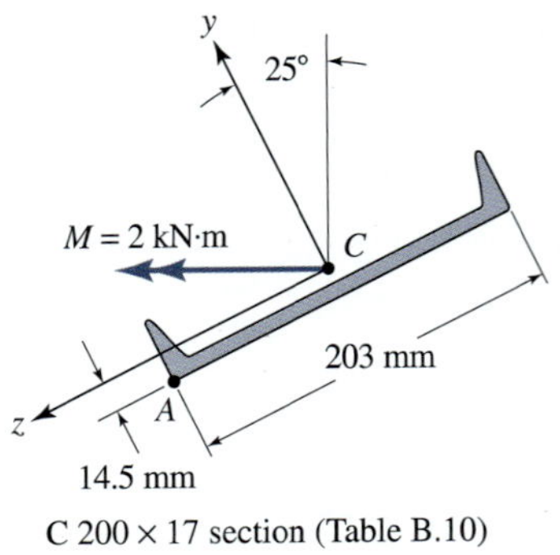

그림 P7.127

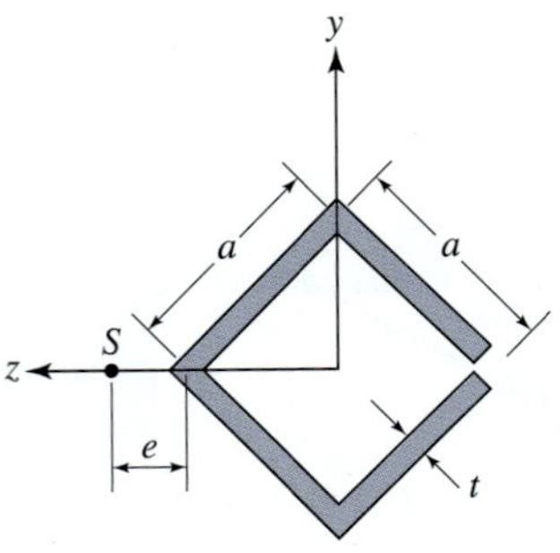

그림 P7.130

7.128 동일한 두께의 채널 단면에 그림 P7.128과 같은 하중이 가해지고 있다. $b = 120$ mm, $h = 180$ mm, $t = 5$ mm, $V_y = 2$ kN 일 때 다음을 구하라.

(a) 전단중심에서의 거리 e

(b) D에서의 전단응력

(c) 최대전단응력

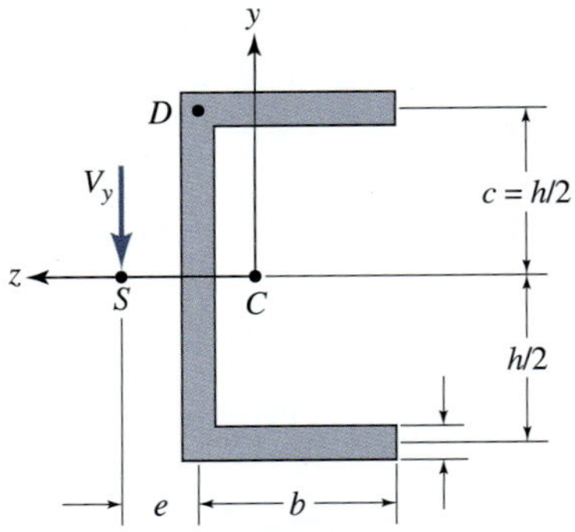

그림 P7.128

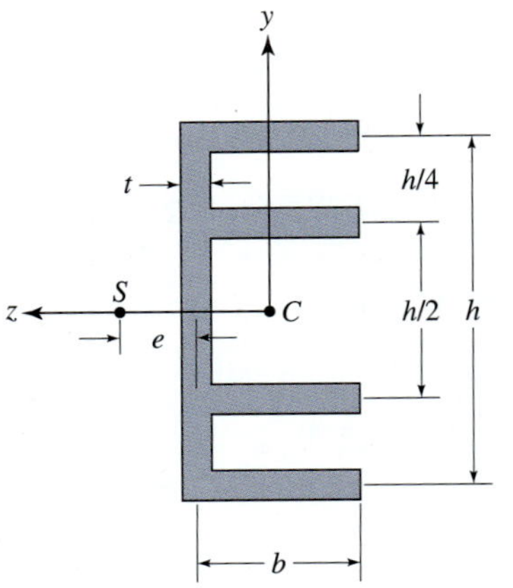

그림 P7.131

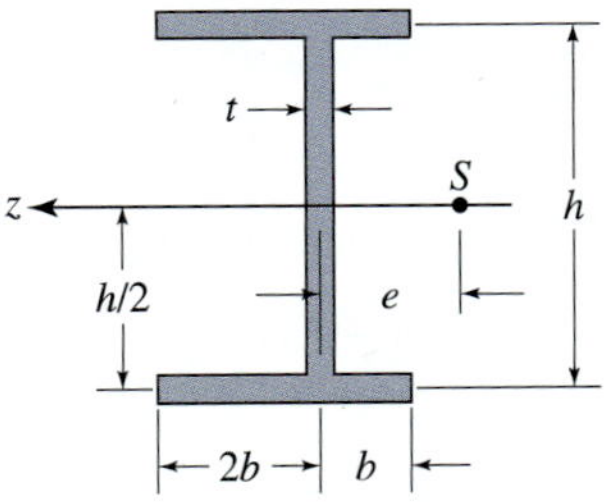

그림 P7.132

7.129 C 6×1.5 채널에 대하여 전단중심 S에 적용된 수직전단력 $V_y = 10$ kips 에 의해 발생된 최대전단응력을 구하라(표 B.10 참조).

***7.130~7.132** 그림 P7.130~P7.132에서 단면적에 대해 일정한 두께 t의 얇은 벽으로 된 보의 전단중심이 위치하고 있는 거리 e를 구하라.

7.133~7.134 그림 P7.131, P7.132와 같은 단면적의 얇은 벽으로 된 보가 수직전단력 $V = 10$ kN에 의해 S에서 위로 작용되고 있다. $b = 30$ mm, $h = 100$ mm, $t = 2$ mm 일 때 최대전단응력을 구하라.

***7.135~7.136** 그림 P7.135, P7.136과 같은 단면적의 얇은 벽으로 된 보에 전단중심 S가 위치하고 있는 거리 e를 구하라.

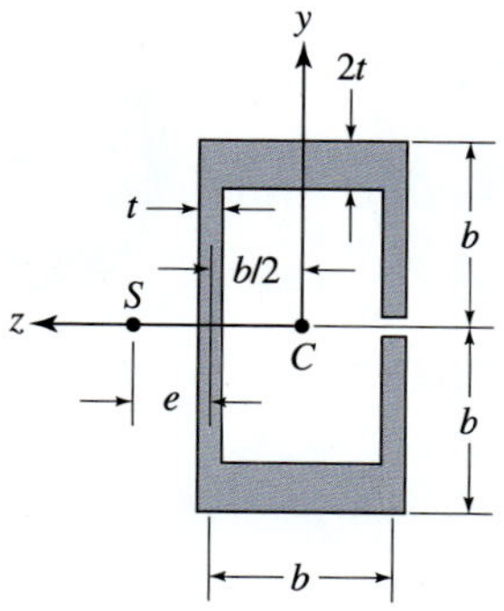

그림 P7.135

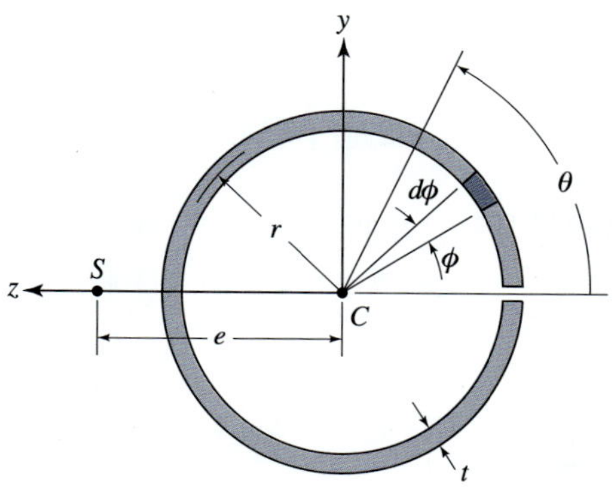

그림 P7.136

7.137 그림 P7.137과 같이 I 단면적을 갖는 얇은 벽으로 된 부재에 전단중심(점 S)이 위치하는 거리 e가 다음과 같이 표현될 수 있음을 증명하라.

$$e = \frac{h_1^3 t_1 b}{h_1^3 t_1 + h_2^3 t_2} \qquad \text{(P7.137)}$$

그리고 $h_1 = h_2 = 120$ mm, $t_1 = 20$ mm, $t_2 = 40$ mm, $b = 150$ mm일 때의 e값을 구하라.

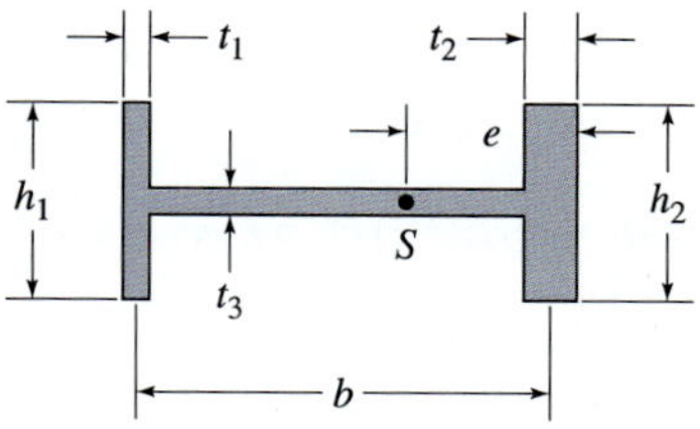

그림 P7.137

***7.138** 얇은 두께의 반쪽 튜브가 그림 P7.138과 같이 있다.

(a) $e \approx 0.27r$ 위치에 전단중심 S가 위치하고 있다는 것을 증명하라.

(b) $r = 2$ in., $t = 1/8$ in., $V_y = 100$ lb일 때 D에서의 전단응력을 구하라.

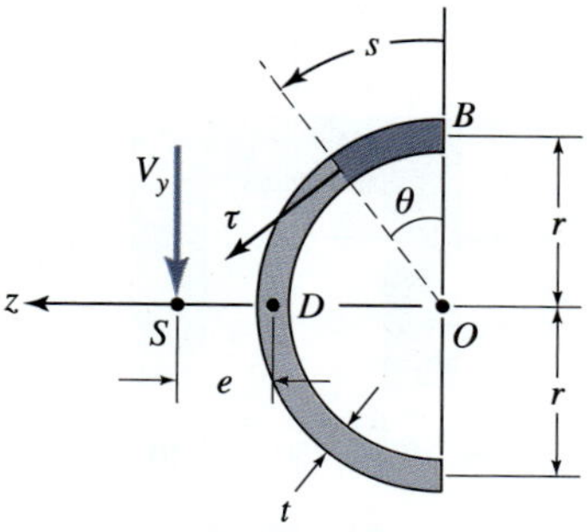

그림 P7.138

7.139 단면이 그림 P7.139와 같고 $\sigma_y = 250$ MPa인 연강재질로 이루어진 사각형 보가 있다. $b = 60$ mm, $h = 80$ mm이며 z축으로 굽힘을 받을 때 다음을 구하라.

(a) 항복 모멘트

(b) 보의 위쪽과 아래쪽에서 15 mm 두께의 소성영역을 일으키는 모멘트

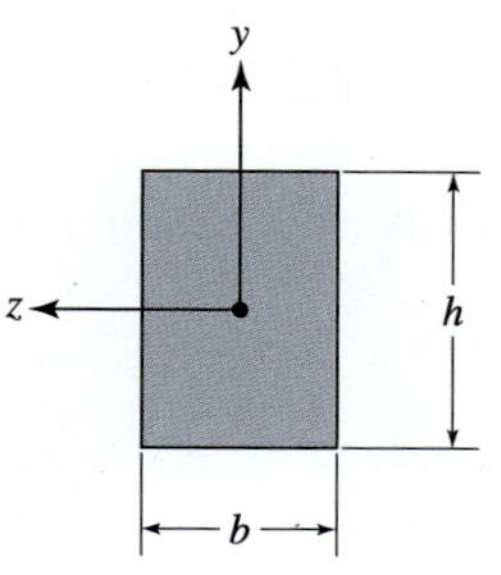

그림 P7.139

7.140 그림 P7.139에서 주어진 사각형 보가 M_y보다 1.2배 많은 모멘트를 받도록 주어졌다. 다음을 결정하라.

(a) 중립축으로부터 탄성중심 끝점까지의 거리 y_0

(b) 하중을 뺐을 때 따르는 잔류응력의 패턴

7.141~7.142 단축 대칭 강철 보의 단면이 그림 P7.141과 P7.142에 나타나 있다(단위 mm). 이때 소성 모멘트 M_p를 구하라.

가정 강철은 $\sigma_y = 250$ MPa의 항복응력에서 탄소성상태가 된다.

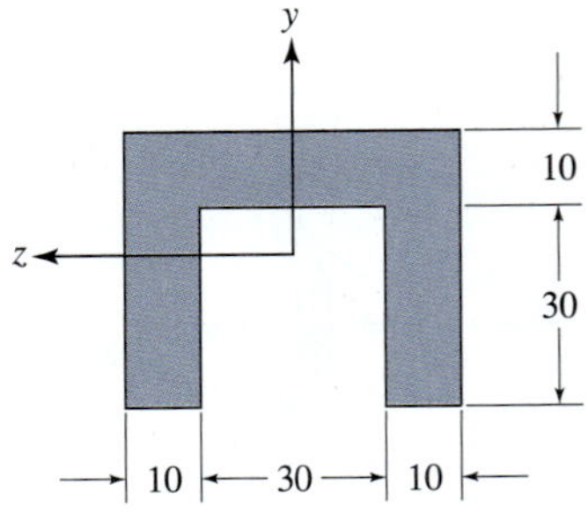

그림 P7.141

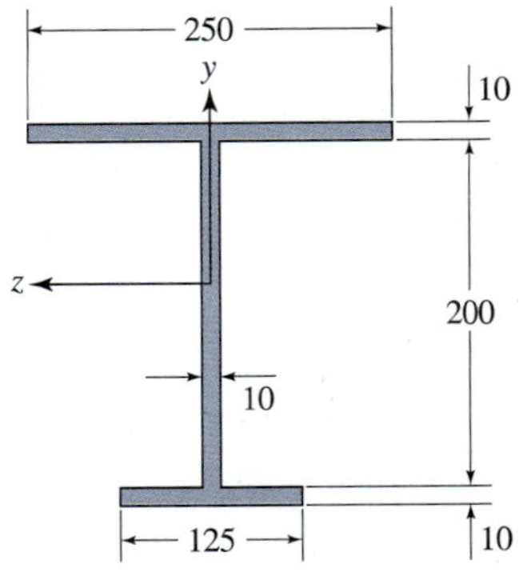

그림 P7.142

7.143 W 10×33 보의 형상인자 f를 구하라(표 B.8 참조).

7.144 W 150×30 보의 형상인자 f를 구하라(표 B.8 참조).

7.145 S 10×35 보의 형상인자 f를 구하라(표 B.8 참조).

7.146~7.148 그림 P7.146~P7.148까지의 단면을 가진 탄소성 보의 형상인자 f를 구하라.

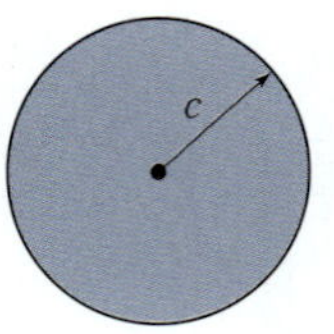

그림 P7.146

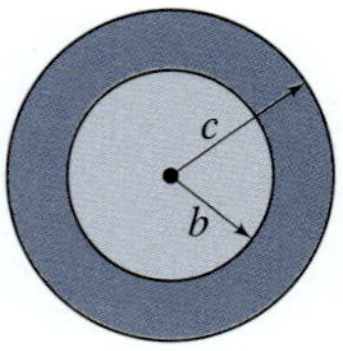

그림 P7.147

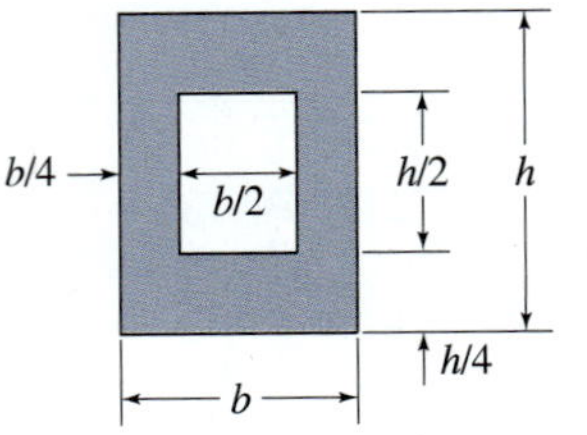

그림 P7.148

7.149~7.151 그림 P7.149~P7.151까지의 단면을 가진 탄소성 보의 형상인자 f를 구하라.

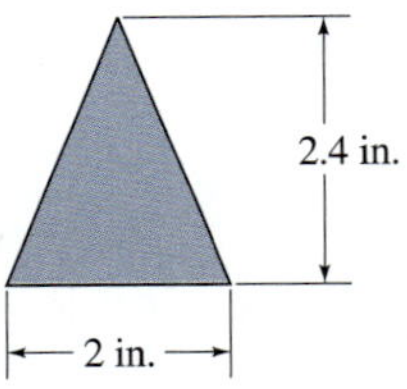

그림 P7.149

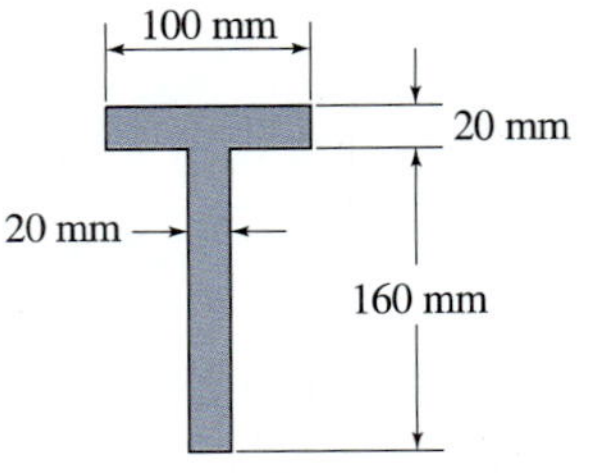

그림 P7.150

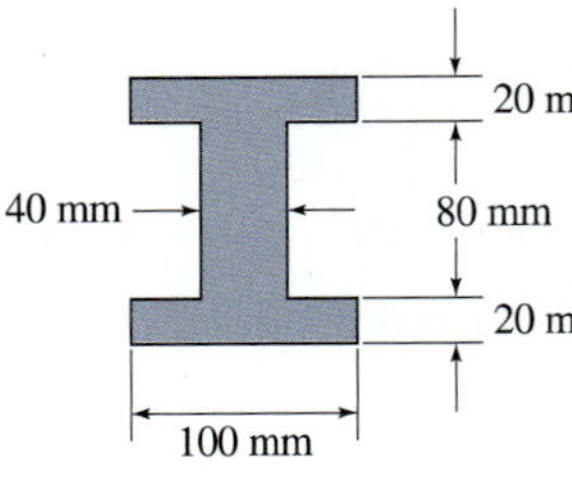

그림 P7.151

7.152 문제 7.139를 그림 P7.152의 단면을 가진 보로 바꾸어 다시 구하라.

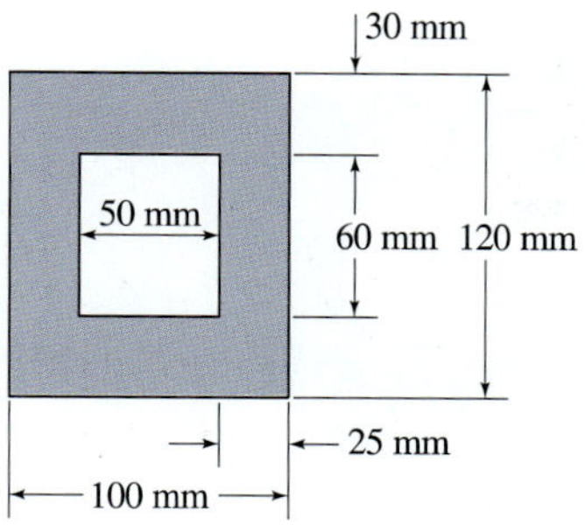

그림 P7.152

7.153 문제 7.139를 그림 P7.151의 단면을 가진 보로 바꾸어 다시 구하라.

***7.154** 그림 P7.154와 같이 $b=3$ in., $h=5$ in.인 사각형 보가 소성 모멘트 M_p를 받도록 주어졌다. 만약 이 연성재질 보의 $\sigma_y=36$ ksi 라면, 하중이 제거되었을 때 윗면과 아랫면에 발생하는 잔류응력을 구하라.

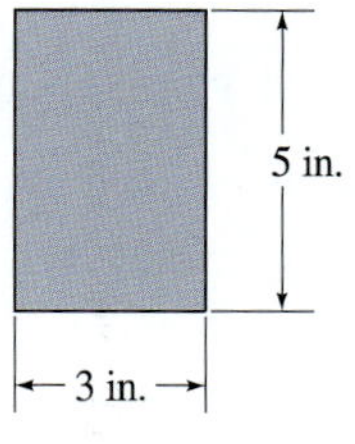

그림 P7.154

7.155 문제 7.154를 그림 P7.152의 단면을 가진 보로 바꾸어 다시 구하라.

7.156 단면이 그림 P7.150이고 $E=200$ GPa, $\sigma_y=250$ MPa인 탄소성 재질로 이루어진 보가 있다. 플랜지 아랫면에 1250 μ의 굽힘 변형률을 일으키는 굽힘 모멘트를 구하라.

7.157 단면이 직사각형인 휘어진 막대가 그림 P7.157에 있는 모멘트를 받도록 주어졌다. $M=$ 1.2 kN · m, $b=25$ mm, $h=50$ mm, $r_i=60$ mm 일 때 다음을 구하라.

(a) 내측과 외측의 σ_i, σ_o(각각 곡선 보 수식을 이용하라.)

(b) 굴곡수식을 이용하여 다시 구하라.

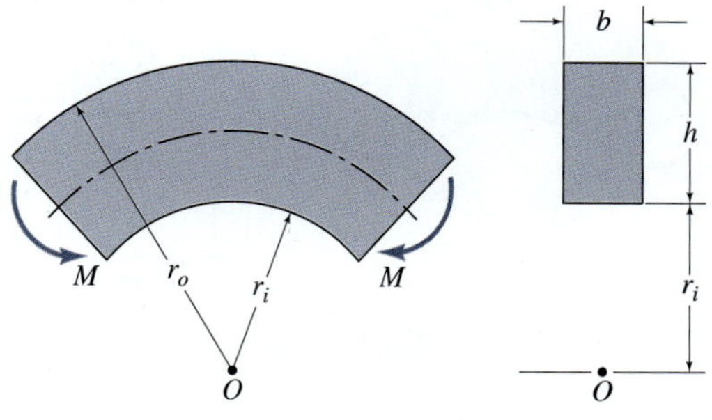

그림 P7.157

7.158 사각형 바가 도심을 따라 반경 $\bar{r}$로 휘어져 있고 끝에서 모멘트 M(그림 P7.157)을 받도록 주어져 있다. $M=15$ kip · in., $\bar{r}=10$ in., $b=2$ in., $h=3$ in.일 때 다음을 구하라.

(a) 내측의 수직응력 σ_i

(b) 외측의 수직응력 σ_o

7.159 정사각형($b=h$) 강철 보가 도심을 따라 반경 $\bar{r}$로 휘어져 있고 그림 P7.159에서 주어진 것처럼 끝에서 모멘트 M(그림 P7.157)을 받도록 되어 있다. 허용응력이 σ_{all}일 때, 허용되는 최대 굽힘 모멘트 M을 구하라.

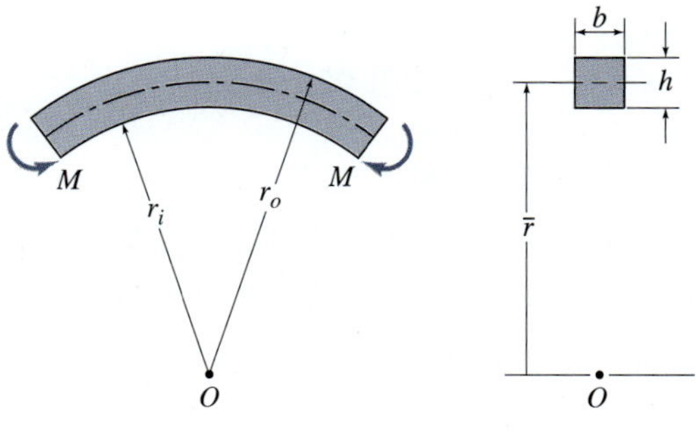

그림 P7.159

7.160 T형 단면을 갖는 기계 프레임의 끝단에 모멘트 M이 가해지고 있다(그림 P7.160). $M=$

600 N · m, $r_i = 80$ mm일 때 이 부재의 최대응력을 구하라.

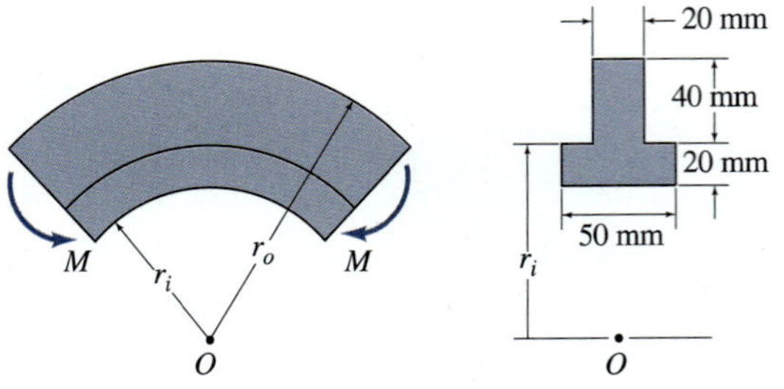

그림 P7.160

7.161 T형 단면을 갖는 곡선 프레임이 그림 P7.160과 같은 순수굽힘을 받고 있다. 이 부재는 허용응력 σ_{all}인 재질로 만들어졌다. $r_i = 80$ mm, $\sigma_{all} = 150$ MPa일 때 적용할 수 있는 최대 모멘트 M을 구하라.

***7.162** 채널 단면을 갖는 곡선 보의 끝단에 모멘트 M이 가해지고 있다(그림 P7.162). 부재 내의 두 점 A와 B에 작용하는 응력의 크기가 같아질 수 있는 b를 구하라.

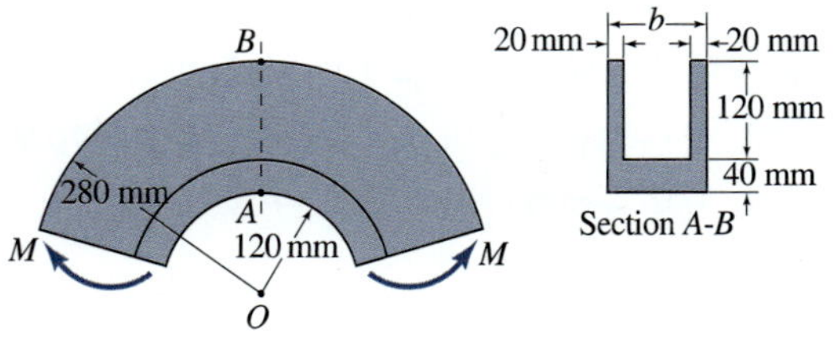

그림 P7.162

***7.163** 직경 d인 원형단면을 갖는 곡선 프레임의 한쪽 끝단이 고정되어 있고 다른 쪽 끝단에 그림 P7.163과 같이 집중력 P가 가해지고 있다. $a = 25$ mm, $b = 15$ mm, $d = 20$ mm, $P = 200$ N일 때 다음을 구하라.

(a) 점 A의 응력

(b) 점 B의 응력

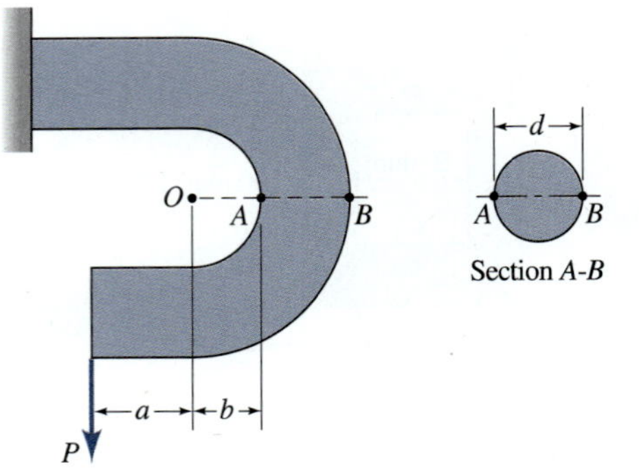

그림 P7.163

***7.164** 그림 P7.163에 주어진 곡선 프레임의 인장 허용응력이 σ_{all}이다. 이 프레임의 곡률중심 O로부터 집중하중 P가 가해지는 작용선까지의 거리 a의 가능한 최댓값을 구하라.

조건 $b = 5/8$ in., $d = 1$ in., $P = 40$ lb, $\sigma_{all} = 5$ ksi

***7.165** 내경 r_i, 외경 r_o이고 사다리꼴 단면을 갖는 쪼개진 링이 그림 P7.165와 같이 힘을 받는다. $r_i = 4$ in., $r_o = 10$ in., $b_1 = 3$ in., $b_2 = 2$ in., $P = 10$ kips 일 때 다음을 구하라.

(a) 점 A의 응력

(b) 점 B의 응력

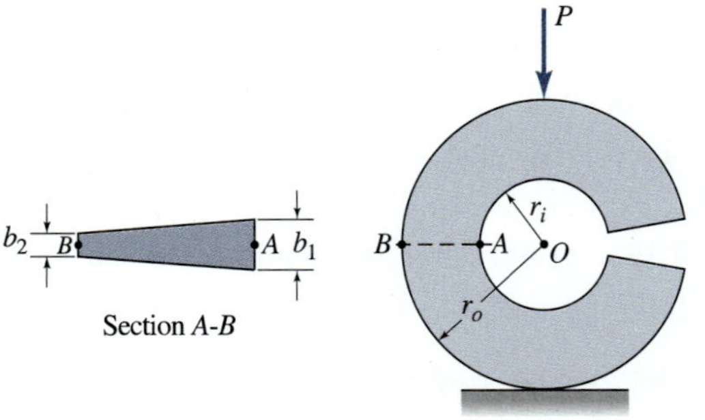

그림 P7.165

7.166 타원형단면을 갖는 기계 부품이 그림 P7.166과 같이 한쪽 끝단이 고정되어 있고 다른 쪽 끝단에 집중력 P가 가해지고 있다. $r_i = 4$ in., $r_o = 7$ in., $a = 3$ in., $b = 1.5$ in., $P = 5$ kips 일 때

점 A와 B에서의 응력을 구하라.

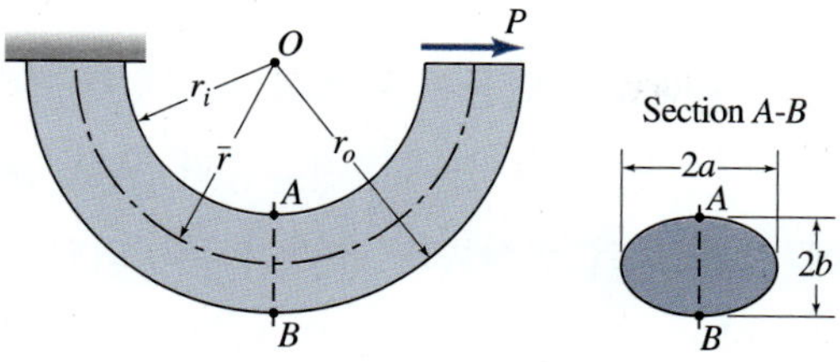

그림 P7.166

7.167 그림 P7.166과 같은 타원형단면을 가진 프레임이 있다. 허용압축응력 및 인장응력이 σ_{all}이며 $r_i = 80\,\text{mm}$, $r_o = 200\,\text{mm}$, $a = 60\,\text{mm}$, $b = 30\,\text{mm}$, $\sigma_{\text{all}} = 80\,\text{MPa}$일 때 이 부재에 가해질 수 있는 최대 힘 P를 구하라.

***7.168** 그림 P7.168에 주어진 클램프의 허용응력은 $\sigma_{\text{all}} = 10\ \text{ksi}$이다. 이 부재가 지탱할 수 있는 최대 힘 P를 구하라.

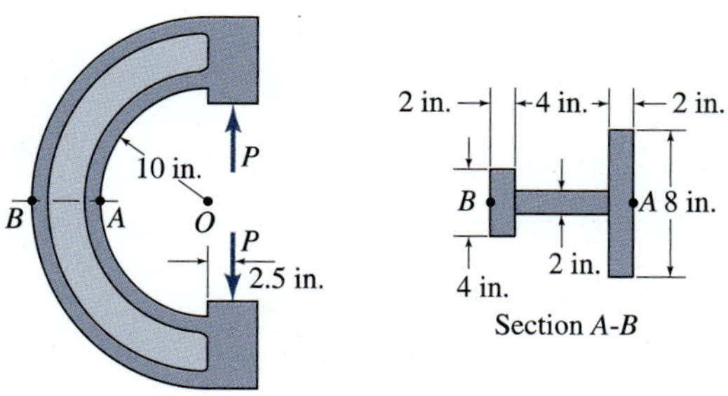

그림 P7.168

7.169 클램프가 그림 P7.169와 같은 박스 형상을 가질 때 문제 7.168을 다시 구하라.

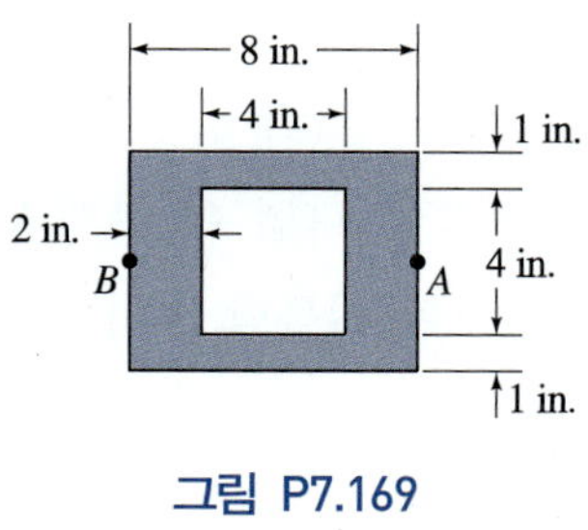

그림 P7.169

7.170 그림 P7.170과 같은 삼각형단면을 갖는 곡선 보가 있다. 중립축에 대한 곡률반경 R을 유도하고 이 결과를 표 7.1의 그림 D와 비교하라.

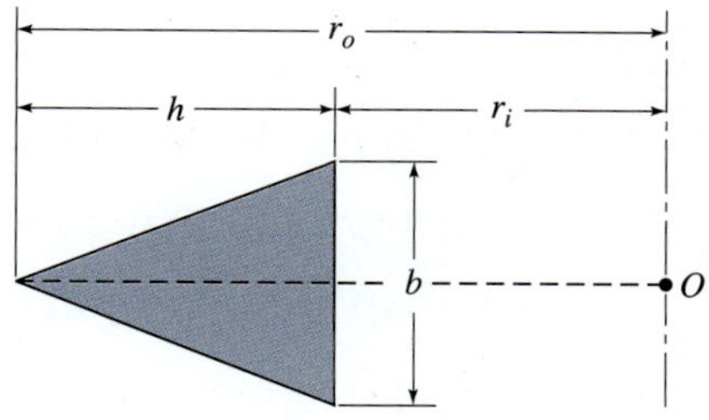

그림 P7.170

***7.171** 그림 P7.171과 같은 원형단면을 갖는 곡선 보가 있다. 중립축에 대한 곡률반경 R을 유도하고 이 결과를 표 7.1의 그림 B와 비교하라.

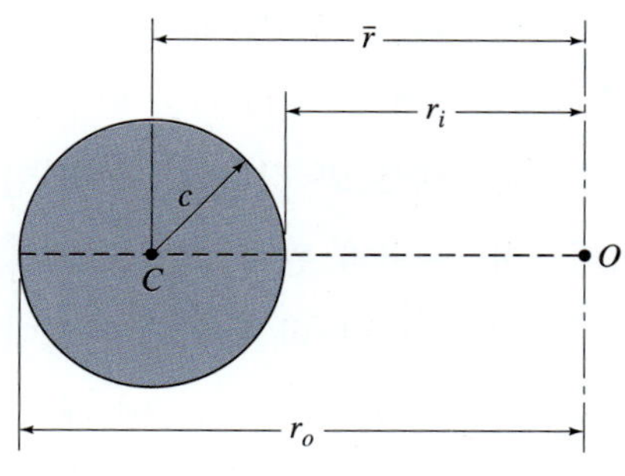

그림 P7.171

7.172 그림 P7.172와 같은 사다리꼴 단면을 갖는 곡선 보가 있다. 중립축에 대한 곡률반경 R을 유도하고 이 결과를 표 7.1의 그림 E와 비교하라.

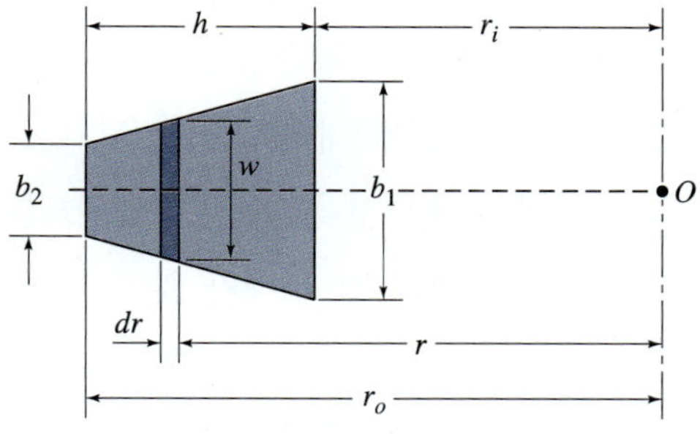

그림 P7.172

요약

이 장의 PART A에서는 직선 모양이고 균질선형탄성 재료로 만들어진 보를 다루었다. 여러 재료로 만들어진 부재를 포함하는 특수 경우, 전단중심, 비탄성굽힘, 잔류응력, 곡선 보 등도 고려되었다. 횡방향하중은 물론 순수굽힘에 의한 보의 변형률과 응력이 논의되었다. 수직대칭평면(xy)을 가지고 대칭평면에 작용하는 힘과 짝힘을 받는 보를 다루었다(그림 7.1). 굽힘 처짐은 이 평면에서 일어나고 수직축(y)은 단면의 대칭축이다.

보가 굽힘에 따라서 변형하면서 단면평면은 평면으로 유지된다는 점을 보였다. 순수굽힘에서 부재는 **중립축**을 가지는데, 이 축을 따라서 수직변형률과 응력은 없으며 축방향 수직변형률은 중립면부터 거리 y에 따라서 선형으로 변한다(7.2절). 보가 순수굽힘에 있고 재료가 훅의 법칙을 따를 때 중립축은 단면적의 **도심축**을 통과한다. 이 결론은 단면에 작용하는 수직력의 총합은 0이라는 사실에 기초한다.

보에 대해 적용한 **부호약속**의 결과로, 양(음)의 모멘트는 양(음)의 곡률을 만들어낸다(그림 7.3 참조). 곡률수식 (7.7)은 단면의 모멘트 합력은 중립축에 대한 선형수직응력분포에 의해 생성된 모멘트와 같다는 요구사항에 기반하고 있다. 이 식은 응력이 굽힘 모멘트 M에 비례하며, 단면의 관성 모멘트 I에 반비례한다는 것을 나타낸다.

급격한 단면적의 변화 주위에서 일어나는 굽힘의 응력집중현상이 설명되었고 필렛과 홈을 가진 보의 응력집중계수 K에 대한 도표가 7.6절에 보여졌다. 기하학적 변화가 심할수록 응력집중현상은 더 크다. 축하중과 비틀림처럼 정적 모멘트를 받는 소성재료의 응력집중은 설계 시 고려될 필요가 없다. 그러나 굽힘에 대하여 응력집중은 항상 취성재료로 만들어진 부재를 설계할 때 고려되어야 한다.

보에 존재하는 전단응력은 단면과 수평면에서 작용한다(7.7절). **전단수식**은 보의 한 요소에 작용하는 굽힘응력분포와 축방향 전단응력에 대한 수평방향 힘의 평형을 고려하여 유도되었다. 이 식은 선형탄성거동을 보이는 균질 재료로 만들어진 직선 보에서 사용될 수 있다. 사각단면 보에 대하여 전단응력은 면의 높이방향으로 이차곡선 형태로 변화하고 중립축을 따라서 최댓값을 가진다. **전단흐름**은 보의 길이방향 축을 따라서 단위길이당 힘의 측정값이다. 만일 어떤 부재가 얇은 벽을 가진 조각으로 구성되었다면 이 부재의 벽에 평행한 전단흐름만이 중요하다. **전단중심**은 한 힘이 작용하여 보에 비틀림 없이 굽힘이 일어나게 할 수 있는 작용점을 말한다. 전단중심은 항상 단면적의 대칭축 위에 존재한다. 단면의 높이 h보다 훨씬 큰 길이 L의 가늘고 긴 보 $L > 10h$에 대하여 전단응력을 무시할 수 있는 근거를 보였다.

1.4절에 개략적으로 설명된 설계절차는 다양한 횡방향하중을 받는 균일한 보에 응용될 수 있다. 순수굽힘에서 균일한 강도를 갖는 보의 설계도 자세하게 설명되었다. 복합 보는 하중을 효과적으로 지탱하기 위하여 여러 가지 재료로 구성된다. 계수비 n은 복합 보의 단면 치수를 한 가지 재료로 구성된 동등한 보의 치수로 변환시킨다. 굽힘 전에 평면단면이 굽힘 후에도 평면으로 남게 되는 반면 중립축은 일반적으로 복합 단면의 도심을 통과하지 않는다는 사실도 배웠다. 이후에 비대칭단면을 가진 부재의 굽힘을 고려하는 경우를 배웠다. 이 경우에 만약 주어진 모멘트 벡터의 성분이 단면의 주축 방향이라면 굴곡수식은 사용될 수 있다. 각 성분에 따른 응력은 중첩된다.

탄소성 혹은 완전소성재료 거동의 가정으로부터 단면적상의 수직응력분포가 일정하며 보는 모멘트의 증가에 따라서 계속 굽혀진다. 다양한 단면형태를 가진 탄소성재료의 보가 순수굽힘 상태에서 분석되었다. 소성 모멘트는 소성이 보에서 처음 생길 때의 모멘트이다. 극한 모멘트는 보가 완전히 소성상태가 되었을 때 계산되었다. 마지막으로 곡선 보의 응력을 해석하였다. 평면단면이 굽힘에 따라서 평면으로 유지되었지만 응력은 선형적으로 변하지 않고 중립축은 곡선 보의 단면적 중립축과 일치하지 않는다는 사실을 알게 되었다. 곡선 보 수식은 외부반경이 보의 내부반경의 1.3배보다 커질 때 보의 수직응력을 결정하는데 사용되어야 한다.

핵심 공식*

수직변형률	$\varepsilon_x = -y/\rho = -Ky$	7.4절
굴곡수식	$\sigma_x = -My/I$ $\sigma_{\max} = Mc/I = M/S$	7.5절
노치에서 최대굽힘응력	$\sigma_{\max} = K\sigma_{\text{nom}} = K(Mc/I)$	7.6절
전단수식	$\tau_{xy} = VQ/Ib$	
(음영된) 단면적의 일차 모멘트	$Q = A^* y$	7.7절
전단흐름	$q = VQ/I$	
필요한 단면계수	$S = M_{\max}/\sigma_{\text{all}}$	7.12절

결합 수직응력	$\sigma_x = -\frac{M_z y}{I_z} + \frac{M_y z}{I_y}$	
중립축의 식	$y = \frac{M_y I_z}{M_z I_y} z$	7.16절
중립축의 방향을 결정하는 각도	$\tan\phi = \frac{I_z}{I_y}\tan\alpha$	
비탄성 굽힘		
소성 모멘트	$M_y = \frac{I}{C}\sigma_y = S\sigma_y = \frac{1}{6}bh^2\sigma_y$	
탄성-소성 모멘트	$M = \frac{3}{2}M_y\left[1 - \frac{1}{3}\left(\frac{y_0}{h/2}\right)^2\right]$	7.18절
완전소성 모멘트	$M_p = M_u = \frac{3}{2}M_y = \frac{1}{4}bh^2\sigma_y$	
형상인자	$f = M_p/M_y = Z/S$	
곡선 보		
중립축의 반경	$R = \frac{A}{\int_A \frac{dA}{r}}$	
도심과 중립축 간의 거리	$e = \bar{r} - R$	7.19절
수직응력	$\sigma = -\frac{M(R-r)}{Aer}$	
결합수직응력	$\sigma = \frac{P}{A} - \frac{M(R-r)}{Aer}$	

*이 방정식의 유도와 올바른 사용에 관한 정보는 관련된 절을 참조하라.

참고문헌

7.1 A. C. Ugural, *Stresses in Plates and Shells*, 2nd ed., McGraw-Hill, New York, 1999.

7.2 A. C. Ugural and S. K. Fenster, *Advanced Strength and Applied Elasticity*, 4th ed., Prentice Hall, Upper Saddle River, NJ, 2003.

7.3 W. C. Young and R. G. Budynas, *Roark's Formulas for Stress and Strain*, 6th ed., McGraw-Hill, New York, 1989.

7.4 S. P. Timoshenko and N. Goodier, *Theory of Elasticity*, 3rd ed., McGraw-Hill, New York, 1970.

7.5 R. E. Peterson, *Stress Concentration Factors*, Wiley, Hoboken, NJ, 1989.

7.6 W. E. Pilkey, *Peterson's Stress Concentration Factors*, 2nd ed., Wiley, Hoboken, 1997.

7.7 A. C. Ugural, *Mechanical Design: An Integrated Approach*, McGraw-Hill, New York, 2004.

7.8 J. H. Fauppel and F. E. Fisher, *Engineering Design*, 2nd ed., Wiley, Hoboken, NJ, 1986.

7.9 D. J. Peery and J. J. Azar, *Aircraft Structures*, 2nd ed., McGraw-Hill, New York, 1982.

7.10 L. C. McCormac, *Design of Reinforced Concrete*, 2nd ed., Harper and Row, New York, 1978.

7.11 *Manual of Steel Construction*, 8th ed., American Institute of Steel Construction (AISC), Chicago, 1980.

응력과 변형률의 변환

8장

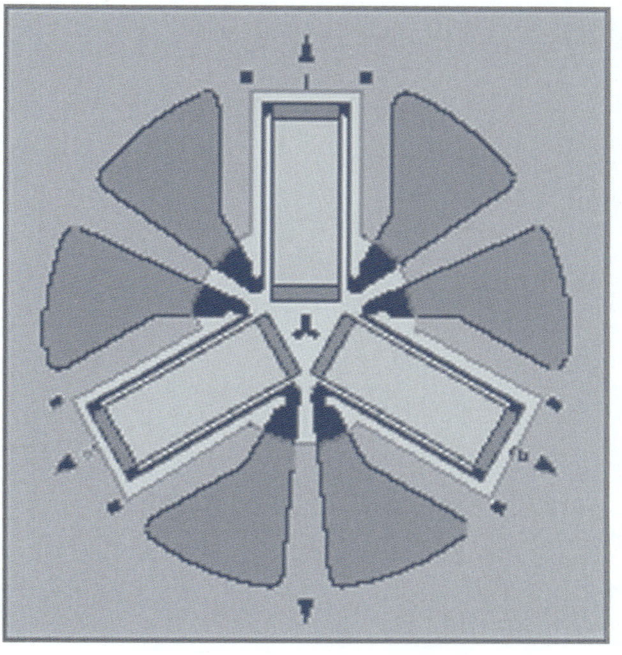

▶ 하중을 받는 부재의 표면에서의 변형률상태는 이 사진에 나타낸 것처럼 표면에 부착된 전기저항식 스트레인 게이지 로제트에 의하여 측정될 수 있다. 8장에서는 구조물이나 기계 부품에서의 응력과 변형률 해석을 다루려고 한다. 압력용기에 대한 응용 또한 함께 고려될 예정이다.
Vishay Intertechnology, Inc.의 Micro-Measurements Division 제공.

8.1 서론

봉, 축, 보 및 다른 구조 부재에서의 응력과 변형률은 지금까지 소개된 기본 공식들을 사용하여 얻을 수 있다. 이러한 방정식으로 구한 응력과 변형률의 값들은 구조 부재의 단면에서 얻은 값들이다. 이 장에서는 **경사진 평면**에 위치한 점들에서의 응력과 변형률상태를 주로 다루게 된다. 두께가 얇거나, 두께가 두껍거나, 필라멘트를 적층하여 제작되거나, 복합재료로 제작된 압력용기에 대한 응용문제도 다루게 된다. 응력과 변형률의 성분은 구조 부재의 위치에 따라서 달라지는데, 이에 대한 내용도 이 장에서 다루게 된다.

1축응력과 순수전단의 경우에 경사면에서의 응력에 대한 방정식을 각각 4.6절과 5.5절에서 유도하였다. 축하중을 받는 봉의 경우에 최대전단응력은 45° 경사진 평면에서 발생하였으며 비틀림을 받는 축의 경우에 최대수직응력 또한 45° 경사진 평면에서 발생하였다는 것을 기억할 수 있다. 보에서 분리된 경사 단면에서는 수직응력과 전단응력이 모두 존재하였다. 앞으로는 경사면에서의 응력을 찾아보는 일반적인 방법을 사용하여 이러한 해석을 다루게 될 것이다. 이전과 마찬가지로 부재 내부의 한 점에서의 응력상태를 나타내기 위하여 **응력요소**(stress element)를 사용할 것이다. 앞으로는 임의의 방향으로 경사진 응력요소의 모서리에 작용하는 응력을 구하려고 한다. 이러한 과정을 **응력의 변환**이라고 한다.

응력변환을 통하여 구조 부재가 어떻게 응력에 의하여 파손되는지를 알 수 있게 된다. 또한 응력의 최댓값 및 최솟값을 찾는 방법을 학습하려고 한다. 구조 또는 기계 부품의 파손은 특정 방향으로의 응력의 크기에 의하여 종종 결정된다. 따라서 부품을 적절하게 설계하기 위해서는 최대응력이 발생하는 위치와 방향을 결정할 수 있어야 한다.

이 장에서의 논의는 주로 2차원 응력과 변형률, 즉 평면응력과 평면변형률의 경우로 제한된다. 3차원 응력에 대해서는 8.6절과 8.7절에서 간략하게 논의할 것이다. 이 장에서 유도되는 방정식이나 사용되는 기하학적 방법은 여러 가지 형태의 하중이 작용할 때 어떤 한 점에서의 응력과 변형률의 변환을 해석하는 데 매우 유용할 것이다. 특히 기하학적인 방법을 사용하여 어떤 점 주위의 응력변화에 대하여 독자들이 더 확실하게 이해할 수 있을 것이다. 마지막으로 변환방정식을 사용하여 선형탄성재료에 대하여 E, ν, G 사이의 중요한 관계식을 얻게 될 것이다.

8.2절에서 살펴보게 되겠지만 응력변환방정식은 **평형조건**만 이용하여 유도된다. 즉 응력변환방정식은 재료의 성질이나 변형된 형상과는 무관한 것이다. 그러나 8.10절의 변형률변환방정식은 **변형의 형상**에 의해서만 유도되는 식이다. 응력과 변형률에 대한 **모든** 공식들은 등방, 균질 및 선형탄성 재료에 대해서만 적용된다는 점을 유의하여야 한다.

8.2 평면응력

응력이 1개의 좌표축과 무관할 때를 **2차원 응력상태**라고 하며, 이때 응력과 무관한 1개의 축을 주로 z축으로 표시한다. 이러한 2차원 응력상태의 보기로는 축하중을 받는 봉 또는 비틀림을 받는 축의 경사면, 횡방향의 하중을 받는 보, 두께가 얇은 압력용기 및 두께가 두껍고 압력을 받고 있으며 양쪽 끝이 열려 있는 원통 또는 파이프 등이 있다. 2차원 문제에는 평면응력과 평면변형률의 두 가지 종류가 있다.

두께에 걸쳐서 균일하게 분포하며 판이 놓여 있는 평면과 평행한 하중을 받는 얇은 판에서 발생하는 응력은 **평면응력상태**의 전형적인 보기이다[그림 8.1(a)]. 그림 8.1(a)의 판이 얇기 때문에 2차원 응력성분들이 두께 방향으로 일정하며 다른 응력성분들의 크기는 0이라고 가정할 수 있다. 2.10절에서 언급한 대로 그림 8.1(c)에서처럼 응력요소를 2차원으로 표현할 수도 있지만 실제로 응력요소는 3차원 형상이다[그림 8.1(b)]. 또한 면의 바깥으로 향

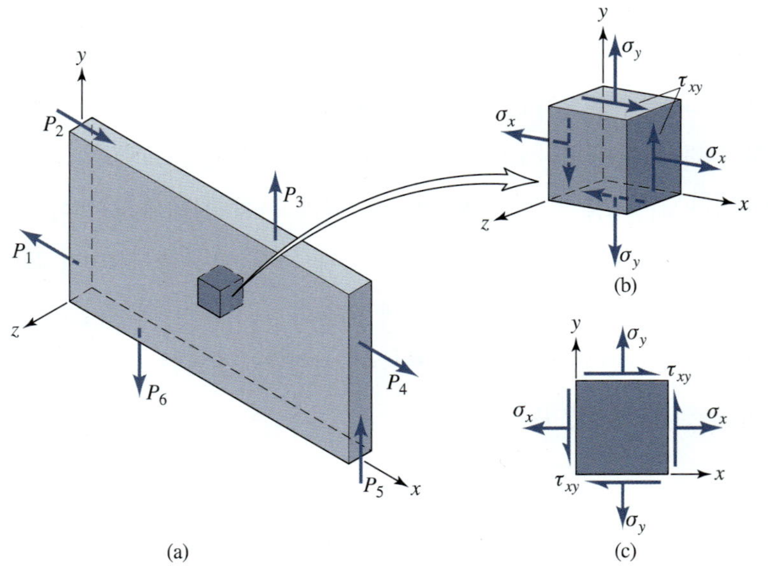

그림 8.1 (a) 평면하중을 받는 얇은 판 (b) 평면응력상태에 놓인 요소 (c) 평면응력의 2차원 표현방법

하는 법선이 양의 좌표축 방향일 때 **면**은 양의 방향이며 면의 바깥으로 향하는 법선이 음의 좌표축 방향일 때 면은 음의 방향으로 정의된다는 사실에 유의하라.

굽힘을 받는 폭이 좁은 보와 끝이 막혀 있지 않은 원통형 압력용기에서의 응력도 평면응력상태의 보기이다. 또한 구조 또는 기계 부품의 자유경계면(free surface)에서의 응력도 평면응력상태의 보기이다. 응력분포가 평면응력상태와 유사한 경우가 매우 많다. 따라서 지금부터 평면응력상태에 대하여 좀 더 자세히 다루고자 한다.

평면응력은 다음과 같은 식에 의하여 정의된다.

$$\sigma_z = \tau_{xz} = \tau_{yz} = 0 \tag{a}$$

그 외의 다른 응력들은 0이 아닌 값을 가질 수 있다.

$$\sigma_x \qquad \sigma_y \qquad \tau_{xy} \tag{b}$$

식 (a)와 (b)를 식 (3.17)에 대입하면 다음과 같이 평면응력상태에서의 **변형률-응력 관계식**을 얻게 된다.

$$\begin{aligned} \varepsilon_x &= \frac{1}{E}(\sigma_x - \nu\sigma_y) \\ \varepsilon_y &= \frac{1}{E}(\sigma_y - \nu\sigma_x) \\ \gamma_{xy} &= \frac{\tau_{xy}}{G} \end{aligned} \tag{8.1}$$

다른 변형률 값들은 다음과 같다.

$$\gamma_{xz} = \gamma_{yz} = 0 \qquad \varepsilon_z = -\frac{\nu}{E}(\sigma_x + \sigma_y) \tag{c}$$

식 (8.1)의 처음 두 식을 서로 더하여 $\sigma_x + \sigma_y$에 대한 식을 만들어 이를 다시 식 (c)에 대입하면 다음과 같은 식을 얻게 된다.

$$\boxed{\varepsilon_z = -\frac{\nu}{1-\nu}(\varepsilon_x + \varepsilon_y)} \tag{8.2}$$

즉 앞의 식처럼 '평면 바깥 방향으로의' 변형률 ε_z를 '평면 내에서의' 변형률 ε_x와 ε_y로 표현할 수 있다.

평면변형률의 경우 평면 바깥 방향으로의 전단응력 τ_{xz}와 τ_{yz}의 값은 모두 0이 되지만 평면 바깥 방향으로의 수직응력 σ_z의 값은 0이 아니고 평면 내에서의 수직응력인 σ_x와

σ_y의 값으로 표현된다. 또한 평면 내에서의 응력인 σ_x, σ_y 및 τ_{xy}는 모두 0이 아닌 값을 가질 수 있다. 평면변형률상태의 자세한 내용은 8.10절에서 설명할 것이다.

이 절의 목표는 그림 8.1의 미세 응력요소로 표현된 물체의 어떤 한 점에서의 응력성분인 σ_x, σ_y, τ_{xy}를 변환하는 방정식을 유도하는 것이다. 이 **응력요소**를 전체 구조로부터 분리하여 그림 8.2(a)에 나타내었다. 이 그림에서는 z방향의 수직응력 σ_z의 값은 비록 0이 아닐 수도 있지만 이 절의 내용과 무관하므로 나타내지 않았다. 따라서 유도될 변환방정식은 모든 2차원 문제에 대하여 적용 가능할 것이다. 실제로 응력요소는 3차원 형상을 갖지만 편의에 의하여 이를 **평면에 나타내는** 것이 일반적이다. 그림에서 보인 것처럼 응력요소의 서로 평행한 면에서의 응력들은 그 크기가 같다고 가정한다.

경사진 평면에서의 응력

그림 8.2(a)의 응력요소로부터 절단된 미세한 크기의 3차원 쐐기 모양을 고려해보자[그림 8.2(b)]. x축과 y축으로부터 각도 θ만큼 기울어진 x'과 y'축에서 정의되는 응력 $\sigma_{x'}$과

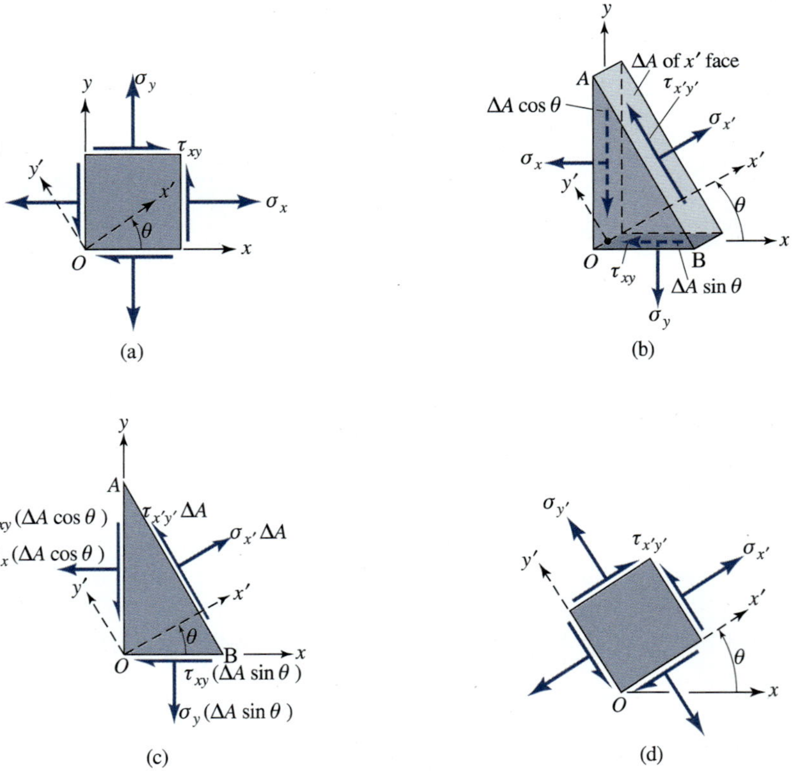

그림 8.2 평면응력상태에서의 응력요소

$\tau_{x'y'}$을 구하려고 한다. 이들을 유도하는 과정에서 x'축을 정의하는 각도 θ는 **x축으로부터 반시계방향으로 회전할 때를 양의 방향**으로 가정한다. 2.10절에서의 **부호약속**에 따르면 그림 8.2(b)에 표시된 응력 $\sigma_{x'}$과 $\tau_{x'y'}$은 모두 양의 값으로 그 방향이 표시되어 있다. x'축에 대하여 수직한 면을 AB라고 하자. 만약 면 AB의 면적이 ΔA로 표시된다면, 면 OA와 OB의 면적은 각각 $A_{OA} = \Delta A \cos\theta$와 $A_{OB} = \Delta A \sin\theta$가 된다.

쐐기 모양으로 절단된 응력요소의 3개의 면에 힘이 작용하는 2차원 그림을 그림 8.2(c)에 나타내었다. x'과 y'방향으로의 힘의 평형방정식은 다음과 같다.

$$\sum F_{x'} = 0: \quad \sigma_{x'}\Delta A - \sigma_x(\Delta A\cos\theta)\cos\theta - \tau_{xy}(\Delta A\cos\theta)\sin\theta$$

$$- \sigma_y(\Delta A\sin\theta)\sin\theta - \tau_{xy}(\Delta A\sin\theta)\cos\theta = 0$$

$$\sum F_{y'} = 0: \quad \tau_{x'y'}\Delta A + \sigma_x(\Delta A\cos\theta)\sin\theta - \tau_{xy}(\Delta A\cos\theta)\cos\theta$$

$$- \sigma_y(\Delta A\sin\theta)\cos\theta + \tau_{xy}(\Delta A\sin\theta)\sin\theta = 0$$

위 식들을 간략히 정리하면 $\sigma_{x'}$과 $\tau_{x'y'}$에 대한 다음 식들을 얻을 수 있다.

$$\sigma_{x'} = \sigma_x\cos^2\theta + \sigma_y\sin^2\theta + 2\tau_{xy}\sin\theta\cos\theta \tag{8.3a}$$

$$\tau_{x'y'} = \tau_{xy}(\cos^2\theta - \sin^2\theta) + (\sigma_y - \sigma_x)\sin\theta\cos\theta \tag{8.3b}$$

그림 8.2(d)에 의하여 응력 $\sigma_{y'}$에 대한 식은 식 (8.3a)의 $\sigma_{x'}$에 대한 식에서 θ 대신에 $\theta + \pi/2$를 대입하여 얻을 수 있다. 이렇게 구한 $\sigma_{y'}$에 대한 식을 다음에 정리하였다.

$$\sigma_{y'} = \sigma_x\sin^2\theta + \sigma_y\cos^2\theta - 2\tau_{xy}\sin\theta\cos\theta \tag{8.3c}$$

삼각함수의 항등식인 $2\cos^2\theta = 1 + \cos 2\theta$, $2\sin\theta\cos\theta = \sin 2\theta$ 및 $2\sin^2\theta = 1 - \cos 2\theta$를 이용하여 식 (8.3)에 들어간 각도의 표현식을 모두 2θ로 변경할 수 있다. 이렇게 정리된 **응력변환방정식**(equations of transformation for stress)의 일반적인 형태는 다음과 같다.

$$\sigma_{x'} = \frac{1}{2}(\sigma_x + \sigma_y) + \frac{1}{2}(\sigma_x - \sigma_y)\cos 2\theta + \tau_{xy}\sin 2\theta \tag{8.4a}$$

$$\tau_{x'y'} = -\frac{1}{2}(\sigma_x - \sigma_y)\sin 2\theta + \tau_{xy}\cos 2\theta \tag{8.4b}$$

$$\sigma_{y'} = \frac{1}{2}(\sigma_x + \sigma_y) - \frac{1}{2}(\sigma_x - \sigma_y)\cos 2\theta - \tau_{xy}\sin 2\theta \tag{8.4c}$$

서로 직교하는 x와 y평면에서의 응력성분을 알고 있을 때 위의 식을 사용하여 각도 θ로 정의되는 경사면 AB에서의 응력상태를 구할 수 있게 된다.

식 (8.4a)와 (8.4c)를 더하면 다음과 같은 중요한 식을 얻을 수 있게 된다.

$$\sigma_{x'} + \sigma_{y'} = \sigma_x + \sigma_y = \text{일정} \tag{8.5}$$

즉 서로 직교하는 임의의 두 평면에서의 수직응력의 합은 각도 θ와 무관한 **불변량**(invariant)이다. 3차원 응력상태의 경우에는 서로 직교하는 임의의 세 평면에서의 수직응력의 합이 불변량이 된다. 좌표축이 회전할 때 식 (8.4)와 같이 성분이 변환하는 물리량을 수학적으로 **텐서**(tensor)라고 한다. 따라서 응력은 텐서의 일종이다. 이외에도 **변형률**이나 **관성 모멘트**도 텐서의 한 종류이다. 이러한 물리량들의 변환방정식들 사이의 유사성이 8.10절과 A.4절에서 언급되어 있다. 8.5절의 Mohr 원(Mohr's circle)은 응력 텐서 변환을 기하학적으로 표현하는 기법이다.

평면응력의 특수한 경우

특수한 경우에는 일반적인 평면응력상태가 더 간략하게 표현된다. **1축응력**(uniaxial stress)의 경우[그림 8.2(a)에서 $\sigma_y = 0$, $\tau_{xy} = 0$일 때], 식 (8.3)은 4.6절에서 유도되었던 식 (4.15)로 간략하게 바뀌게 된다. 다른 특수한 경우로 **순수전단**(pure shear)이 있다. 이는 응력요소에 전단응력만이 작용하는 경우이다[그림 8.2(a)에서 $\sigma_x = \sigma_y = 0$일 때]. 이 경우에는 식 (8.3)으로 표현된 응력변환방정식에서 σ_x와 σ_y의 값들을 모두 0으로 하면 5.5절에서 유도한 방정식과 동일한 식을 얻게 된다. 마지막 특수한 경우로 **2축응력**(biaxial stress)이 있다. 이는 8.8절의 두께가 얇은 압력용기에서 나타나는 응력상태로 그림 8.2(a)에서 $\tau_{xy} = 0$인 경우이다. 이 경우의 응력변환방정식은 식 (8.3)과 (8.4)에서 τ_{xy}를 포함하는 모든 항들을 제거하여 얻을 수 있다.

각도 θ가 변함에 따라서 응력과 변형률 값의 변화는 이 장의 여러 예제에서 다루게 된다. 이들 예제에서는 재료가 등방성, 균질성 및 선형탄성이라는 **가정**을 하였다.

예제 8.1 경사면에서의 응력

조건 착륙하는 항공기 동체 표면의 어떤 점 A에서 응력의 크기와 방향을 그림 8.3(a)의 응력요소에 나타내었다.

문제

(a) 선 $a-a$와 평행한 경사면에 작용하는 수직 및 전단응력을 구하라.

(b) 선 $b-b$와 평행한 경사면에 작용하는 수직 및 전단응력을 구하라.

각각의 경우에 적절하게 회전한 응력요소에 그 결과를 도시하라.

가정 점 A에서 응력은 평면응력상태이다.

풀이 x'방향은 경사면에 수직하다. 주어진 xy좌표계에서의 응력을 $x'y'$좌표계에서의 응력으로 변환하여야 한다. 응력과 회전방향에 대한 올바른 부호 사용에 주의하여야 한다.

(a) 식 (8.4)에 $\theta = 45°$, $\sigma_x = 10$ MPa, $\sigma_y = -5$ MPa, $\tau_{xy} = -6$ MPa을 대입하여 다음과 같이 $\sigma_{x'}$, $\tau_{x'y'}$ 및 $\sigma_{y'}$를 얻을 수 있다.

$$\sigma_{x'} = \frac{1}{2}(10-5) + \frac{1}{2}(10+5)\cos 90° - 6\sin 90°$$
$$= -3.5 \text{ MPa}$$

$$\tau_{x'y'} = -\frac{1}{2}(10+5)\sin 90° - 6\cos 90° = -7.5 \text{ MPa}$$

$$\sigma_{y'} = \frac{1}{2}(10-5) - \frac{1}{2}(10+5)\cos 90° + 6\sin 90°$$
$$= 8.5 \text{ MPa}$$

이 결과를 그림 8.3(b)에 도시하였다.

(b) 식 (8.4)에 $\theta = 30 + 90 = 120°$를 대입하여 다음과 같은 결과를 얻을 수 있다.

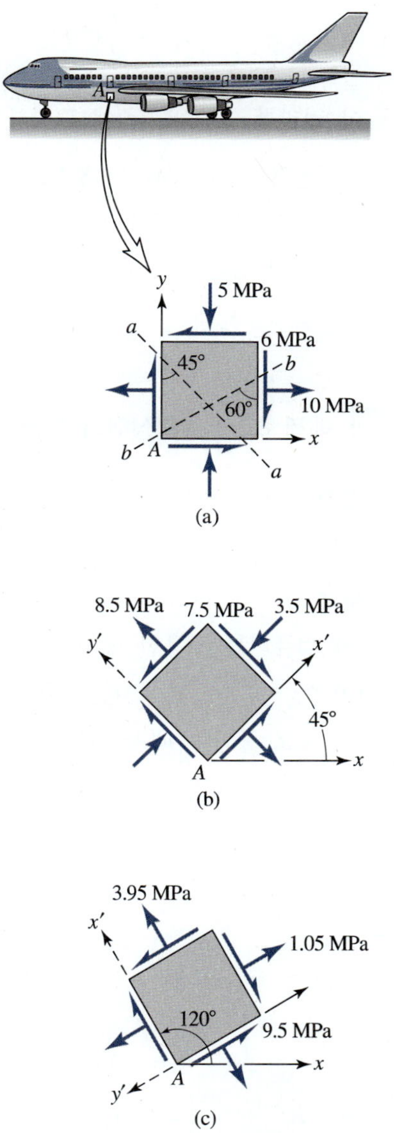

그림 8.3 (a) 항공기와 항공기 동체 표면의 점 A에서의 응력상태를 나타내는 응력요소 (b, c) $\theta = 45°$와 $\theta = 120°$에 해당되는 각각의 응력요소

$$\sigma_{x'} = \frac{1}{2}(10-5) + \frac{1}{2}(10+5)\cos 240° - 6\sin 240° = 3.95 \text{ MPa}$$

$$\tau_{x'y'} = -\frac{1}{2}(10+5)\sin 240° - 6\cos 240° = 9.5 \text{ MPa}$$

$$\sigma_{y'} = \frac{1}{2}(10-5) - \frac{1}{2}(10+5)\cos 240° + 6\sin 240° = 1.05 \text{ MPa}$$

이 결과를 그림 8.3(c)에 도시하였다.

부가설명 그림 8.3(b)와 8.3(c)는 그림 8.3(a)의 응력요소에서 보인 것과 동일한 응력상태를 나타낸다. 차이점은 응력성분이 작용하는 면의 방향이 다르다는 것이다. 또한 두 경우에서 수직응력의 합은 $\sigma_x + \sigma_y = \sigma_{x'} + \sigma_{y'} = 5\text{ MPa}$로 일정하다.

예제 8.2 응력상태의 표현

조건 하중을 받는 구조물의 한 점에서의 2차원 응력상태를 그림 8.4(a)의 응력요소에 나타내었다.

문제

(a) 컴퓨터를 사용한 해석에 적합한 형태로 응력변환방정식을 기술하라.

(b) $\sigma_x = 7$, $\sigma_y = 2$, $\tau_{xy} = 5$ MPa의 값에 대하여 각도 θ값이 0에서 180°까지 15°의 증분으로 증가할 때 $\sigma_{x'}$과 $\tau_{x'y'}$의 값을 계산하라. 또한 각도 θ값이 변화할 때 $\sigma_{x'}$과 $\tau_{x'y'}$의 값을 보여라.

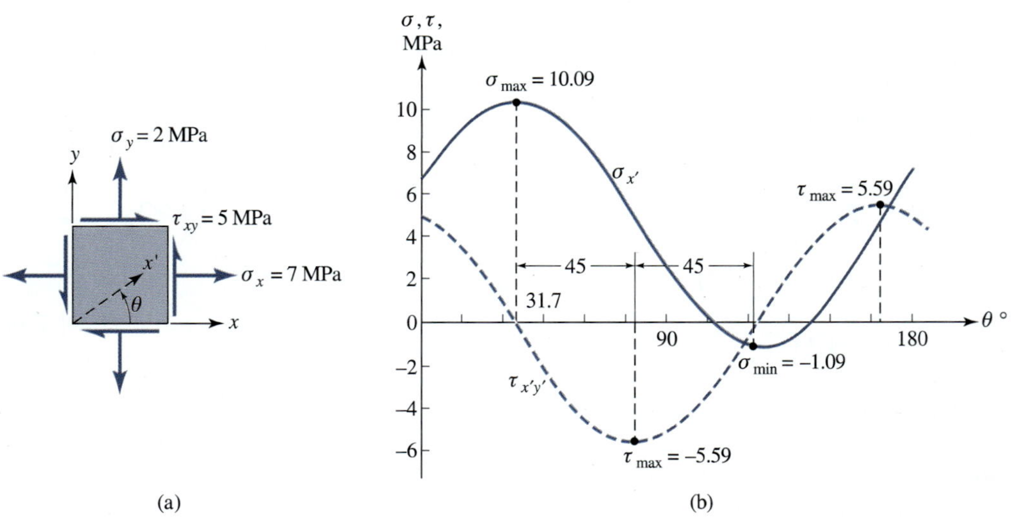

그림 8.4 각도 θ의 변화에 따른 수직응력 $\sigma_{x'}$과 전단응력 $\tau_{x'y'}$의 변화

풀이

(a) 식 (8.4a)와 (8.4b)를 다음처럼 표시할 수 있다.

$$\sigma_{x'} = A + B\cos 2\theta + C\sin 2\theta$$

$$\tau_{x'y'} = -B\sin 2\theta + C\cos 2\theta$$

위 식에서 A, B, C는 다음과 같다.

$$A = \frac{1}{2}(\sigma_x + \sigma_y) \qquad B = \frac{1}{2}(\sigma_x - \sigma_y) \qquad C = \tau_{xy}$$

컴퓨터 프로그램에서 $\sigma_{x'}$, σ_x, σ_y, τ_{xy}, $\tau_{x'y'}$, θ 등은 각각 SXP, SX, SY, TXY, TXYP, THETA 등의 기호를 사용하여 표현할 수 있다.

(b) 주어진 값들을 식 (8.4)에 대입하면 다음과 같은 결과를 얻을 수 있다.

$$\sigma_{x'} = 4.5 + 2.5\cos 2\theta + 5\sin 2\theta$$

$$\tau_{x'y'} = -2.5\sin 2\theta + 5\cos 2\theta$$

위 식에서 θ값을 0에서 180°까지 15°의 크기로 증가시키면 그림 8.4(b)에 보인 곡선 위의 점들과 일치하게 된다. 이를 통하여 한 점의 응력값이 경사면의 각도에 따라서 어떻게 변화하는지 알 수 있게 된다.

부가설명 그림 8.4(b)로부터 최대전단응력(또는 최소전단응력)이 발생하는 경사면의 각도는 최대수직응력과 최소수직응력이 발생하는 경사면의 각도 사이의 중앙에 위치하게 됨을 알 수 있다. 수직응력은 경사면의 각도 $\theta = 31.7°$와 $\theta = 31.7° + 90°$에서 각각 최대와 최소가 되는데 이 두 경우에 전단응력의 값은 모두 0이 된다는 것을 알 수 있다. 또한 $\sigma_x + \sigma_y = \sigma_{\max} + \sigma_{\min} = 9\text{ MPa}$임을 알 수 있다.

위 예제로부터 얻은 결론은 어떤 종류의 응력상태에도 적용된다는 것을 뒤에서 확인할 수 있다. 그림을 이용한 도식적인 응력변환 방법에 대해서는 8.5절에서 설명할 것이다. 3차원의 경우에 수직응력 및 전단응력이 변환하는 방법은 8.6절과 8.7절에서 논의할 것이다.

8.3 주응력

한 점에서의 응력은 그 점을 포함하는 평면의 기울기(또는 방향)에 따라서 그 크기가 변화함을 확인하였다. 가장 큰 수직응력 및 전단응력값과 이들 응력이 작용하는 평면의 방향은 구조물의 파손과 관련이 되기 때문에 특히 중요하다. 재료가 등방성이어서 모든 방향으로의 강도 특성이 동일한 경우에, 예비설계 단계에서는 최대수직응력 및 최대전단응력의 방향보다는 크기가 더 중요하다.

$\sigma_{x'}$의 극한값에 대응하는 x' 및 y'축의 방향을 결정하기 위해서는 식 (8.4a)에 $d\sigma_{x'}/d\theta = 0$의 조건을 적용하여 다음과 같은 결과를 얻을 수 있다.

$$(\sigma_x - \sigma_y)\sin 2\theta - 2\tau_{xy}\cos 2\theta = 0 \tag{a}$$

식 (a)는 다음과 같은 식으로 정리할 수 있다.

$$\tan 2\theta_p = \frac{2\tau_{xy}}{\sigma_x - \sigma_y} \tag{8.6}$$

위 식에서는 θ 대신에 θ_p를 사용하였는데 θ_p는 최대수직응력 또는 최소수직응력을 정의하는 평면의 각도를 의미한다. 삼각함수에서 $\tan 2\theta = \tan(2\theta + 180°)$이므로 식 (8.6)을 만족하는 2개의 $2\theta_p$값이 존재하며 이들을 각각 $2\theta_p{}'$과 $2\theta_p{}''$으로 표기한다. θ_p의 두 값들의 크기는 $90°$만큼 차이가 있으므로 최대수직응력과 최소수직응력이 존재하는 평면은 서로 수직하다.

식 (8.4b)와 식 (a)를 비교하면 수직응력의 값이 극한이 되는 평면에서 $\tau_{x'y'} = 0$이 된다. 이 평면을 **주평면**(principal planes)이라고 하며, 이들 평면에서의 수직응력값은 최대 및 최소가 되며 이들을 **주응력**(principal stresses)이라고 한다. 따라서 주평면은 전단응력이 없는 평면이라고 할 수도 있다.

식 (8.6)으로부터 만들어진 그림 8.5를 참조하여 주응력을 구하는 공식을 유도할 수 있다. 그림 8.5에 의하면 $\sin 2\theta_p{}' = -\sin 2\theta_p{}''$이며 $\cos 2\theta_p{}' = -\cos 2\theta_p{}''$이다. 즉 $\cos 2\theta_p$와

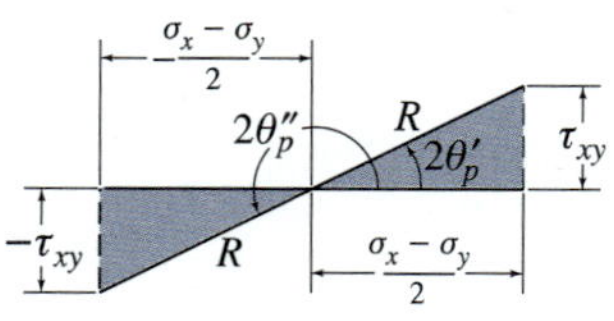

그림 8.5 주응력의 방향을 나타내는 각도

$\sin 2\theta_p$에 대한 다음의 식을 얻게 된다.

$$\cos 2\theta_p = \pm \frac{\sigma_x - \sigma_y}{2R} \qquad \sin 2\theta_p = \pm \frac{\tau_{xy}}{R} \tag{b}$$

위의 식에서 R은 다음과 같이 표현된다.

$$R = \sqrt{\left(\frac{\sigma_x - \sigma_y}{2}\right)^2 + \tau_{xy}^2} \tag{8.7}$$

위의 식에서 R은 양의 값을 가지며 응력의 단위를 가진다. 식 (b)를 식 (8.4a)에 대입하여 주응력에 대한 다음의 식을 얻게 된다.

$$\sigma_{\max,\min} = \sigma_{1,2} = \frac{\sigma_x + \sigma_y}{2} \pm \sqrt{\left(\frac{\sigma_x - \sigma_y}{2}\right)^2 + \tau_{xy}^2} \tag{8.8}$$

위 식의 2개의 주응력 중에서 대수학적으로 더 큰 값을 갖는 것을 **최대주응력**(maximum principal stress)이라고 하고 기호로는 σ_1으로 표시하며, 대수학적으로 더 작은 값을 갖는 것을 **최소주응력**(minimum principal stress)이라고 하고 기호로는 σ_2로 표시한다. 이러한 주응력이 작용하는 평면을 그림 8.6에 나타내었으며 이들의 방향은 식 (8.6)으로 구할 수 있다.

평균주응력(average normal stress)은 기호로 σ_{avg} 또는 σ'이라고 표시하며 주어진 x와 y 평면에서의 수직응력의 평균과 같다.

$$\sigma_{\text{avg}} = \sigma' = \frac{\sigma_x + \sigma_y}{2} \tag{8.9}$$

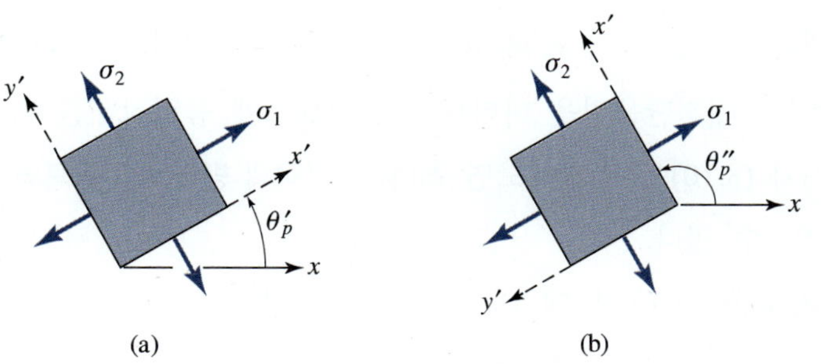

그림 8.6 주평면(주응력이 발생하는 평면)

따라서 식 (8.8)의 주응력을 다음과 같이 표현할 수도 있다.

$$\sigma_{1,2} = \sigma_{\text{avg}} \pm R \tag{8.8a}$$

식 (8.8)을 이용하여 $\sigma_1 + \sigma_2 = \sigma_x + \sigma_y$의 결과를 얻을 수 있음을 쉽게 예측할 수 있다.

2개의 주응력 σ_1과 σ_2에 대응하는 σ_1평면과 σ_2평면을 나타내는 θ_p의 두 값들은 각각 $\theta_p{}'$과 $\theta_p{}''$으로 나타낼 수 있다. 이 값들은 그림 8.6(a)와 (b)에 나타낸 주응력상태에서의 응력요소의 방향을 결정하는 데 사용될 수 있다. 식 (8.6)의 한 해로부터 주평면의 방향을 결정할 수 있으며, 또한 이 해를 식 (8.4a)에 대입하면 식 (8.8)에서 얻는 주응력 중에서 하나를 얻을 수 있다.

8.4 최대전단응력

주응력에서의 과정과 유사한 방법으로 최대전단응력과 이 응력이 존재하는 평면의 방향을 구해보려고 한다. 식 (8.4b)에 $d\tau_{x'y'}/d\theta = 0$이라는 조건을 적용하면 다음과 같은 식을 얻을 수 있다.

$$-(\sigma_x - \sigma_y)\cos 2\theta - 2\tau_{xy}\sin 2\theta = 0 \tag{a}$$

식 (a)는 다음과 같이 정리할 수 있다.

$$\tan 2\theta_s = -\frac{\sigma_x - \sigma_y}{2\tau_{xy}} \tag{8.10}$$

위 식에서 θ_s는 **최대전단응력이 존재하는 평면**의 각도를 나타낸다. 식 (8.6)에서와 마찬가지로 이 식을 만족하는 서로 직교하는 2개의 방향이 존재한다. 이전과 마찬가지로 이들 2개의 방향을 나타내는 각도를 각각 $\theta_s{}'$과 $\theta_s{}''$의 기호로 표시한다. 각각의 방향은 그림 8.7(a)와 (b)에서와 같이 최대전단응력을 나타내는 응력요소에 응력상태를 나타내는 데 사용된다. 또한 식 (8.6)과 (8.10)을 비교해보면 최대전단응력의 평면은 주응력의 평면에 대하여 45° 기울어져 있음을 알 수 있다.

식 (8.10)의 $2\theta_s$값을 식 (8.4b)에 대입하여 전단응력의 극한값을 다음과 같이 얻을 수 있다.

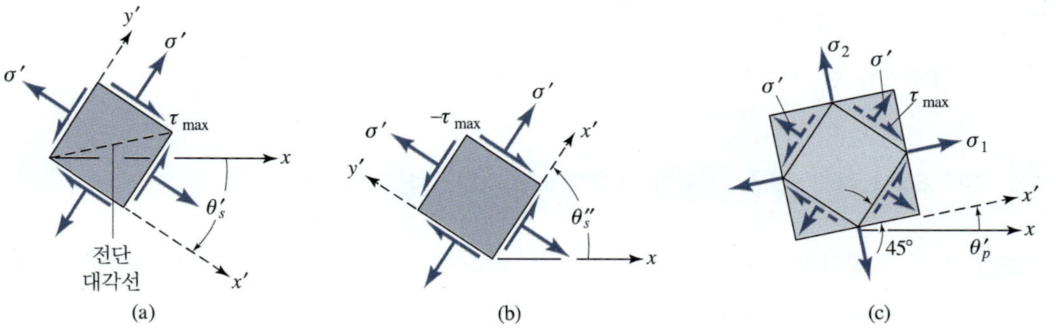

그림 8.7 최대전단응력의 평면

$$\tau_{\max} = \pm\sqrt{\left(\frac{\sigma_x - \sigma_y}{2}\right)^2 + \tau_{xy}^2} \tag{8.11}$$

물리적인 관점에서 보면 위 식에서 부호는 의미가 없다. 이러한 이유로 부호와 관계없이 그 크기가 가장 큰 전단응력을 **최대전단응력**(maximum shearing stress)이라고 한다. 만약에 σ_x와 σ_y가 주응력이면 τ_{zy}가 0이 되고 식 (8.11)은 다음과 같이 간략하게 된다.

$$\tau_{\max} = \frac{\sigma_x - \sigma_y}{2} \tag{8.12}$$

주평면에서는 전단응력이 존재하지 않는(즉 전단응력의 값이 0) 것과 달리 최대전단응력평면에서는 수직응력의 값이 0이 아니다. 최대전단응력평면에서의 수직응력의 값은 식 (8.10)에서 $2\theta_s$값을 식 (8.4a)와 (8.4c)에 대입하여 구할 수 있다. 식 (8.10)을 이용하면 식 (8.4a)나 (8.4c)의 세 항 중에서 제일 우측의 두 항은 서로 상쇄되므로, $\sigma_{x'}$과 $\sigma_{y'}$은 모두 다음 식과 같은 값이 된다.

$$\sigma_{\text{avg}} = \sigma' = \frac{\sigma_x + \sigma_y}{2}$$

따라서 만약에 $\sigma_x + \sigma_y$값이 0이 아니라면 최대전단응력이 존재하는 평면에서는 **수직응력**이 함께 존재한다.

그림 8.7(a)의 응력요소에서 전단응력을 표시하는 화살표의 머리가 만나는 두 꼭짓점을 서로 연결한 대각선을 **전단대각선**(shear diagonal)이라고 한다. 전단대각선은 **최대주응력과 동일한 방향으로 존재한다.** 전단대각선을 사용하여 최대전단응력의 방향을 예측할 수 있다.

그림 8.7(c)에서처럼 주응력과 관련이 있는 바깥쪽 정사각형의 응력요소로부터 점선으로 표시된 최대전단응력과 관련이 있는 응력요소를 만들 수 있다.

[예제 8.3] 기계 프레임에서의 주응력과 최대전단응력

조건 기계 프레임의 어떤 특정한 점이 평면응력상태에 놓여 있다. 이때의 응력값은 그림 8.8(a)의 응력요소에 나타내었으며 각각의 응력성분값은 다음과 같다.

$$\sigma_x = 7\ \text{MPa} \qquad \sigma_y = 2\ \text{MPa} \qquad \tau_{xy} = 5\ \text{MPa}$$

문제

(a) 주응력을 구하라.

(b) 최대전단응력과 이때의 수직응력을 구하라.

위의 (a)와 (b)에서 찾은 값들을 적절하게 회전한 응력요소에서 도시하라.

풀이 만약 $\sigma_1 = \sigma_{x'}$이면 $\theta_p{}' = \theta_p$이고 $\theta_p{}'' = \theta_p + 90°$이거나 $\theta_p{}' = \theta_p + 90°$이고 $\theta_p{}'' = \theta_p$이다.

(a) 최대수직응력. 식 (8.8)로부터 다음과 같이 주응력의 값을 구할 수 있다.

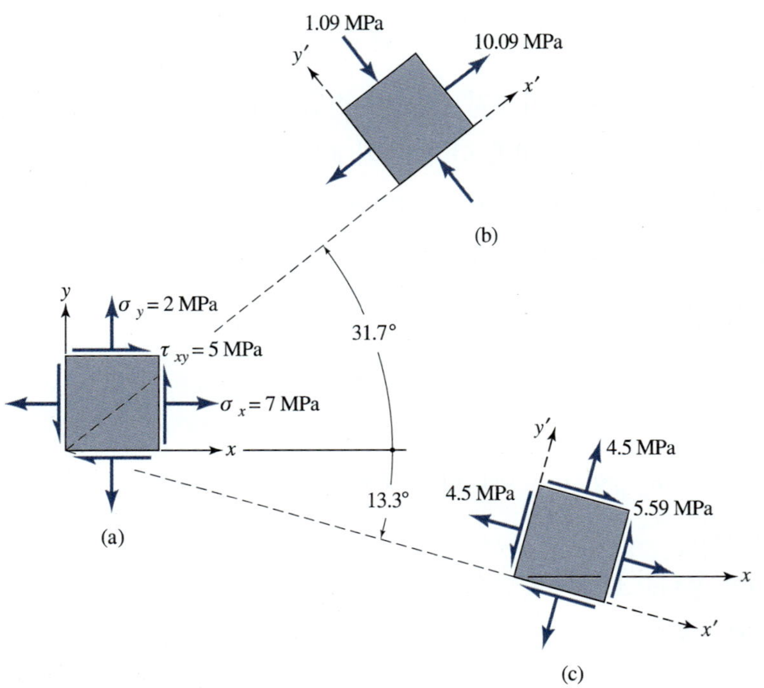

그림 8.8 (a) 평면응력상태의 응력요소 (b) 주응력 (c) 최대전단응력

$$\sigma_{1,2} = \frac{7+2}{2} \pm \sqrt{\left(\frac{7-2}{2}\right)^2 + 5^2} = 4.5 \pm 5.59$$

따라서 각각의 σ_1과 σ_2의 값은 다음과 같다.

$$\sigma_1 = 10.09 \text{ MPa} \qquad \sigma_2 = -1.09 \text{ MPa}$$

주평면을 찾기 위해서는 식 (8.6)을 이용할 수 있으며 다음과 같은 각도값을 얻었다.

$$\theta_p = \frac{1}{2}\tan^{-1}\frac{2(5)}{7-2} = 31.7° \qquad \text{그리고} \qquad 121.7°$$

위의 두 각도값 중에서 어느 값이 각각의 σ_1과 σ_2에 대응되는지 알 수 없다. 따라서 일단 $2\theta = 63.4°$값을 우선 식 (8.4a)에 대입해보면 $\sigma_{x'} = 10.09$ MPa값을 얻는다. 즉 이때의 $\sigma_{x'}$ 값이 σ_1값과 동일하므로 $\theta_p{}' = 31.7°$임을 알 수 있게 된다. 따라서 $\theta_p{}'' = 121.7°$임을 알 수 있다. 주응력의 상태는 그림 8.8(b)에 나타내었다.

(b) 최대전단응력. 식 (8.11)로부터 다음과 같이 값을 구하였다.

$$\tau_{max} = \pm\sqrt{\left(\frac{7-2}{2}\right)^2 + 5^2} = \pm 5.59 \text{ MPa}$$

두 주응력을 이용하여 $(\sigma_1 - \sigma_2)/2$를 계산해도 동일한 결과를 얻을 수 있다. 최대전단응력의 평면은 식 (8.10)을 이용하여 다음과 같이 구할 수 있다.

$$\theta_s = \frac{1}{2}\tan^{-1}\left(-\frac{7-2}{2\times 5}\right) = -13.3° \qquad \text{그리고} \qquad 76.7°$$

식 (8.4b)에 $2\theta = -26.6°$를 대입하면 $\tau_{x'y'} = 5.59$ MPa을 얻을 수 있다. 즉 $\theta_s{}' = -13.3°$이고 $\theta_s{}'' = 76.7°$이다. 식 (8.9)를 이용하여 σ'을 구하면 다음 식과 같다.

$$\sigma' = \frac{7+2}{2} = 4.5 \text{ MPa}$$

최대전단응력상태를 그림 8.8(c)에 나타내었다.

최대전단응력 τ_{max}가 전단대각선 방향을 향하여 작용한다는 사실을 이용하면 최대전단응력의 방향을 손쉽게 예측할 수도 있다.

부가설명 그림 8.8에 나타낸 응력상태의 표현들은 각각 $\theta = 0°$, $\theta = 31.7°$, $\theta = -13.3°$에 대응된다. 이들 각도에서의 응력상태는 예제 8.2의 그림 8.4에 나타낸 결과로부터 확인할 수 있다.

8.5 평면응력상태에서의 Mohr 원

앞의 두 절에서 유도되었던 응력변환을 위한 기본 방정식들은 기하학적으로 해석될 수 있다. 이러한 기하학적 방법을 통하여 한 평면으로부터 다른 평면으로의 응력변환을 손쉽게 할 수 있게 되고 응력변환방정식들의 물리적 중요성을 좀 더 쉽게 이해할 수 있게 된다. 또한 이를 통하여 한 점에서의 응력상태에 대한 전반적인 이해가 가능해진다. 이 방법은 1882년에 독일 엔지니어인 Otto Mohr에 의하여 고안되었다.

Mohr 원의 유도

응력의 Mohr 원에 대한 표현식을 유도하기 위하여 $\sigma_{x'}$과 $\tau_{x'y'}$ 대신에 각각 σ와 τ라는 기호를 사용하여 식 (8.4a)와 (8.4b)를 다음 식처럼 서술할 수 있다.

$$\sigma - \frac{\sigma_x + \sigma_y}{2} = \frac{\sigma_x - \sigma_y}{2}\cos 2\theta + \tau_{xy}\sin 2\theta$$

$$\tau = -\frac{\sigma_x - \sigma_y}{2}\sin 2\theta + \tau_{xy}\cos 2\theta$$

위의 두 식을 각각 제곱하여 서로 더한 다음에 간략하게 정리하면 다음과 같은 식을 얻게 된다.

$$\left(\sigma - \frac{\sigma_x + \sigma_y}{2}\right)^2 + \tau^2 = \left(\frac{\sigma_x - \sigma_y}{2}\right)^2 + \tau_{xy}^2 \tag{a}$$

위 식을 더 간략하게 표현하기 위하여 8.4절에서 다음과 같은 기호를 빌려 쓰게 된다.

$$\sigma_{\text{avg}} = \frac{1}{2}(\sigma_x + \sigma_y) \tag{8.9}$$

$$R = \sqrt{\left(\frac{\sigma_x - \sigma_y}{2}\right)^2 + \tau_{xy}^2} \tag{8.7}$$

식 (8.9)와 (8.7)의 기호를 이용하여 식 (a)를 다음과 같이 간략하게 표현할 수 있다.

$$(\sigma - \sigma_{\text{avg}})^2 + \tau^2 = R^2 \tag{b}$$

위 식은 σ, τ좌표계에서 **반경**이 R인 원의 방정식과 같다. 이 원의 중심은 σ축 위에서 원점으로부터 σ_{avg}만큼 떨어진 곳에 위치하고 있다(그림 8.9). 이 원을 응력의 Mohr 원이

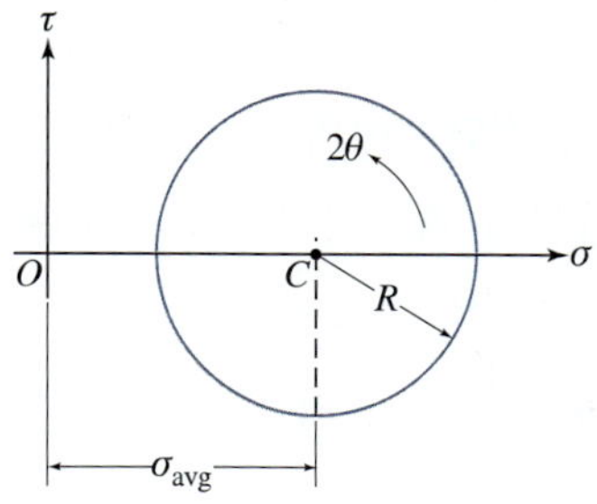

그림 8.9 Mohr 원

라고 한다. **응력의 Mohr 원**에서 수직응력의 값은 수평축에 표시되며 양의 값을 가지는 인장응력은 우측 방향으로 나타낸다. 전단응력의 값은 수직축에 표시된다.

Mohr 원의 작도

평면응력상태의 응력요소에 대한 Mohr 원을 작도하려고 한다. **Mohr 원에서 반시계방향으로 측정되는 각도** 2θ(그림 8.9)는 응력요소에서 동일한 방향으로 측정되는 각도 θ[그림 8.10(a)]에 해당된다. Mohr 원에서의 각도 2θ는 응력요소에서의 각도 θ에 대응된다.

Mohr 원에서 수직응력에 대한 부호는 2.10절의 법칙을 그대로 따르면 된다. 즉 인장응력은 양의 부호를 가지고 압축응력은 음의 부호를 갖는다. 그러나 **전단응력에 대한 부호약속**은 다음과 같다. 응력요소의 서로 반대편에 위치한 두 전단응력이 시계방향의 우력을 만

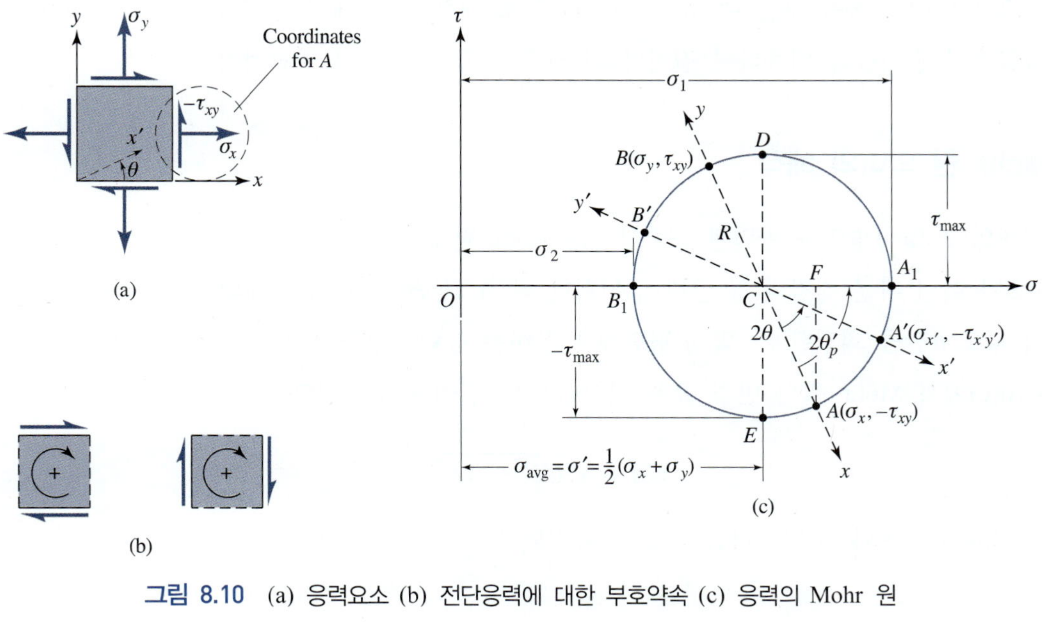

그림 8.10 (a) 응력요소 (b) 전단응력에 대한 부호약속 (c) 응력의 Mohr 원

드는 경우에 이들 응력을 양의 전단응력이라고 한다[그림 8.10(b)]. 따라서 그림 8.10(a)에 보인 응력요소의 y면에 작용하는 전단응력의 부호는 양으로 가정할 수 있으며 이는 지금까지의 부호약속과 동일하다. 반면에 지금까지는 양으로 이해하였던 x면에서의 전단응력의 부호는 이제부터 음으로 이해하여야 한다.

앞의 부호규약과 일치하도록 σ_x, σ_y, τ_{xy}가 주어졌을 때 **Mohr 원을 작도하는 과정**[그림 8.10(c)]은 다음과 같다.

1. 직교좌표계를 설정하라. 수평좌표축은 σ에 해당되며 우측으로 양의 값을 갖는다. 수직좌표축은 τ에 해당되며 위쪽으로 양의 값을 갖는다. 두 가지 응력의 크기 척도는 동일하여야 한다.
2. 수평축을 따라 원점 O로부터 거리가 $(\sigma_x + \sigma_y)/2$만큼 떨어진 곳에 원의 중점 C의 위치를 선정한다.
3. 좌표값$(\sigma_x, -\tau_{xy})$에 점 A의 위치를 잡는다. 이 점은 $\theta = 0$에 해당된다.
4. 점 C를 원점으로 하고 반경이 CA인 원을 작도하라.
5. 점 C를 지나는 선 AB를 작도하라.

Mohr 원의 작도 개념은 응력뿐만 아니라 재료역학에서 많이 사용되는 변형률이나 면의 관성 모멘트에도 적용되므로 대단히 중요하다. Mohr 원이 실제 크기대로 작도되면 기하학적으로 여러 값들을 구할 수 있다. 그러나 주로 개략적인 스케치로 Mohr 원을 작도하고 삼각함수의 공식들을 이용하여 길이나 각도 등을 구하는 것이 일반적이다.

Mohr 원 의미의 해석

원래의 x 및 y평면과 관련된 응력상태는 Mohr 원에서 각각 점 A와 B에 대응한다. 직경 AB가 아닌 다른 직경의 양 끝단에 위치한 점 A'과 B'은 각각 원래의 x 및 y평면으로부터 각도 θ만큼 회전한 x' 및 y'평면에 대응하는 응력상태를 정의한다[그림 8.10(a)]. 그림 8.10(c)에서 Mohr 원의 반경 R은 직선 CA의 길이로 표현된다.

$$CA = \sqrt{CF^2 + AF^2} \tag{c}$$

위 식에서 CF와 AF는 다음 식으로 표현된다.

$$CF = \frac{\sigma_x - \sigma_y}{2} \qquad AF = \tau_{xy} \tag{d}$$

CA는 최대전단응력 $\tau_{\max}$의 크기이다.

Mohr 원 상의 점 A'의 좌표를 식 (8.4a)와 (8.4b)에 의하여 구할 수 있음을 보이려고 한다. Mohr 원의 두 반경 CA와 CA_1 사이의 각도를 $2\theta_p'$이라고 두자. 그림 8.10(c)로부터 다음과 같은 명백한 관계식을 얻을 수 있다.

$$\sigma_{x'} = \frac{\sigma_x + \sigma_y}{2} + CA' \cos(2\theta_p' - 2\theta)$$

$$\tau_{x'y'} = CA' \sin(2\theta_p' - 2\theta)$$

CA'과 CA의 길이가 같으므로 삼각함수의 관계식을 이용하여 위 식을 다음과 같이 표현할 수 있다.

$$\begin{aligned} \sigma_{x'} &= \frac{\sigma_x + \sigma_y}{2} + CA(\cos 2\theta_p' \cos 2\theta + \sin 2\theta_p' \sin 2\theta) \\ \tau_{x'y'} &= CA(\sin 2\theta_p' \cos 2\theta - \cos 2\theta_p' \sin 2\theta) \end{aligned} \tag{e}$$

다시 그림 8.10(c)로부터 다음과 같은 기하학적 관계를 얻을 수 있다.

$$CA \cos 2\theta_p' = CF \qquad CA \sin 2\theta_p' = AF \tag{f}$$

식 (f)와 (d)를 식 (e)에 대입하면 식 (8.4a)와 (8.4b)를 얻을 수 있다. 따라서 Mohr 원 상의 점 A'은 점 A로부터 각도 2θ 회전하여 얻은 점이다. 이 점은 응력요소의 x면으로부터 각도 θ만큼 회전하여 얻은 x'면의 응력성분을 나타냄을 알 수 있다.

Mohr 원 상의 두 점 A_1과 B_1은 **주응력**에 해당하는 점들이다. 기하학적 관계를 이용하여 최대주응력 σ_1을 다음 식처럼 표현할 수 있다.

$$\sigma_1 = OC + CA_1 = \frac{1}{2}(\sigma_x + \sigma_y) + R$$

식 (8.7)의 R에 대한 표현식을 이용하면 위 식은 식 (8.8)의 σ_1에 대한 식과 동일하다. 마찬가지 방법으로 Mohr 원을 이용하여 식 (8.8)의 σ_2에 대한 식과 동일한 결과를 얻을 수 있다. 그림 8.10(a)의 회전한 응력요소에 대하여 x축과 주응력 σ_1에 대응하는 평면 사이의 각도 θ_p'은 Mohr 원 상에서의 각도인 $2\theta_p'$의 반과 동일하다. Mohr 원을 잘 살펴보면 8.3절에서와 마찬가지로 $\cos 2\theta_p'$과 $\sin 2\theta_p'$에 대한 다음의 식을 얻을 수 있다.

$$\cos 2\theta_p{}' = \frac{\sigma_x - \sigma_y}{2R} \qquad \sin 2\theta_p{}' = \frac{\tau_{xy}}{R}$$

Mohr 원에서 점 A로부터 다른 주응력 σ_2에 대응하는 점까지의 각도 $2\theta_p{}''$은 $2\theta_p{}'$보다 180° 더 크다. 그러므로 $\theta_p{}'' = \theta_p{}' + 90°$이다.

마찬가지로 점 D와 E는 식 (8.10)~(8.12)에서 구한 **최대 및 최소전단응력**에 대응하는 점들이다. **최대전단응력평면**은 CD와 CE에 의하여 표현된다. 최대전단응력 $\tau_{\max}$의 값은 Mohr 원의 반경인 R과 같다. 이미 그림 8.7에서 지적된 바와 같이 최대전단응력평면은 항상 주응력평면으로부터 45° 기울어 있음을 Mohr 원으로부터 확인할 수 있다(Mohr 원에서는 90° 회전). **Mohr 원의 중심** C의 위치는 수직응력의 평균값과 동일하다.

$$\sigma_{\text{avg}} = \sigma' = \frac{1}{2}(\sigma_x + \sigma_y)$$

이 값은 최대전단응력 $\tau_{\max}$평면에서의 수직응력과 동일하다. 서로 직교하는 평면에서 수직응력들의 합은 불변량이다. 따라서 식 (8.5)와 같이 다음과 같은 식을 얻을 수 있다.

$$\sigma_x + \sigma_y = \sigma_{x'} + \sigma_{y'} = \sigma_1 + \sigma_2 = \text{일정}$$

위의 논의로부터 임의의 경사면에서의 응력, 주응력 및 최대전단응력은 Mohr 원을 이용하여 쉽게 구할 수 있음을 알 수 있다.

그림 8.10(c)는 σ_x와 σ_y가 모두 양의 값을 갖는 상태에서 나타냈다는 점을 유념하여야 한다. 만약에 σ_x와 σ_y의 일부 또는 전부가 음의 값을 갖는 경우에도 Mohr 원을 작도하는 과정은 동일하다. 그러나 이 경우에는 Mohr 원의 일부 또는 전부가 좌표축 원점의 좌측에 위치하게 될 것이다. 수직응력이나 전단응력의 부호와 무관하게 각도 2θ는 항상 반경 CA로부터 반시계방향으로 측정된다. 만약에 $\sigma_1 = \sigma_2$인 경우에는 Mohr 원은 한 점으로 나타내게 되며 xy평면에서 전단응력은 존재하지 않는다. 이러한 '반경이 0인 상태의 원'은 균일한 **2축인장** 또는 **압축**에 해당한다.

응용

Mohr 원을 이용하면 다양한 종류의 응력상태를 적절히 다룰 수 있다. 그림 8.11에 기본적인 하중을 받는 두 가지 경우를 나타내었다. **순수인장**[그림 8.11(a)]의 경우에는 최대전단응력은 인장응력 크기의 반이며 인장 축과 45°의 각도를 이루는 평면에서 발생한다. 순수압축의 경우는 순수인장의 경우와 동일하며 다만 부호는 반대가 된다.

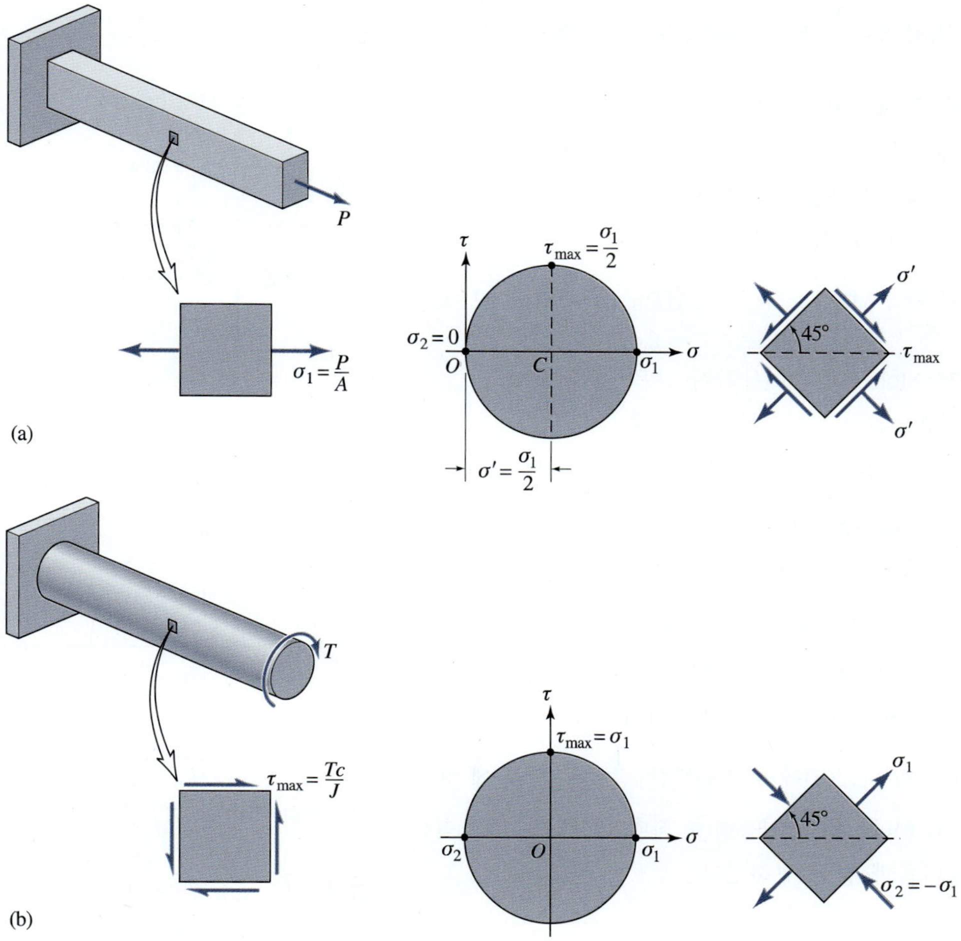

그림 8.11 축하중과 비틀림하중을 받는 경우의 Mohr 원 (a) 1축응력을 받는 응력요소 (b) 순수 전단을 받는 응력요소

순수전단을 받는 응력요소를 45° 회전시켜서, 동일한 크기의 인장과 압축을 받는 상태로 변환시킬 수 있으며 이를 그림 8.11(b)에 나타내었다. 이 경우 최대전단응력은 인장응력과 크기가 같다. 따라서 최대전단응력은 순수인장의 경우에 비하여 그 크기의 2배가 된다. 이 예제로부터 1축하중을 받는 경우의 응력(4.6절)과 비틀림하중을 받는 경우의 응력(5.5절)에 대한 이전의 결과를 확인하는 데 Mohr 원이 매우 유용한 수단이 됨을 알 수 있다.

예제 8.4 Mohr 원을 사용하여 주응력과 최대전단응력 구하기

조건 예제 8.3에서 논의되었던 평면응력상태의 기계 프레임에서 어떤 특정한 점을 다시 고려해보자. 이때의 응력성분값은 그림 8.12(a)의 응력요소에 나타내었으며 그 값은 다음과 같다.

$$\sigma_x = 7\,\mathrm{MPa} \qquad \sigma_y = 2\,\mathrm{MPa} \qquad \tau_{xy} = 5\,\mathrm{MPa}$$

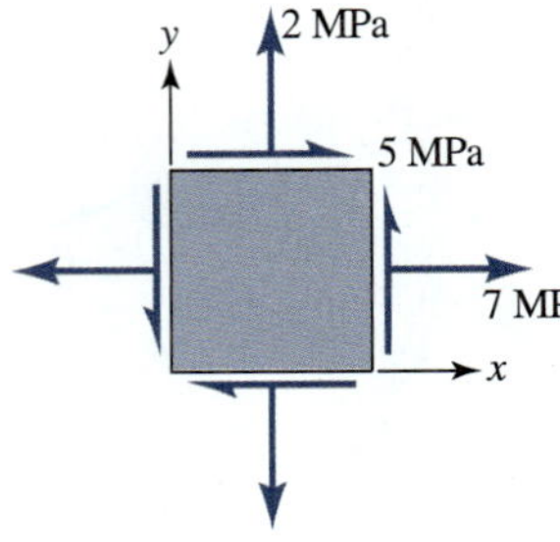

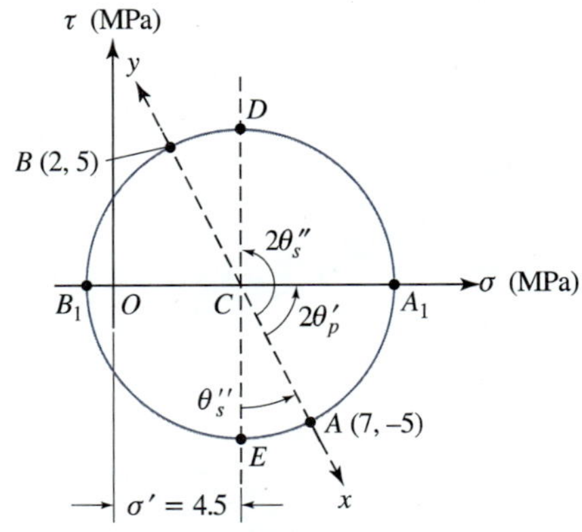

그림 8.12 (a) 평면응력상태의 응력요소 (b) 응력의 Mohr 원

문제 Mohr 원을 이용하여 다음 값을 구하라.

(a) 주응력

(b) 최대전단응력과 이에 대응하는 수직응력

위의 (a)와 (b)에서 찾은 값들을 적절하게 회전한 응력요소에서 그림으로 나타내어라.

풀이 주어진 데이터를 사용하여 작도된 Mohr 원을 그림 8.12(b)에 나타내었다. Mohr 원의 중심의 σ축 좌표값은 $(7+2)/2 = 4.5\ \mathrm{MPa}$이다.

(a) 그림 8.12(b)에서 주응력은 점 A_1과 B_1에 해당된다. Mohr 원을 사용하여 최대 및 최소수직응력값을 다음과 같이 구하였다.

$$\sigma_{1,2} = OC \pm CA = 4.5 \pm \sqrt{\left(\frac{7-2}{2}\right)^2 + 5^2}$$

따라서 σ_1과 σ_2값은 다음과 같다.

$$\sigma_1 = 10.09\ \mathrm{MPa} \qquad \text{그리고} \qquad \sigma_2 = -1.09\ \mathrm{MPa}$$

주응력평면은 다음 식을 이용하여 찾을 수 있다.

$$2\theta_p{}' = \tan^{-1}\frac{5}{2.5} = 63.4°$$

$$2\theta_p{}'' = 63.4 + 180 = 243.4°$$

따라서 주응력평면의 방향은 다음 식으로 정리된다.

$$\theta_p{}' = 31.7° \qquad \text{그리고} \qquad \theta_p{}'' = 121.7°$$

Mohr 원을 사용하면 $\theta_p{}'$이 σ_1평면의 각도를 의미함을 명백하게 알 수 있다. 응력상태를 나타내는 응력요소는 예제 8.3의 그림 8.8(b)와 동일하다.

(b) 그림 8.12(b)에서 **최대전단응력**은 점 D와 E에 해당된다.

$$\tau_{\max} = \pm\sqrt{\left(\frac{7-2}{2}\right)^2 + 5^2} = \pm 5.59 \text{ MPa}$$

최대전단응력평면은 다음 식을 이용하여 찾을 수 있다.

$$\theta_s'' = 31.7 + 45 = 76.7°$$

$$\theta_s' = 166.7° \text{ (또는 } -13.3°)$$

부가설명 Mohr 원에서 보인 것처럼 음의 부호를 갖는 최대전단응력이 작용하는 평면은 그 법선의 방향인 x'축이 x평면에 대한 법선과 θ_s' 각도를 이룬다. 따라서 응력요소에서 2개의 서로 마주 보는 x'평면에서 작용하는 $-\tau_{\max}$는 반시계방향의 우력을 만들어낼 것이다. 최대전단평면에 작용하는 수직응력은 그림 8.12(b)에서 OC로 표시되며 그 값은 각 면에서 $\sigma' = 4.5$ MPa이다. 그 결과는 예제 8.3에서 회전한 응력요소[그림 8.8(c)]에 그림으로 나타내었다.

[예제 8.5] Mohr 원을 사용하여 나무 평판에서의 응력상태 구하기

조건 길이 a, 깊이 b, 두께 t인 직사각형 나무 평판이 횡방향의 하중 P_1과 축방향의 하중 P_2를 각각 받고 있다[그림 8.13(a)]. 관련된 데이터는 다음과 같다.

$$a = 5 \text{ in.} \qquad b = 4 \text{ in.} \qquad t = \frac{1}{2} \text{ in.} \qquad P_1 = 750 \text{ lb} \qquad P_2 = 1400 \text{ lb}$$

문제 나무 평판의 축방향의 축과 $\phi = 15°$의 각도를 가진 평면에서 작용하는 수직응력과 전단응력을 Mohr 원을 이용하여 구하라.

풀이 평판의 한 점에 위치한 응력요소에 작용하는 응력들을 그림 8.13(b)에 나타내었다. 또한 그림 8.13(c)에는 응력상태를 나타내는 Mohr 원을 나타내었다. 점 B_1과 A_1은 각각 x와 y면에서의 응력상태를 나타낸다. 원의 반경은 $(700+300)/2 = 500$ psi이다. 응력요소에서 각도 $\theta = 15 + 90 = 105°$에 대응하는 면은 Mohr 원에서 점 B_1으로부터 점 A'까지 반시계방향으로 210° 회전하여 찾을 수 있다. Mohr 원으로부터 **수직응력**과 **전단응력**을 다음과 같이 얻을 수 있다.

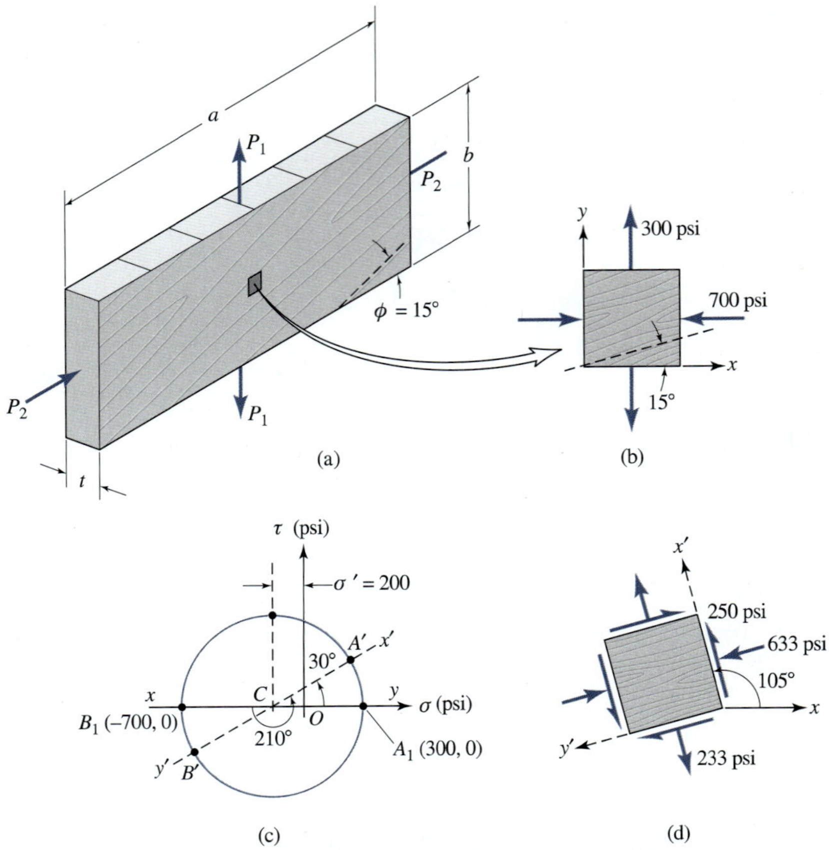

그림 8.13 (a) 2축 하중상태에 놓인 나무 평판 (b) 평면응력상태에서의 응력요소 (c) 응력의 Mohr 원 (d) $\theta = 105°$일 때의 응력요소

$$\sigma_{x'} = -200 + 500 \cos 30° = 233 \text{ psi}$$

$$\sigma_{y'} = -200 - 500 \cos 30° = -633 \text{ psi}$$

$$\tau_{x'y'} = 500 \sin 30° = 250 \text{ psi}$$

답은 그림 8.13(d)에 정리하였다.

부가설명 앞의 결과들은 초기의 데이터들을 식 (8.4)에 대입하여 확인할 수 있다.

앞의 예제에서 가시적인 수단으로서 Mohr 원의 유용성을 알 수 있었다. 나아가 Mohr 원을 사용하게 되면 응력의 변환방정식을 외울 필요가 없게 된다. 다양한 하중에 대한 Mohr 원의 응용은 뒤의 장들에서 논의할 것이다.

연습문제

8.1절~8.5절

8.1 가로와 세로가 각각 60 mm와 40 mm이며 두께가 5 mm인 평판이 균일하게 분포한 2축인 장력을 받고 있다(그림 P8.1). 대각선 AC를 따라서 작용하는 수직응력과 전단응력을 구하라. 또한 8.2절에서 사용된 유도과정에서처럼 평판의 반쪽에 해당하는 쐐기 모양의 ABC에 평형방정식을 적용하여 이 값들을 구하라.

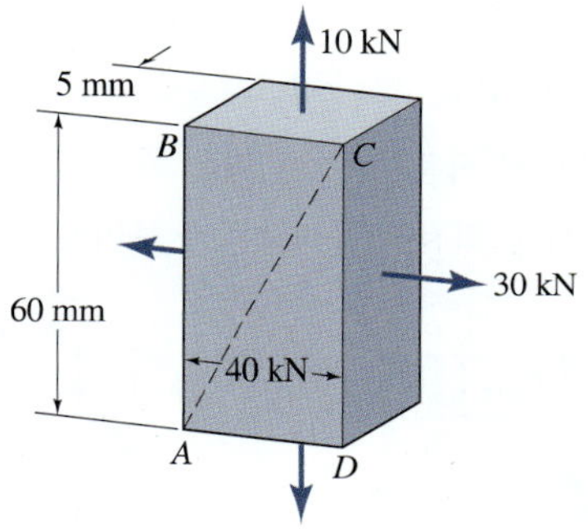

그림 P8.1

8.2 식 (8.4)를 이용하여 문제 8.1을 다시 풀어라.

8.3~8.5 하중을 받는 물체 내부의 세 점에서의 응력상태를 그림 P8.3～P8.5까지 나타내었다. 각각의 점에서 지정된 경사면에서 작용하는 수직응력과 전단응력을 구하라. 8.2절에서 사용된 유도과정에서처럼 각 그림에서 보인 쐐기 모양의 요소에 평형방정식을 적용하여 이 값들을 구하라.

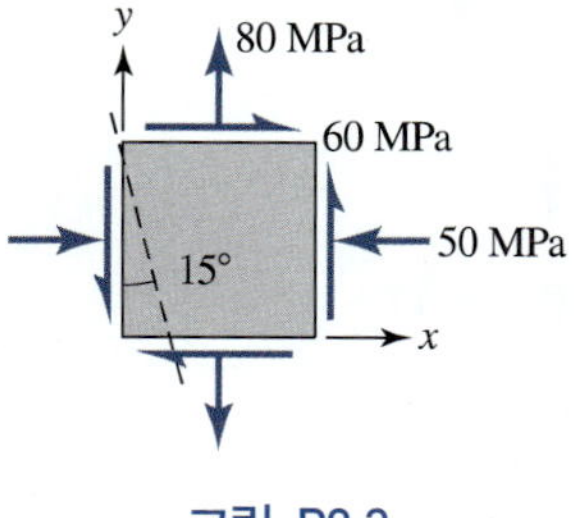

그림 P8.3

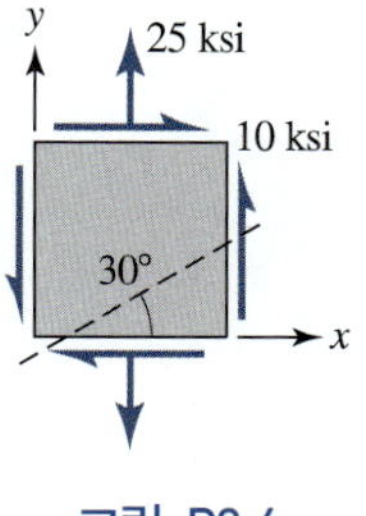

그림 P8.4

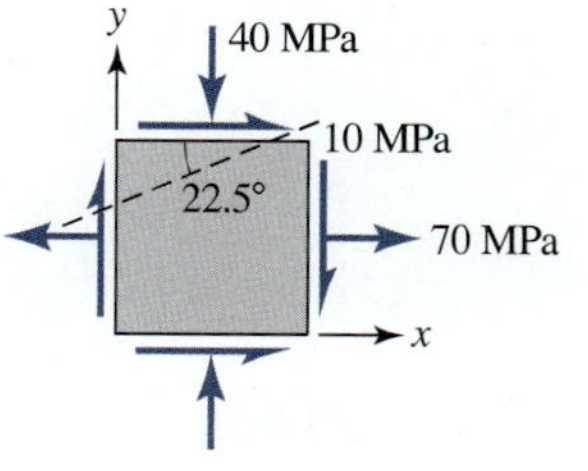

그림 P8.5

8.6~8.8 식 (8.4)를 이용하여 문제 8.3～8.5를 다시 풀어라.

8.9 하중 P를 받는 항공기 브래킷의 한 점 A에서의 응력상태가 그림 P8.9의 응력요소로 표현된다. 각도 $\theta = 22.5°$만큼 회전한 응력요소의 모든 면에 작용하는 응력을 구하고 이들을 응력요소에 보여라.

조건 $\sigma_x = \sigma_y = 0, \quad \tau_{xy} = 15$ ksi (순수전단)

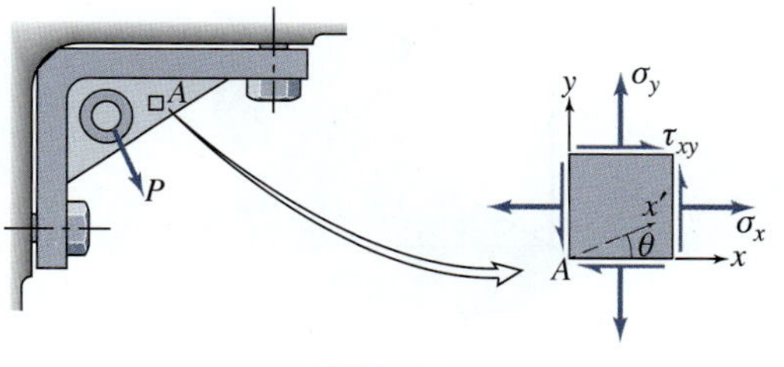

그림 P8.9

8.10 하중을 받는 부재의 한 점에서의 응력을 그림 P8.10에 나타내었다. 이 점에서 표시된 경사면에서의 수직응력이 7 ksi이다(인장). 전단응력 τ의 크기는 얼마인가?

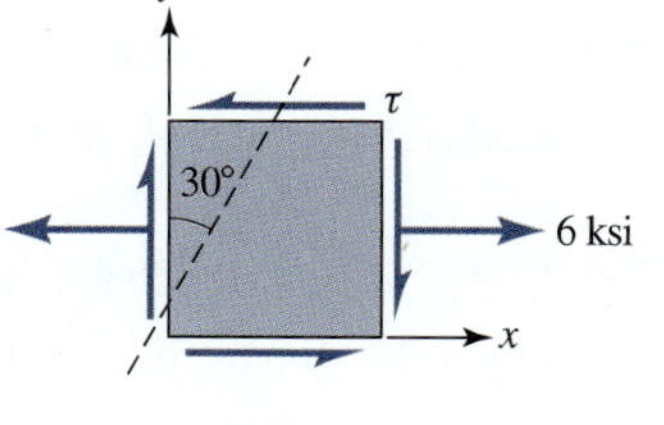

그림 P8.10

8.11 그림 P8.11에 나타낸 것처럼 삼각형 평판에 응력이 작용하고 있다. 응력 σ_x, σ_y, τ_{xy}를 구하고 적절하게 회전한 응력요소에 그 결과를 보여라.

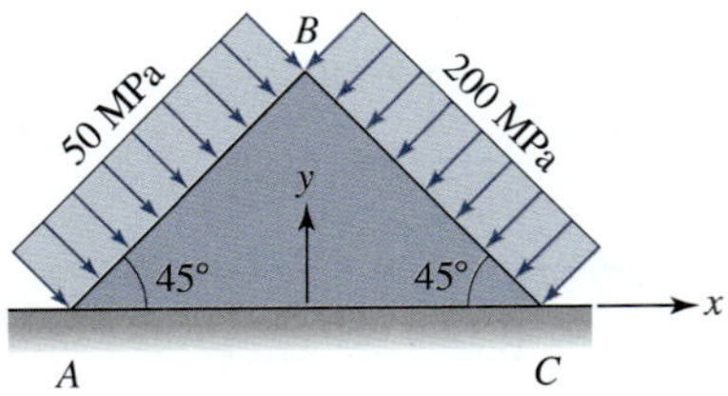

그림 P8.11

8.12 전단응력 $\tau = 4$ ksi일 때 그림 P8.10에 표시된 경사면에서의 수직응력과 전단응력을 구하라.

8.13 그림 P8.13의 하중을 받는 부재에서의 한 점 A에서 경사면에서의 응력값은 $\sigma = 28$ MPa과 $\tau = 10$ MPa이며 y평면에서의 수직응력값은 0이다. 이 점에서 x평면에서의 수직응력과 전단응력값을 구하라. 그 결과를 적절하게 회전한 응력요소에 보여라.

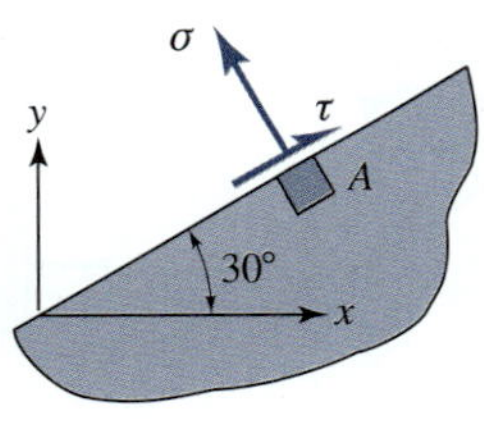

그림 P8.13

8.14 하중을 받는 항공기 브래킷에서의 한 점 A에서(그림 P8.9), 응력값들은 다음과 같다.

$$\sigma_x = 6 \text{ ksi} \qquad \sigma_y = -4 \text{ ksi} \qquad \tau_{xy} = 0$$

법선이 x축과 각각 $-30°$와 $120°$의 각도를 이루는 평면에서 수직응력과 전단응력을 구하라. 그 결과를 적절하게 회전한 응력요소에 보여라.

8.15 하중을 받는 구조물의 한 점에서 경사면에서 작용하는 수직응력과 전단응력의 크기와 방향을 그림 P8.15에 나타내었다. 옆면이 xy축들과 평행한 응력요소에서 σ_x, σ_y, τ_{xy}를 구하라.

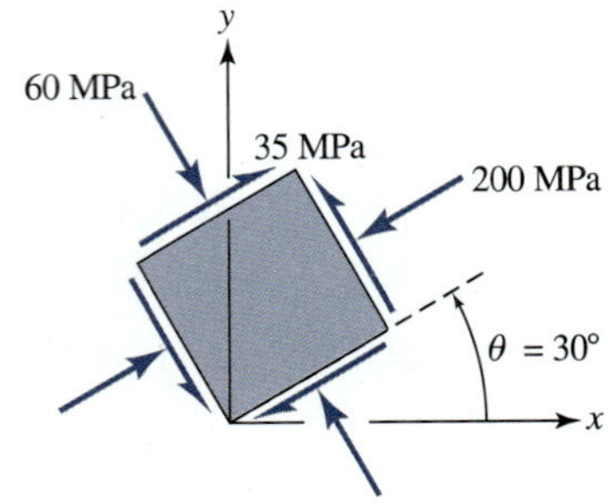

그림 P8.15

8.16 하중을 받는 강재 브래킷(그림 P8.16)의 한 점에서 응력값들이 $\sigma_x = 50$ MPa, $\sigma_y = -15$ MPa, $\tau_{xy} = -30$ MPa이다. x축으로부터 $\theta = 40°$ 경사진 응력요소에서 작용하는 응력값을 결정하고, 그 결과를 적절하게 회전한 응력요소에 보여라.

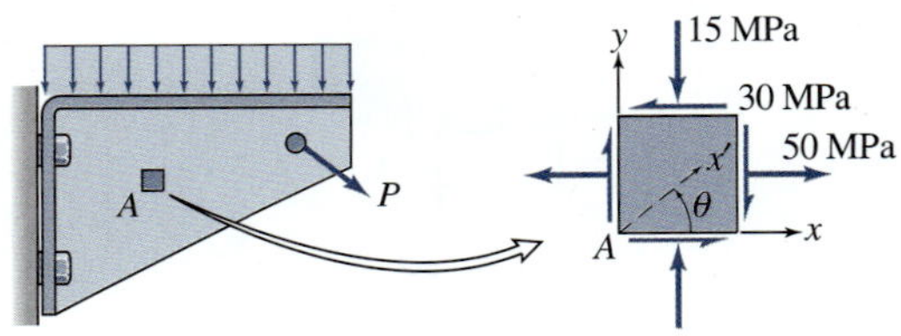

그림 P8.16

8.17 $\sigma_x = 20$ ksi, $\sigma_y = 5$ ksi, $\tau_{xy} = 4$ ksi, $\theta = 25°$일 때 문제 8.16을 풀어라(그림 P8.17).

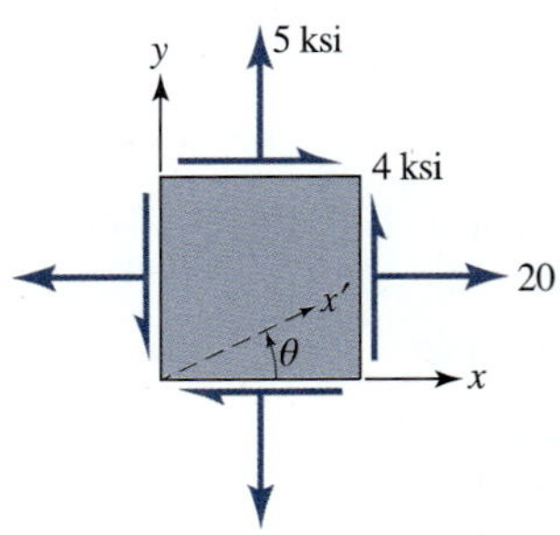

그림 P8.17

8.18 서로 용접된 2개의 삼각형 평판이 $\sigma_x = -5$ MPa, $\sigma_y = 15$ MPa의 2축응력을 받고 있다(그림

P8.18). 다음 값들을 구하라.

(a) 용접선에 수직한 방향으로 작용하는 수직응력 σ_w

(b) 용접선에 평행한 방향으로 작용하는 전단응력 τ_w

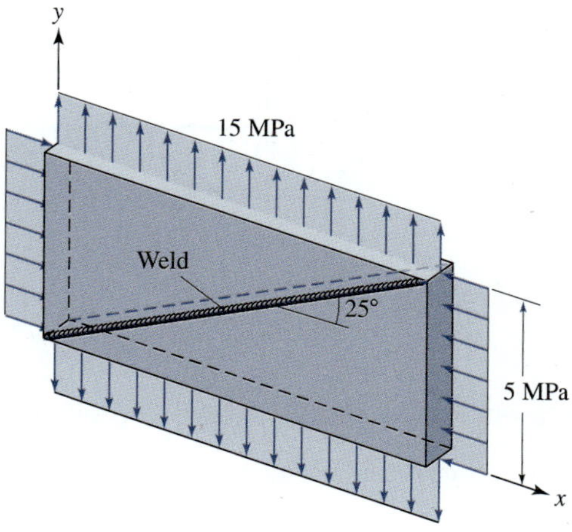

그림 P8.18

8.19 보일러 덮개판의 한 점에서 작용하는 응력을 그림 P8.19의 응력요소에 보였다. 이 그림에서 지정한 경사면 상의 한 점에서 수직응력과 전단응력을 계산하라. 적절하게 회전한 응력요소에 그 결과를 보여라.

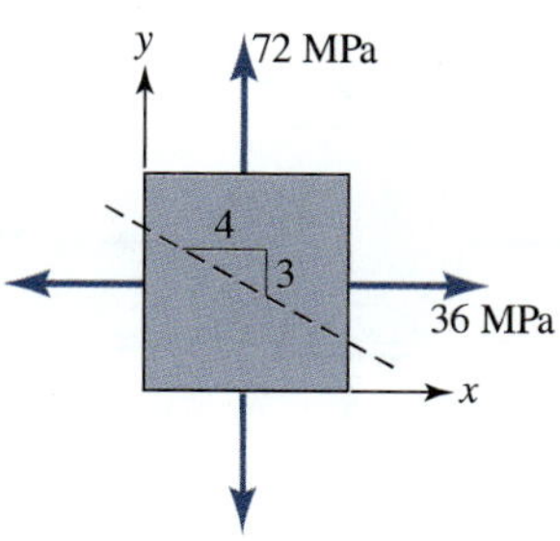

그림 P8.19

8.20 인장응력이 모두 압축응력으로 변경된 상태에서 문제 8.19를 다시 풀어라.

8.21 두꺼운 직사각형 평판의 모서리에 균일하게 작용하는 응력을 그림 P8.21에 보였다. $a-a$에 평행한 평면과 수직한 평면에서 응력의 성분을 구하라. 그 결과를 적절하게 회전한 응력요소에 보여라.

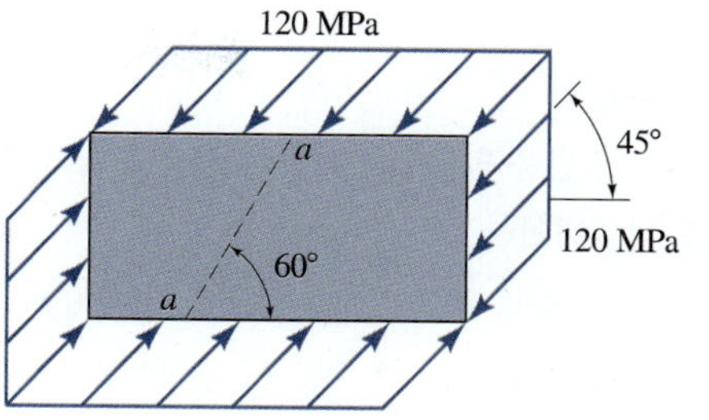

그림 P8.21

8.22 그림 P8.22는 항공기 날개 한 점에서의 응력 상태를 나타낸다. 표시된 경사면 상의 한 점에서 수직응력과 전단응력을 계산하라. 그 결과를 적절하게 회전한 응력요소에서 보여라.

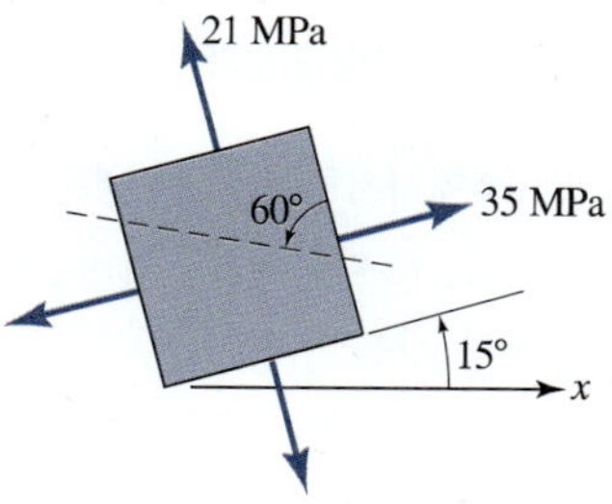

그림 P8.22

8.23 하중을 받는 구조물의 한 점에서 응력값을 그림 P8.23에 나타내었다. 만약 표시된 경사면에서 동시에 작용할 수 있는 수직응력과 전단응력의 허용한계값이 각각 5 ksi와 3 ksi라면 허용 가능한 σ의 값이 얼마인지 구하라.

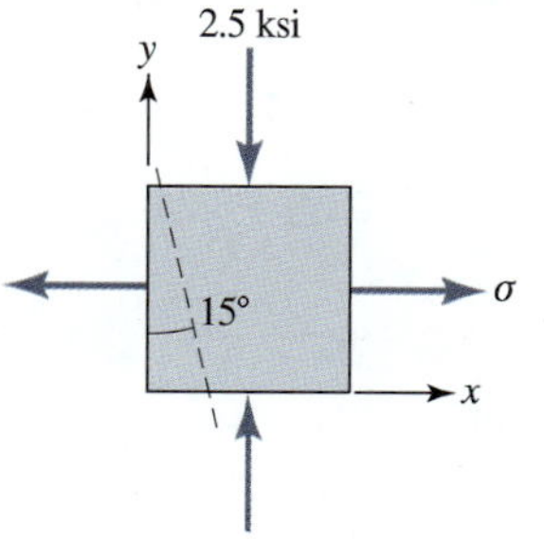

그림 P8.23

8.24 그림 P8.23에서 $\sigma = 2$ ksi라면 경사면에서 작용하는 수직응력과 전단응력이 얼마인지 계산하라.

8.25 다음과 같은 주응력이 작용하는 응력요소에서, 최대전단응력의 평면에서의 응력을 구하고 이들을 나타내어라.

(a) $\sigma_1 = 6$ ksi, $\sigma_2 = 2$ ksi [그림 P8.25(a)]

(b) $\sigma_1 = 4$ ksi, $\sigma_2 = 1$ ksi [그림 P8.25(b)]

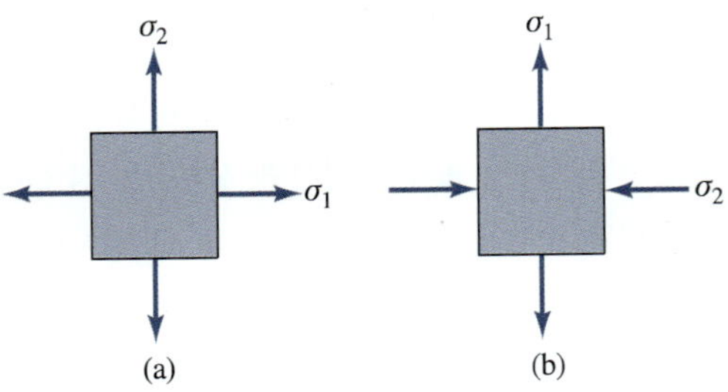

그림 P8.25

8.26 그림 P8.26에서처럼 용접된 평판이 균일한 2축인장을 받고 있다. 다음의 두 가지 경우에 대하여 최대응력 σ의 값을 구하라.

(a) 용접 부위의 허용 가능 전단응력이 25 MPa일 때

(b) 용접 부위의 허용 가능 수직응력이 60 MPa일 때

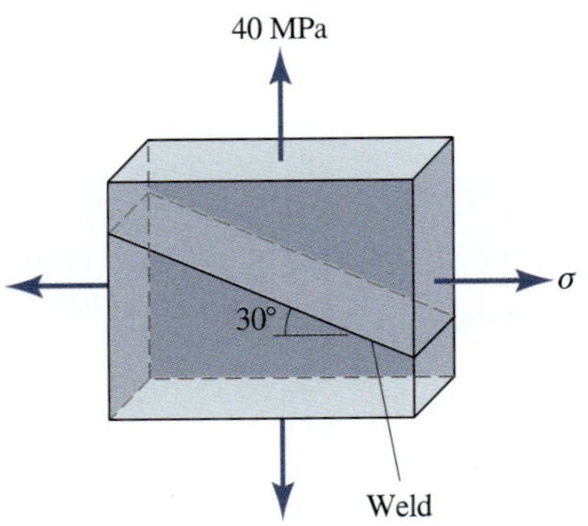

그림 P8.26

8.27 평면응력을 받고 있는 얇은 평판이 그림 P8.27에서처럼 응력 σ_x, σ_y, τ_{xy}를 받고 있다. 세 응력 중에서 두 응력의 값은 $\sigma_x = 70$ MPa, $\tau_{xy} = 25$ MPa이다. 평면 내에서 최대전단응력의 값이 100 MPa이 넘지 않을 때 가능한 최대의 σ_y의 값을 계산하라.

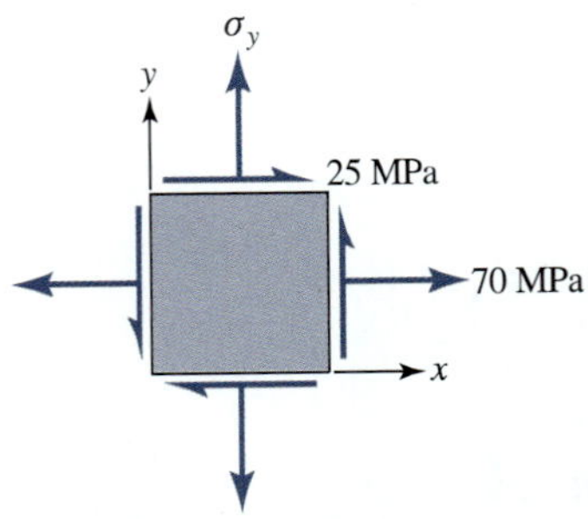

그림 P8.27

8.28 어떤 기계의 한 점에서 재료가 평면응력 $\sigma_x = 60$ MPa, $\sigma_y = -50$ MPa, τ_{xy}를 받고 있다(그림 P8.28). 다음의 값을 계산하라.

(a) 평면 내에서 최대전단응력의 값이 80 MPa을 초과하지 않을 때 가능한 최대의 τ_{xy}값

(b) 이에 대응하는 주응력[즉 $\sigma_x = 60$ MPa, $\sigma_y = -50$ MPa 및 (a)에서 구한 τ_{xy}값을 사용한 주응력]

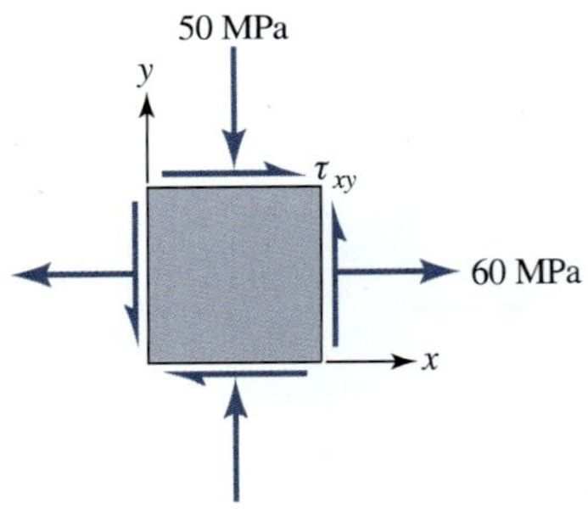

그림 P8.28

8.29 평면응력상태에서 응력요소가 $\sigma_x = 65$ MPa, $\sigma_y = 30$ MPa, $\tau_{xy} = 25$ MPa의 응력을 받고 있다(그림 P8.29). 다음의 값을 계산하라.

(a) 주응력

(b) 최대전단응력 및 이때의 수직응력

적절하게 회전한 응력요소에 결과들을 도시하라.

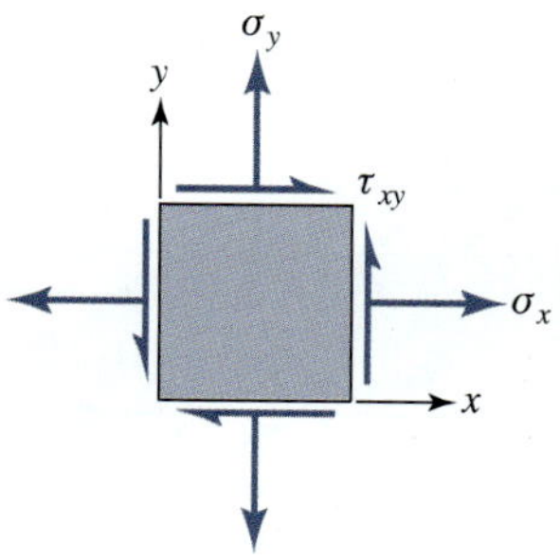

그림 P8.29

8.30 평면응력의 값이 $\sigma_x = 6$ ksi, $\sigma_y = -24$ ksi, $\tau_{xy} = -7$ ksi일 때(그림 P8.29), 문제 8.29를 다시 풀어라.

8.31~8.33 평면응력을 받고 있는 어떤 구조물의 세 점에서, 응력의 크기와 방향을 그림 P8.31~P8.33에 나타내었다. 각각의 점에서 주응력과 이들의 방향을 구하라. 또한 적절하게 회전한 응력요소에 그 결과를 보여라.

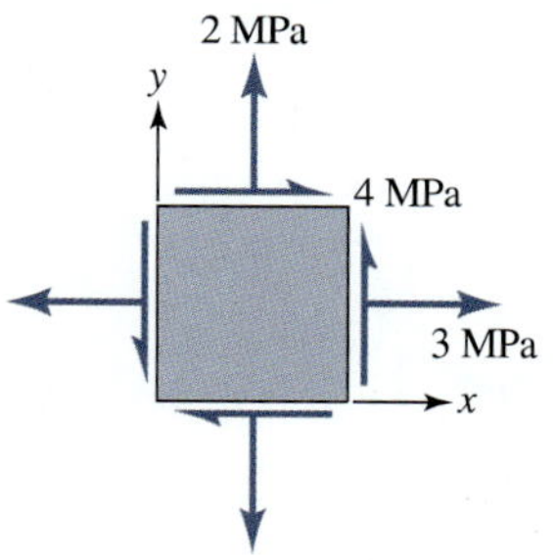

그림 P8.31

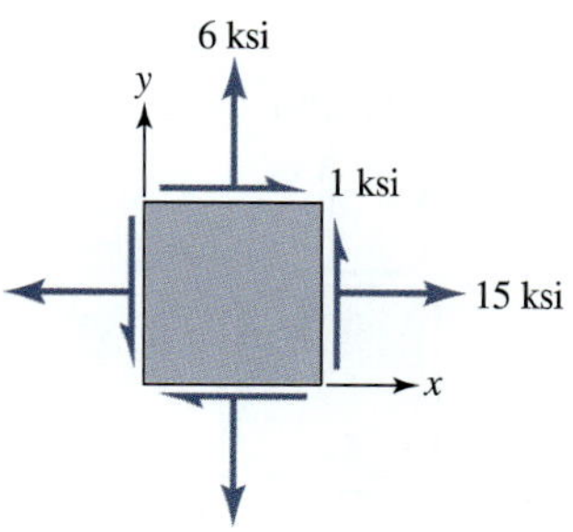

그림 P8.32

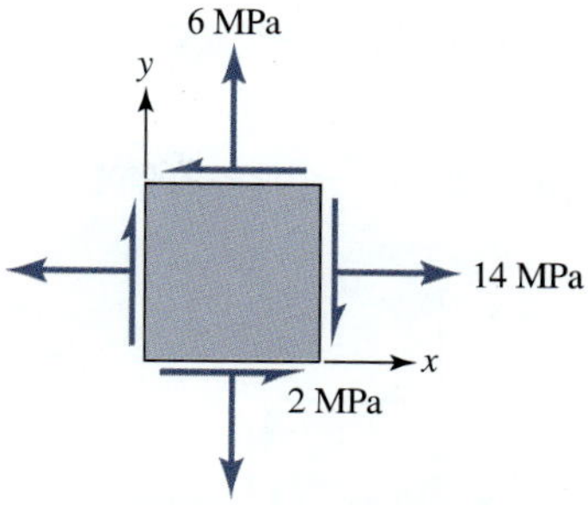

그림 P8.33

8.34 그림 P8.34에 주어진 응력상태에 대하여 주응력의 크기와 방향을 결정하라. 또한 적절하게 회전한 응력요소에 그 결과를 보여라.

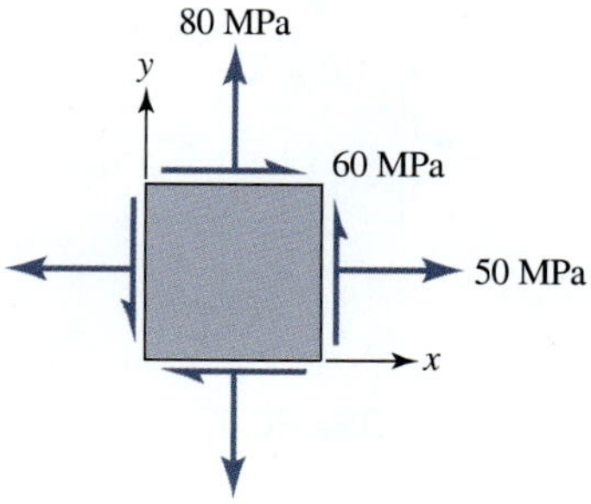

그림 P8.34

8.35 그림 P8.35에 주어진 응력상태에 대하여 최대전단응력과 이때의 수직응력을 구하라. 또한 적절하게 회전한 응력요소에 그 결과를 도시하라.

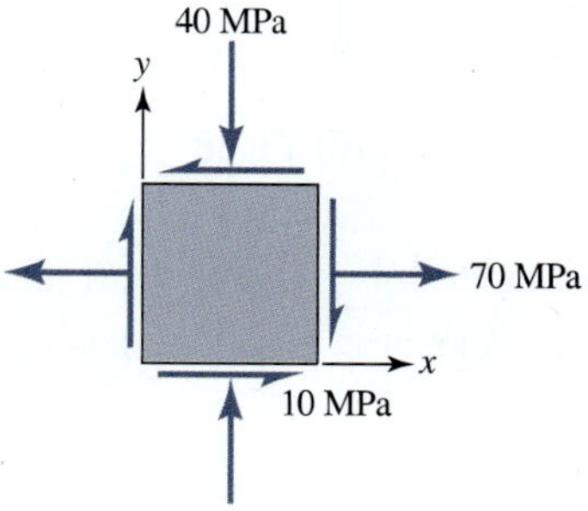

그림 P8.35

8.36~8.38 하중을 받고 있는 구조 부재의 세 점에서의 응력상태를 그림 P8.36~P8.38에 나타내었다.

각각의 점에서 다음 값을 구하고 그 결과를 도시하라.

(a) 주응력

(b) 최대전단응력과 그때의 수직응력

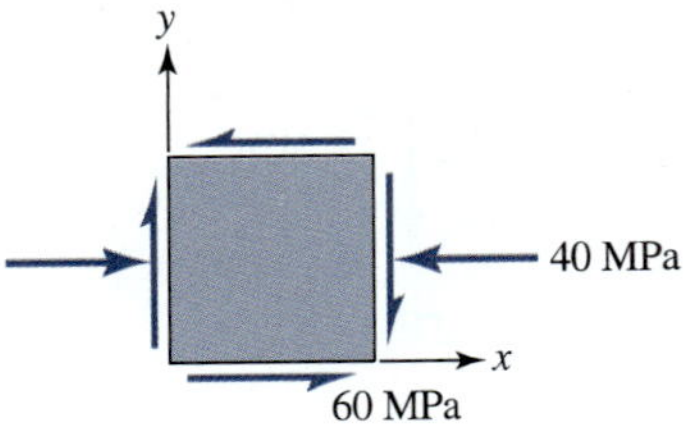

그림 P8.36

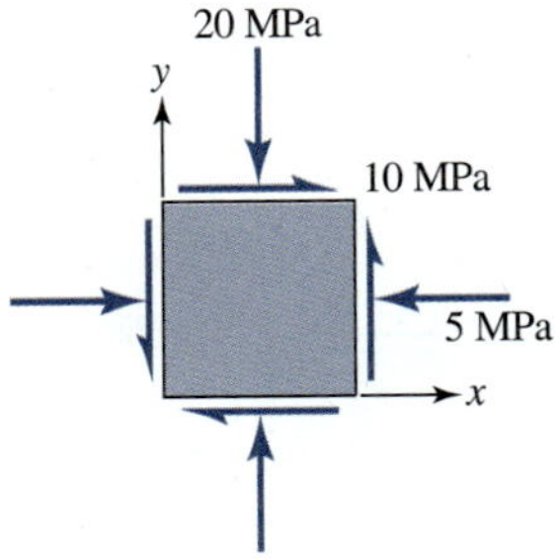

그림 P8.37

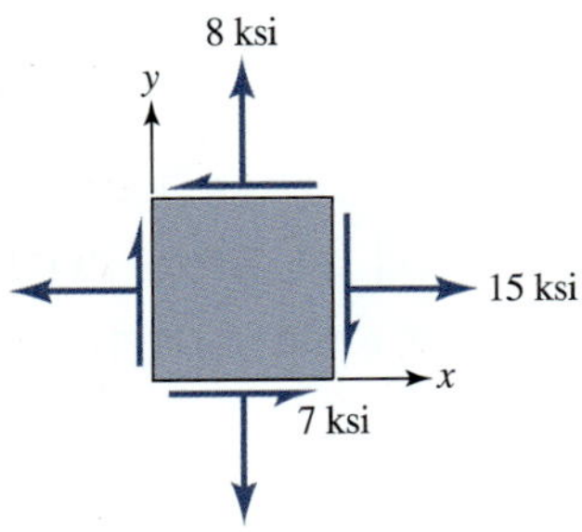

그림 P8.38

8.39 문제 8.36에서 전단응력 τ_{xy}의 값을 0으로 둘 때, 최대전단응력과 그때의 수직응력의 값을 구하라.

8.40 그림 P8.40에 보인 블록의 모서리에서 응력이 균일하게 분포하고 있다. 다음 값을 계산하라.

(a) 응력 σ_x, σ_y, τ_{xy}

(b) 최대전단응력과 그때의 수직응력

적절하게 회전한 응력요소에 그 결과를 도시하라.

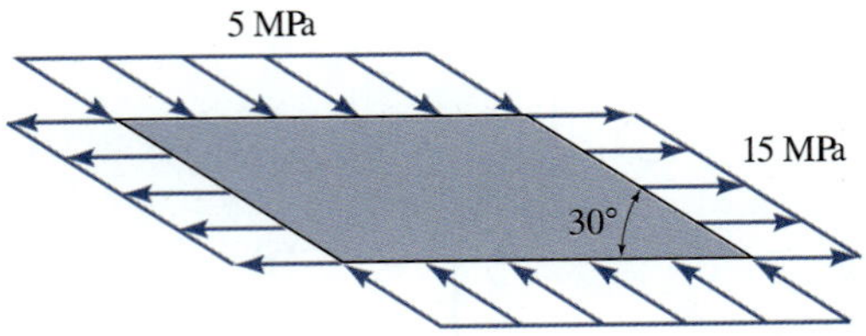

그림 P8.40

8.41 하중을 받는 구조 부재의 한 점에서의 전단응력이 $\tau_{xy} = -4$ ksi이다(그림 P8.41). 이 점에서의 주응력은 $\sigma_1 = 5$ ksi, $\sigma_2 = -8$ ksi이다. 응력 σ_x와 σ_y의 값을 결정하고 적절한 응력요소에 주응력과 최대전단응력을 표시하라.

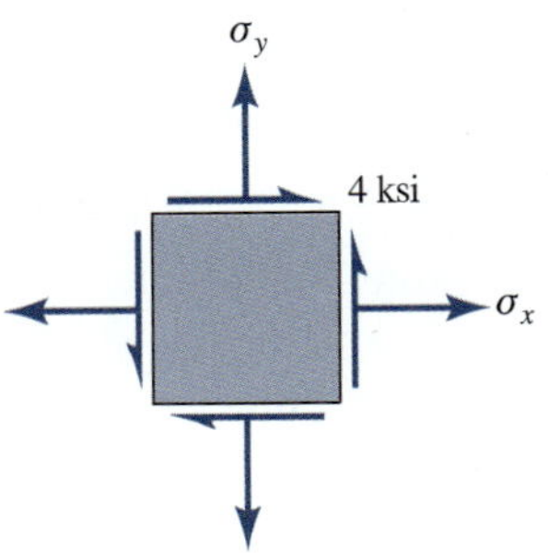

그림 P8.41

8.42 어떤 점에서의 응력상태를 그림 P8.42에 보였다. 이 점에서 다음 값들을 구하라.

(a) 최대주응력이 70 MPa을 초과하지 않을 때 전단응력 τ값

(b) 이때의 최대전단응력과 그 경사면의 방향

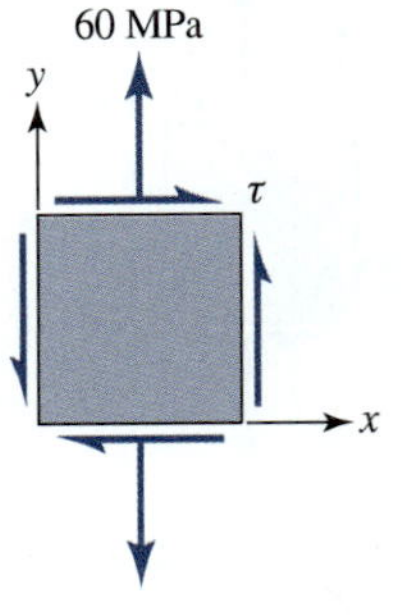

그림 P8.42

***8.43** 어떤 구조 부재에 2개의 다른 하중이 작용하고 있다. 이들 하중에 의하여 점 A에는 그림 P8.43에 표시된 응력이 발생하고 있다. 이들 두 가지 하중이 복합적으로 동시에 작용할 때 주응력과 주평면의 방향을 구하고 이들을 도시하라.

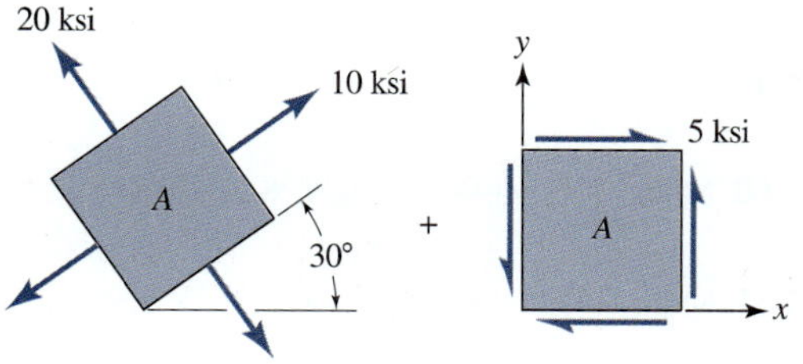

그림 P8.43

***8.44** 복합하중에 의하여 그림 P8.44와 같은 응력이 발생할 때 문제 8.43을 다시 풀어라.

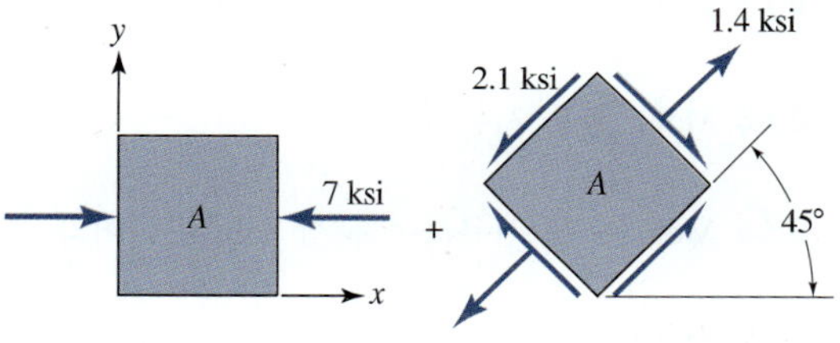

그림 P8.44

***8.45** 복합하중에 의하여 그림 P8.45와 같은 응력이 발생할 때 문제 8.43을 다시 풀어라. 단 σ와 θ는 크기를 알고 있는 상수처럼 취급하라.

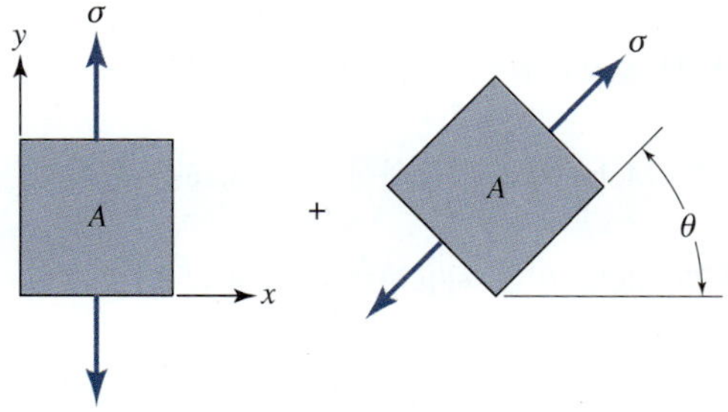

그림 P8.45

8.46 그림 P8.46에서처럼 어떤 점에서 수평평면과 수직평면에서의 응력상태를 완전하게 알지 못한다. 그러나 이 점에서 $\sigma_2 = -7$ ksi, $\tau_{max} = 8$ ksi임을 알고 있다. 응력 σ, τ, σ_1을 구하라. 또한 적절하게 회전한 응력요소에 이 결과를 보여라.

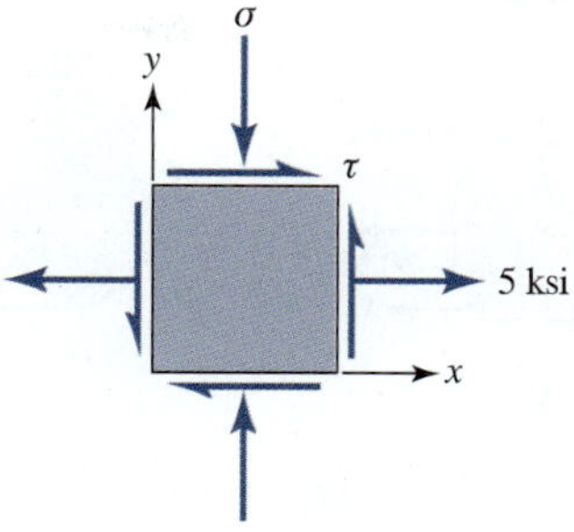

그림 P8.46

8.47 하중을 받는 물체의 한 점이 그림 P8.47과 같은 응력을 받고 있다. 다음 값들을 결정하라.

(a) 주응력

(b) 최대전단응력

적절하게 회전한 응력요소에 이 결과를 도시하라.

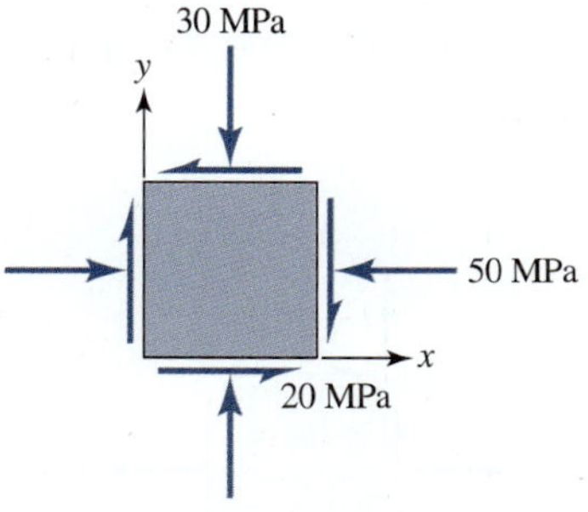

그림 P8.47

***8.48** 구조물의 한 점 A에서의 응력상태를 그림 P8.48에 나타내었다. 수직응력 σ와 경사면의 각도 θ를 결정하라.

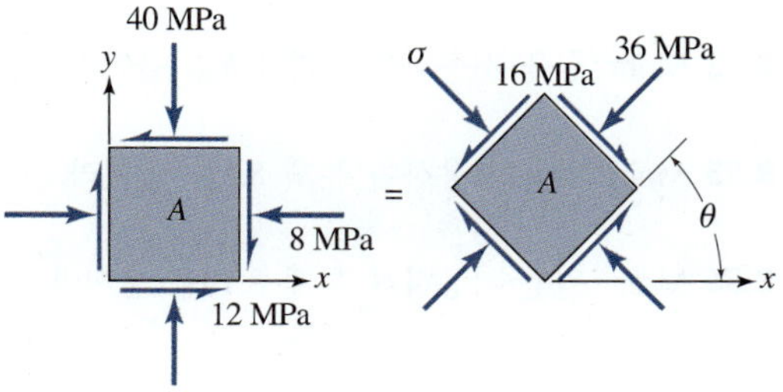

그림 P8.48

***8.49** 그림 P8.49에 보인 경우에 대하여 문제 8.48을 다시 풀어라.

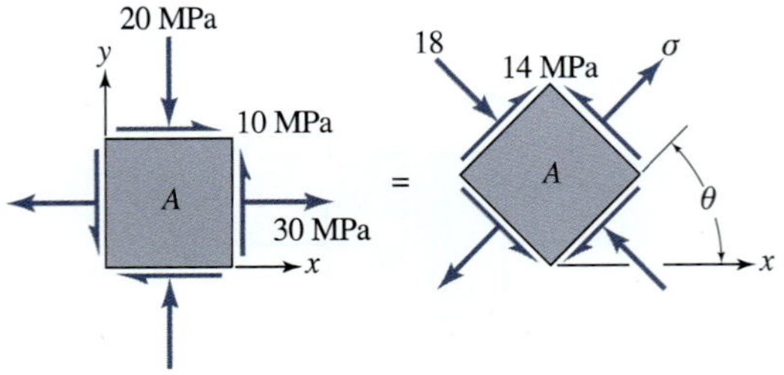

그림 P8.49

***8.50** 하중을 받고 있는 한 점에서(그림 P8.50), 수평면에 수직응력 $\sigma_y = 2$ ksi와 음의 전단응력 τ_{xy}가 존재한다. 이 점에서 주응력 중의 하나는 1 ksi (인장)이며 최대전단응력의 크기는 5 ksi이다. 다음 값을 구하라.

(a) 수평면과 수직면에서의 미지의 응력값

(b) 미지의 주응력값

적절하게 회전한 응력요소에 주응력과 최대전단응력을 보여라.

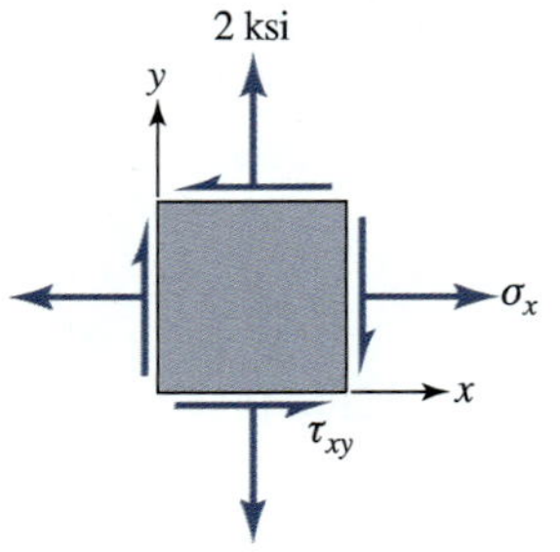

그림 P8.50

8.51 Mohr 원을 사용하여 문제 8.3을 풀어라.

8.52 Mohr 원을 사용하여 문제 8.4를 풀어라.

8.53 Mohr 원을 사용하여 문제 8.5를 풀어라.

8.54 Mohr 원을 사용하여 문제 8.10을 풀어라.

8.55 Mohr 원을 사용하여 문제 8.15를 풀어라.

8.56 Mohr 원을 사용하여 문제 8.16을 풀어라.

8.57 Mohr 원을 사용하여 문제 8.17을 풀어라.

8.58 Mohr 원을 사용하여 문제 8.18을 풀어라.

8.59 Mohr 원을 사용하여 문제 8.19를 풀어라.

8.60 Mohr 원을 사용하여 문제 8.22를 풀어라.

8.61 Mohr 원을 사용하여 문제 8.25를 풀어라.

8.62 Mohr 원을 사용하여 문제 8.26을 풀어라.

8.63 Mohr 원을 사용하여 문제 8.27을 풀어라.

8.64 Mohr 원을 사용하여 문제 8.28을 풀어라.

8.65 Mohr 원을 사용하여 문제 8.29를 풀어라.

8.66 Mohr 원을 사용하여 문제 8.30을 풀어라.

8.67 Mohr 원을 사용하여 문제 8.36을 풀어라.

8.68 Mohr 원을 사용하여 문제 8.42를 풀어라.

***8.69** Mohr 원을 사용하여 문제 8.43을 풀어라.

***8.70** Mohr 원을 사용하여 문제 8.44를 풀어라.

***8.71** Mohr 원을 사용하여 문제 8.45를 풀어라.

8.72 Mohr 원을 사용하여 문제 8.46을 풀어라.

8.73 Mohr 원을 사용하여 문제 8.47을 풀어라.

***8.74** Mohr 원을 사용하여 문제 8.48을 풀어라.

***8.75** Mohr 원을 사용하여 문제 8.50을 풀어라.

8.6 절대최대전단응력

응력요소는 본질적으로 3차원이므로 3개의 직교하는 평면에서의 응력들을 고려할 필요가 있다. 3개의 서로 직교하는 주평면에서 작용하는 주응력 σ_1, σ_2, σ_3를 받고 있는 응력요소 [그림 8.14(a)]는 **3축 응력상태**에 놓여 있다고 2.10절에서 언급하였다. 대수적으로 가장 큰 주응력은 σ_1으로, 가장 작은 응력은 σ_3로 표현하였다. 즉 $\sigma_1 > \sigma_2 > \sigma_3$이다. 그림 8.14(a)에서 x, y, z축들은 주응력 축과 평행하다. 이러한 응력상태는 다음 절에서 다루고자 하는 일반적인 3차원 응력상태는 아니다.

그림 8.14(a)의 응력요소로부터 절단된 쐐기 모양을 고려해보자[그림 8.14(b)]. 경사진 x'평면(z축과 평행)에서 작용하고 있는 응력은 $x'y'$평면의 수직응력 $\sigma_{x'}$과 $\tau_{x'y'}$뿐이다. 이 응력들은 xy평면에서 힘의 평형방정식으로부터 구해지므로 이들은 σ_3와 무관하다. 따라서 8.2절에서 다루어진 평면응력의 변환방정식이나 Mohr 원을 사용하여 응력 $\sigma_{x'}$과 $\tau_{x'y'}$을 구할 수 있다. 이러한 결론은 x축이나 y축과 평행하게 절단된 경사면에 작용하는 수직응력이나 전단응력을 구할 때도 적용된다.

최대전단응력은 주평면과 45° 기울어진 면에서 발생한다. **절대최대전단응력**(true or absolute maximum stress)은 다음과 같다.

$$(\tau_{\max})_a = (\tau_{13})_a = \frac{1}{2}(\sigma_1 - \sigma_3) \tag{8.13}$$

그림 8.14(c)에 나타낸 것처럼 이 응력은 최대주응력과 최소주응력의 평면을 양분하는 평면에 존재한다. 연성재료(ductile material)의 경우에는 전단응력에 저항하는 능력에 따라서 재료의 강도가 달라지므로, 연성재료로 만들어진 부재의 설계에서 절대최대전단응력은 매

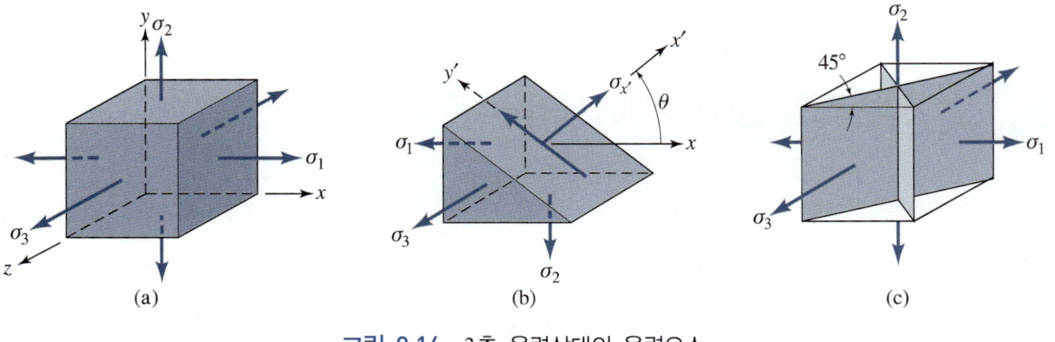

그림 8.14 3축 응력상태의 응력요소

우 중요하다. 이러한 내용은 9.8절에서 자세히 고려될 예정이다.

3축 응력에 대한 Mohr 원

주응력 축에 대하여 다양한 각도로 기울어진 응력요소에 작용하는 응력은 Mohr 원을 사용하여 가시화할 수 있다. 3개의 다른 방향으로부터 관찰된 입방체 형상의 응력요소[그림 8.14(a)]를 그림 8.15(a)에서 (c)까지 나타내었다. 이들 각각의 그림으로부터 3개의 Mohr 원을 작도할 수 있다. 이들 3개의 원은 **3축 응력상태의 Mohr 원**(Mohr's circle for triaxial stress)을 나타낸다[그림 8.15(d)]. 이들 원의 반경들은 최대전단응력을 뜻하며, 이를 그림에 표시하였다. 가장 바깥 원의 반경은 식 (8.13)으로 표현되는 절대최대전단응력을 의미하며, 이는 그림 8.15(b)에 보인 응력요소에 대응한다. 최대전단응력의 평면에서 작용하는 수직응력의 크기는 Mohr 원 중심의 가로좌표에 의하여 주어진다.

응력의 크기를 고려할 때 가장 큰 원이 제일 중요하다. 그러나 모든 응력들은 여러 가지 변환된 형태로 파손에 나름대로의 역할을 하고 있으므로, 그림 8.15(d)에서처럼 3개의 Mohr 원을 모두 고려해야 한다. 이러한 경우의 예제가 8.8절의 그림 8.21(b)에 주어졌다. 모든 주응력의 값이 동일할 때 Mohr 원은 한 점으로 표현된다.

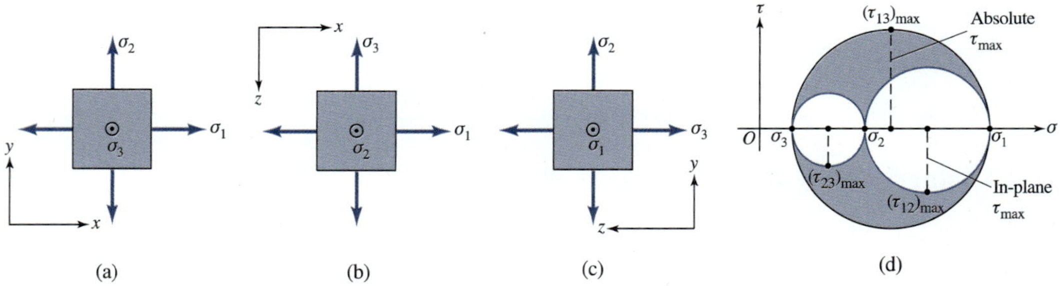

그림 8.15 3축 응력상태 (a~c) 각각의 주응력 축으로부터 투시된 모습 (d) Mohr 원

*8.7 일반적인 응력상태에서의 주응력

일반적인 3차원 응력의 경우 응력요소는 그림 2.25에서처럼 x, y, z 평면에서 응력을 받게 된다. 이 응력요소로부터 절단된 사면체를 그림 8.16에 나타내었다. 평면응력에 대하여 정적 평형방정식을 적용한 것과 동일한 방법을 사용하여 그림 8.16에서 원점 O를 지나는 직교하는 평면에서의 응력성분들은 경사면 ABC에서의 수직응력 및 전단응력과 관련지을

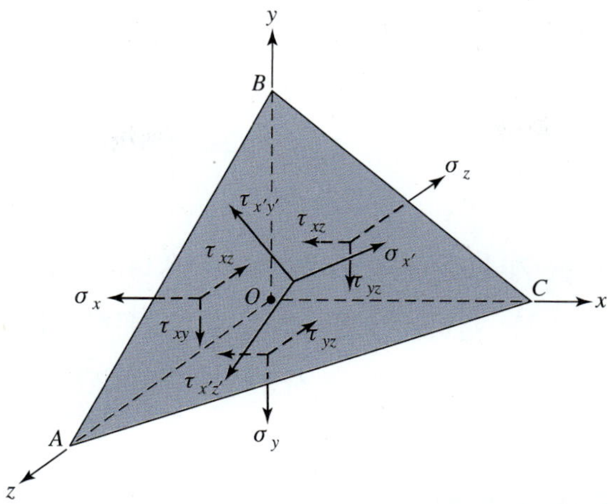

그림 8.16 사면체에 작용하는 응력성분

수 있다. 2.10절로부터 서로 직교하는 평면에서 작용하는 전단응력의 크기는 서로 같다는 점을 기억하라. 즉 $\tau_{xy}=\tau_{yz}$, $\tau_{yz}=\tau_{zy}$, $\tau_{xz}=\tau_{zx}$이다. 또한 이 그림에는 모든 응력을 양의 방향으로 나타내었다. 3차원 응력 변환방정식의 유도 과정은 매우 복잡하다. 이 방정식은 고급 수준의 재료역학 교과서에서 찾아볼 수 있다.

일반적인 3차원 응력상태에서는 전단응력의 값이 0이 되는 3개의 서로 직교하는 평면이 존재하며 이들 평면에서 수직응력의 값은 최대 또는 최소가 된다. 이들 수직응력이 주응력 σ_1, σ_2, σ_3이며 이들의 대수적인 크기는 $\sigma_1>\sigma_2>\sigma_3$이다. 점 O에서의 3개의 **주응력**은 다음 **3차방정식**의 근임을 증명할 수 있다(참고문헌 8.1).

$$\boxed{\sigma_i^3-I_1\sigma_i^2+I_2\sigma_i-I_3=0} \qquad (i=1,\ 2,\ 3) \tag{8.14}$$

위 식에서 I_1, I_2, I_3는 다음과 같다.

$$\begin{aligned}
I_1&=\sigma_x+\sigma_y+\sigma_z\\
I_2&=-\begin{vmatrix}\sigma_x & \tau_{xy}\\ \tau_{xy} & \sigma_y\end{vmatrix}-\begin{vmatrix}\sigma_x & \tau_{xz}\\ \tau_{xz} & \sigma_z\end{vmatrix}-\begin{vmatrix}\sigma_y & \tau_{yz}\\ \tau_{yz} & \sigma_z\end{vmatrix}\\
&=-(\sigma_x\sigma_y+\sigma_x\sigma_z+\sigma_y\sigma_z)+\tau_{xy}^2+\tau_{xz}^2+\tau_{yz}^2 \qquad (8.15)\\
I_3&=\begin{vmatrix}\sigma_x & \tau_{xy} & \tau_{xz}\\ \tau_{xy} & \sigma_y & \tau_{yz}\\ \tau_{xz} & \tau_{yz} & \sigma_z\end{vmatrix}=\sigma_x\sigma_y\sigma_z+2\tau_{xy}\tau_{yz}\tau_{xz}-\sigma_x\tau_{yz}^2-\sigma_y\tau_{xz}^2-\sigma_z\tau_{xy}^2
\end{aligned}$$

주응력은 원래의 좌표계의 방향과 관련이 없음이 명백하다. 식 (8.14)에서 계수 I_1, I_2, I_3는 x, y, z좌표축과 무관하여야 한다. 만약 서로 무관하지 않으면 좌표축의 선택에 따라서 주응력의 값이 변화할 것이다. 따라서 I_1, I_2, I_3는 **응력의 불변량**(stress invariant)이라고 한다.

주어진 응력상태에서 계산기나 컴퓨터를 사용하여 식 (8.14)의 세 근 σ_1, σ_2, σ_3를 모두 구할 수 있다. 컴퓨터를 사용하는 편리한 방법에 대하여 참고문헌 8.1을 참조하라. 3개의 주응력을 모두 구하면 앞 절에서 논의된 방법을 사용하여 최대전단응력을 쉽게 구할 수 있다.

예제 8.6 구조물에서의 3차원 주응력

조건 주어진 구조물에서의 한 점에서 응력요소에 작용하는 응력은 다음과 같다(그림 8.17).

$$\sigma_x = 12 \text{ ksi} \qquad \sigma_y = \sigma_z = 0 \qquad \tau_{xy} = \tau_{xz} = 4 \text{ ksi} \qquad \tau_{yz} = 8 \text{ ksi}$$

문제 주응력과 절대최대전단응력을 구하라.

풀이 주어진 값들을 식 (8.14)와 (8.15)에 대입하면 다음과 같은 결과를 얻는다.

$$\sigma_i^3 - 12\sigma_i^2 - 96\sigma_i - 512 = 0 \qquad (i = 1,\ 2,\ 3)$$

위 식의 세 근이 3개의 **주응력**이며 그 값은 다음과 같다.

$$\sigma_1 = 16 \text{ ksi} \qquad \sigma_2 = 4 \text{ ksi} \qquad \sigma_3 = -8 \text{ ksi}$$

따라서 식 (8.13)을 이용하여 절대최대전단응력을 다음과 같이 얻을 수 있다.

$$(\tau_{\max})_a = \frac{1}{2}(\sigma_1 - \sigma_3) = \frac{1}{2}[16 - (-8)] = 12 \text{ ksi}$$

부가설명 **절대최대전단응력**이 작용하는 평면은 그림 8.14(c)에 나타내었다.

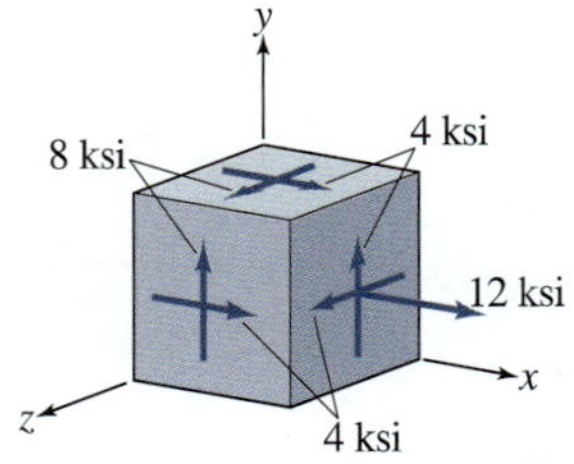

그림 8.17 3차원 응력을 받고 있는 응력요소

8.8 두께가 얇은 압력용기

많은 응용 사례에서 구부러진 판이 구조 부재로 활용되고 있으며 이를 **셸**(shell)이라고 한다. 이런 구조 부재의 보기로는 파이프, 구형의 물탱크, 보일러, 압축공기를 보관하는 원통형 탱크, 항공기 날개, 항공기 동체, 미사일, 팽창시킨 풍선 또는 튜브, 지붕 돔(dome), 다양한 용기 등과 같은 압력용기들이 있다. 공학적으로 특별히 중요한 압력용기는 일반적으로 두께가 얇은 용기와 두께가 두꺼운 용기로 구분된다.

> 두께 방향으로 응력의 분포가 일정한 압력용기를 두께가 얇은 압력용기라고 한다. 반면에 두께가 두꺼운 압력용기의 경우에는 두께 방향으로 수직응력의 분포가 변하게 된다. **일반적으로 압력용기 내부반경 r에 대한 두께 t의 비율이 1/10과 같거나 더 작으면**(즉 $r/t \geq 10$) **두께가 얇은 압력용기**라고 분류된다. 실제로 두께가 얇은 압력용기의 경우에는 압력용기의 내부반경과 외부반경의 값이 거의 같기 때문에, 이들을 정확하게 구별하지 않고 사용하는 경우가 많다.

지금부터는 실제로 많이 사용되는 두께가 얇은 원통형 및 구형 압력용기로 범위를 좁혀 논의하기로 한다. 이러한 용기의 벽은 막(membrane)처럼 거동한다. 즉 이 용기의 벽에서 굽힘이 발생하지 않는다. 용기와 내부 내용물의 무게는 일반적으로 무시된다. 용기와 그 내용물의 축대칭성 때문에 압력을 받으면 용기는 자유롭게 변형하며, 이때 균일한 수직응력 또는 **주응력**만 존재하게 된다. 이 응력을 **막 응력**(membrane stress)이라고 한다. 외부 구속으로부터 멀리 떨어진 곳에서 얇은 셸에 대한 이러한 가정은 매우 합리적이다. 전형적인 얇은 두께의 원통형 및 구형 압력용기를 528쪽 사진에 보였다.

여기서 유도되는 공식들은 불연속점, 압력용기의 끝단 또는 지지대 근처에서는 적절하지 않다. 원통과 끝단에서의 부적합(incompatibility)에 의해서 굽힘 모멘트와 전단력이 발생하게 된다. 이로 인하여 발생하는 응력을 **불연속 응력**(discontinuity stresses)이라고 하며, 압력용기 끝단에 적절한 곡률을 만들어 그 값을 감소시킬 수 있다(참고문헌 8.2). 이 절에서 유도되는 방정식들은 유체 또는 기체의 내부압력이 작용하는 경우에 적용된다. 진공탱크나 잠수함과 같이 외부의 압력을 받는 용기의 경우에는 압력 p의 부호를 바꾸어 이들 방정식을 사용하면 된다. 따라서 외부의 압력을 받는 용기의 경우에, 응력 해석의 결과가 용기 벽에 좌굴(buckling)이 발생하는 응력보다 더 낮은 경우에만 이 절에서의 방정식이 의미를 갖는다. 원자력 발전소의 출현, 외계로의 로켓 발사, 그리고 해저 탐험 등으로 인하여 압력용기의 해석, 설계 및 제작이 많은 주목을 끌게 되었다. 압력용기설계에 대한 많은 규정이 ASME Codes에 명시되어 있다(참고문헌 8.3).

(a)

(b)

▶ 압력용기 (a) 오일 정제 탱크(Corbis Images 제공) (b) 3개의 Horton sphere(CB&I 제공). 8.8절과 8.9절에서는 각각 두께가 얇은 압력용기와 두께가 두꺼운 압력용기의 해석을 다룬다. 필라멘트를 감아서 제작된 복합재료 원통형 압력용기의 설계는 사례연구에서 논의될 예정이다.

원통형 압력용기

공기탱크 또는 보일러와 같은 원통형 압력용기의 내부반경이 r, 용기 벽의 두께가 t이며 그 내부에 게이지 압력 p인 유체가 들어 있다고 하자[그림 8.18(a)]. 게이지 압력은 외부의 압력을 초과한 내부압력을 의미한다. 별도로 명시하지 않은 경우에 앞으로 압력이라고 하면 게이지 압력을 의미한다. 원통 축과 평행하거나 수직인 면을 갖는 압력용기 요소에 작용하는 응력을 구하려고 한다. 응력성분 σ_t를 후프 응력(hoop stress), 원주방향 응력(circumferential stress) 또는 접선방향 응력(tangential stress)이라고 하며, 응력성분 σ_a를 길이방향 응력(longitudinal stress) 또는 축방향 응력(axial stress)이라고 한다.

원주방향 응력을 구하기 위하여 그림 8.18(b)에서처럼 길이가 L이며 양끝의 덮개가 제거된 상태의 반원통 형상을 갖는 용기의 일부를 압력용기로부터 분리하였다. 반원통 형상의 압력용기 일부에는 내부에 유체가 포함되어 압력이 작용하고 있다. 단순화하기 위하여

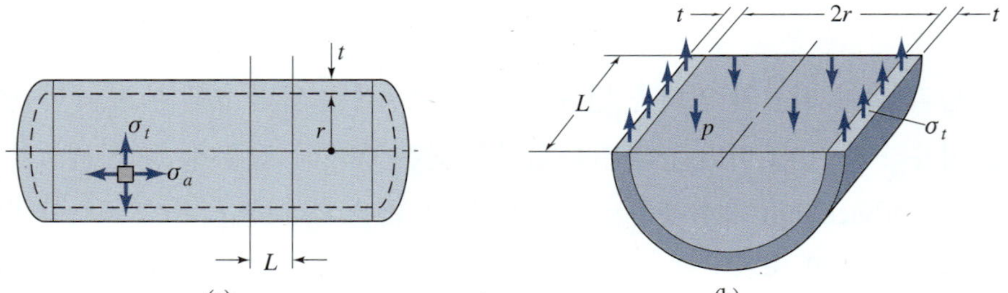

그림 8.18 두께가 얇은 원통형 압력용기 (a) 전체 용기 (b) 절단된 압력용기 일부에 대한 자유물체도

그림 8.18(b)의 자유물체도에는 축방향의 압력과 응력을 생략하였다. 이 그림에 따르면 이 요소의 벽에서 발생하는 내력은 $\sigma_t(2tL)$임을 알 수 있다. 이 요소에 포함된 유체에 의한 힘의 크기는 $p(2rL)$이다. 따라서 수직방향의 힘의 합이 0이라는 평형방정식을 이용하면 $\sigma_t(2tL) = p(2rL)$의 결과를 얻을 수 있다. 이 결과를 정리하면 다음과 같은 **접선방향 응력**을 얻을 수 있다.

$$\boxed{\sigma_t = \frac{pr}{t}} \tag{8.16}$$

다음으로 축방향에 수직하게 절단된 원통 일부의 자유물체도(그림 8.19)를 사용하여 축방향 응력을 구할 수 있다. 이 자유물체도에는 벽의 단면에 $\sigma_a(2\pi rt)$의 힘이 작용하고 있으며, 이 그림에 포함된 유체의 압력에 의한 힘 $p(\pi r^2)$가 작용하고 있다. 축방향으로의 힘의 평형에 의하여 $\sigma_a(2\pi rt) = p(\pi r^2)$가 되며, 이 결과를 정리하여 다음과 같이 **축방향 응력**을 구할 수 있다.

$$\boxed{\sigma_a = \frac{pr}{2t}} \tag{8.17}$$

식 (8.16)과 (8.17)로부터 원주방향 응력은 길이방향 응력의 두 배임을 알 수 있다. 즉 $\sigma_t = 2\sigma_a$이다.

원주방향 변형률은 변형에 의하여 발생한 압력용기 반경의 변화 δ_c의 함수이며, 그 값은 다음과 같다.

$$\varepsilon_t = \frac{1}{2\pi r}\left[2\pi(r+\delta_c) - 2\pi r\right] = \frac{\delta_c}{r} \tag{a}$$

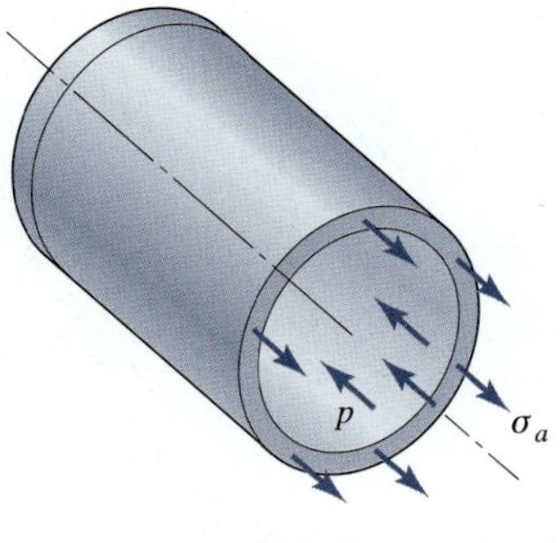

그림 8.19 그림 8.18(a)에 보인 압력용기의 일부에 대한 자유물체도

훅의 법칙에 의하여 다음 값을 얻을 수 있다.

$$\varepsilon_t = \frac{1}{E}(\sigma_t - \nu\sigma_a)$$

위 식에서 ν와 E는 각각 푸아송비와 탄성계수이다. 식 (a)로부터 응력으로 인한 **원통 반경의 증가**는 $\delta_c = \varepsilon_t r$이며 식 (8.16)과 (8.17)을 δ_c에 대입하면 이 값은 다음과 같이 정리된다.

$$\delta_c = \frac{pr^2}{2Et}(2-\nu) \tag{8.18}$$

구형 압력용기

구형 압력용기에서의 응력은 앞에서 다루어진 원통형 압력용기에서와 유사한 과정으로 구할 수 있다. 대칭성 때문에 압력용기 벽의 조그만 응력요소의 면에 작용하는 응력은 같아야 하며, 이를 그림 8.20(a)에 나타내었다. 그림 8.20(b)에서처럼 구의 중심을 관통하는 단면을 사용하여 구를 반구로 분리할 수 있다. 이 자유물체도에 대한 평형방정식은 그림 8.19의 경우와 동일하다. 따라서 원주방향 응력 또는 **접선방향 응력**은 다음 식으로 표현된다.

$$\sigma = \frac{pr}{2t} \tag{8.19}$$

그림 8.20(c)에 나타낸 것처럼 위 식은 구의 중심을 포함하는 어떠한 단면에서도 모든 방향으로 동일한 결과를 만든다. 구형 압력용기의 원주방향 응력은 원통형 압력용기의 원주방향 응력의 반이다. 따라서 구는 최적화된 형상을 갖는 압력용기라고 할 수 있다. 압력에 의하여 구의 반경은 증가하게 되며 **구의 증가한 반경값**은 $\delta_s = \varepsilon r$이다. 훅의 법칙 $\varepsilon = (\sigma - \nu\sigma)/E$

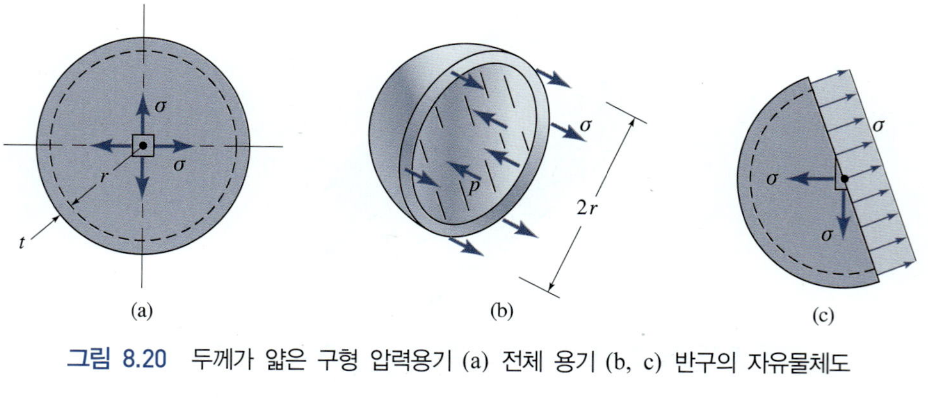

그림 8.20 두께가 얇은 구형 압력용기 (a) 전체 용기 (b, c) 반구의 자유물체도

에 의하여 이 값은 다음과 같이 표현된다.

$$\delta_s = \frac{pr^2}{2Et}(1-\nu) \tag{8.20}$$

압력용기의 최대전단응력

원통이나 구의 벽면에서 반경방향으로 작용하는 응력을 **반경방향 응력** σ_r이라고 하며, 내부벽면에서 $\sigma_r = -p$로부터 외부벽면에서 $\sigma_r = 0$으로 그 값이 변화한다. 두께가 얇은 셸의 경우 σ_t와 σ_a에 비하여 반경방향 응력의 값은 매우 작으며 일반적으로 무시할 수 있다. 따라서 두께가 얇은 용기의 응력요소에서의 응력상태는 식 (8.16), (8.17), (8.19)에 의해서 주어지고 **2축 응력**으로 간주된다.

원통형 압력용기의 주응력 σ_t, $\sigma_a = \sigma_t/2$ 및 $\sigma_r = 0$이 응력요소 A에 작용하는 모습을 그림 8.21(a)에 나타내었다. 이러한 2축 응력상태의 Mohr 원을 그림 8.21(b)에 나타내었다. **절대최대전단응력**(8.6절)은 다음 식과 같으며 응력요소가 원통의 축에 대하여 45° 회전할 때 발생한다.

$$(\tau_{\max})_a = \frac{1}{2}(\sigma_t - 0) = \frac{pr}{2t} \tag{8.21}$$

최대전단응력 $\tau_{\max}$와 절대최대전단응력 $(\tau_{\max})_a$를 그림 8.21(b)에 나타내었다.

구형 압력용기는 $\sigma_t = \sigma_a = \sigma$와 $\sigma_r = 0$인 2축 응력상태에 놓여 있다. 결과적으로 **절대최대전단응력**은 다음과 같으며, 이는 Mohr 원에서 나타낼 수 있다.

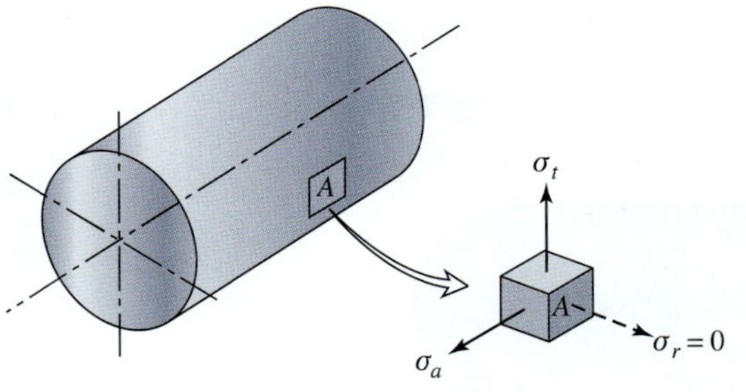

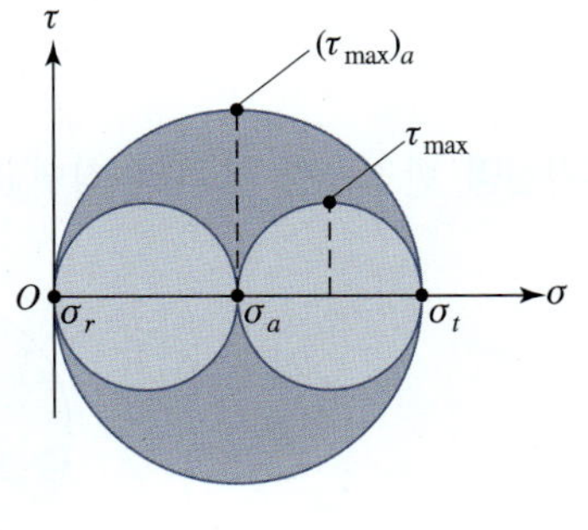

그림 8.21 (a) 2축 응력상태를 나타내는 내부 가압 원통. $(\tau_{\max})_a$의 정확한 값을 구하기 위해서는 σ_r을 고려해야 한다는 점에 유의하라. (b) 응력의 Mohr 원

$$(\tau_{max})_a = \frac{1}{2}(\sigma - 0) = \frac{pr}{4t} \quad (8.22)$$

예제 8.7 압축공기 탱크에서의 응력

조건 그림 8.22에서처럼 2개의 지지대를 가지며 양 끝단이 반구의 모양을 갖는 원통형 압력용기가 강재로 제작되었으며 내부압력 p를 받고 있다. 1개의 지지대는 압력용기에 축방향의 힘을 가하지 않도록 설계되었다. 압력과 재료의 성질 등은 다음과 같다.

$$p = 200\ \text{psi} \qquad r = 10\ \text{in.} \qquad t = \frac{5}{16}\text{in.} \qquad E = 30 \times 10^6\ \text{psi} \qquad \nu = 0.3$$

문제 다음을 구하라.

(a) 압력용기가 균일한 반경 r과 두께 t를 가질 때 용기에서의 응력

(b) 구형 부위에서의 평면 내 최대전단응력과 원통 부위에서의 절대최대전단응력

(c) 탱크 원통 부위의 압력에 의한 반경 증가량

가정 지지대를 단순지지로 가정한다.

풀이

(a) 원통 부위의 **축방향 응력**과 구형 부위의 원주방향 응력은 크기가 같다. 식 (8.17) 또는 (8.19)를 적용하여 다음 값을 얻을 수 있다.

$$\sigma_a = \sigma = \frac{pr}{2t} = \frac{200(10)}{2(5/16)} = 3200\ \text{psi}$$

식 (8.16)에 의하여 원통 부위에서 원주방향 응력을 다음과 같이 구할 수 있다.

$$\sigma_t = \frac{pr}{t} = 2\sigma_a = 6400\ \text{psi}$$

부가설명 반경방향 응력의 최댓값은 탱크의 내벽에서 발생하며 그 값은 $\sigma_r = p = -200$ psi

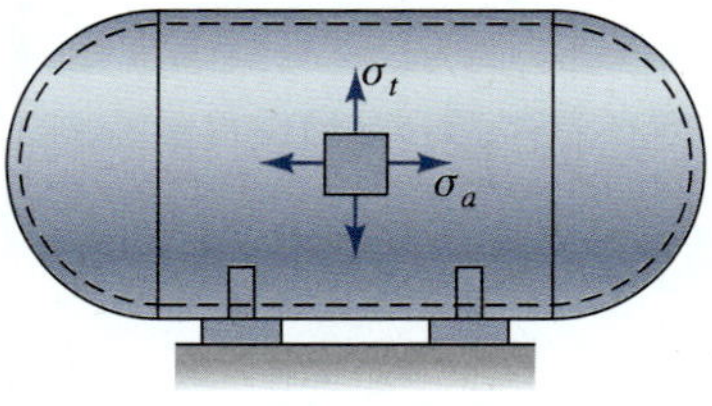

그림 8.22 양 끝단이 반구의 모양을 갖는 원통형 압력용기

이며, 앞에서 구한 축방향 응력이나 원주방향 응력의 값에 비하여 무시할 수 있을 정도로 작다.

(b) 구형 부위의 **평면 내 최대전단응력**은 다음과 같다.

$$\tau = \frac{\sigma_1 - \sigma_2}{2} = \frac{\sigma_1}{4} = 1600 \text{ psi}$$

원통 부위의 **절대최대전단응력**은 식 (8.21)을 이용하여 구할 수 있으며 그 값은 다음과 같다.

$$(\tau_{\max})_a = \frac{\sigma_t}{2} = 3200 \text{ psi}$$

(c) 원통 부위의 **반경 증가량**은 식 (8.18)을 이용하여 구할 수 있으며 그 값은 다음과 같다.

$$\delta_c = \frac{pr^2}{2Et}(2-\nu) = \frac{200(10^2)}{2(30\times 10^6)(5/16)}(2-0.3) = 0.181 \text{ in.}$$

[예제 8.8] 원통형 압력용기의 압력 용량

조건 원통형 압력용기의 두께가 $t = 3$ mm이고 직경이 $d = 1.5$ mm이며, 강재로 제작되어 항복응력이 $\sigma_y = 240$ MPa이다.

문제 항복에 대한 안전계수 $n_s = 2$일 때 압력용기가 지탱할 수 있는 최대 내부압력 p를 구하라.

가정 압력용기의 지지대를 단순지지로 가정한다.

풀이 $\sigma_{\text{all}} = 240/2 = 120$ MPa이다. 식 (8.16)으로부터 원주방향 응력에 대한 압력의 한계값은 다음과 같이 구할 수 있다.

$$p = \frac{\sigma_{\text{all}} t}{r} = \frac{120\times 10^6(0.003)}{0.75} = 480 \text{ kPa}$$

한편 축방향 응력에 대한 식 (8.17)로부터 다음과 같은 요구 조건을 구할 수 있다.

$$p = 2\frac{\sigma_{\text{all}} t}{r} = 960 \text{ kPa}$$

부가설명 위 결과로부터 게이지 압력(gage pressure)의 최댓값은 480 kPa이다.

예제 8.9 나선형으로 용접된 원통형 압력용기에서의 응력

조건 원통의 축과 $\phi = 50°$의 각도를 이루는 나선형 용접선을 따라서 양 끝단이 막힌 원통형 압력용기를 제작하였다. 그림 8.23(a)처럼 2개의 지지대를 이용하여 이 압력용기를 받치고 있다. 이 압력용기의 내부반경은 $r = 2\ \mathrm{m}$, 벽 두께는 $t = 10\ \mathrm{mm}$이며 내부압력은 $p = 500\ \mathrm{kPa}$이다.

문제 탱크의 원통 부위에서 다음의 값을 계산하라.

(a) 원주방향 응력과 축방향 응력

(b) 용접선에 각각 수직 및 평행한 방향으로 작용하는 수직응력 및 전단응력

가정 지지대를 단순지지로 가정하고 탱크와 그 내용물의 무게는 무시하라.

풀이

(a) 식 (8.16)과 (8.17)을 이용하여 접선방향 응력과 길이방향 응력을 다음과 같이 각각 구하였다.

$$\sigma_t = \frac{pr}{t} = \frac{500(10^3)(2)}{0.01} = 100\ \mathrm{MPa} \qquad \sigma_a = \frac{\sigma_t}{2} = 50\ \mathrm{MPa}$$

이들 응력을 그림 8.23(b)에 표시하였다.

(b) 용접선과 평행하고 수직한 면을 갖는 응력요소는 그림 8.23(b)의 응력요소에 대하여 각도 $\theta = 90° - 50° = 40°$만큼 기울어져 있다[그림 8.23(c)]. 접선방향 응력과 길이방향 응력을 사용하여 그림 8.24처럼 Mohr 원을 작도하였다. 원에서 반시계방향으로 $2\theta = 80°$만큼 회전하

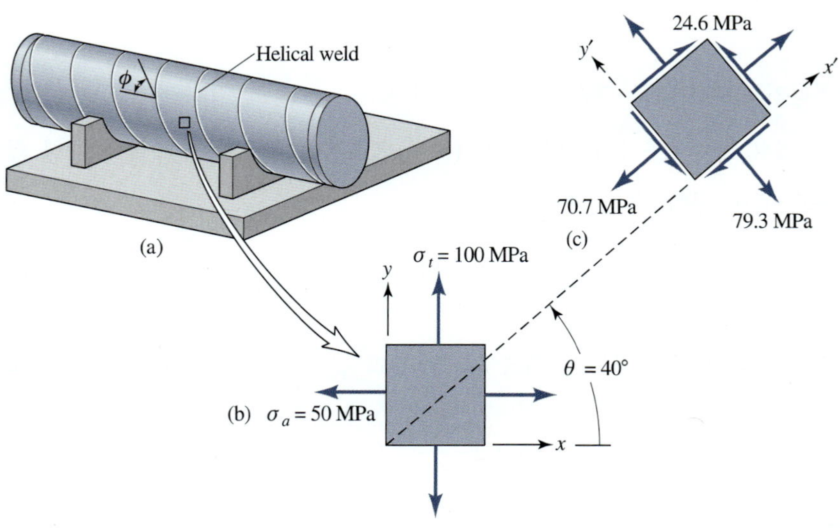

그림 8.23 (a) 나선형으로 용접된 원통형 압력용기 (b) 평면응력상태의 응력요소 (c) 용접방향과 평행하고 수직한 측면을 갖는 응력요소

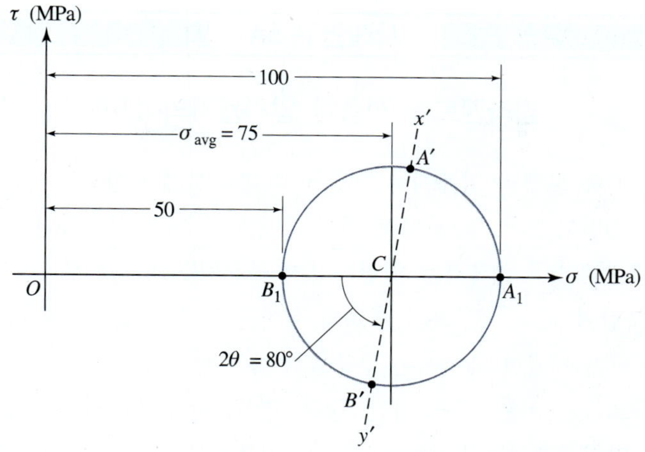

그림 8.24 그림 8.23(b)의 2축 응력에 대한 Mohr 원

여 x' 면에서의 응력에 대응하는 점 B' 을 찾을 수 있다. 평균 수직응력과 원의 반경은 다음과 같다.

$$\sigma_{\text{avg}} = \frac{1}{2}(100+50) = 75\ \text{MPa} \qquad R = \frac{1}{2}(100-50) = 25\ \text{MPa}$$

점 B' 의 좌표는 다음과 같이 주어진다.

$$\sigma_{x'} = \sigma_{\text{avg}} - R\cos 2\theta = 75 - 25\cos 80^\circ = 70.7\ \text{MPa}$$

$$\tau_{x'y'} = R\sin 2\theta = 25\sin 80^\circ = 24.6\ \text{MPa}$$

마찬가지 방법으로 Mohr 원에서 y' 면에서의 수직응력은 다음과 같이 얻어진다.

$$\sigma_{y'} = \sigma_{\text{avg}} + R\cos 2\theta = 75 + 25\cos 80^\circ = 79.3\ \text{MPa}$$

서로 수직한 두 평면에서의 수직응력의 합을 구하여 계산 결과를 점검할 수 있다.

$$\sigma_t + \sigma_a = \sigma_{x'} + \sigma_{y'}$$

위 식으로부터 $\sigma_{y'}$ 을 구하면

$$\sigma_{y'} = \sigma_t + \sigma_a - \sigma_{x'} = 100 + 50 - 70.7 = 79.3\ \text{MPa}$$

위 결과는 Mohr 원을 사용하여 구한 계산 결과와 동일함을 알 수 있다. 응력요소의 x' 면과 y' 면에서의 응력을 그림 8.23(c)에서 나타내었다.

부가설명 용접선을 가로지르는 인장응력은 70.7 MPa이고 용접선과 평행하게 작용하는 전단응력은 24.6 MPa이다.

사례연구 5A

필라멘트를 적층한 압력용기의 설계

앞에서 논의된 것처럼 로켓의 설계에서 탁월한 비강도(무게에 대한 강도의 비)를 갖는 특별한 복합재료가 개발되었다. 그 중에서 가장 유용하고 일반적인 것은 유리섬유와 에폭시 수지를 갖는 복합재료이다. 에폭시는 열경화성 플라스틱(3.16절)으로 높은 기계적 강도를 갖는다. 이는 수축량이 작고 대부분의 재료에 뛰어난 접착 성질을 갖는다. 1940년대 이후에 산업에서 사용되기 시작한 에폭시는 구조물의 접착에 가장 폭넓게 사용되고 있다. 필라멘트로 제작된 구조물은 비용, 제조 시간, 중량, 강도, 반복 제작성 및 신뢰성의 관점에서 매우 뛰어나다고 알려져 왔다. 필라멘트 기술을 이용하여 처음 제작된 압력용기는 인장강도가 약 250 ksi에 달하였는데, 이는 강재로 제작된 압력용기의 강도를 상회하는 값이다(표 11B.4 참조). 필라멘트로 제작되고 두께가 두꺼운 복합재료 압력용기의 설계는 **사례연구 5B**에서 논의될 예정이다.

조건 필라멘트를 적층한 압력용기는 고강도의 필라멘트를 맨드렐(mandrel)에 감은 다음 이를 플라스틱 기지재료(binder)에 함침시킨 뒤에 맨드렐을 조각내어 제거하는 순서로 제작된다. 이러한 종류의 구조물은 무게 대비하여 높은 비강도를 갖게 된다. 이런 종류의 구조물은 작은 무게가 요구되는 우주선 등에서 용기로 사용된다. 기본적인 필라멘트 용기들에는 축방향, 접선방향 또는 나선방향의 권선(winding)이 포함되어 있다.

문제 내부압력 p를 받으며 양쪽 끝단이 막혀 있으며 필라멘트를 적층한 원통형 압력용기가 있다. 이 압력용기의 나선각(helix angle) ϕ를 구하는 식을 세워라(그림 8.25).

가정 양쪽 끝단으로부터 멀리 떨어진 얇은 압력용기의 원통형 부위에서만 이 해석이 유효하다.

풀이 내부압력 p에 의한 원주방향과 길이방향의 응력은 각각 $\sigma_t = pr/t$와 $\sigma_a = pr/2t$로 표현된다. 따라서 다음 관계를 얻게 된다.

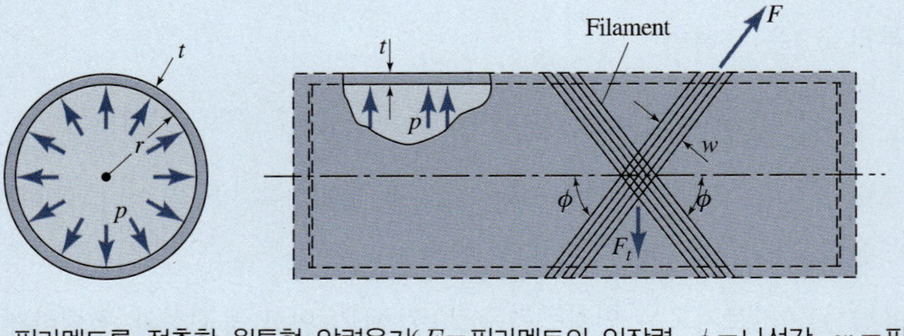

그림 8.25 필라멘트를 적층한 원통형 압력용기(F=필라멘트의 인장력, ϕ=나선각, w=필라멘트 폭, F_t=필라멘트 인장력의 원주방향 성분, p=내부압력)

$$\frac{\sigma_t}{\sigma_a} = 2 \qquad \text{(b)}$$

위 식에서 r과 t는 각각 압력용기의 내부반경과 벽 두께를 나타낸다. 압력용기는 필라멘트와 기지재료로 제작되며 필라멘트의 인장강도는 σ_u이다. 필라멘트에 의해서 지지되는 최대 인장력은 다음 식으로 표현된다.

$$F = \sigma_u w t$$

위 식에서 w는 각도 ϕ로 감은 필라멘트의 폭을 의미한다. 대응되는 원주방향 힘의 성분은 다음 식으로 표현된다.

$$F_t = F \sin\phi$$

필라멘트의 단면적은 $A = wt/\sin\phi$이다. 따라서 필라멘트에서의 원주방향 응력은 다음과 같다.

$$\sigma_t = \frac{F_t}{A} = \sigma_u \sin^2\phi$$

비슷한 방법으로 축방향 응력은 다음과 같이 기술될 수 있다.

$$\sigma_a = \sigma_u \cos^2\phi$$

위의 관계로부터 다음의 결과를 얻을 수 있다.

$$\frac{\sigma_t}{\sigma_a} = \tan^2\phi \qquad \text{(c)}$$

식 (b)와 (c)를 이용하여 **최적의 필라멘트 나선각**(optimum helix angle of filament)은 다음과 같다.

$$\boxed{\frac{\sigma_t}{\sigma_a} = 2 = \tan^2\phi} \qquad (8.23)$$

위 식을 풀면 $\phi = 54.7°$를 얻는다. 이는 내부압력을 지탱하는 나선형 적층 각도 조건을 나타낸다(참고문헌 8.4와 8.5).

부가설명 식 (8.23)은 $r/t > 10$인 압력용기에만 적용된다는 점을 주의하여야 한다. 추가적인 정보를 얻기 위해서는 압력용기 제조회사의 문헌을 참고하여야 한다.

*8.9 두께가 두꺼운 원통형 압력용기

압력용기 벽의 두께가 내부반경의 10% 이상일 때 압력용기는 두께가 두꺼운 것으로 간주되며 반경방향으로의 응력의 변화는 더 이상 무시될 수 없다. **두께가 두꺼운 원통**은 압력용기, 파이프, 총열, 공압 및 유압 실린더, 그리고 다양한 기계 부품으로 산업에서 폭넓게 사용되고 있다. 이러한 구조 부재에 대한 해석에서는 우선 미세요소의 평형을 고려해야 한다. 그 뒤에 변형률-변위 관계를 훅의 법칙과 결합하여야 한다. 마지막으로 원통의 내부 및 외부 모서리에서 응력 조건을 만족시킨 다음에 해를 얻을 수가 있게 된다. 이 절에서는 이러한 과정에 대하여 간략하게 논의한다. 더 자세한 내용은 참고문헌 8.3을 참조하라.

기본 관계식

그림 8.26(a)에 나타낸 것처럼 내부압력 p_i를 받고 있는 두께가 두꺼운 원통을 고려해보자. 이 압력용기의 내부반경은 a이고 외부반경은 b이다. 축방향의 z축에 대하여 변형이 대칭이라는 사실은 명확하다. 내부압력 때문에 원통의 중심으로부터 거리 r만큼 떨어진 벽에서 원주방향 응력 σ_t와 반경방향 응력 σ_r이 발생하게 된다. 압력용기와 그 내용물의 무게는 무시한다. 원통으로부터 분리된 단위 두께를 갖는 미세응력요소는 2개의 반경 r 및 $r+dr$과 각도 $d\theta$에 의하여 정의된다[그림 8.26(b)].

축방향에 대한 대칭조건으로 응력과 변형은 각도 θ에 무관하고 또한 전단응력은 0이 되어야 한다는 것을 알 수 있다. 응력요소의 두 평행한 면에 작용하고 있는 반경방향 응력의 크기는 $d\sigma_r$만큼 차이가 있으나, 접선방향 응력은 이들이 작용하는 두 면 사이에서 그 크기가 동일함을 볼 수 있다. 축대칭방향으로 하중을 받고 있는 부재에서 접선방향의 변위

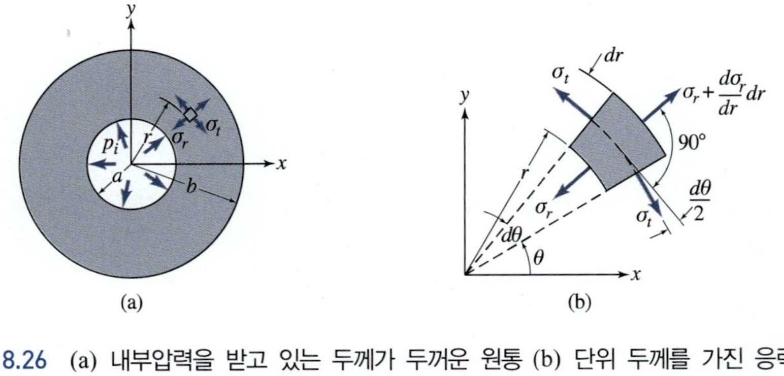

그림 8.26 (a) 내부압력을 받고 있는 두께가 두꺼운 원통 (b) 단위 두께를 가진 응력요소

가 있을 수 없다. 즉 $v=0$이다. 하중의 작용에 의하여 응력요소는 반경방향의 변위 u를 갖게 된다. 이러한 2차원 **축대칭** 문제에서는 그림 8.26(b)를 참조하여 다음과 같은 지배 방정식이 유도된다.

평형방정식. 응력 σ_r, $\sigma_r+(d\sigma_r/dr)dr$, σ_t가 작용하는 면적은 각각 $1\times rd\theta$, $1\times(r+dr)d\theta$, $1\times dr$이다. 2개의 σ_t는 반경방향 응력에 수직한 선에 대하여 $d\theta/2$의 각도만큼 기울어져 있다. 따라서 반경방향으로의 힘의 합력에 대한 평형방정식 $\Sigma F_r=0$을 취하고, 간략하게 정리한 다음에 크기가 작은 고차항들을 무시하면 다음과 같은 결과를 얻는다.

$$\frac{d\sigma_r}{dr}+\frac{\sigma_r-\sigma_t}{r}=0 \tag{8.24}$$

변형률–변위 관계식. 반경 r인 원통 표면의 반경방향 변위는 u이며 반경 $r+dr$인 표면의 반경방향 변위는 $u+(du/dr)dr$이다. 따라서 다음과 같은 식을 얻을 수 있다.

$$\varepsilon_r=\frac{\left(u+\dfrac{du}{dr}dr\right)-u}{dr}=\frac{du}{dr} \tag{8.25a}$$

마찬가지 방법으로 접선방향의 변형률에 대한 다음 식도 얻을 수 있다.

$$\varepsilon_t=\frac{2\pi(r+u)-2\pi r}{2\pi r}=\frac{u}{r} \tag{8.25b}$$

전단변형률 값은 $\gamma_{rt}=0$이 된다. 앞에서 ε_r과 ε_t는 각각 반경방향 및 접선방향의 변형률이다. 식 (8.25b)를 (8.25a)에 대입하면 변형률에서의 적합조건식(compatibility condition)을 얻게 된다. 이 식을 이용하여 원통 내 여러 위치에서 변형률의 변화가 기하학적으로 적합한지를 알 수 있다.

훅의 법칙. 그림 8.26(b)의 응력요소에서 두 측면 사이의 각도 $d\theta$는 아주 미소하므로, 이 응력요소는 마치 xy좌표계에 놓인 것처럼 다루어질 수 있다. 따라서 식 (3.15)에서 x를 r로, y를 t로 대체하면 다음 식을 얻는다.

$$\varepsilon_r=\frac{1}{E}(\sigma_r-\nu\sigma_t) \qquad \varepsilon_t=\frac{1}{E}(\varepsilon_t-\nu\sigma_r) \tag{8.26}$$

위 식에서 E는 탄성계수, ν는 푸아송비이다. 명시된 **경계조건**과 함께 앞의 기본 관계식을 풀어서 두께가 두꺼운 원통형 압력용기의 해를 찾을 수 있다.

기본 방정식의 해

원통의 양쪽 끝이 열려 있고 구속받지 않아서 $\sigma_z = 0$일 때, 원통은 **평면응력** 조건에 놓여 있게 된다. 따라서 식 (8.25)와 (8.26)을 사용하여 다음과 같은 결과를 얻을 수 있다.

$$\frac{du}{dr} = \frac{1}{E}(\sigma_r - \nu\sigma_t) \qquad \frac{u}{r} = \frac{1}{E}(\sigma_t - \nu\sigma_r)$$

위의 방정식들로부터 반경방향 및 접선방향 응력들을 반경방향의 변위로 표현할 수 있게 된다.

$$\sigma_r = \frac{E}{1-\nu^2}\left(\frac{du}{dr} + \nu\frac{u}{r}\right) \qquad \sigma_t = \frac{E}{1-\nu^2}\left(\frac{u}{r} + \nu\frac{du}{dr}\right) \tag{a}$$

식 (a)를 식 (8.24)에 대입하면 다음과 같은 미분방정식을 얻게 된다.

$$\frac{d^2u}{dr^2} + \frac{1}{r}\frac{du}{dr} - \frac{u}{r^2} = 0$$

위 방정식의 해는 다음과 같은 형태로 표현된다(참고문헌 8.1).

$$u = c_1 r + \frac{c_2}{r} \tag{b}$$

식 (b)를 (a)에 대입하면 응력은 적분상수 c_1과 c_2를 포함하는 형태로 표현된다.

$$\sigma_r = \frac{E}{1-\nu^2}\left[c_1(1+\nu) - c_2\left(\frac{1-\nu}{r^2}\right)\right] \tag{c}$$

$$\sigma_t = \frac{E}{1-\nu^2}\left[c_1(1+\nu) + c_2\left(\frac{1-\nu}{r^2}\right)\right] \tag{d}$$

응력과 반경방향 변위

내부경계($r = a$)에서는 반경방향 응력은 $\sigma_r = -p_i$가 된다[그림 8.26(a)]. 외부경계($r = b$)에서는 반경방향 응력은 0이 된다. 즉 다음 식처럼 정리할 수 있다.

$$(\sigma_r)_{r=a} = -p_i \qquad (\sigma_r)_{r=b} = 0 \tag{e}$$

식 (e)를 (c)에 대입하여 적분상수들을 구할 수 있다. 그 다음에 그 결과들을 식 (b), (c), (d)에 대입한다. 이렇게 구한 **반경방향 응력**, **접선방향 응력** 및 **반경방향 변위**는 다음과 같다.

$$\boxed{\sigma_r = \frac{a^2 p_i}{b^2 - a^2}\left(1 - \frac{b^2}{r^2}\right)} \tag{8.27}$$

$$\boxed{\sigma_t = \frac{a^2 p_i}{b^2 - a^2}\left(1 + \frac{b^2}{r^2}\right)} \tag{8.28}$$

$$\boxed{u = \frac{a^2 p_i r}{E(b^2 - r^2)}\left[(1-\nu) + (1+\nu)\frac{b^2}{r^2}\right]} \tag{8.29}$$

위의 방정식들은 1833년 프랑스의 엔지니어인 G. Lame에 의하여 처음으로 유도되었고, 그 이름을 따라서 Lame 방정식이라고 한다. 반경방향 변위 u는 물론 바깥방향이다. $b/r \geq 1$이므로 반경방향 응력 σ_r은 항상 압축응력이고 $r = a$일 때 그 값이 최대가 된다. 접선방향 응력 σ_t는 항상 인장응력이며 $r = a$일 때 그 값이 최대가 되며 $r = b$일 때 그 값이 최소가 된다:

$$\boxed{(\sigma_t)_{\max} = p_i \frac{b^2 + a^2}{b^2 - a^2}} \tag{8.30a}$$

$$(\sigma_t)_{\min} = p_i \frac{2a^2}{b^2 - a^2} \tag{8.30b}$$

벽 두께의 변화에 따른 접선방향 응력 및 반경방향 응력의 변화 그래프를 그림 8.27에 나타내었다. 이 그래프에서 반경방향의 위치에 따라서 응력의 변화가 매우 크다는 사실을 볼 수 있다. 반경방향 변위 u도 유사하게 나타낼 수 있다.

원통의 어떤 점에서 **최대전단응력**은 식 (8.27)과 (8.28)에서 구할 수 있으며 다음 식처럼 정리된다.

$$\tau_{\max} = \frac{1}{2}(\sigma_t - \sigma_r) = \frac{p_i a^2 b^2}{(b^2 - a^2) r^2} \tag{8.31a}$$

이 응력의 **최댓**값은 $r = a$에서 발생함을 알 수 있다. 따라서 최대전단응력은 다음과 같다.

$$\boxed{\tau_{\max} = \frac{p_i b^2}{b^2 - a^2}} \tag{8.31b}$$

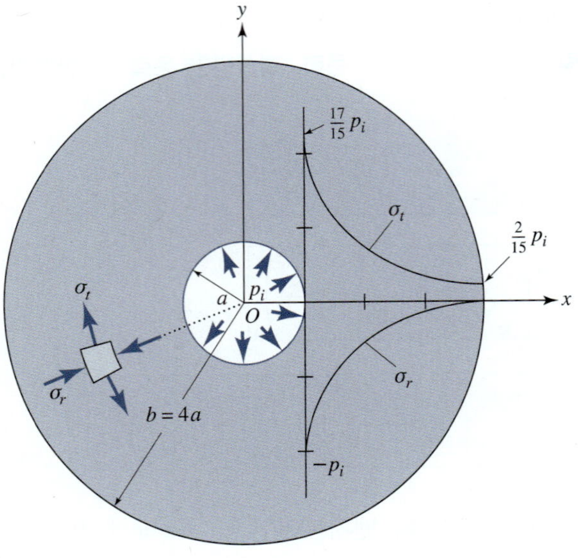

그림 8.27 내부압력을 받고 $b/a = 4$인 두께가 두꺼운 벽을 가진 원통에서 반경방향 거리에 대한 응력의 그래프

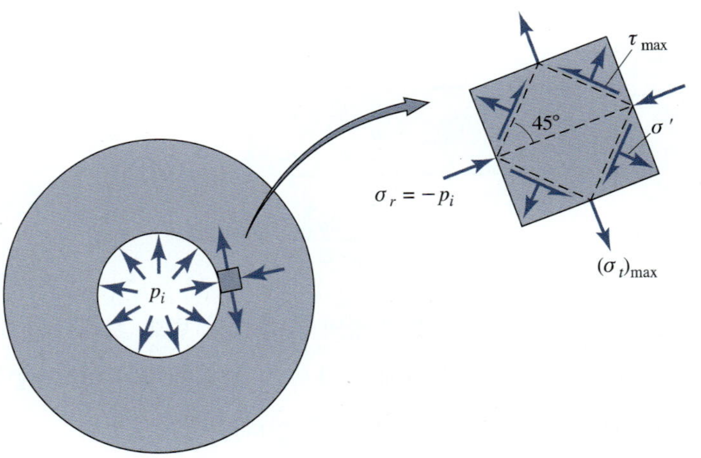

그림 8.28 내부압력 p_i를 받고 있는 두께가 두꺼운 원통과 최대전단응력 τ_{max}가 발생하는 내벽면을 포함하는 응력요소

그림 8.28에 표현된 것처럼 주응력이 발생하는 평면과 45° 기울어진 평면에서 최대전단응력이 발생한다.

양쪽 끝단이 막힌 원통형 압력용기의 경우에는 σ_t와 σ_r과 함께 축방향 응력 $\sigma_z = \sigma_a$가 존재한다. 양쪽 끝단으로부터 어느 정도 거리가 떨어진 횡방향의 단면에서는 σ_a는 벽 두께에 걸쳐서 균일하게 분포되었다고 가정할 수 있다. 압력 하중 때문에 한쪽 끝단에 작용하는 합력을 원통 벽에서의 z방향의 내력과 같게 둠으로써 **축방향 응력**의 크기를 구할 수 있다.

$$\sigma_a = \frac{p_i a^2}{b^2 - a^2} \tag{8.32}$$

여기서 원통의 양쪽 끝단은 구속되지 않은 것으로 간주하였다. Saint Venant의 원리에 따라서 식 (8.27)부터 (8.29)는 끝단으로부터 약 $2b$ 이상의 거리만큼 떨어진 곳에서 적용된다.

[예제 8.10] 원통에서 접선방향 응력의 정확한 값과 평균값

조건 내부반경 a와 외부반경 b를 갖는 원통이 내부압력 p_i를 받고 있다.

문제 다음 두 가지 경우에 대하여 식 (8.30)으로 표현되는 접선방향 응력의 최댓값 및 최솟값과 두께가 얇은 원통에 대하여 근사적으로 사용되는 평균 접선방향 응력을 구하라.

(a) $b = 1.1a$

(b) $b = 4a$

가정 원통은 단순지지 역할을 하는 지지대 위에 놓여 있다. 원통과 그 내용물의 무게는 무시할 수 있다.

풀이

(a) $b = 1.1a$의 경우. 식 (8.30)을 사용하여 접선방향 응력의 최댓값 및 최솟값을 다음과 같이 구하였다.

$$(\sigma_t)_{\max} = p_i \frac{b^2 + a^2}{b^2 - a^2} = 10.5 p_i$$

$$(\sigma_t)_{\min} = p_i \frac{2a^2}{b^2 - a^2} = 9.5 p_i$$

벽의 두께는 $t = 0.1a$이다. 식 (8.16)을 사용하여 평균 접선방향 응력을 다음과 같이 구하였다.

$$(\sigma_t)_{\text{avg}} = \frac{p_i a}{t} = 10 p_i$$

부가설명 식 (8.16)을 사용해서 평균 접선방향 응력을 구해도 접선방향 응력의 최댓값 및 최솟값과 큰 차이가 없음을 알 수 있다.

(b) $b = 4a$의 경우. 식 (8.30)을 사용하여 접선방향 응력의 최댓값 및 최솟값을 다음과 같이 구하였다.

$$(\sigma_t)_{\max} = p_i \frac{b^2 + a^2}{b^2 - a^2} = \frac{17}{15} p_i$$

$$(\sigma_t)_{\min} = p_i \frac{2a^2}{b^2 - a^2} = \frac{2}{15} p_i$$

이 결과는 그림 8.27에 보인 것과 같다. 벽의 두께는 $t = 3a$이므로 식 (8.16)을 사용하여 평균 접선방향 응력을 다음과 같이 구하였다.

$$(\sigma_t)_{\text{avg}} = \frac{p_i a}{t} = \frac{1}{3} p_i$$

부가설명 위의 평균 접선방향 응력은 접선방향 응력의 최댓값에 비하여 매우 작음을 알 수 있다.

사례연구 5B

복합재로 압력용기의 설계

비강도(하중에 대한 강도의 비)를 포함한 다른 기계적인 성질이 탁월한 재료에 대한 지속적인 수요 증가로 인하여 여러 가지 재료가 조합된 새로운 형태의 재료가 개발되었다. 여기에서는 내부 원통에 외부 원통(재킷)을 붙여서 제작되는 **합성 원통**(composite cylinder 또는 compound cylinder)을 고려하고자 한다. 작은 두께를 가진 여러 층의 원통으로 제작된 다층 원통은 동일한 두께를 가진 단층 원통에 비하여 매우 튼튼하다. 다층 원통은 또한 내부 압력이 거의 균일한 응력을 만들 수 있도록 설계가 가능하다(참고문헌 8.1). 이러한 균일한 응력값이 허용응력의 값에 더 가까울수록 더욱 효과적인 설계라고 할 수 있다. 단층 원통은 균일하게 응력을 받도록 설계할 수 없고(그림 8.27), 따라서 허용응력보다 훨씬 더 낮은 응력을 받도록 설계될 수밖에 없다. 따라서 단층 원통에서 재료의 효과적인 사용을 기대할 수 없다.

조건 탄성계수가 E_c이고 푸아송비가 ν인 두께가 두꺼운 콘크리트 원통과 탄성계수가 E_s인 강재 내피(liner)가 그림 8.29(a)처럼 내부압력 p_i를 받고 있다.

> 내부압력 p를 받고 있는 **필라멘트 적층** 복합재료 원통 압력용기의 **최적 설계**는 사례연구 5A에서 고려되었다.

문제 외부의 콘크리트 원통으로 전달되는 경계면에서의 압력 p에 대한 식을 유도하라. 이러한 합성 구조물에서 내피는 콘크리트 속으로 유체가 침투하는 것을 막고 또한 압력을 받

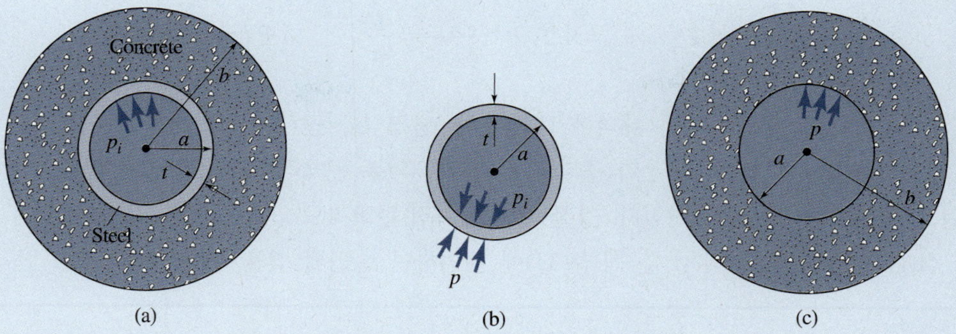

그림 8.29 (a) 강재 내피를 가진 콘크리트 원통 (b) 강재 내피 (c) 외부의 콘크리트 원통

는 원통 내벽에서 발생하는 인장응력을 흡수하는 역할을 한다.

가정 용기와 유체의 하중은 무시하라.

풀이 그림 8.29와 식 (8.16), (8.25b), (8.29)를 보라. 내피는 내부압력 p_i와 외부압력 p를 받고 있다[그림 8.29(b)]. 접선응력은 다음 식처럼 표현된다.

$$\sigma_t = \frac{p_i - p}{t}(a - t) = (p_i - p)\left(\frac{a}{t} - 1\right) \tag{f}$$

$r = a$에서 훅의 법칙과 식 (8.25b)를 사용하여 다음과 같은 결과를 얻는다.

$$\sigma_t = E_s \varepsilon_t = E_s \frac{u}{a} \tag{g}$$

한편 외부의 콘크리트 원통은 내부압력 p만을 받고 있다[그림 8.29(c)]. 외부 콘크리트 원통의 내벽에서($r = a$) 반경방향 변위는 식 (8.29)로부터 구할 수 있다.

$$u = \frac{pa}{E_c}\left(\frac{a^2 + b^2}{b^2 - a^2} + \nu_c\right) \tag{h}$$

마지막으로 식 (f)와 (g)를 결합하고 이를 식 (h)에 대입하여 **경계면 압력**(interface pressure) p를 얻는 식을 구할 수 있다.

$$\boxed{p = \frac{p_i}{1 + \left(\dfrac{E_s}{E_c}\right)\left(\dfrac{t}{a - t}\right)\left(\dfrac{a^2 + b^2}{b^2 - a^2} + \nu_c\right)}} \tag{8.33}$$

부가설명 앞의 결과를 실제로 활용하기 위하여 다음 값을 사용할 수 있다.

$$\frac{E_s}{E_c} = 15 \qquad \nu_c = 0.2 \qquad \frac{t}{a-t} = \frac{t}{a} \qquad a \pm t = a \tag{i}$$

$a/t > 10$이므로 두께가 얇은 내피에 대하여 위 방정식을 근사적으로 사용할 수 있다. 식 (8.33)으로부터, 내피의 두께 t가 증가함에 따라서 외부 콘크리트 원통으로 전달되는 압력 p는 감소한다는 것을 알 수 있다. 강철 내피를 가진 콘크리트 압력용기(참고문헌 8.4)에 대한 **설계곡선**의 공식은 식 (i)를 식 (8.33)에 대입하여 손쉽게 얻을 수 있다.

연습문제

8.6~8.9절

8.76 3차원 응력상태에 놓인 응력요소에 다음과 같은 응력이 작용하고 있다(그림 P8.76).

$$\sigma_x = 120 \text{ MPa} \qquad \sigma_y = 60 \text{ MPa}$$
$$\sigma_z = -15 \text{ MPa} \qquad \tau_{xy} = -30 \text{ MPa}$$

Mohr 원을 이용하여 다음을 구하라.

(a) 주응력

(b) 절대최대전단응력

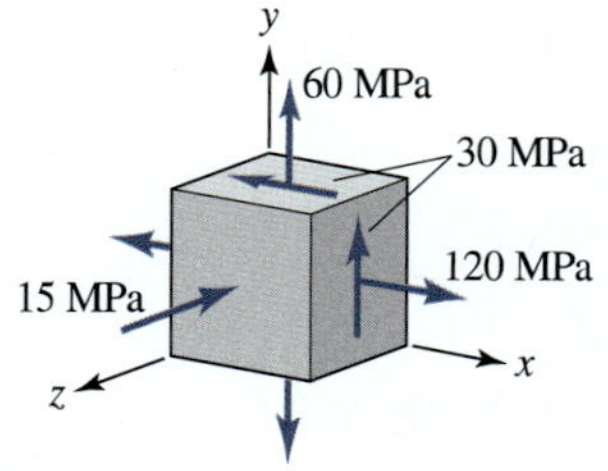

그림 P8.76

8.77 다음의 응력상태에 대하여 문제 8.76을 풀어라(그림 P8.77).

$$\sigma_x = 10 \text{ ksi} \qquad \sigma_y = 0$$
$$\sigma_z = -12 \text{ ksi} \qquad \tau_{xy} = 5 \text{ ksi}$$

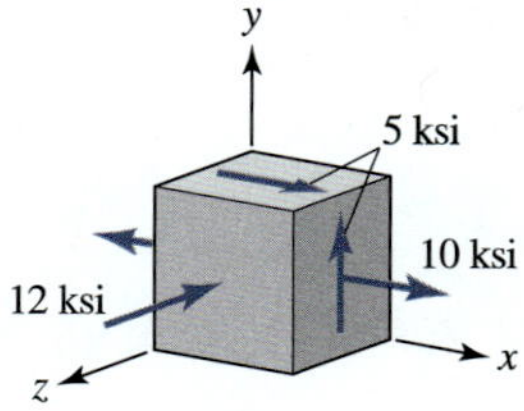

그림 P8.77

8.78 다음의 응력상태에 대하여 문제 8.76을 풀어라(그림 P8.78).

$$\sigma_x = 50 \text{ MPa} \qquad \sigma_y = 10 \text{ MPa}$$
$$\sigma_z = 25 \text{ MPa} \qquad \tau_{xy} = -40 \text{ MPa}$$

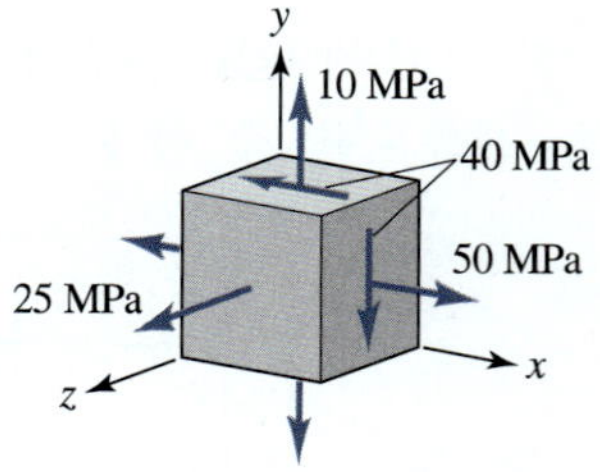

그림 P8.78

8.79 그림 P8.79의 3차원 응력요소에 다음과 같은

응력이 작용하고 있다.

$\sigma_x = 15$ ksi $\quad \sigma_y \quad \tau_{xz} = 10$ ksi

절대최대전단응력값이 13 ksi가 되는 σ_y의 두 값을 구하라.

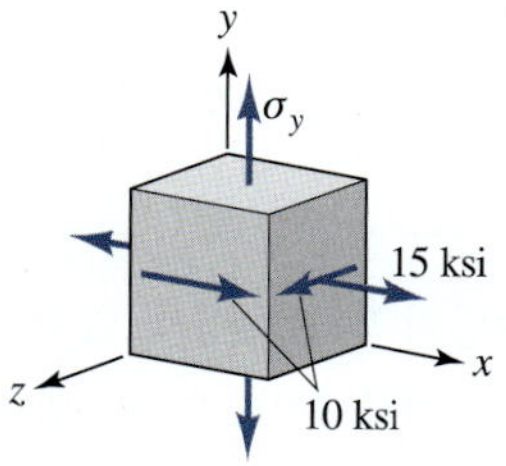

그림 P8.79

8.80 그림 P8.80에 나타낸 것처럼 기계 부품의 한 점에서 다음과 같은 3차원 응력이 존재하고 있다.

$\sigma_x = 150$ MPa $\quad \sigma_y = 30$ MPa

$\sigma_z \quad \tau_{xy} = 90$ MPa

다음 값을 구하라.

(a) $\sigma_z = 40$ MPa일 때 절대최대전단응력

(b) $\sigma_z = -40$ MPa일 때 절대최대전단응력

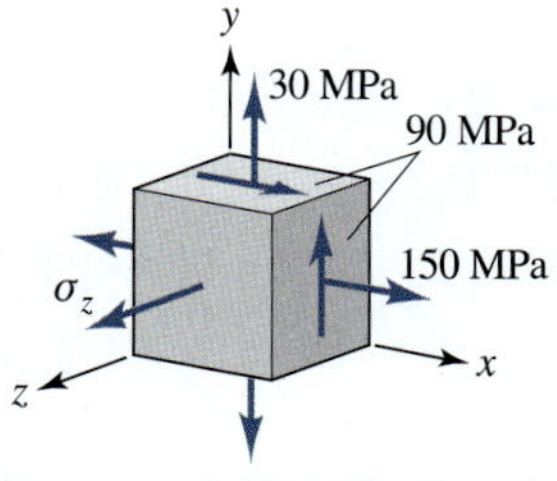

그림 P8.80

8.81 반경이 r이고 두께가 t인 구형 압력용기가 밀도 γ인 물에 담겨 있다. 구의 원주방향 응력이 σ일 때 물의 깊이 h를 계산하라.

가정 안전계수 n_s를 사용하라.

조건 $r = 2.5$ ft, $t = 1\frac{1}{2}$ in., $\gamma = 62.4$ lb/ft^3, $\sigma = 4200$ psi, $n_s = 1.5$

8.82 균일한 두께 $t = 5$ mm의 압축 공기 탱크가 내부압력 $p = 1.4$ MPa을 받고 있다(그림 P8.82). 최대 축방향 및 원주방향 응력을 구하라.

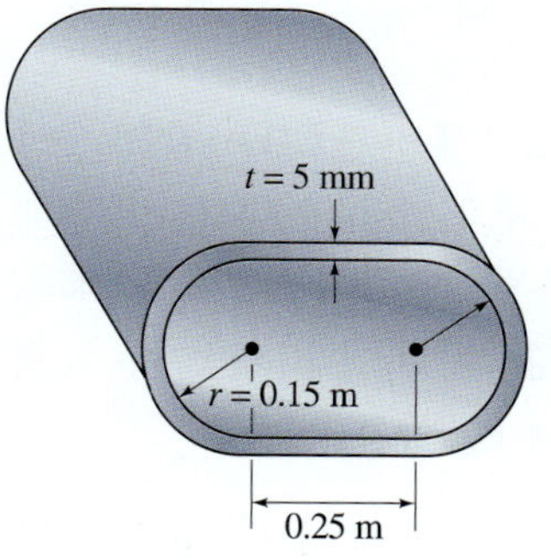

그림 P8.82

8.83 그림 P8.83에 보인 것처럼 양쪽 끝단이 막힌 강재 원통형 압력용기의 반경이 r이고 높이가 h이다. 이 압력용기는 밀도 γ인 액체로 완전히 채워졌으며 별도의 내부 기체 압력 p를 받고 있다. 필요한 압력용기 벽의 두께를 계산하라.

(a) 압력용기의 상단에서

(b) 압력용기의 바닥으로부터 1/4 높이에서

(c) 압력용기의 중간 높이에서

조건 $p = 400$ kPa, $h = 20$ m, $r = 5$ m, $\gamma = 15$ kN/m^3

요구조건 원통 벽의 허용응력은 150 MPa이다.

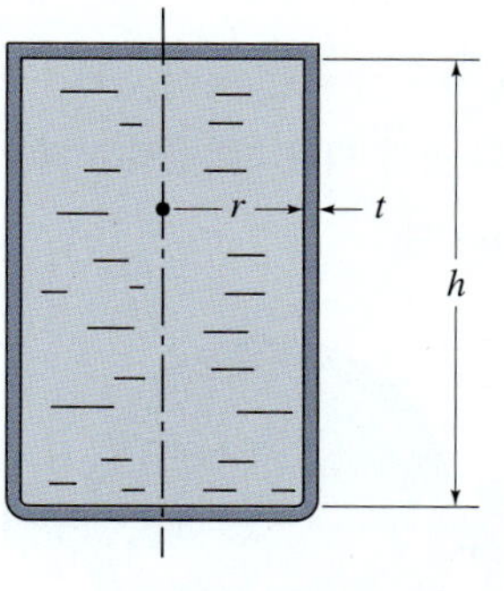

그림 P8.83

8.84 기체 압력 $p = 100$ kPa일 때 문제 8.83을 다시 풀어라.

8.85 직경이 3.6 ft이고 압력이 $p = 150$ psi를 받고 있는 원통형 압력용기의 두께를 결정하라.

조건 재료 강도 25 ksi

가정 안전계수 $n_s = 1.5$를 사용하라.

8.86 수심 h에서 가동하는 잠수함을 반경 r이고 두께 t인 구로 가정하였다(그림 P8.86). 그 내부는 압력 p인 공기로 채워졌다. 구의 재료는 강재이며 그 항복강도는 σ_y이다. 안전계수 n_s를 사용하여 구의 두께 t를 계산하라.

조건 $r = 2.5$ m, $p = 4$ MPa, $\sigma_y = 600$ MPa, $h = 1000$ m, $n_s = 2.5$

가정 물의 비중은 약 $\gamma = 10$ kN/m^{3}이다. 용기의 좌굴은 발생하지 않는다.

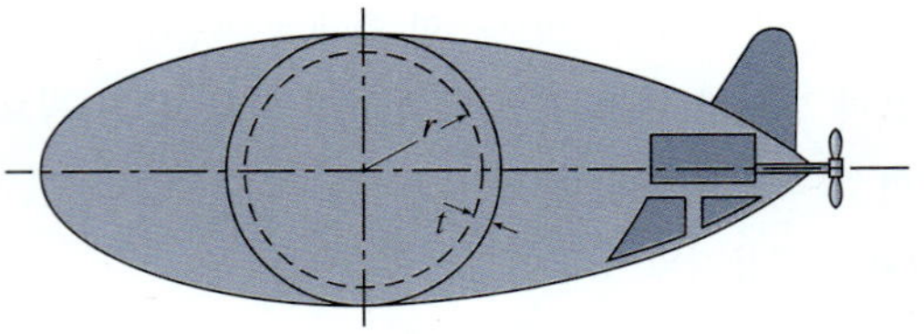

그림 P8.86

8.87 2개의 반구를 40개의 등간격 볼트를 사용하여 체결하여 내경이 1.6 m인 구형 압력용기를 제작하였다(그림 P8.87). 이 압력용기는 내부압력 600 kPa에서 가동하고 있다. 볼트의 직경 d와 용기의 두께 t를 계산하라.

조건 볼트와 용기 벽의 허용응력은 각각 100 MPa과 50 MPa이다.

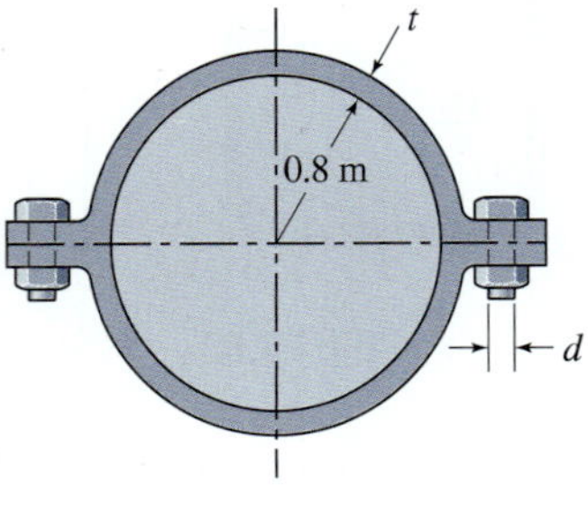

그림 P8.87

8.88 비중이 9.81 kN/m^{3}인 물을 터빈으로 운송하는 파이프가 120 m 앞에서 가동되고 있다. 이 파이프의 직경이 0.9 m이고 두께는 t이다. 재료의 강도가 100 MPa일 때 최소의 두께 t를 결정하라.

가정 안전계수 $n_s = 1.6$을 사용하라.

8.89 허용응력이 80 MPa일 때 문제 8.88을 다시 풀어라.

8.90 양쪽 끝단이 막힌 원통형 압력용기가 10 mm 두께의 판으로 제작되었으며 내부압력 $p = 6$ MPa을 받고 있다. 다음 값을 구하라.

(a) 최대전단응력이 30 MPa일 때 최대직경

(b) 최대인장응력 [단, (a)에서 구한 최대직경을 사용할 것]

8.91 얇은 판으로 제작되었으며 양쪽 끝단이 막힌 원통형 압력용기의 직경이 1.2 m이고 외부압력 1 MPa을 받고 있다. 다음 값을 계산하라.

(a) 최대허용전단응력이 20 MPa일 때 압력용기 벽의 두께 t

(b) 이때의 최대주응력

8.92 강재로 만든 원통형 압력용기의 측면 벽이 맞대기 용접선을 가지고 있다(그림 P8.92). 접합부위의 허용인장강도는 강재의 90%이다. 강재의 인장을 고려하여 용접선 각도 ϕ의 최댓값을 결정하라.

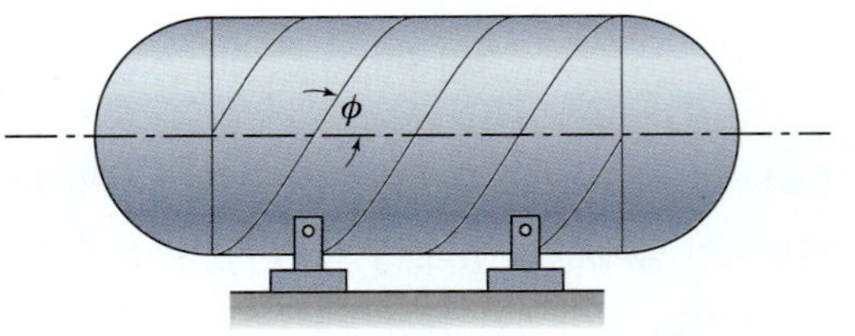

그림 P8.92

8.93 내경이 200 mm이고 벽 두께가 2 mm인 원통형 압력용기가 각도 $\phi = 60°$의 나선형 용접선을 가지고 있다(그림 P8.92). 용접부위의 허용인장응

력은 100 MPa이다. 내부압력 p의 최댓값과 그때 용접부위에서의 전단응력을 다음을 이용하여 구하라.

(a) 식 (8.4)

(b) 쐐기 모양의 응력요소에 평형방정식을 적용한 방법

(c) Mohr 원

8.94 내경이 d이고 벽의 두께가 t이며 양쪽 끝단이 막힌 원통형 압력용기가 가로축과 각도 ϕ를 이루는 나선형 용접선을 따라서 제작되었다(그림 P8.94). 압력용기는 내부압력 p를 받고 있다. 다음의 값들을 구하라.

(a) 접선방향과 축방향의 응력

(b) 평면 내 최대전단응력

(c) 절대최대전단응력

(d) 용접선에 수직하고 평행한 평면에 작용하는 수직응력 σ_w와 전단응력 τ_w. 그 결과를 적절하게 회전한 응력요소에 도시하라.

조건 $d=2r=4$ ft, $t=1/2$ in., $\phi=55°$, $p=500$ psi

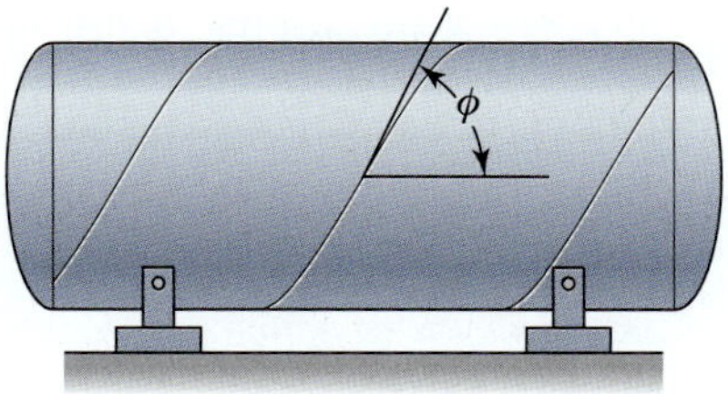

그림 P8.94

8.95 그림 P8.94의 문제 8.94를 $d=2r=1.2$ m, $t=12$ mm, $\phi=40°$, $p=2$ MPa을 사용하여 다시 풀어라.

8.96 내경이 d이고 두께가 t인 강재 보일러가 축과 각도 ϕ를 이루는 나선형 용접선을 따라서 용접되었다(그림 P8.94). 보일러의 내부압력은 p이다. 다음 값을 계산하라.

(a) 용접선과 수직한 수직응력 σ_w와 용접선과 평행한 전단응력 τ_w. 그 결과를 적절하게 회전한 응력요소에 도시하라.

(b) 보일러의 절대최대전단응력

조건 $d=2r=1.5$ m, $t=15$ mm, $\phi=60°$, $p=800$ kPa

8.97 그림 P8.97에 나타낸 것처럼 내경 d, 벽 두께 t인 원통형 탱크를 축과 각도 ϕ를 갖는 나선형 용접선을 따라서 맞대기 용접으로 제작하였다. 용접부위의 허용수직응력은 σ_w이다. Mohr 원을 사용하여 탱크에 가할 수 있는 최대의 내부압력 p를 구하라.

조건 $d=2r=1.6$ ft, $t=3$ in., $\phi=55°$, $\sigma_w=10$ ksi

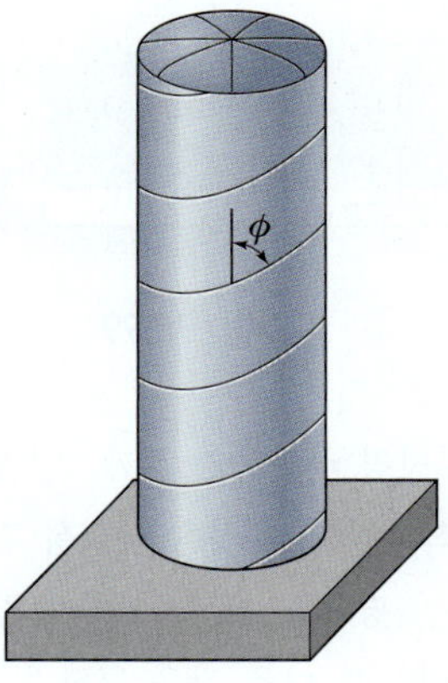

그림 P8.97

***8.98** 두께가 t인 강철판을 축과 각도 ϕ를 갖는 나선형 용접선을 따라서 접합하여 내경 d인 원통형 탱크를 제작하였다(그림 P8.97). Mohr 원을 사용하여 용접선과 평행한 전단응력 τ_w를 발생시키는 내부압력 p를 구하라.

조건 $d=2r=600$ mm, $t=10$ mm, $\phi=70°$, $\tau_w=40$ MPa

8.99 두께가 t_c인 강재판을 측면과 각도 ϕ를 갖는 나선형을 따라서 용접하여 내경이 d인 원통형 압

력용기를 제작하였다(그림 P8.99). 좌우 끝단은 반구의 형상을 가지며 그 벽의 두께는 균일하며 그 값은 t_s이다. 최대내부압력은 p이다. 다음의 값을 구하라.

(a) 끝단의 반구 형상에서 수직응력과 절대최대전단응력

(b) 원통 부위에서 수직응력과 절대최대전단응력

(c) 용접선과 수직하고 평행한 평면에서 작용하는 수직응력 σ_w와 전단응력 τ_w. 그 결과를 적절하게 회전한 응력요소에 도시하라.

조건 $d = 2r = 2.4$ m, $t_c = 15$ mm, $t_s = 10$ mm, $\phi = 30°$, $p = 1.4$ MPa

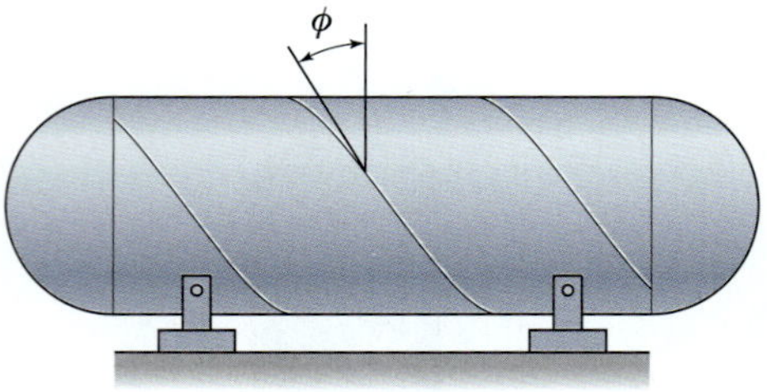

그림 P8.99

8.100 내부반경 r과 용기 두께 t인 압력용기를 용접하여 제작하였다. 용접은 나선형 각도 ϕ를 가지며 양쪽에는 평판을 부착하였다(그림 P8.100). 내부압력이 p일 때 다음 값을 구하라.

(a) 용접선에 수직한 수직응력 σ_w

(b) 용접선에 평행한 전단응력 τ_w

조건 $r = 4$ ft, $t = \dfrac{1}{2}$ in., $\phi = 38°$, $p = 200$ psi

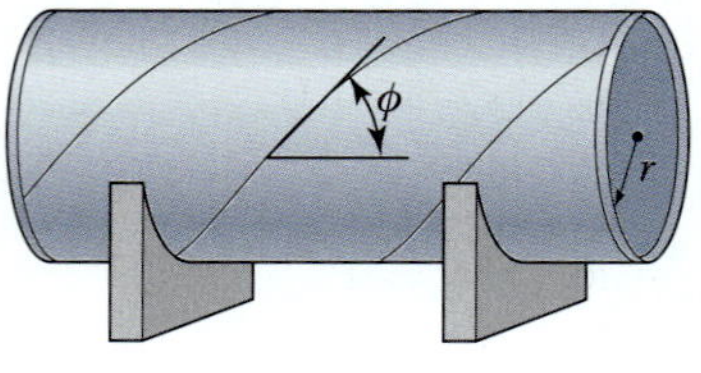

그림 P8.100

8.101 내부반경이 a이고 외부반경이 b인 두께가 두껍고 양쪽 끝단이 막힌 원통형 압력용기가 내부압력 p_i를 받고 있다(그림 P8.101). 원통은 허용인장응력 σ_{all}과 허용전단응력 τ_{all}인 재료로 제작되었다. 허용 가능한 내부압력 p_i의 값을 구하라.

조건 $a = 0.8$ m, $b = 1.2$ m, $\sigma_{all} = 100$ MPa, $\tau_{all} = 60$ MPa

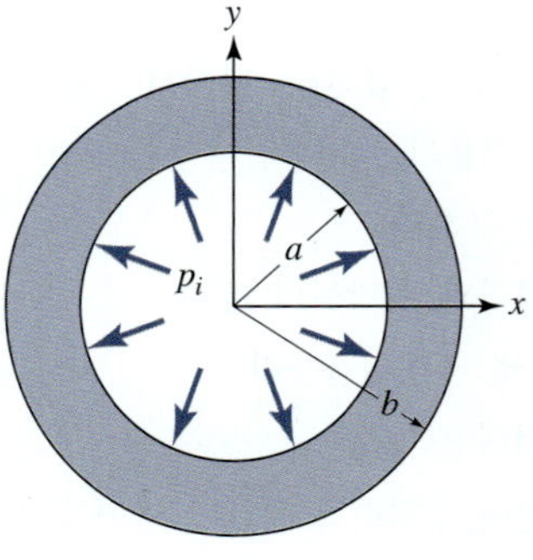

그림 P8.101

8.102 내부반경 a를 가지며 두께가 두꺼운 강철 원통형 압력용기가 내부압력 p_i를 받고 있다(그림 P8.101). 재료의 인장과 압축강도는 동일하며 그 값은 σ_{all}이다. 안전계수는 n_s이다. 용기의 벽 두께를 계산하라.

조건 $a = 3$ ft, $p_i = 2$ ksi, $\sigma_{all} = 40$ ksi, $n_s = 1.5$

8.103 내부반경 a와 외부반경 b인 두꺼운 원통형 탱크를 ASTM A-48 주철(표 B.4)로 제작하였다. 이 재료의 인장극한강도는 σ_u, 탄성계수는 E, 푸아송비는 ν이다. 그림 P8.101처럼 이 탱크가 내부압력 p_i를 받고 있다면 탱크의 반경방향 변위의 최댓값을 계산하라.

조건 $a = 0.5$ m, $b = 1$ m, $p_i = 10$ MPa, $\sigma_u = 17$ MPa, $E = 70$ GPa, $\nu = 0.3$

***8.104** 내부반경 a와 외부반경 b인 두꺼운 원통형 파이프가 내부압력 p_i를 받고 있다(그림 P8.101).

다음 값을 구하라.

(a) 내부압력이 최대 접선방향 응력의 반일 때 $\left(p_i = \frac{1}{2}(\sigma_t)_{\max}\right)$, 파이프의 벽 두께와 내부반경의 비

(b) $a=2$ ft, $p_i=1.2$ ksi, $E=30\times10^6$ ksi, $\nu=0.3$일 때 파이프의 내부반경의 증가량

8.105 그림 P8.101에 보인 것처럼 내부반경이 a이고 외부반경이 b인 두꺼운 원통이 내부압력 p_i를 받고 있다. 다음 값을 결정하라.

(a) 원통의 접선방향 응력과 반경방향 응력의 최댓값

(b) 원통의 접선방향 응력과 반경방향 응력의 최솟값

(c) 원통의 축방향 응력과 최대전단응력

조건 $a=25$ mm, $b=75$ mm, $p_i=35$ MPa

*8.10 평면변형률

3.4절에서 논의되었던 것처럼 2차원변형률 또는 평면변형률의 경우에 각각의 점들은 하중의 작용 이후에도 그 평면(주로 xy평면으로 표기) 내에 그대로 남아 있게 된다. 따라서 **평면변형률**은 다음 조건식으로 정의된다.

$$\varepsilon_z = \gamma_{xz} = \gamma_{yz} = 0 \qquad \text{(a)}$$

그 외 다음의 변형률들은 0이 아닌 값을 가질 수 있다(그림 8.30).

$$\varepsilon_x \qquad \varepsilon_y \qquad \gamma_{xy} \qquad \text{(b)}$$

따라서 σ_x, σ_y, τ_{xy}는 0이 아닌 값을 가질 수 있다. 또한 일반화된 훅의 법칙으로부터 $\sigma_z = -\nu(\sigma_x + \sigma_y)$와 $\tau_{xz} = \tau_{yz} = 0$이 된다.

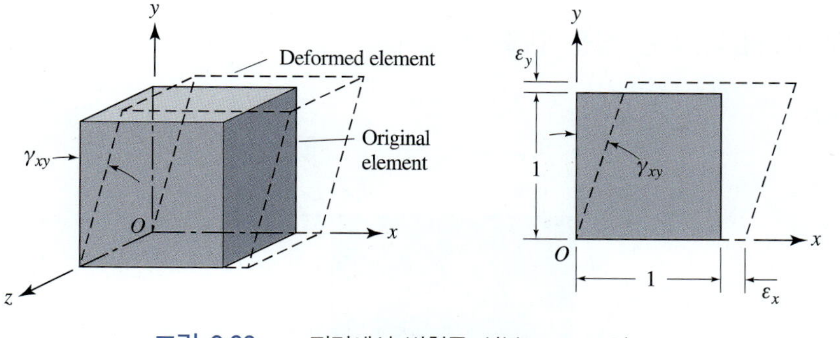

그림 8.30 xy평면에서 변형률 성분 ε_x, ε_y 및 γ_{xy}

횡방향하중을 받는 구조 부재(예를 들면 압력을 받고 있으며 양쪽 끝단이 막힌 두꺼운 원통)에서 발생하는 변형률은 본질적으로 평면변형률 분포의 보기이다. 2개의 서로 직교하는 평면에서 응력성분이 주어지면 그 점에서 응력상태를 결정할 수 있음을 8.2절에서 확인하였다. 동일한 방법이 변형률상태에도 적용된다.

평면변형률의 변환

가로와 세로가 각각 dx와 dy이고 단위 두께를 가지며 선형적으로 변형된 요소의 두 점 A와 D의 변위를 고려해보자[그림 3.7(b)]. 점 A의 x와 y방향 변위는 각각 u와 v이다. 점 C의 x와 y방향 변위는 각각 $u+du$와 $v+dv$이다. 변위의 변화는 다음 식으로 표현된다.

$$du = \frac{\partial u}{\partial x}dx + \frac{\partial u}{\partial y}dy \qquad dv = \frac{\partial v}{\partial x}dx + \frac{\partial v}{\partial y}dy \tag{c}$$

대각선 AC의 변형을 그림 8.31에 보였다. 점 A가 A'과 일치하도록 변형된 요소 $A'B'C'D'$의 위치를 옮겨서 나타낸 그림이다. 여기서 $CF = du$와 $C'F = dv$는 변위의 성분이며 α는 AC'과 AC 사이의 작은 각도이다. α의 크기가 작기 때문에, 다음의 유도과정에서는 $\cos\alpha = 1$, $\sin\alpha = \tan\alpha = \alpha$의 근사식을 이용하였다.

수직변형률. $x'y'$좌표축의 위치를 그림 8.31에서처럼 설정한다면, 이들 좌표축에서 변형률의 성분들은 $\varepsilon_{x'}$, $\varepsilon_{y'}$, $\gamma_{x'y'}$이다. 이제 다음의 관계식을 고려하도록 한다.

$$EC'\cos\alpha = EC' = du\cos\theta + dv\sin\theta \tag{d}$$

정의에 의하여 수직변형률은 $\varepsilon_{x'} = EC'/ds$이며, 여기서 ds는 대각선 AC의 초기 길이이다. 식 (d)를 식 (c)와 (3.4a)와 함께 적용하고, dx/ds를 $\cos\theta$로, 또한 dy/ds를 $\sin\theta$로 대체함으로써 다음과 같은 식을 얻을 수 있다.

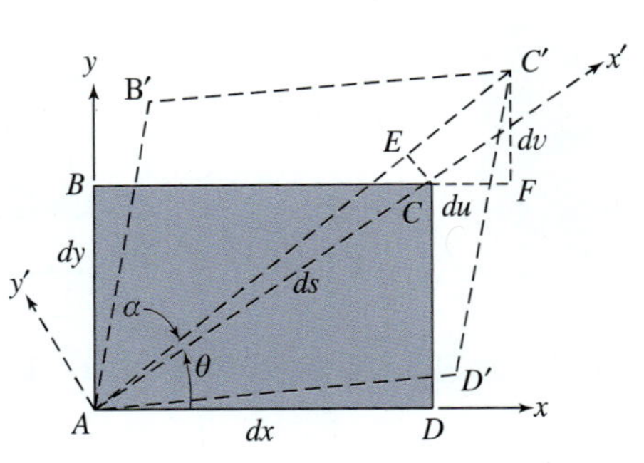

그림 8.31 평면변형률에서 요소의 변형

$$\varepsilon_{x'} = \varepsilon_x \cos^2\theta + \varepsilon_y \sin^2\theta + \gamma_{xy} \sin\theta\cos\theta \tag{8.34a}$$

위 식은 x'방향의 수직변형률이며 삼각함수의 배각공식을 사용하여 다음과 같이 정리할 수 있다.

$$\varepsilon_{x'} = \frac{\varepsilon_x + \varepsilon_y}{2} + \frac{\varepsilon_x - \varepsilon_y}{2}\cos 2\theta + \frac{\gamma_{xy}}{2}\sin 2\theta \tag{8.35a}$$

y'방향의 수직변형률은 위 식에서 θ를 $\theta + \pi/2$로 치환함으로써 다음과 같이 얻어진다.

$$\varepsilon_{y'} = \frac{\varepsilon_x + \varepsilon_y}{2} - \frac{\varepsilon_x - \varepsilon_y}{2}\cos 2\theta - \frac{\gamma_{xy}}{2}\sin 2\theta \tag{8.35b}$$

전단변형률. 원래 직각을 이루고 있던 두 직선 x'와 y' 사이의 각도에서의 감소량으로 정의되는 전단변형률 $\gamma_{x'y'}$을 고려해보자(그림 8.32). 그림 8.32로부터 $\gamma_{x'y'} = \alpha + \beta$이다. x'방향과 관련된 회전각 α는 다음과 같이 결정될 수 있다. 그림 8.31을 참조하여 다음의 식을 얻을 수 있다.

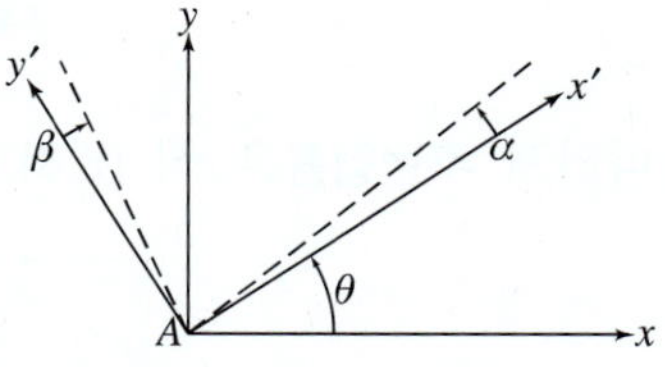

그림 8.32 $x'y'$ 좌표계에서의 전단변형률 $\gamma_{x'y'} = \alpha + \beta$

$$\tan\alpha = CE/ds \quad (\text{여기서 } CE = dv\cos\theta - du\sin\theta - EC'\sin\alpha)$$

그러나 변형률과 각도의 크기가 매우 작기 때문에 $EC'\sin\alpha = \varepsilon_{x'}ds\alpha = 0$이 된다. 식 (c)와 (3.4a)를 CE에 대입하면, $\alpha = CE/ds$는 다음과 같이 정리된다.

$$\alpha = -(\varepsilon_x - \varepsilon_y)\sin\theta\cos\theta + \frac{\partial v}{\partial x}\cos^2\theta - \frac{\partial u}{\partial y}\sin^2\theta \tag{e}$$

y'방향과 관련된 회전각 β는 식 (e)에서 θ 대신에 $\theta + \pi/2$를 대입하여 얻을 수 있다. 따라서 다음과 같은 결과를 얻는다.

$$\beta = -(\varepsilon_x - \varepsilon_y)\sin\theta\cos\theta + \frac{\partial v}{\partial x}\sin^2\theta - \frac{\partial u}{\partial y}\cos^2\theta$$

전단변형률 $\gamma_{x'y'}$은 회전각 α와 β 사이의 차이와 같다. 식 (3.4a)를 이용하여 다음과 같은 식을 얻을 수 있다.

$$\gamma_{x'y'} = -2(\varepsilon_x - \varepsilon_y)\sin\theta\cos\theta + \gamma_{xy}(\cos^2\theta - \sin^2\theta) \tag{8.34b}$$

삼각함수의 배각공식을 사용하여 식 (8.34b)를 다음과 같이 정리할 수 있다.

$$\gamma_{x'y'} = -(\varepsilon_x - \varepsilon_y)\sin 2\theta + \gamma_{xy}\cos 2\theta \tag{8.35c}$$

식 (8.35)는 **평면변형률 성분의 변환방정식**을 나타낸다.

주변형률과 최대전단변형률

식 (8.4)와 (8.35)를 비교하면 이들이 동일한 형태를 가지고 있음을 알 수 있다. 응력의 변환방정식에 들어가는 두 가지를 다음과 같이 변경하면 응력의 변환방정식은 변형률의 변환방정식으로 변경된다.

σ를 ε으로 변경, τ를 $\gamma/2$로 변경

따라서 **주변형률**은 식 (8.8)로부터 얻어질 수 있다.

$$\varepsilon_{1,2} = \frac{\varepsilon_x + \varepsilon_y}{2} \pm \sqrt{\left(\frac{\varepsilon_x - \varepsilon_y}{2}\right)^2 + \left(\frac{\gamma_{xy}}{2}\right)^2} \tag{8.36}$$

주변형률의 방향은 다음과 같이 얻을 수 있다.

$$\tan 2\theta_p = \frac{\gamma_{xy}}{\varepsilon_x - \varepsilon_y} \tag{8.37}$$

주평면에서는 전단변형률의 값은 0이 된다. **최대전단변형률**은 주평면을 45° 회전한 평면에서 얻어지고, 다음과 같이 표현된다.

$$\gamma_{\max} = \pm 2\sqrt{\left(\frac{\varepsilon_x - \varepsilon_y}{2}\right)^2 + \left(\frac{\gamma_{xy}}{2}\right)^2} \tag{8.38}$$

최대전단변형률의 평면에서는, 수직변형률은 $\varepsilon' = (\varepsilon_x + \varepsilon_y)/2 = (\varepsilon_1 + \varepsilon_2)/2$이다. 3차원의 경우 **절대최대전단변형률**(true or absolute maximum shearing strain)은 식 (8.12)로부터 얻어질 수 있다.

$$(\gamma_{\max})_a = \varepsilon_1 - \varepsilon_3 \tag{8.39}$$

여기서 ε_1과 ε_3는 각각 대수학적으로 최대 및 최소주변형률이다.

x, y, z축이 주응력 방향일 때, $\tau_{xy} = \tau_{yz} = \tau_{xz} = 0$이며 전단변형률에 대한 식 (3.17)로부터 $\gamma_{xy} = \gamma_{yz} = \gamma_{xz} = 0$이 된다는 것을 주의 깊게 살펴보자. 이는 x, y, z축들은 주변형률의 방향도 된다는 뜻이다. 따라서 등방성 재료의 경우에 주응력의 축들과 주변형률의 축들은 일치한다. 따라서 주어진 응력상태에 대응하는 주응력 축을 결정하기 위해서 응력에 대한 식 (8.6)이나 변형률에 대한 식 (8.37) 중의 하나를 이용할 수 있다.

8.11 평면변형률상태에서의 Mohr 원

평면변형률의 변환방정식이 평면응력의 변환방정식과 유사하기 때문에 Mohr 원은 평면변형률의 해석의 경우로 확장되어 사용될 수 있다. Mohr 원을 사용할 경우에는 요소의 회전방향에 따라서 변형률이 어떻게 변화하는지를 기하학적으로 잘 확인할 수 있는 장점이 있다. Mohr 원을 사용하면 경사진 요소에서의 변형률, 주변형률 및 최대전단변형률 등을 쉽게 찾을 수 있다.

그림 8.33과 8.10을 비교해보면 평면변형률에서의 Mohr 원은 **평면응력에서의 Mohr 원과 동일한 방법**으로 만들 수 있음이 명백하다. **수직변형률** ε은 수평축에 표시되고 **전단변형률**을 2로 나눈 $\gamma/2$는 수직축에 표시된다. 다른 일반적인 경우와 마찬가지로 양의 축은 위쪽과 우측으로 정의된다.

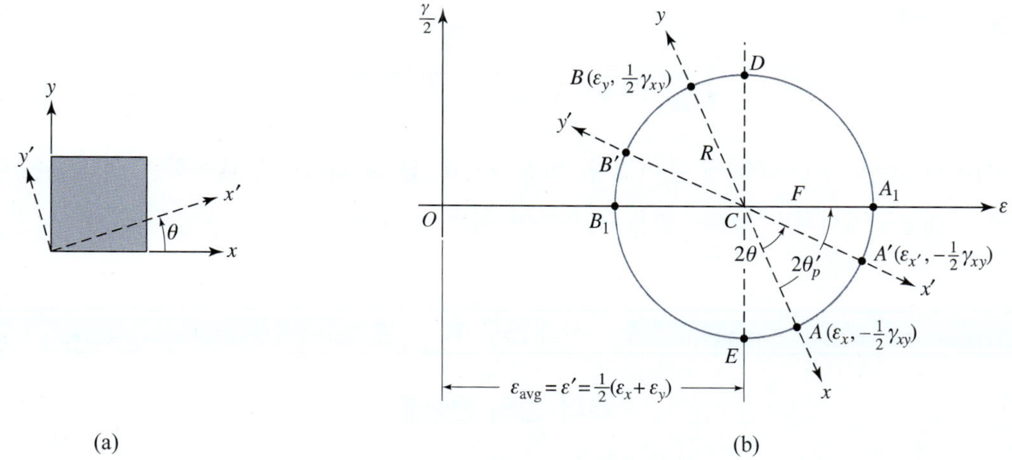

그림 8.33 변형률의 Mohr 원

Mohr 원을 작도하거나 Mohr 원으로부터 값을 읽는 데 사용되는 **전단변형률에 대한 부호규약**은 8.5절에서 사용되는 전단응력에 대한 부호규약과 일치한다. 즉 전단변형률이 양의 부호일 때 x축을 나타내는 점 A는 ε축 아래로 $\frac{\gamma}{2}$만큼 떨어진 곳에 표시된다. 마찬가지로 전단변형률이 음의 부호일 때 y축을 나타내는 점 B는 ε축 위로 $\frac{\gamma}{2}$만큼 떨어진 곳에 표시된다.

각도 θ만큼 기울어진 축과 관련된 변형률은 원에서 점 A'에 의하여 정의된다. 이는 반경 CA로부터 반시계방향으로 2θ각도만큼 회전하여 얻어진다. 직경 AB를 그리면, 평면변형률에 대한 Mohr 원의 중심 C의 위치를 정의할 수 있다. 점 C의 가로좌표와 원의 반경 R은 각각 다음과 같다.

$$\varepsilon_{\text{avg}} = \varepsilon' = \frac{\varepsilon_x + \varepsilon_y}{2} \qquad R = \sqrt{\left(\frac{\varepsilon_x - \varepsilon_y}{2}\right)^2 + \left(\frac{\gamma_{xy}}{2}\right)^2} \tag{8.40a, b}$$

Mohr 원이 가로축과 만나는 점 A_1과 B_1은 그림 8.33(b)에 묘사된 것처럼 **주변형률** ε_1과 ε_2에 해당되며 이들 값은 다음과 같다.

$$\varepsilon_1 = \varepsilon_{\text{avg}} + R \qquad \varepsilon_2 = \varepsilon_{\text{avg}} - R \tag{8.41a, b}$$

주변형률 ε_1이 존재하는 평면의 방향은 각도 $2\theta p'$는 삼각함수를 사용하여 Mohr 원으로부터 구할 수 있다. 다른 주변형률 ε_2에 대응하는 각도 $2\theta_p''$는 $2\theta_p'$보다 180° 더 크다.

평면 내 **최대전단변형률**은 Mohr 원에서 점 D와 E에 의하여 정의된다. 따라서 그 값은 다음과 같다.

$$\gamma_{\max} = 2R = \sqrt{(\varepsilon_x - \varepsilon_y)^2 + \gamma_{xy}^2} \tag{8.42}$$

위 식에서 R은 식 (8.40b)에 주어졌다. 마찬가지로 점 A'과 B'에 대응하는 물리량은 다음의 사례연구에서처럼 Mohr 원을 사용하여 쉽게 구할 수 있다.

사례연구 1C

로더 암의 변형률

조건 로더 암의 한 특정함 점 Q에서[그림 8.34(a)], 재료가 다음과 같은 평면변형률을 받고 있다.

$$\varepsilon_x = 900\ \mu \qquad \varepsilon_y = -100\ \mu \qquad \gamma_{xy} = 600\ \mu$$

로더 암 AD의 해석과 응력은 **사례연구** 1A와 1B에서 각각 논의되었다.

문제 Mohr 원을 사용하여 주변형률과 최대전단변형률을 구하라. 또한 적절하게 회전한 변형된 요소에 그 결과를 도시하라.

풀이 Mohr 원을 그림 8.34(b)에 나타내었다. 점 C의 좌표값 $(\varepsilon_x + \varepsilon_y)/2 = 400\ \mu$를 수평축에, 그리고 점 A의 좌표값 $(\varepsilon_x - \gamma_{xy})/2 = (900\ \mu,\ -300\ \mu)$를 구하여 이 원을 작도할 수 있다.

주변형률은 점 A_1과 B_1에 의하여 표시된다. 따라서 이 그림을 참조하여 다음과 같이 주변형률을 구할 수 있다.

$$\varepsilon_{1,2} = 400 \pm \sqrt{\left(\frac{900+100}{2}\right)^2 + 300^2}$$

위 식으로부터 2개의 주변형률을 다음과 같이 정리하였다.

$$\varepsilon_1 = 983\ \mu \qquad \varepsilon_2 = -183\ \mu$$

$\varepsilon_x + \varepsilon_y = \varepsilon_1 + \varepsilon_2 = 800\ \mu$이므로 위 계산이 정확한지 검산할 수 있다. 주변형률 평면은 다

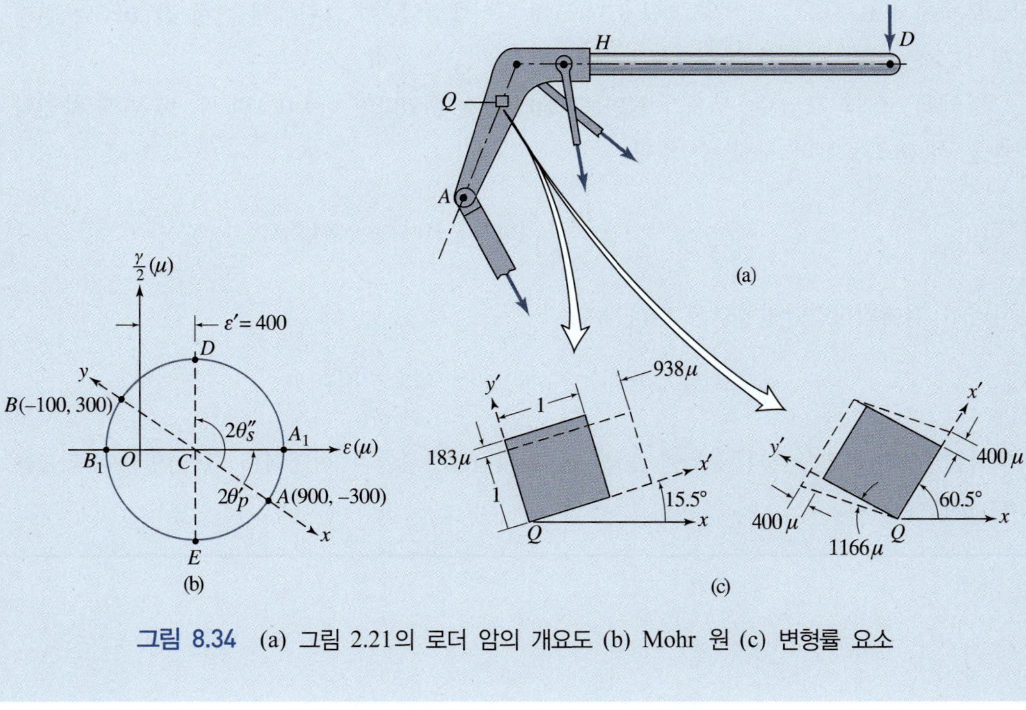

그림 8.34 (a) 그림 2.21의 로더 암의 개요도 (b) Mohr 원 (c) 변형률 요소

음 식으로 구할 수 있다.

$$2\theta_p{}' = \tan^{-1}\frac{300}{500} = 31^\circ \quad \text{그리고} \quad 2\theta_p{}'' = 31 + 180 = 211^\circ \quad \text{즉}$$

$$\theta_p{}' = 15.5^\circ \quad \text{그리고} \quad \theta_p{}'' = 105.5^\circ \tag{a}$$

Mohr 원으로부터 $\theta_p{}'$은 ε_1과 관련된 각도임을 알 수 있다. 이 결과는 θ_p의 두 값을 식 (8.35a)에 대입하여 확인할 수 있다.

최대전단변형률은 점 D와 E에 의하여 얻을 수 있다.

$$\gamma_{\max} = \pm 2\sqrt{\left(\frac{900+100}{2}\right)^2 + 300^2} = \pm 1166\,\mu$$

다른 방법으로 $\gamma = \varepsilon_1 - \varepsilon_2 = 983 + 183 = 1166\,\mu$로부터 최대전단변형률의 값을 구할 수 있다. Mohr 원으로부터 최대전단변형률의 축은 주변형률의 축과 45° 각도를 이루는 것을 관찰할 수 있다. 최대전단변형률 $\gamma_{\max}$의 축과 관련된 수직변형률의 값은 OC에 의하여 표현되며 그 값은 $\varepsilon' = 400\,\mu$이다. Mohr 원을 통하여 음의 최대전단변형률은 점 D에 의하여 표시되며 이 점은 ε선 위에 나타낸다. 따라서 $-\gamma_{\max}$는 $\theta_s{}'' = \theta_p{}' + 45^\circ = 60.5^\circ$만큼 회전한 요소에서 나타난다. $\theta_s{}''$과 주어진 데이터를 식 (8.35c)에 대입하면 동일한 결과를 얻을 수 있다.

문제에서 요구하는 그림을 그림 8.34(c)에 나타내었다. 이 그림에서 변형 전 요소와 변형 후 요소는 각각 실선과 파선으로 나타내었다.

만약에 고려되고 있는 부재가 **평면응력상태**에 놓여 있다면 $\nu = 0.3$일 때 세 번째 주변형률을 식 (8.2)로부터 구할 수 있다.

$$\varepsilon_z = \varepsilon_3 = -\frac{0.3}{1-0.3}(900-100) = -343\,\mu$$

따라서 절대최대전단변형률은 다음과 같다.

$$(\gamma_{\max})_a = \varepsilon_1 - \varepsilon_3 = 983 + 343 = 1326\,\mu$$

부가설명 이 평면응력의 경우에 평면 내 최대전단변형률과 절대최대전단변형률이 다름을 알 수 있다.

사례연구 1D

로더 암의 주응력

조건 **사례연구 1C**에 주어진 변형률상태를 다시 고려해보자. 재료 성질은 $E=200\text{ GPa}$, $\nu=0.3$이다.

문제 주응력 및 최대전단응력과 그들의 방향을 구하라.

풀이 **사례연구 1C**로부터 다음과 같은 값을 얻는다.

$$\varepsilon_1 = 983\ \mu \qquad \varepsilon_2 = -183\ \mu \qquad \gamma_{max} = 1166\ \mu \tag{b}$$

식 (3.16)의 처음 두 식과 식 (b)로부터 다음의 주응력을 구할 수 있다.

$$\sigma_1 = \frac{200\times 10^3}{1-0.09}[983+0.3(-183)] = 204\text{ MPa}$$

$$\sigma_2 = \frac{200\times 10^3}{1-0.09}[-183+0.3(983)] = 24.6\text{ MPa}$$

식 (3.16)의 마지막 식을 적용하여 다음과 같이 최대전단응력을 구할 수 있다.

$$\tau_{max} = \frac{200\times 10^3}{2(1+0.3)}(1166) = 89.7\text{ MPa}$$

식 (8.9)로부터 다음과 같은 값을 얻을 수 있다.

$$\sigma' = \frac{1}{2}(204+24.6) = 114.3\text{ MPa}$$

계산결과를 검증하기 위하여 $(\sigma_1-\sigma_2)/2$를 구하면 그 결과는 τ_{max}와 동일함을 확인할 수 있다.

부가설명 두 주응력 σ_1과 σ_2의 방향은 **사례연구 1C**의 식 (a)로부터 얻을 수 있으며 그 결과를 그림 8.35에 나타내었다.

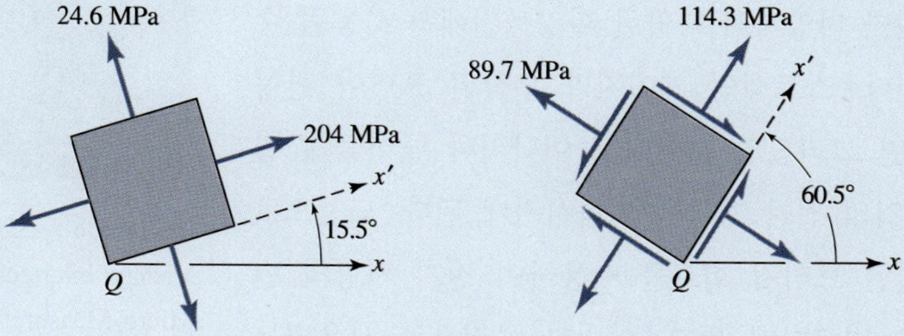

그림 8.35 로더 암의 점 Q에서의 응력상태

*8.12 변형률의 측정: 변형률 로제트

변형률의 변환방정식과 Mohr 원을 사용하면 스트레인 게이지를 사용한 측정결과를 쉽게 해석할 수 있게 된다. 그러나 실험적 응력 해석에 대한 이해를 제고하기 위해서는 이 분야의 기술적인 문헌을 참조하여야 한다. 구조 부재의 **자유 경계면**은 평면응력상태에 놓여 있게 되는데(참고문헌 8.6), 이때의 **수직변형률**을 측정하기 위해서 여러 가지 종류의 기계식, 전기식 또는 광학식 장치가 사용된다. 그 중에서 가장 많이 사용되고, 편리하며, 정확한 방법이 전기저항식 스트레인 게이지이다. 이 절에서는 가장 많이 사용되는 **전기저항식 스트레인 게이지**와 이들의 특수한 조합에 대하여 간략하게 논의하고자 한다.

면의 바깥을 향하는 법선을 z방향으로 잡으면 $\gamma_{xz} = \gamma_{yz} = 0$이 된다. 그러나 평면 바깥 방향의 탄성변형에 대해서는 아무런 구속이 없기 때문에, 평면 변형률 성분(ε_x, ε_y, γ_{xy})과 함께 평면에 수직한 변형률 성분(ε_z)이 존재한다. $\gamma_{xz} = \gamma_{yz} = 0$이므로, 이미 8.2절에서 언급한 것과 같이 변형률 ε_z는 주변형률의 하나이다. 이 평면 바깥 방향의 주변형률은 절대 최대전단변형률을 결정하는 데 중요하다(**사례연구 1C**와 예제 8.11).

스트레인 게이지

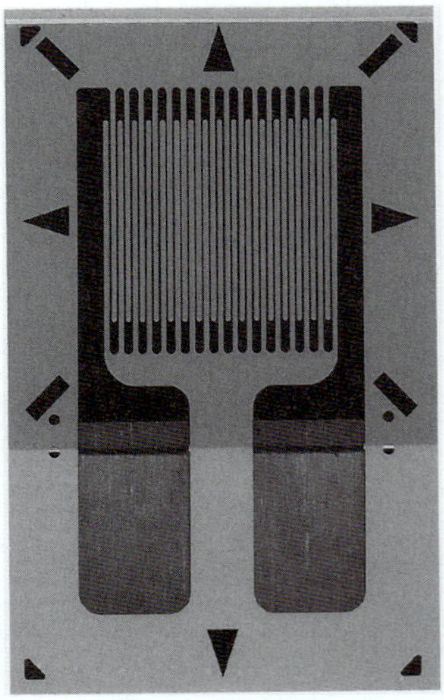

그림 8.36 스트레인 게이지. Vishay Intertechnology Inc.의 Micro-Measurements Division 제공.

전형적인 스트레인 게이지는 플라스틱 백킹이라고 불리는 두 장의 특수 처리된 종이 포일 사이에 접착된 가는 도선 또는 포일 필라멘트의 격자로 구성된다(그림 8.36). 스트레인 게이지가 접착되는 금속 표면으로부터 격자를 전기적으로 절연하기 위해 백킹이 사용된다. 일반적으로 0.03 mm 직경의 도선 또는 0.003 mm 폭의 포일 필라멘트가 사용된다. 스트레인 게이지의 표점거리(gage length)는 4~150 mm로 그 크기가 다양하며 다양한 환경조건에서 사용될 수 있도록 설계된다. 스트레인 게이지가 부착된 표면이 변형률을 받게 되면 그리드의 길이가 늘어나거나 줄어들게 된다. 이는 게이지의 전기 저항을 변화시키게 된다. 도선으로 게이지에 연결된 브리지 회로를 사용하여 전기 저항의 변화를 변형률로 변환하게 된다. 이러한 목적으로 사용되는 회로를 휘스톤 브리지라고 한다.

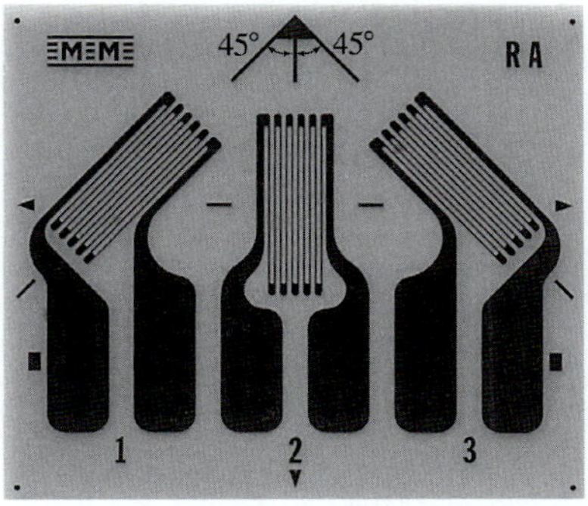

(a)

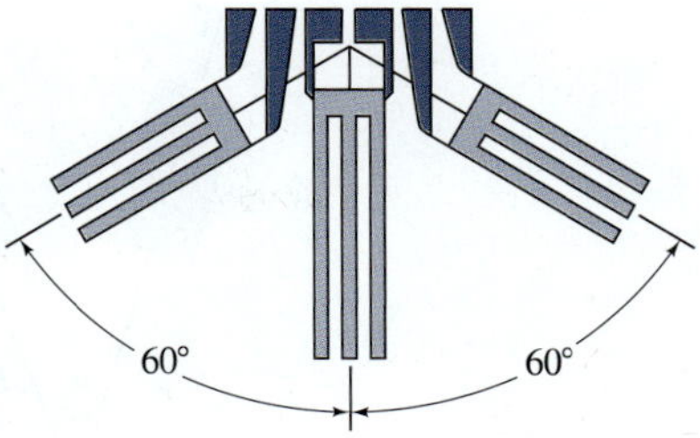

(b)

그림 8.37 로제트 스트레인 게이지 (a) 직사각형 로제트(Vishay Intertechnology Inc.의 Micro-Measurements Division 제공) (b) 델타 로제트

스트레인 로제트

한 점에서 평균 변형률상태 값을 구하기 위해서는 최소한 3개의 서로 다른 방향으로 변형률을 측정하여야 한다. 따라서 예전부터 3개의 스트레인 게이지를 모아서 **스트레인 로제트**를 만들어 이를 구조 부재의 표면에 부착하여 사용하여 왔다. 일반적으로 다음 두 가지 형태의 로제트가 사용된다(그림 8.37). 3개의 게이지가 서로 45°의 각도로 배열된 것을 **직사각형 로제트**라고 하며 서로 60°의 각도로 배열된 것을 **델타 로제트**라고 한다.

기준이 되는 x축으로부터 각각 θ_a, θ_b, θ_c 크기의 임의의 각도로 배열된 3개의 스트레인 게이지를 고려해보자(그림 8.38). 식 (8.34a)로부터 a, b, c 방향의 수직변형률은 다음과 같다.

$$
\begin{aligned}
\varepsilon_a &= \varepsilon_x \cos^2\theta_a + \varepsilon_y \sin^2\theta_a + \gamma_{xy} \sin\theta_a \cos\theta_a \\
\varepsilon_b &= \varepsilon_x \cos^2\theta_b + \varepsilon_y \sin^2\theta_b + \gamma_{xy} \sin\theta_b \cos\theta_b \\
\varepsilon_c &= \varepsilon_x \cos^2\theta_c + \varepsilon_y \sin^2\theta_c + \gamma_{xy} \sin\theta_c \cos\theta_c
\end{aligned}
\tag{8.43}
$$

명시된 각도 θ_a, θ_b, θ_c에 대하여 변형률 값 ε_a, ε_b, ε_c 값이 측정이 되면, 연립방정식 (8.43)을 풀어서 ε_x, ε_y, γ_{xy}의 값을 구할 수 있다. 종종 로제트의 팔(arm) 중 하나를 축과 일치하도록 잡는다. 예를 들어 팔 a를 x축과 일치하도록 잡았다고 하자. 결과적으로 a방향의 변형률은 $\varepsilon_x = \varepsilon_a$가 된다. 변형률 ε_y와 γ_{xy}는 각각 3개의 로제트 팔 a, b, c방향으로의 변형률인 ε_a, ε_b, ε_c로 표현된다. 다음의 예제들에서 이러한 내용들을 다룰 예정이다.

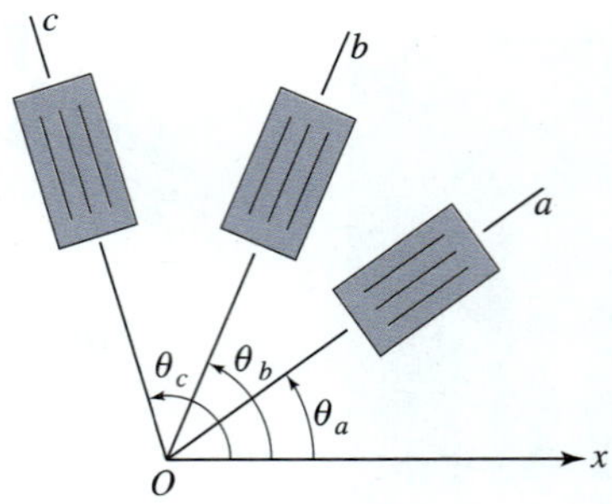

그림 8.38 스트레인 로제트의 개요도

사례연구 1E

로더 암에서 측정된 변형률

조건 그림 8.34(a)에 보인 로더 암을 **사례연구 1C**에서 논의하였다. 이 로더 암 표면에서의 한 점 Q에서, 45°로 배열된 로제트를 사용하여 측정된 수직변형률이 다음과 같다.

$$\varepsilon_a = 900\ \mu \qquad \varepsilon_b = 700\ \mu \qquad \varepsilon_c = -100\ \mu$$

이 값들은 각각 $\theta_a = 0°$, $\theta_b = 45°$, $\theta_c = 90°$에 대응한다(그림 8.39).

문제 변형률 성분 ε_x, ε_y, γ_{xy}를 구하라.

풀이 주어진 상황에서 식 (8.43)은 다음과 같이 정리된다.

$$\varepsilon_a = \varepsilon_x \qquad \varepsilon_c = \varepsilon_y \qquad \varepsilon_b = \frac{1}{2}(\varepsilon_x + \varepsilon_y + \gamma_{xy})$$

또는

$$\varepsilon_x = \varepsilon_a \qquad \varepsilon_y = \varepsilon_c \qquad \gamma_{xy} = 2\varepsilon_b - (\varepsilon_a + \varepsilon_c) \tag{8.44}$$

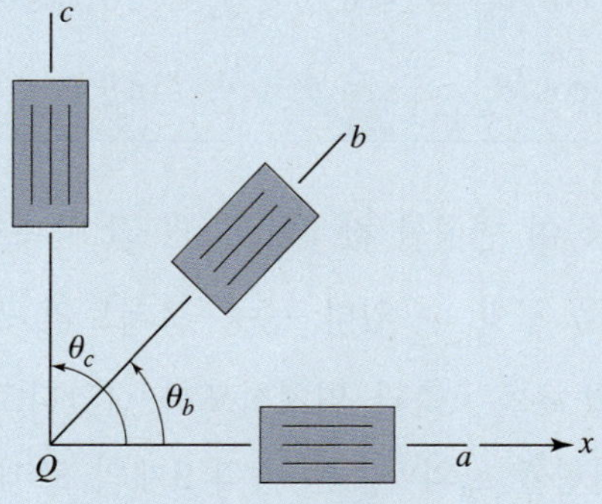

그림 8.39 직사각형 스트레인 로제트

수치들을 대입하면 $\varepsilon_x = 900\ \mu$, $\varepsilon_y = -100\ \mu$, $\gamma_{xy} = 600\ \mu$가 된다.

부가설명 주응력과 최대전단응력값은 **사례연구 1C**에서 구하였다.

예제 8.11 델타 로제트를 사용한 측정값으로부터 주변형률 구하기

조건 그림 8.40(b)에 나타낸 것과 같이 브래킷이 평면 바깥 방향의 편심하중을 받고 있다. 이 부재 표면의 한 점 A에서 60° 로제트를 사용하여 $\theta_a = 0°$, $\theta_b = 60°$, $\theta_c = 120°$에 해당하는 수직변형률 $\varepsilon_a = 70\ \mu$, $\varepsilon_b = 850\ \mu$, $\varepsilon_c = 250\ \mu$를 측정하였다[그림 8.40(a)].

문제

(a) 평면 내 주변형률과 평면 내 최대전단변형률을 구하라.

(b) 절대최대전단변형률을 구하라.

적절하게 회전한 변형된 요소에 (a)에서 얻은 결과를 도시하라.

풀이 이 경우에는 식 (8.43)을 다음과 같이 정리할 수 있다.

$$\varepsilon_a = \varepsilon_x$$

$$\varepsilon_b = \frac{1}{2}(\varepsilon_x + \varepsilon_y) - \frac{1}{4}(\varepsilon_x - \varepsilon_y) + \frac{\sqrt{3}}{4}\gamma_{xy}$$

$$\varepsilon_c = \frac{1}{2}(\varepsilon_x + \varepsilon_y) - \frac{1}{4}(\varepsilon_x - \varepsilon_y) - \frac{\sqrt{3}}{4}\gamma_{xy}$$

위 연립방정식을 풀면 다음 결과를 얻을 수 있다.

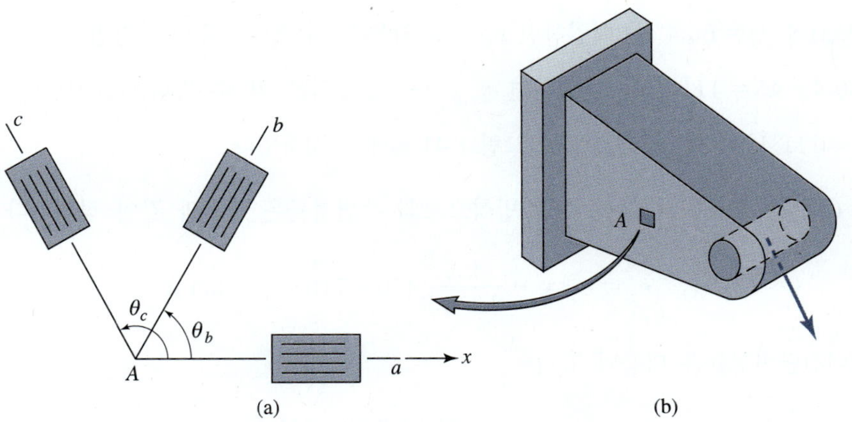

그림 8.40 브래킷 표면에 부착된 델타 로제트

$$
\begin{aligned}
\varepsilon_x &= \varepsilon_a \\
\varepsilon_y &= \frac{1}{3}[2(\varepsilon_b + \varepsilon_c) - \varepsilon_a] \\
\gamma_{xy} &= \frac{2}{\sqrt{3}}(\varepsilon_b - \varepsilon_c)
\end{aligned}
\tag{8.45}
$$

주어진 수치들을 위 식에 대입하여 유효숫자 세 자리까지 결과를 정리하면 $\varepsilon_x = 70\ \mu$, $\varepsilon_y = 710\ \mu$, $\gamma_{xy} = 693\ \mu$가 된다.

(a) 따라서 식 (8.36)과 (8.38)은 다음과 같다.

$$\varepsilon_{1,2} = \frac{70+710}{2} \pm \sqrt{\left(\frac{70-710}{2}\right)^2 + \left(\frac{693}{2}\right)^2}$$

$$\gamma_{\max} = \pm 2\sqrt{\left(\frac{70-710}{2}\right)^2 + \left(\frac{693}{2}\right)^2}$$

위 식을 정리하여 다음 결과를 얻는다.

$$\varepsilon_1 = 862\ \mu \qquad \varepsilon_2 = -82\ \mu \qquad \gamma_{\max} = \pm 943\ \mu$$

최대전단변형률 $\gamma_{\max}$에 대응하는 수직변형률은 다음과 같다.

$$\varepsilon' = \frac{1}{2}(70+710) = 390\ \mu$$

식 (8.37)로부터 주변형률 축의 방향은 다음과 같이 구할 수 있다.

$$2\theta_p = \tan^{-1}\frac{693}{70-710}, \qquad \text{즉} \qquad \theta_p = -23.6^\circ \ \text{그리고}\ 66.4^\circ$$

식 (8.35a)에 $\theta_p = 66.4^\circ$를 대입하면 $\varepsilon_{x'} \approx \varepsilon_1$임을 알 수 있다. 유사한 방법으로 식 (8.35c)에 $\theta_s = 66.4 + 45 = 111.4^\circ$를 대입하면 $\gamma_{x'y'} = -\gamma_{\max}$임을 알 수 있다. 따라서 $\theta_p' = 66.4^\circ$이고 $\theta_s'' = 111.4^\circ$이다. 이 결과들을 그림 8.41(a)에 도시하였다.

(b) 식 (8.2)를 사용하여 평면 바깥 방향으로의 주변형률은 다음과 같이 정리된다.

$$\varepsilon_z = \varepsilon_3 = -\frac{0.3}{1-0.3}(70+710) = -334\ \mu$$

절대최대전단변형률은 다음과 같다.

$$(\gamma_{\max})_a = 862 + 334 = 1196\ \mu$$

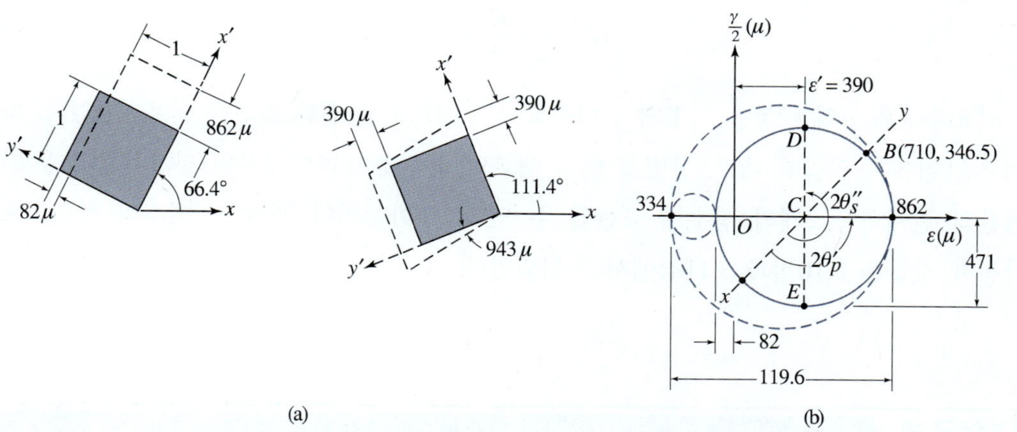

그림 8.41 (a) 평면변형률상태의 요소 (b) 변형률의 Mohr 원

부가설명 **사례연구** 1C에서 설명한 대로 평면변형률 성분을 사용하여 Mohr 원을 만들 수 있다. Mohr 원을 사용한 해법을 그림 8.41(b)에 나타내었다.

*8.13 E, ν, G 사이의 관계

탄성계수 E, 전단탄성계수 G, 푸아송비 ν 사이의 관계식 (3.18)을 유도해보자. 순수전단을 받고 있는 요소를 고려해보자. 이 경우에는 전단평면과 45°의 각도를 갖는 평면에서 $\sigma_1 = \tau_{\max}$, $\sigma_2 = -\tau_{\max}$ 임을 Mohr 원으로부터 알 수 있다[그림 8.11(b)].

식 (3.15)의 첫 번째 식을 사용하여 $\varepsilon_x = \varepsilon_1$, $\sigma_x = \sigma_1$, $\sigma_y = -\sigma_2$, $\tau_{xy} = 0$에 대하여 다음과 같은 결과를 얻을 수 있다.

$$\varepsilon_1 = \frac{\sigma_1}{E} - \nu\frac{\sigma_2}{E} = \frac{\tau_{\max}}{E}(1+\nu) \tag{a}$$

한편 순수전단변형률의 상태에 대하여 Mohr 원으로부터 ε_1은 $\gamma_{\max}/2$ 임을 알 수 있다(그림 8.33). 전단변형률과 전단응력과의 관계는 훅의 법칙으로부터 $\gamma_{\max} = \tau_{\max}/G$가 된다. 따라서 다음의 결과를 얻는다.

$$\varepsilon_1 = \frac{\tau_{\max}}{2G} \tag{b}$$

마지막으로 ε_1에 대한 표현인 식 (a)와 (b)를 일치시키면 다음 식을 얻을 수 있다.

$$G = \frac{E}{2(1+\nu)} \tag{3.18}$$

좌표축 x와 y의 방향을 어떻게 잡더라도 식 (3.18)과 동일한 결과를 얻을 수 있다. 따라서 3.11절에서 언급한 대로, 등방성 탄성 재료의 경우에 대하여 2차원 및 3차원의 응력-변형률의 관계식은 2개의 상수로 표현될 수 있다. 푸아송비와 체적탄성계수의 물리적으로 가능한 값들은 3.10절과 3.11절에서 논의되었다.

연습문제

8.10절~8.13절

8.106~8.110 구조물의 어떤 점들에서의 변형률상태가 다음 표에 주어졌다. 식 (8.35)를 이용하여 명시된 각도 θ만큼 회전한 좌표계 x'과 y'에서의 변형률상태를 구하라(그림 P8.106~P8.110).

문제	ε_x	ε_y	γ_{xy}	θ
8.106	$-400\ \mu$	$800\ \mu$	$1500\ \mu$	$30°$
8.107	$500\ \mu$	$1200\ \mu$	$-1000\ \mu$	$-45°$
8.108	$200\ \mu$	$410\ \mu$	$100\ \mu$	$40°$
8.109	$-300\ \mu$	$420\ \mu$	$200\ \mu$	$10°$
8.110	$-720\ \mu$	$-200\ \mu$	$240\ \mu$	$-30°$

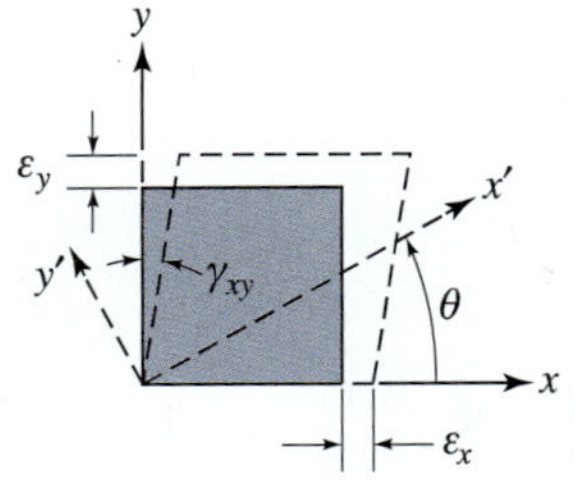

그림 P8.106~P8.110

8.111 Mohr 원을 이용하여 문제 8.106을 다시 풀어라.

8.112 Mohr 원을 이용하여 문제 8.107을 다시 풀어라.

8.113 Mohr 원을 이용하여 문제 8.108을 다시 풀어라.

8.114 Mohr 원을 이용하여 문제 8.109를 다시 풀어라.

8.115 Mohr 원을 이용하여 문제 8.110을 다시 풀어라.

8.116~8.120 얇은 강재 판의 한 점에서의 변형률상태가 다음의 표에 주어졌다. 다음 값을 계산하라.
(a) 평면 내의 주변형률과 평면 내의 최대전단변형률
(b) 절대최대전단변형률($\nu = 0.3$)
적절하게 회전한 요소에 (a)에서 얻은 결과를 도시하라.

문제	ε_x	ε_y	γ_{xy}
8.116	$400\ \mu$	$100\ \mu$	$200\ \mu$
8.117	$-900\ \mu$	$400\ \mu$	$-200\ \mu$
8.118	$-720\ \mu$	$0\ \mu$	$300\ \mu$
8.119	$200\ \mu$	$600\ \mu$	$600\ \mu$
8.120	$500\ \mu$	$-100\ \mu$	$150\ \mu$

8.121 탄성계수 E와 푸아송비 ν를 가진 크기 60×80 mm의 직사각형 알루미늄 판이 그림 P8.121에

서처럼 균일한 응력을 받고 있다. 다음 값을 구하라.

(a) 대각선 AC의 변형

(b) 대각선 BD의 변형

조건 $E=210$ GPa, $\nu=1/3$

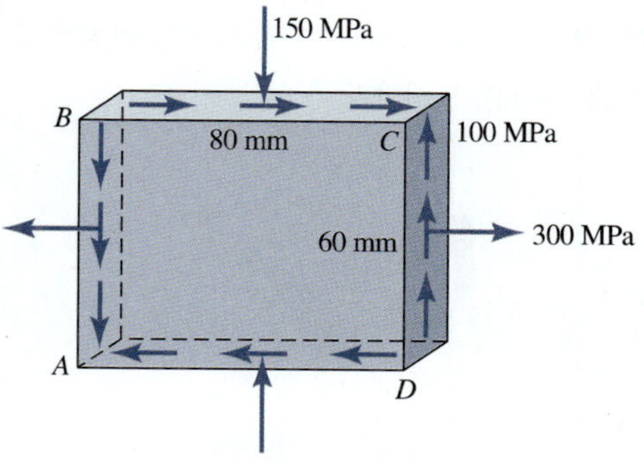

그림 P8.121

8.122 하중을 받는 프레임의 한 점에서의 요소에 다음과 같은 변형률이 발생하였다,

$$\varepsilon_x=600\ \mu,\quad \varepsilon_y=1000\ \mu,\quad \gamma_{xy}=-1400\ \mu$$

다음 값을 구하라.

(a) 주변형률

(b) 최대전단변형률

(c) 절대최대전단변형률

***8.123** 구조용 강재로 제작된 압력용기 표면의 한 점 A에서 x와 y축으로부터 각도 θ만큼 기울어진 x'과 y'방향으로 측정된 변형률이 $\varepsilon_{x'}$과 $\varepsilon_{y'}$이다(그림 P8.123). 다음 값을 계산하라.

(a) 변형률 성분 ε_x, ε_y, $\gamma_{x'y'}$

(b) 강재의 푸아송비 ν

조건 $\varepsilon_{x'}=250\ \mu$, $\varepsilon_{y'}=400\ \mu$, $\gamma_{xy}=0$, $\theta=35°$

가정 응력은 재료의 항복강도를 초과하지 않는다.

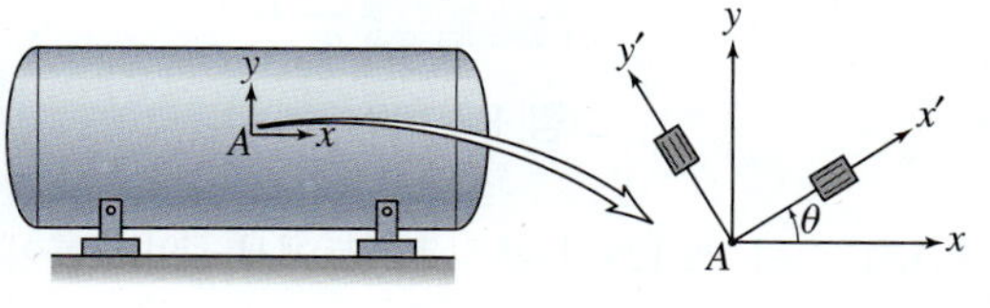

그림 P8.123

***8.124** 그림 P8.124에 나타낸 것처럼 반경이 r인 강철 축이 토크 T를 받고 있다. 점 A에 위치한 스트레인 게이지를 이용하여 축으로부터 각도 ϕ만큼 기울어진 방향으로 변형률 ε_ϕ를 측정하였다. 토크 T의 값은 얼마인가?

조건 $r=2$ in., $G=11.5\times10^6$ psi, $\varepsilon_\phi=500\ \mu$, $\phi=25°$

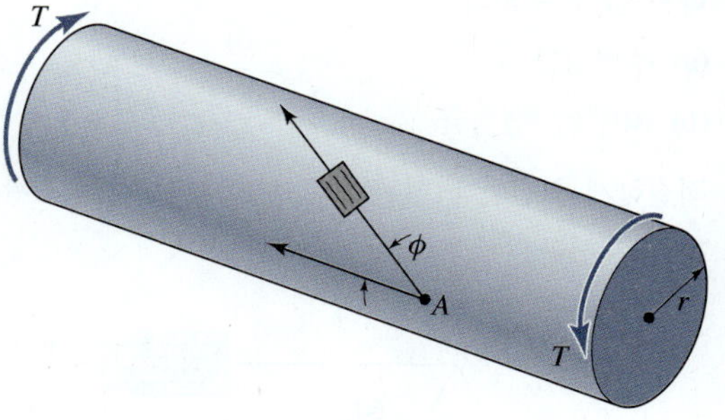

그림 P8.124

8.125 폭 a이고 두께 t인 금속 판이 균일한 축하중 P를 받고 있다(그림 P8.125). 점 A에 위치한 2개의 스트레인 게이지를 사용하여 판의 축으로부터 각각 30°와 60° 회전한 방향으로의 변형률 $\varepsilon_{x'}$과 $\varepsilon_{y'}$을 구하였다. 다음 값을 구하라.

(a) 수직변형률 ε_x와 ε_y

(b) 수직변형률 $\varepsilon_{x'}$과 $\varepsilon_{y'}$

(c) 전단변형률 $\gamma_{x'y'}$

가정 축방향의 하중에 대하여 $\gamma_{xy}=0$으로 가정하라.

조건 $a=50$ mm, $t=5$ mm, $E=210$ GPa, $\nu=0.3$, $P=20$ kN

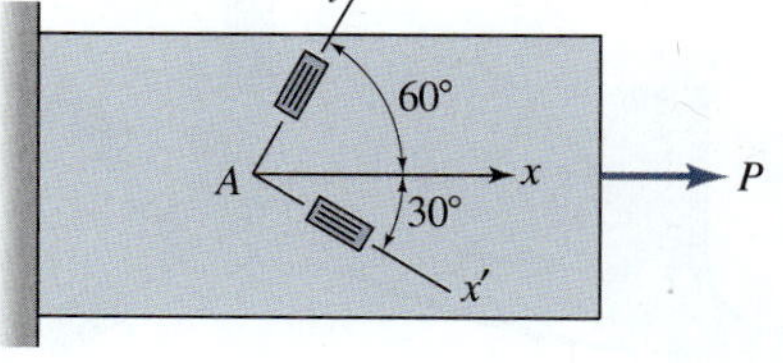

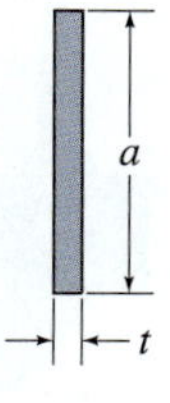

그림 P8.125

8.126 평면변형률에서 $\varepsilon_x + \varepsilon_y = \varepsilon_{x'} + \varepsilon_{y'} = \varepsilon_1 + \varepsilon_2$ 임을 보여라.

8.127 그림 P8.127의 60° 스트레인 로제트가 자동차 프레임의 표면에 부착되었다. 정적 시험을 통하여 다음과 같은 값이 측정되었다.

$$\varepsilon_a = 1110\ \mu, \quad \varepsilon_b = 420\ \mu, \quad \varepsilon_c = -240\ \mu$$

다음 값을 구하라.

(a) 주변형률

(b) 최대전단변형률

적절하게 회전한 변형된 요소에 (a)에서 얻은 결과를 도시하라.

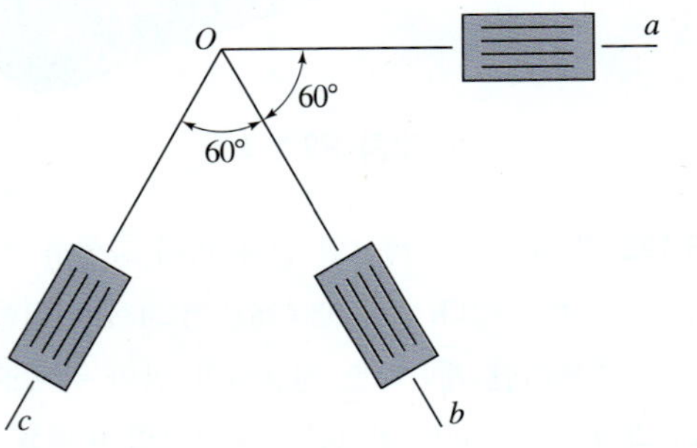

그림 P8.127

***8.128** 그림 P8.128의 하중을 받는 클램프 위의 한 점 A에서 60° 스트레인 로제트를 사용하여 측정한 결과가 다음과 같다.

$$\varepsilon_a = 920\ \mu, \quad \varepsilon_b = 360\ \mu, \quad \varepsilon_c = -80\ \mu$$

주변형률을 구하라. 적절하게 회전한 변형된 요소에 그 결과를 도시하라.

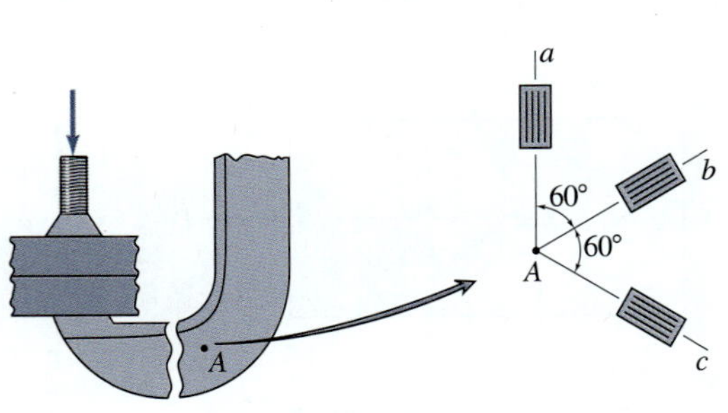

그림 P8.128

8.129 항공기 패널에 대한 정적 시험에서 45° 로제트로부터 자유경계면 위에서 다음과 같은 수직변형률을 측정하였다(그림 P8.129).

$$\varepsilon_a = -400\ \mu, \quad \varepsilon_b = -500\ \mu, \quad \varepsilon_c = 200\ \mu$$

주변형률을 구하라. 적절하게 회전한 변형된 요소에 그 결과를 도시하라.

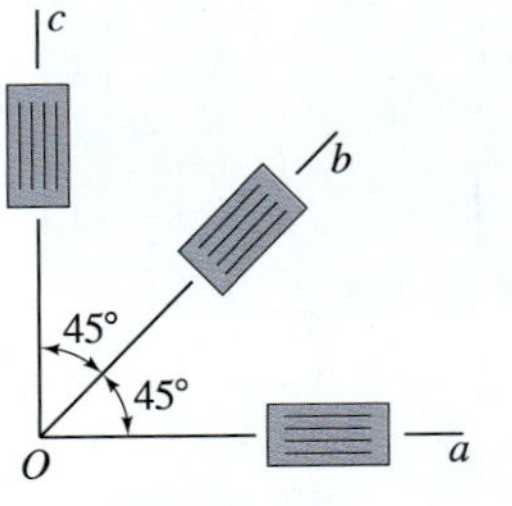

그림 P8.129

8.130 그림 P8.130에 보인 것처럼 하중을 받는 보의 표면의 한 점에서 60° 로제트를 사용하여 다음과 같은 변형률을 측정하였다.

$$\varepsilon_a = -200\ \mu, \quad \varepsilon_b = -350\ \mu, \quad \varepsilon_c = -500\ \mu$$

다음 값을 구하라.

(a) 평면 내에서의 최대전단변형률과 이때의 수직변형률

(b) 절대최대전단변형률. $\nu = 0.3$을 이용하라.

적절하게 회전한 변형된 요소에 (a)에서 얻은 결과를 도시하라.

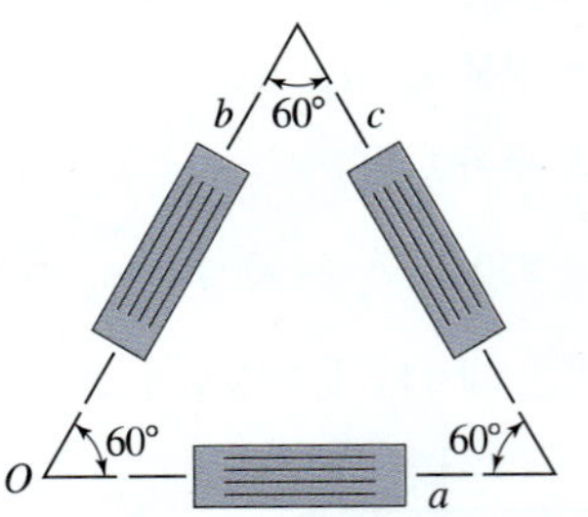

그림 P8.130

8.131 그림 P8.129의 45° 로제트에서 주변형률이 다음과 같이 표현됨을 증명하라.

$$\varepsilon_{1,2} = \frac{\varepsilon_a + \varepsilon_c}{2} \pm \frac{1}{2}[2\varepsilon_a(\varepsilon_a - 2\varepsilon_b) + 2\varepsilon_c(\varepsilon_c - 2\varepsilon_b) + 4\varepsilon_b^2]^{1/2} \quad \text{(P8.131)}$$

8.132 탄성계수 E와 푸아송비 ν를 갖는 강재 부재의 자유경계면의 한 점에서 60° 로제트를 사용하여 다음과 같은 변형률을 측정하였다(그림 P8.132).

$$\varepsilon_a = 1200\,\mu, \quad \varepsilon_b = -650\,\mu, \quad \varepsilon_c = 500\,\mu$$

다음 값을 구하라.

(a) 주변형률과 그 방향

(b) 주응력과 최대전단응력

적절하게 회전한 변형된 요소에 (b)에서 얻은 결과를 도시하라.

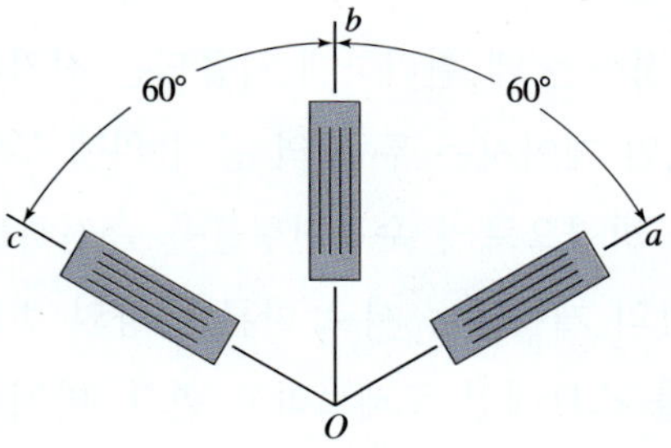

그림 P8.132

8.133 $\varepsilon_a = 400\,\mu$, $\varepsilon_b = 500\,\mu$, $\varepsilon_c = -700\,\mu$일 때 문제 8.132를 다시 풀어라.

8.134 하중을 받는 브래킷 표면의 한 점 A에서 $\theta_a = 0°$, $\theta_b = 120°$, $\theta_c = 240°$ 각도에서 측정한 변형률 값이 각각 다음과 같다(그림 P8.134).

$$\varepsilon_a = -200\,\mu, \quad \varepsilon_b = -500\,\mu, \quad \varepsilon_c = -900\,\mu$$

다음 값을 계산하라.

(a) 평면 내에서의 주변형률

(b) 평면 내에서의 최대전단변형률

적절하게 회전한 변형된 요소에 그 결과를 도시하라.

***8.135** 평면응력을 받고 있는 강재 브래킷의 자유경계면의 한 점에서 $\theta_a = 0°$, $\theta_b = 45°$, $\theta_c = 135°$ 각도에서 측정한 변형률 값이 각각 다음과 같다(그림 P8.134).

$$\varepsilon_a = 400\,\mu, \quad \varepsilon_b = 350\,\mu, \quad \varepsilon_c = 800\,\mu$$

다음 값을 계산하라.

(a) 평면 내에서의 최대전단변형률

(b) 절대최대전단변형률($\nu = 1/3$)

적절하게 회전한 변형된 요소에 (a)에서 얻은 결과를 도시하라.

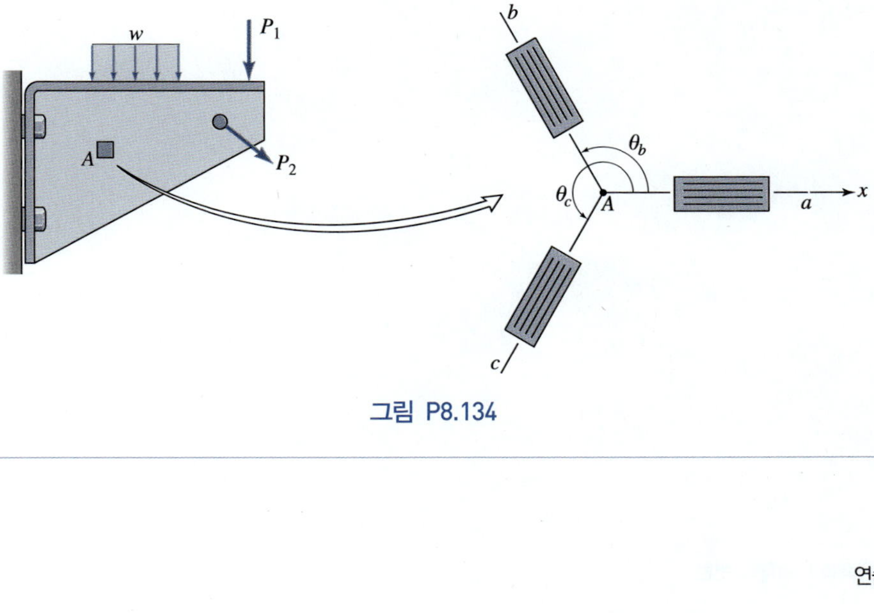

그림 P8.134

요약

이 장의 첫 부분은 한 좌표계에서 주어진 응력성분을 회전한 좌표계에서의 응력성분으로 변환하는 내용을 다루었다. 두께가 얇은 압력용기, 두께가 두꺼운 원통형 압력용기 및 복합재료 압력용기에 대한 응용을 다루었다. 부재 내에서의 한 점에서 다른 점으로 이동할 때의 응력의 변화에 대하여 간략하게 논의하였다. 이 장의 두 번째 부분에서는 응력의 변환과 비슷한 변형률의 변환에 대하여 논의하였다. 실제 공학 문제에서 많이 발생하는 평면응력과 평면응력 변환의 개념은 매우 중요하다고 할 수 있다.

주응력과 주변형률을 구하는 방정식을 유도하였다. 응력과 변형률의 변환 해석에서는, 기본적인 기하 개념을 이용하는 Mohr 원을 사용하여 동일한 결과를 얻을 수 있음을 확인하였다. 3차원 응력 변환 개념의 중요한 내용도 다루었다. 이들 중에는 좌표축 방향의 변화에 따른 응력성분의 변화와 3차원에서 주응력의 존재 등이 포함되어 있다. 재료가 평면 및 3차원 응력과 변형률상태에 놓여 있을 때, Mohr 원을 사용하여 절대최대전단응력과 절대최대전단변형률을 찾을 수 있었다.

기계 또는 구조물의 표면에서의 수직변형률을 측정하는 데 편리하게 사용되는 전기저항식 스트레인 게이지가 논의되었다. 전형적인 스트레인 게이지는 두 장의 종이 위에 부착된 얇은 도선으로 구성되어 있다. 각각의 게이지는 한 방향으로의 수직변형률을 측정하므로, 3개의 게이지를 조합하여 종종 사용한다. 이때 각각의 게이지는 서로 다른 방향의 변형률을 측정한다. 특정한 형태로 배열된 3개의 게이지를 스트레인 로제트라고 한다. 마지막으로 응력과 변형률의 변환방정식을 사용하여 탄성계수 E, 푸아송비 ν, 전단탄성계수 G 사이의 관계식이 유도되었다.

핵심 공식*

응력의 변환방정식	$\sigma_{x'} = \frac{1}{2}(\sigma_x + \sigma_y) + \frac{1}{2}(\sigma_x - \sigma_y)\cos 2\theta + \tau_{xy}\sin 2\theta$ $\tau_{x'y'} = -\frac{1}{2}(\sigma_x - \sigma_y)\sin 2\theta + \tau_{xy}\cos 2\theta$ $\sigma_{y'} = \frac{1}{2}(\sigma_x + \sigma_y) - \frac{1}{2}(\sigma_x - \sigma_y)\cos 2\theta - \tau_{xy}\sin 2\theta$	8.2절
주응력	$\sigma_{\max,\min} = \sigma_{1,2} = \frac{\sigma_x + \sigma_y}{2} \pm \sqrt{\left(\frac{\sigma_x - \sigma_y}{2}\right)^2 + \tau_{xy}^2}$	
주응력평면(주평면)	$\tan 2\theta_p = \frac{2\tau_{xy}}{\sigma_x - \sigma_y}$	8.3절
평균 수직응력	$\sigma_{\text{avg}} = \sigma' = \frac{\sigma_x + \sigma_y}{2}$	
최대전단응력	$\tau_{\max} = \pm\sqrt{\left(\frac{\sigma_x - \sigma_y}{2}\right)^2 + \tau_{xy}^2} = \frac{\sigma_1 - \sigma_2}{2}$	8.4절
최대전단응력평면	$\tan 2\theta_s = -\frac{\sigma_x - \sigma_y}{2\tau_{xy}}$	
응력에 대한 Mohr 원의 반경	$R = \sqrt{\left(\frac{\sigma_x - \sigma_y}{2}\right)^2 + \tau_{xy}^2}$	8.5절
절대최대전단응력	$(\tau_{\max})_a = (\tau_{13})_a = \frac{1}{2}(\sigma_1 - \sigma_3)$	8.6절
원통형 압력용기의 접선방향 응력	$\sigma_t = \frac{pr}{t}$	
원통형 압력용기의 축방향 응력	$\sigma_a = \frac{pr}{2t}$	8.8절
구형 압력용기의 접선방향 응력	$\sigma = \frac{pr}{2t}$	

변형률의 변환방정식	$\varepsilon_{x'} = \frac{\varepsilon_x + \varepsilon_y}{2} + \frac{\varepsilon_x - \varepsilon_y}{2}\cos 2\theta + \frac{\gamma_{xy}}{2}\sin 2\theta$ $\varepsilon_{y'} = \frac{\varepsilon_x + \varepsilon_y}{2} - \frac{\varepsilon_x - \varepsilon_y}{2}\cos 2\theta - \frac{\gamma_{xy}}{2}\sin 2\theta$ $\gamma_{x'y'} = -(\varepsilon_x - \varepsilon_y)\sin 2\theta + \gamma_{xy}\cos 2\theta$	
주변형률	$\varepsilon_{1,2} = \frac{\varepsilon_x + \varepsilon_y}{2} \pm \sqrt{\left(\frac{\varepsilon_x - \varepsilon_y}{2}\right)^2 + \left(\frac{\gamma_{xy}}{2}\right)^2} = \varepsilon_1 - \varepsilon_2$	8.10절
주변형률 평면	$\tan 2\theta_p = \frac{\gamma_{xy}}{\varepsilon_x - \varepsilon_y}$	
최대전단변형률	$\gamma_{\max} = \pm 2\sqrt{\left(\frac{\varepsilon_x - \varepsilon_y}{2}\right)^2 + \left(\frac{\gamma_{xy}}{2}\right)^2}$	
절대최대전단변형률	$(\gamma_{\max})_a = \varepsilon_1 - \varepsilon_3$	
변형률에 대한 Mohr 원의 반경	$R = \sqrt{\left(\frac{\varepsilon_x - \varepsilon_y}{2}\right)^2 + \left(\frac{\gamma_{xy}}{2}\right)^2}$	8.11절

*이 방정식의 유도와 올바른 사용에 관한 정보는 관련된 절을 참조하라.

참고문헌

8.1 A. C. Ugural and S. K. Fenster, *Advanced Strength and Applied Elasticity*, 4th ed., Prentice Hall, Upper Saddle River, NJ, 2003.

8.2 A. C. Ugural, *Stresses in Plates and Shells*, 2nd ed., McGraw-Hill, New York, 1999.

8.3 A. C. Ugural, *Mechanical Design: An Integrated Approach*, McGraw-Hill, New York, 2004.

8.4 J. H. Fauppel and F. E. Fisher, *Engineering Design*, 2nd ed., Wiley, Hoboken, NJ, 1986.

8.5 *Fiberglass-Reinforced Plastic Pressure Vessels*, Section X, ASME Boiler and Pressure Vessel Code, New York, ASME, 1992.

8.6 J. M. Dally and W. F. Riley, *Experimental Stress Analysis*, McGraw-Hill, New York, 1978.

조합하중과 파손조건

9장

▶ S. S. Schenectady, 배의 갑판에서 바닥까지 두 동강 난 선박(1943년 1월 16일, Oregon, Portland). 구조물과 기계의 부재는 동시에 작용되는 축하중, 토크와 굽힘 모멘트를 지탱할 필요가 자주 있다. 9.2절에서 9.6절까지에서는 조합하중을 받는 부품의 응력해석에 관해 설명한다. 파괴(그림에서의 탱크와 같은)와 항복에 의한 재료의 파손, 파손조건과 다양한 하중을 받는 부재에 대해 이 장의 나머지 절에서 설명한다. Ship Structure Committee, U.S. Government, Washington, DC 제공.

9.1 서론

기본적인 하중의 형태, 즉 축하중, 비틀림하중, 굽힘하중으로 인해 발생하는 응력과 변형을 결정하기 위한 이론적인 관계를 앞의 장들에서 다루었다. 이와 같은 **재료역학의 기본적인 이론식**들을 이용하면 어떤 부재의 단면에서 한 가지 하중으로 인해 발생하는 응력이나 변형을 구할 수 있다. 그러나 구조물이나 기계의 부품은 한 종류 이상의 하중을 동시에 받고 있는 경우가 많다. 예를 들어 비틀림을 받고 있는 축은 그의 자중 때문에 동시에 굽힘을 받을 수 있다. 이 장에서는 그러한 **복합하중**의 영향에 대해 다룬다. 표 9.1에서는 재료가 균일하고 탄성영역에 있는 전형적인 탄성 구조물의 한 단면에서 발생하는 응력의 기본적인 이론식들을 수록하고 있다.

표 9.1 널리 쓰이는 응력에 대한 이론식

1. 단면이 일정한 선형탄성 재료의 봉

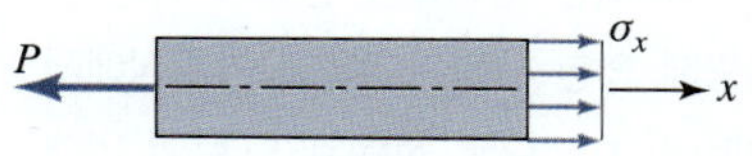

축하중: $\sigma_x = \dfrac{P}{A}$ (a)

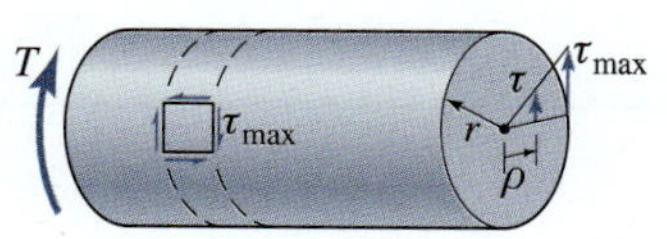

비틀림: $\tau = \dfrac{T\rho}{J}$, $\tau_{max} = \dfrac{Tr}{J}$ (b)

굽힘: $\sigma_x = \dfrac{My}{I}$, $\sigma_{max} = \dfrac{Mc}{I}$ (c)

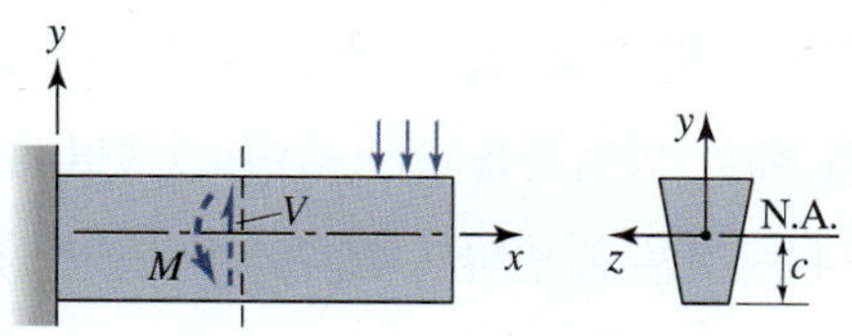

전단: $\tau_{xy} = \dfrac{VQ}{Ib}$ (d)

여기서

σ_x = 축방향 수직응력
τ = 비틀림에 의한 전단응력
τ_{xy} = 수직방향 전단력에 의한 전단응력
P = 축방향 힘
T = 토크
V = 수직전단력
M = z축에 대한 굽힘 모멘트
A = 단면적
y, z = 단면의 중심을 지나는 주축
I = 중립축(N.A.)에 대한 관성 모멘트
J = 원형단면의 극관성 모멘트
b = τ_{xy}가 계산되는 봉의 폭
r = 반경
Q = τ_{xy}가 계산되는 점의 다음에 있는 면적의 N.A.에 대한 단면 1차 모멘트

2. 얇은 두께의 압력용기 $(r/t \geq 10)$

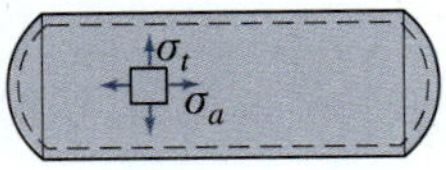

원통형 압력용기: $\sigma_t = \dfrac{pr}{t}, \ \sigma_a = \dfrac{pr}{2t}$ (e)

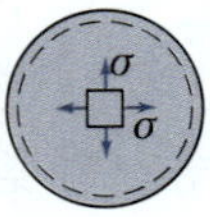

구형 압력용기: $\sigma = \dfrac{pr}{2t}$ (f)

여기서

σ_t = 원통형 용기 벽에서의 원주방향 응력
σ_a = 원통형 용기 벽에서의 축방향 응력
σ = 구형 용기 벽에서의 막 응력

p=초기압력
t=벽 두께
r=내경

---

*이 이론식들의 자세한 유도과정과 **사용조건**은 2.3, 5.3, 7.5, 7.8, 8.8절에서 볼 수 있다.

> **조합하중**에 의한 응력은 각각의 하중에 의한 응력을 중첩함으로써 얻을 수 있다. 이는 한 하중이 다른 하중에 의한 응력과 변형률에 영향을 미치지 않는다는 것을 의미한다. 이러한 **중첩법**은 변형이 작은 선형탄성 거동을 하는 재료의 경우에만 적용이 가능하다. 먼저 조합하중에 의한 응력이 계산되면 8장에서 설명한 주응력과 최대전단응력을 구하기 위한 응력해석의 방법이 일반적으로 모두 적용된다. 보의 비대칭 하중에 의한 굽힘, 굽은 프레임 및 압력용기에서 일어나는 '조합응력'에 대해서는 7.16, 7.19, 8.8, 8.9절에서 이미 다루었다.

이어지는 9.2~9.6절에서는 수직 대칭축을 가지는 부재에 가해지는 기본적인 하중의 여러 조합으로 인해 발생하는 응력에 대해 다룬다. 조합하중을 받고 있는 부재의 어느 특정한 지점에서의 응력은 각각의 하중에 대한 앞의 여러 해석 방법들을 이용하여 결정될 수 있다. 이렇게 정해진 응력값은 설계가 적절하게 되었다는 것을 확인하게 해주거나 만약 응력이 너무 크거나 작다면 설계변경이 필요하다는 것을 말해준다. 일반적으로 가장 좋은 방법은 여러 특정한 위치에서 각 구조부품을 해석하고 그 결과를 비교하는 것이다. 최종 설계를 위해서는 대부분의 경우에 유한요소해석이 사용된다. 9.7~9.10절에서는 한 부재의 파손예측과 여러 하중을 동시에 받고 있는 동력전달 축의 설계에 관해 다룬다.

이 장에서는 **탄성응력**만을 다루고 있다는 것을 유의하라. 더 많은 문제들을 해결함으로써 응력해석의 의미에 대해 충분히 이해하기를 바란다. 기본적인 재료역학의 공식을 응용함으로써 유용한 결과를 얻고 응용재료역학의 더 복잡한 문제에까지 확대되는 여러 다양한 예제가 제시되어 있다.

PART A 조합응력

9.2 축하중과 비틀림하중

축이나 기계요소는 축하중과 비틀림하중을 동시에 받는 동작을 하는 경우가 자주 있다. 이러한 하중을 받는 기계요소의 예로는 드릴 축과 선박이나 비행기의 프로펠러 축 등이 있다. 이와 같은 하중은 반경방향이나 원주방향 수직응력은 없으므로 평면변형률의 상태를 발생시킨다. 축방향 응력은 당연히 모든 점에서 동일하고 전단응력은 원통의 표면에서 최댓값이 발생된다. 그러므로 두 가지 하중에 의한 전체의 최대응력은 기계요소의 표면에서 일어난다.

그림 9.1(a)와 같은 원통형 외팔 봉을 생각해보자. 이 봉은 한 자유단 끝에서 축하중 P와 비틀림 모멘트 T를 받고 있다. 그림 9.1(b)에서 보는 바와 같이 축방향 응력과 전단응력이 봉 표면의 미소면적 A에서 그림과 같이 작용되고 있다. 각각의 응력은 처음에는 분리해서 그렸고 다음에 복합응력을 나타내도록 중첩해서 그렸다는 것을 참조하라. 앞에서 기술한 하중의 경우에 대해서는 다음과 같다.

$$\sigma_x = \frac{P}{A} = \frac{4P}{\pi d^2} \qquad \tau_{xy} = -\frac{Tc}{J} = -\frac{16T}{\pi d^3} \tag{a}$$

여기서 d는 봉의 직경이다.

점 A에서 작용하는 최대응력은 단면의 방향 변화에 의한 응력의 계산과정을 통하여 구할 수 있다. **수직응력과 전단응력을 복합적으로** 받고 있는 기계요소에 대해서 식 (8.8)과 (8.11)로 표시된 주응력과 최대전단응력은 각각 다음과 같다.

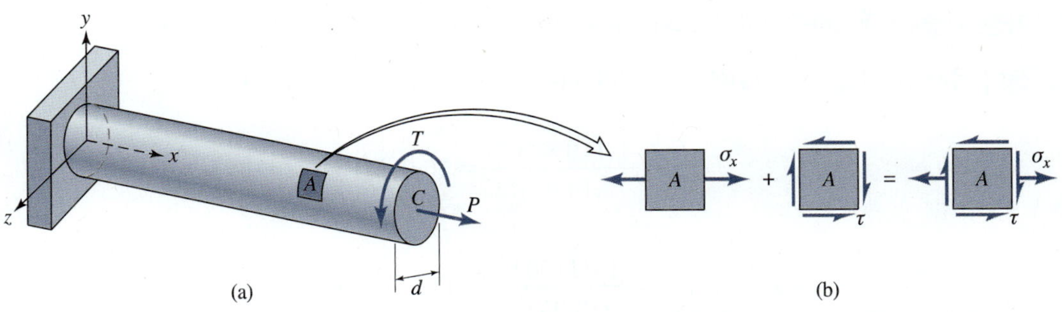

그림 9.1 (a) 두 가지 하중을 받고 있는 외팔 봉 (b) 조합응력을 받고 있는 점 A의 미소요소

$$\sigma_{1,2} = \frac{\sigma_x}{2} \pm \sqrt{\left(\frac{\sigma_x}{2}\right)^2 + \tau_{xy}^2} \tag{9.1}$$

$$\tau_{\max} = \sqrt{\left(\frac{\sigma_x}{2}\right)^2 + \tau_{xy}^2} \tag{9.2}$$

식 (8.6)을 적용하면 **주응력** 방향은 다음과 같다.

$$\tan 2\theta_p = \frac{2\tau_{xy}}{\sigma_x} \tag{9.3}$$

여기서 θ_p는 봉의 길이방향으로부터의 각도이다.

이 장에서 이어지는 예제는 여러 하중을 받고 있는 부재의 조합응력을 결정하는 방법을 보여주고 있다. 모든 경우에서 그 부재 자체의 무게는 무시할 수 있다고 **가정**하였다.

[예제 9.1] 프로펠러 축의 응력

조건 배의 프로펠러가 직경 50 mm의 원통형 강재 축에 연결되어 회전할 때 토크 $T=$ 1100 N · m와 축력 $P=110$ kN을 발생시키고 있다[그림 9.1(a)].

문제

축 표면의 점 A에서 다음의 두 가지 방법을 이용하여 주응력들과 최대전단응력을 계산하라.

(a) 변환방정식

(b) Mohr 원

주응력 방향으로 회전시킨 미소요소에 모든 결과를 그려서 보여라.

가정 하중은 정적하중이고 토크와 힘은 항상 일정한 값을 갖는다고 간주하라.

풀이 주어진 값들을 식 (a)에 대입하면 다음과 같이 된다[그림 9.1(b)].

$$\sigma_x = \frac{4(110 \times 10^3)}{\pi(0.05)^3} = 56.0 \text{ MPa}$$

$$\tau_{xy} = \frac{16(1100)}{\pi(0.05)^3} = -44.8 \text{ MPa}$$

음의 부호는 음의 전단응력을 나타낸다(2.10절 참조). 계산된 응력은 그림 9.2(a)에 나와 있다.

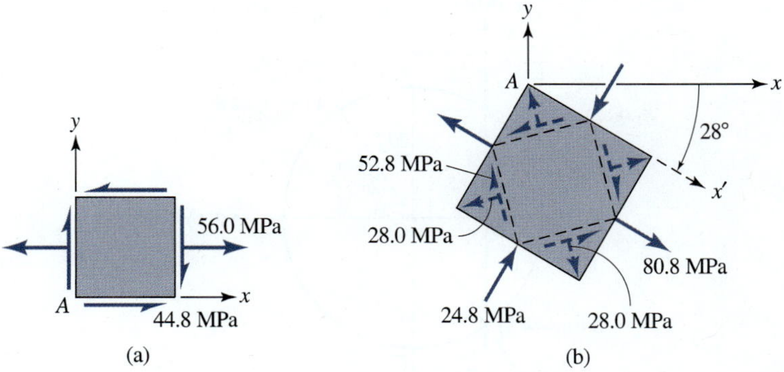

그림 9.2 (a) 평면응력상태에 있는 점 A에서의 미소요소 (b) 요소에서의 주응력과 최대전단응력

(a) 응력변환방정식. 식 (9.1)로부터 다음을 얻을 수 있다.

$$\sigma_{1,2} = \frac{56.0}{2} \pm \sqrt{\left(\frac{56.0}{2}\right)^2 + (-44.8)^2}$$

$$= 28.0 \pm 52.8$$

이로부터

$$\sigma_1 = 80.8 \text{ MPa} \qquad \sigma_2 = -24.8 \text{ MPa}$$

식 (9.2)로부터 최대전단응력은 다음과 같다.

$$\tau_{\max} = \sqrt{\left(\frac{56.0}{2}\right)^2 + (-44.8)^2} = 52.8 \text{ MPa}$$

검토를 위해서 $\tau_{\max} = (\sigma_1 - \sigma_2)/2$를 구해보면 이 값도 같은 값을 갖는다는 것을 유의하라. $\tau_{\max}$의 평면에 작용하는 수직응력은 식 (8.9)에 의해서 다음과 같다.

$$\sigma_{\text{avg}} = \sigma' = \frac{\sigma_x}{2}$$

$$= \frac{56.0}{2} = 28.0 \text{ MPa}$$

주응력은 식 (9.3)에 의해 정의된 평면에서 일어나며 그 위치는 다음과 같다.

$$2\theta_p = \tan^{-1}\frac{2(-44.8)}{56.0} = -56° \qquad \theta_p = -28° \text{와} \quad -118°$$

앞 식의 첫 번째 값(−28°)을 식 (8.4a)에 대입하면 $\sigma_{x'} = 80.8$ MPa이 된다. 따라서 최대응력 $\sigma_1 = \sigma_{x'}$은 회전축의 축방향으로부터 시계방향으로 28° 기울어진 방향에서 일어난다.

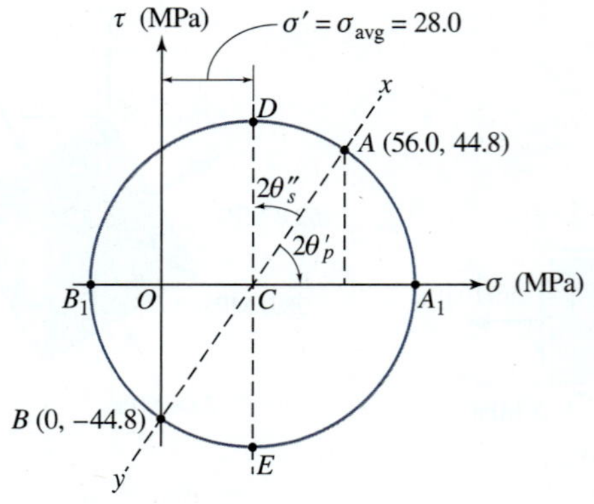

그림 9.3 응력의 Mohr 원

$\tau_{\max}$의 방향은 8.4절에서 설명한 바 있는데 전단응력이 전단 대각선을 향해 작용한다고 예측할 수 있다. 계산결과들을 그림 9.2(b)에 나타내었다.

(b) 응력의 Mohr 원. Mohr 원의 중심은 σ축의 σ_{avg}(그림 9.3)에 있다. 여기서 σ_{avg}는 다음과 같다.

$$\sigma_{\text{avg}} = 28.0 \text{ MPa}$$

미소요소의 x평면(x축이 법선인 평면)에 존재하는 전단응력은 그림 9.2(a)와 같이 그 요소를 시계방향으로 회전시키려고 한다. 수평축의 위로(8.5절의 부호약속에 따라) 다음과 같은 점 A를 그린다.

$$\sigma_x = 56.0 \text{ MPa} \qquad \tau_{xy} = 44.8 \text{ MPa}$$

마찬가지로 다음과 같은 점 B의 좌표는 미소요소의 y평면을 나타낸다.

$$\sigma_y = 0 \qquad \tau_{xy} = -44.8 \text{ MPa}$$

앞의 값들로부터 원의 반경은 다음과 같이 결정된다.

$$R = \sqrt{(28.0)^2 + (44.8)^2} = 52.8 \text{ MPa}$$

주응력들은 원 위에서 A_1과 B_1으로 표시하며 그 값들은 다음과 같다.

$$\sigma_{1,2} = \sigma_{\text{avg}} + R$$

따라서 그림으로부터 계산된 값들은 다음과 같다.

$$\sigma_1 = 28.0 + 52.8 = 80.8 \text{ MPa}$$

$$\sigma_2 = 28.0 - 52.8 = -24.8 \text{ MPa}$$

점 A로부터 A_1까지의 각도 $2\theta_p{}'$은 주응력 σ_1의 평면을 나타내며 다음과 같이 계산된다.

$$2\theta_p{}' = \tan^{-1}\frac{44.8}{56.0} = 56° \qquad \theta = 28°$$

Mohr 원에서 점 D와 E의 좌표는 최대전단응력과 그에 해당하는 수직응력을 나타낸다. 그 값은 다음과 같다.

$$\tau_{\max} = R = \pm 52.8 \text{ MPa} \qquad \sigma_{\text{avg}} = \sigma' = 28.0 \text{ MPa}$$

최대수직응력과 최대전단응력 그리고 그 방향은 이전 문제 (a)에서 구한 결과와 같다[그림 9.2(b)]. 각 ACD는 $90° - 58° = 32°$이다. 그러므로 $\theta_s{}'' = 16°$이다. 그것은 $-\tau_{\max}$의 평면으로부터 반시계방향으로 그려진다. 검토를 위해서 $2\theta_s{}'' = 32°$, $\sigma_x = 56.0 \text{ MPa}$과 $\tau_{xy} = -44.8 \text{ MPa}$을 식 (8.4b)에 대입한다면 $\tau_{x'y'} = -52.8 \text{ MPa}$을 얻게 되며 이것은 앞의 결과와 같다.

부가설명 두 방법에서 얻어진 모든 결과는 같다. 그러나 Mohr의 풀이에서 보는 바와 같이 이 방법이 수직응력과 전단응력의 관계와 응력요소의 회전방향을 보여주는 데 더 간편하고 확실하다는 것을 알 수 있다. 말할 필요 없이 이 방법이 컴퓨터 프로그램을 하는 데 더 강점을 가지고 있다.

축하중과 비틀림하중을 받고 있는 압력용기

앞에서 설명한 바와 같이 압력용기에서 일어나는 조합응력상태는 8.8절과 8.9절에서 다루었다. 그렇지만 예를 들어 길고 가느다란 압력용기의 경우에는 축하중이나 굽힘에 의한 수직응력과 횡방향 전단이나 비틀림에 의한 전단응력이 부가적으로 발생할 수 있다. 집중하중이나 반력이 가해지는 곳에서 충분히 떨어진 지점에서는 원통의 축에 대해 평행하거나 수직한 평면에서 작용하는 부가적인 응력들을 계산하기 위하여 재료역학적인 기본 응력공식을 사용할 수 있다. 이러한 응력들은 압력에 의한 막 응력과 조합되어 용기 벽의 총합 응력으로 계산된다.

앞의 몇 경우에서 나온 바와 같이 이러한 다양한 응력들을 부재의 어떤 주어진 점에서 보여주면 편리할 것이다. 예를 들어 그림 9.4(a)와 같이 반경 r과 두께 t인 얇은 원통형 압력용기가 압력 p뿐만 아니라 양끝에서 토크 T와 축하중 P를 받고 있다고 생각한다. 두

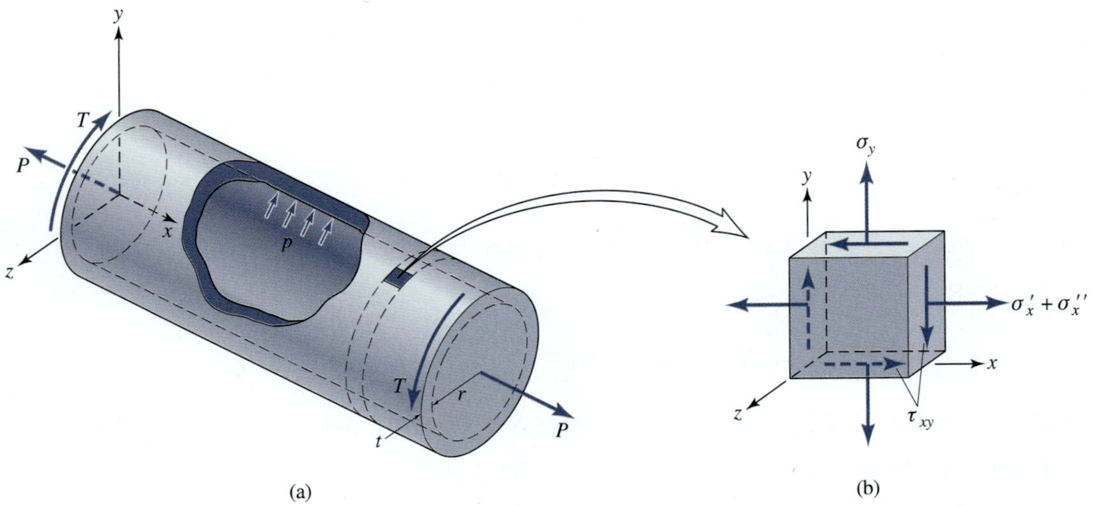

그림 9.4 (a) 축하중과 함께 압력과 비틀림을 받는 원통 (b) 복합응력을 받는 원통 바깥벽의 미소요소

께가 얇은 부재에서는 $r \approx r_i \approx r_o$인 것을 상기한다. 여기서 i와 o는 각각 내부반경과 외부반경을 의미한다. 이 경우에 압력용기의 벽에는 축하중에 의한 길이방향 수직응력 $\sigma_x{}'$, 내부압력에 의한 길이방향 수직응력 $\sigma_x{}''$과 원주방향 수직응력 σ_y 및 가해준 토크에 의한 전단응력 τ_{xy}가 존재한다.

그림 9.4(b)는 원통의 바깥벽의 한 미소요소에서 작용되는 중첩된 응력들을 보여주고 있다. 각각의 응력들은 표 9.1과 표 B.6으로부터 다음과 같이 구해질 수 있다.

$$\sigma_x{}' = \frac{P}{A} = \frac{P}{2\pi rt} \qquad \sigma_x{}'' = \frac{Pr}{2t}$$

$$\sigma_y = \frac{pr}{t} \qquad \tau_{xy} = \frac{Tr}{J} = \frac{T}{2\pi r^2 t} \tag{b}$$

주어진 점에서 적절한 방향의 평면에 대한 최대수직응력과 최대전단응력을 구하기 위해 8.3절과 8.5절에서 설명한 방법을 적용할 수 있다. 이어지는 사례연구에서는 조합하중을 받고 있는 압력용기의 응력계산 예를 보여주고 있다.

사례연구 6A

비틀림을 받는 유압실린더의 응력

압력을 받는 유체(액체나 공기)는 파이프나 관 또는 유연한 호스 안에서 움직인다. 그 유동선이 구부러지거나 원통형 용기가 제 위치에서 벗어나 있을 때 이를 연결하기 위해 호스가 사용된다. 큰 압력에는 강이나 스테인리스강 튜브가 사용되고 여러 가지 사용조건에 따라 알루미늄, 플라스틱과 구리 튜브가 적절하게 사용된다. 압력을 받는 유체는 그림 9.5(a)와 같이 **실린더**의 응력과 변형을 발생시킬 수 있다. 유압시스템은 브레이크, 제어 기계기구 및 위치 제어장치의 액츄에이터에서 널리 사용된다. **사례연구** 1A의 그림 2.20에서는 로더 트럭에서의 유압실린더를 보여주고 있다.

조건 그림 9.5(a)와 같이 두께 $t = 10$ mm의 유압실린더가 반경 $r = 220$ mm의 피스톤에 가해지는 축방향 힘 $P = 700$ kN에 의해 내압 p를 받고 있다. 이 용기는 마운팅에서 토크 $T = 150$ N · m도 동시에 받고 있다.

문제 용기 바깥벽의 한 점에서 다음을 구하라.

(a) 주응력

(b) 최대전단응력

가정

1. 이 실린더는 항복강도 $\sigma_y = 520$ MPa인 냉간압연된 스테인리스(302)강(표 B.4)으로 제작되어 있다.
2. 이 실린더의 굽힘이 응력에 미치는 영향은 없는 것으로 간주한다.

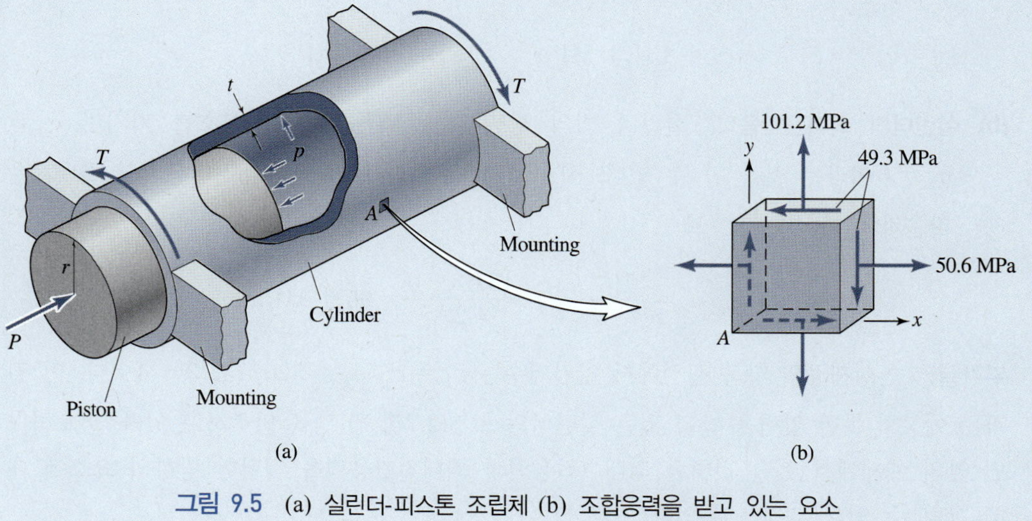

그림 9.5 (a) 실린더-피스톤 조립체 (b) 조합응력을 받고 있는 요소

3. 반경과 두께의 비 $r/t > 10$이므로 이 실린더는 얇은 벽을 가진 압력용기라고 간주한다.

풀이 압력 p가 작용하는 피스톤 면적은 $A = \pi r^2$이며, 이 압력은 $P = pA$로부터 구할 수 있다. 따라서

$$p = \frac{P}{A} = \frac{700(10^3)}{\pi(0.22)^2} = 4.6 \text{ MPa}$$

(a) 실린더의 최대수직응력. 실린더 벽에서 접선방향 응력 $\sigma_t = \sigma_y$와 축방향 응력 $\sigma_a = \sigma_x$는 다음과 같다.

$$\sigma_y = \frac{pr}{t} = \frac{4.6(220)}{10} = 101.2 \text{ MPa} \qquad \sigma_x = \frac{\sigma_y}{2} = 50.6 \text{ MPa}$$

토크에 의한 전단응력은 다음과 같다.

$$\tau_{xy} = \frac{Tr}{J} = \frac{T}{2\pi r^2 t} = \frac{150}{2\pi(0.22)^2(0.01)} = 49.3 \text{ MPa}$$

계산결과는 그림 9.5(b)에 그려져 있다. 앞의 응력들을 식 (8.8)에 대입하면 다음과 같은 주응력을 얻을 수 있다.

$$\sigma_{1,2} = \frac{\sigma_x + \sigma_y}{2} \pm \sqrt{\left(\frac{\sigma_x - \sigma_y}{2}\right)^2 + \tau_{xy}^2}$$

$$= \frac{50.6 + 101.2}{2} \pm \sqrt{\left(\frac{50.6 - 101.2}{2}\right)^2 + (-49.3)^2} = 75.9 \pm 55.4$$

여기서 음의 부호는 음의 전단응력을 나타낸다. 따라서 주응력은 다음과 같다.

$$\sigma_1 = 131.3 \text{ MPa} \qquad \sigma_2 = 20.5 \text{ MPa}$$

(b) 실린더의 최대전단응력. 실린더 벽의 평면 내 응력들은 같은 부호를 가지며 $\sigma_3 = \sigma_z = 0$이라는 것을 볼 수 있다. 식 (8.13)으로부터 구해진 최대전단응력의 절댓값은 다음과 같다.

$$(\tau_{\max})_a = \frac{\sigma_1 - \sigma_3}{2} = \frac{131.3 - 0}{2} = 65.6 \text{ MPa}$$

부가설명 연성재료의 항복 관점에서 안전계수는 $n_s = \sigma_y/\sigma_1 = 520/131.3 \approx 4$이다. 이 결과는 예상치 못한 압력을 받고 있는 실린더의 조건(2.7절 참조)을 만족하고 있다. 필요하다면 앞의 예제에서 했던 것처럼 최대수직응력과 최대전단응력을 적당한 방향의 요소에 대해 그릴 수 있다는 것을 유의하라.

*9.3 직접전단과 비틀림하중: 헬리컬 스프링

비틀림하중과 **직접전단하중**이 조합된 전형적인 예는 코일 헬리컬 스프링에서 찾아볼 수 있다. 이러한 종류의 스프링은 강선이나 얇은 강재 봉을 원통형 실린더에 감아서 균일하고 근접한 나선형 코일을 형성하도록 하여 만들어진다. 여기서는 반경 c인 가느다란 강선이 평균반경 $R(c/R \ll 1)$인 나선 코일로 감겨 있는 인장 혹은 압축 스프링에 대해서 다룬다. 스프링의 한 바퀴 코일은 스프링 축에 거의 수직한 평면 내에 있다고 가정한다.

응력

근접한 코일로 형성된 스프링의 경우 스프링 강선의 축에 수직한 단면은 그림 9.6(a)와 같이 전체 스프링의 수직면에 가깝다고 생각할 수 있다. 따라서 스프링에 가해지는 하중 P는 횡방향 전단력 $V = P$와 코일의 단면에 작용하는 토크 $T = PR$에 의해 저항된다[그림 9.6(a)]. 전단응력은 일반적으로 철선의 단면적 $A = \pi d^2/4$ 전체에 걸쳐서 균일하다고 가정할 수 있다. 즉 $\tau_d = 4P/\pi d^2$이다[그림 9.6(b)]. 철선의 초기 곡률을 무시하고 $J = \pi d^4/32$를 사용하면 비틀림에 의한 전단응력은 $\tau_t = 16PR/\pi d^3$가 된다[그림 9.6(c)].

두 가지 전단응력을 중첩하면 그림 9.6(d)에서 나타낸 조합응력상태가 된다. 그림을 보면 가장 큰 전단응력은 코일의 내부 표면에서 일어나는 것을 알 수 있고 그 크기는 다음과 같다.

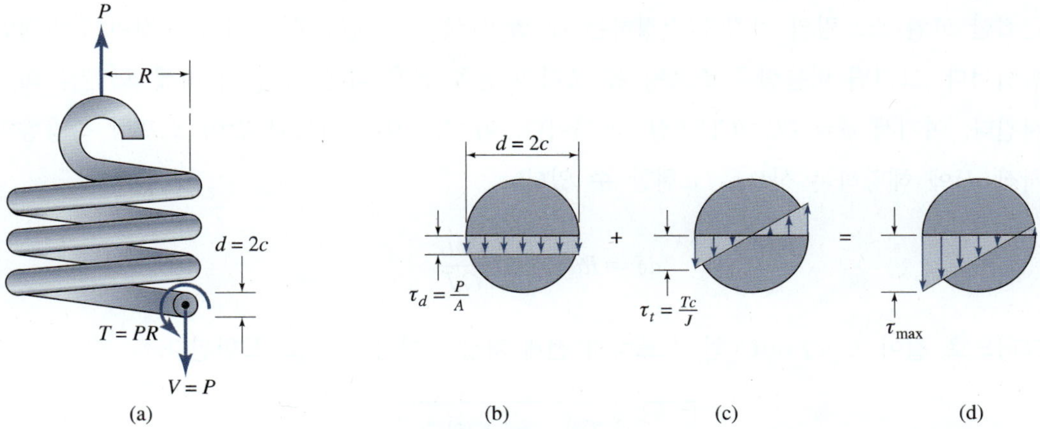

그림 9.6 (a) 헬리컬 인장 스프링 (b) 하중 P에 의한 직접전단응력 (c) 비틀림에 의한 전단응력 (d) 조합된 전단응력

$$\tau_{\max} = \frac{P}{A} + \frac{Tc}{J} = \frac{4P}{\pi d^2} + \frac{16PR}{\pi d^3} \tag{9.4a}$$

앞 식은 다음과 같이 정리해서 나타낼 수 있다.

$$\tau_{\max} = \frac{16PR}{\pi d^3}\left(1 + \frac{d}{4R}\right) \tag{9.4b}$$

가느다란 봉의 c/R 비는 작으므로 **최대전단응력**은 주로 비틀림에 의해 발생된다는 것을 알 수 있다.

굵은 스프링(예를 들면 기차의 완충 스프링)에서는 c/R이 크므로 길이방향 표면 요소의 길이변화도 고려가 되어야 하며 스프링 봉의 일부 지점에 응력집중이 존재한다. 이러한 스프링에서는 단면 전단응력의 효과가 무시될 수 없다. 왈의 공식(Wahl formular)이라고 불리는 다음의 더 정확한 관계식은 스프링 강선의 초기 곡률과 단면 전체에 걸리는 직접전단응력을 고려한 식이다(참고문헌 9.2와 9.3).

$$\tau_{\max} = \frac{16PR}{\pi d^3}\left(\frac{4m-1}{4m-4} + \frac{0.615}{m}\right) \tag{9.5}$$

여기서 $m = 2R/d$를 **스프링 지수**라고 부른다. 예를 들어 $c/R = 1/10$이라고 하면 식 (9.5)에 의해 구해진 최대전단응력은 식 (9.4)에 의해 구해진 것보다 약 8% 정도 크다.

처짐

근접한 코일 스프링의 처짐을 결정하는 데 있어서는 직접전단을 무시하는 것이 일반적인 방법이다. 그러면 비틀림은 스프링 봉 조각의 한쪽 끝을 다른 쪽 끝에 비해 $d\phi$만큼 회전시킨다. 여기서 $\phi = TL/JG$(5.6절 참조)이다. 이 회전각은 다음과 같이 스프링 축방향의 처짐 $d\delta$에 해당하는 식으로 표현할 수 있다.

$$d\delta = Rd\phi = R\frac{TdL}{GJ}$$

그러므로 길이 $L = 2\pi rRN$인 스프링의 **전체 처짐**은 다음 식으로 표현된다.

$$\delta = \frac{RTL}{GJ} = \frac{64NPR^3}{d^4 G} \tag{9.6}$$

여기서 N은 **코일의 수**이고 G는 전단계수를 나타낸다. 실제 설계에서는 처짐에 영향을 미치지 않는 양끝의 형상을 고려하기 위하여 코일의 수 N에 2 정도의 수를 더해야 한다.

스프링 상수

스프링의 탄성 거동은 **스프링 상수**라 불리는 스프링 비율로 간편하게 표시될 수 있다.

$$k = \frac{P}{\delta} \tag{9.7}$$

따라서 식 (9.6)은 다음과 같다.

$$k = \frac{Gd^4}{64NR^3} \tag{9.8}$$

스프링 상수의 단위는 SI단위로 N/m이고 US관용단위로는 lb/in.를 사용한다.

스프링의 설계

스프링은 많은 기계에서 응용되고 있으며, 정적인 하중을 받는 사용되는 헬리컬 스프링을 설계하기 위하여 필요한 2개의 **기본조건**은 허용전단응력 τ_{all}과 설계하려는 스프링 상수 k_{req}이다. 응력 필요조건은 평균 코일 반경 R과 강선의 직경 d를 반복적으로 조정함으로써 만족시킬 수 있다. R과 d가 선택된 다음에는 필요한 스프링 상수를 만족시키도록 코일의 수 N을 결정한다. 어떤 경우라도 스프링의 설계는 기본적으로 반복적인 설계 문제이다. 응력과 처짐을 계산하기 위해서는 여러 충분한 변수의 값이 정의되어야 하는데, 이를 위해서는 몇 가지 가정이 선행되어야 한다.

[예제 9.2] 헬리컬 스프링의 설계

조건 직경 d의 강선으로 만들어진 헬리컬 압축 스프링이 전체 처짐 δ에서 정적인 하중 P를 지지하고 있다. 강선의 전단강도는 $\tau_{\max}$이다. 주어진 값은 다음과 같다.

$d = 4$ mm $\quad P = 500$ N $\quad \delta = 25$ mm $\quad \tau_{\max} = 600$ MPa $\quad G = 79$ GPa

문제

(a) 스프링의 평균반경 R을 구하라.

(b) 스프링 상수 k를 구하라.

(c) 스프링의 코일 수 N을 구하라.

가정 강선 단면에서의 조합응력분포는 그림 9.6(d)와 같다.

풀이

(a) 스프링의 평균반경. 코일 내부 표면에서의 전체 전단응력은 식 (9.4)를 이용하여 계산할 수 있다.

$$\tau_{\max} = \frac{4P}{\pi d^2} + \frac{16PR}{\pi d^3}$$

위 식으로부터 평균반경을 구하면 다음과 같다.

$$R = \frac{d}{2}\left(\frac{\pi d^2 \tau_{\max}}{8P} - 0.5\right)$$

주어진 값들을 대입하면 다음과 같다.

$$R = \frac{4}{2}\left[\frac{\pi (4)^2 (600)}{8(500)} - 0.5\right] = 14.1 \text{ mm}$$

(b) 스프링 상수. 식 (9.7)에 의하여 스프링 상수는 다음과 같다.

$$k = \frac{P}{\delta} = \frac{500}{25} = 20 \text{ N/mm}$$

(c) 코일의 수. 식 (9.6)을 사용하면

$$N = \frac{\delta d^4 G}{64PR^3} = \frac{(25)(4)^4(79000)}{(64)(500)(14.1)^3} = 5.64$$

부가설명 전체 코일의 수는 스프링 양끝의 회전을 고려하여 $5.64 + 2 \approx 8$이 되어야 한다.

[예제 9.3] 이중 스프링의 해석

조건 하나의 스프링이 다른 하나의 안쪽에 들어가 있는 2개의 강재 헬리컬 스프링이 강체 판에 의해서 수직하중 P를 받아 δ만큼 줄어든다(그림 9.7). 작용되는 하중 $P = 1200$ N이고 일반적인 특성들은 다음과 같다.

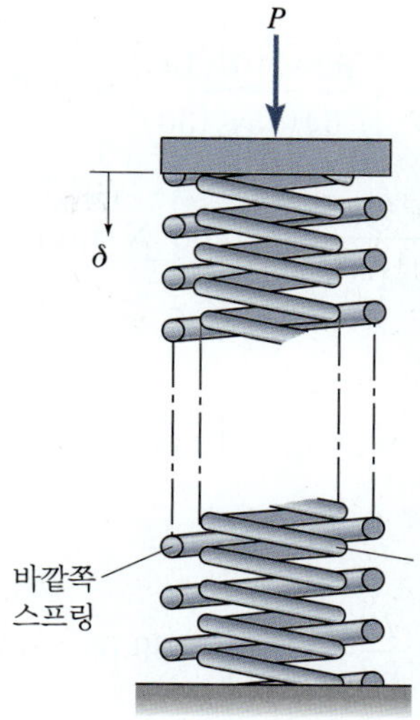

그림 9.7 이중 스프링

	바깥쪽 스프링	안쪽 스프링
평균직경 $2R$	150 mm	90 mm
강선의 직경 d	18 mm	13 mm
코일의 수 N	30	20
전단계수 G	82 GPa	82 GPa

문제

(a) 스프링 상수와 시스템의 처짐을 구하라.

(b) 바깥쪽 스프링의 최대전단응력을 구하라.

가정 끝판은 수평을 유지한다고 가정한다. 따라서 각각의 스프링은 주어진 하중을 다음과 같이 분담한다.

$$P = k_i \delta + k_o \delta$$

병렬연결 스프링의 상당 스프링 상수는 다음과 같다.

$$\frac{P}{\delta} = k_e = k_i + k_o \tag{9.9}$$

k_i와 k_o는 각각 안쪽과 바깥쪽 스프링의 스프링 상수를 나타낸다.

풀이

(a) 처짐. 식 (9.8)을 사용하면 다음을 얻을 수 있다.

$$k_o = \frac{Gd^4}{64R^3N} = \frac{82 \times 10^6 (18)^4}{64(75)^3(30)} = 10.63 \text{ N/mm}$$

$$k_i = \frac{82 \times 10^3 (13)^4}{64(45)^3(20)} = 20.08 \text{ N/mm}$$

상당 스프링 상수는 다음과 같다.

$$k_e = k_i + k_o = 20.08 + 10.63 = 30.71 \text{ N/mm}$$

이로부터 처짐은 다음과 같다.

$$\delta = \frac{P}{k_e} = \frac{1200}{30.71} = 39.08 \text{ mm}$$

(b) 최대전단응력. $m = 2R/d = 150/18 = 8.333$을 대입하여 식 (9.5)를 적용하면 다음과 같다.

$$\tau_{\max} = \frac{16PR}{\pi d^3}\left(\frac{4m-1}{4m-4} + \frac{0.615}{m}\right)$$

$$= \frac{16(1200)(75)}{\pi(18)^3}\left[\frac{4(8.333)-1}{4(8.333)-4} + \frac{0.615}{8.333}\right] = 92.43 \text{ MPa}$$

부가설명 이 값은 바깥쪽 스프링의 정확한 전단응력값을 나타낸다.

9.4 축하중, 횡하중 및 비틀림하중

9.2절에서 다루었던 축하중과 비틀림에 의한 주응력 거동을 여기서는 굽힘하중을 포함하여 확장하여 다룬다. 앞으로 알게 되겠지만 이러한 조합하중 하에서 최대응력이 발생하는 위치를 예측하기는 힘들다. 따라서 응력의 분포를 좀 더 자세하게 검토할 필요가 있다.

예를 들어 원통형 외팔 보가 그 한쪽 끝에 횡방향 힘 R, 비틀림 T와 축방향 힘 P를 받고 있는 경우를 생각해보자[그림 9.8(a)]. 모든 단면은 축방향 힘 P, 토크 T, 굽힘 모멘트 M과 전단력 $R = V$를 받고 있다. 이에 해당하는 응력들은 기본 응력 관계식을 적용하여 다음과 같이 구해질 수 있다.

$$\sigma_x' = \frac{P}{A} \qquad \tau_t = \frac{Tc}{J} \qquad \sigma_x'' = \frac{Mc}{I} \qquad \tau_d = \frac{-VQ}{Ib}$$

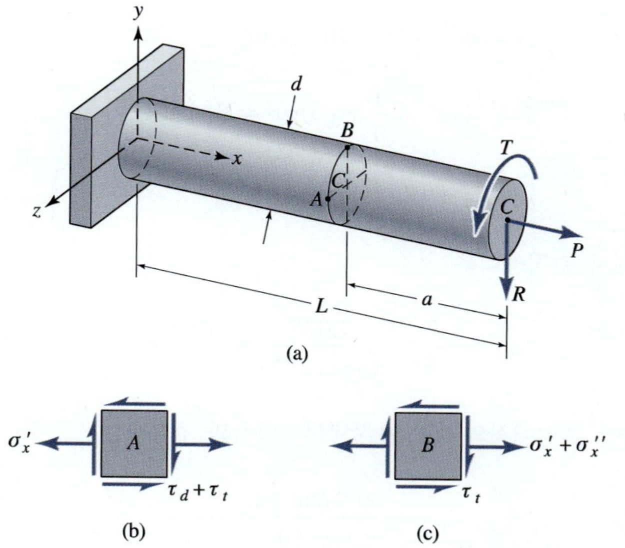

그림 9.8 (a) 세 종류의 하중을 받고 있는 외팔 보 (b) 축하중 직접전단과 토크에 의한 점 A에서의 조합응력 (c) 토크, 축하중과 굽힘에 의한 점 B에서의 조합응력

그림 9.8(b)와 (c)에서 보여주는 응력은 각각 봉의 윗면에 위치한 미소요소 B와 봉의 옆면 중립축에 위치한 미소요소 A에서 작용하는 응력이다. 굽힘응력의 최댓값은 굽힘 모멘트가 최대이면서 중립축에서 가장 먼 곳에서 발생하는 것은 분명하다. 굽힘 모멘트 M은 고정단 부분에서 최댓값(RL)을 가지므로 수직응력은 봉의 고정단 미소요소 B에서 가장 큰 값을 갖는다. 직접전단응력은 단면의 z축 중심에서 최댓값을 갖고 비틀림 응력은 봉의 바깥 면에서 최댓값을 갖는다는 것을 유의하라. 미소요소 A에 작용하는 전체 전단응력은 이 두 전단응력의 산술합이다. 그러므로 B(고정단 부분에 위치한 곳)와 A가 가장 심한 응력이 발생될 수 있는 위치이다. 최대응력이 발생될 수 있는 위치에서의 주응력과 최대전단응력을 구하기 위하여 8.3절과 8.5절에서의 방법이 이용될 수 있다.

[예제 9.4] 외팔 보의 허용조합하중

조건 직경 80 mm의 알루미늄 외팔 보가 그림 9.8(a)와 같은 하중을 받고 있다. 자유단으로부터 320 mm 떨어진 단면에서의 인장과 전단허용응력은 각각 90 MPa과 50 MPa이다. $T=0.2\ \mathrm{N\cdot m}$, $P=20\ \mathrm{RN}$으로 하라.

문제 수직하중 R의 최댓값을 구하라.

풀이 단면의 기하학적 상수값들은 다음과 같다.

$$A = \pi c^2 = 16\pi(10^{-4})\ \text{m}^2$$

$$I = \frac{1}{4}\pi c^4 = \frac{1}{4}\pi(0.04)^4 = 64\pi(10^{-8})\ \text{m}^4$$

$$J = 2I = 128\pi(10^{-8})\ \text{m}^4$$

봉의 모든 지점에서 수직응력은

$$\sigma_x{}' = \frac{P}{A} = \frac{20R}{16\pi(10^{-4})} = \frac{12500R}{\pi} \tag{a}$$

와 같고 봉의 바깥 표면에서의 비틀림 응력은 다음과 같다.

$$\tau_t = -\frac{Tc}{J} = -\frac{0.2R(0.04)}{128\pi(10^{-8})} = -\frac{6250R}{\pi} \tag{b}$$

최대인장굽힘응력은 정해진 단면의 점 B에서 발생한다. 그러므로 $a = 320$ mm인 지점에서는

$$\sigma_x{}'' = \frac{Mc}{I} = \frac{0.32R(0.04)}{64\pi(10^{-8})} = \frac{20000R}{\pi} \tag{c}$$

$Q = A_s\bar{y} = (\pi c^2/2)(4c/3\pi) = 2c^3/3$이고 $b = 2c$이므로 점 A에서의 최대직접전단응력은 다음과 같다.

$$\tau_d = -\frac{VQ}{Ib} = -\frac{4V}{3A} = -\frac{4R}{3(16\pi \times 10^{-4})} = -\frac{833R}{\pi} \tag{d}$$

점 A에서의 응력. 점 A[그림 9.8(b)]에서의 최대주응력과 최대전단응력은 식 (8.8), (8.11), (a), (b)와 (d)를 사용하면 다음과 같다.

$$(\sigma_1)_A = \frac{12500R}{2\pi} + \sqrt{\left(\frac{12500R}{2\pi}\right)^2 + \left(-\frac{7083R}{\pi}\right)^2}$$

$$= \frac{6250R}{\pi} + \frac{9446R}{\pi} = \frac{15696R}{\pi}$$

$$(\tau_{\max})_A = \frac{9446R}{\pi}$$

점 B에서의 응력. 같은 방법으로 점 B에서의 주응력과 최대전단응력을 구하면 다음과 같다.

$$(\sigma_1)_B = \frac{32500R}{2\pi} + \sqrt{\left(\frac{32500R}{2\pi}\right)^2 + \left(-\frac{6250R}{\pi}\right)^2}$$

$$= \frac{16250R}{\pi} + \frac{17411R}{\pi} = \frac{33661R}{\pi}$$

$$(\tau_{\max})_B = \frac{17411R}{\pi}$$

점 B에서의 응력은 점 A에서의 응력보다 더 심각한 것을 알 수 있다. 주어진 자료들을 위의 식에 대입하면 다음과 같이 된다.

$$90(10^6) = \frac{33661R}{\pi} \qquad \text{또는} \qquad R = 8.4 \text{ kN}$$

그리고

$$50(10^6) = \frac{17411R}{\pi} \qquad \text{또는} \qquad R = 9 \text{ kN}$$

부가설명 그러므로 가할 수 있는 가장 큰 하중은 $R = 8.4$ kN이다.

연습문제

9.1절~9.4절

9.1 외경 D와 내경 d인 원통이 축방향 압축력 P와 토크 T를 받고 있다(그림 P9.1). 최대주응력과 최대전단응력을 구하라. 적당하게 기울어진 미소요소에 결과를 그려라.

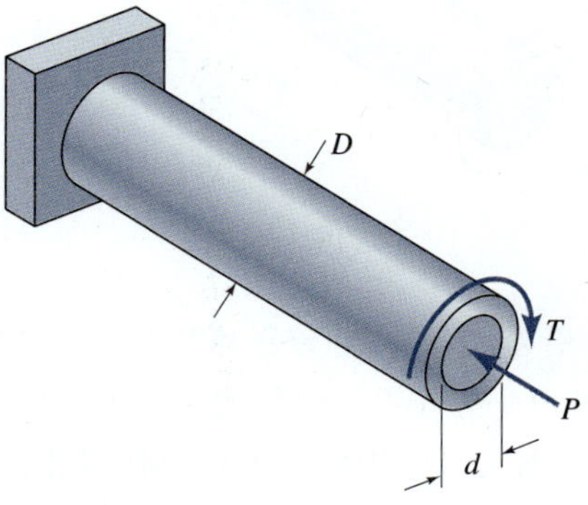

그림 P9.1

조건 $D = 6$ in., $d = 4$ in., $P = 20\pi$ kips, $T = 15\pi$ kip · in.

9.2 외경 D와 내경 d인 속이 빈 모터 프로펠러축이 토크 T와 축력 P를 동시에 받고 있다(그림 P9.1). 이 축의 최대전단응력을 구하라.

조건 $D = 8$ in., $d = 4$ in., $T = 400$ kip · in., $P = 250$ kips

9.3 직경 d의 축이 그림 P9.3과 같이 축하중 P와 2개의 토크 T_1, T_2를 받고 있다. 축의 표면에 있

는 점 A에서의 최대전단응력을 구하라.

조건 $d=120$ mm, $P=500$ kN,
$T_1=4$ kN·m, $T_2=6$ kN·m

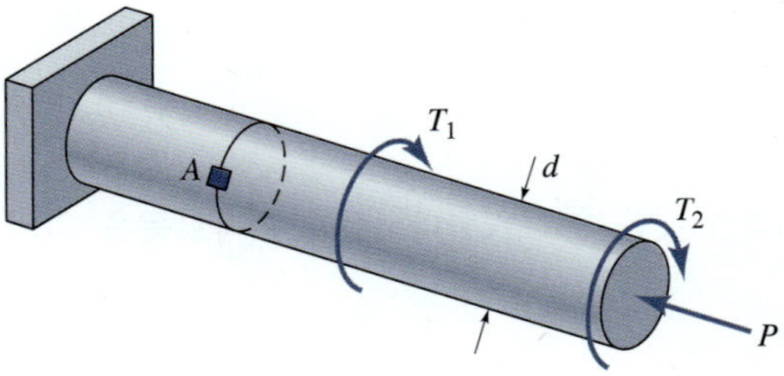

그림 P9.3

9.4 허용굽힘응력과 허용전단응력이 각각 σ_{all}, τ_{all}일 때 그림 P9.4와 같이 단붙임 강재 축에 의해 전달될 수 있는 최대 축하중 P를 구하라.

조건 $\sigma_{all}=100$ MPa, $\tau_{all}=60$ MPa,
$T=0.01P$ N·m

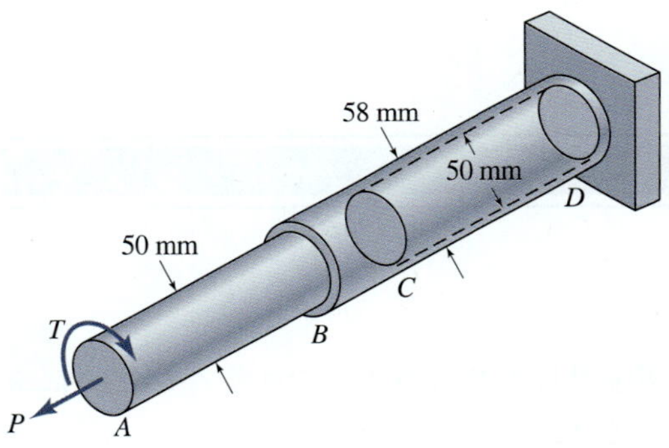

그림 P9.4

9.5 50 mm 직경의 구멍이 없을 경우일 때 문제 9.4를 다시 구하라.

9.6 그림 P9.4에서 나타낸 단붙임 강재 축에서의 최대전단응력과 그 방향을 구하라.

조건 $P=30\pi$ kN, $T=0.01P$ kN·m

9.7 높이 a, 면적 b인 직사각형 축이 그림 P9.7과 같이 인장력 P와 토크 T를 받고 있다. 허용인장응력이 σ_{all}이라면 가장 큰 T의 허용값을 구하라.

조건 $a=3$ in., $b=2$ in., $P=30$ kips,
$\sigma_{all}=20$ ksi

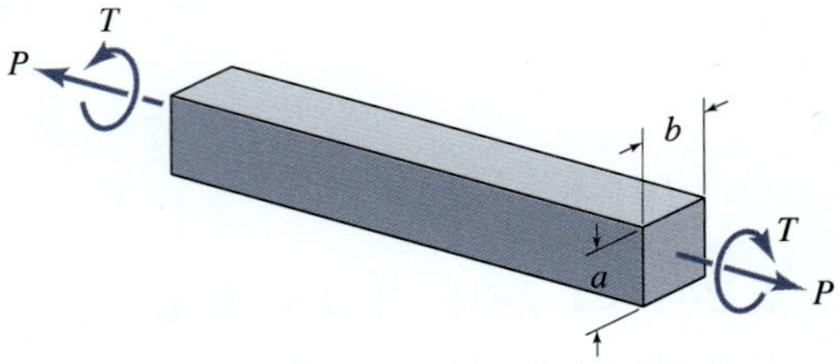

그림 P9.7

9.8 $a\times b$인 직사각형단면의 축이 인장력 P와 토크 T를 받고 있다(그림 P9.7). 허용인장응력이 σ_{all}이라면 가장 큰 P의 허용값을 구하라.

조건 $a=100$ mm, $b=50$ mm, $T=5$ kN·m,
$\sigma_{all}=120$ MPa

9.9 직경 d의 터빈축이 축력 P와 토크 T를 받고 있다(그림 P9.9). 허용수직응력이 σ_{all}을 넘지 않을 때 가장 큰 P의 허용값을 구하라.

조건 $d=60$ mm, $T=2$ kN·m,
$\sigma_{all}=220$ MPa

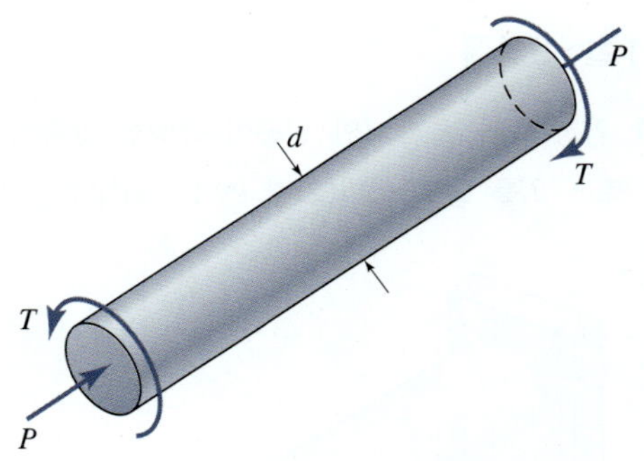

그림 P9.9

9.10 반경 r, 두께 t인 얇은 벽면의 원통용기가 그림 P9.10과 같이 강체 판을 통하여 용기에 작용되는 축방향 압축력 P뿐만 아니라 내부압력 p도 받고 있다. 원통의 벽에 순수전단이 발생될 수 있는 P의 값을 구하라.

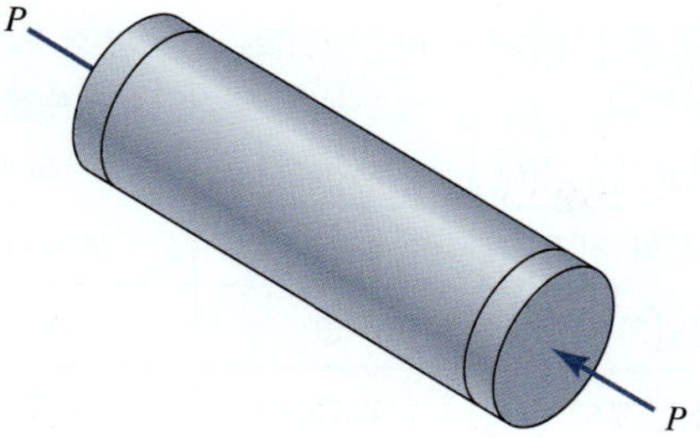

그림 P9.10

9.11 반경 r, 두께 t인 얇은 벽면의 원통용기가 내부압력 p와 강체 판을 통하여 용기에 작용되는 축방향 압축력 P 및 토크 T를 받고 있음을 알 수 있다(그림 P9.10). 원통벽의 최대주응력을 구하라.

조건 $d=10$ in., $t=0.2$ in., $p=400$ ksi, $P=5$ kips, $T=250$ kip · in.

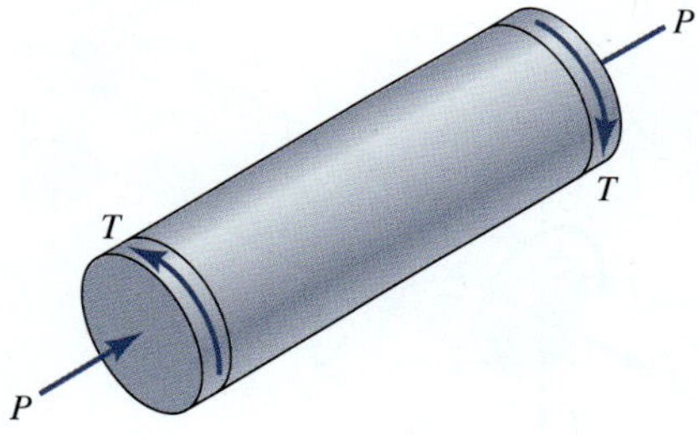

그림 P9.11

9.12 반경 r, 두께 t인 얇은 벽면의 닫힌 원통용기가 내부압력 p와 축방향 압축력 P를 받고 있을 때 용기의 벽에서 다음을 구하라.

(a) 최대인장응력

(b) 최대전단응력과 그의 방향

조건 $r=10$ in., $t=\frac{1}{2}$ in., $p=500$ psi, $P=100$ kips

9.13 반경 r, 두께 t인 얇은 벽면의 닫힌 원통용기가 내부압력 p와 토크 T를 받고 있다. 용기의 벽에서 최대전단응력과 그 방향을 구하라.

조건 $r=250$ mm, $t=10$ mm, $p=3$ MPa, $T=40$ kN · m

9.14 그림 P9.14와 같이 축하중 P와 토크 T를 받고 있는 직경 d의 강재 축에서 나선형 용접부의 수직응력과 전단응력을 구하라.

조건 $P=200$ kN, $T=2$ kN · m, $d=50$ mm, $\phi=60°$

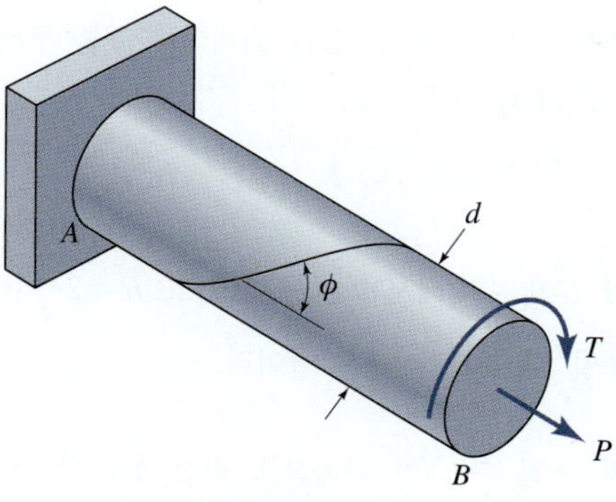

그림 P9.14

9.15 직경 d인 강재 외팔 축이 그림 P9.14와 같이 축하중 P와 토크 T를 받고 있다. T의 허용값을 구하라. 나선형 용접부의 허용수직응력과 허용전단응력은 각각 σ_{all}과 τ_{all}이다.

조건 $\sigma_{all}=20$ ksi, $\tau_{all}=12$ ksi, $d=4$ in., $\phi=50°$, $P=40\pi$ kips

9.16 직경 $r=0.4$ m, 벽 두께 $t=8$ m인 얇은 원통용기가 축방향과 $\phi=60°$인 나선형 용접접합을 하고 있다. 이 용기는 내부압력 p Pa과 강체 판을 통하여 작용되는 축방향 인장하중 $P=10\pi$ kN을 받고 있다. 용접면에 동시에 작용되는 허용수직응력과 허용전단응력이 각각 $\sigma_{all}=25$ MPa과 $\tau_{all}=-10$ MPa을 넘지 않도록 허용압력 p를 구하라.

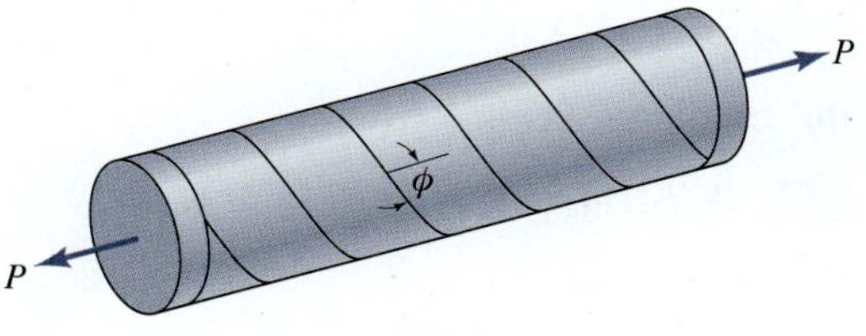

그림 P9.16

9.17 문제 9.16에서 이 용기가 $P=-10\pi$ kN의 **압축**하중을 받는 경우일 때 문제를 다시 풀어라.

9.18 평균반경이 $R=4$ in.인 헬리컬 스프링이 허용전단응력이 $\tau_{\text{all}}=-40$ ksi이고 직경이 $d=1$ in.인 막대로 만들어져 있다[그림 9.2(c) 참조]. 다음을 이용하여 가할 수 있는 최대하중 P를 구하라.

(a) 식 (9.4)

(b) 식 (9.5)

9.19 문제 9.18에서 $d=\frac{1}{4}$ in.이고 $R=2\frac{1}{2}$ in.인 경우일 때 문제를 다시 풀어라.

9.20 코일 수 N인 황동으로 만든 헬리컬 스프링 ($G=35$ GPa)이 $P=800$ N의 하중을 받고 있다[그림 9.6(a) 참조]. 다음을 구하라.

(a) 식 (9.4)와 (9.5)를 이용하여 구한 스프링 내의 최대전단응력

(b) 스프링의 처짐

(c) 스프링 상수

조건 $N=15$, $d=10$ mm, $R=40$ mm

9.21 문제 9.20에서 재료가 구리($G=41$ GPa)이고 R이 30 mm인 경우일 때 문제를 다시 풀어라.

***9.22** 강재 헬리컬 스프링이 황동 헬리컬 스프링 안에 들어가 있다(그림 9.7). 각 스프링이 같은 양만큼 늘어나도록 끝이 서로 구속되어 있을 때 다음을 구하라.

(a) 2개의 스프링이 연결되어 버틸 수 있는 전체 허용하중

(b) 스프링 상수의 비

조건 각 스프링의 성질은 다음과 같다.

	바깥쪽(황동) 스프링	안쪽(강재) 스프링
평균직경 $2R$	200 mm	140 mm
강선의 직경 d	20 mm	20 mm
코일의 수 N	10	10
전단계수 G	40 GPa	80 GPa
허용전단응력 τ_{all}	150 MPa	250 MPa

9.23 그림 P9.23과 같은 하중을 받는 직경 d의 알루미늄 봉의 점 a에서의 최대수직응력과 최대전단응력을 구하라.

조건 $a=5$ ft, $d=2$ in., $R=40$ lb, $P=20$ kip, $T=6$ kip · in.

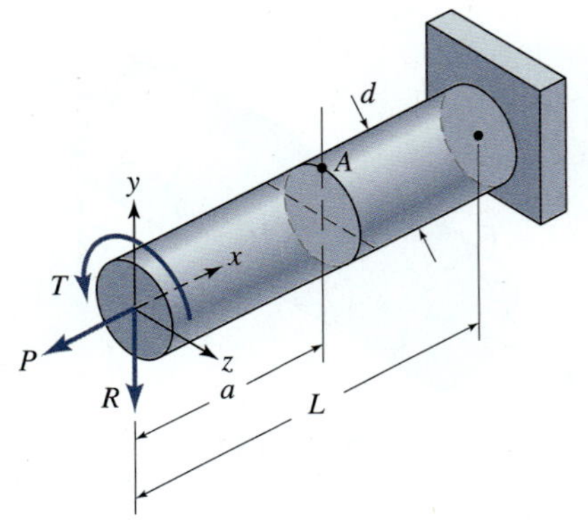

그림 P9.23

9.24 그림 P9.23에서 축하중이 압축력으로 $P=-20$ kips일 때 문제를 다시 풀어라.

***9.25** 원형 봉이 한쪽 끝은 고정되어 있고 다른 쪽 끝은 그림 P9.23과 같이 하중을 받고 있다. 이 축에서 필요한 직경 d를 구하라.

조건 $P=0$, $R=50\pi$ N, $T=120\pi$ N · m, $L=2$ m, $\sigma_{\text{all}}=120$ MPa, $\tau_{\text{all}}=70$ MPa

9.26 외경이 D이고 내경이 d인 속이 빈 원형 봉이 그림 P9.26에서와 같이 축하중 P, 토크 T와 모

멘트 M을 받고 있다. Mohr 원을 이용하여 주응력과 그 방향을 구하라.

조건 $D=50$ mm, $d=30$ mm, $P=40$ kN, $T=500$ N·m, $M=200$ N·m

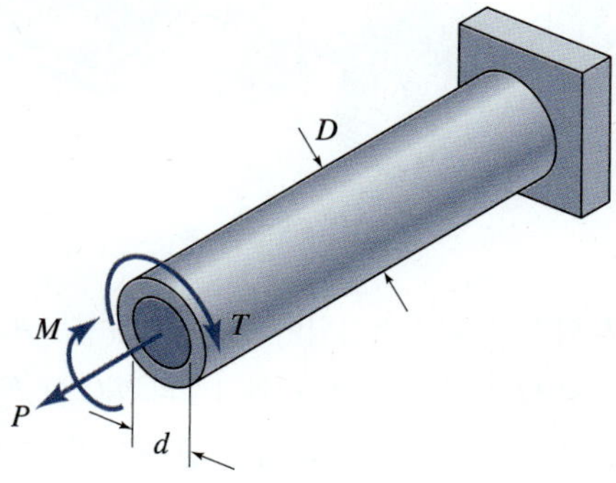

그림 P9.26

9.27 문제 9.26에서 $D=40$ mm인 속이 찬 원형봉의 축하중이 0일 때 문제를 다시 풀어라.

***9.28** 그림 P9.28과 같이 일정한 얇은 벽을 가진 L 형상의 브래킷 위의 점 D에서 주응력과 최대전단응력을 구하라.

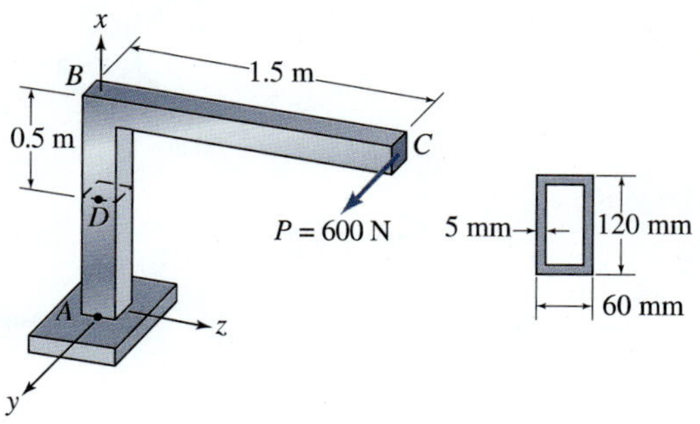

그림 P9.28

9.29 직경이 $d=2$ in.이고 $n=2400$ rpm으로 회전하고 있는 강재 축이 굽힘 모멘트 $M=5$ kip·in.를 받고 있다. 이 축에 동시에 가해질 수 있는 토크와 마력을 구하라.

조건 $\tau_{all}=9$ ksi, $\sigma_{all}=14$ ksi

9.30 그림 P9.30과 같이 평형상태에 있는 직경 $d=50$ mm의 축에 대한 최대주응력과 최대전단응력을 구하라.

가정 베어링 A와 B는 마찰이 없이 단순지지되어 있다고 가정하라.

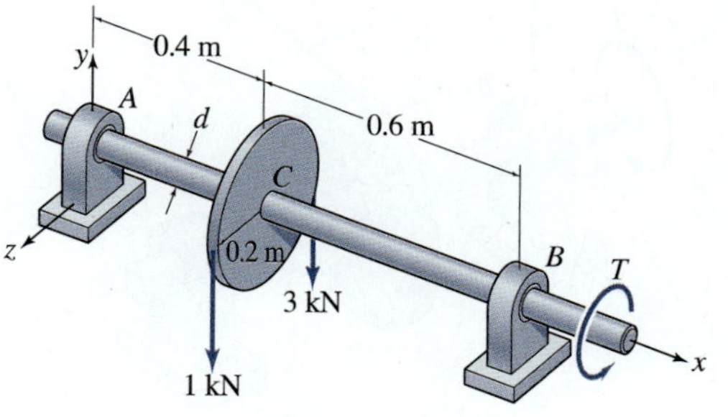

그림 P9.30

9.31 직경 $d=40$ mm의 원통 축이 굽힘 모멘트 $M=200\pi$ N·m를 받고 있다. $\sigma_{all}=120$ MPa, $\tau_{all}=80$ MPa일 때 가할 수 있는 토크 T를 구하라.

9.32 그림 P9.32와 같은 조립체의 직경 $D=3$ in. 축의 중간 표면에 있는 점 E에서 최대전단응력을 구하라.

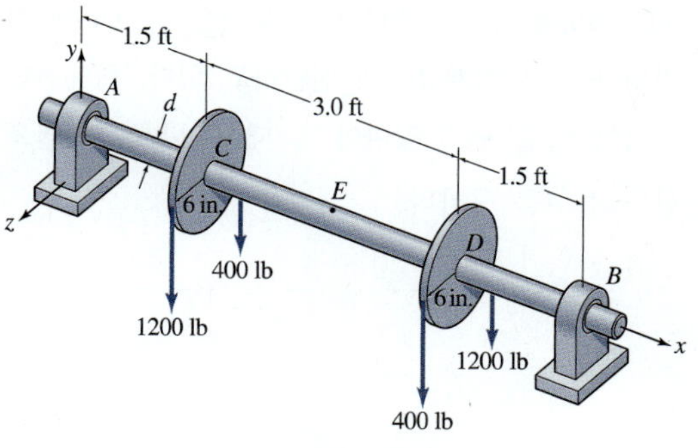

그림 P9.32

9.33 문제 9.32에서 외경 $D=3$ in., 내경 $d=2$ in.인 속이 빈 원통 축일 때 문제를 다시 풀어라.

9.34 원형 축이 마찰이 없는 베어링에 지지되어 있고 그림 P9.34와 같이 하중을 받고 있다. 허용전

단응력이 τ_{all}로 제한될 때 가장 작은 허용직경 d를 구하라.

조건 $a=6$ in., $r=4$ in., $T=5$ kip·in., $\tau_{all}=10$ ksi

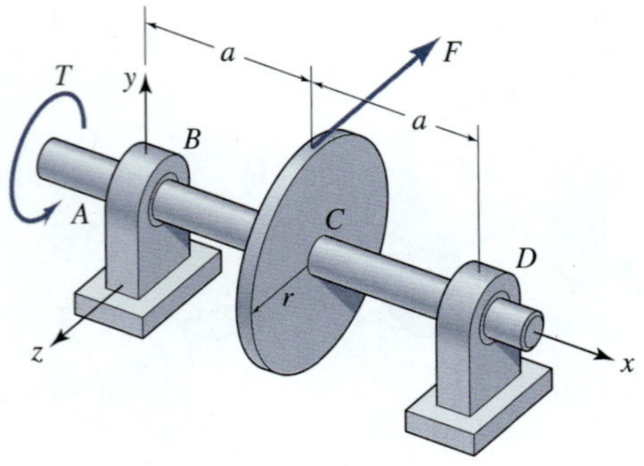

그림 P9.34

9.35 문제 9.34에서 허용수직응력이 σ_{all}을 넘지 않을 때 문제를 다시 풀어라.

조건 $a=180$ mm, $r=100$ mm, $T=800$ N·m, $\sigma_{all}=120$ MPa

***9.36** 그림 P9.36에서와 같이 축 ABC가 모터에 의해 운전되고 있다. 모터는 기어를 통하여 $n=500$ rpm의 속도로 30 kW의 동력을 축 DE에 연결되어 있는 기계장치에 전달하고 있다. 허용전단응력이 τ_{all}을 넘지 않아야 할 때 축 ABC의 필요한 직경 d를 구하라.

조건 $a=120$ mm, $r=100$ mm, $\tau_{all}=50$ MPa, $n=600$ rpm

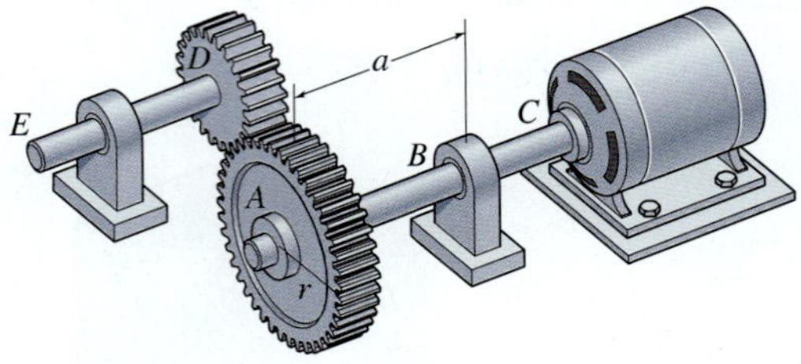

그림 P9.36

9.37 양끝이 단순지지되어 있는 원형 봉 AB가 그림 P9.37과 같이 토크(T)와 2개의 힘(F_1, F_2)을 받고 있다. 축은 $d=2$ in.의 직경을 가지고 있다. 다음을 구하라.

(a) 최대인장응력

(b) 최대전단응력

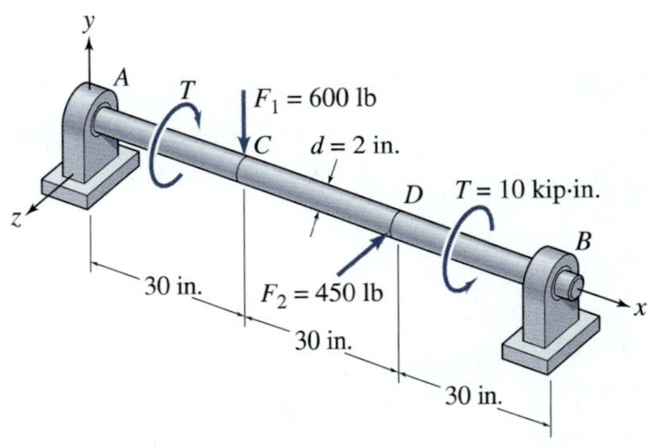

그림 P9.37

9.5 횡방향 전단하중과 굽힘 모멘트 하중: 보에서의 주응력

보의 임의의 위치에서 발생하는 수직응력과 전단응력을 결정하는 방법은 7.5절과 7.7절에서 다루었으며 굽힘 모멘트 M과 전단력 V의 최댓값이 존재하는 단면의 위치를 정하는 과정을 6.5절에서 설명하였다. 그러나 전단과 굽힘하중을 복합하여 받고 있는 보의 다양한 위치에서 주응력과 최대전단응력 계산을 위한 자세한 설명이 필요하다.

굽힘응력은 단면의 바깥 면에서 최댓값을 가지고 단면의 중립축에서 0의 값을 가진다는 것을 상기하라. 반대로 전단응력은 위아래 면에서 0의 값을 가지고 일반적으로 중립축에서 최댓값을 가진다. 그러므로 단면의 표면에 있는 요소에서 작용한 굽힘응력은 주응력이 되는 반면에 중립면에 있는 요소는 순수전단을 받는다. 단면의 임의의 점에 있는 요소는 굽힘응력과 전단응력을 동시에 받는다. 그러한 위치에서 가장 큰 응력을 확인하기 위해서 8장에서 나타낸 해석방법 중의 하나가 사용될 수 있다.

예제 9.5에서는 직사각형단면을 가진 보에서의 최대수직응력은 식 (7.7)로 표현된 굽힘공식으로부터 구할 수 있다는 것을 나타낸다. 이 식은 직사각형이 아닌 단면을 가진 많은 보들에도 적용될 수 있다. 그러나 폭이 넓은 플랜지의 단면에서는 플랜지와 웹의 연결부분에서 일어나는 수직응력과 전단응력(σ_x와 τ_{xy})이 때로는 플랜지의 표면에서보다 최대주응력이 되는 경우가 있다. 이러한 예는 예제 9.6에서 나타낸다.

[예제 9.5] 단순 보에서의 조합응력

조건 직사각형단면을 가진 단순지지 보가 그림 9.9(a)와 같이 보의 중간에 집중하중 $P = 12$ kN을 받고 있다.

문제 보의 A, B, C 및 D점에서 주응력들을 구하라.

풀이 왼쪽 지지점에서 0.5 m 떨어진 단면에서의 굽힘 모멘트와 전단력은 보의 일부 조각[그림 9.9(b)]에 대한 평형조건[그림 9.9(b)]으로부터 얻을 수 있다. 필요한 단면 형상 상수값들은 다음과 같다.

$$A = 0.025 \times 0.12 = 0.003 \ \text{m}^2$$

$$I = \frac{1}{12}(0.025)(0.12)^3 = 3.6 \times 10^{-6} \ \text{m}^4$$

$$Q_B = Q_D = (0.025)(0.03)(0.045) = 33.75 \times 10^{-6} \ \text{m}^3$$

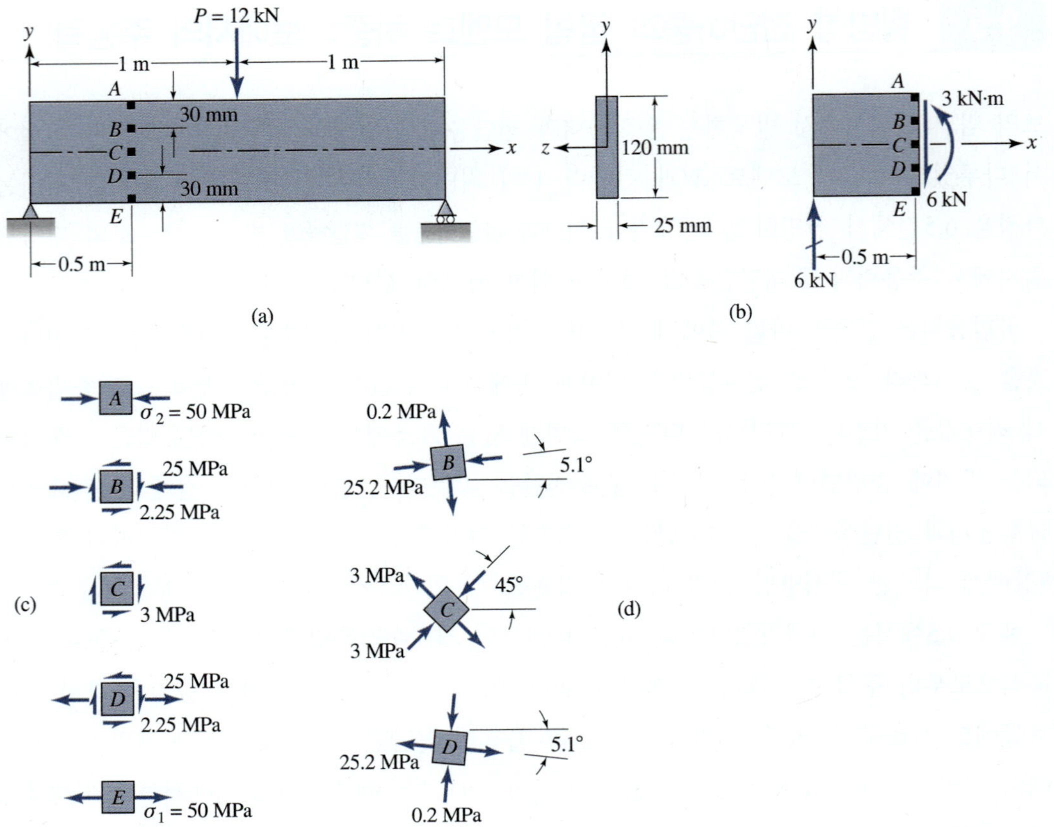

그림 9.9 보에서의 응력분포 (a) 중간에 가해지는 하중 P를 받고 있는 단순 보 (b) 보의 단면 AE 왼쪽 부분의 자유물체도 (c) 단면 AE의 전단과 굽힘에 의한 조합응력 (d) 단면 AE의 주응력

굽힘응력과 전단응력. 각각의 점에서 단면의 응력들은 앞의 식들을 이용하여 다음과 같이 구할 수 있다.

$$\sigma_{A,E} = \frac{Mc}{I} = \frac{3000(0.06)}{3.6 \times 10^{-6}} = \pm 50 \text{ MPa}$$

$$\sigma_{B,D} = \frac{1}{2}\sigma_A = \pm 25 \text{ MPa} \qquad \sigma_C = 0$$

$$\tau_{B,D} = \frac{VQ_B}{Ib} = \frac{6000(33.75 \times 10^{-6})}{3.6 \times 10^{-6}(0.025)} = 2.25 \text{ MPa}$$

$$\tau_C = \tau_{\max} = \frac{3V}{2A} = \frac{1.5(6000)}{0.003} = 3 \text{ MPa}$$

앞에서 구한 응력들은 수평면과 수직면을 가지는 미소요소에 그림 9.9(c)와 같이 그려진다.

최대수직응력. 점 B와 C에서의 주응력들과 그 방향은 식 (8.8)과 (8.6)으로부터 다음과 같이 구해질 수 있다.

$$(\sigma_1)_B = -\frac{25}{2} + \sqrt{\left(-\frac{25}{2}\right)^2 + (2.25)^2} = -12.5 + 12.7 = 0.2 \text{ MPa}$$

$$(\sigma_2)_B = -25.2 \text{ MPa}$$

$$(\sigma_1)_C = 3 \text{ MPa} \qquad (\sigma_2)_C = -3 \text{ MPa}$$

$$(\theta_p)_B = \frac{1}{2}\tan^{-1}\frac{-2(2.25)}{-25} = 5.1°$$

$$(\theta_p)_C = \frac{1}{2}\tan^{-1}\frac{2(3)}{0} = 45°$$

같은 방법으로 점 D에서의 주응력을 구하면 $(\sigma_1)_D = 25.7$ MPa, $(\sigma_2)_D = -0.2$ MPa과 $(\theta_p{}')_D = -5.1°$를 얻을 수 있다. 이 결과는 그림 9.9(d)에 나와 있다.

부가설명 그림으로부터 인장주응력(σ_1)의 크기는 바닥에서 최댓값을 갖고 연속적으로 감소하여 윗면에서 0의 값을 가지며 그 방향은 점차적으로 180° 회전한다는 것을 알 수 있다. 압축주응력(σ_2)에 대해서도 같은 방법으로 설명된다. 이러한 방법으로 최대응력이 걸리는 단면의 위치를 예측할 수 있으며 그렇게 함으로써 필요한 계산량을 줄일 수 있다.

보의 여러 단면에서의 응력들은 이러한 방법으로 조사될 수 있다. 각 점에서의 주응력의 방향을 곡선으로 그린 시스템을 **응력궤적**이라고 한다. 그림 9.9(a)의 보에 대하여 그 궤적을 그림 9.10에 보여주고 있다. 여기서 인장응력의 방향은 실선으로 표시하였고 압축응력은 점선으로 표시하였다(그림 9.10은 응력집중의 영향을 무시하였음을 유의하라). 이 두 선은 언제나 직각으로 만난다는 것을 분명히 알 수 있다. 보의 윗면과 바닥면에서의 궤적은 수평하거나 수직하게 된다. 응력궤적은 광탄성 연구에서 특히 중요하다.

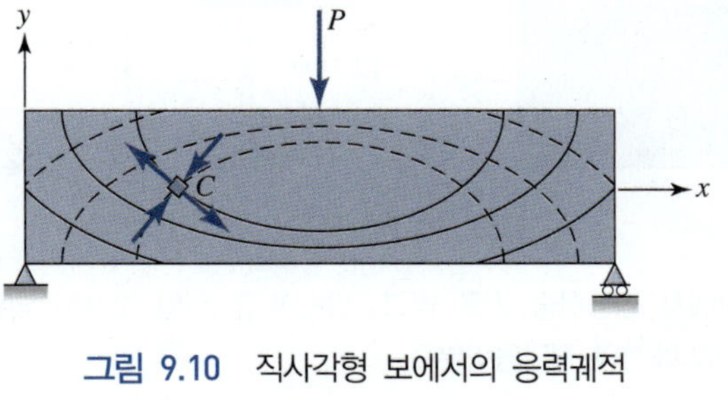

그림 9.10 직사각형 보에서의 응력궤적

[예제 9.6] 외팔 보에서의 조합응력

조건 W 150×24의 단면을 가진 강재 외팔 보가 그림 9.11과 같이 하중을 받고 있다.

문제 다음의 두 경우에 대해서 플랜지-웹 연결부분의 최대수직응력과 최대전단응력을 구하라.

(a) $L = 300$ mm

(b) $L = 500$ mm

풀이 표 B.8로부터 단면 2차 모멘트 $I = 13.4 \times 10^{-6}\ \text{m}^4$인 것을 찾을 수 있다. 플랜지-웹 연결부위와 중립축에서의 단면 1차 모멘트는 각각 다음과 같다.

$$Q_B = 102(10.3)(74.85) = 78.6 \times 10^3\ \text{mm}^3$$

$$Q_C = Q_B + 6.6(69.7)(34.85) = 94.6 \times 10^3\ \text{mm}^3$$

전단력 $V = 60$ kN은 보 전체에서 변하지 않는 상수이다.

(a) L = 300 mm인 경우. 단면 AE에서의 굽힘 모멘트는 $60 \times 10^3(0.3) = 18$ kN · m이다(그림 9.11). 따라서 그림 9.11에서 표시된 점 A와 B에서의 수직응력은 다음 식과 같이 계산된다.

$$\sigma_A = \frac{Mc}{I} = \frac{18(10^3)(0.08)}{13.4 \times 10^{-6}} = 107.5\ \text{MPa}$$

$$\sigma_B = \frac{69.7}{80}(107.5) = 93.7\ \text{MPa}$$

점 B와 C에서의 전단응력[그림 9.11(c)]은 다음과 같다.

$$\tau_B = \frac{VQ_B}{Ib} = \frac{60(10^3)(78.6 \times 10^{-6})}{13.4(10^{-6})(0.0066)} = 53.3\ \text{MPa}$$

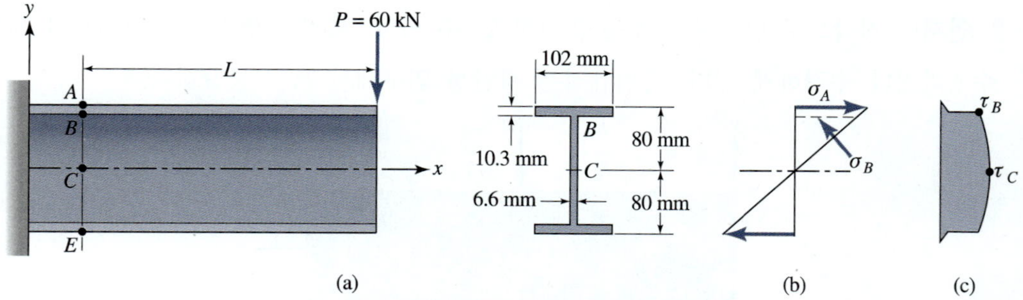

그림 9.11 (a) 자유단에서 집중하중 P를 받고 있는 W형 외팔 보 (b) 단면 AE에서의 수직응력분포 (c) 단면 AE에서의 전단응력분포

$$\tau_C = \frac{VQ_C}{Ib} = \frac{60(10^3)(94.6\times10^{-6})}{13.4(10^{-6})(0.0066)} = 64.2\ \text{MPa}$$

7.10절에서 설명한 바와 같이 실제 적용에서 간편하게 사용하기 위해서는 최대전단응력을 식 (7.25)의 $\tau_{\text{avg}} = V/A_{\text{web}}$를 이용하여 구할 수 있다.

식 (8.8)과 (8.10)을 이용하여 플랜지와 웹 연결부위의 **최대주응력**과 **최대전단응력**을 다음과 같이 구할 수 있다.

$$(\sigma_1)_B = \frac{93.7}{2} + \sqrt{\left(\frac{93.7}{2}\right)^2 + (53.3)^2} = 46.9 + 71 = 117.9\ \text{MPa}$$

$$(\tau_{\max})_B = 71\ \text{MPa}$$

부가설명 이 경우에는 보 중립축에서 가장 멀리 떨어진 곳에서 최대수직응력이 일어나지 않음을 볼 수 있다.

(b) $L = 500$ mm인 경우. 단면 AE에서의 굽힘 모멘트는 $60\times10^3(0.5) = 30\ \text{kN}\cdot\text{m}$이다. 따라서 굽힘응력은 다음과 같다.

$$\sigma_A = \frac{Mc}{I} = \frac{30\times10^3(0.08)}{13.4\times10^{-6}} = 179.1\ \text{MPa}$$

$$\sigma_B = \frac{69.7}{80}(179.1) = 156\ \text{MPa}$$

전단응력은 길이방향으로 어디서나 일정한 값을 갖는다. 다음에 플랜지와 웹의 연결지점에서 **최대주응력**과 **최대전단응력**을 구하면 다음과 같다.

$$(\sigma_1)_B = \frac{156}{2} + \sqrt{\left(\frac{156}{2}\right)^2 + (53.3)^2} = 78 + 94.5 = 172.5\ \text{MPa}$$

$$(\tau_{\max})_B = 94.5\ \text{MPa}$$

부가설명 이 경우에는 보 중립축에서 가장 멀리 떨어진 곳에서 최대수직응력이 일어난다.

일반적으로 길이가 대단히 짧은 넓은 플랜지 보(I형 보)와 특수한 경우에서만 주응력 해석이 필요하다. 그 밖의 경우에서 최대굽힘응력은 같은 점에서 발생하는 최대전단응력보다 10배 이상 크다.

9.6 편심 축하중

이 절에서는 축하중의 작용선이 단면의 중심을 지나지 않는 경우에 대하여 응력분포를 해석하기로 한다. 그림 9.12(a)에 이러한 **편심하중**이 작용되는 부재를 보여주고 있으며 축방향 인장력 P가 주중심축 z와 y에 각각 e_y와 e_z만큼 편심되어 있는 것을 볼 수 있다. 9.5절에서와 같이 y축을 단면의 **대칭축**으로 하였다.

편심하중 P는 중심에 가해지는 힘 P와 다음과 같은 중심축에 대한 2개의 굽힘 모멘트 합과 정적으로 동일하다고 할 수 있다.

$$M_y = Pe_z \qquad M_z = Pe_y \tag{a}$$

단면 임의의 점$(y,\ z)$에서의 **조합수직응력**은 식 (7.45)에 축방향 응력 항을 더함으로써 얻을 수 있다.

$$\boxed{\sigma_x = \frac{P}{A} - \frac{M_z y}{I_z} + \frac{M_y z}{I_y}} \tag{9.10}$$

축하중이 압축력이라면 앞 식에서 P는 음의 값을 갖는다. 앞 식에서 σ_x의 위치에 따라서 y와 z는 양의 값이 될 수도 있고 음의 값이 될 수도 있다. 식 (9.10)은 y와 z가 주축이라고 한다면 어떤 단면의 형상을 가진 부재에도 적용될 수 있다.

단면의 **중립축 방정식**은 식 (9.10)에서 $\sigma_x = 0$으로 놓음으로써 결정할 수 있다.

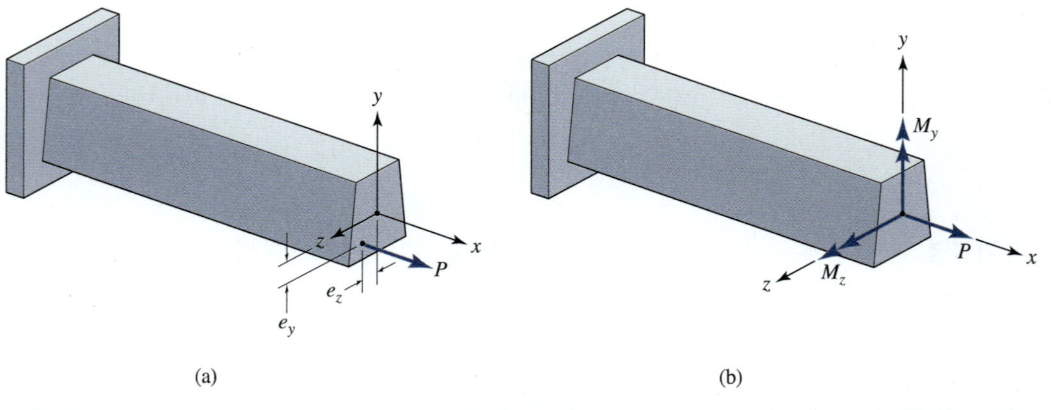

그림 9.12 (a) 편심 축하중 P를 받고 있는 대칭축(y)을 가지고 있는 부재 (b) 중립 주축에 대하여 정적으로 동일한 축하중과 굽힘 모멘트

$$\frac{P}{A}-\frac{M_z y}{I_z}+\frac{M_y z}{I_y}=0 \tag{9.11}$$

이 직선은 순수굽힘에서의 중립축과 유사하다. 이 축을 중심으로 평면단면이 회전한다. $P \neq 0$이라면 이 중립축은 단면의 중심을 지나지 않는다. 작용되는 축하중 P의 편심 e_y와 e_z가 작으면 이 중립축은 단면의 바깥에 놓인다. 식 (9.11)은 응력의 분포가 단면 전체에 걸쳐서 선형적이라는 것을 보여주고 있다. 가장 큰 응력은 중립축으로부터 가장 먼 곳에 있는 점에서 발생한다.

경우에 따라서는 축방향 편심하중이 xy 등과 같이 **대칭면**에서 발생한다. 이러한 경우에 굽힘 모멘트의 한 성분 (M_y)는 0이 되며 식 (9.10)으로 표현된 **조합수직응력**은 다음과 같이 간단해진다.

$$\sigma_x=\frac{P}{A}-\frac{My}{I} \tag{9.12}$$

그러면 식 (9.11)로 표현된 **중립축**은 다음과 같다.

$$\frac{P}{A}-\frac{My}{I}=0 \tag{9.13}$$

여기서 M과 I는 각각 작용되는 굽힘 모멘트와 주중심축에 대한 관성 모멘트이다.

단면의 핵심

식 (9.10)은 콘크리트나 돌과 같이 인장에 대단히 취약한 건설재료를 사용할 때 고려해야 할 중요한 설계 관계식을 나타내고 있다. 이러한 재료에서는 작용되는 축방향 힘이 단면의 어떤 점에서도 인장응력을 발생시키지 않도록 하는 것이 필요할 수 있다. 이와 같은 조건은 하중이 중심 주위의 좁은 영역에 있을 때 만족한다. 그 영역 안에서 작용하는 압축력(인장력)은 전체 단면에 걸쳐서 압축응력(인장응력)을 발생시킨다. 이와 같은 영역을 단면의 **핵심**(kern) 또는 **중심부**(core)라고 한다.

직사각형단면의 중심부는 그림 9.13(a)와 같이 압축력 P를 받고 있는 블록을 고려함으로써 구할 수 있다. $M_z=Pe_y$, $M_y=-Pe_z$로 하고 구석점 A의 응력을 0으로 놓음으로써 이 문제의 범위조건을 구할 수 있다. 식 (9.10)은 다음과 같이 다시 쓸 수 있다.

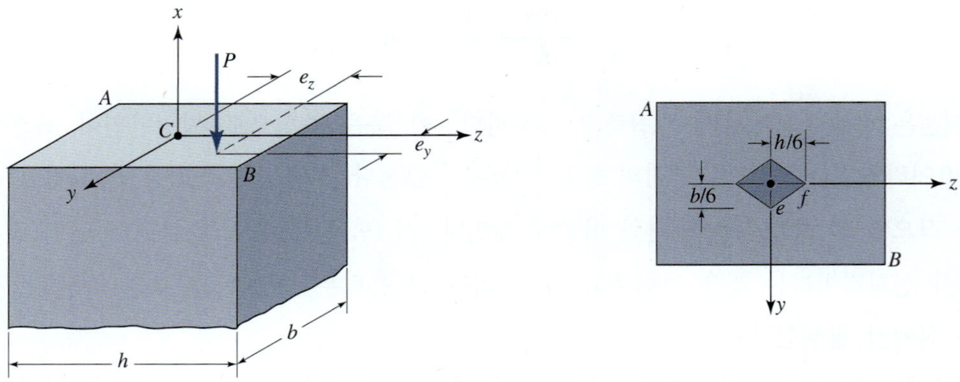

그림 9.13 직사각형단면의 핵심

$$\sigma_A = 0 = -\frac{P}{A} - \frac{(Pe_y)(-b/2)}{I_z} + \frac{(-Pe_z)(-h/2)}{I_y}$$

여기서 $A = bh$, $I_z = hb^3/12$이고 $I_y = bh^3/12$이다. 앞의 식을 간단히 하면 다음과 같다.

$$\frac{e_z}{h/6} + \frac{e_y}{b/6} = 1 \tag{9.14}$$

이 식은 그림 9.13(b)의 ef로 주어진 직선의 방정식을 나타낸다. 색칠한 부분(중심부)의 나머지 3개의 직선도 같은 방식으로 구할 수 있다. 그러므로 단면 핵심 내의 어느 위치에 작용하는 하중도 부재의 인장응력을 발생시키지 않는다. 다른 단면 형상의 핵심부도 같은 방식으로 구할 수 있다.

[예제 9.7] 편심된 링크의 응력

조건 20 mm×80 mm 직사각형단면을 가진 링크가 그림 9.14(a)와 같이 $P = 48$ kN의 힘을 받고 있다.

문제

(a) 단면 $A-B$에서 최대수직응력을 구하라.

(b) 중립축의 위치를 구하라.

가정 힘 P는 동일 평면 위에 있고 2차원 문제로 가정하라.

풀이 링크 왼쪽 부분의 자유물체도를 그림 9.14(b)에 나타내었다. 단면의 내력은 중심에 가해지는 힘 $P = 48$ kN과 같고 모멘트는 $M = 2.88$ kN · m이다.

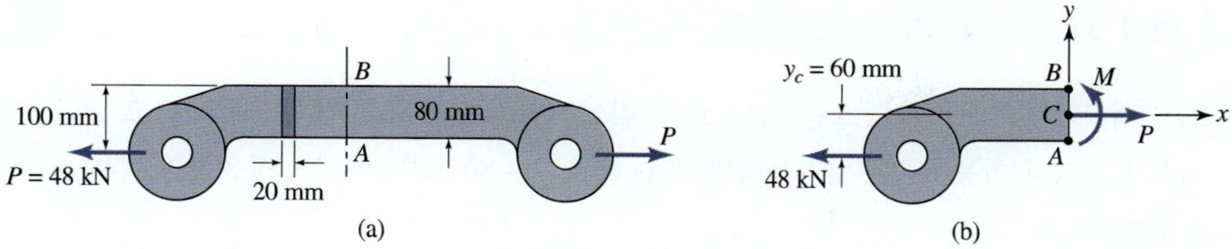

그림 9.14 (a) 하중을 받고 있는 링크 (b) 단면 $A-B$

(a) 최대수직응력. 단면 $A-B$[그림 9.14(b)]에 균일하게 분포하는 축방향 응력은 다음과 같다.

$$\sigma_a = \frac{P}{A} = \frac{48\times 10^3}{0.02\times 0.08} = 30\ \text{MPa}$$

굽힘 모멘트 M에 의한 응력분포는 선형적이며 단면 $A-B$의 가장자리에서 다음과 같은 최댓값을 갖는다.

$$\sigma_b = \frac{Mc}{I} = \frac{2880(0.04)}{0.02(0.08^3)/12} = 135\ \text{MPa}$$

그러므로 식 (9.12)를 사용하거나 두 응력분포를 중첩하면 가장자리의 미소요소에서 최대인 장응력과 최대압축응력을 각각 다음과 같이 얻는다.

$$\sigma_A = \sigma_a + \sigma_b = 30 + 135 = 165\ \text{MPa}$$

$$\sigma_B = \sigma_a - \sigma_b = 30 - 135 = -105\ \text{MPa}$$

단면 $A-B$에 대한 응력분포의 합성응력을 그림 9.15(c)에 나타내었다.

(b) 중립축의 위치. 중심과 중립축 사이의 거리 y_n[그림 9.15(c)]은 식 (9.13)으로부터 다음과 같이 구해질 수 있다.

$$0 = \frac{P}{A} - \frac{My_n}{I} = 30(10)^6 - \frac{2880y_n}{0.02(0.08^3)/12} = 30\ \text{MPa}$$

따라서 거리는 $y_n = 8.9\ \text{mm}$가 된다.

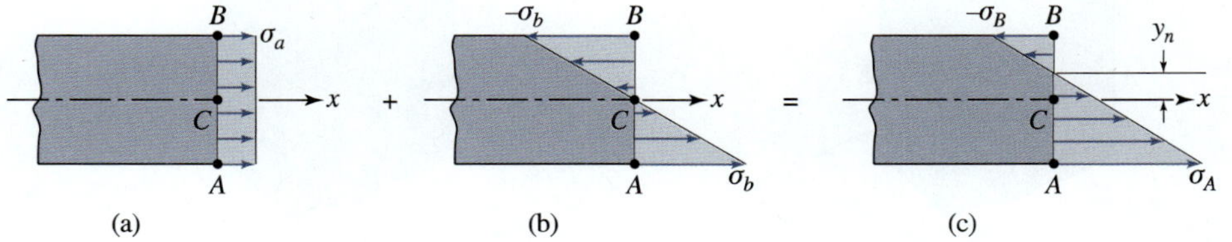

그림 9.15 그림 9.14(a)의 링크에서의 응력분포

[예제 9.8] 편심하중에 의한 응력

조건 직사각형의 블록이 그림 9.16(a)와 같이 한쪽 구석에 수직힘 P를 받고 있다. 평면 $ABDE$에서의 허용응력은 압축응력의 경우 $(\sigma_c)_{\text{all}} = 80\ \text{MPa}$이고 인장응력의 경우 $(\sigma_t)_{\text{all}} = 20\ \text{MPa}$이다.

문제 블록에 가해질 수 있는 최대 힘 P는 얼마인가?

풀이 가해지는 편심하중은 중심을 지나는 힘 P와 2개의 모멘트 $M_y = 0.05P\ \text{N}\cdot\text{m}$와 $M_z = 0.03P\ \text{N}\cdot\text{m}$로 대신할 수 있다[그림 9.16(b)]. 단면의 면적과 관성 모멘트는 다음과 같다.

$$A = 0.06 \times 0.1 = 0.006\ \text{m}^2$$

$$I_y = \frac{1}{12}(0.06)(0.1)^3 = 5 \times 10^{-6}\ \text{m}^4$$

$$I_z = \frac{1}{12}(0.1)(0.06)^3 = 1.8 \times 10^{-6}\ \text{m}^4$$

중심을 지나는 하중 P에 의한 응력은 다음과 같다.

$$\sigma_a = \frac{P}{A} = \frac{-P}{0.006} = -166.67P$$

굽힘 모멘트 M_y와 M_z에 의한 응력의 최댓값은 각각 다음과 같다.

$$\sigma_b{}' = \frac{M_y z_{\max}}{I_y} = \frac{0.05P(0.05)}{5 \times 10^{-6}} = 500P$$

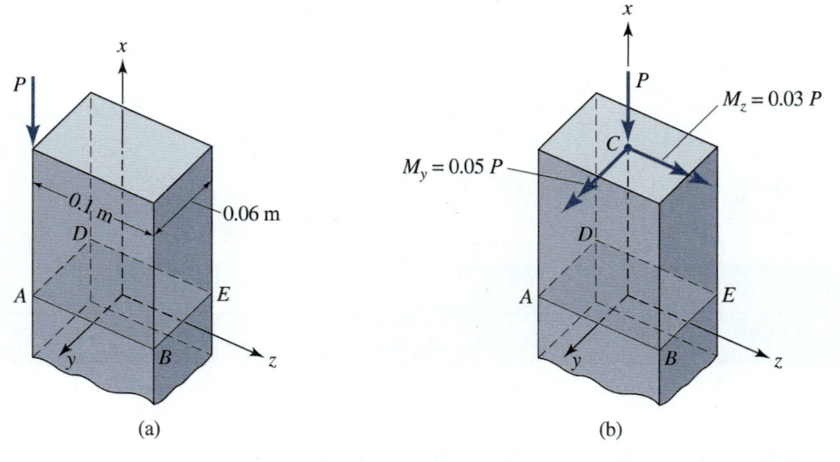

그림 9.16 (a) 편심을 받고 있는 사각 막대 (b) 중심축에 대한 동등한 축하중과 굽힘 모멘트

$$\sigma_b{}'' = \frac{M_z y_{\max}}{I_z} = \frac{0.03P(0.03)}{1.8\times 10^{-6}} = 500P$$

그러므로 구석 미소요소에서 식 (9.10)은 다음과 같은 **조합응력**으로 쓸 수 있다.

$$\sigma_x = \sigma_a \pm \sigma_b{}' \pm \sigma_b{}''$$

앞의 경우에서 부호는 그림 9.16(b)에서 표시된 모멘트의 방향을 참조하여 매겨져야 한다. 그러므로 점 A와 E에서의 최대압축응력과 최대인장응력은 다음과 같다.

$$\sigma_A = -166.67P - 500P - 500P = -1166.67P$$

$$\sigma_E = -166.67P + 500P + 500P = 833.33P$$

허용응력을 앞 식에 대입하면 다음과 같은 결과를 얻는다.

$$P = \frac{-80\times 10^6}{-1166.67} = 68.6 \text{ kN} \qquad P = \frac{20\times 10^6}{833.33} = 24 \text{ kN}$$

부가설명 허용편심하중의 최댓값은 가장 작은 $P = 24$ kN이다.

예제 9.9 채널 단면을 가진 보에서의 응력

조건 채널 형상의 단면을 가진 외팔 보가 그림 9.17(a)와 같이 하중을 받고 있다.

문제

(a) 점 A와 B의 수직응력

(b) 점 D에서의 주응력과 최대전단응력

풀이 문제에서 주어진 25 kN의 하중은 15 kN의 수평방향 힘과 자유단에서 20 kN의 수직

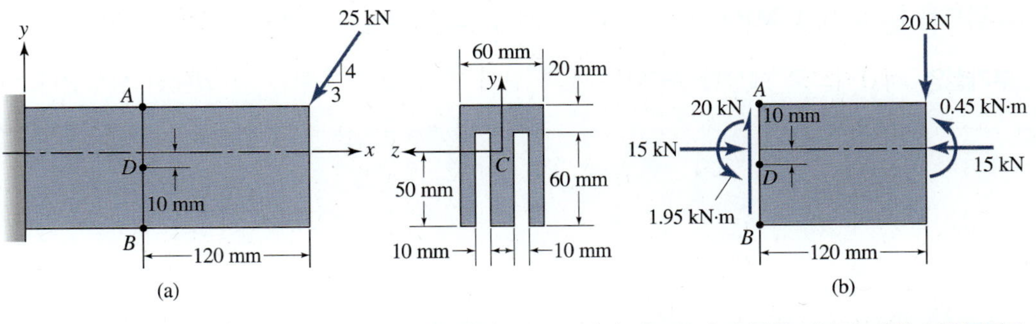

그림 9.17 (a) 집중하중을 받고 있는 채널 단면의 보 (b) 단면 $A-B$의 오른쪽 부분에 대한 자유물체도

방향 힘 및 중심 C에 작용하는 450 N · m의 굽힘 모멘트로 대신할 수 있다. 그 다음에 단면 $A-B$에서 발생하는 응력 총합을 구할 수 있다. 부록 A.1과 A.3을 참조하면 다음과 같은 단면 상수를 얻을 수 있다.

$$A = 0.0024\ \text{m}^2 \qquad \bar{y} = 50\ \text{mm} \qquad I = 136 \times 10^{-8}\ \text{m}^4$$

부가설명 z축에 대한 이 채널 단면의 성질들은 단면 T[그림 7.11(b)]의 성질들과 같다는 것을 참조하라. 두 단면은 모두 대칭축을 가진다.

(a) 수직응력. 식 (9.12)를 적용하면 구석 미소요소의 조합수직응력을 다음과 같이 구할 수 있다.

$$\sigma_A = -\frac{P}{A} + \frac{My_A}{I} = -\frac{15 \times 10^3}{0.0024} + \frac{1950(0.03)}{136 \times 10^{-8}}$$

$$= -6.25 + 43.01 = 36.8\ \text{MPa}$$

$$\sigma_B = -\frac{P}{A} - \frac{My_B}{I} = -6.25 - \frac{1950(0.05)}{136 \times 10^{-8}} = -77.9\ \text{MPa}$$

(b) 최대응력. 점 D에서[그림 9.17(b)] 수직응력과 전단응력은 각각 다음과 같다.

$$\sigma_D = -\frac{P}{A} - \frac{My_D}{I} = -6.25 - \frac{1950(0.01)}{136 \times 10^{-8}} = -20.6\ \text{MPa}$$

$$\tau_D = \frac{VQ}{Ib} = \frac{20 \times 10^3[2(0.01)(0.04)(0.03)]}{136 \times 10^{-8}(0.02)} = 17.6\ \text{MPa}$$

주응력들은 식 (9.1)로부터 결정될 수 있다.

$$\sigma_{1,2} = -10.3 \pm \sqrt{(-10.3)^2 + (17.6)^2} = -10.3 \pm 20.4$$

그러므로 $\sigma_1 = 10.1\ \text{MPa}$, $\sigma_2 = -30.7\ \text{MPa}$, 그리고 $\tau_{\max} = 20.4\ \text{MPa}$이 된다.

부가설명 직관적으로 예상할 수 있는 것과 같이 가장 높은 응력은 점 B에서 발생한다.

연습문제

9.5절~9.6절

9.38 그림 P9.38과 같은 단순 보에서 점 D의 허용 수직응력이 10 MPa일 때 P의 최대허용값을 구하라.

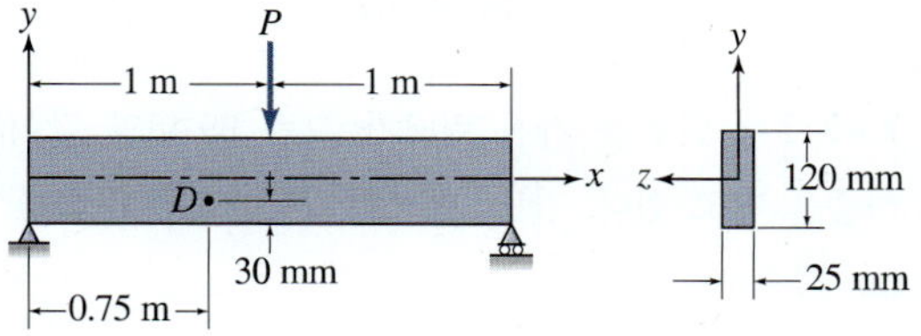

그림 P9.38

9.39 깊이 6 in., 폭 4 in.의 직사각형단면을 가진 돌출 보가 세기 $w = 10$ kips/in.의 균일한 하중을 전달한다. 점 D에서의 주응력들을 구하고 적절하게 회전한 방향에서의 응력결과를 그려라.

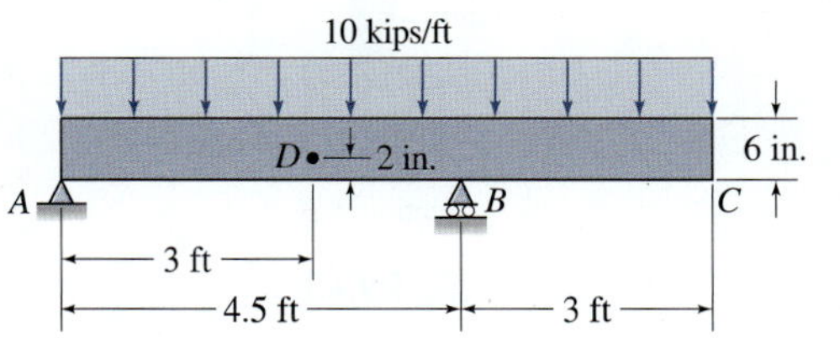

그림 P9.39

9.40 문제 9.39에서 S 8×23 단면(표 B.9 참조)에 대한 문제를 다시 풀어라.

9.41 그림 P9.41과 같이 하중이 가해지는 보에서 보의 자중을 500 N/m로 고려했을 때 보의 가운데 점에서의 최대수직응력과 최대전단응력을 구하라. 또한 적절하게 회전한 방향에서의 응력결과를 그려라.

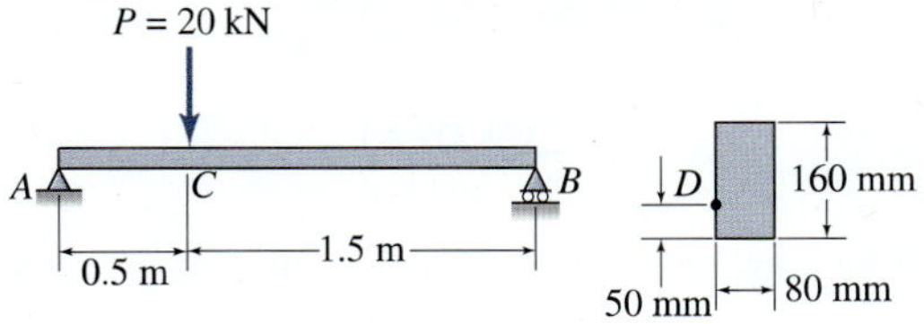

그림 P9.41

9.42 그림 P9.42와 같은 외팔 보에서 점 B의 허용응력이 80 MPa일 때 허용할 수 있는 가장 큰 하중 P의 값을 구하라.

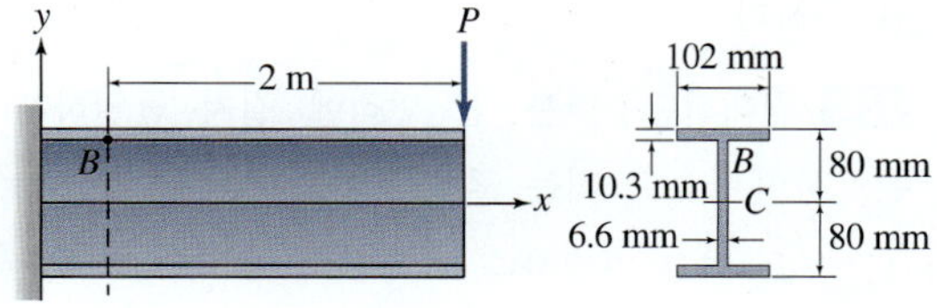

그림 P9.42

9.43 단순지지된 S 250×52의 압연강재 보(표 B.9 참조)가 그림 P9.43과 같이 세기 w의 균일한 하중을 받고 있다. 점 D에서의 최대인장응력을 구하라.

조건 $a = 0.4$ m, $L = 1.8$ m, $w = 150$ kN/m

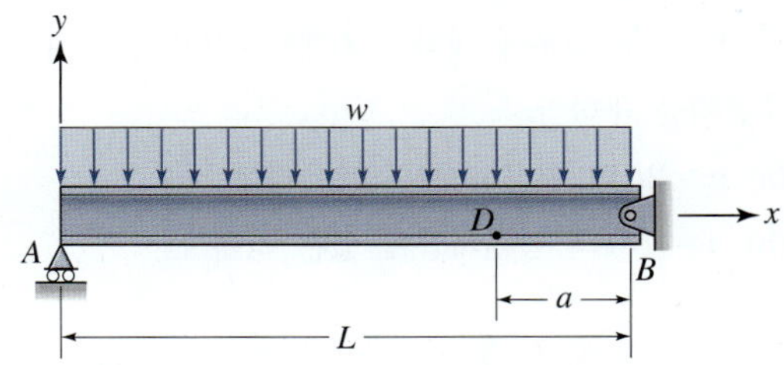

그림 P9.43

9.44 균일한 두께 $t = 20$ mm의 박스형단면을 가지고 있는 단순 금속 보가 그림 P9.44와 같이 집중하중 P를 받고 있다. 점 D에서의 허용압축응력이 $\sigma_{all} = 250$ MPa을 넘지 않게 하려면 허용 가능한 가장 큰 하중 P의 값을 구하라.

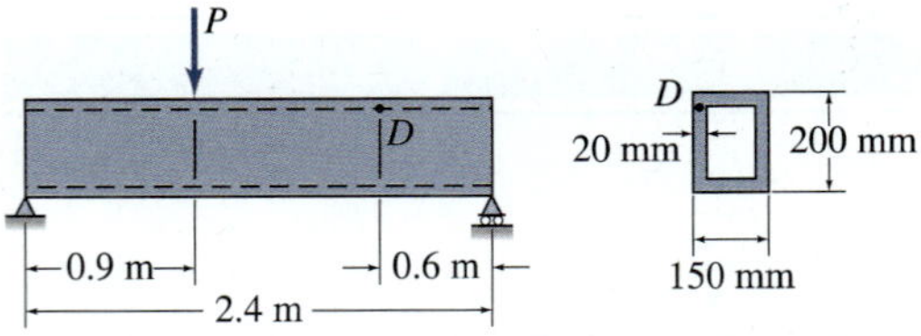

그림 P9.44

***9.45** W 24×84 광폭 플랜지 단면(표 B.8 참조)으로 만들어진 단순지지 보 AB가 3개의 점에서 집중하중 $P=40$ kips를 받고 있다(그림 P9.45). 보의 플랜지와 웹(web)의 연결부에서 최대주응력을 구하라.

가정 최대전단응력은 웹 면적에 걸쳐 균일하게 분포하며 그 크기는 식 (7.25)에 의해 $\tau_{avg}=V_{max}/dt_w$라고 가정한다.

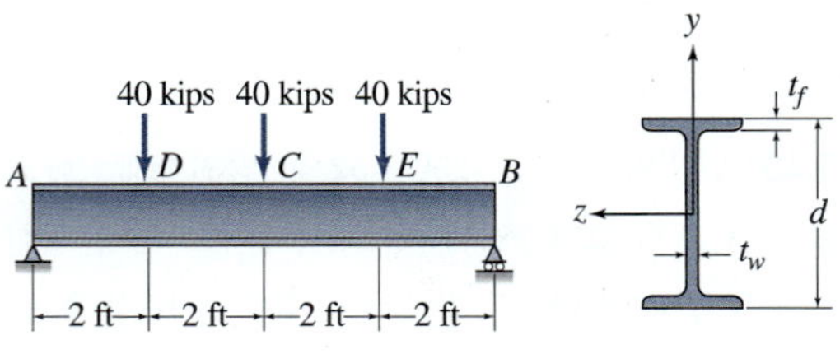

그림 P9.45

9.46 구조물이 그림 P9.46과 같이 하중을 받고 있다. 다음 두 경우에 대하여 최대인장응력과 최대압축응력을 구하라.

(a) $a=2h$의 편심하중이 있는 경우

(b) $a=h/4$의 편심하중이 있는 경우

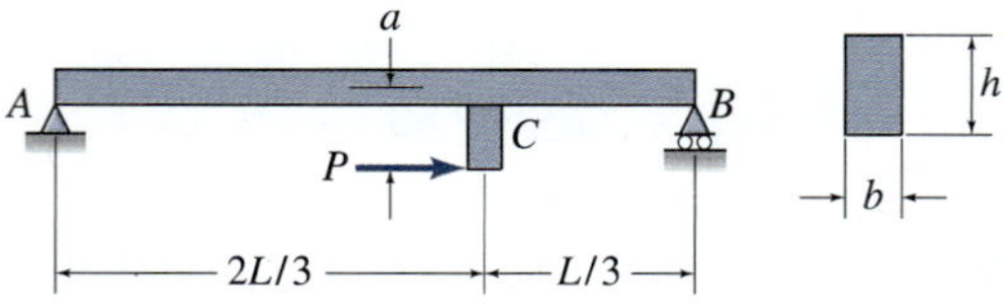

그림 P9.46

9.47 반경 $r=6$ in.와 벽 두께 $t=\frac{1}{2}$ in.인 막힌 실린더가 내부압력 $p=500$ psi와 $e=4$ in.의 편심된 축하중 P를 받고 있다(그림 P9.47). $(\sigma_t)_{all}=6$ ksi이고 $(\sigma_c)_{all}=4.2$ ksi일 때 허용할 수 있는 가장 큰 P의 값을 구하라.

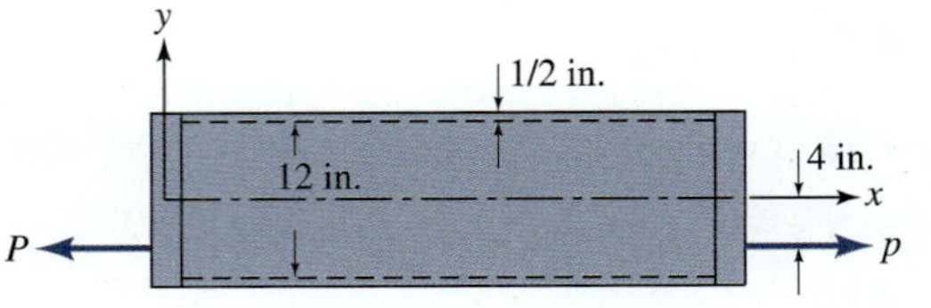

그림 P9.47

9.48 T형 단면을 가진 링크가 그림 P9.48과 같이 하중을 받고 있다. 단면 $A-B$에서 다음을 구하라.

(a) 최대응력

(b) 중립축의 위치

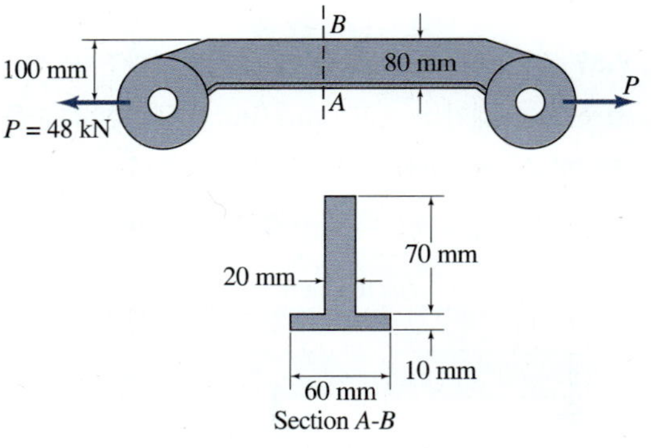

그림 P9.48

9.49 그림 P9.49와 같은 W 410×60 단면의 냉간 가공 보(표 B.8 참조)가 편심된 축하중 $P=400$ kN을 받고 있다. 편심 e_y의 최댓값을 구하라.

조건 $e_z=0$, $(\sigma_t)_{all}=120$ MPa,
$(\sigma_c)_{all}=80$ MPa

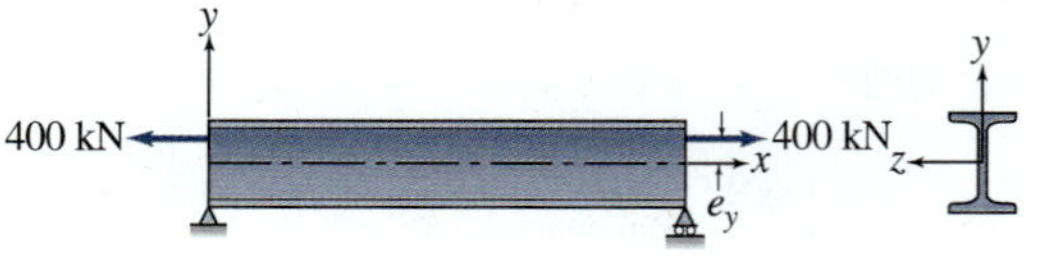

그림 P9.49

9.50 그림 P9.50과 같이 하중을 받고 있는 $b\times h$ 직사각형단면의 브래킷에 대하여 다음을 구하라.

(a) 최대수직응력

(b) 중립축의 위치

조건 $P = 8$ kips, $b = 1$ in., $h = 4$ in.

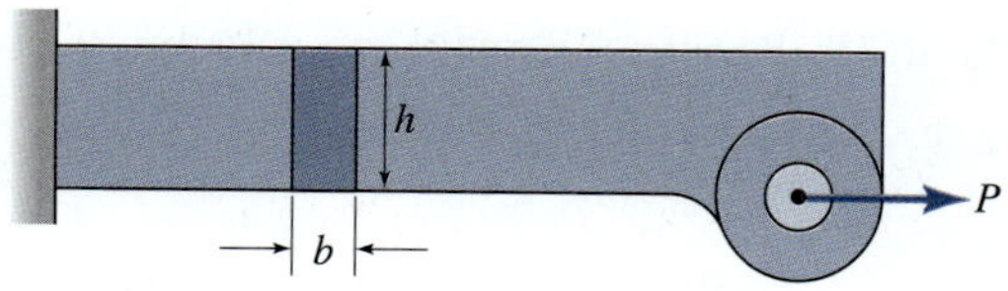

그림 P9.50

9.51 그림 P9.50의 브래킷이 받을 수 있는 최대하중 P를 구하라.

조건 $h = 6b = 6$ in., $\sigma_{all} = 18$ ksi

***9.52** 탄성계수 $E = 200$ GPa의 강재 외팔 보가 그림 P9.52와 같이 하중을 받고 있다. 하중 P의 크기와 거리 d를 구하라.

조건 점 A와 B의 표면에서는 수직변형률 $\varepsilon_A = 600\ \mu$와 $\varepsilon_B = -200\ \mu$가 발생된다.

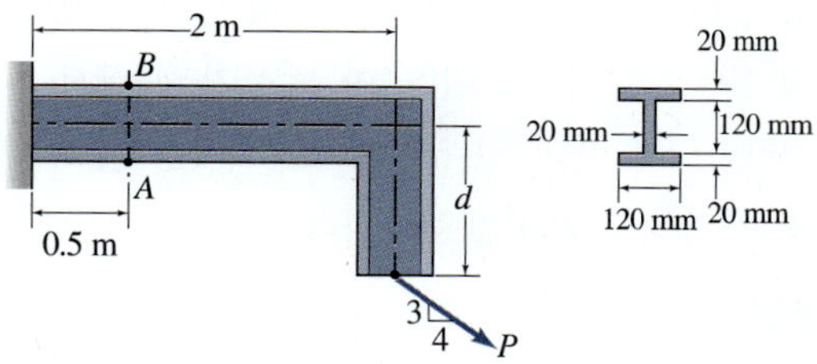

그림 P9.52

9.53 그림 P9.52와 같이 하중이 가해지는 보에서 다음을 구하라.

(a) 최대굽힘응력

(b) 중립축의 위치

조건 $P = 20$ kN, $d = 0.2$ m

9.54 그림 P9.54는 주철재 C 클램프를 보여주고 있다. 가할 수 있는 최대허용하중 P를 구하라.

조건 $(\sigma_t)_{all} = 35$ MPa, $(\sigma_c)_{all} = 50$ MPa,

$h = 2b = 100$ mm

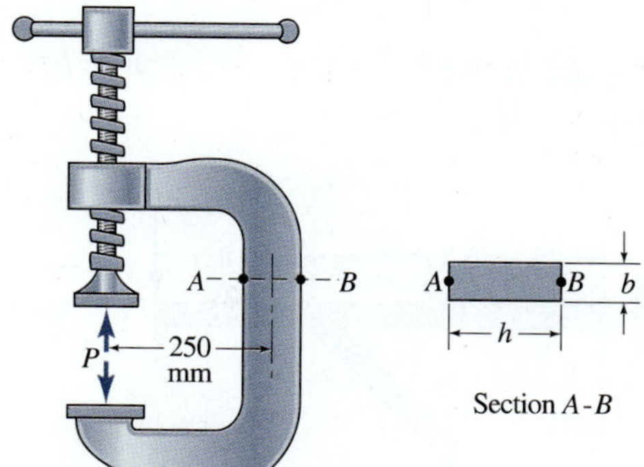

그림 P9.54

9.55 그림 P9.54에서 C 클램프에 걸리는 힘이 $P = 4$ kN이 될 때까지 조였다. $h = 1.6b = 80$ mm 일 때 다음을 구하라.

(a) 최대수직응력

(b) 중립축의 위치

9.56 그림 P9.54는 강재 C 클램프를 보여주고 있다. 단면의 필요한 길이 b를 구하라.

조건 $P = 20$ kN, $h = 60$ mm, $\sigma_{all} = 140$ MPa

***9.57** 50 mm의 면적과 100 mm의 깊이를 가지고 있는 브래킷이 그림 P9.57과 같이 하중 $P = 20$ kN을 받고 있다. 점 A에서의 주응력들과 최대전단응력을 구하라.

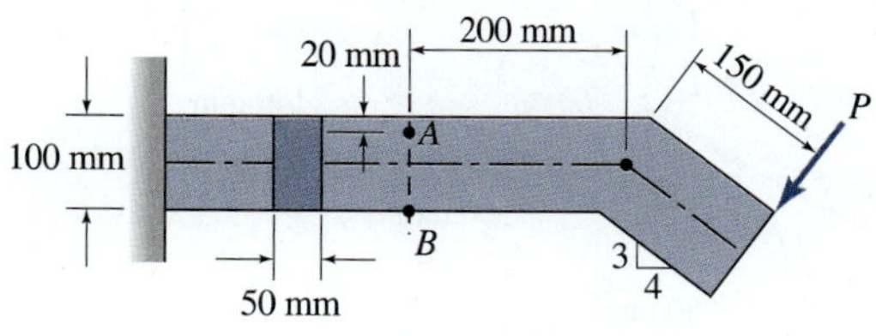

그림 P9.57

9.58 그림 P9.57에서 점 B의 허용수직응력이 $\sigma_{all} = 90$ MPa일 때 브래킷이 받을 수 있는 최대하중 P를 구하라.

9.59 그림 P9.59와 같은 구조물 ABC는 $\sigma_y = 36$ ksi를 갖는 C 6×8.2 강재 채널(표 B.10 참조)

로 만들어져 있다. 안전계수를 $n_s = 1.2$로 할 때 이 구조물이 지지할 수 있는 가장 큰 하중 P를 구하라.

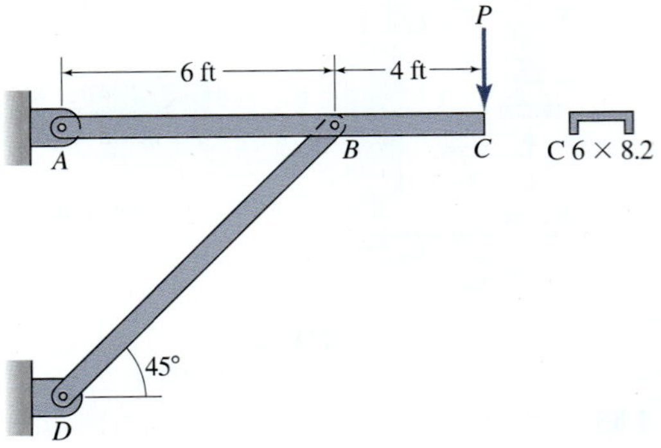

그림 P9.59

9.60 그림 P9.59의 구조물 ABC에서 $P = 2$ kips에 대한 최대수직응력을 구하라.

9.61 직사각형단면을 가진 외팔 보가 그림 P9.61에 나타낸 것과 같이 하중 P, Q, R을 받고 있다. 점 A에서의 최대전단응력 τ_{max}를 구하라.

조건 $P = 100$ kN, $Q = 15$ kN, $R = 10$ kN

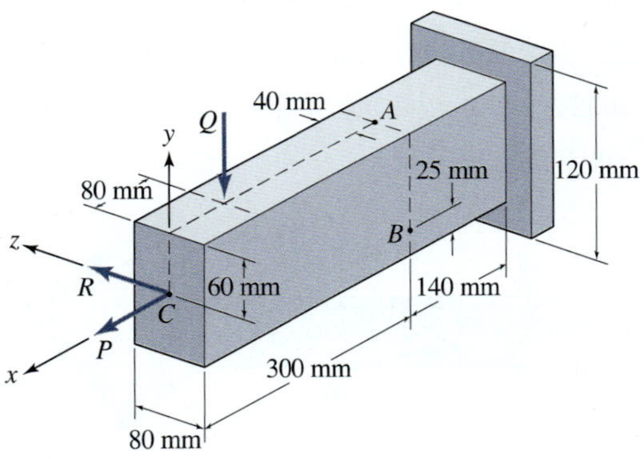

그림 P9.61

9.62 문제 9.61에서 그림 P9.61로 표현된 외팔 보에서 점 A에서의 주응력들을 구하라. 또한 응력결과를 적절하게 회전된 미소요소에 표시하라.

9.63 문제 9.61에서 그림 P9.61로 표현된 외팔 보를 다시 생각하자. 점 B의 최대전단응력 τ_{max}를 구하라.

9.64 S 12×50 단면(표 B.9 참조)의 압연강재 외팔 보가 한쪽 자유면에 편심된 축하중 P를 받고 있다(그림 P9.64). 허용응력이 $\sigma_{all} = 15$ ksi일 때 허용 가능한 P의 최댓값을 구하라.

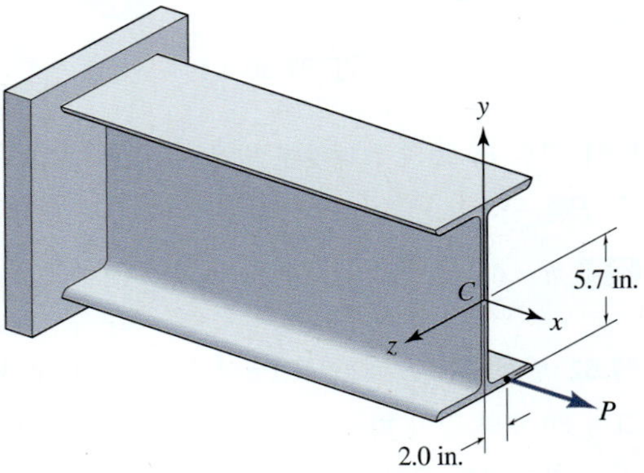

그림 P9.64

9.65 I형 단면을 가진 금속 보 ABC가 그림 P9.65와 같이 B와 C에서 단순지지되어 있고 AB부분의 돌출부를 가지고 있다. 이 보는 자유단에서 집중하중 P를 받고 있다. 허용전단응력이 τ_{all}일 때 최대허용하중 P의 값을 구하라.

조건 $I_z = 5.464$ in.^{4}, $A = 1.911$ in.^{2}, $\tau_{all} = 14$ ksi

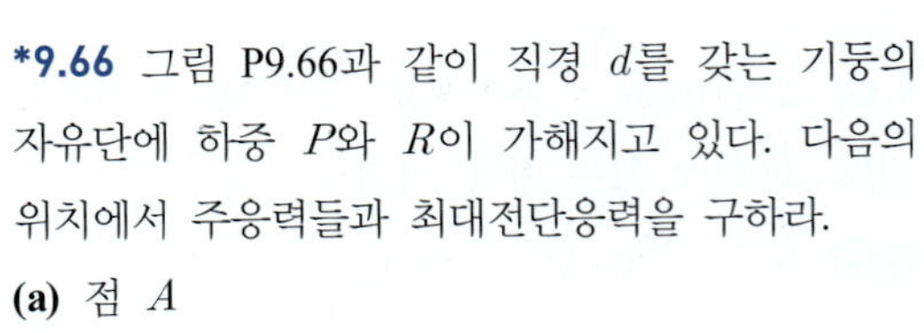

그림 P9.65

***9.66** 그림 P9.66과 같이 직경 d를 갖는 기둥의 자유단에 하중 P와 R이 가해지고 있다. 다음의 위치에서 주응력들과 최대전단응력을 구하라.

(a) 점 A

(b) 점 B

적절하게 회전한 미소요소에 대해 결과를 표시하라.

조건 $P=400\pi$ N, $R=800\pi$ N, $d=50$ mm

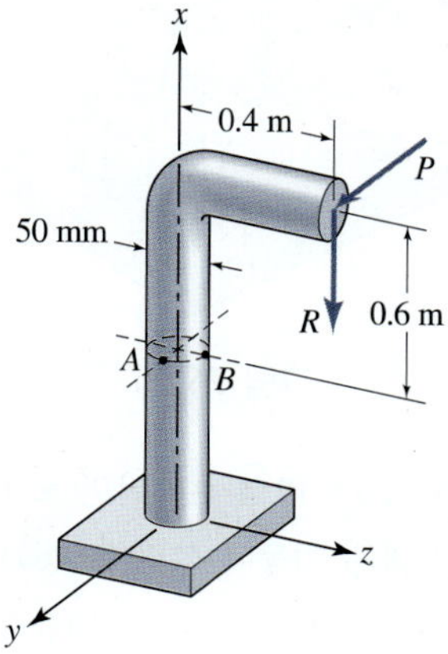

그림 P9.66

9.67 문제 9.66에서 수직하중 R이 0일 때 문제를 다시 계산하라.

***9.68** 무게 W인 표시판이 그림 P9.68과 같이 외경 D와 내경 d인 파이프에 의해 지지되어 있다. 바람에 의한 하중 P가 표시판에 가해질 때 영구변형에 의한 파손이 일어나지 않도록 안전계수 n_s를 구하라.

조건 $D=125$ mm, $d=100$ mm, $\sigma_y=250$ MPa, $P=2$ kN, $W=1.5$ kN

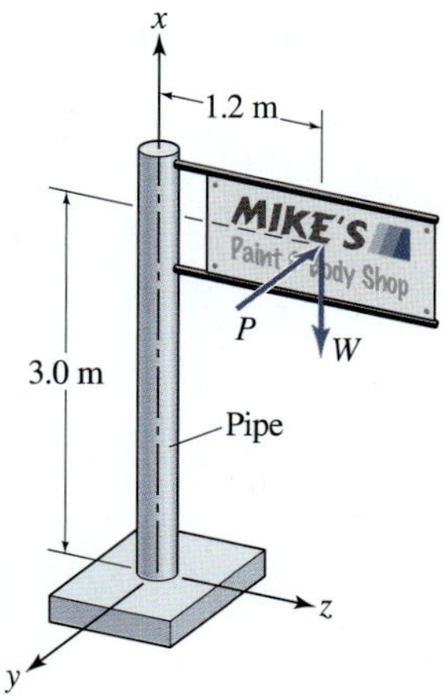

그림 P9.68

9.69 그림 P9.68의 표시판이 외경 D와 내경 d인 강재 파이프에 의해 지지되어 있다. 파이프의 최대 전단응력을 구하라.

조건 $D=100$ mm, $d=75$ mm, $P=800$ N, $W=500$ N

9.70 그림 P9.70과 같이 하중을 받는 부재에 대하여 최대수직응력을 구하라.

(a) 점 A

(b) 점 B

(c) 점 D

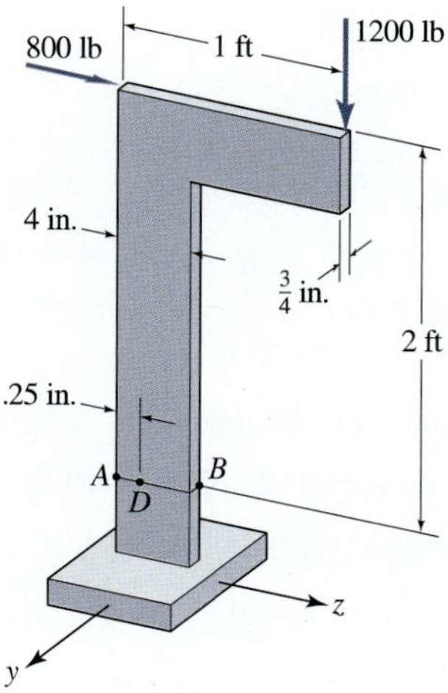

그림 P9.70

9.71 그림 P9.71과 같은 튜브가 일정한 두께 $t=$ 20 mm를 가지고 있다. 최대허용하중 P를 구하라.

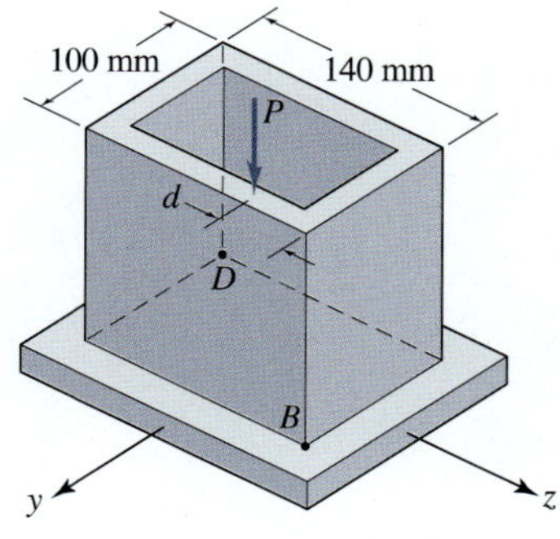

그림 P9.71

조건 $d=30$ mm, $(\sigma_t)_{\text{all}}=80$ MPa,

$(\sigma_c)_{\text{all}}=120$ MPa

9.72 그림 P9.71에서 나타낸 튜브가 일정한 두께 $t=20$ mm를 가지고 있다. 최소허용거리 d를 구하라.

조건 $P=250$ kN, $(\sigma_t)_{\text{all}}=90$ MPa,

$(\sigma_c)_{\text{all}}=130$ MPa

9.73 그림 P9.71에서 보여주고 있는 일정한 두께 $t=10$ mm를 가진 튜브의 점 A, B, D, E에서의 수직응력을 구하라.

조건 $d=50$ mm, $P=150$ kN

9.74 9.6절을 참조로 하여 반경 r의 원형단면에서의 단면의 핵심은 반경 $r/4$의 원 안에 포함됨을 증명하라.

9.75 C 100×11 채널(표 B.10 참조)로 만들어진 짧은 기둥이 편심된 축하중 P를 지지하고 있다(그림 P9.75). 최대압축응력이 σ_{all}을 넘지 않으려면 허용되는 거리 e의 최댓값은 얼마가 되는지 구하라.

조건 $P=20$ kN, $\sigma_{\text{all}}=40$ MPa

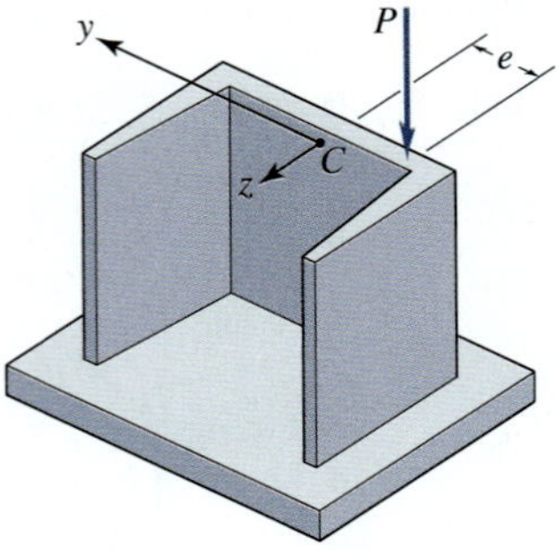

그림 P9.75

***9.76** W 6×25×12의 I형 단면(표 B.8 참조)으로 만들어진 짧은 기둥이 그림 P9.76과 같이 편심된 하중 P를 지지하고 있다. 최대압축응력이 σ_{all}을 넘지 않으려면 허용되는 거리 e의 최댓값은 얼마인지 구하라.

조건 $P=10$ kips, $\sigma_{\text{all}}=15$ ksi

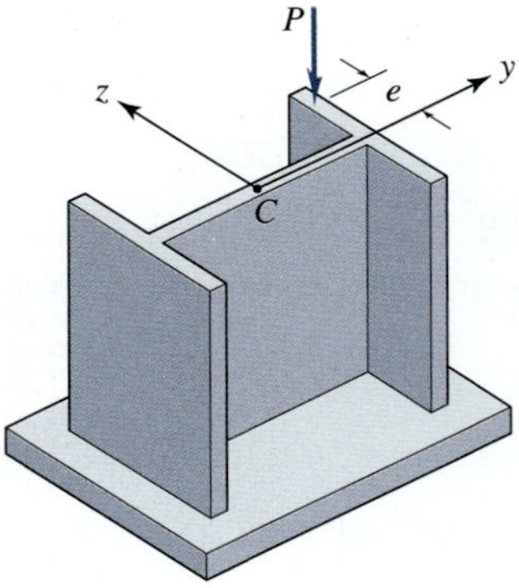

그림 P9.76

PART B 설계에서의 파손조건

9.7 재료의 파손

설계의 효율성은 어떤 종류의 파손이 일어날 것인가의 경우를 예측하는 능력에 대단히 크게 좌우된다. 구조의 파손에 영향을 미치는 인자들은 재료의 특성, 하중의 종류, 설계대상의 모양, 크기, 그리고 부재의 표면처리, 시간, 그리고 환경적인 조건 등이다. 공학자들과 재료과학자들은 대상으로 하는 구조나 기계가 제대로 작동하지 않는 때를 알아내는 데 관심이 있다. 비정상 작동은 지각이동이나 지진, 부식영향을 받는 피로에 의한 비행기의 파손, 선박의 절단 파손(사진 참조), 로켓 모터 및 탈선된 기차와 같은 대형 사고를 포함한다. 소형 파손의 예로는 과속 엔진의 밸브-스프링 파손, 목재 보의 파손, 인체 뼈의 결함 발생 및 맞물리는 기어 쌍의 표면 마모 등이 있다.

일반적으로 하중을 받는 조립체나 부속품의 **파손**은 그것이 원하는 기능을 하지 못하도록 하는 거동이라고 간주된다. 항복 파괴나 과도한 탄성 변형이라도 **파손모드**라고 생각될

▶ 573쪽에서 나타낸 갈라진 유조선의 내부 일부분 모습. Ship Structure/U.S. Government, Washington, DC 제공.

수 있다. 부재가 파손하는 또 다른 형태는 불안정이라는 거동을 통해서인데 이것은 가해지는 하중이 임계하중, 즉 좌굴하중(11장)에 도달할 때 처음 설계된 형상보다 매우 큰 변형이 일어나는 현상을 말한다. 여기서는 **정적인 하중**을 받고 있는 부재의 파손만을 고려한다.

항복과 파괴에 의한 파손

3장에서 공학 재료의 응력-변형률 성질과 특성에 대하여 다루었다. 다음에 이어지는 두 절에서는 항복과 파단에 의한 균일한 재료의 파손과 관련된 기계적 거동에 대하여 간단하게 다룬다. 앞서 지적한대로 금속이 **항복**에 의해 파손되면 **전단응력**이 중요한 역할을 한다고 예측할 수 있다. 응력을 받고 있는 재료가 2개 이상의 부분으로 나누어지는 것을 **파괴**라고 한다. 이런 파손에서는 일반적으로 **인장응력**이 중요한 역할을 한다고 간주된다. 파손된 재료를 조사해보면 파괴가 일어나기 전까지 아주 작은 변형만이 일어나 있음을 알 수 있다.

금속의 취성이나 연성의 특성은 파손 매커니즘을 결정하는 데 적당한 기준이 된다. 한 금속이 상당한 양의 항복을 받을 수 있다면 이 금속은 **연성**이 있다고 간주할 수 있다는 것을 상기하라. 그 예로는 연강, 알루미늄 합금, 구리와 납 등이 있다. 반대로 재료에 파괴가 일어나기 전까지 작은 항복만을 받을 수 있다면 이 재료는 **취성**재료로 분류된다. 이러한 재료로는 콘크리트, 돌, 주철, 유리와 세라믹 재료가 포함된다. 취성과 연성의 경계를 결정하는 데는 3.13절에서 토의한 대로 응력상태, 하중속도, 온도, 재료 자체가 모두 역할을 한다. 좀 더 자세한 설명을 원한다면 참고문헌 9.3과 재료과학에 관한 기술자료, 예를 들면 참고문헌 9.4와 9.5를 참조하라.

9.8 연성재료의 항복조건

연성재료의 부재에 인장하중이 가해져서 증가하면 어느 한 점은 더 이상 원래 형태로 돌아올 수 없는 기하학적 형상에 도달한다. 이러한 거동을 비탄성 거동 또는 **항복**이라고 한다. 그 크기가 $\sigma_1 > \sigma_2 > \sigma_3$인 3축 응력(그림 9.18)을 받고 있는 한 요소를 생각해보자. 하첨자 1, 2, 3은 주응력 방향을 나타낸다. 최대전단응력설과 12.5절에서 자세히 다룰 최대전단에너지설은 단축항복응력 σ_y의 항으로 표현되며 다축의 응력상태를 포함하여 파손을 예측하는 데 특별히 중요하다.

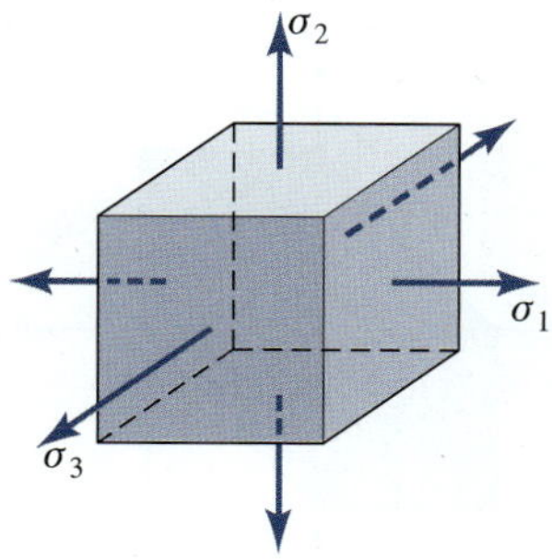

그림 9.18 3축 응력을 받고 있는 요소

단축수직응력이나 순수전단응력을 받고 있는 재료의 거동은 응력-변형률 선도로 이미 설명이 되었다. 이 경우의 항복(또는 파괴)의 시작은 조합하중을 포함한 경우에서보다 훨씬 더 명확하다. 설계에 신뢰성 있는 기본 자료를 제공하기 위해서는 하중이 가해질 때 실제로 작용되는 응력 조건하에서의 항복이나 파괴를 예측하는 데 이용될 수 있는 경험적인 규정이 있어야 한다. 이러한 필요에 의해서, 또 재료 파손의 성질을 이해하기 위해서 많은 파손조건이 개발되어 왔다. 이 절과 다음 절에서는 잘 알려진 재료의 항복(또는 파괴)조건에 대해 살펴본다.

> 파손이론은 그것이 잘 맞는다고 해도 실제 재료와 가해지는 응력의 조합에 관련된 좋은 시험결과를 대치하는 데 불과하다는 것을 염두에 두는 것이 좋다. 한 기계구조와 기계부품이 조합하중을 받고 있을 때 보통 어떤 주어진 점에서의 주응력을 결정하고 파손조건 중의 하나를 이용하여 그 부품이 파손될 것인지 아닌지를 예측한다. 우리가 앞으로 알게 될 것과 같이 대부분의 정적인 파손조건에서의 '이론'은 **단순인장시험에서의 파손에서 신뢰할 수 있는 조건은 무엇이든지 조합하중 하에서의 파손에도 신뢰성이 있다**는 것이다. 또 하나 유의해야 할 것은 일반적인 연성재료의 항복이 연성금속의 항복에 따르는지는 더 많은 검토가 필요하다는 것이다. 즉 많은 종류의 플라스틱은 연성재료이지만 표준적인 연성항복이론을 따르지 않는다.

최대전단응력설

C. A. Coulomb(1736～1806)에 의해 제안된 최대전단응력설은 Tresca 항복조건이라고도 불리며 그 후에 H. E. Tresca(1814～1885)에 의해 응용됨으로써 알려지게 되었다. 이 이론은 최대전단응력이 단순인장시험에서의 항복점에서 최대전단응력과 같을 때 항복이 시작된다고 예측한다. 가장 큰 전단응력값은 $\tau_{\max} = \frac{1}{2}|\sigma_1 - \sigma_2|$이다. 단순인장에서는 $\sigma_2 = \sigma_3 = 0$

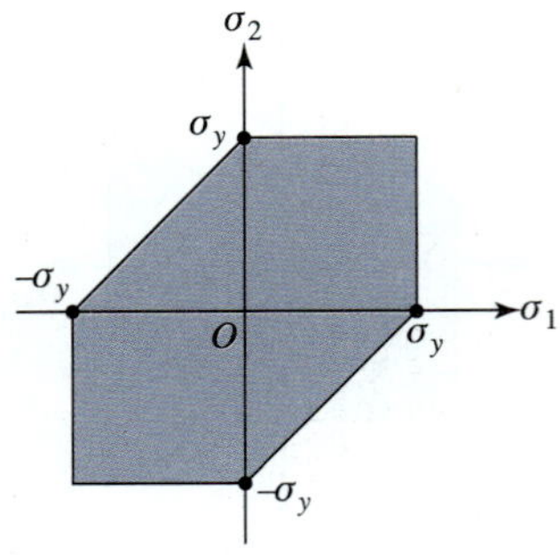

그림 9.19 최대전단응력을 기본으로 한 항복조건

이고 $\tau_{\max} = \sigma_y/2$이다. 따라서 항복이 시작될 때에는 다음과 같은 조건이 만족된다.

$$\tau_{\max} = \sigma_y \qquad \text{또는} \qquad |\sigma_1 - \sigma_3| = \sigma_y \tag{9.15}$$

평면응력($\sigma_3 = 0$)의 경우에 σ_1과 σ_2가 반대부호(즉 하나는 인장이고 다른 하나는 압축)일 때 항복조건은 다음과 같이 주어진다.

$$|\sigma_1 - \sigma_2| = \sigma_y \tag{9.16a}$$

σ_1과 σ_2가 같은 부호일 때 최대전단응력은 σ_1과 σ_2 중에 큰 값의 반이다. 따라서 이 상태에서의 파손조건은 다음과 같다.

$$|\sigma_1| = \sigma_y \qquad \text{또는} \qquad |\sigma_2| = \sigma_y \tag{9.16b}$$

식 (9.16)을 다르게 표현하면 그림 9.19에 그려진 것과 같다. 식 (9.16a)는 그림의 2사분면과 4사분면에 적용된다는 것을 유의하라. 1사분면과 3사분면에서는 식 (9.16b)가 표현된다. 육각형의 경계는 항복의 시작을 표시하고 색이 칠해진 부분의 바깥쪽은 항복상태를 표시한다. 최대전단응력설의 조건은 다수 보수적이고 적용하기 쉬우므로 기계의 설계에서 자주 사용된다. 연성재료의 실험결과와 잘 일치하는 경우가 많다.

최대전단변형에너지설

Mises 이론이라고도 불리는 최대전단에너지설은 1904년 M. T. Huber에 의해 제안되었고 R. von Mises(1913)와 H. Hencky(1925)에 의해 더욱 개발되었다. 이 이론에서는 3차원 응력상태에서 주응력들 간 차이의 제곱합의 제곱근이 인장시험의 항복값에 도달할 때 항복이 일어난다고 주장한다. 따라서 항복의 시작점에서는 다음과 같은 식이 성립한다.

$$\left\{\frac{1}{3}\left[(\sigma_1-\sigma_2)^2+(\sigma_2-\sigma_3)^2+(\sigma_3-\sigma_1)^2\right]\right\}^{1/2}$$

$$=\left\{\frac{1}{3}\left[(\sigma_y-0)^2+(0-0)^2+(0-\sigma_y)^2\right]\right\}^{1/2}=\left(\frac{2}{3}\right)^{1/2}\sigma_y$$

또는

$$(\sigma_1-\sigma_2)^2+(\sigma_2-\sigma_3)^2+(\sigma_3-\sigma_1)^2=2\sigma_y^2 \tag{9.17}$$

앞의 결과는 일반적인 응력상태에 대한 **전단변형에너지**가 인장시험으로부터 결정되는 **한계값**과 같다고 하여도 얻을 수 있다. 이러한 관계는 12.5절에서 자세하게 다루며 식 (12.20)과 (12.21c)로 표현된다.

평면응력상태($\sigma_3=0$)의 경우에는 식 (9.17)이 다음과 같다.

$$\sigma_1^2-\sigma_1\sigma_2+\sigma_2^2=\sigma_y^2 \tag{9.18}$$

이 식은 그림 9.20에서 보여주는 타원형을 정의하고 있다. 그 타원형의 내부에 있는 점들은 항복이 일어나지 않는 상태를 뜻한다.

Mises 이론은 연성재료의 시험값들과 잘 맞으며 설계에서 일반적으로 많이 쓰이는 이론이다.

항복이론을 편리하게 **비교**하기 위하여 그림 9.19와 9.20을 중첩하여 그림 9.21에 보여주었다. 주응력들이 같을 때나 주응력 중의 하나가 0이고 다른 하나가 σ_y일 때 두 이론은 모두 같은 결과를 가진다는 것을 알 수 있다. 반면에 재료가 **순수전단** $\tau=\sigma_1=-\sigma_2$로 항복이 시작된다면 두 이론은 파손예측에 가장 큰 차이를 보인다. 이 경우에 식 (9.16a)와 (9.18)은 그림 9.21에서 보여주는 바와 같이 각각 $\sigma_1=0.5\sigma_y$와 $\sigma_1=0.577\sigma_y$가 된다.

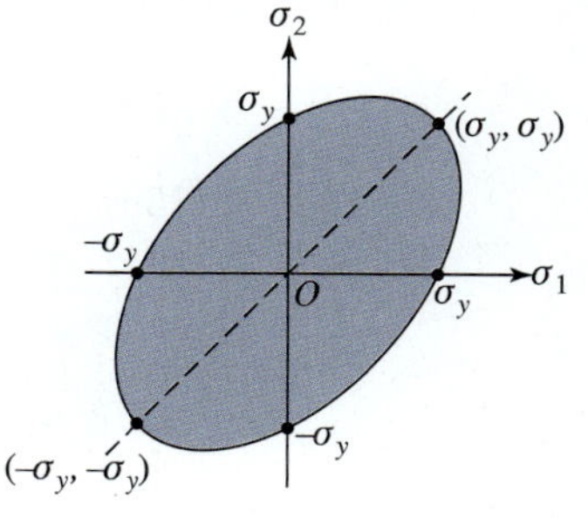

그림 9.20 최대전단변형에너지를 기본으로 한 항복조건

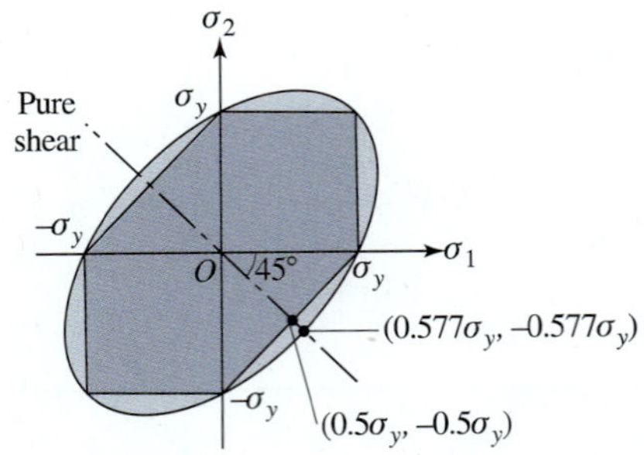

그림 9.21 항복이론의 비교

실험결과를 보면 연성재료의 경우에는 비틀림 시험으로부터 얻어진 항복응력(τ_y)은 단순 인장시험에서 얻어진 항복응력(σ_y)의 0.5배에서 0.6배 정도이다. 따라서 연성재료에서는 최대전단에너지설이 더 적당하게 이용될 수 있다고 결론 내릴 수 있다. 그러나 전단응력 이론은 적용하기 간단하고 설계에서 더 안전한 결과를 제공하므로 가끔 이용된다.

[예제 9.10] 압력용기의 허용압력하중

조건 직경 $d = 600$ mm이고 벽 두께 $t = 12.5$ mm인 양끝이 막힌 실린더가 인장강도 $\sigma_y = 250$ MPa을 갖는 강재로 만들어져 있다.

문제 안전계수 $n_s = 2$를 기준으로 해서 이 실린더가 받을 수 있는 허용압력을 계산하라.

가정 최대응력은 양끝에서 일정거리 떨어진 실린더 벽의 바깥 면에서 일어난다.

풀이 원주방향, 축방향, 반경방향 응력들은 다음과 같다.

$$\sigma_1 = \frac{pr}{t} = 24p \qquad \sigma_2 = \frac{pr}{2t} = 12p \qquad \sigma_3 = 0$$

이 식들을 식 (9.15)와 (9.18)에 대입하면 허용압력을 얻을 수 있다. 따라서 최대전단응력설에 의하면

$$24p - 0 = \frac{1}{2}(250)$$

$$p = 5.21 \text{ MPa}$$

최대전단에너지설에 의하면

$$p(24^2 - 24 \times 12 + 12^2)^{1/2} = \frac{1}{2}(250)$$

$$p = 6.01 \text{ MPa}$$

부가설명 허용내부압력은 안전설계의 관점에서 더 작은 5.21 MPa로 제한된다.

[예제 9.11] 축의 굽힘하중 수용용량

조건 직경 d이고 인장항복강도 σ_y인 원통형 축이 인장력 P와 토크 T를 받고 있다(그림 9.22).

문제 이러한 축에 부가적으로 가할 수 있는 모멘트 M을 구하라. 다음과 같은 자료에 대해 안전계수를 n_s로 할 때 최대전단에너지설을 적용하라.

$P = 100$ kN $\quad T = 5$ kN · m $\quad d = 60$ mm $\quad \sigma_y = 300$ MPa $\quad n_s = 1.2$

가정 최대응력은 축의 양끝에서 일정거리 떨어진 바깥 면에서 일어난다. 재료는 연성재료라 가정한다.

풀이 설명된 하중상태에서 축의 바깥 면에서의 응력은 다음과 같다.

$$\sigma = \frac{My}{I} + \frac{P}{A} = \frac{32M}{\pi d^3} + \frac{4P}{\pi d^2}$$
$$\tau = \frac{Tr}{J} = \frac{16T}{\pi d^3} \tag{a}$$

식 (9.18)과 (9.10)을 기본으로 하고 **최대전단에너지설**과 $\sigma_{\text{all}} = \sigma_y / n_s$를 적용하면 다음과 같은 관계식을 얻는다.

$$\boxed{\sigma^2 + 3\tau^2 = (\sigma_{\text{all}})^2} \tag{9.19}$$

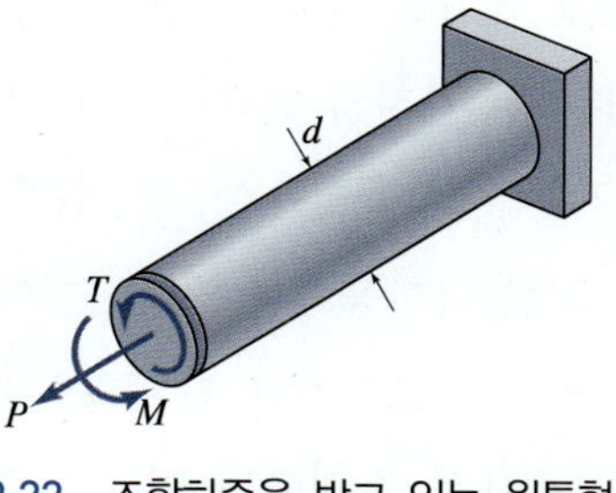

그림 9.22 조합하중을 받고 있는 원통형 막대

식 (a)를 식 (9.19)에 대입하면 다음과 같은 식을 유도해낼 수 있다.

$$\left(\frac{32M}{\pi d^3}+\frac{4P}{\pi d^2}\right)^2+3\left(\frac{16T}{\pi d^3}\right)^2=(\sigma_{\text{all}})^2 \qquad \text{(b)}$$

앞 식을 다시 정리하고 간단히 하면 다음과 같은 2차 방정식이 얻어진다.

$$M^2+(0.25Pd)M+[0.75T^2+0.0156P^2d^2-0.0096(\sigma_{\text{all}})^2d^6]=0$$

이 방정식의 해는 다음과 같다.

$$M=-\frac{1}{2}c_1+\frac{1}{2}[c_1^2-4(c_2+c_3-c_4)]^{1/2} \qquad \text{(c)}$$

여기서

$$c_1=0.25Pd \qquad c_2=0.75T^2$$

$$c_3=0.0156P^2d^2 \qquad c_4=0.0096(\sigma_{\text{all}})^2d^6$$

앞에서 주어진 조건의 숫자를 대입하면 식 (c)는 $M=2.29$ kN · m가 된다.

부가설명 앞에서 유도된 공식은 컴퓨터 프로그램을 하기에 알맞은 형식이다.

9.9 취성재료의 파손조건

앞에서 기술한 것과 같이 취성재료는 인장시험에서 항복 거동이 없이 갑작스런 파단이나 파괴에 의해서 파손되는 특성을 가지고 있다. 재료가 완벽하지 않을 수도 있기 때문에 취성재료의 인장파손은 예측하기 어려우므로 취성재료의 파손이론은 주의하여 사용되어야 한다. 파괴역학 이론은 재료의 인성조건과 비교하여 응력집중계수의 계산을 기초로 하고 있기 때문에 갑작스런 파손을 예측하는 수단을 제공하고 있다(참고문헌 9.3 참조). 이 방법은 이 책의 범위를 넘어가므로 자세한 설명은 생략한다.

여기서는 일반적으로 사용되는 두 가지의 간단한 파괴이론을 다룬다. 이 조건들의 전개에 있어서 인장시험에서 얻어지는 극한응력을 σ_u로, 압축시험에서 얻어지는 극한응력을 σ_u'으로 표시한다. 인장시험에 의한 극한응력과 압축시험에 의한 극한응력의 크기는 크게 다르지 않다. 조합하중을 받고 있는 구조요소나 기계요소에서는 우선 어떤 주어진 점에서 주응력을 구하고 그 다음에 이 절에서 소개하는 이론을 적용하여 그 부재가 파괴할지의 여부를 예측하는 것이 편리하다.

최대수직응력설

최대수직응력설은 W. J. Rankine(1820~1872)에 의해 연구되었다. 최대주응력설이라고도 불리는 이 조건은 가장 큰 주응력이 단순인장시험에서의 극한강도 σ_u를 넘을 때 재료가 파괴에 의해 파손된다는 판별조건이다. 다시 말하면 파단의 시작점에서 다음과 같은 조건이 된다.

$$|\sigma_1| = \sigma_u \qquad \text{또는} \qquad |\sigma_3| = \sigma_u \tag{9.20}$$

그러므로 취성재료에서는 가장 높은 응력을 받는 지점에서 그 지점의 가장 큰 주응력이 σ_u에 도달할 때 파단이 시작된다.

평면응력의 경우($\sigma_3 = 0$), 식 (9.20)은 다음과 같다.

$$\boxed{|\sigma_1| = \sigma_u \qquad \text{또는} \qquad |\sigma_2| = \sigma_u} \tag{9.21}$$

앞 식에서의 표현은 그림 9.23에 그려져 있다. 그림에서의 경계는 파괴에 의해 파손이 일어나는 시작점이므로 그 사각형 바깥에서의 어떤 응력조합에서도 파손이 일어난다.

흥미롭게도 어떤 재료는 단순압축에서는 약한 반면에 수압조건에서는 파단이 일어나지 않고 대단히 큰 압력에 견딜 수 있는 경우가 있다. 또한 취성재료는 인장을 받을 때보다 압축을 받을 때 훨씬 강하다. 이와 같은 예는 최대수직응력설에는 잘 맞지 않는다. 그러나 취성재료에 대한 주응력 판별조건은 **인장응력**을 받고 있을 때 실험적으로 잘 검증되었으며 설계에 일반적으로 잘 적용되고 있다.

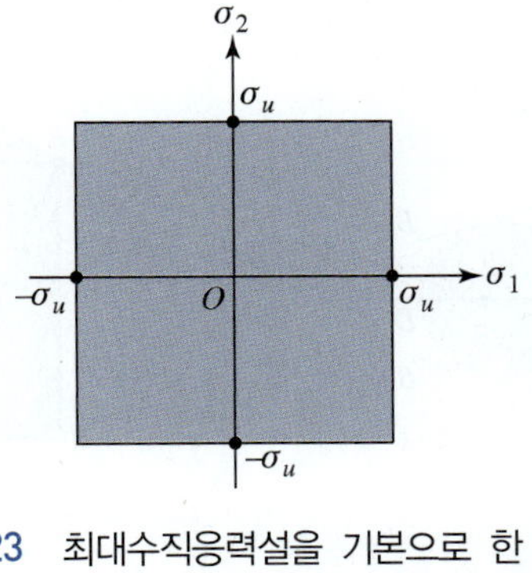

그림 9.23 최대수직응력설을 기본으로 한 판별조건

*Coulomb-Mohr설

Coulomb-Mohr설은 인장과 압축에서 다른 특성을 가지고 있는 재료의 파단을 예측하는데 사용된다. 이 판별조건은 단순인장시험과 단순압축시험에서의 응력상태를 나타내는 Mohr 원을 이용한다. Coulomb-Mohr설에 따르면 임계전단응력 τ_{max}와 그에 따른 수직응력 σ_{avg}은 다음 형태로 표현되는 식[그림 9.24(a)]으로 서로 관계된다.

$$\tau_{max} = a\sigma_{avg} + b \tag{a}$$

상수 a와 b는 특정 재료의 성질이다. 직선(AB나 $A'B'$)으로 둘러싸인 영역은 파손상태가 시작되는 위치를 나타낸다.

평면응력의 경우($\sigma_3 = 0$), σ_1이 **인장응력**이고 σ_2가 **압축응력**일 때 전단평면에서 작용되는 최대전단응력과 수직응력은 식 (8.12)와 (9.9)에 의해 다음과 같이 정의된다.

$$\tau_{max} = \frac{\sigma_1 - \sigma_2}{2} \qquad \sigma_{avg} = \frac{\sigma_1 + \sigma_2}{2} \tag{b}$$

식 (b)를 (a)에 대입하면 다음과 같다.

$$\sigma_1(1-a) - \sigma_2(1+a) = 2b \tag{c}$$

한편 주응력은 다음과 같이 정할 수 있다.

$$\sigma_2 = 0\text{일 때} \qquad \sigma_1 = \sigma_u$$
$$\sigma_1 = 0\text{일 때} \qquad \sigma_2 = -\sigma_u' \tag{d}$$

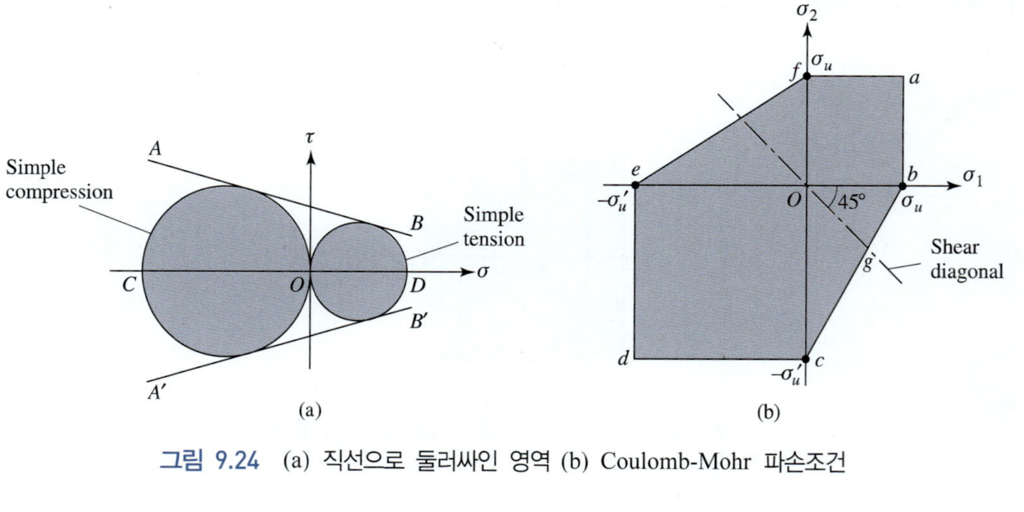

그림 9.24 (a) 직선으로 둘러싸인 영역 (b) Coulomb-Mohr 파손조건

여기서 σ_u와 $\sigma_u{}'$은 각각 인장과 압축에서의 재료의 극한강도를 나타낸다. 식 (d)를 식 (c)에 대입하면 다음과 같은 값을 얻을 수 있다.

$$a = \frac{\sigma_u - \sigma_u{}'}{\sigma_u + \sigma_u{}'} \qquad b = \frac{\sigma_u \sigma_u{}'}{\sigma_u + \sigma_u{}'} \tag{e}$$

마지막으로 위의 상수를 식 (c)에 대입하면 파단에 의한 파손영역의 식을 완성할 수 있다. 그와 같은 방법으로 다음과 같은 표현식을 얻는다.

$$\boxed{\frac{\sigma_1}{\sigma_u} - \frac{\sigma_2}{\sigma_u{}'} = 1} \tag{9.22a}$$

앞 식은 σ_1과 σ_2가 서로 반대부호일 때($\sigma_1 > 0$, $\sigma_2 < 0$)도 적용할 수 있다.

2축인장응력상태($\sigma_3 = 0$, σ_1과 σ_2는 인장응력)의 경우에서는 그림 9.24(a)에서 직경 OD를 갖는 원이 Mohr 원이 된다. 따라서 2개의 인장응력 중 어느 것이라도 σ_u에 도달할 때 파괴가 일어난다.

$$\boxed{\sigma_1 = \sigma_u} \qquad \boxed{\sigma_2 = \sigma_u} \tag{9.22b}$$

2축압축응력상태($\sigma_3 = 0$, σ_1과 σ_2는 압축응력)의 경우에서는 직경 OC를 갖는 Mohr 원이 그려진다. 따라서 2개의 압축응력 중 어느 것이라도 $\sigma_u{}'$에 도달할 때 파괴에 의한 파손이 일어난다.

$$\boxed{\sigma_2 = -\sigma_u{}'} \qquad \boxed{\sigma_1 = -\sigma_u{}'} \tag{9.22c}$$

Coulomb-Mohr설은 그림 9.24(b)와 같은 그래프로 나타난다. 선 ab와 af는 식 (9.22b)를 나타내고 선 dc와 de는 식 (9.22c)를 나타낸다. 경계 bc는 식 (9.22a)를 적용하여 얻을 수 있다. 선 ef를 그림으로써 그림 9.19에서와 같은 방법으로 육각형이 완성된다. σ_1과 σ_2로 정의된 점이 육각형 위에 떨어지면 재료는 파괴가 시작된다. 그 점이 색으로 칠해진 육각형 내부에 있으면 이 이론에 따라서 재료는 파손이 일어나지 않는다. **순수전단**의 경우에는 그에 해당하는 한계점이 g이다. 한계전단응력의 값은 그림에 의해 결정되거나 식 (9.22a)에서 $\sigma_1 = -\sigma_2 = \tau_u$로 놓음으로써 결정될 수 있다.

그림 9.19와 9.24(b)를 **비교**해보면 인장강도와 압축강도가 다른 재료에 대한 Coulomb-Mohr설은 최대전단응력설을 포함하는 일반적인 이론이라는 것을 알 수 있다. Coulomb-Mohr 조건은 취성재료의 파괴를 예측하는 데 자주 사용된다. 이 이론의 또 다른 형태로

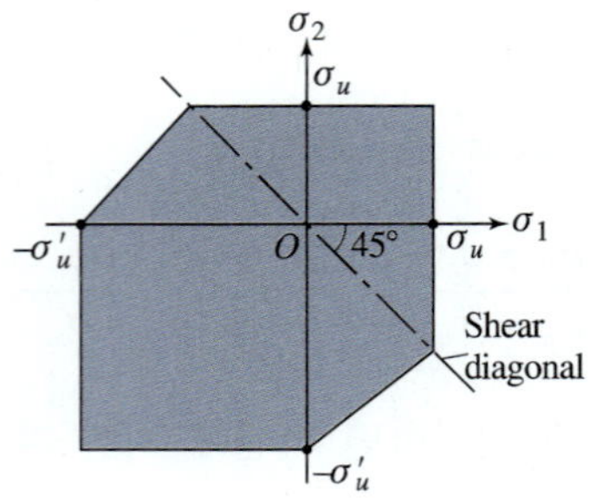

그림 9.25 수정된 Coulomb-Mohr설

그림 9.25의 2사분면과 4사분면에서 보여주는 것과 같은 조건이 추천된다. 이 **수정된 Coulomb-Mohr설**은 Coulomb-Mohr설이나 최대수직응력설과 비교하여 시험결과와 더 잘 일치한다(참고문헌 9.6). 주어진 재료에 대한 더 많은 시험결과는 이 절과 전 절에서 공부한 이론적인 파손조건을 개선시키는 데 이용될 수 있다.

[예제 9.12] 기계부품의 안전계수

조건 주철 기계프레임의 어떤 한 점에서의 응력상태가 그림 9.26에 주어져 있다. 주철의 극한 인장강도와 극한압축강도는 각각 $\sigma_u = 295$ MPa과 $\sigma_u{}' = 970$ MPa이다.

문제 다음과 같은 파손조건에 의한 안전계수 n_s를 구하라.

(a) 최대주응력설

(b) Coulomb-Mohr설

풀이 식 (8.8)에 의하면 주응력은 다음과 같다.

$$\sigma_{1,2} = \frac{\sigma_x + \sigma_y}{2} \pm \sqrt{\left(\frac{\sigma_x + \sigma_y}{2}\right)^2 + \tau_{xy}^2} = \frac{150 - 100}{2} \pm \sqrt{\left(\frac{150 + 100}{2}\right)^2 + (50)^2}$$

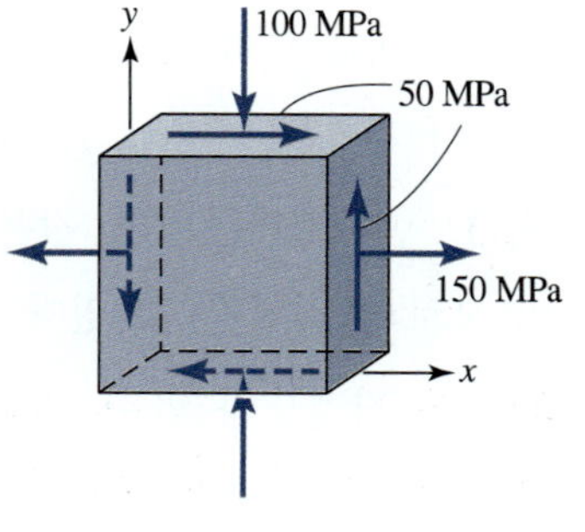

그림 9.26 평면응력상태의 미소요소

또는

$$\sigma_1 = 159.6\ \text{MPa} \qquad \sigma_2 = -109.6\ \text{MPa}$$

(a) 최대수직응력설. 식 (9.20)에 안전계수 n_s를 도입하면 다음과 같다.

$$|\sigma_1| = \frac{\sigma_u}{n_s} \qquad |\sigma_2| = \frac{\sigma_u}{n_s} \tag{9.23}$$

주어진 값들을 대입하면 다음을 얻는다.

$$159.6 = \frac{295}{n_s} \qquad \text{또는} \qquad n_s = 1.85$$

같은 방법으로 계산하면 $295/n_s = 109.6$이므로 $n_s = 2.69$이다.

부가설명 최대주응력설에 의하면 안전계수는 1.85로 예측된다. 이 경우에 안전계수 2.69는 의미가 없다.

(b) Coulomb-Mohr설. 식 (9.22a)에 의하면 안전계수 n_s가 포함되면 다음과 같다.

$$\frac{\sigma_1}{\sigma_u/n_s} - \frac{\sigma_2}{\sigma_u'/n_s} = 1$$

다르게 표현하면

$$\frac{\sigma_1}{\sigma_u} - \frac{\sigma_2}{\sigma_u'} = \frac{1}{n_s} \tag{9.24}$$

주어진 값들을 대입하면

$$\frac{159.6}{295} - \frac{-109.6}{970} = \frac{1}{n_s}$$

로부터 $n_s = 1.53$을 얻는다.

부가설명 Coulomb-Mohr설을 기본으로 할 때 '최선'으로 예측된 안전계수는 1.53이다. 위에서는 빠른 풀이를 위해서 해석적인 풀이를 보여주었다. 직관적인 이해를 돕기 위해서는 그래프를 이용하여 안전계수를 구할 수도 있다.

[예제 9.13] 튜브의 토크 전달용량

조건 반경 $r = 100$ mm, 벽 두께 $t = 6$ mm인 얇은 벽 튜브가 극한인장강도 $\sigma_u = 249$ MPa과 극한압축강도 $\sigma_u' = 579$ MPa인 주철로 만들어져 있다(그림 9.27).

문제 안전계수 $n_s = 1.5$로 할 때 튜브에 가할 수 있는 가장 큰 허용토크 T를 두 파괴이론에 근거하여 구하라.

가정 최대응력은 끝단으로부터 떨어진 튜브 벽의 바깥 미소요소에서 일어난다.

풀이 토크와 최대전단응력은 비틀림 공식에 의해 서로 관계되어 있다. 재료의 허용인장강도와 허용압축강도는 각각 $246/1.5 = 166$ MPa과 $570/1.5 = 386$ MPa이다. 식 (5.2)와 표 B.6으로부터 다음과 같은 값을 얻는다.

$$T = \frac{J}{r}\tau = 2\pi r^2 t\tau = 2\pi(100)^2(6)\tau \text{ (MPa)} = 376991\tau \text{ N} \cdot \text{mm} \tag{f}$$

튜브 벽 한 점에서의 응력상태는 $\sigma_1 = -\sigma_2 = \tau$, $\sigma_3 = 0$이다.

최대수직응력설. 식 (9.20)이 $|\sigma_1| = |\sigma_2| = \sigma_u$인 조건과 함께 적용된다.

$\sigma_1 = (\sigma_u)_{\text{all}} = 166$ MPa $= \tau$이므로 식 (f)는 다음과 같다.

$$T = 376991 \times 166 = 62580506 \text{ N} \cdot \text{mm} = 62.58 \text{ kN} \cdot \text{m}$$

Coulomb-Mohr설. 식 (9.22a)를 사용하면

$$\frac{\tau}{166} - \frac{-\tau}{286} = 1$$

이것을 풀면 $\tau = 116$ MPa이 된다. 그러므로 식 (f)는 다음과 같다.

$$T = 376991 \times 116 = 43730956 \text{ N} \cdot \text{mm} = 43.73 \text{ kN} \cdot \text{m}$$

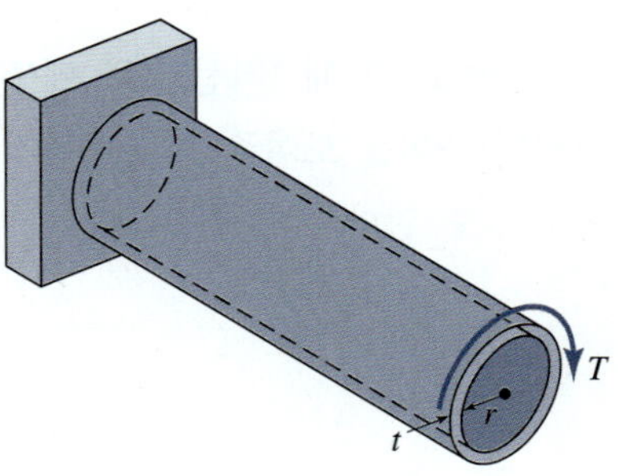

그림 9.27 순수토크를 받고 있는 파이프

부가설명 최대주응력설을 근거로 하여 구한 튜브에 가해질 수 있는 토크는 Coulomb-Mohr설에 의해 구한 것보다 30% 정도 크다. 파괴를 방지하기 위해서는 43.73 kN · m 이하의 토크가 가해져야 한다.

*사례연구 6B

압출프레스에서의 유압실린더 설계

압출프레스에서 사용되는 유압실린더는 대단히 큰 내압(예를 들면 $p = 24$ MPa)을 받는다. 그러한 경우에 실린더는 유압연결 라인보다 **훨씬 더 큰 안전계수**를 가져야 한다. 과압력이 가해지더라도 항복이나 파단에 의해 절대로 실린더의 파손이 일어나지 말아야 한다. 압출은 실린더 내에 있는 부드러운 상태의 재료에 압력이 가해져서 그림 9.28(a)와 같이 제한된 경사진 구멍이나 금형을 통하여 흐르게 하는 과정이라는 것을 유의하라. 실린더와 금형은 열처리된 강으로 만들어지는 경우가 많다. 압출은 알루미늄, 구리, 마그네슘, 납, 주석 및 아연과 같이 낮은 온도에서 녹는 재료에 대해 사용되는 것이 일반적이다. 그 과정은 마카로니를 만드는 과정과 비슷하다. 긴 튜브, 봉이나 여러 가지 형상(즉 I형 보와 앵글)의 압출은 유압프레스[그림 9.28(b)]에서 열간으로 가공된다. 그렇게 압출된 금속은 수냉로를 통과하거나 공기 중에서 냉각된다. 압출에 대한 역학은 소성이론(참고문헌 9.7 참조)의 방법으로 해석될 수 있다. 실험에 의하면 금형의 형상과 길이는 압출에 필요한 힘 P에 상당한 영향을 미친다.

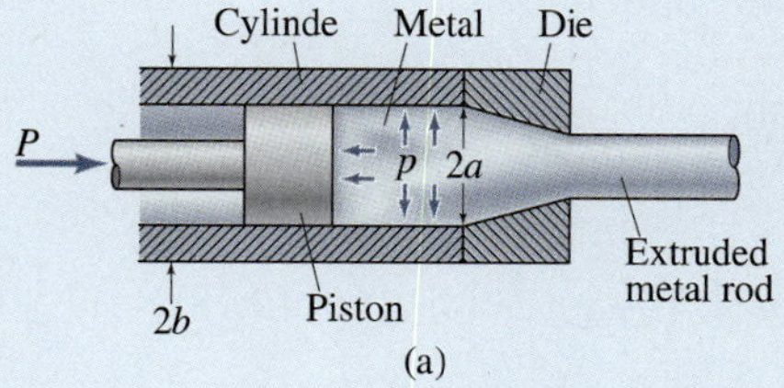

(a)

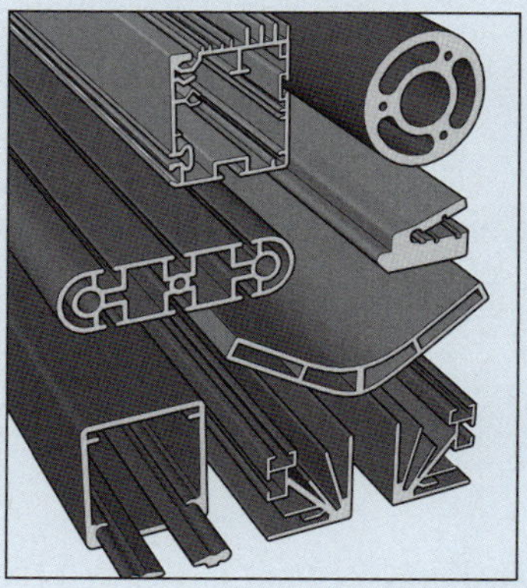
(b)

그림 9.28 (a) 유압실린더의 구조 (b) 다양한 압출 형상

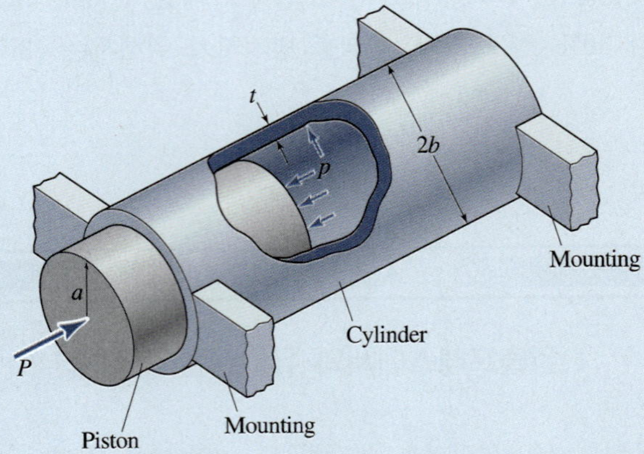

그림 9.29 실린더-피스톤 조립체

조건 그림 9.29와 같이 간단하게 그려진 압출용 유압실린더가 내압 $p = 22$ MPa을 받고 있다. 내부반경과 외부반경은 각각 $a = 380$ mm와 b이다.

> 비틀림을 받고 있는 유압실린더의 응력은 **사례연구 6A**에서 다루었다. 여기서는 토크를 받지 않고 내압만을 받는 유압실린더를 다룬다.

문제 항복에 대한 안전계수를 $n_s = 5$로 하였을 때 최대전단에너지 파손조건에 의한 실린더의 외부반경 b를 구하라. 다음을 이용하라.

(a) 얇은 벽면에 대한 압력용기 응력식

(b) 두꺼운 벽면에 대한 압력실린더 응력식

가정 실린더는 항복응력이 $\sigma_y = 520$ MPa이고 냉간가공된 스테인리스강(302)으로 만들어져 있다. 실린더의 굽힘이 응력에 미치는 영향은 무시한다.

풀이

(a) 얇은 벽면의 실린더는 원주방향 응력과 길이방향 응력이 $\sigma_t = \sigma_1$과 $\sigma_a = \sigma_2$인 2축응력 $(\sigma_3 = 0)$상태에 있다. 식 (8.16)과 (8.17)을 이용하고 $r = a$로 놓으면 다음과 같다.

$$\sigma_1 = \frac{pr}{t} = \frac{22(380)}{t} = \frac{8360}{t} \qquad \sigma_2 = \frac{\sigma_1}{2} = \frac{4180}{t} \tag{g}$$

여기서 t는 실린더의 두께를 나타낸다. 안전계수를 고려하면 식 (9.18)은 다음과 같다.

$$\boxed{\sigma_1^2 - \sigma_1\sigma_2 + \sigma_2^2 = \left(\frac{\sigma_y}{n_s}\right)^2} \tag{9.25}$$

식 (g)를 앞 식에 대입하면

$$[(8360)^2-(8360)(4180)+(4180)^2]\frac{1}{t^2}=\left(\frac{520}{5}\right)^2$$

이 되고 이의 해를 구하면 $t=69.6\ \text{mm}$가 된다.

부가설명 반경과 두께의 비가 약 $a/t=5.46$이므로 얇은 벽면의 해석은 적절하지 않다. 따라서 앞에서의 풀이는 유효하지 않다.

(b) 내압을 받고 있는 양끝이 막힌 **두꺼운 벽면의 실린더**에서 최대응력이 일어나는 임계단면은 $r=a$(그림 8.27 참조)인 곳이다. 식 (8.27), (8.28)과 (8.32)에서 $p=p_i$로 놓으면 응력은 다음과 같다.

$$\sigma_r=-p$$

$$\sigma_t=p\frac{b^2+a^2}{b^2-a^2} \tag{h}$$

$$\sigma_a=p\frac{a^2}{b^2-a^2}$$

주응력의 크기를 $\sigma_1>\sigma_2>\sigma_3$라고 하면 $\sigma_t=\sigma_1$, $\sigma_a=\sigma_2$와 $\sigma_r=\sigma_3=0$인 것을 알 수 있다. 안전계수를 고려하면 식 (9.17)은 다음과 같다.

$$[(\sigma_1-\sigma_2)^2+(\sigma_2-\sigma_3)^2+(\sigma_3-\sigma_1)^2]=2\left(\frac{\sigma_y}{n_s}\right)^2 \tag{9.26}$$

식 (h)를 앞의 식에 대입하면 다음을 얻는다.

$$\left[(b^2+a^2-a^2)^2+(a^2+b^2-a^2)^2+(-b^2+a^2-b^2+a^2)^2\right]\left(\frac{P}{b^2-a^2}\right)^2=2\left(\frac{\sigma_y}{n_s}\right)^2$$

또는 $$3b^4p^2=(b^2-a^2)^2\left(\frac{\sigma_y}{n_s}\right)^2$$

주어진 조건의 값들을 대입하고 정리하면 다음과 같은 식을 얻는다.

$$194.28\,b^4-101,250\,b^2+11,396,625=0$$

$x=b^2$으로 놓고 이차방정식을 풀면 $x=227908$을 얻는다. 따라서 외부반경 $b=477.4\ \text{mm}$이므로

$$t=b-a=477.4-380=97.4\ \text{mm}$$

부가설명 외경은 $2b = 954.8\ \text{mm}$이다. 실린더의 규격에 따르면 외경 $965.2\ \text{mm}$ ($38\ \text{in.}$)와 내경 $763\ \text{mm}$($30\ \text{in.}$)를 갖는 실린더를 사용해야 한다.

*9.10 동력전달축의 설계

축은 기계에서 다양하게 응용되어 사용된다. 비틀림을 받고 있는 원형단면 부재의 설계과정은 5.8절에서 설명하였다. 여기서는 대부분의 동력전달 축의 경우에서처럼 **굽힘과 비틀림 복합하중**을 전달하고 있는 부재에 대해서 다룬다. 실제적인 설계에서는 조립되는 키와 커플링을 계산하여야 할 뿐만 아니라 하중변동이나 응력집중을 고려하는 것도 포함하는 것이 보통이다. 그러나 이러한 것들은 동력 장치의 설계에서 대단히 중요한 접근법인 **직접해석과정**에서는 무시된다.

굽힘 모멘트 M과 토크 T를 받고 있는 직경 d의 원형 축을 생각해보자. 우선 하중이 많이 걸리는 **임계단면**의 바깥 면에서 일어나는 굽힘응력과 비틀림 전단응력을 다음과 같이 결정한다.

$$\sigma = \frac{32M}{\pi d^3} \qquad \tau = \frac{16T}{\pi d^3} \tag{a}$$

속이 빈 **원형단면**에서는 앞 식이 다음과 같다.

$$\sigma_x = \frac{32M}{\pi d^3[1-(d_i/d_o)^4]} \tag{9.27}$$

$$\tau = \frac{16T}{\pi d^3[1-(d_i/d_o)^4]}$$

기호 d_o와 d_i는 각각 외경과 내경을 나타낸다.

다음에 식 (9.1)과 (9.2)로 표시된 주응력과 최대전단응력은 각각 다음과 같다.

$$\sigma_{1,2} = \frac{16}{\pi d^3}\left(M \pm \sqrt{M^2 + T^2}\right) \tag{9.28a}$$

$$\tau_{\max} = \frac{16}{\pi d^3}\sqrt{M^2 + T^2} \tag{9.28b}$$

여기서 2축 좌표평면에서의 성분으로 표현하는 모멘트는 다음과 같다.

$$M = \sqrt{M_y^2 + M_z^2} \tag{9.29}$$

마지막으로 식 (9.28)이 선택된 파손조건과 함께 사용된다.

$\tau_{\text{all}} = \tau_{\max}/n_s$로 놓으면 **최대전단응력설**에 기초한 파손식이 다음과 같이 얻어진다.

$$d = \sqrt[3]{\frac{16}{\pi\tau_{\text{all}}}\sqrt{M^2 + T^2}} \tag{9.30}$$

여기서 n_s는 안전계수를 나타낸다. 같은 방법으로 $\sigma_{\text{all}} = \sigma_1/n_s$로 놓으면 **최대전단에너지설**에 기초한 파손식이 다음과 같이 얻어진다.

$$d = \sqrt[3]{\frac{32}{\pi\sigma_{\text{all}}}\sqrt{M^2 + \frac{3}{4}T^2}} \tag{9.31}$$

또 다른 표현으로 **최대수직응력설**에 기초한 파손식은 같은 방법으로 다음과 같이 얻어진다.

$$d = \sqrt[3]{\frac{16}{\pi\sigma_{\text{all}}}\left(M + \sqrt{M^2 + T^2}\right)} \tag{9.32}$$

좀 더 자세한 설명이 필요하다면 참고문헌 9.3과 9.6과 같은 기계설계에 관한 문헌을 참조해야 할 것이다. 앞에서 보인 것처럼 외경 d_o와 내경 d_i를 가진 속이 빈 축에서는 식 (9.30)~(9.32)에서 d_3 대신에 $d_o^3[1-(d_i/d_o)^4]$을 대입한다.

동력전달 축의 설계를 위한 ASME 규격에서는 식 (9.30)~(9.32)에 적당한 상수를 첨가함으로써 충격이나 피로의 영향을 허용할 수 있도록 규정하고 있다. 이 규격에서는 보통의 강재의 허용전단응력을 56 MPa로 하며 최대응력이 걸리는 지점에 키홈이 있는 경우는 허용전단응력을 25% 낮추도록 추천하고 있다. 완전한 설계조건을 알아보기 위해서는 최신 규격을 참조하라.

예제 9.14 최대전단응력설에 의한 축의 설계

조건 원통 축이 300 mm 직경의 풀리에 맞춤 결합되어 있고 A와 B에서 베어링으로 고정되어 있으며 그림 9.30(a)와 같이 하중을 받고 있다.

문제 최대전단응력설에 따라서 필요한 직경 d를 계산하라.

가정 축은 허용강도 $\sigma_{\text{all}} = 60$ MPa을 가진 강재로 만들어져 있다. 베어링은 단순지지로 작용한다.

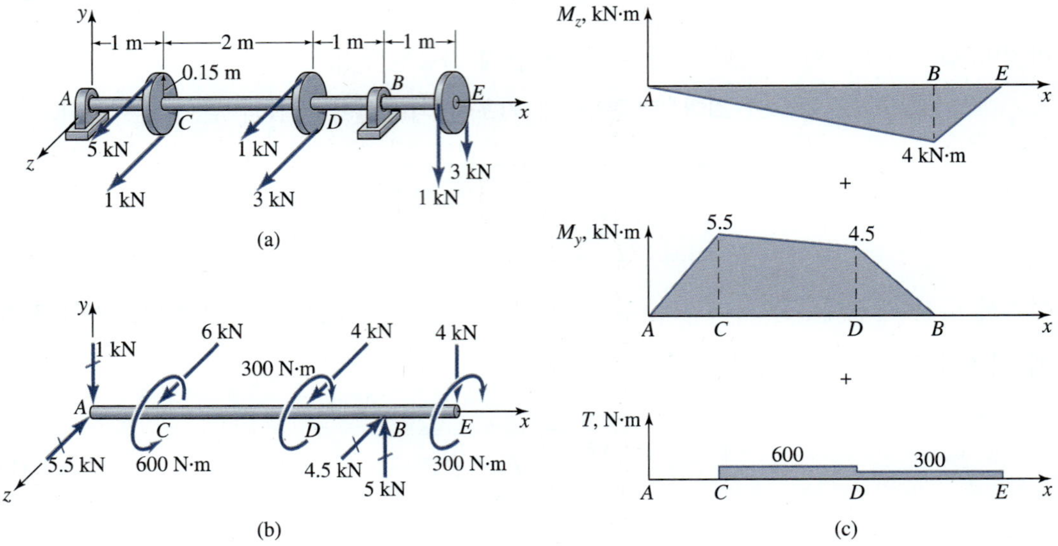

그림 9.30 (a) 2축하중을 받고 있는 축 (b) 전체 축의 자유물체도 (c) 모멘트 선도와 비틀림 선도

풀이 전체 축의 자유물체도[그림 9.30(b)]에 대해 **평형조건**을 적용하면 지지부의 **반력**을 결정할 수 있다. 모멘트 선도와 비틀림 선도[그림 9.30(c)]를 이용하면 $(M_z^2+M_y^2+T^2)^{1/2}$의 최댓값을 결정하기 용이하다. 점 C에서는 다음과 같은 값을 얻는다.

$$(M_z^2+M_y^2+T^2)^{1/2}=(1^2+5.5^2+0.6^2)^{1/2}=5.62\ \text{kN}\cdot\text{m}$$

점 D와 B에서는 각각 $5.44\ \text{kN}\cdot\text{m}$와 $4.01\ \text{kN}\cdot\text{m}$를 얻을 수 있다. 따라서 임계단면은 C이다.

주어진 값들을 파손의 최대전단응력설의 식들에 대입하면 다음 값을 얻는다.

$$d=\sqrt[3]{\frac{16(5.62\times10^3)}{\pi(60\times10^6)}}=7.81\ \text{mm}$$

부가설명 규격에 있는 80 mm 직경의 축으로 결정되어야 한다.

[예제 9.15] 최대수직응력설에 의한 축의 설계

조건 극한인장강도 σ_u와 극한압축강도 $\sigma_u{}'$을 가지고 있는 원형 주철 축이 회전수 n과 동력 40 kW로 회전하고 있으며 AC 부분이 모멘트 M을 받고 있다(그림 9.31). 주어진 값들은 다음과 같다.

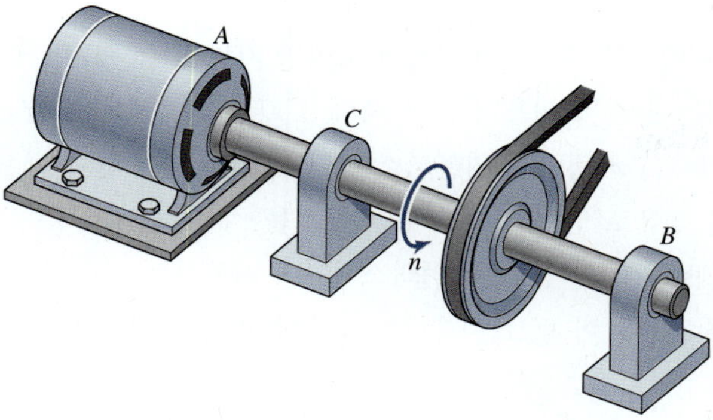

그림 9.31 복합하중을 받고 있는 동력전달 축

$$\sigma_u = 140 \text{ MPa} \qquad \sigma_u{}' = 560 \text{ MPa} \qquad n = 600 \text{ rpm} \qquad M = 400 \text{ N} \cdot \text{m}$$

문제 안전계수를 $n_s = 2$로 할 때 최대주응력설을 기본으로 하여 AC부분의 필요한 직경 d_{AC}를 결정하라.

풀이 회전수 $f = 600/60 = 10$ Hz 이므로 축의 토크를 구할 수 있다.

$$T = \frac{159P}{f} = \frac{159(40)}{10} = 636 \text{ N} \cdot \text{m}$$

허용인장응력과 허용압축응력은 각각 70 MPa과 280 MPa이다. 주어진 값들을 식 (9.32)에 대입하면 다음을 얻는다.

$$d_{AC} = \sqrt[3]{\frac{16}{\pi(70 \times 10^6)}(400 + \sqrt{400^2 + 636^2})} = 44 \times 10^{-3} \text{ m} = 44 \text{ mm}$$

$$d_{AC} = \sqrt[3]{\frac{16}{\pi(280 \times 10^6)}(400 + \sqrt{400^2 + 636^2})} = 28 \times 10^{-3} \text{ m} = 28 \text{ mm}$$

부가설명 축의 최소직경은 44 mm이다.

사례연구 3B

자동차 축의 설계

자동차 축에서는 앞에서 설명한 기어와 함께 **벨트**(혹은 체인)도 널리 쓰인다. 벨트는 전기 모터의 높은 각속도를 기계적인 장치에 필요한 각속도로 감소시키는 데 자주 쓰인다. 평벨트[그림 9.32(a)]는 벨트를 구동시키는 풀리 사이의 거리가 클 때 사용될 수 있다. 벨트 구동은 벨트와 연결되는 풀리를 이용해서 한 축에서 다른 축으로 동력을 전달한다. 평벨트(둥근 벨트)는 인장하중을 지탱하기 위한 강선이나 나일론 줄이 줄기를 이루며 폴리우레탄이나 고무가 함유된 섬유로 만들어져 있다. 평벨트는 작은 풀리 직경이 필요한 기계에 많이 사용된다. 폴리우레탄(3.16절 참조)은 플라스틱이며 사용하는 구성 시스템에 따라 유연하게도 강하게도 할 수 있다. 이 벨트는 대단히 우수한 인성과 내마모성 및 내충격성을 가지고 있다.

조건 그림 9.32(a)에 보이는 모터가 벨트전동장치에 의해서 기계에 $n = 5000$ rpm의 속도로 $P = 60$ kW의 동력을 전달한다. 벨트에서의 최대인장을 F_1과 F_2로 나타내었다. 축은 항복강도 σ_y인 고강도 ASTM-A242강으로 만들어져 있다. 주어진 데이터는 다음과 같다.

$L = 230$ mm $\quad a = 70$ mm $\quad D = 100$ mm $\quad \sigma_y = 345$ MPa (표 B.4 참조)

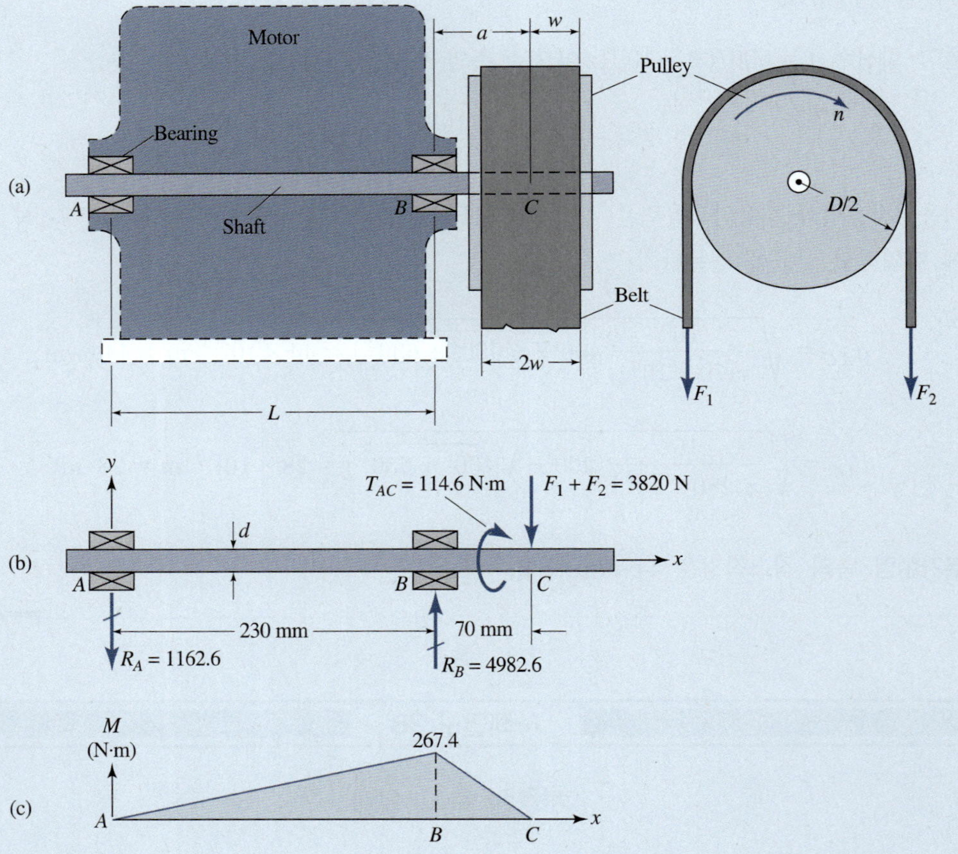

그림 9.32 모터-벨트 구동장치 (a) 조립체 (b) 축의 하중 선도 (c) 축의 모멘트 선도

기어박스의 주축과 원동축의 설계는 **사례연구** 3A에서 다루었다. 유사한 과정이 자동차 축에도 적용된다.

문제 항복에 대한 안전계수를 $n_s = 4$로 할 때 파손의 전단에너지설에 따른 자동차 축의 직경 d를 구하라.

가정

1. 베어링의 마찰은 무시된다. 베어링은 단순지지로 작용한다.
2. 구동체가 시작하거나 정지를 하는 동안에 생기는 충격의 영향은 무시된다.
3. 최대하중에서 $F_1 = 4F_2$이다(참고문헌 4.3).
4. 축을 따라서 토크는 일정하다.

풀이

베어링에서의 반력. 식 (5.25)를 이용하면 풀리에 의해 자동차 축에 가해지는 토크는 다음과 같다.

$$T_{AC} = \frac{9550P}{n} = \frac{9550(60)}{5000} = 114.6 \text{ N} \cdot \text{m}$$

벨트를 통해 전달되는 힘은 다음과 같다.

$$F_1 - \frac{F_1}{4} = \frac{T_{AC}}{D/2} = \frac{114.6}{0.05} = 2292 \text{ N}$$

또는

$$F_1 = 3056 \text{ N} \qquad \text{그리고} \qquad F_2 = 764 \text{ N}$$

평형조건 $\sum M_A = 0$과 $\sum F_y = 0$을 축의 자유물체도[그림 9.32(b)]에 적용시키면 다음과 같은 값을 얻는다.

$$3820(0.3) - R_B(0.23) = 0, \qquad R_B = 4982.6 \text{ N}$$

$$-R_A + R_B - 3820 = 0, \qquad R_A = 1162.6 \text{ N}$$

구해진 반력은 모두 양의 값을 가지므로 R_A와 R_B가 그림에서 나타낸 방향으로 작용되고 있다는 것을 알 수 있다.

주응력. 최대 굽힘 모멘트는 지지부 B[그림 9.32(c)]에서 일어나며 다음과 같은 값을 갖는다.

$$M_B = 3820(0.07) = 267.4 \text{ N} \cdot \text{m}$$

토크는 축을 따라서 일정하므로 임계단면은 B이다. 그 단면에서의 응력은 다음과 같다.

$$\tau = \frac{16T}{\pi d^3} = \frac{16(114.6)}{\pi d^3} = \frac{1833.6}{\pi d^3}$$

$$\sigma_x = \frac{32M}{\pi d^3} = \frac{32(267.4)}{\pi d^3} = \frac{8556.8}{\pi d^3}$$

그리고 $\sigma_y = 0$이다. 이와 같은 응력상태에서 주응력 식 (9.1)은 다음과 같다.

$$\sigma_{1,2} = \frac{\sigma_x}{2} \pm \sqrt{\left(\frac{\sigma_x}{2}\right)^2 + \tau^2}$$

$$= \frac{916.8}{\pi d^3} \pm \frac{1}{\pi d^3}\sqrt{\frac{(8556.8)^2}{4} + (1833.6)^2}$$

이를 정리하면

$$\sigma_1 = \frac{5572}{\pi d^3} \qquad \sigma_2 = -\frac{3738}{\pi d^3} \tag{b}$$

파손의 전단에너지설. 식 (9.25)를 기본으로 하여 정리하면

$$\sigma_1^2 - \sigma_1\sigma_2 + \sigma_2^2 = \left(\frac{\sigma_y}{n_s}\right)^2$$

여기에 식 (b)를 대입하면 다음과 같다.

$$\frac{1}{\pi d^3}[(5572)^2 - (5572)(-3738) + (3.738)^2]^{1/2} = \frac{345(10^6)}{4}$$

이것의 해를 구하면 $d = 0.002398\ \text{m} = 24\ \text{mm}$가 된다.

부가설명 표준 규격인 축 직경 25 mm를 선택하면 적당할 것이다.

연습문제

9.7절~9.10절

9.77 인장항복응력이 σ_y이고, 압축항복응력이 τ_y인 직경 $d = 50$ mm의 철강 축이 그림 P9.77과 같이 R의 하중을 받고 있고 $P = Q = 0$이다. 안전계수가 $n_s = 2$일 때 다음 이론을 고려하여 최대허용

하중 R의 값을 구하라.

(a) 최대전단응력설

(b) Mises 이론

조건 $\sigma_y = 260$ MPa, $\tau_y = 140$ MPa

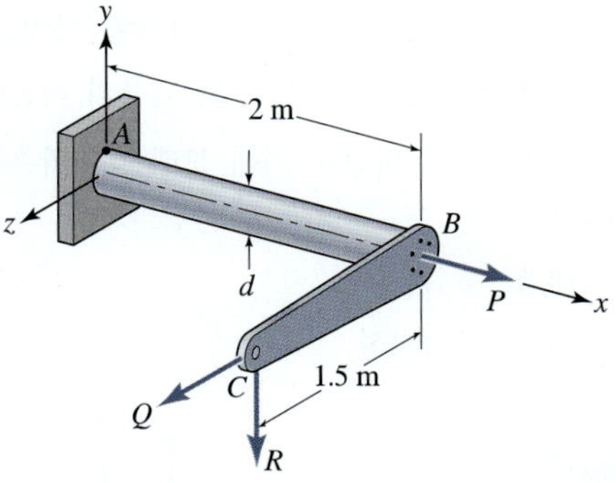

그림 P9.77

9.78 문제 9.77에서 $P=40R$이고 $Q=0$인 경우에 문제를 다시 풀어라.

9.79 인장극한응력이 σ_u이고 압축극한응력이 σ_u'인 얇은 두께의 막힌 금속 튜브의 외경과 내경은 각각 D와 d이다. 이 튜브가 내부압력 p와 토크 T를 받고 있다. 최대주응력설에 따른 안전계수 n_s를 구하라.

조건 $\sigma_u = 36$ ksi, $\sigma_u' = 74$ ksi, $D = 8$ in., $d = 7\frac{1}{2}$ in., $p = 800$ psi, $T = 400$ kip · in.

9.80 직경 $d = 50$ mm인 강재 원형 봉($\sigma_y =$ 10 MPa)이 그 한쪽 끝에 모멘트 M과 축방향 압축 하중 P의 복합하중을 받고 있다. $M = 1.2$ kN · m라면 최대전단에너지설을 기본으로 하여 최대허용 P의 값을 구하라.

9.81 폭 b, 깊이 h, 길이 L인 외팔 보가 자유단에 집중하중 P를 받고 있다. 최대전단응력설에 의해 파손이 일어날 때의 안전계수 n_s를 구하라.

조건 $b = 60$ mm, $h = 80$ mm, $L = 1.2$ m, $P = 2$ kN, $\sigma_y = 240$ MPa

9.82 그림 P9.77을 참조하여 $R = 600$ N, $Q =$ 200 N, $P = 0$의 하중을 받고 있는 강재 축($\tau_y =$ 60 MPa)을 설계하라. 안전계수 $n_s = 1.2$를 이용하고 최대전단응력설을 적용하라.

9.83 그림 P9.83과 같은 하중을 받고 있는 보의 $\sigma_{\text{all}} = 18$ ksi이라면 폭이 b이고 깊이가 $2b$인 직사각형 보의 단면을 설계하라(최대주응력 파손이론을 이용하라).

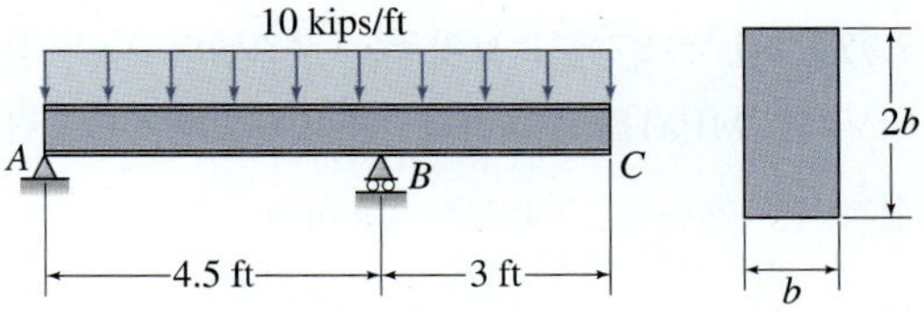

그림 P9.83

9.84 허용강도가 $\sigma_{\text{all}} = 120$ MPa인 6 m 길이의 강재 축이 토크 $T = 400$ N · m와 자중을 받고 있다. Mises 파손이론에 따라서 필요한 축 직경을 구하라.

가정 강재의 단위 부피에 대한 질량은 $\rho = 7.86$ Mg/m^{3}를 이용하라(표 B.4 참조). 축은 양끝에 단순지지로 작용되는 마찰이 없는 베어링으로 지지되어 있다.

***9.85** 그림 P9.85와 같이 중실축 AB가 모터와 기어로부터 180 rpm에서 20 kW를 8 kW를 사용

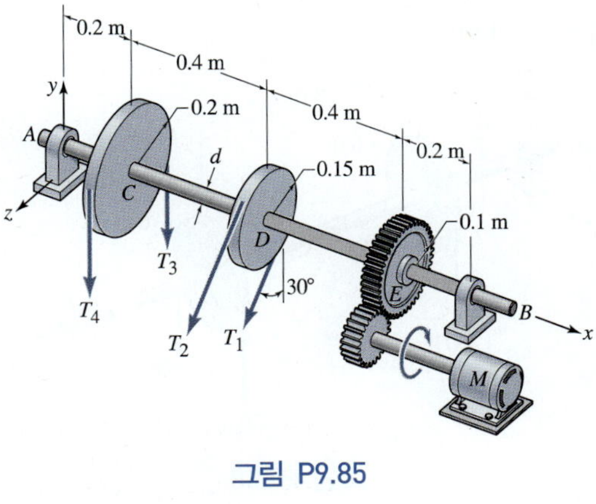

그림 P9.85

하는 풀리 D에 전달하고, 또 12 kW를 사용하는 풀리 C로 전달한다. $\tau_{all}=45$ MPa이라 할 때 파손의 최대전단응력설에 의하여 필요한 직경 d를 구하라.

가정 풀리 벨트의 인장력 비는 $T_1/T_2=3$이다. 또한 $T_3/T_4=3$이다.

***9.86** 문제 9.85에서 풀리 D에서의 인장력 T_1과 T_2가 수평방향(z 방향)인 경우에 문제를 다시 풀어라.

9.87 그림 P9.87에서 보여주는 시스템의 강재 축 ($\tau_y=60$ MPa)을 설계하라. 파손의 최대전단응력설과 안전계수 $n_s=1.2$를 사용하라.

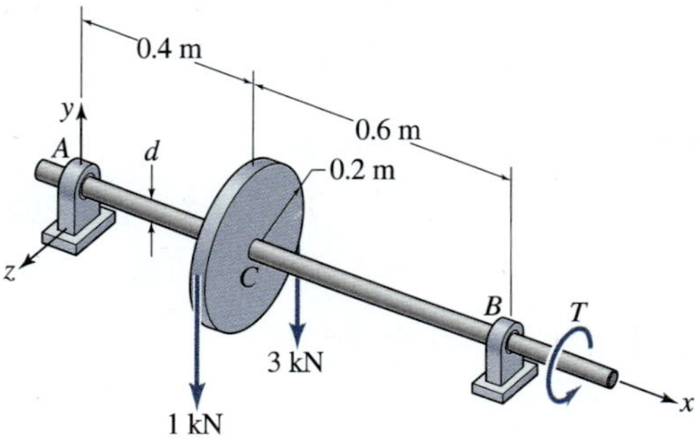

그림 P9.87

9.88 그림 P9.88에서 보여주는 시스템의 축에서 파손의 최대주응력설을 적용하여 직경 d를 구하라.

조건 $\sigma_{all}=20$ ksi

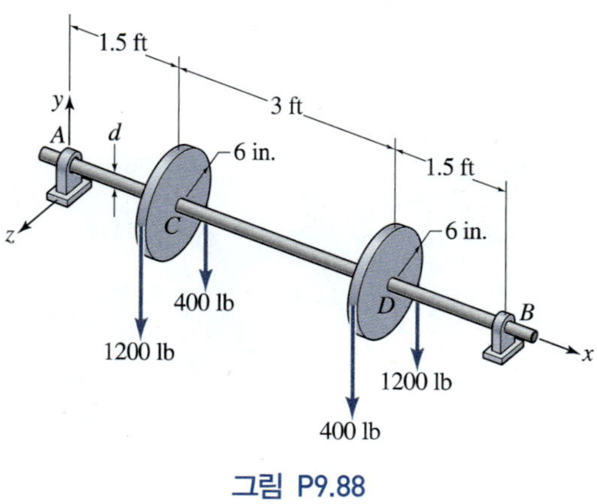

그림 P9.88

***9.89** 문제 9.88에서 풀리 C의 인장력이 수평방향(z방향)인 경우에 문제를 다시 풀어라.

9.90 하중을 받고 있는 ASTM-A36 구조용 강재 브래킷의 한계점에서 평면의 응력들은 그림 P9.90의 요소 A에서 보여주는 크기와 방향을 가지고 있다. 안전계수를 $n_s=1.2$로 하고, 다음의 파손이론을 이용할 때 이 하중에 의해 브래킷이 파손될지 판단하라.

(a) 최대전단응력설

(b) 최대전단에너지설

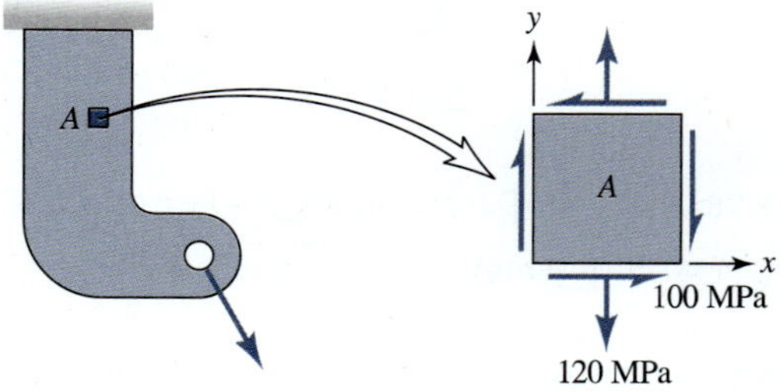

그림 P9.90

9.91 원형단면을 가진 ASTM A-48 주철재 축이 토크 T와 수직하중 P를 동시에 받고 있다(그림 P9.91). 안전계수를 $n_s=1.2$로 할 때 다음의 파손이론을 이용하여 축의 직경을 계산하라.

조건 $\sigma_u=25$ ksi, $\sigma_u'=95$ ksi(표 B.4 참조),

$L=10$ in., $T=5$ kip · in., $n_s=2$

가정 횡방향 전단의 영향은 무시한다.

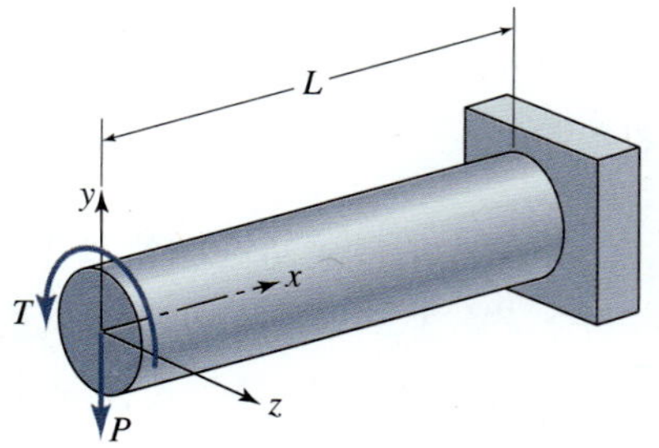

그림 P9.91

9.92 그림 P9.92와 같은 C 클램프가 인장극한강도 $\sigma_u = 8$ ksi와 압축극한강도 $\sigma_u' = 74$ ksi를 갖는 알루미늄 합금으로 만들어졌다. Coulomb-Mohr설을 이용하여 파단이 일어나지 않는 최대하중 P를 구하라.

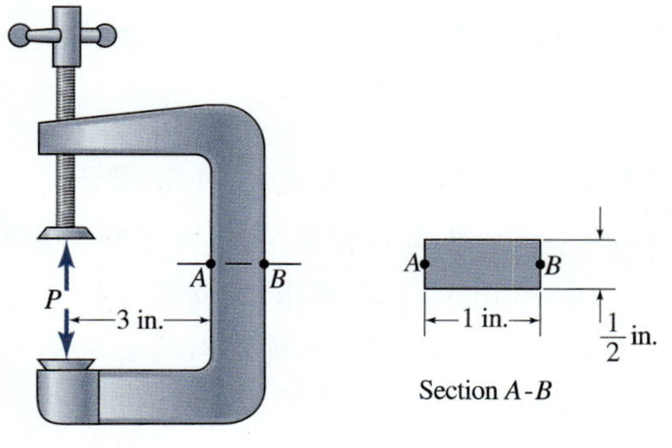

그림 P9.92

***9.93** 허용전단강도 $\tau_{\text{all}} = 10$ ksi를 갖고 있는 강재 축에 장착된 기어 A가 수직하중 $F_y = 300$ lb를 받고 있다(그림 P9.93). 다음을 구하라.

(a) 이 하중을 지지하는 데 필요한 토크 T의 값

(b) 파손의 최대전단응력설을 이용할 때 필요한 축 직경 d

가정 베어링 C와 B는 단순지지로 작용한다.

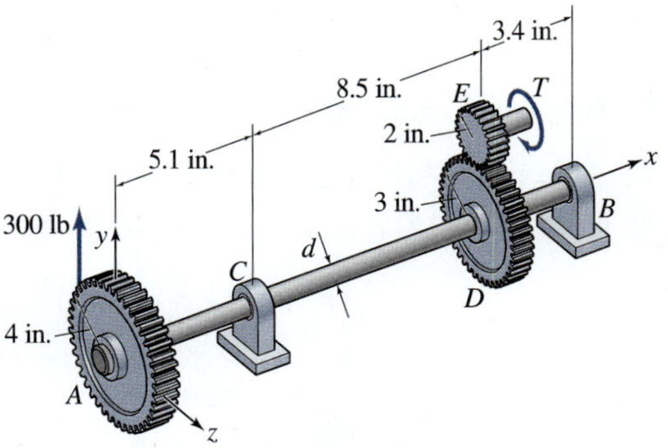

그림 P9.93

9.94 문제 9.93에서 축 AB가 ASTM-A47 주철(표 B.4 참조)로 만들어졌다면 파손의 최대수직응력설을 적용하여 문제를 다시 풀어라.

9.95 중공형 원통 축-풀리 결합체가 마찰이 없는 지지부 C와 D에서 지지되어 있고 그림 P9.95에서 표시된 것과 같이 벨트를 통하여 인장력을 받고 있다. 허용전단응력이 $\tau_{\text{all}} = 20$ ksi라면 파손의 최대전단응력설을 따를 때, 필요한 최소 축 직경 d는 얼마가 되어야 하는가?

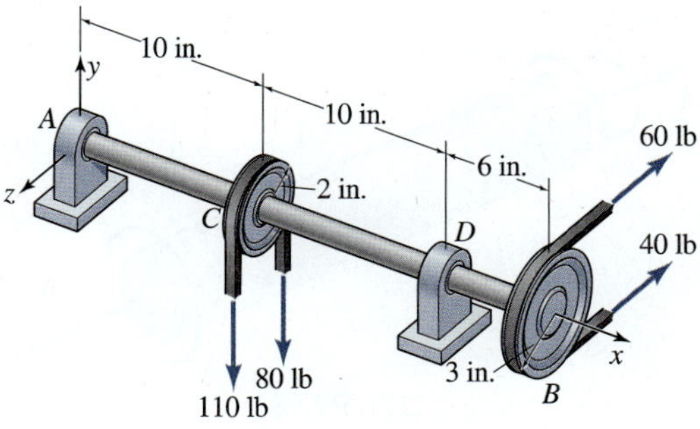

그림 P9.95

9.96 문제 9.95에서 허용수직응력이 $\sigma_{\text{all}} = 30$ ksi이고 파손의 최대전단응력설을 적용하는 경우에 문제를 다시 풀어라.

***9.97** 브래킷 암이 그림 P9.97에서 표시된 것과 같이 자유단에서 수직하중 $P = 6$ kN을 받고 있다. 파손의 최대전단응력설을 따를 때, 직경이 $d = 50$ mm인 봉의 경우에 안전계수 n_s를 구하라.

조건 재료는 항복강도가 $\tau_y = 140$ MPa인 알루미늄 합금이다(표 B.4 참조).

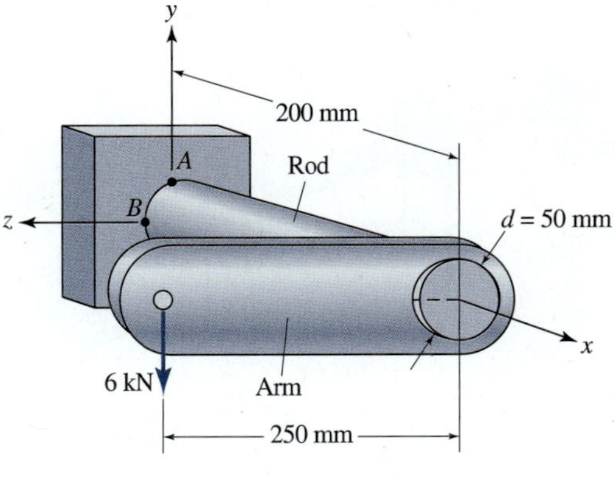

그림 P9.97

9.98 항복응력이 σ_y이고 직경이 d인 강재 축이 그림 P9.98과 같이 축하중 P, 토크 T와 굽힘 모멘트 M을 받고 있다. 항복을 기본으로 하는 파손의 최대전단에너지설에 대하여 안전계수 n_s를 구하라.

조건 $d=40$ mm, $P=20$ N, $T=500$ N · m, $M=350$ N · m, $\sigma_y=250$ MPa

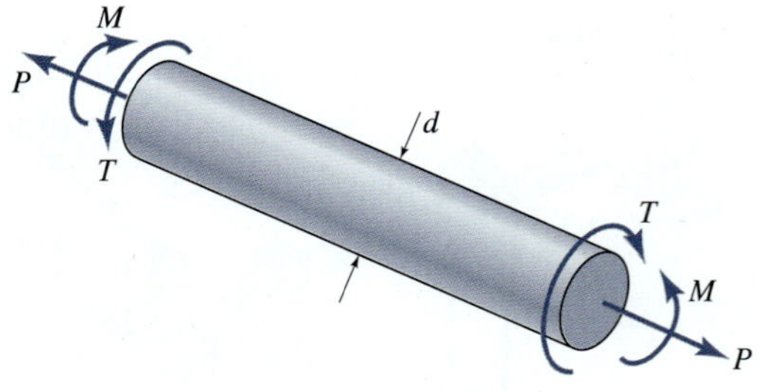

그림 P9.98

9.99 문제 9.98에서 축이 주철($\sigma_u=160$ MPa, $\sigma_u'=320$ MPa)이고 파손의 Coulomb-Mohr설을 따르는 경우에 문제를 다시 풀어라.

9.100 직경 d의 강재 축이 그림 P9.100과 같이 베어링 사이에 장착되어 직경 D의 풀리에 의해 하중이 가해지고 있다. 피치 직경은 벨트에 의한 힘 T_1과 T_2가 작용되는 직경이라는 것을 유의하라. 파손의 최대전단에너지설을 적용할 때, 항복에 대한 안전계수 n_s를 구하라.

가정 베어링들은 마찰 없는 단순지지로 간주된다. 축은 허용강도가 σ_y인 냉간압연강으로 만들어져 있다.

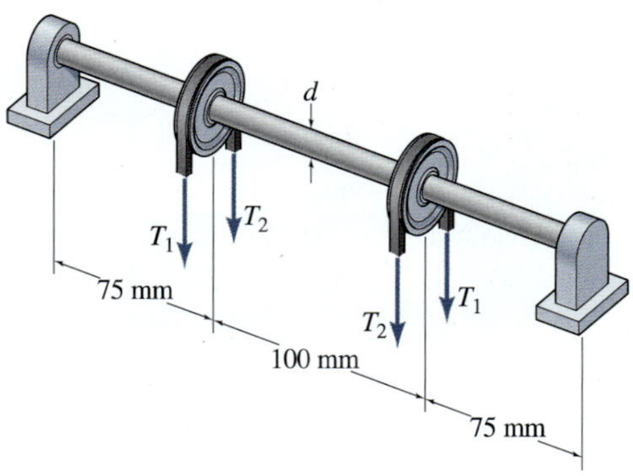

그림 P9.100

조건 $d=45$ mm, $D=150$ mm, $T_1=2T_2$, $\sigma_y=600$ MPa

9.101 문제 9.100에서 축이 ASTM 등급 50 주철 ($\sigma_u=365$ MPa, $\sigma_u'=1135$ MPa)로 만들어졌다. 다음의 파손이론을 적용하여 문제를 다시 풀어라.

(a) 최대수직응력설

(b) Coulomb-Mohr설

9.102 평면응력을 받고 있는 알루미늄 합금($\sigma_u=10$ ksi, $\sigma_u'=26$ ksi) 구조 내의 한 점에서 응력은 그림 P9.102와 같은 크기와 방향을 갖는다. 다음의 파손판별식을 적용할 때 파손이 일어나는지를 구하라.

(a) 최대주응력설

(b) Coulomb-Mohr설

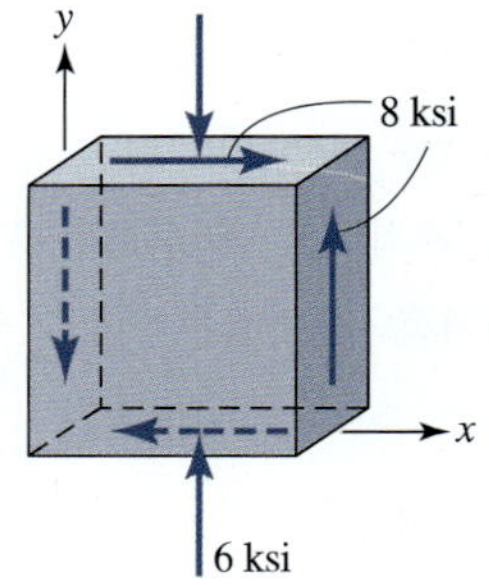

그림 P9.102

9.103 두께 $t=5$ mm 평판이 $\sigma_u=70$ MPa, $\sigma_u'=175$ MPa인 알루미늄 합금으로 만들어져 있다. 그림 P9.103에서 표시된 것과 2.5절에서 다룬 것과

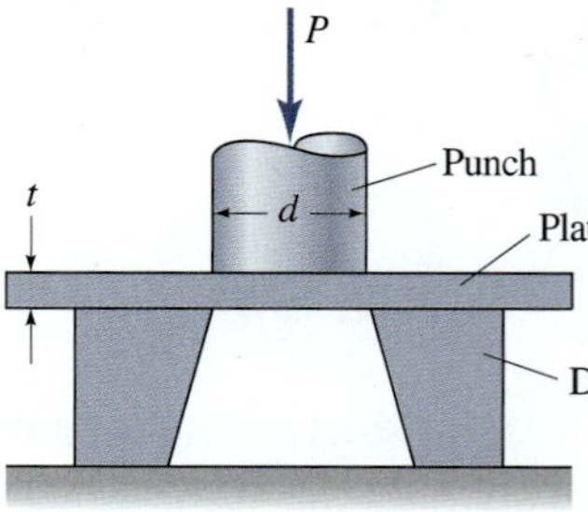

그림 P9.103

같이 평판에 $d=15\text{ mm}$의 구멍을 내기 위해 필요한 하중 P를 구하라. 다음을 적용하라.

(a) 파손의 최대수직응력설

(b) 파손의 Coulomb-Mohr설

가정 전단력은 평판 두께에 걸쳐서 균일하게 분포된다고 가정한다.

요약

이 장에서는 부재의 응력해석, 파손조건, 복합하중 하에서의 축 설계에 대하여 자세히 다루었다. 설명한 내용을 학습하면 구조나 기계요소의 기계적 거동을 이해할 수 있을 것이다. 9.2~9.5절에서는 축하중, 비틀림하중, 압력과 직접전단하중을 복합적으로 받는 부재에 대한 응력을 학습하였다. 그 다음에는 대칭면의 중심에 하중이 가해지는 부품에 대해 설명하였다. 이 해석에서는 앞에서 유도된 방법을 이용하였다. 편심하중은 단면 중심에서의 힘과 모멘트 시스템으로 대신하여 해석하고 중심하중과 굽힘 모멘트에 의한 응력을 중첩하였다.

한 부재의 파손형태와 파손조건은 9.7~9.9절에서 다루었다. 기계나 구조의 부재가 위험한 점에서 재료 내에서의 항복이나 파괴에 의해 파손할지 아닌지를 예측하기 위해서 먼저 주어진 하중에 대해 그 점에서의 주응력 σ_1, σ_2, σ_3를 구하였다. 그 다음에 항복이나 파괴에 의해 재료에 파손이 일어나는지를 예측하는 이론적인 공식을 사용하였다. 각각의 파손조건에 대한 관계는 그래프 형식으로 보여주었다. 이 그래프들은 응력을 받고 있는 부재에서 파손이 일어나려는 조건을 가시화하는 데 대단히 유용하다.

마지막으로 토크뿐만 아니라 횡방향의 하중을 받고 있는 동력전달 축의 설계에 대하여 다루었다. 축의 어떤 주어진 단면에서 굽힘 모멘트 M에 의한 수직응력과 토크 T에 의한 전단응력의 영향을 모두 고려하여 그 축의 최대허용직경을 구하였다. 최대전단응력설, 최대전단에너지설과 최대수직응력설에 의한 파손조건을 기본으로 하여 균일한 축의 설계공식이 유도되었다. 이 장 전체를 통하여 유도된 기본적인 식을 적용하는 방법이 다양한 예제와 실용적으로 중요한 사례연구를 통하여 제시되었다.

핵심 공식*

축하중에 의한 수직응력	$\sigma_x = P/A$	
비틀림 공식	$\tau = Tr/J$	
굽힘 공식	$\sigma_x = Mc/I$	
전단 공식	$\tau = VQ/Ib$	9.1절
원통형 용기의 원주방향 응력	$\sigma_x = pr/t$	
원통형 용기의 축방향 응력	$\sigma_a = pr/2t$	
구형 용기의 원주방향 응력	$\sigma = pr/2t$	
수직응력과 전단응력의 조합	$\sigma_{1,2} = \frac{\sigma_x}{2} \pm \sqrt{\left(\frac{\sigma_x}{2}\right)^2 + \tau_{xy}^2}$	
	$\tau_{\max} = \sqrt{\left(\frac{\sigma_x}{2}\right)^2 + \tau_{xy}^2}$	9.2절
주응력 방향	$\tan 2\theta_p = 2\tau_{xy}/\sigma_x$	
헬리컬 스프링의 최대전단응력	$\tau_{\max} = \frac{16PR}{\pi d^3}\left(1 + \frac{d}{4R}\right)$	9.3절
헬리컬 스프링의 전체 처짐	$\delta = \frac{64NPR^3}{d^4 G}$	
수직응력들의 조합	$\sigma_x = \frac{P}{A} - \frac{M_z y}{I_z} + \frac{M_y z}{I_y}$	
	$\sigma_x = \frac{P}{A} - \frac{My}{I}$	9.6절
중립축의 방정식	$\frac{P}{A} - \frac{My}{I} = 0$	
최대전단응력설	$\lvert\sigma_1 - \sigma_2\rvert = \sigma_y$	9.8절
최대전단에너지설	$\sigma_1^2 - \sigma_1\sigma_2 + \sigma_2^2 = \sigma_y^2$	
최대수직응력설	$\lvert\sigma_1\rvert = \sigma_u$ 또는 $\lvert\sigma_2\rvert = \sigma_u$	9.9절

*이 방정식의 유도와 올바른 사용에 관한 정보는 관련된 절을 참조하라.

참고문헌

9.1 A. C. Ugural and S. K. Fenster, *Advanced Strength and Applied Elasticity*, 4th ed., Prentice Hall, Upper Saddle River, NJ, 2003.

9.2 A. M. Wahl, *Mechanical Springs*, McGraw-Hill, New York, 1963.

9.3 A. C. Ugural, *Mechanical Design: An Integrated Approach*, McGraw-Hill, New York, 2004.

9.4 J. Marin, *Mechanical Behavior of Engineering Materials*, Prentice Hall, Upper Saddle River, NJ, 1962.

9.5 L. H. Van Vlack, *Elements of Material Science and Engineering*, 6th ed., Addison Wesley, Reading, MA, 1989.

9.6 R. C. Juvinal and K. M. Marshek, *Fundamentals of Machine Component Design*, 3rd ed., Wiley, New York, 2000.

9.7 J. H. Fauppel and F. E. Fisher, *Engineering Design*, 2nd ed., Wiley, Hoboken, NJ, 1986.

보의 처짐

10장

▶ 브루클린에서 뉴욕만 입구에 있는 Staten Island를 연결하는 Verrazano Narrows 브리지는 직경이 36 in.인 4개의 케이블에 의해 지지되고 있는데, 각 케이블은 많은 수의 가닥으로 이루어져 있다. 자동차들은 6차선으로 된 2층 차로에서 횡단한다. 각 구조물의 갑판에 있는 보들은 강도와 제한된 처짐량에 대한 기준에 맞추어 설계되어야 한다. 보의 처짐은 이번 장과 13장에서 설명하는 방법을 사용하여 해석할 수 있다.
Oleksandr Gumerov/iStockphoto 제공.

10.1 서론

보에 작용하는 하중과 그로 인해 발생하는 응력 사이의 관계식이 7장에서 기술되었다. 7.2절에서 설명하였듯이 직선 보의 축은 하중이 작용하면 **탄성곡선** 또는 **처짐곡선**이라고 정의되는 곡선으로 굽어진다. 지금부터 탄성곡선 방정식을 구하고 보의 축을 따라 특정한 점에서의 처짐을 계산하는 방법을 설명한다. 횡하중을 받는 정적 정정 보와 정적 부정정 보를 다룰 것이다.

수많은 실제의 경우에서 보에 대해서 요구되는 내용은 주어진 하중을 지탱하는 능력과 허용된 값 이내의 처짐으로 기술된다. 예를 들어 많은 기계에 사용되고 있는 보들은 충분한 강성이 있어야 한다. 다시 말해서 여러 움직이는 부품들 사이에서 허용된 범위를 만족하기 위해서 규정된 한계 내에서 굽어져야 하며 건물의 층을 이루는 보들은 석고 천장에서 균열이 발생하게 하는 과도한 처짐을 이겨내야 한다. 이 외에도 처짐에 대한 연구는 부정정 보를 해석하는 데 필수적이다.

> 처짐에 대한 해석은 보 이론의 기본 **가정**들에 기준을 두겠으며(7.3절 참조), 오직 굽힘에 의해 발생된 처짐만을 고려한다. 그러므로 처짐에 대한 전단력의 기여도는 무시하는데, 그 이유는 정적 굽힘 문제에서 전단력에 의한 처짐은 전체 처짐 중에서 매우 낮은 비율을 나타내기 때문이다(12.7절에서 다루게 됨).

탄성 보의 처짐을 결정하는 세 가지의 일반적인 절차들, 즉 **적분법**, **중첩법**, 그리고 **모멘트 면적법**을 이번 장에서 논의한다. **불연속함수**를 적용하여 다양한 하중을 받는 보의 처짐과 기울기를 적분에 의해 상당히 단순하게 구할 수 있음을 알게 될 것이다.

모멘트 면적법은 보에 대한 지배 미분방정식의 해를 구하는 수학적 계산을 반도식적으로 설명하고 있다. 일과 에너지 개념에 기초를 둔 방법들은 보의 축을 따라 관심을 갖는 점들에서 변위를 계산하는 또 하나의 방법을 제공한다(12장 참조). 보의 비탄성 변형은 7.18절에서 다루어졌다. 유한요소해석이라 부르는 수치적 방법은 13장에서 논의한다.

10.2 탄성곡선

보의 처짐곡선에 대한 기본방정식을 유도하기 위하여 그림 10.1에 나타낸 외팔 보를 고려해보자. 좌표의 원점은 고정단에 위치한다. xy평면은 대칭평면이고 모든 하중은 이러한

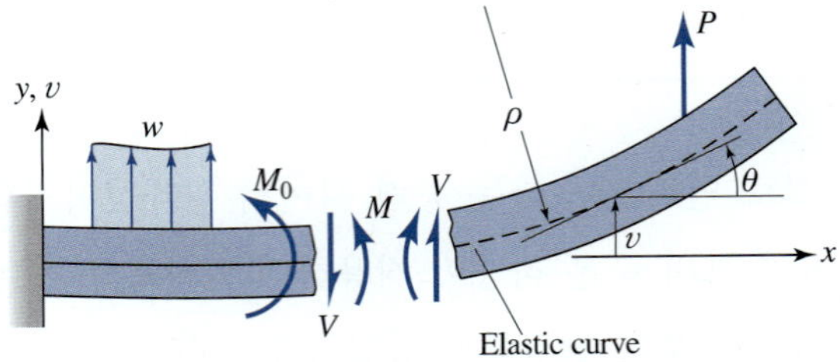

그림 10.1 양의 하중과 내력

평면에서 작용한다고 가정한다. 따라서 xy평면은 굽힘이 발생하는 평면이다. 원점으로부터 x만큼 떨어져 있는 어떤 한 점 A에서의 **처짐** v는 x축을 기준으로 하여 측정된 그 점의 y방향으로의 **변위**이다.

해석기하학으로부터 y축으로부터 거리 x에서의 곡률 κ는 다음과 같이 표현된다.

$$\kappa = \frac{1}{\rho} = \frac{d^2v/dx^2}{[1+(dv/dx)^2]^{3/2}} \tag{a}$$

보 이론의 가정 1(7.3절 참조)로부터 기울기의 제곱은 1에 비해 무시할 수 있으므로

$$\kappa = \frac{1}{\rho} = \frac{d^2v}{dx^2} \tag{10.1}$$

κ는 기울기가 보의 축을 따라 변화하는 비율, 즉 $d(dv/dx)/dx$를 나타낸다. 만약에 처짐곡선의 양의 기울기 dv/dx가 x의 증가와 함께 더 큰 양의 값이 되면 곡률은 양이다(그림 10.1). 그러므로 이미 7.2절에서 지적한 것처럼 보의 곡률은 보가 위로 오목하게 굽을 때 양이고 아래 방향으로 오목하게 굽을 때 음이다. 그림으로부터 양의 굽힘 모멘트는 양의 곡률을 생기게 함을 알 수 있다.

7.5절에서 횡단면이 하중평면 xy에 대해서 대칭인 선형탄성 보인 경우 곡률과 모멘트는 다음과 같음을 확인하였다.

$$\kappa = \frac{1}{\rho} = \frac{M}{EI} \tag{10.2}$$

여기서 ρ는 곡률반경이고 EI는 굽힘 강성을 나타낸다. 그림 10.1에서 보는 바와 같이 굽힘 모멘트 M과 보의 곡률 $1/\rho$는 모두 단면에 따라 변할 수 있다. 식 (10.1)과 (10.2)로부터 **처짐곡선**의 지배 또는 기초 미분**방정식**은 다음과 같이 얻어진다.

$$\boxed{\frac{d^2v}{dx^2} = \frac{M}{EI}} \tag{10.3}$$

이러한 모멘트-곡률 관계식을 공학적인 굽힘 이론의 Bernoulli-Euler 법칙이라고 한다.

부호약속

앞 식과 관련한 부호약속에 세심한 주의가 있어야 한다. 6.2절에서 기술한 것처럼 작용 하중과 모멘트 벡터가 양의 좌표방향일 때 이들을 양이라고 가정한다. 또한 양 방향의 내부 모멘트 벡터는 양의 면에 작용하는데, 이 경우에 보의 상단부는 압축이 되고 하단부는 인장이 된다. 한편 양의 전단력은 음의 면에 작용하는데, 보의 단편 오른쪽 면에 대하여 왼쪽 면을 끌어올린다(6.4절 참조). 따라서 그림 10.1에 나타낸 하중들(M_0, P, w)과 내부합력들(V, M)은 모두 양이다. 곡률 d^2v/dx^2의 양의 방향, 즉 위로 오목함은 양 방향으로 작용하는 모멘트에 의해 생긴 곡률과 일치함을 주목하라.

> 처짐 v는 x축으로부터 탄성곡선에 이르기까지 측정된다. 그러므로 **위 방향(↑)처짐**은 **양**이다. 회전각 θ (radian으로 측정됨)는 x축과 곡선 위의 한 점에서의 기울기가 이루는 각이다. θ벡터의 방향은 M벡터의 것과 마찬가지로 오른손 법칙을 따른다. 말하자면 θ는 **반시계방향**(↶)일 때 양이다. 변위가 작을 때는 회전각이 거의 탄성곡선의 **기울기**(dv/dx)와 같다.

지배 방정식의 또 다른 형태

때때로 프라임 부호(′)가 미분을 표시하기 위해서 사용된다. 내부 모멘트 M, 내부 전단력 V, 그리고 작용하중세기 w는 식 (6.1) 및 (6.3)에 의해 연관되어 있다. 식 (10.3)과 결합하여 이들은 다음과 같은 식들을 만든다.

$$\begin{aligned} \text{처짐} &= v \\ \text{기울기} &= \theta = \frac{dv}{dx} = v' \\ \text{모멘트} &= M = EI\frac{d\theta}{dx} = EIv'' \\ \text{전단력} &= V = \frac{dM}{dx} = (EIv'')' \\ \text{하중세기} &= w = \frac{dV}{dx} = (EIv'')'' \end{aligned} \tag{10.4}$$

위 관계식을 적용할 때 부호약속이 그림 10.1에 맞추어 엄격히 지켜져야 한다. **일정한 굽힘 강성** EI를 갖는 보에서는 $(EIv'')' = EIv'''$과 $(EIv'')'' = EIv''''$이 되므로 그러한 보의 **탄성곡선에 대한 기본 방정식**들은 다음과 같다.

$$EI\frac{d^2v}{dx^2} = M \tag{10.5}$$

$$EI\frac{d^3v}{dx^3} = V \tag{10.6}$$

$$EI\frac{d^4v}{dx^4} = w \tag{10.7}$$

그러므로 처짐 v는 식 (10.5)~(10.7) 중의 어느 하나를 연속적으로 적분함으로써 구할 수 있는데, 이러한 내용은 10.4절에서 설명한다.

넓은 보($h \geq b/2$)는 **좁은 보**($h < b/2$)보다 강성이 크며 넓은 보의 처짐은 좁은 보 문제를 해석하기 위해 준비된 위 방정식들을 사용하여 얻어진 값보다 작다. 여기서 h와 b는 각각 횡단면의 깊이와 폭을 나타낸다. 큰 횡단면 폭은 재료의 측면 팽창이나 수축을 방해하고 그 때문에 처짐은 감소한다. 넓은 보의 처짐에 대한 개선된 값을 구하려면 좁은 보 문제를 해석하기 위한 방정식들을 사용하여 얻어진 값에 $(1-\nu^2)$를 곱하면 된다(참고문헌 10.1). 여기서 ν는 푸아송비를 나타낸다.

10.3 경계조건

지지점들에 의해 보에 부과되는 구속들을 **경계조건**이라 한다. 보의 처짐 문제의 해를 구하기 위해서 미분방정식의 사용과 함께 각 지지점에서의 조건들을 규정하는 것이 필요하다. 이들 조건들은 처짐과 기울기, 또는 힘과 모멘트, 또는 이들의 조합으로 주어질 수 있다.

가장 빈번히 일어나는 상황들을 식으로 표현하겠다. 일정한 굽힘 강성 EI를 갖는 보의 끝($x = a$)에서 작용하는 경계조건들(그림 10.2 참조)은 다음과 같다.

고정 또는 클램프 단. 이 경우 처짐과 기울기는 모두 0이어야 한다. 즉

$$x = a\text{일 때} \qquad v = 0 \qquad \theta = v' = 0$$

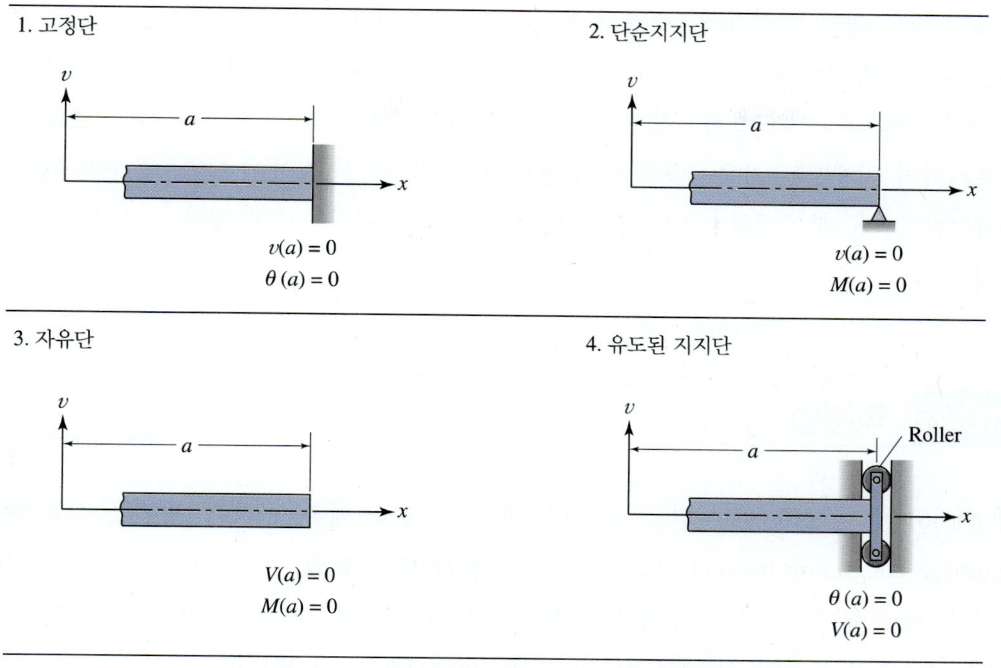

그림 10.2 일반적인 경계조건들

앞 식은 더 간결하게 다음과 같이 표현할 수 있다.

$$\boxed{v(a)=0} \qquad \boxed{\theta(a)=v'(a)=0} \tag{10.8}$$

단순지지단. 이 단은 회전이 자유롭다. 그러나 처짐과 굽힘 모멘트는 0이어야 한다. 즉

$$\boxed{v(a)=0} \qquad \boxed{M(a)=EIv''(a)=0} \tag{10.9}$$

자유단. 이 단에서는 굽힘 모멘트와 전단력이 0이다. 즉

$$\boxed{M(a)=EIv''(a)=0} \qquad \boxed{V(a)=EIv'''(a)=0} \tag{10.10}$$

유도된 지지단. 이 경우에 수직방향으로의 움직임은 허용되나 끝단의 회전은 0이다. 즉

$$\boxed{v'(a)=0} \qquad \boxed{V(a)=EIv'''(a)=0} \tag{10.11}$$

다른 경계조건들도 유사하게 표현할 수 있다. 식 (10.8)~(10.11)에서 힘(정역학)의 변수들 M, V, 그리고 기하학적(운동학) 변수들 v, θ는 보통의 경우에서 0임을 알 수 있다. 앞

의 조건들은 정적 정정 보와 부정정 보에 모두 적용된다.

많은 보들은 집중하중, 반력 또는 불연속적으로 분포된 세로방향 하중을 받는다. 이러한 경우 해석과정에는 경계조건은 물론이고 탄성곡선의 연속조건이 필요하다. **연속조건**을 충족시키기 위해서는 기울기와 처짐이 보의 두 접합부에서 같아야 한다. 즉 탄성곡선이 매끈하여야 한다. 불연속함수(10.5절 참조)를 사용하면 처짐곡선에 대한 연속조건이 만족된다.

10.4 적분법

식 (10.6) 또는 (10.7)로부터 시작하여 처짐 문제의 해를 구하는 방법을 **다중적분법**(multiple integration method)이라 한다. 또한 **연속적인 적분법**으로도 알려져 있는데, 이 방법은 먼저 보에 작용하는 하중을 내부 전단력 V 또는 하중세기 w의 항으로 표시한다. 다음에 v를 얻기 위하여 이러한 식들을 세 번 또는 네 번 적분한다.

식 (10.5)를 이용하여 처짐을 계산하는 첫째 단계는 굽힘 모멘트 M을 작용하는 하중에 의한 x의 함수로 나타내는 것이다. 다음에 모멘트-곡률 관계식을 적분하여 처짐을 보 길이에 따른 위치의 함수로 표현한다. 두 번 적분하기 때문에 이를 때때로 **2중적분법**(double integration method)이라 한다.

앞의 각 절차는 직접적분법 또는 단순히 적분법을 나타낸다. 어떤 식으로 시작할 것인가의 선택은 문제에 따라 달라진다. 하중세기 w(또는 전단력 V)를 x의 함수로 표현하기 쉽거나 굽힘 모멘트를 x의 함수로 나타내기 어려운 경우에는 다중적분법이 유용하다. 그렇지 않은 경우에는 2중적분법이 더욱 쉬우므로 이를 택한다.

보의 길이를 따라서 하중 또는 EI에 갑작스런 변화가 있을 때 불연속이 일어나는 보의 각 단편에 대해서 독립된 모멘트 식이 있을 것이다. 이 경우에 보의 단편들을 연결하는 경계선에서 연속조건을 충족시키면 해가 구해진다. 그러나 인접한 단편들을 '이어주는' 절차는 하중들을 단일 방정식으로 나타냄으로써 피할 수 있다(10.5절에서 논의됨). 2중적분법의 장점은 특히 후자의 방법이 적용될 때 명백해진다.

정정 그리고 부정정 탄성 보의 문제들 모두 앞에서 말한 연속적인 적분절차를 이용하여 다루어질 수 있다. 보의 처짐을 해석하는 데 있어서 1.3절에서 밝힌 고체역학의 3원칙이 사용된다는 데에 주목해야 한다. 평형방정식은 힘과 변형 관계식인 $EIv'' = M$에 모멘트를 제공한다. 기하학적 적합조건으로부터 적분상수들이 결정되고 해석이 완료된다. 식 (10.6)과

(10.7)은 유사하게 해석된다.

다음 예제들은 일반적인 절차를 적용하여 여러 가지 하중이 작용하는 보에서 발생하는 처짐과 기울기를 구하는 과정을 설명하고 있다. 모든 경우에, 다른 언급이 없으면 보는 일정한 굽힘 강성 EI를 갖는다고 **가정**한다. 또한 부재의 무게는 무시된다.

예제 10.1 균일하중을 받는 단순지지 보의 처짐

조건 단순지지 보 AB가 그림 10.3(a)처럼 단위길이당 균일하중 w를 받고 있다.

문제

(a) 2중적분법을 이용하여 탄성곡선의 방정식을 구하라.

(b) 다중적분법을 사용하여 탄성곡선의 방정식을 유도하라.

(c) 최대처짐과 기울기 θ_A 및 θ_B를 구하라.

풀이 그림 10.3(a)에 반력들이 표시되어 있다. 보의 부분에 대한 자유물체도에 평형조건 $\Sigma M_0 = 0$을 적용하면 다음과 같은 굽힘 모멘트 식이 얻어진다[그림 10.3(b)].

$$M = \frac{1}{2}wLx - \frac{1}{2}wx^2$$

(a) 2중적분법. 앞 식을 식 (10.5)에 대입하면

$$EI\frac{d^2v}{dx^2} = \frac{1}{2}wLx - \frac{1}{2}wx^2 \tag{a}$$

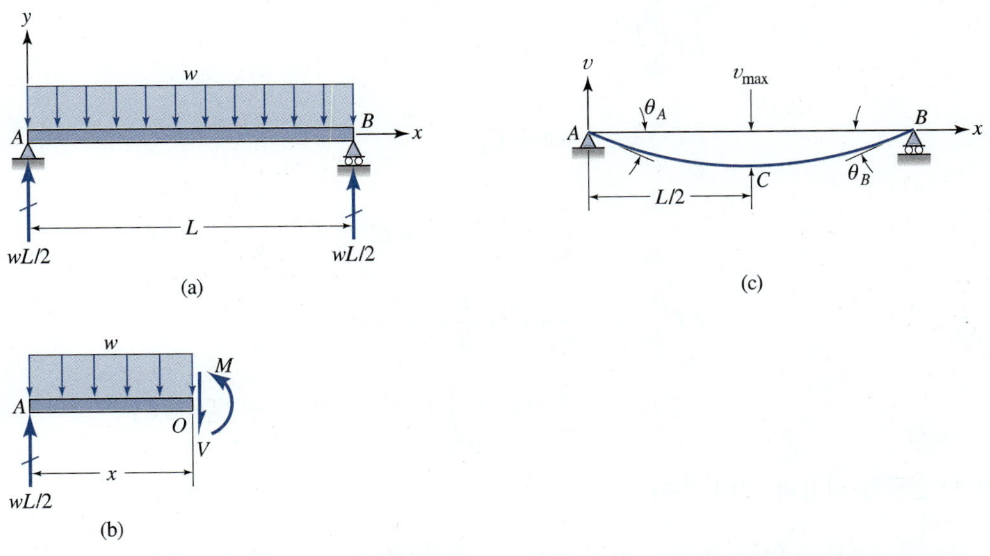

그림 10.3 (a) 균일한 하중을 받고 있는 단순지지 보 (b) AO 부분에 대한 자유물체도 (c) 처짐곡선

x에 대하여 두 번 적분하면 다음을 얻는다.

$$EI\frac{dv}{dx} = \frac{1}{4}wLx^2 - \frac{1}{6}wx^3 + C_1$$
$$EIv = \frac{1}{12}wLx^3 - \frac{1}{24}wx^4 + C_1x + C_2 \tag{b}$$

경계조건 $v(0) = v(L) = 0$을 식 (b)에 대입하면

$$0 = \frac{1}{12}wL(0)^3 - \frac{1}{24}w(0)^4 + C_1(0) + C_2 \quad \text{또는} \quad C_2 = 0$$

그리고

$$0 = \frac{1}{12}wL^4 - \frac{1}{24}wL^4 + C_1L$$

이 된다. 앞 식으로부터 $C_1 = -wL^3/24$이다. 다른 방법으로서 $v'(L/2) = 0$도 상수 C_1을 계산하는 데 사용될 수 있다. C_1과 C_2의 값을 식 (a)와 (b)에 대입하면 기울기와 탄성곡선에 대한 식을 얻는다.

$$\frac{dv}{dx} = -\frac{w}{24EI}(L^3 - 6Lx^2 + 4x^3)$$
$$v = -\frac{w}{24EI}(L^3x - 2Lx^3 + x^4) \tag{10.12}$$

(b) 다중적분법. 식 (10.7)에 하중세기 $-w$를 대입한 후 연속적으로 적분하면

$$EI\frac{d^4v}{dx^4} = -w$$
$$EI\frac{d^3v}{dx^3} = -wx + C_1$$
$$EI\frac{d^2v}{dx^2} = -\frac{1}{2}wx^2 + C_1x + C_2 \tag{c}$$
$$EI\frac{dv}{dx} = -\frac{1}{6}wx^3 + \frac{1}{2}C_1x^2 + C_2x + C_3$$
$$EIv = -\frac{1}{24}wx^4 + \frac{1}{6}C_1x^3 + \frac{1}{2}C_2x^2 + C_3x + C_4$$

경계조건들은 다음과 같이 주어진다.

$$v(0) = 0 \qquad v(L) = 0 \qquad M(0) = 0 \qquad M(L) = 0$$

앞 식들 중 첫째 식과 셋째 식을 식 (c)에 대입하면 $C_4 = C_2 = 0$이 된다. 나머지 조건들로부터,

$$EIv''(L) = 0 = -\frac{1}{2}wL^2 + C_1 L \qquad \text{또는} \qquad C_1 = \frac{1}{2}wL$$

$$v(L) = 0 = -\frac{1}{24}wL^4 + \frac{1}{6}C_1 L^3 + C_3 L \qquad \text{또는} \qquad C_3 = -\frac{wL}{24}$$

C_1, C_2, C_3, 그리고 C_4의 값들을 식 (c)의 마지막 두 방정식에 대입하면 식 (10.12)가 얻어진다.

(c) 최대처짐. 대칭성으로 인해 최대처짐은 기울기가 0[그림 10.3(c)]인 보의 중앙지점에서 발생한다[그림 10.3(c)]. 식 (10.12)의 둘째 방정식에 $x = L/2$를 대입하면

$$v_{\max} = v_C = -\frac{5wL^4}{384EI} = \frac{5wL^4}{384EI} \downarrow \tag{10.13}$$

가장 큰 기울기는 보의 지지점에서 발생한다. $x = 0$과 $x = L$을 식 (10.12)의 첫 번째 식에 대입하면 양단에서의 기울기가 구해진다.

$$\theta_A = v'(0) = -\frac{wL^3}{24EI} = \frac{wL^3}{24EI} \; ⦩ \tag{10.14a}$$

$$\theta_B = v'(L) = \frac{wL^3}{24EI} \; ⦨ \tag{10.14b}$$

부가설명 예측한 바와 같이 양단에서의 회전각은 동일하다[그림 10.3(b)].

예제 10.2 집중하중을 받는 외팔 보의 처짐

조건 그림 10.4(a)에서와 같이 하중 P와 모멘트 M_0가 균일한 단면을 갖는 외팔 보의 자유단에 작용하고 있다.

문제 처짐곡선 방정식과 점 B에서의 처짐과 기울기를 구하라. 그리고 다음과 같이 주어진 경우 최대 회전각과 최대처짐을 계산하라.

$$P = 20 \text{ kN} \qquad M_0 = 5 \text{ kN} \cdot \text{m} \qquad L = 2 \text{ m} \qquad EI = 10 \text{ MN} \cdot \text{m}^2$$

풀이 그림 10.4(b)의 자유물체도에 평형조건 $\sum M_0 = 0$을 적용하면 다음 식이 얻어진다.

$$M = Px - M_0 - PL$$

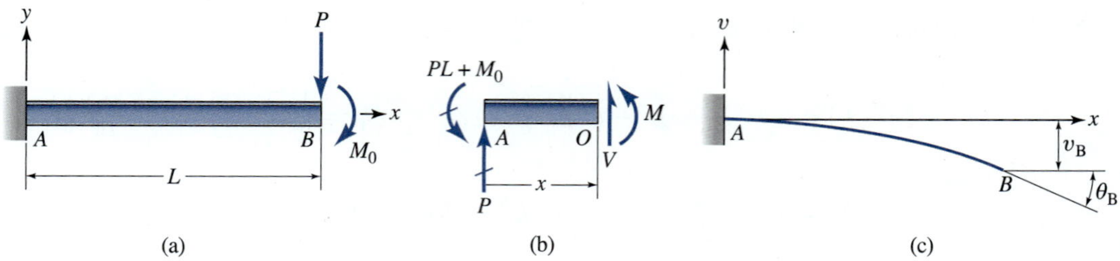

그림 10.4 (a) 2개의 하중을 받고 있는 외팔 보 (b) AO 부분에 대한 자유물체도 (c) 처짐곡선

위 식을 식 (10.5)에 대입하고 두 번 적분하면

$$EI\frac{d^2v}{dx^2} = Px - M_0 - PL$$

$$EI\frac{dv}{dx} = \frac{1}{2}Px^2 - M_0x - PLx + C_1$$

$$EIv = \frac{1}{6}Px^3 - \frac{1}{2}M_0x^2 - \frac{1}{2}PLx^2 + C_1x + C_2$$

고정단 A에서 $v(0) = 0$과 $v'(0) = 0$이므로 $C_2 = 0$과 $C_1 = 0$이 된다. 그러므로 기울기와 탄성곡선 방정식은

$$\frac{dv}{dx} = -\frac{1}{2EI}[Px(2L - x) + 2M_0x]$$

$$v = -\frac{1}{6EI}[Px^2(3L - x) + 3M_0x^2] \tag{10.15}$$

$x = L$을 앞 식들에 대입하면 점 B에서의 처짐과 기울기가 구해진다.

$$\theta_B = v'(L) = -\frac{L}{2EI}(PL + 2M_0)$$

$$v_B = v(L) = -\frac{L^2}{6EI}(2PL + 3M_0) \tag{10.16}$$

결과가 그림 10.4(c)에 나타나 있다. 가장 큰 θ와 v의 값은 보의 자유단 B에서 발생한다. 주어진 값들을 식 (10.16)에 대입하면

$$\theta_{max} = -\frac{2(10)^3}{2(10 \times 10^6)}[20(2) + 2(5)] = -0.005 \text{ rad} = 0.005 \text{ rad} \ \triangledown$$

$$v_{\max} = -\frac{2^2(10)^3}{6(10\times 10^6)}[2(20)2+3(5)] = -6.3 \text{ mm} = 6.3 \text{ mm} \downarrow$$

부가설명 자유단에서의 회전각과 처짐의 방향은 각각 모멘트와 힘의 방향과 같다.

다 간격 문제

앞에서 다룬 예제들은 내부 모멘트 $M(x)$를 표현할 때 하나의 x함수가 사용되었기 때문에 오직 하나의 하중 간격만을 포함하는 **단일 간격**(single-interval) 문제이다. 일반적으로 여러 개의 집중하중들, 지지점 반력들 또는 분포하중에서의 불연속성 등으로 인해 보를 여러 부분 또는 단편으로 나누고 각 단편에서 $M(x)$를 표현해야 한다. 그러한 **다 간격**(multi-interval) 문제에서 각 모멘트 함수는 기울기 $\theta(x)$와 처짐 $v(x)$를 나타낼 때 다르게 표현된다. 처짐을 구하려고 표현된 각 식은 2개의 적분상수를 포함해야 하므로 많은 수의 상수들이 계산되어야 한다.

다음에 나오는 **2개 간격** 문제의 예제들에서 설명되는 것처럼 처짐과 기울기는 보의 모든 점에서 연속적이어야 한다는 사실로부터 추가적인 맞춤 조건들이 얻어질 수 있다. 다 간격 문제는 일반적으로 길이가 긴 공식으로 표현되는데, 대부분 10.5절과 10.6절에서 기술한 방법들 중의 하나를 이용하여 풀린다.

[예제 10.3] 집중하중을 받고 있는 단순지지 보의 처짐

조건 그림 10.5(a)에서와 같이 단순지지 보가 1개의 집중하중을 받고 있다.

문제 2중적분 절차를 이용하여 다음을 구하라.

(a) 탄성곡선 방정식

(b) 점 C에서의 처짐과 기울기, 그리고 지지점에서의 회전각

풀이 반력들이 그림 10.5(a)에 표시되어 있다.

(a) 탄성곡선 방정식. 보의 단편들 AC와 CE[그림 10.5(b) 참조]에서의 모멘트 식들은 평형조건들로부터 다음과 같이 얻어진다.

$$M_1 = \frac{Pb}{L}x \qquad (0 \le x \le a)$$
$$M_2 = \frac{Pb}{L}x - P(x-a) \qquad (a \le x \le L) \tag{d}$$

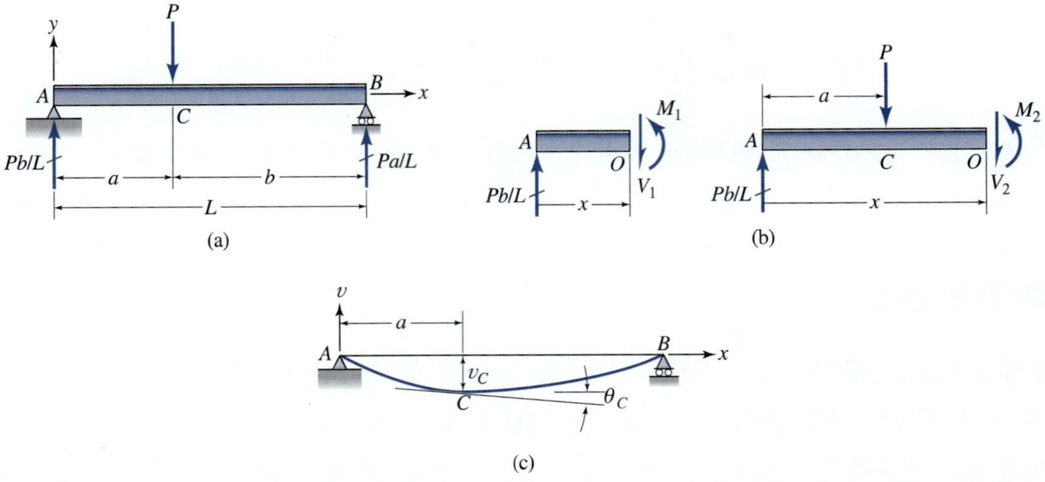

그림 10.5 (a) 1개의 집중하중을 받고 있는 단순지지 보 (b) AO부분에 대한 자유물체도 (c) 처짐곡선

식 (d)를 두 번 적분하면

단편 AC에 대하여	**단편 CB에 대하여**
$EIv_1'' = \dfrac{Pb}{L}x$	$EIv_2'' = \dfrac{Pb}{L}x - P(x-a)$
$EIv_1' = \dfrac{Pb}{2L}x^2 + C_1$	$EIv_2' = \dfrac{Pb}{2L}x^2 - \dfrac{P}{2}(x-a)^2 + C_3$
$EIv_1 = \dfrac{Pb}{6L}x^3 + C_1x + C_2$	$EIv_2 = \dfrac{Pb}{6L}x^3 - \dfrac{P}{6}(x-a)^3 + C_3x + C_4$

앞 식들에서 나타나는 4개의 적분상수들은 경계조건과 연속조건을 적용하여 구해진다. 첫 번째 조건은 보의 두 단편들의 기울기는 $x = a$에서 같아야 한다는 것이다.

$$v_1'(a) = v_2'(a)$$

또는

$$\frac{Pb}{2L}a^2 + C_1 = \frac{Pb}{2L}a^2 + C_3; \qquad C_1 = C_3$$

같은 방법으로 경계조건과 연속조건들을 적용하면

$$v_1(a) = v_2(a): \ \frac{Pa^3b}{6L} + C_1a + C_2 = \frac{Pa^3b}{6L} + C_3a + C_4; \qquad C_2 = C_4$$

$$v_1(0) = 0: \qquad\qquad C_2 = 0$$

$$v_2(L)=0: \qquad \frac{PbL^3}{6L}-\frac{Pb^3}{6}+C_3L=0; \qquad C_3=-\frac{Pb}{6L}(L^2-b^2)$$

앞의 결과들을 적용하면 보의 왼쪽 단편과 오른쪽 단편에 대한 탄성곡선들은 다음과 같다.

$$\begin{aligned} v_1 &=-\frac{Pbx}{6EIL}(L^2-b^2-x^2) && (0 \le x \le a) \\ v_2 &=-\frac{Pbx}{6EIL}(L^2-b^2-x^2)-\frac{P(x-a)^3}{6EI} && (a \le x \le L) \end{aligned} \tag{10.17}$$

마찬가지로 보의 두 단편에 대한 기울기도 다음과 같이 구해진다.

$$\begin{aligned} v_1' &=-\frac{Pb}{6EIL}(L^2-3x^2-b^2) && (0 \le x \le a) \\ v_2' &=-\frac{Pb}{6EIL}(L^2-3x^2-b^2)-\frac{P(x-a)^2}{2EI} && (a \le x \le L) \end{aligned} \tag{10.18}$$

(b) 점 C에서의 처짐과 기울기를 구하기 위해서 식 (10.17)과 (10.18)에 $x=a$를 대입하면

$$\begin{aligned} v_C &=-\frac{Pba}{6EIL}(L^2-a^2-b^2) \\ \theta_C &=-\frac{Pb}{6EIL}(L^2-3a^2-b^2) \end{aligned} \tag{10.19}$$

점 A와 B에서의 기울기. 보의 끝단에서의 기울기 $v_1'(0)$과 $v_2'(L)$은 다음과 같다.

$$\begin{aligned} \theta_A &=-\frac{Pb(L^2-b^2)}{6EIL}=-\frac{Pab(L+b)}{6EIL} \\ \theta_B &=\frac{Pab(L+a)}{6EIL} \end{aligned} \tag{10.20}$$

앞 식에서 음의 부호는 시계방향 회전을 가리킨다.

$\theta_C \neq 0$이므로 보에서의 최대처짐은 점 C에서 일어나지 않음을 주목하자[그림 10.5(c)]. $a>b$인 경우 식 (10.18)로부터 기울기 v_1'을 0으로 놓음으로써 가장 큰 처짐은 보의 중앙에 매우 근접한 점인

$$x_m=\sqrt{\frac{L^2-b^2}{3}} \tag{10.21}$$

에서 일어남을 알 수 있다(표 B.14 참조).

부가설명 특별히 하중 P가 보의 중앙에 작용하는 경우에 $a=b=L/2$이므로 식 (10.19)로부터

$$v_{\max} = v_C = \frac{PL^3}{48EI} \downarrow \qquad \theta_C = 0 \tag{10.22}$$

보와 하중이 보의 중앙점에 대해서 대칭이므로 탄성곡선은 보의 중앙에 대해서 대칭이 된다.

예제 10.4 부하 없이 회전하는 풀리(idler pulley) 축의 처짐

조건 일정한 돌출 형상을 지닌 축-풀리 조립품이 그림 10.6(a)에 나타나 있다. 풀리는 자유롭게 회전하면서 아무런 토크도 전달하지 않고 있으나 축에 벨트인장력은 전달하고 있다는 것을 주목하자. 이러한 풀리를 부하 없이 회전하는 풀리라고 한다. 그러므로 축은 집중된 횡하중 P를 지탱하는 돌출 보(overhanging beam)로 취급될 수 있다.

문제

(a) 2계 미분방정식을 이용하여 탄성곡선 방정식을 유도하라.

(b) 3계 미분방정식을 이용하여 탄성곡선 방정식을 유도하라.

가정 A와 B에 있는 베어링은 보를 단순지지하고 있다.

풀이 축의 자유물체도가 그림 10.6(b)에 나타나 있다. 반력들이 지지점 A와 B에서 작용하기 때문에 단편 AB와 BC에 대해서 독립된 미분방정식을 세워야 한다.

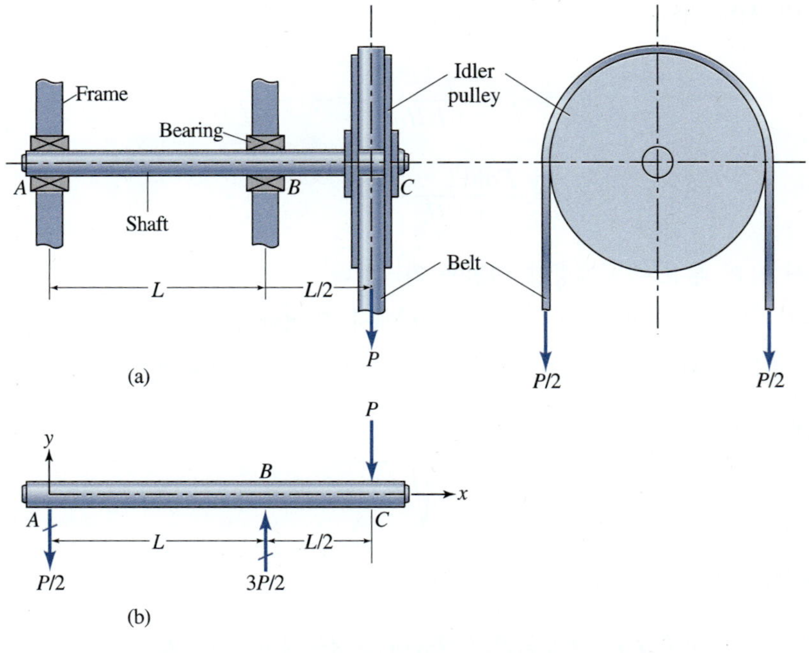

그림 10.6 (a) 축-풀리 조립품 (b) 축의 자유물체도

(a) 2중적분법. 평형조건으로부터 x에 따른 굽힘 모멘트 식을 얻는다.

$$M_1 = -\frac{Px}{2} \qquad (0 \le x \le L)$$

$$M_2 = Px - \frac{3PL}{2} \qquad \left(L \le x \le \frac{3L}{2}\right)$$

앞 식을 두 번 적분하면

단편 AB에 대하여

$$EIv_1'' = -\frac{Px}{2}$$

$$EIv_1' = -\frac{Px^2}{4} + C_1$$

$$EIv_1 = -\frac{Px^3}{12} + C_1 x + C_2$$

단편 BC에 대하여

$$EIv_2'' = Px - \frac{3PL}{2}$$

$$EIv_2' = \frac{Px^2}{2} - \frac{3PLx}{2} + C_3$$

$$EIv_2 = \frac{Px^3}{6} - \frac{3PLx^2}{4} + C_3 x + C_4$$

경계조건과 결합부에서의 연속조건을 앞 식에 대입함으로써 다음을 얻는다.

$$v_1(0) = 0: \quad C_2 = 0 \qquad v_1(L) = 0: \quad C_1 = \frac{PL^2}{12}$$

$$v_1'(L) = v_2'(L): \quad C_3 = \frac{5PL^2}{6} \qquad v_2(L) = 0: \quad C_4 = -\frac{PL^3}{4}$$

따라서 보의 탄성곡선은

$$v_1 = \frac{Px}{12EI}(L^2 - x^2) \qquad (0 \le x \le L)$$

$$v_2 = \frac{P}{12EI}(-3L^3 + 10L^2x - 9Lx^2 + 2x^3) \qquad \left(L \le x \le \frac{3L}{2}\right) \tag{10.23}$$

보의 자유단에서의 처짐은 $x = 3L/2$를 식 (10.23)에 대입함으로써 쉽게 얻어진다.

$$v_C = -\frac{PL^3}{8EI} = \frac{PL^3}{8EI} \downarrow \tag{10.24}$$

부가설명 축의 처짐은 B와 C 사이에서는 아래쪽으로, A와 B 사이에서는 위쪽으로 발생함을 알 수 있다.

(b) 연속적분법. 보의 단편 AB와 BC에 평형조건을 적용하면 내부 전단력이 다음과 같이 얻어진다.

$$V_1 = \frac{P}{2} \qquad (0 \le x \le L)$$

$$V_2 = -P \qquad \left(L \le x \le \frac{3L}{2}\right)$$

앞 식을 식 (10.6)에 대입하고 연속적으로 적분하면

단편 AB에 대하여

$$EIv_1''' = -\frac{P}{2}$$

$$EIv_1'' = -\frac{Px}{2} + C_1$$

$$EIv_1' = -\frac{Px^2}{4} + C_1 x + C_2$$

$$EIv_1 = -\frac{Px^3}{12} + \frac{1}{2}C_1 x^2 + C_2 x + C_3$$

단편 BC에 대하여

$$EIv_2''' = P$$

$$EIv_2'' = Px + C_4$$

$$EIv_2' = \frac{Px^2}{2} + C_4 x + C_5 \qquad \text{(e)}$$

$$EIv_2 = \frac{Px^3}{6} + \frac{1}{2}C_4 x^2 + C_5 x + C_6$$

경계조건과 연속조건으로부터 다음을 얻는다.

$$v_1''(0): \quad C_1 = 0 \qquad\qquad v_2''\left(\frac{3L}{2}\right) = 0: \quad C_4 = -\frac{3PL}{2}$$

$$v_1'(L) = v_2'(L): \quad C_5 = \frac{5PL^2}{6}$$

$$v_1(0) = 0: \quad C_3 = 0 \qquad\qquad v_1(L) = 0: \quad C_2 = \frac{PL^2}{12}$$

$$v_2(L) = 0: \quad C_6 = -\frac{PL^3}{4}$$

C_1부터 C_6까지의 값을 식 (e)에 대입하면 식 (10.24)에 주어진 탄성곡선에 대한 식이 얻어진다.

연습문제

다음 문제를 풀기 위해서 적분법을 사용하라. 다른 언급이 없으면, 각 보의 굽힘 강성 EI는 일정하다고 가정하라.

10.1절~10.4절

10.1~10.4 그림 P10.1~P10.4는 외팔 보가 외부하중을 받고 있는 상태를 나타내고 있다. 2중적분법을 사용하여 다음을 구하라.

(a) 탄성곡선 방정식

(b) 자유단에서의 기울기

(c) 자유단에서의 처짐

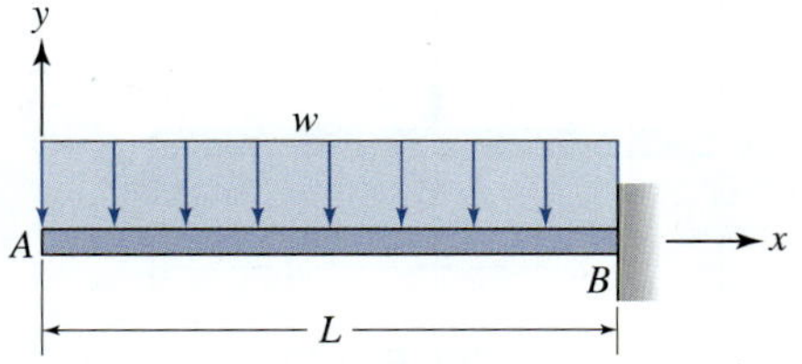

그림 P10.1

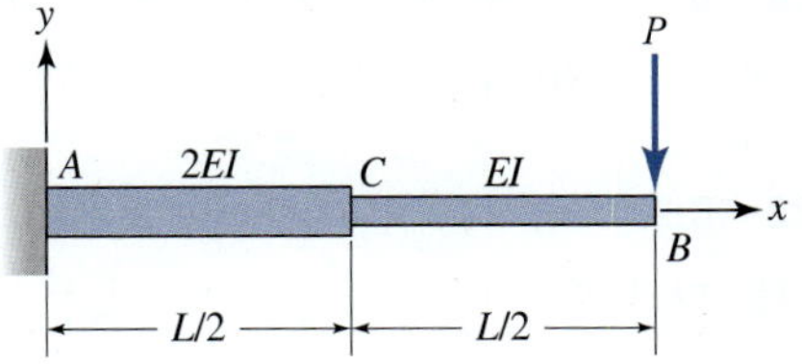

그림 P10.2

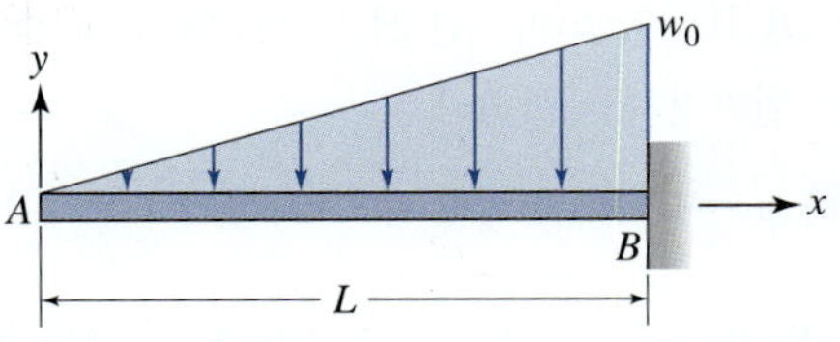

그림 P10.3

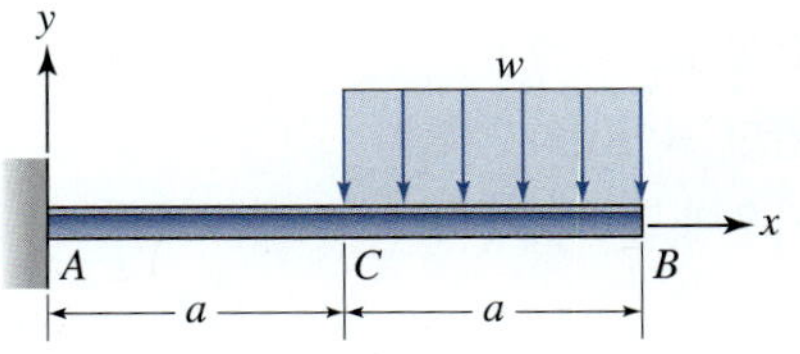

그림 P10.4

10.5~10.6 다중적분법을 사용하여 문제 10.1과 10.2를 다시 풀어라.

10.7~10.8 다중적분법을 사용하여 문제 10.3과 10.4를 다시 풀어라.

10.9 그림 P10.1의 보에서 발생하는 최대기울기와 최대처짐을 계산하라. 보는 S 100×14 강철 형상이다(표 B.9 참조).

조건 $w = 1.2 \text{ kN/m}, \ L = 2 \text{ m}, \ E = 200 \text{ GPa}$

10.10~10.11 그림 P10.10~P10.11과 같이 외팔 보에 외부하중이 작용하고 있다. 2중적분법을 적용하여 다음을 구하라.

(a) 탄성곡선 방정식

(b) 자유단에서의 기울기

(c) 자유단에서의 처짐

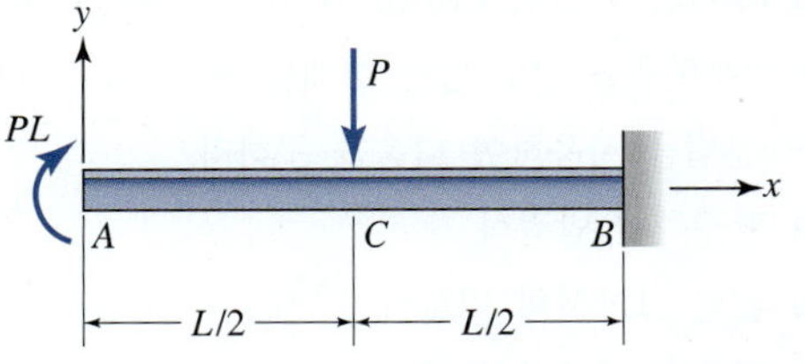

그림 P10.10

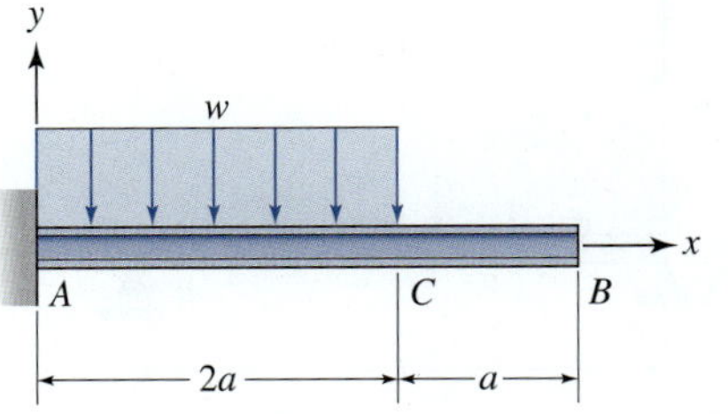

그림 P10.11

10.12 그림 P10.10에서 보가 직경 d를 갖는 중실 부재라면 보의 가운데 점에서 발생하는 처짐을 구하라.

조건 $d = 2$ in., $P = 80$ lb, $L = 3$ ft, $E = 10 \times 10^6$ psi

10.13~10.14 다중적분법을 사용하여 문제 10.10과 10.11을 다시 풀어라.

***10.15** 그림 P10.15에서와 같이 외팔 보가 외부하중을 받고 있다. 다중적분법을 사용하여 다음을 구하라.

(a) 탄성곡선 방정식

(b) 자유단에서의 처짐

(c) 고정단에서의 반력

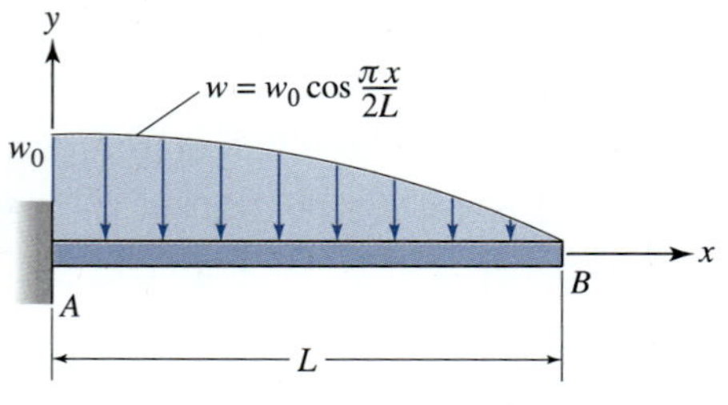

그림 P10.15

10.16~10.19 그림 P10.16~P10.19는 단순지지 보가 외부하중을 받고 있는 상태를 보여주고 있다. 2중적분법을 사용하여 다음을 구하라.

(a) 탄성곡선 방정식

(b) 끝단 A에서의 기울기

(c) 가운데 점에서의 처짐

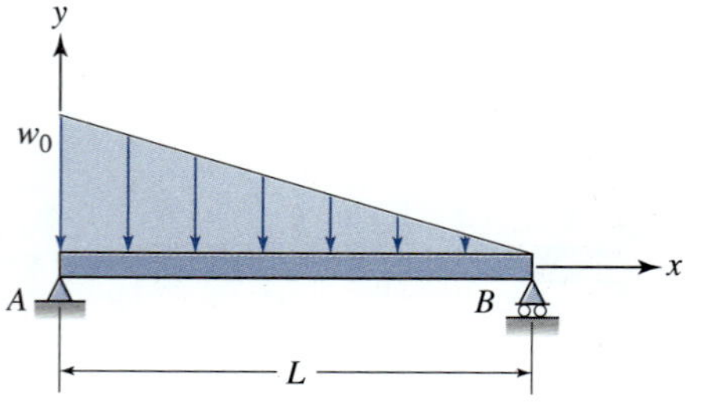

그림 P10.16

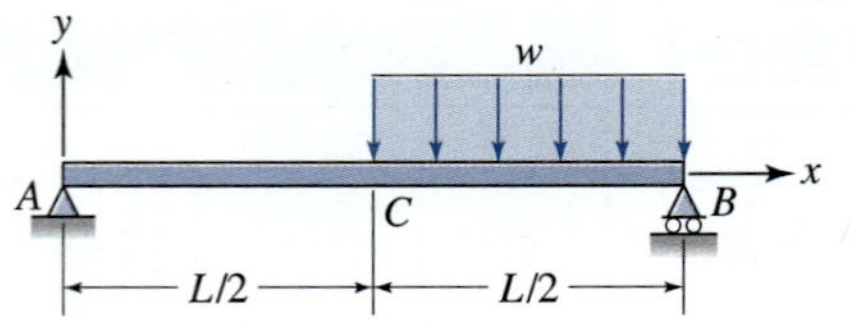

그림 P10.17

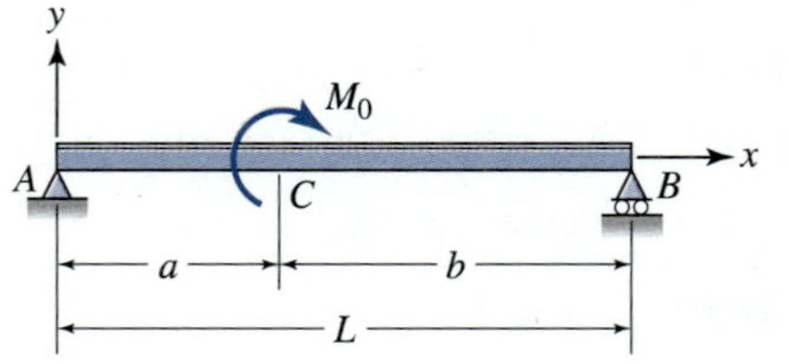

그림 P10.18

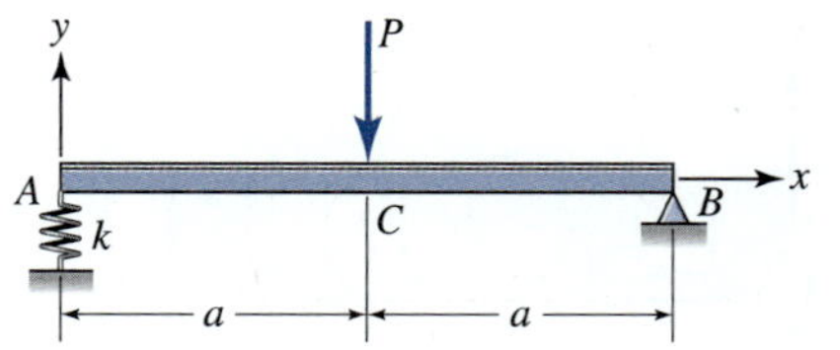

그림 P10.19

10.20~10.21 다중적분법을 사용하여 문제 10.16과 10.17을 다시 풀어라.

10.22~10.23 다중적분법을 사용하여 문제 10.18과 10.19를 다시 풀어라.

10.24 그림 P10.17에 있는 보가 S 200×34 강철 형상(표 B.9 참조)이라면 보의 가운데 점에서의 처짐은 얼마인지 계산하라.

조건 $w = 15$ kN/m, $L = 3$ m, $E = 210$ GPa

10.25~10.26 그림 P10.25와 P10.26의 보와 하중에 대해 2중적분법을 사용하여 다음을 구하라.

(a) 탄성곡선 방정식

(b) 끝단 A에서의 기울기

(c) 가운데 점에서의 처짐

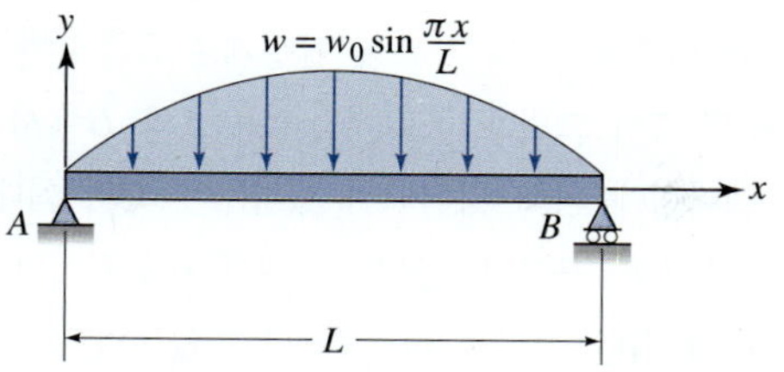

그림 P10.25

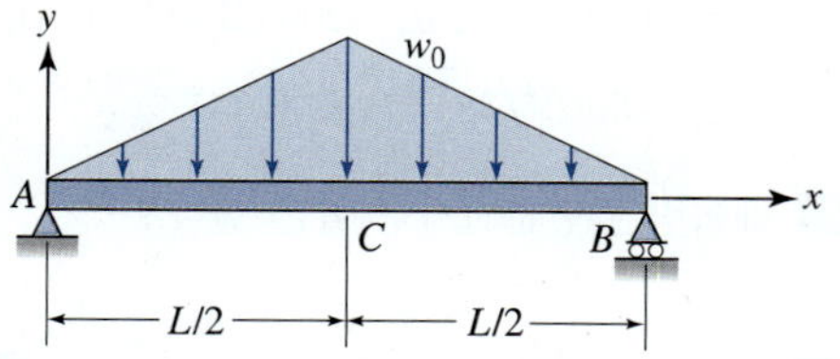

그림 P10.26

10.27~10.28 다중적분법을 적용하여 문제 10.25와 10.26을 풀어라.

10.29 그림 P10.26의 보가 W 250×80 강철 형상일 때 점 A에서의 기울기를 구하라.

조건 $w_0 = 50$ kN/m, $L = 4$ m, $E = 200$ GPa

***10.30~10.33** 그림 P10.30~P10.33의 보와 외부하중에 대하여 직접적분법을 사용하여 다음을 구하라.

(a) 탄성곡선 방정식

(b) 가운데 점에서의 처짐

(c) 최대처짐의 크기와 발생 위치

(d) 오른쪽 끝단에서의 기울기

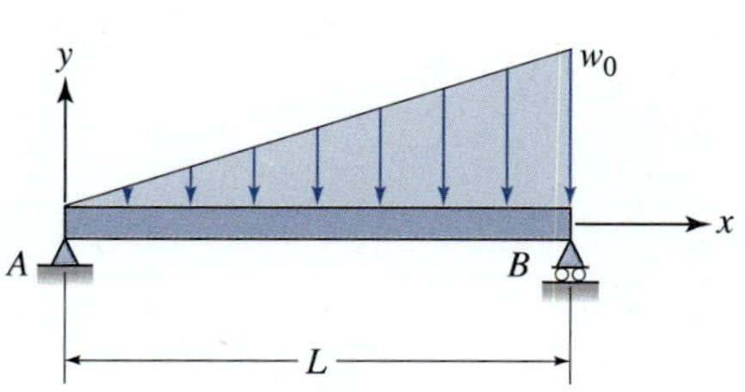

그림 P10.30

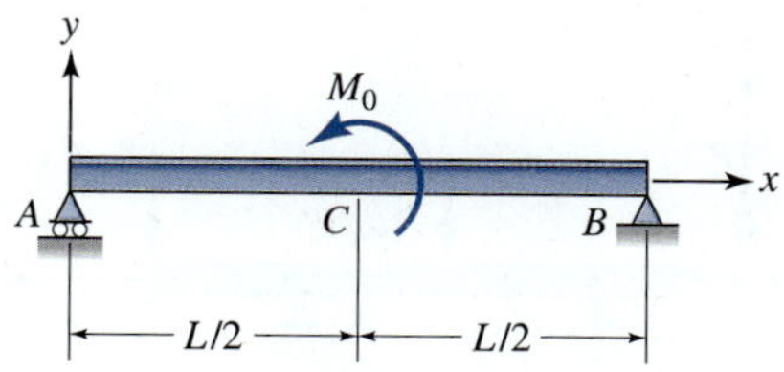

그림 P10.31

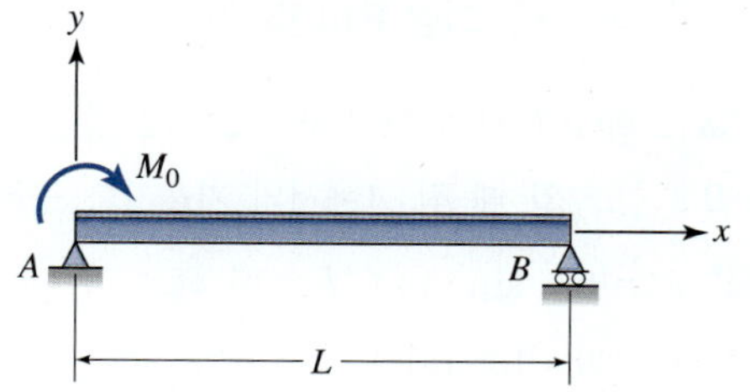

그림 P10.32

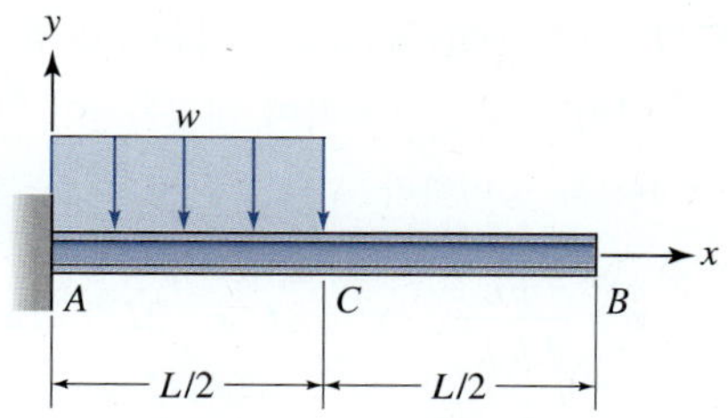

그림 P10.33

***10.34~10.35** 돌출 보가 그림 P10.34와 P10.35에서처럼 하중을 받고 있다. 직접적분법을 사용하여 다음을 구하라.

(a) 탄성곡선 방정식

(b) 가운데 점에서의 처짐

(c) 최대처짐의 크기와 발생 위치

(d) 오른쪽 끝단에서의 기울기

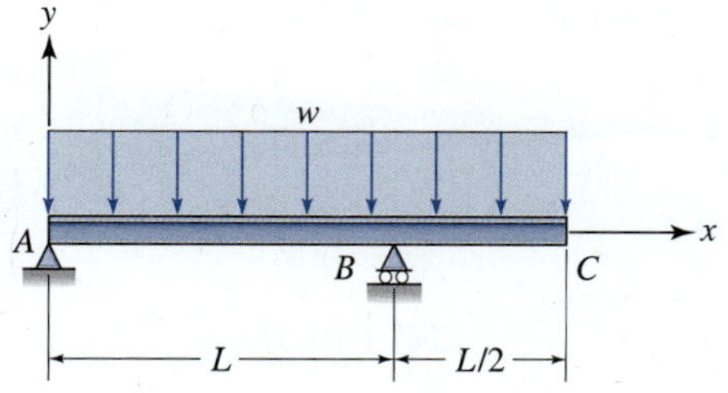

그림 P10.34

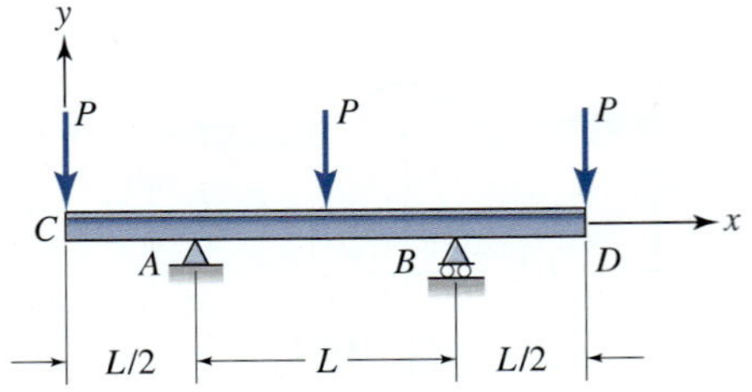

그림 P10.35

10.36 그림 P10.31의 보가 W 12×72 강철 형상(표 B.8 참조)일 때 점 A에서의 기울기를 구하라.

조건 $M = 400$ kip · in., $L = 15$ ft,
$E = 30 \times 10^6$ psi

***10.37** 단면적이 일정하지 않은 외팔 보에 그림 P10.37에서처럼 균일분포하중이 작용하고 있다. 식 (10.4)의 마지막 식을 이용하여 처짐곡선이 다음과 같이 표현됨을 증명하라.

$$v = \frac{wL}{Eb_0h^3}(-x^3 + 3L^2x - 2L^3) \quad \text{(P10.37)}$$

여기에서 h는 보의 깊이를, b_0는 고정단의 폭을 나타낸다.

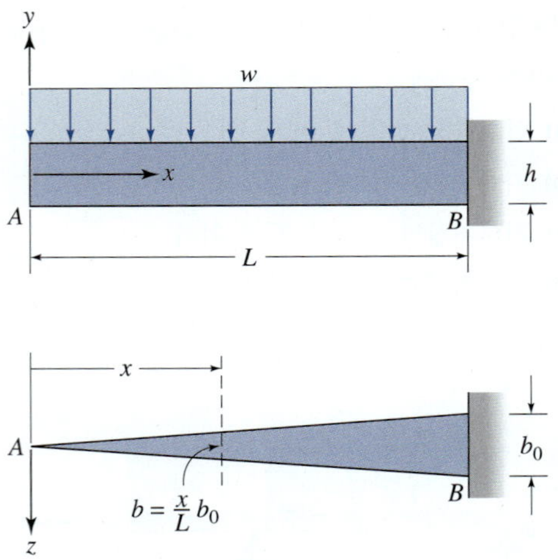

그림 P10.37

10.38 비중량 γ, 직경 d 및 탄성계수 E를 갖는 구조용강 축이 그림 P10.38에서처럼 A와 B에서 롤러 베어링에 의해 지지되어 있다. 이 축의 최대허용길이 L을 구하라. 중앙구간에서 단위길이당 자중 w에 의한 처짐은 v_{max}를 넘지 않는다.

조건 $v_{max} = 5$ mm, $d = 75$ mm, $g = 9.81$ m/s^2,
$\gamma = 7860$ kg/m^3, $E = 200$ GPa(표 B.4),
$v_{max} = 5wL^4/384EI$(표 B.14)

가정 베어링은 단순지지 역할을 한다.

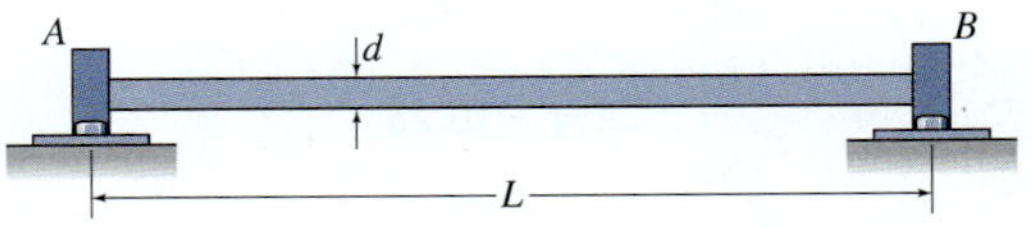

그림 P10.38

***10.39** 그림 P10.39에서와 같이 양단에서 지지되고 있는 보 AB의 중앙점 C에 집중하중 P가 작용하고 있다. 보의 끝단 B에서 발생하는 수직방향 처짐을 구하라.

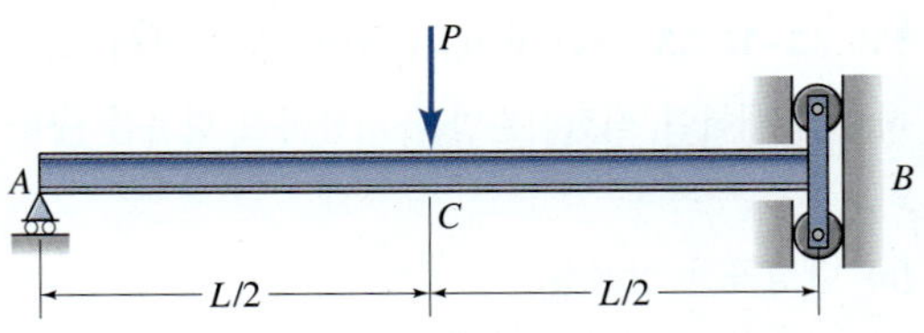

그림 P10.39

*10.5 불연속함수의 활용

앞 절의 적분절차는 보가 여러 개의 집중하중과 집중 모멘트 또는 불연속적인 분포하중을 받게 되어 여러 구간과 여러 연속조건들이 존재하게 될 때는 매우 부담이 된다. 불연속함수를 사용하게 되면 이런 문제를 해결하는 데 수반되는 계산들을 단순화할 수 있다. 이러한 함수는 일정한 굽힘 강성 EI를 갖는 정적으로 정정인 보와 부정정 보의 처짐을 효율적으로 계산하는 데 적용될 수 있다. 그러나 이러한 함수는 일반함수와 다르기 때문에 주의와 조심성을 가지고 사용해야 한다.

불연속함수는 6.7절에서 어느 정도 논의되었다. 이 함수는 보의 전 길이에 대해서 유효한 하중세기 $w(x)$, 전단력 $V(x)$, 그리고 굽힘 모멘트 $M(x)$를 간결한 식으로 표현하는 데 사용됨을 상기하자. 그러므로 연속조건에 대한 요구는 없어지게 된다. 이 절에서는 다간격 정정 보의 처짐 문제 해를 얻기 위한 불연속함수 사용법이 논의된다.

> **불연속함수를 사용하는 절차**는 간단하며 다음과 같이 요약될 수 있다. 먼저 6.7절에서 기술한 방법을 적용하여 등가의 하중세기 $w(x)$에 대한 식으로 표현한다. 다음에 이러한 식을 처짐곡선을 구하는 미분방정식 (10.7)에 대입한다. 끝으로 연속적분법을 통해 처짐 v를 구한다. 각 적분과정에서 1개의 적분상수가 생성되는데, 이러한 상수는 경계조건을 적용하여 결정한다.

표 6.2는 일반적인 단일 하중과 연관된 등가의 분포하중세기 $w(x)$를 나타내고 있다. 복합하중은 표에 나와 있는 기본 하중들을 중첩하여 취급될 수 있다. 불연속함수를 활용한 적분법의 적용은 다음 예제들에서 설명된다.

예제 10.5 부분적으로 하중을 받는 외팔 보의 처짐

조건 그림 10.7에 나타나 있는 것처럼 CB부분에 균일한 하중 w가 작용하고 있는 외팔 보에 대해서 처짐곡선 방정식을 구하라.

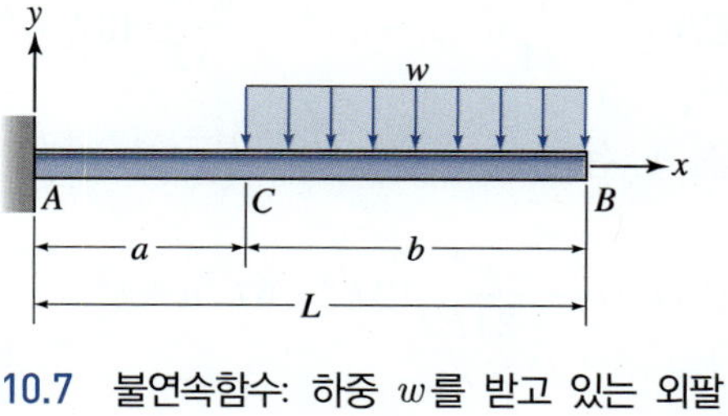

그림 10.7 불연속함수: 하중 w를 받고 있는 외팔 보

문제 불연속함수를 활용한 4계 미분방정식을 이용하라.

풀이 그림 10.7, 표 6.2, 6.7절을 참조하라.

등가의 분포하중. 불연속함수(표 6.2의 Case 3)를 사용하면 보의 전체 길이에 대해서

$$w(x) = -w\langle x-a\rangle^0$$

가 얻어진다. 앞 식을 식 (10.7)에 대입하면

$$EI\frac{d^4v}{dx^4} = w(x) = -w\langle x-a\rangle^0$$

가 얻어진다.

기울기와 처짐. 앞 식을 네 번 적분하면 다음과 같다.

$$EI\frac{d^3v}{dx^3} = -w\langle x-a\rangle^1 + C_1$$

$$EI\frac{d^2v}{dx^2} = -\frac{1}{2}w\langle x-a\rangle^2 + C_1x + C_2$$

$$EI\frac{dv}{dx} = -\frac{1}{6}w\langle x-a\rangle^3 + \frac{1}{2}C_1x^2 + C_2x + C_3$$

$$EIv = -\frac{1}{24}w\langle x-a\rangle^4 + \frac{1}{6}C_1x^3 + \frac{1}{2}C_2x^2 + C_3x + C_4$$

경계조건들은

$$v(0) = 0 \qquad v'(0) = 0 \qquad EIv'''(L) = 0 \qquad EIv''(L) = 0$$

이다. 이들로부터 다음과 같이 적분상수들을 얻는다.

$$C_4 = 0 \qquad C_3 = 0 \qquad C_1 = wb \qquad C_2 = -\frac{1}{2}wb(L+a)$$

그러므로 기울기와 처짐은 다음 형태로 표현된다.

$$EI\frac{dv}{dx} = -\frac{1}{6}w\langle x-a\rangle^3 - \frac{wbx}{2}(L+a-x)$$
$$EIv = -\frac{1}{24}w\langle x-a\rangle^4 - \frac{wbx^2}{12}(3L+3a-2x) \tag{10.25}$$

자유단($x = L$)에서의 처짐 v_C는

$$v_C = -\frac{wb}{24EI}(2L^3 + 6L^2a + b^3) \tag{10.26}$$

이다. 음의 부호는 아래 방향으로의 변위를 나타낸다.

부가설명 유사한 방법으로 원하는 다른 점에서의 처짐과 기울기를 구할 수 있다.

[예제 10.6] 집중하중을 받고 있는 단순지지 보의 탄성곡선

조건 그림 10.8은 예제 10.3에서 다룬 단순지지 보 AB이다.

문제 불연속함수를 활용한 적분법을 사용하여 처짐곡선 방정식을 구하라.

풀이 평형조건으로부터 구해진 반력들이 그림 10.8에 표시되어 있다.

반력을 포함한 등가의 분포하중. 표 6.2의 Case 2를 참조하면

$$w(x)=\frac{Pb}{L}\langle x-0\rangle^{-1}-P\langle x-a\rangle^{-1}+\frac{Pa}{L}\langle x-L\rangle^{-1} \tag{a}$$

예제 6.10(a)에서 지적한 것처럼 앞 식의 마지막 항은 점 B를 제외하고 모든 x에 대해서 0이다. 이 항은 계산에 아무런 영향을 주지 않으므로 무시될 수 있다. 식 (a)를 식 (10.7)에 대입하면

$$EI\frac{d^4v}{dx^4}=w(x)=\frac{Pb}{L}\langle x\rangle^{-1}-P\langle x-a\rangle^{-1}$$

전단력과 모멘트에 대한 식. 앞 식을 두 번 적분하면

$$EI\frac{d^3v}{dx^3}=V(x)=\frac{Pb}{L}\langle x\rangle^{0}-P\langle x-a\rangle^{0}$$

$$EI\frac{d^2v}{dx^2}=M(x)=\frac{Pb}{L}\langle x\rangle^{1}-P\langle x-a\rangle^{1}$$

$w(x)$를 표현할 때 반력을 포함하여 완전한 식을 가지고 시작했기 때문에 아무런 적분상수가 요구되지 않는다[예제 6.12(a) 참조].

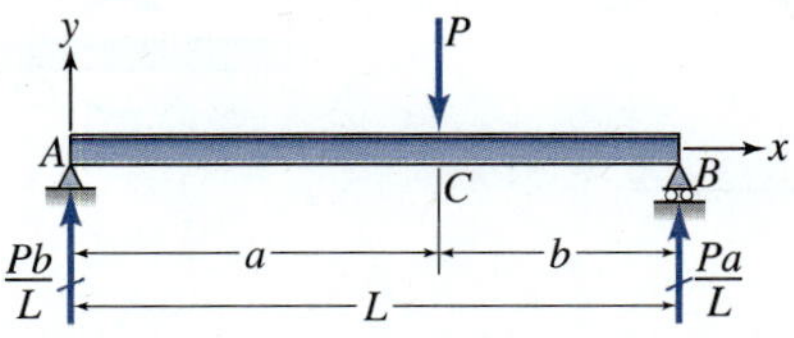

그림 10.8 불연속함수: 하중 P를 지탱하고 있는 단순지지 보

기울기와 탄성곡선. 앞 식을 연속적으로 적분하면

$$EI\frac{dv}{dx} = \frac{Pb}{2L}\langle x \rangle^2 - \frac{P}{2}\langle x-a \rangle^2 + C_1$$

$$EIv = \frac{Pb}{6L}\langle x \rangle^3 - \frac{P}{6}\langle x-a \rangle^3 + C_1x + C_2$$

경계조건 $v(0) = v(L) = 0$으로부터 다음을 얻는다.

$$C_1 = -\frac{Pb}{6L}(L^2 - b^2) \qquad C_2 = 0$$

이들 결과는 예제 10.3에서 적분법만으로 구한 C_1과 C_2에 일치한다. 부가된 상수 C_3와 C_4는 여기에서는 필요치 않음을 주목하라.

예제 10.7 3개의 하중을 받는 외팔 보의 기울기와 처짐

조건 그림 10.9(a)에서와 같이 외팔 보 AB가 모멘트 M_0와 w를 받고 있다.

문제 불연속함수를 활용한 적분법을 사용하여 보의 자유단에서의 처짐을 구하라.

풀이 그림 10.9, 표 6.2, 6.7절을 참조하라. 명백히 $x = \frac{L}{4}$ in., $x = L/2$ 및 $x = 3L/4$에서 하중이 불연속이다.

등가의 분포하중. 표 6.2의 Case 1, 3, 6 또는 그림 10.9(b)를 이용하여 다음을 얻는다.

$$w(x) = -M_0\left\langle x - \frac{L}{4}\right\rangle^{-2} - w\left\langle x - \frac{L}{2}\right\rangle^0 + w\left\langle x - \frac{3L}{4}\right\rangle^0$$

그러므로 식 (10.7)은

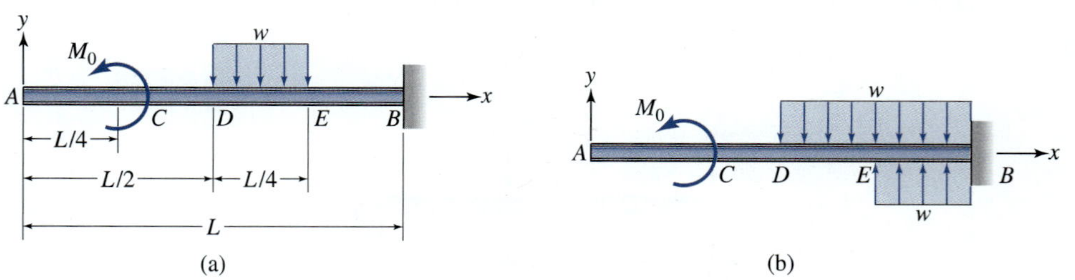

그림 10.9 불연속함수 (a) 하중 M_0와 w를 받고 있는 외팔 보 (b) 등가의 하중 선도

$$EI\frac{d^4v}{dx^4}=w(x)=-M_0\left\langle x-\frac{L}{4}\right\rangle^{-2}-w\left\langle x-\frac{L}{2}\right\rangle^{0}+w\left\langle x-\frac{3L}{4}\right\rangle^{0}$$

전단력과 모멘트 식. 앞 식을 두 번 적분하면

$$EI\frac{d^3v}{dx^3}=V(x)=-M_0\left\langle x-\frac{L}{4}\right\rangle^{-1}-w\left\langle x-\frac{L}{2}\right\rangle^{1}+w\left\langle x-\frac{3L}{4}\right\rangle^{1}+C_1$$

$$EI\frac{d^2v}{dx^2}=M(x)=-M_0\left\langle x-\frac{L}{4}\right\rangle^{0}-\frac{w}{2}\left\langle x-\frac{L}{2}\right\rangle^{2}+\frac{w}{2}\left\langle x-\frac{3L}{4}\right\rangle^{2}+C_1x+C_2$$

$x=0$에서 $V(0)=0$과 $M(0)=0$이므로 $C_1=C_2=0$이다. 따라서

$$EI\frac{d^2v}{dx^2}=-M_0\left\langle x-\frac{L}{4}\right\rangle^{0}-\frac{w}{2}\left\langle x-\frac{L}{2}\right\rangle^{2}+\frac{w}{2}\left\langle x-\frac{3L}{4}\right\rangle^{2} \tag{b}$$

기울기와 탄성곡선. 6.7절을 참고하여 식 (b)를 두 번 적분하면

$$\begin{aligned} EI\frac{dv}{dx}&=-M_0\left\langle x-\frac{L}{4}\right\rangle^{1}-\frac{w}{6}\left\langle x-\frac{L}{2}\right\rangle^{3}+\frac{w}{6}\left\langle x-\frac{3L}{4}\right\rangle^{3}+C_3 \\ EIv&=-\frac{M_0}{2}\left\langle x-\frac{L}{4}\right\rangle^{2}-\frac{w}{24}\left\langle x-\frac{L}{2}\right\rangle^{4}+\frac{w}{24}\left\langle x-\frac{3L}{4}\right\rangle^{4}+C_3x+C_4 \end{aligned} \tag{c}$$

기하학적 경계조건으로부터

$$EIv'(L)=0:\quad 0=-M_0\left(\frac{3L}{4}\right)-\frac{w}{6}\left(\frac{L}{2}\right)^3+\frac{w}{6}\left(\frac{L}{4}\right)^3+C_3$$

$$EIv(L)=0:\quad 0=-\frac{M_0}{2}\left(\frac{3L}{4}\right)^2-\frac{w}{24}\left(\frac{L}{2}\right)^4+\frac{w}{24}\left(\frac{L}{4}\right)^4+C_3L+C_4$$

앞의 식으로부터

$$C_3=\frac{3LM_0}{4}+\frac{7wL^3}{384}$$

$$C_4=-\frac{13M_0L^2}{32}-\frac{97wL^4}{6144}$$

이들을 식 (c)에 대입하면 θ와 v에 대한 식을 얻는다. 그러므로 보의 자유단($x=0$)에서의 기울기와 처짐은

$$\theta_A = \frac{1}{EI}\left(\frac{3LM_0}{4} + \frac{7wL^3}{384}\right) \tag{10.27}$$

$$v_A = -\frac{1}{EI}\left(\frac{13M_0L^2}{32} + \frac{97wL^4}{6144}\right)$$

음의 부호는 처짐이 아래 방향으로 발생함을 나타낸다. 같은 방법으로 원하는 다른 점에서의 처짐과 기울기를 구할 수 있다.

연습문제

다음 문제들을 풀 때 불연속함수를 사용하라. 모든 보들은 굽힘 강성 EI를 갖는다.

10.5절

10.40~10.43 보가 그림 P10.40~P10.43과 같이 지지된 상태에서 외부하중을 받고 있다. 다음을 구하라.

(a) 탄성곡선 방정식

(b) 자유단에서의 기울기

(c) 자유단에서의 처짐

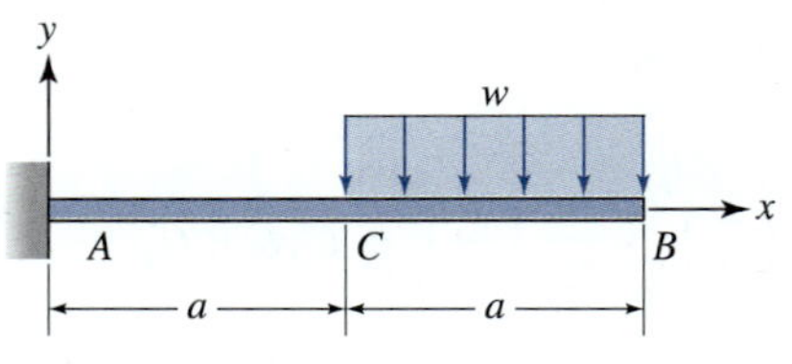

그림 P10.40

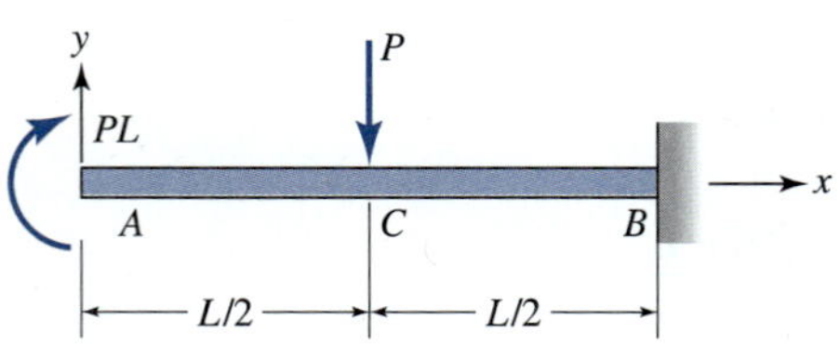

그림 P10.41

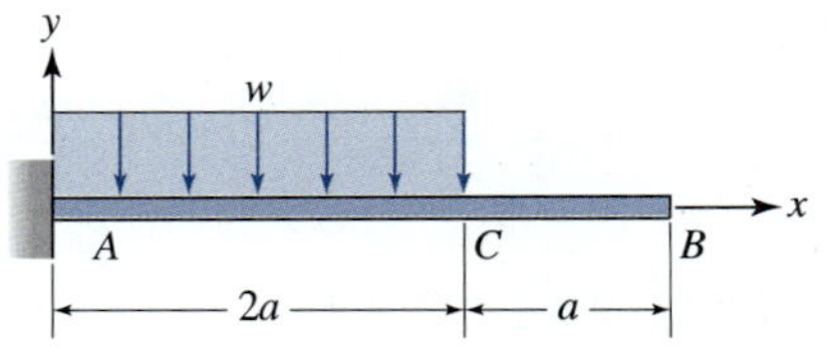

그림 P10.42

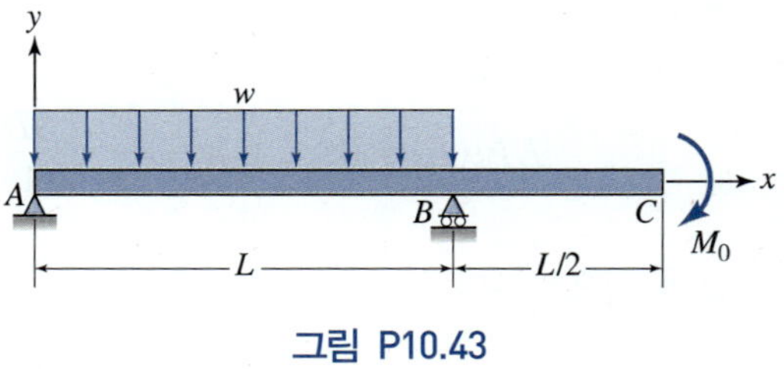

그림 P10.43

10.44~10.47 보가 그림 P10.44~P10.47과 같이 지지된 상태에서 외부하중을 받고 있다. 다음을 구하라.

(a) 탄성곡선 방정식

(b) 주어진 데이터를 사용하여 끝단 B에서의 기울기

조건 $P = 4$ kips, $a = 3$ ft, $L = 10$ ft,
$E = 10 \times 10^6$ psi, $I = 72$ in.^{4}, $w = 3$ kips/ft

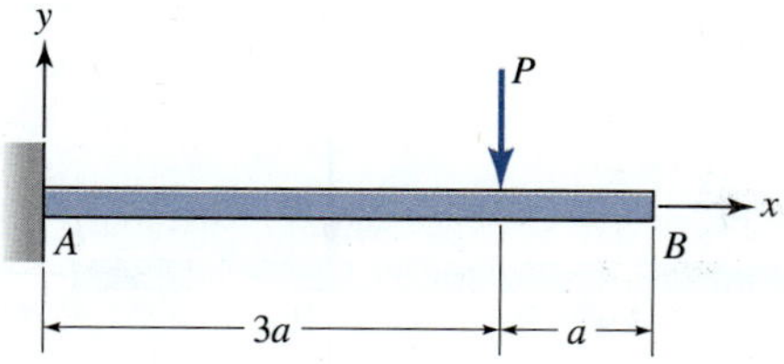

그림 P10.44

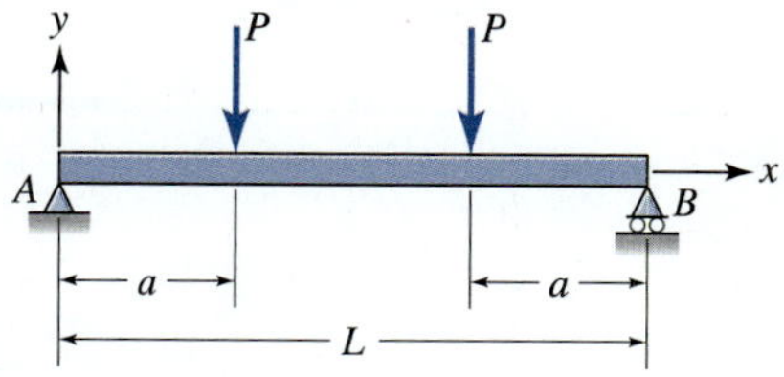

그림 P10.45

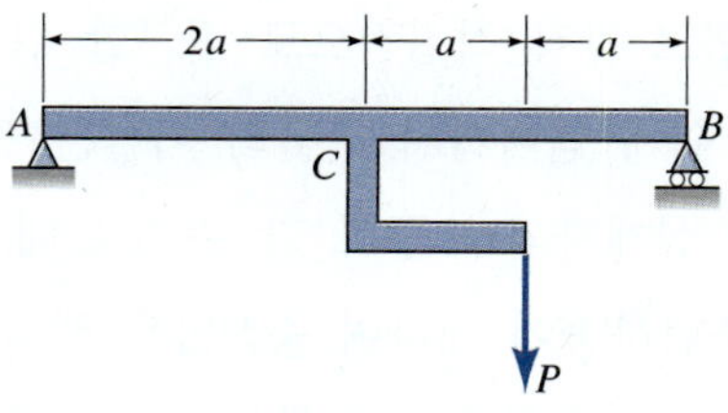

그림 P10.46

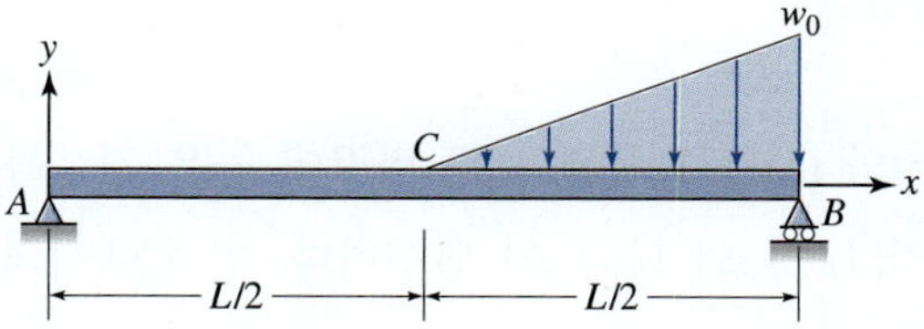

그림 P10.47

10.48~*10.51 단순지지 보가 그림 P10.48~P10.51에서처럼 하중을 받고 있다. 다음을 구하라.

(a) 탄성곡선 방정식

(b) 끝단 A에서의 회전각

(c) 가운데 점에서의 처짐

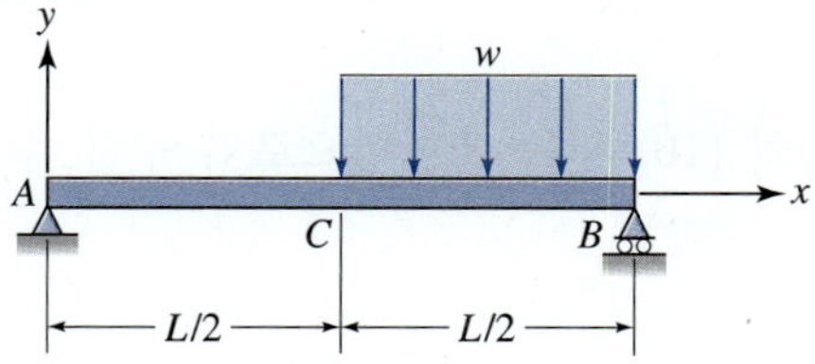

그림 P10.48

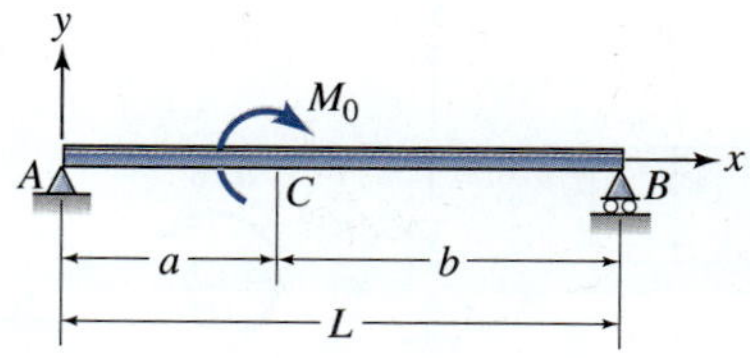

그림 P10.49

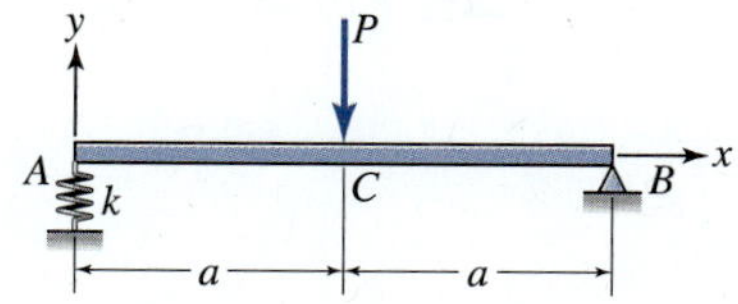

그림 P10.50

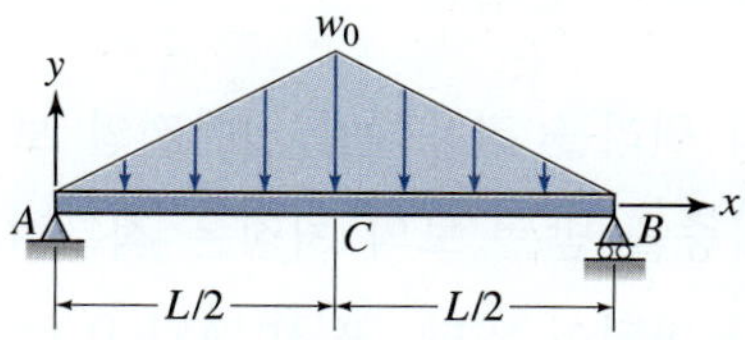

그림 P10.51

10.52 그림 P10.52에서와 같이 단순지지 보의 가운데 점에 우력 M_0가 작용하고 있다. 다음을 구하라.

(a) 탄성곡선 방정식

(b) 가운데 점에서의 처짐

(c) 최대처짐의 크기와 발생 위치

(d) 자유단에서의 기울기

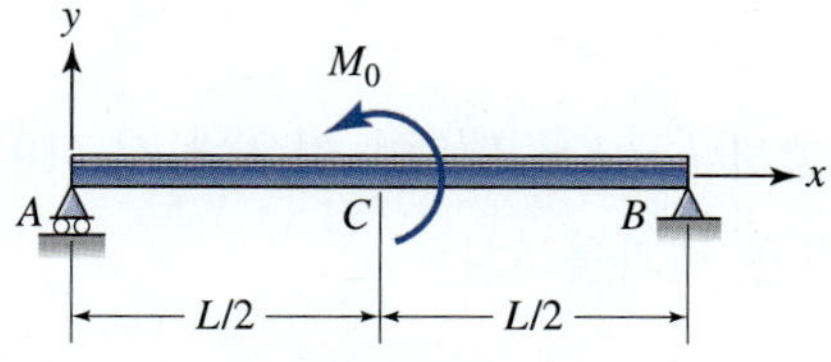

그림 P10.52

***10.53~*10.54** 돌출 보가 그림 P10.53과 P10.54에서처럼 지지된 상태에서 외부하중을 받고 있다. 보에 대한 탄성곡선 방정식과 점 C에서의 처짐을 구하라.

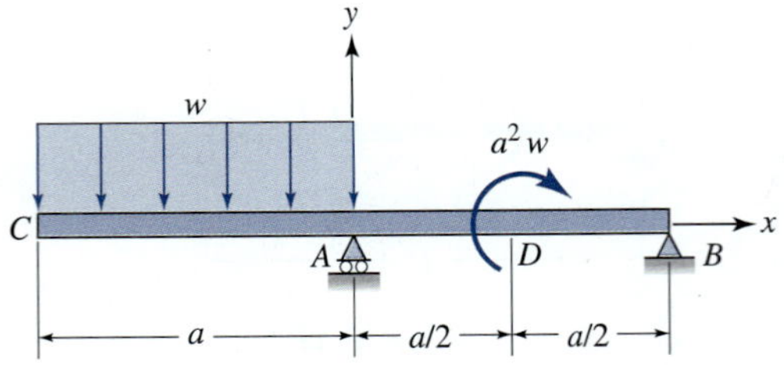

그림 P10.53

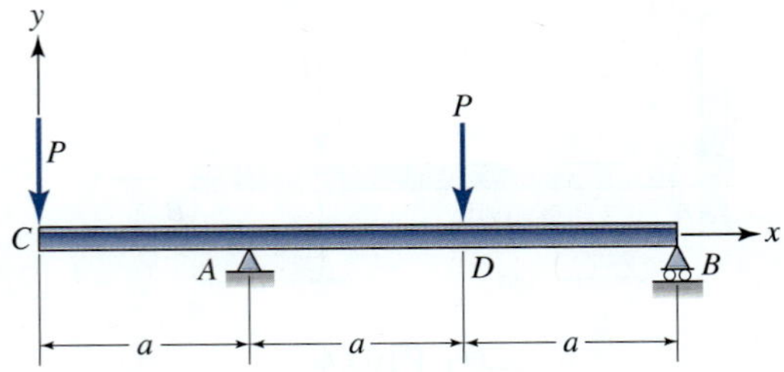

그림 P10.54

10.6 중첩법

중첩의 원리를 적용하면 일반적인 보 문제를 가장 쉽고 가장 직접적으로 접근할 수 있다. 단순하중을 받는 보의 처짐은 적분절차를 적용하여 쉽게 얻어지며 아울러 이들은 편리하게 도표화되어 있다. 표 B.14와 B.15는 매우 귀중한 설계자의 도구라 할 수 있는데, 빈번히 마주치는 다양한 하중조건들을 기술하고 있다. 조합하중에 대하여 **중첩법**은 해석을 단순화하는 데 좋은 이점을 부여한다. 이 방법은 변위가 작용하중에 선형적으로 비례할 때 유효하다. 구조재료에 대해서 훅의 법칙이 적용되거나 처짐과 기울기가 작으면 바로 그런 경우가 된다(3.2절 참조).

예를 들어 그림 10.10(a)의 보를 그림 10.10(b)와 (c)로 묘사된 보로 바꾸어 놓은 경우를 생각해보자. w와 P로 인해 보의 점 C에서 각각 $(v_C)_w$와 $(v_C)_P$가 발생한다. 점 C에서의 전체 변위 v_C는

$$v_C = (v_C)_w + (v_C)_P$$

특별히 $a = b = L/2$인 경우에 식 (10.13)과 (10.22) 또는 표 B.14의 10과 7로부터 다음과 같은 결과를 얻는다.

$$v_C = \frac{54wL^4}{384EI} + \frac{PL^3}{48EI} \downarrow \tag{10.28}$$

보의 처짐과 회전각은 같은 방법으로 식 (10.12)와 (10.17)을 조합함으로써 구할 수 있다.

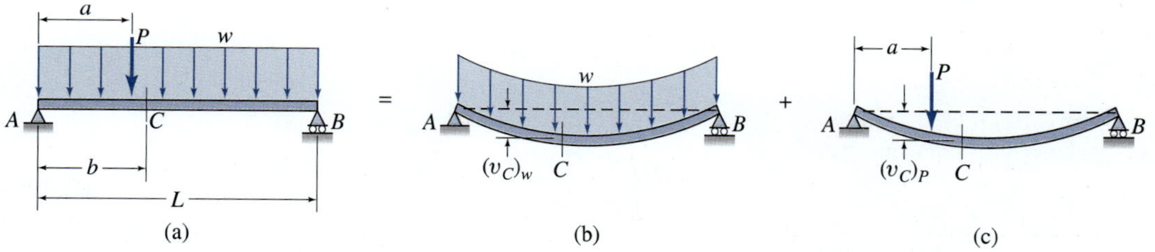

그림 10.10 2개의 하중을 받고 있는 단순지지 보의 처짐

[예제 10.8] 힌지를 가지고 있는 복합 보의 처짐

조건 구조물 ABC는 단순지지 보 BC와 외팔 보 AB를 점 B에서 힌지로 결합하여 제작되었는데 그림 10.11(a)에서처럼 하중을 받고 있다.

문제 보의 힌지 B에서의 처짐과 기울기를 구하라.

가정 굽힘 강성 EI는 보 전체에 대해서 일정하다.

풀이 반력을 구하기 위하여 힌지가 있는 점 B에서 구조물을 두 부분으로 분리하면 편리하다. 이러한 과정이 그림 10.11(b)에 나타나 있다. 보의 각 부분은 독립적으로 취급된다.

외팔 보 BC의 끝단 B에서의 처짐은 힌지의 처짐과 같은데 다음과 같이 된다.

$$v_B = (v_B)_P + (v_B)_w$$

표 B.14의 1과 4로부터

$$v_B = \frac{2PL^3}{9EI} + \frac{wL^4}{6EI} \quad \downarrow \tag{10.29a}$$

유사하게 외팔 보의 끝단 B에서의 기울기는

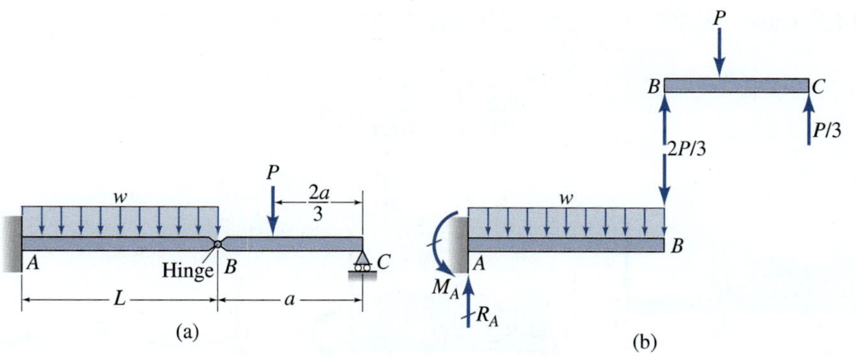

그림 10.11 (a) 2개의 하중을 받고 있는 핀에 의해 결합된 복합 보 (b) 두 부분으로 분리된 구조물

$$\theta_B = (\theta_B)_P + (\theta_B)_w$$

또는

$$\theta_B = \frac{PL^2}{3EI} + \frac{wL^3}{6EI} \quad \triangledown \tag{10.29b}$$

부가설명 같은 방법으로 원하는 다른 점에서의 처짐과 회전각을 구할 수 있다.

[예제 10.9] 돌출 보의 기울기와 처짐

조건 그림 10.12(a)처럼 균일하중 w와 집중하중 P를 받는 돌출 보가 있다.

문제 점 B에서의 회전각과 점 C에서의 처짐을 구하라.

풀이 단편 AB에 대한 자유물체도가 그림 10.12(b)에 나타나 있다. 이 단편은 균일하중을 받으며 수직하중 P와 모멘트 $M_B = Pa$를 이겨낸다. 그러므로 문제는 B의 회전에 의하여 발생되는 처짐 $(v_C)_M$ [그림 10.12(c)]과 외팔 보로서 단편 BC의 굽힘에 따른 처짐 $(v_C)_P$를 구하는 것이다.

B에서의 기울기(표 B.14의 10과 9 참조)는 $M_B = Pa$로 놓으면 얻어진다.

$$\theta_B = \frac{wL^3}{24EI} - \frac{PaL}{3EI}$$

그러므로

$$(v_C)_M = \theta_B a = \frac{wL^3 a}{24EI} - \frac{Pa^2 L}{3EI}$$

표 B.14의 Case 1로부터 $(v_C)_P = -Pa^3/3EI$이므로 점 C에서의 전체 처짐은

$$v_C = \frac{wL^3 a}{24EI} - \frac{Pa^2}{3EI}(L + a) \tag{10.30}$$

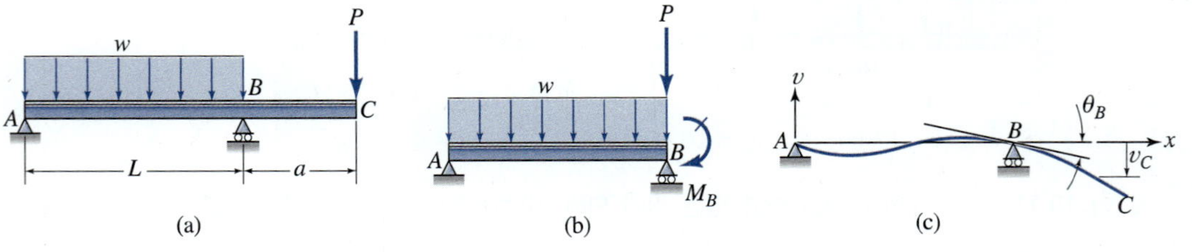

그림 10.12 (a) 2개의 하중을 받는 보 (b) 단편 AB에 대한 자유물체도 (c) 처짐곡선

부가설명 보에 대한 탄성곡선의 형상은 w, P, L 및 a의 값에 따라 달라짐을 알 수 있다[그림 10.12(c)].

연습문제

중첩법을 이용하여 다음 문제들을 풀어라. 다른 언급이 없으면 각 보에 대한 굽힘 강성 EI는 일정하다고 가정한다.

10.6절

10.55 그림 P10.55에서와 같이 외팔 보에 집중하중 P와 모멘트 $M = PL$이 작용하고 있다. 자유단 A에서의 처짐을 구하라.

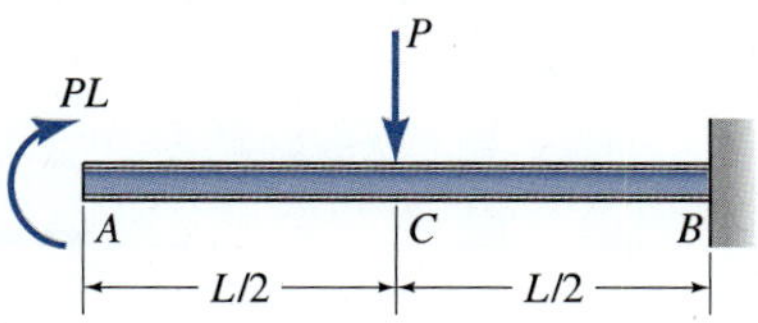

그림 P10.55

10.56 그림 P10.56에서와 같이 돌출 보 ABC에 집중하중 P가 작용하고 있다. 자유단 C에서의 처짐을 구하라.

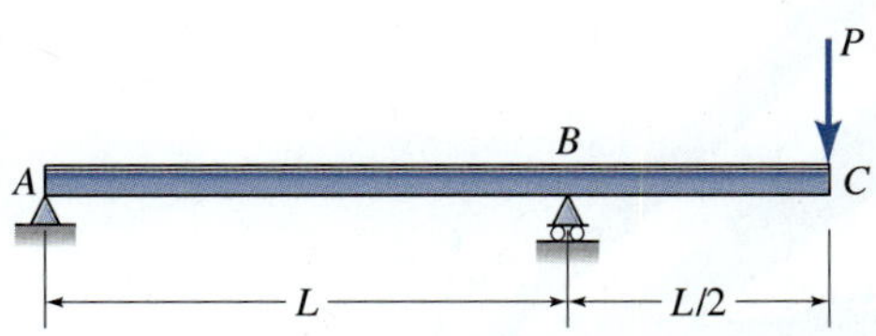

그림 P10.56

10.57 그림 P10.57과 같이 외팔 보 AB의 구간 절반 CB에 균일분포하중 w가 작용할 때 자유단 B에서의 처짐을 구하라.

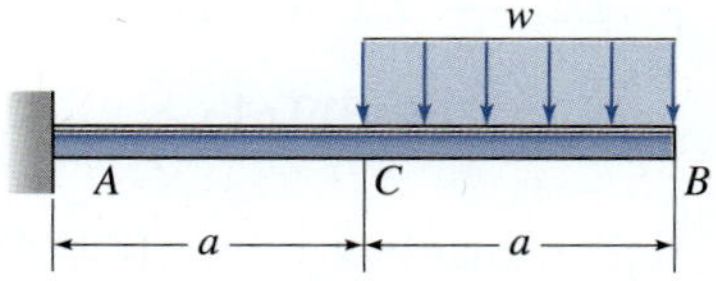

그림 P10.57

10.58~10.59 그림 P10.58과 P10.59에서처럼 단순지지 보 AB가 외부하중을 받고 있다. B에서의 회전각을 구하라.

조건 $P = 4$ kips, $a = 3$ ft, $L = 10$ ft,

$E = 10 \times 10^6$ psi, $I = 72$ in.^{4}

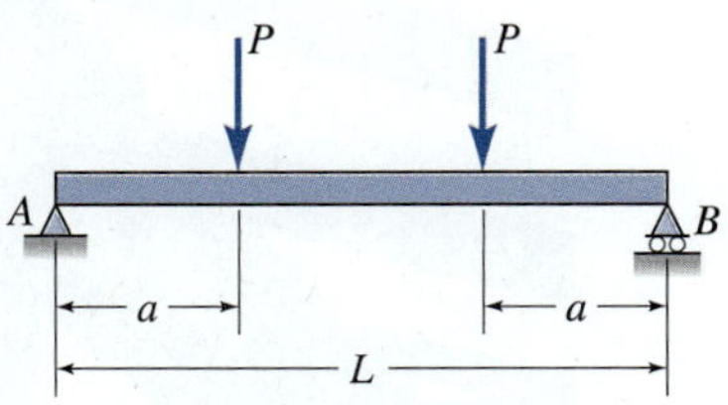

그림 P10.58

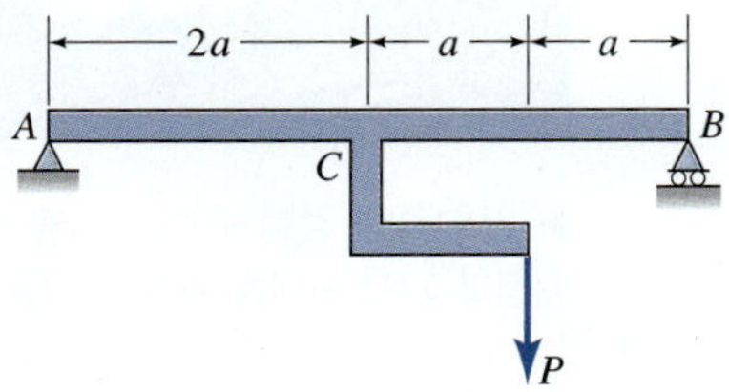

그림 P10.59

10.60~*10.61 보가 그림 P10.60과 P10.61에서처럼 지지된 상태에서 하중을 받고 있다. 자유단에서의 처짐을 구하라.

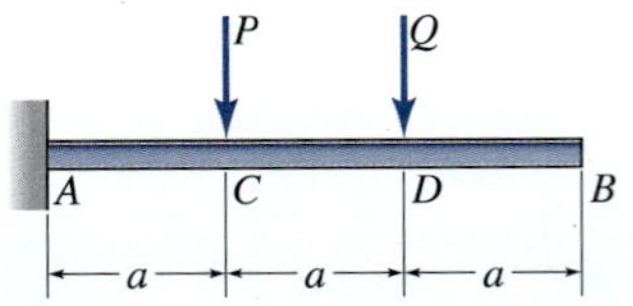

그림 P10.60

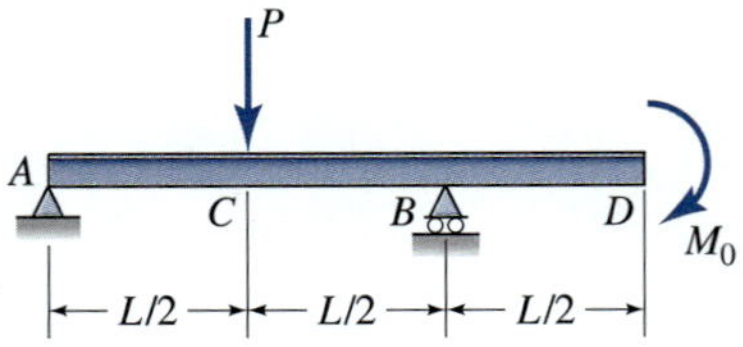

그림 P10.61

***10.62** 그림 P10.62에서와 같이 AC부분의 굽힘 강성은 $2EI$이고 BC부분의 굽힘 강성은 EI인 불균일 외팔 보에 균일분포하중 w가 작용하고 있다. 자유단에서의 처짐을 구하라.

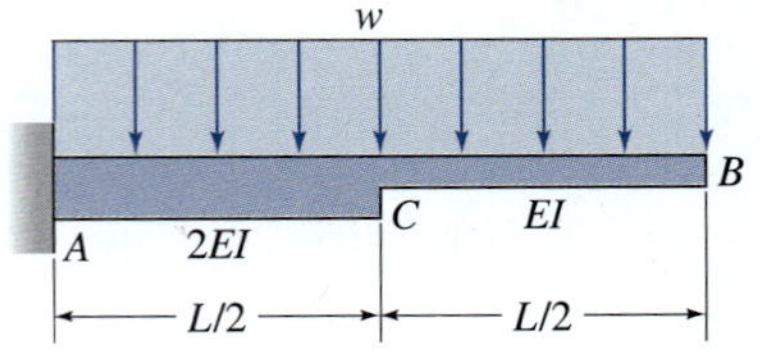

그림 P10.62

10.63 그림 P10.60에서와 같이 S 250×38 형상의 보(표 B.9 참조)에 외부하중이 작용하고 있다. B에서의 기울기를 구하라.

조건 $a = 2\ \text{m}$, $P = 2Q = 10\ \text{kN}$, $E = 200\ \text{GPa}$, $I = 51.6 \times 10^{-6}\ \text{m}^4$

10.64 그림 P10.61의 보 AC는 W 150×24 강철 형상(표 B.8 참조)을 갖는데, $M_0 = 10\ \text{kN}\cdot\text{m}$, $P = 4\ \text{kN}$, $L = 3\ \text{m}$, $E = 210\ \text{GPa}$이다. C에서의 처짐을 계산하라.

▶ 건축 중인 강철 구조물. 다음 절에서는 다양한 하중을 받고 있는 정적 부정정 보의 처짐과 지지 반력을 구하는 법을 알아본다. James Boulette/iStockphoto 제공.

10.7 정적 부정정 보

평형조건에 의해 많은 수의 반력이 나타나는 보를 생각해보자. 그러한 보를 정적으로 **부정정**(statically indeterminate)이라고 한다. 현재까지는 오직 정적으로 정정인 보(statically determinate beam)만 취급되었는데, 각 경우에 정역학 방정식을 풀어서 보에 나타나는 반력을 쉽게 얻을 수 있었다. 구해진 반력을 사용하여 내력을 계산할 수 있는데, 이러한 내력은 응력이나 처짐을 계산하는 데 활용되었다. 앞에서 언급한 것처럼 보가 정적으로 부정정인 상태에서는 보의 처짐을 반영한 **적합방정식**(equations of compatibility)이 **평형조건식**에 추가되어 사용된다. 이와 같은 절차는 4장과 5장에서 정적으로 부정정인 축하중 부재와 축을 다룰 때 사용되었다.

정적 부정정 치수

여러 하중을 받고 있는 정적으로 부정정한 보에 대한 세 가지 경우가 그림 10.13에 나타나 있는데, 그림에는 반력이 표시되어 있다. 외부하중과 반력을 구분하기 위하여 슬래시가 반력을 나타내는 벡터에 그어져 있다. 앞 예제들에서 수평방향 힘은 나타나 있지 않다. 평형방정식의 수를 초과하는 반력의 수를 **정적 부정정 차수**(degree of statical indeterminacy)라고 한다. 정적으로 정정인 상태에서 보를 지탱하는 데 요구되는 수를 초과하는 반력을 **여분력**(redundants)이라고 한다. 명백히 여분력의 수는 부정정 차수와 똑같다. 여분력을 해제했을 때 남게 되는 정정 보를 **해제된 보**(released beam)라고 한다.

고정-단순지지 보(fixed, supported beam)[그림 10.13(a)]. 보에 대해서 오직 2개의 정역학 방정식이 세워지기 때문에 정역학만으로는 3개의 반력을 구할 수 없다. 이러한 보는 1차(the first degree) 부정정이다. 여기에서 반력 중의 하나가 제거되어도 보는 안정된 상태를

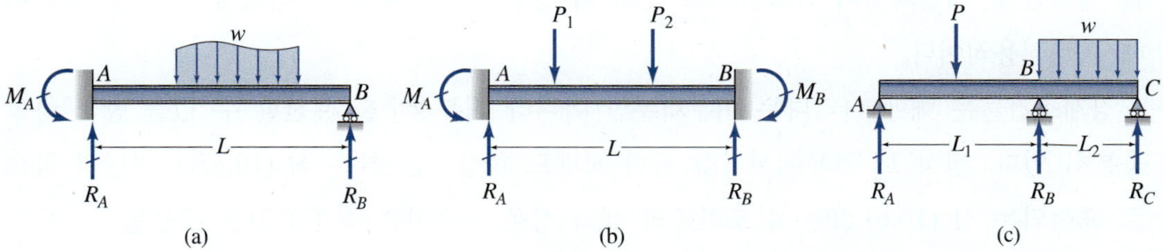

그림 10.13 정적 부정정 보의 유형 (a) 고정-단순지지 보 또는 버팀목을 댄 외팔 보 (b) 고정단 보 (c) 연속 보

유지한다. 예를 들어 반력 R_B를 여분력으로 선택하자. 해당되는 지지점 B가 제거될 때 해제된 구조(released structure)는 외팔 보가 된다. 다른 방법으로 모멘트 여분력을 제거할 수 있다. 해제된 구조물은 단순지지 보이다.

고정단 보(fixed-end beam)[그림 10.13(b)]. 각 지지점에 2개의 반력이 있으므로 미지수는 모두 4개가 된다. 오직 2개의 평형방정식이 세워지기 때문에 보는 2차(the second degree) 부정정이다. 한쪽 단에서의 2개의 반력을 여분력으로 생각하자. 이들이 구조물에서 제거될 때 해제된 구조는 외팔 보가 된다. 다른 방안으로서 두 고정단에서 모멘트를 제거하면 해제된 구조물은 단순지지 보이다.

연속 보(continuous beam)[그림 10.13(c)]. 이러한 보는 2개의 지간(span)을 가지며 중간 지지점에서 연속적이다. 3개의 반력이 나타나고 오직 2개의 평형방정식이 세워지기 때문에 이 보는 1차 부정정이다. 예를 들어 R_B가 여분력으로 선택되어 해당되는 지지점 B가 보에서 제거되면 정적으로 정정인 단순지지 보가 남게 된다. 다른 방안으로 R_C를 여분력으로 선택하면 해제된 구조물은 돌출부 BC를 갖는 단순지지 보 AB가 된다.

다음 절에서는 정적으로 부정정인 보 문제를 풀기 위한 여러 절차들이 논의된다. 각 경우에 있어서 목표는 여분의 반력값을 구하는 것이다. 여분의 반력값을 알면 그 밖의 반력들은 평형조건식으로부터 구할 수 있게 된다.

10.8 정적 부정정 보: 적분법

정적으로 부정정인 보는 탄성곡선에 대한 미분방정식들 중 하나를 사용하여 **적분법**에 의해 해석될 수 있다. 절차는 10.4절에서 기술한 정정 보에 대한 것과 거의 동일하다. 미분방정식을 세우고 일반해를 구하기 위해서 적분한 후 적분상수를 계산하기 위해서 **경계조건**을 적용한다. 계산과정의 복잡함으로 인해 이 방법은 하나의 하중 간격을 갖는 문제에 대해서만 실용적이다.

경계조건들은 해에 나타나는 여분력뿐만 아니라 적분상수를 계산할 수 있을 만큼 항상 충분히 있다. 정정 보 경우에서처럼 굽힘 모멘트 항을 사용하는 식 (10.5)나 전단력 항으로 표현되는 식 (10.6) 또는 분포하중의 세기 항을 사용하는 식 (10.7)을 활용할 수 있다. 또한 2개(또는 그 이상)의 간격을 갖는 경우에는 **불연속함수**를 사용하는 방안이 편리할 수 있다(예제 10.13 참조).

예제 10.10 버팀목을 댄 돌출된 외팔 보의 반력

조건 그림 10.14(a)에서처럼 A에서 고정되어 있고 B에서 롤러지지된 보 ABC가 세기 w의 균일하중을 받고 있다.

문제

(a) 2중적분법을 이용하여 보의 반력을 구하라.

(b) 다중적분법을 이용하여 보의 반력을 구하라.

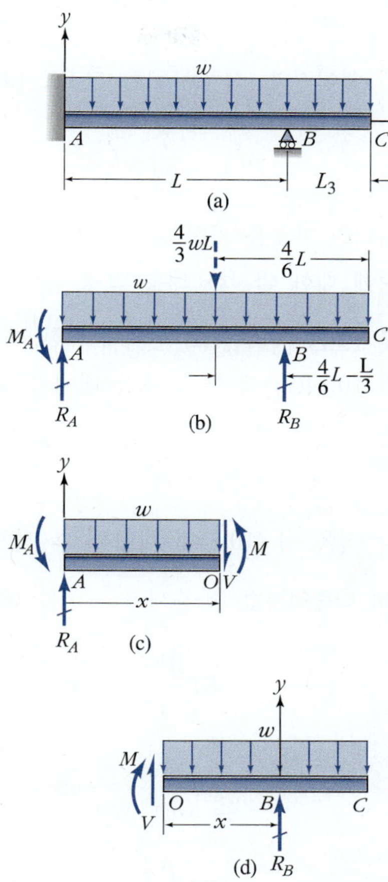

그림 10.14 (a) 균일하중을 받고 있는 버팀목을 댄 돌출 보 (b) 보 전체에 대한 자유물체도 (c, d) 각각 단편 AO와 OC에 대한 자유물체도

풀이 그림 10.14(b)의 자유물체도에 의하면 문제는 1차 부정정이다. 즉 3개의 반력이 존재하는데, 이용할 수 있는 정역학 방정식은 2개뿐이다. 평형조건 $\sum F_y = 0$과 $\sum M_B = 0$으로부터

$$R_A + R_B = \frac{4}{3}wL \tag{a}$$

$$R_A L - M_A = \left(\frac{4}{3}wL\right)\left(\frac{4L}{6} - \frac{L}{3}\right) = \frac{4}{9}wL^2 \tag{b}$$

미지수가 식의 수보다 많기 때문에 처짐곡선 방정식을 추가로 사용해야 한다.

(a) 2중적분법. 보의 단편 AC의 자유물체도[그림 10.14(c)]에서 평형조건을 적용하면

$$M = R_A x - M_A - \frac{1}{2}wx^2$$

앞 식을 식 (10.5)에 대입하고 두 번 적분하면

$$EI\frac{d^2v}{dx^2} = R_A x - M_A - \frac{1}{2}wx^2$$

$$EI\frac{dv}{dx} = \frac{1}{2}R_A x^2 - M_A x - \frac{1}{6}wx^3 + C_1$$

$$EIv = \frac{1}{6}R_A x^3 - \frac{1}{2}M_A x^2 - \frac{1}{21}wx^4 + C_1 x + C_2$$

경계조건은

$$v(0) = 0 \qquad v'(0) = 0 \qquad v(L) = 0 \tag{c}$$

경계조건을 앞 식에 적용하면 $C_1 = 0$과 $C_2 = 0$이 되고

$$4R_A L - 12M_A = wL^2 \tag{d}$$

이 얻어진다. 식 (a), (b), 그리고 (d)를 연립하여 풀면

$$M_A = \frac{7}{72}wL^2 \circlearrowleft \qquad R_A = \frac{13}{24}wL \uparrow \qquad R_B = \frac{19}{24}wL \uparrow \tag{10.31}$$

이러한 양들을 처짐 v, 기울기 θ, 그리고 굽힘 모멘트 M을 나타내는 식에 대입하면 보의 단편에 대한 완전한 해를 얻게 된다.

부가설명 이러한 보 문제에 대한 다른 해법은 다음과 같다. 좌표의 원점을 오른쪽 지지점[그림 10.14(d)]에 놓고 지간 내에서 굽힘 모멘트를 다음과 같이 표현한다.

$$M = R_A x - \frac{1}{2}w(x + L/3)^2$$

앞 식을 식 (10.5)에 대입한 후 전처럼 풀면 된다.

(b) 다중적분법. 하중세기 $-w$를 대입한 후 식 (10.7)을 연속적으로 적분하면

$$EI\frac{d^4v}{dx^4} = -w$$

$$EI\frac{d^3v}{dx^3} = -wx + C_1$$

$$EI\frac{d^2v}{dx^2} = -\frac{1}{2}wx^2 + C_1 x + C_2$$

$$EI\frac{dv}{dx} = -\frac{1}{6}wx^3 + \frac{1}{2}C_1 x^2 + C_2 x + C_3$$

$$EIv = -\frac{1}{24}wx^4 + \frac{1}{6}C_1 x^3 + \frac{1}{2}C_2 x^2 + C_3 x + C_4$$

조건 (c), $M(0) = -M_A$, $V(0) = R_A$를 앞 식에 대입하면 $C_3 = C_4 = 0$, $C_2 = -M_A$, $C_1 = R_A$가 된다. 끝으로 $v(L) = 0$ 조건을 적용하면 식 (d)와 동일한 결과를 가져온다.

부가설명 미분방정식을 푸는 또 다른 방법은 불연속함수를 이용하는 것인데 다음 절에서 논의한다.

[예제 10.11] 집중하중을 받는 고정단 보의 해석

조건 그림 10.15(a)에서처럼 집중하중 P가 양단이 고정된 보의 중앙에 작용하고 있다.

문제 탄성곡선에 대한 4계 미분방정식을 적용하여 보의 반력과 처짐을 결정하라.

풀이 A와 B에서의 반력. 보의 자유물체도[그림 10.15(b)]에 표시된 것처럼 하중과 경계조건이 대칭을 이루고 있으므로 $M_A = M_B$이고 $R_A = R_B = P/2$이다. 따라서 이러한 부정정 보에서는 유일한 여분력(M_A)만 구하면 된다.

$x = 0$과 $x = L/2$ 구간 사이에서는 보에 아무런 외력이 작용하지 않으므로 지배 방정식은 다음과 같다.

$$EI\frac{d^4v}{dx^4} = 0$$

앞 식을 연속적으로 적분하면

$$EI\frac{d^3v}{dx^3} = C_1$$

$$EI\frac{d^2v}{dx^2} = C_1x + C_2$$

$$EI\frac{dv}{dx} = \frac{1}{2}C_1x^2 + C_2x + C_3$$

$$EIv = \frac{1}{6}C_1x^3 + \frac{1}{2}C_2x^2 + C_3x + C_4$$

보의 왼쪽 절반에 대해서 5개의 **경계조건**을 적용할 수 있다.

$$EIv'''(0) = \frac{P}{2} = C_1$$

$$EIv''(0) = -M_A = C_2$$

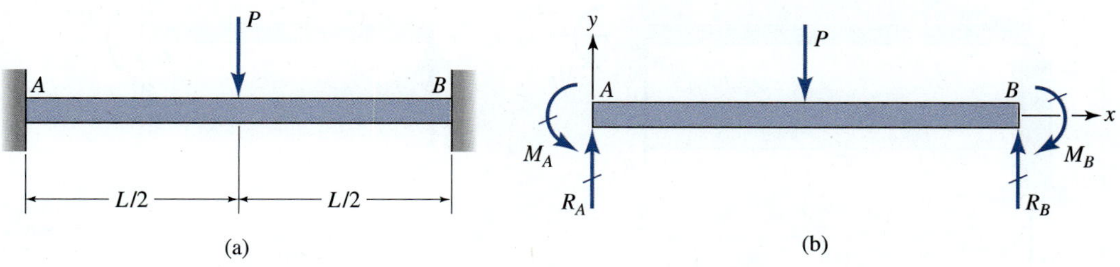

그림 10.15 (a) 양단이 고정된 보 (b) 보 전체에 대한 자유물체도

$$EIv'(0) = 0 = C_3$$

$$EIv'(L/2) = 0 = \frac{PL^2}{16} - \frac{M_A L}{2}$$

$$EIv(0) = 0 = C_4$$

그러므로 여분의 모멘트는 $M_A = PL/8$이다.

최대처짐. 앞의 결과를 탄성곡선 방정식에 대입하면

$$v = -\frac{Px^2}{48EI}(3L - 4x) \qquad \left(0 \le x \le \frac{L}{2}\right) \tag{10.32}$$

최대처짐 $v_{\max}$의 크기는 지간의 중앙($x = L/2$)에서 발생한다. 그러므로

$$v_{\max} = \frac{PL^3}{192EI} \tag{10.33}$$

식 (10.32)를 미분하면 기울기, 굽힘 모멘트, 그리고 전단력에 대한 방정식이 얻어진다.

부가설명 이러한 샘플 문제에서 경계조건들의 수가 여분력뿐만 아니라 적분상수를 계산할 수 있을 만큼 충분하다는 것을 알 수 있다. 흥미롭게도 그림 10.15(a)와 (b) ($M_A = M_B = 0$값을 지정)에 각각 해당하는 식 (10.33)과 (10.22)를 비교해보면 부정정 보의 최대처짐이 같은 지간을 갖는 정정 보의 1/4이 됨을 관찰할 수 있다.

[예제 10.12] 막대에 의해 지지된 외팔 보의 반력

조건 그림 10.16(a)에서처럼 최대세기 w를 갖는 삼각형 형태의 분포하중이 A에서 막대에 의해 지지된 외팔 보 AB에 작용하고 있다.

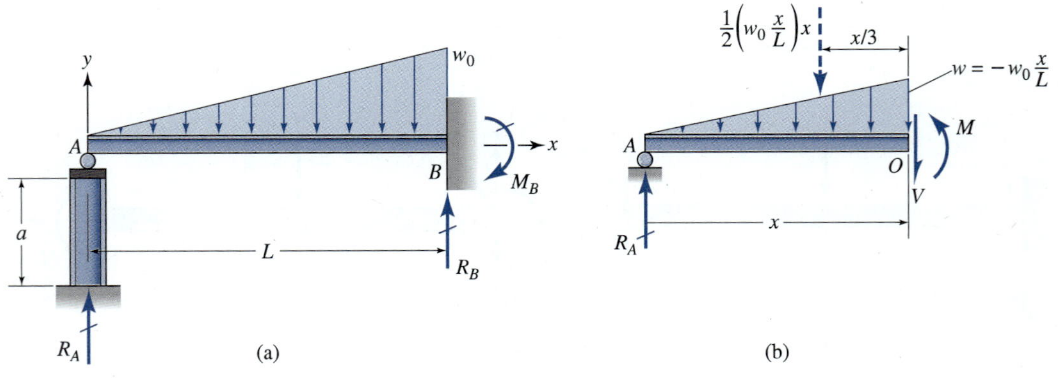

그림 10.16 (a) 탄성 막대에 의해 지지된 외팔 보 (b) 단편 AO에 대한 자유물체도

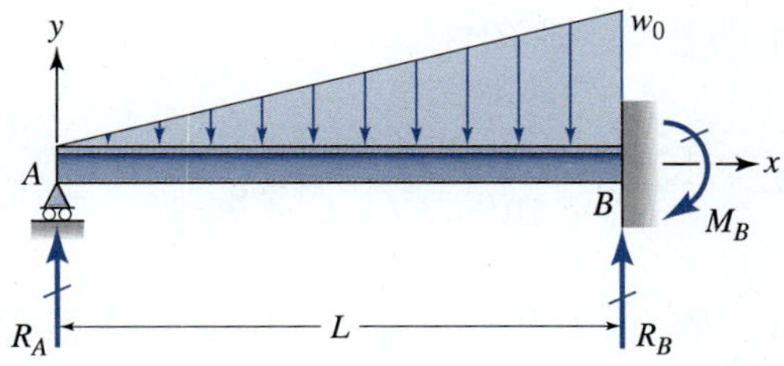

그림 10.17 버팀목을 댄 외팔 보

문제

(a) 2중적분법을 이용하여 처짐곡선 방정식과 반력을 구하라.

(b) 다중적분법을 이용하여 처짐곡선 방정식과 반력을 구하라. 지지막대가 강체라고 생각하라(그림 10.17).

가정 EI는 보의 굽힘 강성이고 E_aA_a는 막대의 축방향 강성이다.

풀이 반력들이 그림 10.16(a)에 나타나 있다. 보는 명백히 1차 부정정이다.

(a) 2중적분법. 모멘트에 대한 식[그림 10.16(b)]은

$$M = R_A x - \frac{w_0 x^3}{6L}$$

탄성곡선에 대한 2계 미분방정식은 다음과 같다.

$$EI\frac{d^2v}{dx^2} = R_A x - \frac{w_0 x^3}{6L}$$

앞 식을 두 번 적분하면

$$EI\frac{dv}{dx} = \frac{1}{2}R_A x^2 - \frac{w_0 x^4}{24L} + C_1$$
$$EIv = \frac{1}{6}R_A x^3 - \frac{w_0 x^5}{120L} + C_1 x + C_2 \qquad \text{(e)}$$

$v(0) = -R_A a/A_aE_a$이므로 $C_2 = -EIR_A a/A_aE_a$이다. 고정단에서의 **경계조건**을 사용하면

$$v(L) = 0: \quad \frac{1}{6}R_A L^3 - \frac{w_0 L^4}{120} + C_1 L - \frac{EIR_A a}{A_aE_a} = 0$$

$$v'(L) = 0: \quad \frac{1}{2}R_A L^2 - \frac{w_0 L^3}{24} + C_1 = 0$$

반력. 앞 식을 연립하여 풀면 다음과 같다.

$$R_A = \frac{w_0 L^4 A_a E_a}{10(3aEI + L^3 A_a E_a)} \tag{10.34}$$

그리고 $C_1 = w_0 L^3/24 - R_A L^2/2$이다. 그림 10.16의 자유물체도에 **평형조건**($\sum F_y = 0$, $\sum M_B = 0$)을 적용하면 다음을 얻는다.

$$R_A = \frac{D_1}{10D_2} \qquad R_B = \frac{w_0 L}{2} - \frac{D_1}{10D_2} \qquad M_B = \frac{w_0 L^2}{6} - \frac{D_1 L}{10D_2} \tag{10.35}$$

여기에서

$$D_1 = w_0 L^4 A_a E_a \qquad D_2 = 3aEI + L^3 A_a E_a \tag{10.36}$$

이다.

부가설명 이러한 표현방식은 컴퓨터로 처리할 때 편리하다. R_A, C_1, 그리고 C_2를 식 (e)에 대입하면 탄성곡선 방정식이 얻어진다.

(b) 연속적분법(끝단 A가 단순지지됨). 이러한 경우에 강체 지지 A가 탄성 막대(그림 10.17)를 대체한다. 임의의 단면 x [그림 10.16(b)]에서의 하중세기는 $w = -w_0 x/L$로 표현된다. 그러므로 식 (10.7)을 직접 적분하면

$$\begin{aligned}
EI\frac{d^4v}{dx^4} &= -\frac{w_0 x}{L} \\
EI\frac{d^3v}{dx^3} &= -\frac{w_0 x^2}{2L} + C_1 \\
EI\frac{d^2v}{dx^2} &= -\frac{w_0 x^3}{6L} + C_1 x + C_2 \\
EI\frac{dv}{dx} &= -\frac{w_0 x^4}{24L} + \frac{1}{2}C_1 x^2 + C_2 x + C_3 \\
EIv &= -\frac{w_0 x^5}{120L} + \frac{1}{6}C_1 x^3 + \frac{1}{2}C_2 x^2 + C_3 x + C_4
\end{aligned} \tag{f}$$

경계조건 $v(0) = 0$과 $v''(0) = 0$으로부터 각각 $C_4 = 0$과 $C_2 = 0$이 된다. 그리고

$$v(L) = 0: \qquad -\frac{w_0 L^4}{120} + \frac{1}{6}C_1 L^3 + C_3 L = 0$$

$$v'(L) = 0: \quad -\frac{w_0 L^3}{24} + \frac{1}{2} C_1 L^2 + C_3 = 0$$

으로부터 $C_1 = w_0 L/10$과 $C_3 = -w_0 L^3/120$이 된다. C_1부터 C_4까지를 식 (f)에 대입하면

$$EI\frac{d^3 v}{dx^3} = \frac{w_0}{10L}(L^2 - 5x^2)$$

$$EI\frac{d^2 v}{dx^2} = \frac{w_0}{30L}(3L^2 x - 5x^3)$$

$$EI\frac{dv}{dx} = -\frac{w_0}{120L}(L^4 - 6L^2 x^2 + 5x^4)$$

$$v = -\frac{w_0}{120EIL}(L^4 x - 2L^2 x^3 + x^5)$$

반력은 $R_A = EIv'''(0)$, $R_B = -EIv'''(L)$, 그리고 $M_B = EIv''(L)$로부터

$$R_A = \frac{1}{10} w_0 L \uparrow \qquad R_B = \frac{2}{5} w_0 L \uparrow \qquad M_B = \frac{1}{15} w_0 L^2 \circlearrowright \tag{10.37}$$

이 얻어진다.

부가설명 $\Sigma F_y = 0$과 $\Sigma M_B = 0$을 적용하여 계산결과를 검증할 수 있다(그림 10.17).

[예제 10.13] 집중하중을 받고 있는 버팀목을 댄 외팔 보의 해석

조건 그림 10.18에서처럼 고정된 단순 보 AB가 집중하중 P를 받고 있다.

문제 불연속함수를 활용한 적분법을 사용하여 다음을 구하라.

(a) 지지점 A에서의 반력을 나타내는 식

(b) $a = L/2$일 때 점 D에서의 기울기와 처짐

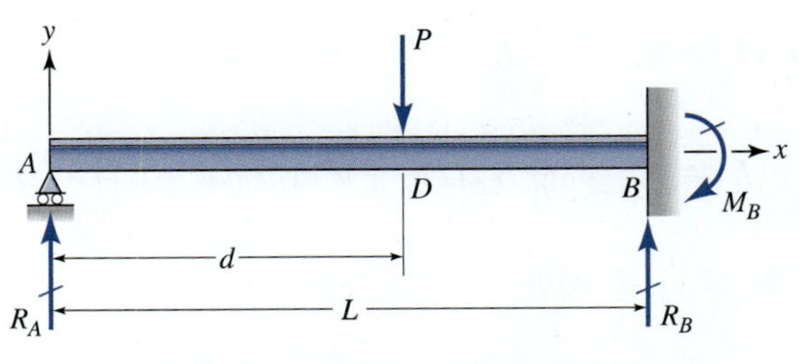

그림 10.18 불연속함수: 버팀목을 댄 외팔 보

풀이 그림 10.18, 표 6.2, 그리고 6.7절을 참조하라. 반력들이 그림 10.18에 표시되어 있다. 보는 1차 부정정임을 주목하라.

(a) *A*에서의 반력. 표 6.2의 Case 2를 참고하면 반력을 포함한 등가의 분포하중은 다음과 같이 표현된다.

$$w(x) = R_A\langle x-0\rangle^{-1} - P\langle x-a\rangle^{-1} + R_B\langle x-L\rangle^{-1} + M_B\langle x-L\rangle^{-2}$$

앞 식에서 마지막 두 항은 B를 제외한 모든 x에서 0이다. 그러한 항들은 $V(x)$와 $M(x)$를 계산하는 데 아무런 영향을 주지 않으며 생략될 수 있다. 따라서 식 (10.7)은 다음과 같이 쓸 수 있다.

$$EI\frac{d^4v}{dx^4} = w(x) = R_A\langle x-0\rangle^{-1} - P\langle x-a\rangle^{-1}$$

앞 식을 적분하면

$$EI\frac{d^3v}{dx^3} = V(x) = R_A\langle x\rangle^{0} - P\langle x-a\rangle^{0}$$

$$EI\frac{d^2v}{dx^2} = M(x) = R_A\langle x\rangle^{1} - P\langle x-a\rangle^{1}$$

초기에 언급한 것처럼 $w(x)$에 대해서 완전한 표현식을 사용했기 때문에 적분상수가 필요하지 않다. 두 번 적분을 하면 기울기와 처짐이 다음과 같이 얻어진다.

$$\begin{aligned} EI\frac{dv}{dx} &= \frac{1}{2}R_A\langle x\rangle^{2} - \frac{1}{2}P\langle x-a\rangle^{2} + C_1 \\ EIv &= \frac{1}{6}R_A\langle x\rangle^{3} - \frac{1}{6}P\langle x-a\rangle^{3} + C_1x + C_2 \end{aligned} \tag{g}$$

$\langle x-a\rangle$는 $x=0$에서 0이고, $x=L$에서 $(L-a)$이다. 그러므로 경계조건은

$$v(0)=0: \qquad C_2 = 0 \tag{h}$$

$$v'(L)=0: \qquad \frac{1}{2}R_AL^2 - \frac{1}{2}P(x-a)^2 + C_1 = 0 \tag{i}$$

$$v(L)=0: \qquad \frac{1}{6}R_AL^3 - \frac{1}{6}P(x-a)^3 + C_1L = 0 \tag{j}$$

식 (i)에 L을 곱한 후 식 (j)를 빼면

$$\frac{1}{3}R_AL^3 - \frac{1}{6}P(L-a)^3[3L-(L-a)] = 0$$

따라서

$$R_A = P\left(1-\frac{a}{L}\right)^2\left(1+\frac{a}{2L}\right) \uparrow \tag{10.38}$$

부가설명 반력은 E와 I에 독립적임을 알 수 있다.

(b) D에서의 기울기와 처짐. 식 (h)로부터 $C_2 = 0$이다. $a = L/2$를 식 (10.38)에 대입하면 $R_A = 5P/16$이고, 식 (i)로부터 $C_1 = -PL^2/32$이다. 그러므로 식 (g)는

$$\begin{aligned} EI\frac{dv}{dx} &= \frac{5}{32}Px^2 - \frac{1}{2}P\langle x-a\rangle^2 - \frac{1}{32}PL^2 \\ EIv &= \frac{5}{96}Px^3 - \frac{1}{6}P\langle x-a\rangle^3 - \frac{1}{32}PLx \end{aligned} \tag{10.39}$$

보의 중앙($x = L/2$)에서의 회전각과 처짐은 다음과 같다.

$$\begin{aligned} \theta_D &= v'\left(\frac{L}{2}\right) = \frac{PL^2}{128EI} \\ v_D &= v\left(\frac{L}{2}\right) = -\frac{7PL^3}{768EI} = \frac{7PL^3}{768EI} \downarrow \end{aligned} \tag{10.40}$$

부가설명 $v_D \neq 0$이기 때문에 D에서의 변위는 최대가 아니다. 같은 방법으로 원하는 다른 점에서의 처짐과 기울기를 구할 수 있다.

연습문제

문제 10.65 ~ 10.76을 풀기 위해서 적분법을 사용하라. 다른 언급이 없으면, 각 보의 굽힘 강성 EI는 일정하다고 가정한다.

10.7절~10.8절

10.65 고정된 보[그림 P10.65(a)]의 벽에서의 기울기가 그림 P10.65(b)에 나타나 있다. A에 있는 롤러에서의 반력을 구하라.

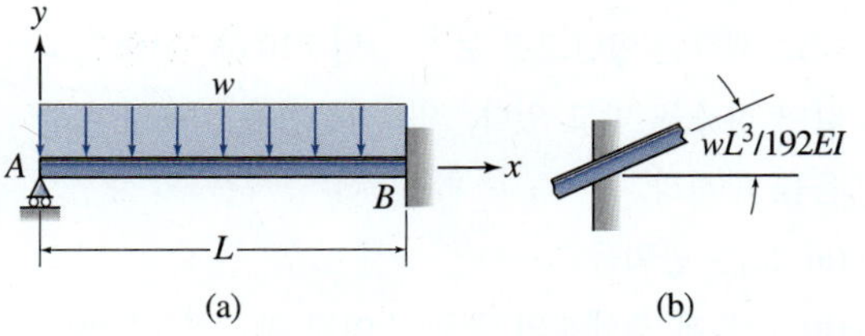

그림 P10.65

10.66 그림 P10.66에서와 같이 균일분포하중 w가 작용하기 전에 보 AC와 B에 있는 지지점 사이에 $\delta_B = 1/8$ in.의 작은 간격이 존재하고 있다. 각 지지점에서 하중으로 인해 발생하는 반력을 구하라.

조건 $w = 1.2$ kips/ft, $L = 12$ ft, $EI = 400(10^6)$ lb·in.^{2}

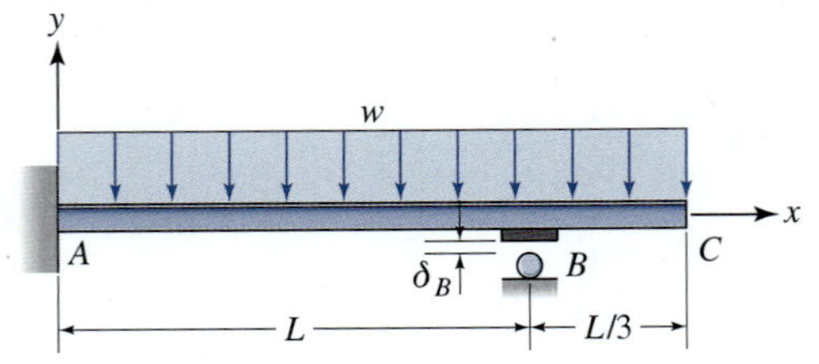

그림 P10.66

10.67 그림 P10.67에서와 같이 선형적인 분포하중(최대강도 w_0)이 작용하기 전에 보 AB와 지지점 A 사이에는 $\delta_A = 1/16$ in.의 작은 간격이 존재하고 있다. 하중으로 인해 각 지지점에서 발생하는 반력을 구하라. 베어링 블록은 강체로 간주한다.

조건 $w_0 = 2.4$ kips/ft, $L = 10$ ft, $E = 10 \times 10^6$ psi, $I = 65$ in.^{4}

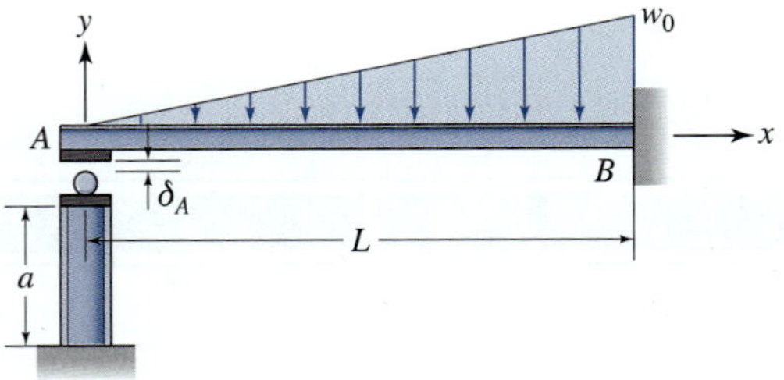

그림 P10.67

10.68~10.71 W 150×30(표 B.8 참조)으로 플랜지로 제작된 양단고정 보가 그림 P10.68~P10.71과 같이 하중을 받고 있다. 직접적분법을 사용하여 다음을 구하라.

(a) 모든 반력들

(b) 가운데 점에서의 처짐(주어진 데이터 사용)

조건 $w = w_0/2 = 15$ kN/m, $P = 25$ kN, $M_0 = 10$ kN·m, $L = 4$ m, $E = 200$ GPa, $I = 17.2 \times 10^6$ mm^4

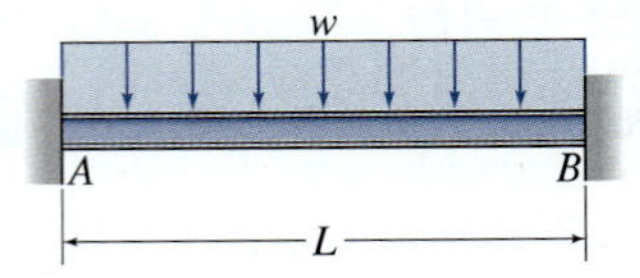

그림 P10.68

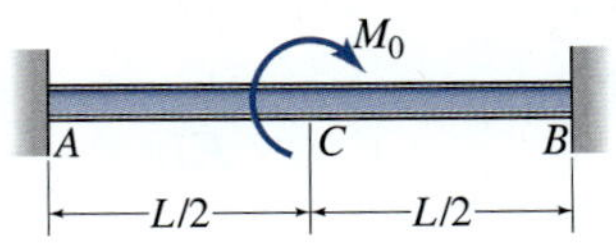

그림 P10.69

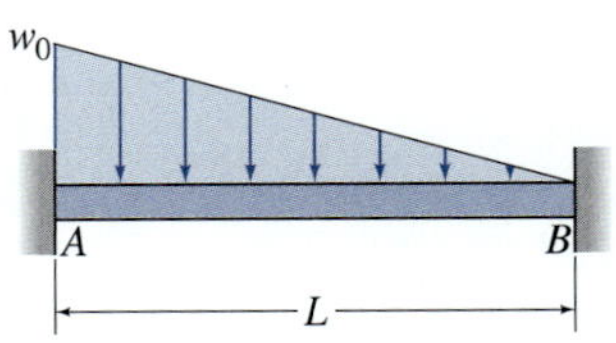

그림 P10.70

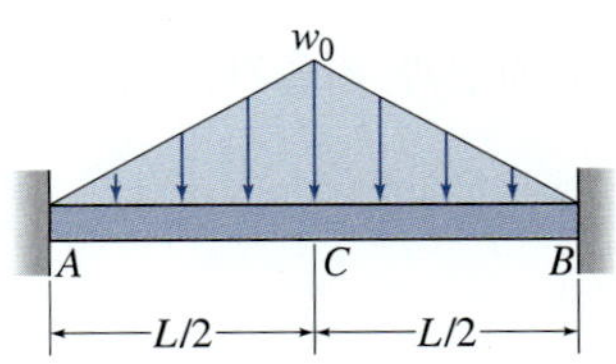

그림 P10.71

***10.72** 그림 P10.72에서와 같이 AC부분의 굽힘 강성은 EI이고 BC부분의 굽힘 강성은 $2EI$인 불균일 부정정 보에 균일분포하중 w가 작용하고 있다. 직접적분법을 사용하여 다음을 구하라.

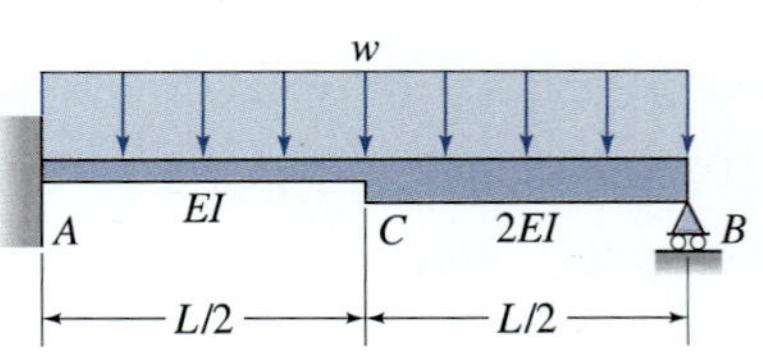

그림 P10.72

(a) 지지 반력들(R_A, M_A, R_B)

(b) $w = 60$ lb/ft, $L = 16$ ft, $EI = 200\times10^6$ lb·in.^{2} 인 경우에 대해서 가운데 점에서의 처짐

10.73~10.76 그림 P10.73~P10.76과 같이 부정정 보가 외부하중을 받고 있다. 직접적분법을 사용하여 다음을 구하라.

(a) 모든 반력들

(b) 가운데 점에서의 처짐(주어진 데이터 사용)

조건 $w = w_0/2 = 20$ kN/m, $P = 30$ kN, $M_0 = 8$ kN·m, $L = 5$ m, $EI = 3$ MN·m^2

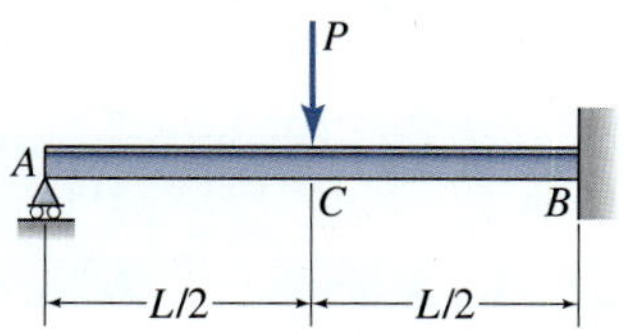

그림 P10.73

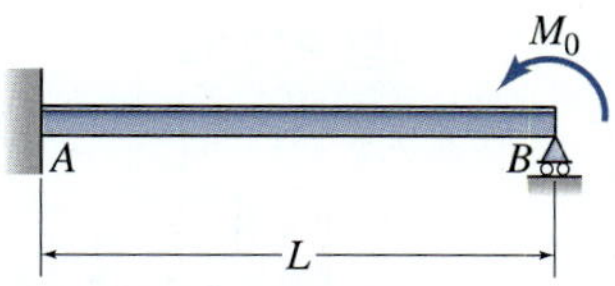

그림 P10.74

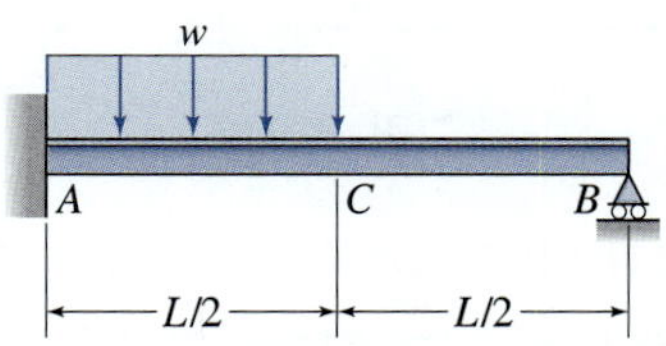

그림 P10.75

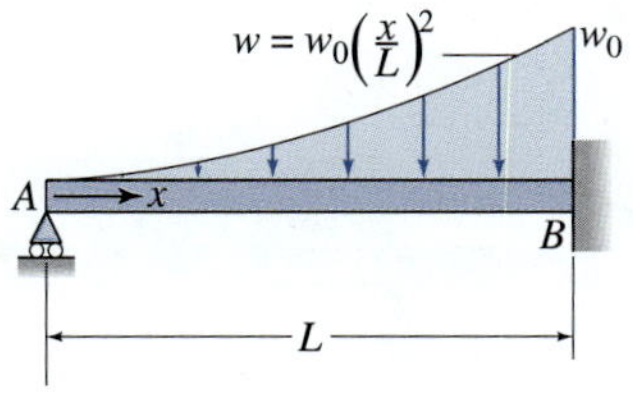

그림 P10.76

주의 문제 10.77~10.88을 풀기 위하여 불연속함수를 사용한 적분법을 활용하라. 모든 보는 굽힘 강성 EI를 갖는다.

10.77~10.78 W 150×30으로 제작된 보 AB가 그림 P10.77과 P10.78에서처럼 지지된 상태에서 하중을 받고 있다. 다음을 구하라.

(a) 모든 반력들

(b) C에서의 처짐(주어진 데이터 사용)

조건 $P = 20$ kN, $M_0 = 10$ kN·m, $L = 5$ m, $E = 200$ GPa, $I = 17.2\times10^6$ mm^4(표 B.8 참조)

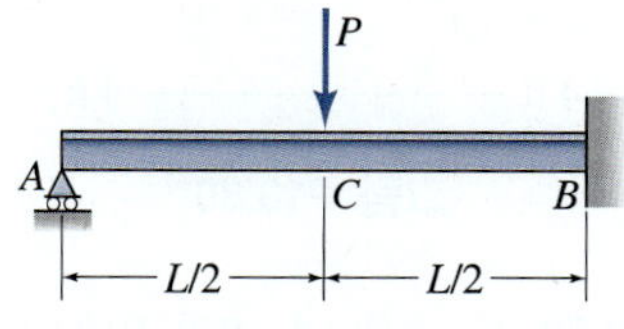

그림 P10.77

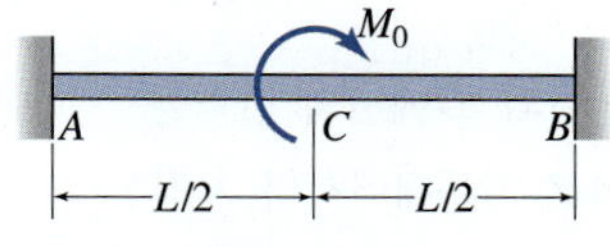

그림 P10.78

10.79 그림 P10.79에서와 같이 부정정 보 AB의 절반구간 AC에 균일분포하중이 작용하고 있다. 다음을 구하라.

(a) 모든 반력들

(b) C에서의 처짐(주어진 데이터 사용)

조건 $w = 10$ kN/m, $L = 6$ m, $EI = 3.44$ MN·m^2

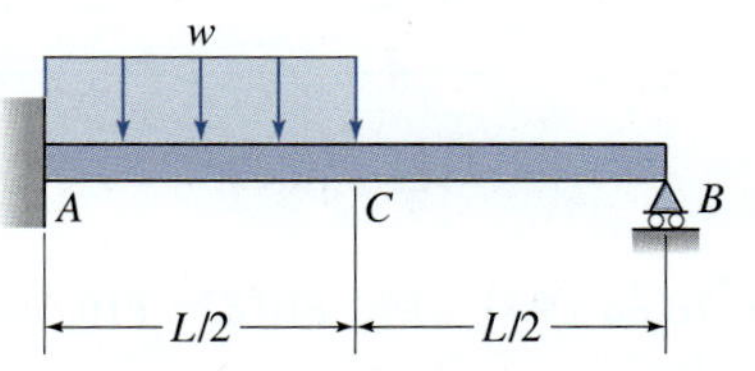

그림 P10.79

***10.80** S 10×35 강철 형상(표 B.9 참조)으로 제작된 부정정 보 AB에 그림 P10.80에서처럼 선형

분포하중이 보의 구간 절반에 작용하고 있다. 다음을 구하라.

(a) 지지점 A에서의 반력 R_A

(b) C에서의 처짐

조건 $E = 29 \times 10^6$ psi, $I = 147$ in.^{4}

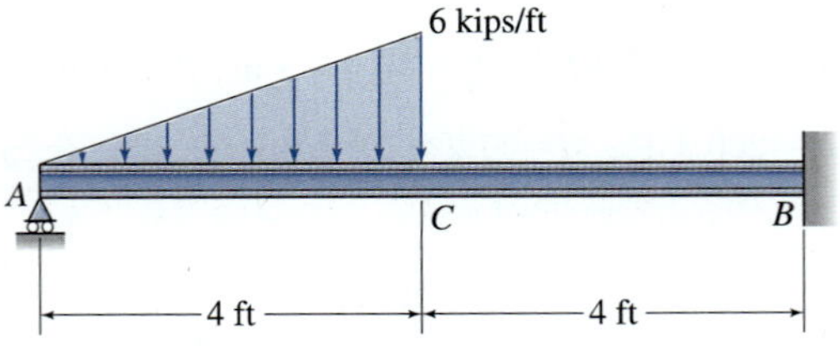

그림 P10.80

10.81~*10.82 보 ABC가 그림 P10.81과 P10.82에서처럼 지지된 상태에서 하중을 받고 있다. 다음을 구하라.

(a) 지지점 A와 B에서의 반력들

(b) 구간 AB 가운데에서의 처짐

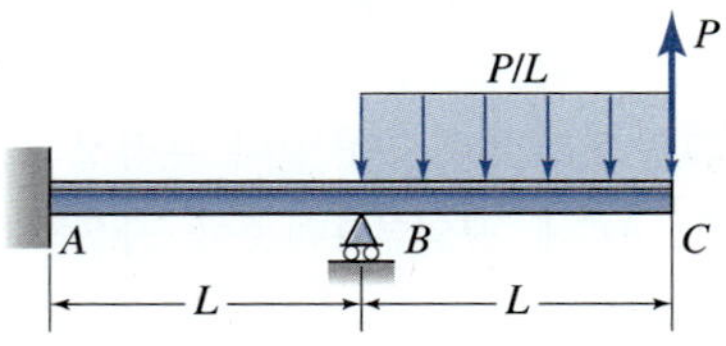

그림 P10.81

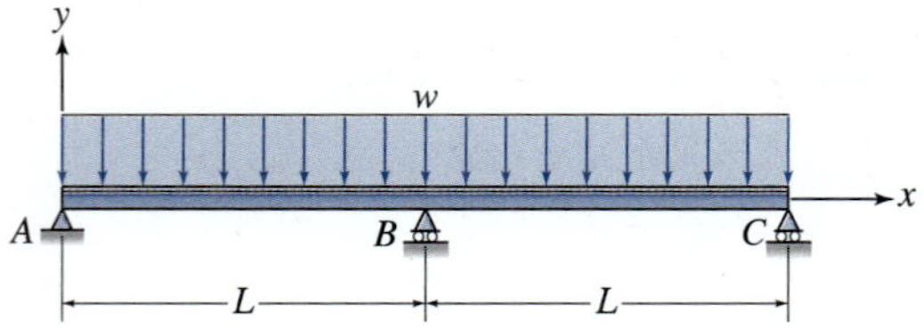

그림 P10.82

10.83~10.86 보가 그림 P10.83~P10.86과 같이 지지된 상태에서 하중을 받고 있다. 다음을 구하라.

(a) 지지점 A에서의 반력

(b) 가운데 점에서의 처짐

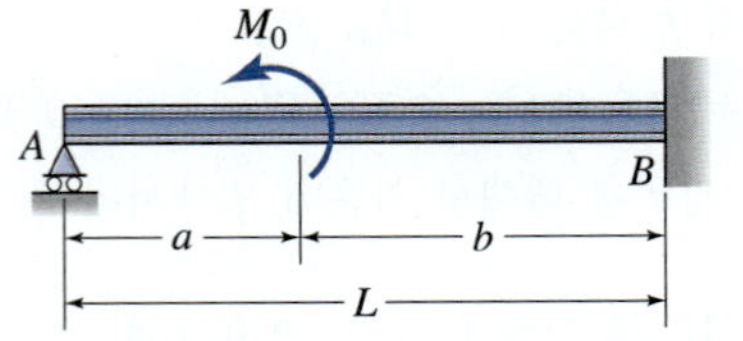

그림 P10.83

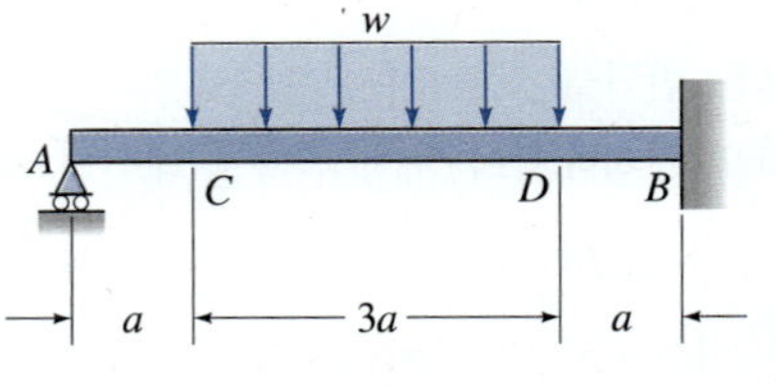

그림 P10.84

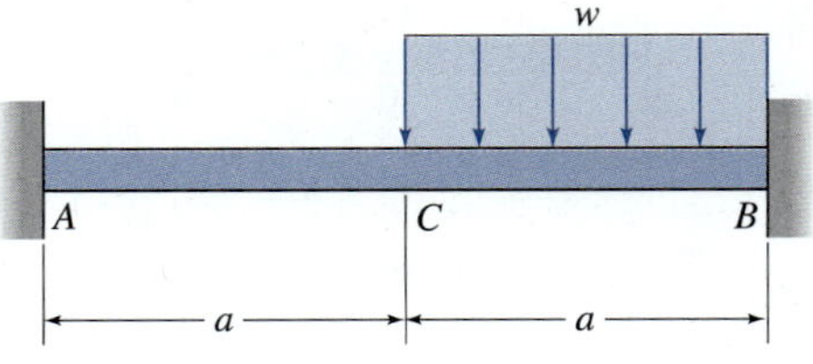

그림 P10.85

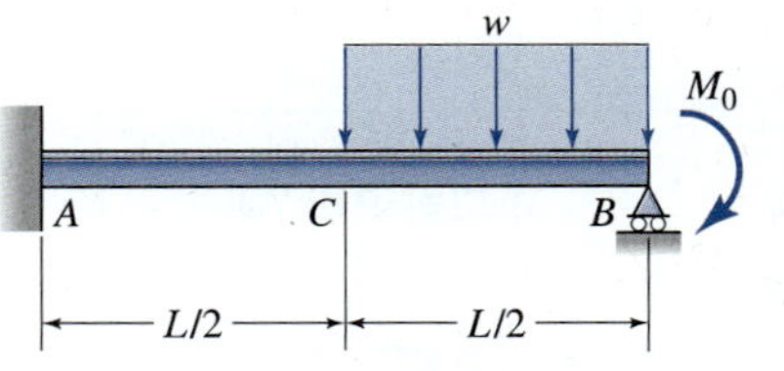

그림 P10.86

10.87 그림 P10.87에서와 같이 돌출 부정정 보에 하중이 작용하고 있다. 다음을 구하라.

(a) 지지점 A에서의 반력

(b) 가운데 점에서의 처짐

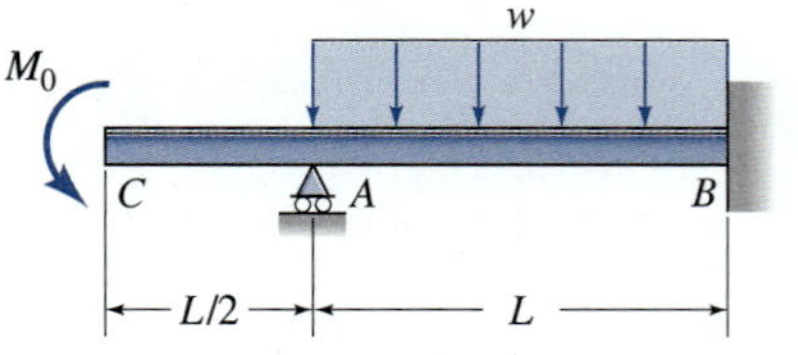

그림 P10.87

***10.88** 그림 P10.88에서와 같이 보에 하중이 가해지기 전에 보 AC와 지지 B 사이에 작은 간격 δ_B가 존재하고 있다. 하중이 가해진 후 지지점에서 발생하는 모든 반력들을 구하라.

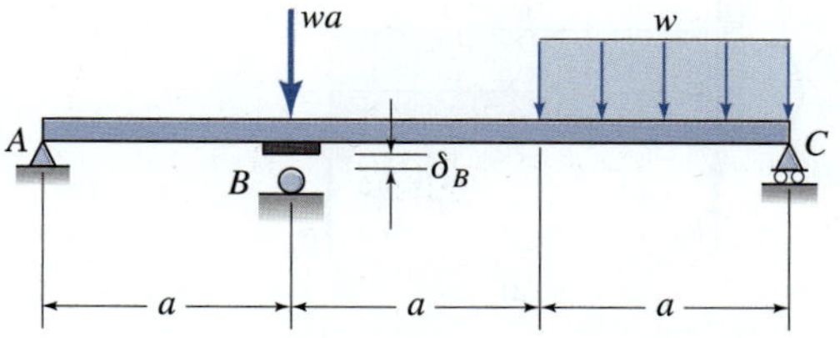

그림 P10.88

10.9 정적 부정정 보: 중첩법

정적으로 부정정한 구조물은 **중첩법**을 사용하여 손쉽게 해석될 수 있다. 이 방법은 다양한 하중을 받고 있는 여러 구조물에 적용된다. 예로써 트러스, 프레임, 3개 이상의 베어링으로 지지된 단붙임 축, 축하중 부재, 보 등을 들 수 있다. 방법의 핵심은 다음과 같이 설명될 수 있다.

보가 정적으로 부정정인 경우에 10.6절에서 기술한 접근법을 따른다. 즉 **여분의 반력**들은 미지의 하중으로 간주하고 이에 해당하는 지지점들은 제거하거나 수정한다. 그러고 나서 중첩법이 사용되며, **변형 선도**가 그려지고, 각 하중(미지이거나 기지이거나 모두)에 의해 유발된 변위들에 대한 식이 표현된다. 다음에 변위들이 기하학적 **경계조건**을 만족하게 하여 여분의 반력을 계산한다. 끝으로 그 외의 모든 반력들은 평형조건을 적용하여 쉽게 구해진다.

이러한 절차를 1차 부정정 보의 경우에 대하여 기술한다[그림 10.19(a)]. 반력 R_B가 여분력으로 선정되고 B에서의 지지점을 제거함으로써 미지의 하중으로 취급된다[그림 10.19(b)]. 분해된 하중들은 그림 10.19(c)에 나타나 있다. 이들 하중의 각각에 대한 해는 표 B.14의 1과 3으로부터 다음과 같이 주어진다.

$$(v_B)_w = -\frac{wL^4}{8EI} \qquad (v_B)_R = \frac{R_B L^3}{3EI}$$

원래의 보에 대한 적합조건으로부터 $v_B = 0$ 또는

$$v_B = -\frac{wL^4}{8EI} + \frac{R_B L^3}{3EI} = 0$$

이다. 앞 식을 풀면

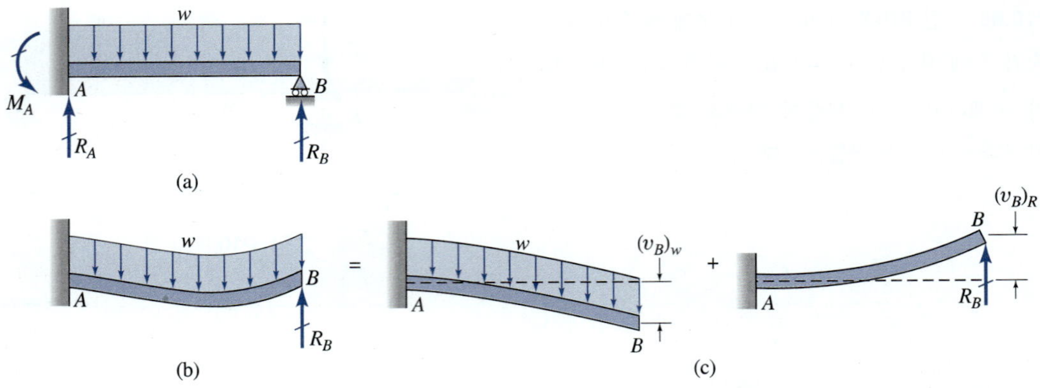

그림 10.19 중첩법 (a) 균일한 하중 w를 받고 있는 버팀목을 댄 외팔 보 (b) 여분력으로 선택된 반력 R_B (c) w와 R_B에 의한 처짐

$$R_B = \frac{3}{8}wL \uparrow \tag{10.41a}$$

나머지 반력들은

$$R_A = \frac{5}{8}wL \uparrow \qquad M_A = \frac{1}{8}wL^2 \circlearrowleft \tag{10.41b}$$

로서 평형방정식으로부터 얻어진다.

다음 두 예제의 그림 10.20과 10.21에서처럼 중첩법의 절차는 처짐과 기울기가 0이라고 알려지면 크게 줄어든다는 점을 명심하자.

[예제 10.14] 집중하중을 받는 고정단 보에서의 반력

조건 그림 10.20(a)에서처럼 양단이 고정된 보 AB의 점 C에 집중하중 P가 작용하고 있다.

문제 보의 A와 B에서 지지점 반력들을 구하라.

풀이 그림 10.20(a)에 반력들이 표시되어 있다. 지지점에서의 우력 M_A와 M_B를 때때로 고정단 모멘트라고 한다. 여기서 이들을 여분력으로 선정하고 미지의 하중으로 취급한다. P, M_A 및 M_B에 기인한 끝단에서의 기울기는 그림 10.20(b)에 도시되어 있다.

원래의 보의 양 끝단에서 회전각들이 0이 되어야 한다는 조건을 적용하면(표 B.14의 8과 9 참조)

$$\theta_A = (\theta_A)_P - (\theta_A)_{M_A} - (\theta_A)_{M_B} = 0$$

또는

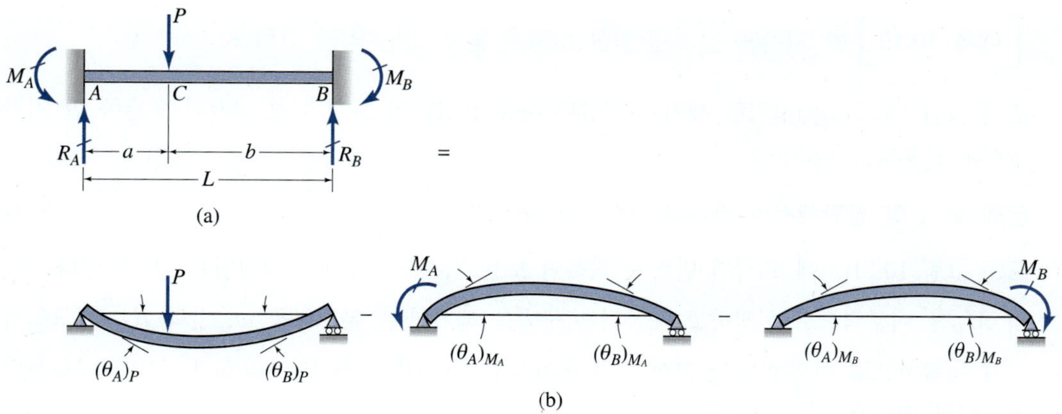

그림 10.20 중첩법 (a) 하중 P를 받고 있는 고정단 보 (b) 하중 P, 반력 M_A와 M_B에 의해 발생하는 끝단에서의 기울기

$$\frac{M_A L}{3EI}+\frac{M_B L}{6EI}=\frac{Pab(L+b)}{6EIL}$$

그리고

$$\theta_B=(\theta_B)_P-(\theta_B)_{M_A}-(\theta_B)_{M_B}=0$$

또는

$$\frac{M_A L}{6EI}+\frac{M_B L}{3EI}=\frac{Pab(L+a)}{6EIL}$$

해는

$$M_A=\frac{Pab^2}{L^2} \circlearrowleft \qquad M_B=\frac{Pa^2b}{L^2} \circlearrowright \tag{10.42a}$$

평형조건을 이용하여 나머지 반력들을 구하면 다음과 같다.

$$R_A=\frac{Pb^2}{L^3}(L+2a)\uparrow \qquad R_B=\frac{Pa^2}{L^3}(L+2b)\uparrow \tag{10.42b}$$

부가설명 이 문제에 대한 해를 구하는 또 다른 방법은 오른쪽 끝단에 있는 지지점을 제거하고 P, R_B 및 M_B 각각에 의한 변형을 고려하는 것이다. 이 경우 변형에 대한 기하학적 적합조건으로부터 $\theta_B=(\theta_B)_P+(\theta_B)_{R_B}+(\theta_B)_{M_B}=0$과 $v_B=(v_B)_P+(v_B)_{R_B}+(v_B)_{M_B}=0$을 얻는다.

[예제 10.15] 반 지간에 걸쳐 균일한 하중을 받고 있는 양단 고정 보의 반력

조건 그림 10.21(a)에서처럼 세기 w의 분포하중이 양단이 고정된 보 AB의 오른쪽 반 지간 AC에 작용하고 있다.

문제 보의 양 끝단에서의 반력과 모멘트를 구하라.

풀이 그림 10.21(a)에 표시된 반력에 의하면 보는 정적으로 2차 부정정임을 알 수 있다. R_B와 M_B를 여분력으로 선정하고 해당되는 구속을 제거한다. 분포하중 w, 반력 R_B 및 M_B가 각각 독립적으로 해제된 외팔 보에 작용한다[그림 10.21(b)]. 표 B.14의 6, 1, 그리고 2로부터 기울기와 처짐은

$$\theta_B' = -\frac{wL^3}{48EI} \qquad v_B' = -\frac{7wL^4}{384EI}$$

$$\theta_B'' = \frac{R_B L^2}{2EI} \qquad v_B'' = \frac{R_B L^3}{3EI} \tag{a}$$

$$\theta_B''' = -\frac{M_B L}{EI} \qquad v_B''' = -\frac{M_B L^2}{2EI}$$

원래의 보에서 B의 회전각과 처짐이 0이기 때문에 2개의 적합방정식이 얻어진다.

$$\theta_B = \theta_B' + \theta_B'' + \theta_B''' = 0$$

$$v_B = v_B' + v_B'' + v_B''' = 0$$

식 (a)를 앞 식에 대입한 후 EI를 약분하면

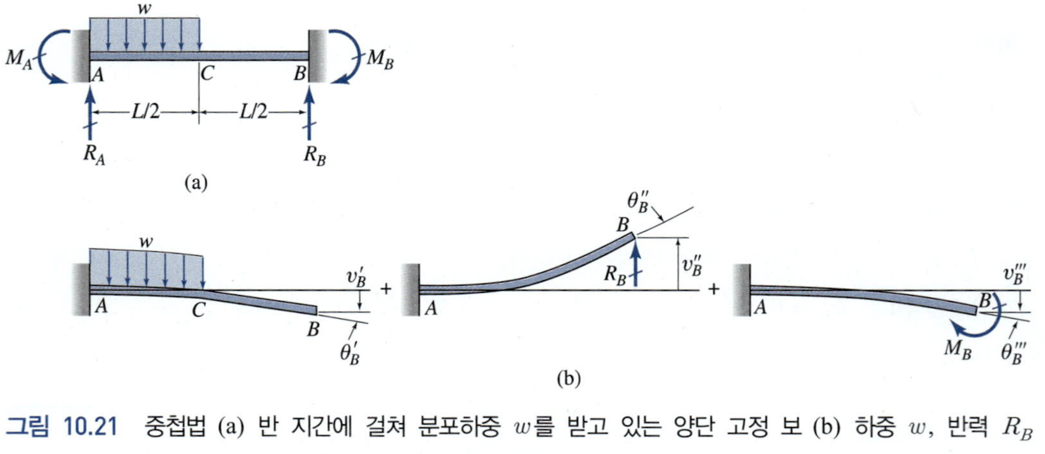

그림 10.21 중첩법 (a) 반 지간에 걸쳐 분포하중 w를 받고 있는 양단 고정 보 (b) 하중 w, 반력 R_B 및 M_B에 기인한 끝단 B에서의 기울기와 처짐

$$-\frac{wL^3}{48}+\frac{R_BL^2}{2}-M_BL=0$$

$$-\frac{7wL^4}{384}+\frac{R_BL^3}{3}-\frac{M_BL^2}{2}=0$$

이다. 해는

$$R_B=\frac{3}{32}wL \qquad M_B=\frac{5}{192}wL^2 \tag{10.43a}$$

나머지 반력 R_A와 M_A는 평형조건으로부터 다음과 같이 얻어진다.

$$R_A=\frac{13}{32}wL \qquad M_A=\frac{11}{192}wL^2 \tag{10.43b}$$

부가설명 구해진 반력을 이용하여 보의 원하는 점에서의 기울기와 처짐을 구할 수 있다.

예제 10.16 보–보강 막대 조립의 해석

조건 그림 10.22(a)에서처럼 한쪽 끝단 A에서 고정되고 위치 C에서 막대 CD에 의해 보강된 외팔 보가 집중하중 P를 받고 있다. 하중 P가 작용하면 C에서 아래쪽으로 처짐이 발생하고 막대에 반작용 인장력 T가 생긴다.

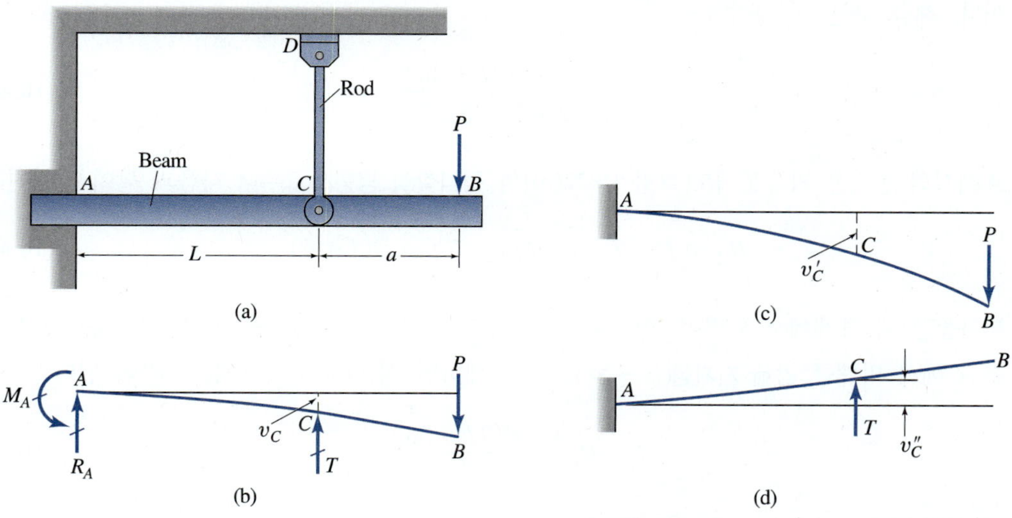

그림 10.22 중첩법 (a) 막대에 의해 보강된 외팔 보 (b) 보의 자유물체도 (c) 하중 P에 의해 유발된 보의 처짐 (d) 반작용력 T에 의해 유발된 보의 처짐

문제 이러한 힘에 대한 식과 A에서의 반력을 구하라.

가정 보와 막대는 각각 **굽힘 강성** EI와 **스프링 상수** k를 갖는 강철로 되어 있다. 구조물이 조립될 때 막대에는 아무런 초기 힘(initial force)이 발생하지 않는다.

풀이 막대에 힘 T가 작용하면 다음과 같이 늘어날 것이다.

$$v_C = \frac{T}{k} \downarrow$$

보에 대한 자유물체도가 그림 10.22(b)에 나타나 있다. 살펴보면 보는 1차 부정정임을 알 수 있다. 반작용력 T를 여분력으로 선정하고 막대로부터 보를 해제하는 방안이 편리하다. 그러므로 막대의 여분력이 보의 C에서 제거된 후[그림 10.22(c)] 다시 적용된다[그림 10.22(d)]. 집중하중 P와 여분력 T에 의한 처짐 $v_C{}'$과 $v_C{}''$이 표 B.14로부터 쉽게 얻어진다. 거기에서 주어진 공식에 사용하면 다음을 얻는다.

$$v_C{}' = \frac{PL^2}{6EI}(2L+3a) \downarrow \qquad v_C{}'' = \frac{TL^3}{3EI} \uparrow$$

점 C에서 수직 처짐과 연관된 **적합방정식**은

$$v_C = v_C{}' - v_C{}''$$

또는

$$\frac{T}{k} = \frac{PL^2}{6EI}(2L+3a) - \frac{TL^3}{3EI}$$

이다. 해를 구한 후 정리하면

$$T = \frac{PL^2k(2L+3a)}{2(kL^3+3EI)} \tag{10.44}$$

A에서의 반력은 자유물체도[그림 10.22(b)]와 **정역학적 평형**으로부터 다음과 같이 얻어진다.

$$R_A = P - T \qquad M_A = TL - P(L+a) \tag{10.45}$$

부가설명 이 예제에서 외력이 아닌 내력을 여분력으로 선정하였음을 주목하라. 흥미로운 점은 C에서 막대를 **강체 지지점**($k \to \infty$)으로 대체하면 식 (10.44)가 다음과 같이 된다.

$$T = R_C = \frac{P(2L+3a)}{2L} \tag{10.46}$$

여기서 R_C는 지지점 C에서의 반력을 나타낸다.

연습문제

중첩법을 사용하여 다음 문제들을 풀어라. 다른 언급이 없으면 각 보에 대한 굽힘 강성 EI는 일정하다고 가정한다.

10.9절

10.89 그림 P10.89에서와 같이 돌출부 BC를 갖는 외팔 보 AC가 균일분포하중을 받고 있다. 지지점 A와 B에서의 반력들을 구하라.

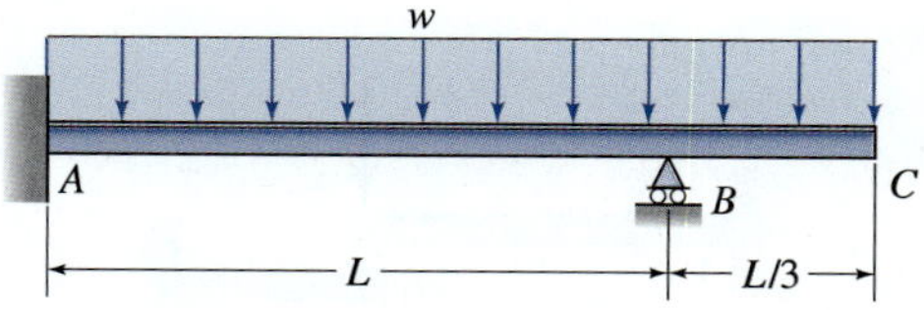

그림 P10.89

10.90~10.93 보가 그림 P10.90~P10.93과 같이 지지된 상태에서 하중을 받고 있다. 각 지지점에서의 반력들을 구하라.

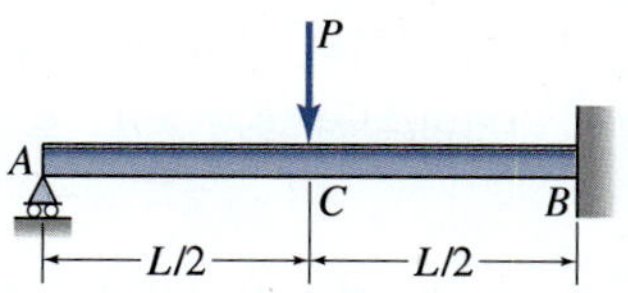

그림 P10.90

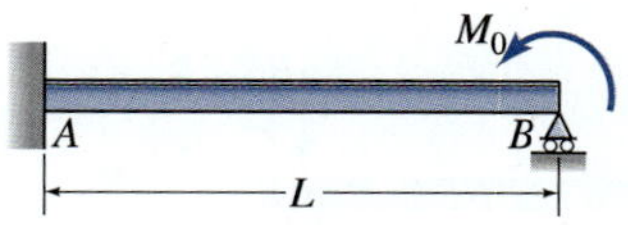

그림 P10.91

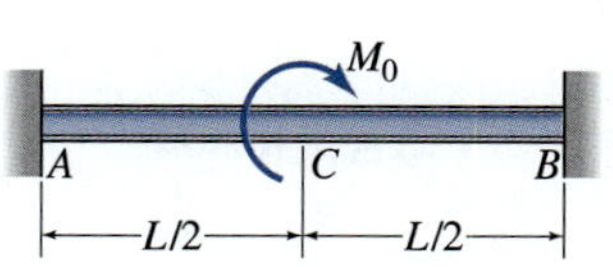

그림 P10.92

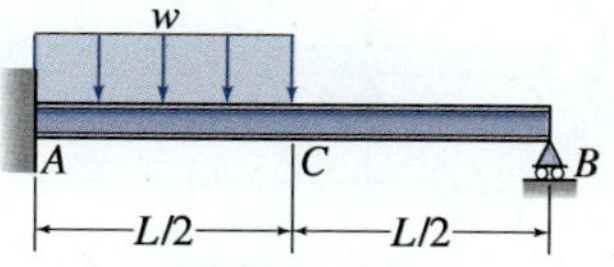

그림 P10.93

10.94 그림 P10.94에서와 같이 부정정 보 AB가 선형분포하중을 받고 있다. A와 B에서의 반력들을 구하라.

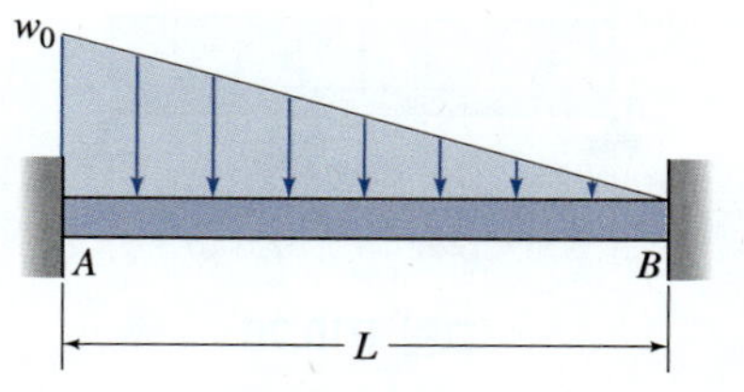

그림 P10.94

***10.95** 그림 P10.95에서와 같이 불균일 부정정 보가 균일분포하중 w를 받고 있다. 모든 반력들을 구하라.

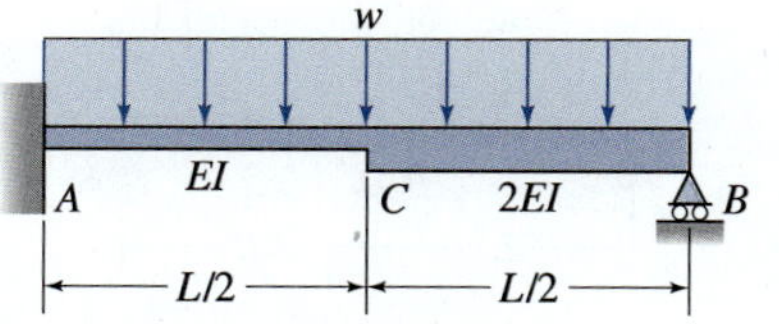

그림 P10.95

***10.96~10.97** 보가 그림 P10.96과 P10.97에서처럼 지지된 상태에서 하중을 받고 있다. 모든 반력들을 구하라.

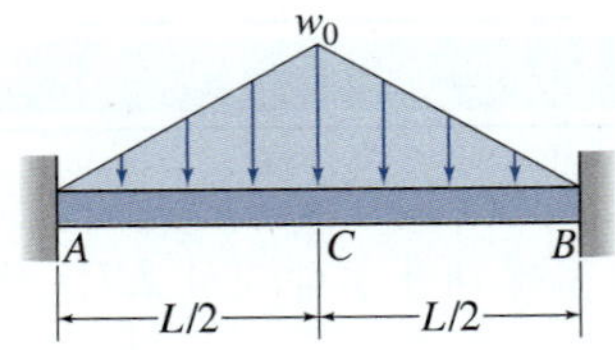

그림 P10.96

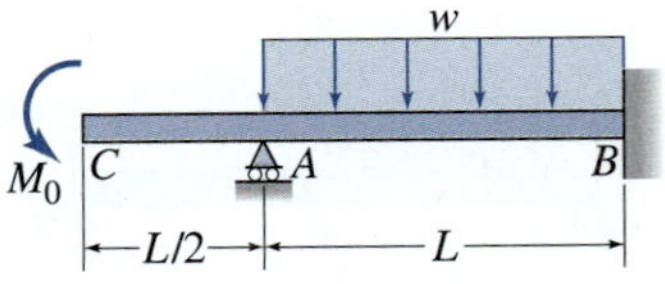

그림 P10.97

10.98~10.101 보가 그림 P10.98～P10.101과 같이 지지된 상태에서 하중을 받고 있다. 각 지지점에서의 반력들을 구하라.

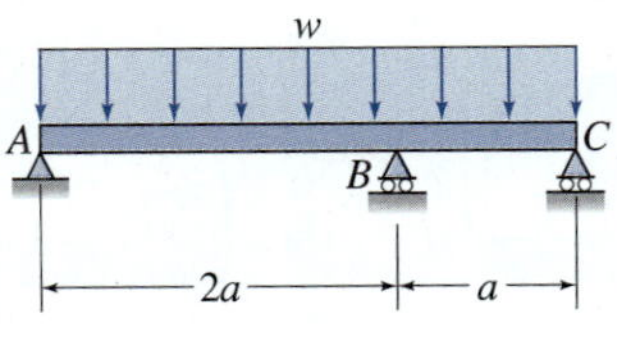

그림 P10.98

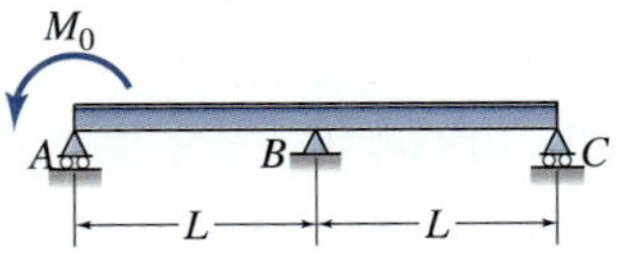

그림 P10.99

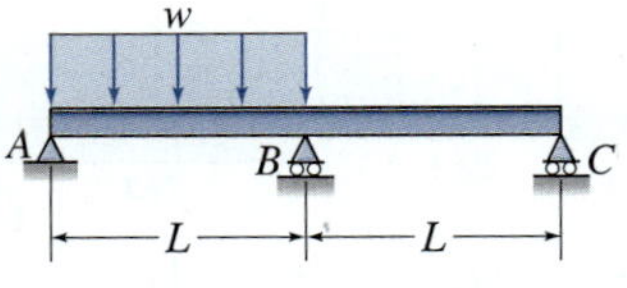

그림 P10.100

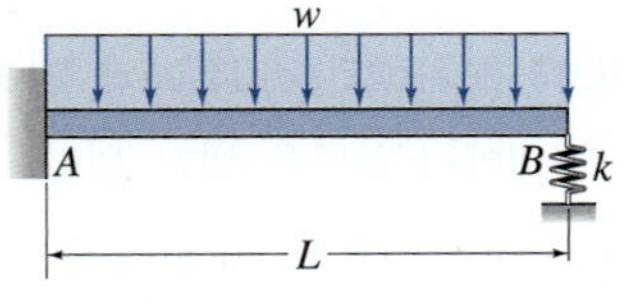

그림 P10.101

10.102~10.103 그림 P10.102와 P10.103에서처럼 복합 보 AHB가 A와 B에서 고정되어 있고, H에서 핀으로 연결되어 있다. 집중하중 P로 인해 보에서 발생하는 모든 반력들을 구하라.

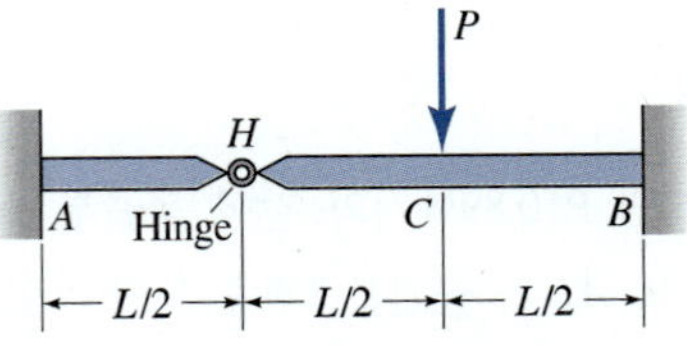

그림 P10.102

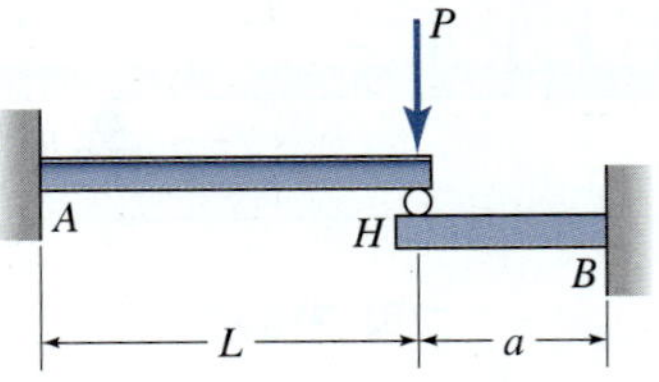

그림 P10.103

***10.104** 외팔 보 AB와 단순 보 CD가 그림 P10.104에서처럼 지지된 상태에서 하중을 받고 있다. 롤러는 두 보 사이의 점 B에서 꼭 맞추어져 있다. 다음을 구하라(굽힘 강성 EI는 두 보에서 모두 일정).

(a) 두 보 사이의 점 B에서 전달되는 힘 F

(b) 아래쪽 보에서 발생하는 반력 R_C와 R_D

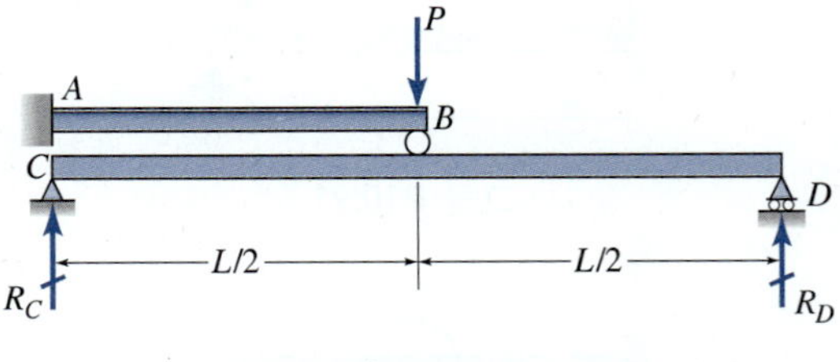

그림 P10.104

***10.105** 그림 P10.105에서와 같이 자유단 A에서 막대 AC에 의해 지지되고 있는 외팔 보 AB에 균일분포하중 w가 작용하고 있다. 막대에서 발생하

는 힘 T를 구하라. EI는 보의 굽힘 강성이고 EA는 막대의 축방향 강성이다. 하중이 작용하기 전에는 막대 내에는 아무런 하중이 없다고 가정한다.

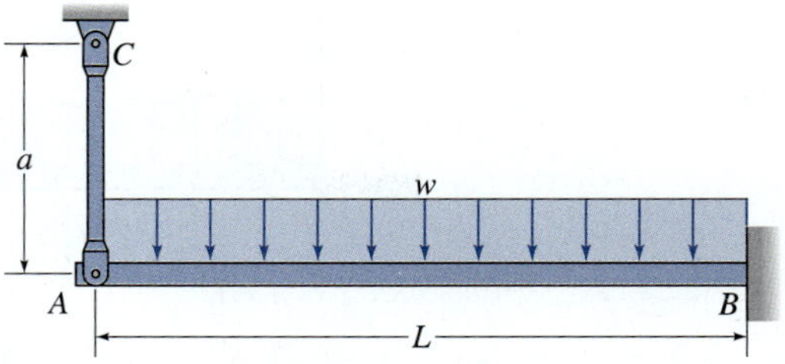

그림 P10.105

*10.10 모멘트 면적법

반도식적 기술(semigraphical technique)을 이용한 **모멘트 면적법**을 적용하여 탄성 보의 변위를 구해본다. 이 방법은 처짐 v의 미분과 굽힘 모멘트 선도의 면적의 성질의 관계를 이용한다. 이 방법은 오직 보의 한 점에서의 처짐과 기울기를 구하고자 할 때 적분법보다 훨씬 빨리 해를 얻게 해준다. 모멘트 면적법은 균일하중이나 집중하중을 받는 여러 단면으로 된 보를 다루는 데 특히 효과적이다.

두 정리가 모멘트 면적법의 기초가 된다. 이러한 정리는 임의의 하중을 받는 보의 굽힘으로부터 설명된다[그림 10.23(a)]. M/EI 선도가 그림 10.23(b)처럼 표현된다고 가정한다. 매우 과장된 처짐곡선이 그림 10.23(c)에 스케치되어 있다. 길이 dx를 갖는 요소의 끝에서의 접선들의 각변화 $d\theta$와 굽힘 모멘트는 식 (10.4)의 둘째 식을 통하여 다음과 같이 관계된다.

$$d\theta = \frac{M}{EI}dx \tag{10.47}$$

따라서 그림 10.23(a)에서 보의 점 A와 B 사이의 기울기 차이는 다음과 같이 표현된다.

$$\int_A^B d\theta = \theta_{B/A} = \theta_B - \theta_A = \int_A^B \frac{M}{EI}dx \tag{10.48a}$$

또는

$$\boxed{\theta_{B/A} = A\text{와 } B \text{ 사이의 } M/EI \text{ 선도 면적}} \tag{10.48b}$$

이것이 **제1모멘트 면적 정리**이다. 탄성곡선에 대한 두 점 A와 B에서의 접선들 사이의 각변화 $\theta_{B/A}$는 두 점 사이의 M/EI 선도의 면적과 동일하다.

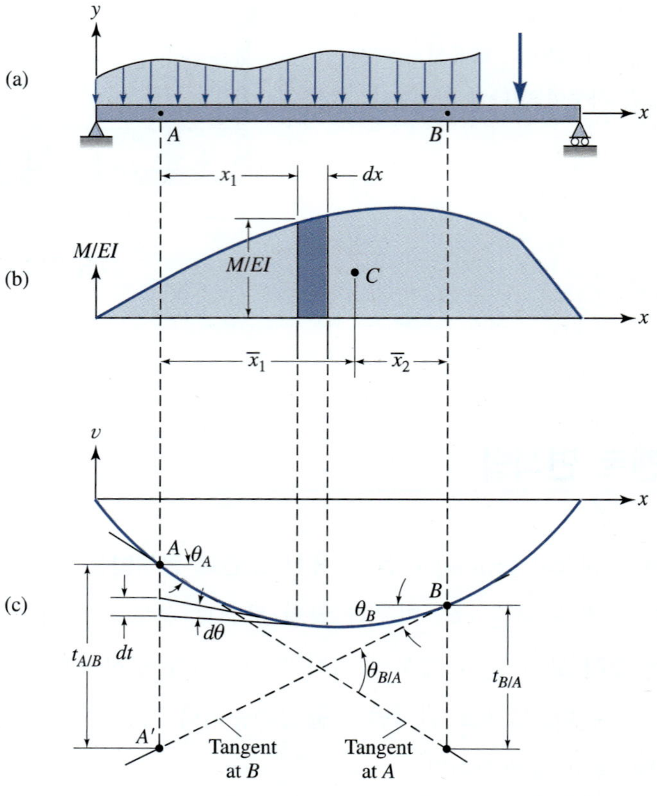

그림 10.23 모멘트 면적법 (a) 하중 선도 (b) M/EI 선도 (c) 탄성곡선

각 $\theta_{B/A}$와 선도 면적 M/EI는 같은 부호라는 사실에 주목하라. 즉 양(또는 음)의 면적은 x방향으로 진행할 때 탄성곡선에 대한 접선이 반시계방향(또는 시계방향)으로 회전하는 것에 해당한다. 따라서 그림 10.23(c)에 보인 $\theta_{B/A}$는 양의 값이다.

보의 처짐이 작다고 가정하면 그림 10.23(c)로부터 길이 dx를 갖는 요소의 곡률의 영향으로 인한 수직거리 dt는 $x_1 d\theta$와 같은데, $d\theta$는 식 (10.47)에 의해 주어진다. 그러므로 점 B의 접선으로부터 점의 **접선편차** $t_{A/B}$, 즉 수직거리 AA'은

$$t_{A/B} = \int_A^B x_1 \frac{Mdx}{EI} \tag{10.49a}$$

또는

$$t_{A/B} = (A\text{와 } B \text{ 사이의 } M/EI \text{ 선도 면적})\ \bar{x}_1 \tag{10.49b}$$

앞 식에서 $\bar{x}_1$은 점 A로부터 면적 중심점 C까지의 수평거리이다. 앞 식은 **제2모멘트 면적 정리**를 나타낸다. 점 B에서의 접선에 대한 점 A의 접선편차 $t_{A/B}$는 점 A와 B 사이에

있는 선도 면적의 점에 대한 모멘트와 같다.

마찬가지로 점 A에서의 접선에 대한 점 B의 접선편차 $t_{B/A}$는 점 A와 B 사이에 있는 선도 면적 M/EI의 점 B에 대한 모멘트와 같다.

$$t_{B/A} = (A\text{와 } B \text{ 사이의 } M/EI \text{ 선도 면적})\ \bar{x}_2 \tag{10.50}$$

앞 식에서 $\bar{x}_2$는 점 B로부터 면적 중심점 C까지의 수평거리이다[그림 10.23(b)].

식 (10.49)와 (10.50)으로부터 $t_{A/B}$와 $t_{B/A}$의 부호는 굽힘 모멘트의 부호에 의존함을 알 수 있다. 그림 10.23(c)에 보인 것처럼 양의 접선편차를 갖는 점은 다른 점으로부터 그려진 접선 위쪽에 놓이게 된다. 따라서 음의 접선편차를 갖는 점은 대응하는 접선 아래쪽에 놓인다.

처짐과 기울기의 방향은 보통 살펴보면 알 수 있다는 점에 주목하자. 이러한 경우에 모멘트 면적법에서 기술한 부호약속을 따를 필요가 없다. 오직 수치값들만 계산에 사용된다.

모멘트 면적법의 응용

모멘트 면적법에 의해 보의 처짐과 기울기를 결정하는 경우에는 항상 정확한 M/EI 선도와 탄성곡선의 그림이 필요하다. 이 방법을 용이하게 응용하도록 일반적인 형상에 대한 면적과 도심거리가 표 B.6에 준비되어 있다. 보의 한 점에 대한 다른 점의 기울기는 식 (10.48)을 사용하여 구할 수 있고 식 (10.49) 또는 (10.50)을 적용하여 처짐을 구할 수 있다.

모멘트 면적법은 한 점 또는 여러 점에서 탄성곡선에 대한 접선 방향을 알고 있는 보에 가장 편리하게 적용된다(예로써 외팔 보). 때로는 M/EI 선도를 그리고 부호들을 사용하여 공식을 만들고 마지막 단계에서 수치값을 대입하는 것이 편리할 수도 있다.

여러 하중을 받는 정정 보와 부정정 보 문제의 해는 모멘트 면적법에 의해 얻어진 처짐들을 중첩하면 매우 잘 구해진다. 이러한 방법은 각 하중이나 반력에 의한 모멘트를 분리해서 나타내는 일련의 선도를 필요로 한다. 이 경우에 분리된 M/EI 선도의 면적은 단순한 기하학적 형상이 될 수 있으므로 간단히 계산될 수 있다. 부정정 문제인 경우에 평형방정식을 보충해주기 위해 각각의 부가적인 기하학적 적합조건이 모멘트 면적 방정식에 의하여 표현된다.

[예제 10.17] 균일하중을 받는 단순지지 보의 처짐

조건 그림 10.24(a)에 나타낸 것처럼 단순지지 보가 세기 w의 균일분포하중을 받고 있다.

문제 보의 끝단에서의 처짐과 기울기를 구하라.

풀이 굽힘 강성 EI가 일정하기 때문에 M/EI 선도는 굽힘 모멘트 선도와 같은 포물선 형상이 된다[그림 10.24(b)]. 그림에 나타낸 면적의 성질은 부록 B의 표 B.6으로부터 가져온 것이다. 점 A에서의 접선을 포함한 탄성곡선이 그림 10.24(c)에 나타나 있다.

***A* 점에서의 기울기.** 보와 하중은 중앙점에 대하여 대칭이므로 점 C에서 탄성곡선에 대한 접선은 수평이다. 즉 $\theta_C = 0$이므로

$$\theta_{C/A} = 0 - \theta_A \qquad \text{또는} \qquad \theta_A = -\theta_{C/A}$$

그리고

$$A_1 = \frac{2}{3}\left(\frac{L}{2}\right)\left(\frac{wL^2}{8EI}\right) = \frac{wL^3}{24EI}$$

이때 제1모멘트 면적 정리를 이용하면 $\theta_{C/A} = A_1$ 또는

$$\theta_A = -\frac{wL^3}{24EI} = \frac{wL^3}{24EI} \ \text{↻}$$

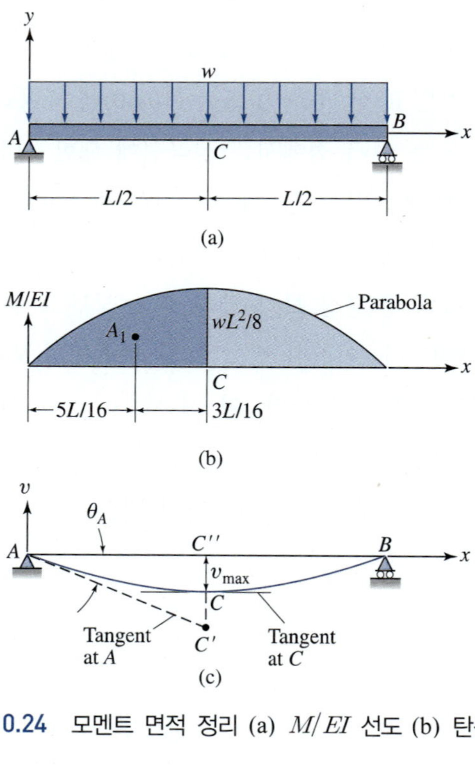

그림 10.24 모멘트 면적 정리 (a) M/EI 선도 (b) 탄성곡선

가 된다. 그림에 표시한 바와 같이 보의 끝단 A는 시계방향으로 회전하고 $\theta_B = -\theta_A$이다.

최대처짐. 제2모멘트 면적 정리인 식 (10.50)을 적용하면

$$t_{C/A} = A_1\left(\frac{3L}{16}\right) = \frac{wL^4}{128EI}$$

이 된다. 여기서 $t_{C/A} = CC'$이고 $\theta_A L/2 = C'C''$이다[그림 10.24(c)]. 최대처짐은 $v_{\max} = CC''$이므로

$$v_{\max} = -\frac{wL^3}{24EI}\left(\frac{L}{2}\right) + \frac{wL^4}{128EI} = -\frac{5wL^4}{384EI} = \frac{5wL^4}{384EI} \downarrow$$

부가설명 다른 방법으로 점에 대한 면적의 모멘트, 즉 식 (10.49)를 활용하면 쉽게 $v_{\max}$에 대한 수치값이 얻어진다.

예제 10.18 2개의 하중을 받는 외팔 보의 처짐

조건 그림 10.25(a)에서처럼 외팔 보 AB가 끝단 B에서 집중하중 P와 모멘트 M을 받고 있다.

문제 외팔 보 자유단 B에서의 기울기와 처짐을 P, L, E, 그리고 I에 의해 결정하라. 보가 W 150×30(표 B.8 참조)일 때 최대수직변위를 계산하라. $P = 50$ kN, $L = 3$ m, 그리고 $E = 210$ GPa이다.

풀이 반력이 그림 10.25(a)에 표시되어 있다. 굽힘 강성은 일정하고 M/EI 선도는 그림 10.25(b)에 나타나 있다. 굽힘 모멘트는 $x = 0.4L$에서 부호가 바뀐다. 선도의 면적은 다음과 같다.

$$A_1 = \frac{1}{2}\left(-0.4\frac{PL}{EI}\right)\frac{2L}{5} = -0.08\frac{PL^2}{EI}$$

$$A_2 = \frac{1}{2}\left(0.6\frac{PL}{EI}\right)\frac{3L}{5} = 0.18\frac{PL^2}{EI}$$

***B*에서의 기울기.** 굽힘 모멘트가 양일 때 탄성곡선은 위로 오목하다. 반대로 굽힘 모멘트가 음일 때 아래로 오목하며 $\theta_A = 0$이다. 따라서 $\theta_{B/A} = \theta_B$이고 제1모멘트 면적 정리에 의해 다음과 같다.

$$\theta_B = A_1 + A_2 = 0.1\frac{PL^2}{EI} \measuredangle \tag{10.51}$$

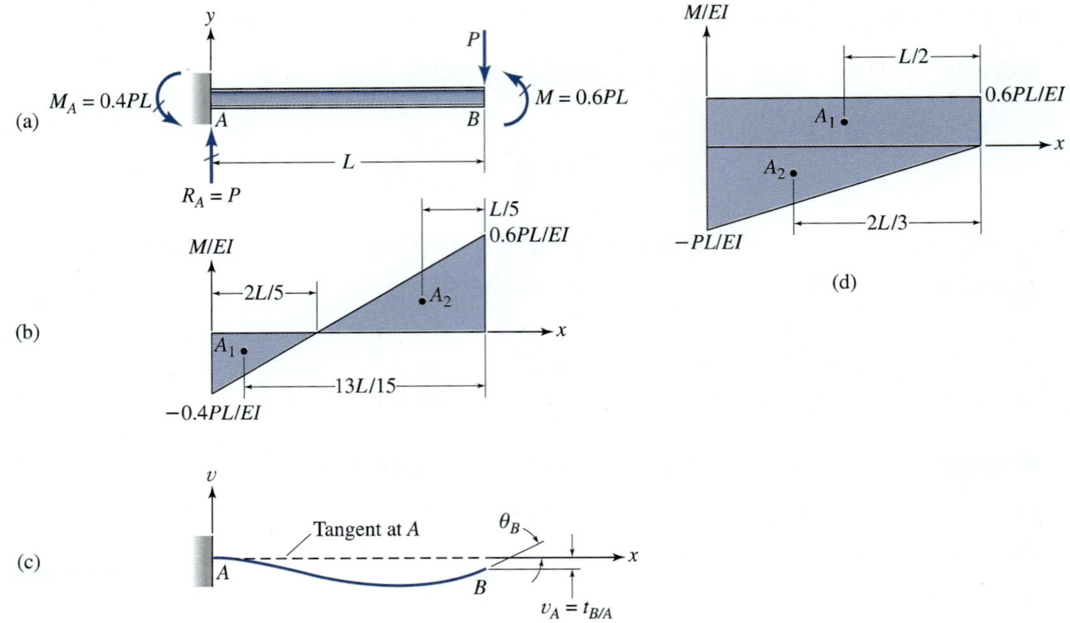

그림 10.25 모멘트 면적법 (a) 집중하중을 받는 외팔 보 (b) M/EI 선도 (c) 탄성곡선 (d) 복합 M/EI 선도

B에서의 처짐. 점 A에서의 접선이 수평이므로 점 B에서의 처짐은 접선편차 $t_{B/A}$와 같다. 제2모멘트 면적 정리를 적용하면

$$v_B = t_{B/A} = A_1\left(\frac{13L}{15}\right) + A_2\left(\frac{L}{5}\right) = -\frac{1}{30}\frac{PL^3}{EI} = \frac{1}{30}\frac{PL^3}{EI} \downarrow \tag{10.52}$$

이 된다. 수치값들을 대입하면

$$v_{\max} = v_B = \frac{1}{30}\frac{50\times10^3(3^3)}{6(17.2\times210\times10^3)} = 12.5\times10^{-3}\text{ m} = 12.5\text{ mm} \downarrow$$

별해 각각의 하중이 별개로 작용할 때 얻은 M/EI 선도들을 합침으로써 해가 쉽게 구해진다. 이러한 방법에 의해 그려진 **복합** M/EI 선도를 참조하면[그림 10.25(d)] 다음을 얻는다.

$$A_1 = 0.6\frac{PL^2}{EI} \qquad A_2 = -0.5\frac{PL^2}{EI}$$

모멘트 면적 정리들에 의하면

$$\theta_B = A_1 + A_2 = 0.1\frac{PL^2}{EI} \measuredangle$$

$$v_B = t_{B/A} = A_1\left(\frac{L}{2}\right) + A_2\left(\frac{2L}{3}\right) = -\frac{1}{30}\frac{PL^3}{EI} = \frac{1}{30}\frac{PL^3}{EI} \downarrow$$

이 되고 앞에서 구한 결과와 같다.

부가설명 그림 10.25(d)에서처럼 두 부분으로 되어 있는 M/EI 선도들을 하나의 그림으로 결합시키면 편리하다는 사실에 주목하라.

[예제 10.19] 돌출 보의 처짐

조건 그림 10.26(a)에서처럼 A와 B에서 단순지지되어 있는 보 ABC의 돌출부 BC에 균일 분포하중이 작용하고 있다.

문제

(a) 자유단 C에서의 처짐을 구하라.

(b) 자유단 C에서의 회전각을 구하라.

(c) 지지점 사이의 최대처짐을 구하라.

풀이 그림 10.26(a)에 반력들이 표시되어 있다. 그림 10.26(b)는 M/EI 선도를 나타내고 있다. 점 A에서의 접선을 포함한 처짐곡선이 그림 10.26(c)에 나타나 있는데 굽힘 모멘트가 음이므로 곡선은 아래로 오목하다. 명백히 곡선은 A와 B의 지지점을 통과해야 한다. 표 B.6을 참조하여 삼각형 면적과 포물선으로 둘러싸인 삼각형 형태의 면적을 구하면 각각 다음과 같다.

$$A_1 = -\frac{1}{2}\left(\frac{wL^2}{8EI}\right)L = -\frac{wL^3}{16EI}$$

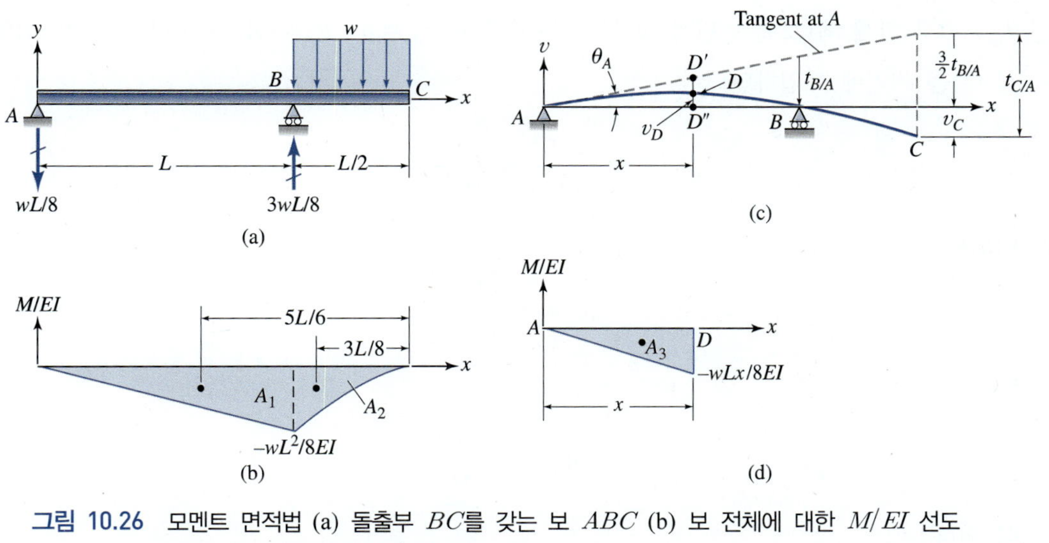

그림 10.26 모멘트 면적법 (a) 돌출부 BC를 갖는 보 ABC (b) 보 전체에 대한 M/EI 선도 (c) AD부분에 대한 M/EI 선도

$$A_2 = -\frac{1}{3}\left(\frac{L}{2}\right)\frac{wL^2}{8EI} = -\frac{wL^3}{48EI}$$

(a) 점 C에서의 처짐. 제2모멘트 면적 정리를 적용하면 점 B에서의 접선편차는 다음과 같다.

$$t_{B/A} = A_1\left(\frac{L}{3}\right) = -\frac{wL^4}{48EI} \tag{a}$$

같은 방법으로

$$t_{C/A} = A_1\left(\frac{5L}{6}\right) + A_2\left(\frac{3L}{8}\right) = -\frac{23wL^4}{384EI}$$

그러므로

$$v_C = t_{C/A} - \frac{3}{2}t_{B/A} = -\frac{11wL^4}{384EI} = \frac{11wL^4}{384EI} \downarrow \tag{10.53}$$

(b) 점 A에서의 기울기. 점 A에서의 접선과 수평선 사이의 각은 그림 10.26(c)와 식 (a)로부터

$$\theta_A = \frac{t_{B/A}}{L} = \frac{wL^3}{48EI} \measuredangle \tag{10.54}$$

(c) 두 지지점 사이의 최대처짐. 점 A와 B 사이의 최대처짐은 $\theta_D = 0$인 점 D에서 발생한다[그림 10.26(c)]. 점 A와 D 사이의 M/EI 선도 면적은 다음과 같다[그림 10.26(d)].

$$A_3 = -\frac{1}{2}\left(\frac{wLx}{8EI}\right)x = -\frac{wLx^2}{16EI} \tag{b}$$

$\theta_D = 0$과 함께 제1모멘트 면적 정리를 적용하면 $\theta_{D/A} = 0 - \theta_A = A_3$가 된다. 식 (10.54)와 식 (b)를 여기에 대입하면

$$\frac{wL^3}{48EI} = \frac{wLx^2}{16EI}$$

이로부터

$$x = \frac{L}{\sqrt{3}}$$

따라서

$$A_3 = -\frac{wL^3}{48EI}$$

이 된다.

그림 10.26(c)를 참조하면 $D''D' = x\theta_A$와 $DD' = t_{D/A}$이다. 제2모멘트 면적 정리로부터

$$t_{D/A} = -A_3\left(\frac{x}{3}\right) = -\frac{wL^4}{144\sqrt{3}\,EI}$$

최대처짐 v_D는 다음과 같다.

$$v_D = \frac{L}{\sqrt{3}}\left(\frac{wL^3}{48EI}\right) - \frac{wL^4}{144\sqrt{3}\,EI} = \frac{wL^4}{72\sqrt{3}\,EI} \uparrow \tag{10.55}$$

부가설명 다른 방법으로 점 A에 대한 A_3의 모멘트를 구함으로써 v_D의 수치값이 쉽게 얻어진다[그림 10.26(d)].

$$|v_D| = \frac{wL^3}{48EI}\left(\frac{2}{3}\frac{L}{\sqrt{3}}\right) = \frac{wL^4}{72\sqrt{3}\,EI}$$

이 결과는 식 (10.55)와 같다.

여러 가지 이유로 기계 장치에서처럼 많은 보들은 균일한 단면을 갖지 않는다. 회전축은 베어링과 축에 조립된 부품들을 설치하기 위해서 때때로 '**단붙임**' 형태가 된다. 익숙한 예들을 자동차, 비행기, 그리고 빌딩 등에서 찾아볼 수 있다. 균일한 단면 보의 변위를 구하기 위해서 앞 절에서 설명된 접근법들이 여러 단편들에서 상이한 횡단면을 갖는 불균일한 보의 처짐과 기울기를 얻는 데 사용될 수 있다. 단면적이 갑자기 변하는 위치에서는 국부적인 응력집중이 발생한다. 그러나 이러한 응력집중은 처짐에 큰 영향을 미치지 않는다. 7.13절에서 지적한 것처럼 테이퍼 각이 작으면 균일한 보에 대한 굽힘 이론은 테이퍼 보에 대해서도 어느 정도 정확한 결과를 가져온다.

불균일한 보의 처짐을 계산하기 위한 방법의 선택은 해를 구하려고 하는 문제에 따라 달라진다. 예제 10.20에서 기술하는 것처럼 모멘트 면적법은 특정한 유형의 불균일한 보에 쉽게 적용될 수 있다.

[예제 10.20] 2개의 관성 모멘트를 갖는 외팔 보의 처짐

조건 그림 10.27(a)에서처럼 단붙임 외팔 보가 자유단에서 집중하중 P를 받고 있다[그림 10.27(a)]. 보의 왼쪽 반 길이에서의 굽힘 강성 EI는 오른쪽 반 길이에서보다 두 배 크다.

문제 B와 C에서의 기울기와 처짐을 구하라. $P = 5\text{ kips}$, $L = 6\text{ ft}$, $E = 10 \times 10^6\text{ psi}$, 그리고 $I = 65\text{ in.}^4$에 대해서 최대 회전각과 최대처짐을 구하라.

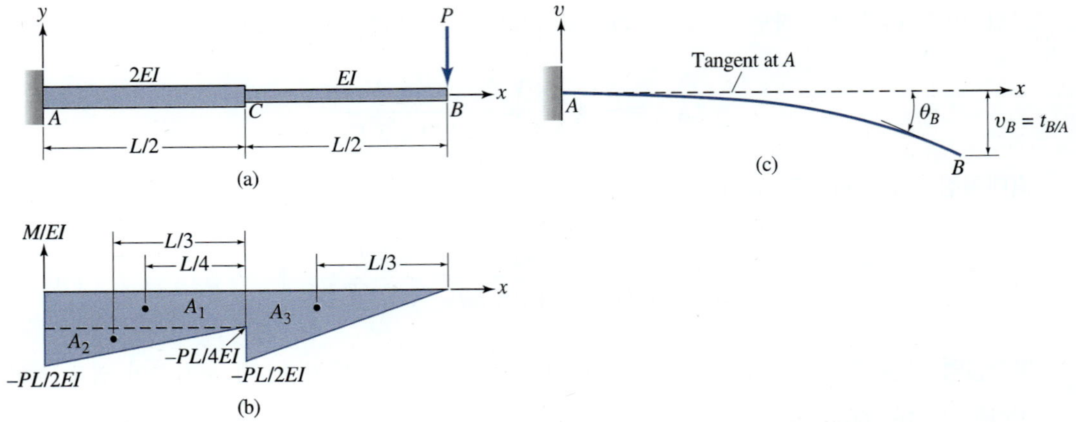

그림 10.27 모멘트 면적법 (a) 집중하중 P를 받는 단붙임 외팔 보 (b) M/EI 선도 (c) 처짐곡선

가정 점 C에서의 응력집중이 변위에 미치는 영향은 무시할 수 있다.

풀이 M/EI 선도를 편리하게 다음과 같이 사각형과 삼각형 면적으로 분리한다.

$$A_1 = -\frac{PL^2}{8EI} \qquad A_2 = -\frac{PL^2}{16EI} \qquad A_3 = -\frac{PL^2}{8EI}$$

각 중심들은 쉽게 구해진다[그림 10.27(b)]. 탄성곡선은 굽힘 모멘트가 음이기 때문에 아래로 오목하다[그림 10.27(c)]. $\theta_A = 0$과 $v_A = 0$이기 때문에

$$\theta_C = \theta_{C/A} \qquad \theta_B = \theta_{B/A} \qquad v_C = t_{C/A} \qquad v_B = t_{B/A}$$

제1모멘트 면적 정리를 사용하면 C와 B의 기울기에 대해서 다음을 얻는다.

$$\theta_C = A_1 + A_2 = -\frac{3PL^2}{16EI}$$
$$\theta_B = A_1 + A_2 + A_3 = -\frac{5PL^2}{16EI} \qquad (10.56)$$

제2모멘트 면적 정리를 적용하면 C와 B의 처짐에 대해서 다음을 얻는다.

$$v_C = A_1\left(\frac{L}{4}\right) + A_2\left(\frac{L}{3}\right) = -\frac{5PL^3}{96EI}$$
$$v_B = A_1\left(\frac{3L}{4}\right) + A_2\left(\frac{5L}{6}\right) + A_3\left(\frac{L}{3}\right) = -\frac{3PL^3}{16EI} \qquad (10.57)$$

기울기와 처짐의 최댓값. 기울기와 처짐의 최댓값은 점 B에서 생긴다.

$$\theta_{\max} = \theta_B = -\frac{5(5\times10^3)(72)^2}{16(10\times10^6)(65)} = -12.46\times10^{-3}\ \text{rad}$$

$$= 12.46\times10^{-3}\ \text{rad}\ \triangledown$$

$$v_{\max} = v_B = -\frac{3(5\times10^3)(72)^3}{16(10\times10^6)(65)} = -0.538\ \text{in.}$$

$$= 0.538\ \text{in.}\downarrow$$

앞의 결과는 문제에서 주어진 값들을 식 (10.56)과 (10.57)에 대입하여 얻어졌다.

부가설명 앞의 해는 불균일한 단면을 갖는 보에 대해 모멘트 면적 정리들을 적용하는 방법이 균일한 단면의 보에 적용하는 방법과 동일함을 보여준다.

연습문제

다음 문제들을 풀기 위해서 모멘트 면적법을 사용하라. 다른 언급이 없으면, 모든 보는 일정한 굽힘 강성 EI를 갖는다고 가정한다.

10.10절

10.106 그림 P10.106에서와 같이 A와 B에서 단순지지된 보 ABC의 돌출부 BC에 균일분포하중이 작용하고 있다(예제 10.19 참조). 보는 W 10 × 33 형상(표 B.8 참조)으로 제작된다. 다음을 구하라.

(a) 점 C에서의 처짐

(b) 점 A에서의 기울기

(c) 지지점 사이에서 발생하는 최대처짐

조건 $w = 6\ \text{kips/ft},\ L = 6\ \text{ft},\ E = 30\times10^6\ \text{psi}$

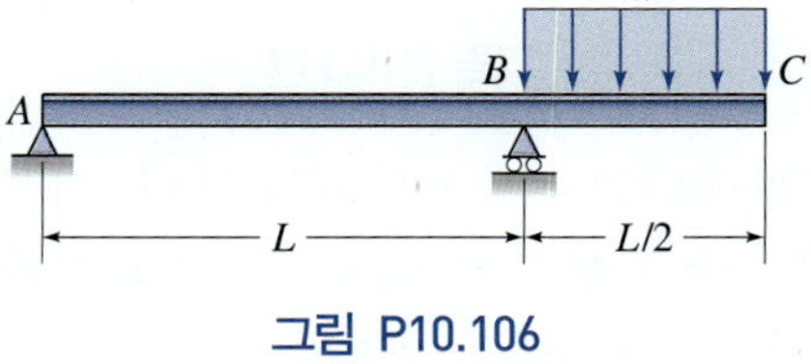

그림 P10.106

10.107 그림 P10.107에서와 같이 외팔 보 AB의 자유단 A에 우력 M_0가 작용하고 있다. 보의 점 A와 C에서 발생하는 수직변위들을 구하라.

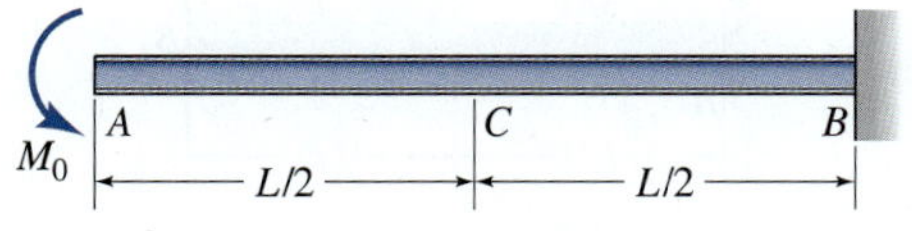

그림 P10.107

10.108~10.111 외팔 보가 그림 P10.108~P10.111과 같이 하중을 받고 있다. 다음을 구하라.

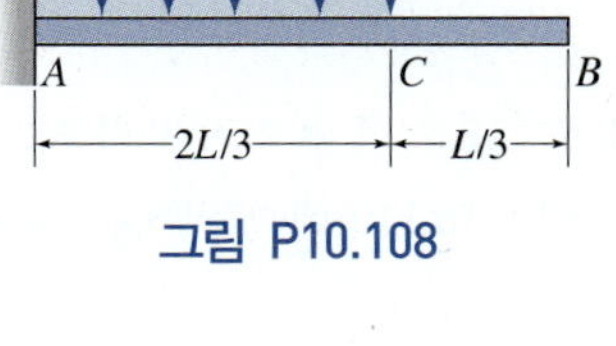

그림 P10.108

(a) 자유단에서의 기울기

(b) 자유단에서의 처짐

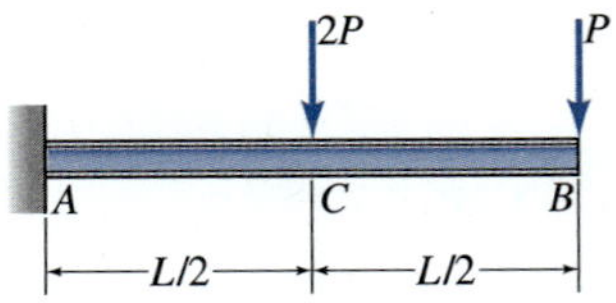

그림 P10.109

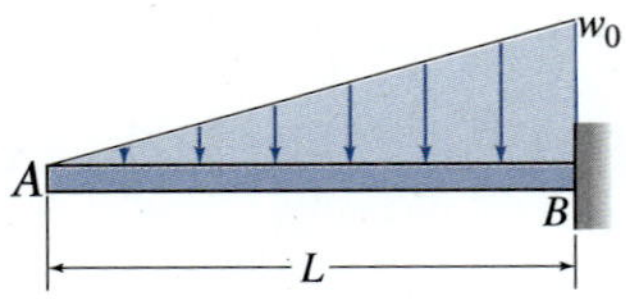

그림 P10.110

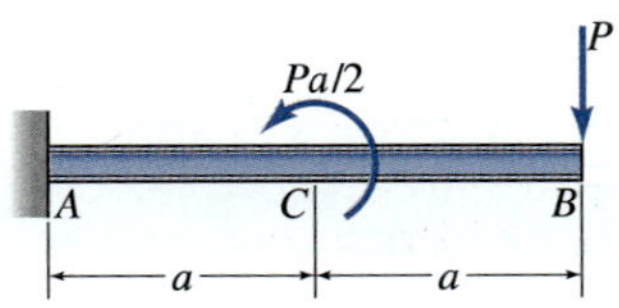

그림 P10.111

10.112~10.113 외팔 보가 그림 P10.112와 P10.113에서처럼 부분적으로 분포된 하중을 받고 있다. 다음을 구하라.

(a) 자유단 B에서의 회전각

(b) 자유단 B에서의 처짐

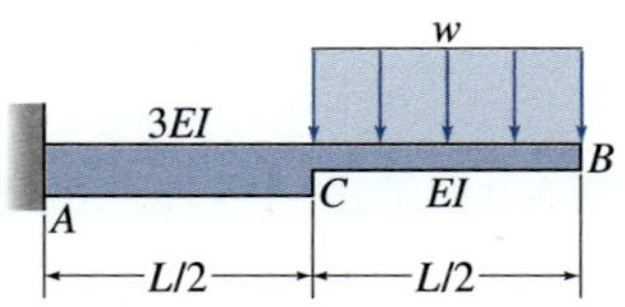

그림 P10.112

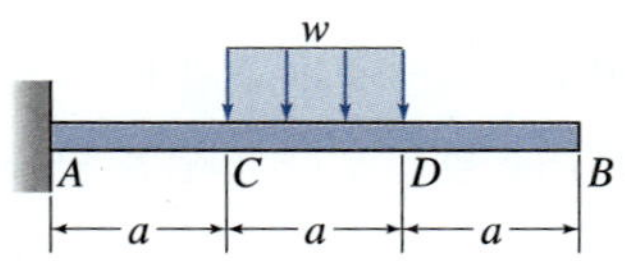

그림 P10.113

10.114 S 6×12.5 형상(표 B.9 참조)으로 제작된 외팔 보(그림 P10.110)에 발생하는 최대기울기와 최대처짐을 구하라.

조건 $w = 6$ kips/ft, $L = 8$ ft, $E = 30 \times 10^6$ psi

10.115 W 460×74 형상(표 B.8 참조)으로 제작된 외팔 보(그림 P10.113)의 점 D에서 발생하는 기울기와 처짐을 구하라.

조건 $w = 150$ kN/m, $a = 1$ m, $E = 200$ GPa

10.116~10.119 단순 보가 그림 P10.116~P10.119와 같이 하중을 받고 있다. 다음을 구하라.

(a) 점 C에서의 기울기

(b) 점 C에서의 처짐

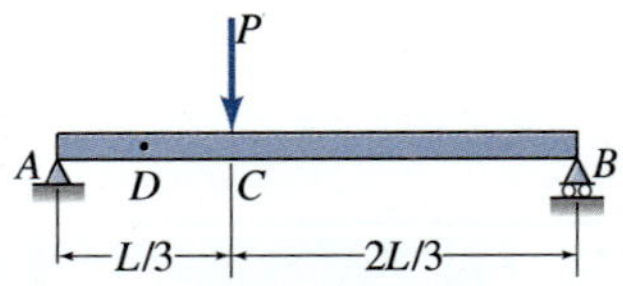

그림 P10.116

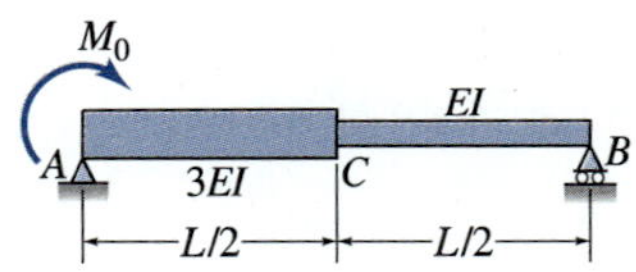

그림 P10.117

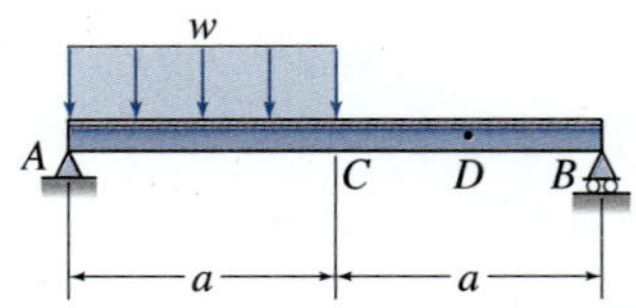

그림 P10.118

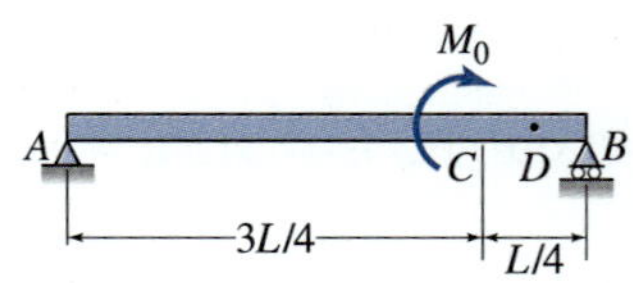

그림 P10.119

10.120~10.121 그림 P10.120과 P10.121에서처럼 2개의 다른 관성 모멘트를 갖는 단순 보가 하중을 지탱하고 있다. 다음을 구하라.

(a) 가운데 점 C에서의 회전각

(b) 가운데 점 C에서의 처짐

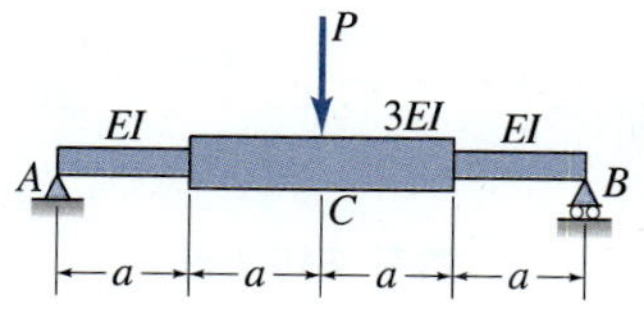

그림 P10.120

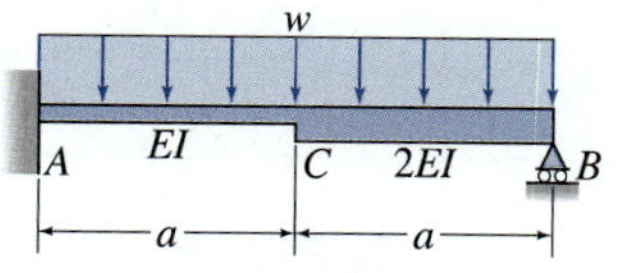

그림 P10.121

10.122 그림 P10.116에서와 같이 단순지지 보에 집중하중 P가 작용하고 있다. 지지점 A로부터 $L/4$만큼 떨어져 있는 점 D에서의 처짐을 구하라.

10.123 그림 P10.118에서와 같이 W 610×125 형상(표 B.8 참조)의 보에 하중이 작용하고 있다. 지지점 B로부터 $a/2$만큼 떨어져 있는 점 D에서의 기울기를 구하라.

10.124 4 m 길이의 단순 보가 모멘트 $M_0 =$ 50 kN · m를 받고 있다(그림 P10.119). B로부터 $L/8$만큼 떨어진 점 D에서의 EIv_D를 구하라.

10.125~10.128 돌출 보가 그림 P10.125~P10.128과 같이 하중을 받고 있다. 다음을 구하라.

(a) B에서의 기울기

(b) 점 C에서의 처짐

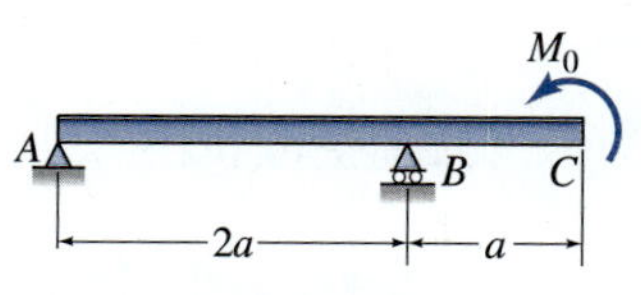

그림 P10.125

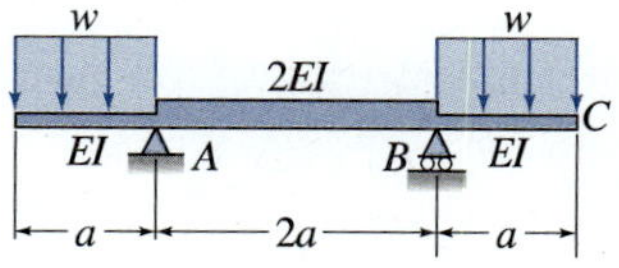

그림 P10.126

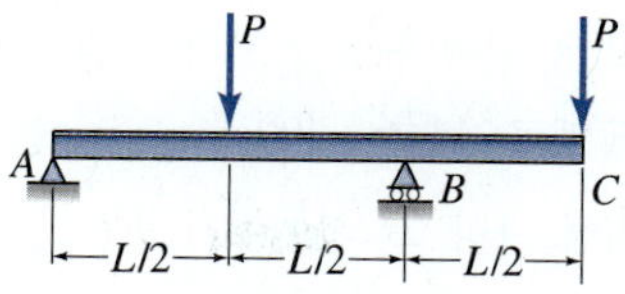

그림 P10.127

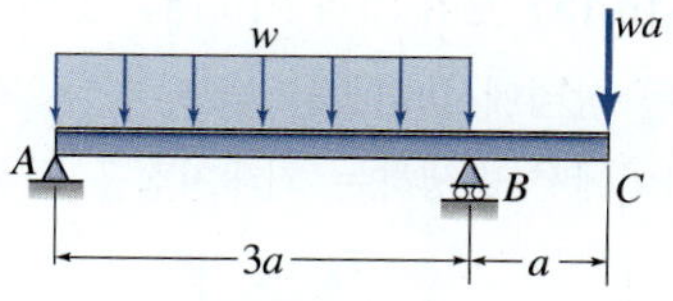

그림 P10.128

10.129~10.130 그림 P10.129와 P10.130에서처럼 돌출부 BC를 갖는 보 ABC가 하중을 받고 있다. 다음을 구하라.

(a) 지지점 B에서의 회전각

(b) 자유단 C에서의 처짐

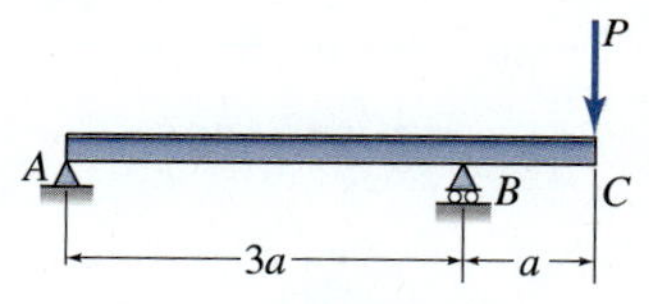

그림 P10.129

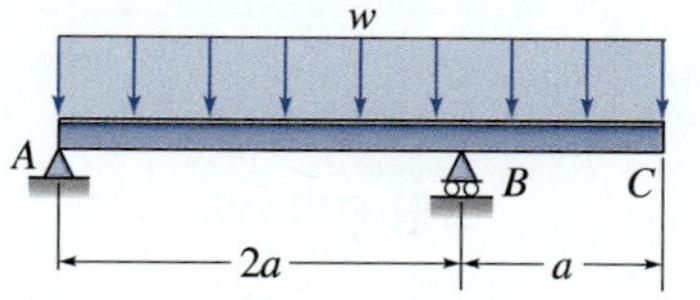

그림 P10.130

10.131 그림 P10.128에서와 같이 16 ft 길이의 돌출 보 AC($EI = 12 \times 10^6$ lb · in.^{2})에 $w = 400$ lb/ft의 분포하중이 작용하고 있다. 점 A에서의 회전각 θ_A를 구하라.

10.132 6 m 길이의 돌출 보 AC가 그림 P10.130에서처럼 균일분포하중 w를 지탱하고 있다. 점 C에서의 기울기를 계산하라.

조건 $w = 40$ kN/m, $E = 70$ GPa,
$I = 20 \times 10^6$ mm^4

10.133 12 ft 길이의 돌출 보가 그림 P10.125에서와 같이 모멘트 $M_0 = -500$ kip · in. 를 지탱하고 있다. 지지점 A와 B 사이에서 EIv_{max}의 최댓값을 구하라.

10.134~10.137 보가 그림 P10.134~P10.137과 같이 지지된 상태에서 하중을 받고 있다. 지지점 A와 B 사이에서 발생하는 최대처짐을 구하라.

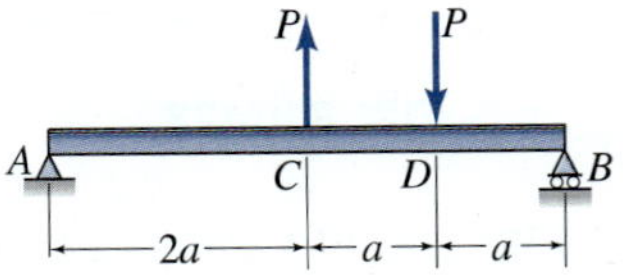

그림 P10.134

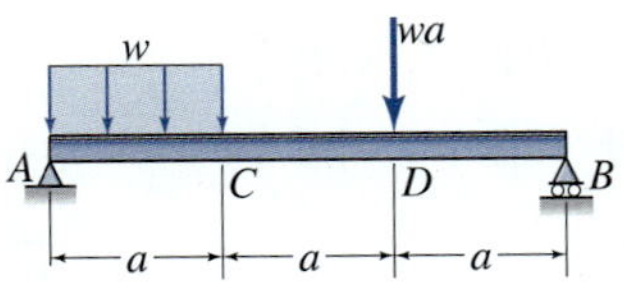

그림 P10.135

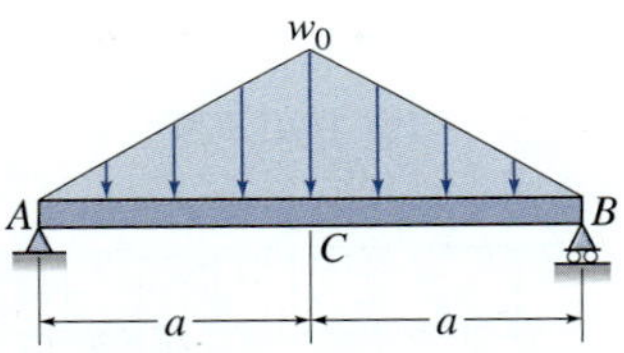

그림 P10.136

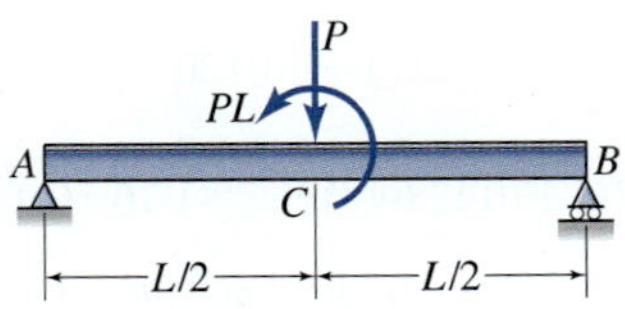

그림 P10.137

10.138~10.139 그림 P10.138과 P10.139에서처럼 2개의 다른 관성 모멘트를 갖는 단순 보 AB에 하중이 작용하고 있다. 지지점 A와 B 사이에서 발생하는 최대처짐을 구하라.

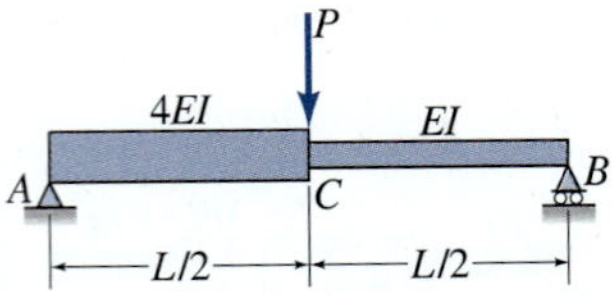

그림 P10.138

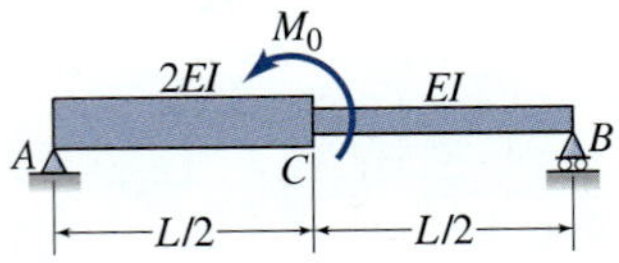

그림 P10.139

10.140 S 4×7.7 형상(표 B.9 참조)을 갖는 돌출 보(그림 P10.126)의 끝단 C에서 발생하는 기울기를 구하라.

조건 $w = 200$ lb/ft, $a = 3$ ft, $E = 30 \times 10^6$ psi

10.141 4 m 길이의 단순 보가 그림 P10.136에서처럼 선형분포하중(최대강도 $w_0 = 60$ kN/m)을 받고 있다. 지지점 A에서의 $EI\theta_A$를 구하라.

***10.142** 외팔 보의 자유단에서 발생하는 처짐 v_A를 구하라(그림 P10.142). 보의 단면적 형상은 일정한 폭 b를 갖는 직사각형이다.

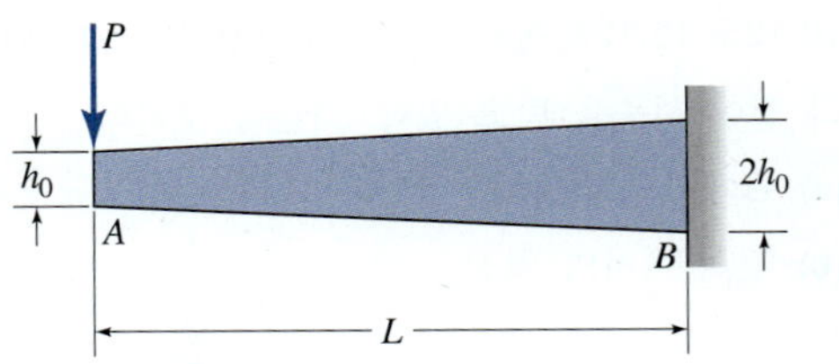

그림 P10.142

10.143 끝단 A와 B에서 각각 직경 h_0와 $2h_0$를 갖는 원형단면의 보에 대해서 문제 10.142를 다시 풀어라.

***10.144** 단면적이 변하는 보(그림 P10.144)에 대해서 최대처짐 v_C를 구하라.

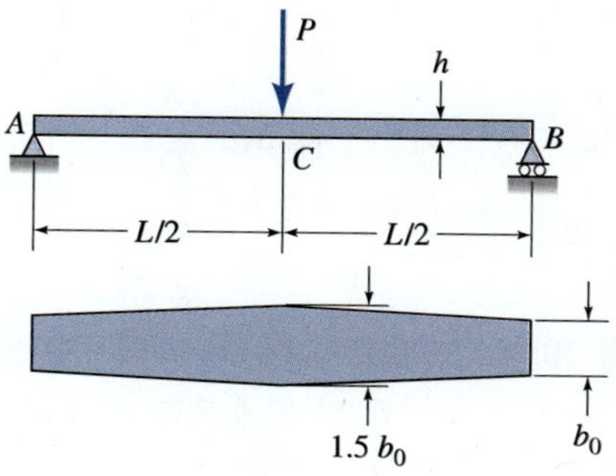

그림 P10.144

*10.11 정적 부정정 보: 모멘트 면적법

정적으로 부정정한 보 문제도 앞 절에서 기술한 것과 같은 방식으로 모멘트 면적법에 의해 해석될 수 있다. 부정정의 경우 평형방정식을 보충해주기 위해 추가적인 기하학적(기울기와 처짐) 적합조건이 모멘트 면적 방정식에 의해 표현된다. 적합조건은 때때로 한 지지점에 대한 다른 지지점의 접선편차를 0 또는 미리 정해진 값을 지정하는 방법에 의해 표현되기도 한다.

모멘트 면적법에 의해 **정적으로 부정정한 보**의 반력을 계산하기 위해서 먼저 여분의 반력(또는 반력들)을 선정하고 이러한 반력을 보에서 제거하여 정적으로 정정인 해제된 구조로 남겨둔다. 그 다음에 하중들이 해제된 구조에 표시되고 해당되는 M/EI 선도가 그려지는데, 여기서 M과 EI는 각각 굽힘 모멘트와 굽힘 강성을 가리킨다. 마찬가지로 여분력이 해제된 구조에 작용하중처럼 표시되고 M/EI 선도가 그려진다. 다음에 모멘트 면적 정리가 여분의 반력을 구하기 위해 필요로 하는 방정식을 세우는 데 적용된다. 끝으로 나머지 반력들은 **평형조건**으로부터 계산된다.

지지점 반력들이 구해지면 보의 임의의 점에서의 기울기와 처짐은 모멘트 면적 정리에 의해 얻어진다. 다음 예제들에서 해를 구하는 방법이 설명된다.

[예제 10.21] 집중하중을 받고 있는 버팀목을 댄 외팔 보의 반력

조건 그림 10.28(a)에서처럼 지지되어 있는 보 AB가 집중하중 P를 받고 있다.

문제 이 보에 대한 반력 R_A, M_A, 그리고 R_B를 구하라.

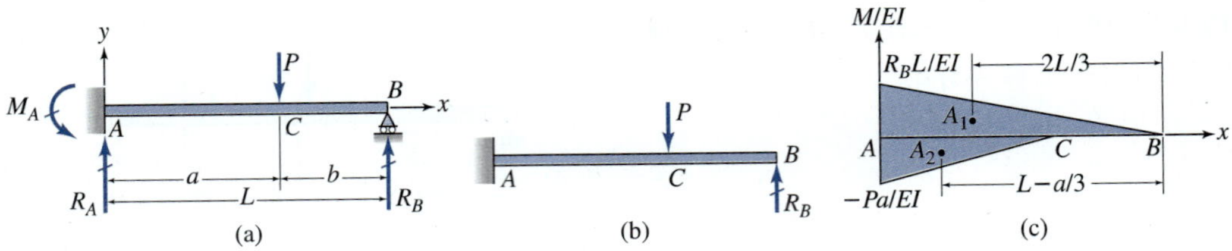

그림 10.28 모멘트 면적법 (a) 하중 P를 받고 있는 버팀목을 댄 외팔 보 (b) 여분력으로 반력 R_B 선정 (c) R_B와 P에 의한 M/EI 선도

풀이 그림 10.28(a)에 표시된 반력들은 보가 1차 부정정임을 나타낸다. 반력 R_B를 여분력(또는 M_B를 여분력)으로 선정하고 제거하면 정정 문제로 단순화된다. 다음에 B에서의 반력을 미지의 하중으로 생각하고 하중들을 해제된 보에 표시한 후[그림 10.28(b)] 해당되는 복합 M/EI 선도를 그린다[그림 10.28(c)]. 각 경우에 대한 삼각형 면적은 다음과 같다.

$$A_1 = \frac{R_B L^2}{2EI} \qquad A_2 = -\frac{Pa^2}{2EI}$$

***A*와 *B*에서의 반력.** 보의 변위와 관련된 기하학적 조건 하나가 여분력을 구하기 위해서 필요하다. 고정단에서의 기울기와 지지단에서의 처짐은 0이다. 그러므로 A에서 탄성곡선에 대한 접선은 B를 통과하거나 또는 $t_{B/A} = 0$이다. 제2모멘트 면적 정리로부터

$$\frac{R_B L^2}{2EI}\left(\frac{2L}{3}\right) - \frac{Pa^2}{2EI}\left(L - \frac{a}{3}\right) = 0$$

이다. 앞 식으로부터

$$R_B = \frac{Pa^2}{2L^3}(3L - a) \uparrow \tag{10.58a}$$

그 다음 평형방정식으로부터

$$R_A = \frac{Pb}{2L^3}(3L^2 - b^2) \uparrow \tag{10.58b}$$

$$M_A = \frac{Pab}{2L^2}(L + b) \circlearrowleft \tag{10.58c}$$

부가설명 모든 반력이 얻어졌으므로 기울기와 처짐은 모멘트 면적법으로 구해진다.

예제 10.22 부분적인 균일분포하중을 받고 있는 고정단 보에서의 반력

조건 고정단 보 AB가 CD부분에서 세기 w의 균일하중을 받고 있다[그림 10.29(a)].

문제 보의 지지점 A와 B에서의 반력을 구하라.

풀이 보는 2차 부정정이므로 2개의 식이 더 필요하다. 점 A에서의 반력을 여분력으로 선정하고 지지점을 보에서 해제한다[그림 10.29(b)]. 기지의 하중과 미지의 하중을 고려하여 복합 M/EI 선도를 그린다[그림 10.29(c)]. 성분면적들은 다음과 같다.

$$A_1 = \frac{9R_A a^2}{2EI} \qquad A_2 = -\frac{3M_A a}{EI} \qquad A_3 = -\frac{4wa^3}{3EI}$$

탄성곡선의 처짐과 기울기는 두 지지점에서 없다. 그러므로 점 A에서 B에 대한 접선각은 0이다($t_{B/A}=0$). 두 모멘트 면적 정리들로부터

$$\theta_{B/A} = A_1 + A_2 + A_3 = 27R_A a - 18M_A - 8wa^2 = 0$$

$$t_{B/A} = A_1(a) + A_2\left(\frac{3a}{2}\right) + A_3\left(\frac{a}{2}\right) = 27R_A a - 27M_A - 4wa^2 = 0$$

연립하여 풀면

$$M_A = \frac{4}{9}wa^2 \circlearrowleft \qquad R_A = \frac{16}{27}wa \uparrow \tag{10.59}$$

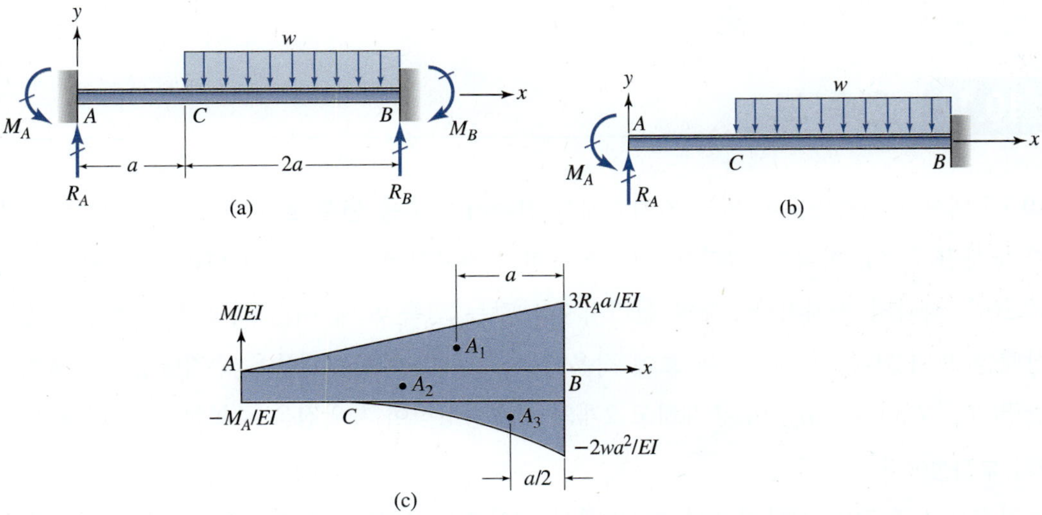

그림 10.29 모멘트 면적법 (a) 부분 하중 w를 받고 있는 고정단 보 (b) 여분력으로 반력 R_A와 M_A 선정 (c) R_A, M_A, 그리고 w에 의한 M/EI 선도

다른 두 반력은 평형방정식으로부터 다음과 같이 구해진다.

$$M_B = \frac{2}{3}wa^2 \curvearrowright \qquad R_B = \frac{38}{27}wa \uparrow \tag{10.60}$$

부가설명 반력이 얻어졌으므로 변위는 모멘트 면적법을 사용하여 구할 수 있다.

▶ 다 지지점을 갖는 고속도로 다리. 이러한 구조물에 포함된 연속 보의 반력과 처짐을 계산한다.
Ablestock/Index Stock 제공.

*10.12 연속 보

10.7절에서 지적하였듯이 여러 지지점에서 연속적인 보를 **연속 보**라 한다. 연속 보는 빌딩, 다리(사진 참조), 비행기, 그리고 다양한 유형의 전문화된 구조물에서 널리 사용된다. 그림 10.30은 하나의 핀지지와 3개의 롤러지지를 갖는 연속 보에 여러 하중이 작용하고 있는 상태를 보여준다. 이러한 경우 보에 작용하는 모든 하중과 반력들은 수직방향이다. 4개의 반력(R_A, R_B, R_C, R_D)이 존재하고 2개의 평형방정식이 세워짐을 주목하라. 따라서 보는 2차 부정정이다.

정적으로 정정인 상태를 만들기 위해서 여분력을 선정할 때 다양한 조합이 가능하다. 중첩법을 사용할 때 내력을 여분력으로 선정하는 것이 편리하다. 해제된 구조물은 지간 거

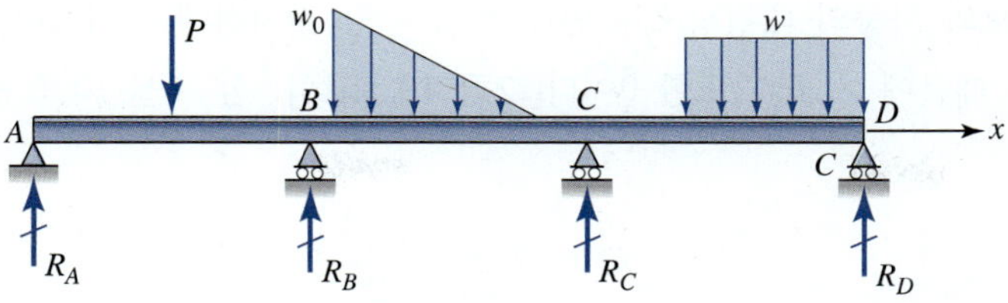

그림 10.30 3개의 지간을 갖는 연속 보

리가 보 전체 길이가 되는 단순지지 보가 된다. 여분 반력이 구해지면 보의 처짐과 회전은 중첩법을 사용하여 구한다.

> 연속 보는 앞 절들에서 설명한 방법들에 의하여 해석될 수 있고 그 중 중첩법이 가장 실용적이다. 그러나 이러한 방법은 오직 2개의 지간(예제 10.23과 10.24 참조) 또는 3개의 지간을 갖는 보에 대해서만 만족스럽다. 여분력이 3개 이상이면 모멘트 면적법이나 13장에서 다루는 유한요소법을 사용하는 것이 유리하다. 더 자세한 내용을 알고 싶으면 참고문헌 10.2와 같은 구조해석 교재를 참조하라.

예제 10.23 2개의 지간을 갖는 연속 보 해석

조건 그림 10.31(a)에서처럼 지지점 B에서 연속인 보 ABC가 세기 w의 균일분포하중을 받고 있다.

문제 이 보에 대한 탄성곡선 방정식과 반력을 (a) 적분법, (b) 중첩법, (c) 모멘트 면적법을 사용하여 구하라.

가정 굽힘 강성 EI는 일정하다.

풀이 그림 10.31(a)에 반력이 표시되어 있다. 조사해보면 보는 1차 부정정이다.

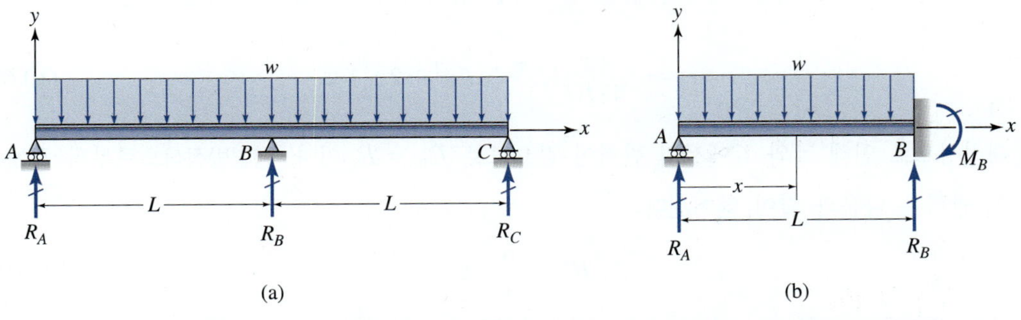

그림 10.31 적분법에 의한 해석 (a) 균일분포하중을 받는 연속 보 (b) AB 부분에 대한 자유물체도

(a) 2중적분법. 보와 하중의 대칭성으로 인해 보의 중앙 지지점에서 처짐이 0이고 탄성곡선은 회전할 수 없기 때문에 기울기 또한 0이다[그림 10.31(b)]. 점 A를 좌표 원점으로 선택하면 굽힘 모멘트는

$$M = R_A x - \frac{wx^2}{2}$$

이다. 그러므로 처짐곡선을 나타내는 2계 미분방정식은 다음과 같다.

$$EI\frac{d^2v}{dx^2} = R_A x - \frac{wx^2}{2}$$

두 번 적분하면

$$EI\frac{dv}{dx} = \frac{1}{2}R_A x^2 - \frac{wx^3}{6} + C_1$$

$$EIv = \frac{1}{6}R_A x^3 - \frac{wx^4}{24} + C_1 x + C_2$$

경계조건에 의하면 $x = 0$과 $x = L$에서 처짐이 0이고 $x = L$에서 기울기가 0이다.

$$EIv(0) = 0 = C_2$$

$$EIv'(L) = 0 = \frac{1}{2}R_A L^2 - \frac{wL^2}{6} + C_1$$

$$EIv(L) = 0 = \frac{1}{6}R_A L^3 - \frac{wL^4}{24} + C_1 L$$

마지막 두 식으로부터

$$R_A = \frac{3}{8}wL \tag{10.61a}$$

이고 $C_1 = wL/48$이다. 이러한 값을 탄성곡선 방정식에 대입하면 다음을 얻는다.

$$v = -\frac{wx}{48EI}(L^3 - 3Lx^2 + 2x^3) \tag{10.62}$$

대칭성으로 인해 A와 C에서의 반력이 같으므로 $R_A = R_C$이다. 평형방정식으로부터 B에서의 반력은 다음과 같이 얻어진다.

$$R_B = \frac{5}{4}wL \tag{10.61b}$$

부가설명 이러한 연속 보 문제는 10.5절에서 설명한 불연속함수를 사용하여 해석할 수도 있다(문제 10.82 참조).

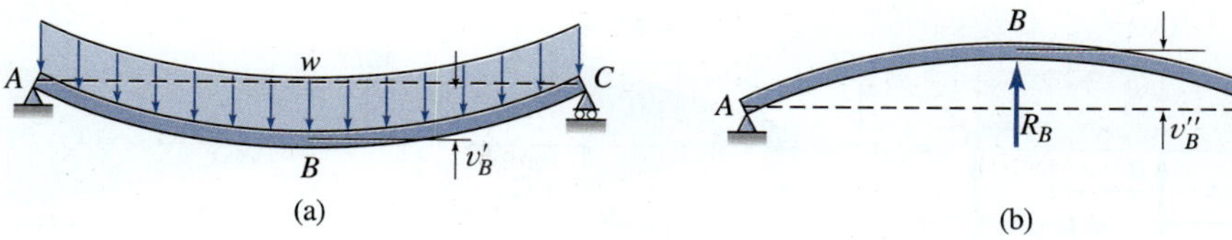

그림 10.32 반력을 구하기 위해서 각각의 해를 중첩

(b) 중첩법. 가운데 반력 R_B를 여분력으로 선정하면 해제된 구조물은 단순지지 보[그림 10.31(a)]이다. 표 B.14의 Case 10과 7로부터 하중 w[그림 10.32(a)]와 여분력 R_B[그림 10.32(b)]에 의해 점 B에서 발생하는 처짐은 다음과 같다.

$$v_B{}' = \frac{5w(2L)^4}{384EI} = \frac{5wL^4}{24EI} \downarrow$$

$$v_B{}'' = \frac{R_B(2L)^3}{48EI} = \frac{R_B L^3}{6EI} \uparrow$$

B에서 수직변위에 대한 적합조건으로부터

$$v_B = v_B{}' - v_B{}'' = 0$$

또는

$$\frac{5wL^4}{24EI} - \frac{R_B L^3}{6EI} = 0$$

이를 풀어보면

$$R_B = \frac{5}{4}wL$$

이 된다. 평형방정식으로부터 $R_A = R_C = 3wL/8$이 얻어진다.

부가설명 반력이 얻어졌으므로 보의 처짐, 회전, 그리고 응력은 일반적인 방식으로 구할 수 있다.

(c) 모멘트 면적법. 보에 대한 자유물체도가 그림 10.33(a)에 나타나 있다. 반력 R_B를 여분력으로 선정한다[그림 10.33(a)]. 중첩법을 사용하여 단순지지 보에 분리되어 가해진 w와 R_B에 대한 M/EI 선도가 그림 10.33(b)와 (c)에 나타나 있다. 보에 대한 탄성곡선이 그림 10.33(d)에 도시되어 있는데, A와 B에서의 접선이 그려져 있다. $v_A = v_B = v_C = 0$이므로 접선편차는 비례해야 한다.

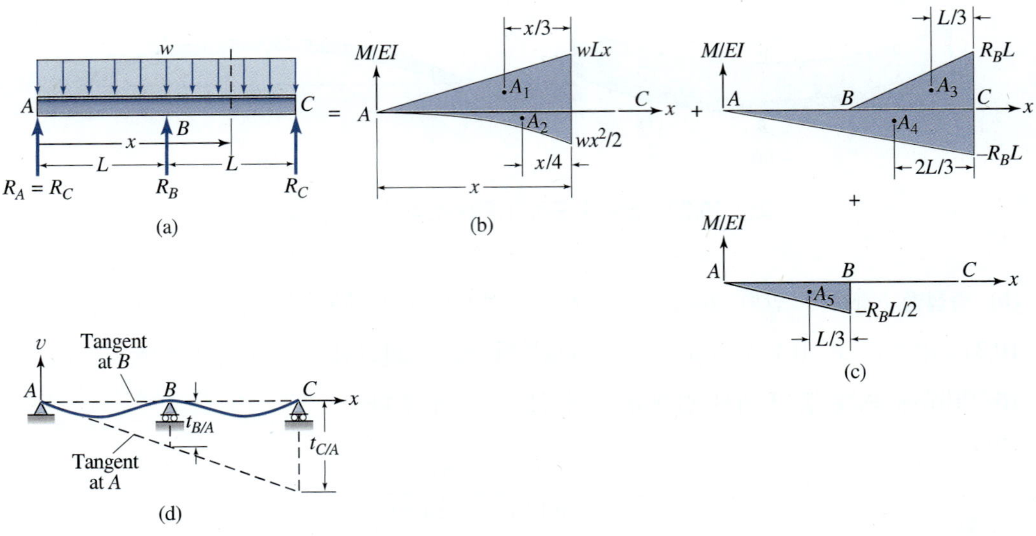

그림 10.33 반력을 구하기 위해 각각의 해를 중첩 (a) 그림 10.31(c)의 보에 대한 자유물체도 (b) 하중 w에 대한 M/EI 선도 (c) 여분력 R_B에 대한 M/EI 선도 (d) 처짐곡선

$$t_{B/A} = \frac{1}{2} t_{C/A} \tag{a}$$

A에서 B까지의 M/EI 선도와 A에서 C까지의 M/EI 선도, 그리고 표 B.6을 고려해보자. 분포하중인 경우에 A로부터 임의의 점 x에 대하여

$$(t_{B/A})_w = A_1\left(\frac{x}{3}\right) + A_2\left(\frac{x}{4}\right)$$

$$= \left(\frac{1}{2}\frac{wLx}{EI}x\right)\left(\frac{x}{3}\right) + \left(-\frac{1}{3}\frac{wx^2}{2EI}x\right)\left(\frac{x}{4}\right) = \frac{wx^3}{24EI}(4L - x)$$

$C\,(x = 2L)$와 $B\,(x = L)$에서의 결과는 각각 다음과 같다.

$$(t_{C/A})_w = \frac{2}{3}\frac{wL^4}{EI} \qquad (t_{B/A})_w = \frac{1}{8}\frac{wL^4}{EI}$$

여분의 반력에 대하여[그림 10.33(b)]

$$(t_{C/A})_R = A_3\left(\frac{L}{3}\right) + A_4\left(\frac{2L}{3}\right)$$

$$= \left(\frac{1}{2}\frac{R_BL}{EI}L\right)\left(\frac{L}{3}\right) + \left(-\frac{1}{2}\frac{R_BL}{EI}2L\right)\left(\frac{2L}{3}\right) = -\frac{1}{2}R_BL^3$$

$$(t_{B/A})_R = A_5\left(\frac{L}{3}\right) = \left(-\frac{1}{2}\frac{R_B L}{2}L\right)\left(\frac{L}{3}\right) = -\frac{R_B L^3}{12}$$

여기에서

$$t_{C/A} = (t_{C/A})_w + (t_{C/A})_R \qquad t_{B/A} = (t_{B/A})_w + (t_{B/A})_R$$

앞의 결과들을 식 (a)에 대입한 후 정리하면 다음을 얻는다.

$$R_B = \frac{5}{4}wL$$

부가설명 다음에 평형방정식을 적용하면 $R_A = R_C = 3wL/8$이 되는데, 앞에서 얻은 결과와 같다.

예제 10.24 서로 겹쳐 있는 2개의 보 해석

조건 수평 평면(xz) 위에 놓여 있는 2개의 단순지지 보 AB와 DE가 서로 위아래로 겹쳐 있다[그림 10.34(a)]. 외부하중이 작용하기 전에 2개의 보는 점 C에서 접촉상태에 있으며 그들 사이에 아무런 힘도 작용하지 않고 있다.

문제 균일분포하중 w가 위쪽에 있는 보에 작용할 때

(a) 점 C에서 2개의 보 사이에서 발생하는 반작용력 F를 구하라.

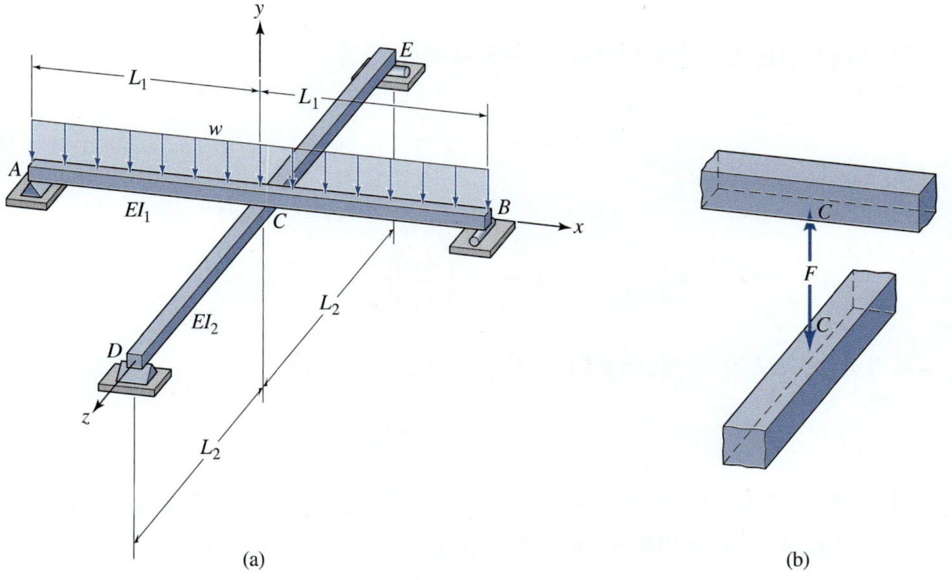

그림 10.34 (a) 2개의 단순지지 보의 조립 (b) 분리된 2개의 보 단편에 작용하는 힘 F

(b) 보 AB에서 발생하는 최대 모멘트와 처짐을 구하라.

가정 위쪽 보의 굽힘 강성은 EI_1이고 아래쪽 보의 굽힘 강성은 EI_2이다.

풀이 2개의 보는 1차 부정정이므로 반작용력 F를 여분력으로 선정하고 미지의 힘으로 취급한다. 그림 10.34(b)는 2개의 분리된 보 단편들 사이 C에서 작용하는 힘 F를 확대된 상태에서 보여준다. 이러한 토대 위에서 보를 번갈아 살펴보고 표 B.14의 Case 10과 7을 참조하여 중심에서의 처짐을 구한다.

하중 w와 여분 반력 F를 받는 보 AB의 경우에

$$v_w = \frac{5w(2L_1)^4}{384EI_1} \downarrow \qquad v_F = \frac{F(2L_1)^3}{48EI_1} \uparrow$$

이러한 결과를 합하면 다음과 같이 된다.

$$v_1 = \frac{5wL_1^4}{24EI_1} - \frac{FL_1^3}{6EI_1} \downarrow \tag{b}$$

반작용력 F만을 받고 있는 보 DE에 대하여

$$v_2 = \frac{FL_2^3}{6EI_2} \downarrow \tag{c}$$

(a) C에서의 반력. 중앙점 C에서 2개의 보의 아래 방향 처짐은 동일하다는 적합조건으로부터

$$v_1 = v_2$$

식 (b)와 (c)를 앞 식에 대입하고 F에 대해서 풀면

$$F = \frac{1.25wL_1}{\lambda} \tag{10.63}$$

여기에서

$$\lambda = 1 + \left(\frac{L_2}{L_1}\right)\left(\frac{I_1}{I_2}\right)$$

특별히 보 DE가 강체인 경우(즉 $I_2 \to \infty$이고 $\lambda = 1$)에

$$F = 1.25wL_1$$

이 결과는 예제 10.23에서 논의한 2개의 지간을 갖는 연속 보의 중앙 반력과 동일하다. 각 보에서의 다른 반력들은 정역학적 평형식으로부터 얻어진다.

(b) 최대처짐. 보 AB의 지간 중앙에서 발생하는 최대 굽힘 모멘트와 처짐은 각각 다음과 같다.

$$M_C = \frac{1}{2}wL_1^2 - \frac{1}{2}FL_1 = \frac{1}{2}wL_1^2\left(1 - \frac{1.25}{\lambda}\right) \tag{10.64a}$$

$$v_C = \frac{5w(2L_1)^4}{384EI_1} - \frac{F(2L_1)^3}{48EI_1} = \frac{5wL_1^4}{24EI_1}\left(1 - \frac{1}{\lambda}\right) \tag{10.64b}$$

앞의 결과로부터 길이 $2L_2$를 줄이거나 관성 모멘트 I_2를 증가시켜 보 DE의 강성을 크게 하면 보들 사이의 반작용력 F가 증가됨을 알 수 있다. 이렇게 되면 하중을 받는 보 AB에서 처짐이 줄어들고 굽힘 모멘트가 감소한다. 최대 굽힘 모멘트가 구해지면 최대굽힘응력은 굽힘 공식으로부터 쉽게 얻어진다.

연습문제

다음 문제를 풀기 위해서 모멘트 면적법을 사용하라. 다른 언급이 없으면, 모든 보는 일정한 굽힘 강성 EI를 갖는다.

10.11절~10.12절

10.145 그림 P10.145와 같은 부정정 보에서 왼쪽 지지점이 오른쪽 지지점보다 δ_0만큼 아래에 놓여 있다. 지지점 반력을 구하라.

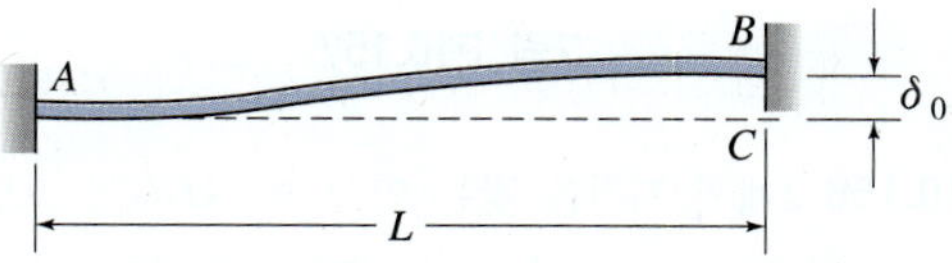

그림 P10.145

10.146~10.149 보가 그림 P10.146~P10.149와 같이 지지된 상태에서 하중을 받고 있다. 각 지지점에서의 반력들을 구하라.

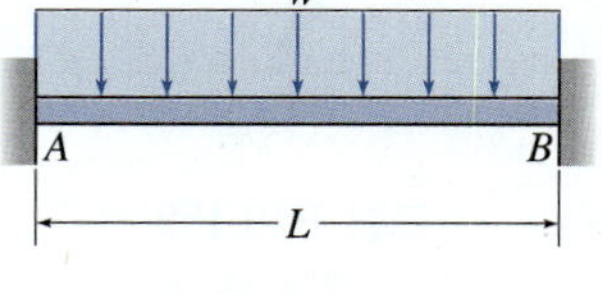

그림 P10.146

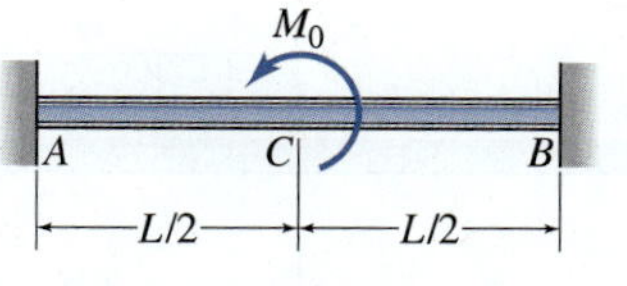

그림 P10.147

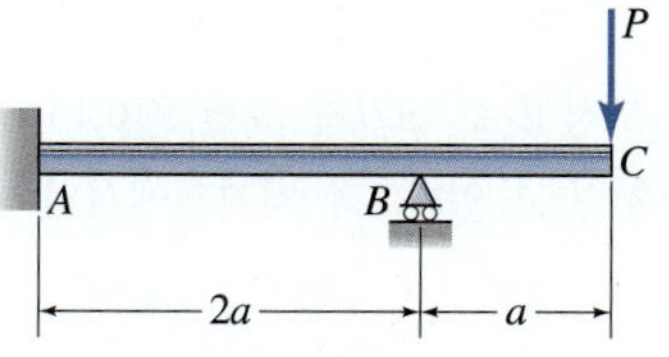

그림 P10.148

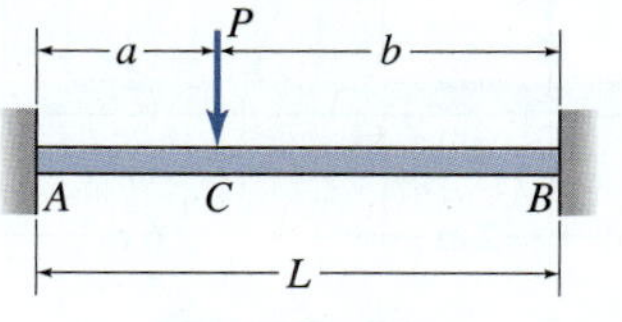

그림 P10.149

10.150~10.153 그림 P10.150~P10.153의 부정정 보 AB에서 발생하는 모든 반력들을 구하라.

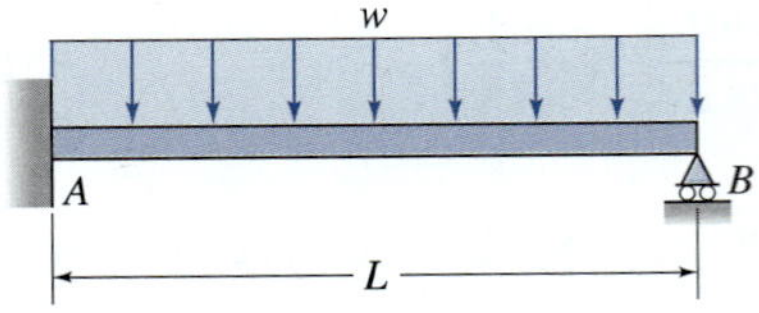

그림 P10.150

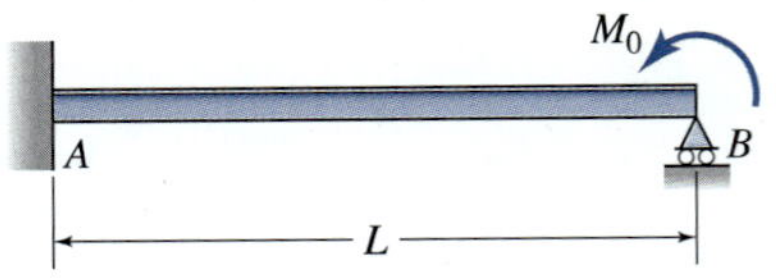

그림 P10.151

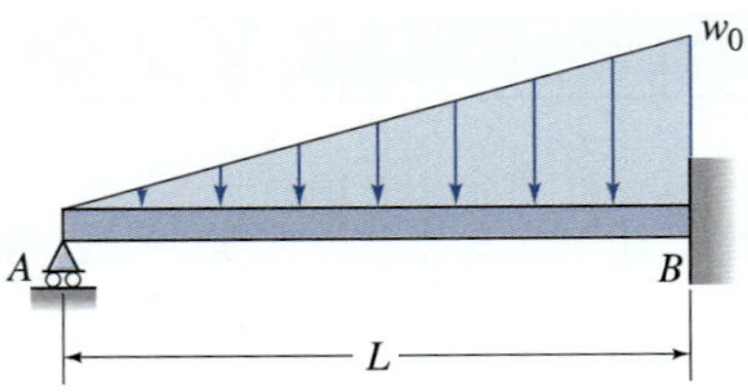

그림 P10.152

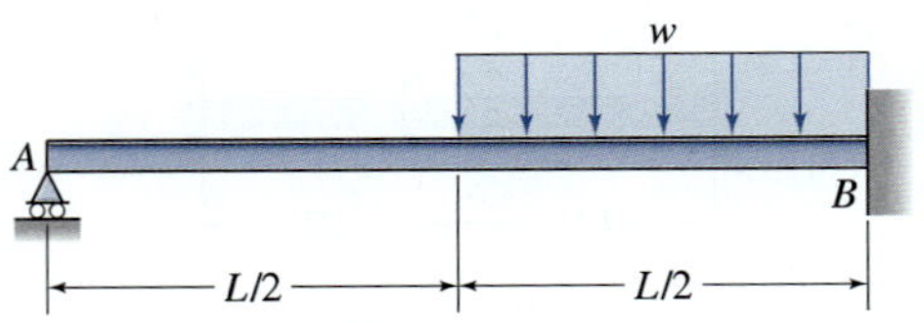

그림 P10.153

10.154 부정정 보 AB가 그림 P10.154에서와 같이 하중을 받고 있다. 각 지지점에서의 반력을 구하라.

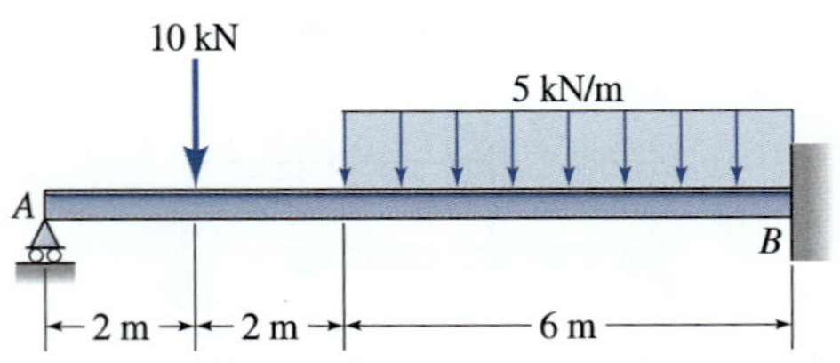

그림 P10.154

10.155~10.156 보 AB가 그림 P10.155와 P10.156에서처럼 지지된 상태에서 하중을 받고 있다. 지지점 A와 B에서 발생하는 반력들을 구하라.

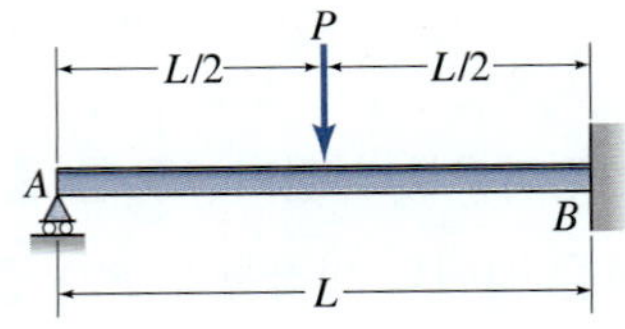

그림 P10.155

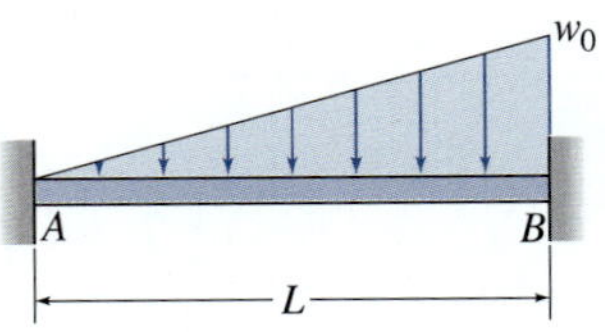

그림 P10.156

***10.157** 보가 그림 P10.157에서처럼 균일하중분포 w를 받고 있다. 보에서 발생하는 반력 R_A, M_A, M_B를 구하라.

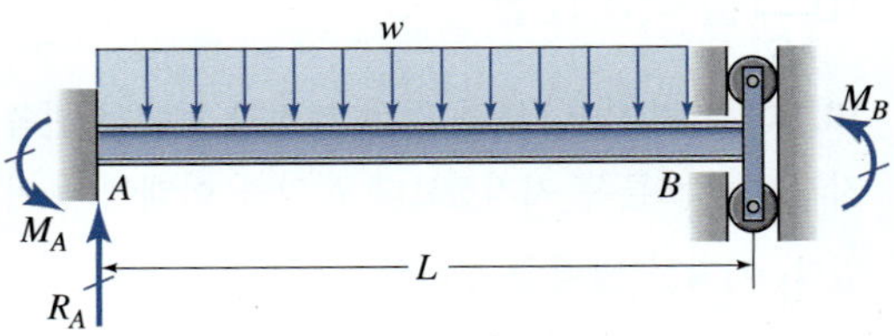

그림 P10.157

10.158 2개의 지간을 갖는 연속 보 ABC가 그림 P10.158에서처럼 끝단 A와 C에서 모멘트 M_0를 받고 있다. 보에서 발생하는 반력 R_A, R_B, R_C를 구하라.

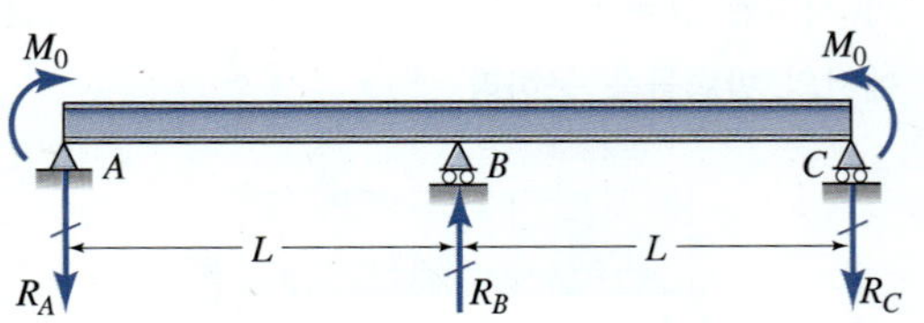

그림 P10.158

10.159~*10.160 2개의 지간을 갖는 연속 보 ABC가 그림 P10.159와 P10.160에서처럼 하중을 받고 있다. 보에서 발생하는 반력 R_A, R_B, R_C를 구하라.

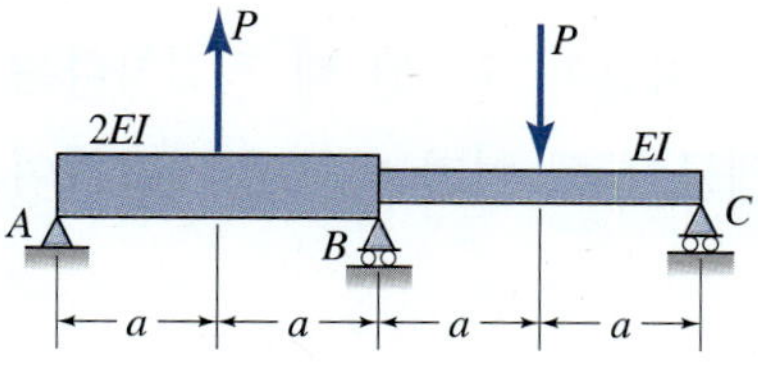

그림 P10.159

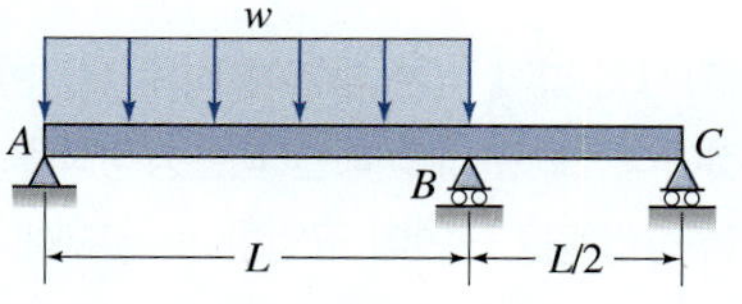

그림 P10.160

***10.161** 그림 P10.161의 보에 하중이 작용하기 전에는 보 AB와 지지점 C 사이에는 작은 간격 δ_C가 존재한다. 하중이 가해진 후 보에 발생하는 반력들을 구하라.

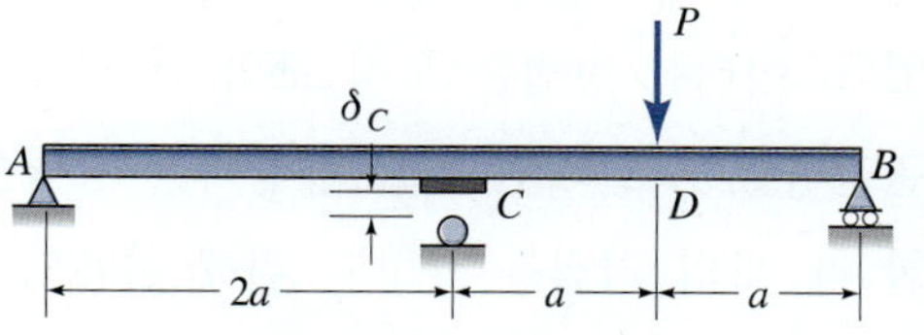

그림 P10.161

요약

이 장에서는 여러 가지 하중을 받는 보와 축의 기울기와 처짐을 계산하는 방법을 논의하였다. 변형을 구해야 하는 두 가지 중요한 이유를 알 수 있었다. 첫째 이유는 실용성을 위한 요구조건과 관계가 있다. 일반적으로 보는 원하는 방식으로 수행하기 위해서 변형에 관하여 명시된 한계 내에서 움직이는 것이 요구된다. 기울기와 처짐을 해석하는 둘째 이유로는 부정정 보의 반력을 구하는 것과 관련 있다. 여기에서의 논의는 탄성 변형에 국한되었다.

여러 가지 방법들이 보와 축의 명시된 점에서 기울기와 처짐을 구하기 위해서 사용되었다. 해석 방법들로는 **적분법**, **불연속함수**의 사용, **중첩법**, 그리고 **모멘트 면적법**이라 부르는 반도식적 기술이 포함되었다. 이러한 접근법들은 정정 문제와 부정정 문제 모두에 적용되었다. 에너지법과 유한요소법에 의한 변형의 해석은 그러한 주제가 토의되는 경우가 생기면 논의될 것이다.

7장에서 유도된 모멘트-곡률 방정식으로부터 시작하여 처짐 v를 굽힘 모멘트 M, 전단력 V, 보의 길이를 따른 하중세기 w에 관계시키는 기본 미분방정식 또는 지배 미분방정식을 전개하였다. 이어서 기본적인 보 방정식에 수반되는 **경계조건**과 **기하학적 적합조건**이 논의되었다. 그럼 다음에 작용하는 하중과 주어진 경계조건 및 연속조건을 반영하여 미분 방정식을 적분함으로써 정정 보와 부정정 보의 기울기와 처짐을 구하였다.

여러 하중과 지지점을 갖는 보에 대한 방정식을 쉽게 적분하기 위해서 불연속함수가 사용되었다. 굽힘 모멘트 선도의 면적에 대한 성질을 활용하여 모멘트 면적 정리들이 전개되었다. 이러한 방법은 오직 보의 한 점에서의 기울기와 처짐이 요구될 때 적절하다는 점을 관찰하였다. 알려진 해를 중첩하는 방법은 이 장 전체를 통해 여러 하중이 결합하여 작용할 때 보의 처짐을 구하기 위해 사용되었다.

처짐을 해석하는 여러 방법들의 비교

이 장에서 설명한 해석 절차들에 대한 복습을 통해서 언제 한 가지 방법이 다른 방법에 비해 유리한가에 대해서나 각 방법의 장점이 무엇인가에 대해서 살펴보게 될 것이다. 보 문제에 대한 미분방정식을 적분하게 되면 처짐과 기울기에 대한 해를 구하게 된다. 그러나 해석방법들을 단면이 균일한 보 문제에 제한하여 적용하는 것이 최선이다. 일반적으로 여러 하중이 복합적으로 작용하는 부재의 처짐은 하중들을 단순하게 분리하여 해를 얻은 후에 중첩법을 사용하여 합성하면 된다.

모멘트 면적법과 에너지법(12장에서 논의)은 보에서 오직 몇 개의 점에서만 처짐이 요구될 때 특히 편리하다. 두 방법이 부정정 문제의 해를 서로 검증하기 위해서 유리하게 사용될 수 있다. 앞에서 기술한 '일반 절차'들을 적용함으로써 운동학에 대한 뛰어난 통찰력이 얻어진다. 그러한 이해력은 컴퓨터를 사용하여 공학적 문제를 해결하려고 할 때 중요하다. 유한요소법은 복잡한 실제 구조물에서 발생하는 처짐과 응력을 계산하기 위하여 적용할 수 있는 가장 일반적이고 컴퓨터 지향적인 방법이다.

핵심 공식*

처짐곡선에 대한 방정식	$\dfrac{d^2v}{dx^2}=\dfrac{M}{EI}$	
탄성곡선에 대한 기본 방정식	$EI\dfrac{d^2v}{dx^2}=M$	
	$EI\dfrac{d^3v}{dx^3}=V$	10.2절
	$EI\dfrac{d^4v}{dx^4}=w$	
경계조건		
고정지지단	$v(a)=0 \qquad \theta(a)=v'(a)=0$	10.3절
단순지지단	$v(a)=0 \qquad M(a)=EIv''(a)=0$	

자유단	$M(a) = EIv''(a) = 0 \qquad V(a) = EIv'''(a) = 0$
유도된 지지단	$v'(a) = 0 \qquad V(a) = EIv'''(a) = 0$
제1모멘트 면적 정리	$\theta_{B/A} = M/EI$ 선도에서 A와 B 사이의 면적
제2모멘트 면적 정리	$t_{A/B} =(M/EI$ 선도에서 A와 B 사이의 면적) $\bar{x}_1$ — 10.10절

*이 방정식의 유도와 올바른 사용에 관한 정보는 관련된 절을 참조하라.

참고문헌

10.1 A. C. Ugural, *Stresses in Plates and Shells*, 2nd ed., McGraw-Hill, New York, 1999.

10.2 H. H. West and L. F. Geshwinder, *Fundamentals of Structural Analysis*, 2nd ed., Wiley, Hoboken, NJ, 2002.

기둥의 좌굴

11장

▶ 여기 나타난 현대식 조지타운 빌딩의 철제 기둥들은 상부바닥의 하중을 지탱하고 있다. 축방향 압축하중을 받는 부재의 해석 및 설계는 이 장의 주제이다. Richard Gunion/iStockphoto 제공.

11.1 서론

1.2절에서 언급되었듯이 재료역학의 일반적 목적은 하중을 지지하는 부재의 강도, 강성, 안정성 등을 연구하는 것이다. 이 중 10장까지 처음의 두 주제인 강도와 강성에 대하여 공부하였다. 같은 범주 내에서 어떤 부재의 파손기준을 언급할 때 그 부재 내에서 국부적으로 형성된 응력, 변형, 혹은 에너지 수준의 도달에 기초하여 이러한 판별기준들을 사용하였다. 이 장에서는 구조의 탄성 불안정에 따른 파손을 고려한다. **안정성**이란 구조가 기하학적으로 급작스런 변화를 거치지 않고 주어진 하중을 지탱하는 능력이다. 선형탄성이론과 선형안정성이론의 주된 차이는 선형탄성이론의 경우 평형상태는 변형 전 구조형상을 기준으로 하는 데 반하여 선형안정성이론에서는 **변형** 후 구조형상이 고려대상이라는 점이다.

이 장에서는 **기둥**의 경우만 공부한다. 여기서 기둥이란 축방향 압축하중 하의 곧고 가는 부재이다. 이러한 막대형 부재들은 보통 트러스 혹은 건물의 뼈대 구조물에 사용된다. 부재들은 기계의 링키지, 옥외 표지판 기둥, 고속도로 육교의 교간 및 광범위한 구조와 기계의 요소로도 사용된다. 이 장에서는 현재 활발하게 진행되는 구조해석 현안 연구에 대한 소개를 간략하게 소개한다.

좌굴은 압축하중을 받고 있는 기둥부재에서 작은 하중증가로 인하여 기둥이 겪는 급격히 큰 횡방향 변형으로 정의된다. 이런 응답은 기둥부재의 불안정과 붕괴로 이어진다. 목재 하키스틱의 양끝에 압축하중을 가하면 좌굴현상을 쉽게 관찰할 수 있다. 재료강도(응력수준)만을 고려하면 이런 부재의 거동을 예측하기에 부족하다(예제 1.1).

11.2~11.4절에 걸쳐 임계 혹은 좌굴하중, 즉 불안정을 일으키는 압축하중과 여러 가지 구속조건에서 기둥의 유효길이 등을 설명한다. 중심에 하중을 받는 경우 탄성 및 비탄성 좌굴응력은 11.5절에 설명한다. 이후 편심하중을 받는 기둥을 다루고 기둥 설계에 대한 설명으로 이 장을 마친다.

11.2 구조 안정성

이 절에서 평형조건과 에너지 방법을 사용하여 안정성과 임계하중의 개념을 검토한다. 이와 관련하여 용수철-막대계를 이상화된 구조로 고려한다[그림 11.1(a)]. 부재 AB는 길이가 L인 강체 막대이고 B에서 핀으로 고정되어 있으며 A에서 계수 k의 스프링에 수직으로 장착되어 있다. 막대는 축방향 중심하중 P를 지탱한다.

평형조건 방법

(작은 변위 δ를 일으키는) 순간적인 횡방향 하중은 그림 11.1(b)에 나타낸 바와 같이 막대를 회전시킨다. 만약 하중 P가 작은 경우 이 시스템(system)은 안정상태로 원래의 위치로 회복될 것이다. 이는 **교란 모멘트**(disturbing moment) $P\delta$가 **회복 모멘트**(restoring moment) $k\delta L$에 비하여 작기 때문이다. 그러나 만약 하중 P가 매우 커서 의도하지 않은 교란 모멘트가 회복 모멘트를 초과한다면 막대는 계속해서 회전을 일으켜 마침내 시스템이 기능을 상실할 것이다. 그러므로 큰 하중에 대하여 이 시스템은 불안정하다.

안정과 불안정 사이의 경계는 새로운 평형상태에 있는 위치를 구하면 결정된다. 임의의 **작은 변위** δ에 대하여 $P\delta = kL\delta$, 즉 $(P - kL)\delta = 0$이다. 이 조건을 **중립평형상태**(neutral equilibrium)라고 한다. 앞의 표현에서부터 **임계하중**은 다음과 같다.

$$P_{cr} = kL \tag{a}$$

현실적으로 P_{cr}은 시스템에 좌굴이 생기기 시작하는 하중이다. 명백히 시스템은 $P < P_{cr}$에서 **안정된 평형조건상태**에 있지만 $P > P_{cr}$에서는 **불안정 평형상태**에 있다. P_{cr}이 작은 변위 δ와 독립적 관계이므로 이 기구에 가해지는 어떤 작은 교란이 시스템의 평형상태를 바꾸거나 시스템을 원상태로 돌려놓을 수도 없다. 즉 막대는 도치된 위치에 그대로 유지된다.

평형조건상태는 하중 P 대 변위 δ의 그림 11.1(c)에 나타내었다. A는 **분기점**(bifurcation point)이라고 불리며 평형상태도의 분기지점을 말한다. 중립평형상태인 수평선은 A의 좌우로 짧은 구간에 걸쳐 유효하다. 다시 강조하지만 A에서 수평선은 작은 변위 가정의 결

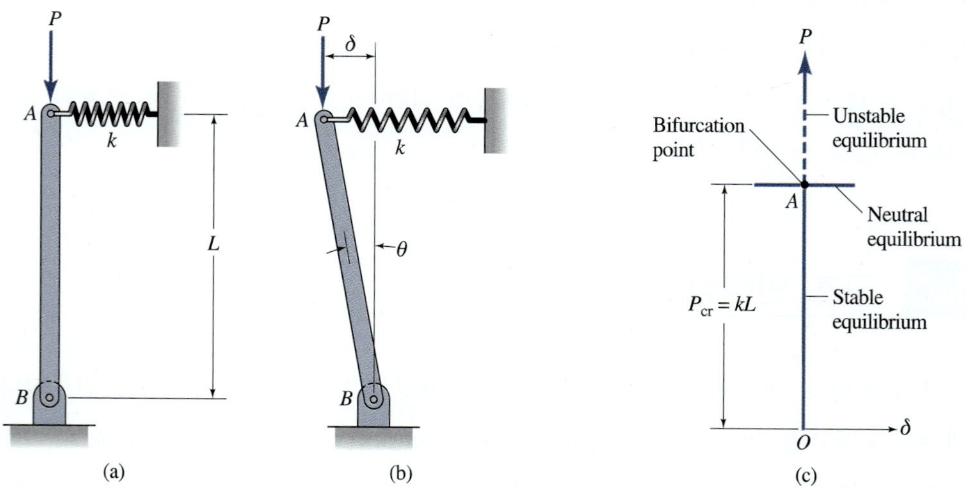

그림 11.1 강체 막대의 좌굴거동 (a) 수직위치에 있는 막대 (b) 도치된 막대 (c) 평형상태도

과이다. 큰 변위 범위를 고려한다면 비선형이 된다.

에너지 방법

그림 11.1(b)에 나타난 이상화된 구조에서 막대의 도치상태를 다시 고려한다. 막대의 회전으로 인하여 힘 P는 $L-L\cos\theta$만큼 내려간다. 그러므로 P에 의하여 **수행된 일**을 힘 P가 거리 $L(1-\cos\theta)$만큼 작용한 것으로 생각하므로 $\Delta W = PL(1-\cos\theta)$로 표현할 수 있다. 코사인을 시리즈 모양으로 바꾸면 다음과 같다.

$$\Delta W = PL\left(1-1+\frac{\theta^2}{2}+\cdots\right)=\frac{1}{2}PL\theta^2$$

작은 변위에 대하여 용수철이 늘어나면서 용수철의 **변형률 에너지**는

$$\Delta U = \frac{1}{2}k(L\theta)^2$$

만약 $\Delta U > \Delta W$이면 시스템은 **안정적**이다. 즉 힘에 의한 일의 크기는 이를 더욱 키우는 변위를 만들기에는 충분하지 않다. 그러나 만약 $\Delta U < \Delta W$라면 일의 크기가 횡방향 교란힘을 유도할 만큼 충분한 변위를 생성하므로 막대는 **불안정**해진다. 안정에서 불안정상태로 천이되는 경계는 $\Delta U = \Delta W$일 때, 즉 앞에서와 같이 $P_{cr} = kL$일 때 일어난다.

기둥의 좌굴해석은 늘 평형상태 혹은 에너지 방법으로 진행된다. 선택되는 방법은 고려 중인 상태에 따른다. 물리적 직관을 쉽게 얻을 수 있다는 점에서 에너지 방법이 보통 선호된다. 탄성안정성 문제도 에너지 방법을 사용하여 일반적으로 해결된다.

11.3 핀으로 고정된 기둥의 좌굴

기둥의 거동은 그림 11.1(a)에 나타난 시스템의 거동과 유사하다. 기둥의 경우에 회복 모멘트가 외부 용수철이 아닌 내력(internal resultants)에 의하여 만들어진다. 이제 **가늘고 핀으로 고정된 기둥**(pin-ended column)이 양끝 중심에서 압축력 P를 받는 경우를 생각한다[그림 11.2(a)]. 부재는 전체적으로 곧으며(perfectly straight) 선형탄성 재료(linear elastic material)로 만들어진 이상적 기둥(ideal column)으로 가정한다.

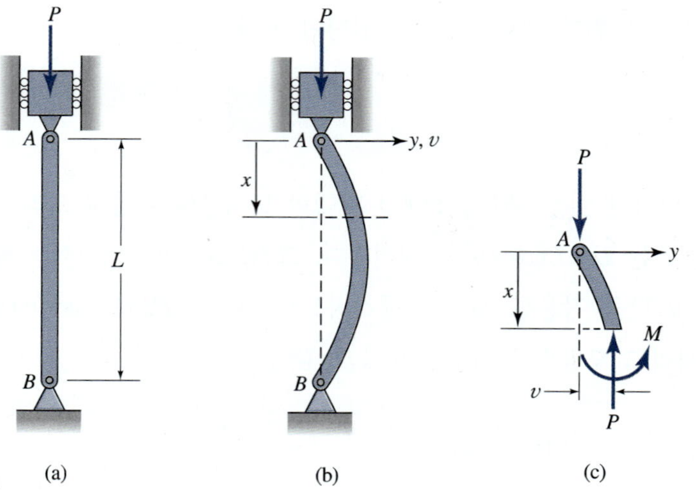

그림 11.2 핀으로 고정된 기둥 (a) 최초직선 기둥 (b) 반쪽 파형의 개수 $n=1$인 좌굴형상 (c) 기둥부분의 자유물체도

지배방정식

그림 11.2(b)와 같이 하중 P는 작은 횡방향 변형을 일으키기에 충분히 가해지면 **중립평형 상태**(neutral equilibrium)의 조건이 된다. 이때 하중의 크기가 임계하중 P_{cr}이다. 임의의 위치 x에서 굽힘 모멘트 M은 $-Pv$이다[그림 11.2(c)]. 관계식 $EI(d^2v/dx^2)=M$으로부터 일정한 계수를 가진 선형미분방정식이 유도된다.

$$EI\frac{d^2v}{dx^2}+Pv=0 \tag{11.1}$$

새로운 계수를 도입하면

$$p^2=\frac{P}{EI} \tag{11.2}$$

지배방정식이 완성된다.

$$\frac{d^2v}{dx^2}+p^2v=0 \tag{11.3}$$

상기 방정식의 일반해는 단순조화운동으로 익숙한 방정식의 형태가 된다.

$$v=A\sin px+B\cos px \tag{11.4}$$

상수 A와 B는 끝단의 조건으로부터 결정된다.

$$v(0) = 0 \qquad \text{그리고} \qquad v(L) = 0$$

처음 조건으로부터 $B = 0$이 얻어지고 둘째 조건은 다음 식과 같다.

$$A \sin pL = 0 \tag{a}$$

이 식은 $A = 0$이거나 $\sin pL = 0$이면 만족된다. 이 중 처음 것은 좌굴이 일어나지 않는 경우이므로 의미가 없는 해가 된다. 두 번째 경우가 기둥의 변형에 합치되므로 선택된다. 다시 풀면

$$pL = \sqrt{\frac{P}{EI}}\, L = n\pi \qquad (n = 1,\ 2,\ \cdots) \tag{b}$$

즉

$$P = \frac{n^2 \pi^2 EI}{L^2} \qquad (n = 1,\ 2,\ \cdots) \tag{c}$$

오일러 공식

$n = 1$의 값이 정하중 하에서 **좌굴형상** 혹은 **모드**를 일으킬 수 있는 **최솟값** P를 결정하므로 물리적인 의미를 가진다. 그러므로 핀으로 고정된 기둥의 **임계하중**은 다음과 같다.

$$P_{\text{cr}} = \frac{\pi^2 EI}{L^2} \tag{11.5}$$

이 결과는 오일러(L. Euler, 1707～1783)의 이름을 따서 **오일러 공식**으로 알려져 있으며, 이 임계하중은 **오일러 좌굴하중**으로 불린다.

제1모드($n = 1$) 상태의 핀으로 고정된 기둥의 좌굴형상은 흔히 **기본적인 사례**로 언급된다. 명백히 식 (c)에서 무수히 많은 n을 선택한다면 이에 따라서 무수히 많은 임계하중과 해당 좌굴형상을 결정할 수 있다. 예를 들어, $n = 2$는 2개의 반쪽 파형으로 표현되는 좌굴형상의 경우이며, 기둥의 중앙지점에 횡방향 지지점이 존재할 때 관찰될 수 있다(예제 11.7 참조).

식 (11.5)에서 L은 원래의 길이이고 EI는 xy평면 상에서 기둥의 굴곡 강성이다. 후자(xy)는 끝단 연결에 의하여 부여된 구속에 따른 좌굴평면으로 간주된다[그림 11.2(a)]. 그러나 만일 기둥이(표 1.1의 볼-소켓 지지 경우에서와 같이) 임의의 방향으로 변형될 수 있다면 **최소의** 주관성 모멘트 I를 가지는 축에 대하여 굽힘이 일어나는 경향을 보일 것이다.

부록 A에서 정의된 바와 같이 $I=Ar^2$, 여기서 A는 단면적이고 r은 굽힘축을 중심으로 **선회반경**을 나타낸다. 이 관계를 식 (11.5)에 대입하면 다음을 얻는다.

$$P_{cr} = \frac{\pi^2 EA}{(L/r)^2} \tag{11.6}$$

최솟값 P_{cr}을 구하려면 선회반경이 최소인 경우가 식 (11.6)에 사용되어야 한다. **세장비**라고 불리는 분수값 L/r은 11.5절에서와 같이 기둥의 분류에서 중요한 인수이다.

임계하중에서 $B=0$과 $n=1$을 염두에 두고 식 (11.4)를 따르면 **탄성좌굴형상의 방정식** [그림 11.2(b)]은 다음과 같다.

$$v = A\sin\frac{\pi x}{L} \tag{11.7}$$

최대처짐값 $v_{max}=A$는 정의되지 않는다. 따라서 임계하중은 임의의 작은 횡방향 처짐을 발생시키고 이는 보 이론의 기본 가정(7.3절)과 일치한다. 현실적인 이유로 큰 처짐량은 일반적으로 구조에서 일어나도록 허용되지 않는다. 주목할 만한 마지막 요점은 앞의 절에서 논의된 막대-스프링 시스템과 같이 그림 11.1(c)에 나타난 평형도 식으로 이상적인 기둥의 하중-처짐량 특성을 표현할 수 있다. 이제 분기점(bifurcation point)은 중립평형상태를 의미하고 이 상태에서 임계하중 $P_{cr}=\pi^2EI/L^2$이 임박한 좌굴발생 시점의 기둥에 작용한다.

예제 11.1 목재 막대의 하중전달 능력

조건 높이 h, 폭 b인 직사각형단면(그림 11.3)의 5 ft 길이 더글라스퍼 목재가 축방향 압축하중을 받고 있다. 관련 데이터는 다음과 같다.

$b=2$ in. $h=4$ in. $E=1.7\times10^6$ psi $\sigma_c=7.9$ ksi (표 B.4 참조)

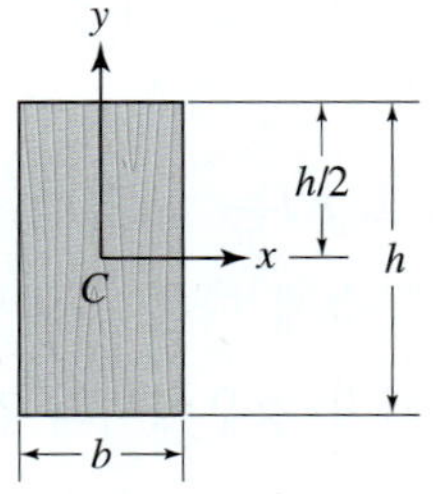

그림 11.3 기둥의 단면

문제

(a) 세장비를 구하라.

(b) 안전계수 $n_s = 1.5$인 경우 허용하중을 구하라.

가정 막대의 양단은 핀으로 고정되어 있다.

풀이 면적관련 상수는 $A = bh$, $I_x = bh^3/12$, $I_y = hb^3/12$이다. 식 (A.7)에 의하여 단면의 선회반경 r은 $r = \sqrt{I/A}$로 정의된다.

(a) 세장비. 가장 작은 r은 도심축이 직사각형의 긴 변에 평행한 경우 얻어진다. 따라서

$$r_y = \sqrt{\frac{I_y}{A}} = \frac{b}{\sqrt{12}} \tag{d}$$

즉

$$r_y = \frac{2}{\sqrt{12}} = 0.577 \text{ in.}$$

그러므로

$$\frac{L}{r_y} = \frac{5 \times 12}{0.577} = 104$$

(b) 허용하중. 식 (11.6)을 사용하여 $r_y = r$인 오일러 좌굴하중은

$$P_{\text{cr}} = \frac{\pi^2 EA}{(L/r)^2} = \frac{\pi^2 (1.7 \times 10^6)(2 \times 4)}{(104)^2} = 12.41 \text{ kips}$$

부가설명 그러므로 기둥이 지지할 수 있는 최대하중은 $P = 12.41/1.5 = 8.27$ kips이다. 재료의 강도를 기준으로 허용하중은 다음과 같다.

$$P_{\text{all}} = \frac{\sigma_c A}{n_s} = \frac{(7.9)(2 \times 4)}{1.5} = 42.1 \text{ kips}$$

8.27 kips와 비교하여 이는 안전한 작업하중을 예측할 때 좌굴해석의 중요성을 보여준다.

11.4 기타 고정된 기둥

11.3절의 유도과정으로부터 임계하중은 명백히 끝단의 구속조건에 따라 다르다. 고정, 자유, 핀조인트 등 여러 가지 조합에 의한 기둥에 대하여 적합한 조건을 식 (11.4)에 대입하고 앞에서와 같이 진행하면 된다. 종종 기둥은 다른 방법으로 지지되기도 한다(다음 쪽의

▶ 수조가 중공 기둥으로 지지되고 있다. 중공 기둥은 축을 따라서 3곳에서 횡방향으로 보강되어 있다. Paul Senyszyn/iStockphoto 제공.

사진과 예제 11.7을 참조한다).

모든 경우의 균일한 기둥의 임계하중은 다음과 같이 표현될 수 있다.

$$P_{cr} = C\frac{\pi^2 EI}{L^2} \tag{a}$$

여기서 C는 끝단의 조건에 따르는 상수이다. 그림 11.4(a), (b), (c), (d)에 나타난 보통 경우의 C값은 각각 0.25, 1, 2.04, 4가 된다. 주목할 점은 구속의 수준이 높아질수록 임계하중의 값도 커진다는 것이다.

식 (a)는 L^2/C를 **유효길이** L_e를 정의하여 L_e^2으로 바꾸어 생각하면 기본적인 경우와 비슷해진다. 따라서 오일러 공식은 다음의 형태로 쓸 수 있다.

$$P_{cr} = \frac{\pi^2 EI}{L_e^2} \tag{11.5'}$$

그림 11.4에 나타낸 바와 같이 **유효길이**는 탄성곡선상의 두 변곡점 사이의 거리, 즉 모멘트가 0인 점 사이의 거리이다. 이 길이는 종종 유효길이인자 $K(L_e = KL)$의 관점에서 표현된다(그림 11.4).

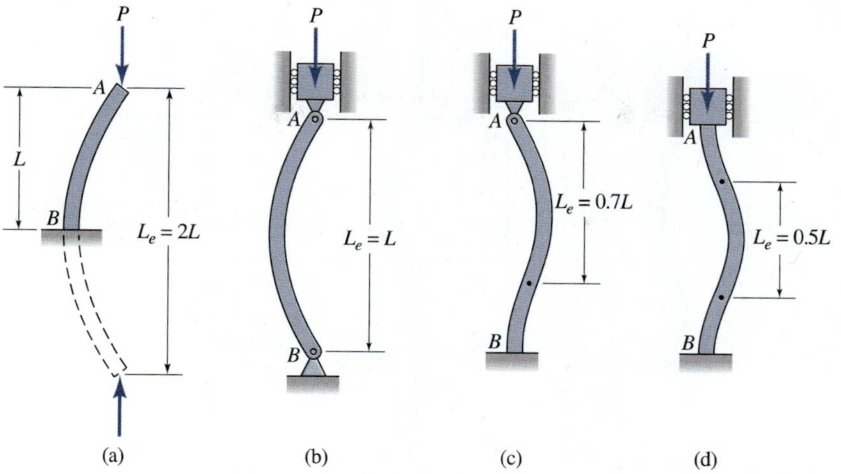

그림 11.4 다양한 끝단 조건에 대한 기둥의 유효길이 (a) 고정-자유 (b) 핀-핀 (c) 고정-핀 (d) 고정-고정

만약 $I = Ar^2$으로 놓으면 앞의 식은 다음과 같이 된다.

$$P_{cr} = \frac{\pi^2 EA}{(L_e/r)^2} \tag{11.6$'$}$$

L_e/r의 값은 기둥의 **유효세장비**(effective slenderness ratio)로 불린다.

그림 11.4에 나타난 이상화된 지지방법은 거의 현실성이 없다. 이음점의 고정수준에 상대적인 불확실성 때문에 기중은 때때로 핀의 고정으로 간주된다. 전혀 별도의 경우인 그림 11.4(a)의 경우 이 외에는 이러한 간주가 보수적이다. 한끝이 고정, 다른 한끝은 핀으로 지지되는 기둥에 대하여 유효길이(그리고 임계하중)를 그림 11.4의 다른 경우에서 쉽게 관찰되는 것과 달리 결정할 수 없다. 따라서 다음의 예제에 설명된 바와 같이 P_{cr}을 구하려면 미분방정식을 풀어야 한다.

예제 11.2 고정-핀 기둥의 해석

조건 균일한 기둥이 지면에서 고정되어 있고 상단에서는 핀으로 지지되어 있으며 그림 11.5(a)와 수직 축하중을 받고 있다.

문제 기둥에 대한 임계하중을 구하라.

가정 기둥은 일정한 굴곡 강성 EI를 가지고 있다.

풀이 약간 굴곡이 발생한 형상으로 전체 기둥의 자유물체도가 그림 11.5(b)에 나타나 있다.

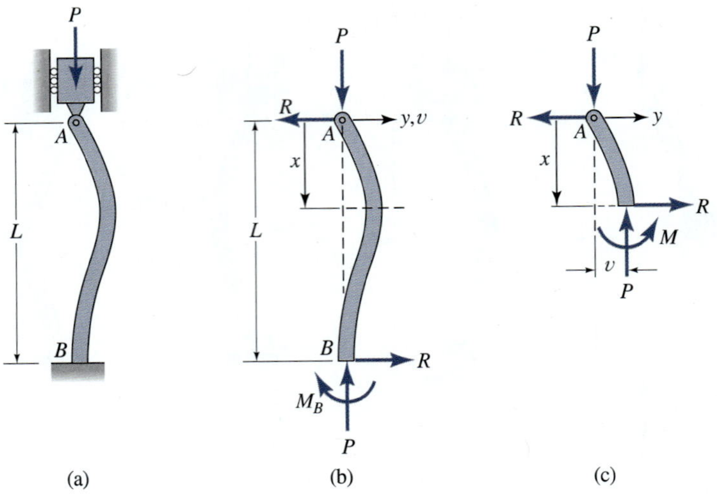

그림 11.5 (a) 고정-핀 기둥 (b) 전체 요소의 자유물체도 (c) 길이 x부분의 자유물체도

부정정 반력 R은 축하중 P와 더불어 끝단 A에서 발생한다. 임의의 단면에서 굽힘 모멘트는 $M=-Pv-Rx$[그림 11.5(c)]이다. 11.2절의 경우와 유사한 방법으로 다음의 미분방정식을 얻는다.

$$\frac{d^2v}{dx^2}+p^2v=-\frac{R}{EI^x} \tag{b}$$

여기서 $p^2=P/EI$이다. 앞의 미분방정식의 일반해는

$$v=A\sin px+B\cos px-\frac{R}{P}x \tag{c}$$

여기서 A, B, R은 상수이다.

$$v(0)=0 \qquad v(L)=0 \qquad v'(L)=0$$

앞의 경계조건을 식 (b)에 적용하면 $B=0$과 다음을 얻는다.

$$A\sin pL=\frac{R}{P}L \qquad Ap\cos pL=\frac{R}{P} \tag{d}$$

첫째 표현을 둘째 표현으로 나누면 **좌굴방정식**이 된다.

$$\tan pL=pL \tag{e}$$

시행착오을 거쳐서 식 (e)를 만족하는 pL의 0이 아닌 최솟값은 $pL=4.4934$가 되므로 이는 다음의 임계하중값을 결정한다.

$$P_{\text{cr}} = \frac{20.19EI}{L^2} = \frac{2.046\pi^2 EI}{L^2} \tag{11.8}$$

기둥의 유효길이는 식 (11.8)과 (11.5)를 비교하면 다음과 같이 된다.

$$L_e = 0.699L \approx 0.7L \tag{f}$$

부가설명 앞의 결과는 좌굴형상[그림 11.4(c)]에서 변곡점과 기둥의 핀고정점 사이의 거리이다.

[예제 11.3] 기중기의 기둥 좌굴

조건 그림 11.6에 나타난 구조물에서 6061-T6 알루미늄 합금 막대 AB가 사각단면 $b = 2$ in., $h = 3$ in.로 만들어져 있다. $E = 10 \times 10^6$ psi, $\sigma_y = 38$ ksi를 사용한다(표 B.4 참조).

문제 기둥의 좌굴하중을 구하라.

가정 기둥 AB의 양단 A와 B는 각각 **고정, 핀**이음이다.

풀이 **선회반경**(radius of gyration). 핀 B에 조인트법을 적용하면 W의 항으로 기둥의 축하중을 $P = 4W/3$으로 구할 수 있다. 단면의 특성은 다음과 같다.

$$I_y = \frac{1}{12}(3)(2)^3 = 2 \text{ in.}^4$$

$$I_z = \frac{1}{12}(2)(3)^3 = 4.5 \text{ in.}^4$$

$$A = (2)(3) = 6 \text{ in.}^2$$

그리고

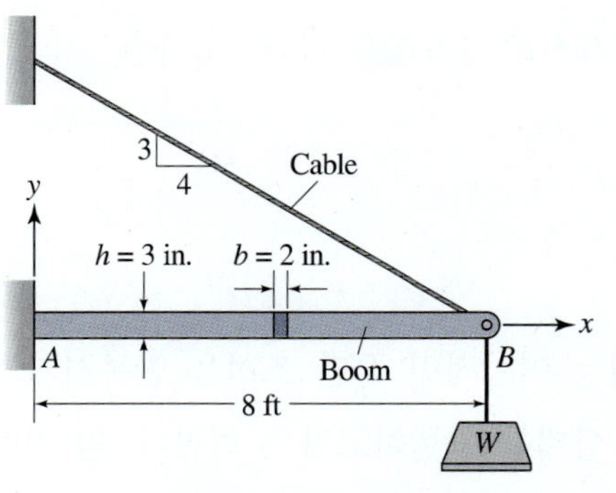

그림 11.6 하중 W를 지지하는 기둥과 케이블 조립체

$$r_y = \sqrt{\frac{I_y}{A}} = 0.577 \text{ in.} \qquad r_z = \sqrt{\frac{I_z}{A}} = 0.866 \text{ in.}$$

***xy*평면 내 좌굴.** xy평면에서 좌굴에 대한 고정–핀 기둥 AB의 유효길이는 $L_e = 0.7L$이다. 따라서

$$\frac{L_e}{r_z} = \frac{0.7(96)}{0.866} = 77.6$$

오일러 공식은 이 범주에서 사용할 수 있다. 그러므로

$$P_{\text{cr}} = \frac{\pi^2 EA}{(L_e/r_z)^2} = \frac{\pi^2(10\times10^6)(6)}{(77.6)^2} = \frac{4}{3}W$$

이 식을 풀면

$$W = 73.8 \text{ kips}$$

***xz*평면 내 좌굴.** 압축력의 작용선이 A를 통과하므로 고정단에서 y축 주위로 모멘트가 없다. 따라서 핀–핀고정 기둥 AB는 $L_e = L$이 적용된다.

$$\frac{L}{r_y} = \frac{96}{0.577} = 166.4$$

좌굴하중은

$$P_{\text{cr}} = \frac{\pi^2 EA}{(L/r_y)^2} = \frac{\pi^2(10\times10^6)(6)}{(166.4)^2} = \frac{4}{3}W$$

즉

$$W = 16 \text{ kips}$$

부가설명 기둥은 하중 W가 16 kips를 초과할 때 횡방향 좌굴로 기능을 상실한다. 이 경우 임계응력은 $P_{\text{cr}}/A = (4/3)(16\times10^3) = 3.56$ ksi이다. 소성강도 38 ksi와 비교하면 안전 작업하중을 예측할 때 좌굴해석의 중요성을 알 수 있다.

현실적인 유효길이

현장에서 설계자는 요구되는 이상적인 끝단 조건을 만족시키기 위하여 핀, 볼트, 용접 등을 사용하여 기둥의 양끝 상태를 구현하고자 노력한다. 강 기둥의 경우에 AISC 추천 현실적 유효길이의 최솟값은 다음과 같다(참고문헌 11.6).

$$
\begin{aligned}
L_e &= 2.1L && \text{(고정-자유)} \\
L_e &= L && \text{(핀-핀)} \\
L_e &= 0.80L && \text{(고정-핀)} \\
L_e &= 0.65L && \text{(고정-고정)}
\end{aligned} \tag{g}
$$

흥미롭게도 핀-핀 조립된 강철 기둥만 유일하게 그림 11.4(b)에 나타낸 이론적 수치와 실제 길이가 동일하다. 또한 한두 개의 고정단을 가진 강철 기둥은 이론값보다 더 길다. 이론적 해석과 설계에서 필요한 경험적 방법 간의 차이는 11.7절과 11.8절에서 설명된다.

*사례연구 2D

기둥역할의 기초 트러스 부재 설계

조건 트러스 ABC는 그림 11.7에 기술된 조인트 B에서 하중 P를 지탱한다.

> **철제 트러스와 플라스틱 트러스의 설계 및 트러스의 변위는 사례연구 2A, 사례연구 2B, 사례연구 2C** 에서 각각 논의된다.

문제 대각선부재 1의 최소부피를 위하여 구조의 형상을 최적화하라.

가정

1. 부재 1은 핀으로 고정된 긴 강철 기둥이므로 오일러 공식이 적용된다. 부재는 직경 d의 속이 찬 원형단면을 가지고 있다. 구조붕괴는 그림의 평면 내에서 이 부재의 좌굴에 의하여 발생한다.

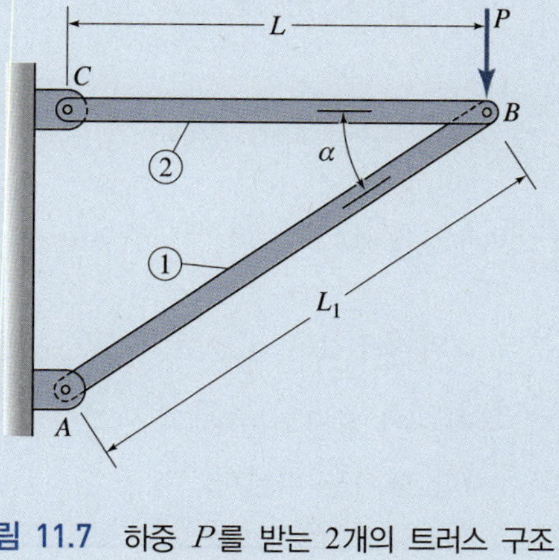

그림 11.7 하중 P를 받는 2개의 트러스 구조

2. 수평부재 2의 길이 $L_2 = L$은 고정되어 있으나 대각선부재 1의 길이는 각도 α가 변함에 따라서 변화한다(사례연구 2A 참조).

3. 부재 2는 하중을 안전하게 지지하므로 부재 1을 설계하는 것만으로도 충분히 강건하다.

풀이 조인트 B에서 힘의 평형조건으로부터 부재 1의 압축하중을 구한다.

$$F_1 = \frac{P}{\sin\alpha}$$

기하학적 특성은

$$L_1 = \frac{L}{\cos\alpha} \qquad I_1 = \frac{\pi d^4}{64}$$

부재 1의 임계하중은 식 (11.5)를 사용하여 다음의 식으로 표현된다.

$$P_{\text{cr}} = \frac{\pi^2 E I_1}{L_1^2} = \frac{\pi^3 E(\pi d^4)\cos^2\alpha}{64L^2}$$

$F_1 = P_{\text{cr}}$로 놓으면

$$\frac{P}{\sin\alpha} = \frac{\pi^3 E d^4 \cos^2\alpha}{64L^2}$$

앞의 식으로부터

$$d^2 = \sqrt{\frac{64PL^2/\pi^3 E}{\cos^2\alpha\sin\alpha}}$$

부재 1의 부피 $V_1 = A_1 L_1 = \pi d^2 L_1/4$이므로

$$V_1 = \frac{2L^2\sqrt{P/\pi E}}{\cos^2\alpha\sqrt{\sin\alpha}}$$

최솟값은 $\cos^2\alpha\sqrt{\sin\alpha}$가 최댓값이 될 때가 된다.

$$\frac{d}{d\alpha}\left(\cos^2\alpha\sqrt{\sin\alpha}\right) = 0, \qquad \text{즉 } \tan\alpha = \frac{1}{2}$$

그러므로 앞의 조건으로부터 α의 최적값은 $\alpha_{\text{opt}} = 26.57°$가 된다.

부가설명 기둥의 부재로서 부재 1에 요구되는 부피에 각도가 미치는 영향은 2장의 그림 2.23에 나타낸 바와 같이 유사한 형식을 따른다.

11.5 임계응력: 기둥의 분류

이상적인 기둥의 거동은 종종 평균압축응력 P/A 대 세장비 L_e/r(그림 11.8)로 나타낸다. 이 그림은 압축하중을 받는 부재의 분류에 명백한 기준을 제시한다. 기둥의 시험은 이 곡선의 각 부분에 상당히 정확한 상태로 확인된다. L_e/r의 범위는 고려 중인 소재의 함수이다.

긴 기둥

길이가 **긴 기둥**, 즉 충분히 세장비가 큰 부재에 대하여 좌굴은 재료가 비례한계를 넘지 않는 탄성 내의 응력에서 일어난다. 따라서 식 (11.6)의 오일러 하중은 이 경우에 적합하며 **임계응력**은

$$\sigma_{cr} = \frac{P_{cr}}{A} = \frac{\pi^2 E}{(L_e/r)^2} \tag{11.9}$$

이에 합당한 곡선(그림 11.8)의 일부분 CD는 **오일러 곡선**으로 표시되어 있다. 이 곡선의 최소한계에 해당하는 세장비의 **임계값**은 정해진 재료의 비례한계 σ_p를 σ_{cr}과 같이 놓고 구할 수 있다.

$$\left(\frac{L_e}{r}\right)_c = \pi\sqrt{\frac{E}{\sigma_p}} \tag{11.10}$$

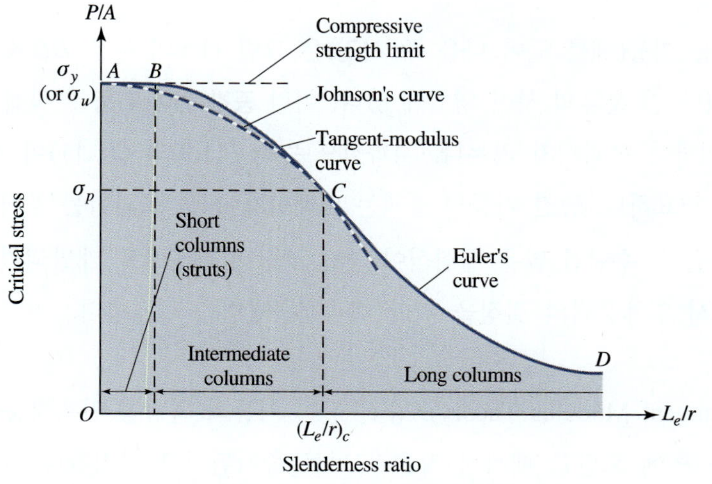

그림 11.8 기둥의 평균응력 대 세장비

예를 들어 $E = 210\text{ GPa}$, $\sigma_p = 250\text{ MPa}$인 **구조용강**의 경우에 앞의 결과는 $(L_e/r) = 91$이다.

그림 11.8로부터 매우 가는 기둥은 작은 응력 수준에서 좌굴이 일어나며 짧은 기둥에 비하여 현저히 불안정하다. 더 높은 강도의 소재를 사용하는 것이 이러한 상황을 개선시키지는 않는다. 명백히 식 (11.9)로부터 임계응력은 높은 탄성계수 E의 소재를 사용하거나 선회반경 r을 크게 함으로써 높아질 수 있다. 예를 들어 **튜브 기둥**은 동일한 단면적의 속이 꽉 찬 기둥보다 r값이 훨씬 크다. 그러나 좌굴응력이 커질 수 없는 한계가 존재한다. 벽의 두께는 결국엔 너무 얇아져서 부재에 주름이 잡히게 된다. 이러한 현상을 **국부 불안정**이라고 부르며 종종 단면의 형상변화에 의하여 특징을 정리한다.

짧은 기둥 혹은 버팀대

작은 세장비(예를 들어 $L/r < 30$의 강철지주)를 가진 압축부재는 원리적으로 불안정성을 보이지 않으며 **짧은 기둥** 혹은 **버팀대**로 불린다. 이러한 부재에 대하여 부재의 기능상실은 좌굴이 일어나지 않고 재료의 비례한계를 넘어서 소성 혹은 분쇄에 의하여 이루어진다. 그래서 다음 식과 같이 최대응력은 그림 11.8의 수평선에 의하여 표현되는 짧은 기둥의 강도한계(strength limit)가 된다. 이것은 소성응력과 같거나 압축극한응력과 같다.

$$\sigma_{\max} = \frac{P}{A} \tag{11.11}$$

중간 기둥

대부분의 구조용 기둥(예를 들어 다음 쪽 사진)은 그림 11.8의 부분 BC에 의하여 나타난 바와 같이 짧거나 긴 분류의 사이 영역에 있다. 이런 **중간 길이 기둥**은 직접 압축력이나 탄성 불안정에 의하여 붕괴되지 않는다. 결과적으로 식 (11.9)와 (11.11)이 사용될 수 없고 별도의 해석이 필요하다. 중간 기둥의 붕괴는 비례한계 σ_p를 초과하는 응력 수준에서 **비탄성 좌굴**로 일어난다. 수년간 많은 실험식이 중간 세장비 대상으로 개발되었다. 다음에서는 비탄성 좌굴에서 임계응력의 결정을 위한 현장접근방법을 설명한다.

접선계수이론(Tangent Modulus Theory). 중간 길이 기둥의 축방향 압축하중을 고려하고 하중이 좌굴하중 P_t에 도달할 때까지 작은 크기로 증가된다고 가정한다. 하중이 증가됨에 따라서 기둥은 약간의 곡률을 보이게 된다. 증가하는 하중과 곡률을 수반하면서 기둥의 모

▶ (건축 중인) 다층 건물에서 사용되는 대표적인 기둥 구조. NJIT의 W. Konon 교수 제공.

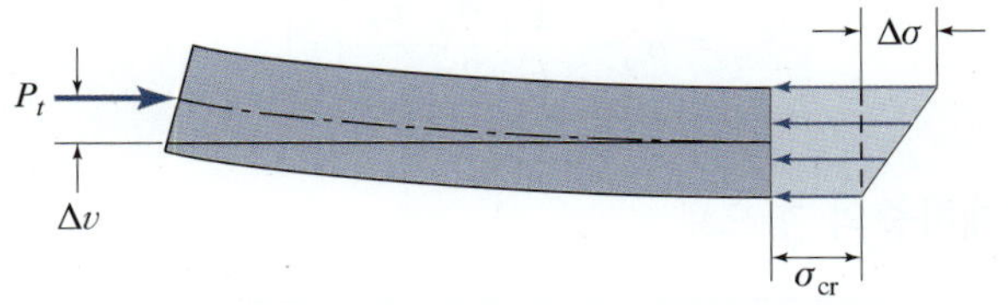

그림 11.9 중간 기둥에서 응력분포

든 위치에서 축방향 응력과 변형률에서 지속적인 증가가 일어나고 감소는 없다고 가정한다. 따라서 응력분포는 그림 11.9에 표시되었다. 응력의 증가 $\Delta\sigma$는 굽힘에 따른 것이며 σ_{cr}은 임계하중 P_t와 일치하는 응력의 값이다. 변형률의 분포는 그림에 나타난 것과 동일한 형태일 것이다.

작은 변형 Δv에 대하여 비탄성 굽힘에서 응력과 변형률의 증가는 비슷한 수준으로 작을 것이며 처음 평면인 단면은 굽힘 후에도 평면으로 유지된다고 가정한다. 그러므로 $\Delta\sigma$와 변형률의 변화 $\Delta\varepsilon$ 사이의 관계는 $\Delta\sigma = E_t\Delta\varepsilon$이다. 여기서 E_t는 재료의 접선계수(3.7절 참조)이다. 주목할 것은 선형탄성범위 이내에서 $E_t = E$(그림 3.24)이다.

접선계수이론의 판단에 기초하여 선형탄성 보의 모든 결과는 E를 E_t로 바꾸면 사용가능하다. 그러므로 임계응력은 일반화된 오일러 좌굴공식, 즉 **접선계수식**에 의하여 표현될 수 있다.

$$\sigma_{cr} = \frac{P_t}{A} = \frac{\pi^2 E_t}{(L_e/r)^2} \tag{11.12}$$

이것은 1889년 엔게서(F. Engesser)에 의하여 제안된 **엔게서 공식**(Engesser formula)이다. 주어진 응력과 일치하는 접선계수를 응력-변형률 선도로부터 읽어낼 수 있다. 기둥이 좌굴되는 위치의 세장비 L_e/r은 식 (11.12)를 사용하여 바로 계산할 수 있다. 그러나 L_e/r을 알고 있고 σ_{cr}을 결정하려면 시행착오법이 필요하다(예제 11.5 참조). 접선계수이론에 따라서 중간 세장비 L_e/r의 기둥 거동은 그림 11.8의 곡선 BC에 의하여 표현된다.

존슨의 좌굴판정. 많은 수식이 중간 기둥을 위하여 세장비와 임계응력 사이에 선형 혹은 포물선 관계를 사용하고 있다. 아마도 널리 사용되는 **포물선의 수정**(modification of the parabola)은 1900년경에 존슨(J. B. Johnson)에 의하여 제안되었다. **존슨 공식**은 다음과 같은 형식을 가지고 있다.

$$\sigma_{cr} = \sigma_y - \frac{1}{E}\left(\frac{\sigma_y}{2\pi}\frac{L_e}{r}\right)^2 \tag{11.13a}$$

다른 형식으로는 임계하중의 항으로

$$P_{cr} = \sigma_{cr}A = \sigma_y A\left[1 - \frac{\sigma_y (L_e/r)^2}{4\pi^2 E}\right] \tag{11.13b}$$

여기서 A는 기둥의 단면적이다. 시험 데이터에서 많은 분산에도 불구하고 존슨의 방정식은 실험결과와 비교적 잘 일치하는 것으로 알려져 있다. 특히 접선계수곡선의 무차원 모양은 새로운 소재의 구조물을 해석할 때 매우 독보적인 장점을 가지고 있다(참고문헌 11.3).

특정한 사각단면을 위한 존슨의 수식은 선회반경 r과 면적 A를 식 (11.13)에 대입함으로써 유도될 수 있다. 직경 d의 **원형단면**의 경우에 쉽게 응용(문제 11.42 참조)될 수 있다.

$$d = 2\left(\frac{P_{cr}}{\pi\sigma_y} + \frac{\sigma_y^2 L_e^2}{\pi^2 E}\right)^{1/2} \tag{11.14}$$

유사하게 높이 h, 너비 b의 **직사각형단면**에 대하여

$$b = \frac{P_{cr}}{h\sigma_y\left(1 - \frac{3L_e^2\sigma_y}{\pi^2 Eh^2}\right)} \tag{11.15}$$

여기서 $h \geq b$로 가정되었다.

주목할 점은 식 (11.9), (11.11), 그리고 (11.12) 혹은 (11.13)은 실제 응력이 아닌 극한응력을 결정한다는 것이다. 그래서 허용수치를 구하기 위하여 재료에 따라 보통 2～3의 적절한 안전계수로 각 식의 우변을 나누어야 한다. 허용응력에 대한 몇몇 대표적인 관계는 11.7절에서 소개한다.

예제 11.4 앵글단면을 갖는 기둥의 설계

조건 64 mm×51 mm×6.4 mm의 강철 앵글(그림 11.10)이 안전계수 $n_s = 2$를 가지고 $P = 40$ kN의 하중을 지탱하기 위하여 핀으로 고정된 기둥을 구성하고 있다. 비례한계 강도는 $\sigma_p = 240$ MPa, 탄성계수 $E = 210$ GPa을 사용한다.

문제 부재의 최대길이 L을 구하라.

가정 좌굴은 그림 11.2에 나타난 xy평면에서 일어난다.

풀이 표 B.12로부터 앵글단면의 주축 (z)에 대한 최소선회반경은 $r = 10.8$ mm이고 면적은 680 mm^{2}이다. 이 경우에 임계하중은 $P_{cr} = 2(40) = 80$kN, 그리고 $L_e = L$이 된다. 따라서 $\sigma_{cr} = 80 \times 10^3/(680 \times 10^{-6}) = 117.6$ MPa이고 $\sigma_{cr} = \sigma_p$이다.

오일러 공식을 적용할 수 있다는 가정 하에서

$$\sigma_{cr} = \frac{\pi^2 E}{(L/r)^2} \qquad 117.6 \times 10^6 = \frac{\pi^2(210 \times 10^9)}{(L/0.0108)^2}$$

따라서 $L = 1.434$ m이다.

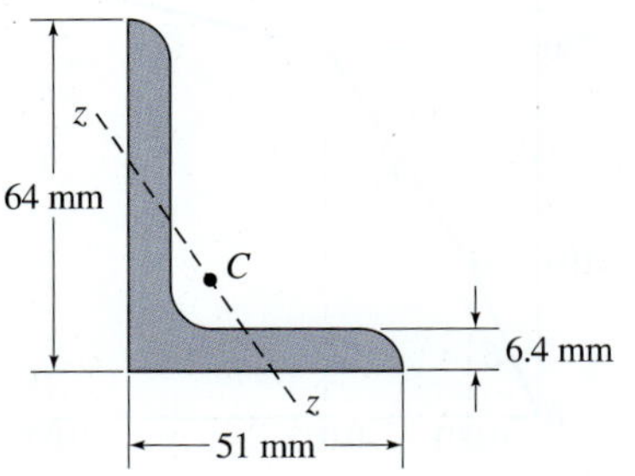

그림 11.10 L 64×51×6.4 mm 단면

부가설명 세장비 $L/r = 1.434/0.0108 = 132.8$은 오일러의 범주 안에 있으므로 가정은 유효하다.

[예제 11.5] 튜브 기둥을 위한 접선계수식의 사용

조건 외경 76 mm와 두께 3 mm인 중공축이 유효길이 2 m의 기둥으로 사용된다.

문제 축방향 좌굴하중을 구하라.

가정 기둥은 그림 11.11에 나타난 응력-변형률 선도에 의하여 표현되는 재료로 만들어졌다.

풀이 튜브 단면(예제 A.4)에 대하여

$$A = \frac{\pi}{4}(76^2 - 70^2) = 688 \text{ mm}^2$$

$$r = \frac{1}{4}\sqrt{76^2 + 70^2} = 25.8 \text{ mm}$$

따라서 $L/r = 77.5$, 그리고 접선계수식은

$$\sigma_{cr} = \frac{\pi^2 E_t}{(L_e/r)^2} = \frac{\pi^2 E_t}{(77.5)^2} = 0.001643 E_t \quad \text{(a)}$$

E_t의 값이 여러 구역에서 서로 다르므로 시행착오법을 사용해야 한다.

시작(탄성) 구간에 대하여 기울기는 $E_t = E = 100$ GPa이며 식 (a)로부터

$$\sigma_{cr} = 0.001643(100 \times 10^9) = 164.3 \text{ MPa}$$

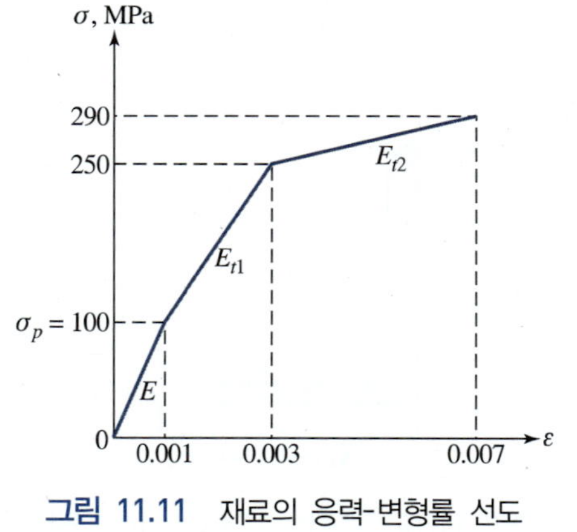

그림 11.11 재료의 응력-변형률 선도

그림 11.11로부터 E는 100 MPa을 초과하면 달라진다. 응력-변형률 곡선의 두 번째 부분에 대해 $E_t = 75\ \text{GPa}$이므로

$$\sigma_{\text{cr}} = 0.001643(75 \times 10^9) = 123.2\ \text{MPa}$$

E의 값이 100과 250 MPa 사이에 있기 때문에 이것은 좌굴의 임계응력이다. 그러므로 좌굴하중은

$$P_{\text{cr}} = \sigma_{\text{cr}} A = (123.2 \times 10^6)(688 \times 10^{-6}) = 84.8\ \text{kN}$$

[예제 11.6] 사각형 기둥의 설계

조건 길이 L이고 $a \times b$ 사각단면의 강철 기둥이 바닥에 고정되었고 그림 11.12와 같이 윗면은 지지를 받고 있다. 기둥은 좌굴에 대하여 안전계수 n_s를 가지고 하중 P를 지탱하여야 한다.

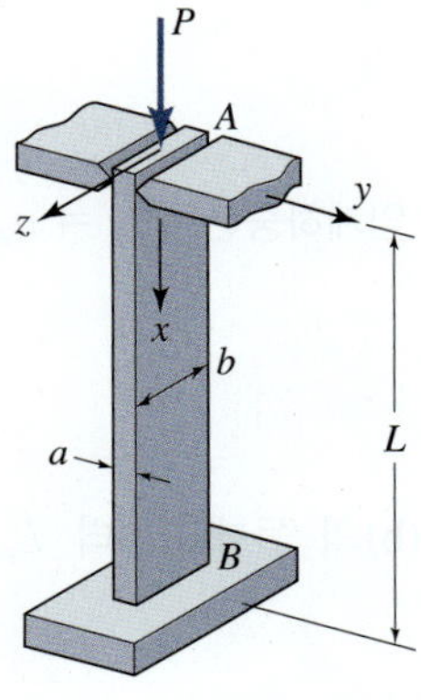

그림 11.12 고정된 사각단면 기둥

문제

(a) 좌굴에 대하여 가장 효율적인 설계를 위하여 a/b의 비를 구하라.

(b) $L = 15\ \text{in.}$, $E = 30 \times 10^6\ \text{psi}$, $P = 4\ \text{kips}$, $n_s = 1.5$에 대하여 단면의 치수를 구하라.

가정 지지대는 끝단 A를 yz평면 내에서 움직일 수 없도록 제약을 주고 있으나 xz평면으로는 자유롭게 움직일 수 있도록 고안되었다.

풀이 단면의 선회반경은 다음과 같다.

$$r_z^2 = \frac{I_z}{A} = \frac{ba^3/12}{ab} = \frac{a^2}{12}$$

여기서

$$r_z = \frac{a}{\sqrt{12}}$$

비슷한 방법으로

$$r_y = \frac{b}{\sqrt{12}}$$

xy와 xz평면에서 좌굴에 대하여 그림 11.6에 그려진 기둥의 유효길이는 각각 $L_e = 0.7L$,

$L_e = 2L$이다(그림 11.4 참조). 그러므로

$$\frac{L_e}{r_z} = \frac{0.7L}{a\sqrt{12}}$$
$$\frac{L_e}{r_y} = \frac{2L}{b\sqrt{12}} \tag{b}$$

(a) 가장 효과적인 설계를 위하여 좌굴의 두 가지 가능한 모드와 일치하는 임계응력은 동일해야 한다. 그러므로 식 (11.9)로부터 다음의 결론에 도달한다.

$$\frac{0.7L}{a\sqrt{12}} = \frac{2L}{b\sqrt{12}}$$

앞의 결과는

$$\frac{a}{b} = 0.35 \tag{11.16}$$

(b) 임계하중은 $P_{\text{cr}} = n_s P = (1.5)4 = 6$ kips 이다. 그래서

$$\sigma_{\text{cr}} = \frac{P_{\text{cr}}}{A} = \frac{6(10^3)}{0.35b^2}$$

식 (b)의 둘째로부터 $L_e/r = 2(15)\sqrt{12}/b = 103.923/b$이다. 따라서 식 (11.9)는

$$\frac{6(10^3)}{0.35b^2} = \frac{\pi^2(30\times 10^6)}{(103.923/b)^2}$$

식을 풀면 $b = 0.889$ in. 그리고 $a = 0.311$ in.이다.

부가설명 답(반올림 후)은 $a = 0.9$ in., $b = 0.3$ in.이다.

예제 11.7 핀으로 고정된 중간지지 기둥의 하중전달 능력

조건 구조용 철강 기둥이 그림 11.13에 그려진 바와 같이 중앙 C에서 지지를 받고 있다. 주목할 점은 중간지지가 xy평면상의 단순지지처럼 작용한다는 것이다. 그에 대한 데이터는 다음과 같다.

$$L = 20\text{ in.} \quad a = 0.3\text{ in.} \quad b = 1.2\text{ in.} \quad \sigma_y = 36\text{ ksi}$$
$$E = 30\times 10^6\text{ psi (표 B.4 참조)}$$

문제 안전계수 $n_s = 2.4$의 조건으로 허용하중 P_{all}을 구하라.

가정 기둥은 C에서 xy평면 내에 구속되어 있지만 yz평면상으로는 자유롭게 변형을 일으킨다(점 A, B는 제외).

풀이 단면적 특성은 다음과 같다(예제 11.6).

$$r_z = \frac{a}{\sqrt{12}} = \frac{0.3}{\sqrt{12}} = 0.087 \text{ in.}$$

$$r_y = \frac{b}{\sqrt{12}} = \frac{1.2}{\sqrt{12}} = 0.346 \text{ in.}$$

$$A = ab = (0.3)(1.2) = 0.36 \text{ in.}^2$$

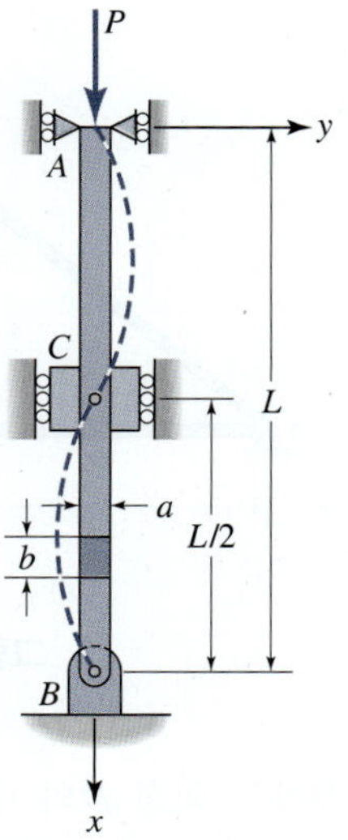

그림 11.13 중앙에 지지된 핀고정 기둥

xz평면에서 좌굴. 세장비는 $L/r_y = 20/0.346 = 57.8 < 91$이고 존슨 공식은 식 (11.10)으로 적용된다. 식 (11.13b)로부터 다음을 얻을 수 있다.

$$P_{\text{cr}} = (36000)(0.36)\left[1 - \frac{36000(57.8)^2}{4\pi^2(30\times10^6)}\right] = 11.64 \text{ kips}$$

xy평면에서 좌굴(C에서 지지). 이제 $L_e/r_y = 10/0.087 = 114.9$이다. 따라서 오일러 공식을 사용하면

$$P_{\text{cr}} = \frac{\pi^2 EA}{(L_e/r)^2} = \frac{\pi(30\times10^6)(0.36)}{(114.9)^2} = 8.07 \text{ kips}$$

기둥의 좌굴된 형상은 그림 11.13에 파선으로 표현되었다.

부가설명 허용하중 P_{all}은 xy평면에서 좌굴이 되어야 한다. 따라서

$$P_{\text{all}} = \frac{P_{\text{cr}}}{n_s} = \frac{8.074}{2.4} = 3.36 \text{ kips}$$

최종 답(반올림 후)은 $P_{\text{all}} = 3.36$ kips이다.

[예제 11.8] 트러스의 임계응력

조건 부재 AB, BC, AC로 구성된 평면 트러스가 그림 11.14(a)에 나타난 바와 같이 하중 P_1과 P_2를 지탱하고 있다. 1장에서 논의한 바와 같이 부재가 현실에서는 용접(혹은 볼트)으로 연결되어 있다고 하여도 종종 핀으로 결합되어 있는 것으로 고려된다[그림 11.14(b)]. 각

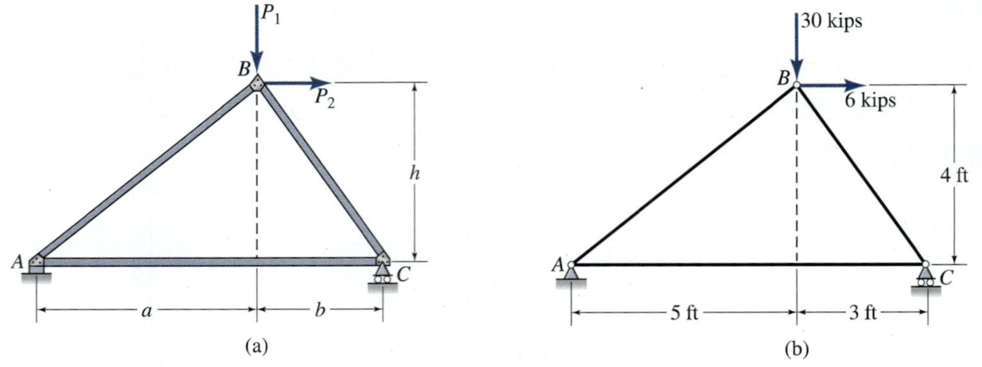

그림 11.14 (a) 3개의 트러스 부재 구조 (b) 트러스의 간략도

부재는 외경 D와 내경 d의 ASTM-A36 구조용강 파이프로 제작되었다. 데이터는 다음과 같다.

$$D = 2 \text{ in.} \quad d = 1.5 \text{ in.} \quad a = 5 \text{ ft} \quad b = 3 \text{ ft} \quad h = 4 \text{ ft}$$

$$P_1 = 30 \text{ kips} \quad P_2 = 6 \text{ kips} \quad E = 29 \times 10^6 \text{ psi} \quad \sigma_y = 36 \text{ ksi (표 B.4 참조)}$$

문제 각 부재의 응력을 구하라.

가정 부재의 자중은 가해진 외력에 비하여 작으므로 무시된다. 하중은 정하중이다. 핀조인트의 마찰은 무시된다.

풀이 그림 11.14(b)를 참조하라. 조인트법(1.8절 참조)을 사용하여 부재의 축력은 쉽게 계산된다.

$$F_{AB} = -13.2 \text{ kips} \qquad F_{BC} = -27.2 \text{ kips} \qquad F_{AC} = 16.3 \text{ kips}$$

음의 부호는 압축력을 나타낸다. $L_{AB} = 6.403$ ft 그리고 $L_{BC} = 5$ ft이다. 튜브 단면에 대하여 단면 특성은

$$A = \frac{\pi}{4}(D^2 - d^2) \qquad I = Ar^2 \frac{\pi}{64}(D^4 - d^4) \qquad r = \frac{1}{4}\sqrt{D^2 - d^2}$$

주어진 데이터를 대입하면

$$A = \frac{\pi}{4}(2^2 - 1.5^2) = 1.039 \text{ in.}^2$$

$$I = \frac{1}{4}\sqrt{2^2 + 1.5^2} = 0.625 \text{ in.}^4$$

그러므로 부재 AB에 대하여 $L_{AB}/r = (6.403)(12)/(0.625) = 122.9$이며, 부재 BC에 대하여 $L_{BC}/r = 5(12)/(0.625) = 96$이다.

식 (3.1)을 사용하여 부재 AC의 인장응력은 다음과 같다.

$$\sigma_{AC}=\frac{F_{AC}}{A}=\frac{16.3}{1.039}=15.69\text{ ksi}$$

이 값은 강철의 소성강도에 비하여 매우 작다. 각각 부재 AB, BC에 대하여 식 (11.9)에 의한 **임계응력**은 다음과 같다.

$$(\sigma_{cr})_{AB}=\frac{\pi^2(29\times10^6)}{(122.9)^2}=18.95\text{ ksi}$$

$$(\sigma_{cr})_{BC}=\frac{\pi^2(29\times10^6)}{(96)^2}=31.1\text{ ksi}$$

부가설명 18.95와 31.1 ksi를 소성강도 36 ksi와 비교하여 관찰하면 안전한 작업하중을 예측할 때 좌굴해석의 중요성을 알 수 있다. 즉 부재 AB와 BC는 소성이 발생하기 전에 좌굴에 의하여 기능을 상실한다. 부재 힘, 변위의 FEA와 기초 트러스의 설계는 **사례연구 2F**에 나와 있다.

연습문제

11.1절~11.5절

11.1 그림 P11.1에서와 같은 시스템에 대하여 임계하중 P_{cr}을 구하라. 강체 막대 AB는 점 A에서 강성(stiffness) k의 선형 스프링으로 B에서 강성 k_1의 비틀림 스프링으로 각각 지지되고 있다.

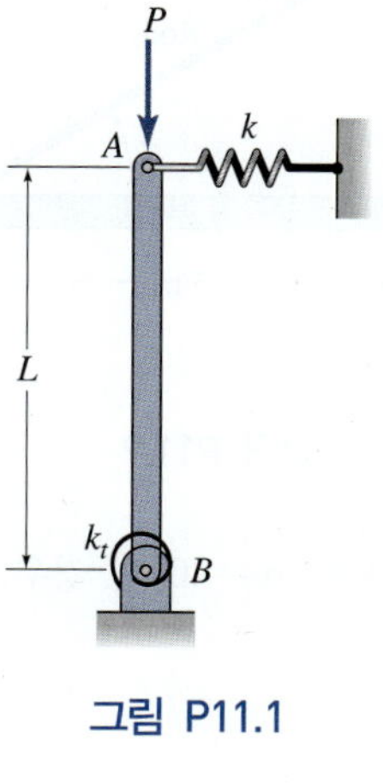

그림 P11.1

11.2 막대가 점 A에서 자유단으로 있는 경우에 대하여 문제 11.1을 다시 구하라.

11.3~11.4 그림 P11.3과 P11.4에서처럼 강체 막대-스프링 시스템에 대하여 P_{cr}을 구하라. 여기서 k는 선형 스프링 상수이다.

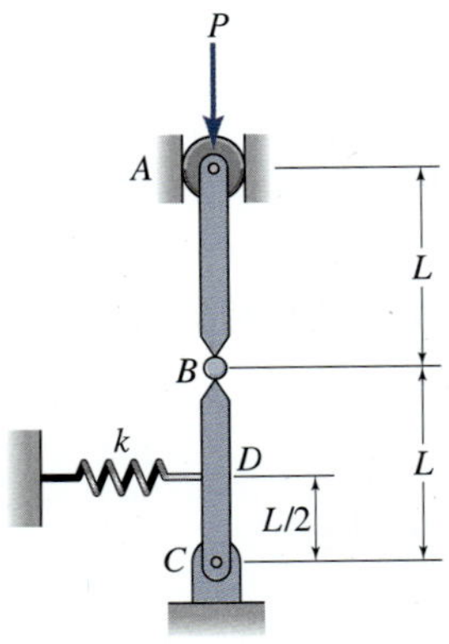

그림 P11.3

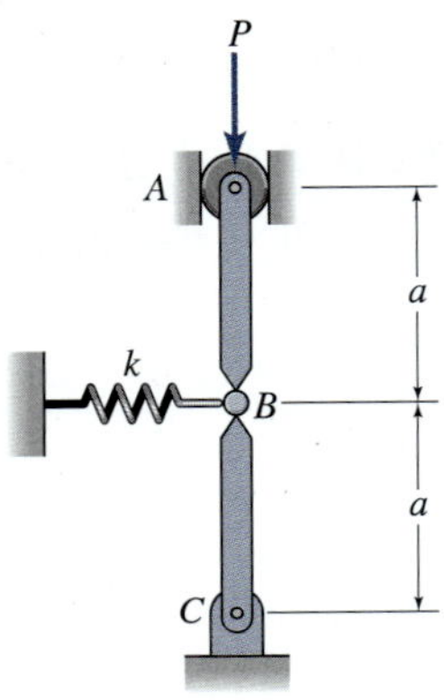

그림 P11.4

11.5~11.6 강체 막대-스프링 조립체가 그림 P11.5와 P11.6에 보여져 있다. 여기서 k_t는 비틀림 스프링 상수이다. 이 시스템의 임계하중 P_{cr}을 구하라.

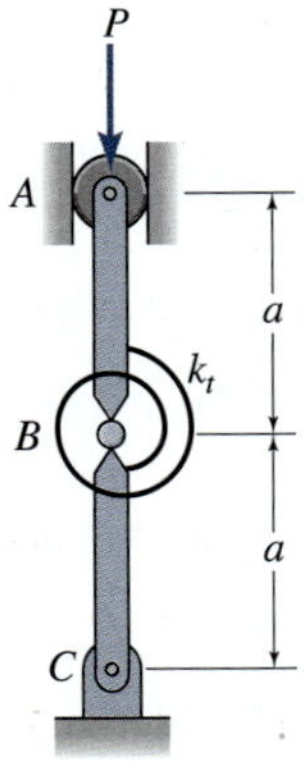

그림 P11.5

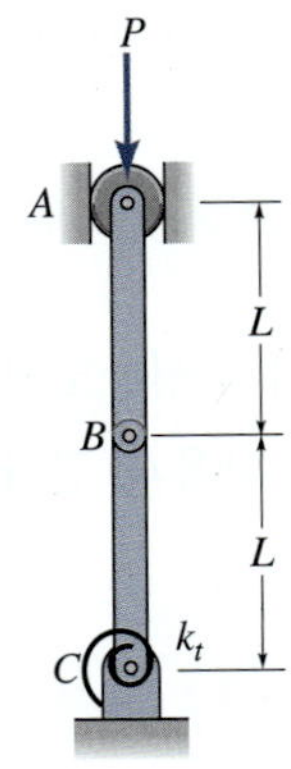

그림 P11.6

11.7 다음의 가정 하에서 문제 11.4를 다시 구하라. 2개의 강체 막대 AB와 BC는 길이가 $2a$인 1개의 강체 막대 AC로 교체되었고 점 A는 삭제되었다.

11.8 직사각형단면 $\frac{1}{8}$ in.$\times 1\frac{1}{8}$ in.의 핀으로 고정된 목재 막대($E = 1.6 \times 10^6$ psi)의 임계하중을 구하라.

11.9 그림 P11.9에 나타난 크레인은 용량 $W = 20$ kN을 보유하고 있다. $\alpha = 30°$이고 안전계수 $n_s = 3$인 경우에 원형 강철 막대 $AB(E = 200$ GPa)에 대하여 필요한 최소단면적의 크기를 구하라.

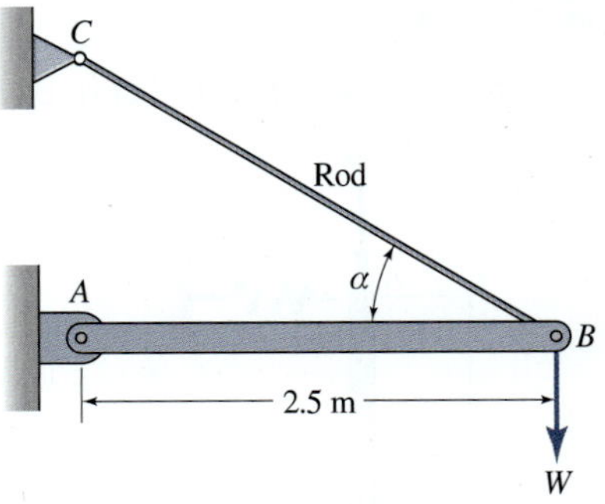

그림 P11.9

11.10 $W = 30$ kN, $\alpha = 40°$인 경우 문제 11.9를 다시 구하라.

11.11 2개의 동일한 원형 봉이 작은 간격을 띄우고(그림 P11.11) 서로 일직선상에 설치되어 있다. 다음의 상태가 되기 위하여 필요한 온도의 상승크기를 구하라.

(a) 처음 맞닿기

(b) 탄성좌굴 발생

조건 $\alpha = 12 \times 10^{-6}/°\text{C}$, $L = 1$ m, $d = 25$ mm, $\delta = 1.2$ mm

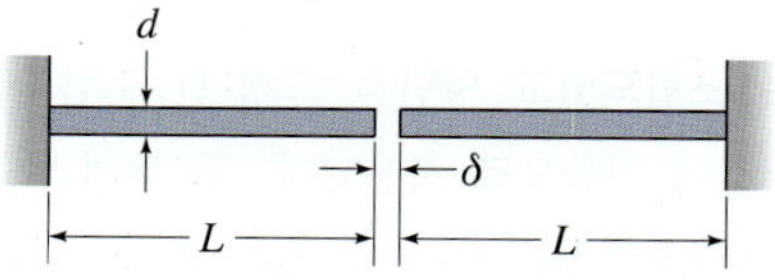

그림 P11.11

11.12 $\delta = 0.5$ mm, $L = 0.6$ m인 경우에 문제 11.11을 다시 구하라.

11.13 길이가 2 m이고 단면의 외경 60 mm, 내경 50 mm인 강철 봉($E = 20$ GPa)이 그림 P11.13의 조립체에서 간격 벌리기 역할을 하고 있다. 안전계수 $n_s = 2$에 대하여 봉에 좌굴이 발생하는 데 필요한 힘의 크기 F를 구하라.

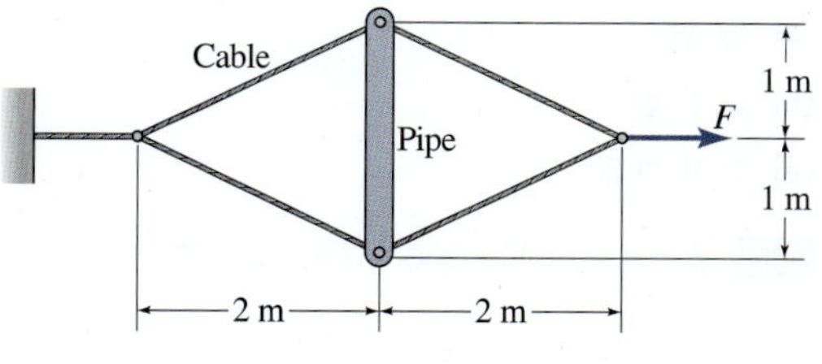

그림 P11.13

***11.14** 크레인이 $b \times h$ 직사각형단면의 막대 AB로 구성되었다(그림 P11.14). 기둥의 좌굴하중을 구하라.

조건 $b = 2$ in., $h = 3$ in., $E = 30 \times 10^6$ psi, $\sigma_y = 36$ ksi

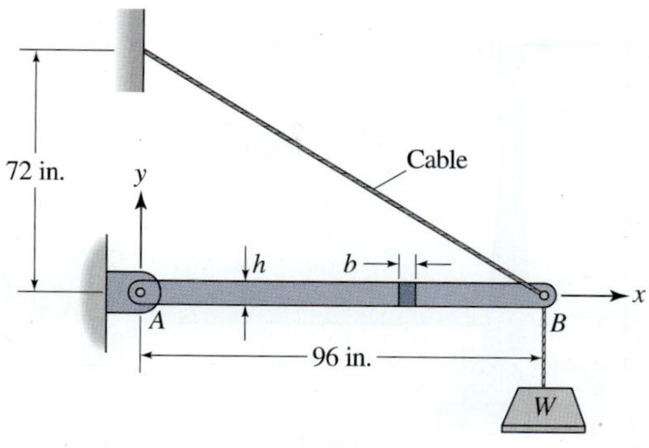

그림 P11.14

11.15 압축부재로 사용되는 2개의 알루미늄 합금 2014-T6 막대가 그림 P11.15에 나타난 단면을 가지고 있다. 각 부재의 유효길이는 L_e이다. 다음을 구하라.

(a) 2개의 막대가 동일한 단면적을 가지는 중공 사각 막대의 벽 두께

(b) 각 막대의 임계하중

조건 $L_e = 8$ ft, $E = 10.6 \times 10^6$ psi(표 B.4 참조)

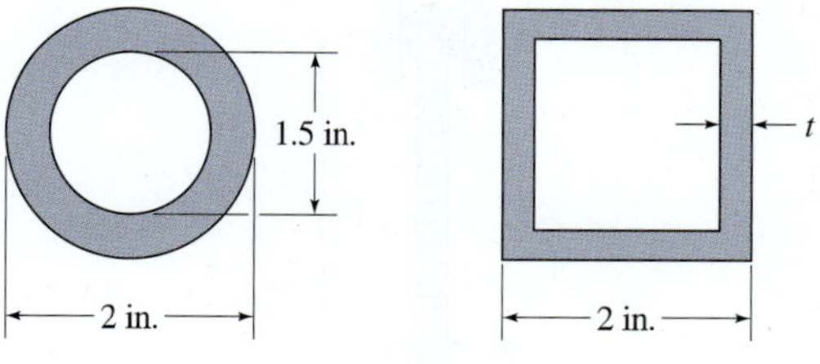

그림 P11.15

11.16 조절 막대가 고강도 ASTM-A242 막대 AB와 회전팔 CD(그림 P11.16)로 구성되어 있다. 하중은 핀 A를 통하여 막대로 전달된다. 막대의 좌굴강도와 안전계수 n_s를 기준으로 적용될 수 있는 최대힘의 크기 F를 구하라.

조건 $a = 160$ mm, $b = 40$ mm, $L = 0.6$ m, $d = 10$ mm, $n_s = 1.7$, $E = 200$ GPa, $\sigma_y = 345$ MPa (표 B.4 참조)

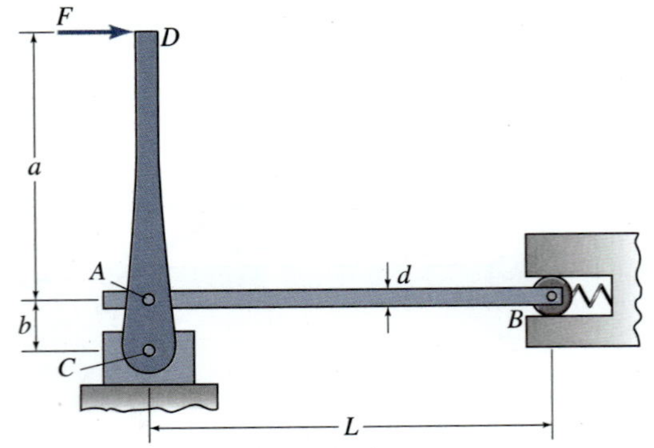

그림 P11.16

11.17 길이 L의 원형 강철 기둥의 하단이 바닥에 고정되어 있고 상단은 핀으로 조립되어 최대허용하중 P(그림 P11.17)를 지탱한다. 좌굴에 대하여 안전계수 n_s를 고려한 부재의 직경 d를 구하라.

조건 $L=50$ in., $P=4.5$ kips, $n_s=3$, $E=3\times10$ psi, $\sigma_y=55$ ksi

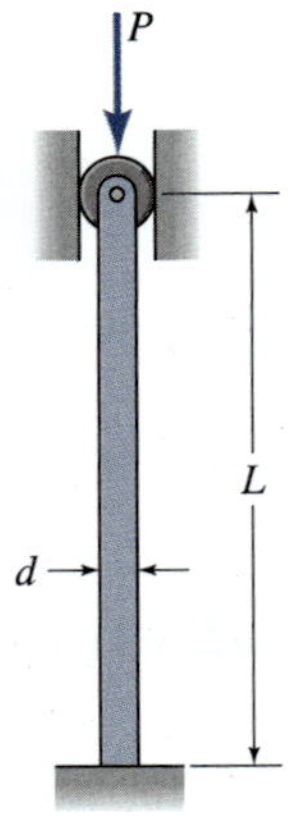

그림 P11.17

11.18 기둥의 길이가 $L=20$ in., 최대허용하중 $P=30$ kips인 경우에 문제 11.17을 다시 구하라.

11.19 2개의 C 6×10.5 강철 채널(표 B.10 참조)이 그림 P11.19에 나타난 바와 같이 관통하여 볼트로 조립되었고 핀으로 양단을 고정하여 8 ft 길이의 기둥으로 사용된다. $E=30\times10^6$ psi를 사용하여 두 부재에 대한 좌굴하중을 구하라.

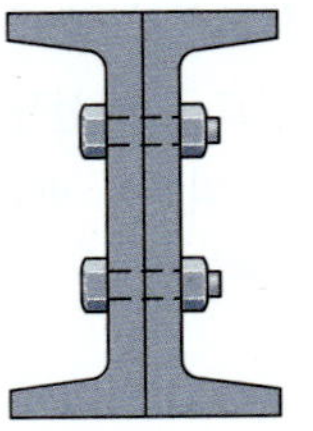

그림 P11.19

11.20 2개의 L $3\times3\times\frac{3}{4}$ 강철 앵글(표 B.11 참조)이 그림 P11.20에 그려진 바와 같이 관통하여 볼트로 조립되었고 양단을 고정-핀 조립조건으로 12 ft 길이 기둥으로 사용된다. 두 부재의 좌굴하중을 구하라. 이때 $E=29\times10^6$ psi를 사용하라.

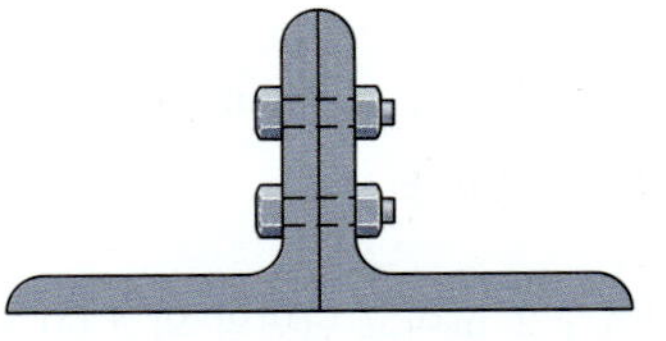

그림 P11.20

11.21 S 310×74 강철단면(표 B.9 참조)이 실제 길이 L의 기둥으로 사용된다. 안전계수 n_s를 기준으로 다음 각 조건에 대하여 임계하중 P_{cr}을 구하라.

(a) 핀-핀

(b) 고정-핀

(c) 고정-자유

조건 $L=4$ m, $E=200$ GPa, $n_s=2$

11.22 실제 길이 $L=9$ m의 W 250×80 강철 기둥(표 B.8 참조)에 대하여 문제 11.21을 다시 구하라.

11.23~11.24 안전계수 $n_s=2$가 주어질 때 그림 P11.23과 P11.24의 구조에 적용될 수 있는 최대하중 F를 구하라.

가정 각 기둥은 $E=210$ GPa, 직경 50 mm 철제 막대이다.

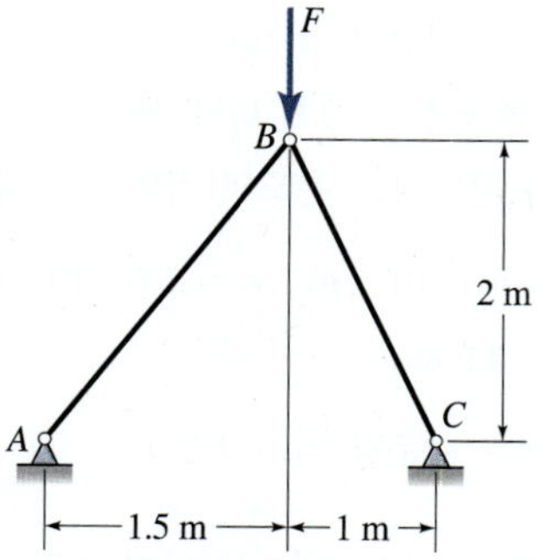

그림 P11.23

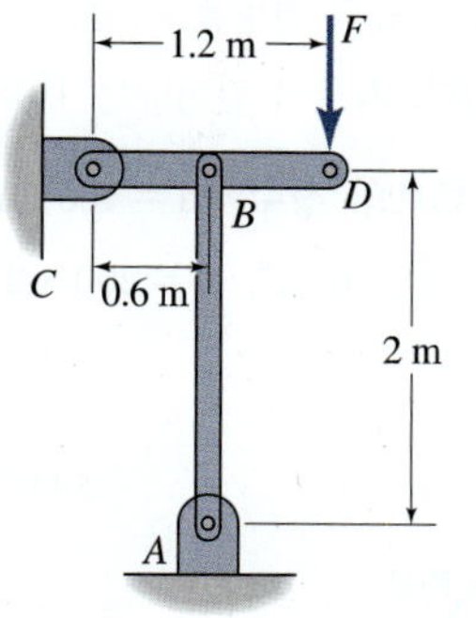

그림 P11.24

11.25~11.26 안전계수 $n_s = 1.5$가 주어질 때 그림 P11.25와 P11.26에 나타난 구조에 적용될 수 있는 최대하중 F를 구하라.

가정 각 기둥은 $E = 10 \times 10^6$ psi의 직경 $1\frac{5}{8}$ in. 철제 막대이다.

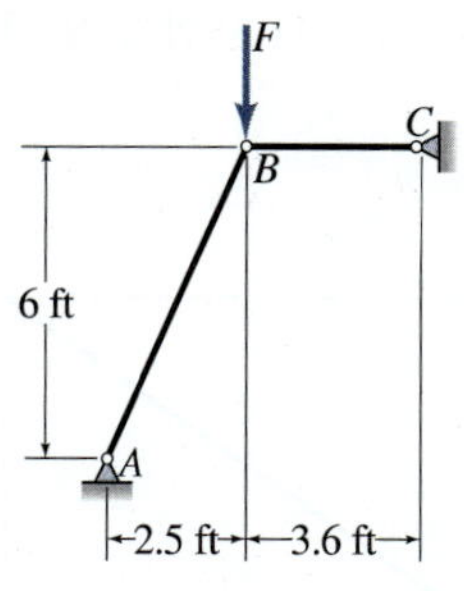

그림 P11.25

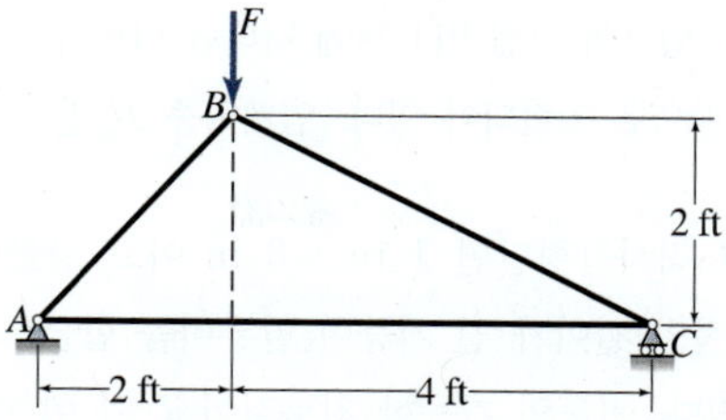

그림 P11.26

***11.27** 그림 P11.27에서와 같은 트러스 ABC가 하중 $P = 2$ kN을 지탱하고 있다. 부재의 좌굴에 대하여 안전계수 n_s를 구하라.

가정 각 부재는 $E = 210$ GPa인 원형 강철 중공축이다.

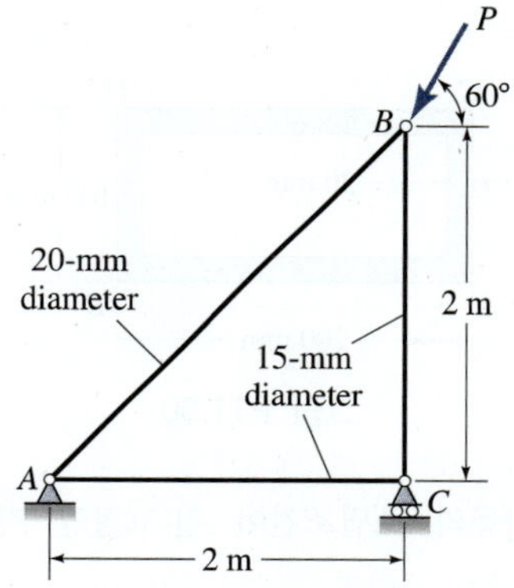

그림 P11.27

***11.28** 길이 L, 굴곡 강성 EI의 기둥 AB가 회전은 안되고 수평변위는 가능한 지지구조를 하단에

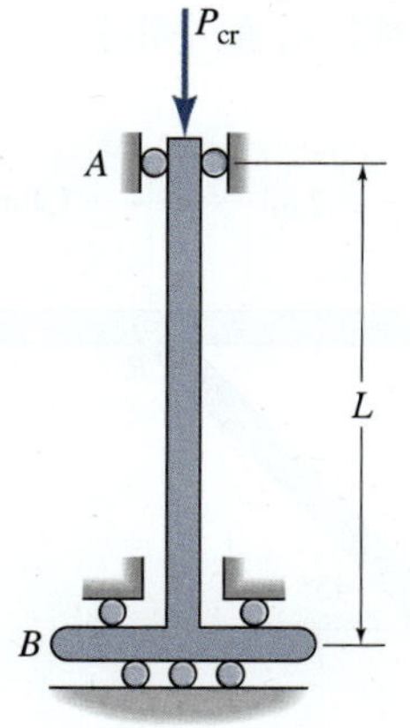

그림 P11.28

가지고 있으며 그림 P11.28에 나타난 바와 같이 상단에는 핀으로 조립되어 있다. 임계하중 P_{cr}을 구하라.

11.29 직사각형단면 1 in.×3 in.이고 양끝이 고정-고정인 길이가 긴 기둥이 알루미늄 합금으로 만들어졌다. 기둥의 가능한 최소길이 L_c와 이 길이의 임계하중 P_{cr}을 구하라.

조건 $E = 10 \times 10^6$ psi, $\sigma_p = 18$ ksi

11.30 일정한 두께 $t = 20$ mm(그림 P11.30)의 직사각형 알루미늄($E = 70$ GPa) 튜브가 양끝이 고정된 6 m 길이의 기둥으로 쓰인다. 기둥에서 임계응력을 구하라.

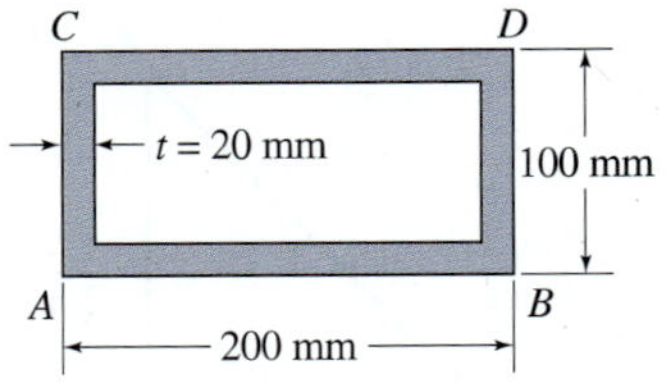

그림 P11.30

11.31 기둥의 조립조건이 핀-고정인 경우 문제 11.30을 다시 구하라.

11.32 그림 P11.32에 나타난 구조의 받침 부재 BD가 정사각형단면(한 변 40 mm)의 강철 막대($E = 200$ GPa, $\sigma_y = 18$ MPa)이다. 좌굴에 견딜 수 있는 안전계수 n_s를 구하라.

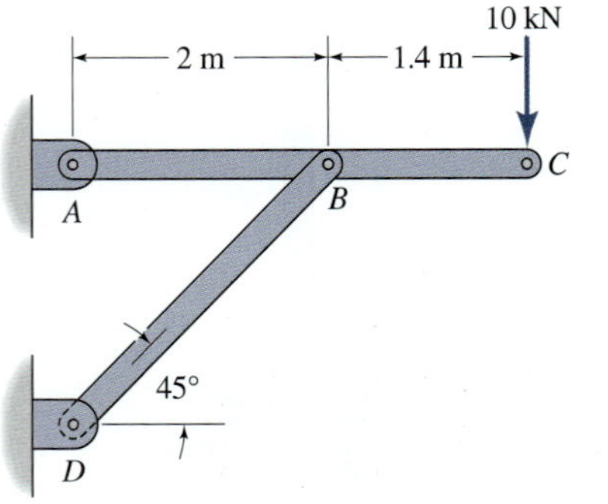

그림 P11.32

11.33 직사각형단면 4 in.×2 in.의 6 ft 길이 기둥이 강체 천장과 강체 바닥 사이에 설치되어 있다. 기둥이 좌굴되는 온도의 차이를 구하라.

조건 $E = 30 \times 10^6$ psi, $\alpha = 6.7 \times 10^{-6}/°F$,
$\sigma_y = 34$ ksi

가정 양단은 라운딩 처리되었다.

11.34 그림 P11.34(a)의 크레인이 직경 35 mm인 막대 BC와 강철 튜브 AB로 구성되어 있다. 두 부재의 대략적인 응력-변형률 곡선은 그림 P11.34(b)에 보여져 있다. 좌굴이 일어나는 W의 값을 구하라.

조건 강철 튜브의 상수: $A = 400$ mm^2,
$I = 8 \times 10^3$ mm^4, $E = 200$ GPa

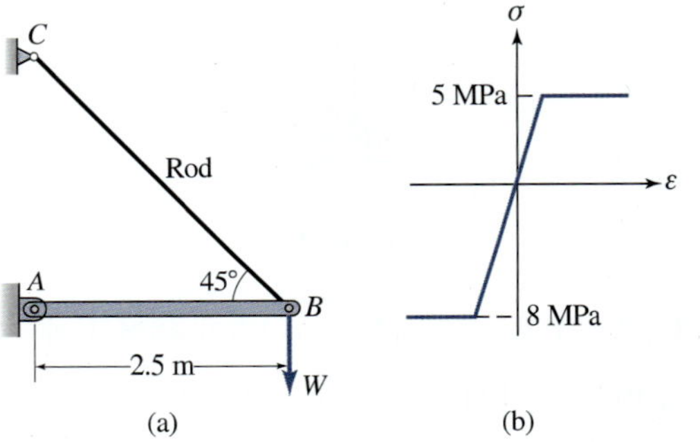

그림 P11.34

***11.35** 길이 60 in., 직경 2 in.의 기둥이 하단은 고정, 상단은 핀으로 조립되어 있다. 재료의 응력-변형률 선도가 그림 P11.35와 같을 때 축방향 좌굴

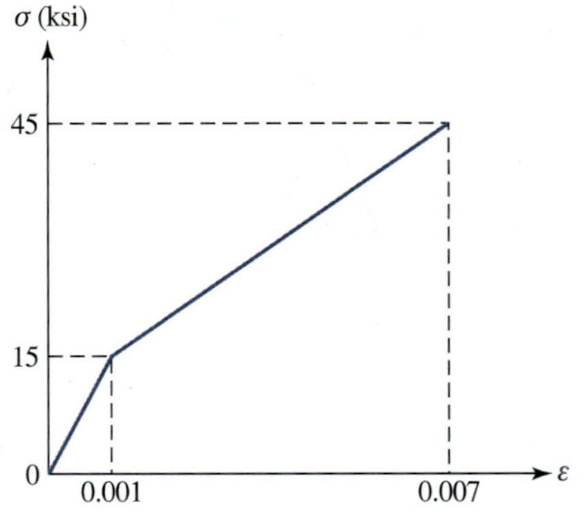

그림 P11.35

하중 P_{cr}을 구하라.

11.36 길이 0.5 m, 직사각형 50 mm×75 mm 단면 기둥의 양단이 핀으로 조립되어 있다. 재료의 대략적인 응력-변형률 곡선이 그림 P11.36과 같을 때 좌굴하중 P_{cr}을 구하라.

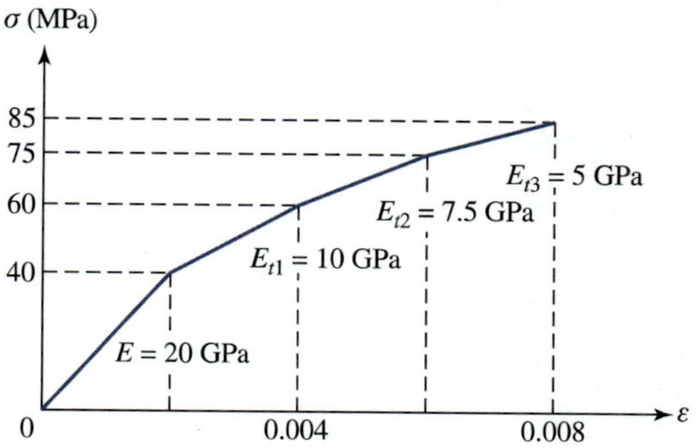

그림 P11.36

***11.37** 그림 P11.37의 구조에서 핀으로 조립된 기둥 AB가 좌굴될 w_0의 값을 구하라. 기둥은 그림 P11.36에 나타난 응력-변형률 곡선을 갖는 것으로 가정하라. 이때 $L=0.5$ m를 사용하라.

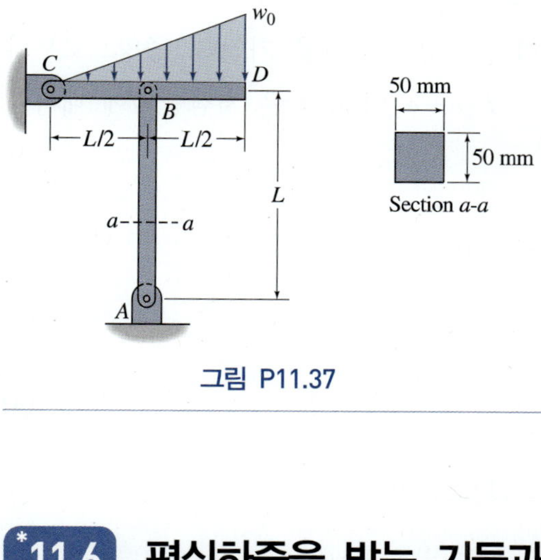

그림 P11.37

11.38 기둥의 한끝이 고정되고 다른 쪽은 핀으로 조립될 때 문제 11.36을 다시 구하라.

11.39 어떤 구조강 기둥이 하단은 고정, 상단은 핀으로 조립되었다. 기둥은 폭 $b=40$ mm, 깊이 $h=12$ mm 직사각형단면을 가지고 있다. 다음 길이에 대하여 좌굴하중 P_{cr}을 구하라.

(a) $L=200$ mm

(b) $L=600$ mm

***11.40** 핀으로 양단이 조립된 알루미늄 합금 6061-T6 중공축의 임계하중 P_{cr}을 구하라. 기둥은 외경 $d_o=75$ mm, 내경 $d_i=72$ mm, 길이 $L=$ 800 mm이다.

11.41 양단이 핀으로 조립된 구조용강 기둥의 직사각형단면은 폭 $b=3$ in., 깊이 $h=4$ in.이다. 오일러 공식을 이용하여 기둥의 가능한 최소길이 L_{min}을 구하라.

조건 $\sigma_y=36$ ksi, $E=29\times10^6$ psi (표 B.4 참조)

11.42 각각 원형과 직사각형단면을 가진 기둥의 중간 길이에 대하여 존슨 공식, 식 (11.13a)와 (11.13b)를 밝혀라.

*11.6 편심하중을 받는 기둥과 시컨트 공식

지금까지 하중이 단면의 도심에 작용하는 경우의 기둥에 발생하는 좌굴을 다루었다. 이제 **편심하중**(eccentric load)을 받는 기둥을 해석한다. 실제 상황에서 하중의 정렬은 불완전하기 때문에 이 경우는 현실적으로 매우 중요하다. 또한 고의적으로 편심하중이 가해진 기둥

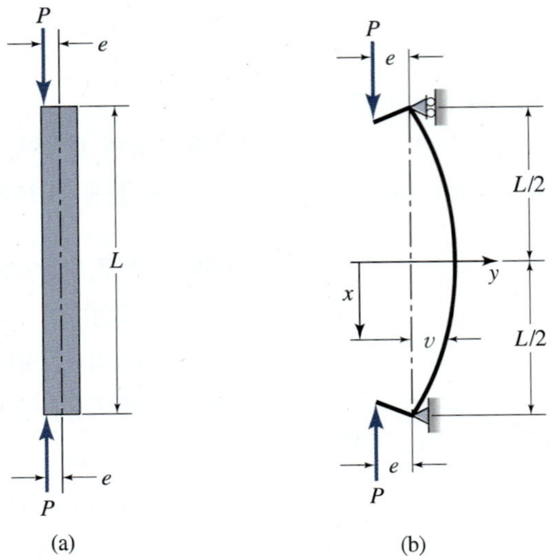

그림 11.15 편심축하중을 받는 기둥 (a) 최초 직선 기둥 (b) $n=1$인 경우 좌굴형상

의 경우도 많이 있다.

기둥의 축[그림 11.15(a)]에 상대적으로 작은 **편심** e의 위치에 가해지는 압축하중을 받는 기둥을 고려한다. 부재는 최초에 직선이고 재료를 선형탄성이라고 가정한다. 기둥의 이상화된 도식이 그림 11.15(b)의 핀으로 연결된 그림에 나타나 있다.

그림에 나타난 바와 같이 하중의 증가에 따라서 기둥은 곡률을 가진다. 중앙으로부터 거리 x만큼 떨어진 위치의 굽힘 모멘트는 $M=-P(v+e)$이다. 작은 처짐량 v에 대하여 탄성곡선의 미분방정식은 다음과 같다.

$$EI\frac{d^2v}{dx^2}+P(v+e)=0$$

또는

$$\frac{d^2v}{dx^2}+p^2v=-p^2e \tag{a}$$

여기서 앞에서와 같이 $p=P/EI$이다. 일반해는 다음과 같다.

$$v=A\sin px+B\cos px-e \tag{b}$$

여기서 처음 두 항은 재차해(homogeneous solution)이고 $-e$는 특수해(particular solution)이다.

상수 A와 B를 구하기 위하여 경계조건 $v(L/2)=v(-L/2)=0$을 고려하면 다음과 같은 결과가 된다.

$$A = 0 \qquad B = \frac{e}{\cos\left[\sqrt{P/EI}(L/2)\right]}$$

그러므로 처짐곡선의 식은

$$v = e\left[\frac{\cos\sqrt{P/(EI)}\,x}{\cos\sqrt{PL^2/(4EI)}} - 1\right] \tag{11.17}$$

임계하중 $P_{cr} = \pi^2 EI/L^2$의 관점에서 표현하면 중앙($x=0$)에서 처짐량은

$$v_{max} = e\left[\sec\left(\frac{\pi}{2}\sqrt{\frac{P}{P_{cr}}}\right) - 1\right] \tag{11.18}$$

이 식으로부터 P가 P_{cr}에 가까워질수록 최대처짐량은 제한없이 커지게 된다. 따라서 P는 중앙하중을 받는 기둥에 대한 11.3절의 임계값에 도달할 수 없다.

▶ 건설 중인 수영장 구조에서 다양한 형상의 적층목재판 기둥. 기둥은 바닥에서 핀조건으로 천장에서 보에 강체로 연결된 가정으로 고려된다. 보의 처짐으로 기둥의 도심에 하중이 가해진다. NJIT의 W. Konon 교수 제공.

최대응력

최대압축응력 $\sigma_{\max}$는 기둥의 오목한 부분의 $x=0$에서 일어난다. 따라서

$$\sigma_{\max}=\frac{P}{A}+\frac{Mc}{I}=\frac{P}{A}+\frac{M_{\max}c}{Ar^2} \tag{11.19}$$

여기서 r은 선회반경을 의미하고 c는 단면의 도심으로부터 최외곽 위치까지 거리이며, 둘 다 편심의 방향에 있다. $M_{\max}=-P(V_{\max}+e)$를 식 (11.18)과 함께 식 (11.19)에 대입하면 다음을 얻는다.

$$\sigma_{\max}=\frac{P}{A}\left[1+\frac{ec}{r^2}\sec\left(\frac{\pi}{2}\sqrt{\frac{P}{P_{cr}}}\right)\right] \tag{11.20a}$$

또는

$$\sigma_{\max}=\frac{P}{A}\left[1+\frac{ec}{r^2}\sec\left(\frac{L}{2r}\sqrt{\frac{P}{AE}}\right)\right] \tag{11.20b}$$

시컨트 공식(secant formula)으로 알려진 식 (11.20)은 최대응력이 재료의 탄성한계 이내에 있는 경우에 응용할 수 있다. 이것은 기둥의 $\sigma_{\max}$를 평균응력(P/A), 편심비(ec/r^2), 세장비(L/r) 등의 함수이다. 식 (11.20)은 $\sigma_{\max}$와 P 간의 비선형관계이기 때문에 다른 축력에 의하여 발생된 최대응력은 중첩될 수 없다.

허용하중

식 (11.20)에 포함된 좌굴하중은 $P=P_y$와 $\sigma_{\max}=\sigma_y$로 놓음으로써 한계값, 즉 소성하중 P_y로 환산될 수 있다. 이에 따라서 시컨트 공식은 다음과 같다.

$$\sigma_y=\frac{P_y}{A}\left[1+\frac{ec}{r^2}\sec\left(\frac{L_e}{2r}\sqrt{\frac{P_y}{AE}}\right)\right] \tag{11.21}$$

여기서 유효길이는 유도된 식을 다른 끝단 조건을 가진 기둥에 적용할 수 있도록 만든다. 이 관계식을 시행착오법이나 수치방법의 근을 찾는 기술을 사용하여 주어진 기둥에 대하여 P_y/A의 값을 계산하는 데 사용할 수 있다. 식 (11.21)의 사용을 용이하게 하기 위하여 그림 11.16(a), (b)에 나타난 종류의 곡선을 유용하게 사용할 수 있다. 주어진 그림은 $E=200\text{ GPa}(29\times10^6\text{ psi})$ 구조용강 기둥에 대하여 그린 것이다. 흥미롭게도 수평선과

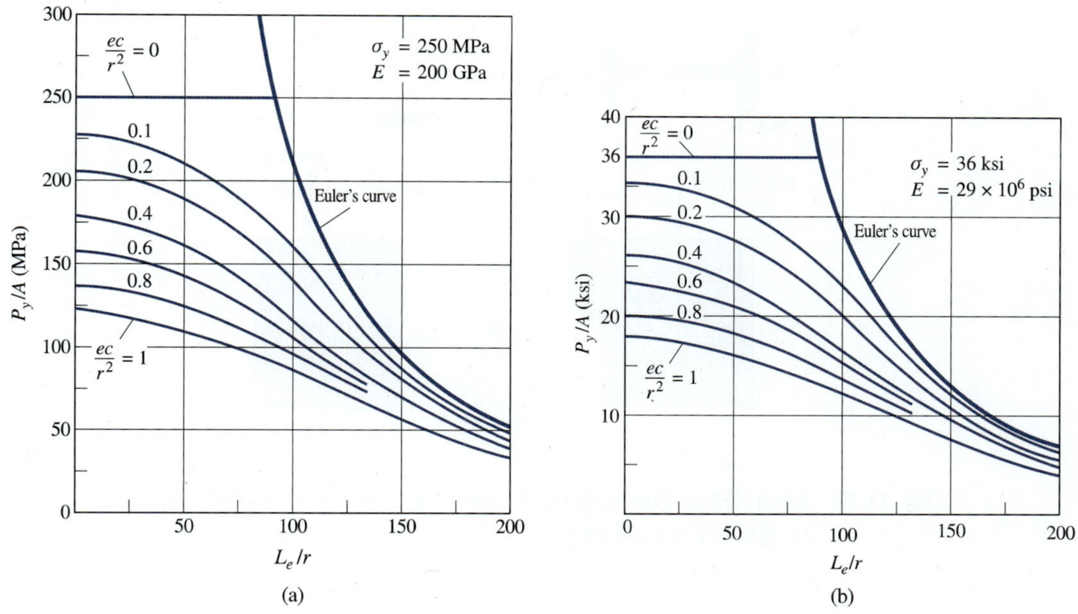

그림 11.16 시컨트 공식의 그래프 (a) SI단위계 (b) US관용단위계

오일러 곡선은 e가 0으로 가까워질수록 시컨트 공식의 접근선이 된다. 그래프로부터 하중 지탱능력은 편심이 커질수록 줄어든다. 시컨트 공식을 사용한 기둥의 설계는 컴퓨터 프로그램을 통하여 최선의 방법으로 구현될 수 있다.

극한하중을 해석한 후 다음의 식으로부터 **허용축하중** P_{all}을 결정할 수 있다.

$$P_{\text{all}} = \frac{P_y}{n_s} \tag{11.22}$$

여기서 n_s는 안전계수이다. 식 (11.20)으로부터 기둥 거동을 잘 파악할 수 있다. 그러나 하중의 편심 e는 정확하게 알기 어렵기 때문에 실제 적용에는 어려움이 따른다. 시컨트 공식은 좌굴이 xy평면에서 일어난다는 가정에서 만들어졌다. 또한 xz평면에서 좌굴을 해석하는 것도 필요하지만 식 (11.20)은 이 목적으로는 적용될 수 없다. 명백히 이러한 가능성은 폭이 좁은 기둥에서 상존한다.

[예제 11.9] 편심하중을 받는 기둥에 적용된 시컨트 공식

조건 6 m 길이의 핀으로 설치된 S 200×34 단면의 강철 기둥[그림 11.17(a)]이 중심하중 $P_1 = 400$ kN과 편심하중 $P_2 = 80$ kN[그림 11.17(b)]을 지탱하고 있다. $E = 200$ GPa,

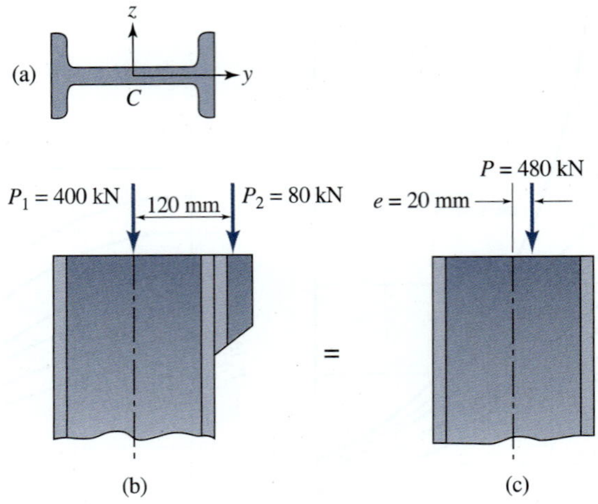

그림 11.17 2개의 하중을 받는 기둥 (a) S 200×34 단면 (b) 편심하중을 받는 부재의 일부 (c) 등가편심하중

$\sigma_y = 250$ MPa이다.

문제 기둥에서 발생하는 최대처짐량과 응력을 구하라.

가정 좌굴은 xy평면에서 일어난다(그림 11.15 참조).

풀이 하중 P_1과 P_2는 정적으로 편심위치 $e = 20$ mm[그림 11.17(c)]에 작용하는 하중 $P = 480$ kN과 동등하다. S 200×34 단면의 특성(표 B.9 참조)으로부터 다음을 얻는다.

$$\frac{P}{A} = \frac{480 \times 10^3}{4370 \times 10^{-6}} = 109.8 \text{ MPa}$$

$$\frac{ec}{r^2} = \frac{eA}{S} = \frac{(0.02)(4370 \times 10^{-6})}{266 \times 10^{-6}} = 0.3286$$

그리고

$$P_{cr} = \frac{\pi^2 EI}{L^2} = \frac{\pi^2 (200 \times 10^9)(27 \times 10^{-6})}{(6)^2} = 1480.45 \text{ kN}$$

$P/P_{cr} = 1/3.08$과 $e = 20$ mm를 식 (11.18)에 대입하면 중앙에서 수평방향 처짐량을 얻는다.

$$v_{max} = e\left[\sec\left(\frac{\pi}{2}\sqrt{\frac{P}{P_{cr}}}\right) - 1\right] = 20(1.599 - 1) = 12 \text{ mm}$$

유사한 방법으로 식 (11.20a)로부터

$$\sigma_{\max} = \frac{P}{A}\left[1 + \frac{ec}{r^2}\sec\left(\frac{\pi}{2}\sqrt{\frac{P}{P_{\text{cr}}}}\right)\right] = 167.5\ \text{MPa}$$

이 값은 기둥에서 가장 큰 수직응력이다.

부가설명 소성에 대한 안전계수는 $n_s = 250/167.5 = 1.49$이다.

짧은 기둥 혹은 버팀대

압축하중 P를 받는 버팀대는 응력이 재료의 탄성한계에 도달할 때까지 길이가 줄어든다. 앞에서 언급된 바와 같이 이 상태에서 영구변형이 시작되며 부재의 유용성은 한계에 도달한다. 편심하중편이 있을 때 탄성한계는 작은 하중에서 도달된다(그림 11.15).

버팀대를 위한 시컨트 공식은 세장비 L_e/r의 작은 값에 대하여 간편한 식으로 대치된다. 이 경우에 대하여 시컨트는 1의 값이므로 식 (11.20b)는 다음과 같이 된다.

$$\sigma_{\max} = \frac{P}{A}\left(1 + \frac{ec}{r^2}\right) \tag{11.23}$$

앞의 식은 **짧은 기둥**에 대하여 보편적으로 사용되는 관계식이다. 식 (11.20)과는 달리 식 (11.23)은 굽힘 처짐을 포함하지 않는데, 처짐은 편심 e를 증폭과 함께 응력을 증폭시키는 효과를 가진다.

[예제 11.10] 가공부품을 고정하는 조립형상 버팀대의 응력

조건 가공부품이 $2P$의 인장력으로 조이는 볼트[그림 11.18(a)]에 의하여 절삭기계 선반에 고정되어 있다. 클램프 조임 위치는 거리 e만큼[그림 11.18(b)] 버팀대의 중앙축으로부터 편심되어 있다. 버팀대는 직경 d, 길이 L의 고강도 ASTM-A242 강으로 만들어졌다. 데이터는 다음과 같다.

$d = 1.2$ in. $\quad e = 0.14$ in. $\quad L = 1.5$ in. $\quad P = 800$ lb

$E = 29 \times 10^6$ psi (표 B.4 참조)

문제 다음의 요구를 통하여 버팀대의 최대응력을 구하라.

(a) 짧은 기둥식[식 (11.23)]

(b) 시컨트 공식

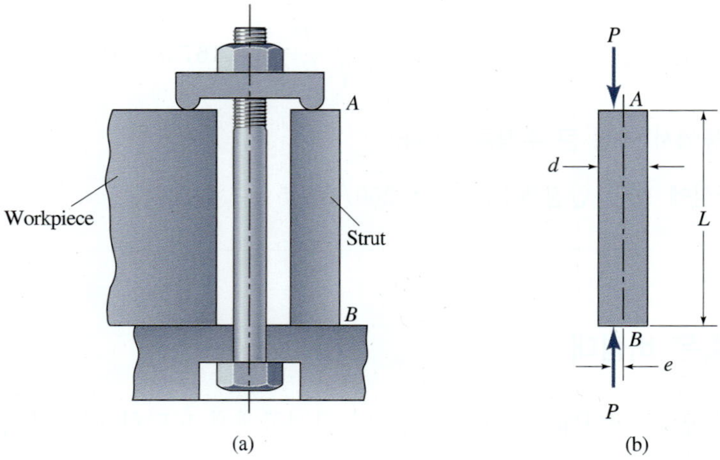

그림 11.18 (a) 조립형상 (b) 중앙 축압축하중을 받는 버팀대

가정 버팀대는 핀으로 고정된 기둥으로 고려되고 $L_e = L$[그림 11.4(b)]이다.

풀이 버팀대의 **단면적**은

$$c = \frac{d}{2} = \frac{1}{2}(1.2) = 0.6 \text{ in.}$$

$$A = \frac{\pi}{4}d^2 = \frac{\pi}{4}(1.2)^2 = 1.131 \text{ in.}^2$$

$$I = \frac{\pi}{64}d^4 = \frac{\pi}{64}(1.2)^4 = 0.1018 \text{ in.}^4$$

$$r = \sqrt{I/A} = 0.3$$

$$\frac{L_e}{r} = \frac{5}{0.3} = 16.6667$$

주어진 데이터를 이용하면 다음을 얻는다.

$$\frac{P}{A} = \frac{800}{1.131} = 707.34 \text{ psi}$$

$$\frac{ec}{r^2} = \frac{(0.14)(0.6)}{(0.3)^2} = 0.9333$$

(a) 짧은 기둥식. 앞의 값들을 식 (11.23)에 대입하면

$$\sigma_{\max} = \frac{P}{A}\left(1 + \frac{ec}{r^2}\right) = 1365.5 \text{ psi}$$

(b) 시컨트 공식. 수치 데이터를 식 (11.20b)에 대입하면 다음의 결과를 얻는다.

$$\sigma_{\max} = \frac{P}{A}\left[1 + \frac{ec}{r^2}\sec\left(\frac{L_e}{2r}\sqrt{\frac{P}{AE}}\right)\right] = 1368 \text{ psi}$$

부가설명 결과로부터 이런 짧은 압축부재의 경우에 횡방향 처짐이 응력에 미치는 영향은 무시될 수 있다.

연습문제

11.6절

11.43 외경 d, 두께 t의 ASTM-47 주철 중공축을 길이 L 기둥으로 양단을 핀으로 조립하여 안전계수 n_s의 편심하중 P(그림 P11.43)를 지지하는 용도로 사용한다. 허용가능한 최대편심 e를 구하라.

조건 $d = 10$ in., $t = \frac{3}{4}$ in., $L = 15$ ft, $P = 160$ kips, $n_s = 2$, $E = 24 \times 10^6$ psi, $\sigma_y = 33$ ksi

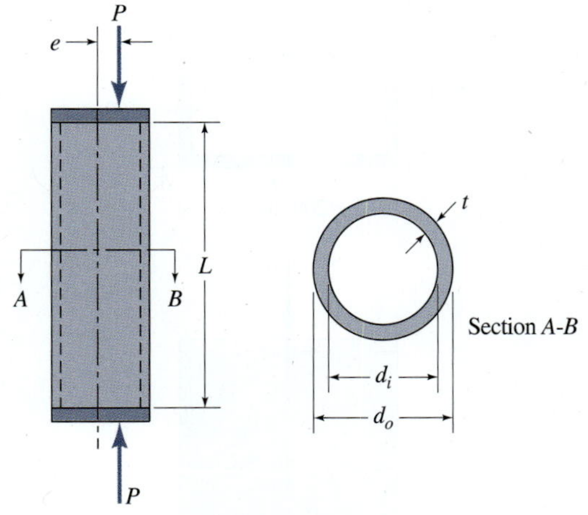

그림 P11.43

11.44 외경 d_o, 내경 d_i, 길이 L의 양단을 핀으로 조립한 알루미늄 합금 2014-T6 중공축이 편심 e의 압축하중 P를 지탱하고 있다(그림 P11.43). 중공축의 최대응력을 구하라.

조건 $d_o = 3$ in., $d_i = 2.9$ in., $L = 35$ in., $e = 0.2$ in., $P = 1.5$ kips, $E = 10.6 \times 10^6$ ksi, $\sigma_y = 60$ ksi (표 B.4 참조)

***11.45** 구조용 철강 ASTM-A36 튜브의 길이는 L, 외경 d_o, 두께 t이고 양단은 핀으로 조립되어 있다. 압축하중 P는 그림 P11.43에 나타난 바와 같이 편심 e 위치에서 작용한다. 다음을 구하라.

(a) 튜브 내의 최대응력

(b) 재료소성에 대하여 안전계수 n_s를 기준으로 허용응력

조건 $d = 70$ mm, $t = 5$ mm, $L = 2.5$ m, $e = 32.5$ mm, $P = 10$ kN, $n_s = 3$, $E = 210$ GPa, $\sigma_y = 250$ MPa (표 B.4 참조)

11.46 튜브의 하단은 고정, 상단은 자유로 조립하고 안전계수 $n_s = 2$(그림 P11.43)인 경우 문제 11.45를 다시 구하라.

11.47 튜브의 양 끝단을 고정-핀으로 조립하고 안전계수 $n_s = 1.5$일 때 문제 11.45를 다시 구하라.

11.48 직경 d의 양끝이 핀으로 조립된 막대가 그

림 P11.48과 같이 편심하중 P를 지지하고 있다. 중앙위치에서 최대처짐량이 $v_{\max}$인 경우 다음을 구하라.

(a) 편심량 e

(b) 막대 내의 최대응력

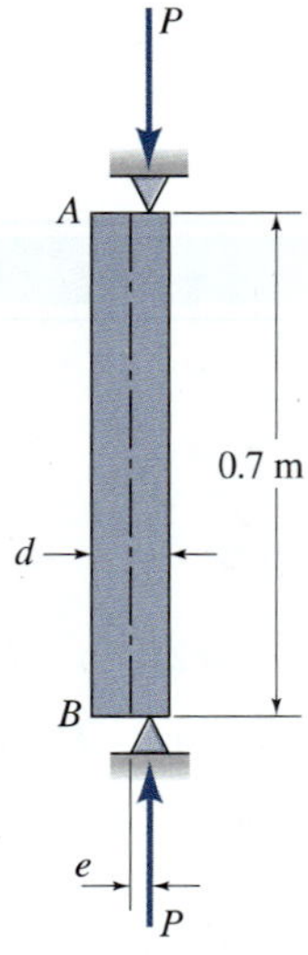

그림 P11.48

11.49 기둥 AB의 양단 B와 A를 각각 고정, 자유로 조립한 경우에 문제 11.48을 다시 구하라.

11.50 양단이 핀으로 조립된 직경 5 mm 강철 기둥이 그림 P11.48에 나타난 바와 같이 하중이 가해지고 있다. 소성에 관하여 안전계수 n_s를 고려하여 그림 11.16(a)를 참고하고 다음과 같은 편심의 경우에 허용하중 P_{all}을 구하라.

(a) $e = 5$ mm

(b) $e = 3$ mm

조건 $E = 200$ GPa, $\sigma_y = 275$ MPa, $n_s = 3$

11.51 식 (11.21)을 적용하여 문제 11.50을 다시 구하라.

11.52 그림 11.16(a)를 참고하고 S 310×52 강철 링크(표 B.9 참조)의 양단에 적용될 수 있는 최대 하중 P_y를 구하라. 그림 P11.52에 나타난 바와 같이 웹(web)을 따라서 중심으로부터 편심량 e가 측정된다. 식 (11.21)을 응용하여 값을 검증하라.

조건 $\sigma_y = 250$ MPa, $E = 200$ GPa, $L = 5$ m

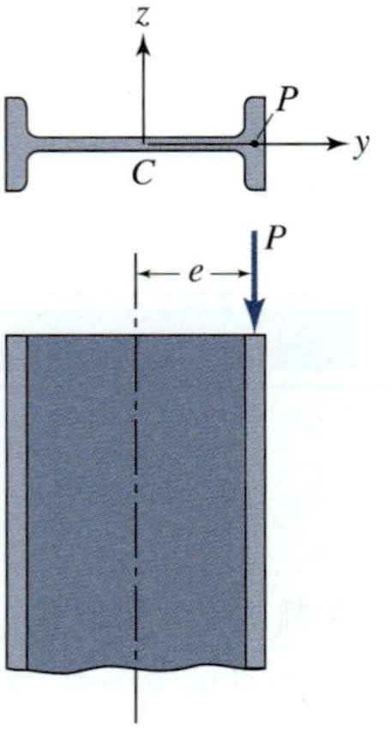

그림 P11.52

11.53 길이 L의 알루미늄 중공박스 기둥이 그림 P11.53에 나타난 바와 같이 하단은 고정, 상단은 자유로 조립되었다. 자유단의 변 AB의 중앙(즉 $e = 50$ mm)에서 편심하중 P가 작용하고 있을 때

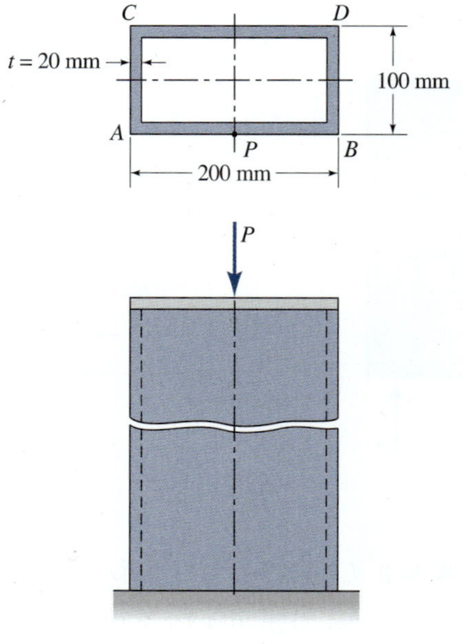

그림 P11.53

기둥에서 최대응력 σ_{max} 를 구하라.

조건 $L = 2$ m, $E = 70$ GPa, $P = 150$ kN, $e = 50$ mm

11.54 변 AC의 중앙(즉 $e = 100$ mm)에 하중이 작용하는 경우 문제 11.53을 다시 구하라.

***11.55** 알루미늄 합금 2014-T6 정사각형단면의 길이 L 중공박스 기둥이 그림 P11.55와 같이 하단은 고정, 상단은 자유로 조립되었다. 기둥은 편심량 e의 압축하중 P를 지탱하고 있다. 다음을 구하라.

(a) 기둥의 상단에서 수평방향 처짐량

(b) 기둥 내에서 최대응력

조건 $a = 5$ in., $b = 4.2$ in., $e = 2.3$ in., $L = 6$ ft, $P = 80$ kips, $E = 10.6 \times 10^6$ psi, $\sigma_y = 60$ ksi (표 B.4 참조)

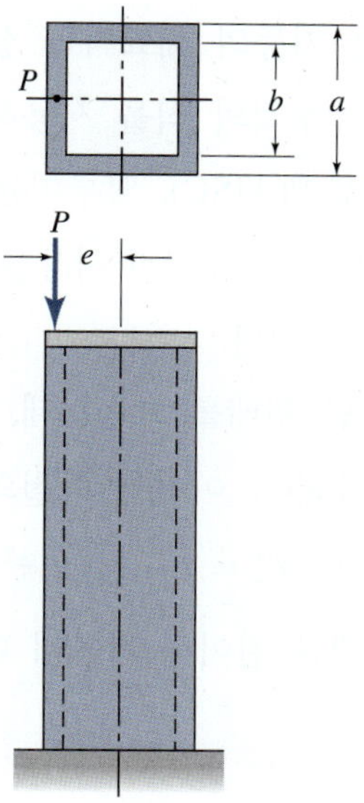

그림 P11.55

***11.56** 그림 P11.55에 나타난 구조용강 튜브 기둥에 편심량 e의 압축하중 P가 작용하고 있다. 하중에 의하여 상단에서 수평방향 처짐량이 v_{max} 인 경우 다음을 구하라.

(a) 편심량 e

(b) 기둥에서 최대응력

조건 $a = 100$ mm, $b = 80$ mm, $L = 1.8$ m, $P = 200$ kN, $v_{max} = 20$ mm, $E = 200$ GPa, $\sigma_y = 250$ MPa (표 B.4 참조)

*11.7 중심하중을 받는 기둥의 설계

앞의 절에서는 하중 적용 전에 직선이고 균일한 형상의 기둥에 대하여 가정하였다. 이러한 이상적 가정은 기둥의 거동을 이해하는 데 매우 중요하다. 그러나 실상황에서 기둥의 설계는 수많은 실험실 시험의 결과를 반영하는 경험식을 사용하여 이루어진다. 따라서 이와 같은 '특정 목적'을 위한 식을 사용하는 방법을 반드시 주의 깊게 연습해야 한다. 설계자는 다음의 사항에 유의할 필요가 있다.

1. 식이 적용되는 한정된 소재.
2. 식이 허용응력 혹은 극한응력에 응용될 수 있는지 여부. 이 경우 안전계수가 반드시 고려될 것.
3. 식이 응용될 수 있는 세장비의 한정된 범위.

여기서 언급된 것 이외에도 많은 인자들이 기둥의 설계에 고려된다. 따라서 더 전문화된 취합이 개별 응용을 위하여 기둥의 설계에 앞서서 준비되어야 한다.

세 가지 서로 다른 재료에 대한 도심에서 하중을 받는 기둥의 대표적인 설계식이 표 11.1에 나열되어 있다. 4장의 195쪽 사진으로부터 이러한 형식의 식을 사용하여 설계될 수 있는 기둥의 예를 볼 수 있다. 기술사양은 미국강구조협회(AISC), 알루미늄협회, 국립산림가공협회(NFPA) 등에 의하여 추천된다. 다양한 컴퓨터 프로그램의 사용을 통하여 임의 단면형상과 끝단 조건의 기둥설계 및 해석을 수행할 수 있다.

흥미롭게도 구조용강의 기둥식은 그림 11.19(a)에 나타난 형태를 보이는데, C_c는 중간 길이와 긴 길이 사이를 구별하는 세장비의 구분점을 나타낸다. 이것은 강철의 소성응력 σ_y의 1/2수준과 일치한다고 가정되었다. 식 (11.10)으로부터 $C_c = L_e/r = (2\pi^2 E/\sigma_y)^{1/2}$를 구한다. 식 (11.26b)의 안전계수를 사용하면 중간 길이와 짧은 길이의 기둥에 대하여 일관성 있게 좌굴해석을 수행할 수 있다.

▶ 목재 기둥으로 지탱되는 건물. Errol A. Ugural 제공.

표 11.1 도심에서 하중이 가해진 기둥의 설계식

구조용강 기둥(참고문헌 11.6)

$$\sigma_{\text{all}}=\frac{\sigma_y}{n_s}\left[1-\frac{1}{2}\left(\frac{L_e/r}{C_c}\right)^2\right]\qquad\left(\frac{L_e}{r}<C_c\right)\tag{11.24}$$

$$\sigma_{\text{all}}=\frac{\pi^2E}{19.2(L_e/r)^2}\qquad\left(C_c\le\frac{L_e}{r}\le 200\right)\tag{11.25}$$

여기서

$$C_c=\sqrt{2\pi^2E/\sigma_y}\tag{11.26a}$$

$$n_s=\frac{5}{3}+\frac{3}{8}\left(\frac{L_e/r}{C_c}\right)-\frac{1}{8}\left(\frac{L_e/r}{C_c}\right)^3\tag{11.26b}$$

알루미늄 합금 6061-T6 기둥(참고문헌 11.7)

$$\sigma_{\text{all}}=19\ \text{ksi}=130\ \text{MPa}\qquad\left(\frac{L_e}{r}\le 9.5\right)\tag{11.27}$$

$$\sigma_{\text{all}}=\left[20.2-0.126\left(\frac{L_e}{r}\right)\right]\ \text{ksi}$$

$$=\left[140-0.87\left(\frac{L_e}{r}\right)\right]\ \text{MPa}\qquad\left(9.5<\frac{L_e}{r}<66\right)\tag{11.28}$$

$$\sigma_{\text{all}}=\frac{51000\ \text{ksi}}{(L_e/r)^2}$$

$$=\frac{300\times10^3}{(L_e/r)^2}\ \text{MPa}\qquad\left(\frac{L_e}{r}\ge 66\right)\tag{11.29}$$

직사각형단면의 목재 기둥(참고문헌 11.8)

$$\sigma_{\text{all}}=1.2\ \text{ksi}=8.27\ \text{MPa}\qquad\left(\frac{L_e}{d}\le 11\right)\tag{11.30}$$

$$\sigma_{\text{all}}=1.2\left[1-\frac{1}{3}\left(\frac{L_e/d}{26}\right)^2\right]\ \text{ksi}\qquad\left(11<\frac{L_e}{d}\le 26\right)\tag{11.31}$$

$$\sigma_{\text{all}}=\frac{0.3E}{(L_e/d)^2}\qquad\left(26<\frac{L_e}{d}\le 50\right)\tag{11.32}$$

여기서 d는 부재의 가장 작은 치수이다. 허용응력은 사용되는 목재의 무늬에 평행한 압축의 경우에 응력(1.2 ksi)을 초과하지 않는다. 식 (11.32)는 SI 혹은 US관용단위계에 관계없이 사용가능하다.

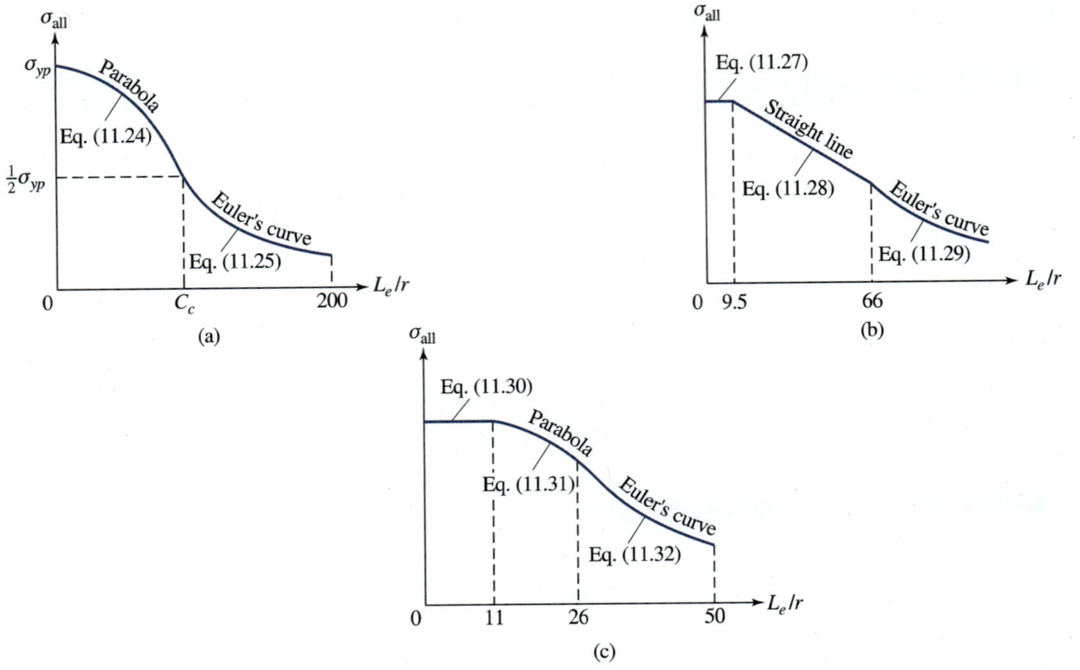

그림 11.19 선별된 기둥 수식의 그래프 (a) 구조용강 (b) 알루미늄 합금 (c) 목재

표 11.1로부터 짧거나 중간 길이의 알루미늄 기둥에 대하여 각각 σ_{all}은 상수이고 선형적으로 L_e/r[그림 11.19(b)]과 관계가 있다. 짧거나 중간 길이의 목재 기둥에 대하여 주어진 관계식은 σ_{all}이 L_e/r[그림 11.19(c)]과 균일하고 비선형적으로 관계된다. 길이가 긴 기둥에 대하여 적당한 안전계수를 고려한 오일러 형태의 식은 그래프에서 지적한 바와 같이 모든 경우에서 사용된다.

예제 11.11 도심에 하중을 받는 알루미늄 기둥의 설계

조건 알루미늄 합금 6060-T6 기둥이 그림 11.4에 나타난 바와 같이 축하중 $P = 100$ kN을 받고 있다.

문제 다음의 조건에서 부재의 직경 d를 결정하라.

(a) 유효길이 $L_e = 1.5$ m

(b) 유효길이 $L_e = 0.4$ m

가정 좌굴은 그림 11.4의 평면에서 일어난다.

풀이 앞에서와 같이 원형단면 부재의 단면에 대하여 선회반경은 $r = d/4$이다. 기둥의 설계를 위하여 다음과 같이 시행착오법으로 계산한다.

(a) 유효길이 1.5 m. d는 미지수이므로 $L_e/r \geq 66$으로 가정하고 식 (11.29)를 적용한다.

$$\sigma_{\text{all}} = \frac{P}{A} = \frac{350 \times 10^9}{(L_e/r)^2} \qquad \frac{100 \times 10^3}{\pi d^2/4} = \frac{350 \times 10^9}{(1.5 \times 4/d)^2}$$

앞의 결과로부터 $d = 60$ mm를 얻는다. 이 직경에 대하여 L_e/r의 값은 100이 되므로 식 (11.29)의 사용은 타당하다.

(b) 유효길이 0.4 m. $L_e/r \geq 66$을 다시 사용한다. 식 (11.29)를 사용하고 (a)에서 사용된 것과 유사한 방법을 따르면 $d = 31$ mm와 $L_e/r = 51.6$을 얻는다. 이것은 66보다 작으므로 식 (11.29)가 유효하지 않다는 것을 의미한다. 다시 $9.5 < L_e/r < 66$과 식 (11.28)을 사용하면 다음을 얻는다.

$$\frac{P}{A} = \sigma_{\text{all}} = \left[140 - 0.87\left(\frac{L_e}{r}\right)\right]10^6$$

또는

$$\frac{100 \times 10^3}{\pi d^2/4} = \left[140 - 0.87\left(\frac{0.4}{d/4}\right)\right]10^6$$

여기에서 $d = 35.5$ mm이다. 이로부터

$$\frac{L_e}{r} = \frac{(400)4}{35.5} = 45.1$$

부가설명 둘째 가정 $9.5 < L_e/r < 66$은 타당하다. 그리고 $d = 35.5$ mm는 이 경우의 조건을 만족시킨다.

예제 11.12 도심에 하중을 받는 강철 기둥의 설계

조건 기둥은 유효길이 $L_e = 4$ m에 축하중 $P = 322$ kN을 지탱하고 있다.

문제 가장 가볍고 폭이 넓은 플랜지 모양을 선택하라(표 B.8 참조).

가정 재료특성은 $\sigma_y = 250$ MPa이고 $E = 200$ GPa이다.

풀이 주어진 형상에 대하여 적당한 크기를 결정할 때 AISC 매뉴얼에 수록된 표를 사용하면 매우 편리하다. 그러나 여기서는 시행착오법을 사용한다. 주어진 재료의 특성에 대하여 식 (11.26a)로부터 한계 세장비는 다음과 같다.

$$C_c = \sqrt{\frac{2\pi^2 E}{\sigma_y}} = \sqrt{\frac{2\pi^2(200\times 10^3)}{250}} = 126$$

일차시도. $L_e/r = 0$이라고 가정한다. 식 (11.26b)는 $n_s = 5/3$이 되고 식 (11.24)로부터 $\sigma_{\text{all}} = 250/n_s = 150\ \text{MPa}$이다. 필요한 면적은

$$A = \frac{P}{\sigma_{\text{all}}} = \frac{322\times 10^3}{150\times 10^6} = 2147\ \text{mm}^2$$

표 B.8로부터 $A = 2290\ \text{mm}^2$($2147\ \text{mm}^2$ 이상)의 W 150×18 단면과 최소 $r = 23.3\ \text{mm}$를 선택한다. $L_e/r = 4/0.0233 = 172$는 위에서 계산한 $C_c = 126$보다 크다. 따라서 식 (11.25)를 사용하면

$$\sigma_{\text{all}} = \frac{\pi^2(200\times 10^9)}{1.92(172)^2} = 34.8\ \text{MPa}$$

그리고 허용하중은 $34.8\times 10^6(2.29\times 10^{-3}) = 79.7\ \text{kN}$과 같다. 이것은 설계하중 322 kN보다 작으므로 더 큰 A, 더 큰 r, 또는 두 경우 모두 선택되어야 한다.

이차시도. 표 B.8로부터 $A = 3790\ \text{mm}^2$와 최소 $r = 38.1\ \text{mm}$의 W 150×30 단면을 사용한다. $L_e/r = 4/0.0381 = 105$는 126보다 작고 식 (11.24)는 유효하다. 그러므로

$$n_s = \frac{5}{3} + \frac{3}{8}\left(\frac{105}{126}\right) - \frac{1}{8}\left(\frac{105}{126}\right)^3 = 1.91$$

그리고

$$\sigma_{\text{all}} = \frac{250}{1.91}\left[1 - \frac{1}{2}\left(\frac{105}{126}\right)^2\right] = 85.4\ \text{MPa}$$

이 단면에 대하여 **허용하중**은 $(85.4\times 10^6)(3.79\times 10^{-3}) = 324\ \text{kN}$과 같다. 이것은 설계하중보다 약간 크다.

부가설명 그러므로 **가장 가벼운 기둥**은 W 150×30 단면이다.

사례연구 1F

로더링크 좌굴해석

조건 사각단면 $t \times w$를 가진 핀으로 조립된 강철 링크 BG가 도심에서 압축하중 $F_{BG} = 13.38$ kN(**사례연구** 1A 참조)을 받고 있다. 링크의 치수와 재료의 성질은 다음과 같다.

$$t = 25 \text{ mm} \qquad w = 50 \text{ mm} \qquad E = 210 \text{ GPa} \qquad \sigma_y = 250 \text{ MPa}$$

로더 트럭의 암 AD의 해석, 응력, 변형률, 주응력, 측정된 변형률은 **사례연구** 1A, **사례연구** 1B, **사례연구** 1C, **사례연구** 1D, **사례연구** 1E에서 각각 고려된다.

문제 AISC 식을 사용하여 다음을 구하라.

(a) $L = 1.4$ m의 링크길이에 대하여 허용응력

(b) 링크가 안전하게 하중을 지지할 수 있는 최대길이 L_m

가정 로더의 연결부에서 마찰은 무시된다. 유압실린더 CF는 안전해서 소성 혹은 좌굴이 일어나지 않는다. 암 ABD는 횡방향 좌굴을 방지하기 위하여 보강되었다(그림 2.20).

풀이 그림 11.20과 식 (11.26a), (11.25)를 참조한다. 면적에 관련된 수치는 다음과 같다.

$$A = tw = 25 \times 50 = 1.25 \times 10^3 \text{ mm}^2$$

$$I_{\min} = \frac{1}{12} wt^3 = \frac{1}{12}(50)(25^3) = 65.1 \times 10^3 \text{ mm}^4$$

$$r = r_{\min} = \sqrt{\frac{I_{\min}}{A}} = 7.22 \text{ mm}$$

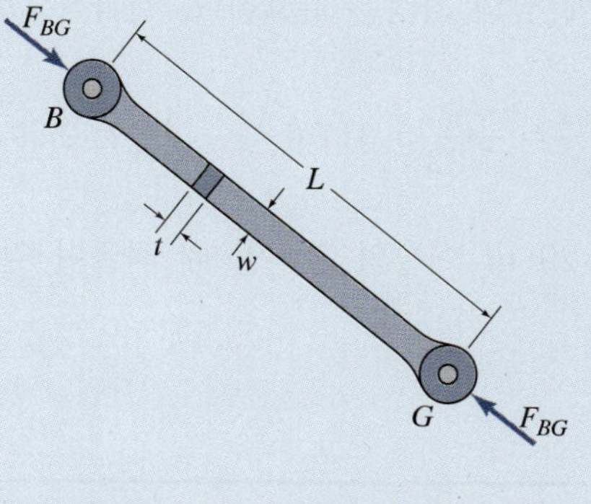

그림 11.20 그림 2.20에 나타난 로더의 강철 링크 BG의 자유물체도

두 경우 모두 식 (11.26)이 사용될 수 있는지 여부를 판별하기 위하여 C를 계산할 필요가 있다.

$$C_c = \sqrt{\frac{2\pi^2 E}{\sigma_y}} = \sqrt{\frac{2\pi^2(210\times 10^3)}{250}} = 128.8$$

(a) 허용응력. 1.4 m 링크 기둥에 대하여 $L/r = 1400/7.55 = 193.9 > C_c$, 그리고 식 (11.25)가 사용된다. 그러므로

$$\sigma_{\text{all}} = \frac{\pi^2 E}{1.92(L/r)^2} = \frac{\pi^2(210\times 10^9)}{1.92(193.9)^2} = 28.7\ \text{MPa}$$

부가설명 앞의 응력은 재료의 강도에 비하여 매우 낮은 수준이므로 소성이 발생하지 않는다.

(b) 기둥의 가장 긴 길이. 만일 13.38 kN 의 하중이 안전하게 지지된다면 허용응력의 요청되는 값은

$$\sigma_{\text{all}} = \frac{F_{BG}}{A} = \frac{13.38(10^3)}{1.25(10^{-3})} = 10.7\ \text{MPa}$$

$L/r \geq C_c$을 가정하면 식 (11.25)를 적용하여

$$\sigma_{\text{all}} = \frac{\pi^2 E}{1.92(L_m/r)^2} = \frac{\pi^2(210\times 10^9)}{1.92(L_m/r)^2}$$

앞 식을 같게 놓으면

$$\frac{\pi^2(210\times 10^9)}{1.92(L_m/r)^2} = 10.7\times 10^6 \qquad \frac{L_m}{r} = 317.7$$

$L_m/r \geq C_c$이기 때문에 앞의 가정은 유효하다. 결과적으로

$$\frac{L_m}{r} = \frac{L_m}{7.22} = 317.6 \qquad L_m = 2.29\ \text{m}$$

부가설명 이 링크가 2.29 m 이상의 길이일 때 좌굴이 일어난다.

*11.8 편심하중을 받는 기둥의 설계

11.6절로부터 시컨트 공식은 합리적인 수식으로 모든 기둥의 길이에 대하여 유효하다. 그러나 컴퓨터의 사용이 계산과정을 쉽게 만들었음에도 불구하고 설계에서 사용하는 것은 매우 곤란하다. **편심하중을 받는 기둥**을 설계하는 데 고안된 몇몇 방법 중에서 가장 공통적이면서 효과적으로 알려진 것은 **상호작용방법**(interaction method)이다. 이 방법은 9.6절에 주어진 이론에 기초하고 있으며 편심 압축하중에 따른 부재의 최대응력은 다음과 같이 표현된다.

$$\sigma_{\max} = \frac{P}{A} + \frac{Mc}{I} \tag{a}$$

처음 항은 도심하중에 의하여 발생되는 축응력이고 둘째 항은 중첩되는 굽힘응력의 크기이다. E가 기둥의 도심축과 하중이 작용하는 축 간의 거리, 즉 편심량(그림 11.15)이라면 $M = P_e$가 된다.

짧은 기둥의 설계에서 앞에 있는 식의 $\sigma_{\max}$값은 재료의 허용압축응력 σ_{all}을 초과해서는 안 된다.

$$\frac{P}{A} + \frac{Mc}{I} \leq \sigma_{\text{all}} \tag{b}$$

이 표현을 σ_{all}로 나누면

$$\frac{P/A}{\sigma_{\text{all}}} + \frac{Mc/I}{\sigma_{\text{all}}} \leq 1 \tag{11.33}$$

그러나 **중간 길이**와 **긴 길이의 기둥**은 일반적으로 허용응력이 식 (11.33)의 두 항에 대하여 같지 않다는 기초에서 설계가 이루어진다. 그러므로 처음과 둘째 항의 σ_{all}에 각각 도심하중과 순수굽힘에 일치하는 허용응력의 값을 대입하면 다음과 같이 된다.

$$\frac{P/A}{(\sigma_{\text{all}})_c} + \frac{Mc/I}{(\sigma_{\text{all}})_b} \leq 1 \tag{11.34}$$

이것을 **상호작용식**이라고 부르며 다양한 형태로 사용된다.

$(\sigma_{\text{all}})_c$는 11.7절의 축하중이 가해진 기둥의 공식으로부터 얻어진다. 기둥의 세장비의 가장 큰 값은 굽힘이 일어나는 평면에 상관없이 $(\sigma_{\text{all}})_c$를 계산하는 데 이용된다. 명백히 $(\sigma_{\text{all}})_b$는

재료의 허용굴곡응력이다. AISC 규격은 식 (11.34)의 사용을 $(P/A)(\sigma_{\text{all}})_c \le 0.15$인 경우에 허용하고 있다. 이 외의 경우엔 식에서 모멘트 M을 계산할 때 기둥의 횡방향 처짐이 모멘트 팔의 길이에 포함되어야 하는데, 즉 둘째 항이 수정된다.

식 (11.34)를 사용하여 기둥설계를 할 때에는 예제 11.10과 11.11에 사용된 것과 유사한 시행착오법을 수행해야 한다. 수식의 좌변에 있는 항들의 가장 큰 합(1보다 작음)을 만들도록 선택된 임의의 단면이 가장 효과적인 단면이다.

예제 11.13 편심하중을 받는 강철 기둥의 설계

조건 W 250×80 강철 기둥(표 B.8 참조)이 그림 11.21에 나타난 바와 같이 편심하중 P를 지지하고 있다. 주어진 관련 데이터는 다음과 같다.

$$L_e = 5\ \text{m} \qquad A = 10.2\times10^3\ \text{mm}^2 \qquad r_y = 65\ \text{mm} \qquad r_z = 111\ \text{mm}$$

$$S_z = 985\times10^3\ \text{mm}^3 \qquad E = 210\ \text{GPa} \qquad \sigma_y = 250\ \text{MPa} \qquad (\sigma_{\text{all}})_b = 160\ \text{MPa}$$

문제 상호작용식을 사용하여 최대안전하중 P를 구하라.

가정 좌굴은 xy평면에서 일어난다.

풀이 기둥의 가장 큰 세장비는

$$\frac{L_e}{r_y} = \frac{5}{0.065} = 76.9$$

식 (11.26a)를 사용하면

$$C_c = \sqrt{\frac{2\pi^2 E}{\sigma_y}} = \sqrt{\frac{2\pi^2(210\times10^9)}{(250\times10^6)}} = 128.8$$

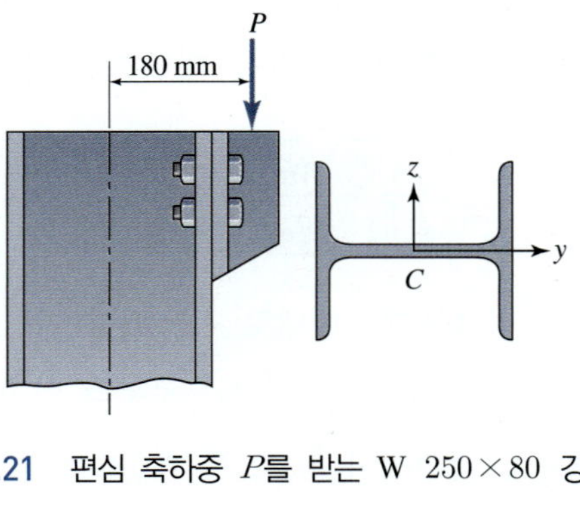

그림 11.21 편심 축하중 P를 받는 W 250×80 강철 기둥

이것은 76.9보다 크다. 그러므로 식 (11.26b)와 (11.24)로부터

$$n_s = \frac{5}{3} + \frac{3}{8}\left(\frac{76.9}{128.8}\right) - \frac{1}{8}\left(\frac{76.9}{128.8}\right)^3 = 1.86$$

그리고

$$(\sigma_{\text{all}})_c = \frac{250}{1.86}\left[1 - \frac{1}{2}\left(\frac{76.9}{128.8}\right)^2\right] = 110.5 \text{ MPa}$$

주어진 상황에 대하여

$$\frac{P}{A} = \frac{P}{10.2 \times 10^{-3}}$$

$$\frac{Mc}{I} = \frac{Pe}{S_z} = \frac{P(0.18)}{0.985 \times 10^{-3}}$$

주어진 데이터와 식 (c)를 식 (11.34)에 대입하면 다음을 얻는다.

$$\frac{P/(10.2 \times 10^{-3})}{110.5 \times 10^6} + \frac{P(0.18)/(0.985 \times 10^{-3})}{160 \times 10^6} \leq 1$$

여기서 $P \leq 493$ kN이다.

부가설명 최대허용하중은 $P = 493$ kN ↓이다.

결론적으로 기둥 좌굴은 단지 구조적 안정성의 한 경우를 말한다(참고문헌 11.1). 다른 예제들은 발사 시 압축력을 받는 로켓의 얇은 벽체의 좌굴, 내・외부 진공상태의 용기 좌굴, 축방향 압축, 비틀림, 혹은 굽힘 등을 포함한다. 좌굴발생은 압축과 인장상태의 얇은 곡면 혹은 튜브의 물리적 거동에서 차이점을 강조한다. 비틀림을 받는 축의 비틀림 굴곡 좌굴, 단면이 얇고 높은 보의 측면 좌굴, 반경방향 압축하중 하의 원형 링의 좌굴, 아치의 좌굴 등도 현실에서 중요하다. 이러한 문제해결은 수학적으로 복잡하며 이 책의 범위를 벗어난다.

연습문제

11.7절~11.8절

11.57 핀으로 조립된 S 6×12.5 강철 기둥(표 B.9 참조)이 축하중 $P=20$ kips를 지지하고 있다. 허용될 수 있는 가장 긴 기둥의 길이를 구하라.

조건 $E=29\times10^6$ psi, $\sigma_y=36$ ksi

11.58 W 6×16 강철 기둥(표 B.8 참조)에 대하여 문제 11.57을 다시 구하라.

11.59 W 250×80 강철 기둥(표 B.8 참조)에 대하여 허용축하중 P를 다음의 세 가지 유효길이의 경우에 대하여 구하라.

(a) $L_e=2$ m

(b) $L_e=5$ m

(c) $L_e=10$ m

조건 $E=210$ GPa, $\sigma_y=250$ MPa

***11.60** W 14×145 강철 기둥(표 B.8 참조)의 양단이 고정-고정되어 있고 중앙점 C에서 보강되어 조립되어 있다. 허용축하중 P를 구하라(그림 P11.60).

조건 $E=30\times10^6$ psi, $\sigma_y=40$ ksi

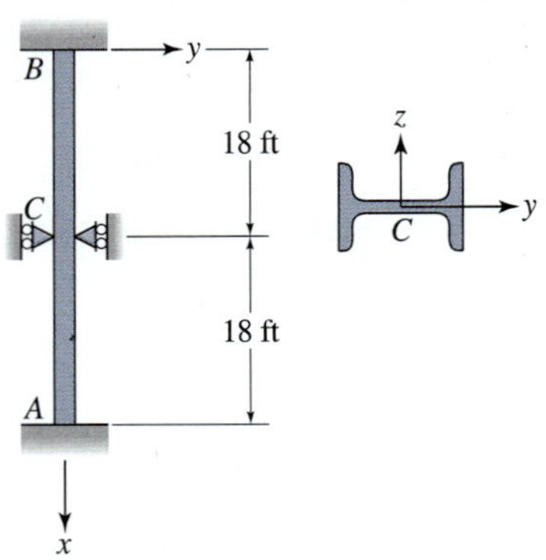

그림 P11.60

11.61 S 20×75 강철 기둥(표 B.9 참조)에 대하여 문제 11.60을 다시 구하라.

11.62 외경 160 mm, 내경 140 mm의 강철 파이프 기둥에 대하여 문제 11.59를 다시 구하라.

11.63 축하중 $P=40$ kips, $L_e=12$ ft에 사용될 수 있는 강철 막대의 최소허용직경 d를 구하라.

조건 $E=29\times10^6$ psi, $\sigma_y=36$ ksi

11.64 축하중 $P=1150$ kN, 유효길이 $L_e=4$ m를 지지할 수 있는 가장 가벼운 넓은 플랜지 강철 형상(표 B.8 참조)을 선정하라.

조건 $E=200$ GPa, $\sigma_y=250$ MPa

11.65 길이 $L=0.6$ m의 정사각형 알루미늄 합금 6061-T6 기둥의 양끝이 핀으로 조립되어 있다(그림 P11.65). 부재가 축하중 $P=250$ kN을 지지하는 경우에 최소의 허용폭 a를 구하라.

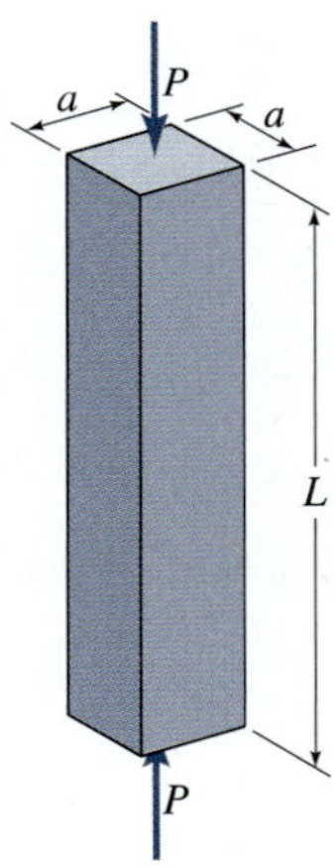

그림 P11.65

11.66 기둥이 한쪽은 핀, 다른 한쪽은 고정으로 조립되어 있을 때 문제 11.65를 다시 구하라.

11.67 그림 P11.67에 나타난 단면의 직사각형 알루미늄 합금 6061-T6 튜브가 5 m 유효길이의 기둥으로 사용된다. 최대허용축하중 P를 구하라.

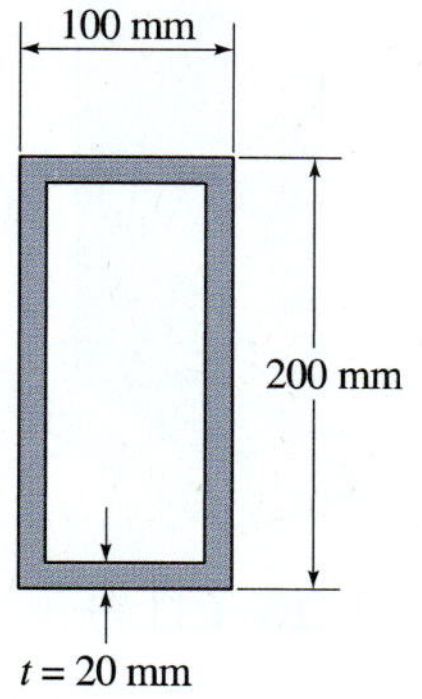

그림 P11.67

11.68 외경 10 in., 내경 8.5 in.의 알루미늄 합금 6061-T6 파이프에 대하여 허용축하중 P를 구하라. 파이프는 유효길이 $L_e = 12$ ft의 기둥으로 사용된다.

11.69 기둥의 유효길이가 $L_e = 20$ ft인 경우에 대하여 문제 11.68을 다시 구하라.

11.70 폭 a의 정사각형단면의 알루미늄 합금 6061-T6가 고정-핀으로 고정되어 압축하중 P를 지탱하고 있다. 막대의 허용길이를 구하라.

조건 $a = 2.2$ in., $P = 40$ kips

11.71 길이 L인 중실 원형 알루미늄 버팀대(합금 6061-T6)가 핀으로 조립되어 축하중 P를 지지하고 있다. 부재의 최소허용직경 d를 구하라.

조건 $L = 400$ mm, $P = 60$ kN

11.72 목재 기둥이 하단은 고정, 상단은 자유로 그림 P11.72와 같이 조립되어 있다. 지지할 수 있는 최대허용축하중 P를 구하라.

조건 $L = 5$ ft, $E = 1.8 \times 10^6$ psi

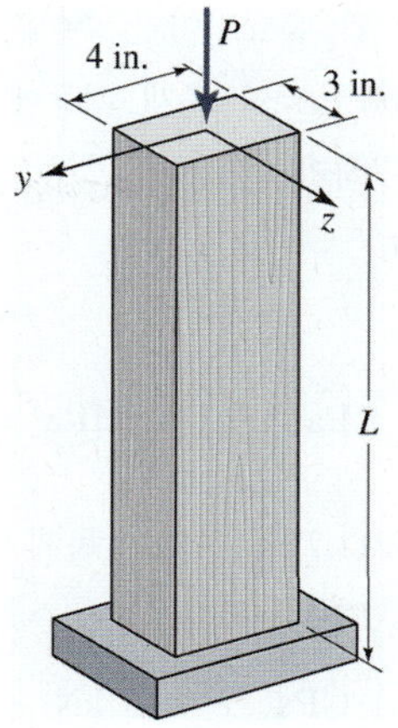

그림 P11.72

11.73 기둥의 길이가 $L = 3$ ft인 경우에 문제 11.72를 다시 구하라.

11.74 축하중 $P = 200$ kN을 지지해야 하는 유효길이 $L_e = 4$ m의 정사각형 목재 기둥의 최소폭 a를 구하라.

조건 $E = 12$ GPa, $\sigma_{all} = 9$ MPa

11.75 그림 P11.75에 나타난 단면의 조립 목재 기둥에 대하여 허용축하중 P를 구하라. 유효길이는 $L_e = 15$ ft이다.

조건 $E = 1.6 \times 10^6$ psi

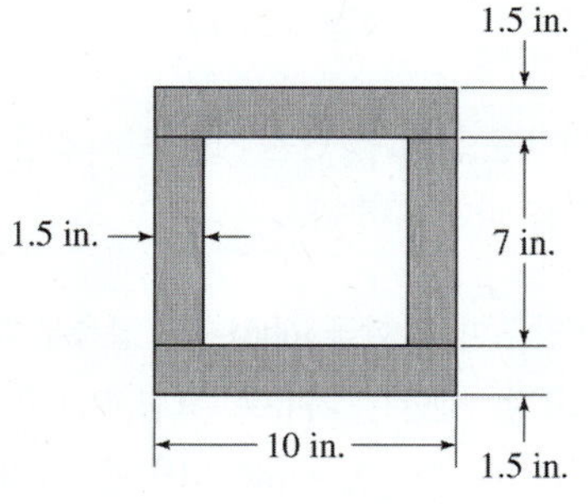

그림 P11.75

11.76 다음의 각 유효길이가 주어질 때 직사각형 100 mm×200 mm의 목재 기둥에 대하여 허용 축하중 P를 구하라.

(a) $L_e = 2$ m

(b) $L_e = 4$ m

조건 $E = 11$ GPa, $\sigma_{all} = 9$ MPa

***11.77** 그림 P11.77에 나타난 목재 기둥에 대하여 최대허용길이 L을 구하라.

조건 $E = 10.4$ GPa, $P = 15$ kN

가정 목재 판은 양끝에서 핀으로 지지되고 있는 것으로 간주한다.

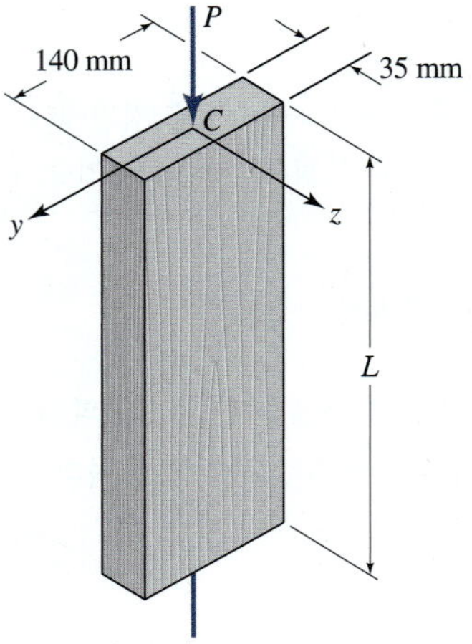

그림 P11.77

11.78 하단은 고정, 상단은 자유로 조립된 경우 문제 11.77을 다시 구하라.

***11.79** 알루미늄 합금 6061-T6 압축부재 AB가 하단은 고정, 상단은 자유로 그림 P11.79와 같이 조립되어 있다. $(\sigma_{all})_b = 140$ MPa을 가지고 상호작용식을 사용하여 최대허용편심하중 P를 구하라.

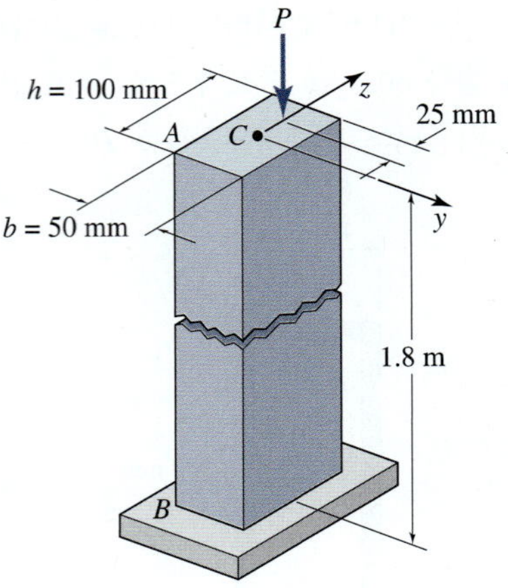

그림 P11.79

11.80 $L_e = 4$ m 유효길이, 100 mm의 정사각형 단면의 기둥이 나무결에 평행한 압축에 대하여 $E = 12$ GPa, $(\sigma_{all})_b = 10$ MPa인 목재로 만들어졌다. 상호작용법을 사용하여 편심량 $e = 40$ mm를 안전하게 지지할 수 있는 최대하중 P를 구하라.

11.81 강철 기둥의 경우에 문제 11.80을 다시 구하라.

조건 $(\sigma_{all})_b = 160$ MPa, $\sigma_y = 250$ MPa, $E = 200$ GPa

11.82 굽힘 시 허용응력이 150 MPa인 알루미늄 합금 6061-T6의 기둥에 대하여 문제 11.80을 다시 구하라.

***11.83** 하중 $P = 10$ kips가 목재 버팀대(그림 P11.83)에 편심량 1.5 in.의 위치에서 가해지고 있다. $L = 5$ ft이고 나무결에 평행한 압축에 대하여 $E = 1.7 \times 10^6$ psi, $(\sigma_{all})_b = 12$ ksi이다. 상호작용법을 사용하여 버팀대의 최소허용직경 d를 구하라.

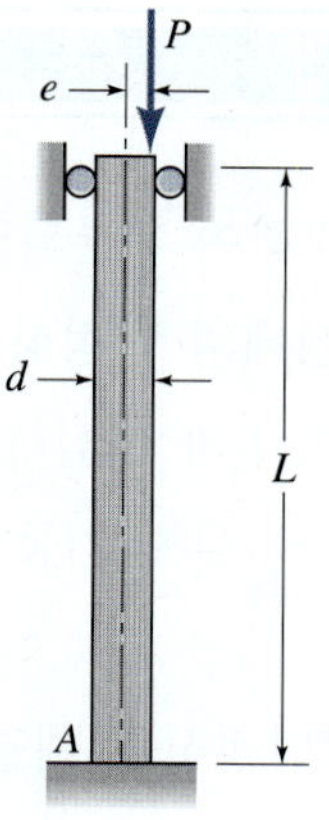

그림 P11.83

11.84 유효길이 $L=8$ ft의 S 4×7.7 강철(표 B.9 참조) 기둥이 웹을 따라서 측정된 부분의 중앙으로부터 편심 $e=1.75$ in. 위치에서 편심하중 P를 지탱하고 있다(그림 P11.84). 상호작용법을 사용하여 하중 P의 가장 안전한 최댓값을 구하라.

조건 $E=30\times10^6$ psi, $\sigma_y=36$ ksi, $(\sigma_{all})_b=25$ ksi

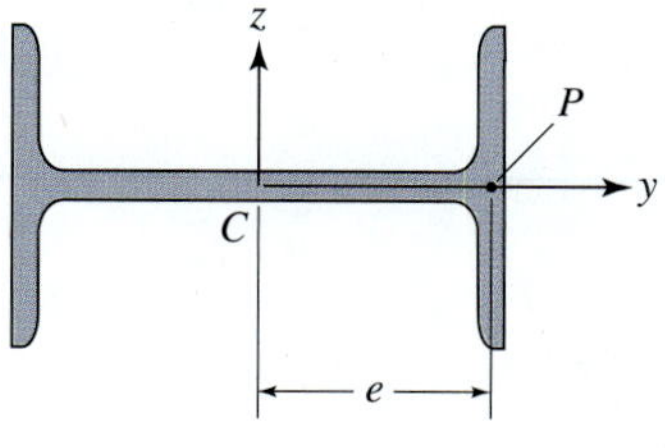

그림 P11.84

11.85 직경 d의 알루미늄 합금 6061-T6 막대가 편심량 e(그림 P11.83)의 하중 P를 지지한다. 상호작용식을 적용하고 $(\sigma_{all})_b=22$ ksi를 감안하여 사용가능한 최장길이 L을 구하라.

조건 $d=2.5$ in., $P=8$ kips, $e=1$ in.

11.86 기둥의 직경이 $d=2$ in.로 줄어드는 경우 문제 11.85를 다시 구하라.

***11.87** 유효길이 $L_e=5$ m, W 410×85 강철 기둥(표 B.8 참조)이 웹(그림 P11.87)을 따라서 측정된 부분의 중심으로부터 e만큼 떨어진 위치에서 편심하중 $P=400$ kN을 지지한다. 상호작용식을 사용하여 e의 최대허용값을 구하라.

조건 $(\sigma_{all})_b=140$ MPa, $E=210$ GPa

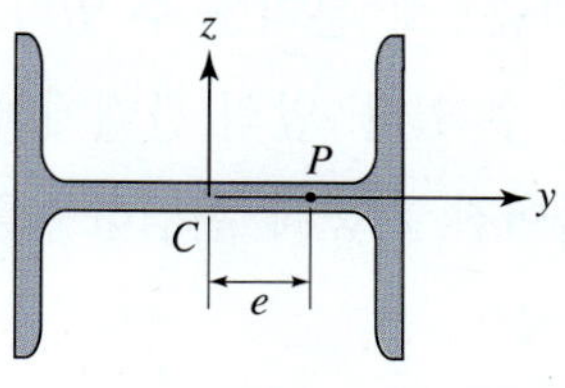

그림 P11.87

요약

이 장에서는 기둥의 해석과 설계가 탄성과 비탄성 거동을 망라하여 거론되었다. 단지 순수 좌굴을 다루었으며 보-기둥의 경우는 제외하였다. 정적 평형상태의 안정성 기준을 명확히 하기 위하여 우선 기둥의 간단한 모델을 고려하였다. 그리고 도심과 편심하중을 받는 다양한 끝단 조건의 기둥을 공부하였다. 현실적인 수식과 그래프가 실제 기둥의 거동 이해를 높이기 위하여 제시되었다.

경계조건하에서 처짐이 발생한 핀으로 조립된 기둥의 미분방정식을 해결함으로써 좌굴이 발생하는 최소축하중 P를 계산하였다. 이 하중은 **임계하중**으로 불리며 P_{cr}로 표현하는데, 오일러 공식 $P_{cr}=\pi^2 EI/L^2$로 주어진다. 여기서 L은 기둥의 길이를 말한다. 임계하중 혹은 이상의 하중에 대하여 기둥의 평형상태는 불안정하다. 일치하는 **임계응력**은 $\sigma_{cr}=\pi^2 E/(L/r)^2$으로 표현되며, 여기서 L/r은 **세장비**라고 한다.

편심 e의 하중을 받는 핀으로 조립된 기둥에 대하여 도심의 축하중과 모멘트 $M=Pe$에 의한 하중으로 분리할 수 있다. 이로부터 기둥에서 최대 횡방향 처짐과 최대압축응력의 결정을 할 수 있다. 앞의 관계에서부터 **시컨트 공식**을 유도하였다. 강철, 알루미늄, 목재 등으로 만들어진 기둥이 편심하중을 받을 때 설계도 설명되었다.

핵심 공식*

임계하중

핀으로 조립된 기둥

$$P_{cr}=\frac{\pi^2 EI}{L^2}$$

$$P_{cr}=\frac{\pi^2 EA}{(L/r)^2}$$

11.3절

임계하중

다른 끝단 조건으로 조립된 기둥

$$P_{cr}=\frac{\pi^2 EI}{L_e^2}$$

$$P_{cr}=\frac{\pi^2 EA}{(L_e/r)^2}$$

11.4절

임계응력		
긴 기둥	$\sigma_{cr} = \frac{P_{cr}}{A} = \frac{\pi^2 E}{(L_e/r)^2}$	
짧은 기둥	$\sigma_{max} = \frac{P}{A}$	
중간 길이의 기둥		11.5절
접선계수식	$\sigma_{cr} = \frac{P_t}{A} = \frac{\pi^2 E_t}{(L_e/r)^2}$	
존슨 공식	$\sigma_{cr} = \sigma_y - \frac{1}{E}\left(\frac{\sigma_y}{2\pi}\frac{L_e}{r}\right)^2$	
시컨트 공식	$\sigma_{max} = \frac{P}{A}\left[1 + \frac{er}{r^2}\sec\left(\frac{\pi}{2}\sqrt{\frac{P}{P_{cr}}}\right)\right]$	11.6절

*이 방정식의 유도와 올바른 사용에 관한 정보는 관련된 절을 참조하라.

참고문헌

11.1 S. P. Timoshenko and J. M. Gere, *Theory of Elastic Stability*, 2nd ed., McGraw-Hill, New York, 1961.

11.2 A. C. Ugural, *Stresses in Plates and Shells*, 2nd ed., McGraw-Hill, New York, 1999.

11.3 D. J. Peery and J. J. Azar, *Aircraft Structures*, 2nd ed., McGraw-Hill, New York, 1982.

11.4 A. C. Ugural, *Mechanical Design: An Integrated Approach*, McGraw-Hill, New York, 2004.

11.5 W. C. Young and R. C. Budynas, *Roark's Formulas for Stress and Strain*, 7th ed., McGraw-Hill, New York, 2001.

11.6 *Manual of Steel Construction*, 9th ed., New York, American Institute of Steel Construction, 1989.

11.7 *Specifications and Guidelines for Aluminum Structures*, Aluminum Association, Washington, DC, 2000.

11.8 *National Design Specifications for Wood Construction and Design Values for Wood Construction*, NDS Supplements, National Forest Products Association (NFPA), Washington, DC, 1997.

에너지법과 충격

12장

▶ 이 사진은 착륙하는 항공기를 보여주고 있다. 강도와 강성도를 고려하여 항공기의 랜딩기어를 설계하기 위해서는 착륙할 때의 충격과 이로 인하여 발생하는 에너지에 대하여 제대로 이해하여야 한다. McDonnell Douglas/MD-83 AMC Aviation 제공.

12.1 서론

이전의 장에서는 평형방정식을 사용하는 방법에 대하여 논의하였다. 그러나 이러한 방법 대신에 에너지법을 사용하여 변위와 힘에 대한 해석을 수행할 수 있다. 이러한 방법은 3.12절에서 소개되었던 변형에너지의 개념에 그 기초를 두고 있다. 단면적이 변화하거나 탄성 안정론을 다루는 복잡한 문제, 여러 부재로 구성된 구조물의 해석에 에너지법을 적용하면 매우 효과적이다. 또한 변형에너지를 사용하는 방법은 복합하중을 받는 가느다란 부재의 변위해석을 크게 단순화시킬 수 있다(참고문헌 12.1～12.4).

이 장에서는 축하중, 비틀림 및 굽힘 모멘트를 받는 구조 부재에 저장된 **탄성변형에너지** (elastic strain energy)를 우선 고려할 예정이다. 그 다음으로 선형탄성 물체에 대하여 적용될 변형에너지에 대한 일반적인 표현식을 다룰 예정이다. 12.6절에서는 내부변형에너지와 외부 일의 크기가 같다고 하는 에너지 보존 법칙을 사용하여 1개의 하중을 받는 여러 구조 부재의 변형을 구하려고 한다. 다음으로 여러 개의 하중을 받는 경우에 일, 에너지 및 변위를 고려할 예정이다(12.7～12.10절). 마지막으로 충격하중에 대하여 논의하려고 한다.

12.2 축하중을 받는 경우의 변형에너지

축하중 P_x를 받으며 단면적이 균일하지 않은 봉의 횡단면에서의 응력상태는 $\sigma_x = P_x/A_x$이다(그림 12.1). 여기서 A_x는 단면의 면적을 나타낸다. 이 σ_x를 식 (3.25)에 대입하면 다음과 같은 식을 얻는다.

$$U=\int \frac{\sigma_x^2 dV}{2E}=\int \frac{P_x^2 dV}{2A_x^2 E}$$

P_x와 A_x가 x만의 함수이므로 $dV=A_x dx$라고 둘 수 있다. 따라서 변형에너지에 대한 일반적인 표현은 다음 식처럼 정리된다.

$$U=\int_0^L \frac{P_x^2 dx}{2A_x E} \tag{12.1}$$

위 식을 봉의 길이방향으로 적분하면 변형에너지 값을 얻을 수 있다.

양쪽 끝에서 크기가 P이며 방향이 반대인 힘을 받는 **균일한 단면을 가진 봉**의 경우(그림

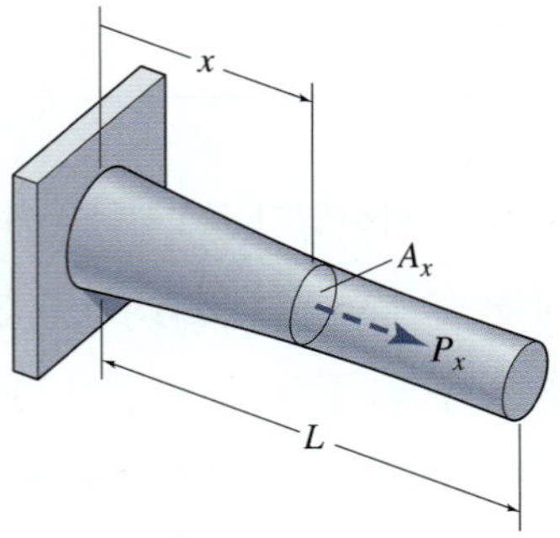

그림 12.1 크기가 변화하는 축하중을 받으며 단면적의 크기가 변화하는 봉

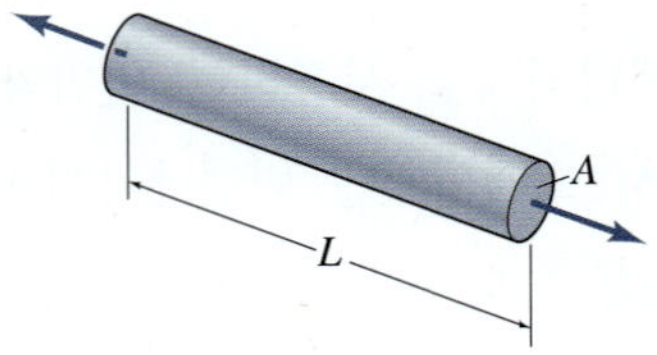

그림 12.2 축하중을 받는 균일한 단면적의 봉

12.2)에는 식 (12.1)이 다음처럼 정리된다.

$$U = \frac{P^2 L}{2AE} \tag{12.2}$$

4.2절로부터 봉의 변형에 대한 식 $\delta = PL/AE$를 이용하면 변형에너지는 다음과 같이 정리된다.

$$U = \frac{AE\delta^2}{2L} \tag{12.3}$$

이 장에서 다루게 될 예제들에서는 여러 가지 다양한 하중을 받는 부재에서 변형에너지, 변위 및 응력을 구하게 된다. 이러한 예제들에서는, 별도로 언급하지 않는 한 재료가 선형 탄성이고, 변형의 크기는 작고, 부재의 축방향 강성 AE, 비틀림 강성 GJ, 굽힘 강성 EI 등은 일정하고, 또한 전단에 의한 변형은 무시할 수 있다고 **가정**하였다.

예제 12.1 인장을 받는 봉의 변형에너지

조건 동일한 탄성 재료와 동일한 길이 L을 갖는 2개의 봉이 동일한 축하중 P를 받고 있다. 그림 12.3과 같이 이들 두 봉의 단면의 모양은 서로 다르다.

문제 다음의 값을 구하라.

(a) 직경이 d이며 일정한 단면적 A를 갖는 봉에 저장된 변형에너지[그림 12.3(a)]

(b) 두 직경의 비가 n으로 단면적이 변화하는 봉에 저장된 변형에너지[그림 12.3(b)]

가정 위치 C에서 응력 집중의 효과를 무시하라.

풀이 어떤 주어진 횡방향의 단면에서 수직응력 σ_x는 균일하게 분포한다고 가정한다.

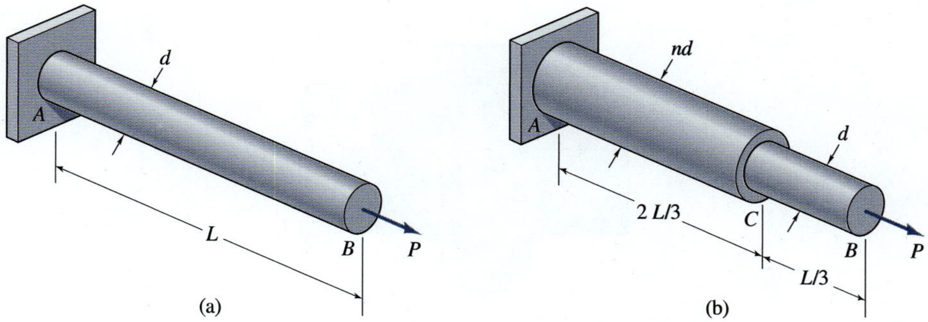

그림 12.3 (a) 인장을 받는 균일한 봉 (b) 인장을 받는 계단형 봉

(a) 단면적이 균일한 봉. 수직응력은 $\sigma_x = P/A$이고 봉의 체적은 $V = AL$이므로 식 (12.2)를 사용하여 균일한 단면적의 봉에서 총 변형에너지는 다음과 같다.

$$U_1 = \frac{P^2 L}{2AE} \tag{a}$$

(b) 단면적이 변화하는 계단형 봉. 유사한 방법으로 이 봉에 대한 변형에너지는 다음과 같이 구할 수 있다.

$$U_n = \frac{P^2(L/3)}{2AE} + \frac{P^2(2L/3)}{2E(n^2 A)} = \frac{P^2 L}{6AE}\left(1 + \frac{2}{n^2}\right)$$

또는 (12.4)

$$U_n = \frac{n^2+2}{3n^2}\frac{P^2 L}{2AE}$$

부가설명 $n = 1$일 때, 식 (12.4)의 결과는 식 (a)와 동일한 결과가 된다. $n > 1$일 때, $U_n < U_1$이 된다. 예를 들면 $n = 2$ 또는 $n = 3$일 때, 각각 $U_2 = U_1/2$ 또는 $U_3 = 11U_1/27$이 된다. 두 봉은 동일한 최대응력 $\sigma_{\max} = P/A$를 갖는다. 따라서 주어진 허용응력에 대하여 봉의 체적이 증가함에 따라서 봉이 변형에너지를 흡수하는 능력은 감소하게 된다.

예제 12.2 인장을 받는 볼트에 의하여 흡수되는 에너지

조건 체결부로 사용되는 고강도의 ASTM-A242 강재 볼트가 인장력 P를 받고 있다(그림 12.4). 볼트의 생크와 스레드 직경은 각각 d_s와 d_t이다. 다음과 같은 데이터가 주어졌다.

$$d_s = 0.75 \text{ in.} \quad d_t = 0.63 \text{ in.} \quad L_s = 2.5 \text{ in.} \quad L_t = 0.125 \text{ in.}$$

$$E = 29 \times 10^6 \text{ psi} \quad \sigma_y = 50 \text{ ksi}$$ (표 B.4 참조)

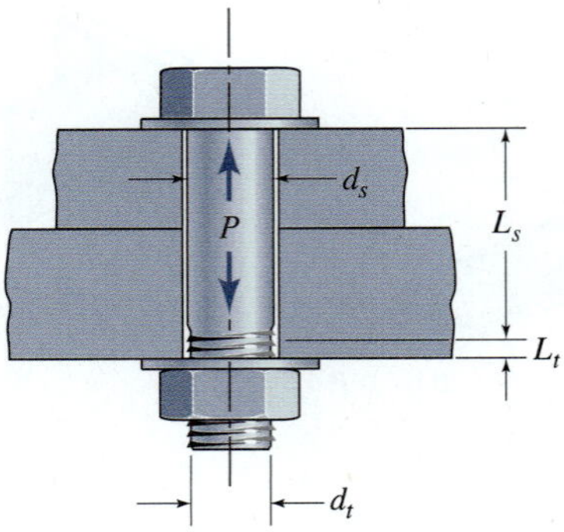

그림 12.4 볼트-너트 연결

문제

(a) 항복이 발생하지 않고 볼트가 견딜 수 있는 최대인장력을 계산하라.

(b) 볼트가 흡수할 수 있는 최대탄성변형에너지를 구하라.

풀이 볼트의 생크 및 스레드 단면적은 다음과 같다.

$$A_s = \frac{\pi}{4}d_s^2 = \frac{\pi}{4}(0.75)^2 = 0.442\ \text{in.}^2$$

$$A_t = \frac{\pi}{4}d_t^2 = \frac{\pi}{4}(0.63)^2 = 0.312\ \text{in.}^2$$

(a) 허용하중. $L_t = 0.125$ in.인 영역(즉 스레드 영역) 내에서 최대응력 50 ksi가 발생한다. 따라서 허용하중은 다음과 같다.

$$P_{\text{all}} = \sigma_y A_t = 50(0.312) = 15.6\ \text{kips}$$

(b) 볼트의 변형에너지 흡수 능력. 각 영역 내에서 식 (12.2)를 사용하여 다음과 같은 결과를 얻을 수 있다.

$$U = \sum \frac{P_{\text{all}}^2 L}{2AE} = \frac{P_{\text{all}}^2}{2E}\left(\frac{L_s}{A_s} + \frac{L_t}{A_t}\right) \tag{12.5}$$

주어진 데이터 수치를 위 식에 대입하면 변형에너지는 다음과 같이 정리된다.

$$U = \frac{(15.6)^2}{2(29)}\left(\frac{2.5}{0.442} + \frac{0.125}{0.312}\right)$$

$$= 4.196(5.656 + 0.401) = 25.4\ \text{in.}\cdot\text{lb}$$

부가설명 만약 볼트가 전체 길이 2.625 in.에 걸쳐서 균일한 스레드 직경 $d_t = 0.63$ in.를 갖는다면 변형에너지는 다음과 같게 된다.

$$U = 4.196\left(\frac{2.625}{0.312}\right) = 34.3 \text{ in.} \cdot \text{lb}$$

즉 실제의 섕크보다 더 작은 단면적을 갖는 이 경우가 섕크의 직경을 제대로 고려한 (b)의 경우보다 오히려 26% 더 많은 변형에너지를 흡수하게 된다는 사실은 매우 흥미롭다.

예제 12.3 단순 트러스의 변형에너지

조건 그림 12.5(a)에서처럼 트러스 ABC가 조인트 B에서 수직하중 P를 받고 있다. 각 부재의 축방향 강성은 AE이다.

문제 트러스가 흡수하는 변형에너지를 구하라.

가정 연결부에서의 마찰을 무시하라.

풀이 기하학적으로 $L_{AB} = 0.6L$, $L_{BC} = 0.8L$이다.

부재에서의 축방향 내력. 핀 B에서 조인트법을 적용하였다[그림 12.5(b)].

$$\sum F_y = 0: \qquad 0.6F_{AB} + 0.8F_{BC} - P = 0$$

$$\sum F_x = 0: \qquad -0.8F_{AB} + 0.6F_{BC} = 0$$

위의 두 식을 풀어서 부재에서의 축방향 내력을 다음과 같이 구하였다.

$$F_{AB} = 0.6P \qquad F_{BC} = 0.8P$$

변형에너지. 식 (12.2)로부터 다음과 같이 변형에너지의 식을 구하였다.

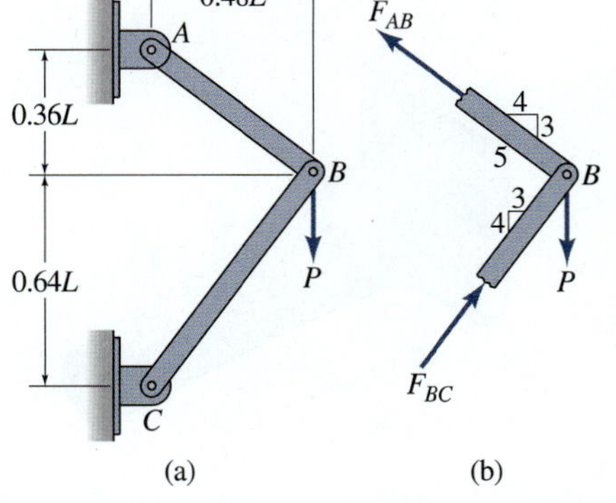

그림 12.5 (a) 하중 P를 받고 있는 평면 트러스 (b) 절점 B의 자유물체도

$$U = \Sigma \frac{F^2 L}{2AE} = \frac{1}{2AE}(F_{AB}^2 L_{AB} + F_{BC}^2 L_{BC})$$

주어진 데이터를 이용하여 구한 변형에너지 값은 다음과 같다.

$$U = \frac{P^2 L}{AE}\left[(0.6)^3 + (0.8)^3\right] = 0.364 \frac{P^2 L}{AE}$$

12.3 원형 축에서의 변형에너지

원형단면적을 갖는 탄성 축이 토크를 받는 경우 값이 0이 아닌 유일한 응력은 τ_{xy}이다(5.3절). 따라서 5.3절의 전단응력의 식 (5.8)을 식 (3.27)에 대입하면, 그림 12.6의 축에 대한 변형에너지의 일반 표현식은 다음과 같이 정리된다.

$$U = \int \frac{T_x^2 \rho^2}{2GJ_x^2} dV$$

여기서 $dV = dA dx$이며 dA는 단면적의 요소를 나타낸다. T_x와 J_x는 x만의 함수이므로 변형에너지의 표현식은 다음과 같이 정리될 수 있다.

$$U = \int_0^L \frac{T_x^2}{2GJ_x^2}\left(\int \rho^2 dA\right) dx$$

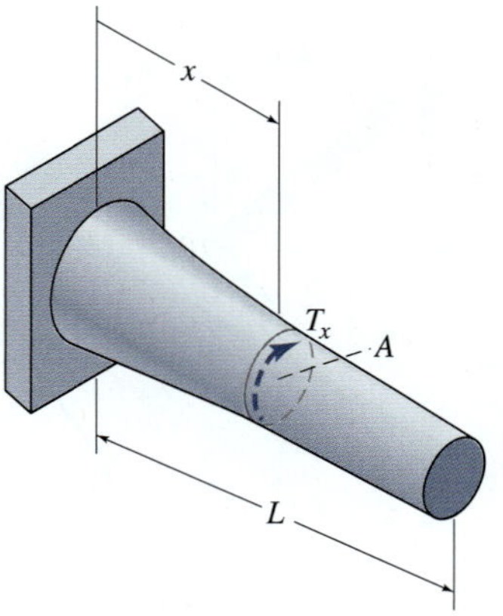

그림 12.6 변화하는 토크를 받는 단면적이 균일하지 않은 축

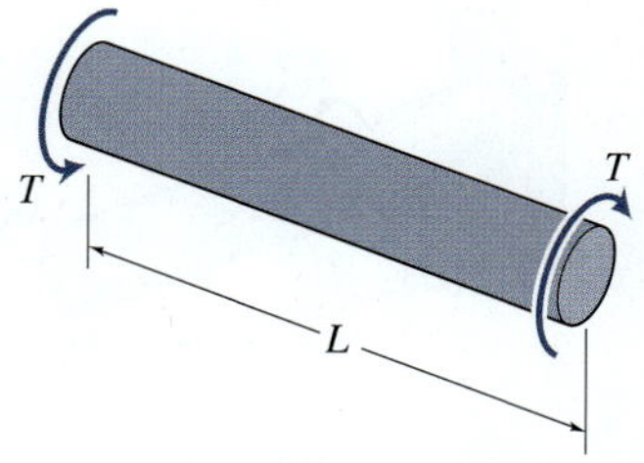

그림 12.7 양쪽 끝단에서 우력을 받고 있는 원형 축

위 식에서 적분은 축의 길이에 대하여 이루어진다. 위 식의 괄호 속에 들어간 내용은 축을 따라서 x 위치에서 단면적의 극관성 모멘트 J_x의 정의와 같다. 따라서 변형에너지는 다음과 같은 식으로 표현될 수 있다.

$$U = \int_0^L \frac{T_x^2 dx}{2GJ_x} \tag{12.6}$$

양쪽 끝에서 크기가 같고 방향이 반대인 토크 T가 가해지고 **균일한 단면적을 갖는 축**의 경우에(그림 12.7), 식 (12.6)은 다음과 같이 간략하게 정리된다.

$$U = \frac{T^2 L}{2GJ} \tag{12.7}$$

5.6절로부터 $T = GJ\phi/L$의 관계를 식 (12.7)에 대입하면 변형에너지는 다음 식처럼 표현될 수도 있다.

$$U = \frac{GJ\phi^2}{2L} \tag{12.8}$$

위 식에서 ϕ는 축의 총 비틀림 각(the total angle of twist)이다.

[예제 12.4] 축에 의해서 흡수된 에너지

조건 비틀림 강성이 GJ이고 길이가 L인 동일한 3개의 축들이 그림 12.8에서처럼 토크 T를 받고 있다.

문제 각 부재에 저장된 변형에너지를 구하라.

풀이 그림 12.8(a), (b), (c)의 각각의 경우에 식 (12.7)을 사용하여 변형에너지를 구하면 다음과 같다.

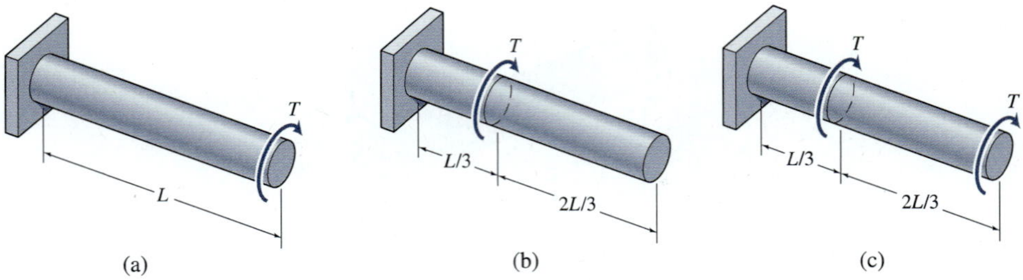

그림 12.8 여러 가지 토크를 받고 있는 균일한 단면적의 봉

$$U_a = \frac{T^2 L}{2GJ}$$

$$U_b = \frac{T^2(L/3)}{2GJ} = \frac{T^2 L}{6GJ}$$

$$U_c = \frac{T^2(2L/3)}{2GJ} + \frac{(2T)^2(L/3)}{2GJ} = \frac{T^2 L}{GJ}$$

부가설명 $U_c \neq U_a + U_b$라는 사실은 매우 중요하다. 동시에 작용하는 두 하중에 의한 변형에너지는 두 하중이 따로 작용할 때의 변형에너지의 합과 같지 않다.

12.4 보에서의 변형에너지

앞에서 학습한 것처럼, 힘이나 모멘트와 같은 하중이 보에 작용할 때 보의 내부에는 응력과 변형률이 발생한다. 이러한 응력, 변형률 및 변형에너지를 구하기 위해서는 우선 보의 단면적에 작용하는 내력(internal force) V와 내우력(internal couple) M을 구하여야 한다 (그림 12.9).

순수굽힘

굽힘의 경우에 보의 변형 공식에 의해서 수직응력 $\sigma_x = -My/I$가 발생한다. 이 관계식을 식 (3.25)에 대입하면 다음과 같은 변형에너지 식을 얻을 수 있다.

$$U = \int \frac{M^2 y^2}{2EI^2} dV$$

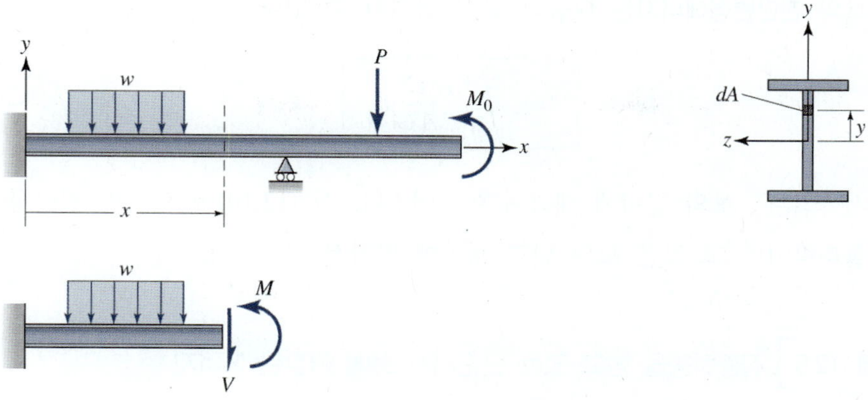

그림 12.9 하중을 받는 보에서 발생하는 굽힘 우력 M과 전단력 V

위 식에서 $dV = dA dx$이다. M과 I 모두 x만의 함수이므로 위 식은 다음처럼 정리될 수 있다.

$$U = \int_0^L \frac{M^2}{2EI^2}\left(\int y^2\,dA\right)dx$$

위 식에서 괄호 속의 내용은 단면의 관성 모멘트이다. 따라서 **굽힘변형에너지**는 다음과 같이 표현될 수 있다.

$$U = \int_0^L \frac{M^2 dx}{2EI} \tag{12.9}$$

위 식에서 적분은 보의 길이에 대하여 이루어진다.

순수전단

7.7절에서 언급한 대로 전단력 V는 보의 모든 위치에서 전단응력을 발생시킨다. 식 (7.13)에 의하여 정의된 τ_{xy}를 식 (3.27)에 대입하면 다음과 같은 변형에너지 식을 얻을 수 있다.

$$U = \int \frac{V^2 Q^2}{2GI^2 b^2}\,dV = \int_0^L \frac{V^2}{2GI^2}\left(\int \frac{Q^2}{b^2}\,dA\right)dx \tag{a}$$

다음과 같이 α를 정의하고 이를 **전단형상계수**(form factor for shear)라고 부른다.

$$\alpha = \frac{A}{I^2}\int \frac{Q^2}{b^2}\,dA \tag{12.10}$$

따라서 보의 **전단변형에너지**는 다음과 같이 정리될 수 있다.

$$U = \int_0^L \frac{\alpha V^2}{2AG} dx \tag{12.11}$$

위 식에서 적분은 보의 길이에 대하여 이루어진다. 식 (12.10)에 의하면 전단형상계수는 무차원 물리량이며 그 값은 보의 단면 형상에 따라서 달라진다.

[예제 12.5] 집중하중을 받고 있는 단순지지 보에 저장된 에너지

조건 길이 L과 굽힘 강성 EI를 갖는 단순지지 보 AB가 점 C에서 집중하중 P를 받고 있다[그림 12.10(a)].

문제 보의 굽힘변형에너지를 구하라.

풀이 전체 보의 평형방정식으로부터 보의 반력을 구한 뒤 이들을 그림 12.10(a)에 나타내었다. 구간 AC와 BC에서[그림 12.10(b)], 평형방정식을 이용하여 다음과 같이 굽힘 모멘트를 구하였다.

$$M_{AC} = \frac{Pb}{L}x \qquad M_{BC} = \frac{Pa}{L}x'$$

위 식으로부터 굽힘 모멘트는 지지점인 A와 B로부터의 거리인 x와 x'의 1차 함수임을 알 수 있다.

보에 저장된 총 변형에너지는 구간 AC와 BC의 변형에너지의 합이다. 따라서 식 (12.9)를 이용하여 보의 총 변형에너지의 식을 다음과 같이 구하였다.

$$\begin{aligned} U &= U_{AC} + U_{BC} \\ &= \int_0^a \frac{M_{AC}^2}{2EI} dx + \int_0^b \frac{M_{BC}^2}{2EI} dx' \end{aligned}$$

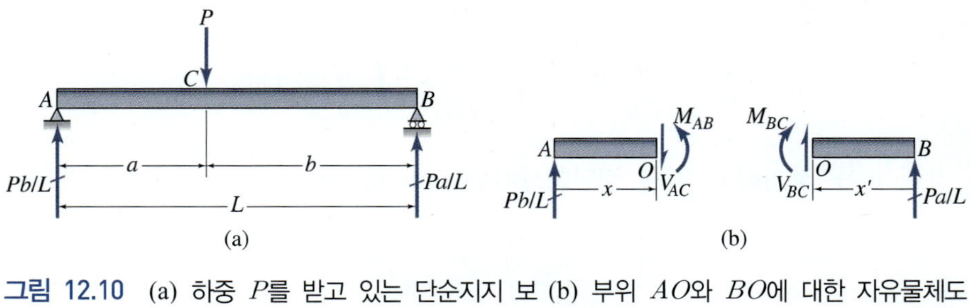

그림 12.10 (a) 하중 P를 받고 있는 단순지지 보 (b) 부위 AO와 BO에 대한 자유물체도

위 식을 적분하여 다음과 같이 총 변형에너지를 구하였다.

$$U = \frac{1}{2EI}\left[\int_0^a \left(\frac{Pb}{L}x\right)^2 dx + \int_0^b \left(\frac{Pb}{L}x'\right)^2 dx'\right]$$

$$= \frac{P^2}{2EIL^2}\left(\frac{b^2a^3}{3} + \frac{a^2b^3}{3}\right)$$

위 식을 좀 더 정리하면 다음과 같다.

$$U = \frac{P^2a^2b^2}{6EIL^2}(a+b) = \frac{P^2a^2b^2}{6EIL} \tag{12.12}$$

앞 식에서 $L = a + b$이다.

[예제 12.6] 직사각형 단면을 갖는 보에서 굽힘 및 전단에 의한 변형에너지

조건 직사각형 단면을 갖는 외팔 보가 자유단에서 집중하중 P를 받고 있다(그림 12.11).

문제 보의 총 변형에너지를 구하고 이를 각각 굽힘과 전단에 의한 성분으로 구분하여 비교하라.

풀이 식 (7.16)으로부터 단면의 1차 모멘트는 $Q = (b/2)[(h/2)^2 - y_1^2]$이다. $A/I^2 = 144/bh^5$이므로 식 (12.10)은 다음과 같이 정리된다.

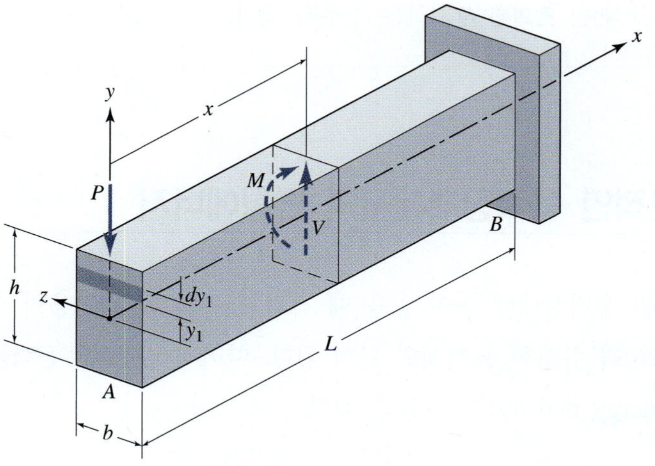

그림 12.11 집중하중 P를 받고 있는 외팔 보

$$\alpha = \frac{144}{bh^5}\int_{-h/2}^{h/2}\frac{1}{4}\left(\frac{h^2}{4} - y_1^2\right)^2 bdy_1 = \frac{6}{5}$$

다른 단면적에 대한 전단형상계수(form factor for shear)도 유사한 방법으로 구할 수 있다. 임의의 단면에서 굽힘 모멘트는 $M=-Px$이고 전단력은 $V=P$이다(그림 12.11). 굽힘 모멘트와 전단력과 함께 $\alpha = 6/5$을 식 (12.9)와 (12.11)에 대입하여 적분하면 다음을 얻을 수 있다.

$$U_b = \int_0^L \frac{P^2x^2}{2EI}dx = \frac{P^2L^3}{6EI} \tag{b}$$

$$U_s = \int_0^L \frac{6}{5}\frac{V^2}{2AG}dx = \frac{3P^2L}{5AG} \tag{c}$$

$I/A = b^2/12$이므로 외팔 보에 저장된 총 변형에너지는 다음과 같다.

$$U = U_b + U_s = \frac{P^2L^3}{6EI}\left[1 + \frac{3E}{10G}\left(\frac{h}{L}\right)^2\right] \tag{12.13}$$

전단과 굽힘에 의한 변형에너지의 비는 다음과 같다.

$$\frac{U_s}{U_b} = \frac{3E}{10G}\left(\frac{h}{L}\right)^2 = \frac{3}{5}(1+\nu)\left(\frac{h}{L}\right)^2 \tag{12.14}$$

부가설명 만약에 예를 들어 $L = 10h$이고 $\nu = 1/3$이라면, 식 (12.14)의 값은 $1/125$이 된다. 즉 전단에 의한 변형에너지는 전체의 1%보다 더 작은 값이다. 따라서 보의 변형에너지를 구할 때 일반적으로 **전단 효과를 무시**하는 경우가 많다.

12.5 일반적인 응력상태에서의 변형에너지

어떤 물체가 3차원 응력상태에 놓여 있을 때 각각의 수직 및 전단응력 성분에 의한 총 일은 식 (3.24), (3.26)과 유사한 표현식의 합이 된다. 따라서 일반적인 응력상태에 대한 **변형에너지밀도**(strain energy density)는 다음과 같다.

$$U_0 = \frac{1}{2}(\sigma_x\varepsilon_x + \sigma_y\varepsilon_y + \sigma_z\varepsilon_z + \tau_{xy}\gamma_{xy} + \tau_{yz}\gamma_{yz} + \tau_{xz}\gamma_{xz}) \tag{12.15}$$

식 (3.17)을 위 식에 대입하면 다음과 같은 결과를 얻을 수 있다.

$$U_0 = \frac{1}{2E}[\sigma_x^2 + \sigma_y^2 + \sigma_z^2 - 2\nu(\sigma_x\sigma_y + \sigma_y\sigma_z + \sigma_x\sigma_z)] + \frac{1}{2G}(\tau_{xy}^2 + \tau_{yz}^2 + \tau_{xz}^2) \tag{12.16}$$

탄성계수 E와 전단계수 G에 대한 다음의 관계식을 이용하고

$$G = \frac{E}{2(1+\nu)} \tag{3.18}$$

주응력 축을 좌표축으로 사용하면 전단응력값이 0이 되므로 식 (12.16)은 다음과 같이 정리될 수 있다.

$$U_0 = \frac{1}{2E}[\sigma_1^2 + \sigma_2^2 + \sigma_3^2 - 2\nu(\sigma_1\sigma_2 + \sigma_2\sigma_3 + \sigma_1\sigma_3)] \tag{12.17}$$

위 식에서 σ_1, σ_2, σ_3는 주응력이다.

탄성체에 저장된 총 **변형에너지**는 전체 체적에 대하여 에너지밀도함수를 적분하여 얻을 수 있다.

$$U = \iiint U_0\, dx\, dy\, dz = \int U_0 dV \tag{12.18}$$

앞 식을 사용하여 복합하중을 받는 부재의 변형에너지를 구할 수 있다. 변형에너지는 하중 또는 변형의 **비선형**(2차) 함수라는 점에 유의하라. 따라서 중첩의 원리(principle of superposition)가 변형에너지에 대해서는 적용되지 않는다.

변형에너지의 성분

그림 12.12(a)에 나타낸 것처럼, 어떤 점에서의 주응력을 두 가지로 분리함으로써 변형에너지에 대한 새로운 시각을 얻을 수 있다. 그림 12.12(b)의 응력상태는 **체적팽창**(dilatation)이라고 하는 체적의 변화와 관련이 있다. 한편 그림 12.12(c)에 표시된 응력에 의해서는 **뒤틀림**(distortion)이라고 하는 형상의 변화가 발생하게 된다. 따라서 **체적팽창 변형에너지밀도**(dilatational strain-energy density)는 $\sigma_1 = \sigma_2 = \sigma_3 = \sigma_m$으로 둠으로써 식 (12.17)로부터 얻을 수 있다.

$$U_{0v} = \frac{3(1-2\nu)}{2E}(\sigma_m^2) = \frac{1-2\nu}{6E}(\sigma_1 + \sigma_2 + \sigma_3)^2 \tag{12.19}$$

뒤틀림 변형에너지밀도(distortional strain-energy density)는 식 (12.17)과 위 식의 차이로부터 쉽게 얻을 수 있다.

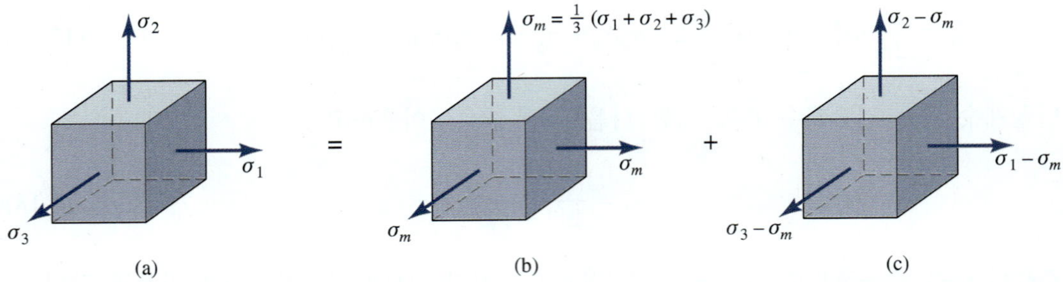

그림 12.12 주응력의 분해 (a) 3축 응력을 받는 요소 (b) 체적팽창 응력을 받는 요소 (c) 뒤틀림 응력을 받는 요소

$$U_{0d} = \frac{1}{12G}[(\sigma_1 - \sigma_2)^2 + (\sigma_2 - \sigma_3)^2 + (\sigma_3 - \sigma_1)^2] \tag{12.20}$$

체적팽창 에너지밀도는 항복에 의한 파손을 일으키는 것과 큰 관련이 없음을 실험을 통하여 알 수 있다. 뒤틀림 에너지는 비탄성 작용에 의하여 재료 파손에 영향이 있는 것으로 가정된다(9.8절). 체적 및 뒤틀림 응력과 이와 관련된 변형률은 재료의 소성거동에 중요한 역할을 한다.

[예제 12.7] 변형에너지밀도의 성분

조건 단순인장을 받고 있는 연강 부재의 요소를 그림 12.13에 나타내었다.

문제 변형에너지밀도와 그 성분을 구하라. 푸아송비의 값은 $\nu = \dfrac{1}{4}$을 이용하라.

가정 일축응력 σ는 재료의 탄성영역 내의 값이다.

풀이 요소의 응력상태는 다음과 같다.

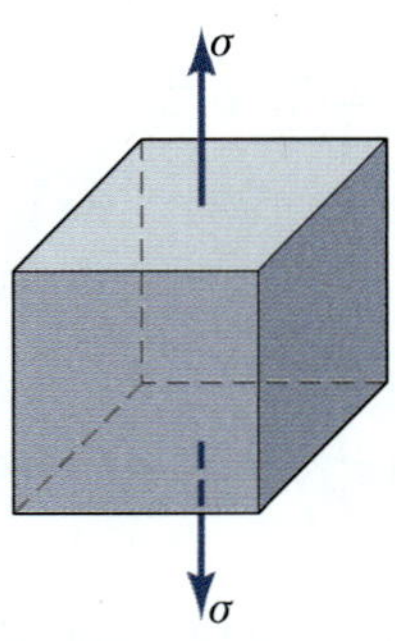

그림 12.13 일축응력을 받는 요소

$$\sigma_1 = \sigma \qquad \sigma_2 = \sigma_3 = 0$$

위의 응력값들을 식 (12.17), (12.19) 및 (12.20)에 대입하면 다음과 같은 변형에너지의 성분을 얻는다.

$$U_0 = \frac{\sigma^2}{2E}$$

$$U_{0v} = \frac{(1-2\nu)}{6E}\sigma^2 = \frac{\sigma^2}{12E} \qquad (12.21a\text{-}c)$$

$$U_{0d} = \frac{(1+\nu)}{3E}\sigma^2 = \frac{5\sigma^2}{12E}$$

부가설명 위의 표현식으로부터 $U_0 = U_{0v} + U_{0d}$이며, 또한 $5U_{0v} = U_{0d}$임을 알 수 있다. 따라서 일축응력을 받는 단위체적요소에서 **체적변화**에 비하여 **형상변화에 5배**의 변형에너지가 흡수되었음을 알 수 있다.

연습문제

12.1절~12.5절

12.1 직경이 d_1과 d_2이고 길이가 L인 계단형 봉이 인장력 P를 받고 있다(그림 P12.1). 항복을 일으키지 않고 봉에 저장될 수 있는 최대의 변형에너지를 계산하라.

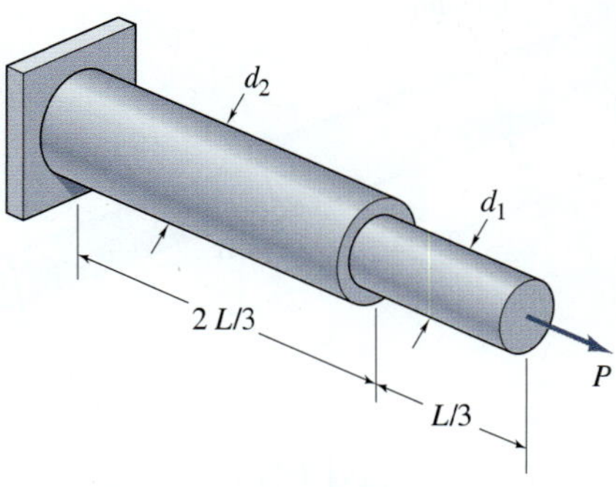

그림 P12.1

조건 $d_1 = 20$ mm, $d_2 = 30$ mm, $L = 1.2$ m, $\sigma_y = 220$ MPa, $E = 200$ GPa

12.2 $d_1 = d_2 = 25$ mm인 경우에 대하여 문제 12.1을 다시 풀어라.

12.3 단면적이 12 in.^{2}인 냉간압연 청동으로 제작된 봉이 축방향의 압축하중을 받고 있다. 만약에 허용압축응력이 14 ksi이고 탄성계수 $E = 16 \times 10^6$ psi라면 봉에 변형에너지 $U = 1.3$ in.·kips가 저장되기 위한 봉의 최소길이를 구하라.

12.4 알루미늄 봉 AB의 항복강도가 38 ksi이고 탄성계수는 $E = 10 \times 10^6$ psi이다(그림 P12.4). 축

하중 P가 작용할 때 변형에너지 $U=150$ in. · lb가 저장되었다. 항복에 대한 안전계수 $n_s=4$가 되도록 봉의 직경 d를 계산하라.

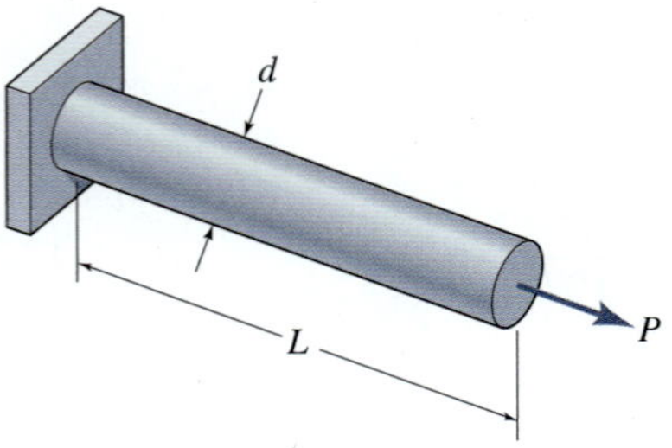

그림 P12.4

12.5 중공의 알루미늄 합금으로 제작된 축 AB(전단계수 $G=4\times10^6$ psi)가 점 B에서 고정되어 있고 점 A와 C에서 2개의 토크를 받고 있다(그림 P12.5). 축에 저장된 변형에너지를 구하라.

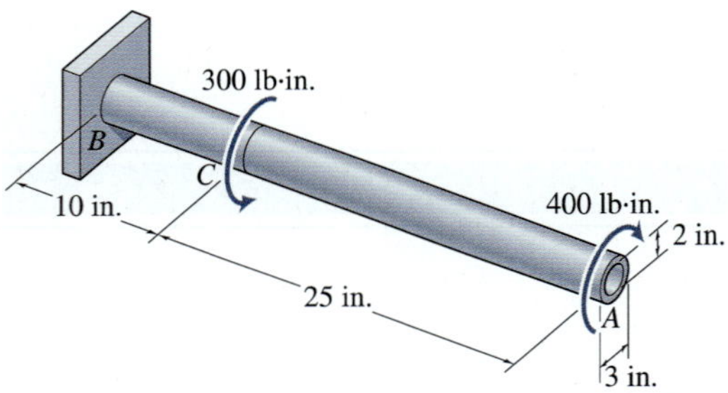

그림 P12.5

12.6 그림 P12.6의 계단형 봉은 한 변의 길이가 a인 정사각형 단면과 직경이 d인 원형 단면으로 구성되어 있다. 봉이 인장력 P를 받고 있을 때, 계단형 봉의 두 부위에서 저장되는 변형에너지가 서로 동일하도록 d/a의 비를 구하라.

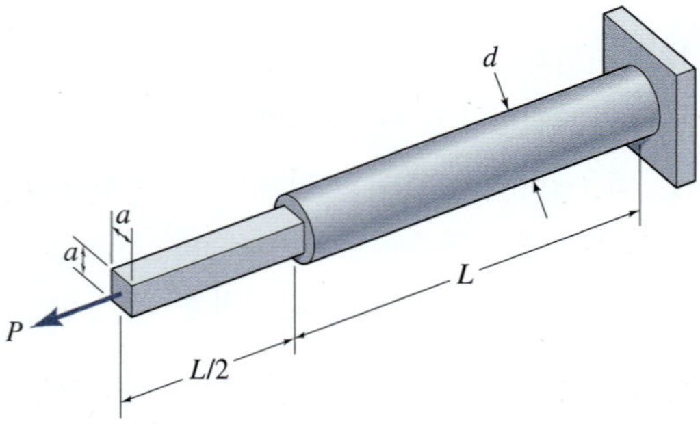

그림 P12.6

***12.7** 길이가 L이고 단면이 중실이며 테이퍼가 진 봉 AB의 한쪽 끝단이 고정되어 있고 다른 끝단에서는 인장력 P를 받고 있다(그림 P12.7). 봉의 변형에너지가 다음 식으로 표현됨을 증명하라.

$$U=\frac{P^2L}{\pi Ed^2} \qquad \text{(P12.7)}$$

위 식에서 d는 자유단에서의 봉의 직경이다.

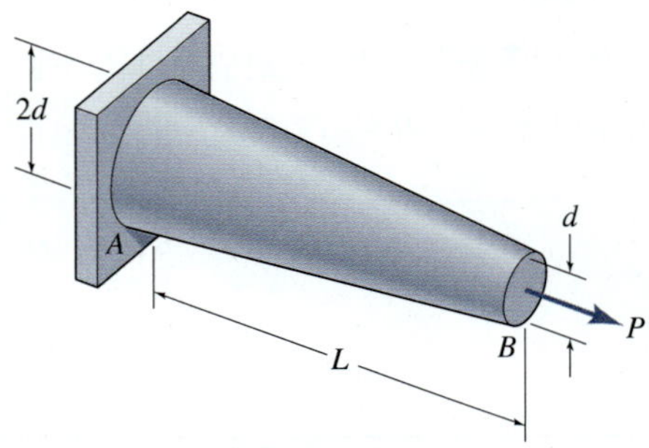

그림 P12.7

12.8 계단형의 축 ABC(전단계수 $G=42$ GPa)가 그림 P12.8에 나타낸 것처럼 토크를 받고 있다. 토크 $T_B=5$ kN · m와 $T_C=2$ kN · m일 때 축에 저장된 변형에너지를 구하라.

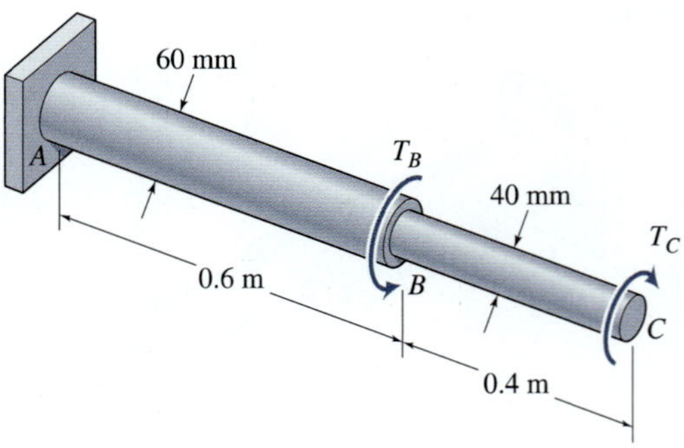

그림 P12.8

12.9 문제 12.8에서 AB 구간의 축이 중공이고 내경이 30 mm이다. 토크 $T_B = 1$ kN · m와 $T_C = 4$ kN · m일 때 축에 저장된 변형에너지를 다시 구하라.

12.10 그림 P12.8에 나타낸 축 ABC의 재료가 강재이고 토크 $T_B = 0$과 T_C를 받고 있다. 최대전단응력이 50 MPa일 때 축의 변형에너지를 구하라.

12.11 그림 P12.8에 나타낸 축의 재료가 알루미늄(전단계수 $G = 28$ GPa)이고 토크 $T_B = 0$, 비틀림각 $\phi = 0.05$ rad일 때 축의 변형에너지를 구하라.

12.12~*12.15 보의 경계조건과 하중조건이 그림 P12.12~P12.15에 나타낸 것과 같을 때 굽힘에 의한 보의 변형에너지를 구하라.

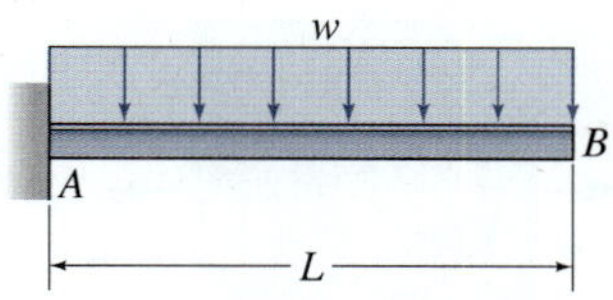

그림 P12.12

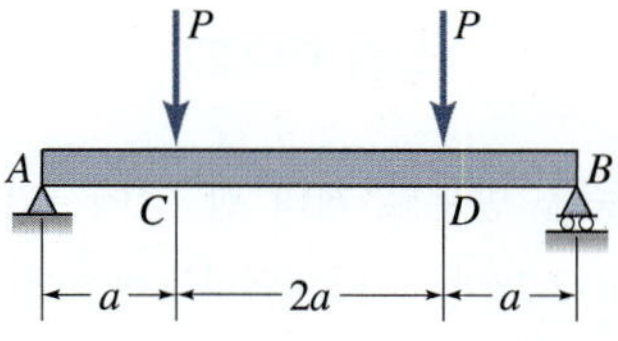

그림 P12.13

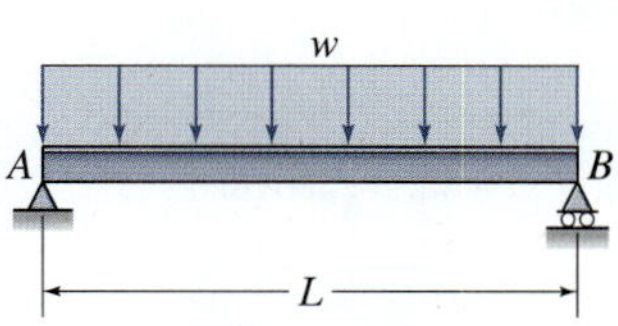

그림 P12.14

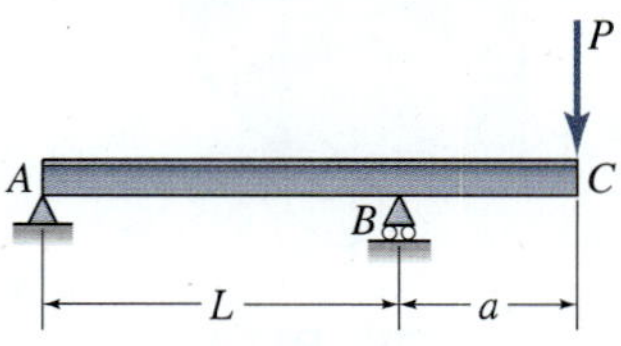

그림 P12.15

12.16~12.19 보의 경계조건과 하중조건이 그림 P12.16~P12.19에 나타낸 것과 같을 때 굽힘에 의한 보의 변형에너지를 구하라.

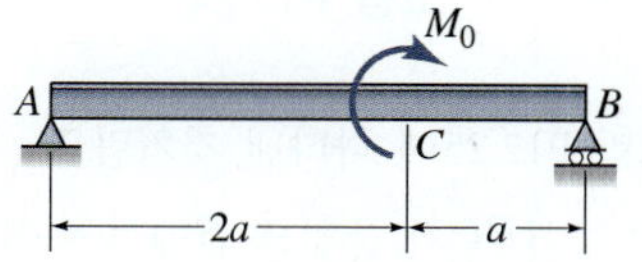

그림 P12.16

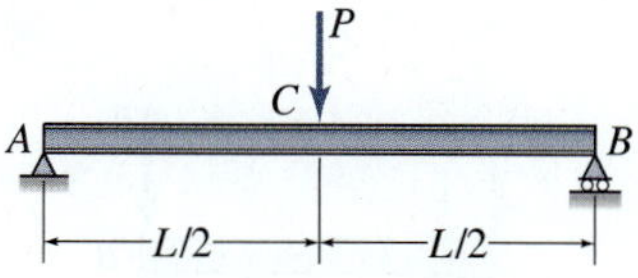

그림 P12.17

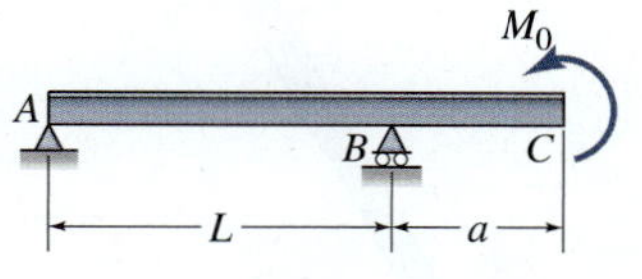

그림 P12.18

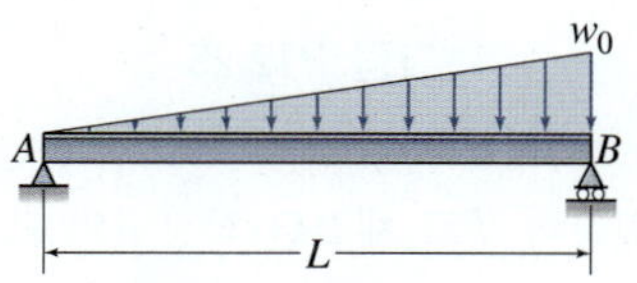

그림 P12.19

12.20~12.21 직사각형 단면의 보가 그림 P12.12와 P12.13에 나타낸 것과 같이 지지되고 하중을 받고 있다. 전단변형에 의한 보의 변형에너지를 구하라.

12.22~12.23 직사각형 단면의 보가 그림 P12.14와 P12.15에 나타낸 것과 같이 지지되고 하중을 받고 있다. 전단변형에 의한 보의 변형에너지를 구하라.

***12.24** 길이가 L이고 직사각형 단면을 갖는 단순보 AB가 그림 P12.24에서처럼 점 A에서 모멘트 M_0를 받고 있다. 굽힘과 전단에 의한 보의 변형에너지를 구하라.

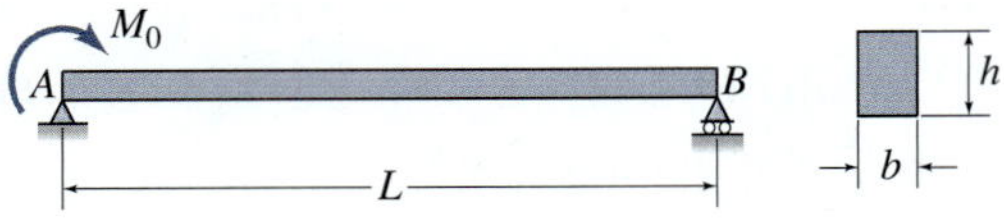

그림 P12.24

12.25 그림 P12.25에 나타낸 것처럼 두 부재로 구성된 트러스 ABC가 조인트 B에서 수직하중 P를 받고 있다. 각 부재의 축방향 강성은 AE이다. 트러스의 변형에너지를 구하라.

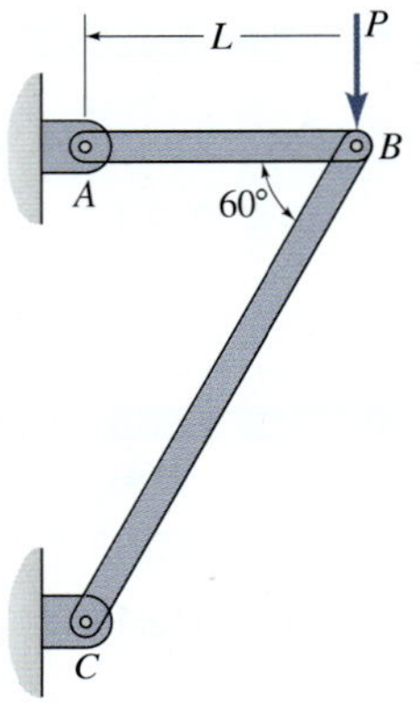

그림 P12.25

***12.26** 인장력 T로 체결된 직경 d의 볼트에 의하여 가공 중인 제품이 밀링기계의 테이블에 클램프로 고정되어 있다(그림 P12.26). 링크 AB는 폭이 b이고 깊이가 h인 직사각형 단면을 가지고 있다. 다음을 계산하라.

(a) 축하중에 의한 볼트의 변형에너지

(b) 굽힘에 의한 링크의 변형에너지

조건 $b=\dfrac{1}{2}$ in., $h=\dfrac{5}{16}$ in., $d=\dfrac{1}{4}$ in.,

$T=120$ lb, $E=29\times10^6$ psi

가정 볼트와 링크의 재료는 강재이다. 링크의 굽힘에서 구멍의 영향은 무시하라.

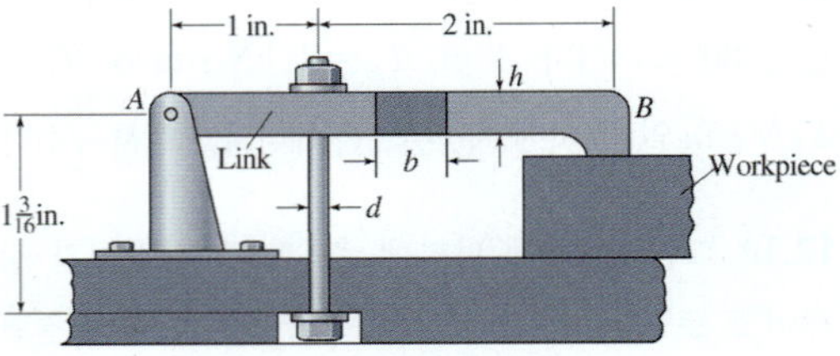

그림 P12.26

12.27 평면응력을 받고 있는 구조물의 한 점에서 응력상태의 크기와 방향을 그림 P12.27의 응력 요소에 나타내었다. 이 점에서 변형에너지밀도와 이의 성분을 구하라.

조건 $E=200$ GPa, $\nu=1/3$

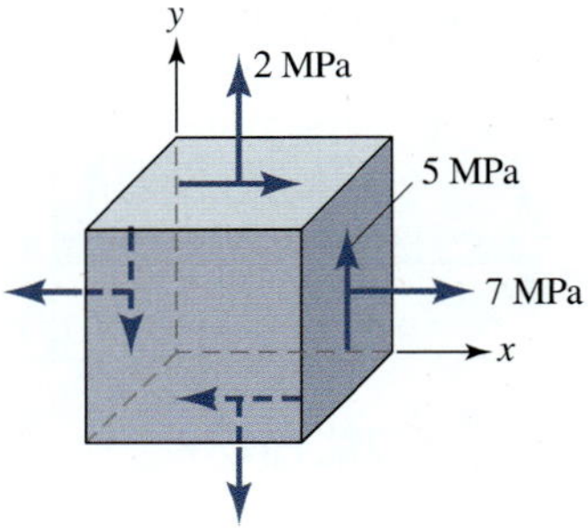

그림 P12.27

12.28 하중을 받는 부재의 한 점에서의 응력상태를 그림 P12.28에 나타내었다. 변형에너지밀도와 이의 성분을 구하라.

조건 $E=30\times10^6$ psi, $\nu=0.3$

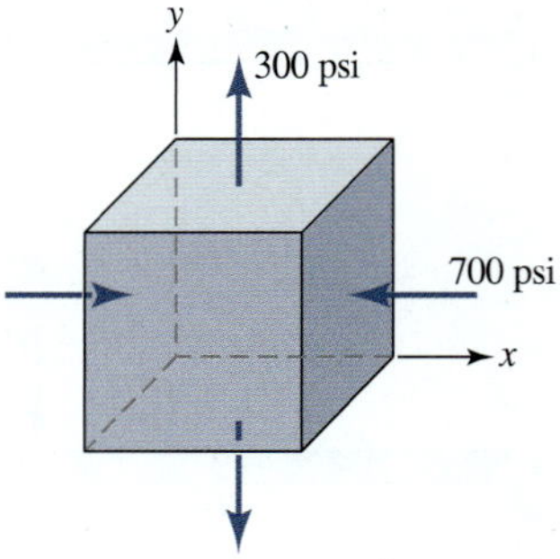

그림 P12.28

12.29 3차원 응력상태에 놓인 요소가 그림 P12.29에서처럼 응력을 받고 있다. 요소의 변형에너지밀도와 이의 성분을 구하라.

조건 $E = 70$ GPa, $\nu = 1/3$

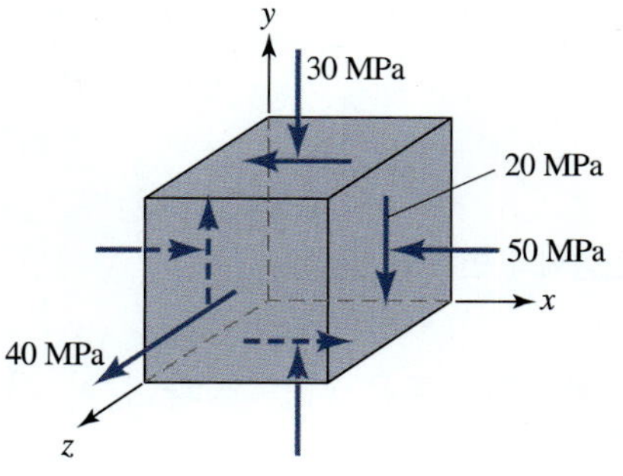

그림 P12.29

12.30 응력 요소가 그림 P12.30에서처럼 동일한 크기의 인장/압축 및 순수전단을 받고 있다. 그림에서 나타낸 것과 같은 응력상태에서 변형에너지밀도를 계산하라. 또한 두 경우의 변형에너지밀도를 같다고 둠으로써 $G = E/2(1+\nu)$의 결과를 얻을 수 있음을 증명하라.

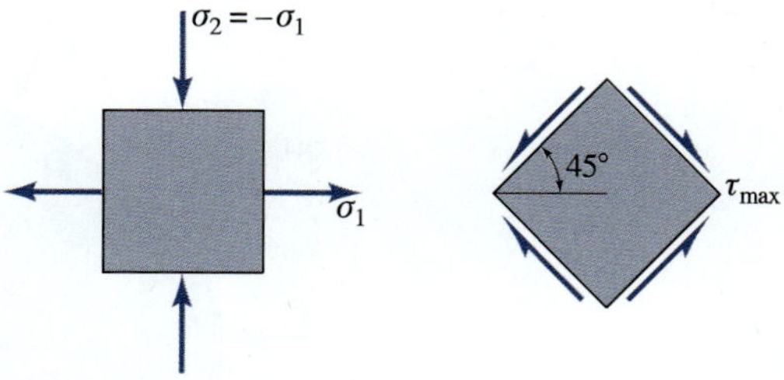

그림 P12.30

12.31 그림 P12.31에 나타낸 3축 응력에 대하여 변형에너지밀도와 이의 성분을 구하라.

조건 $\sigma_3 = 30$ MPa, $\sigma_2 = 40$ MPa, $\sigma_1 = 100$ MPa, $E = 110$ GPa, $\nu = 0.3$

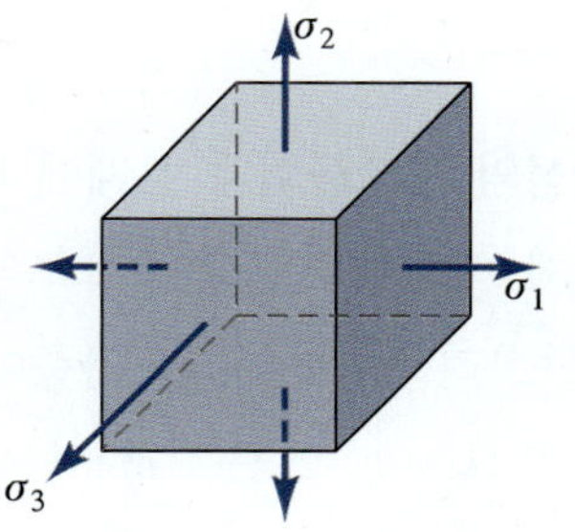

그림 P12.31

12.6 에너지 보존

어떤 탄성체가 외력에 의하여 하중을 받을 때 그 거동은 **에너지 보존 법칙(principle of conservation of energy)**에 의하여 지배받는다. 이 법칙의 요지는 에너지는 생성되지도 않고 또한 소멸되지도 않는다는 것이다. 이 법칙에서는 하중을 받는 동안에 물체에 열이 가해지지도 않고 물체로부터 열이 배출되지도 않는다고 가정하였다. 만약 물체에 하중이 매우 천천히 가해진다면, 운동에너지를 무시할 수 있다. 그 결과로 하중에 의한 **외부의 일** W는 내부의 일 또는 물체에 저장되는 **변형에너지** U로 변환된다. 하중이 제거될 때에는, 변형에너지는 그 물체를 변형 이전의 위치로 복원시켜준다. 단, 재료의 탄성한계를 초과하여

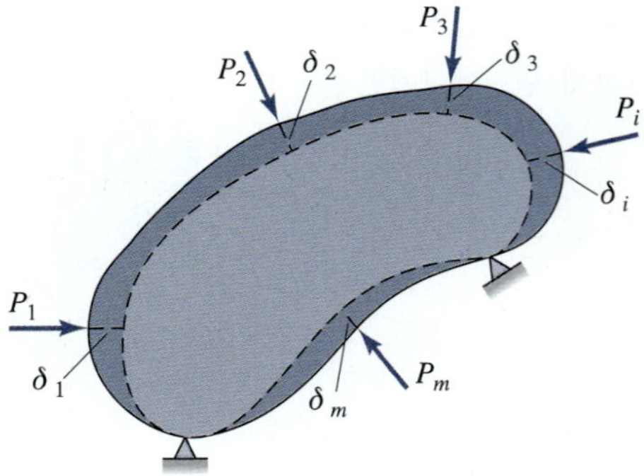

그림 12.14 여러 하중을 받고 있는 탄성체의 변위

하중이 가해지지 않았을 경우에 한한다. 따라서 물체의 **에너지 보존**은 다음 식과 같이 서술될 수 있다.

$$W = U \tag{12.22}$$

선형탄성의 구조물이나 부재에 대하여 힘이나 우력이 매우 천천히 가해질 때 외부의 일 W는 전체 하중과 하중 방향으로의 변위의 곱의 절반과 동일하다. 여러 하중을 받고 있는 탄성체를 고려해보자. 모든 하중이 정적으로 가해졌다고 가정하고, 하중과 변위의 최종값을 각각 $P_k(k=1,\ 2,\ \cdots,\ m)$와 δ_k로 표기하자(그림 12.14). 선형성으로 인하여 하중을 가하는 동안에 힘과 변위는 서로 비례하여 증가하므로 총 일은 $W=1/2\Sigma P_k\delta_k$이다. 에너지의 손실이 없다는 가정 하에서 이 일은 물체에 저장된 변형에너지 U와 동일하다. 따라서 식 (12.22)는 다음과 같이 기술될 수 있다.

$$U = W = \frac{1}{2}\Sigma P_k \delta_k \tag{12.23}$$

즉 물체에 작용하는 하중에 의해 일어나는 일은 곧 탄성변형에너지와 같다.

이 장의 나머지 절에서는 에너지 보존 법칙에 입각한 여러 가지 에너지법들을 다루게 된다.

12.7 단일하중을 받는 경우에 일-에너지법으로 변위 구하기

에너지 보존 법칙을 사용하면 부재나 구조물에 가해진 **단일하중**에 의한 변형이나 기울기를 구할 수 있다. 만약에 변형에너지를 구할 수 있다면, 식 (12.23)을 이용하여 변위를 간단히 구할 수 있다. 이러한 방법을 **일-에너지법**(work-energy method)이라고 한다. 부재의 내부탄성변형에너지 U를 구하는 공식들은 12.2～12.4절까지 다루어졌다.

이제는 부재나 구조물의 한 점에서 변위를 구하기 위해서 어떻게 일-에너지법을 사용하는지를 다룬다. **축방향으로 1개의 집중하중** P를 받는 부재의 경우에[그림 12.15(a)], 일은 $W=\frac{1}{2}P\delta$이다. 따라서 식 (12.23)은 다음과 같이 기술될 수 있다.

$$U=\frac{1}{2}P\delta \tag{12.24}$$

위 식에서 δ는 힘 P가 작용하는 점에서의 변위이다. 봉에 저장된 변형에너지는 식 (12.2)로부터 결정할 수 있다. 즉 $U=P^2L/2AE$이다. 따라서 다음의 식을 얻을 수 있다.

$$\frac{P^2L}{2AE}=\frac{P\delta}{2}$$

위 식을 정리하면 $\delta=PL/AE$가 된다. 이 값은 4.2절에서 평형방정식으로 얻은 결과와 동일하다.

유사한 방법에 의해서 **비틀림 봉**의 경우에[그림 12.15(b)], 다음과 같이 변형에너지에 대한 식을 얻을 수 있다.

$$U=\frac{1}{2}T\phi \tag{12.25}$$

또한 **순수굽힘을 받는 보**의 경우에[그림 12.15(c)], 변형에너지는 다음과 같다.

$$U=\frac{1}{2}M\theta \tag{12.26}$$

위 식에서 M(또는 T)과 θ(또는 ϕ)는 각각 부재의 한 점에서 모멘트(또는 토크)와 기울기(또는 비틀림 각)이다. 식 (12.7)과 (12.9)를 이들 식에 대입하면 각각 $\phi=TL/GJ$와 $\theta=ML/EI$의 결과를 얻는다.

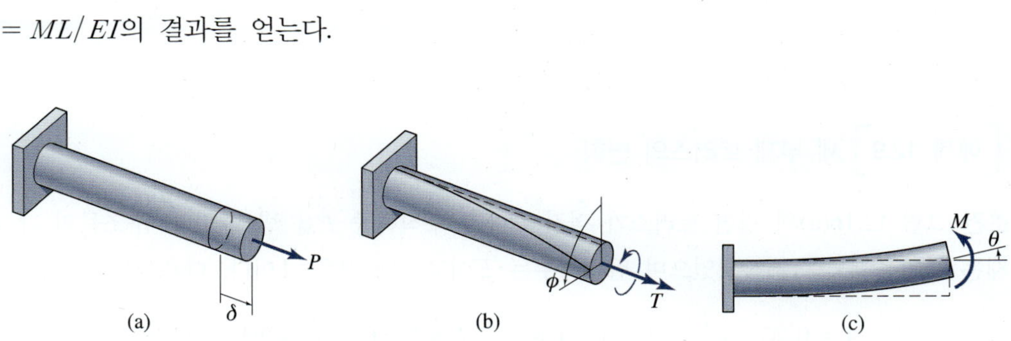

그림 12.15 전형적인 부재에서의 변형 (a) 축하중 P (b) 토크 T (c) 굽힘 모멘트 M

여러 구조 부재로 구성되어 있는 구조물에 단일하중이 작용할 때의 변형이나 기울기는 다음과 같은 순서로 구할 수 있다. 우선 각 부재의 변형에너지를 구하여 합하게 되면 전체 구조의 변형에너지를 얻을 수 있게 된다. 다음에 식 (12.24), (12.25), 또는 (12.26)을 사용하여 원하는 변위를 구할 수 있게 된다(예제 12.9 참조). 이 절에서 제시된 방법은 주어진 구조물이 단일집중하중이나 우력을 받는 경우로 제한된다는 점을 기억하여야 한다. 다음 절에서는 구조물이 여러 가지 하중을 동시에 받고 있을 때 구조물의 한 점에서의 변위를 구할 수 있는 좀 더 일반적인 방법을 설명할 것이다.

[예제 12.8] 굽힘과 전단에 의한 보의 변형

조건 직사각형 단면을 가지고 자유단 A에서 집중하중을 받고 있는 그림 12.11의 외팔 보 AB를 다시 고려하자.

문제 보의 자유단 A에서의 변형(처짐) v_A를 구하라.

가정 굽힘과 전단응력의 효과를 모두 고려하라.

풀이 이 예제의 보에 대한 총 변형에너지 U는 예제 12.6에서 구하였다. 총 변형에너지 U와 하중에 의한 일 W를 같다고 두면 다음의 식을 얻을 수 있다.

$$\frac{P^2L^3}{6EI}\left[1+\frac{3E}{10G}\left(\frac{h}{L}\right)^2\right]=\frac{1}{2}Pv_A$$

위 식으로부터 다음과 같이 자유단에서의 변형을 얻을 수 있다.

$$v_A=\frac{PL^3}{3EI}\left[1+\frac{3E}{10G}\left(\frac{h}{L}\right)^2\right] \tag{12.27}$$

부가설명 전단 효과를 무시하게 되면 예제 12.6에서 구한 것과 동일한 상대 오차가 발생한다. 이미 앞서 설명한 것처럼 $h/L=10$의 비를 갖는 보의 경우에 이 오차는 1%보다 더 작다.

[예제 12.9] 세 부재 트러스의 변형

조건 그림 12.16(a)의 평면 트러스가 절점 B에서 수직하중 P를 받고 있다. 구조물의 각 부재는 구조용강으로 제작되었으며 탄성계수는 E이고 단면적은 A이다. 다음 값을 사용하라.

$$A=0.25\ \text{in.}^2 \qquad P=6\ \text{kips} \qquad L=2\ \text{ft} \qquad E=29\times10^6\ \text{psi}$$

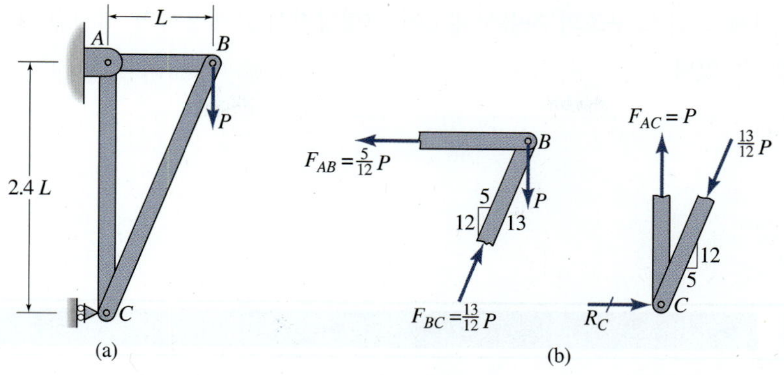

그림 12.16 (a) 단순 트러스 (b) 조인트 B와 C의 자유물체도

문제 조인트 B에서의 수직변형을 구하라.

가정 조인트에서의 마찰은 무시하라.

풀이 부재 BC의 길이는 다음과 같다.

$$L_{BC} = \sqrt{(2.4L)^2 + L^2} = 2.6L$$

조인트법을 사용하여 핀 B와 C의 자유물체도에 부재의 축력을 나타내었다[그림 12.16(b)]. 따라서 그림 12.16(b)를 참조하여 전체의 변형에너지에 대한 식을 다음과 같이 구하였다.

$$U = \frac{1}{2AE}(F_{AB}^2 L_{AB} + F_{BC}^2 L_{BC} + F_{AC}^2 L_{AC})$$

$$= \frac{P^2 L}{AE}\left[\left(\frac{5}{12}\right)^2(1) + \left(\frac{13}{12}\right)^2(2.6) + (1)^2(2.4)\right]$$

위 식은 다음과 같이 정리될 수 있다.

$$U = 2.8125\frac{P^2 L}{AE}$$

$$= 2.8125\frac{(6)^2(2 \times 12)}{(0.25)(29)} = 335.172 \text{ in.} \cdot \text{lb}$$

하중 P에 의한 일은 $W = P\delta_V/2 = 3(10^3)\delta_V$이다. U와 W를 같다고 두면, 점 B에서의 수직변위에 대한 다음의 식을 얻는다.

$$\delta_V = 0.112 \text{ in.} \downarrow$$

부가설명 전체 트러스 구조의 자유물체도에 평형방정식을 적용하여 지지점 A와 C에서의 반력을 구할 수 있다.

연습문제

12.6절~12.7절

12.32 일-에너지법을 사용하여 그림 P12.32의 봉 ABC의 자유단 C에서의 변형을 구하라.

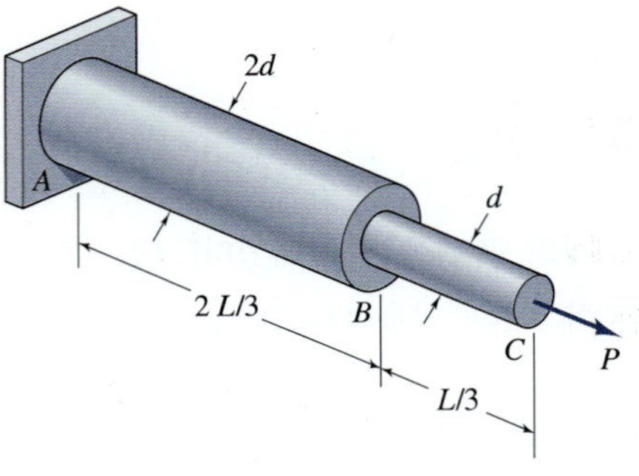

그림 P12.32

12.33 그림 P12.33의 계단형 축의 자유단에 가해진 토크 $T_C = 1.2$ kN·m에 의해서 축 ABC(전단계수 $G = 28$ GPa)에서 발생한 비틀림 각을 계산하라. 단, 일-에너지법을 사용하라.

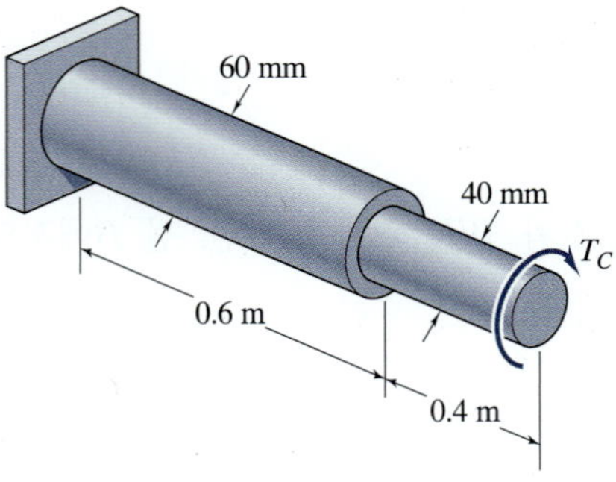

그림 P12.33

12.34 그림 P12.34에서처럼 단순지지 보가 하중을 받고 있다. 일-에너지법을 사용하여 점 C(또는 D)에서 굽힘과 전단에 의한 변형을 구하라.

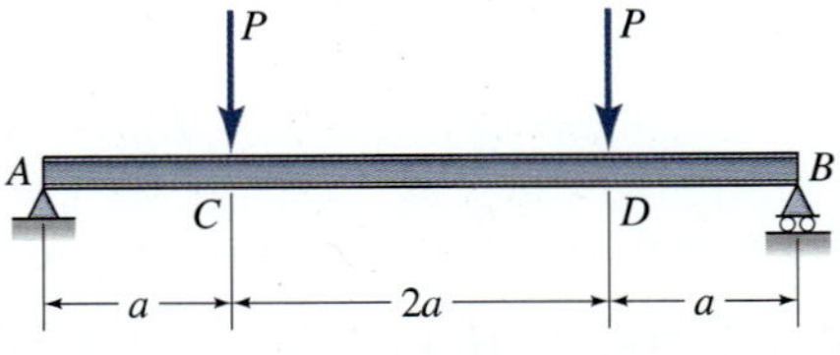

그림 P12.34

12.35 그림 P12.35에서처럼 어떤 보가 지지되고 하중을 받고 있다. 일-에너지법을 사용하여 점 C에서 굽힘과 전단에 의한 변형을 구하라.

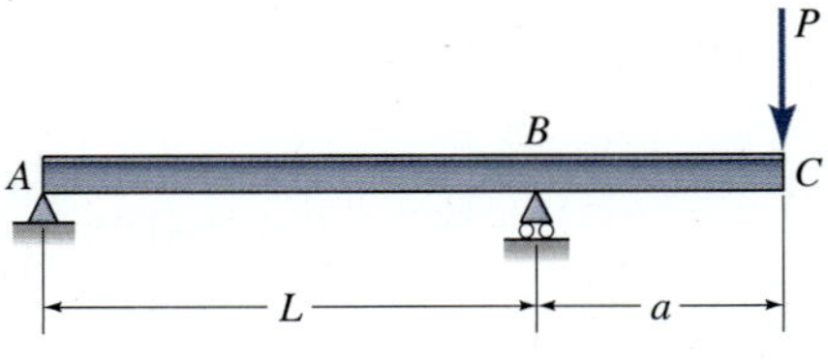

그림 P12.35

12.36 그림 P12.36에서처럼 어떤 보가 지지되고

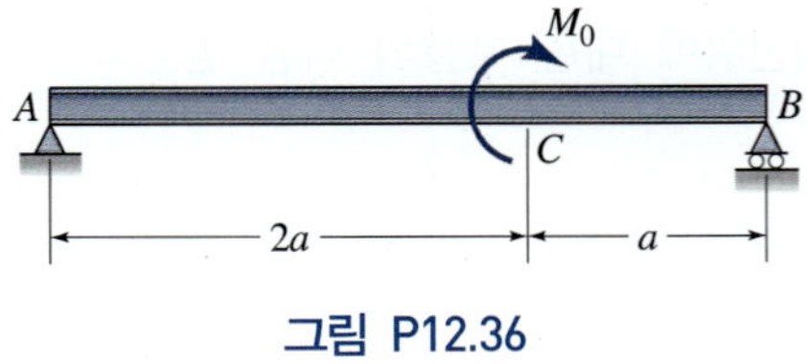

그림 P12.36

하중을 받고 있다. 일-에너지법을 사용하여 굽힘에 의한 점 C에서의 기울기를 구하라.

12.37 그림 P12.37에서처럼 어떤 보가 지지되고 하중을 받고 있다. 일-에너지법을 사용하여 굽힘에 의한 점 C에서의 기울기를 구하라.

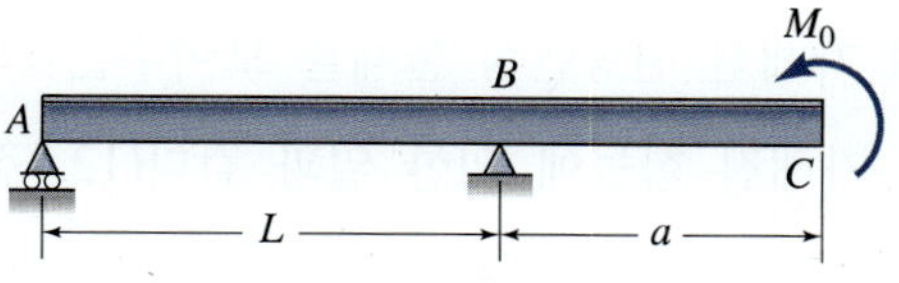

그림 P12.37

12.38~12.39 그림 P12.38과 P12.39에서처럼 어떤 보가 지지되고 하중을 받고 있다. 일-에너지법을 사용하여 모멘트 M_0에 의한 점 C에서의 기울기를 구하라.

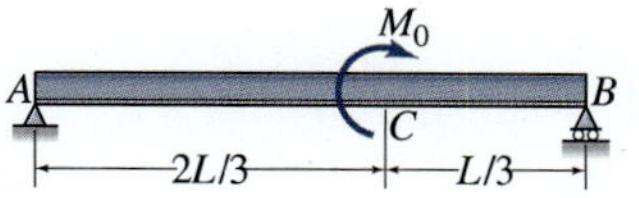

그림 P12.38

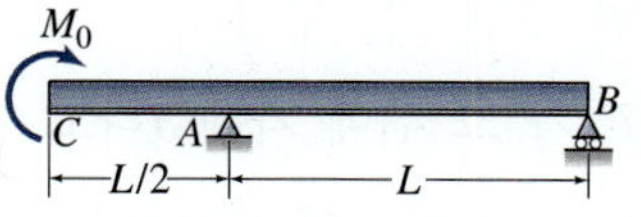

그림 P12.39

***12.40~12.41** 그림 P12.40과 P12.41에서처럼 어떤 보가 지지되고 하중을 받고 있다. 일-에너지법을 사용하여 점 C에서의 기울기를 구하라.

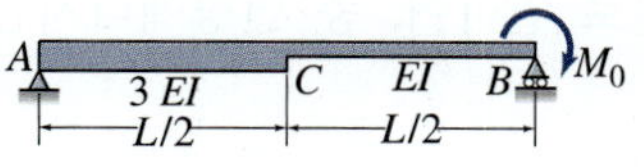

그림 P12.40

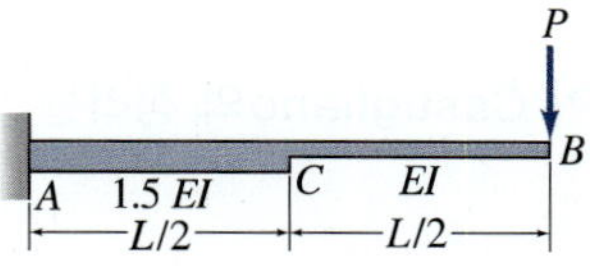

그림 P12.41

12.42 일-에너지법을 사용하여 그림 P12.42의 외팔 보의 점 B에서 굽힘에 의한 변형을 구하라.

조건 $P = 120$ N, $E = 200$ GPa, $h = 2b = 60$ mm

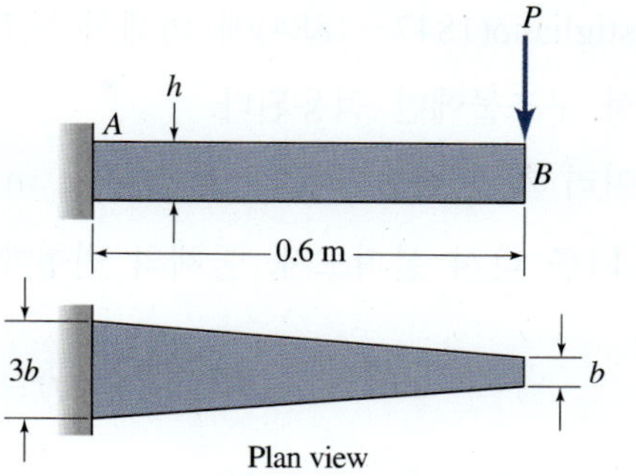

그림 P12.42

12.43~*12.44 그림 P12.43과 P12.44에서처럼 주어진 트러스가 하중을 받고 있다. 일-에너지법을 사용하여 점 C에서의 수직변형을 구하라. 단, 모든 부재가 동일한 축방향 강성 AE를 갖는다고 가정하라.

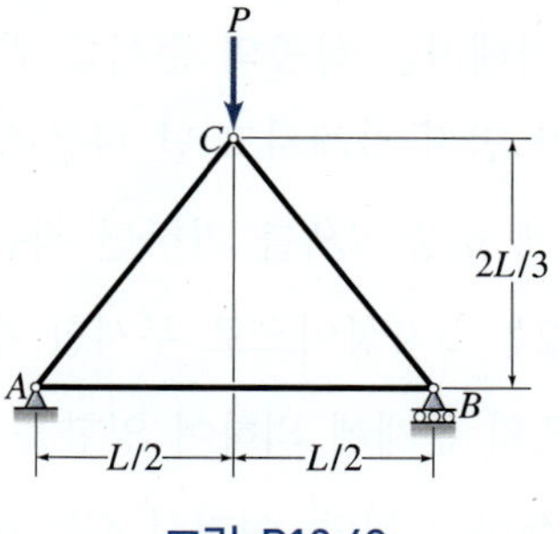

그림 P12.43

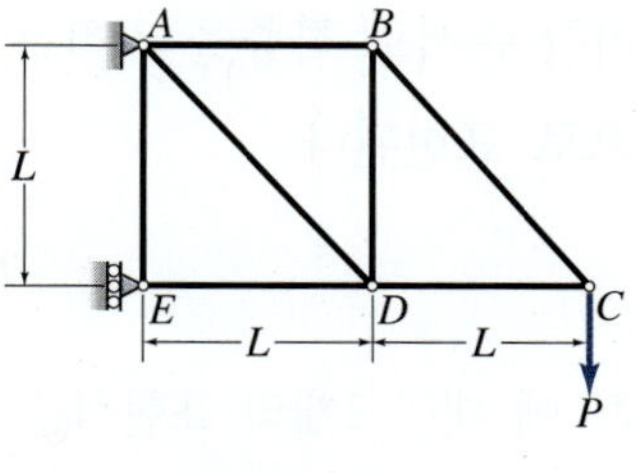

그림 P12.44

*12.8 Castigliano의 정리로 변위 구하기

구조물의 변위해석을 위해서 Castigliano의 정리는 매우 다양하게 적용된다. 이 정리는 A. Castigliano(1847～1884)에 의해서 1879년에 제안되었으며 중첩의 원리가 적용되는 선형 탄성 구조물에만 적용된다.

여러 개의 하중 $P_k(k=1,\ 2,\ \cdots,\ m)$가 동시에 가해진 선형탄성 물체를 보여주는 그림 12.14를 다시 살펴보자. 물체의 변형에너지 U는 가해진 힘들에 의한 일과 같다(12.6절).

$$U=\frac{1}{2}\sum_{k=1}^{m}P_k\delta_k$$

다른 모든 하중들 $P_k(k\neq i)$의 값은 변화하지 않고, 1개의 하중 P_i의 값만 작은 크기 dP_i만큼 증가하였다고 하자. 이때 변형에너지는 $dU=(\partial U/\partial P_i)dP_i$만큼 증가하게 된다. 여기서 $\partial U/\partial P_i$는 P_i에 대한 변형에너지의 증가율을 나타낸다. 따라서 총 변형에너지는 다음과 같이 된다.

$$U'=U+\left(\frac{\partial U}{\partial P_i}\right)dP_i \tag{a}$$

한편 가해지는 하중의 순서를 반대로 하여 U'에 대한 표현식을 구할 수도 있다. 즉 하중 dP_i가 먼저 가해지고 난 다음에 다른 모든 하중들 P_k가 그 뒤에 가해졌다고 가정하자. 이 경우에 하중 dP_i를 가하면 작은 변위 $d\delta_i$가 발생된다. 이 하중의 증분에 대응하는 일 $dP_i d\delta_i/2$는 2차항이므로 무시할 수 있다. 또한 나머지 힘 P_k를 가하는 동안에 이루어진 일은 dP_i의 존재에 의하여 영향을 받지 않는다. 그러나 힘 dP_i는 δ_i만큼 움직이는 동안에 일을 수행하게 된다. 여기서 δ_i는 하중 P_k의 작용에 의하여 발생하는 변위를 의미한다. 따라서 이러한 순서로 하중을 가하는 동안에 발생하는 일로 인하여, 총 변형에너지는 다음과 같은 식으로 표현된다.

$$U'=U+dP_i\cdot\delta_i \tag{b}$$

위의 U'에 대한 2개의 표현식을 같이 두면, 다음과 같이 **Castigliano의 정리**를 얻게 된다.

$$\delta_i=\frac{\partial U}{\partial P_i} \tag{12.28}$$

위 식으로부터 선형 구조물에 대하여 **변형에너지의 하중에 대한 편도함수는 하중이 작용하는**

위치에서 하중 방향으로의 변위와 같다는 것을 알 수 있다. Castigliano의 정리는 가해진 모멘트 M(또는 토크 T)과 이로 인하여 발생하는 기울기 θ(또는 비틀림 각 ϕ)에 대해서도 동일하게 적용됨을 증명할 수 있다. 이 관계는 다음과 같이 정리된다.

$$\theta_i = \frac{\partial U}{\partial M_i} \tag{12.29}$$

$$\phi_i = \frac{\partial U}{\partial T_i} \tag{12.30}$$

Castigliano의 정리를 사용하기 위해서는 변형에너지를 외력으로 표현하여야 한다. 예를 들어 **보의 경우**에, 12.4절로부터 $U=\int M^2 dx/2EI$임을 기억할 수 있다. 하중 P_i에 대응하는 변형 v_i를 구하기 위하여 일반적으로 적분 기호 내에서 미분을 수행하는 것이 훨씬 더 간단하다.

$$v_i = \frac{\partial U}{\partial P_i} = \int_0^L \frac{M}{EI}\frac{\partial M}{\partial P_i}dx \tag{12.31}$$

동일한 방법으로 회전각에 대한 표현식은 다음과 같이 정리할 수 있다.

$$\theta_i = \frac{\partial U}{\partial M_i} = \int_0^L \frac{M}{EI}\frac{\partial M}{\partial M_i}dx \tag{12.32}$$

가느다란 보의 경우 예제 12.8에서 변위에 대한 전단력 V의 영향은 무시할 정도로 작다고 확인하였다.

유사한 방법으로 각 부재의 길이가 L_j, 축방향 강성이 A_jE_j, 내력이 F_j이며, n개의 부재로 구성된 **트러스의 경우**에, 식 (12.2)로부터 변형에너지를 다음과 같이 구할 수 있다.

$$U = \sum_{j=1}^{n} \frac{F_j^2 L_j}{2A_jE_j} \tag{12.33}$$

따라서 하중 P_i가 작용하는 점에서의 변위 δ_i는 다음과 같다.

$$\delta_i = \frac{\partial U}{\partial P_i} = \sum_{j=1}^{n} \frac{F_jL_j}{A_jE_j}\frac{\partial F_j}{\partial P_i} \tag{12.34}$$

하중이 작용하지 않는 점에서 변위를 구해야 할 때에는 다음과 같은 방법을 사용하여야 한다. 변위를 구하려고 하는 위치에서 변위 방향으로 **가상하중**을 가한다. 그 다음에 변위를 구하는 식에서 가상의 **하중의 크기를 0으로 두고** Castigliano의 정리를 적용하여 원하는 변위를 구한다.

Castigliano에 의하여 제안된 정리는 모두 2개이다. **Castigliano의 제1정리**는 변형에서의 가상(상상의) 변화에 의존하며(참고문헌 13.2) 다음 식으로 표현된다.

$$P_i = \frac{\partial U}{\partial \delta_i} \tag{c}$$

위 정리는 선형뿐만 아니라 비선형으로 거동하는 구조물에서도 적용된다. 이 책에서는 식 (12.28)의 **Castigliano의 제2정리**를 다루었다. 유한요소법은 연속체 역학에 Castigliano의 제1정리를 적용한 것과 유사하다고 생각할 수 있다(13.2절).

예제 12.10 삼각형 하중을 받고 있는 외팔 보의 변형

조건 외팔 보 AB가 선형으로 변화하는 하중을 지지하고 있다. 이 하중은 점 A에서 그 크기가 0이며 점 B에서 최대크기인 w_0를 갖는다[그림 12.17(a)].

문제 점 A에서의 변형을 구하라.

풀이 점 A에 가상하중 Q를 가한다. 점 A로부터 거리 x만큼 떨어진 곳에서 그림 12.17(b)의 자유물체도를 이용하여 모멘트와 Q에 대한 모멘트의 도함수를 각각 구하였다.

$$M = -Qx - \frac{W_0 x^3}{6L} \qquad \frac{\partial M}{\partial Q} = -x$$

위 식을 식 (12.31)에 대입하고 $Q = 0$으로 두면 다음과 같이 점 A에서의 변형값을 구하는 식을 얻는다.

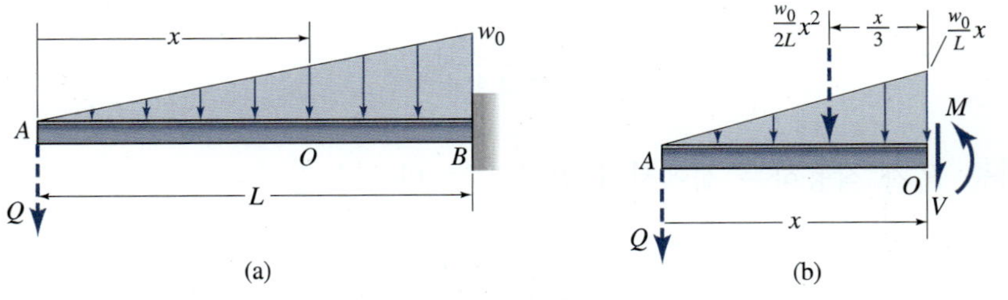

그림 12.17 (a) 삼각형 하중을 받고 있는 외팔 보 (b) 부위 AO의 자유물체도

$$v_A = \frac{1}{EI}\int_0^L M\frac{\partial M}{\partial Q}dx = \frac{1}{EI}\int_0^L\left(\frac{W_0 x^3}{6L}x\right)dx$$

위 식을 적분하여 점 A에서의 변형값을 다음과 같이 구한다.

$$v_A = \frac{W_0 L^4}{30EI} \downarrow \tag{12.35}$$

부가설명 가상하중의 방향이 아래쪽이므로 v_A가 양의 부호를 갖는다는 것은 변형이 하중과 같은 아래쪽 방향이라는 뜻이다.

[예제 12.11] 반 반지(half-ring)의 변형

조건 한 점이 고정되고 다른 한 점에서 하중 P를 받고 있는 반 반지를 그림 12.18(a)에 나타내었다.

문제 자유단 B에서의 수평변위 δ_H를 구하라.

가정 반지의 깊이에 비하여 곡률반경 R이 충분히 크기 때문에 전단력에 의한 변형을 무시할 수 있다.

풀이 각도 θ에 해당하는 반지의 일부에 대한 자유물체도를 그림 12.18(b)에 나타내었다. 이 자유물체도에는 내력(힘과 모멘트)을 하중 P와 함께 나타내었다. 이 그림으로부터 다음과 같은 값을 얻을 수 있다.

$$M = PR\sin\theta \qquad dx = Rd\theta$$

위의 표현식을 식 (12.31)에 대입하여 다음과 같이 점 B에서의 수평변위를 구할 수 있는 식을 얻는다.

$$\delta_H = \int_0^L \frac{M}{EI}\frac{\partial M}{\partial P}dx = \frac{PR^3}{EI}\int_0^\pi \sin^2\theta\, d\theta = \frac{PR^3}{EI}\left|\frac{\theta}{2} - \frac{\sin 2\theta}{4}\right|_0^\pi$$

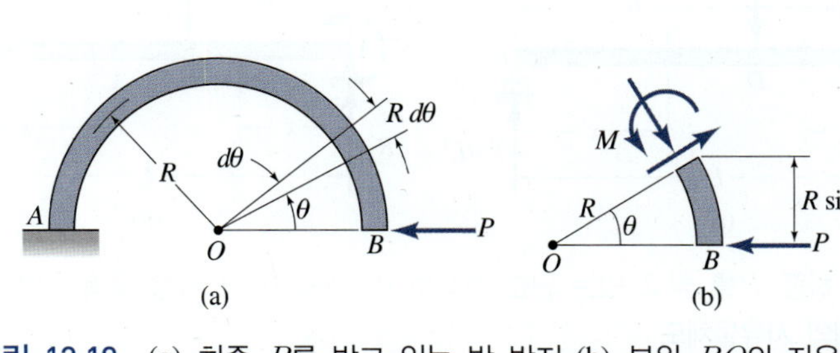

그림 12.18 (a) 하중 P를 받고 있는 반 반지 (b) 부위 BO의 자유물체도

위 식을 정리하여 점 B에서의 수평변위를 다음과 같이 구할 수 있다.

$$\delta_H = \frac{\pi P R^3}{2EI} \leftarrow \tag{12.36}$$

부가설명 위의 δ_H의 부호는 양이며, 이는 점 B에서의 변위가 하중 P의 방향과 동일하다는 뜻이다(즉 왼쪽 방향).

[예제 12.12] 집중하중을 받는 단순지지 보의 변형

조건 그림 12.19(a)에서처럼 단순지지 보 AB가 점 D에서 집중하중 P를 받고 있다.

문제 점 D에서의 변형 v_D와 좌측 끝단 A에서의 기울기 θ_A를 구하라.

풀이 그림 12.19(a)에서 점 A로부터 거리 x와 점 B로부터 거리 x'만큼 떨어진 곳에서의 모멘트 M_1과 M_2를 각각 다음과 같이 구할 수 있다.

$$M_1 = \frac{Pb}{L}x \qquad \text{그리고} \qquad \frac{\partial M_1}{\partial P} = \frac{bx}{L} \qquad (0 \le x \le a)$$

$$M_2 = \frac{Pa}{L}x' \qquad \text{그리고} \qquad \frac{\partial M_2}{\partial P} = \frac{ax'}{L} \qquad (0 \le x' \le b)$$

점 D에서의 변형. 위 표현식들을 식 (12.31)에 대입하여 점 D에서의 변형을 얻을 수 있다.

$$v_D = \frac{1}{EI}\int_0^a \frac{Pb}{L}x\left(\frac{bx}{L}\right)dx + \frac{1}{EI}\int_0^b \frac{Pa}{L}x'\left(\frac{ax'}{L}\right)dx' = \frac{Pa^2b^2}{3EIL} \downarrow \tag{12.37}$$

점 A에서의 기울기. 기울기를 구하여야 하므로 가상 우력 C를 점 A에 가하였다[그림 12.19(b)]. 평형방정식으로부터 다음과 같이 반력을 구할 수 있다.

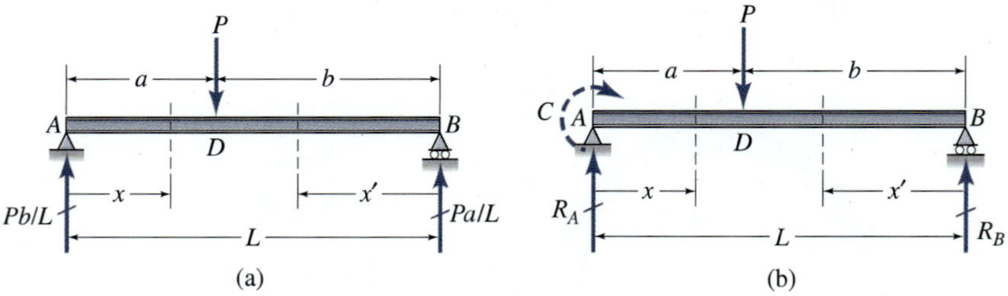

그림 12.19 (a) 하중 P를 받고 있는 단순지지 보 (b) 하중 P와 가상 우력 C를 받고 있는 보 전체의 자유물체도

$$R_A = \frac{Pb}{L} - \frac{C}{L} \qquad R_B = \frac{Pa}{L} + \frac{C}{L}$$

점 A로부터 거리 x와 점 B로부터 거리 x'만큼 떨어진 곳에서의 모멘트 M_1과 M_2에 대한 식은 다음과 같이 구할 수 있다.

$$M_1 = \left(\frac{Pb}{L} - \frac{C}{L}\right)x + C \qquad M_2 = \left(\frac{Pa}{L} + \frac{C}{L}\right)x'$$

따라서 가상 우력 C에 대한 모멘트의 도함수는 다음과 같다.

$$\frac{\partial M_1}{\partial C} = 1 - \frac{x}{L} \qquad \frac{\partial M_2}{\partial C} = \frac{x'}{L}$$

위의 식을 식 (12.32)에 대입하고 $C=0$으로 두면 다음과 같이 점 A에서 기울기를 구할 수 있다.

$$\theta_A = \frac{P}{EIL}\left[\int_0^a bx\left(1 - \frac{x}{L}\right)dx + \int_0^b ax'\left(\frac{x'}{L}\right)dx'\right]$$

$$= \frac{Pab}{6EIL^2}(-2a^2 + 3aL + 2b^2) \quad ↻ \tag{12.38}$$

부가설명 θ_A의 부호가 양이면 회전각의 방향은 우력 C의 방향과 동일하다(즉 그림에서처럼 시계방향).

예제 12.13 대칭 트러스의 변형

조건 높이가 $h = 2L/3$이고 스팬 길이가 L인 평면 트러스 $ABCD$가 조인트 D에서 수직하중 P를 받고 있다[그림 12.20(a)]. 각 부재의 축방향 강성은 AE이다.

문제 조인트 D에서의 수직변위를 구하라.

가정 조인트에서의 마찰은 무시하라.

풀이 그림 12.20(a)에서처럼 전체 트러스의 자유물체도로부터 반력을 구할 수 있다. 부재들의 길이는 다음과 같다.

$$L_{AB} = L_{BC} = \frac{5}{6}L \qquad L_{AD} = L_{CD} = \frac{1}{2}L \qquad L_{BD} = \frac{2}{3}L$$

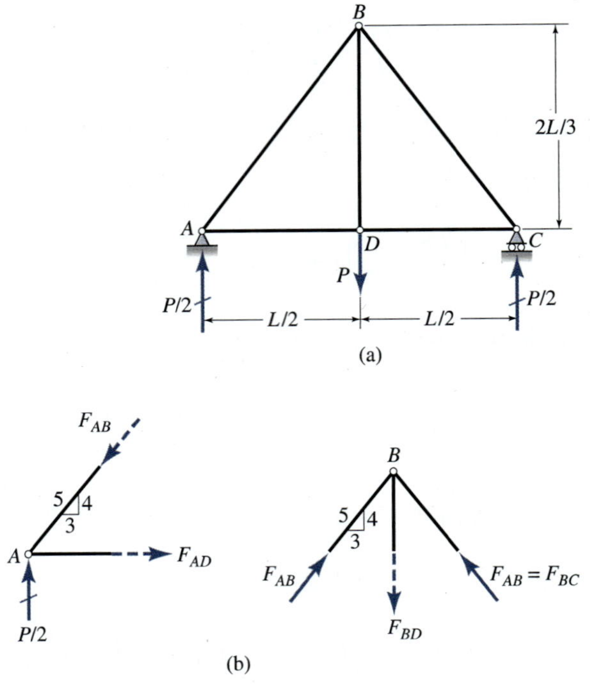

그림 12.20 (a) 평면 트러스 (b) 조인트 A와 B의 자유물체도

부재의 축방향 내력. 부재 BD에 대하여 대칭성이 있기 때문에 조인트 A와 B에서의 평형만 고려하면 된다. 그림 12.20(b)에서 각 조인트에서의 내력은 파선으로 표시하였다.

$$\text{조인트 } A: \quad \sum F_y = 0: \quad F_{AB} = \frac{5}{6}P$$

$$\sum F_x = 0: \quad F_{AD} = \frac{4}{5}F_{AB} = \frac{2}{3}P$$

$$\text{조인트 } B: \quad \sum F_y = 0: \quad F_{BD} = 2\left(\frac{3}{5}F_{AB}\right) = P$$

조인트 D에서의 평형방정식 $\sum F_y = 0$은 앞의 계산결과를 점검하기 위하여 사용될 수 있다. 하중 P에 대한 축방향 내력의 도함수는 다음과 같다.

$$\frac{\partial F_{AB}}{\partial P} = \frac{5}{6} \qquad \frac{\partial F_{AD}}{\partial P} = \frac{2}{3} \qquad \frac{\partial F_{BD}}{\partial P} = 1$$

점 D에서의 변형. 식 (12.34)를 사용하여 다음과 같이 점 D에서의 변형을 구할 수 있는 식을 얻는다.

$$\delta_D = \frac{1}{AE}\Sigma(FL)\frac{\partial F}{\partial P} = \frac{1}{AE}\Sigma\left[\left(2F_{AB}L_{AB}\frac{\partial F_{AB}}{\partial P} + 2F_{AD}L_{AD}\frac{\partial F_{AD}}{\partial P} + F_{BD}L_{BD}\frac{\partial F_{BD}}{\partial P}\right)\right]$$

위 식에 축방향 내력과 그 도함수를 대입하여 다음과 같이 점 D에서의 변형을 얻을 수 있다.

$$\delta_D = \frac{PL}{AE}\left[2\left(\frac{5}{6}\right)^2\left(\frac{5}{6}\right) + 2\left(\frac{2}{3}\right)^2\left(\frac{1}{2}\right) + (1)^2\left(\frac{2}{3}\right)\right]$$

$$= 2.2685\frac{PL}{AE} \downarrow \tag{12.39}$$

사례연구 2E

에너지법을 이용한 기본 트러스의 변위 구하기

조건 평면 트러스의 기본 요소 ABC(**사례연구** 2A 참조)가 그림 12.21(a)에서처럼 하중 P를 받고 있다. 부재들은 6061-T6 알루미늄 합금으로 제작되었다. 부재 2의 단면적은 부재 1의 단면적의 2배이다(즉 $A_2 = 2A_1$). 주어진 데이터는 다음과 같다.

$$A_1 = 2000\ \text{mm}^2 \qquad A_2 = 4000\ \text{mm}^2 \qquad P = 40\ \text{kN} \qquad L = 1.5\ \text{m}$$

$$h = 2\ \text{m} \qquad E = 70\ \text{GPa} \qquad (\text{표 B.4 참조})$$

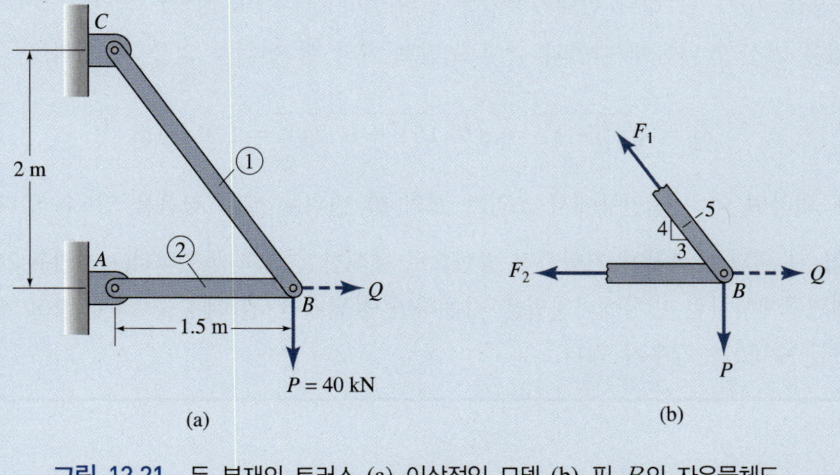

그림 12.21 두 부재의 트러스 (a) 이상적인 모델 (b) 핀 B의 자유물체도

기본 금속 트러스의 설계, 기본 플라스틱 트러스의 설계, 기본 트러스의 변위 및 기본 트러스 암의 기둥으로서의 설계 등은 **사례연구 2A**, **사례연구 2B**, **사례연구 2C** 및 **사례연구 2D**에서 각각 다루었다.

문제 Castigliano의 정리를 사용하여 조인트 B에서의 변위를 계산하라.

가정 조인트에서 마찰은 무시하라. 모든 힘들은 동일한 평면 내에 위치하고 있으며 정적으로 가해지고 있다. 가해진 힘의 크기에 비하여 부재들의 무게는 무시할 수 있을 정도로 작다.

풀이 그림 12.21과 식 (12.34)를 보라. 파선으로 표시된 가상하중 Q를 점 B에서 가하였다[그림 12.21(a)]. 조인트 B에서 **평형**을 고려하여 부재에서 축방향 내력을 다음과 같이 구하였다[그림 12.21(b)].

$$F_2 = Q - 0.75P \qquad F_1 = 1.25P \tag{d}$$

식 (12.34)에 의하여 **점 B에서의 변위**는 다음과 같다.

$$\delta_V = \frac{F_1 L_1}{A_1 E}\frac{\partial F_1}{\partial P} + \frac{F_2 L_2}{A_2 E}\frac{\partial F_2}{\partial P}$$

$$\delta_H = \frac{F_1 L_1}{A_1 E}\frac{\partial F_1}{\partial Q} + \frac{F_2 L_2}{A_2 E}\frac{\partial F_2}{\partial Q}$$

주어진 데이터와 식 (d)를 위 식에 대입하고, 미분한 다음에 $Q = 0$을 대입하여 다음과 같은 결과를 얻는다.

$$\delta_V = 1.24 \text{ mm} \downarrow \qquad \delta_H = -0.16 \text{ mm} = 0.16 \text{ mm} \leftarrow$$

음의 부호는 δ_H가 힘 Q와 반대방향이라는 의미이다(즉 왼쪽 방향). 조인트 B에서 δ_H와 δ_V의 값을 계산한 다음에 다음과 같이 조인트 B의 합 변위를 얻을 수 있다.

$$\delta_B = \sqrt{\delta_H^2 + \delta_V^2} = \sqrt{(0.16)^2 + (1.24)^2} = 1.25 \text{ mm}$$

이 값에 의하면 이 사례연구에서 조인트 B의 합 변위는 매우 작음을 알 수 있다.

부가설명 위 결과는 복잡한 기하학적 방법으로 해석한 결과와 동일하다(**사례연구** 2C 참조). 이 사례연구에서처럼 변형에너지법을 사용하면 불필요한 긴 계산을 하지 않고 간편하게 답을 구할 수 있는 경우가 많다.

*12.9 단위하중법

이 절에서는 Castigliano의 정리를 사용하여 구조물의 변위를 구하는 데 많이 사용되는 단위하중법(unit-load method)을 유도하려고 한다. 이 방법은 모의하중법(dummy-load method), 가상일법(virtual work method) 및 Maxwell-Mohr법 등이라고도 부른다. 이 방법은 실제 가해진 하중과 함께 단위 크기의 힘 또는 우력을 사용한다.

보의 한 점에서 하중 P_i에 대응하는 변형은 외력에 의하여 만들어진 모멘트로 표현될 수 있다는 것을 앞 절의 식 (12.31)에서 확인하였다.

$$v_i = \frac{\partial U}{\partial P_i} = \int \frac{M}{EI}\frac{\partial M}{\partial P_i}dx \tag{a}$$

선형탄성 구조물의 경우 모멘트는 하중에 선형적으로 비례하고 따라서 모멘트를 $M = mP$로 표현할 수 있다. 여기서 m은 비례상수이다. 따라서 상수 m을 다음과 같이 표현할 수 있다.

$$m = \frac{\partial M}{\partial P_i} \tag{12.40}$$

위 식은 P_i의 단위 크기 변화에 대한 굽힘 모멘트 M의 변화를 뜻한다. 즉 m은 임의의 단면에서 단위하중에 의한 굽힘 모멘트이다.

식 (a)와 식 (12.40)을 사용하여 다음과 같은 간편한 형태로 **변형**에 대한 식을 얻을 수 있다.

$$\boxed{v_i = \int \frac{Mm}{EI}dx} \tag{12.41}$$

유사한 방법으로 **회전각**에 대한 방정식을 다음과 같이 얻을 수 있다.

$$\boxed{\theta_i = \int \frac{Mm'}{EI}dx} \tag{12.42}$$

위 식에서 $m' = \partial M/\partial M_i$는 단위 크기의 모멘트 M_i에 의하여 발생한 굽힘 모멘트에서의 변화이다. 식 (12.41)과 (12.42)는 굽힘 변형만이 고려될 경우의 단위하중 방정식이다. 대개 M과 m(또는 m') 모두 보 길이를 따라서 값이 변화하므로 두 값은 모두 적절한 함수에 의하여 표현되어야 한다.

축방향, 전단 및 비틀림 변형의 경우에도 유사한 방법으로 변형에 대한 식을 유도할 수 있다. 트러스의 경우 변형에 대한 식 (12.34)는 단위하중법에서 다음과 같이 기술될 수 있다.

$$\boxed{\delta_i = \sum_{j=1}^{n} \frac{f_i F_j L_j}{A_j E_j}} \tag{12.43}$$

위 식에서 $f_i = \partial F_j / \partial P_i$는 하중 P_i의 단위 크기에 의한 j번째 부재의 축방향 힘에서의 변화를 의미한다.

다음의 예제들을 통하여 단위하중법에 대한 이해를 돕고 그 유용성에 대하여 살펴볼 수 있다.

예제 12.14 집중하중을 받는 외팔 보의 변형

조건 그림 12.22(a)에서처럼 외팔 보 AB의 정중앙에 집중하중 P가 가해졌다.

문제 보의 자유단 B에서의 변형을 구하라.

풀이 변형을 구하려고 하는 점 B에서 단위하중 1 lb를 가하였다[그림 12.22(b)]. 그림 12.22(a)와 (b)를 참조하여 모멘트에 대한 식을 다음과 같이 얻을 수 있다.

$$M_1 = 0 \qquad (0 \le x \le a)$$

$$M_2 = -P(x-a) \qquad (a \le x \le 2a)$$

$$m = -x \qquad (0 \le x \le 2a)$$

위 식은 각각의 부위에 대하여 자유물체도를 만들고 평형방정식을 세워서 구할 수 있다. 점 B에서의 변형은 식 (12.41)로부터 얻을 수 있다.

$$v_B = \int_0^a \frac{M_1 m}{EI} dx + \int_a^{2a} \frac{M_2 m}{EI} dx$$

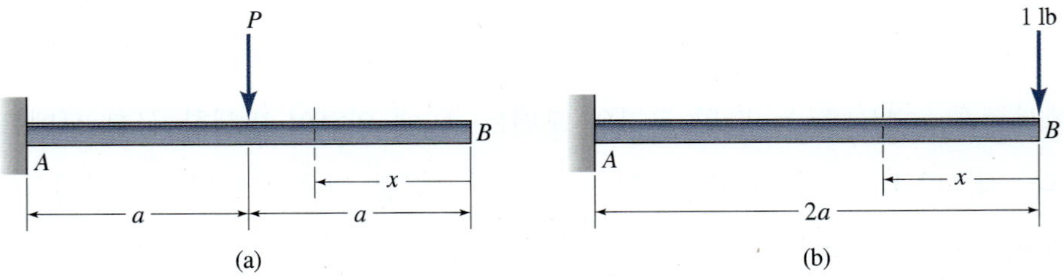

그림 12.22 단위하중법 (a) 실제 하중을 받고 있는 외팔 보 (b) 단위하중을 받고 있는 외팔 보

또는 $$v_B = \frac{P}{EI}\int_0^a (0)(x)dx + \frac{P}{EI}\int_a^{2a}(x-a)(x)dx$$

적분을 수행하여 다음과 같은 결과를 얻을 수 있다.

$$v_B = \frac{5Pa^3}{6EI} \downarrow \tag{12.44}$$

[예제 12.15] 단위하중법을 이용한 프레임의 변위 구하기

조건 그림 12.23(a)에서처럼 일정한 굽힘 강성 EI를 갖는 평면 프레임의 한쪽 끝단이 고정되어 있고 자유단 A에서 수직하중 P를 받고 있다.

문제 점 A에서 다음을 구하라.

(a) 수직변형

(b) 회전각

풀이

(a) 점 A에서의 수직변형. 그림 12.23(b)에 크기가 1 N인 단위 또는 모의 하중을 표시하였다. 점 A에서의 변형을 구하려고 하므로, 크기가 1인 힘만이 점 A에서 가해졌다는 점에 유의하라[즉 그림 12.23(b)에서 1 N · m = 0]. 점 A로부터 x만큼 떨어진 곳에서 모멘트에 대한 식은 다음과 같다.

$$M_{AB} = Px \qquad m_{AB} = 1x$$

$$M_{BC} = Pa \qquad m_{BC} = 1a$$

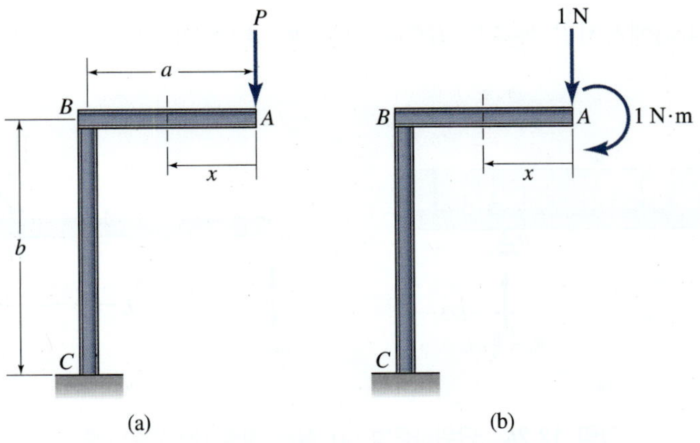

그림 12.23 (a) 실제 하중 (b) 단위하중

위 식에서 M은 그림 12.23(a)를, m은 그림 12.23(b)를 참조하였다. 점 A에서 수직변위는 식 (12.41)로부터 얻을 수 있다.

$$\delta_A = \frac{1}{EI}\left[\int_0^a Px(1x)dx + \int_0^b Pa(1a)dx\right]$$

또는

$$\delta_A = \frac{Pa^2}{3EI}(a+3b) \downarrow \tag{12.45a}$$

(b) 점 A에서의 기울기. 유사한 방법으로 그림 12.23(a)와 (b)를 참조하여[즉 그림 12.23(b)에서 1 N = 0], 다음을 얻을 수 있다.

$$M_{AB} = Px \qquad m'_{AB} = 1$$

$$M_{BC} = Pa \qquad m'_{BC} = 1$$

각 부위에 식 (12.42)를 적용하여 다음을 얻을 수 있다.

$$\theta_A = \frac{1}{EI}\left[\int_0^a Px(1)dx + \int_0^b Pa(1)dx\right]$$

위 식으로부터 다음과 같은 결과를 얻을 수 있다.

$$\theta_A = \frac{Pa}{2EI}(a+2b) \;\triangledown \tag{12.45b}$$

예제 12.16 돌출부를 가진 보의 기울기

조건 그림 12.24(a)에서처럼 돌출부 BC를 갖는 보 ABC가 크기가 w인 균일한 분포하중을 받고 있다.

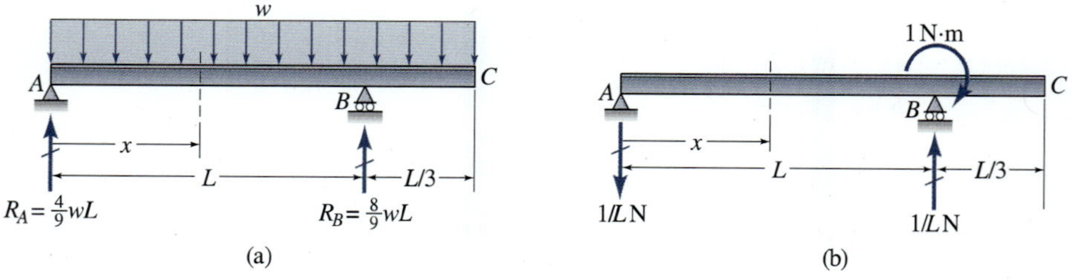

그림 12.24 단위하중법 (a) 실제 하중 (b) 단위하중

문제 보의 우측 지지점인 B에서 탄성 곡선의 기울기를 구하라.

풀이 기울기를 구하려고 하므로 단위 모멘트 1 N · m를 점 B에서 가하였다[그림 12.24(b)]. 정적 평형방정식으로부터 구한 반력은 그림에 표시되어 있다. 실제 하중과 단위하중에 대한 모멘트의 표현식은 각각 다음과 같다.

$$M_1 = R_A x - \frac{1}{2}wx^2 \qquad (0 \le x \le L)$$

$$M_2 = R_A x - \frac{1}{2}wx^2 + R_B(x-L) \qquad \left(L \le x \le \frac{4L}{3}\right)$$

$$m_1' = -\frac{x}{L} \qquad (0 \le x \le L)$$

$$m_2' = 0 \qquad \left(L \le x \le \frac{4L}{3}\right)$$

이제 식 (12.42)를 사용하여 점 B에서의 기울기를 구할 수 있다.

$$\theta_B = \int_0^L \frac{M_1 m_1'}{EI}dx + \int_L^{4L/3} \frac{M_2 m_2'}{EI}dx$$

$$= \frac{1}{EI}\int_0^L \left(R_A x - \frac{wx^2}{2}\right)\left(-\frac{x}{L}\right)dx = -\frac{1}{EI}\left(\frac{R_A L^2}{3} - \frac{wL^3}{8}\right)$$

위 식에 $R_A = 4wL/9$를 대입하면 다음과 같이 점 B에서의 기울기를 구할 수 있다.

$$\theta_B = -\frac{5wL^3}{216EI} = \frac{5wL^3}{216EI} \measuredangle \qquad (12.46)$$

부가설명 위 식이 음의 부호를 갖기 때문에 점 B에서의 회전각이 1 N · m 우력의 방향과 반대임을 알 수 있다(즉 반시계방향).

*12.10 부정정 구조물

Castigliano의 정리 또는 단위하중법을 평형방정식과 함께 사용하여 정적으로 부정정인 탄성 구조물의 지지점에서의 반력을 구할 수 있다. 예를 들면 **부정정 차수가** 1인 구조를 고려해보자. 이 경우에는 1개의 반력을 과잉력으로 생각하고 이를 미지의 하중(R)처럼 취급함으로써 대응되는 구속을 제거할 수 있다. 모든 하중과 반력을 포함하는 외력들은 원래의 구속에 적합한 변위를 만들어낼 수 있어야 한다. 우선 구속이 제거된 반력 R과 주어진 하중을 사용하여 변형에너지를 표현한다. 다음으로 식 (12.28)을 제거된 구속에 대하여 사용하고 이를 구속에 대응하는 변위의 값과 동일하게 둘 수 있다.

$$\frac{\partial U}{\partial R} = \delta = 0 \tag{12.47}$$

식 (12.47)에 의하여 주어지는 표현식을 이용하여 과잉의 반력을 구할 수 있다. 다른 반력들은 평형방정식으로부터 구할 수 있다.

n개의 과잉 반력 R_n을 갖는 부정정 구조물의 경우에는, 이들 과잉 반력과 주어진 하중을 사용하여 변형에너지를 표현한 후 다음 식을 적용한다.

$$\frac{\partial U}{\partial R_n} = \delta_n = 0 \tag{12.48}$$

식 (12.48)에 의해서 주어지는 조건식과 평형방정식을 함께 풀면 모든 반력을 구할 수 있게 된다.

이러한 해석적 방법에 대한 구체적 설명이 다음의 예제들에서 다루어질 것이다.

예제 12.17 집중하중을 받으며 롤러로 지지하고 있는 외팔 보의 반력

조건 그림 12.25(a)에서처럼 외팔 보 ADB가 점 A에서 롤러로 지지되고 중간에서 집중하중 P를 받고 있다.

문제 Castigliano의 정리를 사용하여 보의 반력을 구하라.

(a) 반력 R_A를 과잉력으로 간주하라.

(b) 반력 M_B를 과잉력으로 간주하라.

풀이 그림 12.25(b)의 자유물체도에 의하면 이 문제는 부정정 차수가 1인 정적 부정정에 해당된다.

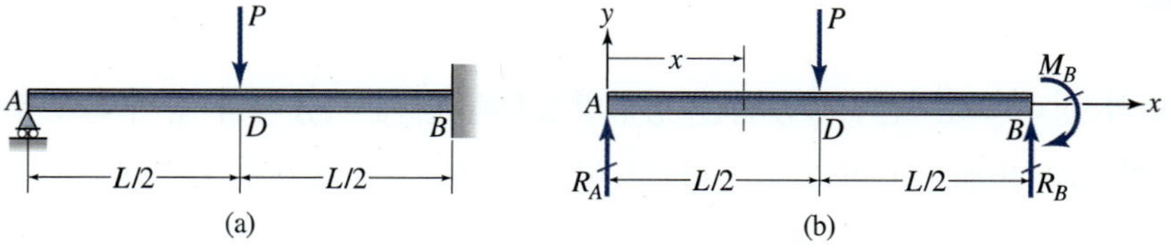

그림 12.25 (a) 하중 P를 받으며 롤러로 지지되고 있는 외팔 보 (b) 자유물체도

(a) 반력 R_A를 과잉력으로 간주. 점 A로부터 거리 x만큼 떨어진 모멘트에 대한 식은 다음과 같다.

$$M_1 = R_A x \qquad \left(0 \le x \le \frac{L}{2}\right)$$

$$M_2 = R_A x - P\left(x - \frac{L}{2}\right) \qquad \left(\frac{L}{2} \le x \le L\right)$$

다른 미지수인 R_B와 M_B는 위 식에서 사용되지 않음을 유의하라. 점 A의 변형 v_A는 0이어야 한다. 따라서 식 (12.31)은 다음과 같다.

$$v_A = \frac{1}{EI}\left\{\int_0^{L/2}(R_A x)x\,dx + \int_{L/2}^{L}\left[R_A x - P\left(x - \frac{L}{2}\right)\right]x\,dx\right\} = 0$$

위 식으로부터 다음과 같이 반력 R_A를 구할 수 있다.

$$R_A = \frac{5}{16}P \uparrow \tag{12.49a}$$

힘의 평형조건식으로부터 나머지 반력을 얻을 수 있다.

$$R_B = \frac{11}{16}P \uparrow \tag{12.49b}$$

$$M_B = \frac{3}{16}PL \curvearrowright \tag{12.49c}$$

(b) 반력 M_B를 과잉력으로 간주. 이제 R_A 또는 R_B는 P와 M_B를 사용하여 표현되어야 한다. 자유물체도를 사용하여 $R_A = P/2 - M_B/L$의 표현식을 얻을 수 있다. 이 R_A의 표현식을 이용하면 점 A로부터 거리 x만큼 떨어진 곳에서 모멘트는 다음과 같이 표현된다.

$$M_1 = \left(\frac{P}{2} - \frac{M_B}{L}\right)x \qquad \left(0 \le x \le \frac{L}{2}\right)$$

$$M_2 = \left(\frac{P}{2} - \frac{M_B}{L}\right)x - P\left(x - \frac{L}{2}\right) \qquad \left(\frac{L}{2} \le x \le L\right)$$

점 B에서의 기울기가 0이므로 식 (12.32)는 다음과 같다.

$$\theta_B = \frac{1}{EI}\int_0^{L/2}\left(\frac{P}{2} - \frac{M_B}{L}\right)(x)\left(-\frac{x}{L}\right)dx$$
$$+ \frac{1}{EI}\int_{L/2}^{L}\left[\left(\frac{P}{L} - \frac{M_B}{L}\right)x - P\left(x - \frac{L}{2}\right)\right]\left(-\frac{x}{L}\right)dx = 0$$

위 식을 적분하면 $M_B = 3PL/16$을 얻을 수 있으며 이는 (a)에서의 결과와 동일하다. 다른 반력 성분인 R_A와 R_B는 평형조건식으로부터 구할 수 있다.

부가설명 (a)의 방법이 (b)의 방법보다 약간 더 간단하다는 사실을 관찰할 수 있다.

예제 12.18 분포하중을 받으며 롤러로 지지되고 있는 외팔 보의 반력

조건 그림 12.26(a)에서처럼 균일하게 하중을 받는 보 AB가 점 A에서 고정되어 있고 점 B에서 롤러에 의하여 지지되고 있다.

문제 단위하중법을 사용하여 점 B의 반력을 구하라.

풀이 부정정 차수가 1인 정적 부정정 문제이다. 우측 롤러를 제거하고 반력 R_B를 과잉력으로 간주한다[그림 12.26(b)]. 이 그림을 참조하여 점 B로부터 거리 x만큼 떨어진 곳에서 굽힘 모멘트 M은 다음과 같다.

$$M = R_B x - \frac{1}{2}wx^2 \qquad (0 \le x \le L)$$

대응되는 단위하중 그림을 그림 12.26(c)에 나타냈다. 또한 위의 식과 식 (12.40)으로부터 다음과 같이 m에 대한 표현식을 얻었다.

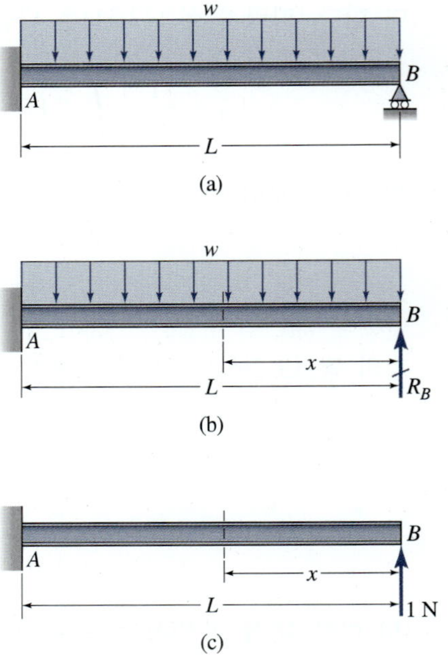

그림 12.26 단위하중법 (a) 실제 하중 (b) 과잉 반력의 선택 (c) 단위하중

$$m = x \qquad (0 \le x \le L)$$

이제 식 (12.41)로부터 점 B에서의 변형을 다음과 같이 구한다.

$$v_B = \int_0^L \frac{Mm}{EI}dx = \frac{1}{EI}\int_0^L \left(R_B x - \frac{1}{2}wx^2\right)x\,dx$$

$$= \frac{R_B L^3}{3EI} - \frac{wL^4}{8EI}$$

그러나 점 B가 움직이지 않으므로 $v_B = 0$이 된다. 따라서 점 B에서의 반력은 다음과 같다.

$$R_B = \frac{3}{8}wL \uparrow \tag{12.50}$$

부가설명 나머지 반력들은 평형방정식을 사용하여 구할 수 있다.

[예제 12.19] 3개의 부재를 가진 트러스의 부재력

조건 그림 12.27(a)에서처럼 3개의 부재가 동일한 축방향 강성 AE를 갖는 대칭 트러스가 조인트 D에서 하중 P를 받고 있다.

문제 Castigliano의 정리를 사용하여 각 부재에서의 힘을 구하라.

가정 조인트에서의 마찰력은 무시할 수 있다.

풀이 이 트러스의 부정정 차수는 1이다. 점 B에서의 반력인 R을 과잉력으로 선택하였다. 이는 부재 BD에서의 힘과 동일하다. 대칭성으로부터 부재 AD와 CD에서의 힘의 크기는 동일하며 이를 F로 표시하였다. 따라서 조인트 D에서 힘의 평형방정식으로부터 다음의 값을 얻을 수 있다[그림 12.27(b)].

$$F = \frac{5}{8}(P - R) \tag{a}$$

이제 주어진 데이터와 식 (a)를 식 (12.34)에 대입하여 점 B에서의 변형을 구할 수 있다.

$$\delta_B = 2\frac{FL}{AE}\frac{\partial F}{\partial R} + \frac{R(0.8L)}{AE}\frac{\partial R}{\partial R} = -\frac{25}{32AE}(P-R)L + \frac{0.8RL}{AE}$$

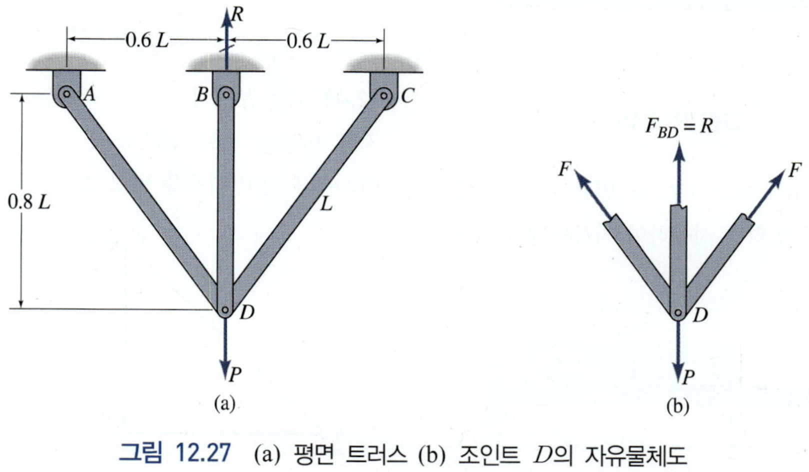

그림 12.27 (a) 평면 트러스 (b) 조인트 D의 자유물체도

점 B에서의 변형이 0이 되어야 하므로 위 식에서 $\delta_B = 0$으로 두면 점 B에서의 반력을 다음과 같이 얻을 수 있다.

$$R = 0.494P \uparrow \tag{12.51}$$

따라서 각 부재에서의 힘들은 다음과 같다.

$$F_{AD} = F_{CD} = \frac{5}{8}(1 - 0.494)P = 0.316P$$

$$F_{BD} = R = 0.494P$$

연습문제

12.8절~12.10절

12.45 그림 P12.45에 나타낸 것처럼 하중을 받는 보에서, Castigliano의 정리를 사용하여 다음의 값을 구하라.

(a) 자유단의 수직처짐 v_B

(b) 자유단의 기울기 θ_B

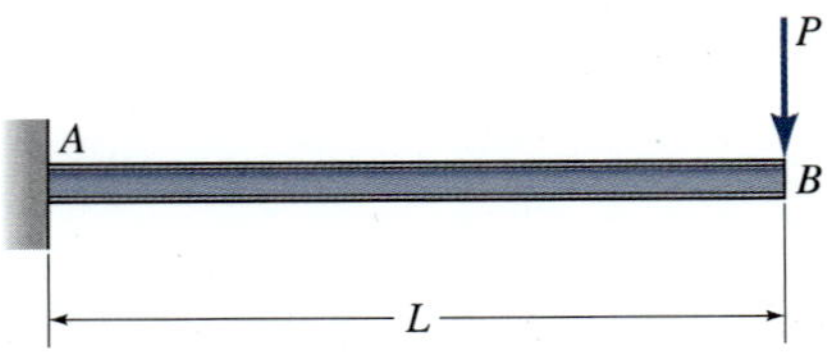

그림 P12.45

12.46 그림 P12.46의 하중을 받는 외팔 보에서, Castigliano의 정리를 사용하여 자유단에서의 처짐 v_A를 구하라.

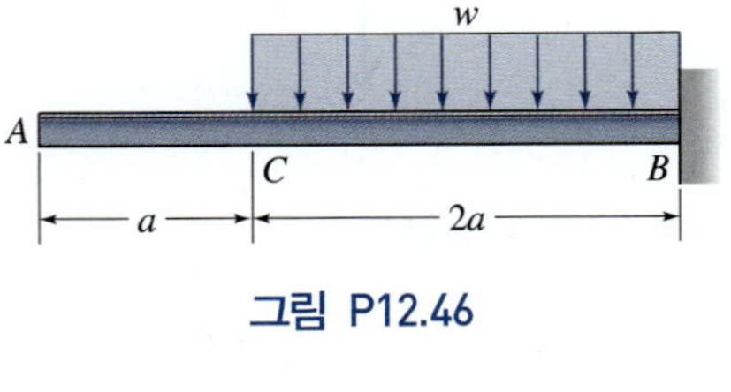

그림 P12.46

12.47 그림 P12.47에 나타낸 것처럼 하중을 받는 외팔 보에서, Castigliano의 정리를 사용하여 자유단에서의 수직처짐 v_B를 구하라.

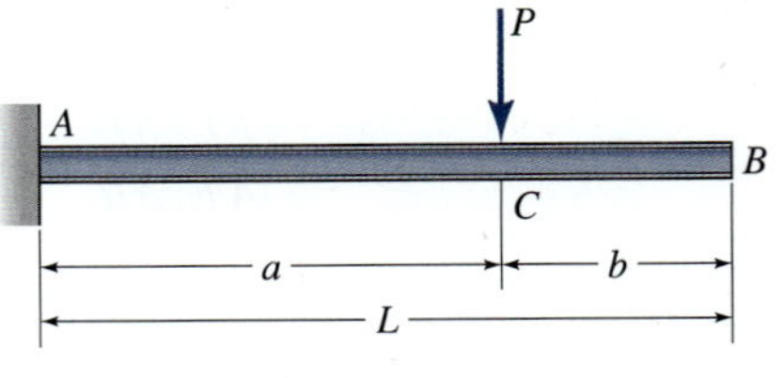

그림 P12.47

12.48 모든 부재가 동일한 축방향 강성 AE를 가지며 이들을 서로 핀으로 연결한 트러스가 그림 P12.48과 같이 하중을 받고 있다. Castigliano의 정

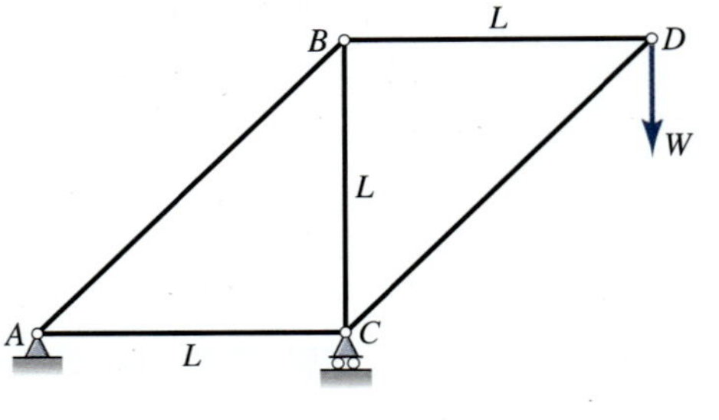

그림 P12.48

리를 사용하여 점 D에서의 수직변위를 구하라.

12.49 그림 P12.48의 트러스에서, Castigliano의 정리를 사용하여 점 D에서의 수평변위를 구하라.

가정 모든 부재의 축방향 강성은 AE이다.

***12.50** 그림 P12.50에서처럼 3개의 강재 부재를 가진 트러스 ABC가 점 C에서 수직하중 P를 받고 있다. 각 부재의 단면적은 A_{AB}, A_{BC}, A_{AC}이다. Castigliano의 정리를 사용하여 조인트 C에서의 수직변위 δ_V를 구하라.

조건 $A_{AB} = 0.002\ \text{m}^2$, $A_{BC} = 0.003\ \text{m}^2$, $A_{AC} = 0.0026\ \text{m}^2$, $P = 25\ \text{kN}$, $E = 210\ \text{GPa}$

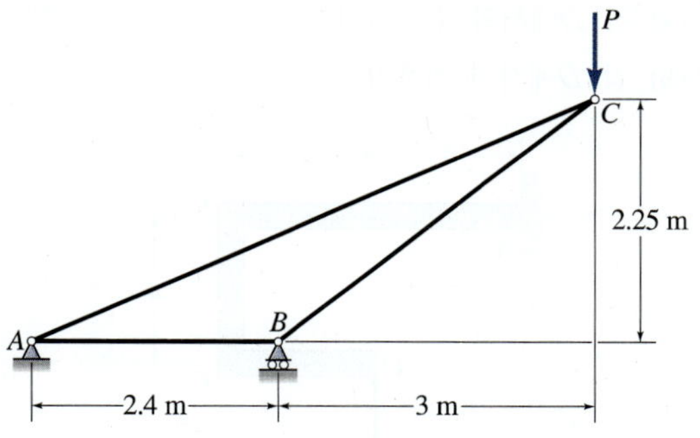

그림 P12.50

12.51~12.52 그림 P12.51과 P12.52에 나타낸 것처럼 하중을 받는 보에서, Castigliano의 정리를 사용하여 점 B에서의 기울기 θ_B를 구하라.

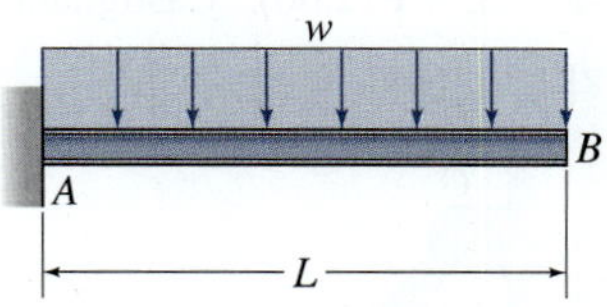

그림 P12.51

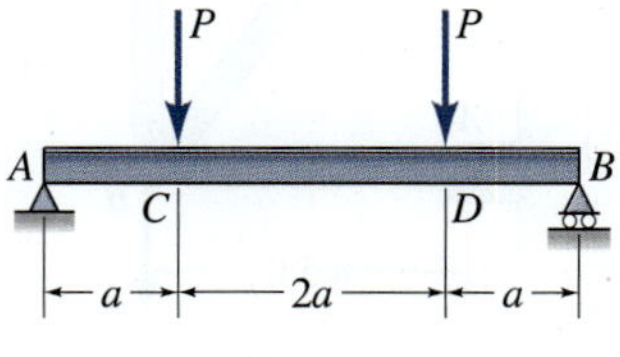

그림 P12.52

12.53~12.55 그림 P12.53~P12.55에 나타낸 것처럼 하중을 받는 보에서, Castigliano의 정리를 사용하여 다음을 구하라.

(a) 점 C에서의 처짐

(b) 점 C에서의 기울기

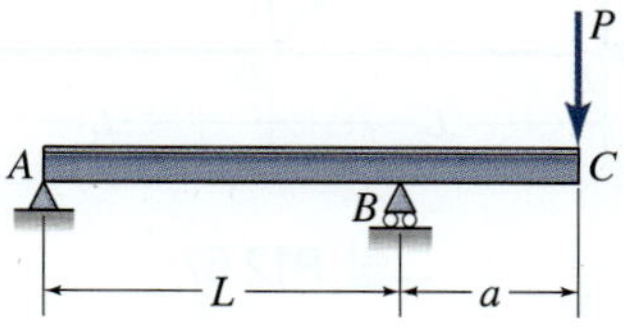

그림 P12.53

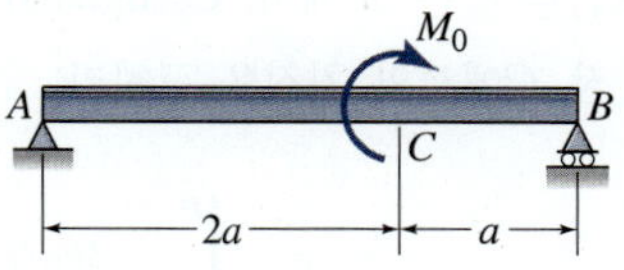

그림 P12.54

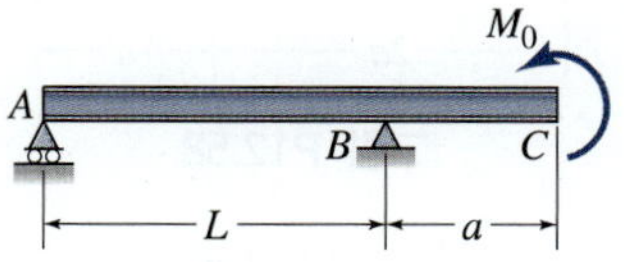

그림 P12.55

12.56 그림 P12.56에 나타낸 것과 같이 하중을 받는 트러스에서, Castigliano의 정리를 사용하여 점 C에서의 수평변위를 구하라.

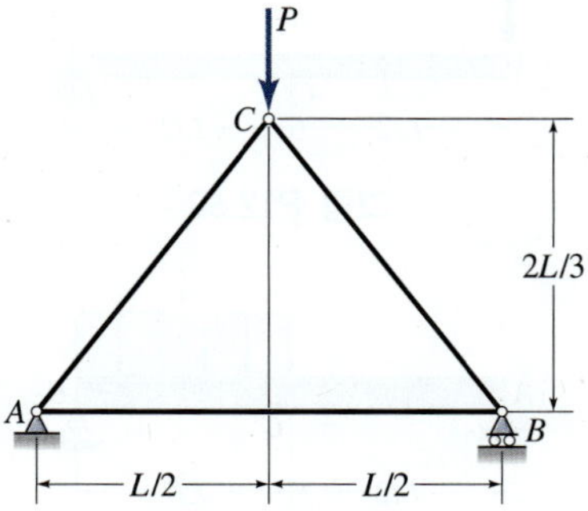

그림 P12.56

***12.57** 그림 P12.57에 나타낸 것과 같이 하중을 받는 트러스에서, Castigliano의 정리를 사용하여

점 D에서의 수직변위를 구하라.

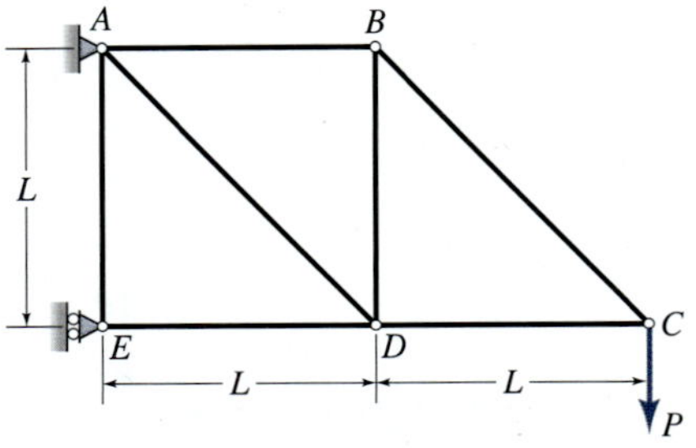

그림 P12.57

12.58~12.61 그림 P12.58~P12.61과 같은 하중 및 경계조건을 갖는 보에서, Castigliano의 정리를 사용하여 점 C에서의 처짐을 구하라.

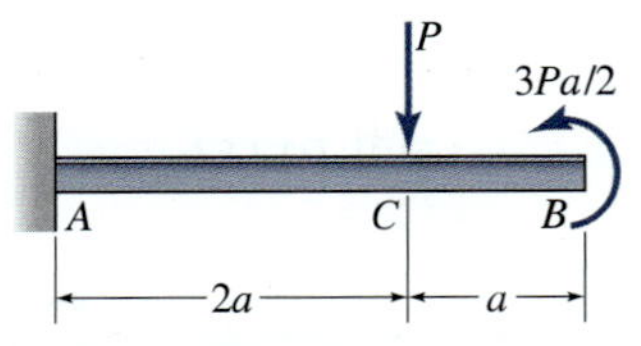

그림 P12.58

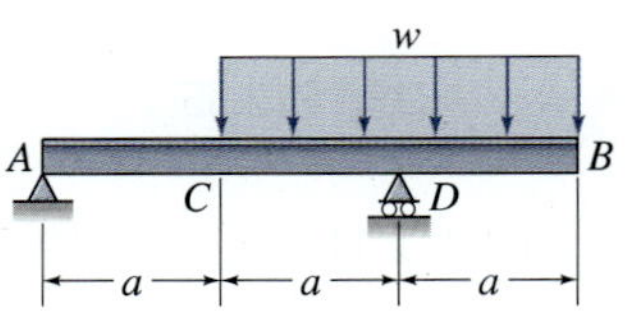

그림 P12.59

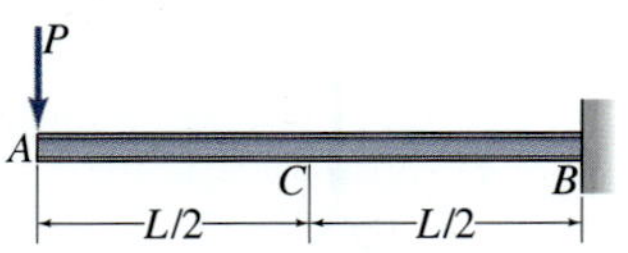

그림 P12.60

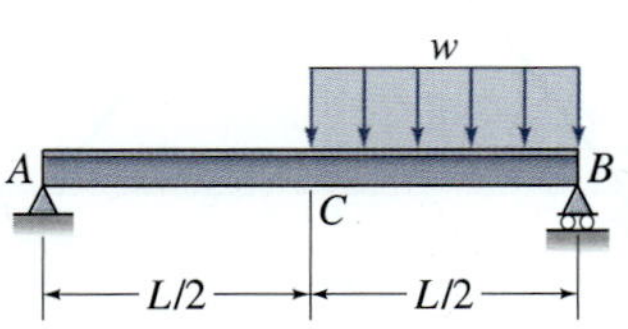

그림 P12.61

12.62 Castigliano의 정리를 사용하여 그림 P12.62의 구부러진 봉의 점 B에서 기울기를 구하라.

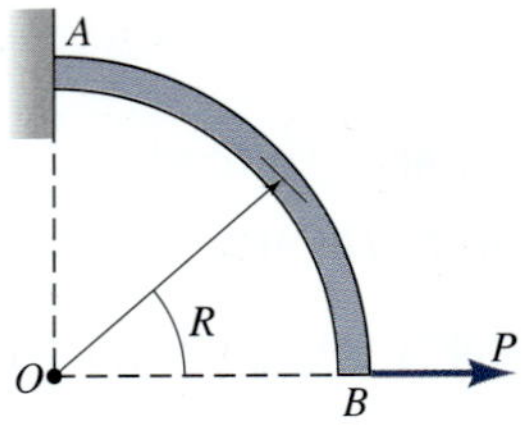

그림 P12.62

12.63 Castigliano의 정리를 사용하여 그림 P12.62의 구부러진 봉의 점 B에서 변위의 수직성분을 구하라.

12.64 그림 P12.64에 나타낸 것처럼, 굽힘 강성 EI를 갖는 균일한 봉이 한쪽 끝단에서 고정되어 있고 다른 끝단에서는 하중을 받고 있다. Castigliano의 정리를 사용하여 다음을 구하라.

(a) 점 D에서의 수직변위

(b) 점 D에서의 기울기

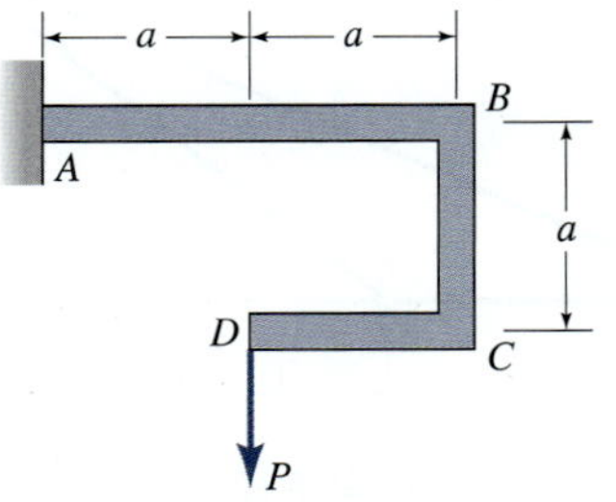

그림 P12.64

***12.65~*12.66** 동일한 축방향 강성 AE를 갖는 3부재의 트러스 구조가 점 B에서 하중 P를 받고 있다(그림 P12.65~P12.66). Castigliano의 정리를 사용하여 각 부재에서 힘을 구하라.

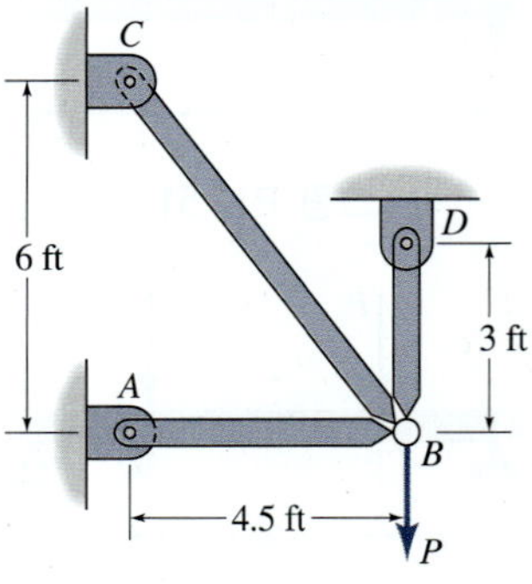

그림 P12.65

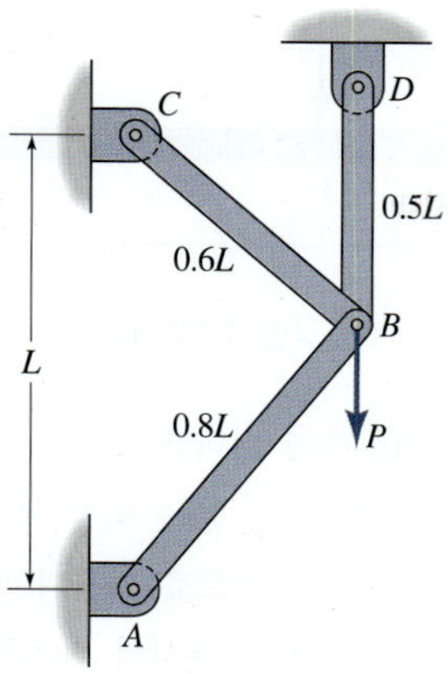

그림 P12.66

12.67 Castigliano의 정리를 사용하여 그림 P12.67에 나타낸 계단형 외팔 보의 점 C에서 처짐을 구하라.

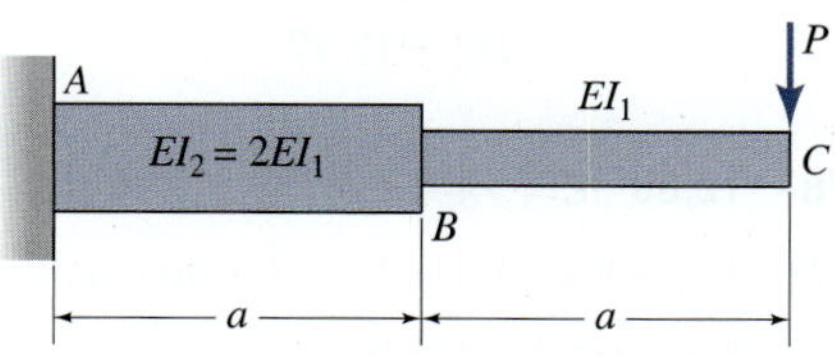

그림 P12.67

12.68 그림 P12.68에 나타낸 것과 같이 균일한 하중을 받는 외팔 보에서 단위하중법을 사용하여 자유단 B에서의 처짐을 구하라.

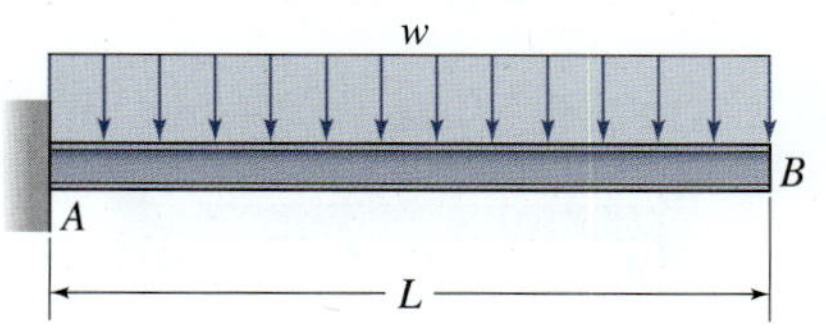

그림 P12.68

12.69 그림 P12.69에 나타낸 보에서 단위하중법을 적용하여 다음을 구하라.

(a) 자유단에서의 수직처짐 v_B

(b) 자유단에서의 기울기 θ_B

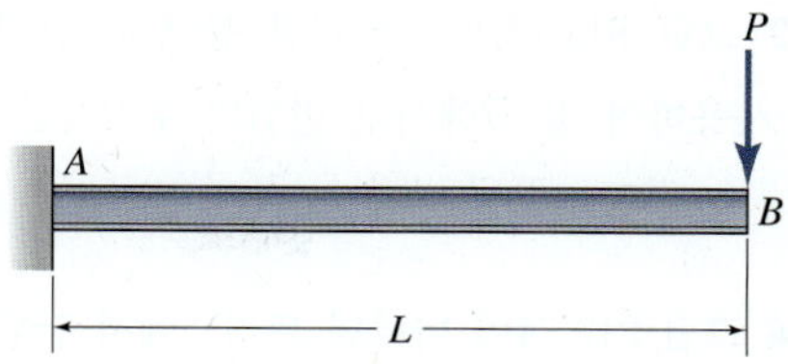

그림 P12.69

12.70 그림 P12.70의 균일한 하중을 받는 보에서, 단위하중법을 사용하여 점 C에서의 처짐을 구하라.

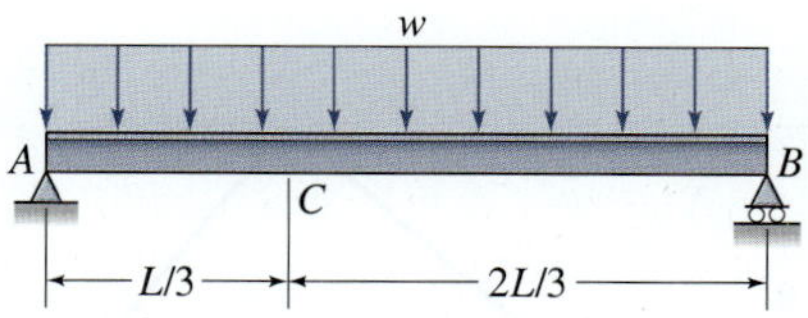

그림 P12.70

12.71 그림 P12.71에 나타낸 것처럼 하중을 받는 외팔 보에서, 단위하중법을 사용하여 보 중앙에서의 처짐을 구하라.

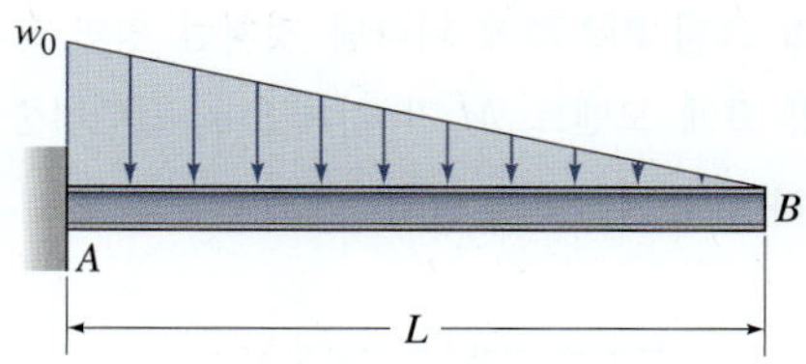

그림 P12.71

12.72 그림 P12.72의 구부러진 봉에서, 단위하중법을 사용하여 점 B에서의 기울기를 구하라.

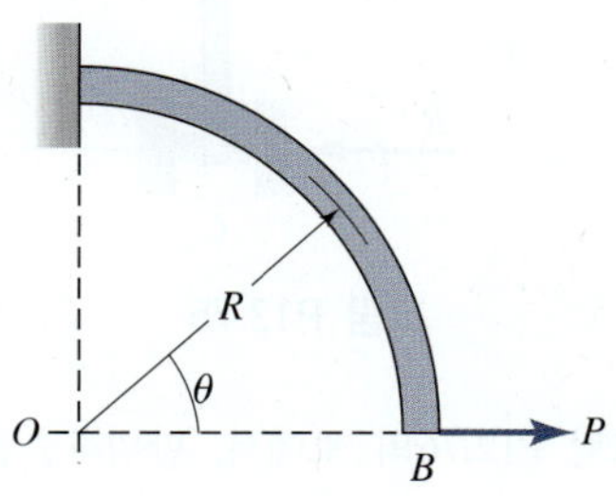

그림 P12.72

12.73 그림 P12.72의 구부러진 봉에서, 단위하중법을 사용하여 점 B에서의 변위의 수직성분을 구하라.

12.74 그림 P12.74에 나타낸 트러스에서 단위하중법을 사용하여 점 C의 수평변위를 구하라. 각 부재의 축방향 강성은 AE로 모두 동일하다.

조건 $P = 40$ kips, $E = 30 \times 10^6$ psi, $A = 1.2$ in.^{2}

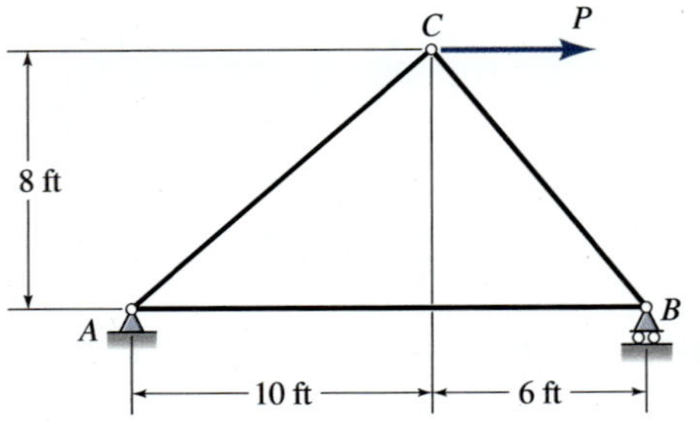

그림 P12.74

12.75 그림 P12.75에 나타낸 것처럼 평면 프레임의 점 B에 모멘트 M_0가 가해졌다. 단위하중법을 사용하여 롤러에서의 반력 R을 구하라.

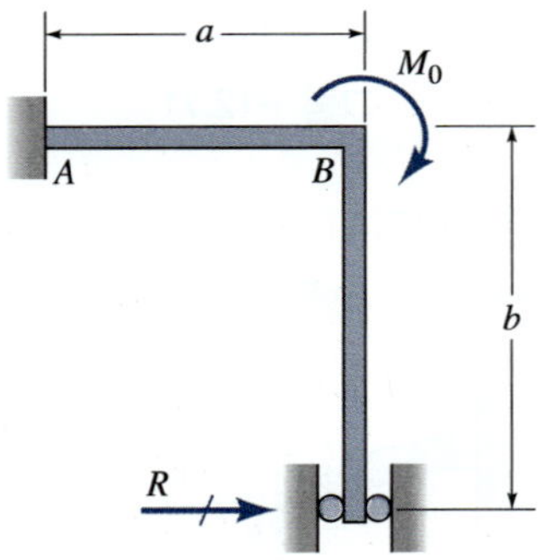

그림 P12.75

12.76 그림 P12.76의 보에서, 단위하중법을 사용하여 반력 R_A와 M_A를 구하라.

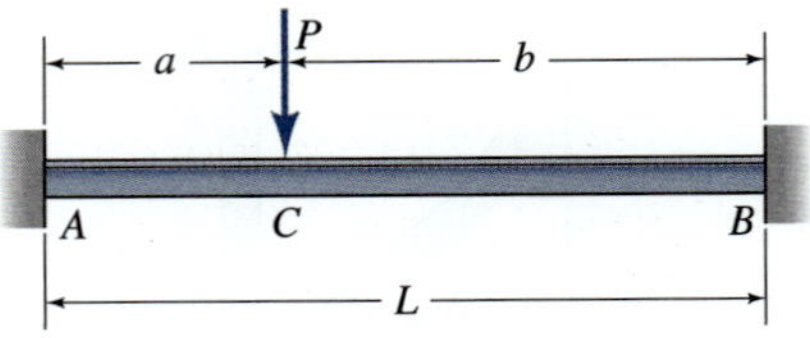

그림 P12.76

12.77 그림 P12.77에 나타낸 것처럼 균일한 크기의 분포하중 w를 받고 있는 외팔 보의 자유단이 스프링 상수 k인 스프링으로 지지되고 있다. 단위하중법을 사용하여 점 A에서의 반력을 구하라.

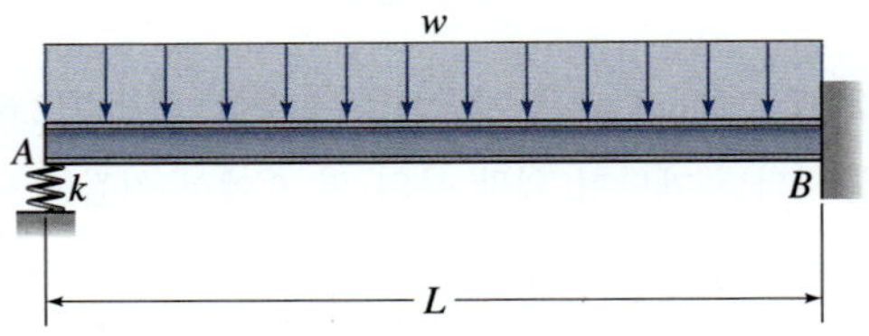

그림 P12.77

12.78~*12.80 보의 경계조건 및 하중조건을 그림 P12.78~P12.80에 나타내었다. Castigliano의 정리를 사용하여 반력을 구하라.

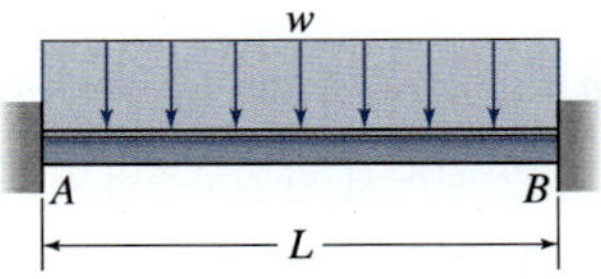

그림 P12.78

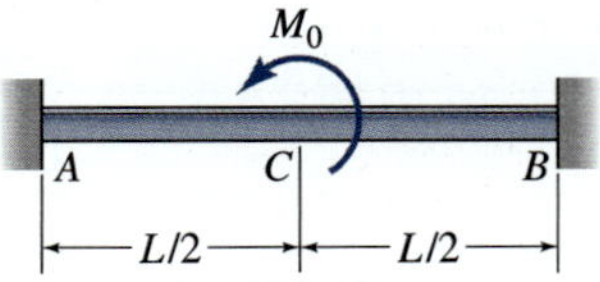

그림 P12.79

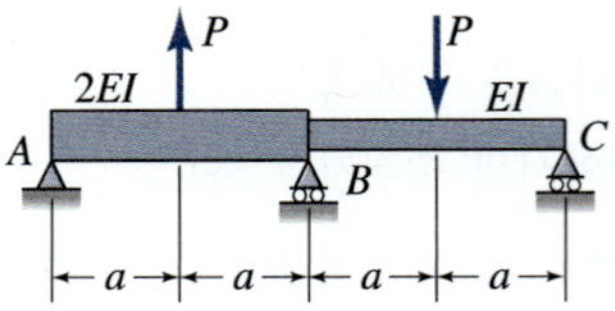

그림 P12.80

12.81~12.83 보의 경계조건 및 하중조건을 그림 P12.81～P12.83에 나타내었다. Castigliano의 정리를 사용하여 반력을 구하라.

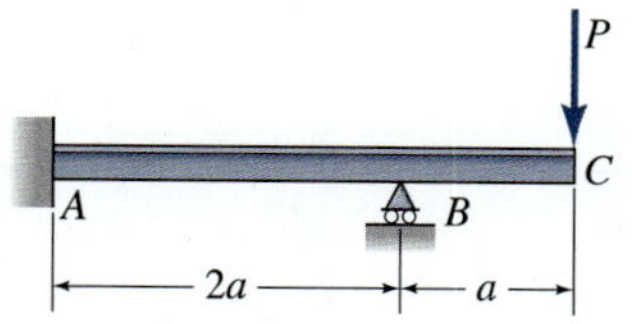

그림 P12.81

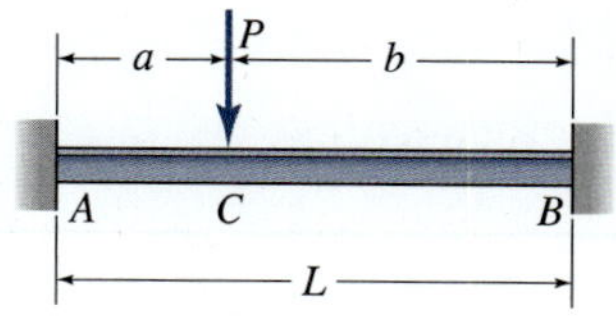

그림 P12.82

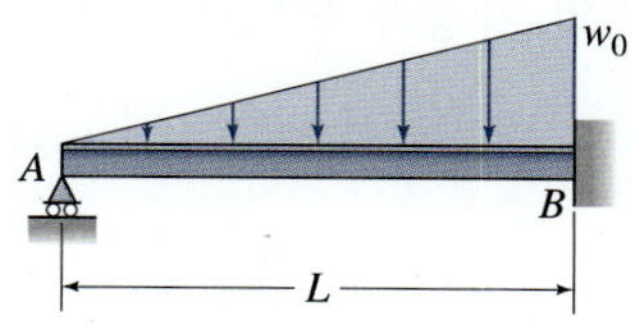

그림 P12.83

12.84~*12.86 보의 경계조건 및 하중조건을 P12.84～P12.86에 나타내었다. Castigliano의 정리를 사용하여 반력을 구하라.

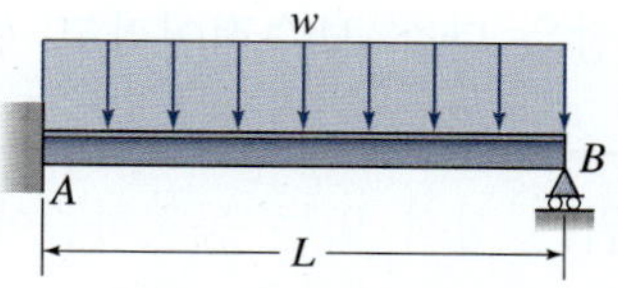

그림 P12.84

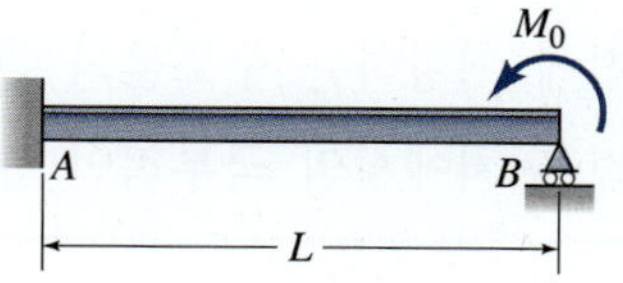

그림 P12.85

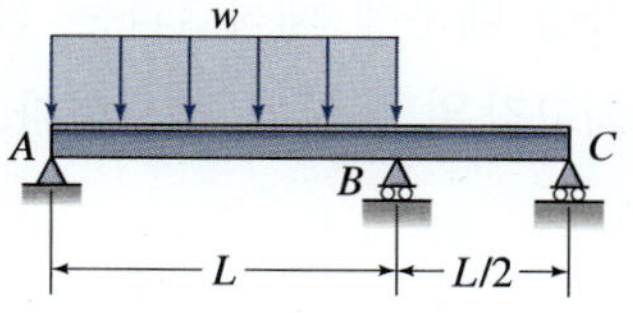

그림 P12.86

12.11 충격하중

구조물에 부딪치는 움직이는 물체는 **충격하중**(impact 또는 shock load)이라고 부르는 동적하중을 전달한다. 두드리는 망치에서 전달되는 하중, 충돌하는 두 자동차에서 발생하는 하중, 낙하하는 물체의 무게(사진), 다리 위에서 빠르게 달리는 기차의 움직임에 의한 하중, 회전하는 기계류에 의해서 발생하는 주기적인 하중 등이 이러한 종류의 하중의 보기이다. 충격을 받는 재료의 거동에 대한 자세한 내용은 3.13절에서 제시되었다. 충격하중은 부재에 진동을 발생시키며, 탄성 부재의 경우 충격하중이 가해진

▶ 화성 착륙선의 이미지. 로봇에 구조 파손이 발생하지 않도록 착륙할 때의 충격이 작아야 한다. Old Dominion University의 D. Wilson 교수 제공.

다음에 일정 시간이 경과하면 다시 평형상태에 도달하게 된다.

이 절에서는 충격하중에 의한 최대응력과 최대변형에 대하여 고찰하고자 한다. 문제를 단순화하는 다음 **가정**을 사용하여 충격해석을 하려고 한다. 구조물이나 기계의 설계에서 이들 가정은 다소 보수적이라고 생각된다.

1. 변위는 정적 또는 동적하중에 비례한다.
2. 재료는 탄성거동을 한다. 정적 시험으로부터 얻어진 응력-변형률 관계는 충격에서도 유효하다.
3. 충격에 저항하는 구조물의 관성은 무시할 수 있다.
4. 충격 위치에서의 국부적인 변형으로 인한 에너지 손실이 없다.

다음 절에서는 에너지법을 사용하여 전형적인 충격 문제들을 해석할 예정이다. 위에서 언급한 가정 때문에 해석결과는 정확한 해는 아니다. 위의 가정과 별도로, 모든 부재에서 응력의 최고값은 동시에 발생한다고 가정하였다.

12.12 종방향 및 굽힘 충격

이제부터 종방향(또는 선형) 및 굽힘 충격하중에 의한 응력과 변형을 구하려고 한다. 종방향의 충격은 링키지, 망치와 같은 도구, 서로 연결된 차량, 기중기의 로프, 헬리컬(나선형) 스프링 등에서 발생한다. 굽힘 충격은 축, 보, 판, 셀, 용기 등과 같은 다양한 구조 부재에서 발생한다.

자유 낙하하는 무게

충격을 받는 탄성계의 보기로, 높이 h로부터 질량 $m = W/g$가 떨어지는 그림 12.28의 스프링을 고려해보자. 여기서 W는 물체의 무게이고 g는 중력 가속도이다. 물체의 속도는 초기에 0이며 스프링에서 최대변형(δ_{max})이 발생하는 순간에 다시 0이 되므로 시스템의 운동에너지의 변화는 0이 된다. 전체 일은 물체에 대하여 중력이 한 일과 스프링이 한 일의 합이 된다. 따라서 **에너지 보존 법칙**으로부터 다음의 관계식

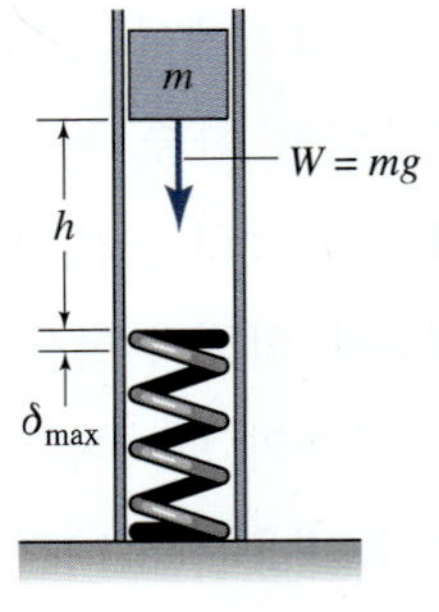

그림 12.28 자유 낙하하여 스프링에 부딪치는 무게 W

을 얻을 수 있다.

$$W(h+\delta_{max})=\frac{1}{2}k\delta_{max}^2 \tag{12.52}$$

여기서 k는 스프링 상수이다.

물체의 무게와 동일한 정적 힘에 대응하는 변형은 다음과 같다.

$$\delta_{st}=\frac{W}{k}$$

위의 값을 **정적변형** δ_{st}라고 부른다. 마찬가지로 최대의 동적변형은 다음 식처럼 표현할 수 있다.

$$\delta_{max}=\frac{P_{max}}{k}$$

여기서 P_{max}는 스프링에 발생하는 최대동적 힘 P를 나타낸다. 위의 두 식으로부터 다음과 같은 관계를 얻을 수 있다.

$$P_{max}=\frac{\delta_{max}}{\delta_{st}}W \tag{12.53}$$

식 (12.52)로부터 **최대변형**에 대한 일반식은 다음과 같다.

$$\delta_{max}=\delta_{st}+\sqrt{(\delta_{st})^2+2\delta_{st}h} \tag{12.54a}$$

식 (12.54a)는 다음과 같이 정리할 수 있다.

$$\delta_{max}=\left(1+\sqrt{1+\frac{2h}{\delta_{st}}}\right)\delta_{st} \tag{12.54b}$$

여기에서 괄호 속의 항은 **충격계수**(impact factor)라고 부르며 다음과 같다.

$$K=1+\sqrt{1+\frac{2h}{\delta_{st}}} \tag{12.55}$$

구조물(스프링)이 충격이나 동적하중에 탄성적으로 반응한다고 가정하였기 때문에 응력과 변형은 정적하중에 비례하여 발생한다. 충격계수를 정적하중과 곱하면 **등가의 정적하중**(equivalent static load) 또는 **최대동적하중**(maximum dynamic load)을 다음과 같이 얻을 수 있다.

$$P_{\max} = KW \tag{12.56}$$

충격하중으로부터 발생하는 **최대응력** 및 **최대변형**은 정적하중 식에서 $P_{\max}$를 사용하여 구할 수 있다. 따라서

$$\sigma_{\max} = K\sigma_{st} \tag{12.57}$$

$$\delta_{\max} = K\delta_{st} \tag{12.58}$$

즉 동적하중과 응력 및 변형은 대응되는 정적하중, 응력 및 변형에 충격계수 K를 곱하여 구할 수 있다.

특별한 경우. 두 가지 극단적인 경우가 있다. 만약 최대변형에 비하여 낙하 **높이가 매우 크다면**($h \gg \delta_{\max}$), 식 (12.52)에서 일의 항 중에서 $W\delta_{\max}$가 무시될 수 있다. 따라서 식 (12.52)로부터 다음을 얻을 수 있다.

$$\delta_{\max} = \sqrt{2\delta_{st}h} \tag{12.59a}$$

식 (12.54)로부터 계산한 변위보다 위의 근사식을 사용하여 계산한 변위값의 크기가 항상 더 작다. 한편 하중이 **갑자기 가해질 때**(즉 $h = 0$), 식 (12.54)는 다음과 같이 간략해진다.

$$\delta_{\max} = 2\delta_{st} \tag{12.59b}$$

수평으로 움직이는 무게

앞에서 전개된 것과 유사한 과정을 따라서 속도 v로 움직이는 질량 m의 물체가 탄성체에 의하여 갑자기 운동을 멈추는 경우에 대한 표현식을 유도할 수 있다[그림 12.29(a)]. 운동에너지는 다음과 같이 표현된다.

$$U_k = \frac{Wv^2}{2g} = \frac{mv^2}{2}$$

식 (12.52)에서 무게에 의한 일 $W(h + \delta_{\max})$ 대신에 위의 U_k를 사용할 수 있다. 따라서

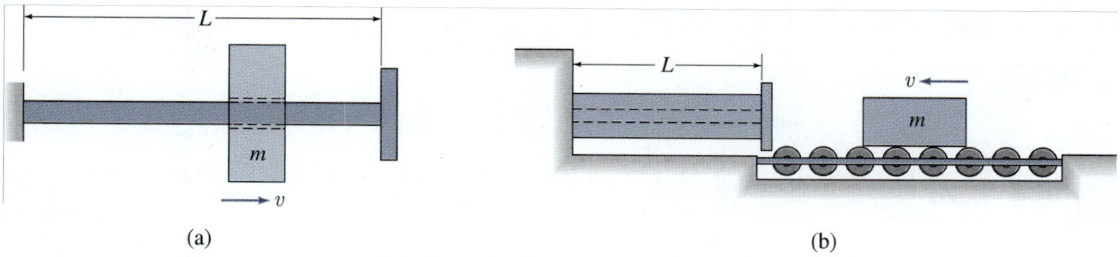

그림 12.29 속도 v로 수평으로 움직이는 무게 W(또는 질량 m)

에너지 보존 법칙에 의하여 다음 식을 얻을 수 있다.

$$\frac{1}{2}mv^2 = \frac{1}{2}k\delta_{\max}^2 \tag{12.60}$$

따라서 식 (12.60)과 (12.53)으로부터 **최대변형**과 **최대하중**은 다음과 같이 정리된다.

$$\delta_{\max} = \delta_{st}\sqrt{\frac{v^2}{g\delta_{st}}} \tag{12.61a}$$

$$P_{\max} = W\sqrt{\frac{v^2}{g\delta_{st}}} = m\sqrt{\frac{v^2 g}{\delta_{st}}} \tag{12.61b}$$

여기에서 δ_{st}는 수평력 W에 의해서 발생한 정적변형이다. 질량 m은 SI단위계에서는 kg으로, US관용단위계에서는 lb · s^2/in.의 단위를 갖는다. 또한 속도 v는 각각 m/s 또는 in./s로, 중력 가속도 g는 각각 m/s^2 또는 in./s^2로, 운동에너지 U_k는 각각 N · m 또는 in. · lb의 단위를 갖는다.

균일단면 봉. 만약에 길이가 L이고 축방향 강성이 AE인 균일한 단면을 가진 봉에 물체가 부딪친다면[그림 12.29(b)], $k = AE/L$이 되고 그 결과로 $\delta_{st} = mgL/AE$가 된다. 따라서 식 (12.61)로부터 다음 결과를 얻을 수 있다.

$$\delta_{\max} = \sqrt{\frac{mv^2 L}{AE}} \qquad P_{\max} = \sqrt{\frac{mv^2 AE}{L}} \tag{12.62}$$

대응하는 최대압축응력은 부재에 균일하게 분포된다고 가정되며 그 값은 다음과 같다.

$$\sigma_{\max} = \sqrt{\frac{mv^2 E}{AL}} \tag{12.63}$$

위 식으로부터 봉의 체적을 증가시키거나 탄성계수 E를 감소시킴으로써 응력을 감소시킬 수 있음을 알 수 있다.

예제 12.20 충격을 받는 봉

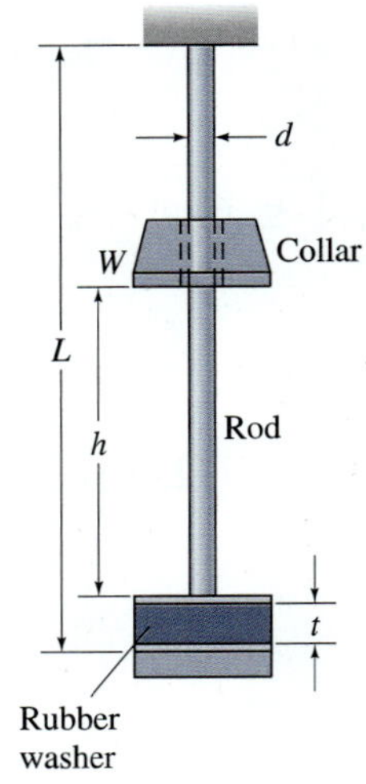

그림 12.30 높이 h로부터 자유 낙하하는 무게 W에 의하여 균일단면 봉에 가해지는 충격

조건 길이가 L, 직경이 d, 탄성계수가 E인 균일한 단면적의 봉이 위에서 고정되어 있고 아래 끝의 자유단에는 고무로 제작된 워셔를 부착하였다(그림 12.30). 고무 워셔의 강성은 k이고 두께는 t이다. 다음 값을 이용하라.

$$L = 6 \text{ ft} \qquad h = 4 \text{ ft} \qquad d = \frac{1}{2} \text{ in.} \qquad t = \frac{1}{4} \text{ in.}$$

$$E = 30 \times 10^6 \text{ psi} \qquad k = 35 \text{ lb/in.} \qquad W = 10 \text{ lb}$$

문제

(a) 무게 W의 칼라가 높이 h만큼 낙하하여 고무 워셔에 떨어질 때 봉에서 발생하는 최대응력을 계산하라.

(b) 고무 워셔가 없을 때 (a)를 다시 풀어라.

가정 12.11절에서 언급된 가정이 적용된다.

풀이 봉의 단면적은 $A = \pi(1/2)^2/4 = 0.196 \text{ in.}^2$이다.

(a) 워셔가 있을 때 최대응력. 워셔가 있는 봉의 경우에 정적변형은 다음과 같다.

$$\delta_{st} = \frac{WL}{AE} + \frac{W}{k}$$

$$= \frac{10(6 \times 12)}{(0.196)(30 \times 10^6)} + \frac{10}{35} = 0.122 \times 10^{-3} + 0.286 \text{ in.}$$

식 (12.57)과 (12.55)를 사용하여 최대응력을 다음과 같이 구할 수 있다.

$$\sigma_{max} = K\frac{W}{A}$$

$$= \frac{10}{0.196}\left[1 + \sqrt{1 + \frac{2(4 \times 12)}{0.286}}\right] = 987 \text{ psi}$$

(b) 워셔가 없을 때 최대응력. 워셔가 없는 봉의 경우에 위의 방정식으로부터 다음과 같이 최대응력을 구할 수 있다.

$$\sigma_{\max} = \frac{10}{0.196}\left[1 + \sqrt{1 + \frac{2(4 \times 12 + 0.25)}{0.122 \times 10^{-3}}}\right] = 14.4 \text{ ksi}$$

부가설명 위의 두 해에서 응력의 차이는 크다. 이는 연성이 높은 재료를 사용하면 충격하중을 더 효과적으로 견딜 수 있음을 의미한다.

[예제 12.21] 움직이는 무게에 부딪친 봉

조건 직경이 d이고 길이가 L이며 ASTM-A36 구조용강으로 제작된 봉의 한 끝단이 고정되어 있고 다른 끝단에서 속도 v로 움직이는 무게 W에 의하여 부딪친다[그림 12.29(b)]. 다음과 같은 데이터가 주어졌다.

$$W = 500 \text{ lb} \qquad v = 4 \text{ ft/s} \qquad L = 20 \text{ in.} \qquad d = 5 \text{ in.}$$

$$E = 29 \times 10^6 \text{ psi} \qquad \sigma_y = 36 \text{ ksi} \qquad (\text{표 B.4 참조})$$

문제 봉의 최대변형과 최대응력을 구하라.

가정 12.11절에서 언급된 가정이 적용된다.

풀이 봉의 성질은 다음과 같다.

$$A = \frac{\pi d^2}{4} = \frac{\pi(5)^2}{4} = 19.636 \text{ in.}^2$$

$$k = \frac{AE}{L} = \frac{19.636(29 \times 10^6)}{20} = 28.47 \text{ kips/in.}$$

$$m = \frac{500}{32.2(12)} = 1.294 \text{ lb} \cdot \text{s}^2/\text{in.}$$

무게 W의 속도는 다음과 같다.

$$v = 4(12) = 48 \text{ in./s}$$

따라서 식 (12.62)와 (12.63)으로부터 **최대변형**과 **최대응력**은 다음과 같다.

$$\delta_{\max} = \sqrt{\frac{mv^2L}{AE}} = \sqrt{\frac{(1.294)(48)^2(20)}{(19.635)(20)}} = 0.01 \text{ in.}$$

$$\sigma_{\max} = \sqrt{\frac{mv^2E}{AL}} = \sqrt{\frac{(1.294)(48)^2(29 \times 10^6)}{(19.635)(20)}} = 14.84 \text{ ksi}$$

부가설명 $\sigma_{\max} < \sigma_y = 36\ \text{ksi}$ 이므로 위의 해석결과는 유효하다.

[예제 12.22] 외팔 보에 대한 충격하중

조건 그림 12.31의 강재 외팔 보의 자유단에 높이 h로부터 무게 W의 블록이 떨어졌다. 다음 값을 이용하라.

$$b = 40\ \text{mm} \qquad d = 80\ \text{mm} \qquad L = 1.6\ \text{m} \qquad W = 50\ \text{N} \qquad E = 200\ \text{GPa}$$

문제 다음 경우에 대하여 최대변형과 최대응력을 구하라.

(a) 낙하 높이 $h = 40\ \text{mm}$

(b) 낙하 높이 $h = 250\ \text{mm}$

가정 12.11절에서 언급된 가정이 적용된다.

풀이 도심을 기준으로 한 단면의 관성 모멘트는 다음과 같다.

$$I = \frac{1}{12}(0.04)(0.08)^3 = 1.7 \times 10^{-6}\ \text{m}^4$$

보의 정적변형 v_{st}는 다음과 같다.

$$v_{\text{st}} = \frac{WL^3}{3EI} = \frac{50(1.6)^3}{3(200 \times 10^9)(1.7 \times 10^{-6})} = 0.2 \times 10^{-3}\ \text{m} = 0.2\ \text{mm}\ \downarrow$$

고정단 B에서 발생하는 최대정적응력은 굴곡수식으로부터 구할 수 있다.

$$\sigma_{\text{st}} = \frac{Mc}{I} = \frac{50(1.6)(0.04)}{1.7 \times 10^{-6}} = 1.9\ \text{MPa}$$

(a) 낙하 높이 40 mm. 식 (12.55)로부터 다음과 같이 충격계수를 구할 수 있다.

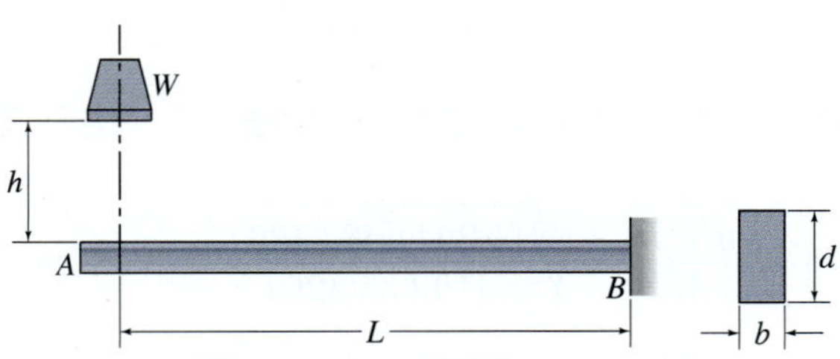

그림 12.31 낙하하는 무게 W에 의하여 외팔 보의 자유단에 가해지는 충격

$$K = 1 + \sqrt{1 + \frac{2(0.04)}{0.2 \times 10^{-3}}} = 21$$

식 (12.58)과 (12.57)을 사용하여 다음과 같이 최대변형과 최대응력을 구할 수 있다.

$$v_{\max} = 21(0.2 \times 10^{-3}) = 4.2 \times 10^{-3}\ \text{m} = 4.2\ \text{mm} \downarrow$$

$$\sigma_{\max} = 21(1.9) = 39.9\ \text{MPa}$$

(b) 낙하 높이 250 mm. 충격계수는 다음과 같다.

$$K = 1 + \sqrt{1 + \frac{2(0.25)}{0.2 \times 10^{-3}}} = 51$$

따라서 최대변형과 최대응력은 다음과 같다.

$$v_{\max} = 51(0.2 \times 10^{-3}) = 10.2 \times 10^{-3}\ \text{m} = 10.2\ \text{mm}$$

$$\sigma_{\max} = 51(1.9) = 96.9\ \text{MPa}$$

부가설명 두 결과를 비교해보면 동적하중은 변형과 응력을 크게 증가시킴을 확인할 수 있다. 그러나 12.11절의 가정 3과 4 때문에, 실제 값은 이 예제에서 계산된 값보다 작을 수 있다.

[예제 12.23] 스프링으로 지지되는 보의 충격하중

조건 길이가 L, 탄성계수가 E이며 직사각형 단면을 가진 강재 보가 스프링 상수 k인 스프링에 의해 좌우의 끝단이 지지되어 있다. 높이 h에서 무게 W인 물체가 보의 중앙에 떨어졌다 (그림 12.32). 다음 값을 이용하라.

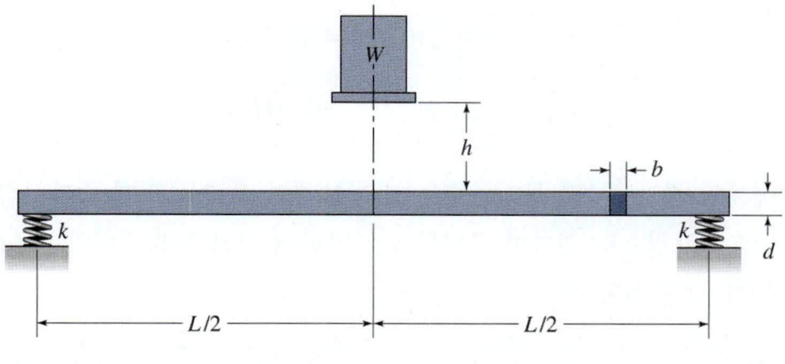

그림 12.32 스프링으로 지지되는 보의 중앙으로 낙하하는 무게 W에 의한 충격

$$W = 50 \text{ N} \qquad h = 200 \text{ mm} \qquad L = 1.2 \text{ m} \qquad b = 20 \text{ mm}$$

$$d = 30 \text{ mm} \qquad E = 210 \text{ GPa} \qquad k = 100 \text{ kN/m}$$

문제 보의 최대변형과 최대응력을 구하라.

가정 12.11절에서 언급된 가정이 적용된다.

풀이 점 C에서 최대 모멘트 $M_{max} = WL/4$가 발생하고 단면의 관성 모멘트는 $I = bd^3/12$이다. 정적하중에 의한 보의 최대변형은 다음과 같다(표 B.14).

$$(v_{st})_b = \frac{WL^3}{48EI} = \frac{50(1.2)^3(12)}{48(210\times10^9)(0.02)(0.03)^3} = 0.19 \text{ mm}$$

지지 스프링의 정적변형은 다음과 같다.

$$(\delta)_s = \frac{W}{2k} = \frac{50}{2(100)} = 0.25 \text{ mm}$$

굴곡수식으로부터 최대정적응력은 다음과 같다.

$$\sigma_{st} = \frac{M_{max}c}{I} = \frac{50(1.2)(0.015)(12)}{4(0.02)(0.03)^3} = 5 \text{ MPa}$$

무게 W와 스프링의 변형에 의하여, 점 C에서 보의 총 정적변위는 다음과 같다.

$$v_{st} = 0.19 + 0.25 = 0.44 \text{ mm}$$

식 (12.55)를 사용하여 충격계수 값을 다음과 같이 구하였다.

$$K = 1 + \sqrt{1 + \frac{2(0.2)}{0.44(10^{-3})}} = 31.2$$

따라서 최대변형과 최대응력은 다음과 같다.

$$v_{max} = 31.2(0.44) = 13.73 \text{ mm}$$

$$\sigma_{max} = 31.2(5) = 156 \text{ MPa}$$

부가설명 이 예제의 결과로부터 동적하중은 보의 변형과 응력을 크게 증가시킴을 알 수 있다. 지지점에 부착된 스프링으로 인하여 유연도가 증가함에 따라 충격계수의 감소(결과적으로 최대응력의 감소)가 발생한다.

사례연구 7

다이빙대의 응력해석

▶ 다이빙대. Jay Spooner/iStockphoto 제공.

다이빙대는 한쪽 끝단이 고정되어 있고 다른 쪽 끝단이 물 위로 튀어나와 있으며 그 위에서 다이빙이 이루어지는 유연한 판이다(사진). 다이빙대의 스프링 상수는 대개 지지받침에 의하여 조정된다. 다이빙대는 훅의 법칙을 근사적으로 만족시키는 선형적인 거동 특성을 나타낸다. 다이빙 선수가 다이빙대에 올라서면 다이빙 선수의 질량과 다이빙대의 스프링 상수에 따라서 진동수가 달라지게 되며, 이 진동수는 지지받침의 위치에 의하여 조정이 가능하다. 다이빙대는 주로 물 위에서 1.0 m 또는 3.0 m 높이로 설치된다. 올림픽 경기에서는 높이 3.0 m의 다이빙대만이 사용된다. 몇 년 전에는 나무로 만든 다이빙대가 물 위 높이 3.0 m 또는 6.0 m에 설치되었다.

다양한 다른 용도의 다이빙대가 여러 가지 색상과 재료로 제작되고 있다. 다이빙대는 오랜 기간 동안 햇빛과 외부 기후에 노출되어도 그 탄성, 색, 형상을 유지할 수 있도록 설계된다. **상업용 파이버글라스 다이빙대**는 적층된 더글라스 나무 위로 유리섬유를 감아서 제작된다. 자유단과 지지받침 부근에는 더 많은 유리섬유를 사용하여 다이빙대를 보강한다. 이러한 다이빙대는 모텔, 호텔, 아파트 및 체육 시설 등에서 사용하기 적합하다. **주택용 다이빙대**는 주로 더글라스 나무 위에 아크릴 코팅을 씌워서 제작된다. 일부 다이빙대는 알루미늄으로 제작되기도 한다. 이들은 주로 푸른색으로 페인트칠을 하며, 사람이 신발을 신지 않아도 되도록 그립을 덧댄다. 다이빙대에 대한 추가적인 정보는 www.google.com(검색어: diving boards)에서 얻을 수 있다.

설계에서 결정할 가장 중요한 사항 중의 하나가 재료의 선택이다. 금속과 비교할 때 플라스틱은 상대적으로 낮은 탄성계수를 갖는다. 구조물에서 높은 강성이 요구될 때 이는 단점이다. 앞서 언급한 것처럼 플라스틱의 강성을 증가시키기 위해서 종종 보강 재료를 덧댄다. **폴리에스터**는 성질이 우수하고 다양한 색을 사용할 수 있으며 가격도 저렴한 열경화성(thermoset) 플라스틱이다. 폴리에스터는 유리와 함께 **유리섬유**를 만드는 데 많이 사용되고 있다. 이는 또한 열가소성 조성물(thermoplastic formulation)로 생산되기도 한다. 일반적으로 사용되는 유리-강화 폴리프로필렌 복합재료는 뛰어난 충격강도 및 열적 안정성, 가벼운 무게, 낮은 비용, 뛰어난 인장강도($\sigma_y \geq 10$ ksi) 등의 탁월한 성능을 가지고 있다. 새로운 **유리섬유 플라스틱**은 기계와 구조 부품 제작에서 점점 그 사용이 증가하고 있다. 유리강화 플라스틱을 사용하면 다이빙대와 같은 보를 튼튼하면서 저렴하게 제작할 수 있음을 애슈비의 도표를 사용하여 예제 3.17에서 확인하였다.

조건 체중이 W인 다이빙 선수가 그림 12.33에 나타낸 것과 같은 직사각형 단면의 다이빙대 ABC에서 뛰어 오르고 있다. 다이빙대의 끝점 C로부터 높이 h만큼 뛰어 올랐다고 하자. 다음 데이터를 사용하라.

$$a = 3\ \text{ft} \qquad L = 10\ \text{ft} = 120\ \text{in.} \qquad b = 16\ \text{in.} \qquad d = 2\frac{5}{8}\ \text{in.}$$

$$h = 20\ \text{in.} \qquad E = 1.8 \times 10^6\ \text{psi} \qquad W = 140\ \text{lb}$$

문제 다음을 구하라.

(a) 다이빙대의 끝점 C의 정적변형에 대한 표현식과 다이빙대의 최대정적처짐 및 최대정적응력

(b) 다이빙대의 끝점 C에서의 최대동적처짐

(c) 다이빙대의 최대동적응력

가정

1. 다이빙 선수가 다이빙대의 끝점 C를 칠 때 다이빙 선수를 강체로 취급하라.

2. 보의 굽힘 강성 EI는 일정하다.

3. 12.11절의 가정 1~4 모두 그대로 적용된다.

4. 다이빙 선수의 무게에 비하여 다이빙대의 무게는 매우 작아서 무시할 수 있다.

5. 전단력에 의한 다이빙대의 변형을 무시하라.

6. 지지 조인트 A와 B에서의 마찰을 무시하라.

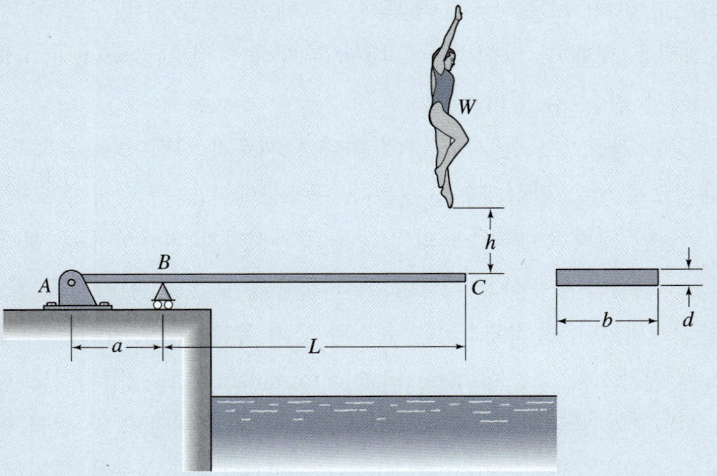

그림 12.33 다이빙대의 모델

풀이 다이빙대의 단면적에 대한 기하학적 성질은 다음과 같다.

$$I = \frac{1}{12}bd^3 = \frac{1}{12}(16)(2.625)^3 = 24.117 \text{ in.}^4$$

$$c = \frac{1}{2}(2.625) = 1.3125 \text{ in.}$$

(a) 정적하중. 다이빙대의 하중 선도를 그림 12.34(a)에 나타내었다. 보의 평형방정식으로부터 얻은 반력을 이 그림에 나타내었다. 점 A로부터 x만큼 떨어진 곳과 점 C로부터 x'만큼 떨어진 곳에서의 모멘트는 각각 다음과 같다.

$$M_1 = -\frac{WL}{a}x \qquad M_2 = -Wx'$$

따라서 다이빙 선수의 체중 W에 대한 모멘트의 도함수는 다음과 같다.

$$\frac{\partial M_1}{\partial W} = -\frac{Lx}{a} \qquad \frac{\partial M_2}{\partial W} = -x'$$

위의 도함수를 식 (12.31)에 대입하면 **점 C에서의 처짐**은 다음과 같이 표현된다.

$$v_{\text{st}} = \frac{1}{EI}\left[\int_0^a M_1 \frac{\partial M_1}{\partial W}dx + \int_0^L M_2 \frac{\partial M_2}{\partial W}dx'\right]$$

$$= \frac{1}{EI}\left[\int_0^a \left(-\frac{WL}{a}x\right)\left(\frac{Lx}{a}\right)dx + \int_0^L (-Wx')(-x')dx'\right]$$

또는

$$\boxed{v_{\text{st}} = \frac{WL^2}{3EI}(a+L)} \qquad (12.64)$$

주어진 데이터를 식 (12.64)에 대입하면 정적하중에서의 다이빙대의 최대처짐은 다음과 같다.

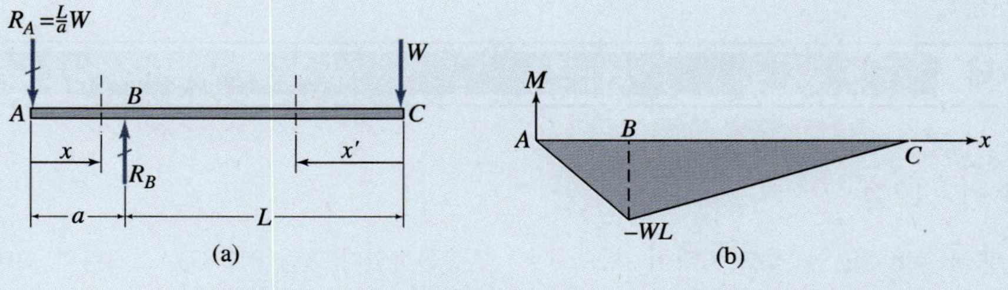

그림 12.34 다이빙대 (a) 하중 선도 (b) 모멘트 선도

$$v_{st} = \frac{140(120)^2}{3(1.8 \times 10^6)(24.117)}(36+120) = 2.415 \text{ in.}$$

최대 모멘트 크기($M = WL$)는 보의 점 B에서 발생한다[그림 12.34(b)]. 따라서 굴곡 수식을 사용하여 다이빙대의 최대정적응력을 다음과 같이 구한다.

$$\sigma_{st} = \frac{Mc}{I} = \frac{(140 \times 120)(1.3125)}{24.117} = 914.3 \text{ psi}$$

(b) 점 C에서의 최대처짐. 식 (12.55)의 충격계수는 다음과 같다.

$$K = 1 + \sqrt{1 + \frac{2h}{v_{st}}} = 1 + \sqrt{1 + \frac{2(20)}{2.415}} = 5.191$$

따라서 점 C에서의 최대변형은 다음과 같다.

$$v_{max} = Kv_{st} = 5.191(2.415) = 12.54 \text{ in.}$$

(c) 다이빙대에서의 최대응력. 식 (12.57)을 사용하여 최대응력값을 얻을 수 있다.

$$\sigma_{max} = K\sigma_{st} = 5.191(914.3) = 4.75 \text{ ksi}$$

최대응력값은 점 B에서 발생한다.

부가설명 이 결과로부터 동적변형 및 동적응력의 값은 정적 값에 비하여 매우 크다는 사실을 알 수 있다. 그러나 12.11절의 가정 3과 4를 사용하였기 때문에 실제의 동적 값은 이 사례에서 계산된 값보다 더 작을 것이다. 연습문제 12.99에서처럼 다이빙대의 강도와 다이빙 선수에 의하여 가해지는 하중에 대하여 불확실성이 존재하기 때문에 안전계수가 사용되어야 한다.

연습문제

12.11절~12.12절

12.87 질량 $m = 8$ Mg 인 철도 차량이 속도 $v = 1.1$ m/s 로 스프링 상수 $k = 600$ kN/m 인 범퍼와 충돌하였다(그림 P12.87). 스프링의 최대변형을 구하라.

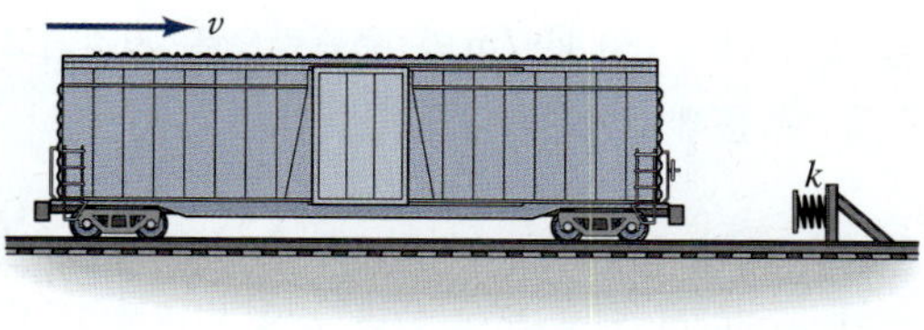

그림 P12.87

12.88 무게 $W = 15$ kips인 자동차가 속도 $v = 25$ mph로 스프링 범퍼와 충돌하여 정지하였다(그림 P12.87). 수평방향의 최대 허용력은 $P = 180$ kips이다. 다음 값을 계산하라.

(a) 스프링의 최대변형

(b) 요구되는 스프링 상수 k

***12.89** 탄성계수 $E = 0.3 \times 10^6$ psi인 플라스틱으로 자동차 범퍼를 제작하였다. 차량 중량이 $W = 1.8$ kip이고 속도 $v = 2$ mph로 운행하다가 강체 기둥과 충돌하였다[그림 P12.89(a)]. 다음 값을 구하라.

(a) 범퍼의 최대변형

(b) 범퍼에서의 최대응력

가정 범퍼를 2개의 스프링으로 지지되는 보로 모델링하였으며 범퍼는 자동차의 강체 프레임에 부착된 것으로 간주하라[그림 P12.89(b)].

조건 $I = 750$ in.^{4}, $c = 3$ in., $\sigma_y = 4$ ksi(범퍼), $k_s = 15$ kip/in.(스프링)

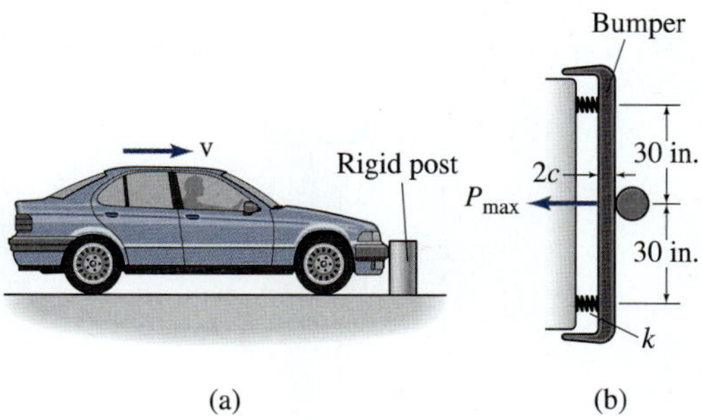

그림 P12.89

12.90 그림 P12.90에서처럼, 무게 $W = 2$ kips인 강체 블록이 공칭 직경이 4 in.인 강재 파이프의 위에 매달려 있다(표 B.7 참조). 만약 블록이 파이프 위로 떨어져서 파이프에 최대응력 30 ksi가 발생한다면, 블록이 파이프와 충돌하는 속도 v는 얼마인가?

조건 표 B.4로부터 $E = 29 \times 10^6$ psi, $\sigma_y = 36$ ksi, 표 B.7로부터 $A = 3.17$ in^2.

가정 파이프는 항복이나 좌굴에 의하여 파손되지 않는다.

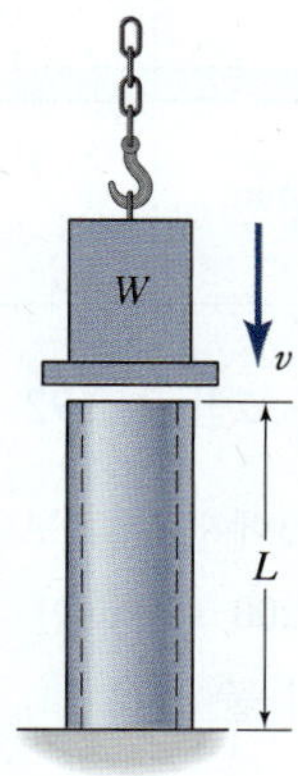

그림 P12.90

***12.91** 외팔 보의 자유단이 스프링 상수 $k = 180$ kN/m인 스프링에 의하여 지지받고 있다(그림 P12.91). 외팔 보의 자유단에서 높이 h에 위치하며 무게 $W = 50$ N인 블록이 떨어졌다. 탄성계수 $E = 200$ GPa을 사용하여 다음 두 가지 경우에 대하여 최대응력을 구하라.

(a) 낙하 높이 $h = 40$ mm

(b) 낙하 높이 $h = 250$ mm

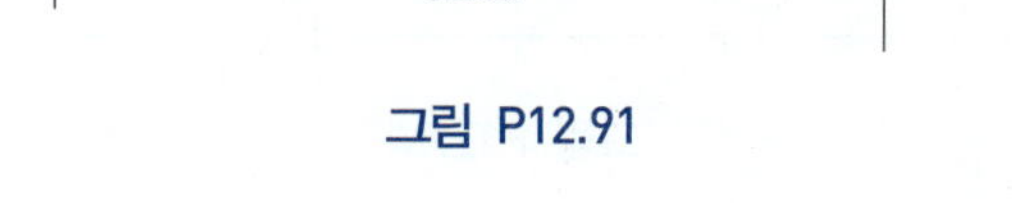

그림 P12.91

12.92 폭이 40 mm이고 깊이가 60 mm인 직사각형 단면을 가지며 길이가 2 m인 단순지지 보의 중앙 위로 높이 $h = 50$ mm로부터 질량 20 kg인 블록이 떨어졌다(그림 P12.92). 탄성계수 $E = 70$ GPa일 때 다음 값을 계산하라.

(a) 최대처짐

(b) 최대응력

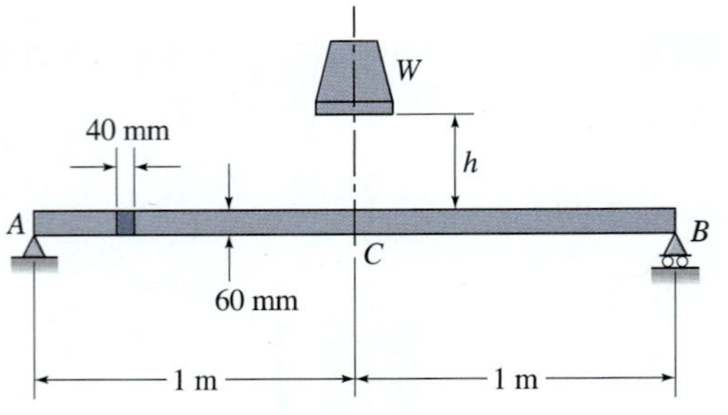

그림 P12.92

12.93 그림 P12.93에서처럼, 보의 중앙인 점 C에 스프링 상수 $k = 200$ kN/m인 스프링이 있을 때 문제 12.92를 다시 풀어라.

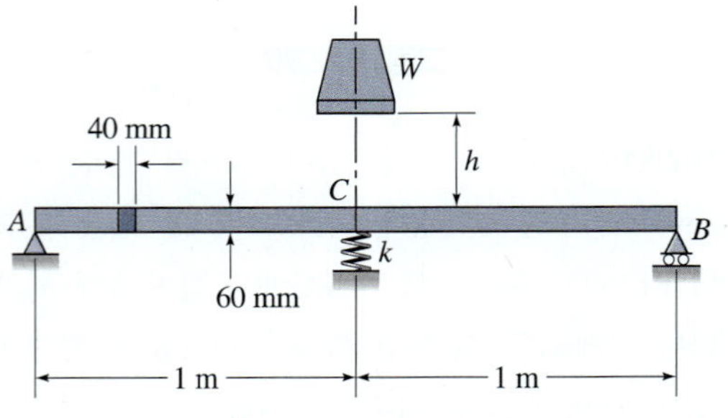

그림 P12.93

12.94 그림 P12.94에서처럼 좌측 끝단 A가 스프링 상수 $k = 180$ kN/m인 스프링으로 지지되고 있을 때 문제 12.92를 다시 풀어라.

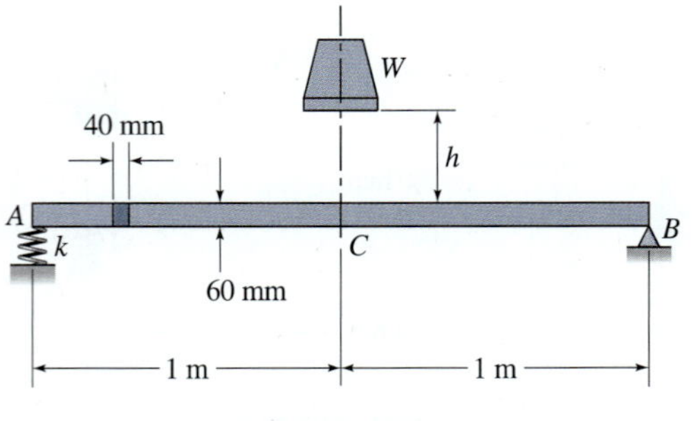

그림 P12.94

12.95 그림 P12.95에서처럼, 무게 $W = 50$ lb인 칼라가 계단형 원형 봉의 끝단 C에 떨어졌다. 봉의 최대응력이 30 ksi를 초과하지 않아야 하고 탄성계수 $E = 10 \times 10^6$ psi일 때 낙하 높이 h를 구하라.

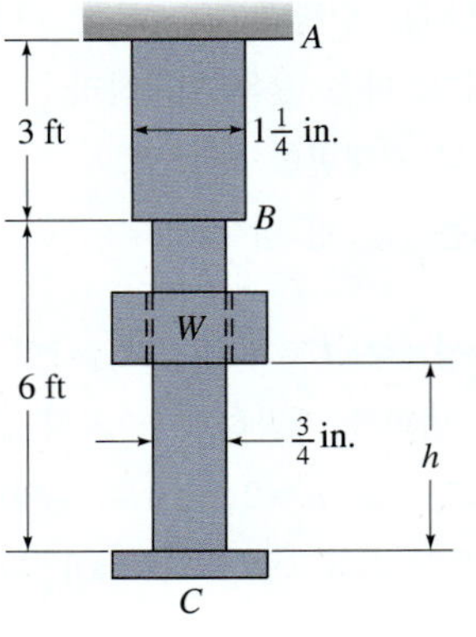

그림 P12.95

12.96 무게 $W = 20$ lb의 칼라가 높이 $h = 1.2$ ft에서 계단형 원형 봉의 끝단 C 위로 미끄러져서 낙하하였다(그림 P12.95). $E = 10 \times 10^6$ psi일 때 다음 값을 계산하라.

(a) 끝단 C의 최대변형

(b) 봉에 발생한 최대응력

***12.97** 그림 P12.97에서처럼 무게 W인 칼라가 높이 $h = 1.2$ m로부터 직경이 $d = 25$ mm인 원형

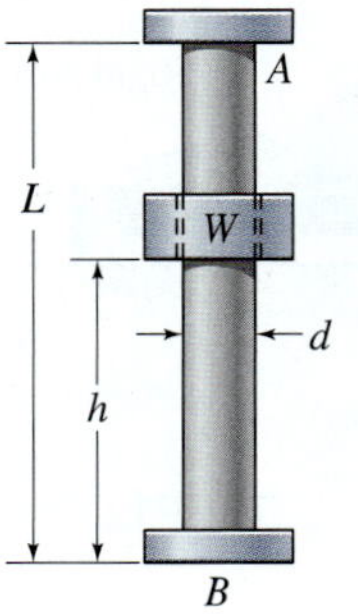

그림 P12.97

단면 봉의 끝단 B 위로 떨어졌다. 봉에 발생한 최대응력이 200 MPa을 초과하지 않도록 칼라의 무게를 계산하라.

조건 $E = 200$ GPa, $L = 5$ m

12.98 그림 P12.97에서처럼, 무게 $W = 25$ lb인 칼라가 높이 $h = 4.5$ ft로부터 낙하하여 탄성계수 $E = 30 \times 10^6$ psi이고 길이가 $L = 6$ ft인 강재 봉의 끝단 B 위로 떨어졌다. 만약 봉의 최대응력이 20 ksi를 초과하지 않으려면, 봉의 직경 d의 값이 얼마이어야 하는가?

12.99 그림 P12.99에 나타낸 위치로부터 질량이 40 kg인 다이빙 선수가 다이빙대의 끝점 C 위로 점프하였다. 다음 값을 구하라.

(a) 점 C에서의 최대처짐

(b) 다이빙대의 최대응력이 $\sigma_{max} = 60$ MPa일 때 안전계수 n_s

조건 $L = 5a = 2.5$ m, $h = 100$ mm, $E = 14$ GPa

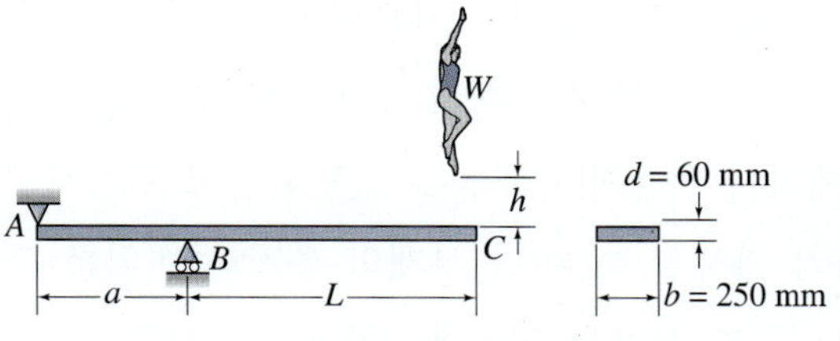

그림 P12.99

12.100 만약 다이빙대의 최대응력이 $\sigma_{max} = 42$ MPa을 초과하지 않아야 하고 $a = L = 2$ m일 때, 문제 12.99를 다시 풀어라.

***12.101** 무게 W인 다이빙 선수가 그림 P12.99에서 나타낸 위치로부터 나무로 만든 다이빙대의 점 C 위로 점프하였다. 만약 나무의 허용굽힘응력이 σ_{all}이라면 허용낙하높이 h는 얼마인가?

조건 $W = 130$ lb, $d = 1.4$ in., $b = 1.6$ in., $a = 3.5$ ft, $L = 9.5$ ft, $E = 1.8 \times 10^6$ psi, $\sigma_{all} = 5$ ksi

12.102 단면적이 A이고 길이가 L인 원형 축의 좌측 끝단에 무게가 W이고 회전반경이 r인 나선형 기어가 붙어 있다. 이 축은 펌프 하우징 내에 있는 베어링으로 지지되고 있다(그림 P12.102). 회전속도 ω rad/s로 회전하던 축이 베어링에서의 고장으로 갑자기 멈추어 버렸다. 충격으로 발생한 축의 최대 비틀림 각 ϕ_{max}와 최대전단응력 τ_{max}가 다음과 같음을 증명하라.

$$\phi_{max} = \sqrt{\frac{2L}{GJ}U_k} \quad \tau_{max} = 2\sqrt{\frac{G}{AL}U_k} \quad \text{(P12.101)}$$

여기서 U_k는 플라이휠의 총 운동에너지$(2\omega^2 r^2/2g)$이다.

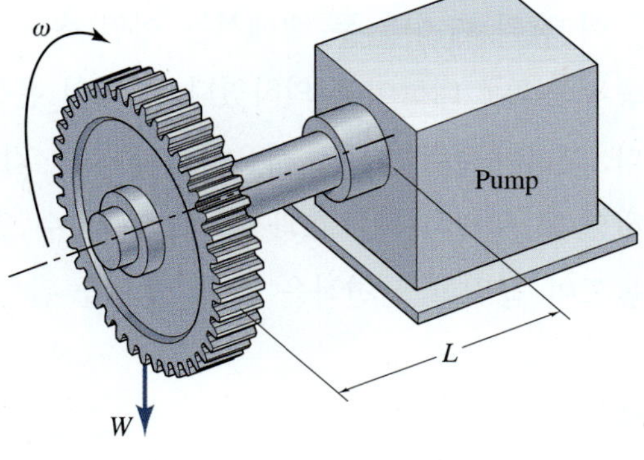

그림 P12.102 일정한 속도로 기어로 구동되는 펌프의 일부

요약

이 장에서는 변형에너지 법칙 및 정적/동적하중을 받는 구조물에 대한 이 법칙의 응용을 학습하였다. 변형에너지의 개념을 이용하여 일축, 평면 및 3차원 응력상태를 구하였다. 여러 부재가 조립된 구조물의 해석과 설계에서 변형을 구하는 데 에너지법이 매우 효과적임을 알 수 있었다.

단위 체적당의 변형에너지를 **변형에너지밀도**라고 부르며, 이를 두 가지 성분으로 나눌 수 있었다. 이들은 재료의 **체적변화**와 관련된 성분인 U_{0v}와 **재료의 뒤틀림**과 관련된 성분인 U_{0d}이다. 둘째 성분은 구조물의 설계에서 대단히 중요하다. 그 이유는 복합하중을 받는 연성재료가 항복에 의하여 파손되는지를 예측하는 데 최대 뒤틀림에너지 조건이 사용되기 때문이다(9.8절).

12.6절에서 고려된 일-에너지 법칙은 제한적으로 사용된다. 그 이유는 이 법칙이 1개의 집중하중을 받는 구조물에서만 사용될 수 있으며, 또한 하중이 작용하는 위치에서의 변위를 구할 때에만 사용될 수 있기 때문이다. 그 다음으로 여러 가지 하중을 동시에 받고 있는 구조물의 변형에너지에 대하여 논의하였으며 Castigliano의 정리와 단위하중법을 설명하였다. 주어진 구조 부재의 여러 위치에서 변형과 기울기를 구하는 데 이들 두 방법이 사용되었다. 또한 Castigliano의 정리는 부정정 구조물의 해석에도 사용되었다.

이 장의 마지막 두 절에서는 어떤 속도로 이동하는 물체가 탄성 구조물에 부딪힐 때의 충격하중에 대하여 논의하였다. 물체의 운동에너지 전체가 구조물로 전달된다고 가정하였다. 에너지 보존 법칙을 사용하여 하중이 갑자기 가해질 때 여러 부재의 응력과 변위를 구하였다. 충격하중을 효과적으로 견딜 수 있는 구조 부재는 탄성계수가 낮고, 항복응력이 높으며 균일한 단면적을 갖고 있음을 관찰하였다.

핵심 공식*

봉의 변형에너지

일정하지 않은 단면적과 변화하는 축하중을 가진 봉 $U=\int_0^L \frac{P_x^2\,dx}{2A_xE}$ 12.2절

양쪽 끝단에 하중이 가해진 균일한 단면적의 봉 $U=\frac{P^2L}{2AE}$

축의 변형에너지		
일정하지 않은 단면적과 변화하는 토크를 가진 축	$U=\int_0^L \frac{T_x^2 dx}{2GJ_x}$	12.3절
양쪽 끝단에 토크가 가해진 균일한 단면적의 축	$U=\frac{T^2 L}{2GJ}$	
굽힘과 전단을 받는 경우의 변형에너지		
순수굽힘	$U=\int_0^L \frac{M^2 dx}{2EI}$	12.4절
순수전단	$U=\int_0^L \frac{\alpha V^2}{2AG} dx$	
에너지 보존		
선형탄성 부재	$U=W=\frac{1}{2}\Sigma P_k \delta_k$	12.6절
일-에너지법에 의한 변위		
축하중을 받는 봉	$\delta=\frac{PL}{AE}$	
비틀림 봉	$\phi=\frac{TL}{GJ}$	12.7절
순수굽힘을 받는 보	$\theta=\frac{ML}{EI}$	
Castigliano의 정리		
변위	$\delta_i=\frac{\partial U}{\partial P_i}$	
기울기	$\theta_i=\frac{\partial U}{\partial M_i}$	12.8절
비틀림 각	$\phi_i=\frac{\partial U}{\partial T_i}$	
충격계수	$K=1+\sqrt{1+\frac{2h}{\delta_{\text{st}}}}$	
최대동적		
하중	$P_{\max}=KW$	12.12절
응력	$\sigma_{\max}=K\sigma_{\text{st}}$	
변형	$\delta_{\max}=K\delta_{\text{st}}$	

*이 방정식의 유도와 올바른 사용에 관한 정보는 관련된 절을 참조하라.

참고문헌

12.1 H. L. Langhaar, *Energy Methods in Applied Mechanics*, Krieger, Melbourne, FL, 1989.

12.2 A. C. Ugural and S. K. Fenster, *Advanced Strength and Applied Elasticity*, 4th ed., Prentice Hall, Upper Saddle River, NJ, 2003.

12.3 J. H. Fauppel and F. E. Fisher, *Engineering Design*, 2nd ed., Wiley, Hoboken, NJ, 1986.

12.4 A. C. Ugural, *Stresses in Plates and Shells*, 2nd ed., McGraw-Hill, New York, 1999.

12.5 C. M. Harris, *Shock and Vibration Handbook*, McGraw-Hill, New York, 1988.

12.6 A. H. Burr and J. B. Cheatham, *Mechanical Analysis and Design*, 2nd ed., Prentice Hall, Upper Saddle River, NJ, 1995.

유한요소해석

13장

▶ 한 건물(오른편)이 건축 중인 2개의 거주 건물. 유한요소법을 사용하여 공학자들이 이 건물들을 설계하였다. NJIT의 W. Konon 교수 제공.

13.1 서론

구조물들은 일반적으로 다양한 부재의 많은 조립체로 이루어져 있다. 건축된 구조물이나 기계와 그 부속품들 역시 복잡한 형상과 다양한 하중조건 및 여러 재료상수를 가지고 있다. 그러므로 이러한 설계에서 전통적인 해석방법이 더 이상 적용될 수 없다는 것은 명백해졌다. 복잡한 구조물에 대해서 공학자는 좀 더 일반적인 해석 접근법에 의지할 수밖에 없다. 이 장에서 보여주는 내용은 이러한 기술을 좀 더 일반적인 경우, 즉 **유한요소** 강성법 혹은 **유한요소 변위법**에 국한하여 다룬다. 특별히 다른 언급이 없으면 이 방법을 **유한요소법**(finite element method, FEM)이라고 간단히 칭한다. **유한요소해석**(finite element analysis, FEA)은 수치적인 접근법이며, 디지털 컴퓨터에 잘 적용될 수 있도록 되어 있다. 이 방법은 구조물의 미리 선택된 점들(절점이라고 부른다)에서 **힘 분력과 그에 해당하는 변위 분력을 연관시키는** 연립선형방정식의 정식화를 기본으로 하고 있다. 힘-변위 관계라고도 하는 이러한 지배방정식은 **행렬식**으로 표현되어 있다(부록 C 참조).

매우 빠르고 큰 저장 용량을 가진 디지털 컴퓨터가 출현함에 따라 유한요소법은 다양한 산업분야에 걸쳐서 매우 복잡한 해석과 설계의 실제 문제를 해결하는 데 탁월한 방법이 되었다. FEM은 다음과 같은 많은 장점이 있다.

1. 구조물의 형상이 표현될 수 있다.
2. 복합재료와 이방성 재료의 해석이 가능하다.
3. 불연속 문제의 해석이 가능하다.
4. 복합하중에 대해 다루기 쉽다.
5. 동적인 하중과 열하중 해석이 가능하다.
6. 비선형 구조문제의 해석이 가능하다.
7. 전체적인 자동화가 가능하다.

FEA에 관련된 문헌은 대단히 많다(예를 들면 참고문헌 13.1~13.10). 수치적인 상용 FEA 소프트웨어도 많이 이용될 수 있으며 이런 소프트웨어는 학습과정에 대한 지침이 포함되어 있는 경우도 있다.

유한요소 접근법은 실제의 구조물이 유한개의 요소로 나누어지거나 **분할**되고 그 요소는 그것들의 절점뿐 아니라 요소 사이의 경계를 따라서 연결되어 있다는 기본 개념을 가지고 있다. 유한요소법에서는 보통 삼각형, 직사각형, 사면체, 사각형이나 육면체 **형상의 요소**가 사용된다. 구조물을 모델링할 때 널리 적용되는 **요소의 종류**는 봉 요소, 보 요소, 이차원 요소, 막 및 판 요소와 삼차원 요소이다. 그림 13.1(a)는 다층의 호텔 건물이 봉 요소, 보 요소, 기둥 요소와 판 요소로 어떻게 모델링되는지를 나타낸다. 이 모델은 정적인 해석과 동적인 해석에 사용될 수 있다(참고문헌 13.1). 삼각형 막 요소로 모델링된 얇은 두께의 실린더에 있는 노즐의 유한요소 모델을 그림 13.1(b)에 나타내고 있다. 비행기나 선박과 같은 대형 구조 시스템은 종종 더 작은 단위체나 부구조물로 분리하여 해석한다. 일단 각 단위체의 강성이 결정되면 구조역학에서 많이 사용하는 일반적인 행렬식을 이용하여 전체 시스템을 해석한다. 그림 13.1(c)는 사각형 유한요소로 분할된 비행기의 날개를 나타내고 있다(참고문헌 13.9).

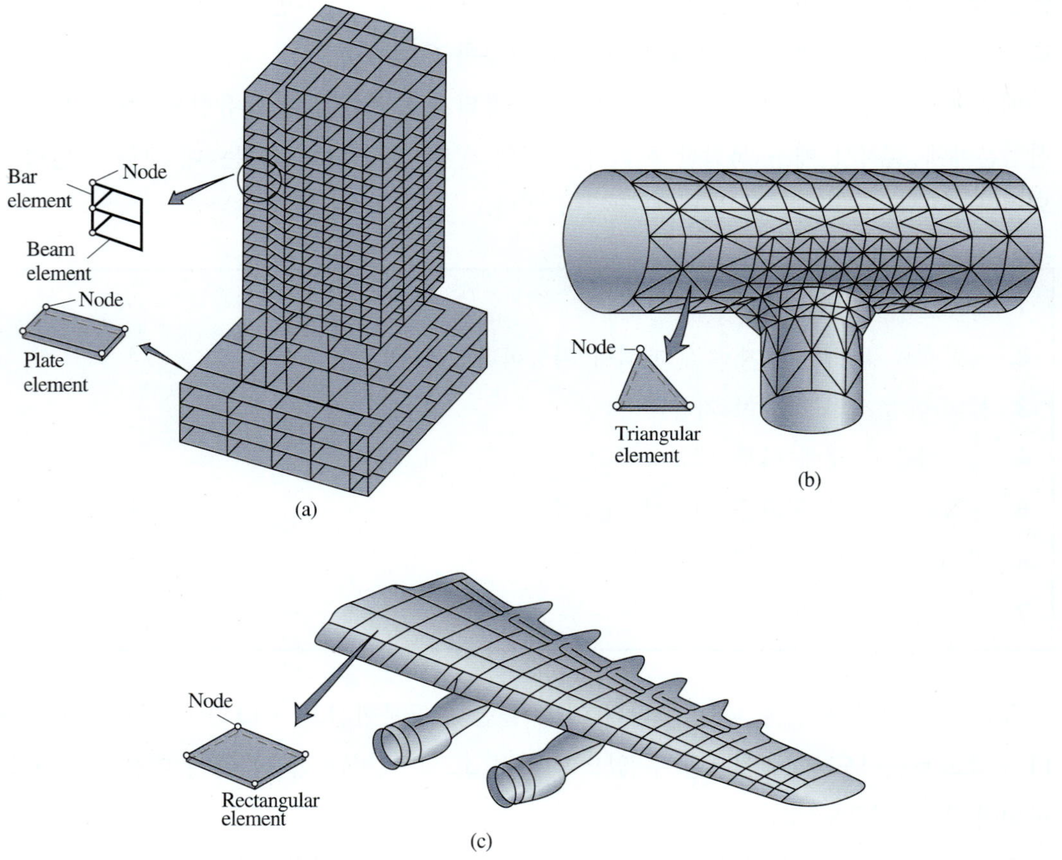

그림 13.1 구조물의 유한요소 모델 예 (a) 다층 건물 (b) 관 연결부 (c) 비행기의 날개

한 영역을 분할하는 요소와 절점의 망 조직을 **메시**(mesh)라고 한다. 메시의 밀도는 정해진 영역에서 더 많은 요소가 생길수록 증가된다. 한 모델의 해석에서 **메시를 세밀하게 분할**하면 더 개선된 해를 얻을 수 있다. 요소의 크기와 개수는 구조물이 얼마나 복잡한지, 얼마나 정확한 해를 구하려고 하는지에 따라 결정된다. 응력이 집중된 영역에서 메시의 밀도를 증가시킬 때, 또 기하학적인 연결부를 그림 13.1(b)와 같이 매끈하게 연결되도록 분할할 때 해석결과는 일반적으로 개선된다. 따라서 연결부 주위에서와 같이 국부적인 응력에 관심이 있다면 더 많은 요소로 모델링할 필요가 있다. 일반적으로 메시가 연속적으로 세밀화될수록 FEA 결과는 정해에 수렴한다.

FEA에 대한 주제를 적절하게 토의하기 위해서는 여기서 설명할 수 있는 것보다 훨씬 더 많은 내용을 제시하는 것이 필요할 것이다. 그럼에도 불구하고 이 주제는 대단히 중요하며 기계나 구조물의 해석과 설계에 관련이 있는 공학자는 FEA에 대한 최소한의 이해를 가지고 있어야 한다. 여기서 설명되는 원리는 FEA의 복잡함 뿐 아니라 그의 가능성을 명백하게 나타낸다. 어려운 문제는 학습자의 고단계 주제나 전문적인 참고문헌을 통해 선택할 수 있도록 하였다. 여기서는 간단한 설명을 위하여 일차원 **봉 요소**(축 요소 또는 트러스 요소라고도 한다)와 **보 요소**의 두 가지 기본 요소에 대해서만 다룬다. 13.5절에서는 유한요소법에 의해 구조물을 해석하기 위한 정식화와 일반적인 해석과정을 개략적으로 설명한다. 또한 사례 학습과 많은 예제를 통하여 구조해석 문제의 해석결과를 나타낸다.

*13.2 봉 요소

트러스 막대 요소 혹은 **축방향 요소**라고도 불리는 **봉 요소**는 구조 유한요소의 가장 간단한 형태로 생각될 수 있다. 길이 L, 탄성계수 E, 단면적 A를 가진 이러한 종류의 모델은 e (그림 13.2)로 표시된다. 2개의 끝, 조인트 혹은 **절점**은 각각 1, 2로 번호가 매겨진다. **절점력**($\bar{F}_1$과 $\bar{F}_2$)과 **절점변위**($\bar{u}_1$과 $\bar{u}_2$)의 관계를 구하기 위하여 행렬식으로 표현된 2개의 방정식이 필요하다.

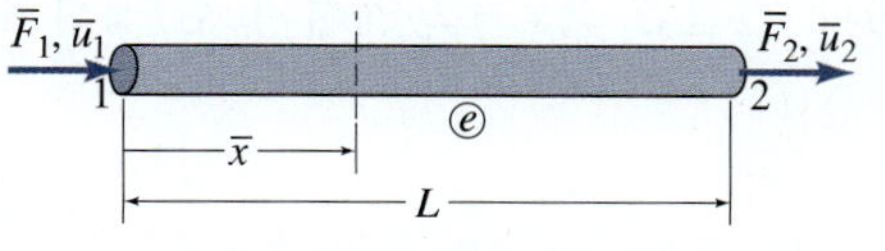

그림 13.2 일차원 축방향 요소 (e)

평형 방법

이 절에서 유도하는 직접 평형 접근법은 간단하고 물리적으로 명료하다. 그러나 이 방법은 실제적으로 트러스 요소, 보 요소와 프레임 요소에만 적절하게 사용될 수 있다. x방향의 힘에 대한 평형 조건은 $\bar{F}_1 = -\bar{F}_2$일 때 성립한다(그림 13.2). AE/L은 요소의 **스프링 상수**이므로(4.2절 참조) 다음과 같이 쓸 수 있다.

$$\bar{F}_1 = \frac{AE}{L}(\bar{u}_1 - \bar{u}_2) \qquad \bar{F}_2 = \frac{AE}{L}(\bar{u}_2 - \bar{u}_1)$$

앞의 식은 다음과 같이 행렬식의 형태로 표현할 수 있다.

$$\begin{Bmatrix} \bar{F}_1 \\ \bar{F}_2 \end{Bmatrix} = \frac{AE}{L}\begin{bmatrix} 1 & -1 \\ -1 & 1 \end{bmatrix}\begin{Bmatrix} \bar{u}_1 \\ \bar{u}_2 \end{Bmatrix} \tag{13.1a}$$

이를 간단히 표현하면 다음과 같이 된다.

$$\{\bar{F}\}_e = [\bar{k}]_e\{\bar{u}\}_e \tag{13.1b}$$

여기서 $[\bar{k}]_e$는 단위 변위에 대한 힘의 단위를 가진 요소 **강성행렬**이라고 한다. 이것은 절점변위 벡터 $\{\bar{u}\}_e$와 절점력 벡터 $\{\bar{F}\}_e$ 사이를 관련시켜주는 행렬이다.

에너지법

에너지 접근법은 앞에서 다룬 직접법보다 특히 복잡한 형태의 유한요소에 대하여 좀 더 일반적이고 적용하기 쉬우며 더 강력한 방법이다(참고문헌 13.1). 이 방법을 이용하기 위하여 그림 13.2와 같은 요소에 대해 변위 함수를 정의할 필요가 있다.

$$\bar{u} = a_1 + a_2\bar{x} \tag{13.2}$$

여기서 a_1과 a_2는 상수이다. 식 (13.2)는 요소의 $\bar{x}$축을 따라서 선형적으로 변화하는 연속 함수이며, 이는 축방향 하중을 받고 있는 봉에 대한 변위식에 해당한다는 것을 유의하라. 연결점 1($\bar{x} = 0$ 에서의 점)과 연결점 2($\bar{x} = L$ 에서의 점)에서의 축방향 변위는 각각 다음과 같이 된다.

$$\bar{u}_1 = a_1 \qquad \bar{u}_2 = a_1 + a_2L$$

앞의 두 방정식을 풀면 $a_1 = \bar{u}_1$, $a_2 = -(\bar{u}_1 - \bar{u}_2)/L$을 얻을 수 있다. 다음에 이 결과를 식 (13.2)에 대입하면 변위함수는 다음과 같이 된다.

$$\bar{u} = \left(1 - \frac{\bar{x}}{L}\right)\bar{u}_1 + \frac{\bar{x}}{L}\bar{u}_2 \tag{13.3}$$

이 관계식은 절점변위로부터 직접 유도할 수 있다. 식 (3.3)을 이용하면 다음을 얻을 수 있다.

$$\varepsilon_x = \frac{d\bar{u}}{dx} = \frac{1}{L}(-\bar{u}_1 + \bar{u}_2) \tag{13.4}$$

따라서 요소의 축방향 힘은 다음과 같이 된다.

$$\bar{F} = (E\varepsilon_x)A = \frac{AE}{L}(-\bar{u}_1 + \bar{u}_2) \tag{13.5}$$

식 (13.5)를 식 (12.2)에 넣으면 한 요소 내에서의 변형률 에너지는 다음과 같이 표현된다.

$$U = \int_0^L \frac{F^2 dx}{2AE} = \frac{AE}{2L}\left(\bar{u}_1^2 - 2\bar{u}_1\bar{u}_2 + \bar{u}_2^2\right) \tag{13.6}$$

마지막으로 Castigliano의 제1정리(12.8절 참조)에 의하면 다음과 같은 결과를 얻는다.

$$\bar{F}_1 = \frac{\partial U}{\partial \bar{u}_1} = \frac{AE}{L}(\bar{u}_1 - \bar{u}_2)$$

$$\bar{F}_2 = \frac{\partial U}{\partial \bar{u}_2} = \frac{AE}{L}(-\bar{u}_1 + \bar{u}_2)$$

이 방정식의 행렬형태는 식 (13.1)에서 주어진 것과 동일하다.

*13.3 이차원 봉 요소

이제 이차원 상에 임의로 놓여 있는 봉 요소에 대한 전체 강성행렬을 구해보자. 좌표축은 구조 전체를 다루느냐 요소만을 다루느냐에 따라 각각 전체 좌표축과 국부 좌표축을 기준으로 할 수 있다. **국부 좌표계**는 각각의 요소를 나타내는 데 편리하게 선택될 수 있다. 기준 좌표계 또는 **전체 좌표계**는 그림 13.3과 같은 전체 구조에 대해 편리하게 선택될 수 있다. 축방향 요소에 대해 국부 좌표계와 전체 좌표계를 각각 $(\bar{x}, \bar{y})$와 (x, y)로 표시하기로 한다.

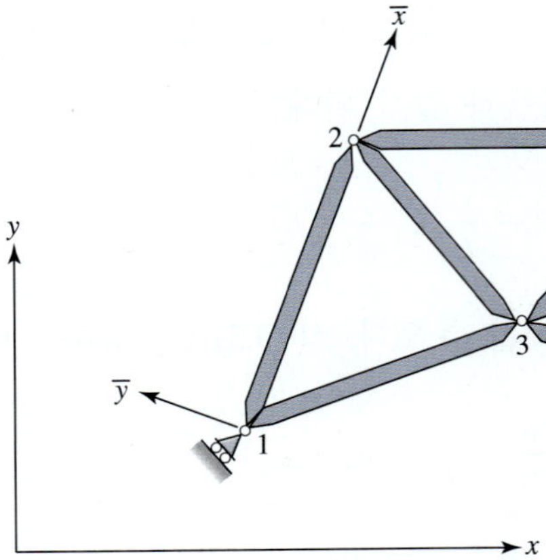

그림 13.3 봉 요소 1-2에 대한 전체 좌표계 $(x,\ y)$와 국부 좌표계 $(\bar{x},\ \bar{y})$

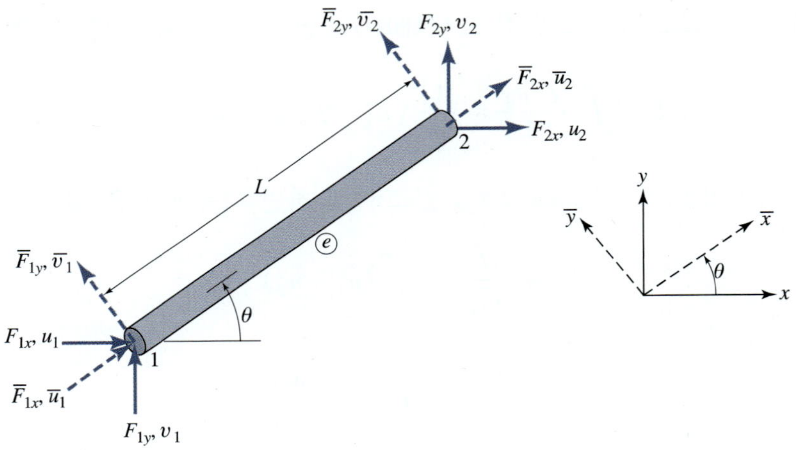

그림 13.4 이차원 봉 요소 (e)에 대한 국부 좌표계 $(\bar{x},\ \bar{y})$와 전체 좌표계 $(x,\ y)$

그림 13.4는 기준 x축으로부터 반시계방향으로 θ만큼 회전한 $\bar{x}$축에 놓여 있는 전형적인 축방향 요소 e를 나타내고 있다. 국부 좌표계에서 각각의 연결점은 축방향 힘 $\bar{F}_x$, 횡방향 힘 $\bar{F}_y$, 축방향 변위 $\bar{u}$와 횡방향 변위 $\bar{v}$를 가지고 있다. 그림을 기준으로 식 (13.1a)는 다음과 같이 확장하여 표현할 수 있다.

$$\begin{Bmatrix} \bar{F}_{1x} \\ \bar{F}_{1y} \\ \bar{F}_{2x} \\ \bar{F}_{2y} \end{Bmatrix}_e = \frac{AE}{L}\begin{bmatrix} 1 & 0 & -1 & 0 \\ 0 & 0 & 0 & 0 \\ -1 & 0 & 1 & 0 \\ 0 & 0 & 0 & 0 \end{bmatrix}\begin{Bmatrix} \bar{u}_1 \\ \bar{v}_1 \\ \bar{u}_2 \\ \bar{v}_2 \end{Bmatrix}_e \tag{13.7a}$$

이를 행렬기호로 표시하면 다음과 같이 된다.

$$\{\overline{F}\}_e = [\,\overline{k}\,]_e\{\overline{\delta}\}_e \tag{13.7b}$$

$[\,\overline{k}\,]_e$와 $\{\overline{\delta}\}_e$는 각각 국부 좌표계에서의 강성행렬과 변위벡터를 나타낸다.

힘의 좌표변환

그림 13.4로부터 연결점 1에서의 2개의 국부 힘과 2개의 전체 힘은 다음의 식과 같이 관계될 수 있다는 것을 볼 수 있다.

$$\overline{F}_{1x} = F_{1x}\cos\theta + F_{1y}\sin\theta$$

$$\overline{F}_{1y} = -F_{1x}\sin\theta + F_{1y}\cos\theta$$

연결점 2에 대해서도 동일한 표현이 적용될 수 있다. 이를 다음과 같이 간략히 표시할 수 있다.

$$c = \cos\theta \qquad s = \sin\theta \tag{a}$$

따라서 국부 힘과 전체 힘은 다음과 같이 행렬식으로 관계될 수 있다.

$$\begin{Bmatrix} \overline{F}_{1x} \\ \overline{F}_{1y} \\ \overline{F}_{2x} \\ \overline{F}_{2y} \end{Bmatrix}_e = \begin{bmatrix} c & s & 0 & 0 \\ -s & c & 0 & 0 \\ 0 & 0 & c & s \\ 0 & 0 & -s & c \end{bmatrix} \begin{Bmatrix} F_{1x} \\ F_{1y} \\ F_{2x} \\ F_{2y} \end{Bmatrix}_e \tag{13.8a}$$

이를 간략히 표시하면

$$\{\overline{F}\}_e = [T]\{F\}_e \tag{13.8b}$$

앞에서 $[T]$는 좌표변환행렬을 나타낸다.

$$[T] = \begin{bmatrix} c & s & 0 & 0 \\ -s & c & 0 & 0 \\ 0 & 0 & c & s \\ 0 & 0 & -s & c \end{bmatrix} \tag{13.9}$$

$\{F\}_e$는 **전체 절점력 행렬**로 다음과 같은 요소를 가진다.

$$\{F\}_e = \begin{Bmatrix} F_{1x} \\ F_{1y} \\ F_{2x} \\ F_{2y} \end{Bmatrix}_e \tag{13.10}$$

이 좌표변환행렬은 직교조건(C.1절 참조)을 만족함을 유의하라. 이것은 $c^2 + s^2 = 1$, $(-s)^2 + c^2 = 1$과 $(-s)(c) + (c)(s) = 0$이다. 따라서 $[T]$는 직교행렬이다.

변위의 좌표변환

변위 성분도 힘 성분과 같이 변환되므로 다음과 같이 쓸 수 있다.

$$\begin{Bmatrix} \bar{u}_1 \\ \bar{v}_1 \\ \bar{u}_2 \\ \bar{v}_2 \end{Bmatrix}_e = [T] \begin{Bmatrix} u_1 \\ v_1 \\ u_2 \\ v_2 \end{Bmatrix}_e \tag{13.11a}$$

앞의 식을 간략한 기호로 표시하면

$$\{\bar{\delta}\}_e = [T]\{\delta\}_e \tag{13.11b}$$

여기서 $\{\delta\}_e$는 전체 좌표계의 절점변위를 나타낸다. 식 (13.11b)와 (13.8b)를 식 (13.7b)에 대입하면 다음과 같이 된다.

$$[T]\{F\}_e = \{\bar{k}\}_e [T]\{\delta\}_e$$

$$\{F\}_e = [T]^{-1}\{\bar{k}\}_e [T]\{\delta\}_e$$

직교행렬 $[T]$의 역행렬은 그의 변환행렬과 같다. 즉 $[T]^{-1} = [T]^T$이다. 여기서 위첨자 T는 변환행렬을 나타낸다. 어떤 행렬의 변환행렬은 그 행렬의 행과 열을 바꾸는 것이다.

지배방정식

전체 좌표계의 **힘-변위 관계**, 즉 요소 e의 지배방정식은 다음과 같이 표현된다.

$$\boxed{\{F\}_e = \{k\}_e\{\delta\}_e} \tag{13.12}$$

이로부터 다음 식을 얻는다.

$$\{k\}_e = [T]^T\{\bar{k}\}_e\{T\}_e \tag{13.13}$$

식 (13.9)와 (13.7b)에 의한 $[k]$를 식 (13.13)에 대입하면 **전체 강성행렬**이 다음과 같은 형태로 된다.

$$[k]_e = \frac{AE}{L}\begin{bmatrix} c^2 & cs & -c^2 & -cs \\ cs & s^2 & -cs & -s^2 \\ -c^2 & -cs & c^2 & cs \\ -cs & -s^2 & cs & s^2 \end{bmatrix} = \frac{AE}{L}\begin{bmatrix} c^2 & cs & -c^2 & -cs \\ & s^2 & -cs & -s^2 \\ & & c^2 & cs \\ & \text{Symmetric} & & s^2 \end{bmatrix} \tag{13.14}$$

앞 식은 요소 강성행렬이 그의 크기, 방향 및 재료상수들과 관계한다는 것을 나타낸다.

*13.4 봉 요소에서의 축방향 힘

그림 13.4에서 나타낸 2차원 평면에서의 일반적인 트러스 요소 1-2를 다시 생각해보자. 식 (13.12)로 표현된 행렬식의 셋째 항과 넷째 항을 행렬곱함으로써 절점 2에 대한 전체 좌표계의 힘을 다음과 같이 구할 수 있다.

$$F_{2x} = \frac{AE}{L}\left[c^2(u_2 - u_1) + cs(v_2 - v_1)\right]$$

$$F_{2y} = \frac{AE}{L}\left[cs(u_2 - u_1) + s^2(v_2 - v_1)\right]$$

절점 1과 절점 2를 가진 요소에서의 축방향 힘을 F_{12}라고 하면 그 힘은 다음과 같이 된다.

$$F_{12} = F_{2x}c + F_{2y}s$$

여기서 $\cos\theta = c$, $\sin\theta = s$라고 하였다. 이 힘은 국부 좌표 $\bar{x}_1$과 $\bar{x}_2$에 해당하는 절점력 $\bar{F}_{1x}$나 $\bar{F}_{2x}$와 같다.

앞의 관계식들을 조합하면 다음과 같이 된다.

$$\begin{aligned} F_{12} &= \frac{AE}{L}(c^2 + s^2)[c(u_2 - u_1) + s(v_2 - v_1)] \\ &= \frac{AE}{L}[c(u_2 - u_1) + s(v_2 - v_1)] \end{aligned} \tag{a}$$

즉 F_{12} =(스프링 상수)(전체 축방향 연신)이라고 할 수 있다.

변위량 $(u_2 - u_1)$과 $(v_2 - v_1)$은 각각 축방향 연신의 수평방향 성분과 수직방향 성분이다. 식 (a)는 다음과 같이 행렬식의 형태로 쓸 수 있다.

$$F_{12} = \frac{AE}{L} [c \quad s] \begin{Bmatrix} u_2 - u_1 \\ v_2 - v_1 \end{Bmatrix}$$

그러므로 **절점 ij를 가진 봉 요소**에서의 **축방향 힘**은 다음과 같이 된다고 할 수 있다.

$$F_{ij} = \left(\frac{AE}{L}\right)_{ij} [c \quad s]_{ij} \begin{Bmatrix} u_j - u_i \\ v_j - v_i \end{Bmatrix} \tag{13.15}$$

F_{ij}에 대한 양의 값(음의 값)은 그 요소가 인장(압축)을 받고 있다는 것을 의미한다. 그에 따라 단면적 A를 갖는 요소의 축방향 응력은 $\sigma_{ij} = F_{ij}/a$가 된다.

예제 13.1 트러스 봉 요소의 성질 계산

조건 그림 13.5와 같이 길이 L, 단면적 A, 탄성계수 E를 가진 트러스 요소 1-3이 x축으로부터 반시계방향으로 θ만큼 회전해 있다. 필요한 수치는 다음과 같다.

$u_1 = 0.4$ mm　　$v_1 = 0.5$ mm　　$u_3 = -1.0$ mm　　$v_3 = 0$

$\theta = 30°$　　$A = 800$ mm^2　　$L = 2$ m　　$E = 200$ GPa

문제

(a) 이 요소의 전체 좌표계 강성행렬을 구하라.

(b) 이 요소의 국부 좌표계 변위 $\bar{u}_1$, $\bar{v}_1$, $\bar{u}_3$ 및 $\bar{v}_3$를 계산하라.

(c) 이 요소의 축방향 응력을 계산하라.

가정 재료는 균일하고 선형탄성영역 내에 있다.

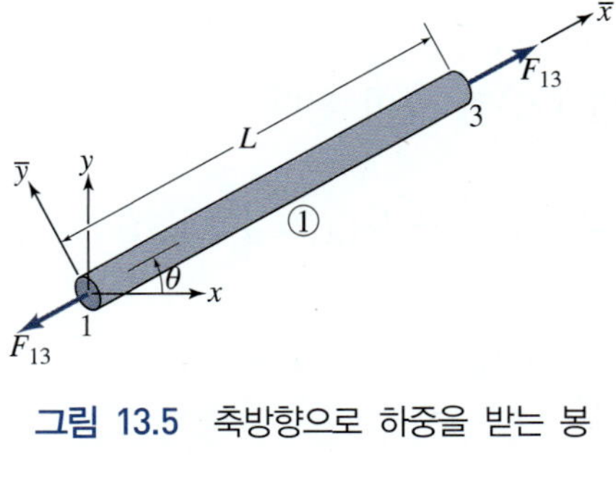

그림 13.5 축방향으로 하중을 받는 봉

풀이 요소 1-3의 자유물체도는 그림 13.5와 같다. 이 요소의 특성은 다음과 같이 계산된다.

$$\frac{AE}{L}=\frac{1}{2}(800\times10^{-6})(200\times10^{9})=80\times10^{6}\ \mathrm{N/m}$$

$$c=\cos30°=\sqrt{3}/2 \qquad s=\sin30°=1/2$$

(a) 요소 강성행렬. 식 (13.14)를 사용하면

$$[k]_1=80(10^6)\begin{bmatrix}\frac{3}{4} & \frac{3}{4} & -\frac{3}{4} & -\frac{3}{4}\\ \frac{3}{4} & \frac{1}{4} & -\frac{3}{4} & -\frac{1}{4}\\ -\frac{3}{4} & -\frac{3}{4} & \frac{3}{4} & \frac{3}{4}\\ -\frac{3}{4} & -\frac{1}{4} & \frac{3}{4} & \frac{1}{4}\end{bmatrix}$$

이를 간단히 하면

$$[k]_1=80(10^6)\begin{bmatrix}0.75 & 0.433 & -0.75 & -0.433\\ 0.433 & 0.25 & -0.433 & -0.25\\ -0.75 & -0.433 & 0.75 & 0.433\\ -0.433 & -0.25 & 0.433 & 0.25\end{bmatrix}\ \mathrm{N/m}$$

(b) 요소 변위. 식 (13.11b)에서 $\{\bar{\delta}\}_e=[T]\{\delta\}_e$는 다음과 같이 계산된다.

$$\begin{Bmatrix}\bar{u}_1\\ \bar{v}_1\\ \bar{u}_3\\ \bar{v}_3\end{Bmatrix}=\begin{bmatrix}0.833 & 0.5 & 0 & 0\\ -0.5 & 0.833 & 0 & 0\\ 0 & 0 & 0.833 & 0.5\\ 0 & 0 & -0.5 & 0.833\end{bmatrix}\begin{Bmatrix}0.4\\ 0.5\\ -1.0\\ 0\end{Bmatrix}=\begin{Bmatrix}0.58\\ 0.23\\ -0.83\\ -0.5\end{Bmatrix}\ \mathrm{mm}$$

(c) 축방향 응력. 주어진 값들을 식 (13.15)에 대입하고 $i=1,\ j=3$이라고 하면

$$F_1=F_{13}=80(10^6)\begin{bmatrix}\frac{\sqrt{3}}{2} & \frac{1}{2}\end{bmatrix}\begin{Bmatrix}-1.0-0.4\\ 0-0.5\end{Bmatrix}(10^{-3})=-117\ \mathrm{kN}$$

따라서 이 요소의 축방향 응력은 $\sigma_1=F_1/A=-146.2\,\mathrm{MPa}$이 된다.

부가설명 음의 기호는 압축을 나타낸다.

*13.5 유한요소법의 정식화

이 절에서는 트러스에 적절한 지배방정식의 전개를 설명함으로써 구조강성 또는 유한요소법을 정식화한다. 앞에서 설명한 바와 같이 트러스는 교차점이나 핀에 의한 조인트로 연결

되어 각각 다른 방향으로 놓여 있는 직선 봉으로 구성된다. 이 방법의 기본 과정을 더 쉽게 이해하기 위하여 간단한 시스템의 예를 참고하는 것이 바람직하다. 그림 13.6은 트러스 구조의 예를 보여주는데, 여기서는 연결점 사이를 구성하는 부재들이 자동적으로 유한요소들로 취급된다.

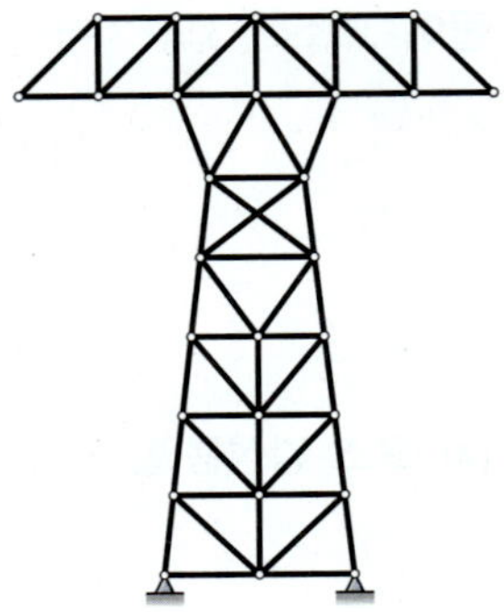

그림 13.6 전기줄 지지 트러스

트러스 방정식을 유도하기 위해서는 식 (13.12)로 주어진 축방향 요소를 결합하여 전체 요소 관계가 이루어져야 한다. 이 **요소결합** 과정의 결과로 전체 트러스에 대한 다음의 힘-변위 관계가 얻어진다.

$$\{F\} = [K]\{\delta\} \tag{13.16}$$

여기서 **전체 절점력 벡터** $\{F\}$와 **전체 강성행렬** $\{K\}$는 다음과 같이 표현된다.

$$\{F\} = \sum_{1}^{n}\{F\}_e \tag{13.17}$$

$$\{K\} = \sum_{1}^{n}\{k\}_e \tag{13.18}$$

여기서 e는 하나의 요소를 나타내고 n은 트러스를 이루는 요소의 개수를 나타낸다. $[K]$는 전체 절점력 $\{F\}$를 전체 변위 $\{\delta\}$에 관계시킨다는 것에 유의하라.

요소결합 과정

식 (13.14)의 요소 강성행렬 $[k]_e$는 적절하게 같이 합해지거나 중첩되어야 한다. 직접 합하는 과정을 수행하기 위해 편리한 방법은 각 요소 강성행렬의 행과 열에 그에 해당하는 변위 성분 번호를 매기는 것이다. 그 다음에 각 요소의 강성행렬을 $[K]$의 해당하는 위치에서 단순히 더함으로써 간단하게 트러스 강성행렬 $[K]$를 결정할 수 있다. 다른 하나의 방법은 0의 값을 가진 행과 열을 추가함으로써 각 요소의 $[k]$를 트러스의 강성행렬 수준의 크기까지 확장해나가는 방법이다. 여기서는 요소의 강성행렬을 결합하는 데 이 접근법을 이용하기로 한다. 물론 많은 요소를 포함하는 문제에서 $[K]$의 요소결합 과정을 수행하기 위해서는 컴퓨터가 필요하다.

문제를 해결하는 과정

지금부터는 개발된 기본적인 방정식을 사용하는 예를 나타낸다. 유한요소법을 이용하여 구조적인 문제를 해결하는 일반적인 과정이 그림 13.7에 요약되어 있다. 이런 **블록 다이어그램**을 이용하면 이어지는 예제의 해결에서 보여주는 것과 같이 유한요소해석을 여러 가지 하중을 받는 부재와 구조에 응용할 때 더 이해하기 쉽게 해준다.

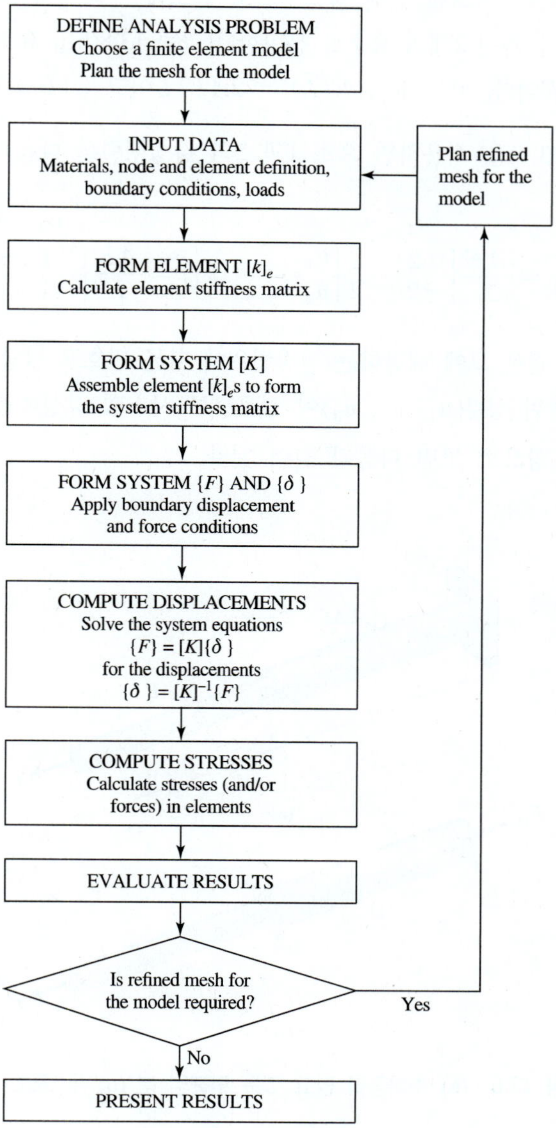

그림 13.7 유한요소 블록 다이어그램(참고문헌 13.10)

[예제 13.2] 축하중을 받고 있는 단붙임 봉의 해석

조건 그림 13.8(a)와 같이 단면이 균일한 2개의 부분으로 구성되어 있는 봉의 왼쪽 끝단은 고정되어 있고 오른쪽 끝단에는 하중 P가 가해지고 있다.

문제 봉의 절점변위와 절점력을 구하라.

가정 단면 2의 응력집중의 영향은 무시할 수 있다. 변형은 탄성한계 내에 있다.

풀이 고려하는 형상을 볼 때 전체 좌표계 $(x,\ y)$는 국부 좌표계 $(x,\ y)$와 일치한다. 이 예제에서는 요소 강성행렬을 시스템 전체 강성행렬로 유도하는 과정에 초점을 맞춘다. 이 전체 봉을 절점 1, 2 및 3을 가진 2개의 요소로 분할한다[그림 13.8(b)]. 요소 1과 2의 축방향 강성은 각각 $2AE$와 AE이다. 따라서 $(AE/L)_1 = 2AE/L$이고 $(AE/L)_2 = AE/L$이다.

요소 강성행렬. 식 (13.1)을 적용하면 요소 1과 2의 강성행렬은 다음과 같이 된다.

$$[k]_1 = \frac{AE}{L}\begin{bmatrix} 2 & -2 \\ -2 & 2 \end{bmatrix}\begin{matrix} u_1 \\ u_2 \end{matrix} \quad (\text{열: } u_1 \ \ u_2) \qquad [k]_2 = \frac{AE}{L}\begin{bmatrix} 1 & -1 \\ -1 & 1 \end{bmatrix}\begin{matrix} u_2 \\ u_3 \end{matrix} \quad (\text{열: } u_2 \ \ u_3)$$

각 강성행렬의 행과 열은 그에 해당하는 절점변위에 따른 번호로 할당되었음을 유의하라. 이 시스템에는 3개의 변위 성분(u_1, u_2, u_3)이 있으므로 시스템 강성행렬은 3×3이 되어야 한다. 전체 봉의 변위 항으로 보면 다음과 같이 된다.

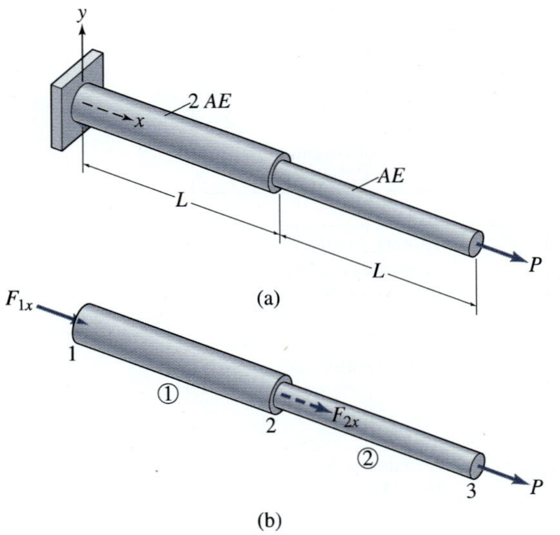

그림 13.8 (a) 축하중을 받고 있는 단붙임 봉 (b) 두 요소 모델

$$[k]_1 = \frac{AE}{L}\begin{bmatrix} 2 & -2 & 0 \\ -2 & 2 & 0 \\ 0 & 0 & 0 \end{bmatrix}\begin{matrix} u_1 \\ u_2 \\ u_3 \end{matrix} \quad (\text{columns } u_1\ u_2\ u_3)$$

$$[k]_2 = \frac{AE}{L}\begin{bmatrix} 0 & 0 & 0 \\ 0 & 1 & -1 \\ 0 & -1 & 1 \end{bmatrix}\begin{matrix} u_1 \\ u_2 \\ u_3 \end{matrix} \quad (\text{columns } u_1\ u_2\ u_3)$$

행렬 1에서는 점선으로 표시된 것과 같이 마지막 행과 마지막 열에 0이 추가되었으며, 뒤의 행렬 2에서는 첫째 행과 첫째 열에 0이 추가되었다.

시스템 강성행렬. 각 요소 강성행렬을 중첩하면 다음과 같이 된다.

$$[K] = \frac{AE}{L}\begin{bmatrix} 2 & -2 & 0 \\ -2 & 3 & -1 \\ 0 & -1 & 1 \end{bmatrix}\begin{matrix} u_1 \\ u_2 \\ u_3 \end{matrix} \quad (\text{columns } u_1\ u_2\ u_3)$$

힘-변위 관계. 식 (13.6)은 다음과 같이 쓸 수 있다.

$$\begin{Bmatrix} F_{1x} \\ F_{2x} \\ F_{3x} \end{Bmatrix} = \frac{AE}{L}\begin{bmatrix} 2 & -2 & 0 \\ -2 & 3 & -1 \\ 0 & -1 & 1 \end{bmatrix}\begin{Bmatrix} u_1 \\ u_2 \\ u_3 \end{Bmatrix} \tag{a}$$

변위경계조건은 $u_1 = 0$이다. 또한 $F_{2x} = 0$이고 $F_{3x} = P$이므로 그림 13.8(b)를 참조하면 앞의 방정식은 다음과 같다.

$$\begin{Bmatrix} F_{1x} \\ 0 \\ P \end{Bmatrix} = \frac{AE}{L}\begin{bmatrix} 2 & -2 & 0 \\ -2 & 3 & -1 \\ 0 & -1 & 1 \end{bmatrix}\begin{Bmatrix} 0 \\ u_2 \\ u_3 \end{Bmatrix}$$

변위. u_2와 u_3를 간단히 구하기 위하여 이 방정식의 일부분만 선택하여 고려한다.

$$\begin{Bmatrix} 0 \\ P \end{Bmatrix} = \frac{AE}{L}\begin{bmatrix} 3 & -1 \\ -1 & 1 \end{bmatrix}\begin{Bmatrix} u_2 \\ u_3 \end{Bmatrix}$$

이것을 풀면

$$\begin{Bmatrix} u_2 \\ u_3 \end{Bmatrix} = \begin{Bmatrix} PL/2AE \\ 3PL/2AE \end{Bmatrix}$$

부가설명 구해진 변위를 사용하여 요소 1(혹은 요소 2)에서의 축방향 힘과 응력은 예제 13.1에서 설명한 방법으로 구할 수 있다.

절점력. 식 (a)는 다음과 같은 결과를 갖는다.

$$\begin{Bmatrix} F_{1x} \\ F_{2x} \\ F_{3x} \end{Bmatrix} = \frac{AE}{L}\begin{bmatrix} 2 & -2 & 0 \\ -2 & 3 & -1 \\ 0 & -1 & 1 \end{bmatrix}\begin{Bmatrix} 0 \\ PL/2AE \\ 3PL/2AE \end{Bmatrix} = \begin{Bmatrix} -P \\ 0 \\ P \end{Bmatrix}$$

부가설명 결과를 보면 반력 $F_{1x} = -P$는 절점 3의 외력 $F_{3x} = P$와 크기는 같고 방향은 반대인 것을 알 수 있다. 또한 $F_{2x} = 0$은 절점 2에 가해지는 힘이 없다는 것을 표시한다. 따라서 봉 결합체의 평형이 만족되는 것을 알 수 있다.

사례연구 2F

기본 트러스 구조물의 FEA(유한요소해석)

조건 간단한 트러스 구조물이 그림 13.9(a)와 같이 연결부 2에서 수직하중 P를 받고 있다. 다음의 데이터를 이용하라.

$E = 70$ GPa $\sigma_y = 260$ MPa (표 B.4 참조)

$P = 25.2$ kN $L = 2$ m $h = 1.5$ m $A_1 = 2400\ \text{mm}^2$ $A_2 = 1500\ \text{mm}^2$

> 이 기본 구조에 대한 평형 방법과 에너지 접근법에 의한 해석은 **사례연구 2A**, **사례연구 2B**, **사례연구 2C**, **사례연구 2D**와 **사례연구 2E**에서 설명하였다.

문제 연결점 2의 변위, 지지점의 반력과 각 부재의 응력을 구하라.

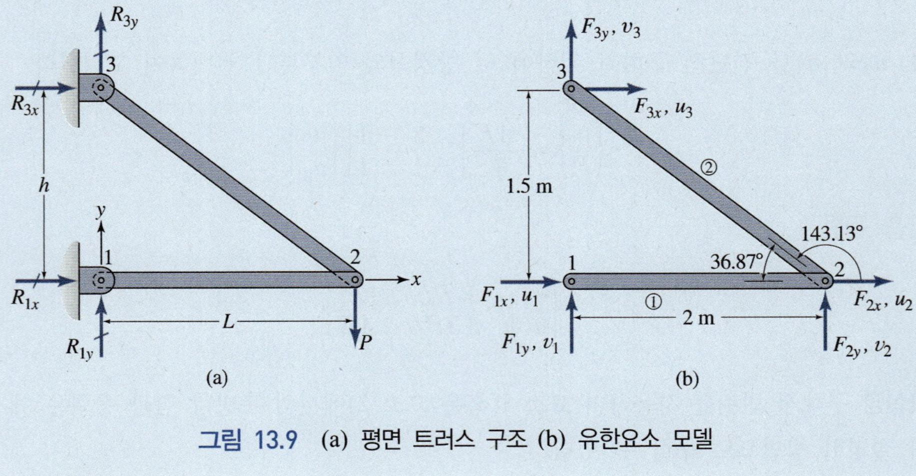

그림 13.9 (a) 평면 트러스 구조 (b) 유한요소 모델

가정

1. 연결부에서의 마찰은 무시한다. 모든 힘은 동일 평면상에 있고 정적이다. 봉의 무게는 하중 P에 비해 매우 작아서 무시될 수 있다.
2. 부재 1과 2는 알루미늄 합금 6061-T6으로 만들어졌고 각각 단면적이 A_1과 A_2이다. 항복에 대한 안전율 n_s가 사용된다.
3. 부재 1은 좌굴에 의해 파손이 되지 않도록 적절하게 설계되었다.

풀이 반력은 그림 13.9(a)에 표시되었다. 절점번호는 각 요소에 대하여 임의로 매겨졌다.

입력자료. 절점번호는 임의로 매겨진다. 각각의 절점에는 2개의 변위와 2개의 힘 성분이 있다[그림 13.9(b)]. θ는 전체 x축의 양의 방향으로부터 각 봉의 국부 x축까지의 반시계방향 각도이다. 그러므로 각 부재의 국부 x축의 방향이 먼저 결정되어야 한다. 이 예제에서는

- 요소 1에 대해서는 절점 1에서 절점 2로 향하는 방향을 국부 $\bar{x}$축으로 하였다. 따라서 $\theta = 0°$이다.
- 요소 2에 대해서는 절점 2에서 절점 3으로 향하는 방향을 국부 $\bar{x}$축으로 하였다. 따라서 표 13.1에 수록되어 있는 것과 같이 $\theta = 143.13°$이다.

표 13.1 그림 13.9의 트러스 구조 자료

Element	θ	c	s	c^2	cs	s^2	AE/L
1	0	1	0	1	0	0	84×10^6
2	143.13	−0.8	0.60	0.64	−0.48	0.36	42×10^6

요소 강성행렬. 식 (13.14)와 표 13.1을 이용하여 부재 1과 2에 대한 강성행렬을 각각 구할 수 있다.

$$[k]_1 = \frac{A_i E}{L_1} \begin{bmatrix} c^2 & cs & -c^2 & -cs \\ cs & s^2 & -cs & -s^2 \\ -c^2 & -cs & c^2 & cs \\ -cs & -s^2 & cs & s^2 \end{bmatrix} \begin{matrix} u_1 \\ v_1 \\ u_2 \\ v_2 \end{matrix} \quad (\text{columns: } u_1\ v_1\ u_2\ v_2)$$

$$= 84(10^6) \begin{bmatrix} 1 & 0 & -1 & 0 \\ 0 & 0 & 0 & 0 \\ -1 & 0 & 1 & 0 \\ 0 & 0 & 0 & 0 \end{bmatrix} \begin{matrix} u_1 \\ v_1 \\ u_2 \\ v_2 \end{matrix} \quad (\text{columns: } u_1\ v_1\ u_2\ v_2)$$

$$[k]_2 = 42(10^6)\begin{array}{c} \begin{matrix} \quad u_2 & \quad v_2 & \quad u_3 & \quad v_3 \end{matrix} \\ \begin{bmatrix} 0.64 & -0.48 & -0.64 & 0.48 \\ -0.48 & 0.36 & 0.48 & -0.36 \\ -0.64 & 0.48 & 0.64 & -0.48 \\ 0.48 & -0.36 & -0.48 & 0.36 \end{bmatrix} \end{array} \begin{matrix} u_2 \\ v_2 \\ u_3 \\ v_3 \end{matrix}$$

$$= 84(10^6)\begin{array}{c} \begin{matrix} \quad u_2 & \quad v_2 & \quad u_3 & \quad v_3 \end{matrix} \\ \begin{bmatrix} 0.32 & -0.24 & -0.32 & 0.24 \\ -0.24 & 0.18 & 0.24 & -0.18 \\ -0.32 & 0.24 & 0.32 & -0.24 \\ 0.24 & -0.18 & -0.24 & 0.18 \end{bmatrix} \end{array} \begin{matrix} u_2 \\ v_2 \\ u_3 \\ v_3 \end{matrix}$$

여기서 각 요소 강성행렬의 행과 열은 그에 해당하는 절점변위에 따른 번호로 할당되었음을 유의하라. 계산의 편리를 위해 둘째 요소의 강성행렬식은 첫째 요소의 행렬식에서와 같은 $84(10^6)$을 계수로 사용하여 다시 표시하였다. 이 트러스 구조물에는 변위조건이 부과되기 전에 전체 6개의 변위 성분(u_1, v_1, u_2, v_2, u_3, v_3)이 있다. 따라서 트러스 강성행렬의 크기는 6×6이다. 각 부재의 강성행렬을 전체 강성행렬로 다시 쓰면 다음과 같이 된다.

$$[k]_1 = 84(10^6)\begin{array}{c} \begin{matrix} u_1 & v_1 & u_2 & v_2 & u_3 & v_3 \end{matrix} \\ \begin{bmatrix} 1 & 0 & -1 & 0 & 0 & 0 \\ 0 & 0 & 0 & 0 & 0 & 0 \\ -1 & 0 & 1 & 0 & 0 & 0 \\ 0 & 0 & 0 & 0 & 0 & 0 \\ 0 & 0 & 0 & 0 & 0 & 0 \\ 0 & 0 & 0 & 0 & 0 & 0 \end{bmatrix} \end{array} \begin{matrix} u_1 \\ v_1 \\ u_2 \\ v_2 \\ u_3 \\ v_3 \end{matrix}$$

$$[k]_2 = 84(10^6)\begin{array}{c} \begin{matrix} u_1 & v_1 & \quad u_2 & \quad v_2 & \quad u_3 & \quad v_3 \end{matrix} \\ \begin{bmatrix} 0 & 0 & 0 & 0 & 0 & 0 \\ 0 & 0 & 0 & 0 & 0 & 0 \\ 0 & 0 & 0.32 & -0.24 & -0.32 & 0.24 \\ 0 & 0 & -0.24 & 0.18 & 0.24 & -0.18 \\ 0 & 0 & -0.32 & 0.24 & 0.32 & -0.24 \\ 0 & 0 & 0.24 & -0.18 & -0.24 & 0.18 \end{bmatrix} \end{array} \begin{matrix} u_1 \\ v_1 \\ u_2 \\ v_2 \\ u_3 \\ v_3 \end{matrix}$$

요소 1에서는 점선으로 표시된 박스와 같이 마지막 2개의 열과 행에 0이 추가되었고, 요소 2에서는 처음 2개의 열과 행에 0이 추가되었다.

시스템 강성행렬. 각 요소의 강성행렬을 중첩하면 다음과 같은 트러스 구조의 전체 강성행렬을 구할 수 있다.

$$
\begin{array}{c} \\ [K]=84(10^6) \end{array}
\begin{array}{c} \begin{array}{cccccc} u_1 & v_1 & u_2 & v_2 & u_3 & v_3 \end{array} \\
\begin{bmatrix} 1 & 0 & -1 & 0 & 0 & 0 \\ 0 & 0 & 0 & 0 & 0 & 0 \\ -1 & 0 & 1.32 & -0.24 & -0.32 & 0.24 \\ 0 & 0 & -0.24 & 0.18 & 0.24 & -0.18 \\ 0 & 0 & -0.32 & 0.24 & 0.32 & -0.24 \\ 0 & 0 & 0.24 & -0.18 & -0.24 & 0.18 \end{bmatrix} \end{array}
\begin{array}{c} u_1 \\ v_1 \\ u_2 \\ v_2 \\ u_3 \\ v_3 \end{array} \tag{b}
$$

시스템의 힘과 변위 벡터. 그림 13.9를 참조하여 작용하중과 지지부 경계조건을 고려하면 트러스의 힘 벡터는 다음과 같이 표현된다.

$$
\begin{Bmatrix} F_{1x} \\ F_{1y} \\ F_{2x} \\ F_{2y} \\ F_{3x} \\ F_{3y} \end{Bmatrix} = \begin{Bmatrix} R_{1x} \\ R_{1y} \\ 0 \\ -25200 \\ R_{3x} \\ R_{3y} \end{Bmatrix} \tag{c}
$$

같은 방법으로 지지 조건에 따라서 트러스의 절점변위 벡터는 다음과 같이 된다.

$$
\{\delta\} = \begin{Bmatrix} u_1 \\ v_1 \\ u_2 \\ v_2 \\ u_3 \\ v_3 \end{Bmatrix} = \begin{Bmatrix} 0 \\ 0 \\ u_2 \\ v_2 \\ 0 \\ 0 \end{Bmatrix} \tag{d}
$$

변위. 식 (b), (c)와 (d)를 식 (13.12)에 대입하면 트러스 구조의 힘-변위 관계식은 다음과 같이 얻어진다.

$$
\begin{Bmatrix} R_{1x} \\ R_{1y} \\ 0 \\ -25200 \\ R_{3x} \\ R_{3y} \end{Bmatrix} = 84(10^6) \begin{bmatrix} 1 & 0 & -1 & 0 & 0 & 0 \\ 0 & 0 & 0 & 0 & 0 & 0 \\ -1 & 0 & 1.32 & -0.24 & -0.32 & 0.24 \\ 0 & 0 & -0.24 & 0.18 & 0.24 & -0.18 \\ 0 & 0 & -0.32 & 0.24 & 0.32 & -0.24 \\ 0 & 0 & 0.24 & -0.18 & -0.24 & 0.18 \end{bmatrix} \begin{Bmatrix} 0 \\ 0 \\ u_2 \\ v_2 \\ 0 \\ 0 \end{Bmatrix} \tag{e}
$$

u_2와 v_2를 결정하기 위해 행렬식에서 이 변위에 해당하는 부분만을 고려하면 다음과 같이 된다.

$$
\begin{Bmatrix} 0 \\ -25200 \end{Bmatrix} = 84(10^6) \begin{bmatrix} 1.32 & -0.24 \\ -0.24 & 0.18 \end{bmatrix} \begin{Bmatrix} u_2 \\ v_2 \end{Bmatrix}
$$

이를 풀면 절점변위는 다음과 같이 된다.

$$\begin{Bmatrix} u_2 \\ v_2 \end{Bmatrix} = \begin{Bmatrix} -0.0004 \\ -0.0022 \end{Bmatrix} \text{ m} \tag{f}$$

반력. 구해진 u_2와 v_2를 식 (e)에 대입하면 지지부의 반력을 구할 수 있다.

$$\begin{Bmatrix} R_{1x} \\ R_{1y} \\ R_{2x} \\ R_{2y} \end{Bmatrix} = 84(10^6)\begin{bmatrix} -1 & 0 \\ 0 & 0 \\ -0.32 & -0.24 \\ 0.24 & -0.18 \end{bmatrix}\begin{Bmatrix} -0.0004 \\ -0.0022 \end{Bmatrix} \text{ m}$$

$$= \begin{Bmatrix} 33.6 \\ 0 \\ 33.6 \\ 25.2 \end{Bmatrix} \text{ kN}$$

이 결과는 전체 트러스와 조인트 2의 자유물체도[그림 13.9(a)]에 평형방정식을 적용함으로써 검증될 수 있다.

요소에서의 축력. 식 (13.13), 식 (f)와 표 13.1을 이용하면 다음을 얻는다.

$$F_1 = F_{12} = \frac{AE}{L_1}[c \quad s]_{12}\begin{Bmatrix} u_2 - u_1 \\ v_2 - v_1 \end{Bmatrix}$$

$$= 84(10^6)[1 \quad 0]_{12}\begin{Bmatrix} -0.0004 \\ -0.0022 \end{Bmatrix} = -33.6 \text{ kN}$$

같은 방법으로

$$F_2 = F_{23} = 42(10^6)[-0.8 \quad 0.6]_{23}\begin{Bmatrix} 0.0004 \\ 0.0022 \end{Bmatrix} = 42.0 \text{ kN}$$

음의 부호는 압축력을 의미한다. 봉에 걸리는 자유물체도는 그림 13.10에서 나타내고 있다.

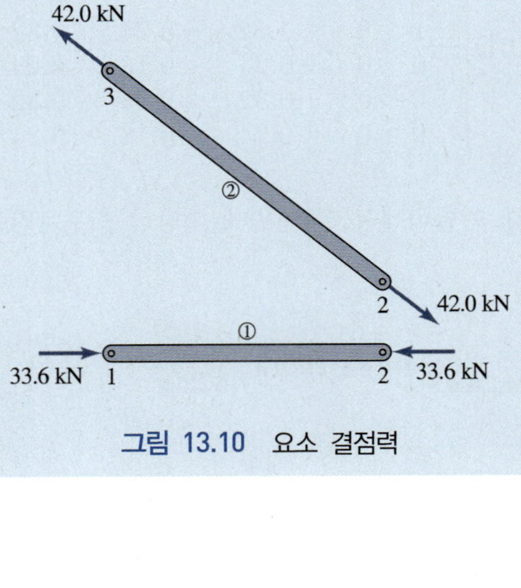

그림 13.10 요소 결점력

요소에서의 응력. 앞에서 구한 부재에 걸리는 힘을 단면적으로 나누면 $\sigma_1 = -33.6/2400 = -14$ MPa과 $\sigma_2 = 42.0/1500 = 28$ MPa을 얻는다.

부가설명 이 결과를 보면 부재의 축방향 응력이 허용응력인 $\sigma_{all} = \sigma_2/n_s = 260/2 = 130$ MPa보다 작게 발생된 것을 알 수 있다. **사례연구** 2A, 2B, 2C와 2E를 **사례연구** 2F와 비교해보면 FEA는 기본 트러스에서의 변위와 힘 및 응력을 상당히 쉽고 정확하게 계산할 수 있도록 하는 것을 알 수 있다. 그러나 FEA는 아주 간단한 대상이라 하더라도 상당한 양의 수학계산이 필요하다는 것은 분명하다. 중요한 문제라면 반드시 컴퓨터가 사용되어야 한다.

예제 13.3 3개의 막대로 이루어진 트러스 구조물의 해석

조건 모두 같은 축방향 강성 AE를 가진 평면 내의 트러스 구조가 그림 13.11(a)와 같이 연결부 2에서 수평하중 P와 수직하중 W를 받고 있다. 다음의 데이터를 이용하라.

$$P = 20 \text{ kN} \qquad W = 30 \text{ kN} \qquad \sigma_y = 250 \text{ MPa} \qquad E = 200 \text{ GPa}$$

$$L_1 = L_2 = L = 2 \text{ m} \qquad L_3 = 2\sqrt{2} \qquad A = 400 \text{ mm}^2$$

문제 각 부재의 절점변위, 반력과 응력을 구하라.

가정 모든 부재는 구조용강으로 만들어져 있다. 핀 연결부의 마찰은 무시하라.

풀이 그림 13.11(a)에 반력이 표시되었고 절점번호는 임의로 부가되었다.

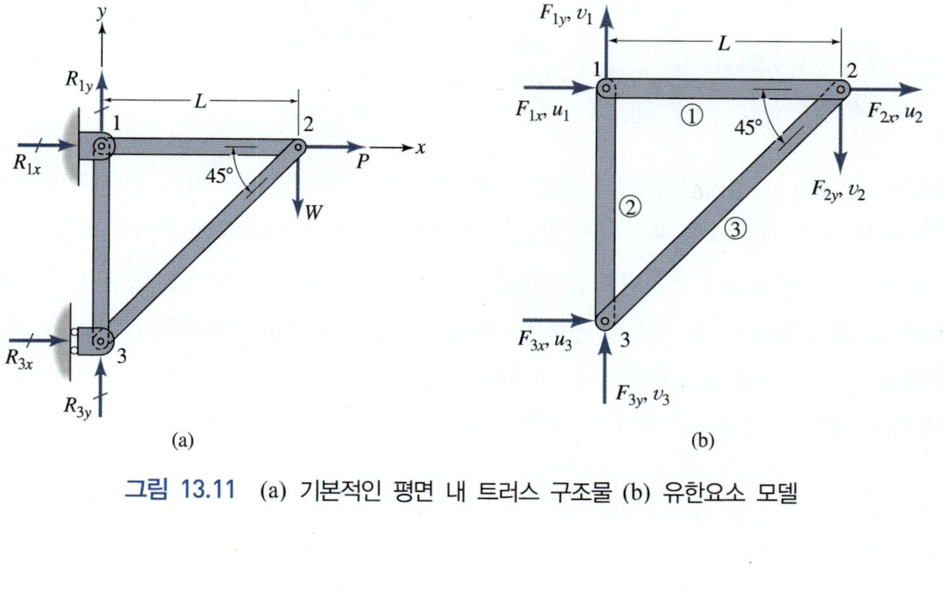

그림 13.11 (a) 기본적인 평면 내 트러스 구조물 (b) 유한요소 모델

입력자료. 각 절점에는 그림 13.11(b)와 같이 2개의 변위 성분과 2개의 절점력 성분이 있다. θ는 x축의 양의 방향으로부터 각 요소의 방향까지 반시계방향으로 정해짐을 상기하라(표 13.2).

표 13.2 그림 13.11의 트러스 구조물에 대한 자료 값

Element	θ	c	s	c^2	cs	s^2	AE/L
1	0	1	0	1	0	0	$4(10^7)$
2	270°	0	-1	0	0	1	$4(10^7)$
3	225°	$-1/\sqrt{2}$	$-1/\sqrt{2}$	0.5	0.5	0.5	$2\sqrt{2}(10^7)$

요소 강성행렬. 식 (13.14)와 표 13.2를 이용하면 막대 1, 2와 3에 대하여 다음과 같은 요소 강성행렬을 얻을 수 있다.

$$[k]_1 = 4(10^7)\begin{bmatrix} c^2 & cs & -c^2 & -cs \\ cs & s^2 & -cs & s^2 \\ -c^2 & -cs & c^2 & cs \\ cs & -s^2 & cs & s^2 \end{bmatrix}\begin{matrix} u_1 \\ v_1 \\ u_2 \\ v_2 \end{matrix} = 4(10^7)\begin{bmatrix} 1 & 0 & -1 & 0 \\ 0 & 0 & 0 & 0 \\ -1 & 0 & 1 & 0 \\ 0 & 0 & 0 & 0 \end{bmatrix}\begin{matrix} u_1 \\ v_1 \\ u_2 \\ v_2 \end{matrix}$$

(열: $u_1\ v_1\ u_2\ v_2$)

$$[k]_2 = 4(10^7)\begin{bmatrix} 0 & 0 & 0 & 0 \\ 0 & 1 & 0 & -1 \\ 0 & 0 & 0 & 0 \\ 0 & -1 & 0 & 1 \end{bmatrix}\begin{matrix} u_1 \\ v_1 \\ u_3 \\ v_3 \end{matrix}$$

(열: $u_1\ v_1\ u_3\ v_3$)

$$[k]_3 = 2\sqrt{2}(10^7)\begin{bmatrix} 0.5 & 0.5 & -0.5 & -0.5 \\ -0.5 & 0.5 & -0.5 & -0.5 \\ -0.5 & -0.5 & 0.5 & 0.5 \\ -0.5 & -0.5 & 0.5 & 0.5 \end{bmatrix}\begin{matrix} u_2 \\ v_2 \\ u_3 \\ v_3 \end{matrix}$$

(열: $u_2\ v_2\ u_3\ v_3$)

여기서 각 요소 강성행렬의 행과 열은 그에 해당하는 절점변위에 따른 번호로 할당되었다. 변위 u_3와 v_3는 요소 1에 포함되지 않았고, 변위 u_2와 v_2는 요소 2에 포함되지 않았으며, 변위 u_1과 v_1은 요소 3에 포함되지 않았음을 볼 수 있다. 그러므로 시스템 행렬을 구성하기 위해 $[k]_1$, $[k]_2$ 및 $[k]_3$를 더하기 전에 이 변위 성분들이 없음을 의미하는 0의 값을 가진 2개의 행과 열을 각각의 요소행렬에 추가하여야 한다. 이러한 과정을 따르고 10^7의 공통인수를 사용하면 요소 강성행렬은 다음과 같이 된다.

$$
[k]_1 = (10^7)\begin{array}{cc}
\begin{array}{cccccc} u_1 & v_1 & u_2 & v_2 & u_3 & v_3 \end{array} & \\
\left[\begin{array}{cccccc}
4 & 0 & -4 & 0 & 0 & 0 \\
0 & 0 & 0 & 0 & 0 & 0 \\
-4 & 0 & 4 & 0 & 0 & 0 \\
0 & 0 & 0 & 0 & 0 & 0 \\
0 & 0 & 0 & 0 & 0 & 0 \\
0 & 0 & 0 & 0 & 0 & 0
\end{array}\right] & \begin{array}{c} u_1 \\ v_1 \\ u_2 \\ v_2 \\ u_3 \\ v_3 \end{array}
\end{array}
$$

$$
[k]_2 = (10^7)\begin{array}{cc}
\begin{array}{cccccc} u_1 & v_1 & u_2 & v_2 & u_3 & v_3 \end{array} & \\
\left[\begin{array}{cccccc}
0 & 0 & 0 & 0 & 0 & 0 \\
0 & 4 & 0 & 0 & 0 & -4 \\
0 & 0 & 0 & 0 & 0 & 0 \\
0 & 0 & 0 & 0 & 0 & 0 \\
0 & 0 & 0 & 0 & 0 & 0 \\
0 & -4 & 0 & 0 & 0 & 4
\end{array}\right] & \begin{array}{c} u_1 \\ v_1 \\ u_2 \\ v_2 \\ u_3 \\ v_3 \end{array}
\end{array}
$$

$$
[k]_3 = (10^7)\begin{array}{cc}
\begin{array}{cccccc} u_1 & v_1 & u_2 & v_2 & u_3 & v_3 \end{array} & \\
\left[\begin{array}{cccccc}
0 & 0 & 0 & 0 & 0 & 0 \\
0 & 0 & 0 & 0 & 0 & 0 \\
0 & 0 & \sqrt{2} & -\sqrt{2} & -\sqrt{2} & \sqrt{2} \\
0 & 0 & -\sqrt{2} & \sqrt{2} & \sqrt{2} & -\sqrt{2} \\
0 & 0 & -\sqrt{2} & \sqrt{2} & \sqrt{2} & -\sqrt{2} \\
0 & 0 & \sqrt{2} & -\sqrt{2} & -\sqrt{2} & \sqrt{2}
\end{array}\right] & \begin{array}{c} u_1 \\ v_1 \\ u_2 \\ v_2 \\ u_3 \\ v_3 \end{array}
\end{array}
$$

시스템 강성행렬. 이 트러스 구조물에는 변위조건이 부과되기 전에 전체 6개의 변위 성분이 있다. 따라서 트러스 강성행렬의 크기는 6×6이다. 각 요소 강성행렬의 항들을 그에 해당하는 $[K]$의 위치에서 더하면 트러스 구조물에 대한 전체 강성행렬을 얻는다.

$$
[K] = (10^7)\begin{array}{cc}
\begin{array}{cccccc} u_1 & v_1 & u_2 & v_2 & u_3 & v_3 \end{array} & \\
\left[\begin{array}{cccccc}
4 & 0 & -4 & 0 & 0 & 0 \\
0 & 4 & 0 & 0 & 0 & -4 \\
-4 & 0 & 4+\sqrt{2} & \sqrt{2} & -\sqrt{2} & \sqrt{2} \\
0 & 0 & -\sqrt{2} & \sqrt{2} & \sqrt{2} & -\sqrt{2} \\
0 & 0 & -\sqrt{2} & \sqrt{2} & \sqrt{2} & -\sqrt{2} \\
0 & -4 & \sqrt{2} & -\sqrt{2} & -\sqrt{2} & 4+\sqrt{2}
\end{array}\right] & \begin{array}{c} u_1 \\ v_1 \\ u_2 \\ v_2 \\ u_3 \\ v_3 \end{array}
\end{array}
\tag{g}
$$

시스템 힘-변위 관계. 그림 13.11을 참고로 하여 보면 변위조건은 $u_1 = 0$, $v_1 = 0$ 및 $u_3 = 0$이다. 또한 힘 $F_{3y} = 0$이다. 그러면 식 (13.16)은 다음과 같이 된다.

$$\begin{Bmatrix} R_{1x} \\ R_{1y} \\ P \\ W \\ R_{3x} \\ 0 \end{Bmatrix} = [K] \begin{Bmatrix} 0 \\ 0 \\ u_2 \\ v_2 \\ 0 \\ v_3 \end{Bmatrix} \tag{h}$$

여기서 $[K]$는 식 (g)에 주어져 있다.

변위. 변위 u_2, v_2와 v_3를 구하기 위하여 이 변위들에 관계된 항들만으로 구성된 식 (h)의 일부분 행렬만을 고려한다.

$$\begin{Bmatrix} P \\ W \\ 0 \end{Bmatrix} = \begin{Bmatrix} 20000 \\ -30000 \\ 0 \end{Bmatrix} = (10^7) \begin{bmatrix} (4+\sqrt{2}) & \sqrt{2} & \sqrt{2} \\ \sqrt{2} & \sqrt{2} & \sqrt{2} \\ \sqrt{2} & \sqrt{2} & (4+\sqrt{2}) \end{bmatrix} \begin{Bmatrix} u \\ v_2 \\ v_3 \end{Bmatrix} \tag{i}$$

이의 역행렬을 구하면 다음을 얻는다.

$$\begin{Bmatrix} u_2 \\ v_2 \\ v_3 \end{Bmatrix} = 2.5(10^{-8}) \begin{bmatrix} 1 & -1 & 0 \\ -1 & 4.828 & 1 \\ 0 & 1 & 1 \end{bmatrix} \begin{Bmatrix} 20 \\ -30 \\ 0 \end{Bmatrix} (10^3) = \begin{Bmatrix} 1.25 \\ -4.12 \\ -0.75 \end{Bmatrix} \text{ mm}$$

반력. 앞에서 구한 u_2, v_2와 v_3 값들을 식 (h)에 대입하면 다음과 같은 반력들이 구해진다.

$$\begin{Bmatrix} R_{1x} \\ R_{1y} \\ R_{3x} \end{Bmatrix} = (10^7) \begin{bmatrix} -4 & 0 & 0 \\ 0 & 0 & -4 \\ -\sqrt{2} & -\sqrt{2} & \sqrt{2} \end{bmatrix} \begin{Bmatrix} 1.25 \\ -4.12 \\ -0.75 \end{Bmatrix} (10^{-3}) = \begin{Bmatrix} -50 \\ 30 \\ 30 \end{Bmatrix} \text{ kN}$$

이 결과는 그림 13.11(a)에 나타낸 전체 트러스 구조물의 자유물체도에 평형방정식을 적용함으로써 확인할 수 있다.

요소의 축방향 힘. 식 (13.15), 식 (i)와 표 13.2를 이용하여 다음과 같은 값들을 얻는다.

$$F_1 = F_{12} = \frac{AE}{L}[1 \quad 0] \begin{Bmatrix} u_2 \\ v_2 \end{Bmatrix} = 4(10^7)[1 \quad 0] \begin{Bmatrix} 1.25 \\ -4.12 \end{Bmatrix} (10^{-3}) = 50 \text{ kN}$$

$$F_2 = F_{13} = \frac{AE}{L}[0 \quad -1] \begin{Bmatrix} 0 \\ v_3 \end{Bmatrix} = 4(10^7)[0 \quad -1] \begin{Bmatrix} 0 \\ -0.75 \end{Bmatrix} (10^{-3}) = 30 \text{ kN}$$

$$F_3 = F_{23} = \frac{AE}{\sqrt{2}\,L}[-1 \quad -1] \begin{Bmatrix} -u_2 \\ v_3 - v_2 \end{Bmatrix} = 2(10^7)[-1 \quad -1] \begin{Bmatrix} -1.25 \\ -0.75+4.12 \end{Bmatrix} (10^{-3})$$

$$= -42.4 \text{ kN}$$

요소의 응력. 앞에서 구한 요소의 힘을 단면적으로 나누면

$$\sigma_1 = \frac{50(10^3)}{400(10^6)} = 125 \text{ MPa} \qquad \sigma_2 = 125\left(\frac{30}{50}\right) = 75 \text{ MPa}$$

$$\sigma_3 = 125\left(\frac{-42.4}{50}\right) = -10.6 \text{ MPa}$$

여기서 음의 부호는 압축응력을 의미한다.

부가설명 앞에서 구한 막대의 축방향 응력 값은 고려하는 재료의 항복응력에 비해 비교적 낮다.

연습문제

13.1절~13.5절

13.1 길이가 L이고 직경이 d인 트러스 요소 5-3이 x축과 반시계방향으로 θ만큼 각도를 이루고 있다(그림 P13.1). 다음을 구하라.

(a) 이 요소의 전체 강성행렬

(b) 이 요소의 축방향 변형률

조건 $d = 1$ in., $L = 3$ ft, $\theta = 120°$,
$E = 10 \times 10^6$ psi, $u_5 = -0.01$ in.,
$v_5 = -0.005$ in., $u_3 = 0.02$ in., $v_3 = 0.03$ in.

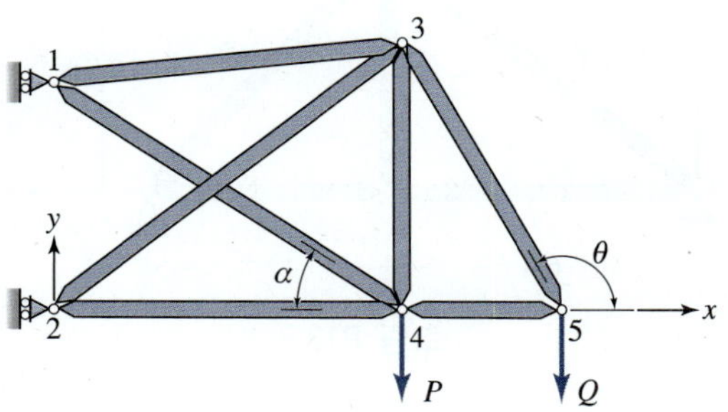

그림 P13.1

13.2 길이가 L이고 단면적이 A인 봉 요소 4-1이 x축과 시계방향으로 α만큼 각도를 이루고 있다(그림 P13.1). 다음을 구하라.

(a) 전체 강성행렬

(b) 축방향 힘

(c) 봉 끝의 국부변위

조건 $A = 900$ mm^2, $L = 1.7$ m, $\alpha = 60°$,
$E = 207$ GPa, $u_4 = -1.1$ mm, $v_4 = -1.2$ mm,
$u_1 = 2$ mm, $v_1 = 1.5$ mm

13.3 축하중을 받는 일정한 축방향 강성 AE의 봉 1-4가 2개의 고정단 사이에 놓여 있고 그림 P13.3과 같이 절점 3에서 집중하중 P를 받고 있다. 다음을 구하라.

(a) 시스템 강성행렬

(b) 절점 2와 절점 3의 변위

(c) 절점력과 고정부의 반력

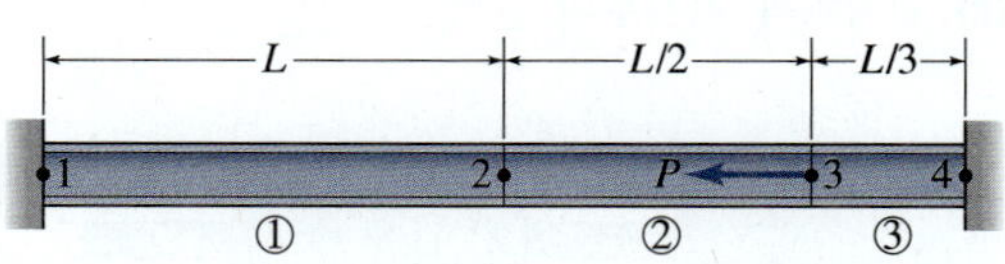

그림 P13.3

13.4 그림 P13.4와 같은 축하중을 받는 복합 봉 1-4가 2개의 고정단 사이에 놓여 있고 절점 2에서 집중하중 P를 받고 있다(그림 P13.4). 강재 봉 1-3

은 단면적 A와 탄성계수 E를 가지고 있다. 황동 봉 3-4는 단면적 $2A$와 탄성계수 $E/2$를 가지고 있다. 다음을 구하라.

(a) 시스템 강성행렬

(b) 절점 2와 절점 3의 변위

(c) 절점력과 고정부의 반력

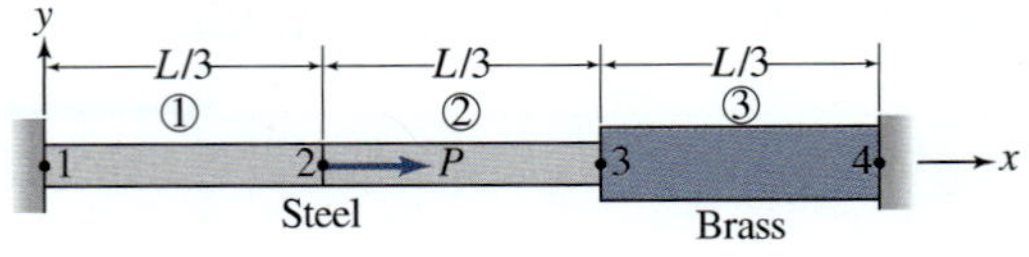

그림 P13.4

13.5 단붙임 봉 1-4가 2개의 고정단 사이에 놓여 있고 그림 P13.5와 같이 절점 3에서 집중하중 P를 받고 있다. 다음을 구하라.

(a) 시스템 강성행렬

(b) 절점 2와 절점 3의 변위

(c) 절점력과 고정부의 반력

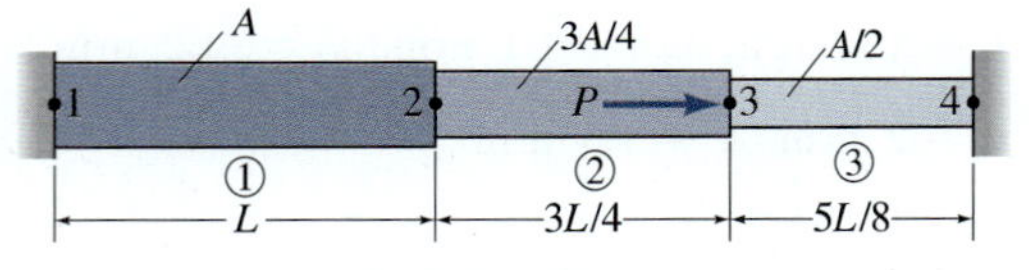

그림 P13.5

***13.6** 단붙임 알루미늄 봉 1-5가 왼쪽 끝은 고정되어 있고, 오른쪽 끝은 그림 P13.6과 같이 변위 Δ가 주어져 있다. 다음을 구하라.

(a) 시스템 강성행렬

(b) 절점 2, 절점 3과 절점 4의 변위

(c) 절점력과 지지부의 반력

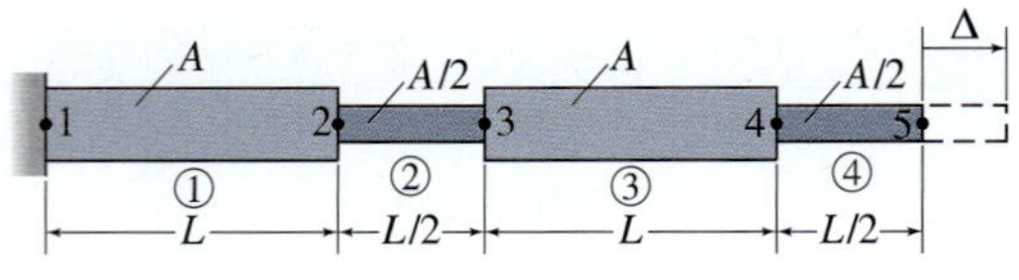

그림 P13.6

13.7 축방향 강성 AE를 가지고 있는 5개의 부재로 구성된 평면 내의 트러스가 그림 P13.7과 같이 조인트 2, 3과 4에서 지지되어 있다. 각 요소의 전체 강성행렬을 구하라.

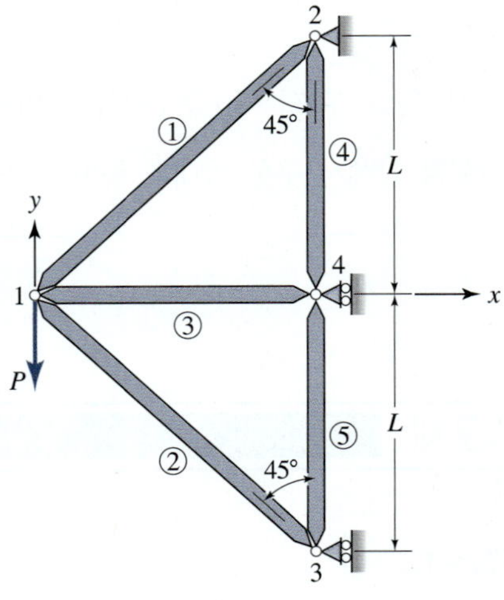

그림 P13.7

13.8 축방향 강성 AE를 가지고 있는 5개의 부재로 구성된 평면 내의 트러스가 그림 P13.8과 같이 조인트 1과 4에서 지지되어 있다. 각 요소의 전체 강성행렬을 구하라.

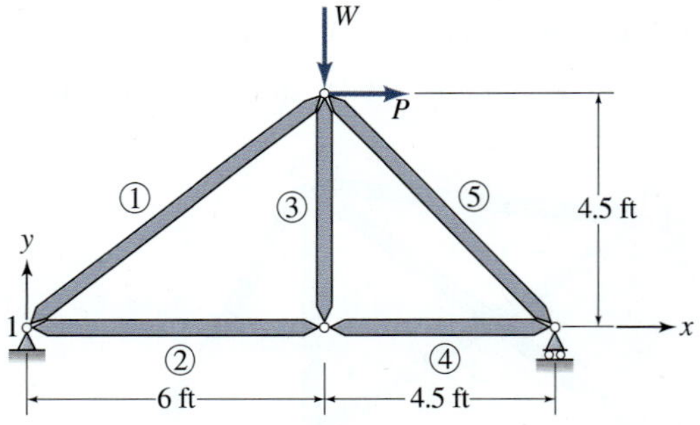

그림 P13.8

13.9 축방향 강성 AE를 가지고 있는 6개의 부재로 구성된 평면 내의 트러스가 그림 P13.9와 같이 조인트 2에서 지지되어 있다. 각 요소의 전체 강성행렬을 구하라.

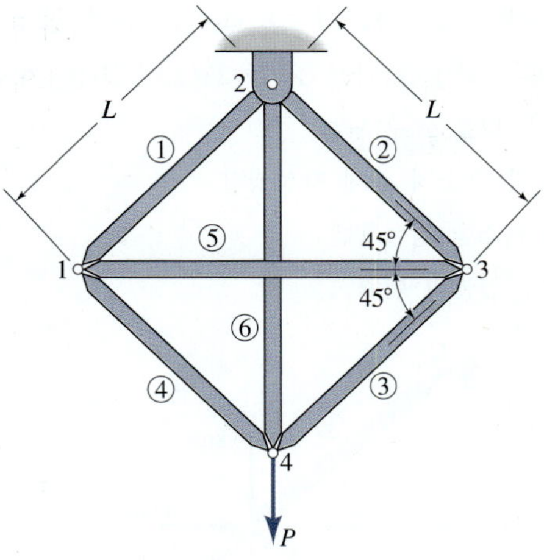

그림 P13.9

***13.10~13.11** 평면 내의 트러스가 각각 그림 P13.10과 P13.11에서처럼 지지되어 하중을 받고 있다. 각 요소는 축방향 강성 AE를 가지고 있다. 다음을 구하라.

(a) 각 요소의 전체 강성행렬

(b) 시스템 강성행렬

(c) 시스템 힘-변위 관계

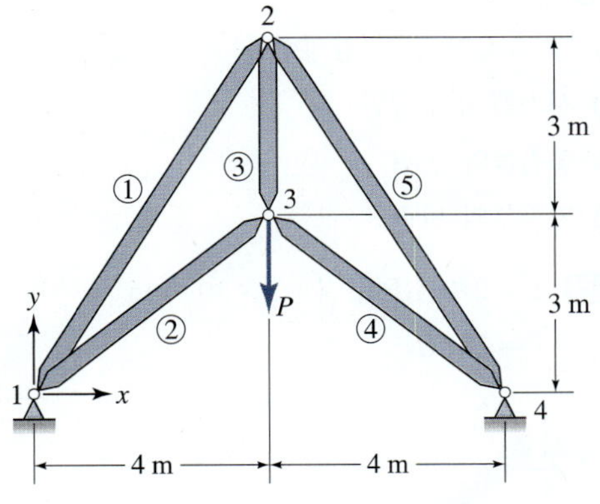

그림 P13.10

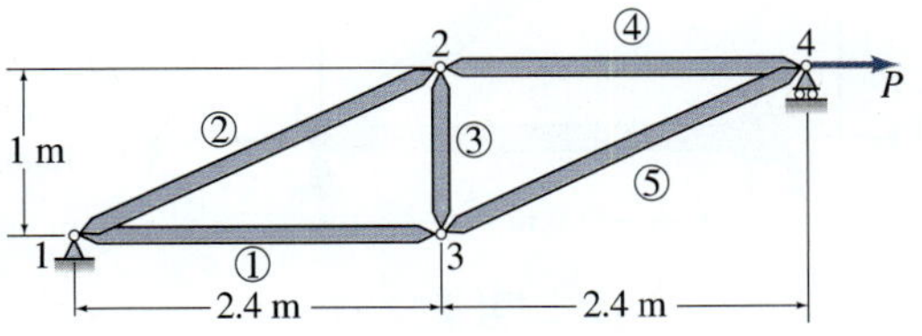

그림 P13.11

13.12 2개의 봉으로 이루어진 평면 트러스가 그림 P13.12와 같이 조인트 1에서 스프링 상수 k인 스프링으로 지지되어 있다. 다음을 구하라.

(a) 요소 1과 요소 2 및 스프링 3의 강성행렬

(b) 시스템 강성행렬

(c) 시스템 힘-변위 관계식

조건 $L_2 = L,\ (AE)_2 = AE,\ L_1 = \dfrac{3}{4}L,$

$$(AE)_1 = \frac{3}{4}AE$$

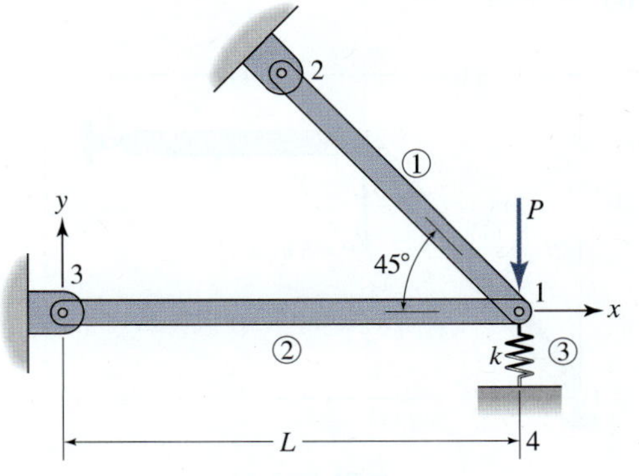

그림 P13.12

13.13 축방향 강성 AE를 가지고 있는 7개의 부재로 구성된 평면 내의 트러스가 그림 P13.13과 같이 조인트 1과 5에서 지지되어 있다. 다음을 구하라.

(a) 각 요소의 전체 강성행렬

(b) 시스템 강성행렬

(c) 시스템 힘-변위 관계식

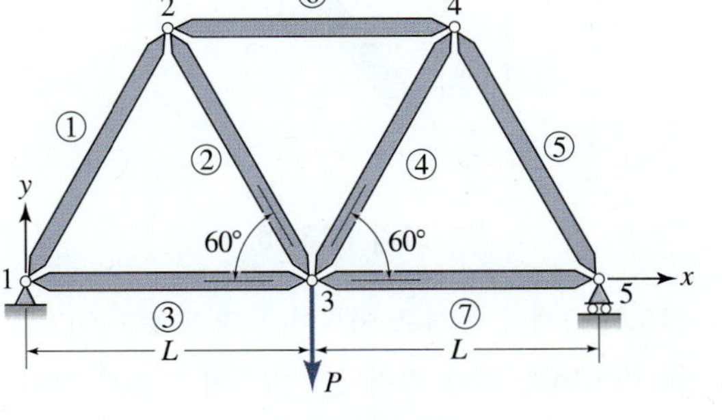

그림 P13.13

13.14 2개의 봉으로 이루어진 트러스가 그림 P13.14와 같이 지지되어 있으며 조인트 2에서 수직방향 하중 $P=5$ kips 를 받고 있다. 각 부재는 축방향 강성 $AE=6(10)^6$ lb를 가지고 있다. 다음을 구하라.

(a) 각 요소의 전체 강성행렬

(b) 시스템 강성행렬

(c) 절점들의 변위

(d) 지지부의 반력

(e) 각 봉의 축력

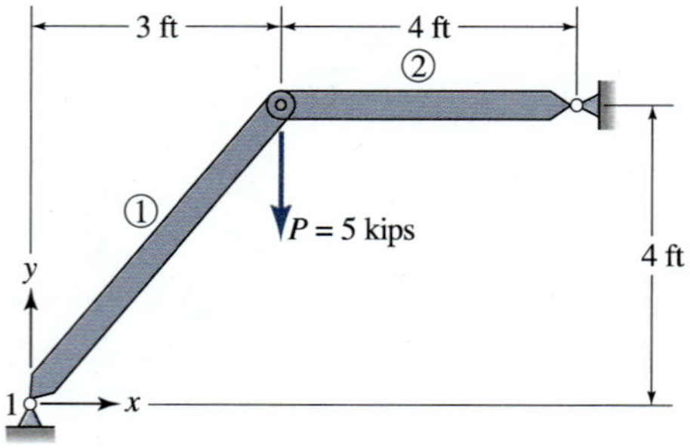

그림 P13.14

13.15 그림 P13.15와 같이 지지되어 하중을 받고 있는 평면 트러스에 대해 문제 13.14를 다시 풀어라. 각 요소의 축방향 강성은 $AE=10$ MN으로 하라.

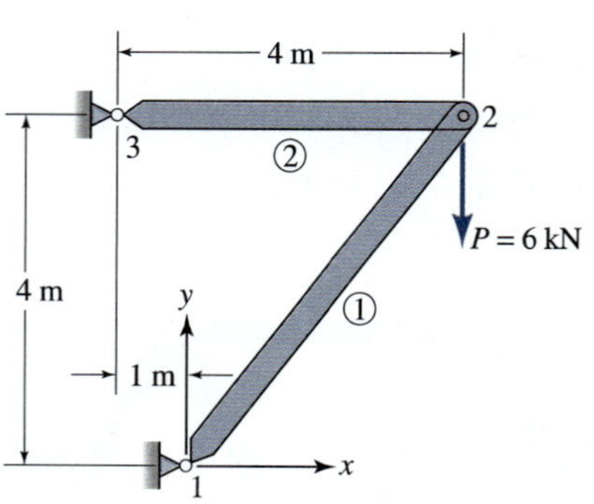

그림 P13.15

***13.16** 3개의 부재로 이루어진 평면 트러스가 그림 P13.16과 같이 지지되어 있으며 조인트 2에서 수직방향 집중하중 $P=8$ kips 를 받고 있다. 각 부재는 축방향 강성 $AE=25(10)^6$ lb를 가지고 있다. 다음을 구하라.

(a) 각 요소의 전체 강성행렬

(b) 시스템 강성행렬

(c) 절점들의 변위

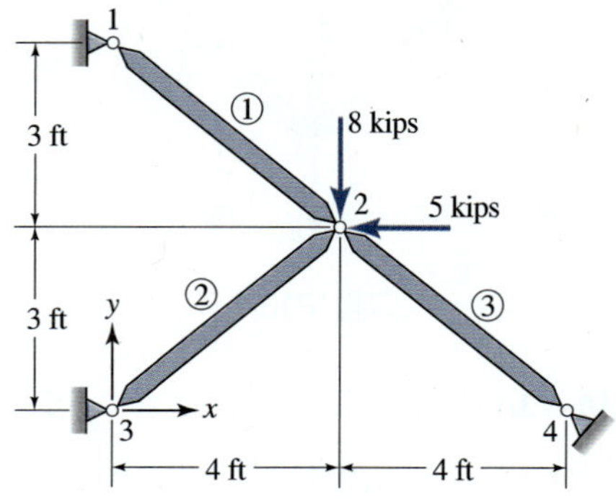

그림 P13.16

***13.17** 2개의 봉으로 이루어진 평면 트러스에서 조인트 1은 수평방향의 집중하중 P가 가해질 때, 수직방향으로 $u_1=15$ mm만큼 변위를 갖는다. 다음을 구하라.

(a) 각 요소의 전체 강성행렬

(b) 시스템 강성행렬

(c) 절점들의 변위

(d) 지지부의 반력

조건 $E=210$ GPa, $A=5\times10^{-4}$ m^2, $P=10$ kN

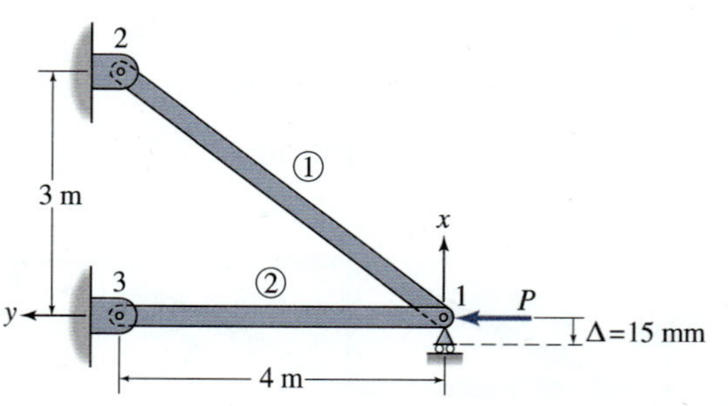

그림 P13.17

*13.6 보 요소

어떤 구조를 다른 종류의 유한요소로 혼합하여 분할하는 것도 가능하다. 그 예가 그림 13.12에 나타나 있다. 이 구조물은 단면이 일정한 보, 단면이 일정하지 않은 보, 골격을 위한 기둥 부분 및 벽을 위한 직사각형 요소로 구성되어 있는 것을 볼 수 있다(참고문헌 13.6). 이 절에서는 **보 요소**의 강성행렬을 결정하는 간단한 설명만이 다뤄진다.

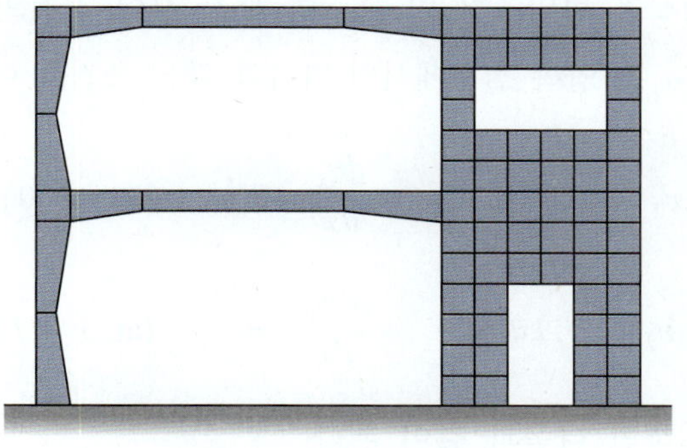

그림 13.12 벽 구조의 개략도

그림 13.13(a)와 같이 굽힘 강성이 EI, 길이가 L이고, 하중을 가하지 않았을 때 똑바른 보 요소를 생각해보자. 이 요소는 각각의 끝 또는 절점에 횡방향 처짐 v와 경사각 $\theta = dv/dx$를 가지고 있다. 이 변위에 해당하는 횡방향 전단력 F_y와 굽힘 모멘트 M이 각각의 절점에 가해진다. 보 요소의 처짐 형태가 그림 13.13(b)에 나타나 있다.

보 요소의 탄성 거동은 $d^4v/dx^4 = 0$으로 표현되는 식 (10.7)로 지배된다. 강성행렬 방정식의 정식화에서 절점 사이에는 하중이 가해지지 않는다고 가정하였으므로 이 방정식의 오른쪽 항은 0이다. 다시 말하면 힘과 굽힘 모멘트는 절점에만 모두 집중된다. 분포하중(예제 13.4 참조)이나 절점 사이에 집중하중이 가해지는 요소에서는 부록 B의 표 B.15에 수

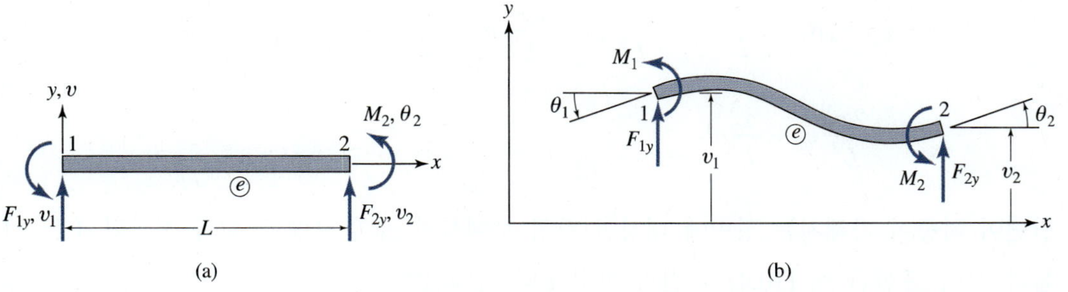

그림 13.13 절점력과 변위가 표시된 보 요소 (a) 변형되기 전의 형상 (b) 변형된 후의 형상

록되어 있는 **상당 절점하중** 성분을 이용한다. 흥미롭게도 이 상당 절점하중은 양단 고정의 경계조건 하에서 분포하중이나 집중하중을 받고 있는 보에서 발생하는 (반대방향의) 반력과 동등하다. 더욱 자세한 설명을 보려면 참고문헌 13.1과 13.4를 참조하라.

이 지배방정식의 해는 x에 대한 3차 다항식 함수로 가정할 수 있다.

$$v = a_1 + a_2 x + a_3 x^2 + a_4 x^3 \tag{a}$$

앞의 식에서 항의 개수는 이 요소의 절점변위의 개수와 같다는 것을 알 수 있다. 이 함수는 기본적인 보 방정식과 변위조건 및 요소와 요소 사이 절점의 연속성도 만족하고 있다. 계수 a_1, a_2, a_3 및 a_4는 양쪽 절점에서의 다음과 같은 조건을 이용하여 결정할 수 있다.

$$\begin{aligned} &v = v_1 \qquad \text{그리고} \qquad \frac{dv_1}{dx} = \theta_1 \qquad (\text{at } x = 0) \\ &v = v_2 \qquad \text{그리고} \qquad \frac{dv_2}{dx} = \theta_2 \qquad (\text{at } x = L) \end{aligned} \tag{b}$$

식 (a)를 식 (b)에 대입하면 다음과 같이 된다.

$$\begin{Bmatrix} v_1 \\ \theta_1 \\ v_2 \\ \theta_2 \end{Bmatrix} = \begin{bmatrix} 1 & 0 & 0 & 0 \\ 1 & 1 & 0 & 0 \\ 1 & L & L^2 & L^3 \\ 1 & 1 & 2L & 3L^2 \end{bmatrix} \begin{Bmatrix} a_1 \\ a_2 \\ a_3 \\ a_4 \end{Bmatrix}$$

이 방정식의 역행렬을 구하면

$$\begin{Bmatrix} a_1 \\ a_2 \\ a_3 \\ a_4 \end{Bmatrix} = \frac{1}{L^3} \begin{bmatrix} L^3 & 0 & 0 & 0 \\ 0 & L^3 & 0 & 0 \\ -3L & -2L^2 & 3L & -L^2 \\ 2 & L & -2 & L \end{bmatrix} \begin{Bmatrix} v_1 \\ \theta_1 \\ v_2 \\ \theta_2 \end{Bmatrix}$$

앞의 계수를 식 (a)에 대입하면 변위 함수는 다음과 같이 된다.

$$\begin{aligned} v = {} & v_1 + x\theta_1 - \frac{3x^2}{L} v_1 - \frac{2x^2}{L^2}\theta_1 + \frac{3x^2}{L^2} v_2 - \frac{x^2}{L}\theta_2 + \frac{2x^3}{L^3} v_1 + \frac{x^3}{L^2}\theta_1 \\ & - \frac{2x^3}{L^3} v_2 + \frac{x^3}{L^2}\theta_2 \end{aligned} \tag{13.19}$$

단면이 하중이 가해지는 평면에 대칭인 탄성 보에서의 굽힘 모멘트 M과 전단력 V는 다음과 같이 표현된 식 (10.4)의 변위 함수 v와 관계된다.

$$F_{1y} = V_1 = EI\frac{d^3v}{dx^3} \qquad \text{그리고} \qquad M_1 = -EI\frac{d^2v}{dx^2} \qquad (\text{at } x = 0)$$
$$F_{2y} = -V_2 = -EI\frac{d^3v}{dx^3} \qquad \text{그리고} \qquad M_2 = EI\frac{d^2v}{dx^2} \qquad (\text{at } x = L) \tag{13.20}$$

여기서 둘째 식과 셋째 식에서의 음의 부호는 그림 6.8과 그림 13.13에서 정한 V와 M의 부호약속에 기인한 결과이다.

식 (13.19)를 식 (13.20)에 대입하면 행렬식으로 표현된 **절점력**(모멘트)-**처짐**(회전각) **관계**는 다음과 같이 유도된다는 것을 알 수 있다(참고문헌 13.1과 13.4).

$$\begin{Bmatrix} F_{1y} \\ M_1 \\ F_{2y} \\ M_2 \end{Bmatrix} = \frac{EI}{L^3}\begin{bmatrix} 12 & 6L & -12 & 6L \\ 6L & 4L^2 & -6L & 2L^2 \\ -12 & -6L & 12 & -6L \\ 6L & 2L^2 & -6L & 4L^2 \end{bmatrix}\begin{Bmatrix} v_1 \\ \theta_1 \\ v_2 \\ \theta_2 \end{Bmatrix} \tag{13.21a}$$

간단히 표현하면

$$\{F\}_e = [k]_e\{\delta\}_e \tag{13.21b}$$

앞의 식에서 $\{F\}_e$는 힘과 모멘트 성분을 나타낸다. 마찬가지로 $\{\delta\}_e$는 처짐과 회전각을 나타낸다. 그러므로 x축을 따라서 놓여 있는 **요소 강성행렬**은 다음과 같이 된다.

$$[k]_e = \frac{EI}{L^3}\begin{bmatrix} 12 & 6L & -12 & 6L \\ 6L & 4L^2 & -6L & 2L^2 \\ -12 & -6L & 12 & -6L \\ 6L & 2L^2 & -6L & 4L^2 \end{bmatrix} = \frac{EI}{L^3}\begin{bmatrix} 12 & 6L & -12 & 6L \\ & 4L^2 & -6L & 2L^2 \\ & & 12 & -6L \\ \text{Symentric} & & & 4L^2 \end{bmatrix} \tag{13.22}$$

강성행렬이 결정되면 보 요소를 포함하는 문제의 정식화와 풀이는 다음 예제에서 보여주는 것과 같이 봉 요소의 해석과정과 비슷하다.

[예제 13.4] 균일분포하중을 받고 있는 외팔 보의 변위

조건 길이가 L이고 굽힘 강성이 EI인 외팔 보가 그림 13.14(a)와 같이 세기 w인 균일분포하중을 받고 있다.

문제 자유단의 수직변위와 회전각을 구하라.

가정 변위는 탄성영역 내에 있다.

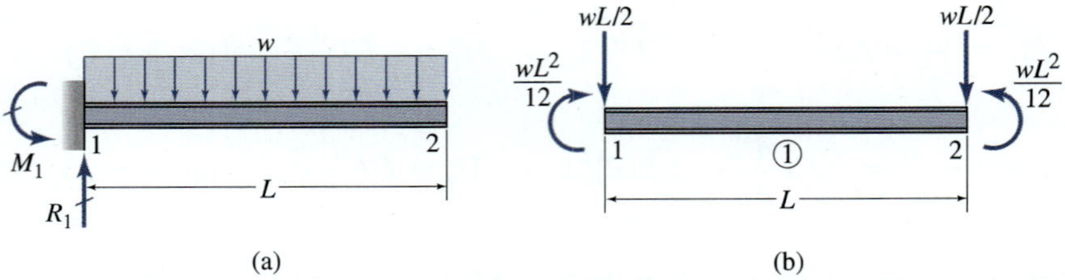

그림 13.14 (a) 분포하중을 받고 있는 보 (b) 상당 절점력

풀이 이 문제에서는 전체 보를 1개의 유한요소만을 사용하여 해석한다. 보에 가해지는 분포하중은 그림 13.14(b)와 같이 동등한 힘과 모멘트로 대신한다(표 B.15의 4항 참조). 경계조건은 다음과 같다.

$$v_1 = 0 \qquad \theta_1 = 0$$

상당 힘과 모멘트는 다음과 같다.

$$F_{1y} = F_{2y} = -\frac{wL}{2} \qquad M_2 = -M_1 = \frac{wL^2}{12}$$

힘-변위 관계. 앞의 조건을 고려하면 식 (13.21a)는 다음과 같이 된다.

$$\begin{Bmatrix} -\dfrac{wL}{2} \\ \dfrac{wL^2}{12} \end{Bmatrix} = \frac{EI}{L^3}\begin{bmatrix} 12 & -6L \\ -6L & 4L^2 \end{bmatrix}\begin{Bmatrix} v_2 \\ \theta_2 \end{Bmatrix}$$

앞 식을 **변위**에 대해 풀면 다음과 같이 된다.

$$\begin{Bmatrix} v_2 \\ \theta_2 \end{Bmatrix} = \frac{L}{6EI}\begin{bmatrix} 2L^2 & 3L \\ 3L & 6 \end{bmatrix}\begin{Bmatrix} -\dfrac{wL}{2} \\ \dfrac{wL^2}{12} \end{Bmatrix}$$

행렬식을 곱하면 다음과 같은 변위가 얻어진다.

$$\begin{Bmatrix} v_2 \\ \theta_2 \end{Bmatrix} = \begin{Bmatrix} -\dfrac{wL^4}{8EI} \\ -\dfrac{L^3}{6EI} \end{Bmatrix}$$

부가설명 음의 부호는 절점 2에서 아래 방향의 변위와 시계방향의 회전이 일어났음을 의미한다.

[예제 13.5] 단붙임 부정정 보의 해석

조건 굽힘 강성이 1-2부분과 2-3부분에서 각각 EI와 $2EI$인 지지 외팔 보가 점 2에서 집중하중 P를 받고 있다[그림 13.15(a)].

문제

(a) 절점의 변위를 결정하라.

(b) 절점력과 모멘트를 결정하라.

가정 처짐은 탄성영역 내에 있다.

풀이 전체 보를 그림 13.15(a)와 같이 절점 1, 2와 3을 가진 요소 1과 요소 2로 분할한다. 경계조건이 부가되기 전에 보에는 전체 6개의 변위 성분이 있다. 따라서 시스템 강성행렬의 크기는 6×6이다. 식 (13.22)를 이용하여 **요소** 1에 대한 강성행렬을 구하면 $(EL/L^3)_1 = EL/L^3$과 $L_1 = L$이므로 다음과 같이 표현될 수 있다.

$$[k]_1 = \frac{EI}{L^3}\begin{bmatrix} 12 & 6L & -12 & 6L & 0 & 0 \\ 6L & 4L^2 & -6L & 2L^2 & 0 & 0 \\ -12 & -6L & 12 & -6L & 0 & 0 \\ 6L & 2L^2 & -6L & 4L^2 & 0 & 0 \\ 0 & 0 & 0 & 0 & 0 & 0 \\ 0 & 0 & 0 & 0 & 0 & 0 \end{bmatrix} \begin{matrix} v_1 \\ \theta_1 \\ v_2 \\ \theta_2 \\ v_3 \\ \theta_3 \end{matrix} \quad \text{(c)}$$

(열: v_1, θ_1, v_2, θ_2, v_3, θ_3)

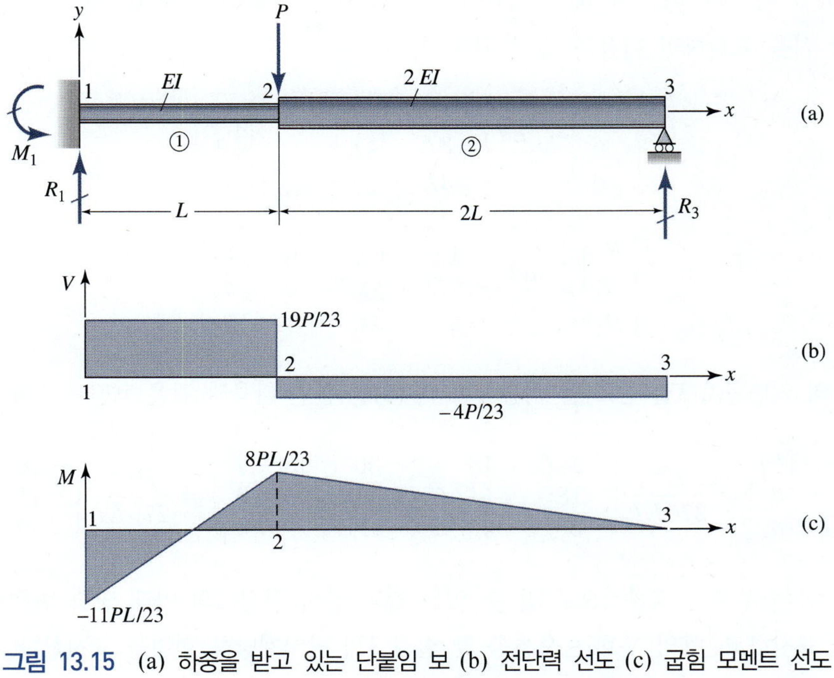

그림 13.15 (a) 하중을 받고 있는 단붙임 보 (b) 전단력 선도 (c) 굽힘 모멘트 선도

마찬가지로 **요소 2**에 대해서는 $(EL/L^3)_2 = EL/4L^3$과 $L_2 = 2L$이므로 다음과 같은 행렬식을 얻을 수 있다.

$$
\begin{array}{c}
\\ \\ [k]_2 = \dfrac{EI}{L^3}
\end{array}
\begin{array}{c}
\begin{array}{cccccc} v_1 & \theta_1 & v_2 & \theta_2 & v_3 & \theta_3 \end{array} \\
\begin{bmatrix}
0 & 0 & 0 & 0 & 0 & 0 \\
0 & 0 & 0 & 0 & 0 & 0 \\
0 & 0 & 3 & 3L & -3 & 3L \\
0 & 0 & 3L & 4L^2 & -3L & 2L^2 \\
0 & 0 & -3 & -3L & 3 & -3L \\
0 & 0 & 3L & -2L^2 & -3L & 4L^4
\end{bmatrix}
\end{array}
\begin{array}{c} \\ v_1 \\ \theta_1 \\ v_2 \\ \theta_2 \\ v_3 \\ \theta_3 \end{array}
$$

앞의 행렬식에서 각 요소의 강성행렬의 행과 열을 결합하기 위하여 절점의 변위를 표시하였다. 따라서 0의 값을 가진 행과 열을 추가하였다(점선으로 표시된 박스 안에 표시).

(a) 이제 요소의 강성행렬을 $[K] = [k]_1 + [k]_2$ 와 같이 중첩함으로써 보의 **시스템 강성행렬**을 계산할 수 있다. $F_{2y} = -P$로 하면[그림 13.15(b)], 이 보의 지배방정식은 다음과 같이 된다.

$$
\begin{Bmatrix} R_1 \\ M_1 \\ -P \\ 0 \\ R_3 \\ 0 \end{Bmatrix} = \frac{EI}{L^3}
\begin{bmatrix}
12 & 6L & -12 & 6L & 0 & 0 \\
6L & 4L^2 & -6L & 2L^2 & 0 & 0 \\
-12 & -6L & 15 & -3L & 3 & 3L \\
6L & 2L^2 & -3L & 8L^2 & -3L & 2L^2 \\
0 & 0 & -3 & -3L & 3 & -3L \\
0 & 0 & 3L & 2L^2 & -3L & 4L^2
\end{bmatrix}
\begin{Bmatrix} v_1 \\ \theta_1 \\ v_2 \\ \theta_2 \\ v_3 \\ \theta_3 \end{Bmatrix} \tag{13.23}
$$

경계조건은 $v_1 = 0$, $\theta_1 = 0$ 및 $v_3 = 0$이다. 이 변위 조건을 각 항에 곱하고 모르는 변위에 대해서만 식을 표현하면 다음과 같이 된다.

$$
\begin{Bmatrix} -P \\ 0 \\ 0 \end{Bmatrix} = \frac{EI}{L^3}
\begin{Bmatrix}
15 & -3L & 3L \\
-3L & 8L^2 & 2L^2 \\
3L & 2L^2 & 4L^2
\end{Bmatrix}
\begin{Bmatrix} v_2 \\ \theta_2 \\ \theta_3 \end{Bmatrix} \tag{d}
$$

$$
\begin{Bmatrix} R_1 \\ M_1 \\ R_3 \end{Bmatrix} = \frac{EI}{L^3}
\begin{Bmatrix}
-12 & 6L & 0 \\
-6L & 2L^2 & 0 \\
-3 & -3L & -3L
\end{Bmatrix}
\begin{Bmatrix} v_2 \\ \theta_2 \\ \theta_3 \end{Bmatrix} \tag{e}
$$

행렬식의 역변환(C.3절 참조)을 이용하여 식 (d)를 풀면 다음과 같은 처짐과 기울기를 얻는다.

$$
\begin{Bmatrix} v_2 \\ \theta_2 \\ \theta_3 \end{Bmatrix} = \frac{L^2}{276EI}
\begin{Bmatrix}
28L & 18 & -30 \\
18 & 51/L & -39/L \\
-30 & -39/L & 111/L
\end{Bmatrix}
\begin{Bmatrix} -P \\ 0 \\ 0 \end{Bmatrix} = \frac{PL^2}{276EI}
\begin{Bmatrix} -28L \\ -18 \\ 30 \end{Bmatrix}
$$

여기서 음의 부호는 직관적으로 알 수 있는 것과 같이 절점 2의 아래 방향 변위와 시계방향 회전을 표시하고, 양의 부호는 오른쪽 끝 절점 3의 반시계방향 회전을 표시한다(그림 13.15).

(b) 구해진 변위를 식 (e)에 대입하여 곱하고 간단히 정리하면 절점의 힘과 모멘트는 다음과 같이 얻어질 수 있다.

$$\begin{Bmatrix} R_1 \\ M_1 \\ R_3 \end{Bmatrix} = \frac{P}{276L} \begin{bmatrix} -12 & 6L & 0 \\ -6L & 2L^2 & 0 \\ -3 & -3L & -3L \end{bmatrix} \begin{Bmatrix} -28L \\ -18 \\ 30 \end{Bmatrix} = \frac{1}{23} \begin{Bmatrix} 19P \\ 11PL \\ 4P \end{Bmatrix}$$

부가설명 일반적으로 전체 구조를 해석하기 위하여 각 요소에 해당하는 절점력과 모멘트를 알아낼 필요가 있다. 이 경우에서는 요소 2의 자유물체도로부터 $M_2 = R_3(2L) = 8PL/23$이 되는 것을 알 수 있다. 그러므로 보의 전단력 선도와 굽힘 모멘트 선도를 각각 그림 13.15(b), (c)와 같이 구할 수 있다.

예제 13.6 역대칭하중을 받고 있는 부정정 보의 변위

조건 길이가 L이고 일정한 굽힘 강성 EI를 가지고 있는 양단이 고정인 보가 그림 13.16(a)와 같이 2개의 집중하중 P를 지지하고 있다.

문제 절점 2와 3에서 처짐과 회전각을 결정하라.

가정 변위는 탄성한계 내에 있다.

풀이 절점 5에서의 중간단면에 대한 역대칭(혹은 대칭) 조건이 만족하므로 보의 반쪽만을 다룬다[그림 13.16(b)]. 보 1-5에 대해서는 전체 6개의 변위가 있으므로 시스템 행렬의 크기는 6×6이다. 경계조건은 다음과 같다.

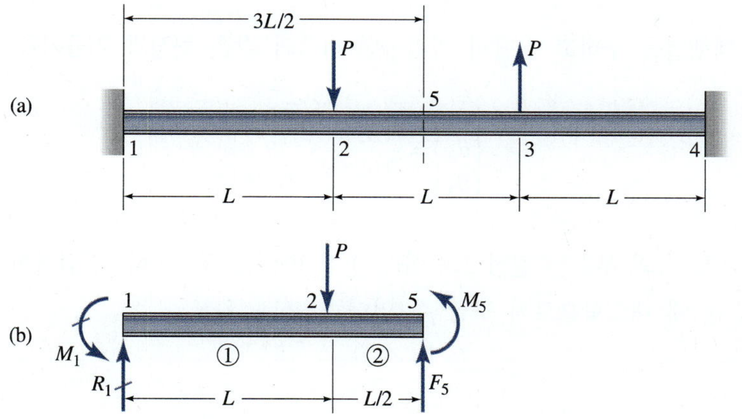

그림 13.16 (a) 집중하중을 받고 있는 양단 고정 보 (b) 두 요소 모델링

$$v_1 = 0 \qquad \theta_1 = 0 \qquad v_5 = 0 \tag{f}$$

요소 1의 강성행렬 $[k]_1$은 예제 13.5에서 식 (c)로 주어진 행렬과 같다. **요소** 2에 대해서는 $[k]_2$는 식 (13.22)에 $(EL/L^3)_2 = 8EI/L^3$과 $L_2 = L/2$를 적용함으로써 구할 수 있다. 다음에 $[k]_2$에 0의 행과 열을 추가함으로써 시스템 행렬의 크기로 확장시키면 다음과 같이 된다.

$$[k]_2 = \frac{EI}{L^3}\begin{bmatrix} 0 & 0 & 0 & 0 & 0 & 0 \\ 0 & 0 & 0 & 0 & 0 & 0 \\ 0 & 0 & 96 & 24L & -96 & 24L \\ 0 & 0 & 24L & 8L^2 & -24L & 4L^2 \\ 0 & 0 & -96 & -24L & 96 & -24L \\ 0 & 0 & 24L & 4L^2 & -24L & 8L^2 \end{bmatrix}$$

요소의 강성행렬 $[k]_1$과 $[k]_2$를 더함으로써 시스템 강성행렬 $[K]$를 구할 수 있다. $F_{2y} = -P$로 하고(그림 13.16), 식 (f)의 경계조건을 부가하면 식 (13.21a)는 다음과 같이 된다.

$$\begin{Bmatrix} R_1 \\ M_1 \\ -P \\ 0 \\ F_5 \\ M_5 \end{Bmatrix} = \frac{EI}{L^3}\begin{bmatrix} 12 & 6L & -12 & 6L & 0 & 0 \\ 6L & 4L^2 & -6L & 2L & 0 & 0 \\ -12 & -6L & (12+96) & (-6L+24L) & -96 & 24L \\ 6L & 2L^2 & (-6L+24L) & (4L^2+8L^2) & -24L & 4L^2 \\ 0 & 0 & -96 & -24L & 96 & -24L \\ 0 & 0 & 24L & 4L^2 & -24L & 8L^2 \end{bmatrix}\begin{Bmatrix} 0 \\ 0 \\ v_2 \\ \theta_2 \\ 0 \\ \theta_5 \end{Bmatrix} \tag{g}$$

각 항을 곱하면 이 방정식은 다음과 같이 구하고자 하는 변 앞의 식으로만 표현할 수 있다.

$$\begin{Bmatrix} -P \\ 0 \\ 0 \end{Bmatrix} = \frac{EI}{L^3}\begin{Bmatrix} 108 & 18 & 24L \\ 18L & 12L^2 & 4L^2 \\ 24L & 4L^2 & 8L^2 \end{Bmatrix}\begin{Bmatrix} v_2 \\ \theta_2 \\ \theta_5 \end{Bmatrix}$$

강성행렬의 역행렬을 구하고 간단히 정리하면 다음과 같은 **처짐**과 **기울기**를 구할 수 있다.

$$\begin{Bmatrix} v_2 \\ \theta_2 \\ \theta_5 \end{Bmatrix} = \frac{L^2}{162EI}\begin{Bmatrix} -5L \\ 3 \\ 27/2 \end{Bmatrix}$$

부가설명 여기서 음의 부호는 절점 2의 아래 방향 변위를 표시한다. 절점력이 필요하다면 변위결과를 식 (g)에 대입함으로써 구할 수 있다.

연습문제

13.6절

13.18 균일한 굽힘 강성 EI를 가지고 있는 외팔 보가 자유단에서 집중하중 P를 지지하고 있다(그림 P13.18). 다음을 구하라.

(a) 자유단에서의 처짐 v_1 및 회전각 θ_1

(b) 고정단에서의 반력 R_2와 M_2

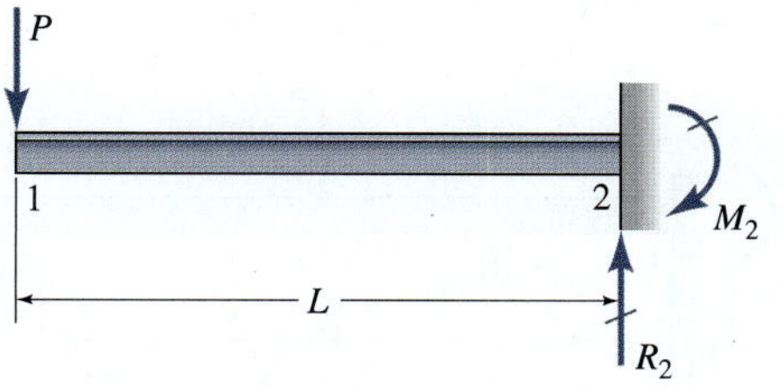

그림 P13.18

13.19 길이가 L이고 굽힘 강성이 EI인 단순 보 1-3이 그림 P13.19와 같이 균일하게 분포하는 세기 w의 분포하중을 받고 있다. 가해지는 분포하중을 동등한 절점하중으로 대신하여(표 B.15 참조) 중간 점 2의 처짐을 구하라.

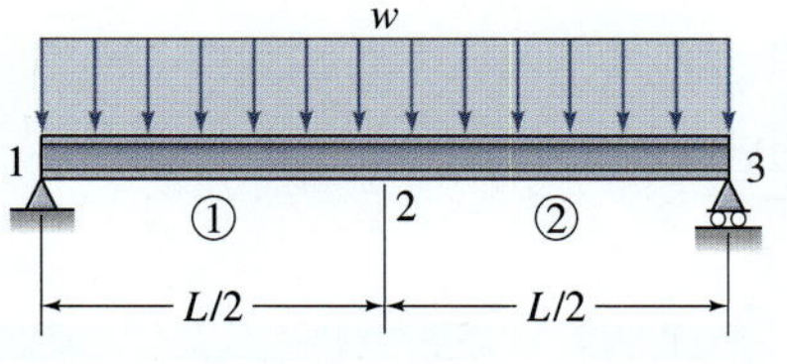

그림 P13.19

13.20 핀과 강성 k의 스프링 및 점 1, 점 2와 점 3에서 롤러로 지지된 보가 점 2에서 집중하중 P를 받고 있다(그림 P13.20). 다음을 구하라.

(a) 절점변위

(b) 절점력 및 스프링 힘

조건 $L = 4$ m, $P = 6$ kN, $EI = 14$ MN·m^2, $k = 200$ kN/m

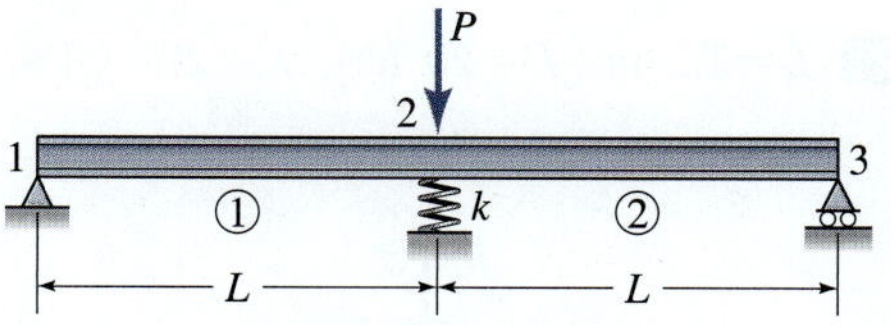

그림 P13.20

13.21 길이가 L이고 균일한 굽힘 강성 EI의 외팔 보 1-2가 그림 P13.21과 같이 집중하중 P를 받고 있다. 가해지는 하중을 각 절점에서 작용되는 하중으로 대신하여(표 B.15 참조) 자유단의 수직변위 v_2와 회전각 θ_2를 구하라.

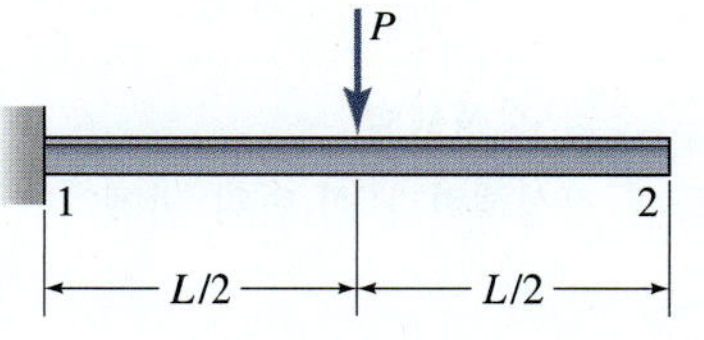

그림 P13.21

13.22 외팔 보가 자유단에 강성 k의 스프링으로 지지되어 있어 그림 P13.22와 같이 집중하중을 전달한다. 다음을 구하라.

(a) 절점변위

(b) 절점력 및 스프링 힘

조건 $L = 20$ ft, $P = 2$ kips,

$EI = 58(10^8)$ lb·in.^{2}, $k = 1$ kips/in.

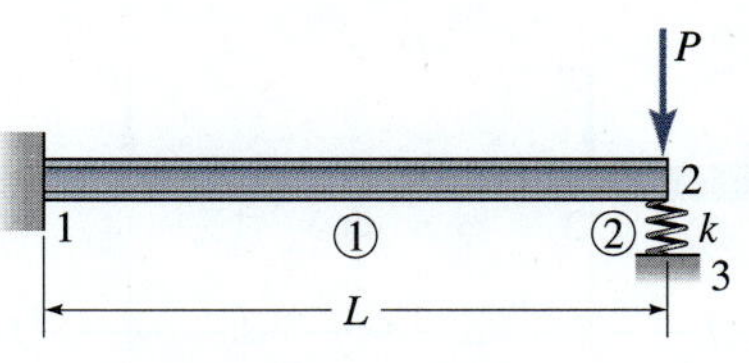

그림 P13.22

13.23 1-2부분과 2-3부분의 굽힘 강성이 각각 EI와 $EI/4$인 지지부가 있는 외팔 보가 그림 P13.23과 같이 집중하중 P와 모멘트 $3PL$을 받고 있다. 변위 v_2, θ_2, θ_3는 얼마인가?

조건 $L = 1.2$ m, $P = 20$ kN, $E = 207$ GPa, $I = 10 \times 10^6$ mm^4

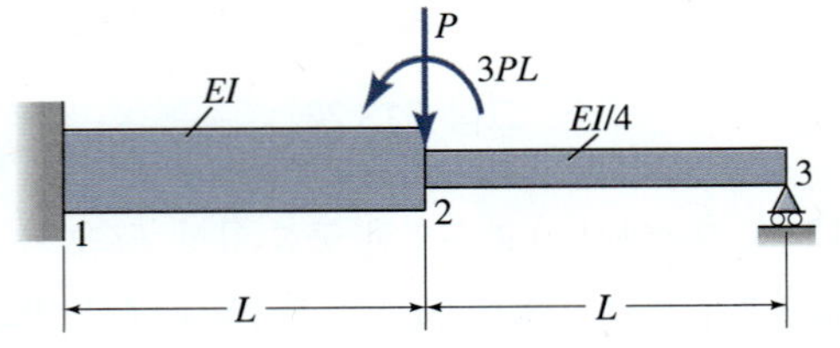

그림 P13.23

13.24 균일한 굽힘 강성 EI의 연속 보가 그림 P13.24와 같이 지지되어 하중을 받고 있다. 다음을 구하라.

(a) 각 요소의 강성행렬

(b) 시스템 강성행렬과 힘-변위 관계

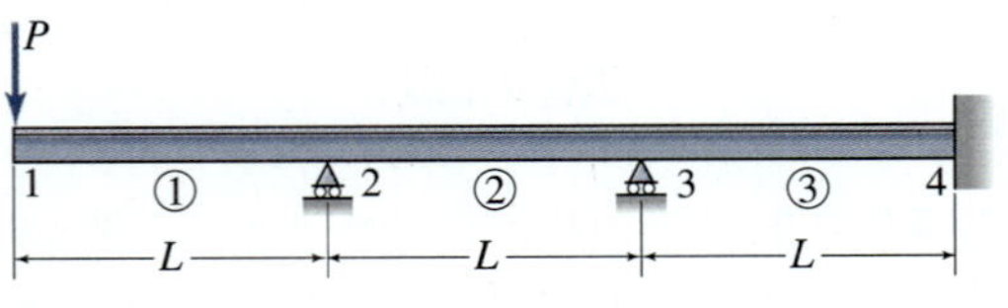

그림 P13.24

13.25 중간에 롤러가 지지되어 있는 양단 고정 보가 그림 P13.25와 같이 2개의 대칭적인 하중 P를 받고 있다. 다음을 구하라.

(a) 각 요소의 강성행렬

(b) 시스템 강성행렬과 힘-변위 관계식

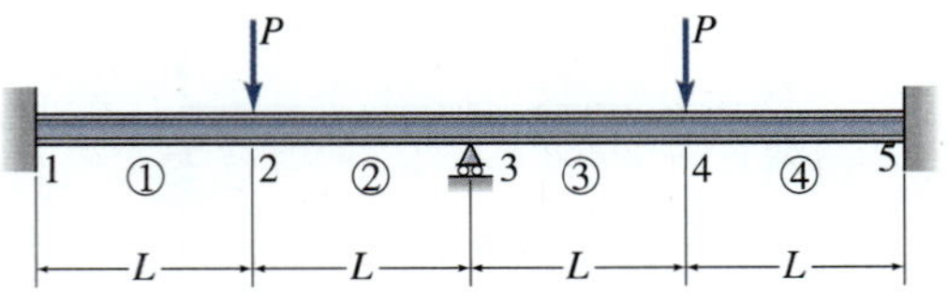

그림 P13.25

***13.26** 그림 P13.26은 굽힘 강성이 EI이고 중간에 수직하중 P를 받고 있는 지지된 외팔 보를 나타낸다. 다음을 구하라.

(a) 각 요소의 강성행렬

(b) 시스템 강성행렬

(c) 절점력

(d) 각 부재의 끝에서 힘과 모멘트

(e) 전단력 선도와 모멘트 선도

조건 $P = 15$ kips, $L = 60$ in., $EI = 400 \times 10^6$ lb·in.^{2}

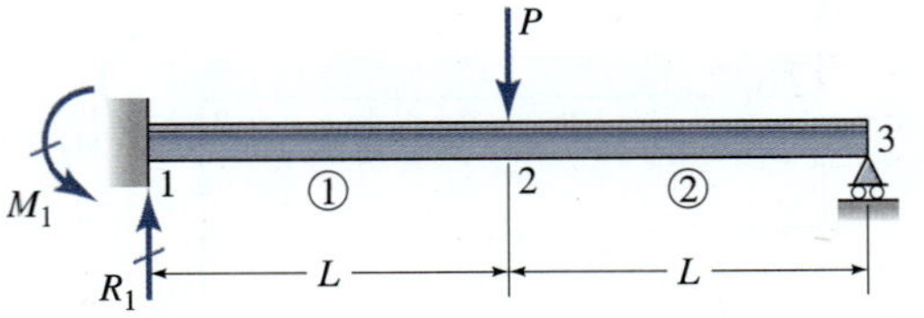

그림 P13.26

13.27 돌출부를 가지고 있는 지지된 외팔 보가 그림 P13.27과 같이 집중하중 P를 받고 있다. 보는 균일한 굽힘 강성 EI를 갖는다. 다음을 구하라.

(a) 각 요소의 강성행렬

(b) 시스템 강성행렬

(c) 절점력

(d) 각 부재의 끝에서 힘과 모멘트

(e) 전단력 선도와 모멘트 선도

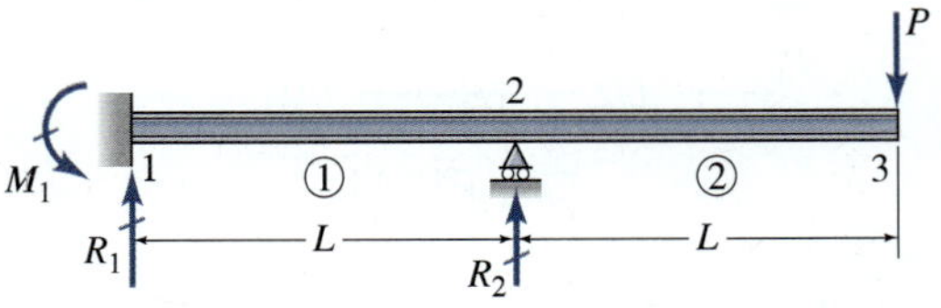

그림 P13.27

***13.28** 지지된 외팔 보가 강성 k의 스프링이 설치되어 있는 자유단에서 집중하중 P를 받고 있다. 다음을 구하라.

(a) 각 요소의 강성행렬

(b) 시스템 강성행렬

(c) 절점변위 v_3, θ_2, θ_3

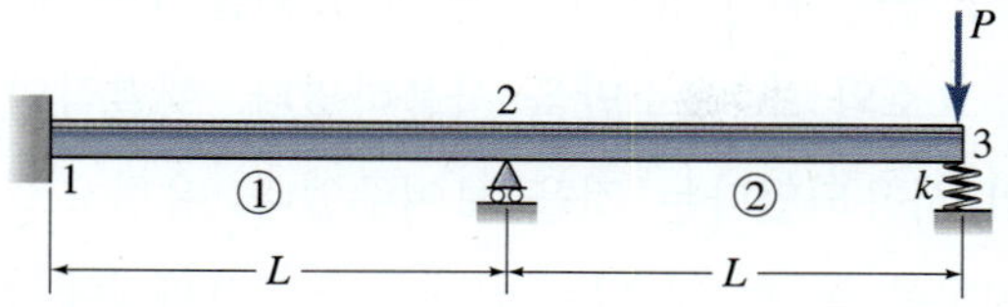

그림 P13.28

13.29 고정단을 가진 단붙임 보에 집중하중이 가해져서 그림 P13.29와 같이 중간점 2에서 수직변위 Δ를 발생시킨다. EI, L과 Δ를 사용하여 다음을 구하라.

(a) 하중 P

(b) 점 2에서의 경사각

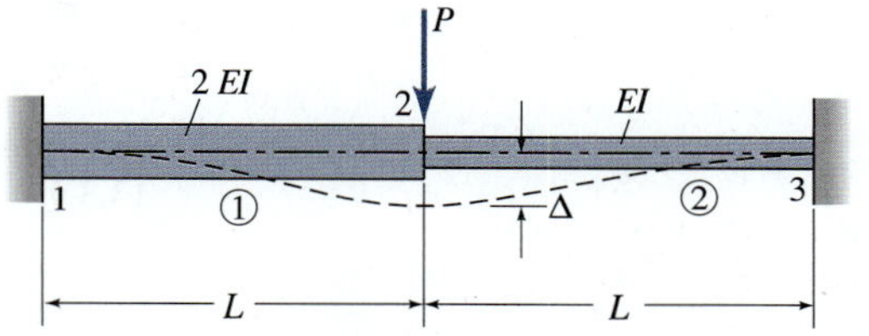

그림 P13.29

***13.30** 지지부를 가진 단붙임 외팔 보에 그림 P13.30과 같이 절점 2에서 집중하중이 가해지고, 절점 3에서 모멘트가 가해진다. 다음을 구하라.

(a) 절점변위 v_2, θ_2, θ_3

(b) 지지부의 반력 R_1, M_1, R_3

조건 $L = 2$ m, $P = 30$ kN, $M = 10$ kN · m, $EI = 2 \times 10^6$ N · m^2

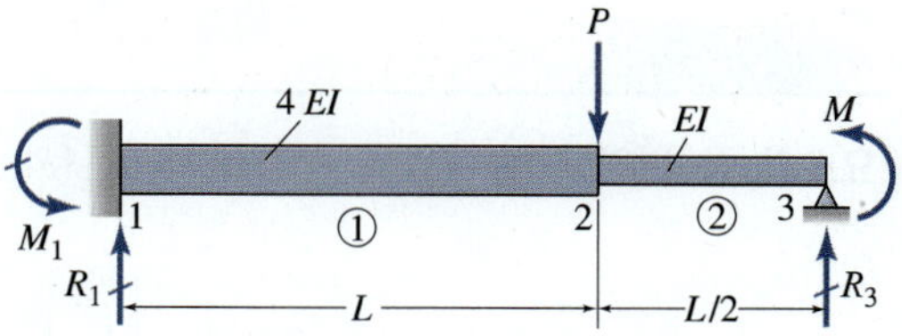

그림 P13.30

요약

이 장에서는 유한요소법(FEM)의 기본 개념 일부를 간단히 다루었다. 그러므로 현재 알려져 있는 내용의 소개 정도만을 다루었다. 더욱 자세한 학습을 위해서는 수록되어 있는 참고문헌을 참조할 것을 권한다. FEM은 수치적인 기술이며 디지털 컴퓨터에 잘 맞는 방법이라는 것을 이 장을 통하여 알게 되었다. 이 접근법에서는 탄성의 구조가 잘 정의된 요소로 나누어지거나 분할된다.

먼저 각각의 요소는 요소의 재료, 기하학적인 성질, 절점하중과 절점변위에 의하여 행렬식으로 표현된다. 다음에 이 요소들은 그들의 절점을 통하여 전체의 시스템 행렬로 결합된다. 여기에 하중조건과 경계조건이 지정된다. 다음에 행렬의 계산에 의하여 미지수인 절점변위와 내력들이 결정된다.

앞에서 언급한 절점의 변수 값(변위, 힘 등)을 구하게 되면 재료역학의 기본 식을 통하여 응력들이 구해질 수 있다. 여기서는 특정한 응용을 위한 유한요소해석(FEA)을 위해 많은 기하학적인 형상 중에서 가장 기본적인 봉 요소와 보 요소만을 사용하였다. 행렬식의 계산(부록 C)이 유한요소법의 일부분으로 널리 사용되었다는 것을 보여주었다. 유한요소법을 사용하기 위해서 미리 고체역학에 관한 이론을 꼭 알 필요는 없으나 1～7장까지에서 설명한 주제를 미리 학습하는 것도 도움이 될 것이다.

핵심 공식*

요소의 힘-변위 관계 $\{F\}_e = [k]_e \{\delta\}_e$

힘 벡터

$$\{F\}_e = \begin{Bmatrix} F_{1x} \\ F_{1y} \\ F_{2x} \\ F_{2y} \end{Bmatrix}_e$$

요소의 강성행렬 (13.3절)

$$[k]_e = \frac{AE}{L}\begin{bmatrix} c^2 & cs & -c^2 & -cs \\ cs & s^2 & -cs & -s^2 \\ -c^2 & -cs & c^2 & cs \\ -cs & -s^2 & cs & s^2 \end{bmatrix}$$

$$= \frac{AE}{L}\begin{bmatrix} c^2 & cs & -c^2 & -cs \\ & s^2 & -cs & -s^2 \\ & & c^2 & cs \\ \text{Symmetric} & & & s^2 \end{bmatrix}$$

봉 요소의 축방향 힘 (13.4절)

$$F_{ij} = \left(\frac{AE}{L}\right)_{ij} [c \quad s]_{ij} \begin{Bmatrix} u_j - u_i \\ v_j - v_i \end{Bmatrix}$$

시스템 행렬방정식 $\{F\} = [K]\{\delta\}$

전체 절점 힘 벡터 (13.5절)

$$\{F\} = \sum_1^n \{F\}_e$$

전체 강성행렬

$$[K] = \sum_1^n [k]_e$$

*이 방정식의 유도와 올바른 사용에 관한 정보는 관련된 절을 참조하라.

참고문헌

13.1 T. Y. Yang, *Finite Element Structural Analysis*, Prentice Hall, Upper Saddle River, NJ, 1986.

13.2 A. C. Ugural, *Mechanical Design: An Integrated Approach*, McGraw-Hill, New York, 2004.

13.3 O. C. Zienkiewicz and R. I. Taylor, *The Finite Element Method*, 4th ed., Vol.2 (Solid and Fluid Mechanics, Dynamics and Nonlinearity), McGraw-Hill, London, 1991.

13.4 D. L. Logan, *A First Course in the Finite Element Method*, PWS-Kent, Boston, 1986.

13.5 K. I. Bathe, *Finite Element Procedures in Engineering Analysis*, Prentice Hall, Upper Saddle River, NJ, 1996.

13.6 W. Weaver, Jr., and P. R. Johnston, *Finite Element for Structural Analysis*, Prentice Hall, Upper Saddle River, NJ, 1984.

13.7 D. J. Peery and J. J. Azar, *Aircraft Structures*, 2nd ed., McGraw-Hill, New York, 1982.

13.8 A. C. Ugural and S. K. Fenster, *Advanced Strength and Applied Elasticity*, 4th ed., Prentice Hall, Upper Saddle River, NJ, 2003.

13.9 R. Szilard, *Theory and Analysis of Plates: Classical and Numerical Methods*, Prentice Hall, Upper Saddle River, NJ, 1974.

13.10 A. C. Ugural, *Stresses in Plates and Shells*, 2nd ed., McGraw-Hill, New York, 1999.

부록 A

면적의 특성

A.1 면적의 도심

이 부록에서는 구조용이나 기계용 부재의 단면의 기하학적 특성을 다룬다. 단면의 기하학적 특성에 대한 지식은 강도, 강성 및 안정성을 학습하는 데 핵심적인 요소이다. 실제문제에서 접하는 대부분의 표준 형상의 성질은 여러 핸드북에서 다루고 있으며, 이 책의 표지 뒷면에 일반적으로 사용되는 단면의 특성을 표로 실었다.

평면의 특성에 대한 평가는 단면의 도심위치에서 시작한다. **도심** 혹은 기하학적 중심은 단면이 균등하게 분포되어 있는 평면의 한 점이다. x와 y축에 대한 단면적 A의 **1차 모멘트**는 각각 다음과 같이 정의된다(그림 A.1).

$$Q_x = \int_A y\,dA \qquad Q_y = \int_A x\,dA \tag{A.1}$$

이 크기는 SI단위계에서는 m^3나 mm^3로 표현되고 US단위계에서는 ft^3나 $in.^3$로 나타낸다. 면적 A의 도심 C는 좌표값 $\bar{x}$와 $\bar{y}$로 다음과 같이 계산된다.

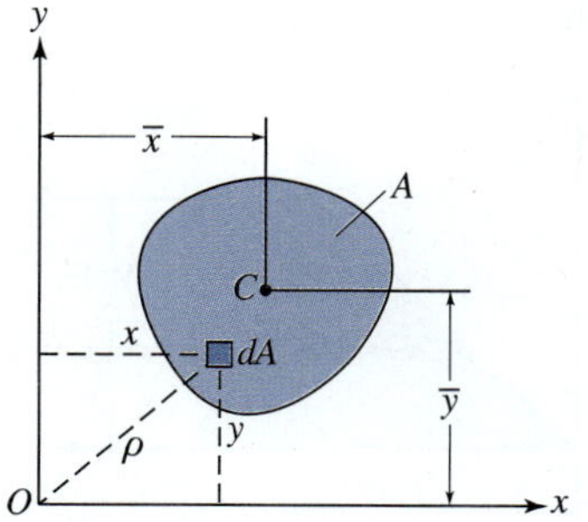

그림 A.1 평면적

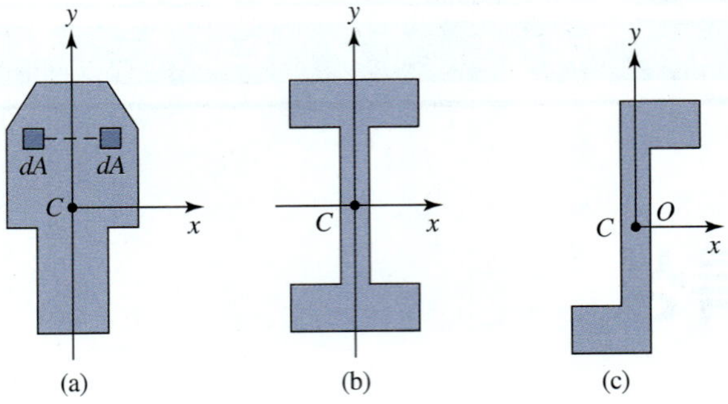

그림 A.2 (a) 대칭축을 갖는 면적 (b) 2개의 대칭축을 갖는 면적 (c) 대칭점을 갖는 면적

$$\bar{x} = \frac{Q_y}{A} = \frac{\int_A x\,dA}{\int_A dA} \qquad \bar{y} = \frac{Q_x}{A} = \frac{\int_A y\,dA}{\int_A dA} \tag{A.2}$$

만약 단면이 **축대칭**이면 도심은 축 상에 있어야 한다. 그래서 그 대칭축에 대하여 1차 모멘트는 0이 된다. 이를 증명하기 위해 y축에 대해 대칭인 그림 A.2(a)의 단면을 고려해 보자. 수평좌표 x단면의 모든 요소 dA에 대해여 $-x$ 수평좌표에는 해당 요소 dA가 존재한다. 그러므로 식 (A.2)의 첫 번째 식으로부터 $\bar{x}=0$ 임을 알 수 있다. 비슷한 방법으로 **2개의 축에 대칭**인 경우 도심은 두 축이 교차하는 지점에 있다[그림 A.2(b)]. 그리고 만약 단면에 대칭축이 없으나 **대칭중심** O를 갖는다면 도심은 대칭의 중심과 동일하다[그림 A.2(c)].

[예제 A.1] 삼각형의 도심

조건 폭이 b이고 높이가 h인 그림 A.3과 같은 삼각형

문제 도심 $\bar{y}$의 위치를 구하라.

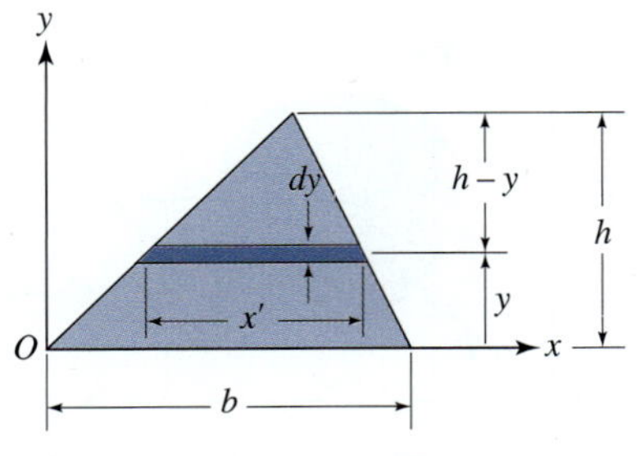

그림 A.3 삼각형 면적

풀이 길이가 x'이고 높이가 dy인 수평요소를 선정하자(그림 A.3). 상사 삼각형으로부터 x'은 $(h-y)b/h$와 같으므로

$$dA = \frac{b}{h}(h-y)dy$$

1차 모멘트 Q_x. 식 (A.1)의 첫 번째 식으로부터

$$Q_x = \int_A y\,dA = \frac{b}{h}\int_0^h (hy - y^2)dy = \frac{1}{6}bh^2$$

도심의 위치. 식 (A.1)의 두 번째 식으로부터

$$\bar{y} = \frac{bh^2/6}{bh/2} = \frac{h}{3} \tag{a}$$

부가설명 삼각형 면적의 **수평축**에 **대한 도심**은 삼각형 밑변으로부터 1/3 높이의 거리에 있다.

[예제 A.2] 반원판의 도심

조건 그림 A.4와 같이 내부반경이 b이고 외부반경이 c인 중공의 반원판

문제 도심 $\bar{y}$의 위치를 구하라.

풀이 그림 A.4에서 음영처리된 면적은 $dA = \rho\,d\theta\,d\rho$이므로 이로부터 얻어진 식은 다음과 같다.

$$A = \int_0^\pi \int_b^c \rho\,d\theta\,d\rho$$

$$= \frac{\pi}{2}(c^2 - b^2) = \frac{\pi}{2}(c-b)(c+b) \tag{b}$$

1차 모멘트 Q_x. 식 (A.1)의 첫 번째 식과 $y = \rho\sin\theta$로부터 얻어진 식은 다음과 같다.

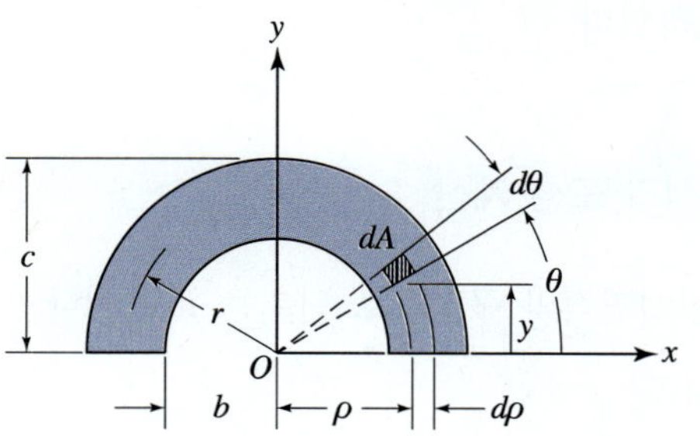

그림 A.4

$$Q_x = \int_A y\,dA = \int_0^{\pi}\int_b^c \rho^2 \sin\theta\, d\rho\, d\theta$$

$$= \frac{1}{3}(c^3 - b^3)\int_0^{\pi} \sin\theta\, d\theta$$

$$= \frac{2}{3}(c^3 - b^3) = \frac{2}{3}(c-b)(c^2+bc+b^2) \quad \text{(c)}$$

도심의 위치. 식 (b)와 (c)를 식 (A.1)의 두 번째 식에 대입하면 다음과 같다.

$$\bar{y} = \frac{Q_x}{A} = \frac{4}{3\pi}\frac{c^2+bc+b^2}{c+b} \quad \text{(d)}$$

부가설명 두께가 얇은 단면의 중간 반경 r은 식 (d)에서 $b \approx c \approx r$이 되며, 표 B.6과 같이 $\bar{y} = 2r/\pi$가 된다.

합성면적

많은 경우 면적은 단순한 기하학적 형태(예를 들면 직사각형, 원, 삼각형)로 나눌 수 있으며 이들의 면적과 도심좌표는 쉽게 계산된다. 그림 A.2는 단면적 형상의 예이다. 합성면적은 n개의 요소면적의 합으로 최종 모멘트는 산술적인 합이다. 그러므로 **복합면적의 도심**은 다음과 같은 지점에 있다.

$$\bar{x} = \frac{\sum A_i \bar{x}_i}{\sum A_i} \qquad \bar{y} = \frac{\sum A_i \bar{y}_i}{\sum A_i} \quad \text{(A.3)}$$

여기서 $\bar{x}_i$와 $\bar{y}_i$는 요소면적 $A_i(i = 1,\ 2,\ 3,\ \cdots,\ n)$의 도심의 좌표이다.

식 (A.3)을 적용하려면 합성면적을 분해된 단순기하학적 형태를 그리는 것이 필요하다. 이를 다음의 예제에 제시하였다.

[예제 A.3] L형상 면적의 도심 계산

조건 그림 A.5와 같은 합성면적의 구성도로 단위는 mm이다.

문제 도심의 위치를 구하라.

풀이 이 면적을 2개의 직사각형으로 분해하면 A_1과 A_2로 각각의 도심을 알게 된다. 계산은 다음과 같은 도표 형태로 구해지는데, 한 면적이 2개의 부분으로 분해될 때 전체 면적의 도심

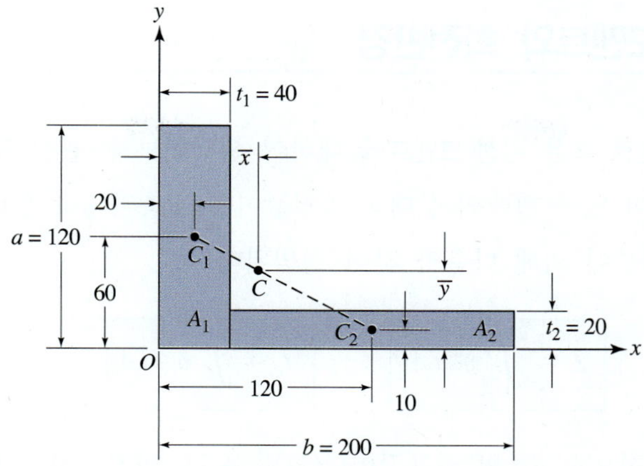

그림 A.5 비대칭 단면

C는 항상 그림 A.5에서 보듯이 C_1과 C_2를 연결하는 선상에 존재한다.

No.	A_i, mm^2	$\bar{x}_i$, mm	$\bar{y}_i$, mm	$A_i\bar{x}_i$, mm^3	$A_i\bar{y}_i$, mm^3
1	$40(120)=4800$	20	60	96×10^3	288×10^3
2	$20(160)=3200$	120	10	384×10^3	32×10^3
	$\Sigma A_i = 8000$			$\Sigma A_i\bar{x}_i = 480(10^3)$	$\Sigma A_i\bar{y}_i = 320(10^3)$

식 (A.3)을 적용하면 도심의 좌표는 다음과 같다.

$$\bar{x} = \frac{\Sigma A_i \bar{x}_i}{\Sigma A_i} = \frac{480\times10^3}{8000} = 60 \text{ mm}$$

$$\bar{y} = \frac{\Sigma A_i \bar{y}_i}{\Sigma A_i} = \frac{320\times10^3}{8000} = 40 \text{ mm}$$

위 식의 거리는 다음과 같은 형태로 계산된다.

$$\bar{x} = \frac{1}{2}\frac{at_1^2 + (b^2 - t_1^2)t_2}{at_1 + (b - t_1)t_2}$$

$$\bar{y} = \frac{1}{2}\frac{a^2t_1 + (b - t_1)t_2^2}{at_1 + (b - t_1)t_2}$$

여기서 a, b, t_1과 t_2는 그림 A.5의 단면적 관련 치수이다.

A.2 관성 모멘트와 회전반경

여기서 2차 **면적 모멘트** 혹은 **관성 모멘트**에 대하여 생각해보자. 관성 모멘트는 한 축에 대하여 면적이 분포되어 있는 형태의 상대적 측정값이다. x축과 y축에 대한 평면의 면적 A의 **관성 모멘트**는 적분에 의해 다음과 같이 정의된다.

$$I_x = \int_A y^2\,dA \qquad I_y = \int_A x^2\,dA \tag{A.4}$$

여기서 x와 y는 면적요소 dA의 좌표값이다(그림 A.1). 마찬가지로 면적에 수직으로 점 O를 관통하는 축에 대한 평면적 A의 **극관성 모멘트**는

$$J_o = \int_A \rho^2 dA = I_x + I_y \tag{A.5}$$

여기서 ρ는 점 O에서 요소 dA까지의 거리이다. 그리고 $\rho^2 = x^2 + y^2$이다.

x축과 y축에 대한 평면적 A의 **관성 곱 모멘트**는 다음과 같이 주어진다.

$$I_{xy} = \int_A xy\,dA \tag{A.6}$$

위 식으로부터 각 요소의 면적 dA는 그 좌표의 곱을 곱한 것임을 알 수 있다(그림 A.1). 한 쌍의 축에 대해 하나의 축이 대칭일 경우에는 면적의 곱 모멘트는 0이다. 이를 증명하기 위해 다시 그림 A.2(a)를 고려해보자.

위 식들은 x, y 좌표가 직각 좌표일 때 I_x, I_y, J_o는 항상 양의 수임을 보여준다. 관성 모멘트의 단위는 길이의 네제곱이며 통상적으로 m^4, mm^4 또는 $\mathrm{in.}^4$를 사용한다. 곱 모멘트의 단위는 관성 모멘트와 같다. 그러나 I_{xy}의 특성은 곱인 xy의 크기에 따라 +, − 또는 0이 될 수 있다.

회전반경(radius of gyration)은 기준축이나 한 점으로부터 거리로 이 점에서 단면의 전체 면적이 관성 모멘트를 계산하기 위해 분포되어 있다고 가정할 수 있다. 그러므로 x와 y축에 대하여 면적의 회전반경과 기준점 O(그림 A.1)는 r_x, r_y, r_o로 각각 정의할 수 있다.

$$r_x = \sqrt{\frac{I_x}{A}} \qquad r_y = \sqrt{\frac{I_y}{A}} \qquad r_o = \sqrt{\frac{J_o}{A}} \tag{A.7}$$

식 (A.7)로부터 I_x, I_y, J_o를 식 (A.5)에 대입하면 다음과 같다.

$$r_o^2 = r_x^2 + r_y^2 \tag{A.8}$$

회전반경은 길이라는 단위를 갖는다.

[예제 A.4] 직사각형의 관성 모멘트

조건 그림 A.6의 직사각형은 너비 b와 높이 h이다.

문제 도심을 통과하는 수평과 수직축에 대하여 관성 모멘트와 이에 해당되는 회전반경을 구하라.

풀이

관성 모멘트. 직사각형은 2개의 대칭축을 가지므로 직사각형 면적의 도심 C는 그것의 기하학적 중심과 일치한다(그림 A.6). 여기서 dA를 $b\,dy$로 취하면

$$I_x = \int_A y^2 dA = \int_{-h/2}^{h/2} y^2 b\,dy = \frac{bh^3}{12} \tag{a}$$

같은 방법으로 dA를 $h\,dx$로 선택하면 $I_y = hb^3/12$가 된다.

회전반경. 식 (A.7)은 다음과 같다.

$$r_x^2 = \frac{bh^3/12}{bh} = \frac{h^2}{12} \qquad r_y^2 = \frac{bh^3/12}{bh} = \frac{b^2}{12}$$

위 식으로부터

$$r_x = \frac{h}{2\sqrt{3}} \qquad r_y = \frac{b}{2\sqrt{3}} \tag{b}$$

부가설명 직사각형의 곱 모멘트 I_{xy}는 도심축 x, y에 대하여 그 축에 대칭이므로 0이 된다.

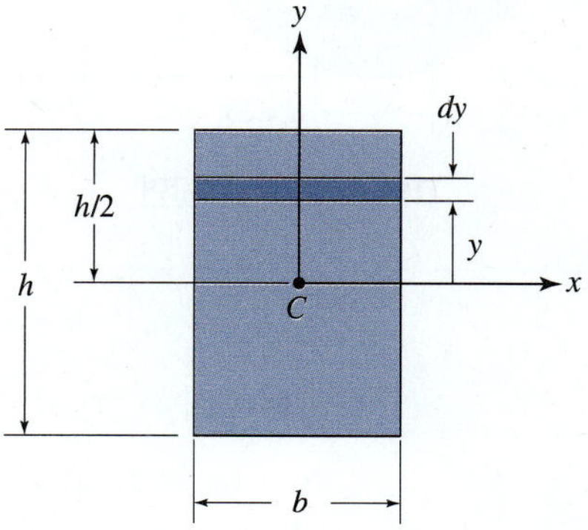

그림 A.6 직사각형 면적

[예제 A.5] 중공 단면의 관성 모멘트

조건 그림 A.7은 링 형상의 면적이다.

문제 직경의 성질을 구하라.

풀이

극관성 모멘트. 여기서 dA를 $2\pi\rho\, d\rho$로 놓으면 편리하다. 그러므로

$$J_o = \int_A \rho^2\, dA = \int_b^c 2\pi\rho^3\, d\rho = \frac{\pi}{2}(c^4 - b^4) = \frac{\pi}{32}(D^4 - d^4)$$

관성 모멘트. x와 y축에 대하여 모두 대칭이므로 $I_x = I_y$이고 식 (A.5)는 $\pi(c^4 - b^4)/2 = 2I_x$이다. 그러므로

$$I_x = I_y = \frac{\pi}{4}(c^4 - b^4) = \frac{\pi}{64}(D^4 - d^4)$$

회전반경. 위 식과 $A = \pi(c^2 - b^2)$을 식 (A.7)에 대입하면

$$r = \frac{1}{2}\sqrt{c^2 + b^2} = \frac{1}{4}\sqrt{D^2 + d^2} \qquad \text{(c)}$$

부가설명 대칭의 조건으로 인해 도심축에 대하여 $I_{xy} = 0$이다.

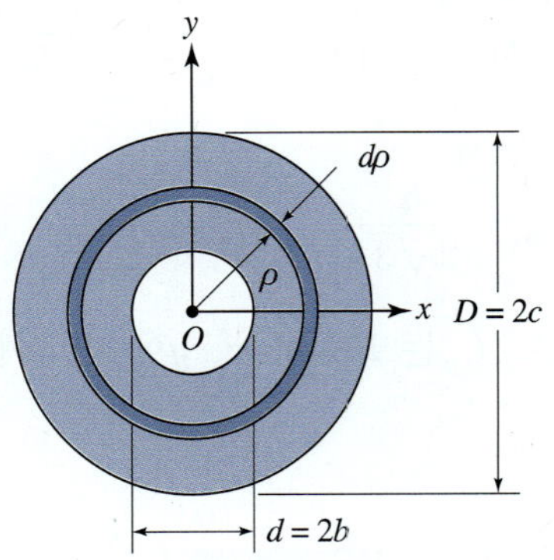

그림 A.7 중공 단면

A.3 평행축 정리

평행축 정리는 임의의 축에 대한 면적의 관성 모멘트와 도심을 통과하는 평행축 주위의 관성 모멘트와 관계를 정의한다. 가끔 이는 **전환공식**(transfer formula)이라고 불리며 이 정리는 여러 개의 단순한 형상으로 구성된 면적에 대해 관성 모멘트를 계산하는 데 유용하다.

평행축 정리를 유도하기 위하여 그림 A.8과 같이 면적 A를 고려해보자. 여기서 $\overline{x}$, $\overline{y}$는 각각 x축과 y축에 평행인 면적의 도심축이다. 이 두 기준의 축과 그들 원점과의 사이의 거리 d_x, d_y, d_o라 한다. 그러므로 x축에 대해 **관성 모멘트**는

$$I_x = \int_A (y+\overline{y})^2 dA = \int_A y^2 dA + 2\overline{y}\int_A y\,dA + \overline{y}^2\int_A dA$$

위 식의 첫 우변항은 x축에 대한 관성 모멘트, 즉 $I_{\overline{x}}$이다. 도심축 $\overline{y}$로부터 y를 계산하므로 $\int y\,dA = 0$이다. 그러므로

$$I_x = I_{\overline{x}} + A\overline{y}^2 = I_{\overline{x}} + Ad_y^2 \qquad \text{(A.9a)}$$

같은 방법으로

$$I_y = I_{\overline{y}} + A\overline{x}^2 = I_{\overline{y}} + Ad_x^2 \qquad \text{(A.9b)}$$

이것이 **평행축 정리**이다. 임의의 축에 대한 면적의 관성 모멘트는 평행 도심축에 대한 관성 모멘트와 두 축 사이의 거리 제곱에 면적을 곱한 것의 합이다.

마찬가지로 임의의 점 O에 대한 면적의 **극관성 모멘트**와 면적의 도심에 대한 극관성 모멘트 J_c의 관계가 유도된다.

$$J_o = J_c + Ad_o^2 \qquad \text{(A.10)}$$

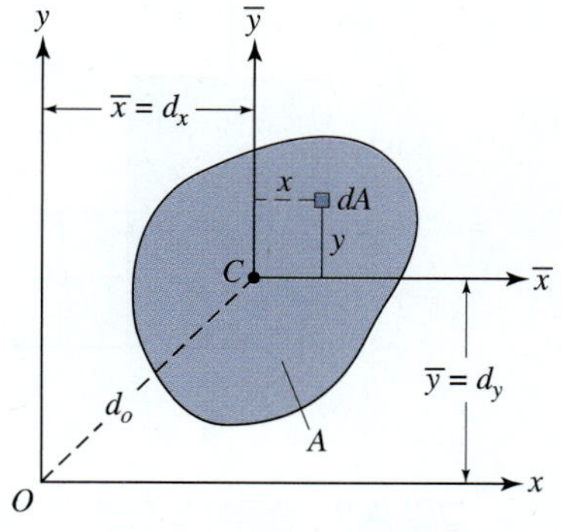

그림 A.8 평행축

마지막으로 어떤 한 쌍의 축에 대한 면적의 **곱 모멘트** I_{xy}는 다음과 같이 표현된다.

$$I_{xy} = I_{\bar{x}\bar{y}} + A\,\bar{x}\,\bar{y} = I_{\bar{x}\bar{y}} + A\,d_x d_y \tag{A.11}$$

여기서 $I_{\bar{x}\bar{y}}$는 도심축의 곱 모멘트이다. 식 (A.9)에서 (A.11)의 평행축 정리는 두 축 중 한 축이라도 도심축이어야 사용할 수 있다.

기본적인 형상의 경우 지금까지 사용된 관계식에 나타난 적분은 보통 쉽게 계산할 수 있으며 면적의 기하학적 특성을 계산할 수 있다(표 B.6 참조). **합성면적**의 관성 모멘트를 계산하기 위해 적분보다는 전환 공식을 사용한다. 어떤 축에 대해 원래 형상에 대한 관성 모멘트는 같은 축에 대한 각 요소의 관성 모멘트의 산술적 합이기 때문이다. 곱 모멘트의 경우에도 이 방법이 적용된다.

예제 A.6 중공박스 단면의 관성 모멘트

조건 그림 A.9(a)와 같은 사각형 중공 단면

문제 도심을 통과하는 수평축에 대한 관성 모멘트를 구하라.

풀이

도심의 위치. 좌표값은 그림 A.9(a)에 나타나 있다. 음영면적은 직사각형 A_1에서 A_2를 뺀 것과 같다[그림 A.9(b)]. 도심은 y축상에 있으며 그 위치는 다음과 같이 계산된다.

$$\bar{y} = \frac{\sum A_i \bar{y}_i}{\sum A_i} = \frac{A_1\bar{y}_1 - A_2\bar{y}_2}{A_1 - A_2} = \frac{(6\times 8)4 - (4\times 5)(4\frac{1}{2})}{6\times 8 - 4\times 5} = 3.643 \text{ in.}$$

관성 모멘트. 그림 A.9(a)를 참고하여 평행축 정리를 적용하여 계산하면 다음과 같다.

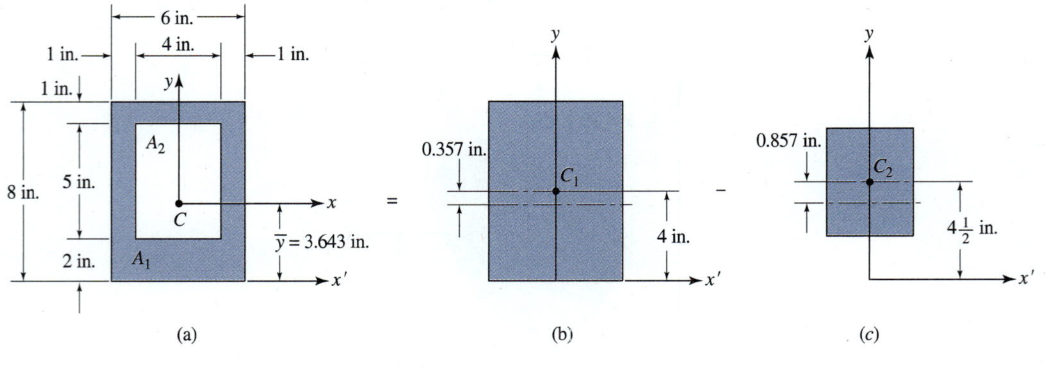

그림 A.9 중공박스 단면

$$
\begin{aligned}
I_x &= \Sigma\,(I_{\bar{x}} + A_{\bar{y}}^2) = \Sigma\left(\frac{1}{12}bh^3 + A\bar{y}^2\right) \\
&= \frac{1}{12}(6)(8)^3 + (6\times 8)(0.357)^2 - \frac{1}{12}(4)(5)^3 - (4\times 5)(0.857)^2 \\
&= 205.4\ \text{in.}
\end{aligned}
$$

부가설명 이것이 전체 단면적의 도심에 대한 관성 모멘트이다.

A.4 주관성 모멘트

I_x, I_y, I_{xy}의 값을 알 때 기준축에 대해 θ의 각도를 이루는 축 x', y'에 대한 관성 모멘트와 곱 모멘트 $I_{x'}$, $I_{y'}$, $I_{x'y'}$를 계산할 필요가 가끔 있다. 이것을 구하기 위해서 요소 dA의 새로운 좌표를 회전축에 대한 x, y를 투영하여 표현할 수 있다.

$$x' = x\cos\theta + y\sin\theta \qquad y' = y\cos\theta - x\sin\theta \tag{a}$$

그리고 정의에 의해서

$$
\begin{aligned}
I_x &= \int_A y'^2\,dA = \int_A (y\cos\theta - x\sin\theta)^2\,dA \\
&= \cos^2\theta\int_A y^2\,dA + \sin^2\theta\int_A x^2\,dA - 2\sin^2\theta\cos\theta\int_A xy\,dA
\end{aligned}
$$

식 (A.4)와 (A.6)을 이용하면 위 식은

$$I_{x'} = I_x\cos^2\theta + I_y\sin^2\theta - 2I_{xy}\sin\theta\cos\theta \tag{b}$$

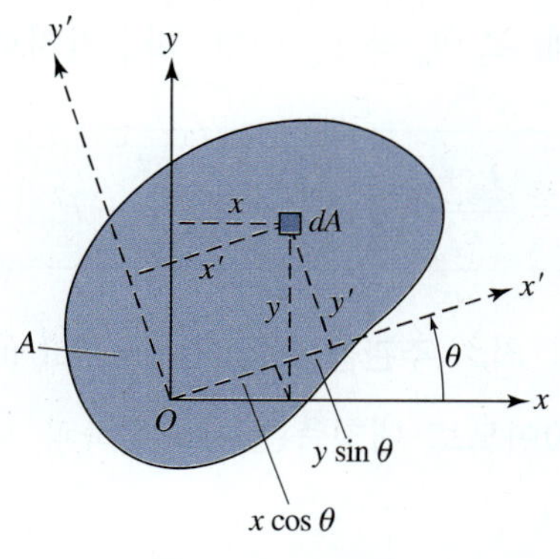

그림 A.10 회전축

관성 모멘트 $I_{y'}$는 각 θ에 대하여 $\theta+\pi/2$로 하고 $I_{x'}$에 관한 관계식에 대입하면 쉽게 구할 수 있다. 같은 방법으로 정의 $I_{x'y'}=\int x'y'\,dA$를 이용하면

$$I_{x'y'}=(I_x-I_y)\sin\theta\cos\theta+I_{xy}(\cos^2\theta-\sin^2\theta) \quad \text{(c)}$$

관성 모멘트와 곱 모멘트에 대한 **전환공식**은 이중각 삼각법의 관계식을 이용하면 간단히 계산된다.

$$I_{x'}=\frac{I_x+I_y}{2}+\frac{I_x-I_y}{2}\cos 2\theta-I_{xy}\sin 2\theta \quad \text{(A.12a)}$$

$$I_{y'}=\frac{I_x+I_y}{2}-\frac{I_x-I_y}{2}\cos 2\theta+I_{xy}\sin 2\theta \quad \text{(A.12b)}$$

$$I_{x'y'}=\frac{I_x-I_y}{2}\sin 2\theta+I_{xy}\cos 2\theta \quad \text{(A.12c)}$$

8장의 관계식들과 이 부록의 식들을 비교하면 다음과 같음을 알 수 있다. 관성 모멘트(I_x, I_y, $I_{x'}$, $I_{y'}$)는 수직응력(σ_x, σ_y, $\sigma_{x'}$, $\sigma_{y'}$)에 해당하며 곱 모멘트의 음의 값($-I_{xy}$, $-I_{x'y'}$)은 전단응력(τ_{xy}, $\tau_{x'y'}$)에 해당되며 극관성 모멘트(J_o)는 수직응력의 합($\sigma_x+\sigma_y$)에 해당한다. 그러므로 Mohr 원의 해석과 응력에 대한 유도식에 대한 결과들은 면적 특성을 해석하는 데 응용할 수 있다.

응력과 유사하게 **주축**(즉 $I_{xy}=0$인 축)**의 방향**을 식 (8.6)으로부터 구할 수 있다.

$$\tan 2\theta_p=-\frac{2I_{xy}}{I_x-I_y} \quad \text{(A.13)}$$

이 공식은 2개의 해를 갖는데, 즉 $\theta_{p'}$와 $\theta_{p''}$이다. 마찬가지로

$$I_{1,2}=\frac{I_x+I_y}{2}\pm\sqrt{\left(\frac{I_x-I_y}{2}\right)^2+I_{xy}^2} \quad \text{(A.14)}$$

여기서 I_1, I_2는 각각 최대 및 최소 **주관성 모멘트**(principal moments of inertia)를 말한다. 대칭축에 대한 곱 모멘트는 0이므로 대칭축은 주도심축과 일치한다.

[예제 A.7] Z단면의 주축

조건 그림 A.11(a)와 같은 비대칭 단면이 3개의 직사각형 단면으로 구성되어 있다.

문제 이 단면에 대해 주도심 관성 모멘트를 계산하라.

풀이 xy축은 도심 C를 지나는 기준축이다[그림 A.11(a)]. 이 면적은 직사각형 A_1, A_2, A_3로 나눌 수 있다.

관성 모멘트. 평행축 정리를 이용하면

$$I_x = \Sigma(I_{\bar{x}} + Ad_y^2) = \Sigma\left(\frac{1}{12}bh^3 + A\bar{y}^2\right)$$

$$= 2\left[\frac{1}{12}(20)(60)^3 + 20(60)(40)^2\right] + \frac{1}{12}(120)(20)^3$$

$$= 4.64 \times 10^6 \text{ mm}^4$$

$$I_y = \Sigma(I_{\bar{y}} + Ad_x^2) = \Sigma\left(\frac{1}{12}hb^3 + A\bar{x}^2\right)$$

$$= 2\left[\frac{1}{12}(60)(20)^3 + 60(20)(50)^2\right] + \frac{1}{12}(20)(120)^3$$

$$= 8.96 \times 10^6 \text{ mm}^4$$

xy축에 대한 **곱 모멘트**는 A.4절에서 기술하였듯이 다음과 같다.

$$I_{xy} = \Sigma(I_{\bar{x}\bar{y}} + A\,d_x d_y)$$

$$= 0 + (20 \times 60)(40)(-50) + 0 + (20 \times 60)(-40)(50) + 0 + 0$$

$$= -4.8 \times 10^6 \text{ mm}^4$$

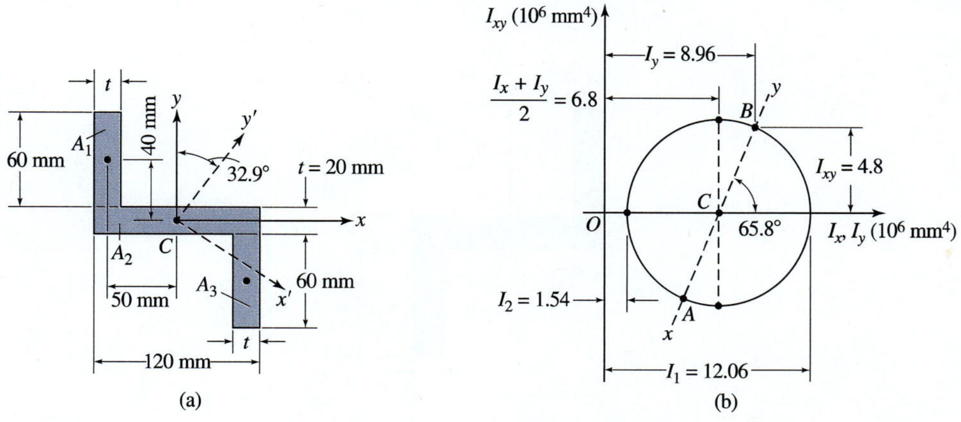

그림 A.11 (a) 단면적 (b) 관성 모멘트에 대한 Mohr 원

주관성 모멘트. 식 (A.13)으로부터

$$\tan 2\theta_p = \frac{2(4.8)}{4.64-8.96} = -2.222$$

$$2\theta_p = -65.8° \text{와 } 114.2°$$

그러므로 θ_p의 두 값은 $-32.9°$와 $57.1°$이다. 첫 번째 각도를 식 (A.12a)에 대입하면 $I_{x'} = 1.54 \times 10^6 \text{ mm}^4$를 얻는다. 주관성 모멘트는 식 (A.14)로부터 계산할 수 있다.

$$I_{1,2} = \left[\frac{8.96+4.64}{2} \pm \sqrt{\left(\frac{8.96-4.64}{2}\right)^2 + 4.8^2}\right]10^6 = (6.8 \pm 5.26)10^6$$

위 식으로부터

$$I_1 = I_{y'} = 12.06 \times 10^6 \text{ mm}^4 \qquad I_2 = I_{x'} = 1.54 \times 10^6 \text{ mm}^4$$

주축들은 그림 A.11(a)에서 $x'y'$축이다. 이 그림으로부터 I_1은 대부분의 단면적이 **가장 멀리 떨어진** 축(y')에 대하여 발생함을 알 수 있다.

Mohr 원은 평면적의 관성 모멘트를 전환하는 데 편리한 방법이다. 8.5절에서와 유사한 절차를 밟으면 그림 A.11(b)에서 보는 것과 같은 주도심 관성 모멘트를 구할 수 있다. I_{xy}가 음의 값이므로 점 $A(4.64, -4.8)$는 수평축의 밑에 있고 점 $B(8.92, 4.8)$는 수평축의 위에 있게 된다.

예제 A.8 Z단면의 성질 유도

조건 그림 A.12와 같은 합성된 비대칭 단면

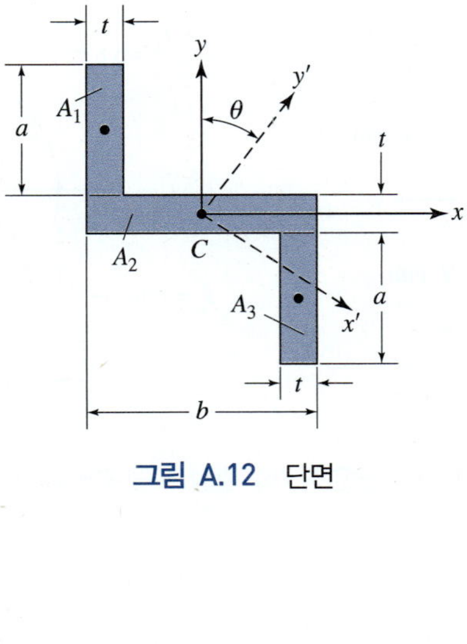

그림 A.12 단면

문제 Z단면에 대한 도심 관성 모멘트와 곱 모멘트에 관한 관계식을 유도하라. 컴퓨터 해석에 용이하도록 주도심 관성 모멘트에 관한 식을 써라.

풀이 전환공식, 식 (A.9a)를 이용하면

$$I_x = 2\left[\frac{1}{12}ta^3 + at\left(\frac{a+t}{2}\right)^2\right] + \frac{1}{12}bt^3$$

$$= \frac{1}{6}ta^3 + \frac{1}{2}at(a+t)^2 + \frac{1}{12}bt^3 \tag{d}$$

같은 방법으로

$$I_y = \frac{1}{6}at^3 + \frac{1}{2}at(b-t)^2 + \frac{1}{12}tb^3 \tag{e}$$

그리고

$$I_{xy} = -\frac{1}{2}at(a+t)(b-t) \tag{f}$$

프로그램을 편리하게 하기 위해

$$C_1 = \frac{1}{6}ta^3 \qquad C_2 = \frac{1}{2}at(a+t)^2 \qquad C_3 = \frac{1}{12}bt^3$$

$$C_4 = \frac{1}{6}at^3 \qquad C_5 = \frac{1}{2}at(b-t)^2 \qquad C_6 = \frac{1}{12}tb^3$$

그리고

$$D = -I_{xy} \qquad E = \frac{1}{2}(I_x + I_y) \qquad F = \frac{1}{12}(I_x - I_y)$$

식 (d), (e), (A.13), (A.14), (A.12a)로부터

$$I_x = C_1 + C_2 + C_3 \qquad I_y = C_4 + C_5 + C_6 \qquad \theta_p = \frac{1}{2}\arctan\left(\frac{D}{F}\right)$$

$$I_1 = E + (D^2 + F^2)^{1/2} \qquad I_2 = E - (D^2 + F^2)^{1/2}$$

$$I_{x'} = E + F\cos 2\theta - I_{xy}\sin 2\theta$$

부가설명 만약 $I_1 = I_{x'}$ 이면 $\theta_{p'} = \theta_p$와 $\theta_{p''} = \theta_p + 90°$이며 그 이외는 $\theta_{p'} = \theta_p + 90°$와 $\theta_{p''} = \theta_p$이다.

연습문제

A.1~A.4 그림 PA.1에서 PA.4까지의 면적에 대한 도심 C인 거리 $\bar{x}$와 $\bar{y}$의 계산에는 치수 b, h와 t를 사용하여 표현된다. 만약 $b=3$ in., $h=4$ in., 그리고 $t=3/8$ in.일 때 $\bar{x}$와 $\bar{y}$를 계산하라.

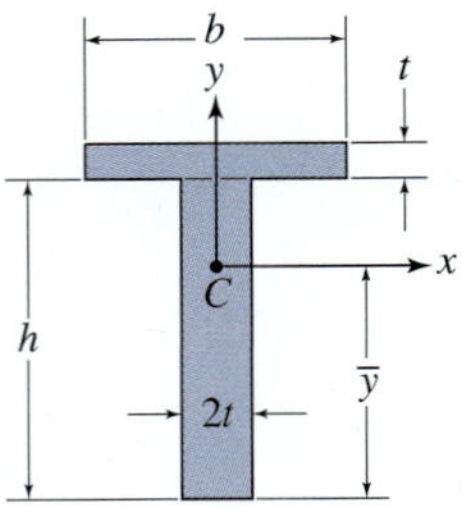

그림 PA.1

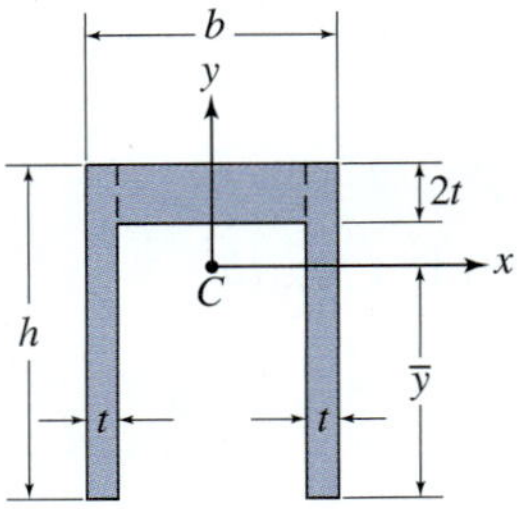

그림 PA.2

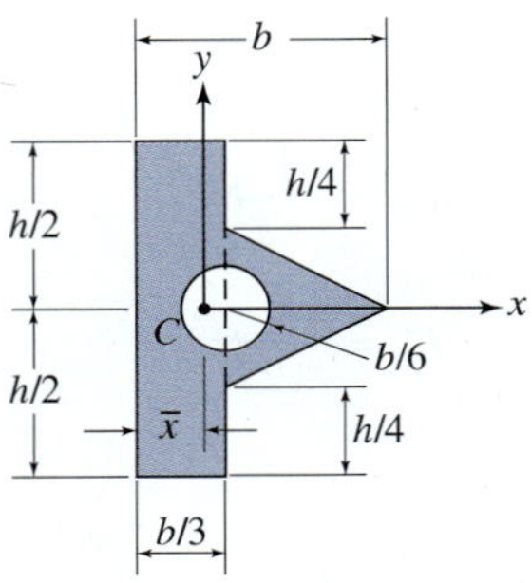

그림 PA.3

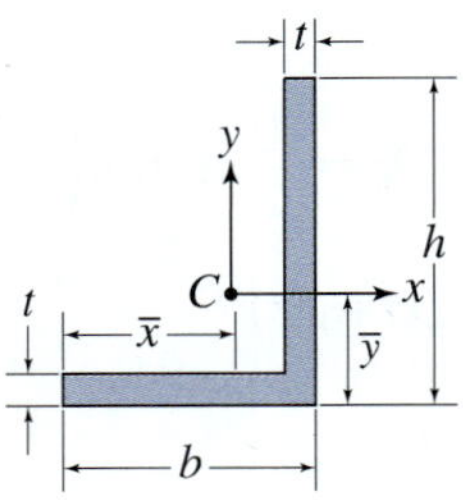

그림 PA.4

A.5~A.6 그림 PA.5와 PA.6의 면적에 대한 도심 C인 거리 $\bar{x}$와 $\bar{y}$의 계산에는 치수 b, h와 t를 사용하여 표현된다. 만약 $b=3$ in., $h=4$ in., 그리고 $t=3/8$ in.일 때 $\bar{x}$와 $\bar{y}$를 계산하라.

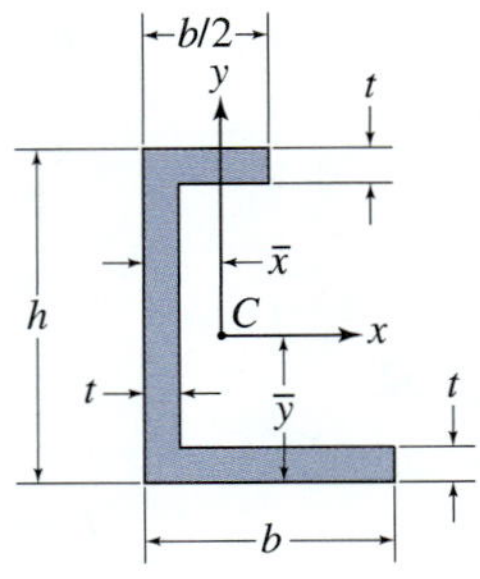

그림 PA.5

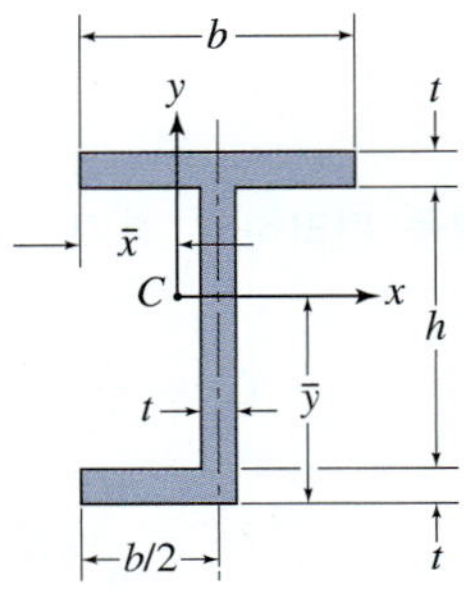

그림 PA.6

A.7~A.9 그림 PA.1에서 PA.3까지의 면적에 대한 도심에서의 관성 모멘트와 곱 모멘트는 치수 b, h와 t로 표현된다. x에 대하여 도심에서 주관성 모멘트와 이들의 방향을 컴퓨터 해석을 위해 적당한 형태로 식을 세워라. 그리고 $b=50$ mm, $h=75$ mm와 $t=5$ mm일 때 이들 값을 계산하라.

A.10~A.12 그림 PA.4에서 PA.6까지의 면적에 대한 도심에서의 관성 모멘트와 곱 모멘트는 치수 b, h와 t로 표현된다. x에 대하여 도심에서 주관성 모멘트와 이들의 방향을 컴퓨터 해석을 위해 적당한 형태로 식을 세워라. 그리고 $b=50$ mm, $h=75$ mm와 $t=5$ mm일 때 이들 값을 계산하라.

부록 B

표

B.1 역학에서 사용되는 SI단위의 원칙
B.2 SI단위계의 접두사
B.3 SI단위와 US단위의 환산
B.4 선정된 공학재료의 특성
B.5 각 범주에서 선정된 재료
B.6 면적의 특성
B.7 선정된 강철 파이프와 튜브의 특성
B.8 강재 W 형상과 넓은 플랜지 단면의 특성
B.9 강재 S 형상과 미국표준 I형 보의 특성
B.10 강재 C 형상과 미국표준채널의 특성
B.11 강재 L 형상과 동일길이 앵글의 특성
B.12 강재 L 형상과 이종길이 앵글의 특성
B.13 구조용 목재의 특성
B.14 보의 처짐과 기울기
B.15 부정정 보의 반력과 처짐

표 B.1 역학에서 사용되는 SI단위의 원칙

Quantity	Unit	Symbol	Formula
Acceleration	Meter per second squared	···	m/s^2
Angular acceleration	Radian per second squared	···	rad/s^2
Angular velocity	Radian per second	···	rad/s
Area	Square meter	···	m^2
Density	Kilogram per cubic meter	···	kg/m^3
Energy	Joule	J	N·m
Force	Newton	N	$kg \cdot m/s^2$
Frequency	Hertz	Hz	s^{-1}
Impulse, linear	Newton-second	···	N·s
Length	Meter	m	(base unit)
Mass	Kilogram	kg	(base unit)
Moment of a force	Newton-meter	···	N·m
Power	Watt	W	J/s
Pressure	Pascal	Pa	N/m^2
Specific weight	Newton per cubic meter	···	N/m^3
Stress	Pascal	Pa	N/m^2
Time	Second	s	(base unit)
Velocity	Meter per second	···	m/s
Volume, solids	Cubic meter	···	m^3
Liquids	Liter	L	10^{-3} m^3
Work	Joule	J	N·m

표 B.2 SI단위계의 접두사

Prefix	Symbol	Factor
tera	T	10^{12} = 1 000 000 000 000
giga	G	10^{9} = 1 000 000 000
mega	M	10^{6} = 1 000 000
kilo	k	10^{3} = 1 000
hecto	h	10^{2} = 100
deka	da	10^{1} = 10
deci	d	10^{-1} = 0.1
centi	c	10^{-2} = 0.01
milli	m	10^{-3} = 0.001
micro	μ	10^{-6} = 0.000 001
nano	n	10^{-9} = 0.000 000 001
pico	p	10^{-12} = 0.000 000 000 001

Note: The use of the prefixes hecto, deka, deci, and centi is not recommended but they are sometimes encountered.

표 B.3 SI단위와 US단위의 환산

Quantity	U.S. Customary Units	SI Equivalent
Acceleration	ft/s^2	0.3048 m/s^2
	in./s^2	0.0254 m/s^2
Area	ft^2	0.0929 m^2
	in.^{2}	645.2 mm^2
Energy	ft·lb	1.356 J
Force	kip	4.448 kN
	lb	4.448 N
	oz	0.2780 N
Impulse, linear	lb·s	4.448 N·s
Intensity of distributed force	lb/ft	14.5939 N/m
Length	ft	0.3048 m
	in.	25.40 mm
	mi	1.609 km
Mass	oz mass	28.35 g
	lb mass	0.4536 kg
	slug	14.59 kg
	ton	907.2 kg
Moment of a force; torque	lb·ft	1.356 N·m
	lb·in.	0.1130 N·m
Moment of inertia		
Of an area	in.^{4}	0.4162×10^6 mm^4
Of a mass	lb·ft·s^2	1.356 kg·m^2
Power	ft·lb/s	1.356 W
	hp	745.7 W
Pressure; stress	lb/ft^2	47.88 Pa
	lb/in.^{2} (psi)	6.895 kPa
Specific weight	lb/ft^3	157.087 N/m^3
Velocity	ft/s	0.3048 m/s
	in./s	0.0254 m/s
	mi/h (mph)	0.4470 m/s
	mi/h (mph)	1.609 km/h
Volume, solids	ft^3	0.02832 m^3
	in.^{3}	16.39 cm^3
Liquids	gal	3.785 L
	qt	0.9464 L
Work	ft·lb	1.356 J

표 B.4 선정된 공학재료의 특성*(U.S. Customary Units)

Material	Specific Weight, lb/in.^{3}	Ultimate Strength, ksi			Yield Strength,‡ ksi		Modulus of Elasticity, 10^6 psi	Modulus of Rigidity, 10^6 psi	Coef. of Thermal Expans., 10^{-6}/°F	Ductility, Percent Elongation in 2 in.
		Tens.	Comp.†	Shear	Tens.	Shear				
Steel										
Structural, ASTM-A36	0.284	58	…	…	36	21	29	11.5	6.5	30
High strength, ASTM-A242	0.284	70	…	…	50	30	29	11.5	6.5	21
Stainless (302), cold-rolled	0.286	125	…	…	75	…	28	10.6	9.6	12
Cast iron										
Gray, ASTM A-48	0.260	25	95	35	…	…	10	4.1	6.7	0.5
Malleable, ASTM A-47	0.264	50	90	48	33	…	24	9.3	6.7	10
Aluminum										
Alloy 2014-T6	0.101	70	…	42	60	32	10.6	4.1	12.8	13
Alloy 6061-T6	0.098	43	…	27	38	20	10.0	3.8	13.1	17
Alloy 7075-T6	0.101	83	…	48	73	…	10.4	4	13.1	11
Brass, yellow										
Cold-rolled	0.306	78	…	43	63	36	15	5.6	11.3	8
Annealed	0.306	48	…	32	15	9	15	5.6	11.3	60
Copper										
Annealed	0.322	32	…	22	10	…	17	6.4	9.4	4.5
Hard-drawn	0.322	57	…	29	53	…	17	6.4	9.4	4
Bronze, cold-rolled (510)	0.320	81	…	…	75	40	16	5.9	9.9	10
Magnesium	0.065	20–49	…	24	11–40	…	6.5	2.4	15	2–20
Alloy AZ80	0.065	50	…	23	36	…	6.5	2.4	14	6
Alloy AZ31	0.064	37	…	19	29	…	6.5	2.4	14	12
Concrete										
Medium strength	0.084	…	4	…	…	…	3.5	…	5.5	…
High strength	0.084	…	6	…	…	…	4.3	…	5.5	…
Timber§ (air dry)										
Douglas fir	0.020	…	7.9	1.1	…	…	1.7	…	2.2	…
Southern pine	0.021	…	8.6	1.4	…	…	1.6	…	2.2	…
Glass, 98% silica	0.079	…	7	…	…	…	9.6	4.1	44	…
Nylon, molded	0.040	8	…	…	…	…	0.3	…	45	50
Rubber	0.033	2	…	…	…	…	…	…	90	600
Vinyl, rigid PVC	0.052	6	10	…	6.5	…	0.45	…	75	40

*Properties may vary widely with changes in composition, heat treatment, and method of manufacture. See References 3.2 to 3.5 of Chapter 3.
†For ductile metals the compression strength is assumed to be the same as that in tension.
‡Offset of 0.2%.
§Loaded parallel to the grain.

표 B.4 선정된 공학재료의 특성*(SI Units)

Material	Density, Mg/m³	Ultimate Strength, MPa			Yield Strength,‡ MPa		Modulus of Elasticity, GPa	Modulus of Rigidity, GPa	Coef. of Thermal Expans., 10^{-6}/°C	Ductility, Percent Elongation in 50 mm
		Tens.	Comp.†	Shear	Tens.	Shear				
Steel										
Structural, ASTM-A36	7.86	400	…	…	250	145	200	79	11.7	30
High strength, ASTM-A242	7.86	480	…	…	345	210	200	79	11.7	21
Stainless (302), cold-rolled	7.92	860	…	…	520	…	190	73	17.3	12
Cast iron										
Gray, ASTM A-48	7.2	170	650	240	…	…	70	28	12.1	0.5
Malleable, ASTM A-47	7.3	340	620	330	230	…	165	64	12.1	10
Aluminum										
Alloy 2014-T6	2.8	480	…	290	410	220	72	28	23	13
Alloy 6061-T6	2.71	300	…	185	260	140	70	26	23.6	17
Alloy 7075-T6	2.80	570	…	330	500	…	72	28	23.6	11
Brass, yellow										
Cold-rolled	8.47	540	…	300	435	250	105	39	20	8
Annealed	8.47	330	…	220	105	65	105	39	20	60
Copper										
Annealed	8.91	220	…	150	70	…	120	44	16.9	4.5
Hard-drawn	8.91	390	…	200	265	…	120	44	16.9	4
Bronze, cold-rolled (510)	8.86	560	…	…	520	275	110	41	17.8	10
Magnesium	1.8	140–340	…	165	80–280	…	45	17	27	2–20
Alloy AZ80	1.8	345	…	160	250	…	45	16	25.2	6
Alloy AZ31	1.77	255	…	130	200	…	45	16	25.2	12
Concrete										
Medium strength	2.32	…	28	…	…	…	24	…	10	…
High strength	2.32	…	40	…	…	…	30	…	10	…
Timber§ (air dry)										
Douglas fir	0.54	…	55	7.6	…	…	12	…	4	…
Southern pine	0.58	…	60	10	…	…	11	…	4	…
Glass, 98% silica	2.19	…	50	…	…	…	65	28	80	…
Nylon, molded	1.1	55	…	…	…	…	2	…	81	50
Rubber	0.91	14	…	…	…	…	…	…	162	600
Vinyl, rigid PVC	1.44	40	70	…	45	…	3.1	…	135	40

*Properties may vary widely with changes in composition, heat treatment, and method of manufacture. See References 3.2 to 3.5 of Chapter 3.
†For ductile metals the compression strength is assumed to be the same as that in tension.
‡Offset of 0.2%.
§Loaded parallel to the grain.

표 B.5 각 범주에서 선정된 재료

Class	Members	Abbreviation
Engineering alloys	Aluminum alloys	Al alloys
(the metals and alloys	Copper alloys	Cu alloys
of engineering)	Lead alloys	Lead alloys
	Magnesium alloys	Mg alloys
	Molybdenum alloys	Mo alloys
	Nickel alloys	Ni alloys
	Steels	Steels
	Tin alloys	Tin alloys
	Titanium alloys	Ti alloys
	Tungsten alloys	W alloys
	Zinc alloys	Zn alloys
Engineering polymers	Epoxies	EP
(the thermoplastics and	Melamines	MEL
thermosets of engineering)	Polycarbonate	PC
	Polyesters	PEST
	Polyethylene, high-density	HDPE
	Polyethylene, low-density	LDPE
	Polyformaldehyde	PF
	Polymethylmethacrylate	PMMA
	Polypropylene	PP
	Polytetrafluoroethylene	PTFE
	Polyvinyl chloride	PVC
Engineering ceramics	Alumina	$A1_2O_3$
(fine ceramics capable	Diamond	C
of load-bearing	Sialons	Sialons
applications)	Silicon carbide	SiC
	Silicon nitride	Si_3N_4
	Zirconia	ZrO_2
Engineering composites	Carbon-fiber-reinforced polymer	CFRP
(the composites of engineering	Glass-fiber-reinforced polymer	GFRP
practice)	Kevlar-fiber-reinforced polymer	KFRP
A distinction is drawn between		
the properties of a ply (uniply)		
and of a laminate (Iaminates).		
Porous ceramics	Brick	Brick
(traditional ceramics,	Cement	Cement
cements, rocks, and	Common rocks	Rocks
minerals)	Concrete	Concrete
	Porcelain	Pcln
	Pottery	Pot
Glasses	Borosilicate glass	B-glass
(ordinary silicate glass)	Soda glass	Na-glass
	Silica	SiO_2

표 B.5 각 범주에서 선정된 재료(계속)

Class	Members	Abbreviation
Woods Separate envelopes* describe properties: parallel to the grain, normal to it, and wood products.	Ash Balsa Fir Oak Pine Wood products (ply, etc.)	Ash Balsa Fir Oak Pine Wood products
Elastomers (natural and artificial rubbers)	Natural rubber Hard butyl rubber Polyurethanes Silicone rubber Soft butyl rubber	Rubber Hard butyl PU Silicone Soft butyl
Polymer foams (foamed polymers of engineering)	Cork Polyester Polystyrene Polyurethane	Cork PEST PS PU

Note: Data for members of a particular class of material *cluster* together and are enclosed by *envelopes* in Ashby's charts (see Fig. 3.44).
Source: M.F. Ashby, *Materials Selection in Mechanical Design*, Pergamon Press, Elmsford, NY, 1992.

표 B.6 면적의 특성

Rectangle

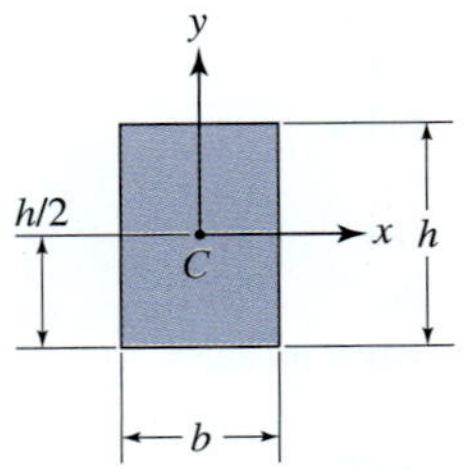

$A = bh$

$I_x = \dfrac{bh^3}{12}$

$I_y = \dfrac{hb^3}{12}$

Half of thin tube ($r_i \approx r_o \approx r,\ r/t \geq 10$)

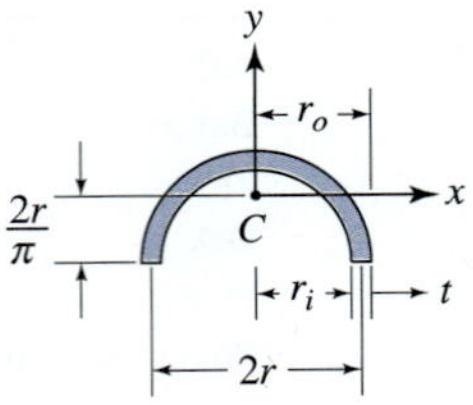

$A = \pi rt$

$I_x \approx 0.095\,\pi r^3 t$

$I_y = 0.5\,\pi r^3 t$

Triangle

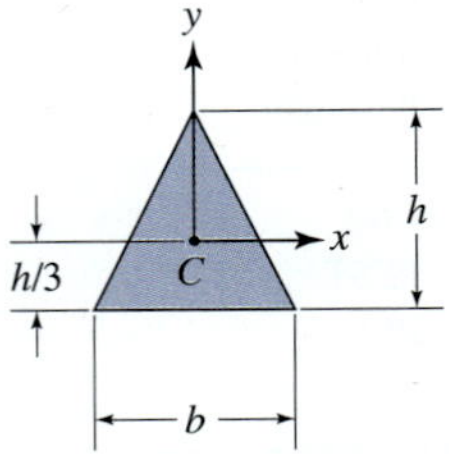

$A = \dfrac{bh}{2}$

$I_x = \dfrac{bh^3}{36}$

$I_y = \dfrac{hb^3}{48}$

Triangle

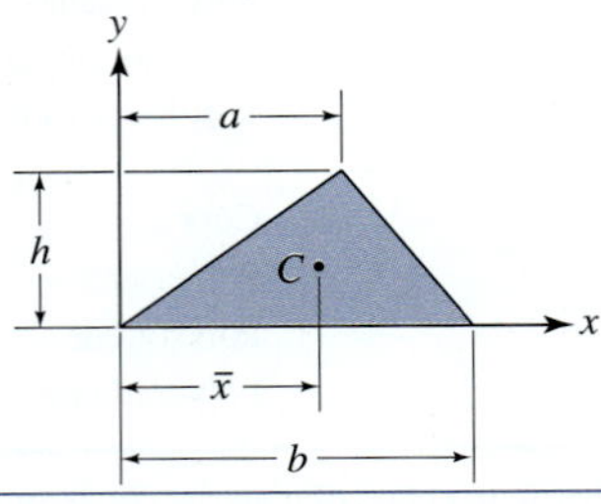

$A = \dfrac{bh}{2}$

$\bar{x} = \dfrac{(a+b)}{3}$

Circle

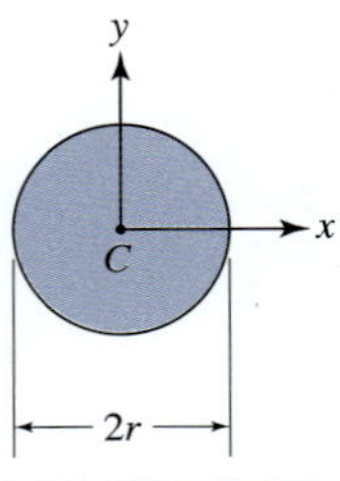

$A = \pi r^2$

$I_x = I_y = \dfrac{\pi r^4}{4}$

$J_C = \dfrac{\pi r^4}{2}$

Parabola ($y = kx^2$)

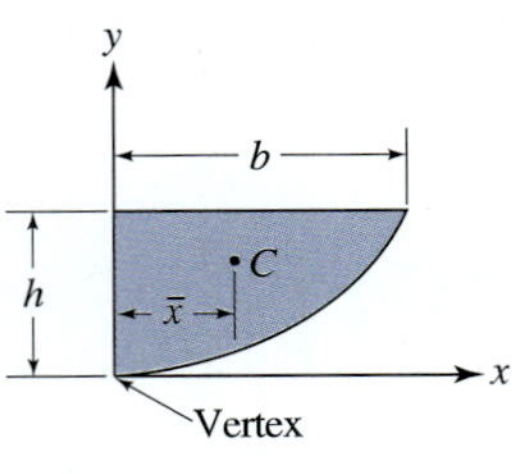

$A = \dfrac{2bh}{3}$

$\bar{x} = \dfrac{3b}{8}$

Semicircle

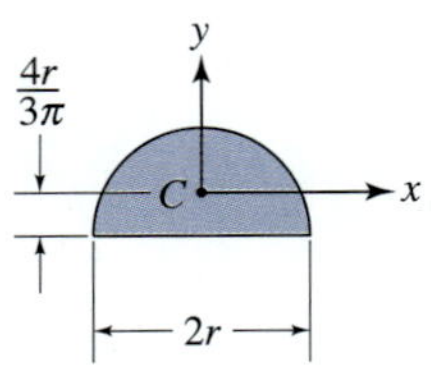

$A = \dfrac{\pi r^2}{2}$

$I_x \approx 0.11\,r^4$

$I_y = \dfrac{\pi r^4}{8}$

Parabolic spandrel ($y = kx^2$)

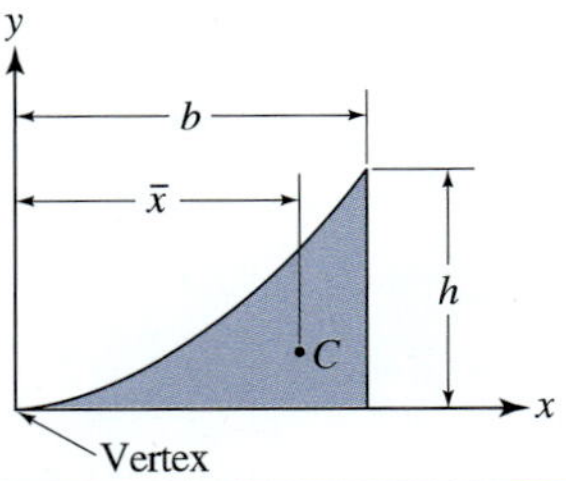

$A = \dfrac{bh}{3}$

$\bar{x} = \dfrac{3b}{4}$

Thin tube ($r_i \approx r_o \approx r,\ r/t \geq 10$)

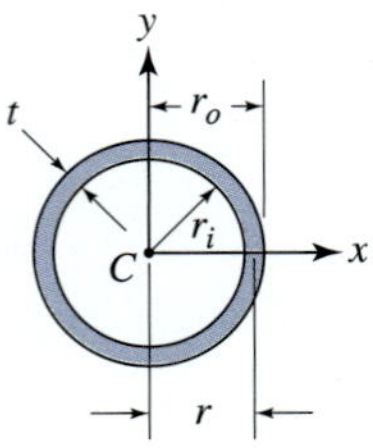

$A = 2\pi rt$

$I_x = I_y = \pi r^3 t$

$J_C = 2\pi r^3 t$

General spandrel ($y = kx^n$)

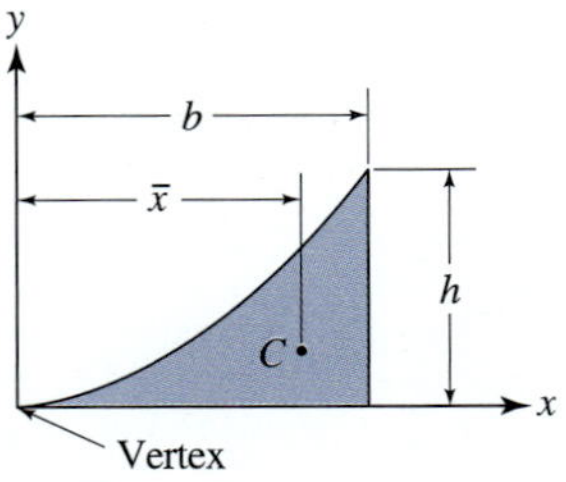

$A = \dfrac{bh}{n+1}$

$\bar{x} = \dfrac{n+1}{n+2}b$

Notes: A = area, I = moment of inertia, $\bar{x}$ = abscissa of centroid C.

표 B.7 선정된 강철 파이프와 튜브의 특성

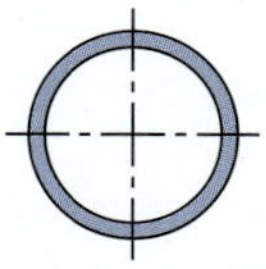

Standard-Weight Pipe Dimensions and Properties

Dimensions					Properties			
Nominal Diameter (in.)	Outside Diameter (in.)	Inside Diameter (in.)	Wall Thickness (in.)	Weight per Foot (lb/ft) Plain Ends	A (in.^{2})	I (in.^{4})	S (in.^{3})	r (in.)
$\frac{1}{2}$	.840	.622	.109	.85	.250	.017	.041	.261
$\frac{3}{4}$	1.050	.824	.113	1.13	.333	.037	.071	.334
1	1.315	1.049	.133	1.68	.494	.087	.133	.421
$1\frac{1}{4}$	1.660	1.380	.140	2.27	.669	.195	.235	.540
$1\frac{1}{2}$	1.900	1.610	.145	2.72	.799	.310	.326	.623
2	2.375	2.067	.154	3.65	1.07	.666	.561	.787
$2\frac{1}{2}$	2.875	2.469	.203	5.79	1.70	1.53	1.06	.947
3	3.500	3.068	.216	7.58	2.23	3.02	1.72	1.16
4	4.500	4.026	.237	10.79	3.17	7.23	3.21	1.51

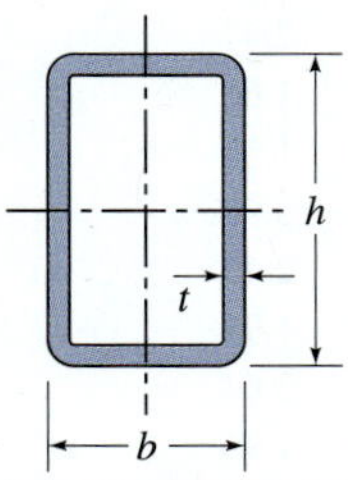

Square and Rectangular Structural Tubing Dimensions and Properties

Dimensions			Properties**						
Nominal* Size (in.)	Wall Thickness (in.)	Weight per Foot (lb/ft)	A (in.^{2})	I_x (in.^{4})	S_x (in.^{3})	r_x (in.)	I_y (in.^{4})	S_y (in.^{3})	r_y (in.)
2 × 2	$\frac{3}{16}$	4.32	1.27	0.668	0.668	0.726			
	$\frac{1}{4}$	5.41	1.59	0.766	0.766	0.694			
2.5 × 2.5	$\frac{3}{16}$	5.59	1.64	1.42	1.14	0.930			
	$\frac{1}{4}$	7.11	2.09	1.69	1.35	0.899			
3 × 2	$\frac{3}{16}$	5.59	1.64	1.86	1.24	1.06	0.977	0.977	0.771
	$\frac{1}{4}$	7.11	2.09	2.21	1.47	1.03	1.15	1.15	0.742
3 × 3	$\frac{3}{16}$	6.87	2.02	2.60	1.73	1.13			
	$\frac{1}{4}$	8.81	2.59	3.16	2.10	1.10			
4 × 2	$\frac{3}{16}$	6.87	2.02	3.87	1.93	1.38	1.29	1.29	0.798
	$\frac{1}{4}$	8.81	2.59	4.69	2.35	1.35	1.54	1.54	0.770
4 × 4	$\frac{3}{16}$	9.42	2.77	6.59	3.30	1.54			
	$\frac{1}{4}$	12.21	3.59	8.22	4.11	1.51			

*Outside dimensions across flat sides ($h \times b$).

**Properties are based on a nominal outside corner radius equal to two times the wall thickness (t).

Notes: A = area, S = section modulus, I = moment of inertia, $r = \sqrt{I/A}$ = radius of gyration.

Source: The American Institute of Steel Construction, Chicago, IL.

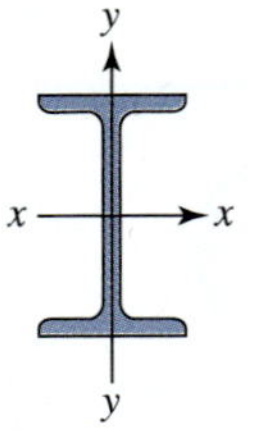

표 B.8 강재 W 형상과 넓은 플랜지 단면의 특성(U.S. Customary Units)

Designation*	Area, in.^{2}	Depth, in.	Flange Width, in.	Flange Thickness, in.	Web Thickness, in.	Axis *x-x* I, in.^{4}	Axis *x-x* r, in.	Axis *x-x* S, in.^{3}	Axis *y-y* I, in.^{4}	Axis *y-y* r, in.
W 36 × 300	88.3	36.74	16.665	1.680	0.945	20300	15.2	1110	1300	3.83
× 135	39.7	35.55	11.950	0.790	0.600	7800	14.0	439	225	2.38
W 30 × 173	50.8	30.44	14.985	1.065	0.655	8200	12.7	539	598	3.43
× 99	29.1	29.65	10.450	0.670	0.520	3990	11.7	269	128	2.10
W 24 × 104	30.6	24.06	12.750	0.750	0.500	3100	10.1	258	259	2.91
× 84	24.7	24.10	9.020	0.770	0.470	2370	9.79	196	94.4	1.95
W 21 × 101	29.8	21.36	12.290	0.800	0.500	2420	9.02	227	248	2.89
× 62	18.3	20.99	8.240	0.615	0.400	1330	8.54	127	57.5	1.77
W 18 × 106	31.1	18.73	11.200	0.940	0.590	1910	7.84	204	220	2.66
× 50	14.7	17.99	7.495	0.570	0.355	800	7.38	88.9	40.1	1.65
× 35	10.3	17.70	6.000	0.425	0.300	510	7.04	57.6	15.3	1.22
W 16 × 77	22.6	16.52	10.295	0.760	0.455	1110	7.00	134	138	2.47
× 57	16.8	16.43	7.120	0.715	0.430	758	6.72	92.2	43.1	1.60
× 40	11.8	16.01	6.995	0.505	0.305	518	6.63	64.7	28.9	1.57
W 14 × 145	42.7	14.78	15.500	1.090	0.680	1710	6.33	232	677	3.98
× 82	24.1	14.31	10.130	0.855	0.510	882	6.05	123	148	2.48
× 53	15.6	13.92	8.060	0.660	0.370	541	5.89	77.8	57.7	1.92
W 12 × 72	21.1	12.25	12.040	0.670	0.430	597	5.31	97.4	195	3.04
× 50	14.7	12.19	8.080	0.640	0.370	394	5.18	64.7	56.3	1.96
× 35	10.3	12.50	6.560	0.520	0.300	285	5.25	45.6	24.5	1.54
W 10 × 54	15.8	10.09	10.030	0.615	0.370	303	4.37	60.0	103	2.56
× 45	13.3	10.10	8.020	0.620	0.350	248	4.33	49.1	53.4	2.01
× 33	9.71	9.73	7.960	0.435	0.290	170	4.19	35.0	36.6	1.94
W 8 × 48	14.1	8.50	8.110	0.685	0.400	184	3.61	43.3	60.9	2.08
× 40	11.7	8.25	8.070	0.560	0.360	146	3.53	35.5	49.1	2.04
× 35	10.3	8.12	8.020	0.495	0.310	127	3.51	31.2	42.6	2.03
W 6 × 25	7.34	6.38	6.080	0.455	0.320	53.4	2.70	16.7	17.1	1.52
× 20	5.88	6.20	6.020	0.365	0.260	41.4	2.66	13.4	13.3	1.50
× 16	4.74	6.28	4.030	0.405	0.260	32.1	2.60	10.2	4.43	0.967
× 12	3.55	6.03	4.000	0.280	0.230	22.1	2.49	7.31	2.99	0.918
W 5 × 19	5.54	5.15	5.030	0.430	0.270	26.2	2.17	10.2	9.13	1.28
× 16	4.68	5.01	5.000	0.360	0.240	21.3	2.13	8.51	7.51	1.27
W 4 × 13	3.83	4.16	4.060	0.345	0.280	11.3	1.72	5.46	3.86	1.00

*A wide-flange shape is designated by the letter W followed by the nominal depth in inches and the weight in pounds per foot.

Notes: A = area, S = section modulus, I = moment of inertia, $r = \sqrt{I/A}$ = radius of gyration.

Source: The American Institute of Steel Construction, Chicago, IL.

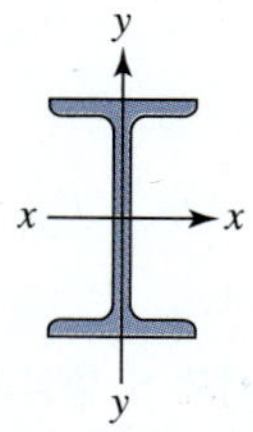

표 B.8 강재 W 형상과 넓은 플랜지 단면의 특성(SI Units)

Designation*	Area, 10^3 mm^2	Depth, mm	Flange Width, mm	Flange Thickness, mm	Web Thickness, mm	Axis x-x I, 10^6 mm^4	Axis x-x r, mm	Axis x-x S, 10^3 mm^3	Axis y-y I, 10^6 mm^4	Axis y-y r, mm
W 920 × 446	57000	933	423	42.70	24.0	8470	385	18200	540	97.3
× 201	25600	903	304	20.10	15.2	3250	356	7200	94.4	60.7
W 760 × 257	32600	773	381	27.10	16.6	3420	324	8850	250	87.6
× 147	18700	753	265	17.00	13.2	1660	298	4410	52.9	53.2
W 610 × 155	19.7	611	324	19.0	12.7	1290	256	4220	108	73.9
× 125	15.9	612	229	19.6	11.9	985	249	3220	39.3	49.7
W 530 × 150	19200	543	312	20.30	12.7	1010	229	3720	103	73.2
× 92	11800	533	209	15.60	10.2	552	216	2070	23.8	44.9
W 460 × 158	20.1	476	284	23.9	15.0	795	199	3340	91.6	67.6
× 74	9.48	457	190	14.5	9.0	333	188	1457	16.7	41.9
× 52	6.65	450	152	10.8	7.6	212	179	942	6.4	31.0
W 410 × 114	14.6	420	261	19.3	11.6	462	178	2200	57.4	62.7
× 85	10.8	417	181	18.2	10.9	316	171	1516	17.9	40.6
× 60	7.61	407	178	12.8	7.7	216	168	1061	12	39.9
W 360 × 216	27.5	375	394	27.7	17.3	712	161	3800	282	101.1
× 122	15.5	363	257	21.7	13.0	367	154	2020	61.6	63.0
× 79	10.1	354	205	16.8	9.4	225	150	1271	24.0	48.8
W 310 × 107	13.6	311	306	17.0	10.9	248	135	1595	81.2	77.2
× 74	9.48	310	205	16.3	9.4	164	132	1058	23.4	49.8
× 52	6.65	317	167	13.2	7.6	119	133	748	10.2	39.1
W 250 × 80	10.2	256	255	15.6	9.4	126	111	985	42.8	65
× 67	8.58	257	204	15.7	8.9	103	110	803	22.2	51.1
× 49	6.26	247	202	11.0	7.4	70.8	106	573	15.2	49.3
W 200 × 71	9.11	216	206	17.4	10.2	76.6	91.7	709	25.3	52.8
× 59	7.55	210	205	14.2	9.1	60.8	89.7	579	20.4	51.8
× 52	6.65	206	204	12.6	7.9	52.9	89.2	514	17.7	51.6
W 150 × 37	4.74	162	154	11.6	8.1	22.2	69	274	7.12	38.6
× 30	3.79	157	153	9.3	6.6	17.2	67.6	219	5.54	38.1
× 24	3.06	160	102	10.3	6.6	13.4	66	167	1.84	24.6
× 18	2.29	153	102	7.1	5.8	9.2	63.2	120	1.25	23.3
W 130 × 28.1	3.58	131	128	10.9	6.9	10.9	55.2	166	3.81	32.6
× 23.8	3.01	127	127	9.1	6.1	8.80	54.1	139	3.11	32.1
W 100 × 19.3	2480	106	103	8.8	7.1	4.77	43.9	90.0	1.61	25.5

*A wide-flange shape is designated by the letter W followed by the nominal depth in millimeters and the mass in kilograms per meter.

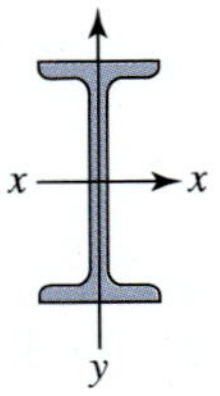

표 B.9 강재 S 형상과 미국표준 I형 보의 특성(U.S. Customary Units)

Designation*	Area, in.^{2}	Depth, in.	Flange		Web Thickness, in.	Axis x-x			Axis y-y	
			Width, in.	Thickness, in.		I, in.^{4}	r, in.	S, in.^{3}	I, in.^{4}	r, in.
S 24 × 121	35.6	24.50	8.050	1.090	0.800	3160	9.43	258	83.3	1.53
× 106	31.2	24.50	7.870	1.090	0.620	2940	9.71	240	77.1	1.57
× 100	29.4	24.00	7.247	0.871	0.747	2390	9.01	199	47.8	1.27
× 79.9	23.5	24.00	7.001	0.871	0.501	2110	9.47	175	42.3	1.34
S 20 × 95	27.9	20.00	7.200	0.916	0.800	1610	7.60	161	49.7	1.33
× 86	25.3	20.30	7.060	0.920	0.660	1580	7.89	155	46.8	1.36
× 75	22.1	20.00	6.391	0.789	0.641	1280	7.60	128	29.6	1.16
× 66	19.4	20.00	6.255	0.795	0.505	1190	7.83	119	27.7	1.19
S 18 × 70	20.6	18.00	6.251	0.691	0.711	926	6.71	103	24.1	1.08
× 54.7	16.1	18.00	6.001	0.691	0.461	804	7.07	89.4	20.8	1.14
S 15 × 50	14.7	15.00	5.640	0.622	0.550	486	5.75	64.8	15.7	1.03
× 42.9	12.6	15.00	5.501	0.622	0.411	447	5.95	59.6	14.4	1.07
S 12 × 50	14.7	12.00	5.477	0.659	0.687	305	4.55	50.8	15.7	1.03
× 40.8	12.0	12.00	5.252	0.659	0.462	272	4.77	45.4	13.6	1.06
× 35	10.3	12.00	5.078	0.544	0.428	229	4.72	38.2	9.87	0.980
S 10 × 35	10.3	10.00	4.944	0.491	0.594	147	3.78	29.4	8.36	0.901
× 25.4	7.46	10.00	4.661	0.491	0.311	124	4.07	24.7	6.79	0.954
S 8 × 23	6.77	8.00	4.171	0.425	0.441	64.9	3.10	16.2	4.31	0.798
× 18.4	5.41	8.00	4.001	0.425	0.271	57.6	3.26	14.4	3.73	0.831
S 6 × 17.25	5.07	6.00	3.565	0.359	0.465	26.3	2.28	8.77	2.31	0.675
× 12.5	3.67	6.00	3.332	0.359	0.232	22.1	2.45	7.37	1.82	0.705
S 5 × 10	2.94	5.00	3.004	0.326	0.214	12.3	2.05	4.92	1.22	0.643
S 4 × 9.5	2.79	4.00	2.796	0.293	0.326	6.79	1.56	3.39	0.903	0.569
× 7.7	2.26	4.00	2.663	0.293	0.193	6.08	1.64	3.04	0.764	0.581
S 3 × 7.5	2.21	3.00	2.509	0.260	0.349	2.93	1.15	1.95	0.586	0.516
× 5.7	1.67	3.00	2.330	0.260	0.170	2.52	1.23	1.68	0.455	0.522

*An American standard beam is designated by the letter S followed by the nominal depth in inches and the weight in pounds per foot.

Notes: A = area, S = section modulus, I = moment of inertia, $r = \sqrt{I/A}$ = radius of gyration.

Source: The American Institute of Steel Construction, Chicago, IL.

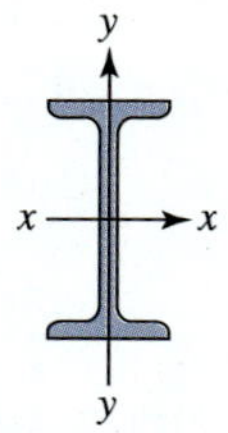

표 B.9 강재 S 형상과 미국표준 I형 보의 특성(SI Units)

Designation*	Area, 10^3 mm^2	Depth, mm	Flange: Width, mm	Flange: Thickness, mm	Web Thickness, mm	Axis x-x: I, 10^6 mm^4	Axis x-x: r, mm	Axis x-x: S, 10^3 mm^3	Axis y-y: I, 10^6 mm^4	Axis y-y: r, mm
S 610 × 180	22.9	622	204	27.7	20.3	1320	240	4240	34.9	39.0
× 158	20.1	622	200	27.7	15.7	1230	247	3950	32.5	39.9
× 149	19.0	610	184	22.1	19.0	995	229	3260	19.9	32.3
× 119	15.2	610	178	22.1	12.7	878	241	2880	17.6	34.0
S 510 × 141	18.0	508	183	23.3	20.3	670	193	2640	20.7	33.8
× 128	16.4	516	179	23.4	16.8	658	200	2550	19.7	34.4
× 112	14.3	508	162	20.1	16.3	533	193	2100	12.3	29.5
× 98.3	12.5	508	159	20.2	12.8	495	199	1950	11.8	30.4
S 460 × 104	13.3	457	159	17.6	18.1	385	170	1685	10.0	27.4
× 81	10.4	457	152	17.6	11.7	335	180	1466	8.66	29.0
S 380 × 74	9.5	381	143	15.8	14.0	202	146	1060	6.53	26.2
× 64	8.13	381	140	15.8	10.4	186	151	977	5.99	27.2
S 310 × 74	9.48	305	139	16.8	17.4	127	116	833	6.53	26.2
× 60.7	7.73	305	133	16.7	11.7	113	121	741	5.73	26.8
× 52	6.64	305	129	13.8	10.9	95.3	120	625	4.11	24.9
S 250 × 52	6.64	254	126	12.5	15.1	61.2	96	482	3.48	22.9
× 38	4.81	254	118	12.5	7.9	51.6	103	406	2.83	24.2
S 200 × 34	4.37	203	106	10.8	11.2	27	78.7	266	1.79	20.3
× 27	3.5	203	102	10.8	6.9	24	82.8	236	1.55	21.1
S 150 × 26	3.27	152	90	9.1	11.8	11.0	57.9	144	0.96	17.2
× 19	2.36	152	84	9.1	5.8	9.20	62.2	121	0.76	17.9
S 130 × 15	1.89	127	76	8.3	5.4	5.07	51.8	79.8	0.513	16.3
S 100 × 14	1.80	102	70	7.4	8.3	2.83	39.6	55.5	0.38	14.5
× 11	1.45	102	67	7.4	4.8	2.53	41.6	49.6	0.32	14.8
S 75 × 11.2	1.43	76	64	6.6	8.9	1.20	29.0	31.6	0.254	13.1
× 8.5	1.07	76	59	6.6	4.3	1.03	31.0	27.1	0.190	13.3

*An American standard beam is designated by the letter S followed by the nominal depth in millimeters and the mass in kilograms per meter.

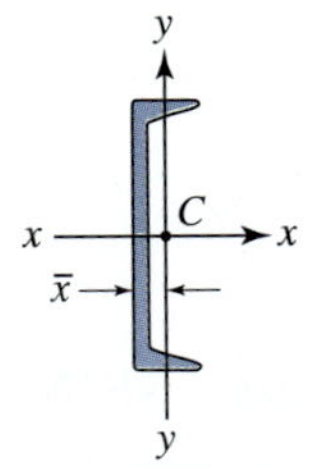

표 B.10 강재 C 형상과 미국표준채널의 특성(U.S. Customary Units)

Designation*	Area, in.^{2}	Depth, in.	Flange Width, in.	Flange Thickness, in.	Web Thickness, in.	Axis x-x I, in.^{4}	Axis x-x r, in.	Axis x-x S, in.^{3}	Axis y-y I, in.^{4}	Axis y-y r, in.	Axis y-y $\bar{x}$, in.
C 15 × 50	14.7	15.00	3.716	0.650	0.716	404	5.24	53.8	11.0	0.867	0.799
× 40	11.8	15.00	3.520	0.650	0.520	349	5.44	46.5	9.23	0.866	0.778
× 33.9	9.96	15.00	3.400	0.650	0.400	315	5.62	42.0	8.13	0.904	0.787
C 12 × 30	8.82	12.00	3.170	0.501	0.510	162	4.29	27.0	5.14	0.763	0.674
× 25	7.35	12.00	3.047	0.501	0.387	144	4.43	24.1	4.47	0.780	0.674
× 20.7	6.09	12.00	2.942	0.501	0.282	129	4.61	21.5	3.88	0.799	0.698
C 10 × 30	8.82	10.00	3.033	0.436	0.673	103	3.42	20.7	3.94	0.669	0.649
× 25	7.35	10.00	2.886	0.436	0.526	91.2	3.52	18.2	3.36	0.676	0.617
× 20	5.88	10.00	2.739	0.436	0.379	78.9	3.66	15.8	2.81	0.691	0.606
C 9 × 20	5.88	9.00	2.640	0.413	0.448	60.9	3.22	13.5	2.42	0.642	0.583
× 15	4.41	9.00	2.485	0.413	0.285	51.0	3.40	11.3	1.93	0.661	0.586
× 13.4	3.94	9.00	2.433	0.413	0.233	47.9	3.48	10.6	1.76	0.669	0.601
C 8 × 18.75	5.51	8.00	2.527	0.390	0.487	44.0	2.82	11.0	1.98	0.599	0.565
× 13.75	4.04	8.00	2.343	0.390	0.303	36.1	2.99	9.03	1.53	0.615	0.553
× 11.5	3.38	8.00	2.260	0.390	0.220	32.6	3.11	8.14	1.32	0.625	0.571
C 7 × 12.25	3.60	7.00	2.194	0.366	0.314	24.2	2.60	6.93	1.17	0.771	0.525
× 9.8	2.87	7.00	2.090	0.366	0.210	21.3	2.72	6.08	0.968	0.581	0.540
C 6 × 13	3.83	6.00	2.157	0.343	0.437	17.4	2.13	5.80	1.05	0.525	0.514
× 10.5	3.09	6.00	2.034	0.343	0.314	15.2	2.22	5.06	0.865	0.529	0.500
× 8.2	2.40	6.00	1.920	0.343	0.200	13.1	2.34	4.38	0.692	0.537	0.512
C 5 × 9	2.64	5.00	1.885	0.320	0.325	8.90	1.83	3.56	0.632	0.489	0.478
× 6.7	1.97	5.00	1.750	0.320	0.190	7.49	1.95	3.00	0.479	0.493	0.484
C 4 × 7.25	2.13	4.00	1.721	0.296	0.321	4.59	1.47	2.29	0.432	0.450	0.459
× 5.4	1.59	4.00	1.584	0.296	0.184	3.85	1.56	1.93	0.319	0.449	0.458
C 3 × 6	1.76	3.00	1.596	0.273	0.356	2.07	1.08	1.38	0.305	0.416	0.455
× 5	1.47	3.00	1.498	0.273	0.258	1.85	1.12	1.24	0.247	0.410	0.438
× 4.1	1.21	3.00	1.410	0.273	0.170	1.66	1.17	1.10	0.197	0.404	0.436

*An American standard channel is designated by the letter C followed by the nominal depth in inches and the weight in pounds per foot.

Notes: A = area, S = section modulus, I = moment of inertia, $r = \sqrt{I/A}$ = radius of gyration.

Source: The American Institute of Steel Construction, Chicago, IL.

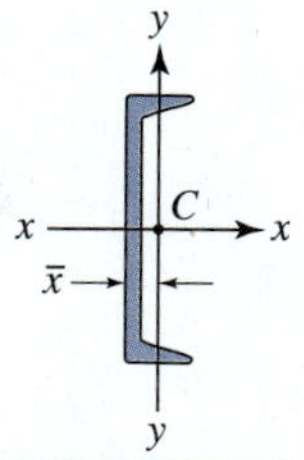

표 B.10 강재 C 형상과 미국표준채널의 특성(SI Units)

Designation*	Area, 10^3 mm^2	Depth, mm	Flange Width, mm	Flange Thickness, mm	Web Thickness, mm	Axis *x-x* I, 10^6 mm^4	Axis *x-x* r, mm	Axis *x-x* S, 10^3 mm^3	Axis *y-y* I, 10^6 mm^4	Axis *y-y* r, mm	Axis *y-y* $\bar{x}$, mm
C 380 × 74	9.48	381	94	16.5	18.2	168	133	883	4.58	22.0	20.3
× 60	7.61	381	89	16.5	13.2	145	138	763	3.84	22.5	19.8
× 50	6.43	381	86	16.5	10.2	131	143	688	3.38	23.0	20.0
C 310 × 45	5.69	305	80	12.7	13	67.4	109	442	2.14	19.4	17.1
× 37	4.74	305	77	12.7	9.8	59.9	113	393	1.86	19.8	17.1
× 31	3.93	305	74	12.7	7.2	53.5	117	352	1.62	20.3	17.7
C 250 × 45	5.69	254	76	11.1	17.1	42.9	86.9	338	1.64	17.0	16.5
× 37	4.74	254	73	11.1	13.4	38.0	89.4	299	1.40	17.2	15.7
× 30	3.78	254	69	11.1	9.6	32.8	93	258	1.17	17.6	15.4
C 230 × 30	3.8	229	67	10.5	11.4	25.4	81.8	222	0.997	16.2	14.7
× 22	2.84	229	63	10.5	7.2	21.2	86.4	185	0.796	16.7	14.9
× 19.9	2.53	229	61	10.5	5.9	19.8	88.5	173	0.708	16.7	15.0
C 200 × 28	3.56	203	64	9.9	12.4	18.3	71.6	180	0.82	15.2	14.4
× 21	2.61	203	59	9.9	7.7	15.0	75.9	148	0.64	15.6	14.1
× 17	2.18	203	57	9.9	5.6	13.6	79.0	134	0.55	15.9	14.5
C 180 × 18.2	2.31	178	55	9.3	8.0	10.0	65.8	112	0.470	14.3	13.1
× 14.6	1.85	178	53	9.3	5.3	8.83	69.1	99.2	0.400	14.7	13.7
C 150 × 19	2.47	152	54	8.7	11.1	7.24	54.1	95.3	0.44	13.3	13.1
× 16	1.99	152	51	8.7	8.0	6.33	56.4	83.3	0.36	13.4	12.7
× 12	1.55	152	48	8.7	5.1	5.45	59.4	71.7	0.29	13.6	13.0
C 130 × 13	1.71	127	48	8.1	8.3	3.70	46.5	58.3	0.264	12.4	12.2
× 10.4	1.31	127	47	8.1	4.8	3.75	49.8	51.2	0.229	13.2	13.0
C 100 × 11	1.37	102	43	7.5	8.2	1.91	37.3	37.5	0.18	11.4	11.7
× 8	1.03	102	40	7.5	4.7	1.60	39.6	31.4	0.13	11.4	11.6
C 75 × 8.9	1.13	76.2	40	6.9	9.0	0.850	27.4	22.3	0.122	10.4	11.3
× 7.4	0.94	76.2	37	6.9	6.6	0.751	28.3	19.7	0.095	10.1	10.8
× 6.1	0.76	76.2	35	6.9	4.3	0.671	29.6	17.6	0.076	10.0	10.8

*An American standard channel is designated by the letter C followed by the nominal depth in millimeters and the mass in kilograms per meter.

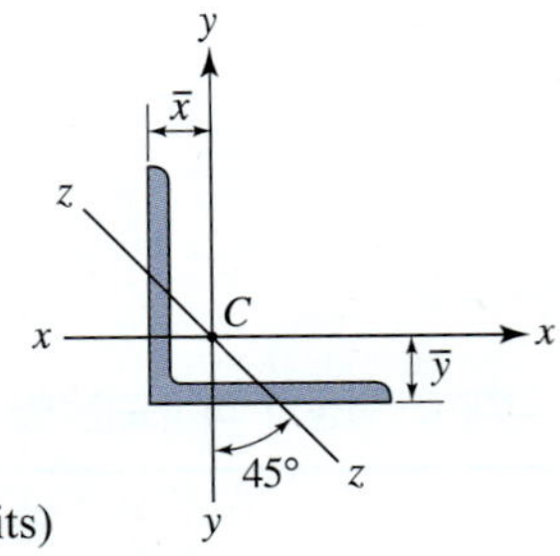

표 B.11 강재 L 형상과 동일길이 앵글의 특성(U.S. Customary Units)

Size and Thickness, in.	Weight, lb/ft	Area, in.^{2}	Axis x-x or y-y: I, in.^{4}	r, in.	S, in.^{3}	$\bar{x}$ or $\bar{y}$, in.	Axis z-z r, in.
L 8 × 8 × 1	51.0	15.0	89.0	2.44	15.8	2.37	1.56
× $\frac{3}{4}$	38.9	11.4	69.7	2.47	12.2	2.28	1.58
× $\frac{1}{2}$	26.4	7.75	48.6	2.50	8.36	2.19	1.59
L 6 × 6 × 1	37.4	11.0	35.5	1.80	8.57	1.86	1.17
× $\frac{5}{8}$	24.2	7.11	24.2	1.84	5.66	1.73	1.18
× $\frac{3}{8}$	14.9	4.36	15.4	1.88	3.53	1.64	1.19
L 5 × 5 × $\frac{3}{4}$	23.6	6.94	15.7	1.51	4.53	1.52	0.975
× $\frac{1}{2}$	16.2	4.75	11.3	1.54	3.16	1.43	0.983
× $\frac{3}{8}$	12.3	3.61	8.74	1.56	2.42	1.39	0.990
L 4 × 4 × $\frac{3}{4}$	18.5	5.44	7.67	1.19	2.81	1.27	0.778
× $\frac{1}{2}$	12.8	3.75	5.56	1.22	1.97	1.18	0.782
× $\frac{1}{4}$	6.6	1.94	3.04	1.25	1.05	1.09	0.795
L $3\frac{1}{2}$ × $3\frac{1}{2}$ × $\frac{1}{2}$	11.1	3.25	3.64	1.06	1.49	1.06	0.683
× $\frac{3}{8}$	8.5	2.48	2.87	1.07	1.15	1.01	0.687
× $\frac{1}{4}$	5.8	1.69	2.01	1.09	0.794	0.968	0.694
L 3 × 3 × $\frac{1}{2}$	9.4	2.75	2.22	0.898	1.07	0.932	0.584
× $\frac{3}{8}$	7.2	2.11	1.76	0.913	0.833	0.888	0.587
× $\frac{1}{4}$	4.9	1.44	1.24	0.930	0.577	0.842	0.592
L $2\frac{1}{2}$ × $2\frac{1}{2}$ × $\frac{1}{2}$	7.7	2.25	1.23	0.739	0.724	0.806	0.487
× $\frac{3}{8}$	5.9	1.73	0.984	0.753	0.566	0.762	0.487
× $\frac{1}{4}$	4.1	1.19	0.703	0.769	0.394	0.717	0.491
L 2 × 2 × $\frac{3}{8}$	4.7	1.36	0.479	0.594	0.351	0.636	0.389
× $\frac{1}{4}$	3.19	0.938	0.348	0.609	0.247	0.592	0.391
× $\frac{1}{8}$	1.65	0.484	0.190	0.626	0.131	0.546	0.398

Notes: A = area, S = section modulus, I = moment of inertia, $r = \sqrt{I/A}$ = radius of gyration. The z-z is the axis of the minimum moment of inertia.
Source: The American Institute of Steel Construction, Chicago, IL.

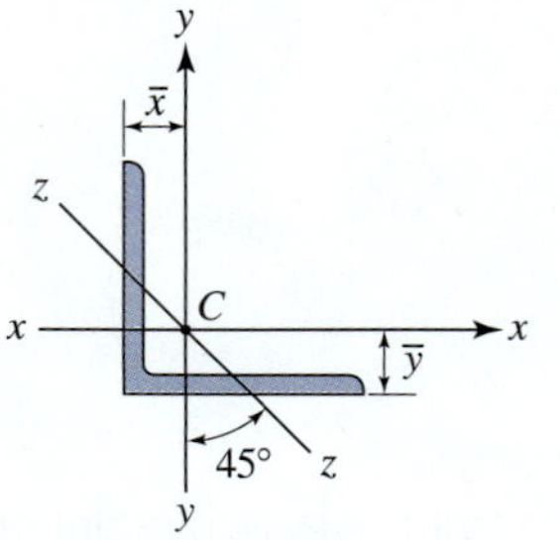

표 B.11 강재 L 형상과 동일길이 앵글의 특성(SI Units)

Size and Thickness, mm	Mass, kg/m	Area, 10^3 mm^2	Axis x-x or y-y I, 10^6 mm^4	r, mm	S, 10^3 mm^3	$\bar{x}$ or $\bar{y}$, mm	Axis z-z, r, mm
L 203 × 203 × 25.4	75.9	9.68	37	61.8	259	60.2	39.6
× 19	57.9	7.36	29	62.8	200	57.9	40.1
× 12.7	39.3	5.0	20.2	63.6	137	55.6	40.4
L 152 × 152 × 25.4	55.7	7.1	14.8	45.6	140.4	47.2	29.7
× 15.9	36	4.59	10.1	46.8	92.8	43.9	30.0
× 9.5	22.2	2.8	6.41	47.8	57.8	41.7	30.2
L 127 × 127 × 19	35.1	4.48	6.53	38.2	74.2	38.6	24.8
× 12.7	24.1	3.07	4.70	39.2	51.8	36.3	25.0
× 9.5	18.3	2.33	3.64	39.5	39.7	35.3	25.1
L 102 × 102 × 19	27.5	3.51	3.19	30.1	46.0	32.3	19.8
× 12.7	19	2.42	2.31	30.9	32.3	30.0	19.9
× 6.4	9.8	1.25	1.27	31.8	17.2	27.7	20.2
L 89 × 89 × 12.7	16.5	0.21	1.52	26.9	24.5	26.9	17.4
× 9.5	12.6	1.6	1.20	27.3	18.9	25.7	17.5
× 6.4	8.6	1.09	0.84	27.7	13.0	24.6	17.6
L 76 × 76 × 12.7	14	1.77	0.92	22.8	17.5	23.7	14.8
× 9.5	10.7	1.35	0.725	23.2	17.5	22.5	14.9
× 6.4	7.3	0.93	0.52	23.6	9.46	21.4	15.0
L 64 × 64 × 12.7	11.4	1460	0.524	18.9	12.1	20.6	12.5
× 9.5	8.7	1.13	0.419	19.3	9.40	19.4	12.5
× 6.4	6.1	0.78	0.302	19.7	6.62	18.4	12.6
L 51 × 51 × 9.5	7.0	0.88	0.202	15.2	5.80	16.2	9.95
× 6.4	4.7	0.61	0.147	15.5	4.09	15.1	9.94
× 3.2	2.4	0.32	0.081	16.0	2.17	13.9	10.1

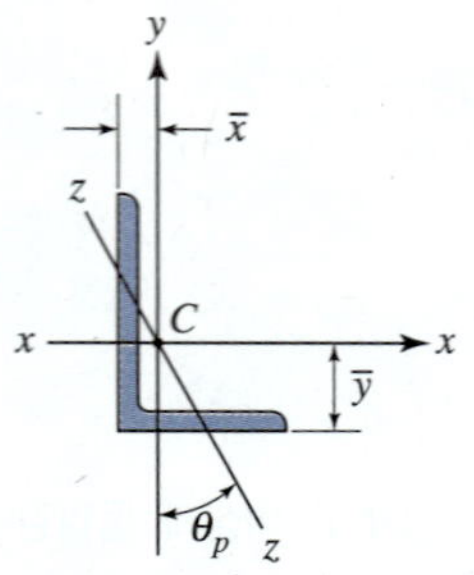

표 B.12 강재 L 형상과 이종길이 앵글의 특성(U.S. Customary Units)

			Axis *x-x*				**Axis *y-y***			**Axis *z-z***	
Size and Thickness, in.	**Weight, lb/ft**	**Area, in.^{2}**	***I*, in.^{4}**	***r*, in.**	***S*, in.^{3}**	**$\bar{y}$, in.**	***I*, in.^{4}**	***r*, in.**	**$\bar{x}$, in.**	***r*, in.**	**tan θ_p**
L 8 × 6 × 1	44.2	13.0	80.8	2.49	15.1	2.65	38.8	1.73	1.65	1.28	0.543
× $\frac{3}{4}$	33.8	9.94	63.4	2.53	11.7	2.56	30.7	1.76	1.56	1.29	0.551
× $\frac{1}{2}$	23.0	6.75	44.3	2.56	8.02	2.47	21.7	1.79	1.47	1.30	0.558
L 6 × 4 × $\frac{3}{4}$	23.6	6.94	24.5	1.88	6.25	2.08	8.68	1.12	1.08	0.860	0.428
× $\frac{1}{2}$	16.2	4.75	17.4	1.91	4.33	1.99	6.27	1.15	0.987	0.870	0.440
× $\frac{3}{8}$	12.3	3.61	13.5	1.93	3.32	1.94	4.90	1.17	0.941	0.877	0.446
L 5 × 3 × $\frac{1}{2}$	12.8	3.75	9.45	1.59	2.91	1.75	2.58	0.829	0.750	0.648	0.357
× $\frac{3}{8}$	9.8	2.86	7.37	1.61	2.24	1.70	2.04	0.845	0.704	0.654	0.364
× $\frac{1}{4}$	6.6	1.94	5.11	1.62	1.53	1.66	1.44	0.861	0.657	0.663	0.371
L 4 × 3 × $\frac{1}{2}$	11.1	3.25	5.05	1.25	1.89	1.33	2.42	0.864	0.827	0.639	0.543
× $\frac{3}{8}$	8.5	2.48	3.96	1.26	1.46	1.28	1.92	0.879	0.782	0.644	0.551
× $\frac{1}{4}$	5.8	1.69	2.77	1.28	1.00	1.24	1.36	0.896	0.736	0.651	0.558
L 3$\frac{1}{2}$ × 2$\frac{1}{2}$ × $\frac{1}{2}$	9.4	2.75	3.24	1.09	1.41	1.20	1.36	0.704	0.705	0.534	0.486
× $\frac{3}{8}$	7.2	2.11	2.56	1.10	1.09	1.16	1.09	0.719	0.660	0.537	0.496
× $\frac{1}{4}$	4.9	1.44	1.80	1.12	0.755	1.11	0.777	0.735	0.614	0.544	0.506
L 3 × 2$\frac{1}{2}$ × $\frac{1}{2}$	8.5	2.50	2.08	0.913	1.04	1.00	1.30	0.722	0.750	0.520	0.667
× $\frac{1}{4}$	4.5	1.31	1.17	0.945	0.561	0.911	0.743	0.753	0.661	0.528	0.684
L 2$\frac{1}{2}$ × 2 × $\frac{3}{8}$	5.3	1.55	0.912	0.768	0.547	0.813	0.514	0.577	0.581	0.420	0.614
× $\frac{1}{4}$	3.62	1.06	0.654	0.784	0.381	0.787	0.372	0.592	0.537	0.424	0.626

Notes: A = area, S = section modulus, I = moment of inertia, $r = \sqrt{I/A}$ = radius of gyration. The *z-z* is the axis of the minimum moment of inertia.

Source: The American Institute of Steel Construction, Chicago, IL.

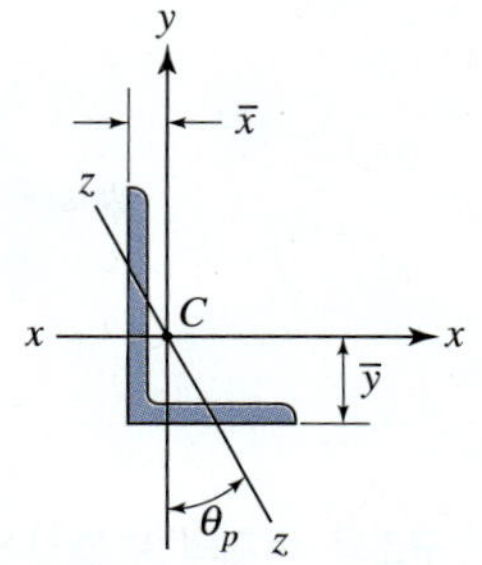

표 B.12 강재 L 형상과 이종길이 앵글의 특성(SI Units)

Size and Thickness, mm	Mass, kg/m	Area, 10^3 mm^2	Axis x-x				Axis y-y			Axis z-z	
			I, 10^6 mm^4	r, mm	S, 10^3 mm^3	$\bar{y}$, mm	I, 10^6 mm^4	r, mm	$\bar{x}$ mm	r, mm	tan θ_p
L 203 × 152 × 25.4	65.5	8.39	33.6	63.3	247	67.3	16.2	43.9	41.9	32.5	0.543
× 19.0	50.1	6.38	26.2	64.1	190	65.1	12.7	44.6	39.6	32.7	0.551
× 12.7	34.1	4.35	18.4	65.1	131	62.7	9.03	45.6	37.3	33.0	0.558
L 152 × 102 × 19	35.0	4.48	10.2	47.7	102.4	52.8	3.61	28.4	27.4	21.8	0.428
× 12.7	24.0	3.06	7.20	48.5	70.8	50.3	2.64	29.4	25.3	22.2	0.446
× 9.5	18.2	2.33	5.62	49.1	54.4	49.3	2.04	29.6	23.9	22.3	0.446
L 127 × 76 × 12.7	19.0	2.42	3.93	40.3	47.7	44.5	1.07	21.1	19.1	16.5	0.357
× 9.5	14.5	1.84	3.06	40.8	36.6	43.3	0.841	21.4	17.8	16.6	0.362
× 6.4	9.8	1.25	2.13	41.2	25.1	42.2	0.60	21.9	16.7	16.8	0.371
L 102 × 76 × 12.7	16.4	2.10	2.10	31.6	31.0	33.8	1.01	21.9	21.0	16.2	0.543
× 9.5	12.6	1.6	1.66	32.2	24.0	32.8	0.792	22.2	19.8	16.3	0.545
× 6.4	8.6	1.09	1.15	32.5	16.4	31.5	0.57	22.8	18.7	16.5	0.558
L 89 × 64 × 12.7	13.9	1.80	1.35	27.6	23.1	30.5	0.57	17.9	17.9	13.6	0.486
× 9.5	10.7	1.36	1.07	28.0	18.0	29.5	0.463	18.5	16.9	13.8	0.503
× 6.4	7.3	0.93	0.75	28.4	12.4	28.2	0.32	18.7	15.6	13.8	0.506
L 76 × 64 × 12.7	12.6	1.62	0.87	23.2	17.0	25.4	0.54	18.3	19.1	13.2	0.667
× 6.4	6.70	0.85	0.49	24.0	9.19	23.1	0.31	19.1	16.8	13.4	0.684
L 64 × 51 × 9.5	7.89	1.00	0.38	19.5	8.96	21.1	0.21	14.7	14.8	10.7	0.614
× 6.4	5.39	0.68	0.27	19.9	6.24	20.0	0.16	15.0	13.6	10.8	0.626

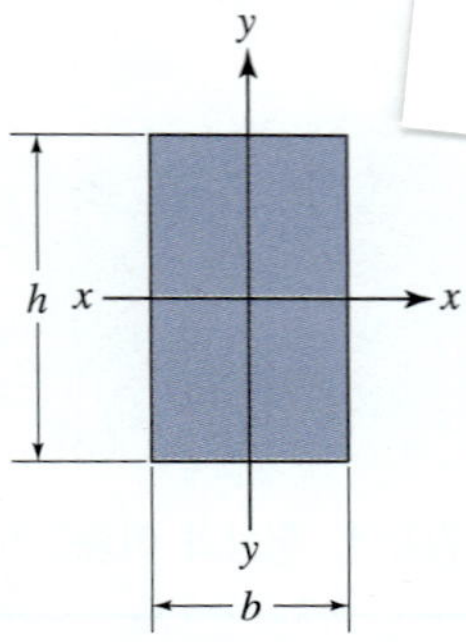

표 B.13 구조용 목재의 특성(U.S. Customary Units)
Sectional Properties of American Standard Lumber (S4S)*

Nominal Dimensions $b \times h$	Net Dimensions $b \times h$	Area $A = bh$	Axis x-x: Moment of Inertia $I_x = \frac{bh^3}{12}$	Axis x-x: Section Modulus $S_x = \frac{bh^2}{6}$	Axis y-y: Moment of Inertia $I_y = \frac{hb^3}{12}$	Axis y-y: Section Modulus $S_y = \frac{hb^2}{6}$	Weight per Linear Foot
in.	in.	in.^{2}	in.^{4}	in.^{3}	in.^{4}	in.^{3}	lb
2 × 4	1.5 × 3.5	5.25	5.36	3.06	0.98	1.31	1.3
2 × 6	1.5 × 5.5	8.25	20.80	7.56	1.55	2.06	2.0
2 × 8	1.5 × 7.25	10.88	47.63	13.14	2.04	2.72	2.6
2 × 10	1.5 × 9.25	13.88	98.93	21.39	2.60	3.47	3.4
2 × 12	1.5 × 11.25	16.88	177.98	31.64	3.16	4.22	4.1
3 × 4	2.5 × 3.5	8.75	8.93	5.10	4.56	3.65	2.1
3 × 6	2.5 × 5.5	13.75	34.66	12.60	7.16	5.73	3.3
3 × 8	2.5 × 7.25	18.13	79.39	21.90	9.44	7.55	4.4
3 × 10	2.5 × 9.25	23.13	164.89	35.65	12.04	9.64	5.6
3 × 12	2.5 × 11.25	28.13	296.63	52.73	14.65	11.72	6.8
4 × 4	3.5 × 3.5	12.25	12.51	7.15	12.51	7.15	3.0
4 × 6	3.5 × 5.5	19.25	48.53	17.65	19.65	11.23	4.7
4 × 8	3.5 × 7.25	25.38	111.15	30.66	25.90	14.80	6.2
4 × 10	3.5 × 9.25	32.38	230.84	49.61	33.05	18.89	7.9
4 × 12	3.5 × 11.25	39.38	415.28	73.83	40.20	22.97	9.6
6 × 6	5.5 × 5.5	30.25	76.3	27.7	76.3	27.7	7.4
6 × 8	5.5 × 7.5	41.25	193.4	51.6	104.0	37.8	10.0
6 × 10	5.5 × 9.5	52.25	393.0	82.7	131.7	47.9	12.7
6 × 12	5.5 × 11.5	63.25	697.1	121.2	159.4	58.0	15.4
8 × 8	7.5 × 7.5	56.25	263.7	70.3	263.7	70.3	13.7
8 × 10	7.5 × 9.5	71.25	535.9	112.8	334.0	89.1	17.3
8 × 12	7.5 × 11.5	86.25	950.5	165.3	404.3	107.8	21.0

*S4S = surfaced four sides. Specific weight = 35 lb/ft^3.
Source: National Forest Products Association (NFPA), Washington, DC.

Properties of Areas

Rectangle

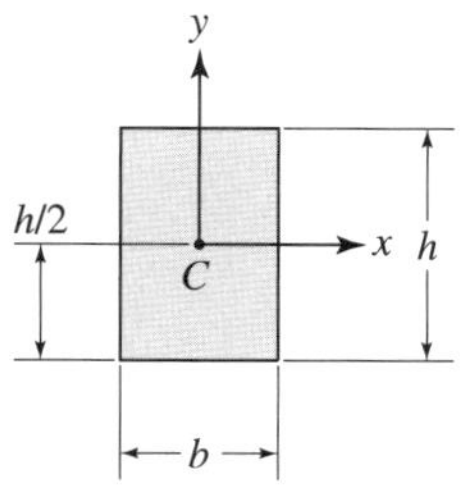

$$A = bh$$

$$I_x = \frac{bh^3}{12}$$

$$I_y = \frac{hb^3}{12}$$

Half of thin tube ($r_i \approx r_o \approx r,\ r/t \geq 10$)

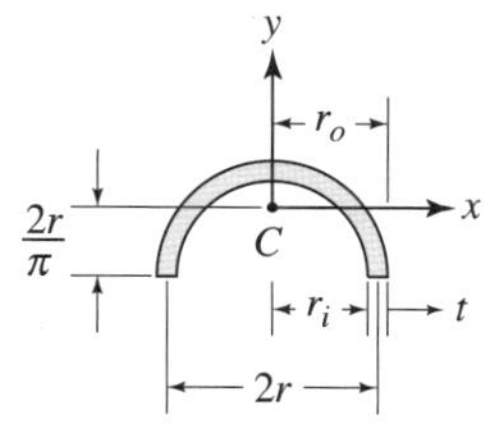

$$A = \pi r t$$

$$I_x \approx 0.095\,\pi r^3 t$$

$$I_y = 0.5\,\pi r^3 t$$

Triangle

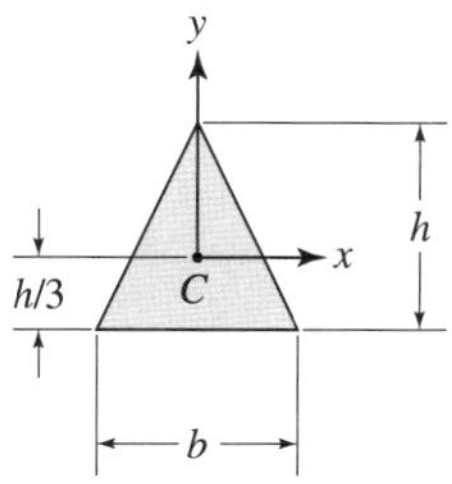

$$A = \frac{bh}{2}$$

$$I_x = \frac{bh^3}{36}$$

$$I_y = \frac{hb^3}{48}$$

Triangle

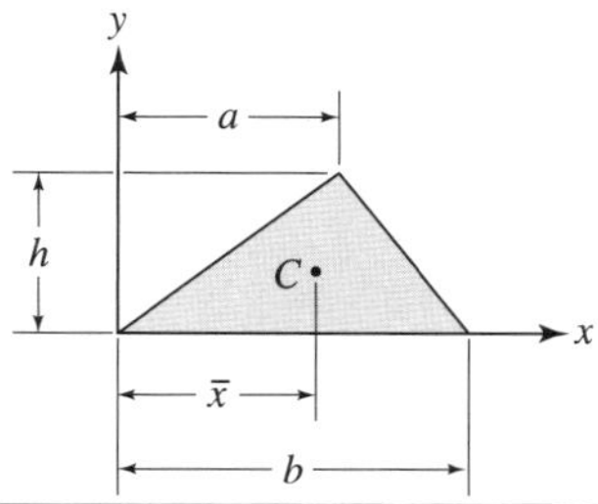

$$A = \frac{bh}{2}$$

$$\bar{x} = \frac{(a+b)}{3}$$

Circle

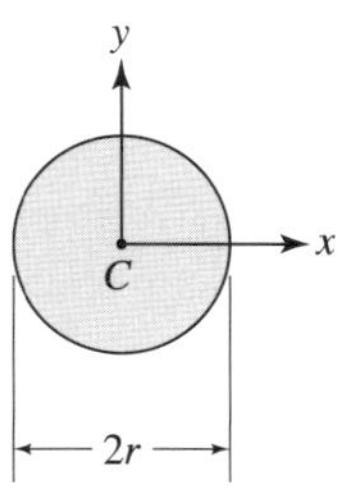

$$A = \pi r^2$$

$$I_x = I_y = \frac{\pi r^4}{4}$$

$$J_C = \frac{\pi r^4}{2}$$

Parabola ($y = kx^2$)

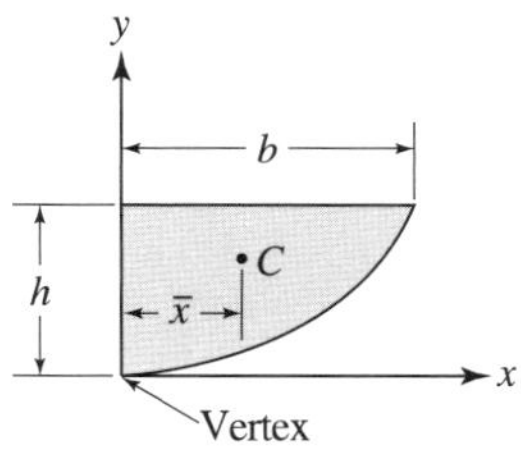

$$A = \frac{2bh}{3}$$

$$\bar{x} = \frac{3b}{8}$$

Semicircle

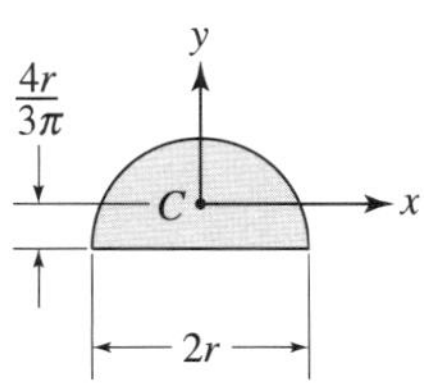

$$A = \frac{\pi r^2}{2}$$

$$I_x \approx 0.11\, r^4$$

$$I_y = \frac{\pi r^4}{8}$$

Parabolic spandrel ($y = kx^2$)

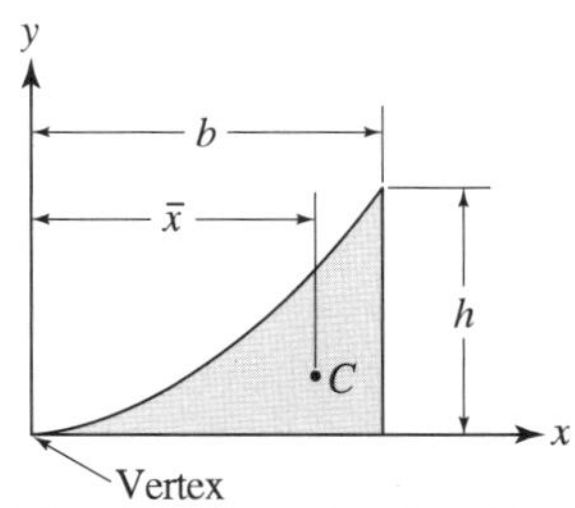

$$A = \frac{bh}{3}$$

$$\bar{x} = \frac{3b}{4}$$

Thin tube ($r_i \approx r_o \approx r,\ r/t \geq 10$)

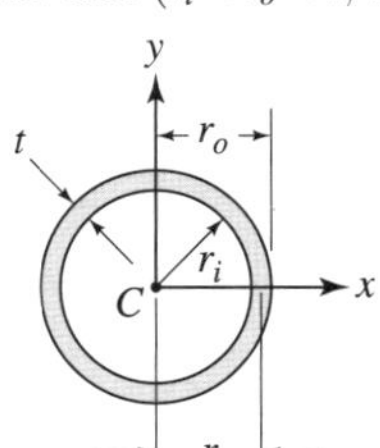

$$A = 2\pi r t$$

$$I_x = I_y = \pi r^3 t$$

$$J_C = 2\pi r^3 t$$

General spandrel ($y = kx^n$)

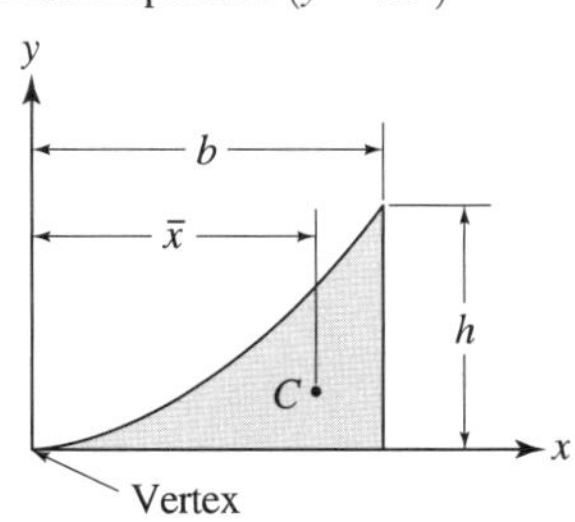

$$A = \frac{bh}{n+1}$$

$$\bar{x} = \frac{n+1}{n+2}b$$

Notes: A = area, I = moment of inertia, $\bar{x}$ = abscissa of centroid C.

Some Common Formulas for Stress*

1. *Prismatic Bars of Linearly Elastic Material*

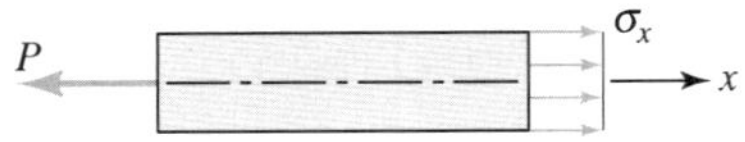

Axial loading: $\sigma_x = \dfrac{P}{A}$ (a)

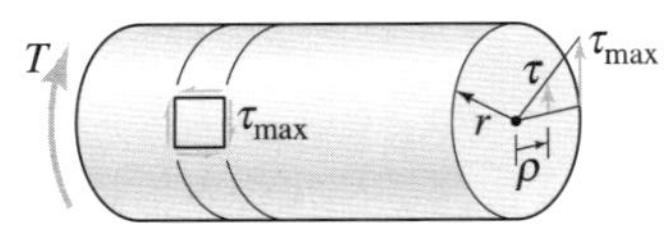

Torsion: $\tau = \dfrac{T\rho}{J}, \qquad \tau_{max} = \dfrac{Tr}{J}$ (b)

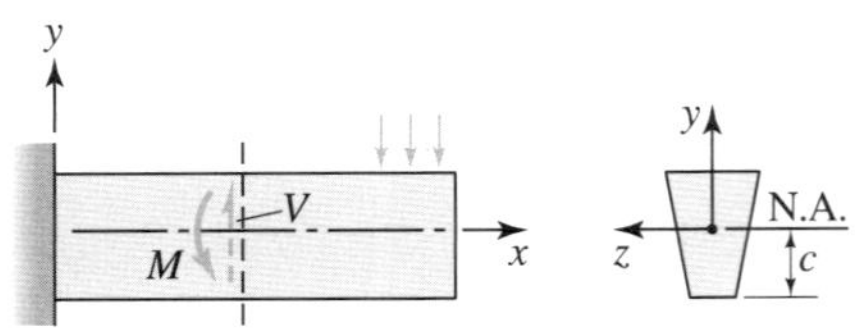

Bending: $\sigma_x = -\dfrac{My}{I}, \qquad \sigma_{max} = \dfrac{Mc}{I}$ (c)

Shear: $\tau_{xy} = \dfrac{VQ}{Ib}$ (d)

where

σ_x = normal axial stress
τ = shearing stress due to torque
τ_{xy} = shearing stress due to vertical shear force
P = axial force
T = torque
V = vertical shear force
M = bending moment about z axis

A = cross-sectional area
y, z = centroidal principal axes of the area
I = moment of inertia about neutral axis (N.A.)
J = polar moment of inertia of circular cross section
b = width of bar at which τ_{xy} is calculated
r = radius
Q = first moment about N.A. of the area beyond the point at which τ_{xy} is calculated

2. *Thin-Walled Pressure Vessels* $(r/t \geq 10)$

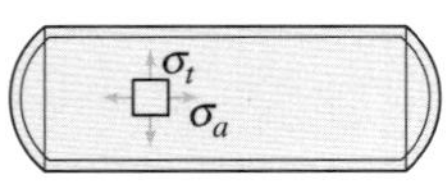

Cylinder: $\sigma_t = \dfrac{pr}{t}, \qquad \sigma_a = \dfrac{pr}{2t}$ (e)

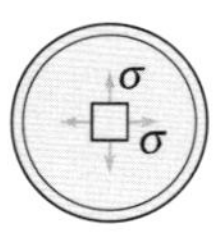

Sphere: $\sigma = \dfrac{pr}{2t}$ (f)

where

σ_t = tangential stress in cylinder wall
σ_a = axial stress in cylinder wall
σ = membrane stress in sphere wall

p = internal pressure
t = wall thickness
r = inner radius

* Details on derivations and *limitations of use* of these equations are found in Sections 2.3, 5.3, 7.5, 7.8, and 8.8.

표 B.14 보의 처짐과 기울기*

Load and Support	Maximum Deflection	Slope at End	Equation of Elastic Curve
1. 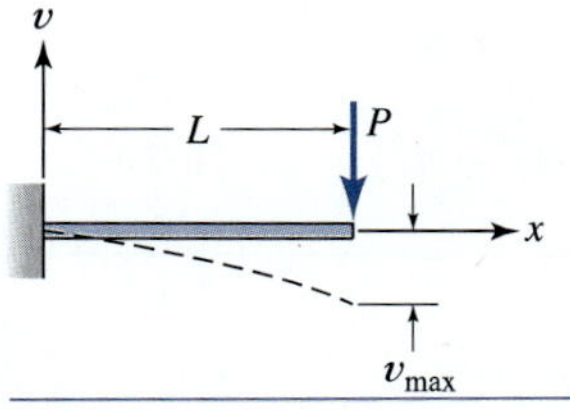	$-\dfrac{PL^3}{3EI}$	$-\dfrac{PL^2}{2EI}$	$v = \dfrac{Px^2}{6EI}(x - 3L)$
2. 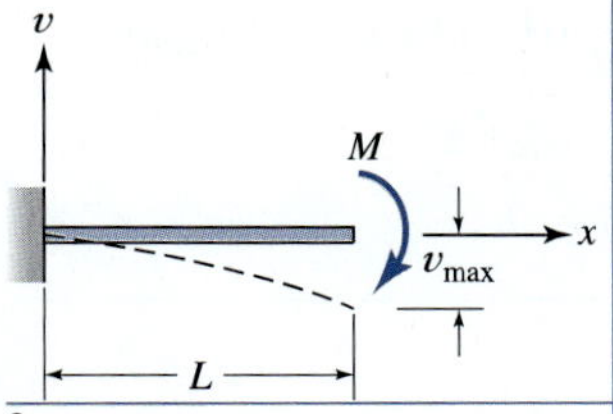	$-\dfrac{ML^2}{2EI}$	$-\dfrac{ML}{EI}$	$v = -\dfrac{Mx^2}{2EI}$
3. 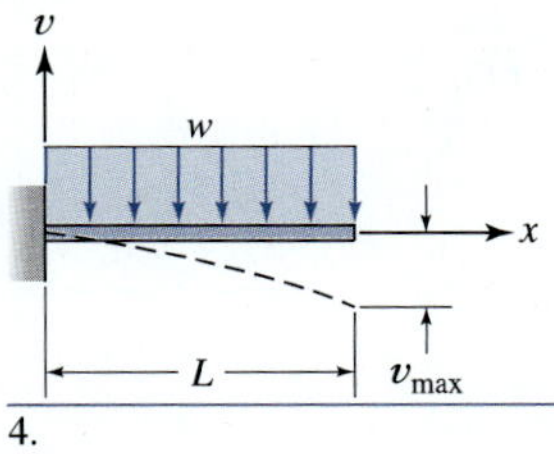	$-\dfrac{wL^4}{8EI}$	$-\dfrac{wL^3}{6EI}$	$v = -\dfrac{wx^2}{24EI}(x^2 - 4Lx + 6L^2)$
4. 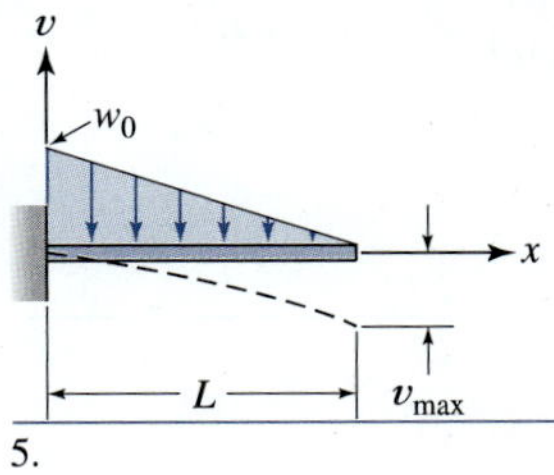	$-\dfrac{w_0L^4}{30EI}$	$-\dfrac{w_0L^3}{24EI}$	$v = \dfrac{w_0x^2}{120EIL}(x^3 - 5Lx^2 + 10L^2x - 10L^3)$
5. 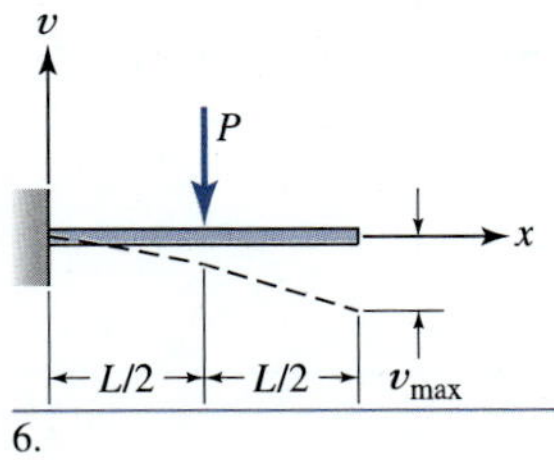	$-\dfrac{5PL^3}{48EI}$	$-\dfrac{PL^2}{8EI}$	$v = -\dfrac{Px^2}{6EI}\left(\dfrac{3}{2}L - x\right)$ $(0 \le x \le L/2)$ $v = -\dfrac{PL^2}{24EI}\left(3x - \dfrac{1}{2}L\right)$ $(L/2 \le x \le L)$
6. 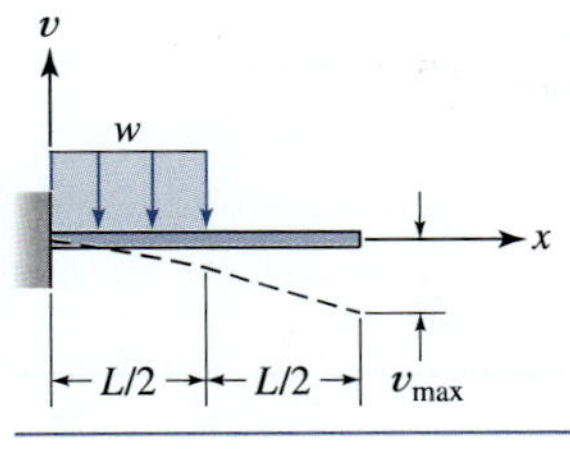	$-\dfrac{7wL^4}{384EI}$	$-\dfrac{wL^3}{48EI}$	$v = -\dfrac{wx^2}{24EI}\left(x^2 - 2Lx - \dfrac{3}{2}L^2\right)$ $(0 \le x \le L/2)$ $v = -\dfrac{wL^3}{192EI}\left(4x - \dfrac{1}{2}L\right)$ $(L/2 \le x \le L)$

표 B.14 보의 처짐과 기울기(계속)

Load and Support	Maximum Deflection	Slope at End	Equation of Elastic Curve
7. 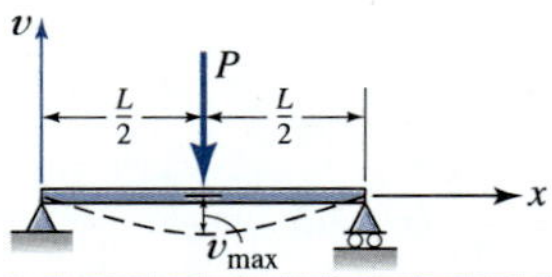	$-\dfrac{PL^3}{48EI}$	$\pm\dfrac{PL^2}{16EI}$	$v=\dfrac{Px}{48EI}(4x^2-3L^2)\quad(x\le L/2)$
8. 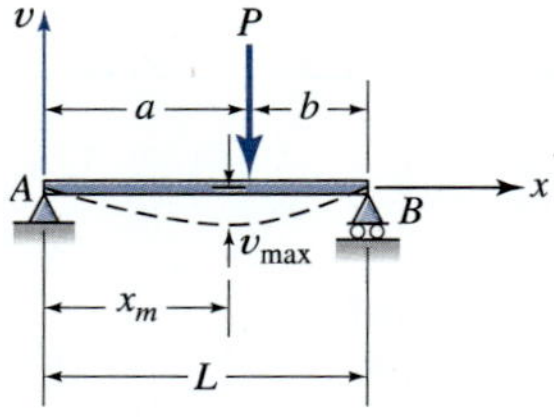	For $a>b$: $-\dfrac{Pb(L^2-b^2)^{3/2}}{9\sqrt{3}EIL}$ $x_m=\sqrt{\dfrac{L^2-b^2}{3}}$	$\theta_A=-\dfrac{Pb(L^2-b^2)}{6EIL}$ $\theta_B=\dfrac{Pa(L^2-a^2)}{6EIL}$	$v=\dfrac{Pbx}{6EIL}(x^2-L^2+b^2)\quad(x\le a)$
9. 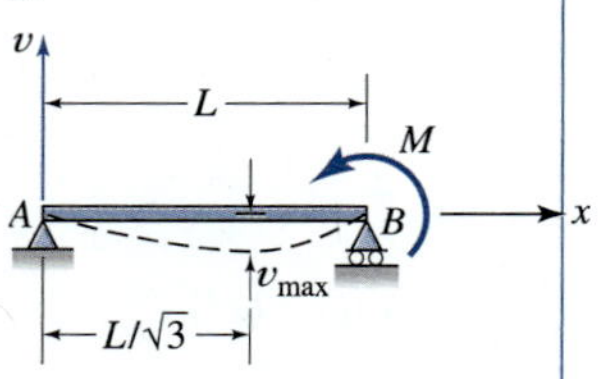	$-\dfrac{ML^2}{9\sqrt{3}EI}$	$\theta_A=-\dfrac{ML}{6EI}$ $\theta_B=\dfrac{ML}{3EI}$	$v=\dfrac{Mx}{6EIL}(x^2-L^2)$
10. 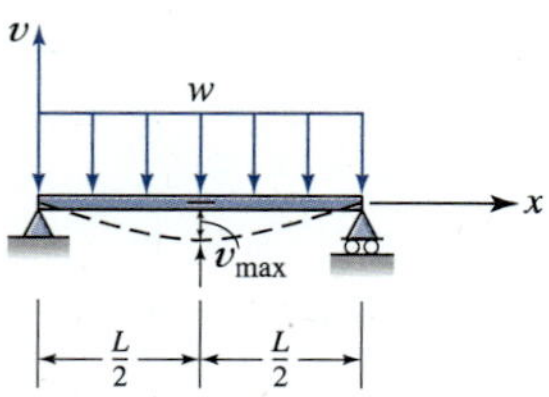	$-\dfrac{5wL^4}{384EI}$	$\pm\dfrac{wL^3}{24EI}$	$v=-\dfrac{wx}{24EI}(x^3-2Lx^2+L^3)$
11. 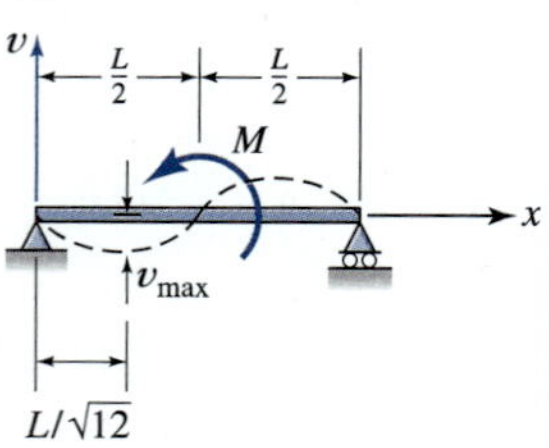	$\pm\dfrac{ML^2}{36\sqrt{12}EI}$	$\pm\dfrac{ML}{24EI}$	$v=\dfrac{Mx}{24EIL}(4x^2-L^2)\quad(x\le L/2)$
12. 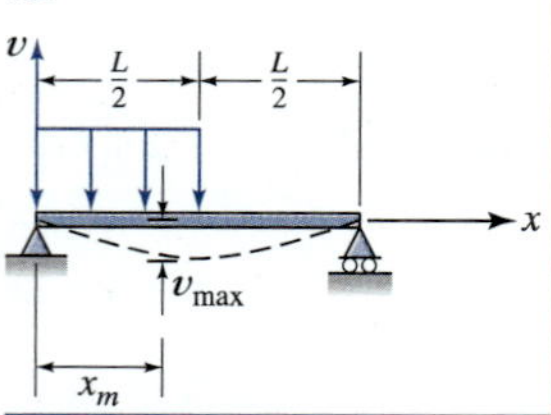	$-0.006563\dfrac{wL^4}{EI}$ $x_m=0.4598L$	$\theta_A=-\dfrac{3wL^3}{128EI}$ $\theta_B=\dfrac{7wL^3}{384EI}$	$v=-\dfrac{wx}{384EI}(16x^3-24Lx+9L^3)$ $(0\le x\le L/2)$

*The limitations of use of formulas presented are discussed in Sections 10.1 and 10.2.

표 B.15 부정정 보의 반력과 처짐

Load and Support	Reactions*	Deflections
1. 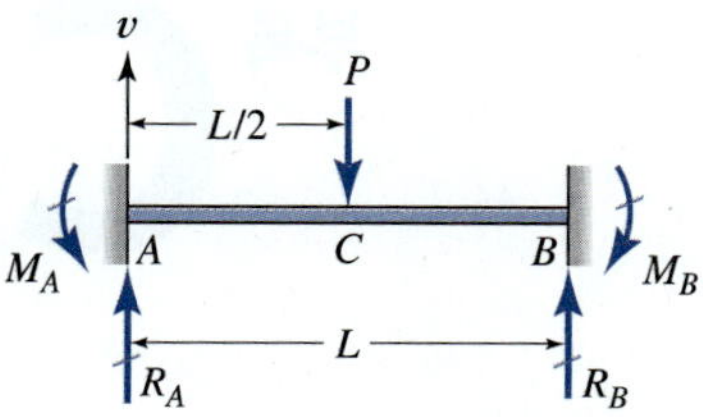	$R_A = R_B = \dfrac{P}{2}$ $M_A = M_B = \dfrac{PL}{8}$	$v_{\max} = v_C = -\dfrac{PL^3}{192}$
2. 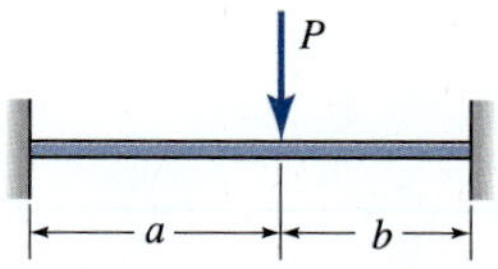	$R_A = \dfrac{Pb^2}{L^3}(3a+b)$ $\quad R_B = \dfrac{Pa^2}{L^3}(a+3b)$ $M_A = \dfrac{Pab^2}{L^2}$ $\quad M_B = \dfrac{Pa^2b}{L^2}$	For $a > b$: $v_C = -\dfrac{Pb^2}{48EI}(3L-4b)$
3. 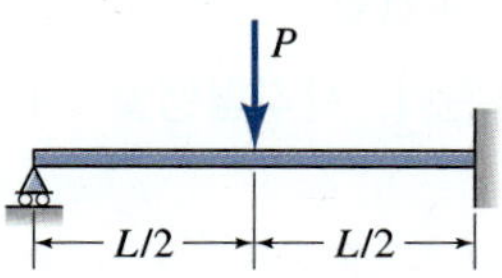	$R_A = \dfrac{5}{16}P$ $\quad R_B = \dfrac{11}{16}P$ $M_B = \dfrac{3}{16}PL$	$v_C = -\dfrac{7PL^3}{768EI}$
4. 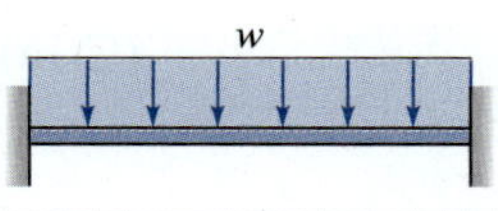	$R_A = R_B = \dfrac{wL}{2}$ $M_A = M_B = \dfrac{wL^2}{12}$	$v_{\max} = v_C = -\dfrac{wL^4}{384EI}$
5. 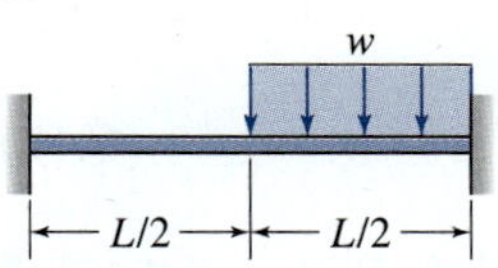	$R_A = \dfrac{3}{32}wL$ $\quad R_B = \dfrac{13}{32}wL$ $M_A = \dfrac{5}{192}wL^2$ $\quad M_B = \dfrac{11}{192}wL^2$	$v_C = -\dfrac{wL^4}{768EI}$
6. 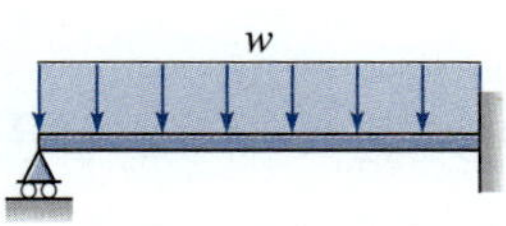	$R_A = \dfrac{3}{8}wL$ $\quad R_B = \dfrac{5}{8}wL$ $M_B = \dfrac{1}{8}wL^2$	$v_C = -\dfrac{wL^4}{192EI}$

*For all the cases tabulated, the senses of the reactions and the notations are the same as those shown in case 1.
Note: The equivalent forces defined in Section 13.6 (F_{Ay}, F_{By}, M_A, M_B) have the *opposite sense* of the fixed-end reactions (cases 1,2,4,5).

부록 **C**

행렬대수

*C.1 행렬의 정의

행렬과 **행렬의 기호법**은 가끔 대수학적 연립방정식을 간단한 형태로 표현할 때 사용된다. 유한요소법에서는 행렬은 자주 활용된다. 행렬은 m행과 n열로 정렬된다. **사각형행렬** $[A]$는 $m \times n$로 정의하면

$$[A] = \begin{bmatrix} a_{11} & a_{12} & \cdots & a_{1n} \\ a_{21} & a_{23} & \cdots & a_{2n} \\ \vdots & \vdots & \vdots & \vdots \\ a_{m1} & a_{m2} & \cdots & a_{mn} \end{bmatrix} \tag{C.1a}$$

혹은 기호를 사용하면

$$[A] = [a_{ij}] \qquad (i = 1,\ 2,\ 3,\ \cdots,\ m;\ j = 1,\ 2,\ 3,\ \cdots,\ n) \tag{C.1b}$$

여기서 항 a_{ij}는 아래첨자로 i와 j를 갖는데 요소의 위치는 각각 i번째 행과 j번째 열에 있다. 예를 들면 a_{12}는 1번째 행과 2번째 열에 위치한다.

행렬에서 행과 열이 동일한($m = n$) 경우 **정사각형행렬**이다. 정사각형행렬의 **대각선** 값은 a_{11}, a_{22}, $\cdots$, a_{mm}이다. 만약 $m = 1$일 때 행렬은 **행행렬**이라 하고 다음과 같이 쓴다.

$$[A] = [a_{11} \quad a_{12} \quad \cdots \quad a_{1n}] \tag{C.2}$$

$n = 1$인 경우 행렬은 **열행렬**이라 한다.

$$[A] = \begin{Bmatrix} a_{11} \\ a_{21} \\ \vdots \\ a_{m1} \end{Bmatrix} \tag{C.3}$$

여기서 사각형행렬이나 정사각형행렬 또는 행행렬은 [ ]로 표시하고 반면 열행렬은 { } 로 표시한다.

예를 들면 3×3인 정사각형행렬에서 비 대각선(off-diagonal) 항이 0이면 이를 **대각선행렬**이라 하고 이를 표현하면 다음과 같다.

$$[A] = \begin{bmatrix} a_{11} & 0 & 0 \\ 0 & a_{22} & 0 \\ 0 & 0 & a_{33} \end{bmatrix} \tag{C.4}$$

항등행렬, 즉 **단위행렬**은 대각선행렬로 대각선 값이 1로서 다음과 같은 경우이다.

$$[I] = \begin{bmatrix} 1 & 0 & 0 \\ 0 & 1 & 0 \\ 0 & 0 & 1 \end{bmatrix} \tag{C.5}$$

그리고 **영행렬**은 모든 항 $a_{ij} = 0$인 경우이다.

대칭, 전치 및 직교행렬

정사각형행렬에서 $i \neq j$인 경우 $a_{ij} = a_{ji}$이면 이를 **대칭**(symmetric)이라 한다. 예를 들어 3차수 대칭행렬은

$$[A] = \begin{bmatrix} a_{11} & a_{12} & a_{13} \\ a_{12} & a_{22} & a_{23} \\ a_{13} & a_{23} & a_{33} \end{bmatrix} \tag{C.6a}$$

여기서 대각선(점선 부분)은 대칭선이다. 가끔 대칭행렬을 간단히 쓰기 위해 다음과 같은 형태로 적기도 한다.

$$[A] = \begin{bmatrix} a_{11} & a_{12} & a_{13} \\ & a_{22} & a_{23} \\ \text{symmetric} & & a_{33} \end{bmatrix} \tag{C.6b}$$

그러나 $a_{ij} = -a_{ji}$인 경우 이를 **비대칭행렬**이라 한다.

행렬에서 해당되는 행과 열이 서로 바뀐 것을 행렬의 **전치행렬**이라 한다. 이를 행렬로 표시해보면

$$\begin{bmatrix} a_{11} & a_{12} & a_{13} \\ a_{21} & a_{22} & a_{23} \\ a_{31} & a_{32} & a_{33} \end{bmatrix}^T = \begin{bmatrix} a_{11} & a_{21} & a_{31} \\ a_{12} & a_{22} & a_{32} \\ a_{13} & a_{23} & a_{33} \end{bmatrix} \tag{C.7a}$$

또는

$$[a_{ij}]^T = [a_{ji}] \tag{C.7b}$$

위에서 위첨자 T는 행렬의 전치를 의미한다.

만약 정사각형행렬의 전치가 이의 역행렬(C.3절 참고)과 같다면 그 행렬을 **직교행렬**이라 한다. 행렬에서 **직교성의 조건**은 각 행이나 열의 요소의 합은 반드시 1이 되어야 하고 어느 두 열(혹은 행)을 서로 곱한 합이 0이 되어야 한다는 것이다. 명백하게 대칭행렬은 전치행렬이 된다($[A] = [A]^T$).

*C.2 행렬식

예를 들어 $m \times n$인 $[A]$에서 **정사각형행렬에만 한정된 행렬식**(determinant)은 $|A|$의 스칼라양으로 정의되며 다음과 같은 형태로 쓴다.

$$|A| = \begin{vmatrix} a_{11} & a_{12} & \cdots & a_{1m} \\ a_{21} & a_{22} & \cdots & a_{2m} \\ \vdots & \vdots & \vdots & \vdots \\ a_{m1} & a_{m2} & \cdots & a_{mm} \end{vmatrix} \tag{C.8}$$

정사각형행렬의 **여인자**(cofactor)는 다음 식으로 구할 수 있다.

$$c_{ij} = (-1)^{i+j} M_{ij} \tag{C.9}$$

여기서 요소 M_{ij}는 행렬의 **마이너**(minor)이다. 행렬에서 i번째 행과 j번째 열을 소거하는 방법으로 행렬식을 계산하는 데 이용된다.

행렬식의 확장

정사각형행렬에서 임의의 행 i 혹은 열 j에 대해 **라플라스 확장 공식**(Laplace expansion formula)의 반복성을 이용하여 계산할 수 있다.

$$|A| = \sum_{i=1}^{m} a_{ij} c_{ij} \qquad (\text{행 } j \text{ 선택}) \tag{C.10a}$$

혹은

$$|A| = \sum_{j=1}^{m} a_{ij} c_{ij} \qquad (\text{열 } i \text{ 선택}) \tag{C.10b}$$

식 (C.10a)와 (C.10b)에서 항 a_{ij}는 각각 j번째 열과 i번째 행에서 나타난다. 비슷하게 a_{ij}의 행렬에서 해당 j번째 열과 i번째 행의 여인자는 c_{ij}이다.

위의 계산 방법은 최종적으로는 계산을 2×2 행렬식으로 감소시켜준다. 2×2 행렬의 행렬식은 다음과 같은 형태로 확장시킬 수 있다.

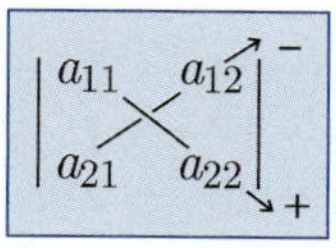

(C.11)

이 형태는 3차 행렬식(참고문헌 13.1)으로 확장시킬 수 있다. 다음과 같은 예제를 통하여 이 식을 사용할 예정이다.

[예제 C.1] 3차 행렬의 행렬식

조건 3×3 정사각형행렬 $[A]$의 항은

$$[A]=\begin{bmatrix}3 & 1 & 5\\ 2 & 6 & 4\\ 1 & -3 & 2\end{bmatrix} \tag{a}$$

문제

(a) 행렬 $[A]$의 여인자를 계산하라.

(b) $[A]$의 행렬식을 구하라.

풀이

(a) 여인자. 식 (C.9)를 사용하면 다음과 같이 된다.

$$c_{11}=(-1)^{1+1}M_{11}=\begin{vmatrix}6 & 4\\ -3 & 2\end{vmatrix}=6(2)-(-3)(4)=24$$

$$c_{12}=(-1)^{1+2}M_{12}=-\begin{vmatrix}2 & 4\\ 1 & 2\end{vmatrix}=-[2(2)-1\times4]=0$$

$$c_{13}=(-1)^{1+3}M_{13}=\begin{vmatrix}2 & 6\\ 1 & -3\end{vmatrix}=2(3)-1\times6=-12$$

같은 방법으로

$$c_{21}=-\begin{vmatrix}1 & 5\\ -3 & 2\end{vmatrix}=-17,\qquad c_{22}=\begin{vmatrix}3 & 5\\ 1 & 2\end{vmatrix}=1,\qquad c_{23}=\begin{vmatrix}3 & 1\\ 1 & -3\end{vmatrix}=10$$

$$c_{31}=\begin{vmatrix}1 & 5\\ 6 & 4\end{vmatrix}=-26,\qquad c_{32}=-\begin{vmatrix}3 & 5\\ 2 & 4\end{vmatrix}=-2,\qquad c_{33}=\begin{vmatrix}3 & 1\\ 2 & 6\end{vmatrix}=16$$

여인자는 다음과 같이 표현된다.

$$[C]=\begin{bmatrix} a_{11} & a_{12} & a_{13} \\ a_{21} & a_{22} & a_{23} \\ a_{31} & a_{32} & a_{33} \end{bmatrix} \tag{C.12}$$

혹은

$$[C]=\begin{bmatrix} 24 & 0 & -12 \\ -17 & 1 & 10 \\ -26 & -2 & 16 \end{bmatrix}$$

(b) 행렬식. 식 (C.10a)로부터 $j=3$을 선택하면

$$|A|=\sum_{i=1}^{m} a_{i3}\, c_{i3} = a_{13}c_{13}+a_{23}c_{23}+a_{33}c_{33} \tag{b}$$

식 (a)로부터 위의 식은 다음과 같다.

$$a_{13}=5, \qquad a_{23}=4, \qquad a_{33}=2 \tag{c}$$

식 (b)에 위 수치를 대입하면 행렬식은 다음과 같다.

$$|A|=5(-12)+4(10)+2(16)=12$$

*C.3 행렬연산

여기서 행렬의 계산에서 자주 접하는 연산법을 학습하는데, 이 책의 13장에서 사용된 **행렬연산**에 대해 좀 더 적절한 배경을 여기에서 설명한다는 점을 주목하기 바란다.

행렬의 덧셈과 뺄셈. 동일한 차수의 행렬끼리만 더할 수 있다. 연산은 해당되는 항을 더하는 방법으로 다음의 예와 같다.

$$[A]+[B]=\begin{bmatrix} a_{11} & a_{12} \\ a_{21} & a_{22} \end{bmatrix}+\begin{bmatrix} b_{11} & b_{12} \\ b_{21} & b_{22} \end{bmatrix}=\begin{bmatrix} a_{11}+b_{11} & a_{12}+b_{12} \\ a_{21}+b_{21} & a_{22}+b_{22} \end{bmatrix}$$

행렬의 뺄셈은 덧셈의 방법과 해당 항을 더하는 대신 빼주는 것을 제외하고는 동일하다. 다시 한번 여기서 $[A]$와 $[B]$는 같은 차수의 행렬이다.

행렬의 곱. 만약 첫 번째 행렬의 행의 숫자와 두 번째 행렬의 열의 숫자가 같다면 두 행렬은 서로 곱할 수 있다. 행렬 $[A]$와 $[B]$의 곱은 행렬 $[C]$로 표시되는데

$$[C]=[A][B] \tag{C.13a}$$

만약 $[A]$가 $m\times n$ 차수이면 $[B]$는 반드시 n행을 갖고 있어야 한다. 위의 식을 첨자를 이용하여 다시 쓰면

$$[C_{ij}]=\sum_{k=1}^{n} a_{ik}b_{kj} \tag{C.13b}$$

여기서 n은 $[A]$의 열의 숫자이고 $[B]$의 행의 숫자와 같아야 한다.

역행렬. 정사각형행렬 $[A]$의 역의 부호는 $[A]^{-1}$로 표기하는데, 기본적으로 일반 대수학에서 계산하는 나누기와 비슷하게 행렬에서도 연산이 된다. 역행렬을 계산하는 방법은 무수히 많다(참고문헌 13.1과 13.4). 여기서는 낮은 차수(4×4 이하 차수의 행렬)의 역행렬식을 계산하는 데 편리한 행렬의 여인자를 기초로 한 방법만 소개한다.

여인자법에 따르면 행렬 $[A]$의 역은 다음과 같은 형태이다.

$$\boxed{[A]^{-1}=\frac{|C|^{T}}{|A|}} \tag{C.14}$$

위의 $[C]$와 $|A|$는 각각 **여인자 행렬**과 행렬의 행렬식이다. 여인자의 전이행렬은 **여행렬**(adjoint matrix) $[C]^{T}$라고 한다. 행렬의 역은 다음과 같다.

$$[A][A]^{-1}=[A]^{-1}[A]=[I] \tag{C.15}$$

여기서 $[I]$는 단위행렬이다.

[예제 C.2] 두 행렬의 곱

조건 차수가 2×2와 3×3인 두 행렬은

$$[A]=\begin{bmatrix}2 & 1\\ 3 & 2\end{bmatrix},\qquad [B]=\begin{bmatrix}1 & 3 & 0\\ -2 & 0 & 1\end{bmatrix}$$

문제 곱인 $[A][B]$를 계산하라.

풀이 식 (C.13)을 이용하면

$$[C]=\begin{bmatrix}2&1\\3&2\end{bmatrix}\begin{bmatrix}1&3&0\\-2&0&1\end{bmatrix}$$

$$=\begin{bmatrix}2(1)+1(-2)&2(3)+1(0)&2(0)+1(1)\\3(1)+2(-2)&3(3)+2(0)&3(0)+2(1)\end{bmatrix}=\begin{bmatrix}0&6&1\\-1&9&2\end{bmatrix}$$

부가설명 곱행렬 $[C]$은 첫 행렬 $[A]$로부터 2개의 행과 $[B]$ 행렬로부터 3개의 열을 가진다.

예제 C.3 역행렬의 계산

조건 예제 C.1의 3차수 행렬에서 선형방정식인 각 인자에 대한 배열은 다음과 같다.

$$[A]=\begin{bmatrix}3&1&5\\2&6&4\\1&-3&2\end{bmatrix}$$

문제 $[A]$의 역행렬을 계산하라.

풀이 $[A]$의 행렬식 $|A|=12$이고 여인자 행렬은 예제 C.1로부터 얻을 수 있다.

$$[C]=\begin{bmatrix}24&0&-12\\-17&1&10\\-26&-2&16\end{bmatrix}$$

여인자행렬 $[A]$의 전치는 $[C]^T$이다. 식 (C.14)로부터 **역행렬**은 다음과 같이 계산된다.

$$[A]^{-1}=\frac{|C|^T}{|A|}=\frac{1}{12}\begin{bmatrix}24&-17&-26\\0&1&-2\\-12&10&16\end{bmatrix}$$

검증해보면 답은 $[A][A]^{-1}=[I]$을 보여준다.

*C.4 연립선형방정식의 연산

연립선형방정식은 많은 공학문제의 수치적 해석에서 쉽게 접하는 문제의 형태이다. 컴퓨터나 계산기를 이용하여 풀이하는 기법은 무수히 많다(참고문헌 13.1). 대부분의 기법은 기본 이론, 연산 및 행렬의 특성에 대한 지식을 필요로 한다.

다음과 같은 선형방정식을 고려해보자.

$$
\begin{aligned}
a_{11}x_1 + a_{12}x_2 + \cdots + a_{1n}x_n &= c_1 \\
a_{21}x_1 + a_{22}x_2 + \cdots + a_{2n}x_n &= c_2 \\
&\vdots \\
a_{n1}x_1 + a_{n2}x_2 + \cdots + a_{nn}x_n &= c_n
\end{aligned}
\tag{C.16}
$$

이를 다시 행렬식으로 고쳐 쓰면

$$
\begin{bmatrix} a_{11} & a_{12} & \cdots & a_{1n} \\ a_{21} & a_{22} & \cdots & a_{2n} \\ \vdots & \vdots & \vdots & \vdots \\ a_{n1} & a_{n2} & \cdots & a_{nn} \end{bmatrix} \begin{Bmatrix} x_1 \\ x_2 \\ \vdots \\ x_n \end{Bmatrix} = \begin{Bmatrix} c_1 \\ c_2 \\ \vdots \\ c_n \end{Bmatrix} \tag{C.17a}
$$

혹은 간단하게

$$
\boxed{[A]\{x\} = \{c\}} \tag{C.17b}
$$

위의 식에서 보면 이미 행렬의 곱 법칙을 적용하였다. 식 (C.16)이 식 (C.17a)와 (C.17b)가 되기 위해서는 행렬 $[A]$의 각 행의 인자는 미지의 항으로 구성된 열행렬 $\{x\}$와 곱해져야 한다. a_{ij}와 $c_i(i,\ j=1,\ 2,\ \cdots,\ n)$의 값은 상수로 본다. 미지수의 행렬 $\{x\}$로 $[A]$의 역수를 취하면 다음과 같다.

$$
\boxed{\{x\} = [A]^{-1}\{c\}} \tag{C.18}
$$

다음 예제를 통해 해의 유일성을 확보하기 위해 선형방정식의 단순한 소거법을 소개한다. 단 여기서 $[A]$의 행렬식은 0이 아니다($[A] \neq 0$).

[예제 C.4] 연립방정식에 대한 역수법

조건 구조물에 대한 지배방정식을 행렬로 표현하면 다음과 같다.

$$
\begin{bmatrix} 1 & 3 & 1 \\ 3 & 2 & 3 \\ 1 & 3 & 2 \end{bmatrix} \begin{Bmatrix} x_1 \\ x_2 \\ x_3 \end{Bmatrix} = \begin{Bmatrix} 8 \\ 17 \\ 10 \end{Bmatrix}
$$

부호를 이용하면 $[A]\{x\} = \{c\}$ 이다.

문제 미지수 $x_1,\ x_2,\ x_3$를 계산하라.

풀이 예제 C.3에서 설명한 방법으로 비슷한 절차를 따르면 행렬의 요소에 대한 역수는 다음과 같이 계산된다.

$$[A]^{-1} = \begin{bmatrix} 5/7 & 3/7 & -1 \\ 3/7 & -1/7 & 0 \\ -1 & 0 & 1 \end{bmatrix}$$

검증 차원에서 $[A][A]^{-1} = [I]$이 되며 식 (C.18)을 적용하면 다음과 같다.

$$\begin{Bmatrix} x_1 \\ x_2 \\ x_3 \end{Bmatrix} = \begin{bmatrix} 5/7 & 3/7 & -1 \\ 3/7 & -1/7 & 0 \\ -1 & 0 & 1 \end{bmatrix} \begin{Bmatrix} 8 \\ 17 \\ 10 \end{Bmatrix} = \begin{Bmatrix} 3 \\ 1 \\ 2 \end{Bmatrix}$$

즉 $x_1 = 3$, $x_2 = 1$이고 $x_3 = 2$가 된다.

부록 D

공학시험의 기초

공학의 학문이 다른 학문과 다른 점은 과학과 예술 같이 현상을 단순히 관찰하는 것이 아니라 제품과 제조공정을 개발하는 것 같이 이론을 실제 생활에 적용하여야 하는 데 있다. 공학자는 과학적 정보를 활용하여 소비자가 사용하는 특정한 제품을 만든다. 그러므로 공학자는 공공의 보건, 안전 및 복지에 직접적인 영향을 미치는 업무에 종사할 경우 자격증을 필요로 한다. 그 목적은 공학자가 해당 업무를 수행하는 데 적성, 능력, 경험 및 특성을 포함하여 일정한 자격을 만족하는지를 확인하여 주기 위함이다.

공학자의 자격증 절차는 **공학기초시험**(Fundamental of Engineering Exam.)과 **공학시험의 원리 및 응용**(Principles and Practice of Engineering Exam.)이 있다. 이를 통과하면 기술사 자격증(professional engineering licence)를 취득하게 된다. 이들 시험은 미국의 경우 공학자격증 위원회에서 발행한다. 자격은 공학인증제(ABET)를 받은 4년대 대학 졸업 직전이나 후에 시험을 치를 수 있다.

재료역학은 FE시험의 한 과목이다. 시험의 주제는 이 책에서 다룬 전 영역을 포함하는데, 아래 표에 수록된 주제는 자주 출제되는 문제들에 대한 해당 장과 절에 대한 것이다. 이 문제를 풀기 전에 이들 장에서 제시한 예제문제를 반드시 복습하는 것이 중요하다.

주제	절	연습문제
단순응력	2.1-2.8, 4.6	2.1, 2.12, 2.15, 2.39, 4.65, 4.67
변형률과 변형	3.3, 3.4, 3.6, 3.8-3.10, 4.2, 4.3, 4.5	3.1, 3.23, 3.26, 4.22, 4.34, 4.39
비틀림	5.2-5.8, 5.12	5.1, 5.17, 5.23, 5.38, 5.40, 5.92
전단력과 굽힘 모멘트	6.1-6.6	6.6, 6.30, 6.31, 6.35, 6.41, 6.42
보의 응력	7.2-7.5, 7.7, 7.8, 7.10, 7.14, 7.16, 9.6	7.3, 7.5, 7.14, 7.22, 7.25, 7.31, 7.46, 7.49, 7.53, 7.87, 7.98, 9.48
응력의 변환	8.1-8.5, 8.8, 9.8, 9.9	8.4, 8.26, 8.51, 8.53, 8.85, 8.92, 9.77, 9.79
보의 처짐	10.2-10.4, 10.6	10.3, 10.17, 10.35, 10.56, 10.59
기둥의 좌굴	11.2-11.5	11.1, 11.15, 11.25, 11.30, 11.32
변형률 에너지	12.2, 12.5	12.1, 12.4, 12.6, 12.25, 12.28

연습문제 정답

1장 개론

1.2 (a) $R_{Ax} = 75\,\text{kips} \leftarrow$; $R_{Ay} = 63.7\,\text{kips} \uparrow$;
$R_{Cx} = 75\,\text{kips} \rightarrow$; $R_{Cy} = 26.3\,\text{kips} \uparrow$.
(b) $F_0 = 75\,\text{kips} \rightarrow$; $V_0 = 26.3\,\text{kips} \uparrow$;
$M_0 = 558\,\text{kip·in.}$ ↺.

1.4 (a) 14 kN. (b) 14.56 kN.

1.6 $R_{Ax} = 0.643\,P \leftarrow$; $R_{Ay} = 0.544\,P \downarrow$;
$R_{Cx} = 0.936\,P \rightarrow$; $R_{Cy} = 0.873\,P \uparrow$;
$R_D = 1.033\,P \nwarrow$.

1.8 (a) $R_C = 10.72\,\text{kips} \uparrow$; $M_C = 40\,\text{kip·ft}$ ↻.
(b) $F_0 = 10.72\,\text{kips} \downarrow$; $V_0 = 10\,\text{kips} \leftarrow$;
$M_0 = 20\,\text{kip·ft}$ ↺.

1.10 (a) $R_{Cx} = 51.9\,\text{kN} \leftarrow$; $R_{Cy} = 40\,\text{kN} \downarrow$;
$R_{Fx} = 21.9\,\text{kN} \rightarrow$; $R_{Fy} = 40\,\text{kN} \uparrow$.
(b) $F_{AD} = 51.7\,\text{kN}$ (C); $F_{BE} = 74.8\,\text{kN}$.

1.12 28.4 kN (C).

1.14 (a) $R_{Ax} = 0$; $R_{Ay} = 14\,\text{kN} \downarrow$; $R_D = 32\,\text{kN} \uparrow$.
(b) $F_{AB} = F_{BC} = 26.3\,\text{kN}$; $F_{AD} = 29.8\,\text{kN}$ (C);
$F_{BD} = 9\,\text{kN}$ (C); $F_{CD} = 27.8\,\text{kN}$ (C).

1.16 (a) $R_A = 4P/3 \uparrow$; $R_G = 5P/3 \uparrow$.
(b) $F_{CE} = 1.732P$; $F_{DE} = 2.31P$; $F_{DF} = 3.33P$ (C).

1.18 $F_{BC} = 66.7\,\text{kips}$ (C); $F_{CF} = 30\,\text{kips}$;
$F_{FG} = 50\,\text{kips}$ (C).

***1.20** (a) $R_{Ax} = 0$; $R_{Ay} = 17.5\,\text{kN} \uparrow$; $R_E = 27.5\,\text{kN} \uparrow$.
(b) $F_{AB} = 29.2$ (C); $F_{AF} = 23.3\,\text{kN}$; $F_{BF} = 0$;
$F_{BC} = 29.2\,\text{kN}$(C).

1.22 (a) $R_{Cx} = 20\,\text{kN} \leftarrow$; $R_{Cy} = 17.8\,\text{kN} \uparrow$;
$R_F = 22.2\,\text{kN} \uparrow$.
(b) $F_{AD} = 40\,\text{kN}$; $F_{AC} = 22.2\,\text{kN}$ (C); $F_{CD} =$
$F_{DE} = 33.3\,\text{kN}$.

1.24 $R_x = 0$; $R_y = 50\,\text{lb}$; $R_z = 0$;
$T = 375\,\text{lb·in.}$; $M_y = 0$; $M_z = 1.2\,\text{kip·in.}$

***1.26** (a) $T = 6.75\,\text{kip·in.}$
(b) $R_{Ay} = -540\,\text{lb}$; $R_{Az} = -200\,\text{lb}$;
$R_{Ey} = -360\,\text{lb}$; $R_{Ez} = 1.2\,\text{kips}$.

***1.28** $T = 78\,\text{kN}$; $R_x = 64\,\text{kN}$; $R_y = 0$.
$R_z = 20\,\text{kN}$; $M_x = 0$; $M_y = -64\,\text{kN·m}$.

1.30 $M_z = 277\,\text{lb·in.}$; $V_y = 16.7\,\text{lb}$.

2장 응력의 개념

2.2 22.5 kN.

2.4 $\sigma_{AB} = 2.55\,\text{ksi}$; $\sigma_{BC} = -3.74\,\text{ksi}$.

2.6 $\sigma_{AB} = -31.8\,\text{ksi}$; $\sigma_{CD} = -35.4\,\text{ksi}$;
$\sigma_{DE} = -51\,\text{ksi}$.

2.8 4.2 ksi.

2.10 (a) 10.08 kip·in. (b) 3.13 ksi.

2.12 (a) 7.24 mm. (b) 92.8 MPa. (c) 97.2 MPa.
(d) 116.6 MPa.

2.14 (a) $(\sigma_b)_P = 3.62\,\text{ksi}$; $(\sigma_b)_c = 2.88\,\text{ksi}$.
(b) 4.61 ksi.

2.16 (a) $\sigma_{EF} = 4\,\text{MPa}$; $\sigma_{CD} = 267\,\text{kPa}$.
(b) 1.333 MPa.

2.18 90 kN.

2.20 96 MPa.

2.22 (a) 3.93 kips. (b) 5 ksi.

***2.24** $\sigma_{AC} = 0$; $\sigma_{AD} = 2.55\,\text{ksi}$.

2.26 (a) 30.2 kN. (b) 0.91 kN·m.

2.28 (a) 10.19 ksi. (b) 5.33 ksi. (c) 16 ksi. (d) 18.12 ksi.

***2.30** (a) 125.7 MPa. (b) $\tau_D = 89.8\,\text{MPa}$;
$\tau_E = 120\,\text{MPa}$.

2.32 (a) 40.1 MPa. (b) 20.3 MPa.

2.34 45.6 MPa.

2.36 6.09 ksi.

***2.38** 36.1 MPa.

2.40 $d = 0.52\,\text{in.}$; $P_{\max} = 4.25\,\text{kips}$.

2.42 1.284 in.

2.44 (a) 10.04 kips. (b) 12.84 kips.

2.46 9.45 kN.

***2.48** 12.3 mm.

2.50 1.89 kN.

2.52 58.9 kN.

2.54 0.442 kips.

2.56 10.1 mm.

2.58 $A_{AC} = 76.8\,\text{mm}^2$; $A_{AB} = 86.6\,\text{mm}^2$; $A_{BC} = 259.8\,\text{mm}^2$; $A_{CD} = 125\,\text{mm}^2$; A_{BD} = any value.

***2.60** $A_{BE} = 1429\,\text{mm}^2$; $A_{CE} = 2667\,\text{mm}^2$.

2.62 1.54 in.

2.64 1.2 in.^{2}

2.66 21.5 mm.

***2.68** 1.17 in.

2.70 44 kips.

3장 변형률과 재료의 성질

3.2 $5000\,\mu$.

3.4 (a) $2000\,\mu$.
(b) $1570\,\mu$.

3.6 0.1 in.

3.8 $\varepsilon_x = -50\,\mu$; $\varepsilon_y = 250\,\mu$; $\gamma_{xy} = 1600\,\mu$.

3.10 5.28×10^{-3} in.

3.12 $\varepsilon_{AB} = -2000\,\mu$; $\varepsilon_{BC} = -720\,\mu$.

3.14 (a) $1600\,\mu$.
(b) $1600\,\mu$.
(c) $1600\,\mu$.

3.16 $-1000\,\mu$.

3.18 $\varepsilon_{AC} = 6240\,\mu$; $\varepsilon_{BD} = 640\,\mu$.

3.20 $\varepsilon_{BC} = -1085\,\mu$; $\varepsilon_{AC} = 543\,\mu$.

3.22 $2(\delta/a^2)y$

3.24 (a) $\varepsilon_x = 0$; $\varepsilon_y = -1500\,\mu$; $\gamma_{xy} = 0$.
(b) $\gamma = -1500\,\mu$.

3.26 (a) 40 GPa. (b) 0.33.

***3.28** (a) $P/2\pi rh$.
(b) $(P/2\pi hG)\ln(b/a)$.

3.30 (a) 0.31.
(b) 19.6×10^6psi.
(c) 7.48×10^6psi.

3.32 (a) 200 GPa. (b) 255 MPa. (c) 240 MPa.
(d) 450 MPa.

3.34 (a) 0.5 in.
(b) 0.375 in.

***3.36** $948\,\mu$.

3.38 1.954 in.

3.40 (a) 26.5 kips.
(b) 0.045 in.

***3.42** 0.06°.

3.44 (a) 26.1 ksi.
(b) 9.1×10^6 psi.
(c) 1/3
(d) 3.4×10^6 psi.

3.46 (a) 40×10^6 psi.
(b) 8.17 kips.
(c) 15.52 kips.
(d) 50.2%.

3.48 30.054 mm.

3.50 (a) 0.396×10^{-3} in.
(b) 10.6×10^6 psi.
(c) 0.816×10^{-3}

3.52 (a) −0.264 mm.
(b) 0.021 mm.
(c) 0.0024 mm.

3.54 $d_{\max} = 50.022\,\text{mm}$; $V_{\max} = 2356.371(10^3)\,\text{mm}^3$.

3.56 (a) $1998\,\mu$.
(b) 79.6 GPa.

3.58 (a) 0.013 mm.
(b) −0.283 mm.
(c) $-500\,\text{mm}^3$.

3.60 1/2.

3.62 (a) $\Delta L_{AB} = -0.604\,\text{mm}$; $\Delta L_{BC} = -0.029\,\text{mm}$; $\Delta L_{CE} = 0.001\,\text{mm}$.
(b) 145 kN.

***3.64** $w_x = 308\,\text{kN/m}$; $w_y = 443\,\text{kN/m}$.

3.66 (a) −0.43 mm.
(b) $-1150\,\text{mm}^3$.

***3.68** (a) 0.05 mm.
(b) 0.072 mm.
(c) 0.084 mm.
(d) −0.002 mm.

3.70 (a) $158\,\text{kJ/m}^3$.
(b) $98\,\text{MJ/m}^3$.

3.72 (a) $298\,\text{kJ/m}^3$ (43.2 in.·lb/in.^{3})
(b) $712\,\text{kJ/m}^3$ (103.2 in.·lb/in.^{3})

3.74 (a) $1167\,\text{kJ/m}^3$ (169 in.·lb/in.^{3})
(b) $52.5\,\text{kJ/m}^3$ (7.61 in.·lb/in.^{3})

3.76 $A_{AB} = 0.722\,\text{in.}^2$.; $A_{BC} = 1.444\,\text{in.}^2$

3.78 21.98 kips.

4장 축하중을 받는 부재

4.2 (a) 1.13 mm. (b) 3.53 mm.

4.4 28.125 kips.

4.6 0.003 mm.

***4.8** (a) $L_a = 0.194\,\text{m};\; L_b = 0.306\,\text{m}.$
(b) $-0.422\,\text{mm}.$

4.10 $\delta = \gamma L^2/6E.$

4.12 $QL/4AE.$

4.14 (a) 12.12 kN. (b) 0.4 mm ←.

4.16 0.125 mm →.

4.18 (a) 1.34 mm ↓. (b) 0.71 mm ↑.

4.20 $\delta = \gamma\omega^2 L^3/3\,Eg.$

4.22 1.395 in.

4.24 1.73.

***4.26** (a) 2 mm. (b) 1 mm. (c) 0.75 mm.

4.28 (a) $R_A = 30\,\text{kN}$ ←; $R_D = 70\,\text{kN}$ ←.
(b) 0.8 mm →.

4.30 $\delta_s = -6.86\,\text{ksi};\; \sigma_c = -946\,\text{psi}.$

4.32 3.17 kN.

4.34 $\sigma_s = -113.3\,\text{MPa};\; \sigma_a = -40.8\,\text{MPa}.$

***4.36** $\sigma_b = -79.1\,\text{MPa};\; \sigma_s = 142.5\,\text{MPa}.$

4.38 (a) 14.1 MPa. (b) 0.05 mm ↓. (c) 75 mm.

4.40 $\sigma_a = -6.81\,\text{MPa};\; \sigma_b = 11.91\,\text{MPa}.$

4.42 $\tau = 15.3\,\text{ksi}.$

4.44 (a) $\sigma_a = -137.3\,\text{MPa};\; \sigma_m = -57.2\,\text{MPa}.$
(b) 0.33 mm.

4.46 $\delta = 53.5 \times 10^{-3}\,\text{in}.$

4.48 $T_A = P/12;\; T_B = 7P/12;\; T_C = P/3.$

4.50 (a) $-553\,\mu$. (b) 40.035 mm.

4.52 (a) 33.3°C. (b) 83.9 MPa.

4.54 $4E\alpha\,(T_2 - T_1).$

***4.56** $0.2846\,\alpha\,(\Delta T)E.$

***4.58** (b) 309 mm^2.

4.60 $\sigma_1 = -9.64\,\text{ksi};\; \tau_{\max} = 4.82\,\text{ksi}.$

4.62 5.63 kips.

4.64 $\sigma = -4.27\,\text{MPa};\; \tau = -2.99\,\text{MPa}.$

4.66 At $\theta = 60°$: $\sigma_{x'} = 18.88\,\text{MPa},\; \tau_{x'y'} = -32.3\,\text{MPa}.$
At $\theta = 150°$: $\sigma_{x'} = 55.9\,\text{MPa},\; \tau_{x'y'} = -32.3\,\text{MPa}.$

4.68 1.54 mm.

4.70 $\sigma_{x'} = -147.2\,\text{MPa};\; \tau_{x'y'} = 53.6\,\text{MPa}.$

***4.72** (a) 14.7 MPa. (b) $\tau_{\max} = -15\,\text{MPa};\; \sigma' = -15\,\text{MPa}.$

4.74 106.5 kN.

4.76 227 MPa.

4.78 301 MPa.

4.80 (a) 138 MPa. (b) 164 MPa.

4.82 12.9 kips.

4.84 (a) 48.6 ksi. (b) 47.5×10^{-3} in.

***4.86** (a) 491 kN. (b) 9.9 mm.

4.88 230 kN.

4.90 $P_u = 630\,\text{kN};\; \delta_b = 2\,\text{mm}.$

***4.92** (a) $P_y = 27\,\text{kips};\; \delta_y = 0.058\,\text{in}.$
(b) $P_u = 32.4\,\text{kips};\; \delta_u = 0.13\,\text{in}.$

4.94 1.146 mm.

5장 비틀림

5.2 3.05 in.

5.4 5.62 MPa.

5.6 $\tau_{AB} = 59.7\,\text{MPa};\; \tau_{BC} = 104.5\,\text{MPa}$
$\tau_{CD} = 84.9\,\text{MPa}.$

5.8 122.2 MPa.

5.10 (a) 3.44 kN·m. (b) 43.6 MPa.

5.12 10.97 kN·m

5.14 $1060\,\mu$.

5.16 48 GPa.

5.18 $d_{AB} = 57.6\,\text{mm};\; d_{BC} = 46.7\,\text{mm};\; d_{CD} = 33.7\,\text{mm}.$

***5.20** 64.9 N·m.

5.22 (a) 6°. (b) 2.5°.

5.24 $T_A = 15.71\,\text{kN·m};\; T_B = 21.2\,\text{kN·m};$
$T_C = 5.47\,\text{kN·m}$

5.26 2.05 kN·m.

5.28 (a) 10 ksi. (b) 1963 lb·in.

5.30 (a) 295 mm. (b) 5.08°.

5.32 31.4 MPa.

5.34 (a) $16t_0L^2/3\pi d^4G$. (b) 1.11°.

5.36 (a) 7.97°.
(b) $\tau_{AB} = 47.8\,\text{MPa};\; \tau_{CD} = 75.5\,\text{MPa}.$

***5.38** 11.62 kN·m.

5.40 184 kip·in.

5.42 $(\tau_{\max})_\alpha = 5.21\,\text{ksi};\; (\tau_{\max})_b = 6.51\,\text{ksi}.$

5.44 (c) 66.4 MPa.

5.46 (a) $T_A = t_0L/2$; $T_B = t_0 L/2$. (b) 22.6 MPa.

5.48 $\tau_h = 31\,\text{MPa}$; $\tau_s = 27\,\text{MPa}$.

5.50 2.58 in.

5.52 67.4 mm.

5.54 (a) 11.4 mm. (b) 9.08°.

5.56 (a) 3.55 ksi. (b) 1.521 ksi.

***5.58** 2.67 in.

5.60 89.5 mm.

5.62 86.4 kW; 14.43°.

5.64 (a) 51.5 MPa. (b) 39.6 MPa.

5.66 0.1 in.

***5.68** (a) −0.245°. (b) 14.05 MPa.

5.70 (a) 13.04 MPa. (b) 5.03 kW.

5.72 3.6 mm.

5.74 (a) 0.565 in. (b) 23.06°.

5.76 (b) 56/45.

5.78 (a) 275 kip·in. (b) 310 kip·in. (c) $\phi_u = 21.67°$; $\phi_{res} = 6.54°$.

***5.80** 71.6 kN·m.

5.82 51.8 kip·in.

5.84 (a) 0.86 in. (b) 1.145 in.

5.86 10.61 N·m.

5.88 (a) 96 MPa. (b) 6.86°.

5.90 (a) $T_A = 90\,\text{N·m}$; $T_b = 60\,\text{N·m}$. (b) 3°. (c) 19.1 MPa.

5.92 5 mm.

***5.94** 9.52 hp.

5.96 (a) 80.2 MPa. (b) 6.84°.

5.98 (a) 6.04 MPa. (b) 0.29°.

5.100 $T_{all} = 6.17\,\text{kN·m}$; $\tau_{all} = 24.8\,\text{MPa}$.

5.102 (a) 3.05 kip·in. (b) 1.57°.

5.104 (a) 2.8 ksi. (b) 0.602°.

5.106 (a) 136.8 MPa. (b) 1.738°.

5.108 $T_{all} = 5.13\,\text{kN·m}$; $\tau_{max} = 25.8\,\text{MPa}$.

6장 보의 전단력과 굽힘 모멘트

6.2 (b) $V = 0.5\,\text{kN}\downarrow$; $M = 9\,\text{kM·m} \circlearrowleft$.

6.4 $V_D = 0.8\,\text{kN}\downarrow$; $M_D = 1.6\,\text{kN·m} \circlearrowright$.

6.6 $V = 0.2\,\text{kips}\downarrow$; $M = 8.8\,\text{kip·ft} \circlearrowleft$.

6.8 (b) $V = 16.67\,\text{kN}\uparrow$; $M = 84.4\,\text{kN·m} \circlearrowleft$.

6.10 (a) $R_A = wL/6\uparrow$; $R_B = 7wL/6\uparrow$; $M_B = 2wL^2/3 \circlearrowright$.

6.12 At midspan: $V = 1.2\,\text{kips}\uparrow$; $M = 6\,\text{kip·ft} \circlearrowleft$.

6.14 At midspan: $V = 20\,\text{kN}\downarrow$; $M = 0$.

6.16 At midspan: $V = 7P/12\uparrow$; $M = PL/24 \circlearrowleft$.

***6.18** At midspan: $V = 5.25\,\text{kN}\downarrow$; $M = 15.75\,\text{kN·m} \circlearrowleft$.

6.20 At midspan: $V = 0$; $M = 12\,\text{MN·m} \circlearrowleft$.

6.22 $M_{max} = 0.027w_0L^2$ at $x_m = 0.704L$ from A.

6.24 $M_{max} = -80\,\text{kN·m}$ at B.

6.26 $M_{max} = -2\,\text{kip·ft}$ at C.

***6.28** $M_{max} = 60\,\text{kN·m}$ at E.

6.30 $M_{max} = -PL^2/9$ at D.

6.32 $M_{max} = 5wL^2/128$ at $x_m = L/8$ to right of C.

6.34 $M_{max} = 3PL^2/8$ at C.

6.36 $M_{max} = 3wL^2/16$ at $x_m = L/4$ from A.

6.38 $M_{max} = 8wL^2/81$ at $x_m = 4L/9$ from A.

***6.40** $M_{max} = 2.666\,\text{kN·m}$ at $x_m = 1.333\,\text{m}$ from A.

6.42 $M_{max} = -5PL/3$ at A.

6.44 $M_{max} = w_0L^2/12$ at C.

6.46 $M_{max} = 3wL^2/32$ at midspan.

6.48 $M_{max} = -48\,\text{kip·ft}$ at C.

6.50 $M_{max} = 40\,\text{kip·ft}$ at $x_m = 0.833\,\text{ft}$ to right of C.

6.52 $M_{max} = w_0L^2/9\sqrt{3}$ at $x_m = L/\sqrt{3}$ from C.

6.54 $M_{max} = kL^4/4$ at A.

***6.56** (c) $M_{max} = 2.57\,\text{kN·m}$ at C.

***6.58** $M_{max} = 52.5\,\text{kN·m}$ at $x_m = 1\,\text{m}$ to right of C.

6.60 $M_{max} = 10\,\text{kip·ft}$ between C and D.

***6.62** $M_{max} = -24\,\text{kN·m}$ at B.

6.64 $w(x) = wb <x>^{-1} - \frac{wb}{2}(2a+b) <x>^{-2} - w <x-a>^0$

6.66 $w(x) = \frac{2w_0L}{27} <x>^{-1} - \frac{3w_0}{L} <x - \frac{L}{3}>^1 + \frac{3w_0}{L} <x - \frac{2L}{3}>^1 + w_0 <x - \frac{2L}{3}>^0.$

6.68 (a) $w(x) = 11.5 < x >^{-1} - 9 < x >^0 + 9 < x - 3 >^0 + 19.5 < x - 3 >^{-1}$ kN/m.
(b) $M_{max} = 7.35$ kN·m at $x_m = 1.278$ m from A.

***6.70** (a) $w(x) = 10 < x >^{-1} + 35 < x - 1 >^{-1} - 15 < x - 1 >^0 + 15 < x - 3 >^0 - 5 < x - 3 >^{-1}$ kN/m.
(b) $M_{max} = 10.83$ kN·m at $x_m = 1.667$ m from A.

6.72 (a) $w(x) = -\frac{2w_0}{L} < x >^1 + \frac{2w_0}{L}\left\langle x - \frac{L}{2}\right\rangle^1 + w_0\left\langle x - \frac{L}{2}\right\rangle^0$.
(b) $M_{max} = w_0L^2/6$ at B.

***6.74** (a) $w(x) = \frac{2}{9}w_0a < x >^{-1} - \frac{w_0}{4a} < x >^1 + \frac{16}{9}w_0a < x - 3a >^{-1}$.
(b) $M_{max} = 16w_0a^2/81$ at $x_m = 4a/3$ from A.

***6.76** (a) $w(x) = 7.5 < x >^{-1} - 1.5 < x >^0 + 1.5 < x - 4 >^0 + 3 < x - 6 >^{-1} - 1.5 < x - 8 >^0$ kN/m.
(b) $M_{max} = 21$ kip·in. at C.

7장 보의 응력

PART A

7.2 $\varepsilon_{max} = 300\,\mu$; $M = 31.5$ N·m.

7.4 1.19.

7.6 7.62 kip·in.

7.8 (a) 12.66 m. (b) −43.65 m.

7.10 (a) 21.6 kN·m. (b) 43.74 m.

7.12 (a) 4.97 kip·in. (b) 41.67 ft.

7.14 $\sigma_t = 17.11$ ksi; $\sigma_c = -7.05$ ksi.

7.16 301.5 mm.

7.18 134 kN.

7.20 $\sigma_t = 45.2$ MPa; $\sigma_c = -75.3$ MPa.

7.22 (a) 4.61 ksi. (b) 6.76 ksi.

7.24 (a) −901 psi. (b) 1.105 ksi.

7.26 87.5 MPa.

7.28 24.6 MPa.

7.30 113.3 kN.

7.32 (a) $\sigma_E = 1.21$ ksi. (b) $\sigma_F = -3.55$ ksi.

***7.34** (a) −59.6 MPa. (b) 71.6 MPa.

7.36 (a) 202 MPa. (b) 160 MPa.

7.38 (a) 8.45 ksi. (b) 6.25 ksi.

***7.40** 0.276 in.

PART B

7.42 (a) 2.99 ksi. (b) 2.12 ksi.

7.44 0.57.

7.46 (a) $\tau_a = 17.65$ MPa; $\tau_b = 11.76$ MPa. (b) 18.38 MPa.

7.48 (a) 2.74 MPa. (b) 6.43 MPa.

7.50 (a) $\tau_a = 28.9$ MPa; $\tau_b = 2.64$ MPa; $\tau_c = 14.54$ MPa. (b) 36.5 MPa.

7.52 2.56 MPa.

7.54 (a) 1.32 kN. (b) 996 kPa.

7.56 28.4 mm.

7.58 (a) 3.1 MPa. (b) 2.4 MPa. (c) 1.6 MPa.

7.60 (a) 36.3 kN. (b) 16 MPa.

7.62 (a) 82.3 kN. (b) 40 MPa.

7.64 (a) At the center. (b) 4/3. (c) 84.2 kips.

7.66 (a) $h/2$. (b) 3/2. (c) 48 kips.

7.68 (a) 541 MPa. (b) 54.1 MPa.

7.70 (a) 23.4 MPa. (b) 2.4 mm.

7.72 h/L.

7.74 (a) 1.05 m. (b) 11.43 kN/m.

7.76 $h_{all} = 8.5$ in.

7.78 W150 × 24.

7.80 1.03 in.

7.82 $h = h_0(x/L)$.

***7.84** $h = \left[\frac{w_0L^2}{4b\sigma_{all}}\left(1 - \frac{8x^3}{L^3}\right)\right]^{1/2}$.

7.86 $h = h_0(x/L)^{3/2}$.

PART C

7.88 $\sigma_b = 34$ MPa; $\sigma_s = 55.7$ MPa.

7.90 594 N·m.

7.92 643 N·m.

7.94 $\sigma_w = 22.2$ psi; $\sigma_s = 454$ psi.

***7.96** $b = 60$ mm

7.98 0.85 in.

7.100 (a) 77.3 MPa.
(b) −122.4 MPa.

***7.102** 14.72 kN.

7.104 (a) 144 mm. (b) 600 mm^2.

7.106 (a) 19.5 MPa. (b) 55.6°.

7.108 $\sigma_A = 123.9$ MPa; $\sigma_B = -83.9$ MPa;
$\sigma_D = 83.9$ MPa.

***7.110** (a) 38.7°. (b) $\sigma_A = -9.01$ ksi.

7.112 (a) 83.2°. (b) $\sigma_B = 20.5$ ksi.

7.114 (a) 80°. (b) $\sigma_A = -13$ ksi.

7.116 (a) −7.9°. (b) $\sigma_A = 43$ MPa.

7.118 25.4 kN·m.

7.120 3.16 kN·m.

7.122 3.72 kN·m.

***7.124** $2.419(10^{-3})\,PL/t^3$.

***7.126** (a) 54°. (b) 5.38 ksi.

7.128 (a) 43.6 mm. (b) 1.78 MPa. (c) 244 kPa.

***7.130** $a/2\sqrt{2}$.

7.132 $3b^2h^2t/4I_z$, where $I_z = \dfrac{1}{12}h^2t(h+18b)$.

7.134 53.3 MPa.

7.136 $2r$.

***7.138** (a) $0.27r$. (b) 255 ksi.

7.140 (a) $0.387h$.

***7.142** 113.7 kN·m.

7.144 1.104.

7.146 1.7.

7.148 1.4.

7.150 1.75.

7.152 (a) 56.3 kN·m. (b) 67.8 kN·m.

***7.154** ±18 ksi.

***7.156** 63 kN·m.

7.158 (a) −5.55 ksi. (b) 4.48 ksi.

7.160 35 MPa.

***7.162** 124.8 mm.

***7.164** 6.876 in.

7.166 $\sigma_A = 3.01$ ksi; $\sigma_B = -1.721$ ksi.

***7.168** 31.5 kips.

8장 응력과 변형률의 변환

8.2 $\sigma = 84.6$ MPa; $\tau = 23.1$ MPa.

8.4 $\sigma = 10.09$ ksi; $\tau = -15.83$ ksi.

8.6 $\sigma = -11.3$ MPa; $\tau = 84.5$ MPa.

8.8 $\sigma = -16.8$ MPa; $\tau = 46$ MPa.

8.10 2.89 ksi.

8.12 $\sigma = 7.96$ ksi; $\tau = 593$ psi.

8.14 At $\theta = -30°$: $\sigma = 3.5$ ksi; $\tau = 4.33$ ksi.
At $\theta = 120°$: $\sigma = -1.5$ ksi; $\tau = 4.33$ ksi.

8.16 $\sigma_{x'} = -6.45$ MPa;
$\tau_{x'y'} = -37.2$ MPa; $\sigma_{y'} = 41.4$ MPa.

8.18 (a) 11.43 MPa. (b) −7.66 MPa.

8.20 $\sigma = -59$ MPa; $\tau = -17.3$ MPa.

8.22 $\sigma = 21.9$ MPa; $\tau = -3.5$ MPa.

8.24 $\sigma = 1.699$ ksi; $\tau = -1.125$ ksi.

8.26 (a) 97.7 MPa. (b) 120 MPa.

8.28 (a) 58.1 MPa. (b) $\sigma_1 = 85$ MPa; $\sigma_2 = -75$ MPa.

8.30 (a) $\sigma_1 = 7.55$ ksi; $\sigma_2 = -25.5$ ksi.
(b) $\tau_{max} = 16.5$ ksi; $\sigma' = -9$ ksi.

8.32 $\sigma_1 = 15.11$ ksi; $\sigma_2 = 5.89$ ksi; $\theta_p' = 6.3°$.

8.34 $\sigma_1 = 103.4$ MPa; $\sigma_2 = -73.5$ MPa; $\theta_p'' = -21.4°$.

8.36 (a) $\sigma_1 = 43.3$ MPa; $\sigma_2 = -83.2$ MPa; $\theta_p'' = 35.8°$.
(b) $\tau_{max} = 63.2$ MPa; $\sigma' = -20$ MPa.

8.38 (a) $\sigma_1 = 19.33$ ksi; $\sigma_2 = 3.67$ ksi; $\theta_p' = -31.7°$.
(b) $\tau_{max} = 7.83$ ksi; $\sigma' = 11.5$ ksi.

8.40 (a) $\sigma_x = 22.5$ MPa; $\sigma_y = -2.5$ MPa;
$\tau_{xy} = 4.33$ MPa.
(b) $\tau_{max} = 13.23$ MPa; $\sigma' = 10$ MPa.

8.42 (a) 26.5 MPa. (b) $\tau_{max} = 40$ MPa; $\sigma' = 30$ MPa;
$\theta_s' = 24.3°$.

***8.44** $\sigma_1 = -1.235$ ksi; $\sigma_2 = -4.365$ ksi; $\theta_p'' = -13.3°$.

8.46 $\sigma = -3$ ksi; $\tau = 6.93$ ksi; $\sigma_1 = 9$ ksi; $\theta_p' = 30°$.

***8.48** $\sigma = -12$ MPa; $\theta = 45°$.

***8.50** (a) $\sigma_x = 10$ ksi; $\tau_{xy} = -3$ ksi.
(b) $\sigma_1 = 11$ ksi; $\sigma_2 = 1$ ksi.

8.52 $\sigma = 10.09$ ksi; $\tau = 15.83$ ksi.

8.54 2.89 ksi.

8.56 $\sigma_x' = -6.45$ MPa; $\tau_{x'y'} = -37.2$ MPa;
$\sigma_{y'} = 41.4$ MPa.

8.58 (a) 11.43 MPa. (b) −7.66 MPa.

8.60 $\sigma = 21.9$ MPa; $\tau = -3.5$ MPa.

8.62 (a) 97.7 MPa. (b) 120 MPa.

8.64 (a) 58.1 MPa. (b) $\sigma_1 = 85\,\text{MPa}$; $\sigma_2 = -75\,\text{MPa}$.

8.66 (a) $\sigma_1 = 7.55\,\text{ksi}$; $\sigma_2 = -25.5\,\text{ksi}$.
(b) $\tau_{\max} = 16.5\,\text{ksi}$; $\sigma' = -9\,\text{ksi}$.

8.68 (a) 26.5 MPa. (b) $\tau_{\max} = 40\,\text{MPa}$; $\sigma' = 30\,\text{MPa}$; $\theta_s'' = 24.3°$.

***8.70** $\sigma_1 = -1.235\,\text{ksi}$; $\sigma_2 = -4.365\,\text{ksi}$; $\theta_p'' = -13.3°$.

8.72 $\sigma = -3\,\text{ksi}$; $\tau = 6.93\,\text{ksi}$; $\sigma_1 = 9\,\text{ksi}$; $\theta_p' = 30°$.

***8.74** $\sigma = -12\,\text{MPa}$; $\theta = 45°$.

8.76 (a) $\sigma_1 = 132.4\,\text{MPa}$; $\sigma_2 = 47.6\,\text{MPa}$; $\sigma_3 = -15\,\text{MPa}$.
(b) 73.7 MPa.

8.78 (a) $\sigma_1 = 74.7\,\text{MPa}$; $\sigma_2 = -14.72\,\text{MPa}$; $\sigma_3 = 25\,\text{MPa}$.
(b) 44.7 MPa.

8.80 (a) 108.2 MPa. (b) 119.1 MPa.

8.82 $\sigma_a = 28.3\,\text{MPa}$; $\sigma_t = 77\,\text{MPa}$.

8.84 (a) 3.3 mm. (b) 10.8 mm. (c) 8.33 mm.

8.86 62.5 mm.

8.88 8.48 mm.

8.90 (a) 400 mm. (b) 120 MPa.

8.92 26.6° ↻.

8.94 (a) $\sigma_t = 24\,\text{ksi}$; $\sigma_a = 12\,\text{ksi}$. (b) 6 ksi.
(c) 12 ksi. (d) $\sigma_w = 13.9\,\text{ksi}$; $|\tau_w| = -5.2\,\text{ksi}$.

8.96 (a) $\sigma_w = 25\,\text{MPa}$; $|\tau_w| = -8.66\,\text{MPa}$.
(b) 20 MPa.

***8.98** 8.28 MPa.

8.100 (a) 15.6 ksi. (b) −4.66 ksi.

8.102 2.81 in.

***8.104** (a) 0.732. (b) $u = 2.21\,(10^{-3})$ in.

8.106 $\varepsilon_{x'} = 550\,\mu$; $\varepsilon_{y'} = -150\,\mu$; $\gamma_{x'y'} = 1789\,\mu$.

8.108 $\varepsilon_{x'} = 336\,\mu$; $\varepsilon_{y'} = 274\,\mu$; $\gamma_{x'y'} = 224\,\mu$.

8.110 $\varepsilon_{x'} = -694\,\mu$; $\varepsilon_{y'} = -226\,\mu$; $\gamma_{x'y'} = -330\,\mu$.

8.112 $\varepsilon_{x'} = 1350\,\mu$; $\varepsilon_{y'} = 350\,\mu$; $\gamma_{x'y'} = -700\,\mu$.

8.114 $\varepsilon_{x'} = -244\,\mu$; $\varepsilon_{y'} = 364\,\mu$; $\gamma_{x'y'} = 434\,\mu$.

8.116 (a) $\varepsilon_1 = 430\,\mu$; $\varepsilon_2 = 70\,\mu$; $\gamma_{\max} = 361\,\mu$.
(b) 644 μ.

8.118 (a) $\varepsilon_2 = 30\,\mu$; $\varepsilon_3 = -750\,\mu$; $\gamma_{\max} = 780\,\mu$.
(b) 1058 μ.

8.120 (a) $\varepsilon_1 = 509\,\mu$; $\varepsilon_2 = -109\,\mu$; $\gamma_{\max} = 618\,\mu$.
(b) 68.1 μ.

8.122 (a) $\varepsilon_1 = 1528\,\mu$; $\varepsilon_2 = 72\,\mu$.
(b) $\gamma_{\max} = 1456\,\mu$. (c) 1528 μ.

***8.124** 94.3 kip·in.

***8.128** $\varepsilon_1 = 984\,\mu$; $\varepsilon_2 = -169\mu$; $\theta_p' = 13.63°$.

8.130 (a) $\gamma_{\max} = 346\,\mu$; $\theta_s' = 30°$ ↻. (b) 823 μ.

8.132 (a) $\varepsilon_1 = 1429\,\mu$; $\varepsilon_2 = -729\,\mu$; $\theta_p' = 19°$ ↻.
(b) $\sigma_1 = 266\,\text{MPa}$; $\sigma_2 = -66\,\text{MPa}$; $\tau_{\max} = 166\,\text{MPa}$.

8.134 (a) $\varepsilon_1 = -128\,\mu$; $\varepsilon_2 = -938\,\mu$; $\theta_p' = 17.4°$ ↻.
(b) 810 μ.

9장 조합하중과 파손조건

PART A

9.2 5.38 ksi.

9.4 59.6 kN.

9.6 $\tau_{\max} = 88.6\,\text{MPa}$; $\sigma' = 69.45\,\text{MPa}$; $\theta_s'' = 25.8°$.

9.8 325 kN.

9.10 $3\pi pr^2$.

9.12 (a) 10 ksi. (b) $\tau_{\max} = 910\,\text{psi}$; $\theta_s' = 45°$.

9.14 $\sigma_w = 147.1\,\text{MPa}$; $\tau_w = 3.45\,\text{MPa}$.

9.16 763 kPa.

9.18 (a) 1.85 kips. (b) 1.66 kips.

9.20 (a) 173.2 MPa; 192.9 MPa. (b) 141 mm.
(c) 5.7 kN/m

***9.22** (a) 6.14 kN. (b) 5.83.

9.24 $\sigma_1 = 2.51\,\text{ksi}$; $\sigma_2 = -5.89\,\text{ksi}$; $\tau_{\max} = 4.16\,\text{ksi}$.

9.26 $\sigma_1 = 59.7\,\text{MPa}$; $\sigma_2 = -9.17\,\text{MPa}$; $\theta_p' = 21.4°$ ↻.

***9.28** $\sigma_1 = 10.4\,\text{MPa}$; $\sigma_2 = -19.3\,\text{MPa}$; $\tau_{\max} = 14.9\,\text{MPa}$.

9.30 $\sigma_1 = 81.5\,\text{MPa}$; $\sigma_2 = -3.26\,\text{MPa}$; $\tau_{\max} = 42.4\,\text{MPa}$.

9.32 5.51 ksi.

9.34 1.471 in.

***9.36** 42.4 mm.

9.38 3.19 kN.

9.40 $\sigma_1 = 4.08\,\text{ksi}$; $\sigma_2 = -6.85\,\text{ksi}$; $\theta_p'' = 37.7°$ ↻.

9.42 15.2 kN.

9.44 44.7 kN.

9.46 (a) Left of C: $(\sigma_{bot})_t = 9P/A$; $(\sigma_{top})_c = -7P/A$.
(b) Left of C: $(\sigma_{bot})_t = 2P/A$.
Right of C: $(\sigma_{bot})_c = -0.5P/A$.

9.48 (a) $\sigma_A = 91.2\,\text{MPa}$. (b) $\bar{y}_n = 11.8\,\text{mm}$.

9.50 (a) 8 ksi. (b) $y_n = 0.667\,\text{in.}$

***9.52** $P = 360\,\text{kN}$; $d = 1.217\,\text{m}$.

9.54 10.94 kN.

9.56 12.14 mm.

9.58 23 kN.

9.60 $-14.89\,\text{ksi}$.

9.62 $\sigma_1 = 27.7\,\text{MPa}$; $\sigma_2 = -90\,\text{MPa}$; $\theta'_p = 3.23° \circlearrowleft$.

9.64 66.7 kips.

***9.66** (a) $\sigma_1 = 6.1\,\text{MPa}$; $\sigma_2 = -68.8\,\text{MPa}$; $\theta'_p = 16.6° \circlearrowright$.
(b) $\sigma_1 = 5.15\,\text{MPa}$; $\sigma_2 = -88.4\,\text{MPa}$; $\theta'_p = 13.6° \circlearrowright$.

***9.68** 4.5.

9.70 (a) 15.2 ksi. (b) $-16\,\text{ksi}$.
(c) 5.47 ksi.

9.72 33.8 mm.

***9.76** 1.23 in.

PART B

9.78 (a) 590 N. (b) 614 N.

9.80 220 kN.

9.82 54.1 mm.

9.84 34.2 mm.

***9.86** 57 mm.

9.88 2.45 in.

9.90 (a) Failure occurs.
(b) No failure.

9.92 210.5 lb.

9.94 0.984 in.

9.96 0.697 in.

9.98 2.51.

9.100 2.07.

9.102 (a) Failure occurs. (b) No fracture.

10장 보의 처짐

10.2 (a) $v_1 = P(x^3 - 3x^2L)/12EI$;
$$v_2 = \frac{P}{2EI}\left[\frac{1}{3}(x-L)^3 - \frac{5}{8}L^2x + \frac{L^3}{4}\right].$$
(b) $5PL^2/16EI \circlearrowright$. (c) $3PL^3/16EI \downarrow$.

10.4 (a) $v_1 = \dfrac{wax^2}{12EI}(2x - 9a)$;
$$v_2 = \frac{w}{24EI}(-x^4 + 8ax^3 - 24a^2x^2 + 4a^3x - a^4).$$
(b) $7wa^3/6EI \circlearrowright$. (c) $41wa^4/21EI \downarrow$.

10.10 (a) $v_1 = \dfrac{P}{48EI}(24Lx^2 - 42L^2x + 19L^3)$;
$$v_2 = \frac{P}{12EI}(9Lx^2 - 2x^3 - 12L^2x + 5L^3).$$
(b) $7PL^2/EI \circlearrowright$. (c) $19PL^3/48EI \uparrow$.

10.12 $39.6 \times 10^{-3}\,\text{in.} \uparrow$

10.14 (a) $v_1 = \dfrac{w}{24EI}(-24a^2x^2 + 8ax^3 - x^4)$;
$v_2 = \dfrac{wa^3}{3EI}(-4x + 2a)$. (b) $4wa^3/3EI \circlearrowright$.
(c) $10wa^4/3EI \downarrow$.

10.16 (a) $v = \dfrac{w_0}{360EIL}(3x^5 - 15Lx^4 + 20L^2x^3 - 8L^4x)$.
(b) $w_0L^3/45EI \circlearrowright$. (c) $5w_0L^4/768EI \downarrow$.

10.18 (a) $v_1 = -\dfrac{M_0}{6EIL}(x^3 + 2L^2x - 6aLx + 3a^2x)$;
$$v_2 = -\frac{M_0}{6EIL}(x^3 - 3Lx^2 + 2L^2x + 3a^2x - 3L^2a).$$
(b) $\theta_A = -\dfrac{M_0}{6EIL}(2L^2 - 6La + 3a^2)$.
(c) $v_A = -\dfrac{M_0}{6EI}\left(\dfrac{9L^2}{4} - 6aL + 3a^2\right)$.

10.24 $1.4\,\text{mm} \downarrow$.

10.26 (a) $v = \dfrac{w_0L^4}{960EI}\left[-16\left(\dfrac{x}{L}\right)^5 + 40\left(\dfrac{x}{L}\right)^3 - 25\left(\dfrac{x}{L}\right)\right]$.
(b) $5w_0L^3/192EI \circlearrowright$. (c) $w_0L^4/120EI \downarrow$.

***10.30** (a) $v = \dfrac{w_0x}{360EI}(-3x^4 + 10L^2x^2 - 7L^4)$.
(b) $5w_0L^4/768EI \downarrow$.
(c) $0.00652w_0L^4/EI$ at $x_m = 0.5193L$.
(d) $w_0L^3/45EI \circlearrowright$.

10.32 (a) $v = -\dfrac{M_0x}{6EIL}(x^2 - 3Lx + 2L^2)$.
(b) $M_0L^2/16EI \downarrow$.
(c) $0.0642M_0L^2/EI \downarrow$ at $x_m = 0.4227L$. (d) $M_0L/6EI \circlearrowleft$.

***10.34** (a) $v_1 = \dfrac{wx}{48EI}(3Lx^2 - 2x^3 - L^3)$;
$$v_2 = \frac{w}{48EI}[3Lx^3 - 2x^4 - L^3x + 9L(x-L)^3].$$
(b) $wL^4/192EI \downarrow$. (c) $0.0054wL^4/EI \downarrow$ at $x_m = 0.422L$. (d) $wL^3/12EI \circlearrowleft$.

10.36 30.24×10^{-3} rad ↘.

10.38 4.32 m.

10.40 (a) $v = -\frac{w}{24EI}[\langle x-a\rangle^4 - 2ax(9a-2x)]$.
(b) $7wa^3/6EI$ ↘. (c) $41wa^4/24EI \downarrow$.

10.42 (a) $v = \frac{w}{24EI}[8ax^3 - 24a^2x^2 - x^4 + \langle x-2a\rangle^4]$.
(b) $4wa^3/3EI$ ↘. (c) $10wa^4/3EI \downarrow$.

10.44 (a) $v = \frac{P}{6EI}[x^3 - 9ax^2 - \langle x-3a\rangle^3]$.
(b) 32.4×10^{-3} rad ↘.

10.46 (a) $v = \frac{P}{24EI}[x^3 - 4\langle x-2a\rangle^3 + 12a\langle x-2a\rangle^2 - 20a^2x]$.
(b) 8.4×10^{-3} rad ↗.

10.48 (a) $v = \frac{w}{384EI}\left[8Lx^3 - 16\left\langle x - \frac{1}{2}\right\rangle^4 - 7L^3x\right]$.
(b) $7wL^3/384EI$ ↘. (c) $5wL^4/768EI \downarrow$.

10.50 (a) $v = \frac{P}{12EI}\left[x^3 - 2\langle x-a\rangle^3 + 3\left(-a^2 + \frac{EI}{ak}\right)x - \frac{6EI}{K}\right]$.
(b) $\frac{P}{4EI}\left(-a^2 + \frac{EI}{ak}\right)$.
(c) $\frac{P}{12EI}\left(2a^3 + \frac{3EI}{k}\right) \downarrow$.

10.52 (a) $v = \frac{M_0}{24EI}\left[4x^3 - 12L\left\langle x - \frac{L}{2}\right\rangle^2 - L^2x\right]$.
(b) $v_c = 0$ at $x = L/2$.
(c) $v_{max} = 0.00802M_0L^2/EI \downarrow$ at $x_m = L\sqrt{12}$.
(d) $\theta_A = -\theta_B = M_0L^2/24EI$ ↘.

***10.54** $3Pa^3/4EI \downarrow$.

10.56 $v_C = PL^3/8EI \downarrow$; $\theta_C = 7PL^2/24EI$ ↘.

10.58 8.4×10^{-3} rad ↗.

10.60 $\frac{2a^3}{3EI}(2P + 7Q) \downarrow$.

***10.62** $\frac{17}{256}\frac{wL^4}{EI} \downarrow$.

10.64 1.2 mm ↑.

10.66 $M_A = 460.8$ kip·in. ↺; $R_A = 7.85$ kips ↑; $R_B = 11.35$ kips ↑.

10.68 (a) $R_A = R_B = wL/2 \uparrow$; $M_A = -M_B = wL^2/12$ ↺. (b) 2.91 mm ↓.

10.70 (a) $R_A = 7w_0L/20 \uparrow$; $R_B = 3w_0L/20 \uparrow$; $M_A = w_0L^2/20$ ↺; $M_B = w_0L^2/30$ ↻.
(b) 2.91 mm ↓.

***10.72** (a) $R_A = 49wL/80 \uparrow$; $R_B = 31wL/80 \uparrow$; $M_A = 9wL^2/80$ ↺. (b) 0.077 in. ↓.

10.74 (a) $R_A = 3M_0/2L \uparrow$; $R_B = 3M_0/2L \downarrow$; $M_A = M_0/2$ ↺. (b) 2.08 mm ↓.

10.76 (a) $R_A = w_0L/24 \uparrow$; $R_B = 7w_0L/24 \uparrow$; $M_B = w_0L^2/24$ ↻. (b) 8.68 mm ↓.

10.78 (a) $R_A = -R_B = 3M_0/2L \downarrow$; $M_A = -M_B = M_0/4$ ↺.
(b) 0.

***10.80** (a) $R_A = 6.3$ kips ↑. (b) 0.019 in. ↓.

***10.82** (a) $R_A = 3wL/8 \uparrow$; $R_B = 5wL/4 \uparrow$.
(b) $wL^4/192EI \downarrow$.

10.84 (a) $R_A = 1.005wa \uparrow$. (b) $2.75wa^4/EI \downarrow$.

10.86 (a) $R_A = \frac{23}{128}wL - \frac{3M_0}{2L}$; $M_A = -\frac{7}{128}wL^2 + \frac{M_0}{2}$.
(b) $v_C = \frac{L^2}{6144EI}(-19wL^2 + 576M_0)$.

***10.88** $R_A = \frac{3}{2}\frac{\delta_B EI}{a} - \frac{7}{48}wa$; $R_B = \frac{47}{32}wa - \frac{9}{4}\frac{\delta_B EI}{a^3}$;
$R_C = \frac{65}{96}wa + \frac{3}{4}\frac{\delta_B EI}{a^3}$.

10.90 $R_A = 5P/16 \uparrow$; $R_B = 11P/16 \uparrow$; $M_B = 3PL/16$ ↻.

10.92 $R_A = -R_B = 3M_0/2L \downarrow$; $M_A = -M_B = M_0/4$ ↺.

10.94 $R_A = 7w_0L/20 \uparrow$; $R_B = 3w_0L/20 \uparrow$;
$M_A = w_0L^2/20$ ↺; $M_B = w_0L^2/30$ ↻.

***10.96** $R_A = R_B = wL/4 \uparrow$; $M_A = -M_B = 5w_0L^2/96$ ↺.

10.98 $R_A = 13wa/16 \uparrow$; $R_B = 33wa/16 \uparrow$; $R_C = wa/8 \uparrow$.

10.100 $R_A = 7wL/16 \uparrow$; $R_B = 5wL/8 \uparrow$; $R_C = wL/16 \downarrow$.

10.102 $R_A = 5P/18 \uparrow$; $R_B = 13P/18 \uparrow$; $M_A = 5PL/54$ ↺; $M_B = 8PL/54$ ↻.

***10.104** (a) $F = 2P/3$. (b) $R_C = R_D = P/3 \uparrow$.

10.106 (a) 0.075 in. ↓. (b) 0.762×10^{-3} rad ↗.
(c) 0.021 in. ↑.

10.108 (a) $4wL^3/81EI$ ↘. (b) $10wL^4/243EI \downarrow$.

10.110 (a) $w_0L^3/24EI$ ↘. (b) $w_0L^4/30EI \downarrow$.

10.112 (a) $wL^3/16EI$ ↘. (b) $47wL^4/1152EI \downarrow$.

10.114 $\theta_{max} = 27.8 \times 10^{-3}$ rad ↗;
$v_{max} = 2.135$ in. ↓.

10.116 (a) $2PL^2/81EI$ ↘. (b) $4PL^3/243EI \downarrow$.

10.118 (a) $wa^3/48EI$ ↗. (b) $5wa^4/48EI \downarrow$.

10.120 (a) 0. (b) $5Pa^3/9EI \downarrow$.

10.122 0.345 in. ↓.

10.124 11.72 lb·in.^{3} ↑.

10.126 (a) $wa^3/4EI$ ↘. (b) $3wa^4/8EI \downarrow$.

***10.128** (a) $wa^3/8EI$ ↗. (b) $5wa^4/24EI \downarrow$.

10.130 (a) 0. (b) $wa^4/8EI \downarrow$.

10.132 38.1×10^{-3} rad ↘.

10.134 $\sqrt{3}Pa^3/4EI\uparrow$ at $x = a\sqrt{3}$ from A.

10.136 $2w_0a^4/15EI\downarrow$ at C.

***10.138** $\sqrt{3}PL^3/128EI$ at $x = \sqrt{3}L/4$ from B.

10.140 1.1776×10^{-3} rad ⦩.

***10.142** $0.06815PL^3/EI_A\downarrow$.

***10.144** $0.0225PL^3/EI_C\downarrow$, where $I_C = b_0h^3/8$.

10.146 $M_A = -M_B = wL^2/12$ ↺; $R_A = R_B = wL/2\uparrow$.

10.148 $R_A = 3P/4\downarrow$; $R_B = 7P/4\uparrow$; $M_A = wa/2$ ↻.

10.150 $R_A = 5wL/8\uparrow$; $R_B = 3wL/8\uparrow$; $M_A = wL/8$ ↺.

10.152 $R_A = w_0L/10\uparrow$; $R_B = 2w_0L/5\uparrow$; $M_B = w_0L^2/15$ ↻.

10.154 $R_A = 13.55\,\text{kN}\uparrow$; $R_B = 26.45\,\text{kN}\uparrow$; $M_B = 34.5\,\text{kN·m}$ ↻.

10.156 $R_A = 3w_0L/20\downarrow$; $R_B = 7wL/20\uparrow$; $M_A = w_0L^2/30$ ↺; $M_B = w_0L^2/20$ ↻.

10.158 $R_A = 3M_0/2L\downarrow$; $R_B = 3M_0/L\uparrow$; $R_C = 3M_0/2L\downarrow$.

***10.160** $R_A = 5wL/12\uparrow$; $R_B = 3wL/4\uparrow$; $R_C = wL/6\downarrow$.

11장 기둥의 좌굴

11.2 k_t/L.

11.4 $ka/2$.

11.6 $k_t/2L$.

11.8 2.23 lb.

11.10 $2066\,\text{mm}^2$.

11.12 (a) 34.7°. (b) 57°.

***11.14** $w = 48$ kips.

11.16 317 N.

11.18 1.493 in.

11.20 70.2 kips.

11.22 (a) 521.5 kN. (b) 1064 kN. (c) 130.4 kN.

11.24 110.4 kN.

11.26 10.5 kips.

***11.28** $\pi^2EI/4L^2$.

11.30 101.8 kN.

11.32 4.3.

11.34 2.53 kN.

11.36 231 kN.

11.38 313 kN.

***11.40** 82 kN.

11.44 4.22 ksi.

11.46 (a) 38.2 kN. (b) 14.97 kN.

11.48 (a) 3.6 mm. (b) 87.9 kN.

11.50 (a) 87 kN. (b) 106.7 kN.

11.52 1029 kN (by Fig. 11.16*a*); 1032 (by Eq. 11.21).

11.54 5.01 MPa.

***11.56** (a) 19.6 mm. (b) 86 MPa.

11.58 181.8 in.

***11.60** 945 kips.

11.62 (a) 637 kN. (b) 457 kN. (c) 144 kN.

11.64 W 250 × 80.

11.66 47 mm.

11.68 320 kips.

11.70 49.9 in.

11.72 4.05 kips.

11.74 172.7 kips.

11.76 (a) 165 kN. (b) 41.2 kN.

11.78 559 mm.

11.80 14.62 kN.

11.82 141.4 kN.

11.84 9.9 kips.

11.86 74.1 in.

12장 에너지법과 충격

12.2 71.2 J.

12.4 0.383 in.

12.6 $\sqrt{8/\pi}$.

12.8 126.4 J.

12.10 5.088 J.

12.12 $w^2L^5/40EI$.

12.14 $w^2L^5/240EI$.

12.16 $M_0^2a/6EI$.

12.18 $\dfrac{M_0^2}{2EI}\left(a + \dfrac{L}{3}\right)$.

12.20 $w^2L^3/5AG$.

12.22 $w^2L^3/20AG$.

***12.24** $\dfrac{2M_0^2}{Ebh^3}\left(1+\dfrac{3}{10}\dfrac{Eh^2}{GL^2}\right)$.

***12.26** (a) 6×10^{-3}in.·lb. (b) 58.1×10^{-3}in.·lb.

12.28 $U_0 = 118\times10^{-4}$ in.·lb/in.^{3};
$U_{0v} = 3.5\times10^{-4}$ in.·lb/in.^{3};
$U_{0d} = 114.5\times10^{-4}$ in.·lb/in.^{3}

12.32 $PL/2AE$.

12.34 $2Pa\left(\dfrac{2a}{3EI}+\dfrac{3}{5GA}\right)$.

12.36 $M_0a/3EI$.

12.38 $M_0L/9EI$.

***12.40** $11M_0L/36EI$.

12.42 33 mm $\downarrow$.

***12.44** $12.657PL/AE\downarrow$.

12.46 $10wa^4/3EI\downarrow$.

12.48 $8.657WL/AE\downarrow$.

***12.50** 1.577 mm $\downarrow$.

12.52 $3Pa^2/2EI$ $\measuredangle$.

12.54 (a) $2M_0a^2/9EI\uparrow$. (b) $M_0a/3EI$ $\measuredangle$.

12.56 $3PL/16AE\rightarrow$.

12.58 $Pa^3/3EI\uparrow$.

12.60 $5PL^3/48EI$.

12.62 PR^2/EI $\measuredangle$.

12.64 (a) $2Pa^3/EI\downarrow$. (b) $3Pa^2/2EI$.

***12.66** $F_{AB} = -0.32P$ (C); $F_{BC} = 0.244P$;
$F_{BD} = 0.593P$.

12.68 $wL^4/8EI\downarrow$.

12.70 $11wL^4/972EI\downarrow$.

12.72 PR^2/EI $\measuredangle$.

12.74 0.191 in. $\rightarrow$

12.76 $R_A = \dfrac{Pb^2}{L^3}(3a+b)\uparrow$; $M_A = \dfrac{Pab^2}{L^2}$ $\circlearrowleft$.

12.78 $R_A = R_B = wL/2\uparrow$; $M_A = -M_B = wL^2/12$ $\circlearrowleft$.

***12.80** $R_A = 9P/16\downarrow$; $R_B = P/8\uparrow$; $R_C = 7P/16\uparrow$.

12.82 $R_A = \dfrac{Pb^2}{L^3}(3a+b)\uparrow$; $M_A = \dfrac{Pab^2}{L^2}$ $\circlearrowleft$;
$R_B = \dfrac{Pa^2}{L^3}(a+3b)\uparrow$; $M_B = \dfrac{Pa^2b}{L^2}$ $\circlearrowright$.

12.84 $R_A = 5wL/8\uparrow$; $M_A = wL^2/8$ $\circlearrowleft$; $R_B = 3wL/8\uparrow$.

***12.86** $R_A = 5wL/12\uparrow$; $R_B = 3wL/4\uparrow$; $R_C = wL/6\downarrow$.

12.88 (a) 41.8 in. (b) 4.31 kip/in.

12.90 19.49 in./s.

12.92 (a) 8.74 mm. (b) 55 MPa.

12.94 (a) 10.6 mm. (b) 46.9 MPa.

12.96 (a) 0.106 in. (b) 12.44 ksi.

12.98 1.893 in.

12.100 (a) 121.6 mm $\downarrow$. (b) 2.2.

13장 유한요소해석

13.2 (b) $F_{14} = -146.3$ kN.
(c) $\{\bar{u}_4, \bar{v}_4, \bar{u}_1, \bar{v}_1\} = \{-0.35, 1.59, -0.98, 03\}$ mm.

13.4 (b) $u_2 = PL/9AE$; $u_3 = PL/18AE$.
(c) $\{F_{1x}, F_{2x}, F_{3x}, F_{4x}\} = \{-2P/3, P, 0, -P/3\}$;
$R_1 = 2P/3\leftarrow$; $R_4 = P/3\leftarrow$.

***13.6** (b) $u_2 = \Delta/4$; $u_3 = \Delta/2$; $u_4 = 3\Delta/4$.
(c) $\{F_{1x}, F_{2x}, F_{3x}, F_{4x}, F_{5x}\} =$
$\{-\Delta/4, 0, 0, 0, \Delta/4\}AE/L$; $R_1 = \Delta AE/4L\leftarrow$.

13.14 (c) $\{u_2, v_2\} = \{0.03, -0.1\}$ in.
(e) $F_{12} = 6.2$ kips (C); $F_{23} = 3$ kips (C).

***13.16** (c) $\{u_2, v_2\} = \{-12.01\ -23.13\}(10^{-3})$ in.

13.18 (a) $\theta_1 = PL^2/2EI$; $v_1 = PL^3/3EI\downarrow$.
(b) $R_2 = P\uparrow$; $M_2 = PL$ $\circlearrowright$.

13.20 (a) $v_2 = -3.967$ mm; $\theta_1 = -1.488$ rad.
(b) $F_{1y} = F_{3y} = 2.6$ kN$\uparrow$; $F_{\text{spring}} = 793$ N (C).

13.22 (a) $v_2 = -0.886$ mm; $\theta_2 = -0.0055$ rad.
(b) $\{F_{1y}, M_1, F_{2y}, M_2\} = \{1.135$ kips,
262.5 kip·in., -2.02 kips, $0\}$;
$F_{\text{spring}} = 886$ lb (C).

***13.26** (c) $\{v_2, \theta_2, \theta_3\} = \{-0.591$ in.,
-0.0042 rad, 0.0169 rad$\}$.
(d) $\{F_{1y}, M_1, F_{3y}\} = \{10.32$ kips,
338 kip·in., 4.68 kips$\}$.

***13.28** (c) $v_3 = -\dfrac{7PL^3}{EI}\left(\dfrac{1}{12+7k_1}\right)$; $\theta_2 = -\dfrac{3PL^2}{EI}\left(\dfrac{1}{12+7k_1}\right)$.
$\theta_3 = 3\theta_2$, where $k_1 = kL^3/EI$.

***13.30** (a) $\{v_2, \theta_2, \theta_3\} =$
$\{-2.83$ mm, -0.001 rad, 0.006 rad$\}$.
(b) $\{R_1, M_1, R_3\} = \{22$ kN, 24 kN·m, 12 kN$\}$.

부록 A 면적의 특성

A.2 $\bar{x} = 0$; $\bar{y} = 2.585$ in.

A.4 $\bar{x} = 2.218$ in.; $\bar{y} = 1.282$ in.

A.6 $\bar{x} = 1.373$ in., $\bar{y} = 2.705$ in.

A.8 $\bar{x} = 0$; $\bar{y} = 48.8$ mm; $I_1 = I_x = 63\times10^4$ mm^4;
$I_{xy} = 0$; $I_2 = I_y = 43.5\times10^4$ mm^4; $\theta_p = 0$.

A.10 $\bar{x} = 38.125\,\text{mm}$; $\bar{y} = 24.375\,\text{mm}$;
$I_x = 34.10^4\,\text{mm}^4$; $I_y = 12.7 \times 10^4\,\text{mm}^4$;
$I_{xy} = 12.3 \times 10^4\,\text{mm}^4$; $I_1 = 40.4 \times 10^4\,\text{mm}^4$;
$I_2 = 7.2 \times 10^4\,\text{mm}^4$; $\theta'_p = 24°$ ↻.

A.12 $\bar{x} = 22.97\,\text{mm}$; $\bar{y} = 48.4\,\text{mm}$;
$I_x = 77 \times 10^4\,\text{mm}^4$; $I_y = 7.6 \times 10^4\,\text{mm}^4$;
$I_{xy} = 7.1 \times 10^4\,\text{mm}^4$; $I_1 = 77.7 \times 10^4\,\text{mm}^4$;
$I_2 = 6.9 \times 10^4\,\text{mm}^4$; $\theta'_p = 5.78°$ ↻.

찾아보기

ㄱ

ㄴ

ㄷ

ㄹ

ㅁ

ㅂ

ㅅ

ㅇ

ㅍ

ㅎ

기타

1판 수정판

재료역학

2019년 12월 31일 1판 수정판 1쇄 펴냄 | 2022년 2월 7일 1판 수정판 2쇄 펴냄
지은이 Ansel C. Ugural
옮긴이 윤영한 · 이광주 · 이상순 · 이환우 · 조종두 · 주진원
펴낸이 류원식 | 펴낸곳 **교문사**

편집팀장 김경수 | 책임편집 안영선 | 본문편집 신성기획 | 표지디자인 유선영

주소 (10881) 경기도 파주시 문발로 116(문발동 536-2)
전화 031-955-6111~4 | 팩스 031-955-0955
등록 1968. 10. 28. 제406-2006-000035호
홈페이지 www.gyomoon.com | E-mail genie@gyomoon.com
ISBN 978-89-363-1908-3 (93550) | 값 35,000원